Buchhold / Happoldt

Elektrische Kraftwerke und Netze

Vierte neubearbeitete Auflage

von

Dr.-Ing. H. Happoldt

Direktor der Abt. Centralen der Brown, Boveri & Cie. AG., Mannheim

Mit 618 Abbildungen

Springer-Verlag Berlin Heidelberg GmbH

1963

ISBN 978-3-662-23785-4 ISBN 978-3-662-25888-0 (eBook)
DOI 10.1007/978-3-662-25888-0

Ursprünglich erschienen bei Springer-Verlag OHG., Berlin/Göttingen/Heidelberg 1963
Softcover reprint of the hardcover 4th edition 1963

Library of Congress Catalog Card Number 63-19385

Vorwort zur vierten Auflage

Die raschen Fortschritte auf den verschiedenen Gebieten, die in diesem Buch behandelt werden, erforderten die Umarbeitung zahlreicher Abschnitte. Eine Neufassung erhielten die Abschnitte über Wärmekraftanlagen und über die Eigenbedarfsanlagen von Kraftwerken. Auch die Abschnitte über Kabel und isolierte Leitungen sowie über Freileitungen wurden vollständig umgearbeitet, um sie dem heutigen Stand der Technik anzupassen.

Die angewandte Berechnungsmethode für die Kurzschlußströme liefert Ergebnisse, die mit den neuesten VDE-Vorschriften in Einklang stehen.

Neu aufgenommen wurde ein Abschnitt über symmetrische Komponenten, um eine Einführung in die Berechnung beliebiger Fehlerarten in Netzen geben zu können.

Weitgehend wurden Größengleichungen eingeführt, wodurch die Übersichtlichkeit der Gleichungen erhöht wurde.

In den letzten Jahren gingen von Lesern zahlreiche wertvolle Anregungen ein, die zum größten Teil in dieser neuen Auflage verwertet werden konnten.

Dankbar bin ich den Firmen, die mir wertvolles neues Bildmaterial zur Verfügung stellten. Besonderer Dank gebührt den Fachleuten, die mich bei der Umarbeitung der dritten Auflage unterstützten.

Mannheim, im März 1963

Hans Happoldt

Inhaltsverzeichnis

Abkürzungen

AEG	Allgemeine Elektricitätsgesellschaft
BBC	Brown, Boveri & Cie, AG.
BWK	Brennstoff, Wärme, Kraft
ETZ	Elektrotechnische Zeitschrift
E & M	Elektrotechnik und Maschinenbau
F & G	Felten & Guilleaume Carlswerk AG.
GE	General Electric
RDK	Rheinische Draht- und Kabelwerke G.m.b.H.
SFE	Société Française des Électriciens
SfH	Studiengesellschaft für Hochspannungsanlagen
SSW	Siemens-Schuckertwerke AG.
UCPTE	Union pour la coordination de la production et du transport de l'électricité
VDE	Verband Deutscher Elektrotechniker
V & H	Voigt & Haeffner AG.

Verzeichnis der Formelzeichen

a	Anlagekosten pro kW
a	Numerische Kurzschluß-entfernung
a	Spannweite
a_{kr}	kritische Spannweite
a_s	spez. Verluste
A	elektr. Arbeit
A_e	Inbetriebsetzungsarbeit
b	Energiekosten pro kWh
b	Winkelbeschleunigung
B	Kraftliniendichte
c	Federkonstante
c	spezifische Wärme
C	Kapazität
C_b	Betriebskapazität
C	Konstante
d	dauernde Drehzahländerung
d	Durchmesser
$\mathfrak{D}$	Verschiebungsdichte
d	Leiterabstand
e	bezogene Polradspannung
E	Elastizitätsmodul
$\mathfrak{E}$	Elektrische Feldstärke
E	Elektromotorische Kraft
E_p	Potierspannung
f	Leitungs-Durchhang
f	Fehler
f	Frequenz
F	Fläche, Querschnitt
F	Erregung, Feld
F	Kraft
g	Erdbeschleunigung
g	Leitungsgewicht
g	Seilgewicht pro m Länge und mm^2
g	Gleichzeitigkeitsfaktor
Δg	Zusatzlast bzw. Eislast pro m Länge und mm^2
G	Frischdampfmenge
G	Gewicht bzw. Seilgewicht
G	Gütefaktor
ΔG	Zusatzlast bzw. Eislast
GD^2	Schwungmoment
h	Benutzungsdauer
h	Gefälle
h_0	Grenzbenutzungsdauer
H	Höhe
H	Feldstärke
H	Fallhöhe
H	Trägheitskonstante (inertia-constant)
H_u	unterer Heizwert
i	Erregerstrom
i	Wärmeinhalt, Enthalpie
I	Strom
I_K	Kurzschlußstrom
I_K/I_n	Kurzschlußverhältnis
I'_K	Übergangs- (transienter) Kurzschlußwechselstrom
I''_K	Anfangs- (subtransienter) Kurzschlußwechselstrom
I_n	Nennstrom
I_s	Stoß-Kurzschlußstrom
I_{therm}	Thermischer Grenzstrom
$j =$	$\sqrt{-1}$
j	Stromdichte
J	Trägheitskonstante
k	Kosten pro kWh
k	Vergrößerungsfaktor
k_K	Jährliche Kosten pro kW Kraftwerksleistung
k_s	spez. Verlustkosten
K	Kapazität
K	Kosten
K	Leistungszahl
K_f	feste Kosten
K_v	veränderliche Kosten
l	Länge bzw. Leitungslänge
L	Länge bzw. Leitungslänge
L	Induktivität
L	zugeführte Leistung
m	Masse
m	Belastungsfaktor
M	Drehmoment
M_s	Synchronisierendes Moment
n	Ausnutzungsfaktor

n	Drehzahl
n_s	spez. Drehzahl
p	Kapitalfaktor
p	Polpaarzahl
p	spezifische Zugspannung
p	spezifische Seilspannung
p_d	spezifische Dauerfestigkeit
p_z	zulässige Zugbeanspruchung
P	Leistung
P_s	synchronisierende Leistung
q	elektrische Ladung
q	Querschnitt
Q	Wärmemenge
Q	Wasserstrom
r	Radius
r	Reservefaktor
r	Widerstand in Ohm
R	Widerstand
s	Entropie
S	Steilheit der Wiederkehrspannung
S_{th}	Kurzzeitstromdichte
t	Zeit
T	Betriebszeit
T	Schwingungsdauer
T	Zeitkonstante
T	Absolute Temperatur in °K (Kelvin)
T_a	Anlaufzeit
T_a	Gleichstromzeitkonstante
T'_d	transiente Zeitkonstante
T''_d	subtransiente (Anfangs-)Zeitkonstante
T'_{d_0}	Leerlaufzeitkonstante
T_n	Ausnutzungsstunden
u	Spannung, Potential
$ü$	Übersetzungsverhältnis
U	verkettete Spannung, Dreieckspannung
U_λ	Phasenspannung, Sternspannung
v	Geschwindigkeit
v	relative Erregung
v	Verstärkungsfaktor
V	Volumen
V_i	Verbrauchsfaktor
w	spez. Wärmeverbrauch
w	Windungszahl
W	Windkraft
x	Abszisse
X	Reaktanz
X_a	Ankerrückwirkungsreaktanz (Hauptreaktanz)
X_B	Bohrfeldreaktanz
X_d	synchrone Reaktanz in der Längsachse
X_e	Ersatzreaktanz
X_G	Gesamtreaktanz
X_q	synchrone Reaktanz in der Querachse
X_p	Potier-Reaktanz
X'	Transiente (Übergangs-) Reaktanz
X''	Subtransiente (Anfangs-) Reaktanz
X_i	Inverse Reaktanz
X_0	Null-Reaktanz
X_{s_1}	Statorstreureaktanz
X_{s_2}	Rotorstreureaktanz
y	Ordinate
z	Impedanz
Z	Wellenwiderstand
Z	Zeitkonstante
α	Wärmeausdehnungs-Koeffizient
α	Verlust-Koeffizient
α	Koeffizient der Widerstandszunahme
γ	Überschwingfaktor
ε_0	Dielektrizitätskonstante
η	Wirkungsgrad
ϑ	Temperatur
δ	Polradwinkel
Θ_a	Anker-Amperewindungen
Θ_1	Ankerdurchflutung
Θ_2	Erregerdurchflutung
Θ_r	resultierende Durchflutung
$\varkappa$	Leitfähigkeit
$\varkappa$	Verkleinerungsfaktor
$\varkappa_d$	bezogene synchrone Reaktanz in der Längsachse
λ	Fiktive Länge
μ_0	Permeabilität
ν	Kreisfrequenz
ϱ	Leitungswiderstand
ϱ	Spezifischer Widerstand
δ	Streukoeffizient
φ	Phasenverschiebungswinkel
Φ	Fluß
ω	Winkelgeschwindigkeit, Kreisfrequenz

I. Allgemeines zur Elektrizitätsversorgung

Die Versorgung mit elektrischer Kraft erfolgt in Europa vorwiegend mit Dreiphasenwechselstrom von 50 Hz. Andere Stromarten werden nur noch in Ausnahmefällen gebraucht, so Gleichstrom im Straßenbahnbetrieb, für chemische Prozesse, in den Sendeanlagen des Rundfunks, Einphasenstrom niederer Frequenz ($16^2/_3$ Hz) für Vollbahnen. Die Bahnstromversorgung mit Einphasenstrom 50 Hz wurde in einigen Ländern eingeführt. Gleichstrom wird kaum mehr unmittelbar erzeugt, sondern aus Drehstrom mittels Gleichrichter gewonnen. Einphasenstrom niederer Frequenz wird heute teilweise in besonderen Einphasengeneratoren erzeugt und in Einphasenleitungen fortgeleitet, teilweise aus Drehstrom üblicher Frequenz in besonderen Umformern bzw. in Umrichtern erzeugt. Infolge der vorherrschenden Stellung des Dreiphasenwechselstromsystems beziehen sich unsere Betrachtungen vorwiegend auf letzteres.

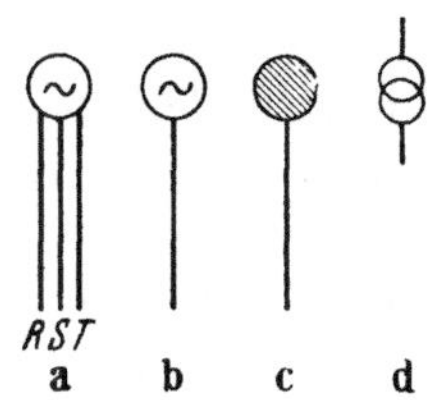

Abb. 1 a–d. Schematische Darstellung von Generatoren, Kraftwerken und Transformatoren. a) Generator mit Leitungen; b) Generator mit Leitungen symbolisch dargestellt; c) Kraftwerk symbolisch; d) Transformator symbolisch

Um eine einfache Darstellung von Generatoren, Leitungen und Kraftwerken zu erhalten, seien im folgenden einige Symbole geprägt. So sei ein Generator durch einen Kreis dargestellt (s. Abb. 1 a u. 1 b), der im Innern ein Frequenzzeichen aufweist. Arbeitet ein solcher Generator auf eine Drehstromleitung, dann müßte streng genommen das Bild gemäß Abb. 1a aufgezeichnet werden. Es ist jedoch in der Mehrzahl der Fälle überflüssig, alle drei Leiter zu zeichnen, sondern es genügt, diese durch eine einzige Leitung entsprechend Abb. 1b zu kennzeichnen. Diese Darstellung wird auch gewählt, falls außer den drei Außenleitern noch ein Nulleiter vorhanden ist. Vollständige Kraftwerke werden im folgenden durch einen schraffierten Kreis entsprechend Abb. 1c dargestellt, Transformatoren durch zwei sich schneidende Kreise nach Abb. 1d.

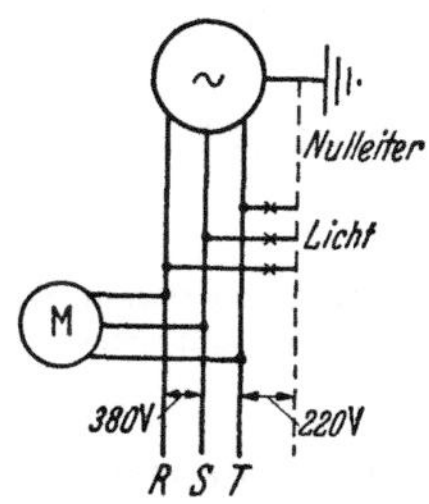

Abb. 2. Dreiphasensystem mit Nulleiter

Die Verteilung des Drehstroms für kleinere Verbraucher und Gewerbetreibende geschieht heute vorwiegend mit einer Spannung von 380/220 V. 380 V ist dabei (s. Abb. 2) zwischen den Außenleitern *R*, *S* und *T*, 220 V zwischen den Außenleitern und dem geerdeten Nulleiter vorhanden. Die Lichtlast wird dann, möglichst gleichmäßig auf die einzelnen Außenleiter verteilt, zwischen Außenleiter und Nulleiter gelegt, also an eine Spannung von 220 V, während Motoren M zwischen den Außenleitern, also an 380 V angeschlossen werden.

Die unmittelbare Speisung eines Niederspannungsnetzes durch einen besonderen Generator kommt nur selten vor.

In der Regel faßt man eine Reihe von Niederspannungsnetzen zusammen und speist sie von einem Überlandkraftwerk aus, dann kann man dieses Kraftwerk für eine größere Leistung ausbauen. Die Maschinen werden damit relativ billiger und der Wirkungsgrad besser. Da man jetzt mehrere Maschinen hat, ist die Bereitstellung einer Maschineneinheit als Reserve wirtschaftlich tragbar. Ferner kann bei der Zusammenfassung einer größeren Zahl von Einzelnetzen, deren Spitzen sich nicht alle addieren, sondern zeitliche Verschiebungen haben, erreicht werden, daß die Spitzenleistung des Überlandkraftwerkes kleiner ist als der Summe der Spitzen der Einzelnetze entspricht. Dadurch wird an Maschinenleistung gegenüber einzelnen kleinen Ortskraftwerken gespart. Noch günstiger wird die Ausnutzung, falls eine gleichmäßige Belastung durch vorhandene Industrie hinzukommt, man also eine günstigere Belastungskurve erhält, bei der die Ausnutzung der installierten Kraftwerksleistung günstig ist.

Ein Überlandwerk kann seinen Strom nicht mit Niederspannung verteilen, da die Verluste und der Spannungsabfall in den Verteilungsanlagen zu groß sein würden. Man verwendet daher zur Verteilung eine höhere Spannung. Abb. 3 zeigt ein Überlandwerk mit Verteilungsnetz.

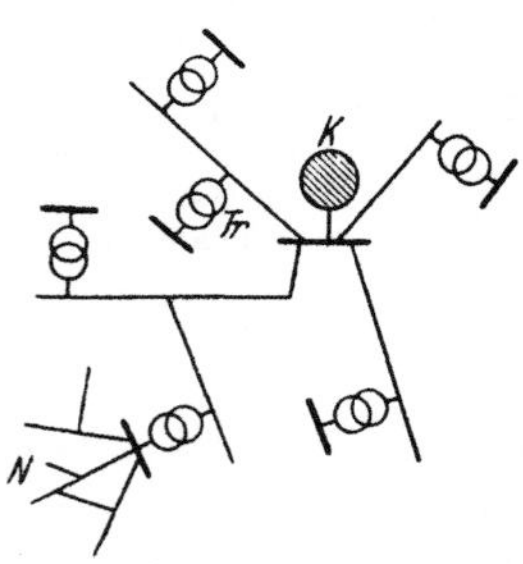

Abb. 3. Überlandwerk mit Verteilungsnetz

Die Entwicklung in der Elektrizitätsversorgung hat gezeigt, daß es nicht immer notwendig und zweckmäßig ist, daß jedes Überlandgebiet ein eigenes Elektrizitätswerk besitzt. Vielmehr erwies es sich als richtig, Elektrizitätswerke an solchen Orten zu bauen, wo besonders günstige Bedingungen hierzu vorliegen. So wird man bei einem Steinkohlenkraftwerk auf günstigste Transportbedingungen der Kohle und auf das Vorhandensein von Kühlwasser für die Kondensation Wert legen. Ein Braunkohle verarbeitendes Kraftwerk wird man unmittelbar an der Fundstelle der Braunkohle errichten, da die Braunkohle wirtschaftlich keinen größeren Transport verträgt. Stehen Wasserkräfte zur Verfügung, dann muß das Kraftwerk unbedingt dort stehen, wo der Ausbau der Wasserkräfte am günstigsten ist. Man wird also vorwiegend solche bevorzugte, billig arbeitende Kraftwerke bauen, diese mit Hochspannungsleitungen verbinden, z. B. mit 60 oder 110 kV, und die Leitungen so legen, daß die Überlandversorgungen, die jetzt keine besonderen Kraftwerke mehr benötigen, von diesem Hochspannungsnetz aus gespeist werden.

Abb. 4 zeigt ein solches 110-kV-Netz, auf welches die Kraftwerke K_1, K_2, K_3 arbeiten. Von diesem 110-kV-Netz aus können die einzelnen

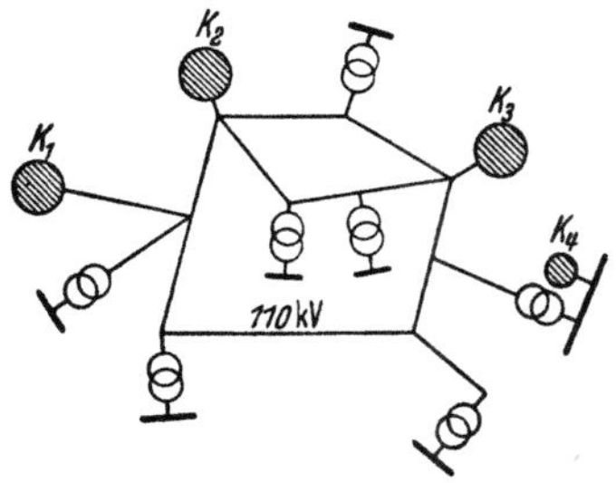

Abb. 4. Aufbau eines 110-kV-Netzes

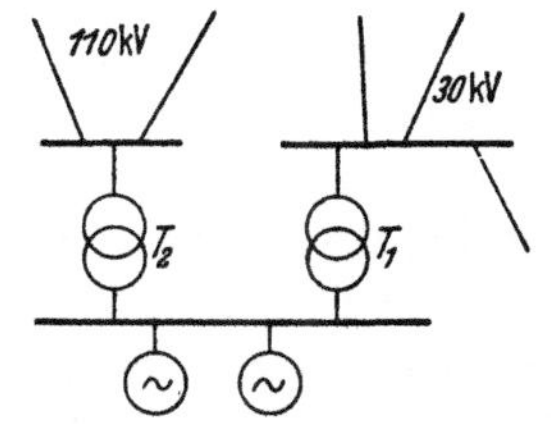

Abb. 5. Schematische Darstellung eines Kraftwerkes, dessen Energie mit zwei verschiedenen Spannungen verteilt wird

Überlandgebiete über Transformatoren mit Strom versorgt werden. Innerhalb der Überlandgebiete erfolgt die Versorgung dann entsprechend der Abb. 3. Die Kraftwerke K_1, K_2 und K_3 werden über ihre Schaltanlage meist noch ein Versorgungsgebiet direkt beliefern. Die schematische Schaltung entspricht dann beispielsweise der Abb. 5. Die Generatoren arbeiten über die Transformatoren T_1 auf die Verteilung des eigenen Versorgungsgebietes, z.B. mit 30 kV, und ferner über Transformatoren T_2 z.B. auf ein 110-kV-Netz.

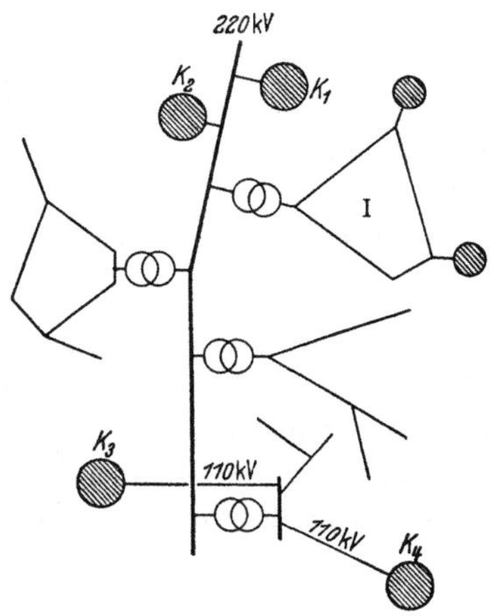

Abb. 6. Schematische Darstellung einer Großversorgung mit 220 kV

In ein Hochspannungsnetz nach Abb. 4 können auch Überlandkraftwerke mit einbezogen werden, wie z.B. das Kraftwerk K_4. Ist dessen Leistung für das eigene Versorgungsgebiet nicht ausreichend, dann wird zusätzliche Energie aus dem Hochspannungsnetz bezogen. Um eine solche Großversorgung möglichst wirtschaftlich zu gestalten, ist es notwendig, daß die Leistungsabgabe der einzelnen Kraftwerke von einer zentralen Lastverteilungsstelle genau geregelt wird.

Man kann noch einen Schritt weiter gehen und verschiedene solcher Großversorgungen an eine gemeinsame Hochspannungsleitung (Landessammelschiene) legen, die, da es sich jetzt um größere Entfernungen handelt, eine Höchstspannung von 220 oder 380 kV haben wird. Eine solche übergeordnete Großversorgung ist vor allem dann am Platze, wenn hierdurch sehr günstig arbeitende Großkraftwerke gebaut werden können. Abb. 6 zeigt ein solches Beispiel, bei dem die Kraftwerke K_1 bis K_4 auf eine 220-kV-Leitung arbeiten. Dabei können die Kraftwerke unmittelbar auf die 220-kV-Leitung arbeiten, bzw. können ihre Leistung, falls einige Kraftwerke nicht direkt an der 220-kV-Leitung gelegen sind (Kraftwerke K_3 und K_4), zunächst mit 110 kV nach einer Schaltstation an der 220-kV-Leitung bringen und hier auf 220 kV umspannen. Es ist nicht notwendig, daß sämtliche Großversorgungen, welche an diese 220-kV-Leitung angeschlossen sind, jetzt ihren Strom restlos von der 220-kV-Leitung beziehen. Solche Großversorgungen (s. das Netz I der Abb. 6) können eigene Kraftversorgung haben, wobei nur zu gewissen Zeiten oder falls ein Maschinenschaden vorhanden ist, Energie aus dem 220-kV-Netz bezogen wird.

Es sei erwähnt, daß man beim Entwurf von neuen Netzen versuchen soll, mit folgenden Nennspannungen auszukommen.

Niederspannung	380/220 V	Versorgung der Kleinverbraucher
Mittelspannung	6 kV	Stadtversorgung
	10 kV, 20 kV, 30 kV	Stadt- und Überlandversorgung
Hochspannung	60 kV, 110 kV	Landesversorgung
Höchstspannung	220 kV, 380 kV	Landessammelschienen- und Großraumversorgung

Hat man große Energiemengen auf sehr große Entfernungen zu übertragen, so kann auch hochgespannter Gleichstrom zur Anwendung kommen. Hier wird am Erzeugungsort Drehstrom in Gleichstrom umgewandelt, dieser über die Leitung geschickt und am Verbrauchsort wieder in Drehstrom rückgewandelt (s. S. 554).

II. Kraftwerke

A. Wärmekraftanlagen

a) Allgemeines

Die elektrische Energie wird im wesentlichen in Wärmekraftwerken und Wasserkraftwerken erzeugt. Wärmekraftwerke verwenden als Brennstoff Kohle, Öl, Gas und in neuerer Zeit auch spaltbares Material. Die durch die Verbrennung bzw. Kernspaltung erzeugte Wärme wird an das Arbeitsmedium übertragen, z. B. Dampf, Heißluft oder Kühlgas, oder die Verbrennung erfolgt mit dem Arbeitsmedium direkt, z. B. beim offenen Prozeß der Gasturbine.

Im Jahre 1960[1] betrug die Bruttostromerzeugung in der Bundesrepublik Deutschland 116,4 TWh[2]. Davon wurden 11% in Wasserkraftwerken und 89% in Wärmekraftwerken erzeugt. Der Anteil der Wärmekraftwerke enthält, nach Brennstoffen unterteilt, 27% Braunkohle, 54% Steinkohle, etwa 5% Gas, etwa 3% Öl. An der gesamten Stromerzeugung waren die öffentlichen Kraftwerke mit 61% beteiligt, die industriellen Eigenanlagen mit 38% und die Bundesbahn mit rund 1%. Die Engpaßleistung (s. S. 40) betrug für sämtliche Kraftwerke des Bundesgebietes rund 27500 MW. Davon entfielen auf die öffentlichen Kraftwerke 17200 MW, auf die industriellen Eigenanlagen 10000 MW und auf die Bundesbahn 300 MW. 3400 MW waren in Wasserkraftwerken installiert, 24100 MW in Wärmekraftwerken.

Der Anteil der Wasserkräfte an der Stromerzeugung ist von der anfallenden Wassermenge abhängig; kann also von Jahr zu Jahr erheblich schwanken.

Für die Zuwachsrate der Stromerzeugung gilt seit Jahren die Faustformel, daß sich der Bedarf in etwa 10 Jahren verdoppelt.

Dies entspricht einer jährlichen Zuwachsrate von 7%. Für die Planung von Kraftwerken erscheint diese pauschale Angabe nicht ausreichend, weil sie die teilweise erheblichen Schwankungen nicht berücksichtigt. So betrug die jährliche Zuwachsrate in der Bundesrepublik zwischen 1932 und 1959, also im langjährlichen Mittel, etwa 7,8%; zwischen 1932 und 1943 waren es jedoch 10%; zwischen 1945 und 1955 etwa 16% und erst in den Jahren 1955 bis 1959 erreichte die Zuwachsrate mit 7,9% etwa den Mittelwert.

Die weitaus größte Bedeutung bei den Wärmekraftwerken haben die Dampfkraftwerke. Hier wird Wasser bzw. Wasserdampf als Arbeitsmedium im Kreislauf geführt. Das durch Kreiselpumpen geförderte Wasser wird bei hohem Druck in einem Dampferzeuger verdampft. Anschließend wird, ebenfalls im Dampferzeuger, der Dampf hoch überhitzt. Durch Entspannung in einer Turbine wird Arbeit zum Antreiben des Generators gewonnen. Der entspannte Dampf kondensiert in einem Kondensator bei hohem Vakuum. Das Kondensat wird dann durch Pumpen in den Speisewasserbehälter gefördert, von wo es wieder den Speisepumpen zufließt. Dieser Kreislauf entspricht dem eines Kondensationskraftwerkes. Daneben sind in Industriebetrieben reine Gegendruckwerke zweckmäßig, wenn der gesamte in der Turbine verarbeitete Dampf zu Fabrikationszwecken benötigt wird. Auch Kombinationen der beiden erwähnten Anlagen sind gebräuchlich: Von der Konden-

[1] Elektrizitätswirtschaft 1961, H. 14.

[2] 1 TWh = 10^9 kWh.

sationsanlage mit teilweiser Dampfentnahme zu Heizzwecken bis zur Gegendruckanlage mit zusätzlichem Kondensationsteil, um noch Strom zu erzeugen, wenn der reine Fabrikationsdampf für die Stromerzeugung allein nicht ausreicht. Die Wirtschaftlichkeit derartiger Anlagen ist jedoch nicht allgemein gegeben, sondern muß für die jeweiligen Verhältnisse überprüft werden.

In kleineren Industriebetrieben kann noch die Dampfmaschine wirtschaftlich sein, bei Leistungen von einigen 100 kW; vor allen Dingen wenn Heizdampf für Fabrikationszwecke benötigt wird. Der höhere Gegendruck und die vergleichsweise kleine Dampfmenge erlauben die Anwendung einer Kolbenmaschine bei tragbaren Abmessungen.

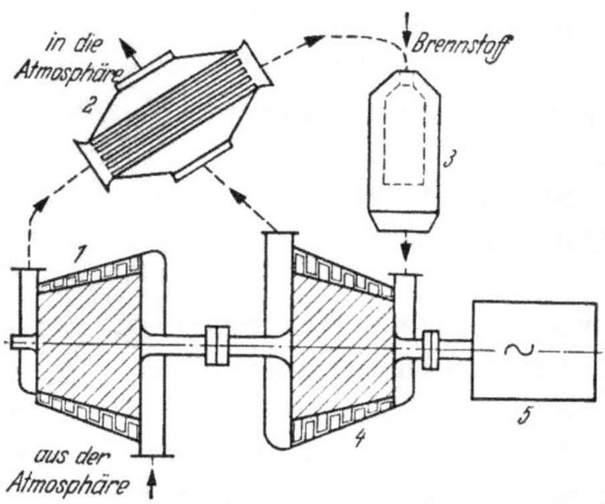

Abb. 7. Schema der Gasturbine (BBC)
1 Luftverdichter; *2* Wärmetauscher; *3* Brennkammer; *4* Gasturbine; *5* Synchrongenerator

Die Maschinen werden dann häufig stehend ausgeführt und arbeiten mit Drehzahlen von etwa 500 bis 1000 U/min. Wegen ihres den Verbrennungsmotoren ähnlichen Aufbaus werden diese Maschinen auch als Dampfmotoren bezeichnet.

Gasturbinenwerke haben in der Elektrizitätsversorgung keine entscheidende Bedeutung. Ihre Wirtschaftlichkeit hängt sehr von den örtlichen Verhältnissen ab. Als Arbeitsmedium dient Gas; z.B. reine Luft, Luft in welcher Öl verbrannt wird oder Gichtgas. Das Gas wird in einem Verdichter komprimiert, dann erhitzt und in einer Turbine entspannt. Beim Prozeß mit reiner Luft wird diese im Kreislauf geführt. Die Wärmezufuhr erfolgt in einem Wärmetauscher. Hier ist auch die Verwendung von Kohle möglich, doch hat dies wieder andere Nachteile.

Der „offene" Prozeß, bei welchem die Abgase ins Freie abgeführt werden, zeichnet sich durch große Einfachheit der Anlage, aber schlechten Wirkungsgrad aus. Der „geschlossene" Prozeß hat wesentlich besseres Teillastverhalten, erfordert aber größeren Aufwand.

Die Gasturbine ist wegen der kurzen Anfahrzeiten besonders für die Deckung von Energiespitzen geeignet. Die kennzeichnenden Elemente einer Gasturbinenanlage mit offenem Prozeß sind in Abb. 7 dargestellt.

Die Stromerzeugung mit Dieselmotoren hat heute in Deutschland keine Bedeutung im Rahmen des gesamten Energiebedarfs. Als Hilfsaggregate auf Schiffen und als Notstromaggregate in Krankenhäusern usw. sind Dieselgeneratoren jedoch bei den in Frage kommenden Leistungen wegen der relativ geringen Anlagekosten und der raschen Einsatzfähigkeit unentbehrlich. In Ländern mit niedrigen Ölkosten und geringen Wasservorkommen kann ihr Einsatz neben der Gasturbine nicht nur wirtschaftlich, sondern auch notwendig sein.

b) Wirkungsgrad und Wirtschaftlichkeit

Der Arbeitsprozeß in Wärmekraftwerken ist ein Kreisprozeß, d.h. die Energieformung wird durch periodische Zustandsänderungen des Arbeitsmediums bewirkt. Dabei ist es gleichgültig, ob immer die gleichen Moleküle im Kreislauf geführt werden, wie z.B. im Dampfkraftprozeß, oder ob immer neue Moleküle beteiligt sind, wie z.B. im offenen Gasturbinenprozeß oder im Verbrennungsmotor.

Wichtig ist nur, daß immer wieder der gleiche Ausgangspunkt und der gleiche Endpunkt des Prozesses erreicht werden. Alle Ergebnisse der Thermodynamik gehen auf 3 Erfahrungssätze, die sogenannten „Hauptsätze“ zurück. Sie besitzen allgemeine Gültigkeit. Die Aussagen dieser Sätze wurden in mehreren Fassungen formuliert, von welchen hier nur die für unsere Zwecke anschaulichsten genannt werden sollen.

1. Hauptsatz: Energie ist unzerstörbar; sie läßt sich immer nur in andere Energieformen umwandeln.

Zwischen zwei Energieformen besteht ein festes Umwandlungsverhältnis. In einem Kreisprozeß ist die Summe aller auftretenden Energiegrößen gleich Null.

2. Hauptsatz: Eine periodisch wirkende Maschine kann ohne Temperaturdifferenz nicht arbeiten.

Werden bei einem Kreisprozeß bei der absoluten Temperatur T_1, die Wärmemenge Q_1, gemessen in kcal/kg, bei der Temperatur T_2 die Wärmemenge Q_2 usw. zugeführt, dann gilt

$$Q_1/T_1 + Q_2/T_2 + \cdots = 0\,. \tag{1}$$

Dieser Satz gilt für alle Naturvorgänge ganz allgemein, in hier angeschriebener Form aber nur für reversible, d.h. umkehrbare Prozesse.

3. Hauptsatz: Es ist unmöglich eine Maschine zu ersinnen, die einem Stoff den gesamten Energieinhalt entzieht.

Kurz zusammengefaßt und auf unsere Zwecke bezogen, besagen diese Sätze folgendes:

Führt man mit einem System einen Kreisprozeß zwischen den Temperaturen T_1 und T_2 durch und führt man bei der Temperatur T_1 die Wärmemenge Q_1 zu, dann kann nur ein Bruchteil dieser Wärmemenge Q_1 in mechanische Arbeit umgesetzt werden. Eine Wärmemenge Q_2 muß, z.B. im Kondensator, abgeführt werden. Da dies eine physikalische Notwendigkeit ist, darf hier nicht von einem Verlust gesprochen werden. Der Kreisprozeß, der die größtmögliche Ausnutzung der zugeführten

Wärmemenge ergibt, wurde von CARNOT beschrieben. Er heißt deshalb „CARNOTscher Kreisprozeß“. Er besteht aus zwei Isothermen und zwei Adiabaten. Sein Wirkungsgrad, das ist der Anteil der ausnutzbaren Wärmemenge, beträgt:

$$1 - Q_2/Q_1 = 1 - T_2/T_1 . \tag{2}$$

In der Praxis wird dieser Prozeß nicht angewendet, da für brauchbare mechanische Leistungen unverhältnismäßig große bewegte Massen erforderlich wären. Er dient deshalb nur zum Vergleich, da durch ihn der größtmögliche Wirkungsgrad zwischen zwei Temperaturen gegeben ist. Andere Kreisprozesse, die ausreichende mechanische Leistung ergeben, haben zwar einen schlechteren Wirkungsgrad, als der CARNOT-Prozeß, doch gilt für sie ebenfalls der oben angegebene Zusammenhang zwischen Q_1 und Q_2. Der zweite Hauptsatz enthält auch den Begriff der Wertigkeit der Wärme. Eine Kalorie ist um so wertvoller, je höher die Temperatur ist, bei der sie zur Verfügung steht. Der CARNOT-Prozeß führt die Wärmemenge bei der höchsten Temperatur zu und bei der tiefsten Temperatur ab. Der Prozeß, der hiervon abweicht, vermindert den Anteil der in mechanische Energie umwandelbaren Wärmemenge. Der Dampfkraftprozeß entspricht bei der Wärmeabfuhr am „kalten Ende“ recht gut dem Idealprozeß, nicht aber bei der Wärmezufuhr, die sich über einen großen Temperaturbereich erstreckt. Ähnliches gilt auch für den Gasturbinenprozeß; allerdings erstreckt sich hier in der Regel auch die Wärmeabfuhr über einen Temperaturbereich.

Um einen besseren Überblick über alle Zusammenhänge zu erhalten, ist es zweckmäßig, den Prozeß in Diagrammen darzustellen. Außerdem kann der Wasserdampf bei den in der Technik üblichen Betriebsbedingungen nicht als ideales Gas betrachtet werden, er gehorcht also nicht den üblichen Gleichungen, mit welchen die Thermodynamik arbeitet, es sei denn, man berücksichtigt alle veränderlichen Faktoren.

Die Durchführung der erforderlichen Rechnungen würde für den Ingenieur viel zu zeitraubend sein. Für die Darstellung des Prozesses eignet sich das T,s-Diagramm am besten. Dabei ist T die absolute Temperatur und s die Entropie. Die beim 2. Hauptsatz angeführte Größe Q/T hat in der Thermodynamik große Bedeutung. Sie erhielt deshalb auch eine besondere Bezeichnung: Entropie. Sie ist eine Zustandsgröße für alle Stoffe. Für die Darstellung des Arbeitsvermögens des Dampfes eignet sich das i,s-Diagramm. Dabei ist i die Enthalpie, die bei isobaren Zustandsänderungen gleich der zugeführten Wärmemenge ist. Deshalb wird sie auch Wärmeinhalt genannt.

Betrachten wir als Beispiel im i,s-Diagramm (Abb. 8) 1 kg Dampf von 30 ata und 400 °C, der in einer als verlustfrei angenommenen Dampfturbine auf 0,05 ata entspannt werden soll. Bei der verlustfreien

Entspannung wird dem Dampf Wärme weder zu- noch abgeführt. Dieser Vorgang erfolgt also adiabatisch, d.h. ohne Änderung der Entropie. Im Diagramm wird diese Zustandsänderung durch eine Vertikale dargestellt,

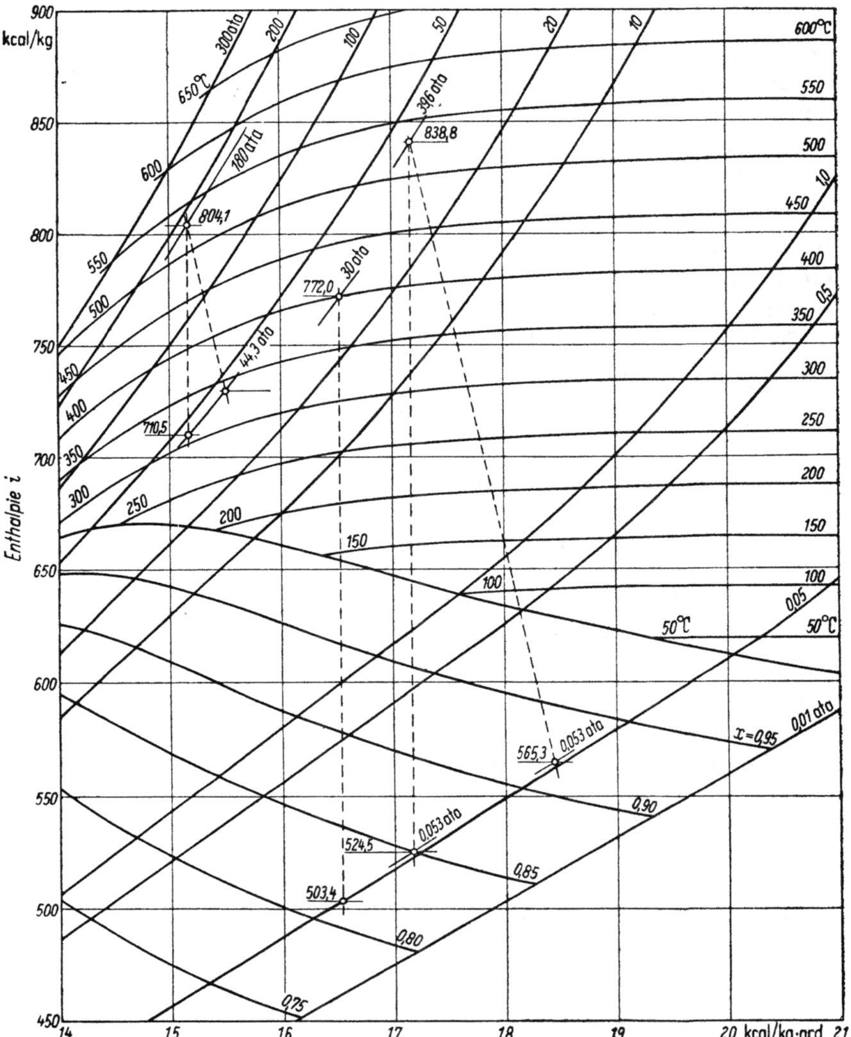

Abb. 8. *i*,*s*-Diagramm

welche von dem Punkt 1 bis zum Punkt 2 auf der Drucklinie 0,05 ata führt. Die Länge dieser Geraden gibt nun gleich die je kg Frischdampf erzeugbare mechanische Energie an. Sie wird jedoch in Wärmeeinheiten, also in kcal angegeben.

Es ist

$$i_1 = 772{,}0\,\text{kcal/kg},$$
$$i_2 = 503{,}4\,\text{kcal/kg},$$
$$i_1 - i_2 = 268{,}6\,\text{kcal/kg}.$$

Die in mechanische Arbeit umwandelbare Wärmemenge, auch Gefälle genannt, entspricht bei diesem Beispiel einer spezifischen Leistung von 0,312 kWh/kg.

Der aus der Turbine ausströmende Dampf wird nun kondensiert, wobei ihm eine Wärmemenge von 503,4 − 32,6 = 470,8 kcal/kg entzogen werden muß und zwar bei einer Temperatur von 32,6 °C. Das Kondensat hat, wie aus der Wärmetafel zu ersehen ist, einen Wärmeinhalt von 32,6 kcal/kg. Im Dampfkessel sind bis zum Frischdampfzustand dann wieder 772,0 − 32,6 = 739,4 kcal/kg zuzuführen.

Nach den oben stehenden Ausführungen kann nun leicht der Prozeßwirkungsgrad errechnet werden:

$$\eta_P = 1 - \frac{470{,}8}{739{,}4} = 0{,}363. \tag{3}$$

Dieser Wirkungsgrad erscheint sehr klein. Für seine Beurteilung darf jedoch nicht der Idealfall „100%" herangezogen werden, sondern der vergleichbare CARNOT-Prozeß. Dessen Wirkungsgrad beträgt

$$\eta_C = 1 - \frac{305{,}6}{673} = 0{,}546, \tag{4}$$

wobei $T_1 = 273 + 400 = 673$ °K und $T_2 = 273 + 32{,}6 = 305{,}6$ °K zu setzen sind.

Dem Ingenieur bieten sich nun eine Reihe von Möglichkeiten, den Prozeßwirkungsgrad zu verbessern. Für den Dampfkraftprozeß sind dies:

1. Steigerung des Frischdampfdruckes. Große Anlagen arbeiten heute mit Drücken bis 180 atü, in Einzelfällen auch bis 300 atü. Derartige Drücke sind nur sinnvoll bei Temperaturen über 520 °C und bei Zwischenüberhitzung, weil sonst der Wassergehalt am Ende der Expansion zu groß würde, was Beschädigungen der Turbinenschaufeln verursachen kann.

Außerdem muß die strömende Dampfmenge groß sein, weil bei kleinem Dampfvolumen der Wirkungsgrad der Turbine absinkt. Bei kleineren Anlagen kann durchaus ein Frischdampfdruck von 40 bis 80 atü wirtschaftlich sein.

Bei einer Frischdampftemperatur von 500 °C und 8stufiger Vorwärmung liegt die Verbesserung des Prozeßwirkungsgrades bei einer Drucksteigerung von 100 ata auf 200 ata in der Größenordnung von 6,5%.

2. *Steigerung der Frischdampftemperatur.* Große Anlagen arbeiten heute mit Temperaturen von etwa 540 °C, in Einzelfällen auch bis 600 °C. Hier gilt sinngemäß das unter 1. Gesagte. Die Temperaturgrenze für ferritische Werkstoffe liegt bei etwa 560 °C. Bei höheren Temperaturen müssen austenitische Stähle verwendet werden. Diese sind aber nicht nur teuer, sie erfordern auch besondere konstruktive Maßnahmen und sind sehr empfindlich gegen plötzliche Temperaturänderungen.

Eine Steigerung der Frischdampftemperatur von 500 °C auf 600 °C verbessert den Prozeßwirkungsgrad bei einem Frischdampfdruck von 100 ata und 8stufiger Vorwärmung um etwa 2,2%, bei 200 ata um etwa 3%.

3. *Stufenweise Vorwärmung des Speisewassers durch Anzapfdampf.* An verschiedenen Stufen des Mitteldruckteils und Niederdruckteils der Turbine wird Dampf „angezapft", d.h. ungesteuert entnommen. Er dient dazu in Wärmetauschern das Speisewasser aufzuwärmen. Das Kondensat des Anzapfdampfes wird entweder stufenweise bis zum Kondensator entspannt oder in den Speisewasserkreislauf unmittelbar zurückgepumpt. Meist findet man beide Möglichkeiten sinngemäß kombiniert. Durch die Vorwärmung wird zweierlei erreicht. Einmal erhöht man die Wassertemperatur am Kesseleintritt, d.h. die Wärmezufuhr im Kessel liegt bei höherem Temperaturniveau.

Die Wärmezufuhr durch den Anzapfdampf erfolgt etwa bei der Temperatur, die das aufzuwärmende Speisewasser hat. Die zu übertragende Wärme wird also nicht entwertet. Zum andern wird die Entropiedifferenz, in der sich der Kreisprozeß abspielt, verkleinert. Die Wärme des Anzapfdampfes bleibt dem Prozeß erhalten und muß nicht im Kondensator abgeführt werden. Selbstverständlich erhält man diesen Vorteil nicht kostenlos: da der Anzapfdampf nicht bis zum Kondensator entspannt wird, entsteht eine Leistungsminderung. Die Prozeßverbesserung durch die Vorwärmung ist abhängig von der Anzahl der Vorwärmstufen, von der Vorwärm-Endtemperatur und vom Frischdampfzustand. Sie beträgt bei 8stufiger Vorwärmung und einem Frischdampfzustand von 125 ata – 500 °C etwa 14%, wenn bis zur Sattdampftemperatur vorgewärmt wird, was allerdings nicht sinnvoll ist.

In großen Anlagen arbeitet man heute mit 7 und 8 Vorwärmstufen, in Einzelfällen auch mit 9. Dabei liegen meist 4 bis 5 Stufen auf der Niederdruckseite, also vor den Speisepumpen, und 2 bis 3 Stufen auf der Hochdruckseite.

4. *Einfache oder mehrfache Zwischenüberhitzung des teilweise entspannten Dampfes.* Der gesamte Arbeitsdampf wird nach dem Hochdruckteil der Turbine in den Kessel zurückgeführt und dort wieder erhitzt, meist auf die Frischdampftemperatur. Dadurch kann ein Gewinn erzielt werden, wenn die Mitteltemperatur der Zwischenüberhitzung höher

liegt als die mittlere Obertemperatur des Prozesses ohne Zwischenüberhitzung. Bei vorgeschriebener Temperatur nach dem Zwischenüberhitzer ist also der erzielbare Gewinn abhängig von dem Druck, bei welchem der Dampf in den Kessel zurückgeführt wird und vom Wirkungsgrad der Turbine.

Der rein thermodynamische Gewinn durch einfache Zwischenüberhitzung beträgt bei einem Frischdampfdruck von 125 ata und 500 °C maximal 1,8%, bei 180 ata – 500 °C maximal etwa 1,7%.

Der resultierende Gewinn, unter Berücksichtigung aller Faktoren, die durch die Zwischenüberhitzung beeinflußt werden, liegt bei den beiden Beispielen bei maximal etwa 4,0 bzw. 5,2%. Der Zwischendruck, bei welchem der Dampf wieder erhitzt wird, beträgt etwa 20% des Frischdampfdruckes. Bei ausgeführten Anlagen wird mit Rücksicht auf die Konstruktion der Turbine und auf das Teillastverhalten der Trenndruck meist höher, etwa auf 23% gelegt.

Zweifache Zwischenüberhitzung bringt einen weiteren resultierenden Gewinn von etwa 1% bei 125 ata – 500 °C bzw. 2% bei 180 ata – 500 °C. Der Gewinn ist um so größer, je höher der Frischdampfdruck liegt und je niedriger die Temperatur ist. Das Anwendungsgebiet ist also beschränkt.

Die Zwischenüberhitzung erfordert, wie übrigens auch die Vorwärmung, einen zusätzlichen Aufwand beim Kessel, bei den Leitungen, Armaturen und bei der Turbine. Der Vergleich dieser Kosten mit dem zu erwartenden Gewinn zeigt die Wirtschaftlichkeit dieser Maßnahmen.

Bei einem verlustlos angenommenen Gasturbinenprozeß ist theoretisch der Wirkungsgrad des gleichwertigen CARNOT-Prozesses erreichbar. Allerdings müßte sich der Prozeß dann bei Druckverhältnissen abspielen, bei welchen keine Nutzleistung zu erzielen ist. Im Gegensatz zum Dampfprozeß hat hier der Wirkungsgrad der Verdichtung einen entscheidenden Einfluß. Er beeinflußt auch sehr stark das Druckverhältnis, mit welchem der Prozeß arbeitet. Auch bei Gasturbinenanlagen bestehen eine Reihe von Möglichkeiten den Prozeßwirkungsgrad zu verbessern.

1. Erhöhung der Temperatur vor der Turbine. Die Wahl der Temperatur wird beeinflußt von der Art des Brennstoffes. Bei Ölen mit Vanadiumgehalt wird wegen der dadurch möglichen Schaufelkorrosionen 650 °C meist nicht überschritten. Bei gutartigen Brennstoffen arbeitet man auch mit höheren Temperaturen.

Schließlich spielen auch der Staubgehalt der Gase (z.B. Gichtgas) und die gewünschte Lebensdauer eine Rolle. Bei Dampfkraftanlagen hängt die Wahl des Druckes vom Wirkungsgrad der Turbine, der Speisepumpen usw. ab. Die Temperatur beeinflußt nicht nur den Wirkungsgrad des Prozesses, sondern auch den der Turbine, weil sie den Wassergehalt am Ende der Expansion bestimmt. Beim Gasturbinenprozeß ergibt sich bei gegebener Temperatur ein ganz bestimmtes Optimum für das Druckverhältnis. (Man führt hier an Stelle des Druckes das Druckverhältnis von Verdichter oder Turbine ein.) Das Optimum für den Wirkungsgrad liegt bei höherem Druckverhältnis als das Optimum für die bei dieser Temperatur erzielbare Leistung. Auch der Wirkungsgrad von Verdichter und Turbine beeinflussen das Druckverhältnis stark.

2. Wärmeaustausch zwischen den heißen Abgasen nach der Expansion und der verdichteten Luft. Ähnlich wie bei der regenerativen Vorwärmung beim Dampfkraftprozeß wird hierdurch der Prozeßwirkungsgrad verbessert. Dieser Wärmetausch hat nur Sinn, wenn die Temperatur nach der Expansion entsprechend höher liegt, als die Temperatur nach der Verdichtung. Das bedingt ein entsprechend großes Druckverhältnis, welches wieder von der Temperatur vor der Turbine abhängt.

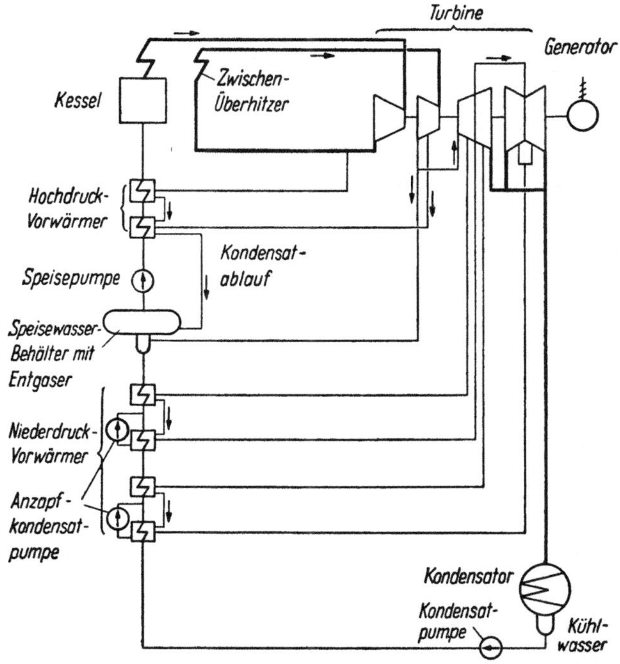

Abb. 9. Vereinfachtes Schaltbild eines Kondensations-Kraftwerksblockes mit Zwischenüberhitzung

3. Zwischenkühlung während der Verdichtung. Bei der Verdichtung erwärmt sich das Gas. Die Temperaturerhöhung ist um so größer, je höher das Druckverhältnis und je kleiner der Wirkungsgrad der Verdichtung ist. Die Verdichtungsarbeit steigt mit steigender Temperatur. Bei Zwischenkühlung kann also die Verdichtungsarbeit vermindert werden. Sie hat jedoch nur Sinn bei gleichzeitigem Wärmetausch. Es wird einfache oder mehrfache Zwischenkühlung angewendet.

4. Einfache oder mehrfache Zwischenüberhitzung. Wie beim Dampfkraftprozeß wird durch erneute Erwärmung des Arbeitsmediums nach teilweiser Expansion die mittlere Obertemperatur des Prozesses und damit der Wirkungsgrad erhöht. Da die Verbrennung meist mit großem Luftüberschuß erfolgt, kann die Zwischenüberhitzung einfach durch erneute Brennstoffzugabe bewirkt werden.

Wir wollen nun an einem praktischen Beispiel die wichtigsten Daten eines Dampfkraftwerkes aufzeigen:

Für einen Kraftwerksblock sei eine Generatorleistung von 150 MW vorgeschrieben. Der Frischdampfzustand vor Turbine wird mit 180 ata – 530 °C gewählt. Die Temperatur nach Zwischenüberhitzung betrage am Turbineneintritt 530 °C. Das Kühlwasser für die Wärmezufuhr im Kondensator muß im Kreislauf geführt werden. Das Kühlwasser wird in Kühltürmen gekühlt und zwar wird eine Kaltwassertemperatur von 21 °C festgelegt. Unter Berücksichtigung der Aufwärmung im Kondensator, die etwa 8,5 °C beträgt und der für die Wärmezufuhr im Kondensator notwendigen Temperaturdifferenz von etwa 4 °C ergibt sich eine Dampftemperatur im Kondensator von etwa 33,5 °C. Dem entspricht ein Druck von 0,053 ata. Die prinzipielle Schaltung ist in Abb. 9 dargestellt.

Der Expansionsverlauf in der Turbine ist im i-s-Diagramm, Abb. 8 dargestellt.

Enthalpie vor Hochdruckteil	$i_1 = 804{,}1$ kcal/kg
Enthalpie bei 44,3 ata	$i_{2ad} = 710{,}5$ kcal/kg
adiabatisches Gefälle	$h_{HD} = 93{,}6$ kcal/kg
ausgenütztes Gefälle, bei einem inneren Wirkungsgrad der Turbine von 0,79	$h_i = 0{,}79 \cdot 93{,}6 = 74{,}0$ kcal/kg
Dampfzustand nach Hochdruckteil	44,3 ata, 340 °C, $i = 730{,}1$ kcal/kg
Enthalpie vor Mitteldruckteil (bei 39,6 ata)	$i_z = 838{,}8$ kcal/kg
Enthalpie bei 0,053 ata	$i_{K,ad} = 524{,}5$ kcal/kg
adiabatisches Gefälle	$= 314{,}3$ kcal/kg
ausgenütztes Gefälle, bei einem inneren Wirkungsgrad der Turbine von 0,87	$h_i = 0{,}87 \cdot 314{,}3 = 273{,}5$ kcal/kg

Die Turbine enthält 7 Anzapfungen. In den 7 Vorwärmstufen wird das Speisewasser von 33,5 °C auf 252 °C vorgewärmt. Die Enthalpie des Speisewassers vor dem Kessel beträgt 261,6 kcal/kg. Der für die Vorwärmung benötigte Anzapfdampf bewirkt, wie bereits erwähnt, eine Leistungsminderung. Sie kann als „Gefälleverlust durch Vorwärmung" auf 1 kg Frischdampf bezogen werden. Da es zu weit führen würde, diese Rechnung hier zu erläutern, sei nur das Ergebnis genannt. Der Gefälleverlust beträgt bei unserem Beispiel 64,0 kcal/kg. Mit diesem Wert kann nun leicht die erforderliche Frischdampfmenge errechnet werden, nach der Gleichung

$$G = \frac{N \cdot 860}{h}. \tag{5}$$

Dabei bedeuten

G = Frischdampfmenge in t/h,
N = Leistung an der Turbinenkupplung in MW,
h = ausgenütztes Gefälle bezogen auf 1 kg Frischdampf,
860 = Wärmeäquivalent in kcal/kWh.

Die Leistung an der Turbinenkupplung beträgt 154,5 MW unter Berücksichtigung des mechanischen Wirkungsgrades der Turbine und des Generatorwirkungsgrades.

Das ausgenützte Gefälle errechnet sich wie folgt:

ausgenütztes Gefälle des Hochdruckteils	= 74,0 kcal/kg
adiabatisches Gefälle des MD- und ND-Teils	= 314,3 kcal/kg
Gefälleverlust durch Vorwärmung	= 64,0 kcal/kg
(alle Anzapfungen liegen im MD- bzw. ND-Teil)	= 250,3 kcal/kg
ausgenütztes Gefälle im MD- und ND-Teil unter Berücksichtigung der Vorwärmung 0,87 · 250,3	= 218,0 kcal/kg
gesamtes ausgenütztes Gefälle	= 292,0 kcal/kg
erforderliche Frischdampfmenge $G = \frac{154{,}5 \cdot 860}{292{,}0}$	= 455 t/h

Bei der Beurteilung einer Dampfkraftanlage und für wirtschaftliche Überlegungen ist es zweckmäßig nicht mit der Dampfmenge, sondern mit dem Wärmeverbrauch zu rechnen.

Enthalpie vor HD-Teil der Turbine	= 804,1 kcal/kg
Enthalpie des Speisewassers vor Kessel	= 261,6 kcal/kg
Wärmezufuhr im Hochdrucksystem des Kessels	= 542,5 kcal/kg
Enthalpie vor MD-Teil der Turbine	= 838,8 kcal/kg
Enthalpie nach HD-Teil der Turbine	= 730,1 kcal/kg
Wärmezufuhr im Zwischenüberhitzer des Kessels	= 108,7 kcal/kg

Es ist nun zu beachten, daß nach dem Schaltbild (Abb. 9) die letzte Anzapfung vor der Zwischenüberhitzung liegt, wie dies meist der Fall ist. Das heißt, daß für die hier entnommene Dampfmenge keine Wärmezufuhr im Zwischenüberhitzer notwendig ist. Diese Anzapfmenge beträgt bei unserem Beispiel etwa 7,4% der Frischdampfmenge. Der Wärmeverbrauch des Turbosatzes beträgt dann

$$455000 \cdot 542{,}5 + 0{,}926 \cdot 455000 \cdot 108{,}7 = 292{,}6 \times 10^6 \text{ kcal/h}.$$

Der spezifische Wärmeverbrauch beträgt

$$\frac{292{,}6 \cdot 10^6}{150000} = 1951 \text{ kcal/kWh}.$$

Der spezifische Wärmeverbrauch des ganzen Kraftwerksblockes liegt natürlich höher. Es müssen noch die Verluste und der Eigenbedarf berücksichtigt werden. Man kann diese Faktoren in die oben gezeigte Rechnung mit einbeziehen. Es ist hier aber wohl übersichtlicher, wenn man sie in Form von Wirkungsgraden anschreibt, obwohl dies nicht ganz exakt ist.

Rohrleitungen	0,98
Kessel (je nach Brennstoff)	0,92
Eigenbedarf (E-Antriebe)	0,93
Transformator	0,995

Damit errechnet sich der spezifische Wärmeverbrauch w, gemessen von der Kohle bis zu den oberspannungsseitigen Klemmen des Transformators, zu

$$w_{Ko-Kl} = \frac{1951}{0{,}98 \cdot 0{,}92 \cdot 0{,}93 \cdot 0{,}995} = 2338\ \mathrm{kcal/kWh}.$$

Dieser Wert gilt nur für den gerechneten Lastpunkt. Bei anderen Belastungen sind die Änderungen der Wirkungsgrade zu berücksichtigen. Schließlich sind noch Zuschläge zu machen, für das An- und Abfahren, für eventuelle Störungen usw. Die Höhe dieses Zuschlages ist abhängig vom Fahrplan, nach welchem der Block betrieben wird und von der Betriebssicherheit der verwendeten Bauelemente. Er kann etwa in der Größenordnung von 7 bis 10% liegen. Bei einem unteren Heizwert des Brennstoffes von 5700 kcal/kg ist für das gezeigte Beispiel bei einer Generatorleistung von 150 MW eine Brennstoffmenge von

$$\frac{2338}{5700} \cdot 150000 = 61526\ \mathrm{kg/h}$$

erforderlich.

Die spezifischen Anlagekosten in DM/kW sind sehr stark von der Maschinenleistung abhängig. Sie werden außerdem von den Randbedingungen beeinflußt, wie Bodenverhältnisse, Größe des Brennstofflagers, vom Brennstoff selbst und von der Ausstattung. Für Steinkohlenkraftwerke können folgende Anhaltswerte genannt werden:

Leistung des Turbosatzes	spez. Anlagekosten
100 MW	580,– DM/kW
150 MW	530,– DM/kW
200 MW	500,– DM/kW
250 MW	480,– DM/kW

Diese Werte gelten für Preisbasis 1962 und bei folgenden Voraussetzungen:

je Turbosatz ein Kessel,
allgemeine Einrichtungen (z. B. Bekohlungsanlage) sind auf vier gleiche Blöcke verteilt angenommen,
normale Gründungsverhältnisse,
normale Ausstattung.

Der erste Block eines neuen Kraftwerkes wird in der Regel etwas höhere Kosten aufweisen. Braunkohlenkraftwerke sind etwas teurer; Ölkraftwerke sind billiger als oben angegeben.

c) Der Dampfkessel

Der Dampfkessel hat die Aufgabe, das Speisewasser von der Vorwärm-Endtemperatur auf die Sättigungstemperatur aufzuwärmen, zu verdampfen und zu überhitzen. Bei Kesseln mit Zwischenüberhitzer muß der aus der Turbine entnommene Dampf wieder auf die Frischdampftemperatur erhitzt werden.

Wesentlich für den Kessel sind Art und Eigenschaften des Brennstoffes. Hochwertige Steinkohle, gutes Heizöl, Gas, Abfallkohle, Schlamm und Produktionsabfälle, wie Sägespäne oder Sulfitablauge, diese skizzenhafte Aufzählung kennzeichnet die Variationsbreite der Aufgabenstellung. Häufig wird gefordert, daß mehrere Brennstoffe einzeln oder gemeinsam verfeuert werden müssen. Man ist heute in der Lage, für jeden Bedarfsfall eine geeignete Feuerung vorzusehen. Bei neuzeitlichen, mittleren und großen Anlagen wird Kohle ausschließlich in der Schwebe verbrannt. Der vermahlene und getrocknete Brennstoff wird in den Feuerraum des Kessels eingeblasen. Form, Lage und Anordnung der einzelnen Brenner sind je nach der Feuerungsart verschieden.

Die Aufbereitung der Kohle – bei Staubfeuerungen ist sie unumgänglich – wird vom Brennstoff und von der Feuerung bestimmt. Der Kohlenstaub muß um so feiner sein, je gasärmer die Kohle ist. Er muß bei Feuerungen mit trockenem Ascheanfall feiner sein, als bei Feuerungen in denen die Asche schmilzt und flüssig abgezogen wird. Der Waagerecht-Zyklon schließlich verlangt verhältnismäßig groben Staub. Gleichzeitig mit der Vermahlung erfolgt eine Trocknung. Steinkohlen werden praktisch immer bis auf etwa 1% Restfeuchte abgetrocknet werden. Braunkohlen dagegen entzieht man nur etwa 25% der Feuchtigkeit. Trocknungs- und Fördermedium ist je nach Brennstoff und Anlage entweder ein Teilstrom der vorgewärmten Verbrennungsluft oder – bei sehr feuchter Kohle, wie z. B. Braunkohle – Rauchgas aus dem Kessel.

Gasförmige Brennstoffe können fast immer im Anlieferungszustand verfeuert werden. Flüssige Brennstoffe werden dem Feuerraum fein zerstäubt zugeführt. Schwere Heizöle und Teere müssen vorher durch ausreichende Vorwärmung dünnflüssig gemacht werden.

Ein gas- oder ölgefeuerter Kessel wird immer nur eine Brennkammer haben. Die Brenner sind meist an der Stirnseite des Feuerraumes angeordnet. Bei festen Brennstoffen ist der Abzug der Asche in fester und flüssiger Form möglich. In den meisten Fällen wird man sich bei Steinkohle für die Einschmelzung der Asche entscheiden, besonders bei hohem Anteil an Asche und Wasser. Im Laufe der Zeit haben sich mehrere brauchbare Feuerungsarten entwickelt, z.B. der Waagerecht-Zyklon, der Senkrecht-Zyklon, die Wirbelschmelzfeuerung, die Gegenfeuerung, die U-Feuerung. Bei der Schmelzfeuerung fällt granulierte Schlacke an, die absolut sauber verladen und transportiert werden kann. Da man mit geringem Luftüberschuß arbeitet, vermindern sich die Abgasverluste. Bei hoher Einbindung der Asche in der Brennkammer, vor allen Dingen im Zyklon, vermindert sich der Ascheumlauf im Kessel. Der in den Rauchgasentstaubungsanlagen zurückgehaltene Flugkoks wird erneut der Feuerung zugeführt, wodurch sich der Feuerungsverlust vermindert. Braunkohlenfeuerungen werden in der Regel mit trockenem Ascheabzug betrieben. Hier sind die Eckenfeuerung, die Frontfeuerung und die Deckenfeuerung üblich.

Die aufbereitete Kohle kann direkt in den Feuerraum eingeblasen werden oder sie wird in einem Zwischenbunker gespeichert und von dort in der erforderlichen Menge abgezogen. Die direkte Einblasung ist billiger, in Aufbau und Betrieb einfacher. Die Zwischenbunkerung wird nur noch angewendet, wenn so hohe Regelfähigkeit verlangt wird, daß die Trägheit der Einblasemühlen nicht zulässig ist oder wenn Mühlen gewählt werden müssen, die für direkte Einblasung nicht geeignet sind oder wenn der Wassergehalt der Kohle sehr groß ist und stark vermindert werden muß um Schmelzbetrieb zu gewährleisten (z.B. bei Braunkohle).

Steinkohlen-Mahlanlagen sind meist mit Schlägermühlen ausgerüstet, bei welchen hammerartige Schläger mit der Welle rotieren. Bei Braunkohlen wird fast ausschließlich die Gebläsemühle verwendet. Hier wird die Mahlarbeit von den Gebläseschaufeln geleistet. Normale Gebläse sind bei wasserreichen Braunkohlen wegen der hohen erforderlichen Gastemperatur und dem Staubgehalt nicht brauchbar.

Das Wassersystem eines Kessels kann für Naturumlauf oder für Zwangdurchlauf gebaut werden. Naturumlaufkessel haben eine oder mehrere hochliegende Trommeln, an denen unten Fallrohre angeschlossen sind. Die Fallrohre liegen unbeheizt hinter der Brennkammerwand und sind durch Rohrsammler mit den Steigerohren verbunden. Diese liegen an den Feuerraumwänden und werden kräftig beheizt. Durch die unterschiedliche Erwärmung des Systems stellt sich eine Strömung ein. In den Steigerohren bildet sich ein Dampf-Wasser-Gemisch, welches in die Obertrommel geführt wird. Der Dampf strömt aus der Trommel in den Überhitzer. Dieses System arbeitet einwandfrei bis fast zum kritischen Druck, wo sich das spezifische Volumen des Dampfes nicht mehr von dem des siedenden Wassers unterscheidet. Viel früher stellt sich eine Begrenzung ein durch die Tatsache, daß der Anteil der Überhitzungswärme bei höheren Drücken sehr groß wird. Der Überhitzer muß dann unter Umständen in die Brennkammer gelegt werden, wo er das Anfahren bei starker Beheizung und schlechter Kühlung sehr erschwert.

Bei Dampfdrücken ab 160 atü wird deshalb meist dem Zwangdurchlauf der Vorzug gegeben. Die Strömung wird durch die Speisepumpe erzwungen. Hält man den Endpunkt der Verdampfung im Rohrsystem bei allen Lastpunkten fest, so entspricht dies dem Prinzip des Sulzer-Kessels. Gleitet dieser Punkt im Rohrsystem, so erhält man den reinen Benson-Kessel.

Wichtig für Zwangdurchlaufkessel ist, daß alle Rohre gleichmäßig durchströmt werden, auch bei kleinen Lasten. Dies zwingt dazu, im Kessel einen hohen Druckabfall vorzusehen. Er beträgt etwa 45 bis 50 at, je nachdem, ob die Mindestlast mit 40% oder mit 30% der maximalen Dauerleistung gefordert wird.

Der Naturumlaufkessel hat folgende Vorteile:

kleinerer Druckverlust, als der Zwangdurchlaufkessel; trotzdem wird die kleinste Teillast meist durch die Feuerung bestimmt und nicht durch das Wassersystem,

bei Drucksenkung kann eine relativ große Speicherdampfmenge entnommen werden,

schnelles Anfahren aus warmem oder halbwarmem Zustand,

Feuerungsstörungen wirken sich als Leistungsänderung aus, nicht als Temperaturänderung, wie beim Zwangdurchlaufkessel.

Der Zwangdurchlaufkessel hat folgende Vorteile:

der Arbeitsdruck ist nicht begrenzt,

die Frischdampftemperatur kann bei der Benson-Bauart fast über den ganzen Lastbereich konstant gehalten werden,

gute Leistungsregelbarkeit,

die zulässige Drucksenkungsgeschwindigkeit ist größer als beim Naturumlaufkessel,

kurze Anfahrzeit aus kaltem Zustand.

In der Bauform ist der Kesselbau sehr anpassungsfähig. In Ausnahmefällen ist ein liegender Kessel möglich, also mit sehr großer Baulänge und geringer Bauhöhe. Das andere Extrem ist ein Turmkessel, der mit sehr geringer Grundfläche auskommt. Werden Rauchgasfilter und Schornstein hinter dem Kesselhaus angeordnet, dann kommt für den Kessel eine Konstruktion mit 2 Rauchgaszügen in Frage. Die Rauchgase treten dann in Bodennähe aus dem Kessel aus. Bei der sogenannten Hochbauweise wird man eine Konstruktion mit einem ganzen und 2 halben Rauchgaszügen wählen. Die Rauchgase treten in Höhe der Kesseldecke aus. Das Rauchgasfilter steht auf dem Kesselgerüst. Braunkohlenkessel bauen erheblich größer, als Steinkohlenkessel, Ölkessel kleiner. Moderne Kesselbauarten zeigen die Abb. 10 u. 10a.

Die Güte der Brennstoffausnützung bei der Dampferzeugung ist wesentlich vom Brennstoff und von der Feuerung abhängig. Zur Erläuterung seien einige Zahlen genannt, die die Größenordnung wiedergeben sollen. Bei Steinkohle mit einem unteren Heizwert H_u von 6000 kcal/kg kann ein thermischer Wirkungsgrad von etwa 93% erwartet werden, bei einer 150-MW-Anlage mit Schmelzfeuerung und einer Abgas-

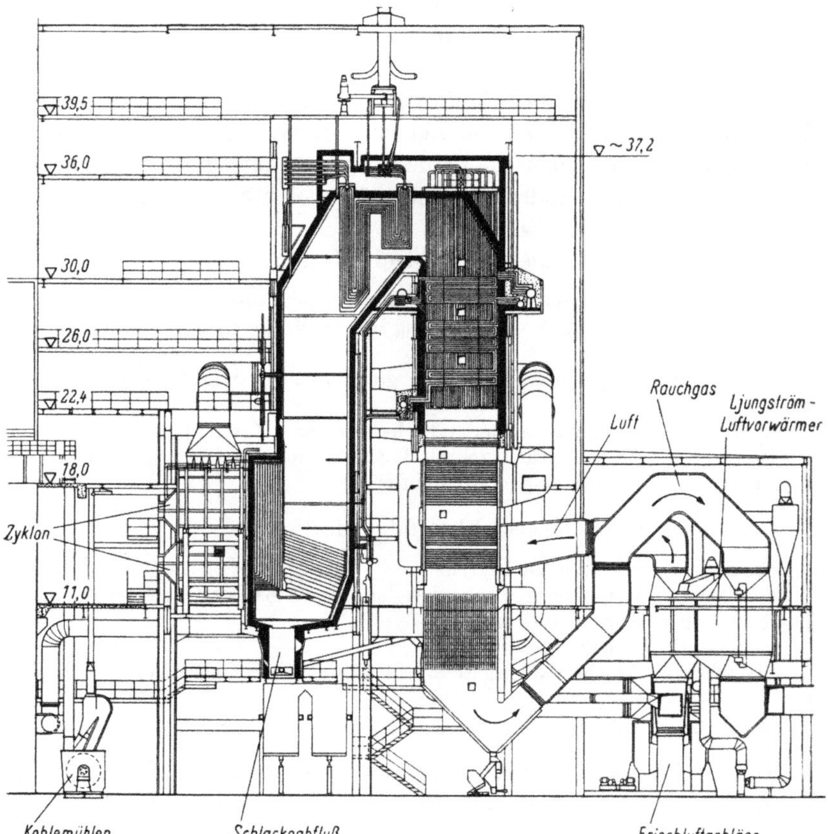

Abb. 10. Bensonkessel Bauart Babcock Feuerung: 4 Zyklone

Dampfleistung	t/h 485 = 150 MW	Brennstoff	Steinkohle	
		Unterer Heizwert	kcal/kg 4400	
Genehmigungsdruck	atü 210	Flüchtige Bestandteile	%	12–24
Frischdampftemperatur	°C 535	Asche	%	bis 40
Zwischendampftemperatur	°C 535	Wasser	%	3–8

temperatur von 120 °C. Bei Braunkohle mit $H_u = 1800$ kcal/kg kann der Wirkungsgrad 5 Punkte schlechter sein. Gichtgas mit $H_u = 1000$ kcal-Nm³ und 130 °C Abgastemperatur ermöglicht eine Ausnutzung von etwa 92%, Erdgas mit $H_u = 8000$ kcal/Nm³ und 120° Abgastemperatur etwa 94,5% und Heizöl mit $H_u = 9500$ kcal/kg etwa 95%.

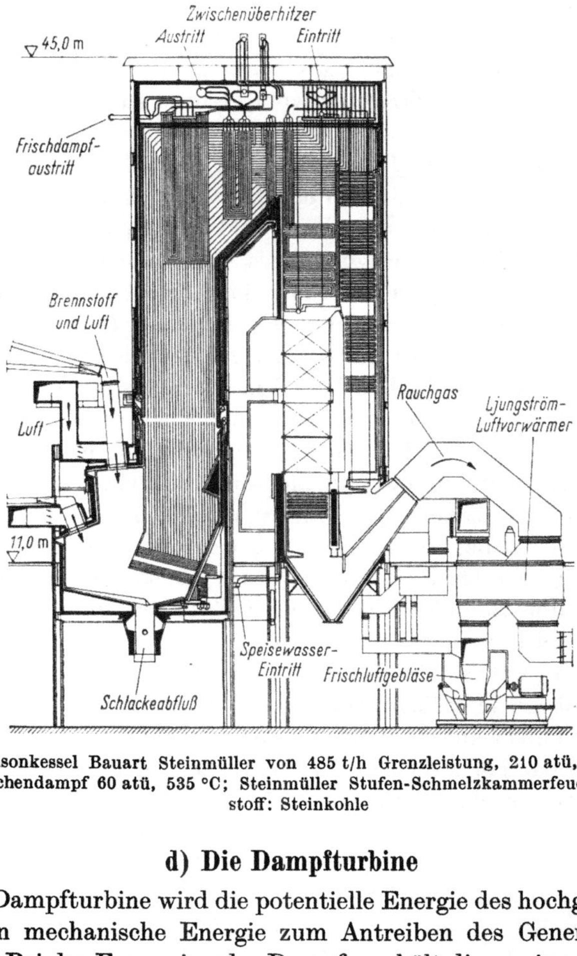

Abb. 10a. Bensonkessel Bauart Steinmüller von 485 t/h Grenzleistung, 210 atü, 535 °C Überhitzung; Zwischendampf 60 atü, 535 °C; Steinmüller Stufen-Schmelzkammerfeuerung; Brennstoff: Steinkohle

d) Die Dampfturbine

In der Dampfturbine wird die potentielle Energie des hochgespannten Dampfes in mechanische Energie zum Antreiben des Generators umgewandelt. Bei der Expansion des Dampfes erhält dieser eine der Druckminderung entsprechende Strömungsgeschwindigkeit. Durch Umlenkung des strömenden Dampfes in gekrümmten Schaufeln wird auf diese eine Kraft ausgeübt. Der Wirkungsgrad der Energieumsetzung ist abhängig von dem Verhältnis der Umfangsgeschwindigkeit der Schaufel zu der Strömungsgeschwindigkeit des Dampfes. Da man die Umfangsgeschwindigkeit nicht beliebig groß wählen kann, darf bei Einhalten eines guten Wirkungsgrades auch die Strömungsgeschwindigkeit des Dampfes nicht beliebig groß gewählt werden. Der im Frischdampf vorhandene Druck muß also stufenweise abgebaut werden. In jeder Turbinenstufe wird ein ganz bestimmtes Druckgefälle verarbeitet. Eine solche Stufe besteht aus einem feststehenden Leitrad mit Leitschaufeln und einem mit der Welle verbundenen drehbaren Laufrad mit Laufschaufeln. Die Krümmung der Schaufeln muß so ausgebildet sein, daß der aus dem Leitrad austretende Dampfstrom unter Berücksichtigung der Umfangsgeschwindigkeit des Laufrades möglichst stoßfrei in die Laufschaufeln eintritt. Das gleiche gilt für die Strömung vom Laufrad zum nachfolgenden feststehenden Leitrad.

Die Verarbeitung des Druckgefälles in einer Stufe kann auf 2 Arten bewerkstelligt werden. Entweder erfolgt die Druckabsenkung ausschließlich im Leitrad, wobei dann im Laufrad der Dampfstrom nur umgelenkt wird bei gleichzeitiger Erzeugung eines Drehmomentes, oder die Druckabsenkung erfolgt zu gleichen Teilen im Leitrad und im Laufrad. Im ersten Fall herrscht am Eintritt und am Austritt des Laufrades der gleiche Druck und man spricht dann von einer Gleichdruckturbine.

Im zweiten Fall ist der Druck am Eintritt in das Laufrad größer als am Austritt und man spricht dann von einer Überdruck- oder Reaktionsturbine. Bei der praktischen Ausführung wird auch in der Gleichdruckbeschauflung dem Laufrad ein kleines Druckgefälle zugeordnet, weil die beschleunigte Strömung günstigere Verhältnisse gibt.

Zweifellos ist der Wirkungsgrad bei der Energieumsetzung in der Beschauflung bei der Reaktionsturbine höher als bei der Gleichdruckturbine. Unter Berücksichtigung aller Faktoren sind beide Turbinen jedoch als gleichwertig zu betrachten.

Turbinen, welche ein großes Druckgefälle zu verarbeiten haben, benötigen also eine größere Anzahl von Stufen. Diese große Stufenzahl kann nicht immer auf einer Welle untergebracht werden. Es ergibt sich ein sehr großer Lagerabstand für die Welle und außerdem werden die Temperaturunterschiede für die Gehäuse zu groß. Das zwingt zur Ausführung zur Turbine mit mehreren Gehäusen, wobei die einzelnen Wellenteile starr gekuppelt werden (Abb. 11).

Bei der Expansion des Dampfes vergrößert sich dessen Volumen. Die Schaufeln müssen deshalb, in Strömungsrichtung des Dampfes gesehen, länger werden. Wie bereits erwähnt, spielt für den Wirkungsgrad der Energieumsetzung in der Beschaufelung auch die Umfangsgeschwindigkeit eine Rolle. Bei sehr langen Schaufeln ist deshalb dieser Wirkungsgrad über der Schaufellänge nicht konstant. Es ist also auch noch das Verhältnis der Schaufellänge zum Durchmesser des Laufrades wichtig. Um die großen Volumina im Niederdruckteil von Kondensationsturbinen beherrschen zu können, muß deshalb auch der Laufraddurchmesser vergrößert werden. Bei großen Leistungseinheiten ist man dann auch gezwungen, mehrere parallel geschaltete Niederdruckteile anzuordnen, um den erforderlichen Endquerschnitt zu erreichen. In Abb. 11 ist eine Turbine mit 2flutigem Austritt dargestellt, wo der Dampf dem Niederdruckteil von beiden Seiten zugeführt wird und von hier aus die beiden symmetrischen Hälften nach innen durchströmt. Da bei Reaktions-

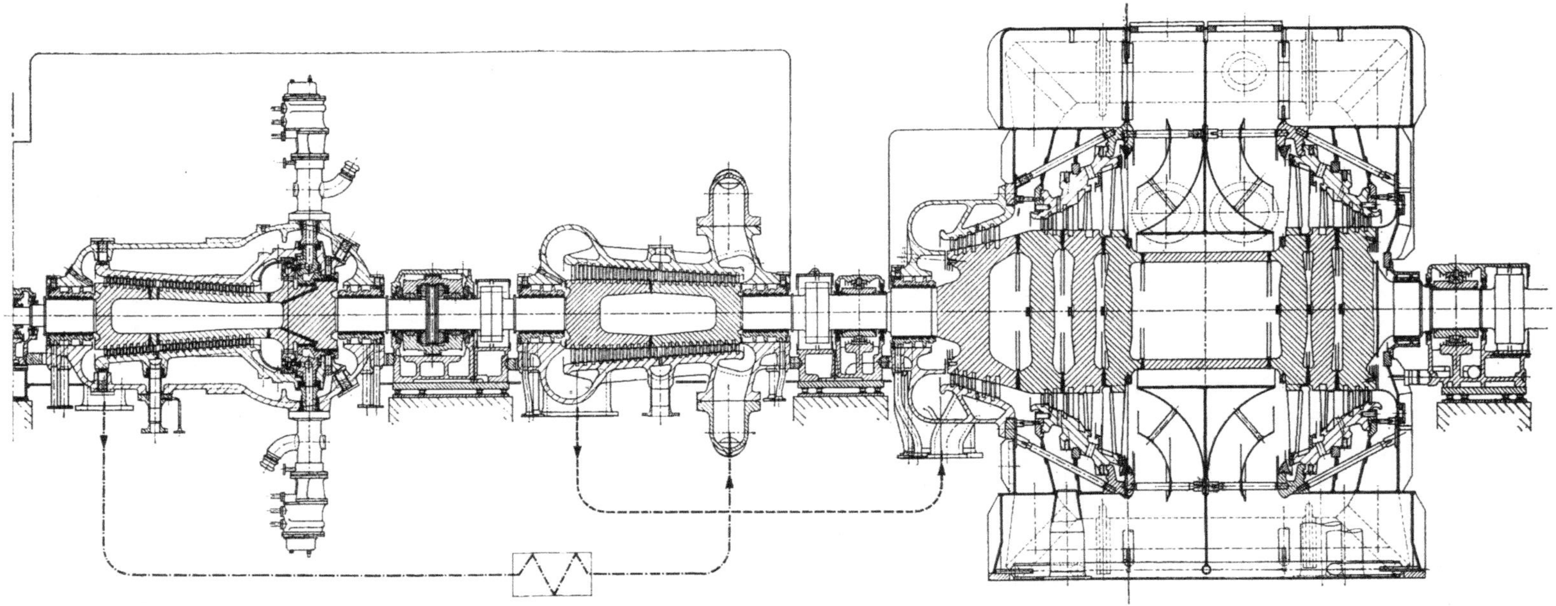

Abb. 11. Schnittbild einer dreigehäusigen Hochdruck-Kondensationsturbine mit Zwischenüberhitzung und zweiflutigem Niederdruckteil (BBC)

turbinen eine Druckdifferenz zwischen Eintritt und Austritt aus dem Laufrad herrscht, wirkt eine Kraft in Strömungsrichtung des Dampfes auf die Welle der Turbine.

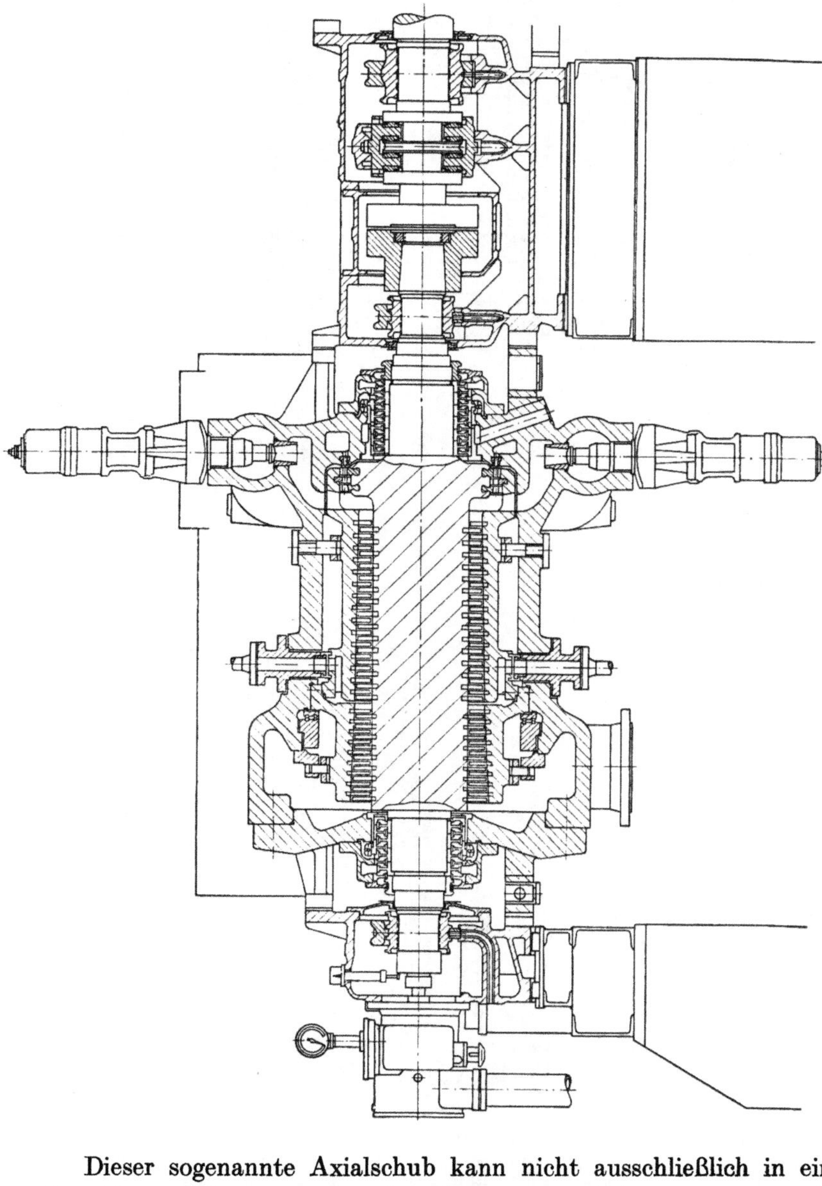

Abb. 12. Hochdruckgehäuse einer dreigehäusigen Kondensationsturbine mit Zwischenüberhitzung in Topfbauweise (SSW)

Dieser sogenannte Axialschub kann nicht ausschließlich in einem Drucklager aufgenommen werden. Die einzelnen Gehäuse müssen deshalb so geschaltet und angeordnet werden, daß sich der Schub der Wellen ausgleicht. Wo diese Maßnahme nicht ausreicht, vor allen Dingen bei Eingehäusemaschinen, muß ein Ausgleichkolben angeordnet werden (Hochdruckteil Abb. 11). Er erzeugt entgegengesetzt zur Strömungsrichtung des Dampfes den gleichen Axialschub wie die einzelnen Laufräder.

Eine andere Konstruktion des Hochdruckgehäuses einer dreigehäusigen Kondensationsturbine mit Zwischenüberhitzung in Topfbauweise zeigt Abb. 12.

Je nach Strömungsrichtung des Dampfes in Bezug auf die Turbinenachse unterscheidet man Axial- und Radialturbinen. Die Axialturbine ist jedoch vorherrschend. In früheren Jahren hatte, innerhalb eines gewissen Leistungsbereiches, die Ljungström-Turbine große Bedeutung. Sie war als gegenläufige Radialturbine gebaut, wobei sowohl Leitrad als auch Laufrad umliefen. Sie benötigte 2 Generatoren, mit je der halben Turbinenleistung, jedoch konnte das Fundament außerordentlich leicht und einfach gehalten werden. Diese Konstruktion, welche eine glänzende Ingenieurleistung darstellt, wird heute in Deutschland nicht mehr gebaut.

Für den Wirkungsgrad einer Dampfturbine ist die Schaufellänge von großer Bedeutung. In der Regel ist hierbei die Reaktionsturbine empfindlicher als die Gleichdruckturbine. Bei gegebenem Dampfstrom ist das Volumen um so kleiner, je höher der Druck ist, d.h. daß bei hohen Dampfdrücken und kleiner Turbinenleistung die Schaufeln kürzer werden und der Wirkungsgrad damit kleiner ist. In solchen Fällen kann es zweckmäßig sein, mit hohen Drehzahlen zu arbeiten, weil dann bei gleicher Umfangsgeschwindigkeit der Durchmesser des Laufrades klein und die Schaufellänge größer gehalten werden kann.

Maschinen größerer Leistungseinheit werden fast ausschließlich mit einer Drehzahl von 3000 U/min betrieben, wobei der Generator starr gekuppelt ist. Maschineneinheiten von 150 MW werden zur Zeit laufend gebaut und sind in größerer Zahl bereits in Betrieb. Maschineneinheiten mit 250 MW und 300 MW sind in Deutschland noch nicht in Betrieb. Mehrere Einheiten dieser Größe sind jedoch in Bau. In England werden Einwellenmaschinen für 500 MW gebaut. Die obere Grenze der Leistung für eine Gruppe ist bei diesen Werten noch nicht erreicht.

e) Allgemeine Anordnung

Bei großen Einheiten wird heute die Blockbauweise bevorzugt. Kessel, Turbinen und Speisepumpen sind eindeutig einander zugeordnet. Bei der Kühlwasserversorgung wird manchmal der Sammelschienenbetrieb beibehalten. Häufig sind aber auch die Kühlwasserpumpen und die Kühltürme blockgebunden. In Industriebetrieben mit Heizdampfabgabe können andere Verhältnisse herrschen und auch heute noch den Sammelschienenbetrieb sinnvoll erscheinen lassen.

Hinsichtlich der Baukörper unterscheidet man Kesselhaus, Maschinenhaus, Schwerbau und Schaltanlage. Der Schwerbau, so genannt, weil er als Stahlbetonbau ausgeführt ist und erhebliche Lasten zu tragen hat, ist nur bei Kohlenkraftwerken erforderlich. Er kann zwischen dem Kesselhaus und dem Maschinenhaus stehen. Kesselhaus und Maschinenhaus können dann in Stahlkonstruktion ausgeführt und auf dem Kesselgerüst und Schwerbau abgestützt werden. Es ist auch möglich das Kesselhaus in der Mitte anzuordnen.

Bei der sogenannten Hochbauweise steht das Elektrofilter auf dem Kesselgerüst. Die Saugzuggebläse werden auf der obersten Bühne des Schwerbaus angeordnet, der dann außerdem noch den Schornstein zu tragen hat.

Bei der sogenannten Flachbauweise wird das Elektrofilter hinter dem Kesselhaus auf ebener Erde bzw. auf einem niedrigen Gerüst aufgestellt. Der Schornstein erhält eine gesonderte Gründung. Über den Einfluß auf die Kesselbauart bei diesen Varianten wurde bereits im Abschn. c) hingewiesen.

Die Turbinen können im Maschinenhaus senkrecht oder parallel zur Maschinenhausachse aufgestellt werden. Aus Gründen der Betriebssicherheit bei schlechten Brennstoffen und mit Rücksicht auf sehr kleine Teillasten kann es zweckmäßig sein, je Turbine 2 Kessel anzuordnen. In diesem Fall wird man die Turbine parallel zur Maschinenhausachse aufstellen, weil ihre Baulänge mit der Breite des Kesselhauses etwa übereinstimmt. Auf jeden Fall erhält das Turbinenfundament eine vom Maschinenhaus getrennte Gründung.

Die Vorwärmer werden im Maschinenhaus neben der Turbine angeordnet, um kurze Rohrleitungen zu erhalten. Die Speisepumpen können im Maschinenhaus, im Schwerbau oder, wenn dieser nicht vorhanden ist, in einem eigenen Pumpenzwischenbau aufgestellt werden. Im Maschinenhaus muß ein Montagekran vorhanden sein. Das schwerste zu hebende Stück ist der Stator des Generators. Um den Kran und das Maschinenhaus leicht bauen zu können, wird vielfach der Stator mit einem hydraulischen Hebegerüst montiert. Bei einem 150-MW-Block z.B. wiegt der Stator etwa 200 t. Der Maschinenhauskran kann dann aber für 80 t Tragfähigkeit ausgelegt werden und reicht noch für eine 250-MW-Turbine, deren Aufstellung für spätere Erweiterungen vielleicht beachtet werden muß.

Das Brennstofflager liegt in unmittelbarer Nähe des Kraftwerksgebäudes. Seine Gestalt, die Größe und die maschinellen Einrichtungen werden von der Art des Brennstoffes bestimmt; ferner von den Möglichkeiten des Antransportes und von den Forderungen, die an die Lagerhaltung gestellt werden.

Die Nebengebäude, wie Wasseraufbereitungsanlage, Werkstatt, Lager, Bürogebäude usw. werden mit Rücksicht auf ihre Funktion, auf die Anordnung der Straßen und auf das architektonische Aussehen angeordnet.

Für den Dampfkreislauf muß eine Zusatzwassermenge von etwa 1% des maximalen Dampfstromes bereitgestellt werden. Bei Neuanlagen wird man mit Rücksicht auf die Inbetriebsetzung eine größere Kapazität vorsehen.

Man wählt heute meist eine chemische Aufbereitung, in der das Rohwasser entsalzt wird. Das Reinwasser hat praktisch die gleiche Qualität wie gutes Kondensat. Es muß allerdings noch entgast werden. Das kann im Kondensator der Turbine oder in einem eigenen Entgaser geschehen.

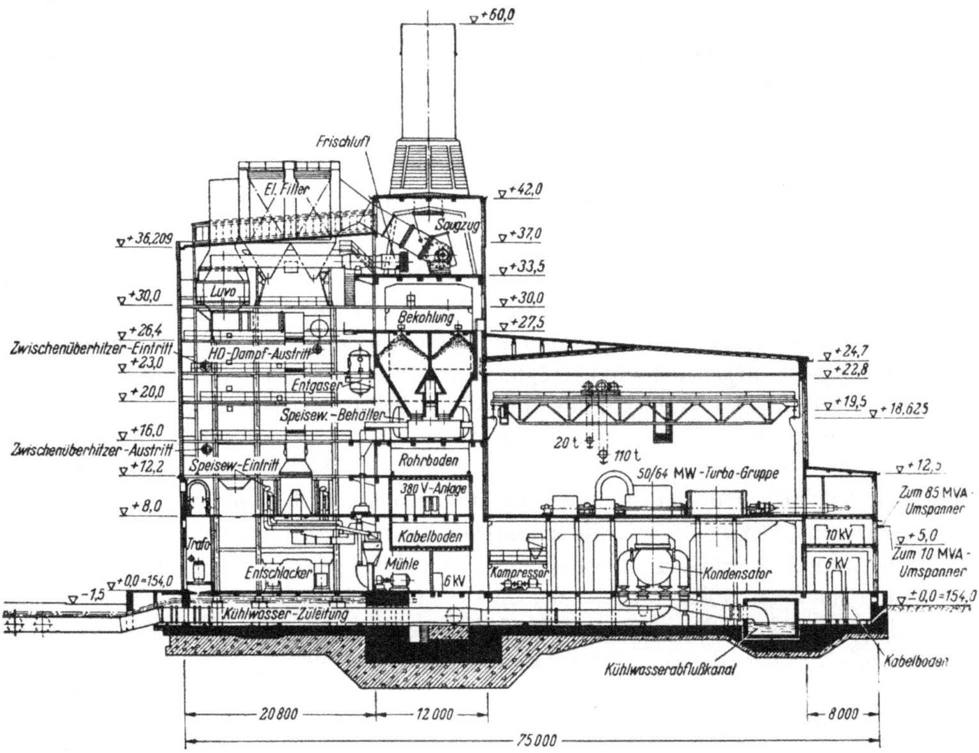

Abb. 13. Aufriß eines Kraftwerkes (BBC)

Die im Generator erzeugte Spannung muß in einem Transformator hochgespannt werden. Er wird fast ausschließlich im Freien aufgestellt. Da Dampfkraftwerke einen erheblichen Eigenbedarf an elektrischer Energie benötigen, sind Eigenbedarfs-Transformatoren erforderlich, die die Generatorspannung auf die Motorspannung herabsetzen. Die Verteilung erfolgt in einer Schaltanlage, die entweder in einem gesonderten

Schalthaus untergebracht ist, oder im Schwerbau, wenn dieser genügend Platz bietet. Häufig wird auch die 6-kV-Verteilung in einem gesonderten Schalthaus aufgestellt und die 0,4-kV-Verteilung im Schwerbau oder im Kesselhaus. Maßgebend für die Anordnung sind die Lage der Verbraucher, sowie die erforderlichen Kabellängen. Die Mehrzahl der Niederspannungsverbraucher befindet sich im Kesselhaus.

Das in der Abb. 13 gezeigte Kraftwerk kann nicht unbedingt verallgemeinert werden. Der Kühlwasserkreislauf, Flußwasserkühlung oder Rückkühlung in Kühltürmen, die Bodenverhältnisse, die Schornsteinhöhe und andere Randbedingungen beeinflussen die Gestalt und den Aufbau eines Kraftwerks erheblich. Es ist Aufgabe des jeweiligen planenden Ingenieurs unter Berücksichtigung aller wichtigen Faktoren die Anordnung der einzelnen Baukörper und den Aufbau der maschinellen Einrichtungen so zu gestalten, daß bei möglichst geringen Anlagekosten die geforderte Wirtschaftlichkeit des Kraftwerks erreicht wird.

B. Wasserkraftanlagen

a) Allgemeines

Für die Elektrizitätsversorgung eines Landes war der Gedanke immer verlockend, die verfügbaren Wasserkräfte auszunutzen, da deren Energie unentgeltlich zur Verfügung steht. Es zeigt sich, daß der Ausbau der in Deutschland vorkommenden Wasserkräfte meist ziemlich teuer ist und die Kosten für das ausgebaute kW eines Wasserkraftwerkes wesentlich höher liegen als bei einem Dampfkraftwerk. Die hohen Anlagekosten sind nicht nur durch den maschinentechnischen Teil, sondern vor allem durch die notwendigen wasserbaulichen Arbeiten bedingt. Man wird daher nur dort Wasserkräfte ausbauen, wo infolge günstiger örtlicher Lage mit mäßigen Anlagekosten zu rechnen ist. Aber auch in solchen Fällen liegt, von Ausnahmen abgesehen, der Gestehungspreis eines Wasserkraftwerkes höher als eines Dampfkraftwerkes. Da jedoch bei Wasserkraftwerken die Energie nichts kostet, kann trotzdem die Wasserkraft, wie auf S. 44 gezeigt, wirtschaftlicher sein als die Dampfkraft.

b) Turbinen

Steht eine Wasserkraft mit einem Wasserstrom Q zur Verfügung und ist die ausnutzbare Fallhöhe H, so ergibt sich, wenn unter η der Wirkungsgrad der Wasserkraftmaschine verstanden ist, die abgegebene Leistung zu

$$P = Q H \eta \tag{6a}$$

Für Überschlagsrechnungen setzt man oft $\eta = 0{,}75$ und erhält dann

P in PS, wenn man Q in m³/sek., d.h. 1000 kp/sek., H in m und das Ergebnis durch 75 dividiert, die einfache Formel

$$P_{PS} = 10\,Q\,H\,. \tag{6b}$$

Der Wirkungsgrad moderner Wasserturbinen ist höher und beträgt etwa 85 bis 93%, wobei die höheren Werte für große Leistungen gelten.

Die Wirkung der Wasserturbinen besteht darin, daß die potentielle Energie des Wassers in einer Düse oder einem feststehenden Leitrad in

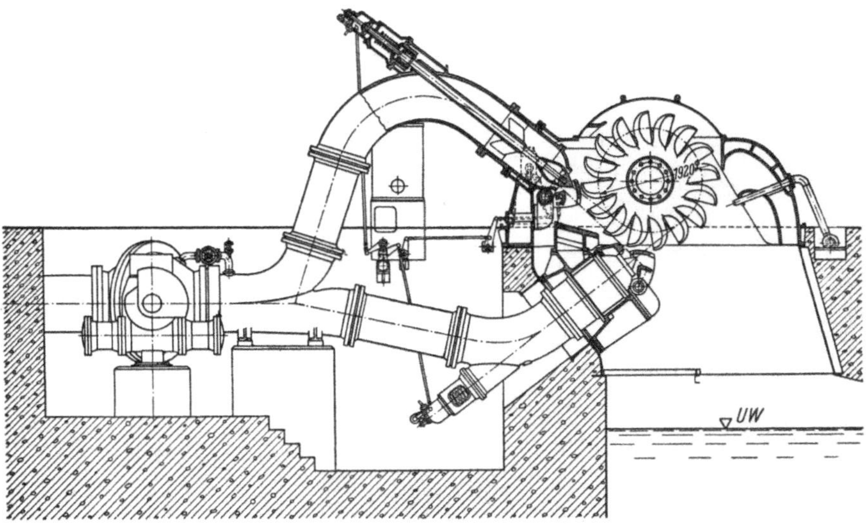

Abb. 14. Vierdüsige Doppel-Freistrahlturbine (Voith). H 358,5 m; n 375 U/min; P 52400 PS

kinetische überführt wird und diese in einem Laufrad sich in mechanische Energie umwandelt. Es stehen je nach Anforderung verschiedene Bauarten von Wasserturbinen zur Verfügung.

Für große Fallhöhen (von etwa 100 bis 2000 m) kommen Freistrahlturbinen zur Anwendung (s. Abb. 14). Bei dieser Turbinenart wird die potentielle Energie des Wassers zunächst restlos in kinetische umgewandelt, und zwar in Form eines aus einer Düse heraustretenden Wasserstrahls, der auf die Schaufeln eines Laufrades trifft und dort seine Geschwindigkeitsenergie in mechanische umwandelt. Zur Regulierung der Turbine wird eine passend geformte Nadel mehr oder weniger in die Düse hineingeschoben, wodurch die austretende Wassermenge verändert werden kann. Die Turbine kann mit einer oder mit mehreren Düsen ausgerüstet sein.

Bei Fallhöhen von etwa 60 bis 600 m wendet man Francis-Turbinen an (s. Abb. 15). Bei dieser Ausführung ist das Laufrad von einem Leitapparat umgeben, dem das Wasser spiralig zufließt. Im Leitapparat befinden sich passend geformte Schaufeln, die je nach verlangter Beaufschlagung des Laufrades mehr oder weniger verdreht werden können und dadurch den Durchflußquerschnitt verändern. Im Leitapparat wird die potentielle Energie des Wassers teilweise in kinetische umgewandelt. Darauf gelangt das Wasser mit einem gewissen Überdruck (Überdruckturbine) in das Laufrad und gibt hier seine Energie ab. Im Gegensatz

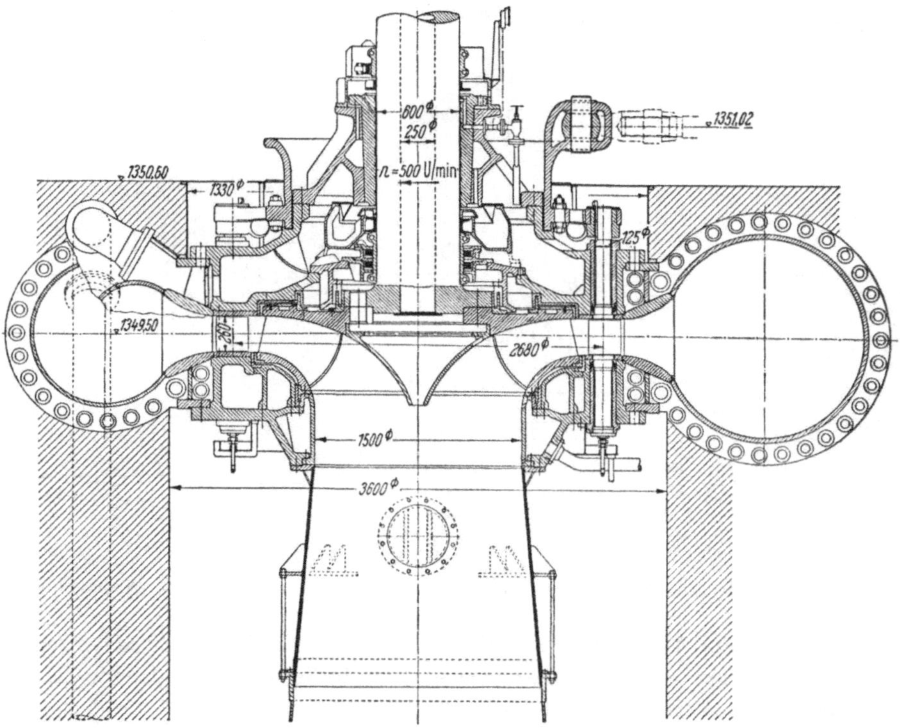

Abb. 15. Francis-Spiralturbine (Voith). H 311 m; Q 20,35 m³/s; n 500 U/min; P 76000 PS

zur Freistrahlturbine, deren Umfang nur teilweise beaufschlagt ist, handelt es sich bei der Francis-Turbine um eine vollbeaufschlagte Turbine. Die Francis-Turbine kann in vertikaler und in horizontaler Anordnung ausgeführt werden. Für sehr große Einheiten eignet sich gut die vertikale Anordnung, bei der an Grundfläche gespart wird.

Bei niedrigen Fallhöhen im Bereich von etwa 2 bis 80 m hat sich die Propeller-Turbine als günstigste Ausführung erwiesen. Der Leitapparat ist ähnlich ausgebildet wie bei der Francis-Turbine, dagegen besteht hier das Laufrad aus einem wenigflügeligen Propeller. Um den Wirkungsgrad der Propeller-Turbine auch bei stark schwankendem Gefälle und bei Teilbelastung günstig zu halten, werden nach den Vorschlägen von

KAPLAN Leitschaufeln und Laufschaufeln drehbar ausgebildet. Eine solche Turbine hat also eine Doppelregelung, und zwar werden die Schaufeln des Leitapparates und die des Laufrades gleichzeitig verdreht.

Die von Kaplan-Turbinen angetriebenen Generatoren werden vielfach als Schirmgeneratoren ausgeführt, wobei Turbinenlaufrad und Gene-

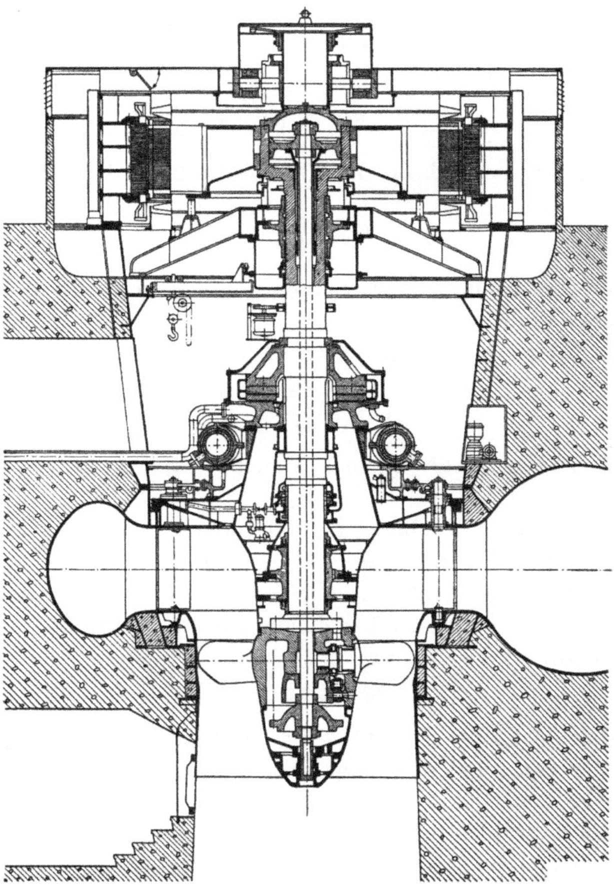

Abb. 16. Kaplan-Turbine (Voith). H_{max} 40 m; n 200 U/min; P 33800 PS

ratorläufer auf einer Welle sitzen, das Spurlager gewöhnlich auf dem Turbinendeckel angeordnet und nur ein Halslager über Turbinenlaufrad und eines unter dem Generatorläufer vorhanden ist.

Abb. 16 zeigt eine derartige Kaplan-Turbine mit Schirmgenerator. Das Steueröl für die Verstellung des Laufrades wird durch das obere Führungslager eingeführt. In der oberen Tragbrücke des Generators ist ein Hilfsgenerator eingebaut, der den Erregerumformer speist.

Wir wollen jetzt eine Turbine betrachten, die bei einer Fallhöhe H_0 und einer Wassermenge Q_0 die Drehzahl n_0 und die Leistung P_0 besitzt, und untersuchen, wie sich diese gleiche Turbine bei einer anderen Fallhöhe H verhält. Da die Geschwindigkeit v des austretenden Wassers nach Gesetzen der Mechanik

$$v = \sqrt{2gH} \tag{7}$$

ist, ergibt sich die neue Drehzahl n, da diese der Geschwindigkeit proportional ist, zu

$$n = n_0 \sqrt{\frac{H}{H_0}}. \tag{8}$$

Entsprechend findet sich für die hindurchtretende Wassermenge

$$Q = Q_0 \sqrt{\frac{H}{H_0}}. \tag{9}$$

Bei diesen Umrechnungen wird angenommen, daß der Wirkungsgrad unverändert bleibt.

Da die Leistung proportional QH ist, ergibt sich für P

$$P = P_0 \frac{H}{H_0} \sqrt{\frac{H}{H_0}}. \tag{10}$$

Die Leistungseigenschaften einer Turbine hängen also von der Fallhöhe H ab.

Um verschiedene Turbinen gut miteinander vergleichen zu können, muß dies bei gleicher Fallhöhe geschehen. Man wählt hierfür die Größe $H_0 = 1$ m und bezeichnet die zugehörige Leistung, Drehzahl, Wassermenge mit P_I, n_I und Q_I. Für beliebiges H gilt dann mit Rücksicht auf Gl. (8) bis (10)

$$n = n_I \sqrt{H}, \quad Q = Q_I \sqrt{H}, \quad P = P_I H \sqrt{H}. \tag{11}$$

Um charakteristische Eigenschaften, z.B. die Schnelläufigkeit einer Turbine herauszuschälen, genügt es noch nicht, die Eigenschaften auf die Fallhöhe von 1 m zu beziehen, sondern man muß noch eine gleiche Leistungsbasis wählen und verlangen, daß die ideelle Vergleichsturbine bei 1 m Fallhöhe die Leistung von 1 PS hat. Hat die betrachtete Turbine bei 1 m Fallhöhe jedoch die Leistung P_I, so muß man, um auf 1 PS zu kommen, sich die Turbine geometrisch verkleinert denken, und zwar um den Betrag $1/\sqrt{P_I}$. Dieser Verkleinerungsfaktor ergibt sich, da, um auf 1 PS zu kommen, die Wassermenge und damit der Durchtrittsquerschnitt der Turbine mit $1/P_I$ abnehmen muß, die linearen Abmessungen also mit der Wurzel aus dieser Größe. Da bei einer Fallhöhe von 1 m die Geschwindigkeiten in der Turbine die gleichen bleiben, die linearen Abmessungen mit $1/\sqrt{P_I}$ abnehmen, muß die Drehzahl um den Betrag $\sqrt{P_I}$ größer werden. Bezeichnet man die Drehzahl n_s unserer ideellen

Turbine, die als charakteristische Konstante unseres Turbinensystems aufzufassen ist, als die spezifische, so gilt hierfür

$$n_s = n_I \sqrt{P_I}. \tag{12}$$

Ersetzt man in dieser Gleichung die Werte n_I und P_I durch n und P_I nach Gl. (5), so findet man schließlich für n

$$n = n_s \frac{H \sqrt[4]{H}}{\sqrt{P}}. \tag{13}$$

Ist die spezifische Drehzahl einer Turbinenart gegeben, so läßt sich bei gegebener Fallhöhe und gegebener Leistung die notwendige Drehzahl n der Turbine berechnen. Liegt dagegen umgekehrt die Drehzahl der Turbine fest, so kann die spezifische Drehzahl der Turbine bestimmt werden.

Die spezifischen Drehzahlen der verschiedenen Turbinensysteme sind bekannt, und zwar liegen dieselben je nach Konstruktion bei folgenden Werten:

Freistrahlturbinen	5–60
Francis-Turbinen	60–450
Propeller- und Kaplan-Turbinen	300–1000

Da man aus wirtschaftlichen Gründen keine zu langsam laufende Turbinen gebrauchen kann, wird man bei kleinen Gefällen Turbinen mit großer spezifischer Drehzahl wählen, während bei größeren Gefällen, bei denen eine Turbine sowieso rascher läuft, Turbinen mit kleiner spezifischer Drehzahl genügen. Turbinen mit hoher spezifischer Drehzahl hierfür zu wählen, hätte keinen Wert, da infolge der dann großen Strömungsgeschwindigkeiten die Verluste zu groß und der Wirkungsgrad zu schlecht würde.

c) Lauf- und Speicherkraftwerke

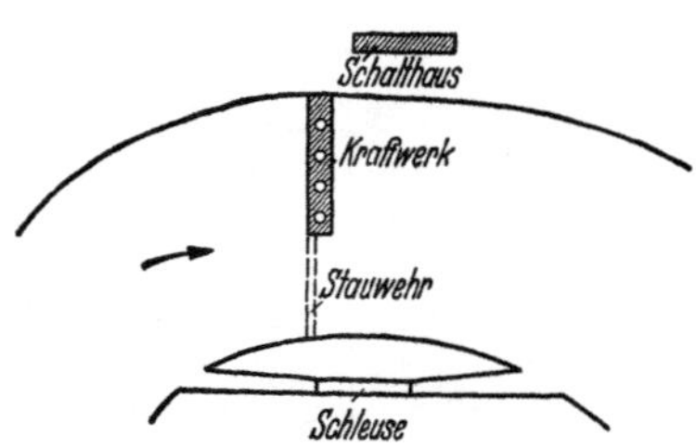

Abb. 17. Schematische Darstellung eines Laufkraftwerkes

Bei Wasserkraftanlagen unterscheidet man zwischen Laufkraft- und Speicherkraftwerken. Bei Laufkraftwerken schwankt die zur Verfügung stehende Wassermenge entsprechend den Jahreszeiten innerhalb eines Jahres; auch gibt es wasserreiche und wasserarme Jahre. Die Turbinen eines Laufkraftwerkes werden für eine Wassermenge bemessen, die sich aus Überlegungen der Wirtschaftlichkeit ergibt.

Die einfachste Anordnung eines Laufkraftwerkes ergibt sich, wenn ein Fluß mit genügendem Gefälle und steilen Ufern an geeigneter Stelle gestaut wird. Abb. 17 zeigt schematisch ein solches Staukraftwerk. Man sieht, daß Kraftwerk ebenso wie Stauwerk quer in den Fluß hineingebaut sind. Abb. 18 zeigt wie beispielsweise ein Laufkraftwerk mit Vertikal-

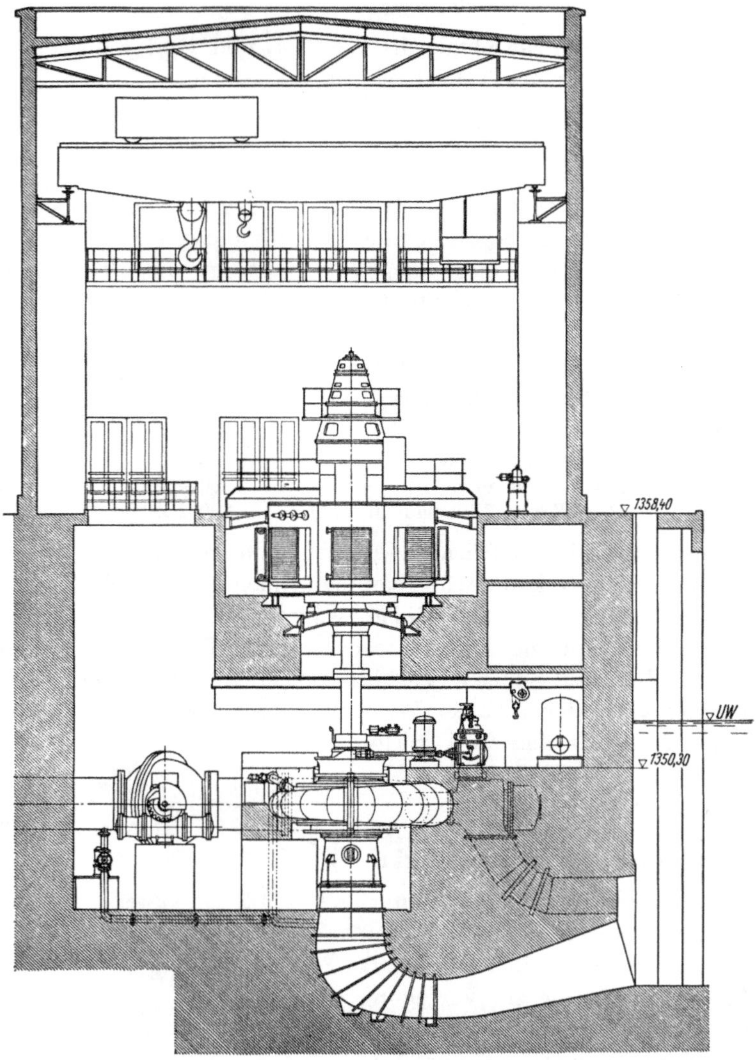

Abb. 18. Schnitt durch ein Kraftwerk in Hochbauweise mit Francis-Spiralturbine (Voith)
H 311 m; Q 20,35 m³/s; n 500 U/min; P 76000 PS

generatoren und Francis-Turbinen beschaffen sein kann. Um billig zu bauen, soll das Gebäude möglichst niedrig sein. Die Höhe ist jedoch durch die Krananlage bestimmt, mit der man Maschinenteile abmontieren und über die anderen Generatoren heben muß. Die Generatoren sollen also so niedrig wie möglich sein. Man vermeidet daher des öfteren den unmittelbaren Aufbau der Erregermaschine auf dem Generator, da dies die Generatorhöhe vergrößert und verwendet getrennt aufgestellte Erregungseinrichtungen (s. S. 89). Es kann zweckmäßig sein, die Schaltanlage nicht unmittelbar mit dem Kraftwerk zu vereinigen, sondern sie am Ufer zu errichten. Soll der Fluß schiffbar sein, dann muß, wie in der

Abb. 19. Ansicht eines hochbaulosen Kraftwerkes mit 5 Generatoren (BBC)

Abb. 17 schematisch dargestellt, das Kraftwerk durch einen kleinen Schiffahrtskanal mit Schleuse umgangen werden. Zur Verbilligung des Wasserkraftwerkes kann man auf das Maschinenhaus verzichten, falls man ein hochbauloses Kraftwerk ausführt (s. Abb. 19).

Abb. 20 zeigt ein „hochbauloses" Laufkraftwerk mit Kaplan-Turbine und Freiluftgenerator in Schirmbauweise.

Neuerdings sind auch einige „überflutbare Wehrkraftwerke" mit hydroelektrischen Einheiten, früher „Unterwasserkraftwerke" genannt, gebaut worden. Diese Kraftwerke liegen im Stromstich des Flußmutterbettes. Die gleich großen Maschineneinheiten sind in stetem Wechsel mit den Leerschüssen im Wehrkörper über die ganze Flußbreite verteilt. Die

Achsen der sogenannten „Rohrturbinen“ liegen in der natürlichen Fließrichtung des Wassers. Die Turbinen werden als Propeller-Rohrturbinen

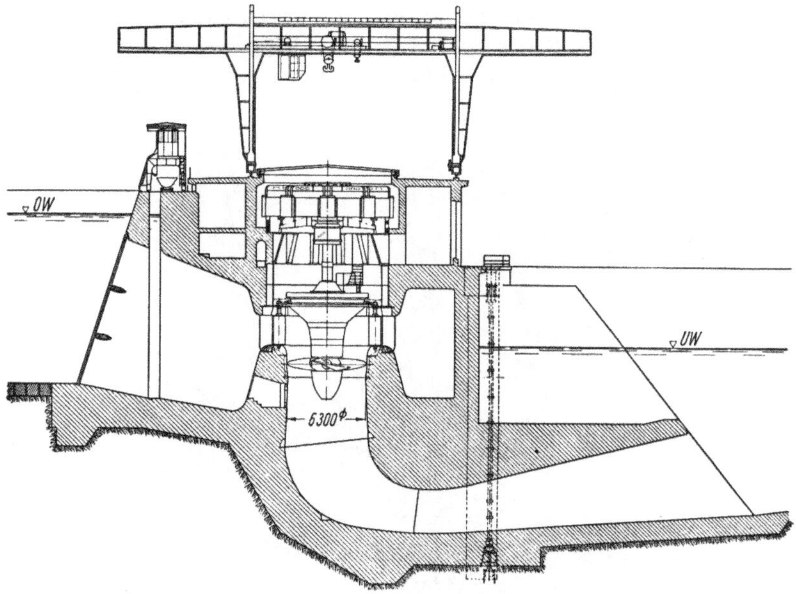

Abb. 20. Hochbauloses Laufkraftwerk mit 4 Kaplan-Turbinen, Generatoren in Schirmbauweise H 11 m; Q 251,5 m³/s; n 83,4 U/min; P 32700 PS; P_{max} 34800 PS

Abb. 21. Unterwasserkraft-Generator 2000 kVA, 3150 V, 214 U/min auf dem Prüfstand

mit festen oder als Kaplan-Rohrturbinen mit verstellbaren Laufradschaufeln ausgeführt. In die Wasserführungsrohre der Turbine sind die Gummidichtungen gegen den Laufradkranz eingesetzt. Wie Abb. 21

zeigt, bilden Turbinenlaufrad und Generatorpolrad konstruktiv eine Einheit; der Ständer des „durchflossenen“ Generators unterscheidet sich nur wenig von dem einer normalen horizontalen Maschine.

Eine Weiterentwicklung der Rohrturbine bedeutet die Lösung nach Abb. 22. Es handelt sich um eine Kaplan-Turbine mit nahezu geradem Saugrohr, die mit einem wasserumflossenen Generator über ein Planetengetriebe gekuppelt ist. Der Generator ist in horizontaler oder etwas geneigter Bauart ausgeführt.

Abb. 22. Schnittzeichnung einer Rohrturbine (Escher Wyss) mit über Planetengetriebe angetriebenem Generator

Diese neue Lösung weist einen besseren Wirkungsgrad auf als die Rohrturbine mit dem wasserdurchflossenen Generator und ist über einen größeren Fallhöhenbereich anwendbar.

Gegenüber der vertikalen klassischen Bauweise wird das Krafthaus niedriger und bei mehreren Maschinen werden die Achsabstände geringer. Bei Drehzahlen über etwa 150 U/min sieht man vielfach Direktantrieb des Generators von der Turbine vor, wobei man aus hydraulischen Gründen einen möglichst kleinen Gehäusedurchmesser des Generators anstrebt. Bei dieser Lösung liegt es nahe, die Verlustwärme des Generators unmittelbar über den wasserumflossenen birnenförmigen Strömungskörper an das Wasser abzugeben.

Falls das Ufergelände eines Flusses ungeeignet ist, um ein reines Staukraftwerk zu bauen, muß man das Kraftwerk als Kanalkraftwerk ausführen. An geeigneter Stelle des Flusses wird ein Stauwehr errichtet und das Wasser seitlich in den Oberwasserkanal, den man mit möglichst geringem Gefälle ausbildet, geleitet. Den Abschluß des Oberwasserkanals bildet das Kraftwerk, welches das zwischen Ober- und Unterwasserkanal vorhandene Gefälle ausnutzen kann (s. Abb. 23). Um die Wasserkraft eines Gebirgsflusses auszunutzen, wird es nicht immer möglich und zweckmäßig sein, das Kraftwerk in den Fluß zu bauen oder einen Kanal vorzusehen. Man wird in diesem Falle meistens durch einen Berg einen Wasserstollen treiben müssen, der in einem Wasserschloß endet. Von hier aus wird das Wasser in Rohrleitungen dem Kraftwerk zugeführt (s. Abb. 24).

Abb. 23. Schematische Darstellung eines Laufkraftwerkes mit Oberwasserkanal

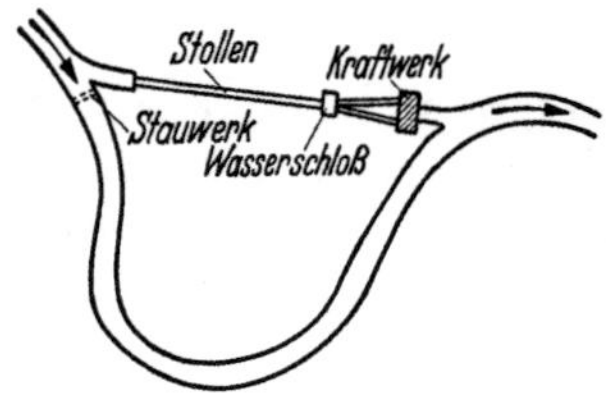

Abb. 24. Schematische Darstellung eines Hochdruckkraftwerkes mit Wasserzuführung durch Stollen

Günstige Verhältnisse für die Elektrizitätserzeugung liegen vor, wenn ein hochgelegener See mit Zu- und Abfluß vorhanden ist. Sperrt man den Abfluß aus dem See ganz oder teilweise ab und führt das Wasser durch Stollen und Rohrleitungen zum Kraftwerk und erst von hier aus in den Unterlauf des Abflusses, so erhält man ein Speicherkraftwerk (s. Abb. 25).

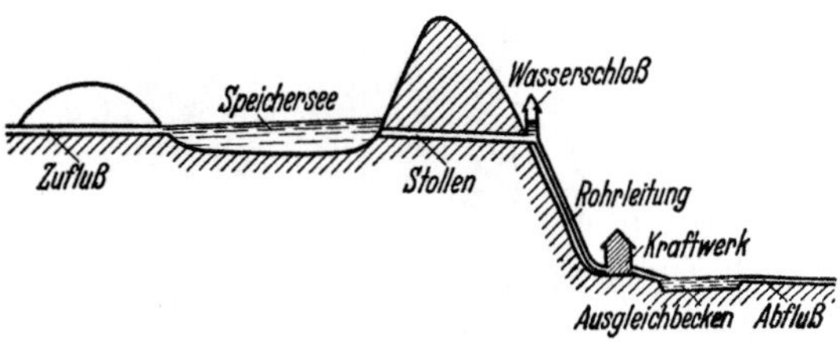

Abb. 25. Schematische Darstellung eines Speicherkraftwerkes

Im Gegensatz zu einem Laufkraftwerk braucht das zufließende Wasser nicht unmittelbar ausgenutzt zu werden, vielmehr kann man es in Zeiten schlechter Belastung in dem Speichersee ansammeln. Dafür kann zu Zeiten erhöhten Energiebedarfs mehr Wasser aus dem Speicher entnommen werden als dem normalen Zufluß entspricht. Je nach der Größe des Speicherbeckens unterscheidet man zwischen Jahres-, Monats-, Wochen- und Tagesspeicher. Da bei solchen Speicheranlagen bezüglich der Verwendung des Wassers größere Freiheit besteht, eignen sich solche Anlagen gut zur Spitzendeckung. Da bei solchen Spitzenbetrieben der Abfluß des Wassers sehr starken Schwankungen ausgesetzt ist, wird man mit Rücksicht auf die Anlieger am Unterlauf des Flusses ein Ausgleichbecken anbringen. Bei solchen Speicheranlagen, wie allgemein bei Hochdruckanlagen, muß man am Ende des Wasserstollens vor Beginn der Rohrleitungen ein Wasserschloß vorsehen. Dies ist ein Ausgleichsbehälter, in welchem, für den Fall, daß das Kraftwerk seine Turbinen abstellt, das durch den Stollen noch nachströmende Wasser emporsteigen kann. Hierdurch können unzulässige Drucksteigerungen vermieden werden. Kraftwerke in Verbindung mit Talsperren können ebenfalls als Speicherkraftwerke aufgefaßt werden (s. S. 49).

Da die Regelorgane bei Wasserturbinen bei plötzlichen Belastungsänderungen nicht so schnell arbeiten können wie bei Dampfturbinen, müssen die Turbinen oder meistens die Generatoren mit genügend großer Schwungmasse gebaut werden. Da ferner damit gerechnet werden muß, daß bei voller Entlastung die Absperrorgane der Turbine möglicherweise nicht schließen, z.B. infolge Versagen des Reglers, kann der Generator hohe Drehzahlen, etwa das Zwei- bis Dreifache der Nenndrehzahl, annehmen. Wasserkraftgeneratoren müssen also je nach Turbinen- und Regelsystem diese Überdrehzahlen mechanisch aushalten können.

Im Gegensatz zu Dampfkraftanlagen, bei denen die Anlagekosten ziemlich unabhängig von dem Ort des Kraftwerkes sind, hängen die Kosten von Wasserkraftwerken weitgehend von den örtlichen Verhältnissen ab. Die Kosten (1962) für vollständige Wasserkraftwerke liegen bei Hochdrucklaufwerken etwa in der Größenordnung von 1000,– DM bis 2000,– DM je ausgebautes kW, bei Niederdruckanlagen von 1500,– bis 2500,– DM, bei Pumpspeicherwerken von 500,– bis 2000,– DM.

C. Der Einfluß des zeitlich veränderlichen Verbrauchs auf die Kraftwerke

a) Einige energiewirtschaftliche Grundbegriffe[1]

Untersucht man für ein gegebenes Versorgungsgebiet den Verbrauch an elektrischer Energie, so findet man, daß dieser zeitlich nicht konstant ist, sondern starken Schwankungen unterliegt. Trägt man in Abhängigkeit der Zeit die entsprechende Belastung des dieses Versorgungsgebiet speisenden Kraftwerkes in kW auf, so ergibt sich ein Leistungsschaubild entsprechend Abb. 26. Die Höchstlast P_{max} ist dabei wesentlich größer als die mittlere Belastung P_{mittel} des Werkes. Die insgesamt in der Zeitspanne T_0 abgegebene elektrische Arbeit in kWh ist gleich dem Inhalt der von der Leistungskurve begrenzten Fläche A. Die mittlere abgegebene Leistung P_{mittel} ist also

$$P_{mittel} = \frac{A}{T_0} \tag{14}$$

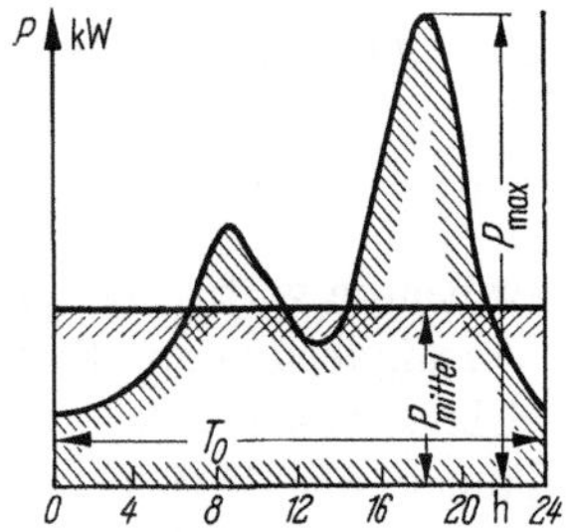

Abb. 26. Verlauf der Belastung während der Zeitspanne T_0

[1] Ringbuch der Energiewirtschaft 15/60. 811-1-1.

d.h. gleich der insgesamt abgegebenen kWh-Zahl A geteilt durch die Zahl der Stunden.

Ein Maß für die Art der Belastung ist der Belastungsfaktor m, der sich aus dem Verhältnis

$$m = \frac{A}{P_{\max} T_0} = \frac{P_{\text{mittel}}}{P_{\max}} = \frac{T_m}{T_0} \tag{15}$$

ergibt; in dieser Formel bedeuten A die Gesamtarbeit in der betrachteten Zeitspanne T_0, $P_{\max}$ die Höchstlast in dieser Zeitspanne und T_m die Benutzungsstunden der Höchstlast in dieser Zeitspanne.

Der Ausnutzungsfaktor ist

$$n = \frac{A}{P_E T_0} = \frac{P_{\text{mittel}}}{P_E} = \frac{T_n}{T_0}, \tag{16}$$

wobei P_E die Engpaßleistung eines Kraftwerks ist, d.h. die durch den leistungsschwächsten Anlageteil begrenzte, höchste ausfahrbare Leistung, $T_n = A/P_E$ sind die Ausnutzungsstunden (Ausnutzungsdauer). Manchmal setzt man in vorstehender Formel statt der Engpaßleistung P_E die installierte Leistung P_{inst} ein.

Der Ausnutzungsfaktor kann auch auf die installierte Nennleistung P_{inst} aller vorhandenen z Maschinen bezogen werden.

$$n = \frac{A}{\Sigma P_{N_z} T_0} = \frac{A}{P_{\text{inst}} T_0}. \tag{17}$$

Es genügt nicht, ein Werk für die größte im Jahr auftretende Höchstlast $P_{\max}$ auszubauen, sondern man muß berücksichtigen, daß infolge Überholung oder Reparatur ein Maschinensatz ausfallen kann, also eine Reserve zur Verfügung stehen muß. Die installierte Kraftwerksleistung P_{inst} (s. Abb. 27) wird damit größer als die Höchstleistung $P_{\max}$. Der „vorgesehene Reservefaktor" ist durch das Verhältnis

$$\frac{\text{Engpaßleistung}}{\text{Vorgesehene Höchstlast}}$$

gegeben,

$$r = \frac{P_E}{P_{\max}}. \tag{18}$$

Der „tatsächliche Reservefaktor" ist das Verhältnis

$$\frac{\text{Verfügbare Leistung}}{\text{Gefahrene Höchstlast}},$$

wobei die verfügbare Leistung sich aus der Engpaßleistung ergibt, durch Verminderung um die Leistung der in Reparatur und Überholung befindlichen Anlageteilen, soweit sie den Engpaß herabsetzen, sowie durch Abzug der Leistungsminderung infolge mangelhafter Betriebsverhältnisse. Es ist nicht notwendig, daß jedes Kraftwerk seine eigene Reserve besitzt. Sind mehrere Kraftwerke durch Leitungen miteinander verbunden, so kann z.B. ein Kraftwerk vollkommen ohne Reserve fahren, vorausgesetzt, daß im Falle eines Maschinenschadens es die dann fehlende Leistung von einem anderen Kraftwerk beziehen kann. Solchermaßen verfährt man vor allem bei Wasserkraftwerken, sowie auch bei hochwertigen Dampfkraftwerken, also bei Werken mit hohen Anlagekosten. Hier verzichtet man oft auf die Aufstellung einer Reserve und sieht dieselbe in einem Kraftwerk mit weniger teueren Maschinenanlagen vor. Ältere Kraftwerke, welche nicht so wirtschaftlich arbeiten wie moderne, werden oft mit ihren Maschinen für den Reservedienst gebraucht.

Unter Benutzung von Gln. (15) u. (18) ergibt sich

$$n = \frac{m}{r}. \tag{19}$$

Es sei erwähnt, daß man neuerdings oft die Benutzungsstundenzahl m nicht auf die in einer Zeitspanne gefahrene Höchstlast, sondern auf den Anschlußwert P_{Aw} bezieht.

Der Anschlußwert P_{Aw}, d.h. die Summe der Nennleistungen der bei den Verbrauchern angeschlossenen elektrischen Verbrauchseinrichtungen ist wesentlich größer als die installierte Kraftwerksleistung, denn die eingebauten Lampen, Motoren usw. sind nie alle gleichzeitig im Betrieb. Zur Zeit der Spitze sind beispielsweise nur 20%, auch 30% der installierten Verbraucherleistung an der Abnahme beteiligt. Man erfaßt diese Verhältnisse durch den Verbrauchsfaktor V_i:

$$V_i = \frac{P_{\max}}{P_{Aw}}. \tag{20}$$

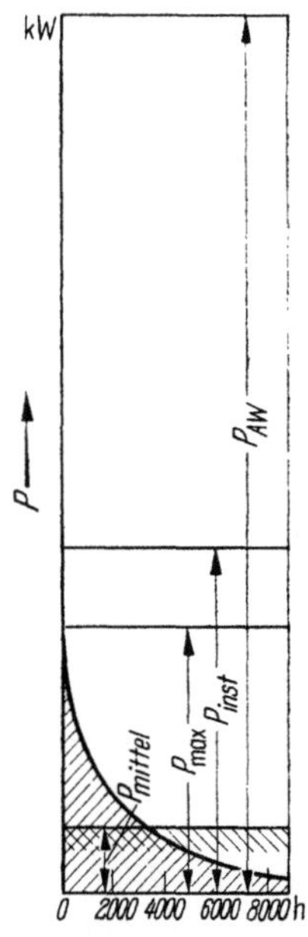

Abb. 27. Bildliche Darstellung der Höchstlast $P_{\max}$ der Ausbauleistung P_{inst} und des Anschlußwertes P_{Aw}

Die Abb. 27 zeigt bildlich die Größe von P_{mittel}, $P_{\max}$ und P_{inst} gegenüber der Größe der Anschlußleistung P_{Aw}.

b) Der Einfluß der Benutzungsdauer auf den Preis der kWh

Um den Einfluß der Benutzungsdauer auf die Wirtschaftlichkeit, d.h. in diesem Fall auf den Strompreis, festzustellen, sei eine kurze Rechnung angestellt.

Der Gestehungspreis des Stromes ab Kraftwerk wird durch den zur Stromerzeugung notwendigen Aufwand bestimmt. Die Kosten hierfür setzen sich aus einem von der Belastung des Werkes unabhängigen Anteil, den festen Kosten, und einem belastungsabhängigen Teil, den veränderlichen Kosten, zusammen. In ersterem befinden sich vor allem die

Kosten für das Kapital, für die Wartung des Kraftwerkes, für die Abschreibung von Gebäuden und Maschinen. Im belastungsabhängigen Kostenanteil treten in erster Linie die Kosten für den Brennstoff auf.

Die Anlagekosten je kW ausgebauter Kraftwerksleistung betragen a DM. Wird das Kraftwerk für die Höchstlast P_{max} ausgebaut (von der Reserve sei in diesem Beispiel abgesehen), so kostet das Kraftwerk P_{max} a DM. Dieser Betrag muß verzinst und abgeschrieben werden, ferner müssen die Kosten für Reparaturen und Bedienung Berücksichtigung finden. Man setzt diese im Jahr anfallenden Kosten proportional dem Anlagekapital und bezeichnet diesen Proportionalitätsfaktor mit p. Die jährlichen für Kapital, Abschreibung usw. aufzuwendenden Kosten, also die festen Kosten, betragen

$$K_f = P_{max}\, a\, p \,\text{DM}. \tag{21}$$

Um eine kWh zu erzeugen, ist ein Aufwand von b DM für Brennstoff notwendig. Ist die Benutzungsdauer der Höchstlast im Jahr h Stunden, so sind die auftretenden jährlichen veränderlichen Kosten

$$K_v = b\, h\, P_{max}. \tag{22}$$

Hieraus ergeben sich die in einem Jahr anfallenden Gesamtkosten zu

$$K = K_f + K_v = P_{max}\, a\, p + b\, h\, P_{max}. \tag{23}$$

Bezieht man diese Kosten auf 1 kW ausgebaute Leistung, so sind die jährlichen Kosten

$$\frac{K}{P_{max}} = a\, p + b\, h. \tag{24}$$

Da im Jahr $h\, P_{max}$ kWh erzeugt werden, sind die Gestehungskosten für die abgegebene kWh

$$k = \frac{K}{h\, P_{max}} = \frac{a\, p}{h} + b. \tag{25}$$

Diese Gleichung zeigt, daß die Kosten für die erzeugte kWh um so niedriger sind, je größer die Benutzungsdauer h des Kraftwerkes ist.

Um einen Überblick über die tatsächlichen Größenverhältnisse zu erhalten, sei in großen Zügen ein Beispiel durchgerechnet. Es handle sich um ein größeres Dampfkraftwerk auf Steinkohlenbasis mit 3 Turbogruppen von je etwa 100 MW, bei dem die Kosten je ausgebautes kW auf Preisbasis 1955 a = DM 420,– betragen sollen. Für Verzinsung, Abschreibung usw. seien je Jahr 16% aufzuwenden. Es ist als $p = 0{,}16$.

Dabei setzt sich p z. B. wie folgt zusammen:

Jährlicher Kapitaldienst bei 7,5% Zinssatz und 20 Jahren Abschreibungszeit	9,8%
Reparaturen usw.	3,0%
Verwaltung, Bedienung usw.	2,3%
Versicherung, Steuern und Abgaben	0,9%
zusammen	16,0%

Die reinen Brennstoffkosten je kWh seien

$$b = 0{,}025\ \mathrm{DM/kWh}.$$

Dieser Betrag kann näherungsweise wie folgt berechnet werden. Werden z.B. im Mittel für eine kWh 2500 kcal gebraucht, so entspricht dies, falls die Kohle einen Heizwert von 7000 kcal/kg hat,

$$\frac{2500}{7000} = 0{,}356\ \mathrm{kg\ Kohle}.$$

Kostet die Tonne Kohlen einschließlich Transport DM 70,–, so ist also

$$b = \frac{0{,}356 \cdot 70}{1000} = 0{,}025\ \mathrm{DM/kWh}.$$

$$\frac{K}{P_{\max}} = 420 \cdot 0{,}16 + 0{,}025\,h = 67{,}2 + 0{,}025\,h.$$

Die Kosten für die abgegebenen kWh ergeben sich nach Gl. (25) zu

$$k = \frac{67{,}2}{h} + 0{,}025.$$

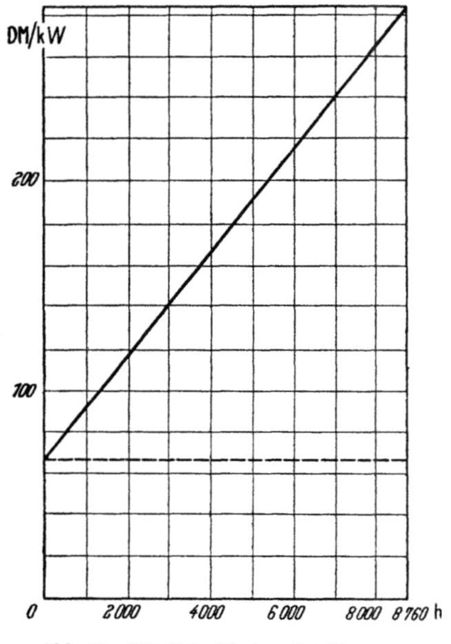

Abb. 28. Jährliche Kosten je kW ausgebaute Kraftwerksleistung in Abhängigkeit der Benutzungsstunden

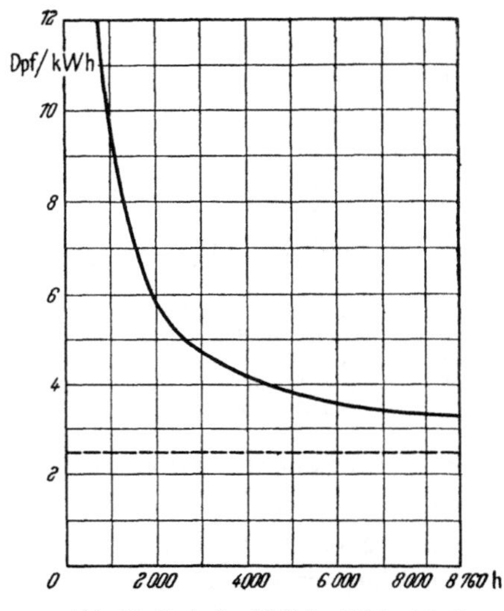

Abb. 29. Preis der kWh in Abhängigkeit der Benutzungsstunden

Die Jahreskosten für ein kW ausgebaute Kraftwerksleistung und der Preis je erzeugte kWh sind in Abb. 28 und 29 in Abhängigkeit der Belastungsdauer h aufgetragen. Die Abb. 28 zeigt, daß bei kleiner Belastungsdauer die Kapitalkosten ap überwiegen, während bei größerer Belastungsdauer die eigentlichen Stromkosten bh stärker ins Gewicht fallen. Wenn ein Elektrizitätswerk billigen Strom erzeugen soll, so ist nach Abb. 29 notwendig, daß die Zahl der Benutzungsstunden h bzw. der Belastungsfaktor m möglichst hoch ist.

Wir wollen uns jetzt vorstellen, daß für ein gegebenes Versorgungsgebiet, dessen Höchstlast in kW mit P_{max} und dessen Belastungsdauer mit h Stunden angenommen sei, ein Kraftwerk gebaut werden soll. Man kann ein Kraftwerk bauen, das einen möglichst kleinen Energieverbrauch

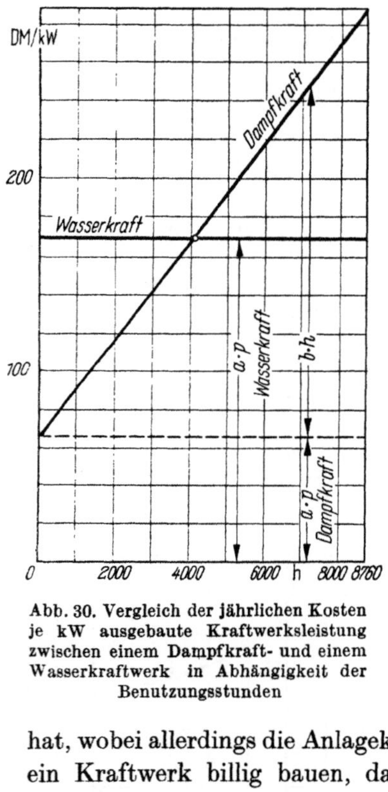

Abb. 30. Vergleich der jährlichen Kosten je kW ausgebaute Kraftwerksleistung zwischen einem Dampfkraft- und einem Wasserkraftwerk in Abhängigkeit der Benutzungsstunden

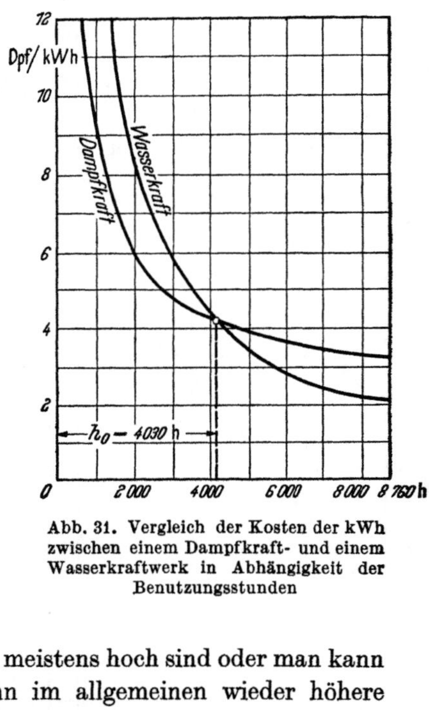

Abb. 31. Vergleich der Kosten der kWh zwischen einem Dampfkraft- und einem Wasserkraftwerk in Abhängigkeit der Benutzungsstunden

hat, wobei allerdings die Anlagekosten meistens hoch sind oder man kann ein Kraftwerk billig bauen, das dann im allgemeinen wieder höhere Energiekosten hat. Um krasse Verhältnisse zu schaffen, sei das eine Mal ein Wärmekraftwerk mit den Daten des vorhergehenden Beispiels und das andere Mal ein Wasserkraftwerk untersucht, bei dem die Anlagekosten verhältnismäßig hoch, die reinen Energiekosten für den Strom jedoch praktisch Null sind. Es sei untersucht, unter welchen Bedingungen das eine bzw. das andere Kraftwerk vorzuziehen ist. In Abb. 30 und 31 sind die Kurven aus den Abb. 28 und 29 für das Wärmekraftwerk nochmals eingetragen. Die Kurven für das Wasserkraftwerk müssen noch ermittelt werden. Die Kosten je ausgebautes kW betragen in unserem Fall bei einem Wasserkraftwerk $a = 1400$ DM, das Kapital sei mit

$p = 0{,}12$ (einschließlich Abschreibungen, Reparaturen, Bedienung usw.) zu verzinsen. Der Faktor p ist bei dem Wasserkraftwerk niedriger eingesetzt als bei dem Dampfkraftwerk, denn die Lebensdauer eines Wasserkraftwerkes liegt wesentlich höher als die eines Dampfkraftwerkes. Damit erstreckt sich aber auch die Abschreibung des Kraftwerkes über einen größeren Zeitabschnitt, was eine Verkleinerung des Abschreibungsfaktors mit sich bringt. Der Faktor p setzt sich in unserem Beispiel aus folgenden Einzelfaktoren zusammen:

Jährlicher Kapitaldienst bei 7,5% Zins und 40 Jahre Abschreibungsdienst	8%
Reparaturen usw.	2%
Verwaltung, Bedienung usw.	2%
zusammen	12%

Die jährlichen festen Kosten je ausgebautes kW betragen also

$$\frac{K}{P_{\max}} = 1400 \cdot 0{,}12 = 168\,\mathrm{DM}\,.$$

Besondere Kosten für die Stromerzeugung, also veränderliche Kosten, sind infolge der Wasserkraft nicht aufzubringen. Trägt man in Abb. 30 im Abstand 168 eine Horizontale auf, so wird die Kurve für das Dampfkraftwerk bei 4030 Benutzungsstunden geschnitten. Ist die Benutzungsdauer h des Versorgungsgebietes größer als 4030 h, dann ist, wie Abb. 30 zeigt, das Wasserkraftwerk vorzuziehen, ist dagegen die Zahl der Benutzungsstunden kleiner als 4030 h, so ist das Dampfkraftwerk das wirtschaftlichere. In Abb. 31 sind nochmals die Kosten für die abgegebene kWh aufgezeichnet; der Schnittpunkt der Kurven ergibt ebenfalls 4030 h.

Die Benutzungsdauer $h_0 = 4030$ sei im folgenden als die Grenzbenutzungsdauer für die Wirtschaftlichkeit der beiden Kraftwerke bezeichnet. Wir wollen eine allgemeine Beziehung für h_0 bei zwei Kraftwerken I und II aufstellen. Für das Kraftwerk I gilt nach Gl. (25)

$$k_1 = \frac{a_1 p_1}{h} + b_1 \tag{26}$$

und für das Kraftwerk II

$$k_2 = \frac{a_2 p_2}{h} + b_2\,. \tag{27}$$

Um die Grenzbenutzungsdauer h_0 zu finden, bei der die Wirtschaftlichkeit beider Kraftwerke gleich ist, setzen wir $k_1 = k_2$ und erhalten

$$\frac{a_1 p_1}{h_0} + b_1 = \frac{a_2 p_2}{h_0} + b_2\,. \tag{28}$$

Nach kleiner Umformung ergibt sich für die Grenzbenutzungsdauer

$$h_0 = \frac{a_1 p_1 - a_2 p_2}{b_2 - b_1}\,. \tag{29}$$

Auf Grund der Kapital- und Energiekosten kann also bei gegebener Benutzungsdauer stets festgestellt werden, welcher von zwei Vorschlägen der günstigere ist.

c) Spitzen- und Grundlastkraftwerke[1]

Der Leistungsbedarf für ein Versorgungsgebiet sei durch die Jahresbelastungskennlinie der Abb. 32 gegeben. Es bestehe die Möglichkeit, die geforderte Energie durch ein Kraftwerk, als auch durch zwei Kraftwerke zu erzeugen, wobei dann das eine Kraftwerk I kleine Kapitalkosten, jedoch höhere Brennstoffkosten und das Werk II höhere Kapitalkosten, jedoch niedrige Brennstoffkosten haben soll. Es sei untersucht, welche Lösung die günstigere ist und wie, falls zwei Kraftwerke notwendig sind, die Leistung auf die beiden Kraftwerke verteilt wird. Wir können nach Gl. (29), falls uns die Anlagekosten und Brennstoffkosten der beiden Kraftwerke bekannt sind, zunächst die Grenzbenutzungsdauer h_0 für die Kraftwerke ermitteln.

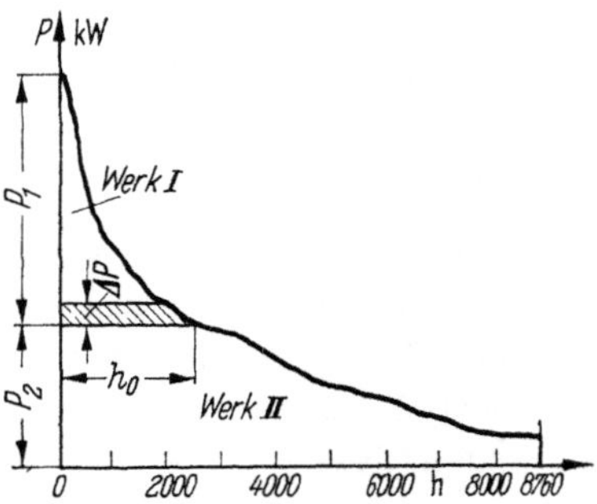

Abb. 32. Aufteilung einer geordneten Belastungskurve auf zwei Kraftwerke

Wir ziehen in der geordneten Belastungskennlinie der Abb. 32 eine Horizontale in solcher Höhe, daß der herausgeschnittene Abschnitt gerade gleich der Grenzbenutzungsdauer h_0 ist und behaupten, daß die größte Wirtschaftlichkeit dann vorhanden ist, wenn das Werk II für eine Leistung P_2 und das Werk I für eine Leistung P_1 ausgebaut wird. Die gesamte Leistung bis zur Größe P_2, also die Grundlast, wird vom Werk II, das also Grundlastwerk ist, geliefert und erst, wenn die verlangten Leistungen größer als P_2 sind, tritt das Werk I als Spitzenkraftwerk in Tätigkeit. Daß diese Lösung die wirtschaftlichste ist, geht aus folgender Überlegung hervor. Nehmen wir z.B. an, das Grundlastwerk wäre für die Leistung $P_2 + \Delta P$ ausgebaut, während das Werk I jetzt nur eine Ausbaugröße von $P_1 - \Delta P$ hat. Das Kraftwerk II hat also den schraffierten Streifen an kWh mehr und das Kraftwerk I dagegen weniger zu liefern. Da für den schraffierten Bereich die Benutzungsdauer kleiner als die Grenzbenutzungsdauer h_0 ist, wird das Werk II die schraffierten kWh nur zu einem höheren Preis als das Werk I liefern können. Es wird also eine Verteuerung der Gesamterzeugung eintreten. Genau so läßt sich zeigen, daß ebenfalls eine

[1] Krohne: Die wirtschaftliche Erzeugung der elektrischen Spitzenkraft. Berlin: Springer 1929.

Verteuerung eintritt, wenn P_2 um ΔP verkleinert, P_1 dagegen um ΔP vergrößert wird. Die kleinsten Kosten sind also tatsächlich vorhanden, falls zwei Werke gewählt werden und das Werk II als Grundlastwerk für die Leistung P_2 und das Werk I als Spitzenwerk für die Leistung P_1 ausgebaut wird[1].

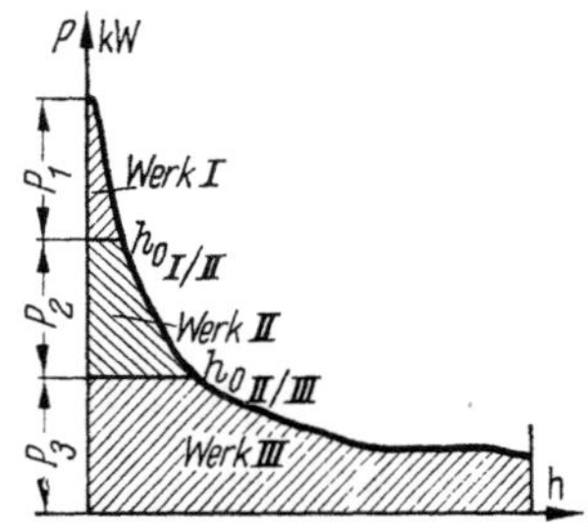

Abb. 33. Aufstellung der geordneten Jahresbelastungskurve auf drei Kraftwerke

Die oben gebrachten Überlegungen gelten allgemein und man könnte statt zwei auch drei oder vier verschiedenartige Kraftwerke bauen und die Ausbauleistung nach Abb. 33 sinngemäß entsprechend der Grenzbenutzungsdauer $h_{0\,I/II}$ und $h_{0\,II/III}$ bestimmen. Man darf jedoch die Unterteilung nicht derart weit treiben, daß die Kosten der Kraftwerke je ausgebautes kW wegen der jetzt kleineren Leistungen beachtlich ansteigen.

Es sei wieder der Fall eines Grund- und eines Spitzenkraftwerkes untersucht und angenommen, daß die Kraftwerke an der Fundstelle der Kohle, die jedoch eine gegebene Entfernung von dem eigentlichen Versorgungsgebiet besitzt, errichtet werden können. Ordnet man beide Kraftwerke an der Fundstelle an, dann muß (s. Abb. 34a) die Energie mit einer Hochspannungsleitung dem Versorgungsgebiet zugeführt werden. Man hat jedoch auch die Möglichkeit, das Spitzenkraftwerk im Versorgungsgebiet anzuordnen (s. Abb. 34b). Letztere Anordnung ist meist die günstigere, denn die Hochspannungsleitung kann jetzt schwächer bemessen sein, da sie nur die Grundlast zu führen hat. Die Spitzenleistung ebenfalls über die Hochspannungsleitung zu übertragen, wie in der ersten Anordnung vorgesehen, bringt einen Ausbau der Leitung auf diese Leistung und damit eine wesentliche Verteuerung mit sich. Dieser Mehraufwand ist in den meisten Fällen nicht gerechtfertigt, da die Spitze nur kurzzeitig auftritt und die Leitung somit in der übrigen Zeit nicht dem Ausbau entsprechend ausgenutzt wird. Wird das Spitzenkraftwerk im Schwerpunkt des Versorgungsgebietes angeordnet, so steigen zwar die reinen Brennstoffkosten infolge des Kohlentransportes etwas an. Diese Verteuerung ist jedoch meist, weil nur eine verhältnismäßig geringe

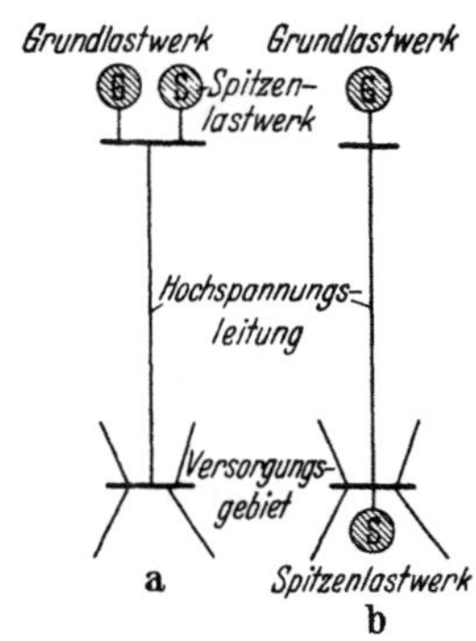

Abb. 34a u. b. Stromtransport über eine Hochspannungsleitung
a) Grundlastwerk und Spitzenlastwerk an der Fundstelle der Kohle; b) Grundlastwerk an der Fundstelle der Kohle, Spitzenlastwerk im Verbraucherschwerpunkt

[1] Tatsächlich sind die Verhältnisse verwickelter, so daß noch ergänzende Überlegungen angestellt werden müssen.

Zahl von kWh je Jahr in Frage kommt, wesentlich geringer als die Ersparnisse, welche man durch die schwächere Bemessung der Hochspannungsleitung gewinnt. Man wird also stets den Grundsatz befolgen, daß man möglichst Hochspannungsleitungen nur mit der Grundlast betreibt, die Spitzenlast dagegen im Verbrauchszentrum erzeugt. Es sei erwähnt, daß Leitungen für größere Entfernungen, also hoher Spannung, welche Grundlast fördern, nur bei genügend großer Leistung wirtschaftlich sind[1].

D. Verhalten der Kraftwerke im Betrieb

a) Zusammenarbeit verschiedener Kraftwerke

Es sei durch eine Reihe von Kraftwerken ein Netz zu versorgen, dessen Belastungskurve für einen Tag in der Abb. 35 wiedergegeben ist. Die Grundlast P_{Gr} ist der während einer Zeitspanne gleichbleibende Teil der Last. Die Spitzenlast P_{Sp} ist der die Grundlast übersteigende (veränderliche) Teil der Gesamtbelastung. Um die für einen günstigen Netzbetrieb wesentlichen Eigenschaften klar zu erkennen, seien zunächst einige idealisierte Grenzfälle behandelt.

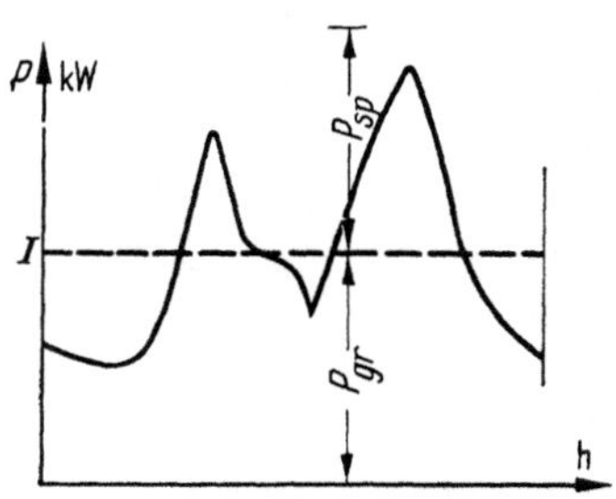

Abb. 35. Tagesbelastungskurve

Soll die nach Abb. 35 geforderte Energie von Dampfkraftwerken, oder nehmen wir zunächst an, von einem einzigen Dampfkraftwerk geliefert werden, so müssen dessen Generatoren, Turbinen und Kesselanlagen für die Summe von Grundlast P_{Gr} und Spitzenlast P_{Sp} bemessen sein. Die abgegebenen kWh sind jedoch nicht größer als bei einem Kraftwerk, das eine mittlere, jedoch konstante Belastung nach der Geraden I hat und bei dem daher sämtliche Maschinen und Kessel wesentlich kleiner sein können. Es sei zunächst untersucht, durch welche Maßnahmen man es erreichen kann, daß durch eine Art Energiespeicherung nicht alle Anlageteile für die Höchstleistung bemessen zu sein brauchen. Der idealste Fall liegt vor, wenn ein Wasserkraftwerk, und zwar ein Speicherkraftwerk, die Stromversorgung durchzuführen hat. Bei einem solchen Speicherkraftwerk (s. S. 38) gelangt das zufließende Wasser zunächst in ein Speicherbecken, in der Mehrzahl der Fälle in einen vorhandenen See und von hier durch Stollen und Rohrleitungen zu den Wasserturbinen des Kraftwerks. Bei einem derartigen Speicherkraftwerk müssen selbstverständlich die Turbinen und

[1] In der Verbundwirtschaft können jedoch auch andere Gründe eine Hochspannungsleitung rechtfertigen (Reservehaltung, Netzkupplung usw.).

die Generatoren für die Höchstleistung ausgelegt sein. Für das Speicherbecken dürfte es, sofern es sich um einen vorhandenen See handelt, ziemlich unwesentlich sein, ob die Belastung eine gleichmäßige nach der Geraden I oder eine ungleichmäßige nach der tatsächlichen Belastungskurve ist. Ein derartiges Speicherkraftwerk hat gegenüber einem normalen Dampfkraftwerk den Vorteil, daß, da die Wasserenergie jederzeit vorhanden ist, beliebig große Belastungsstöße plötzlich übernommen werden können, während dies bei einem normalen Dampfkraftwerk nicht in diesem Maße möglich ist.

Meist steht jedoch ein Speicherkraftwerk genügender Größe nicht zur Verfügung und es fragt sich, ob andere Möglichkeiten bekannt sind, damit man ein Kraftwerk nicht für die Höchstleistung ausbauen muß und das Kraftwerk selbst möglichst gleichmäßig belastet wird. Eine

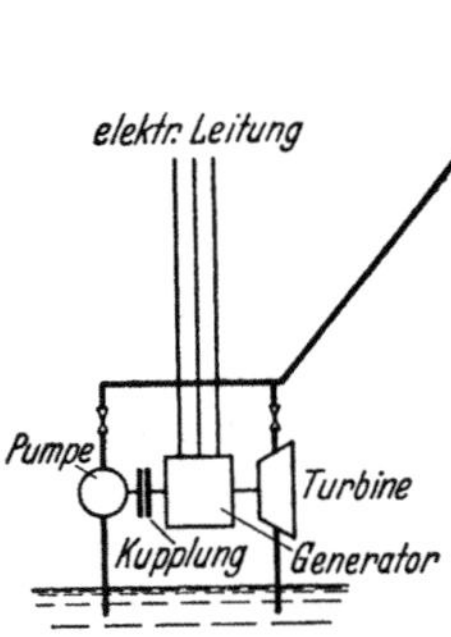

Abb. 36. Schematische Darstellung eines Pumpspeicherwerkes

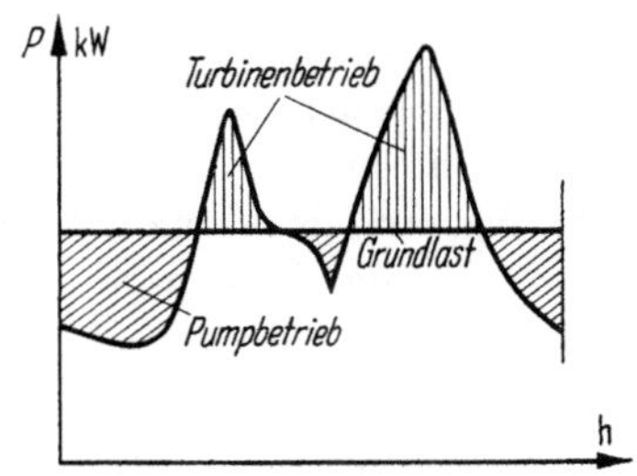

Abb. 37. Tagesbelastungskurve bei Pump- und Turbinenbetrieb

Lösung ist ein zusätzliches Pumpspeicherwerk (s. Abb. 36) für Tagesausgleich. Dies ist ein Wasserkraftwerk, welches auf einem Berg ein oft künstlich geschaffenes Speicherbecken besitzt und bei dem jeder Maschinensatz aus einem Generator mit Wasserturbine und einer meist mit Flüssigkeitskupplung gekuppelten Wasserpumpe besteht. Turbine und Pumpe können auf dieselbe nach dem Speicherbecken gehende Rohrleitung geschaltet werden. Die Grundlast der betrachteten Belastungskurven übernimmt nun ein Laufkraftwerk oder ein Dampfkraftwerk oder beide zusammen (s. Abb. 37). Ist die Belastung größer als die Grundlast, so springt das Pumpspeicherwerk ein, es arbeitet dann im Turbinenbetrieb (bei abgekuppelten Pumpen), im umgekehrten Fall im Pumpbetrieb. Im Turbinenbetrieb fließt Wasser aus dem Speicherbecken über eine Rohrleitung den Turbinen zu, die die Energie zur Deckung der Spitzenlast erzeugen. Im Pumpbetrieb arbeitet der Generator, von den Grundlastwerken gespeist, als Synchronmotor und treibt die jetzt mit ihm gekuppelte Pumpe an. Diese pumpt über die vorhandene Rohrleitung Wasser aus einem Tiefbecken oder einem Fluß in das Speicherbecken. Die mit dem Generator gekuppelte Wasserturbine ist von der Rohrleitung abgetrennt und läuft leer mit. Durch ein solches Pumpspeicherwerk können die übrigen, die Grundlast ausfahrenden Kraftwerke sehr gleichmäßig elektrische Energie erzeugen. Die Kosten je kWh werden wegen der hohen Benutzungsstunden der Kraftwerke niedrig, wobei ferner zu beachten ist, daß bei gleichmäßiger Benutzung der Gesamtwirkungsgrad ein besserer ist und besonders bei Dampfkraftwerken Reparaturen bei stetig belasteten Turbinen, Kesseln und Generatoren seltener sind als bei nicht gleichmäßig belasteten, bei denen leicht unerwünschte Wärmespannungen auftreten. Ein Pumpspeicherwerk kommt allerdings nur dann in Frage, wenn es in nicht allzu großer Entfernung vom Belastungsschwerpunkt liegt, längere Leitungen also nicht notwendig sind und wenn durch günstige Geländeverhältnisse die wasserbaulichen Anlagen nicht zu teuer werden. Ferner müssen die reinen Energiekosten sehr billig sein, da man wegen der doppelt zu zählenden Wirkungsgrade nur etwa 55 bis 65% der zugeführten Energie aus dem Speicher herausholen und in das Netz fördern kann. Bei Pumpspeichersätzen sehr großer Leistung wird heute ein Gesamtwirkungsgrad von etwa 75% erreicht. Trotz hoher Gestehungskosten kann ein Pumpspeicherwerk auf lange Sicht gesehen wirtschaftlich sein, da die teuren wasserbaulichen Anlagen eine sehr hohe Lebensdauer haben, die Abschreibungen also sehr niedrig sind.

Das Pumpspeicherwerk kann auch mit einem Speicherkraftwerk vereinigt werden. Nimmt man bei einem Speicherkraftwerk vereinfachend an, der Wasserzufluß sei konstant und die Belastungen wiederholen sich jeden Tag in derselben Größe, so muß die je Tag gelieferte Zahl von kWh dem Wasserzufluß entsprechen. Man kann jedoch auch, falls die Maschinenleistung groß genug ist und der Speichersee genügend Wasservorrat besitzt, während einiger Stunden des Tages mehr Energie aus einem solchen Speicherkraftwerk entnehmen, als dem Wasserzufluß je Tag entspricht. Man muß jedoch dann zu belastungsschwachen Zeiten die zuviel entnommene Energie wieder zurückgeben, d.h. die Kraftwerksgeneratoren müssen als Motoren laufen, die mittels Pumpen wieder Wasser aus einem Tiefbecken in den Speichersee hineinpumpen. Bei einem solchen kombinierten Speicher- und Pumpkraftwerk müssen also einige oder alle Generatoren außer den Turbinen noch Pumpen erhalten.

Seit einiger Zeit ist man in einigen Fällen dazu übergegangen „Pumpenturbinen“ zu verwenden, d.h. es ist nur eine hydraulische Maschine vorhanden, die in der Regel in der einen Drehrichtung als Turbine und in der anderen als Pumpe läuft. Beim Übergang zum Pumpbetrieb wird der Maschinensatz elektrisch hochgefahren.

Ein Pumpspeicherbecken bietet auch sonst betrieblich sehr große Vorteile und kann für folgenden Betriebsfall von Nutzen sein: Eine Reihe von Laufkraftwerken (s. Abb. 38) arbeiten auf eine Leitung, in die auch mehrere Dampfkraftwerke speisen. Bei *A* befindet sich ein Pumpspeicherwerk. Ist der Energiefluß der Leitung z. B. von unten nach oben gerichtet und tritt infolge eines Kurzschlusses ein Auftrennen der Leitung durch den Schalter bei *B* ein, dann haben die Laufkraftwerke plötzlich für die erzeugte Energie keine Abnahme mehr. Sie müßten also möglichst rasch ihre Turbinen absperren und das Wasser über die Wehre abfließen lassen. Haben die Laufkraftwerke größere Zuleitungskanäle (s. Abb. 23), dann wird der Wasserstand am Kanalanfang, also auch am Wehr zunächst nicht geändert, da längere Zeit verstreicht bis das Abstellen der Turbinen sich durch eine zurückflutende Welle am Kanalanfang, also am Wehr, bemerkbar macht. Die Wasserverhältnisse der Unterlieger werden jedoch, da hier jetzt vorübergehend Wassermangel eintritt, gestört. Dies ist besonders unangenehm, wenn dort Laufkraftwerke anderer Gesellschaften sind, die ein Anrecht auf gleichmäßige Wasserlieferung haben und plötzlich in ihrer Energieerzeugung gestört werden. Solche Störungen lassen sich vermeiden, wenn die plötzlich nicht benötigte Energie der Laufkraftwerke solange in ein vorhandenes Pumpspeicherwerk geleitet werden kann, bis die Störung beseitigt ist.

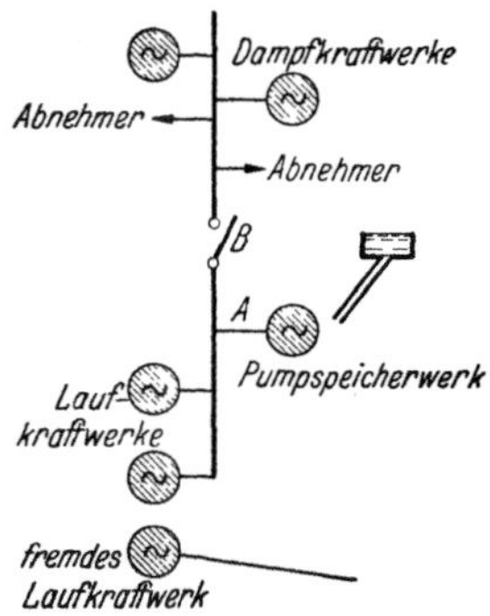

Abb. 38. Kraftversorgung mit angeschlossenem Pumpspeicherwerk

Einen von vier Maschinensätzen eines großen Pumpspeicherwerkes zeigt Abb. 39. Die Francis-Spiralturbine ist starr mit dem Generator gekuppelt. Bei Pumpbetrieb wird die mit Preßluft entleerte Pumpe durch eine Anwurf-Freistrahlturbine bis zum Synchronismus hochgefahren, worauf eine Zahnkupplung zwischen Antriebs- und Pumpenwelle eingreift.

Eine interessante vertikale Speicherpumpengruppe zeigt Abb. 40. Sie besteht aus einer vierdüsigen Freistrahlturbine und einer 5stufigen Speicherpumpe, die mit einem hydraulischen Wandler angefahren und mittels Zahnkupplung gekuppelt wird.

Man hat in einem richtig bemessenen und nicht restlos entleerten Pumpspeicherwerk eine sehr wertvolle Momentanreserve, so daß beim Ausfall einer größeren Maschineneinheit in einem Kraftwerk das Pumpspeicherwerk in einer Zeit von höchstens 2 min mit voller Leistung einspringen kann und somit die Energielieferung nicht gestört wird. Bei einem Pumpspeicherwerk wird es nicht immer möglich sein, wie im Idealfall der Abb. 37 angenommen, daß sämtliche Spitzen vom Pumpspeicherwerk aufgenommen werden, da nicht immer die Möglichkeit besteht, ein genügend großes Pumpspeicherwerk zu bauen. Aber auch mit einem kleineren derartigen Kraftwerk kann man, wie die Abb. 41 zeigt, eine weitgehende Abtragung der Spitzen und eine Ausfüllung der Täler erreichen.

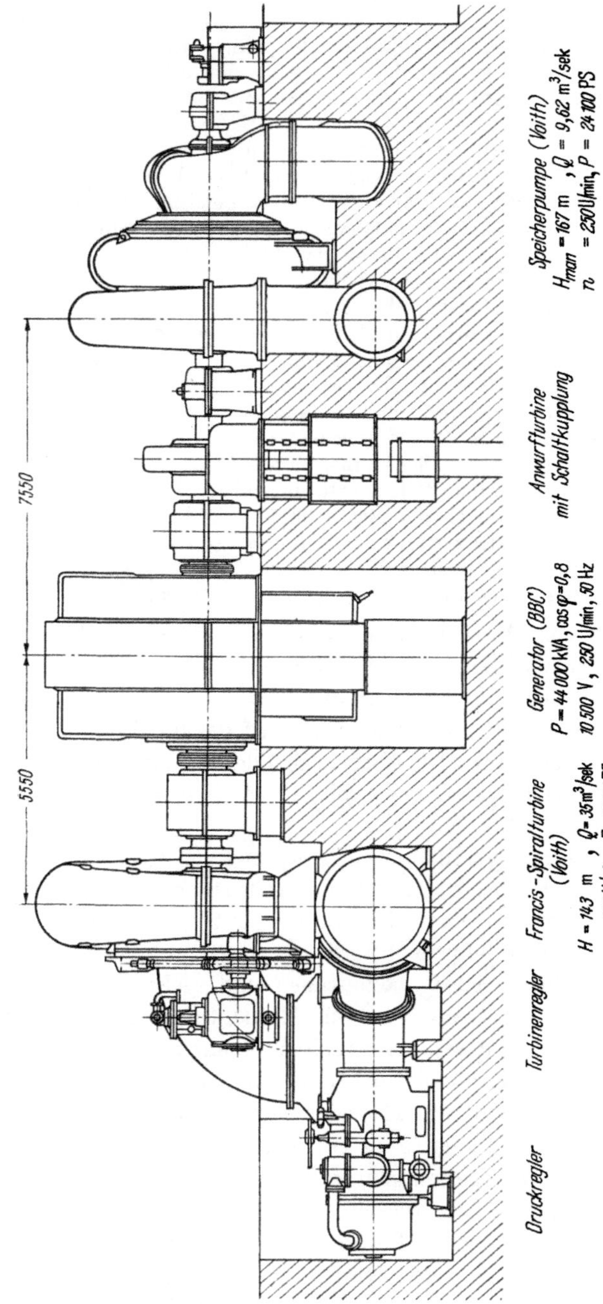

Abb. 39. Maschinensatz eines Pumpspeicherwerkes

Es besteht auch die Möglichkeit, ein Dampfkraftwerk mit Energiespeicher, z. B. mit einem Ruths-Speicher, auszurüsten. Derartige Speicher

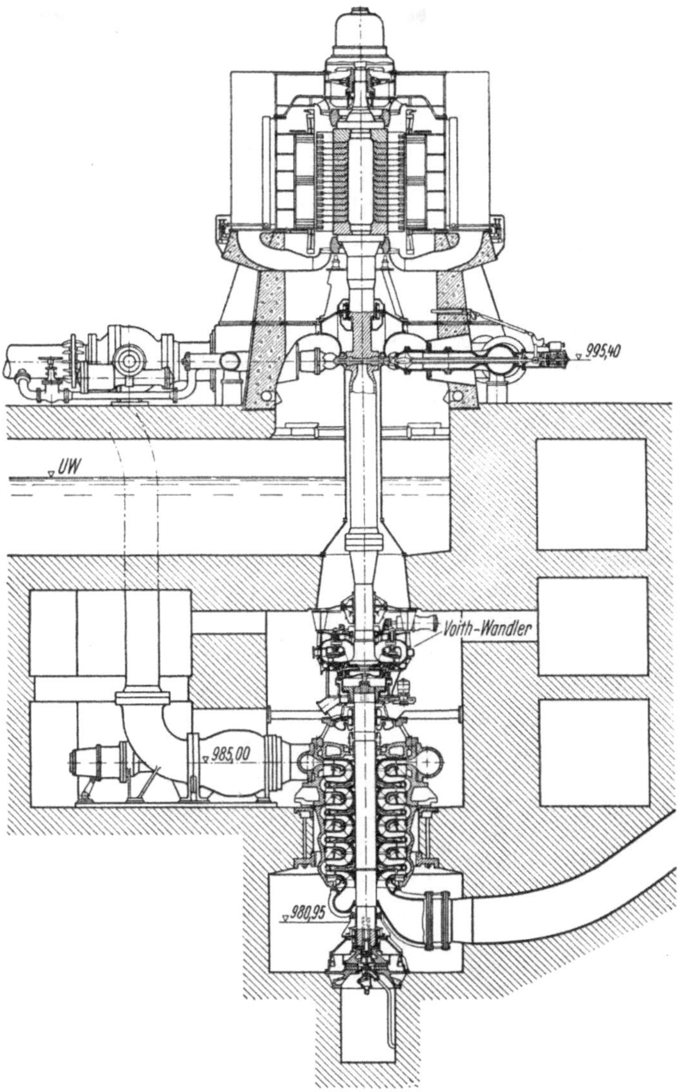

Abb. 40. Pumpspeicherwerk mit zwei vierdüsigen Freistrahlturbinen mit stehender Welle für H_n 900 ÷ 970 m; Q 5,23 ÷ 5,42 m³/s; n 750 U/min; P 56400 ÷ 62800 PS und zwei fünfstufigen Speicherpumpen für H_{man} 1005 ÷ 895 m; Q 3,45 ÷ 4,20 m³/s; n 750 U/min; P 53700 ÷ 58500 PS

kommen in Frage, falls ein billiges Pumpwerk infolge ungeeigneten Geländes nicht zu bauen ist. Diese Dampfspeicher eignen sich mehr für kurzzeitige Spitzen, wie sie bei den Lichtspitzen im Großstadtbetrieb vorkommen.

Abb. 42 zeigt, wie eine solche Kraftanlage mit Ruths-Speicher beschaffen sein kann. Es bedeuten *a* den Kessel, der über den Erhitzer *b* die Dampfleitung *c* speist. Der Dampf wird in der Turbine *e* verarbeitet, im Kondensator *j* niedergeschlagen und als Kondensat über Pumpen *k* und *m* zum Kessel zurückgepumpt. Auch die Speicherturbine *d* kann mit Frischdampf gespeist werden, sofern das Ventil *f* geöffnet und das Ventil *g* geschlossen ist. Hat der Kessel *a* Überschuß an Dampf, so wird dieser über das Ventil *h* in den Ruths-Speicher *i* gepreßt. Hier kondensiert sich der Dampf zu heißem Wasser, welches die dem Speicherdruck entsprechende Sattdampftemperatur besitzt. Übersteigt bei wachsender Belastung der Verbrauch der Turbine die Leistung der Dampfkessel, so wird an der Speicherturbine *d* das Ventil *f* geschlossen, das Ventil *g* geöffnet und Dampf aus dem Ruths-Speicher bezogen. Da in der Turbine ein etwas kleinerer Druck als im Dampfspeicher herrscht, verdampft hier soviel Wasser, als von der Speicherturbine Dampf benötigt wird. Je mehr Dampf aus dem Speicher entnommen wird, um so mehr sinkt dessen Druck. Der Druckabfall kann recht beträchtlich sein, z.B. von 13 bis auf 0,5 atü. Die Turbine muß also imstande sein, Sattdampf bei stark veränderlichem Druck verarbeiten zu können, was Spezialkonstruktionen bedingt.

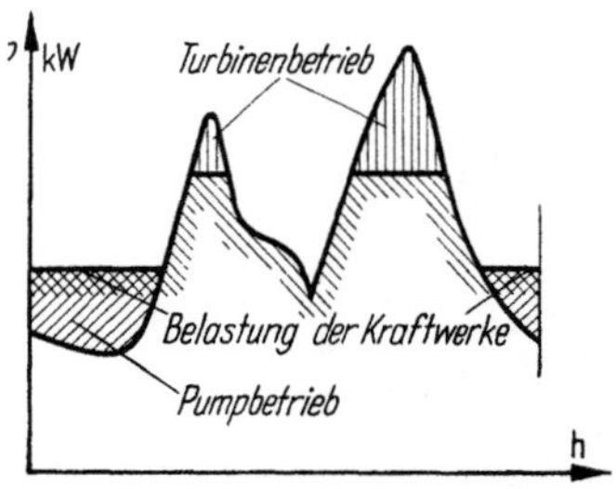

Abb. 41. Tagesbelastungskurve mit teilweisem Ausgleich durch Pumpspeicherwerk

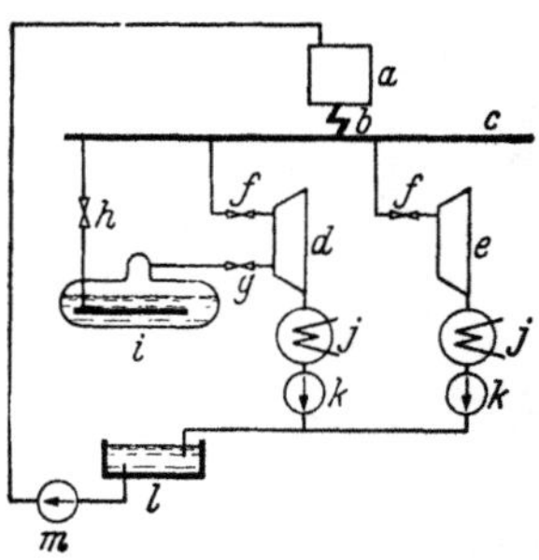

Abb. 42. Schematische Darstellung eines Dampfkraftwerkes mit Ruths-Speicher

Ein solcher Wärmespeicher läßt sich wirtschaftlich nicht für beliebig hohe Drücke bauen, die Grenze liegt etwa bei 13 atü. Hat man höhere Drücke, z.B. 30 ata, so kann man zwischen dem Kessel *a* und der Rohrleitung *c* Vorschaltturbinen vorsehen, welche den Druck von 30 bis auf 13 at verarbeiten. Die Verarbeitung des Dampfes von 13 at erfolgt dann wie in Beschreibung zu der Abb. 42 angegeben.

Prinzipiell besteht auch die Möglichkeit der elektrischen Energiespeicherung in Akkumulatoren. Diese erfordern jedoch eine Umformung des Drehstroms in Gleichstrom. Bis jetzt hat sich diese Art der Speicherung innerhalb der Drehstromerzeugung noch nicht einzuführen vermocht.

Stehen also eine Reihe von Kraftwerken zur Energieerzeugung zur Verfügung, so wird man versuchen, diese so zur Energielieferung heranzuziehen, daß größte Wirtschaftlichkeit gegeben ist. Hat man z.B. ein Wasserkraftwerk I, ein Dampfkraftwerk II und ein als Spitzenkraftwerk geeignetes Dampf- oder Wasserkraftwerk III, so kann die geforderte Energieaufteilung gemäß der Abb. 43 für diese drei Kraftwerke erfolgen. Maßgebend ist bei der Aufteilung, daß Kraftwerke, welche infolge geringer Energiekosten den Strom sehr billig liefern können, d. h. hochwertige Dampfkraftwerke, ferner Laufkraftwerke, deren Wasser verloren ist, falls es nicht ausgenutzt wird, möglichst vollbelastet durchlaufen, also die Grundlast ausfahren. Da Spitzenkraftwerke nur verhältnismäßig kurz eingeschaltet sind, hat der Wirkungsgrad hier weniger Bedeutung als die Billigkeit der Anlage.

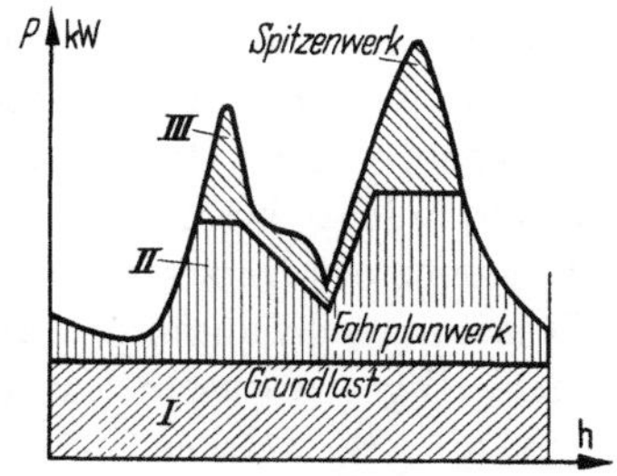

Abb. 43. Tagesbelastungskurve aufgeteilt auf drei Kraftwerke

Da man von Spitzenkraftwerken rasche Regelbarkeit und schnelle Anlaßbarkeit (besonders wenn in den Spitzenkraftwerken wegen der niederen Anlagekosten Reservemaschinen aufgestellt sind) verlangt, müssen die Kessel und Turbinen in ihrer Konstruktion besonderen Bedingungen genügen, damit die bei plötzlichen Lastveränderungen auftretenden Temperaturänderungen keine unzulässigen Materialbeanspruchungen und somit Schäden herbeiführen. Auch ältere Dampfkraftanlagen, die infolge ihres größeren Kohlenverbrauchs für die Grundlast weniger geeignet sind, werden als Spitzenwerke verwendet, obwohl solche Anlagen nicht immer die heutigen Forderungen in bezug auf Regelbarkeit und Anlaßbarkeit erfüllen. Sehr gut als Spitzenkraftwerk eignen sich, wie bereits ausgeführt, Speicherkraftwerke, selbstverständlich auch Pumpspeicherwerke.

Man wird, da man die auftretende Belastungskurve ungefähr kennt, den einzelnen Werken von einer zentralen Kommandostelle aus einen einzuhaltenden Fahrplan angeben, während die Spitzen, sowie Abweichungen, die man nicht vorhersehen kann, von dem Spitzenkraftwerk, welches ausreichende Größe besitzen muß, übernommen werden.

Es seien sämtliche Kraftwerke eines Netzes betrachtet und angenommen, daß gerade Gleichgewicht zwischen der abgegebenen und der den Turbinen zugeführten Leistung vorhanden, weiter sei die Frequenz genau 50 Hz. Tritt jetzt plötzlich eine Zusatzlast auf, so wird, falls die den Antriebsmaschinen zugeführte Energie unverändert bleibt, die Frequenz absinken, denn die für die Zusatzlast benötigte Energie kann zunächst nur aus der lebendigen Energie der Schwungmassen entnommen werden, d.h. aber, daß diese Massen jetzt verzögert werden. Dieses Absinken der Drehzahl der Generatoren kann jedoch vermieden werden, wenn das Spitzenkraftwerk, welches solche Zusatzlast übernehmen soll, die Energiezufuhr zu seinen Turbinen vergrößert. Damit das Spitzenkraftwerk merkt, daß das Netz eine Zusatzlast erhält, ist es notwendig, daß sämtliche Werke genau den ihnen angegebenen Fahrplan fahren und sich nicht um die Frequenz kümmern. Will die Netzfrequenz etwas absinken, so ist das ein Zeichen für das Spitzenkraftwerk, daß das Netz zusätzlich belastet ist und daß es zur Haltung der Frequenz mehr Energie abzugeben hat. Das Spitzenkraftwerk wird also zweckmäßigerweise, sofern nicht besondere Gründe dagegen sprechen, beauftragt, die Frequenz des Netzes zu halten. Die Rolle des frequenzführenden und die Belastungsschwankungen aufnehmenden Werkes kann dabei innerhalb eines Tages wechseln. Ist während gewisser Zeiten das Kraftwerk III (s. Abb. 43), welches als eigentliches Spitzenkraftwerk vorgesehen ist, außer Betrieb, dann muß das Kraftwerk II die Frequenz halten und Unregelmäßigkeiten der Belastungskurve aufnehmen.

b) Die Maschinenregelung in den Kraftwerken[1]

Die Regelung der Kraftmaschinen ist für ein einwandfreies Arbeiten der Kraftwerke von großer Bedeutung. Betrachten wir z.B. eine allein arbeitende Turbine, so stellen wir fest, daß die Drehzahl bei Belastung absinken, bei Entlastung steigen will. Um dies zu vermeiden, muß ein Regler eingreifen und durch Ventilbetätigung die Dampfzufuhr vergrößern bzw. verkleinern. Günstig erscheint zunächst ein Regler, der die gewünschte Drehzahl möglichst konstant hält, so daß, wenn man in Abhängigkeit der abgegebenen Leistung die Frequenz oder die Drehzahl aufträgt, man eine horizontale Gerade erhält (s. Abb. 44). Derartige Regler heißen astatische (Integral-)Regler.

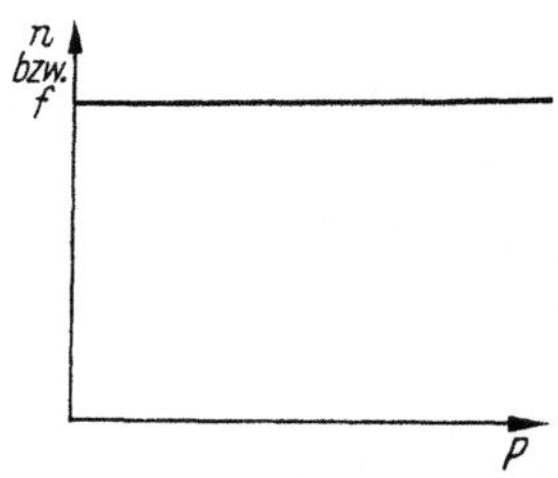

Abb. 44. Astatische Drehzahlkennlinie in Abhängigkeit der Leistung

Ein solcher astatischer Regler ist jedoch im allgemeinen nicht brauchbar, denn nimmt man an, man hätte zwei Maschinen, welche parallel arbeiten sollen, dann ist es unbestimmt, wie sich die Last auf beide Maschinen verteilt. Praktisch wird, da zwei Regler nie vollkommen übereinstimmen, die eine Maschine alles übernehmen und die andere entlastet werden. Außerdem hat ein astatischer Regler bei plötzlichen Lastveränderungen die Neigung zu pendeln, d.h. es finden dauernd Über- bzw. Unterregelungen statt.

[1] Siehe auch STÄBLEIN: Die Technik der Fernwirkanlagen, S. 87f. München u. Berlin: Oldenbourg 1934.

Um eine Zusammenarbeit mehrerer Maschinen zu ermöglichen, muß die beim astatischen Regler vorhandene Unbestimmtheit (zu einer Drehzahl gehören beliebig viele Leistungen) vermieden werden. Man muß erreichen, daß einer Drehzahl bzw. einer Frequenz nur eine Leistung zugeordnet ist. Diese Bedingung erfüllt ein Regler mit einer leicht abfallenden sogenannten statischen Kennlinie. (Proportional wirkender Regler, s. Abb. 45.) Trägt man die Frequenz bzw. die Drehzahl in Abhängigkeit der Leistung auf, so erhält man eine Abnahme der Frequenz mit steigender Belastung. Ein Maß für diese Absenkung ist die sogenannte dauernde Drehzahländerung $d\%$. Man versteht darunter den Betrag, um den sich die Drehzahl bzw. die Frequenz in Prozenten ändert, falls die Belastung von Leerlauf auf Nennlast ansteigt. Es ist also nach Abb. 45

$$d\% = \frac{\Delta f_0}{f_0} \cdot 100\%\,, \qquad (30)$$

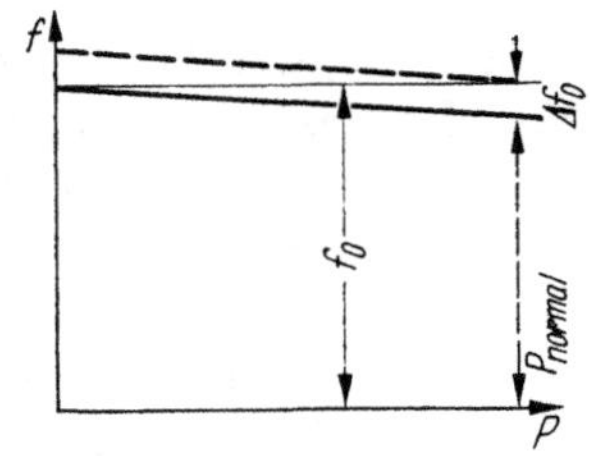

Abb. 45. Frequenzkennlinie eines statischen Reglers

wobei f_0 die Normalfrequenz ist. Ist die dauernde Drehzahländerung z.B. 5% und die Frequenz bei Leerlauf genau 50, dann ist bei Vollast die Frequenz 47,5. Man wünscht jedoch über den ganzen Belastungs-

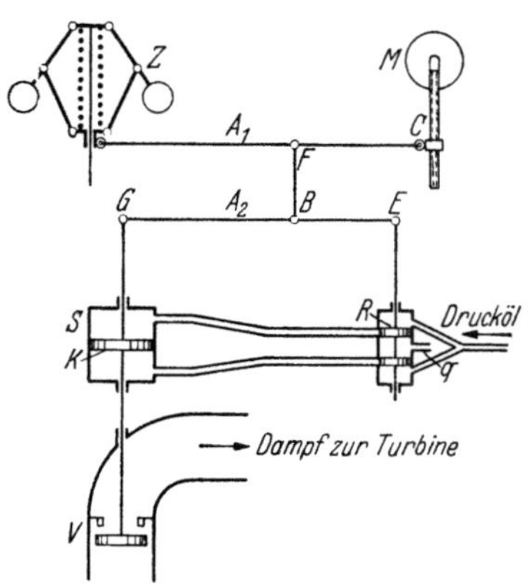

Abb. 46a. Schematische Darstellung eines Reglers mit statischer Kennlinie

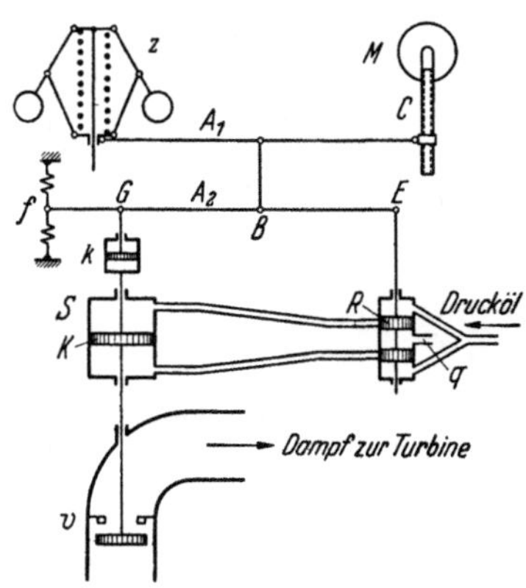

Abb. 46b. Schematische Darstellung eines Reglers mit astatischer Kennlinie

bereich konstant die Frequenz 50. Dies kann in vorliegendem Falle nur erreicht werden, wenn die Charakteristik stetig mit steigender Last parallel nach oben verschoben werden kann, so daß man bei Vollast schließlich die gestrichelte Kennlinie der Abb. 45 erhält.

Abb. 46a zeigt schematisch einen statischen Regler. Das Zentrifugalpendel Z arbeitet auf ein Gestänge A_1 und über ein weiteres Gestänge A_2 auf den Steuerschieber R. Nimmt man an, infolge Entlastung steige die

Drehzahl, so wird der Punkt B angehoben. Da der Kolben K im Zylinder S zunächst festgehalten ist, wird der Steuerschieber R nach oben bewegt. Jetzt kann Drucköl unter den Kolben K strömen, der nun etwas nach oben bewegt wird. Dabei wird jedoch gleichzeitig der Steuerschieber im Sinne einer Schließung betätigt. Gleichgewicht ist vorhanden, wenn der Steuerschieber R wieder die Ölzufuhröffnungen abschließt. Man erkennt, daß in dieser Gleichgewichtslage jeder Stellung des Reglers Z eine bestimmte Stellung des Kolbens K zugeordnet ist, und zwar in dem Sinne, daß bei steigender Drehzahl (Regler Z geht nach oben), das Ventil V geschlossen wird (Kolben K geht nach oben). Man erreicht also die gewünschte fallende Kennlinie. Will man die Drehzahlkennlinie, wie in Abb. 45 gezeigt, parallel zu sich verschieben, beispielsweise erhöhen, dann wird der Punkt C am Gestänge A_1 durch die Spindel des Drehzahlstellmotors M nach unten bewegt. Jetzt vermag Drucköl in den oberen Teil des Zylinders S zu strömen; damit wird das Ventil stärker geöffnet, die Drehzahl steigt, der Punkt B wird nach oben bewegt und der Steuerschieber R wieder geschlossen. Um den Frequenzabfall bei Belastungsänderungen auszuregeln, kann der Drehzahlstellmotor von Hand gesteuert werden oder auch selbsttätig, wie bei der sogenannten Isodromregelung. Diese Regelung arbeitet derart, daß plötzliche Belastungsstöße auf der statischen Kennlinie aufgefangen werden, worauf dann der Frequenzabfall ausgeregelt wird. Die Kennlinie für den ausgeregelten Zustand entspricht also der eines astatischen Reglers (s. Abb. 44). Bei einer derartigen Regelung ist jedoch ein Parallelarbeiten von Maschinen möglich, da beim Laststoß die Kennlinien statisch sind und beim folgenden selbsttätigen Ausregeln die Last, infolge Kontrollschaltungen, gleichzeitig auf die Maschinen verteilt wird.

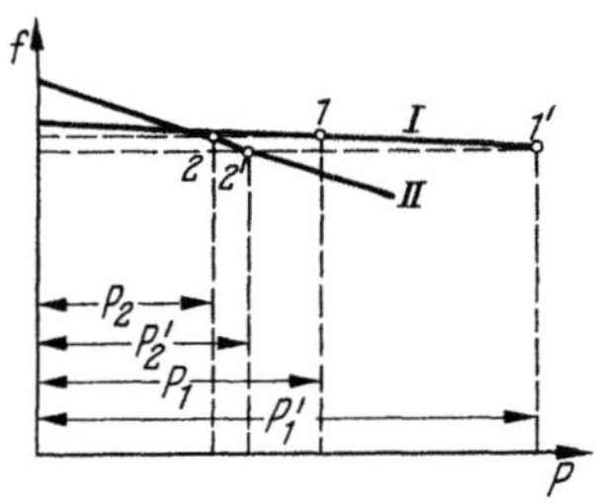

Abb. 47. Belastungsaufteilung auf zwei Maschinen verschiedener Kennlinien

Arbeiten Maschinen verschiedener Kennlinien miteinander, dann wird sich die Zusatzlast bei Belastungsänderung verschieden auf die Maschinen verteilen. Grundbedingung für das Zusammenarbeiten der Maschinen ist, daß deren Frequenz stets gleich sein muß. Die Maschine I der Abb. 47 wird daher beispielsweise die Leistung P_1 und die Maschine II die Leistung P_2 abgeben, da die Punkte *1* und *2* zur gleichen Frequenz gehören. Steigt die Belastung etwas, dann muß die Frequenz in beiden Maschinen gleichmäßig absinken. Man erhält die neuen Gleichgewichtspunkte *1'* und *2'*. Man erkennt aus Abb. 47, daß die Maschine mit der flachen Charakteristik fast die ganze Zusatzlast übernommen hat, während die Maschine mit der stärker abfallenden Charakteristik kaum Zusatzlast übernimmt.

Denkt man sich in Abb. 46a die Verbindungsstange F mehr nach rechts angeordnet, so wird die Regelkennlinie immer flacher und schließlich horizontal (astatisch), falls die Stange F mit dem Punkte E zusammenfällt. Hier kann nämlich im ausgeregelten Zustand – Steuerschieber R befindet sich in der gezeichneten Mittellage – bei gleicher Lage des Zentrifugalpendels der Kolben K jede beliebige Lage annehmen, was das Kennzeichen der Astatik ist. Es sei jedoch darauf hingewiesen, daß, je flacher die Kennlinie, um so größer die Pendelneigung des Reglers ist.

Man kann jedoch auch eine horizontale (astatische) Kennlinie erhalten, ohne daß Pendelneigung auftritt, falls man die Reglerkonstruktion nach Abb. 46a gemäß Abb. 46b umändert. So wird der Punkt G nicht unmittelbar mit dem Kolben K, sondern verschiebbar über einen Ölkolben k verbunden, außerdem wird der verlängerte Hebel A_2 mit einer Federung f versehen. Bei plötzlichen Drehzahländerungen wirkt zunächst der Ölkolben k wie eine starre Verbindung des Hebels A_2 mit dem Kolben K, so daß der Regler anfänglich wie ein statischer arbeitet. Infolge der Federung f und der Beweglichkeit des Ölkolbens k wird allmählich der Hebel A_2 wieder in die ursprüngliche Lage gebracht, während der Kolben K eine solche annimmt, welche dem neuen Belastungszustand bei der ursprünglichen Frequenz entspricht. Ein solcher sogenannter Isodrom-Regler arbeitet also bei einem Laststoß zunächst statisch und regelt dann, bedingt durch die Feder f und den verschiebbaren Ölkolben k, die durch die Statik bedingte Drehzahländerung wieder aus.

Für die Übertragung der Drehzahl der Turbinenwelle auf das Zentrifugalpendel dienten früher ausschließlich mechanische Elemente, wie Getriebe, Reibräder oder Riemen. Bei Wasserkraft-Generatoren ist der mechanische Antrieb aus konstruktiven Gründen mitunter nicht leicht durchzuführen; besonders bei Maschinen mit vertikaler Welle, wo diese Übertragungsglieder unerwünscht sind. Man ist daher bei Wasserturbinen dieser Art dazu übergegangen, die Übertragung der Drehzahl von der Maschinenwelle auf den Fliehkraftregler auf elektrischem Wege vorzunehmen; hierbei wird das mechanische Pendel durch den sogenannten Pendelmotor angetrieben. Diese Antriebsmotoren für die mechanischen Drehzahlpendel können über Spannungswandler an die Generatorspannung angeschlossen oder von einem kleinen Hilfsgenerator, dem sogenannten Pendelgenerator, gespeist werden. Der Pendelgenerator sitzt entweder direkt auf der Hauptwelle oder wird über ein Getriebe von der Turbinenwelle angetrieben.

Die Lösung des elektrischen Antriebes für das mechanische Pendel gegenüber dem direkten mechanischen Antrieb bietet Vorteile, weil sie betriebssicherer ist, Lärm und Verschleiß vermeidet und man auch dadurch in der Platzwahl für den Turbinenregler frei ist.

Der nächste Schritt in der Entwicklung der Drehzahlregler bestand darin, den mechanischen Drehzahlregler durch einen elektrischen zu ersetzen.

Solche Regler wurden bisher in erster Linie für die Regelung von Wasserturbinen eingesetzt. In Zukunft werden sie jedoch auch Bedeutung für Dampfturbinen gewinnen.

Abb. 48 zeigt einen elektrischen Wasserturbinenregler mit Differentialverhalten. Das mechanische Pendel wird durch den Frequenzmeßkreis *4b* ersetzt. Der Frequenzsollwert kann an der Induktivität *11*

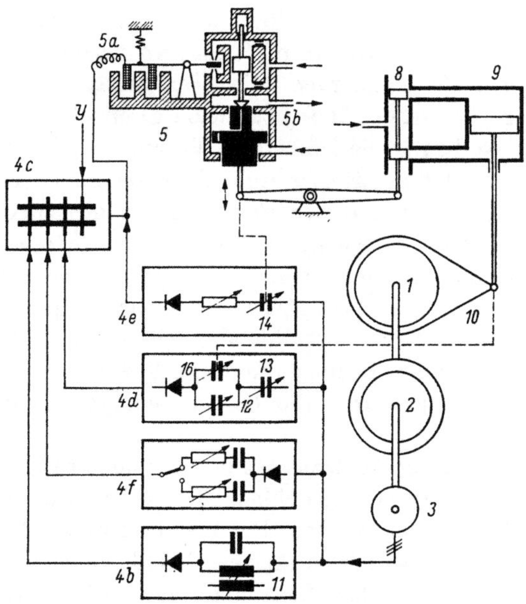

Abb. 48. Regelkreis des elektrischen Turbinenreglers (mit Beschleunigungs-Stabilisierung) (BBC)

eingestellt werden. Bei Abweichung vom Sollwert wird der Magnetverstärker *4f* ausgesteuert. Dadurch wird die Prallplatte bewegt, was eine Verstellung des Vor- und Hauptsteuerkolbens zur Folge hat.

Der Ausgang des Prallplattenreglers wirkt über ein Gestänge auf das Steuerventil *8*, welches über einen Zwischenverstärker oder direkt den Hauptsteuerkolben *9* betätigt. Die Statik kann während des Betriebes ohne Veränderung der Last eingestellt werden. Die veränderliche Induktivität *16* ist mit dem Hauptsteuerkolben gekuppelt und gibt den Istwert der Öffnung bzw. der Last an. Der Lastistwert wird mit dem an der Induktivität *12* eingestellten Lastsollwert verglichen.

Die Statik kann an der Induktivität *13* eingestellt werden. Der Ausgang des Gerätes *4d* wirkt auf eine Wicklung des Magnetverstärkers *4f*.

Die Stabilisierung erfolgt nach Abb. 48 durch Differenzierung der Pendelgeneratorspannung mittels *RC*-Glied (Gerät *4c*). Sie kann in ebenso einfacher Weise durch vorübergehende Statik erfolgen. Zu diesem Zweck wird mit dem Hauptsteuerkolben eine veränderliche Induktivität gekuppelt. Die daran abgegriffene Spannung wird differenziert und der bei der Bewegung des Hauptsteuerkolbens entstehende Strom auf den Magnetverstärker *4f* gegeben.

Der hydraulische Verstärker *5b* besitzt ohne zusätzliche Elemente Integralverhalten. Durch den Proportionalkreis *4e* wird er zum Proportionalverstärker (Gegenkopplung).

Der elektrische Turbinenregler weist den Vorteil auf, daß alle Parameter während des Betriebes leicht einstellbar oder umschaltbar sind. Durch seine hohe Empfindlichkeit wird Parallellauf von Maschinen mit sehr kleiner Statik ermöglicht. Durch zusätzliche Magnetverstärkerwicklungen können beliebige Meßwerte eingeführt werden.

Der elektrische Dampfturbinenregler ist ähnlich dem elektrischen Wasserturbinenregler aufgebaut. Da hier die erforderlichen Verstellkräfte jedoch wesentlich geringer sind, greift der hydraulische Verstärker ohne Zwischenschaltung eines weiteren Steuerkolbens direkt in den Steuerölkreis der Turbine ein. Bei Dampfturbinenreglern wird zusätzlich ein Gerät benötigt, wodurch die Lastsprünge und die Laständerungsgeschwindigkeiten auf die maximal zulässigen Werte begrenzt werden. Diese Werte sind durch die zulässigen Temperaturspannungen in den Turbinenmaterialien und durch Differenzdehnungen z.B. zwischen Turbinengehäuse und Welle gegeben.

Da die zulässigen Materialbeanspruchungen temperatur- bzw. lastabhängig sind, ergeben sich für die verschiedenen Leistungen, wie z.B. 60% oder 80% Nennleistung verschiedene maximal zulässige Lastsprünge und Laständerungsgeschwindigkeiten. Man verwendet daher ein sogenanntes Programmgerät oder sieht zweckmäßigerweise Temperaturmeßsonden vor, die ein genaues Abbild der Spannungen in den Turbinenmaterialien geben. Hierdurch werden die Lastsprünge und Laständerungsgeschwindigkeiten auf die maximal zulässigen Werte begrenzt.

Der elektrische Turbinenregler besitzt den Vorzug, daß die oben erwähnten Meßwerte in einfacher Weise verarbeitet werden können. Er besitzt auch alle wesentlichen Voraussetzungen für die Aufschaltung einer Anfahrautomatik.

Durch eine einfache Ergänzung kann der elektrische Drehzahlregler zur Leistungsübergabe-Regelung, auch z.B. nach dem Netzkennlinienverfahren, herangezogen werden (s. S. 526).

Ein besonderer Fall (s. Abb. 49) liegt vor, falls die Kennlinie der einen Maschine I horizontal liegt. In diesem Falle übernimmt diese Maschine alle Lastschwankungen und die Maschine II ist immer mit der

Leistung P_2 belastet, es sei denn, daß man mit dem Drehzahlstellmotor eine Parallelverschiebung der Kennlinie II vornimmt.

Die gebrachten Überlegungen gelten nicht nur für parallel arbeitende Maschinen, sondern auch für parallel arbeitende Kraftwerke. Arbeiten mehrere Grundlastkraftwerke und ein Spitzenkraftwerk zusammen, dann wird man auf jeden Fall letzterem eine flache, unter Umständen eine horizontale Charakteristik geben, damit es die Lastschwankungen übernimmt.

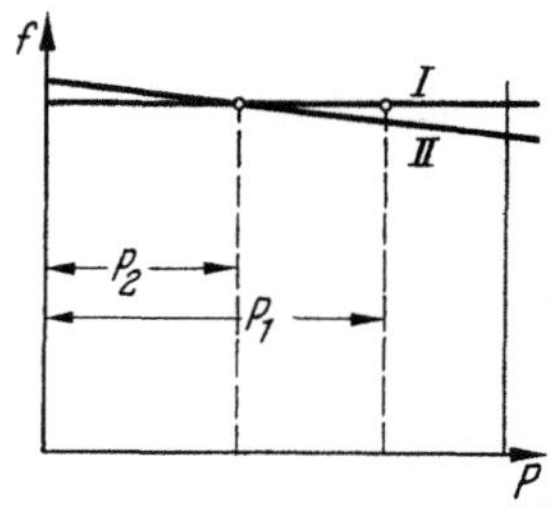

Abb. 49. Belastungsaufteilung auf eine Maschine mit statischer und eine mit astatischer Kennlinie

Es seien noch die Gesetzmäßigkeiten für die Lastverteilung bei parallel arbeitenden Maschinen abgeleitet. Ist die dauernde Drehzahländerung $d\%$ jeder Maschine bekannt, so kann auch für jede Maschine die bei Nennleistung P_0 vorhandene Frequenzabsenkung Δf_0 nach Gl. (30) ermittelt werden. Auf Grund der Abb. 50 gilt folgende Beziehung:

$$\Delta P = \Delta f \frac{P_0}{\Delta f_0}. \tag{31}$$

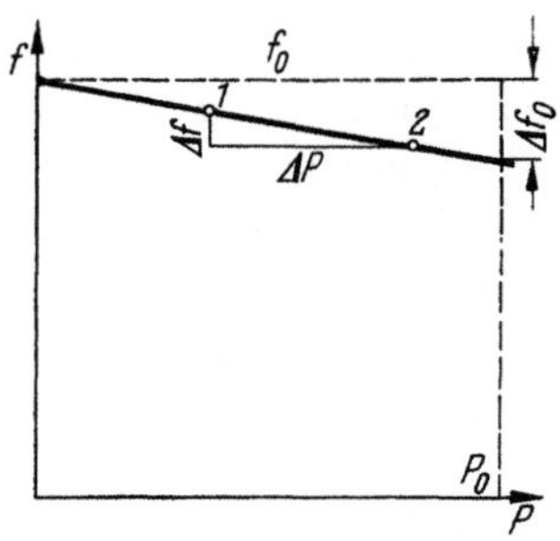

Abb. 50. Frequenzkennlinie

Bezeichnet man allgemein als Leistungszahl die Größe

$$K = \frac{P_0}{\Delta f_0}, \tag{32}$$

dann geht Gl. (31) über in

$$\Delta P = K \Delta f. \tag{33}$$

Hat man mehrere Maschinen mit den Leistungszahlen K_1, K_2, K_3 und sind die Lastzunahmen ΔP_1, ΔP_2, ΔP_3, dann gilt, da Δf für alle Maschinen gleich sein muß,

$$\left.\begin{aligned} \Delta P_1 &= K_1 \Delta f, \\ \Delta P_2 &= K_2 \Delta f, \\ \Delta P_3 &= K_3 \Delta f. \end{aligned}\right\} \tag{34}$$

Diese Gleichungen addiert, ergeben

$$\sum \Delta P = \left(\sum K\right) \Delta f. \tag{35}$$

Bezeichnet man die gesamte Lastschwankung mit

$$\Delta P_r = \sum \Delta P$$

und die resultierende Leistungszahl des ganzen Werkes mit

$$K_r = \sum K = K_1 + K_2 + K_3 + \cdots \tag{36}$$

dann ergibt sich

$$\Delta P_r = K_r \Delta f \tag{37}$$

oder

$$\Delta f = \frac{\Delta P_r}{K_r}. \tag{38}$$

Setzt man den Wert von Δf in die Gl. (34) ein, dann ergibt sich

$$\left.\begin{aligned} \Delta P_1 &= \frac{K_1}{K_r}\,\Delta P_r, \\ \Delta P_2 &= \frac{K_2}{K_r}\,\Delta P_r, \\ \Delta P_3 &= \frac{K_3}{K_r}\,\Delta P_r. \end{aligned}\right\} \tag{39}$$

Obigen Rechnungen liegt die Voraussetzung zugrunde, daß bei Lastschwankungen sämtliche im Betrieb befindlichen Maschinen an denselben teilnehmen. Es können jedoch gelegentlich auch Abweichungen von dieser Voraussetzung eintreten. In der Abb. 51a sind zwei Kennlinien I und II von zwei Maschinen aufgezeichnet. Ist die Frequenz größer als f', dann gibt nur die Maschine I Leistung ab; ist die Frequenz dagegen kleiner, so übernehmen beide Maschinen Last. Demgemäß ist die Leistungskennlinie eine gebrochene (siehe Abb. 51b). Man kann jedoch durch Nachregelung (Parallelverschiebung der Charakteristik) erreichen, daß stets die gewünschte Zahl an Maschinen sich an der Lastübernahme beteiligen. Die gebrachten Formeln gelten auch für geknickte Kennlinien, es müssen dann nur in die Rechnungen die Maschinen eingesetzt werden, welche sich an der Lastübernahme beteiligen.

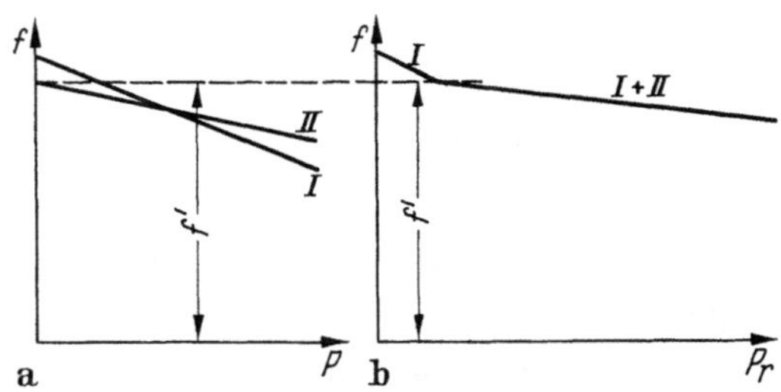

Abb. 51 a u. b. Frequenzkennlinien zweier Maschinen a) Kennlinien getrennt aufgezeichnet; b) resultierende Kennlinie für beide Maschinen

Bei Maschinen und Kraftwerken, welche Grundlast fahren bzw. ihre Leistung nach einem Fahrplan abgeben, die sich also um die Frequenz nicht zu kümmern haben, da diese von einer anderen Maschine oder einem anderen Kraftwerk gehalten wird, ist streng genommen ein Regler überflüssig. Es braucht hier nur die Öffnung für den Energiezufluß entsprechend dem Fahrplan verändert zu werden. Die Kennlinie ist also (s. Abb. 52) eine vertikale Gerade a–a, d. h. die Leistung ist unabhängig von Frequenzschwankungen, sie verschiebt sich jedoch entsprechend der Ventilstellung z. B. bei kleinerer Leistung in die Lage b–b.

Solche vertikalen Kennlinien haben jedoch Nachteile. Wird z.B. infolge einer Netzstörung ein großer Teil der Last abgeschaltet, so werden die Maschinen durchgehen wollen, bis eine übergeordnete, für die Sicherheit der Maschine notwendige Drehzahlbegrenzung einsetzt. Zweckmäßiger ist es in diesem Betriebsfall jedoch, wenn eine Frequenzregelung stattfindet, damit die Frequenz für die noch angeschlossenen Verbraucher gehalten wird. Umgekehrt kann der Fall eintreten, daß in dem Netzverband plötzlich infolge Ausfalls einer Maschine die Frequenz unzulässig stark sinkt. In diesem Falle ist es erwünscht, wenn das Kraftwerk, sofern es nicht voll belastet ist, mit einspringt, um die Frequenz zu stützen. Obige Forderungen können erfüllt werden durch eine Charakteristik entsprechend Abb. 52 die bei *d* und *e* einen Knick hat. Liegen die normalen Frequenzschwankungen in dem Bereich zwischen *d* und *e*, dann wird das Kraftwerk unabhängig von Frequenzschwankungen auf konstant eingestellte Leistung arbeiten. Tritt jedoch eine unzulässige Frequenzabsenkung ein, dann wird das Kraftwerk eine erhöhte Leistung abzugeben vermögen entsprechend der Geraden *e–g*. Umgekehrt wird, falls infolge Entlastung die Frequenz stark ansteigen will, eine Begrenzung durch den Teil *c–d* der Kennlinie stattfinden. Die geforderte Form der Kennlinie kann durch übergeordnete Meßgeräte, welche z.B. den Drehzahlstellmotor des Reglers beeinflussen, erreicht werden.

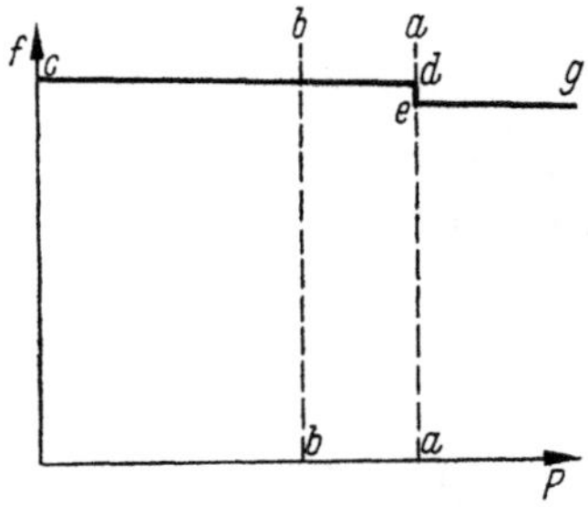

Abb. 52. Frequenzkennlinie mit zusätzlicher Beeinflussung

c) Über den Einsatz von Maschinen und Kraftwerken und über die richtige Lastverteilung

In einem Kraftwerk bzw. in einem Netz müssen infolge der schwankenden Belastung Maschinen aus dem Betrieb gezogen bzw. neu eingesetzt werden. An Hand des Belastungsdiagramms kann man sich im voraus ein Bild machen, mit welcher Leistung und auf welche Zeit die betreffenden Maschinen voraussichtlich belastet sein werden. Um eine Kraftmaschine in Betrieb zu nehmen, ist eine bestimmte Zeit erforderlich, innerhalb der die Inbetriebsetzungsarbeit A_0 aufzuwenden ist. Dabei kann Energie wie Elektrizität, Dampf usw. verbraucht werden. Diese Inbetriebsetzungsarbeit kann die Wirtschaftlichkeit einer Maschine, falls sie nur kurzzeitig in Betrieb bleibt, stark beeinträchtigen. Hat man verschiedene Maschinen zur Verfügung, so können folgende Gesichtspunkte als Anhaltspunkte gelten, welche Maschinen am günstigsten eingesetzt werden. Die Inbetriebsetzungsarbeit, in kWh gemessen, sei A_0. Besteht diese nicht nur aus verbrauchter Elektrizität, sondern auch aus Dampf, so ist die Umrechnung in kWh so vorzunehmen, daß man die verbrauchte Dampfmenge gleich der Zahl von kWh setzt, die man im Betriebe damit erzeugen könnte. Ist die darauffolgende Betriebszeit T und ist die mittlere Verlustleistung des Maschinensatzes (einschließlich Kesselanlage) in kW gleich P_0, so ist die gesamte Verlustarbeit in kWh gleich

$$A_0 + P_0 T. \tag{40}$$

Uns interessieren die Verluste, bezogen auf die Zahl der erzeugten kWh, die, falls die mittlere Leistung P_m ist, den Wert $P_m T$ besitzt. Diese spezifischen Verluste

$$a_s = \frac{A_0 + P_0 T}{P_m T} = \frac{A}{P_m} \frac{1}{T} + \frac{P_0}{P_m} \tag{41}$$

sollen möglichst klein sein. Man kann für die verschiedenen zur Verfügung stehenden Maschinen die spezifischen Verluste für die in Frage kommende Betriebsdauer T und mittlere Leistung P_m berechnen und danach die Maschine auswählen, welche die kleinsten spezifischen Verluste ergibt.

Obige Betrachtungen gelten auch für Maschinen verschiedener Kraftwerke, nur muß dann berücksichtigt werden, daß die Energieerzeugungskosten in den einzelnen Kraftwerken verschieden sein können. Bei der Rechnung interessieren nur die sogenannten veränderlichen Energiekosten, denn die festen Kosten, die durch den Kapitaldienst, die Abschreibungen usw. sich ergeben, bleiben unverändert, einerlei, ob die eine oder andere Maschine in Betrieb gesetzt wird. Sind die veränderlichen Kosten je kWh gleich b in DM, dann sind die spezifischen Verlustkosten gleich

$$k_s = b\left(\frac{A_0 + P_0 T}{P_m T}\right) = b\left(\frac{A_0}{P_m} \frac{1}{T} + \frac{P_0}{P_m}\right) \text{DM/kWh}. \tag{42}$$

Man kann jetzt untersuchen, bei welchem Maschinensatz diese spezifischen Kosten am kleinsten werden und wird diesen dann in Betrieb nehmen.

Bei mehreren in Betrieb befindlichen Kraftmaschinen wird der Fall selten sein, daß alle restlos ausgenutzt sind. Betrachten wir zunächst den Fall von 2 Maschinen, die z. B. zusammen eine Belastung von 100% herzugeben haben, so kann man die Belastung derart aufteilen, daß die eine z. B. mit 70% belastet wird und daß der zweiten Maschine der Rest der Belastung (30%), der wesentlich kleiner sein kann als der Leistung der Maschine entspricht, zugewiesen wird. Ferner kann man auch die Belastung gleichmäßig auf beide Maschinen verteilen. Es gibt sicher eine Verteilung der Belastung, welche die günstigste ist. Diese sei jetzt berechnet, und zwar sei die Rechnung durchgeführt für den Fall von drei miteinander arbeitenden Maschinen, welche zusammen die Leistung P

herzugeben haben. Dabei sei von jeder Maschine bekannt, in welcher Weise die zugeführte Leistung L sich in Abhängigkeit der abgegebenen Leistung P ändert (s. Abb. 53a). Die gesamte zuzuführende Leistung ist für die drei Maschinen $L_r = L_1 + L_2 + L_3$. Diese zuzuführende Leistung

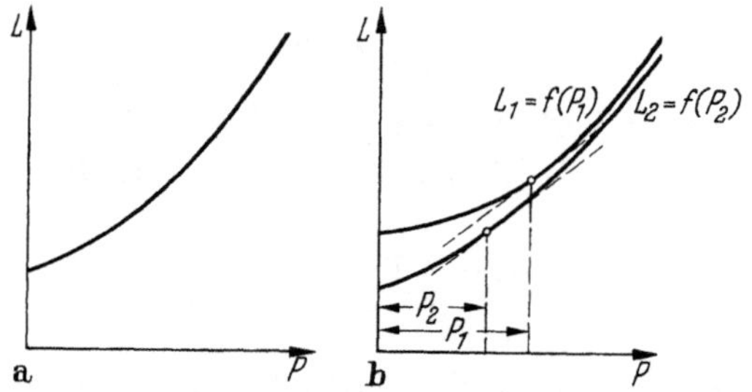

Abb. 53a u. b. Aufgenommene Leistung in Abhängigkeit der abgegebenen a) für eine Maschine; b) für zwei Maschinen

soll möglichst klein sein. Weiterhin gilt, da die abgegebene Leistung konstant sein soll, die Bedingungsgleichung

$$P_1 + P_2 + P_3 = P_r = \text{const.} \tag{43}$$

Wenn die zuzuführende Leistung L_r ein Minimum sein soll, muß das Differential dL_r gleich Null sein. Es gilt also

$$dL_r = \frac{\partial L_1}{\partial P_1} dP_1 + \frac{\partial L_2}{\partial P_2} dP_2 + \frac{\partial L_3}{\partial P_3} dP_3 = 0 . \tag{44}$$

Beachtet man, daß aus Gl. (43) die Gleichung

$$dP_1 + dP_2 + dP_3 = 0 \tag{45}$$

folgt, dann ergibt sich, daß Gl. (44) immer gleich Null wird, wenn der Bedingung

$$\frac{\partial L_1}{\partial P_1} = \frac{\partial L_2}{\partial P_2} = \frac{\partial L_3}{\partial P_3} \tag{46}$$

genügt wird. Da keine Verwechslung eintreten kann, seien statt der partiellen die normalen Differentialquotienten benutzt, so daß auch gilt:

$$\frac{dL_1}{dP_1} = \frac{dL_2}{dP_2} = \frac{dL_3}{dP_3} . \tag{47}$$

Diese Formel besagt also, daß die Zunahme der zuzuführenden Leistung in Abhängigkeit der abgegebenen Leistung bei den verschiedenen Maschinen gleich sein muß. Betrachtet man zwei Maschinen mit den Leistungskennlinien $L_1 = f(P_1)$ und $L_2 = f(P_2)$ (s. Abb. 53b). Die Bedingung

$$\frac{dL_1}{dP_1} = \frac{dL_2}{dP_2}$$

wird erfüllt für die eingezeichneten Leistungen P_1 und P_2. Würde man die Leistung auf beide Maschinen gleichmäßig verteilen, daß also jede die Leistung $\frac{P_1+P_2}{2}$ abgeben würde, dann wäre eine größere Leistung $L_1 + L_2$ aufzuwenden, die angestrebte Wirtschaftlichkeit also nicht erreicht. Sind die vorhandenen Maschinen in ihren Kennlinien gleichartig, dann vereinfacht sich unsere Bedingung und heißt, daß die Last auf die Maschinen prozentual der Nennleistung gleichmäßig verteilt werden muß.

Wir haben unsere Wirtschaftlichkeitsbedingungen abgeleitet, indem wir das Differential dP_r gleich Null gesetzt haben. Dies ist jedoch nicht gleichbedeutend damit, daß ein Minimum vorhanden ist. Beispielsweise könnte auch ein Maximum auftreten. Ein Minimum ist jedoch auf jeden Fall vorhanden, wenn dL_1/dP_1, $dL_2/dP_2 \ldots$ mit wachsendem P_1 bzw. P_2 zunimmt, d.h. die Größen

$$\frac{d^2 L_1}{dP_1^2} \quad \text{bzw.} \quad \frac{d^2 L_2}{dP_2^2}$$

positiv sind, also nicht Null oder negativ. Sollte letzterer Fall auftreten, dann sind Spezialuntersuchungen anzustellen.

III. Die Drehstromgeneratoren

A. Allgemeines

Der Aufbau der in den Kraftwerken zur Anwendung kommenden Drehstromgeneratoren richtet sich nach der Drehzahl ihrer Antriebsmaschinen. Werden Dampfturbinen zum Antrieb verwendet, so sind im allgemeinen Turbogeneratoren in 2poliger Ausführung üblich, die bei 50 Hz mit 3000 U/min und bei 60 Hz mit 3600 U/min laufen. Turbogeneratoren sind Volltrommelläufer und haben eine verteilte Erregerwicklung. Bei kleineren Leistungen unter 10000 kVA finden auch über Getriebe angetriebene Schenkelpolmaschinen mit 1500 U/min Verwendung.

Die Grenzleistung von Turbogeneratoren wurde durch die Einführung der Wasserstoffkühlung bedeutend gesteigert und noch wesentlich erweitert durch die direkte Wasserstoffkühlung der Rotorwicklung und direkte Wasserstoff- oder Flüssigkeitskühlung der Statorwicklung. Während heute schon Turbogeneratoren mit einer Leistung von etwa 300000 kVA bei 3000 U/min in Betrieb sind, sind schon Einheiten von etwa 600000 kVA bei 3000 U/min in Bau. Die Grenzleistung von luftgekühlten Generatoren liegt bei 60000 bis 80000 kVA (Abb. 54).

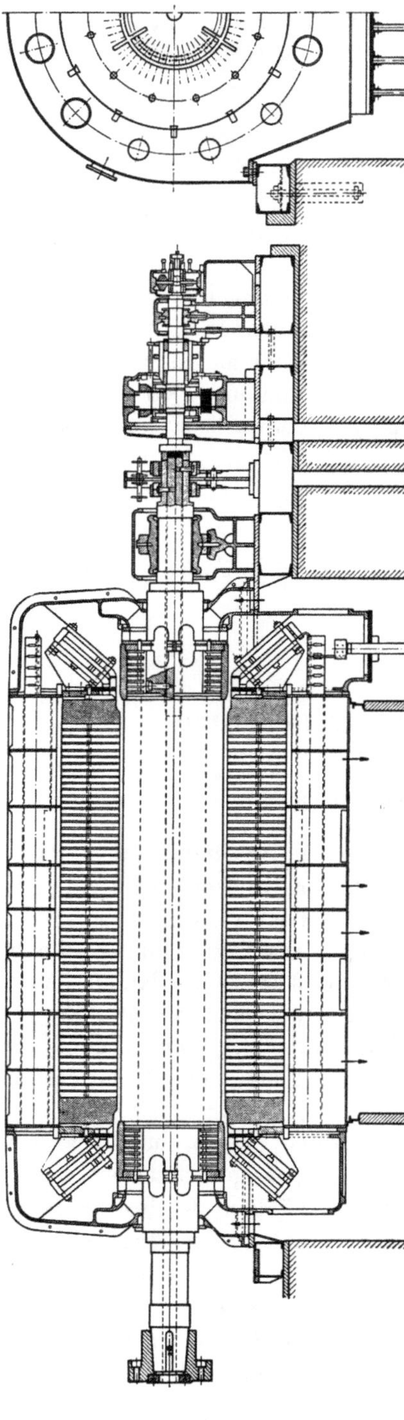

Abb. 54. Turbogenerator 64000 kVA, 10500 V, 3000 U/min (SSW)

In 50-Hz-Netzen werden Generatoren mit einer Leistung über etwa 40000 kVA aus wirtschaftlichen Gründen in der Regel wasserstoffgekühlt. In 60-Hz-Netzen wendet man die Wasserstoffkühlung schon bei Leistungen von etwa 15000 kVA an. Abb. 55 zeigt einen Schnitt durch einen wasserstoffgekühlten Turbogenerator.

Erfolgt der Antrieb der Generatoren durch Wasserkraftmaschinen, Diesel- oder Gasmotoren, so liegen die Drehzahlen im allgemeinen beachtlich unter 1500 Umdrehungen. Diese Generatoren erhalten Polräder mit ausgeprägten Polen. Da solche Generatoren schmaler, in ihren sonstigen Abmessungen jedoch größer als Turbogeneratoren sind, bereitet die Abführung der Verlustwärme weniger Schwierigkeit.

Die Kühlluft wird inner- oder außerhalb des Gebäudes angesaugt, durchströmt den Generator und gelangt an anderer Stelle wieder ins Freie. Diese Luftführung ist nur erlaubt, wenn vollkommen reine Luft zur Verfügung steht, was gelegentlich bei Wasserkraftwerken der Fall ist. Bei staubhaltiger Luft leitet man erst die Kühlluft zur Reinigung durch Filter und schickt sie dann in den Generator. Die Filter kann man bei der sogenannten Kreislaufkühlung, die bei großen Generatoren allgemein üblich ist (s. Abb. 56), vermeiden. Die den Generator durchströmende Luft wird in einem besonderen Wasserkühler rückgekühlt und darauf dem Generator wieder zugeleitet; der Generator kann somit nicht verunreinigt werden. Die Kühler werden

Abb. 55. Wasserstoffgekühlter Generator 60 Hz (GE) mit eingebauten Kühlern und Wellendichtung

in der Regel so bemessen, daß die Kühlluft des Generators 10 °C oder manchmal auch nur 5 °C wärmer als das Kühlwasser ist. Das Verfahren hat noch den Vorteil, daß ein durch einen Generatorschaden hervorgerufener Brand keine größere Ausdehnung annehmen kann, da die zur Verfügung stehende Sauerstoffmenge beschränkt ist und man in den Kreislauf im Störungsfalle noch Kohlensäure einströmen lassen kann. Bei der Kreislaufkühlung werden die sonst durch das Gebäude führenden und oft störenden Luftkanäle gespart. Bei wasserstoffgekühlten Generatoren sind die Kühler im Generatorgehäuse eingebaut (s. Abb. 55).

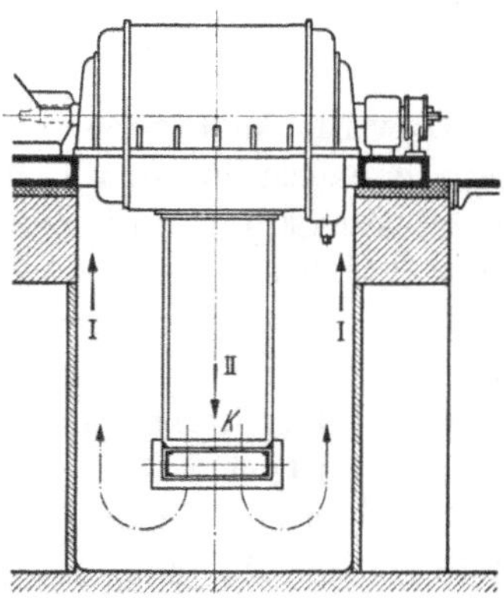

Abb. 56. Umlaufkühlung eines Turbogenerators (BBC). *K* Kühler

Damit bei Netzstörungen, bei denen mechanische Pendelungen der Maschinen auftreten können, die Generatoren in den Kraftwerken weniger leicht außer Tritt fallen (s. S. 110), erhalten sie zweckmäßig eine Dämpferwicklung; vielfach genügen auch massive Pole. Dies bewirkt auch, daß bei einphasigen Lasten die Spannungskurve unverzerrt bleibt. Bei Turboläufern wird z. B. eine Zweischichtdämpferwicklung eingebaut (s. S. 83). Bei Generatoren mit ausgeprägten Polen werden durch die Polschuhe Dämpferstäbe aus Kupfer gezogen, die an den Enden durch Kupferringe verbunden sind. Arbeiten Generatoren auf größere Gleichrichter, dann müssen die Dämpferwicklungen reichlich bemessen sein. Die Oberwellen im Strom, die beim Gleichrichterbetrieb vorhanden sind, verursachen auch Oberwellenströme in der Dämpferwicklung, die leicht zu hohen Temperaturen führen können.

Der Wirkungsgrad moderner Generatoren liegt hoch und beträgt je nach Größe der Maschine bei Vollast 94 bis 98%. Die Abhängigkeit des Wirkungsgrades von der Belastung geht aus folgenden Angaben hervor: Der Wirkungsgrad eines 187500-kVA-Generators beträgt bei $\cos\varphi = 0{,}8$ und $^4/_4$-Last 98,5% bei $^3/_4$-Last 98,45%, bei $^2/_4$-Last 98,2% und bei $^1/_4$-Last 97,1%. Die Spannung der in Deutschland aufgestellten Generatoren beträgt heute meist 6300 oder 10500 V. Man wählt die Nennspannung des Generators immer 5% höher als der Netzspannung entspricht (10500 V bei 10000 V Netzspannung), um den Spannungsabfall bis zum Verbraucher etwas ausgleichen zu können. Großgeneratoren arbeiten über Transformatoren hochspannungsseitig parallel, wobei in der Regel zwischen Generator und Transformator kein Schalter vorhanden ist (Blockschaltung). In der Wahl der Generatorspannung ist man dann frei. Sie wird so gewählt, daß sich elektrische günstige Verhältnisse für den Generator ergeben. Generatoren für Leistungen über 200000 kVA bis etwa 600000 kVA werden dabei für Spannungen zwischen etwa 15000 V bis 23000 V ausgeführt.

B. Diagramm des Turbogenerators

Es werde das Diagramm für den Drehstromgenerator abgeleitet, und zwar zunächst für den Turbogenerator mit zylindrischem Rotor und damit konstantem Luftspalt für den ganzen Umfang. Die Wirkungsweise der Generatoren sei als bekannt vorausgesetzt.

Der von der EMK erzeugte Strom I hat im allgemeinen gegen die Sternspannung $U_\curlywedge$ (U mit dem Index $_\curlywedge$ bedeutet im folgenden die Phasen- oder Sternspannung, während U ohne Index die verkettete Spannung ist) eine Phasenverschiebung φ. Um E zu erhalten, muß man im Zeitdiagramm, das man, wenn symmetrische Verhältnisse vorliegen, stets für eine Wicklung zeichnet (s. Abb. 57), zur Sternspannung $U_\curlywedge$ in Richtung des Statorstromzeigers I_1 den ohmschen Spannungsabfall $I_1 R$, senkrecht dazu den induktiven Spannungsabfall $I_1 X_s$ (X_s = Statorstreureaktanz) des Generators auftragen. Ebenfalls in Richtung $I_1 X_s$ liegt der von der Anker-Rückwirkungsreaktanz (Hauptreaktanz) X_a hervorgerufene Spannungsabfall $I_1 X_a$. Die beiden Spannungen $I_1 X_s$ und $I_1 X_a$ lassen sich, da $X_d = X_q$ zu $I_1 X_d$ zusammenfassen. Man unterscheidet die synchrone Reaktanz in der Längsachse X_d (Direktachse) und die synchrone Reaktanz in der Querachse X_q. Bei Turbogeneratoren kann man $X_q = X_d$ setzen. Bei Schenkelpolgeneratoren ist $X_q \approx$ (0,55 bis 0,65) X_d, wobei der kleinere Wert für Maschinen mit hohen Polzahlen, der größere Wert bei kleineren Polzahlen in Betracht kommt. Die Polrad-EMK E_2 schließt mit der Spannung U_λ den Polradwinkel ϑ ein. Der Luftspaltfluß Φ und die resultierende Durchflutung Θ_r liegen senkrecht zu E. Θ_r ist die geometrische Summe der Ankerdurchflutung Θ_1 und der Erregungsdurchflutung Θ_2.

Um den Einfluß der Spannungsregelung bei Übergangsvorgängen zu untersuchen, ist es auch bei Turbogeneratoren zweckmäßig, den Statorstrom I_1 in einen Längsstrom I_{1d} und einen Querstrom I_{1q} zu zerlegen, dann ist, da bei Turbogeneratoren die Querreaktanz der Längsreaktanz gleichgesetzt werden kann, $I_1 X_a$ die geometrische Summe von $I_{1q} X_{aq} + I_{1d} X_{ad}$ oder, wenn man wie bei der Längsreaktanz die Streureaktanz und die Ankerrückwirkungs-Querreaktanz zu $X_q = X_s + X_{aq}$ zusammenfaßt, gilt auch $I_1 X_d = I_{1q} X_q + I_{1d} X_d$.

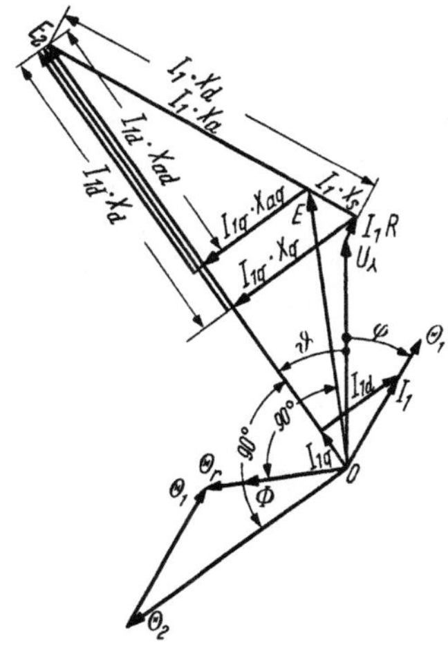

Abb. 57. Diagramm des Drehstromgenerators mit zylindrischem Rotor

Die Statorstreuung wird vielfach aus dem Wert der Spannung ermittelt, die man an den Stator bei herausgenommenem Rotor anlegen muß, damit der Generatornennstrom fließt. Bei diesem Verfahren wird auch die Bohrfeldstreuung mitgemessen. Die Bohrfeldreaktanz in Ohm läßt sich verhältnismäßig genau nach der Formel

$$X_B = 0{,}15 f \frac{l}{p} (w\,\xi)^2\, 10^{-6} \tag{48}$$

rechnen; in dieser Gleichung bedeuten f die Frequenz, l die Eisenbreite abzüglich Luftschlitze in cm, p die Polpaarzahl, w die Windungszahl je Phase, $\xi = f_w \cos\frac{\gamma}{2}$ den Wicklungsfaktor mal Schrittverkürzungsfaktor. Um die Statorstreuung zu erhalten, zieht man von der Gesamtreaktanz X_G, die bei der Bohrprobe gemessen wird, die Bohrfeldreaktanz ab.

Es ist sehr nützlich, die Reaktanzen auf die Nennreaktanz des Generators zu beziehen. Die Nennreaktanz des Generators ist gegeben durch U_λ / I_n. Dieser bezogene Reaktanzwert (per unit value) schwankt nur in geringen Grenzen für beliebige Leistungen der Maschinen. Der bezogene Wert $x_d = X_d \frac{I_n}{U_\lambda}$ ist, wie man erkennt, auch der bezogene

Spannungsabfall und der reziproke Wert ergibt den auf den Nennstrom bezogenen Kurzschlußstrom bei ungesättigtem Generator

$$\frac{1}{x_d} = \frac{U_\curlywedge}{X_d I_n}. \tag{49}$$

Die synchrone Reaktanz $X_ä$ kann man sich veranschaulichen, indem man einen ungesättigten Generator betrachtet, der mit der synchronen Drehzahl unerregt läuft und mit der Nennspannung gespeist wird. Im stabilen Zustand fließt dann ein Strom $I_{K\,\text{unges}}$ (Abb. 58a). Die Reaktanz, die der Generator für das Netz darstellt, ist gegeben durch $X_d = \frac{U_{n\curlywedge}}{I_{K\,\text{unges}}}$ Geht man entsprechend Abb. 58b in der Weise vor, daß man den synchron laufenden ungesättigten Generator kurzschließt und ihn mit der Leerlauferregung i_0 erregt, so fließt ein gleichgroßer Strom $I_{K\,\text{unges}}$. Dieser Strom, bezogen auf den Nennstrom $\frac{I_{K\,\text{unges}}}{I_n}$, nennt man das ungesättigte Kurzschlußverhältnis. Die synchrone Reaktanz ist der reziproke Wert des ungesättigten Kurzschlußverhältnisses. Es gilt:

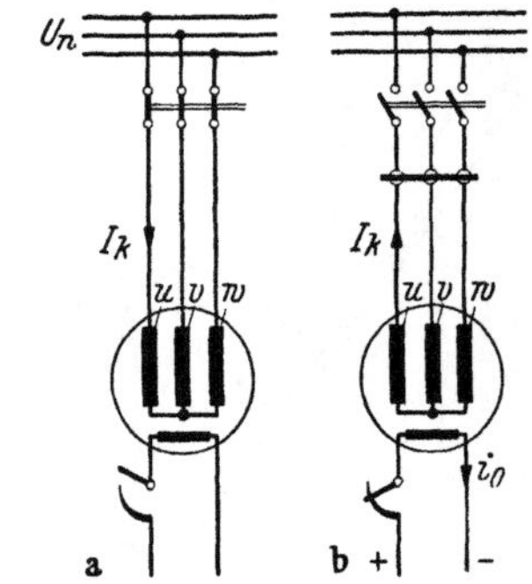

Abb. 58a u. b. Schaltung zur Definition des Kurzschlußverhältnisses von Generatoren

$$x_d = \frac{U_{n\curlywedge}}{I_{K\,\text{unges}}} \frac{I_n}{U_{n\curlywedge}} = \frac{I_n}{I_{K\,\text{unges}}}. \tag{50}$$

Im allgemeinen versteht man unter dem Kurzschlußverhältnis I_K/I_n (auch Leerlauf-Kurzschlußverhältnis genannt) den gesättigten Wert, d.h. den auf den Nennstrom bezogenen Kurzschlußstrom, der dem Leerlauferregerstrom i_0 eines Generators mit Sättigung entsprechend Abb. 59 zugeordnet ist. Man kann den reziproken Wert dieses Kurzschlußverhältnisses als die gesättigte synchrone Reaktanz bezeichnen.

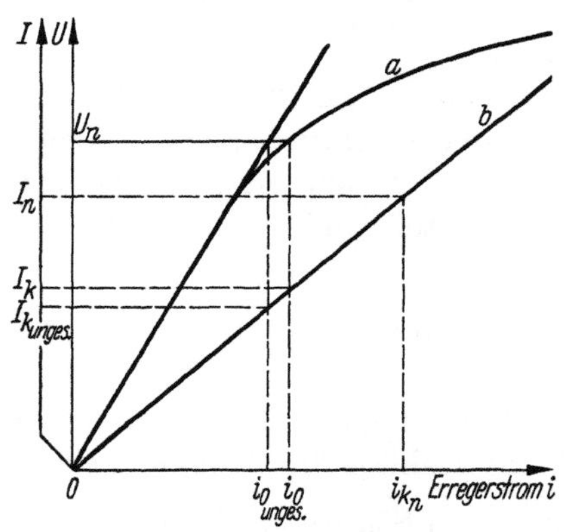

Abb. 59. *a* Leerlaufkennlinie; *b* Kurzschluß-Kennlinie eines Synchrongenerators

Bezeichnet man mit i_{K_n} den Erregerstrom, für den der Kurzschlußstrom gleich dem Nennstrom wird, so gilt

$$\frac{I_K}{I_n} = \frac{i_0}{i_{K_n}}. \tag{51}$$

Turbogeneratoren sollen nach *IEC* ein Kurzschlußverhältnis von 0,47 bis 0,63 bis 200 MW und 0,42 bis 0,52 über 200 MW aufweisen. Generatoren mit ausgeprägten Polen haben in der Regel ein Kurzschlußverhältnis von etwa 0,8 bis 1.

Das vereinfachte Spannungsdiagramm des Turbogenerators, bei welchem der Ohmsche Spannungsabfall vernachlässigt ist und I den Statorstrom und E_2 die Polradspannung bedeuten, zeigt Abb. 60. Ausgehend von diesem Diagramm ergibt sich

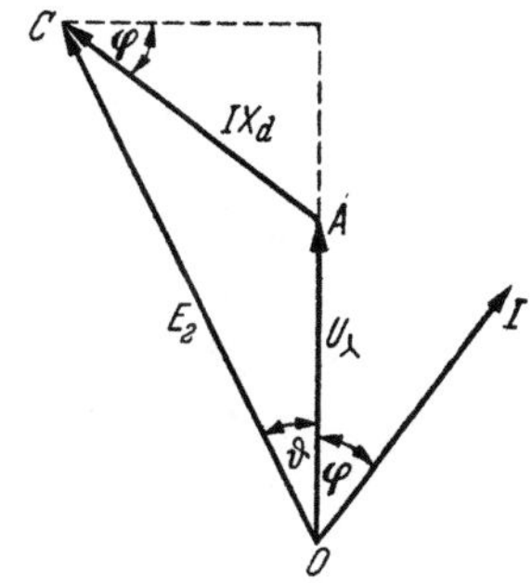

Abb. 60. Vereinfachtes Spannungsdiagramm des Turbogenerators

$$E_2 \sin\delta = I X_d \cos\varphi\,, \tag{52}$$

$$P_w = U_\lambda I \cos\varphi\,, \tag{53}$$

$$P_w = \frac{U_\lambda E_2 \sin\vartheta}{X_d}\,, \tag{54}$$

$$I_w = \frac{E_2 \sin\vartheta}{X_d}\,, \tag{55}$$

$$I_b = \frac{E_2 \cos\vartheta}{X_d} - \frac{U_\lambda}{X_d}\,. \tag{56}$$

Dividiert man sämtliche Spannungen dieses Diagramms durch X_d und bezieht diese Stromwerte auf den Nennstrom des Stators I_n, so erhält man das Stromdiagramm bzw. Leistungsdiagramm Abb. 61. Das charakteristische Dreieck wird durch die Seiten

$$OA = \frac{1}{x_d}\,, \quad AC = \frac{I}{I_n}$$

und

$$OC = \frac{e}{x_d}$$

gebildet, wobei e die auf die Nennspannung bezogene Polradspannung und x_d die auf die Nennreaktanz bezogene synchrone Reaktanz bedeutet. e/x_d ist gleich dem auf den Nennstrom bezogenen Dauerkurzschlußstrom bei Nennerregung. Die Projektion des Stromes auf die Ordinate ergibt den Wirkstrom bzw. die Wirkleistnng P_w, die Projektion auf die Abszisse den Blindstrom bzw. die Blindleistung P_b. Im anderen Maßstab kann auf der Ordinate oder auf der Abszisse die Scheinleistung P_S abgelesen werden. Das Diagramm ist für ein ungesättigtes Kurzschlußverhältnis $I_K/I_n = 0{,}6$, für $\cos\varphi = 0{,}8$ und für den Nennstrom $I/I_n = 1$ aufgetragen. Der Polradwinkel ermittelt sich aus $\tan\vartheta = 0{,}8/1{,}2 = 2/3$

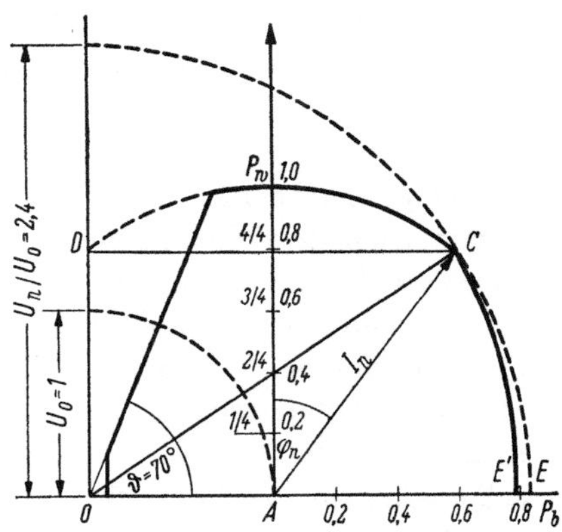

Abb. 61. Leistungsdiagramm des Turbogenerators

= etwa 33°. Für Leistungsfaktoren des Generators höher als der Nennleistungsfaktor liegen die Belastungspunkte für den Nennstrom auf dem Kreisbogen *CD*. Beim Punkt *D* ist die theoretische Stabilitätsgrenze erreicht, da der Winkel ϑ zu 90° geworden ist [s. Gl. (54)]. Es ist üblich, die praktische Stabilitätsgrenze durch eine Minimalerregung, die $0{,}1/x_d$ entspricht, und durch die Gerade, die einem Polradwinkel von 70° entspricht, zu begrenzen.

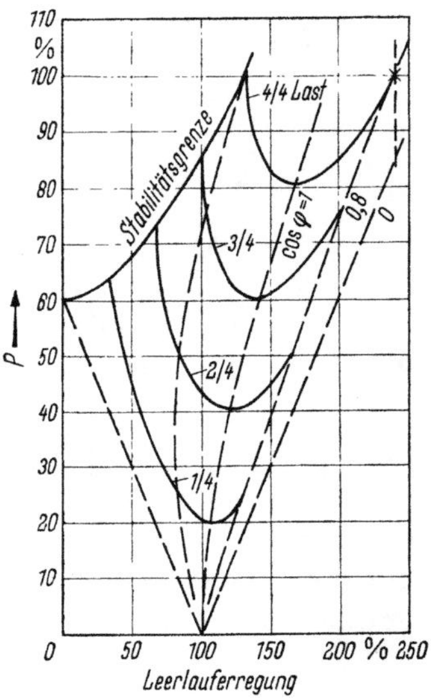

Abb. 62. *V*-Kurven eines Turbogenerators mit einem Kurzschlußverhältnis von 0,6

In Verbindung mit sehr rasch arbeitenden Spannungsregeleinrichtungen (z. B. Stromrichtererregung) ist es möglich, je nach der Kurzschlußreaktanz des Netzes einen stabilen Betrieb bei weit größeren Polradwinkeln als 90° zu erreichen. Kann mit Rücksicht auf die Antriebsmaschine nicht mit höherer Wirkleistung als der Nennwirkleistung gefahren werden, so ist die Leistungsgrenze durch die Gerade *CD* gegeben. Für Leistungsfaktoren unter dem Nennleistungsfaktor darf der Erregerstrom entsprechend der Strecke *OC* nicht überschritten werden. $1/x_d$ ist der Leerlauferregung i_0, e/x_d der bezogenen Nennlasterregung i_n/i_0 zugeordnet. Die Grenze ist daher durch einen Kreis um *O* mit dem Radius *OC* gegeben. Dieser Kreis schneidet die Abszisse in *E*. Die Punkte rechts von *A* auf der Abszisse entsprechen dem Phasenschieberbetrieb im übererregten Zustand. Die Phasenschieberleistung ist grundsätzlich immer kleiner als die Nennleistung. Man erkennt aus Abb. 61, daß sie durch *OC–OA* gegeben ist, d.h. aus der Differenz von dem auf Nennstrom bezogenen Dauerkurzschlußstrom bei Nennerregung I_{K_n}/I_n und dem reziproken Wert der relativen synchronen Reaktanz $1/x_d$. Im vorliegenden Fall ergibt sich die Phasenschieberleistung zu 1,44–0,6, d.h. zu 0,84 der Nennleistung. Unter Berücksichtigung der Sättigung wandert der Punkt *E* nach *E'* und die Phasenschieberleistung reduziert sich entsprechend. Die Punkte für reine kapazitive Last liegen auf der Strecke *AO*. Ist der kapazitive Strom ebenso groß wie der induktive Strom *OA*, den der unerregte Generator aufnimmt, so ist die Grenze der theoretischen kapazitiven Belastbarkeit gegeben, die bei dem gewählten Beispiel 0,6 P_n beträgt. Ermittelt man aus dem Stromdiagramm die Erregung bei beliebigem Strom und Leistungsfaktor, so erhält man die *V*-Kurven, die den Erregerstrom bei konstanter Spannung für beliebige Belastungszustände angeben (Abb. 62).

C. Diagramm des Generators mit ausgeprägten Polen

Bei Generatoren mit ausgeprägten Polen trifft die Annahme konstanten Luftspaltes längs des Umfanges nicht mehr zu. Hier muß bei Aufstellung des Generatordiagramms das Vorhandensein der ausgeprägten Pole berücksichtigt werden. Ist die Generatorspannung U_λ und hat der Statorstrom I_1 gegen U_λ eine Phasenverschiebung φ (induktive Belastung), so erhält man die EMK E, ebenso wie im Diagramm Abb. 57, durch geometrische Addition des ohmschen Spannungsabfalls $I_1 E$ und des induktiven $I_1 X_s$ zur Sternspannung U_λ (s. Abb. 63). Setzen wir zunächst die Kenntnis der Richtung der Polradspannung E_2 voraus, die mit der Spannung U_λ den Polradwinkel ϑ einschließt und zerlegen den Statorstrom I_1 in die Längskomponente I_{1d} und die Querkomponente I_{1q}, so erhält man die Polradspannung E_2, indem man an den Endpunkt von E senkrecht zu E_2 die Spannung $I_{1q} X_{aq}$ anträgt, wobei X_{aq} die Ankerrückwirkungsreaktanz in der Querachse bedeutet. Hierzu addiert man in Richtung von E_2 die Spannung $I_{1d} X_{ad}$, wobei X_{ad} die Ankerrückwirkungsreaktanz in der Längsachse ist. Der Endpunkt ergibt die Polradspannung E_2.

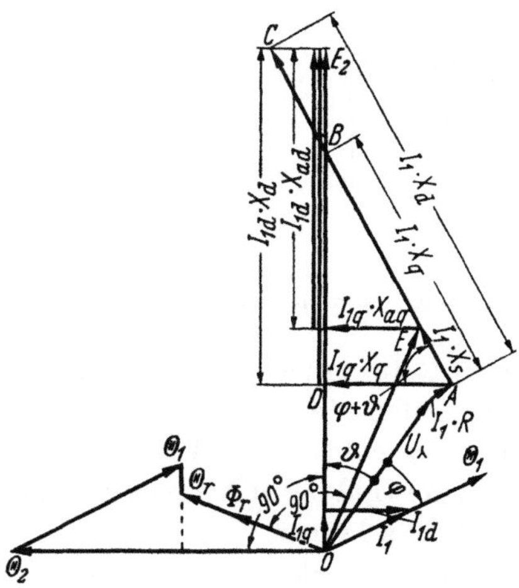

Abb. 63. Diagramm eines Drehstromgenerators mit ausgeprägten Polen

Die Streureaktanz und die Ankerrückwirkungsreaktanz in der Längsachse lassen sich zur synchronen Reaktanz X_d in der Längsachse zusammenfassen. Es gilt $X_d = X_s + X_{ad}$. Ebenso gilt für die Querreaktanz $X_q = X_s + X_{aq}$. Aus der Abb. 63 geht auch hervor, wie sich E_2 ergibt, indem man an den Endpunkt von $I_1 R$ (oder näherungsweise an den Endpunkt von U_λ) $I_{1q} X_q$ und $I_{1d} X_d$ anträgt. Da $I_{1q} = I_1 \cos(\varphi + \vartheta)$ und dieser Winkel auch bei A auftritt, so ist die Strecke $AB = I_1 X_q$. Damit kann die ursprünglich angenommene Richtung von E_2 bestimmt werden. Man kann nun zur Bestimmung von E_2 auch so vorgehen, daß man von Punkt A oder näherungsweise vom Endpunkt des Spannungsvektors U_λ senkrecht zu I_1 die Strecke $AB = I_1 X_q$ und $AC = I_1 X_d$ aufträgt. Die Verbindung von O mit B ergibt die Richtung von E_2. Den Endpunkt von E_2 erhält man, indem man von Punkt C ein Lot auf die Richtung von E_2 fällt.

Senkrecht zu E_2 liegen die Rotoramperewindungen Θ_2. Addiert man hierzu die Statoramperewindungen Θ_1, und zerlegt diese in eine Längs- und Querkomponente und errichtet das Lot auf E im Ursprung O, so gibt die Strecke bis zum Schnittpunkt mit den Queramperewindungen die resultierenden Amperewindungen Θ_r, in deren Richtung auch der Fluß Φ_r liegt.

Die Abb. 64a u. b zeigen anschaulich das Zusammenwirken der Felder, die von den Quer- und Längs-Statoramperewindungen und von

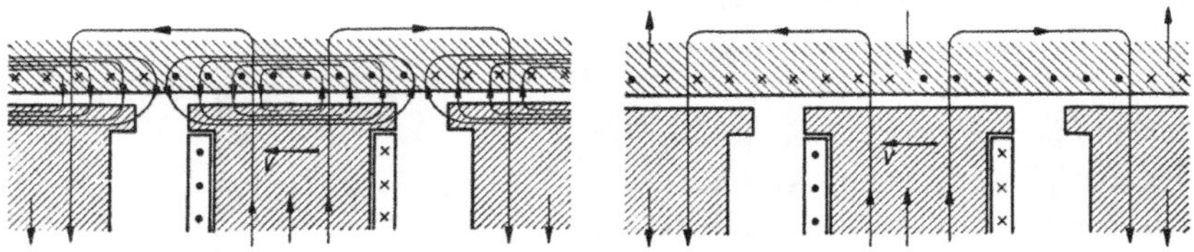

a b

Abb. 64a u. b. Ankerrückwirkung bei einem Generator mit ausgeprägten Polen. a) Es sind nur Queramperewindungen vorhanden; b) es sind nur Gegenamperewindungen vorhanden

den Rotoramperewindungen erzeugt werden. Die Längsamperewindungen rufen ein Feld hervor, das dem von den Rotoramperewindungen hervorgerufenen Feld entgegenwirkt. Die Lage des von den Queramperewindungen hervorgerufenen Feldes zu dem Erregerfeld geht aus Abb. 64a hervor.

Ähnlich wie beim Turbogenerator läßt sich auch aus dem vereinfachten Spannungsdiagramm des Generators Abb. 65 mit ausgeprägten Polen das Leistungsdiagramm Abb. 66 ableiten. Es gilt:

$$E_2' \sin\vartheta = I X_d \cos\varphi . \tag{57}$$

Da

$$P_w = U_\lambda I \cos\varphi \tag{58}$$

ist, gilt

$$P_w = \frac{U_\lambda E_2' \sin\vartheta}{X_d}, \tag{59}$$

wobei

$$E_2' = E_2 + U_\lambda \frac{(X_d - X_q)}{X_q} \cos\delta = KC + GK, \tag{60}$$

$$P_w = \frac{U_\lambda E_2 \sin\vartheta}{X_d} + \frac{U_\lambda^2}{2} \frac{(X_d - X_q)}{X_d X_q} \sin 2\vartheta, \tag{61}$$

$$I_w = \frac{E_2}{X_d} \sin\vartheta + \frac{U_\lambda}{2} \frac{(X_d - X_q)}{X_d X_q} \sin 2\vartheta . \tag{62}$$

Der Ausdruck für die Wirkleistung der Maschine mit ausgeprägten Polen unterscheidet sich von dem für die Maschine mit Vollpolen durch das Glied

$$\frac{U_\lambda^2}{2} \frac{(X_d - X_q)}{X_d X_q} \sin 2\vartheta, \tag{63}$$

das unabhängig von der Erregung ist. Die Synchronmaschine mit ausgeprägten Polen kann auch bei der Erregung O eine Wirkleistung abgeben, die man Reaktionsleistung nennt und, deren Höchstwert bei einem Polradwinkel von $\vartheta = 45°$ den Wert $\frac{U_\lambda^2}{2}\,\frac{(X_d - X_q)}{X_d X_q}$ erreicht; dieser Wert wird z. B. bei einem Verhältnis $X_q/X_d = 0{,}65$ das etwa 0,27fache der Nennleistung.

Ähnlich ergibt sich für den Blindstrom der Maschine mit ausgeprägten Polen

$$I_b = \frac{E_2}{X_d}\cos\vartheta - \frac{U_\lambda}{X_d} + \frac{U_\lambda}{2}\,\frac{(X_d - X_q)}{X_d X_q}(\cos 2\vartheta - 1)\,. \tag{64}$$

Das Strom- bzw. Leistungsdiagramm des Generators mit ausgeprägten Polen (Abb. 66) erhält man wiederum durch Division sämtlicher Größen

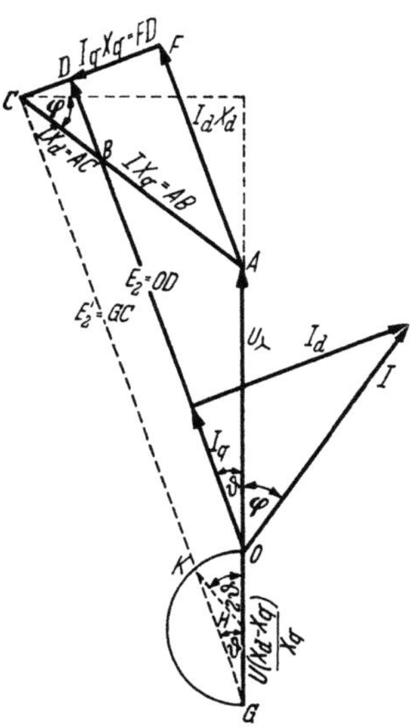

Abb. 65. Vereinfachtes Spannungsdiagramm des Generators mit ausgeprägten Polen

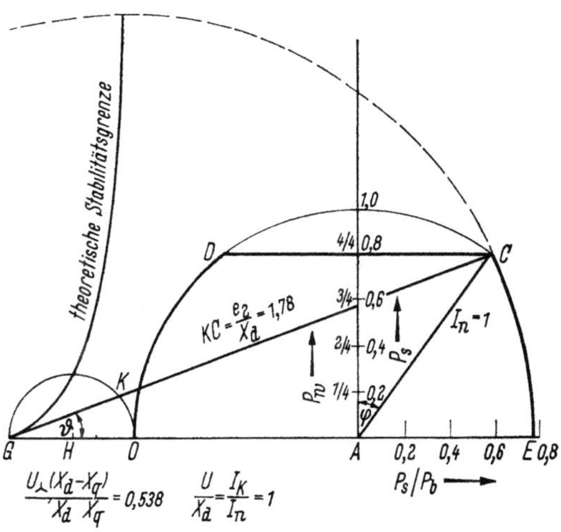

Abb. 66. Leistungsdiagramm des Generators mit ausgeprägten Polen

durch die Längsreaktanz X_d und um bezogene Werte zu erhalten, durch den Nennstrom I_n. Das Diagramm wurde für eine Längsreaktanz von $X_d = 1$ und für eine Querreaktanz von $X_q = 0{,}65$ sowie für $I/I_n = 1$ gezeichnet. Man trägt $OA = I_K/I_n = 1$ auf und unter dem Winkel φ $AC = I/I_n = 1$. U_λ wird $= 1$ gesetzt; man trägt dann $OG = U_\lambda \frac{(X_d - X_q)}{X_d X_q} = 0{,}538$ auf, dann ist $GC = e_2'/X_d$ und $KC = e_2/X_d$, das bei dem gewählten Beispiel sich zu 1,78 (Dauerkurzschlußstrom bei Nennerregung) ergibt. Hält man die Strecke KC, die der Nennerregung proportional ist, konstant, läßt den Winkel ϑ variieren und trägt vom Umfang des Kreises mit dem Mittelpunkt H und dem Radius HO die Strecke KC ab, so erhält man die Grenzkurve CE für Leistungsfaktoren, die unter dem Nennleistungsfaktor liegen. Der Bogen EC ist nicht mehr wie bei der Vollpolmaschine der Teil eines Kreises, sondern der Teil einer Pascalschen Schnecke. Für höhere Leistungsfaktoren und für den kapazitiven Bereich liegen die Grenzwerte auf einem Kreis um A mit dem Radius AC. Die Punkte der Grenzlinie $EC\ DO$ können auch aus den Gln. (62) u. (64) ermittelt werden. Begrenzt die Antriebsmaschine die Wirkleistung, so ist wiederum die Gerade CD als Begrenzung maßgebend.

Den Polradwinkel ϑ bei Nennlast liest man zu etwa 20° 31′ ab. Die theoretische Stabilitätsgrenze, ist ebenfalls eingetragen. Sie ergibt sich aus der Differentialgleichung des Wirkstromes im vorliegenden Falle wie folgt:

$$\frac{I_w}{0{,}269} = \sin 2\vartheta + 6{,}607 \sin\vartheta \tag{65}$$

oder

$$\frac{I_w}{0{,}269} = y = \sin 2\vartheta + a\sin\vartheta, \qquad \text{wobei} \qquad a = \frac{E}{U}\,\frac{2X_q}{(X_d - X_q)}, \tag{66}$$

$$y' = 2\cos 2\vartheta + a\cos\vartheta = 0, \tag{67}$$

$$\cos\vartheta = -\frac{a}{8} \pm \frac{1}{8}\sqrt{a^2 + 32}. \tag{68}$$

Errechnet man hiernach für beliebige Werte von a die zugehörigen Winkel ϑ, so erhält man die Kurve GL für die Stabilitätsgrenze.

Die Phasenschieberleistung bei $\cos\varphi = 0$ übererregt ist, wie auch aus der Gl. (64) hervorgeht, in gleicher Weise wie bei der Vollpolmaschine $E/X_d - U/X_d$, d.h. durch den relativen Dauerkurzschlußstrom minus dem Kurzschlußverhältnis gegeben. Bei untererregtem Betrieb ist ebenfalls wie bei der Vollpolmaschine die zulässige Blindleistung durch das Kurzschlußverhältnis $U/X_d = OA = 1$ gegeben. In Verbindung mit einem rasch arbeitenden Schnellregler[1] gelingt es bei negativer Erregung, die untererregte Blindleistung entsprechend $U/X_q = AG = 1{,}385$ zu erreichen, die jedoch im vorliegenden Fall wegen Überschreitung des Statorstromes nur kurzzeitig ausgenützt werden könnte.

D. Der Kurzschlußstrom und die unsymmetrische Belastung des Generators

a) Der Stoßkurzschlußstrom

Im ersten Augenblick nach Kurzschlußeintritt treten große Stoßströme auf, die nach einigen Sekunden auf den Wert des Dauerkurz-

[1] Waldvogel: Theorie der Spannungshaltung einer auf eine lange leerlaufende Leitung arbeitenden Drehstrommaschine. (BBC-Mitteilung Nr. 8/August 1945.)

schlußstromes abklingen. Im folgenden soll die Größe des Kurzschlußstromes unmittelbar nach dem Eintreten des Kurzschlusses ermittelt und der weitere Verlauf des Kurzschlußvorganges untersucht werden. Um klare Verhältnisse zu schaffen, sei dabei vom leerlaufenden Generator ausgegangen, der 3polig kurzgeschlossen werde. Die vorhandene EMK E wird durch den um 90° voreilenden Fluß Φ erzeugt, der seinerseits durch die Amperewindungen Θ_r hervorgerufen wird. Der entstehende Kurzschlußstrom wird, da die Kurzschlußbahn vorwiegend induktiv ist, der EMK um 90° nacheilen (Abb. 67). Dieser Strom erzeugt gleichphasige Amperewindungen Θ_a, welche den Fluß Φ auslöschen wollen. Der Fluß Φ kann jedoch nicht plötzlich verschwinden, da durch eine Flußabnahme $(-d\Phi/dt)$ Ströme erzeugt werden, welche den Fluß aufrecht zu erhalten suchen. Diese Ströme fließen teils in der Erregerwicklung oder in der Dämpferwicklung (falls eine solche vorhanden), teils auch in möglicherweise vorhandenen massiven Eisenteilen. Diese hierdurch gebildeten zusätzlichen Amperewindungen Θ_z, welche im ersten Augenblick die Ankeramperewindungen Θ_a kompensieren, klingen jedoch allmählich ab. Damit verschwindet auch der Fluß bis auf einen Betrag, der der EMK im Dauerkurzschlußzustand entspricht. Da bei Kurzschlußbeginn der Fluß Φ und damit auch die EMK des Normalzustandes praktisch bestehen bleiben, erhält man für den ersten Augenblick einen sehr hohen Stoßkurzschlußstrom.

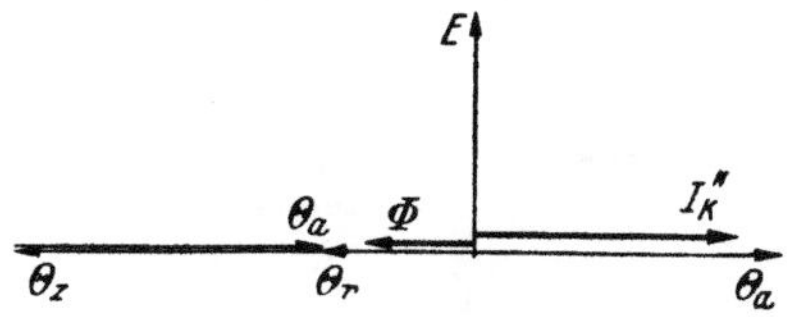

Abb. 67. Zeigerdiagramm für Stoßkurzschlußstrom

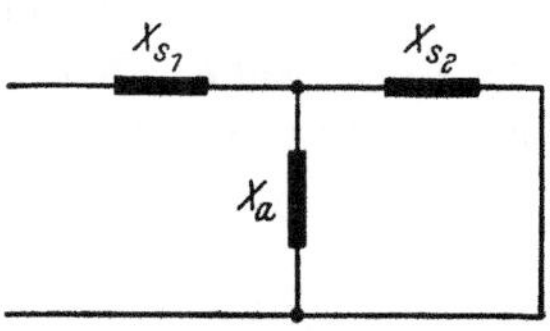

Abb. 68. Ersatzschaltung für die Ermittlung der transienten Generator-Reaktanz X'

Bei diesem transienten Vorgang verhält sich der Generator wie ein Transformator. Man erhält folgendes Ersatzschaltbild (Abb. 68), wobei X_{S_1} die primäre (Stator-)Streureaktanz und X_{S_2} die sekundäre (Rotor-) Streureaktanz und X_a die Ankerrückwirkungs-(Haupt-)Reaktanz bedeutet. Bezeichnet man mit σ_1 und σ_2 die auf X_a bezogenen Reaktanzen, so ergibt sich als Resultierende die transiente (Übergangs-)Reaktanz. $X' = X_{S_1} + \frac{X_{S_2} X_a}{X_{S_2} + X_a} = X_d \sigma'$, wobei σ' der totale Streukoeffizient gegeben ist durch

$$\sigma' = 1 - \frac{1}{(1+\sigma_1)(1+\sigma_2)}. \tag{69}$$

Ist z.B. $x_d = 1/0{,}6$, $\sigma' = 0{,}12$, so wird $x' = 0{,}2$. Der Stoßkurzschlußwechselstrom errechnet sich zu $1/0{,}2 = 5$, d.h. zum 5fachen des Nennstromes.

Vorgenannte Werte gelten für Generatoren ohne Dämpferwicklung mit geblättertem Rotor. Alle Turbogeneratoren haben massive Rotoren, manchmal auch noch eine Dämpferwicklung. Außer der Rotorstreuung ist daher auch noch die Streuung X_{S_3} bzw. $\sigma_3 = X_{S_3}/X_a$ der Dämpferwicklung wirksam, die wir uns im Ersatzschaltbild parallel zu X_{S_2} vorstellen müssen (Abb. 69). Für einen Turbogenerator mit massivem Rotor bzw. mit Dämpferwicklung ergibt sich als resultierende Reaktanz die „subtransiente Reaktanz“ (Anfangs-Reaktanz) $X'' = X_d\,\sigma''$, wobei

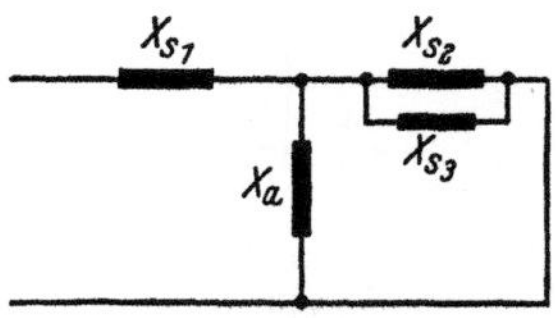

Abb. 69. Ersatzschaltung für die Ermittlung der subtransienten Generator-Reaktanz X''

$$\sigma'' = 1 - \frac{1}{(1+\sigma_1)\left(1 + \dfrac{\sigma_2\,\sigma_3}{\sigma_2 + \sigma_3}\right)} \tag{70}$$

ist. Der totale Streukoeffizient σ'' ist infolge der Dämpferwicklung bzw. des Einflusses der massiven Pole noch etwas kleiner als bei einem lamellierten Rotor. Hat er z.B. bei einem Turbogenerator mit einem Kurzschlußverhältnis von 0,6 den Wert 0,072, so ergibt sich x'' zu $0{,}072/0{,}6 = 0{,}12$. Der Anfangskurzschlußwechselstrom eines solchen Generators beträgt daher das $1/0{,}12 = 8{,}33$fache des Nennstromes.

Nun ist bei einem Generator entsprechend Abb. 70 wie bei Einschaltung einer Drossel die Größe des Stromes abhängig vom Schaltaugenblick. Schalten wir in dem Augenblick, in dem die Spannung ihren Höchstwert hat, so ergibt sich ein Strom, der durch U_λ/X'' bzw. U_λ/X' gegeben ist. Wird in dem Augenblick geschaltet, in dem die Spannung 0 ist, ist auch die Stromänderung 0. Man erhält einen Verlauf entsprechend Abb. 70 und erkennt, daß der Strom auf den doppelten Wert ansteigt. Für eine subtransiente Reaktanz von 0,12 wurde der Stoßkurzschlußwechselstrom I_K'' zum 8,33fachen des Nennstromes ermittelt. Der auftretende höchste Stoßkurzschlußstrom ist hiernach das Doppelte dieses Wertes. Es tritt also noch ein Gleichstromglied auf, das den Strom auf den doppelten Wert erhöht. Die Nullinie des Stromes verschiebt sich um den Höchstwert von I_K'' nach unten. Infolge des wirksamen ohmschen Widerstandes wird nicht der doppelte Kurzschlußstrom erreicht, sondern nur etwa 90% hiervon, also das 1,8fache. Dementsprechend wird bei einer Reaktanz von 12% der Stoßkurzschlußstrom das $1{,}8 \cdot 8{,}33$, d.h. das 15fache des Scheitelwertes des Nennstromes. Nach den IEC-Empfehlungen soll der Stoßkurzschlußstrom von Generatoren

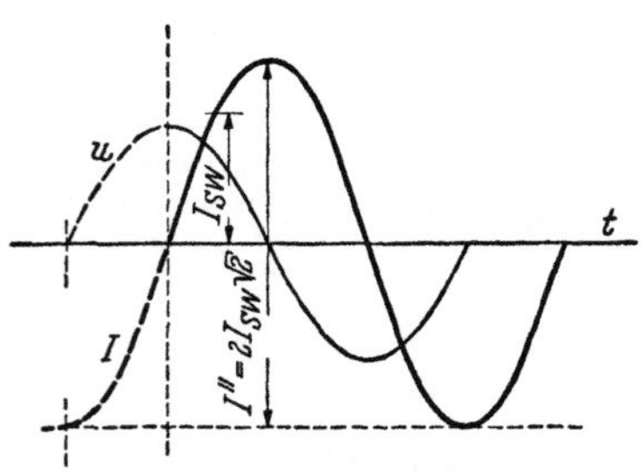

Abb. 70. Verlauf des Einschaltstromes, abhängig vom Schaltaugenblick

das 18fache des Scheitelwertes des Nennstromes nicht überschreiten; letzterer Wert entspricht einer subtransienten Reaktanz von 0,1.

Die Gleichstromkomponente des Stoßkurzschlußstromes nimmt nach der Zeitkonstanten $T_a = x''/\omega r_a$ ab, wobei x'' die bezogene subtransiente Reaktanz des Generators und r_a der bezogene Widerstand der Ankerwicklung bedeutet. Das Abklingen eines symmetrischen Stoßkurzschlußstromes geht aus Abb.71 hervor. Für die ersten Perioden des Abklingens des Kurzschlußstromes ist die subtransiente (Anfangs-)Zeitkonstante T''_d,

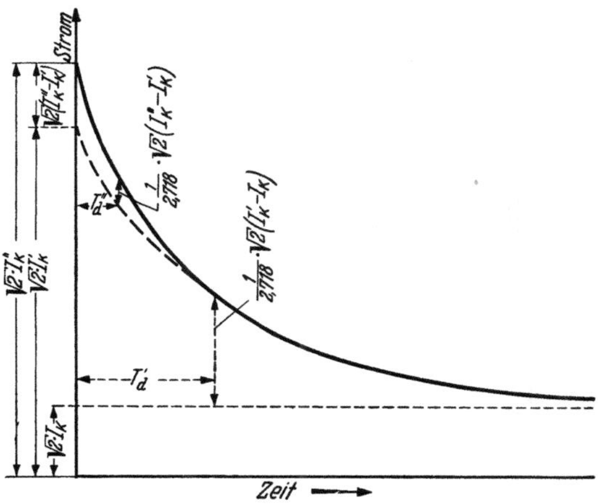

Abb. 71. Abklingen des symmetrischen Stoßkurzschlußstromes

die durch x''_d und den wirksamen ohmschen Widerstand der dämpfenden Kreise (Dämpferwicklung und massive Teile) gegeben ist, maßgebend. Mit dieser Zeitkonstante nimmt die Stromkomponente $I''_K - I'_K$ nach der exponentiellen Funktion $(I''_K - I'_K)\, e^{-\frac{t}{T''_d}}$ ab. T''_d beträgt ungefähr 0,03 bis 0,04 sek.

Nach dem Abklingen des subtransienten Vorgangs verhält sich die Maschine, als ob sie nur die transiente Reaktanz x'_d hätte, die die Stromkomponente I'_K bestimmt und auf den Dauerkurzschlußstrom bei Leerlauf I_K abklingt, wenn der Kurzschluß bei unbelastetem Generator durchgeführt wurde.

Die Stromkomponente $I'_K - I_K$ klingt nach der exponentiellen Funktion $(I'_K - I_K)\, e^{-\frac{t}{T'_d}}$ ab. Die transiente Zeitkonstante T'_d ist gegenüber der Leerlaufzeitkonstante T'_{d_0} im Verhältnis x'_d/x_d kleiner, d.h. es gilt $T'_d = T'_{d_0} \frac{x'_d}{x_d}$. Die Zeitkonstante T'_{d_0} ist angenähert aus der Induktivität der Erregerwicklung (Polradwicklung) bei offenem Ankerkreis und Erregung für Nennspannung zum Widerstand der Erregerwicklung gegeben; sie beträgt 5 bis 10 sek.

b) Die unsymmetrische Belastung des Generators

Liegt eine beliebige unsymmetrische Belastung vor, so kann diese entsprechend Abb. 72 in eine symmetrische und in eine einphasige Belastung zerlegt werden. Bei unsymmetrischer Belastung ergibt die Zu-

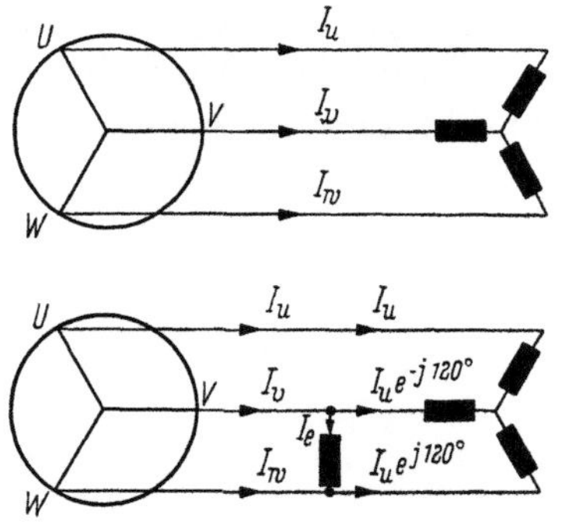

Abb. 72. Ersatzschaltung für den unsymmetrisch belasteten Dreiphasen-Generator

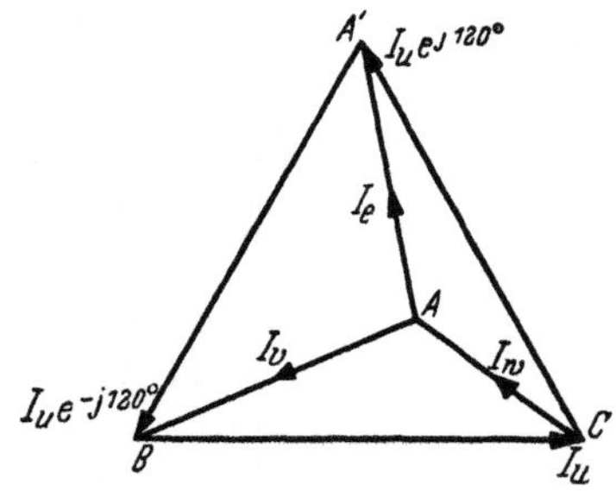

Abb. 73. Ermittlung des einphasigen Stromes I_e

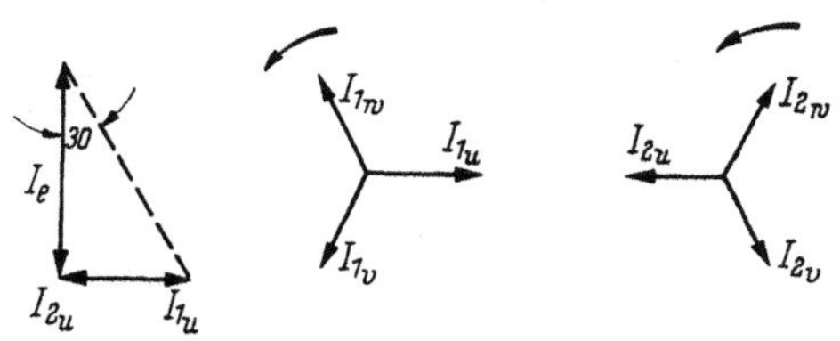

Abb. 74. Zerlegung eines einphasigen Stromes in Mit- und Gegenkomponente

sammensetzung der drei Ströme entsprechend Abb. 73 nicht ein gleichseitiges, sondern ein schiefes Dreieck. Wird über diesem das gleichseitige Dreieck errichtet, so ergibt die Verbindung der Dreieckspitzen den einphasigen Strom. Ein solcher einphasiger Strom kann in eine gleich große Mit- und gegenläufige Komponente (I_1 bzw. I_2) von je dem $1/\sqrt{3}$fachen des einphasigen Stromes zerlegt werden (Abb. 74) (s. auch Abschn. XIX, S. 574, Rechnen mit symmetrischen Komponenten). Die gegenläufige (inverse) Komponente, auf den Nennstrom des Generators bezogen, nennt man Schieflast. Bei Turbogeneratoren bis 100 MVA ist eine Schieflast von 10% zulässig, d.h. der einphasige Strom darf höchstens

Abb. 75. Zweischicht-Dämpferwicklung eines BBC- Turbogenerators

$10 \cdot \sqrt{3} = 17{,}3\%$ des Nennstromes betragen; für Leistungen über 100 MVA ist die zulässige Schieflast 8%. Bei größeren Schieflasten ist eine Dämpferwicklung erforderlich. Abb. 75 zeigt eine sogenannte Zweischicht-Dämpferwicklung, die bei größeren Schieflasten für Turbogeneratoren Verwendung findet. Während für eine reine Mitkomponente als Widerstand die synchrone Reaktanz in Frage kommt, ist zu beachten, daß die gegenläufige Komponente die hohe Geschwindigkeit gegenüber dem Rotor von der doppelten der Nenndrehzahl aufweist. Deshalb ist für das von einer Gegenkomponente herrührende Drehfeld die subtransiente Reaktanz maßgebend, d.h. die inverse Reaktanz $X_i = X''$.

c) Dauerkurzschlußstrom

Der dreipolige Dauerkurzschlußstrom bei Leerlauferregung beträgt für die ungesättigte Maschine

$$I_{3\,\mathrm{pol}} = I_{K\,\mathrm{unges}} = \frac{E_\curlywedge}{X_d}. \tag{71}$$

Für die gesättigte Maschine ist der Dauerkurzschlußstrom bei Leerlauferregung I_K. Das Verhältnis I_K/I_n nennt man das Kurzschlußverhältnis; dieses gilt für die Leerlauferregung i_0. Bei Nennerregung i_n ist der Dauerkurzschlußstrom im Verhältnis $v_n = i_n/i_0$ größer. Wird die Spannung des Generators automatisch geregelt, so wächst der Dauerkurzschlußstrom auf einen Wert an, der gegenüber dem Kurzschlußstrom bei Leerlauferregung im Verhältnis der maximalen Erregung zur Leerlauferregung größer ist. Eine Beeinflussung des Kurzschlußstromes infolge der Sättigung ist im allgemeinen bei Klemmenkurzschluß mit höchster Erregung noch nicht festzustellen.

Beim zweipoligen Kurzschluß (s. auch Abschn. XIX, S. 574, Rechnen mit symmetrischen Komponenten) liegt eine einphasige Belastung vor. Der Strom der Mitkomponente ist ebenso groß wie der Strom der Gegenkomponente. Man kann daher die Reaktanz für die Mit- und Gegenkomponente in Reihe schalten und erhält dann, sowohl für die Mit- als auch Gegenkomponente, einen Strom, der durch $\frac{E_\curlywedge}{X_d + X_i} = \frac{E_\curlywedge}{X_d(1+\sigma_i)}$ gegeben ist (Abb. 76). Die beiden Ströme setzen sich zum resultierenden zweipoligen Dauerkurzschlußstrom von der Größe $\sqrt{3} \cdot \frac{E_\curlywedge}{X_d(1+\sigma_i)}$ zusammen, so daß das Verhältnis vom zweipoligen zum dreipoligen Dauerkurzschlußstrom $\frac{\sqrt{3}}{1+\sigma_i}$ beträgt. Bei Vernachlässigung von σ_i ist der zweipolige Dauerkurzschlußstrom das $\sqrt{3}$fache des dreipoligen.

Beim einpoligen Kurzschluß kann man den Strom zwischen Phase und Sternpunkt nach Abb. 76 in drei gleich große Komponenten zerlegen. Für jede Komponente ist der resultierende Widerstand gegeben durch die Summe aus der synchronen Reaktanz, der inversen Reaktanz und der Nullreaktanz. Für die einzelnen Stromkomponenten ergibt sich der Strom zu $\frac{E_\lambda}{X_d + X_i + X_0}$ und der resultierende Kurzschlußstrom ist das dreifache dieses Wertes. Er ist daher $\frac{3}{1 + \sigma_i + \sigma_0}$ größer als der dreipolige Dauerkurzschlußstrom.

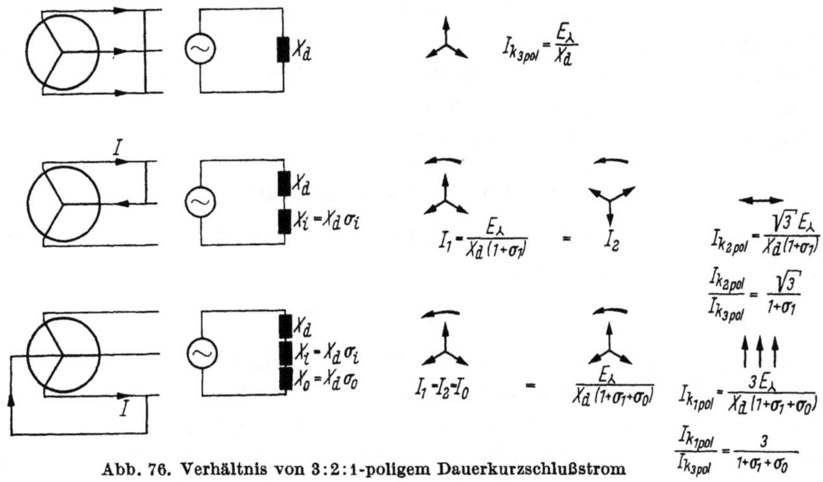

Abb. 76. Verhältnis von 3:2:1-poligem Dauerkurzschlußstrom

Für transiente Vorgänge ist lediglich das erste Glied X_d im Nenner der Gleichungen für den ein-, zwei- und dreipoligen Kurzschlußstrom durch X_d' zu ersetzen.

In Tab. 1 sind die üblichen Werte der verschiedenen Reaktanzen von Generatoren und zwar von Turbogeneratoren und Generatoren mit ausgeprägten Polen zusammengestellt.

Tabelle 1. *Reaktanzen von Synchron-Generatoren*

Generatoren-Bauart	x Synchr. Reaktanz	x'' subtrans. Reaktanz	x' transiente Reaktanz	x_i inverse Reaktanz	x_0 Null-Reaktanz
Turbo-	1,6–2,5	0,1–0,22	0,15–0,3	0,1–0,22	0,04–0,12
mit ausgeprägten Polen mit Dämpferwicklung oder mit massiven Polen	0,6–1,3	0,15–0,3	0,2–0,45	0,2–0,4	0,04–0,2

E. Die Erregung der Generatoren

Neuzeitliche Wechselstromgeneratoren beziehen, von Ausnahmen abgesehen, ihren Erregerstrom von unmittelbar angebauten, bzw. über Getriebe angetriebenen Erregermaschinen, die in der Regel als selbsterregte Nebenschlußmaschinen ausgeführt sind. Die Regelung des Feldstromes i der Drehstromgeneratoren erfolgt durch Widerstände im Nebenschlußfeld des Erregergenerators. Man hatte früher unmittelbar im Feldstromkreis des Drehstromgenerators die Widerstände, hat jedoch heute diese Regelart verlassen, da die Widerstände erhebliche Verluste verursachen.

Aus dem Leistungsdiagramm und den daraus abgeleiteten V-Kurven lassen sich die ungefähren Erregerströme für beliebige Belastungszustände ermitteln. Für die genauere Bestimmung des Erregerstroms unter Berücksichtigung der Sättigung ist es zweckmäßig, das ASA-Verfahren (American Standard Association) zugrunde zu legen, das nebenstehendem Diagramm entspricht (Abb. 77). Man zieht durch U_n eine Parallele zur Abszisse und trägt auf dieser den Erregerstrom AD für eine Belastung mit dem Nennstrom I_n bei $\cos\varphi = 0$ übererregt auf. Von D aus trägt man die Strecke $DC = c$ ab, die den Erregerstrom i_{K_n} für einen Kurzschlußstrom gleich dem Nennstrom darstellt. Da

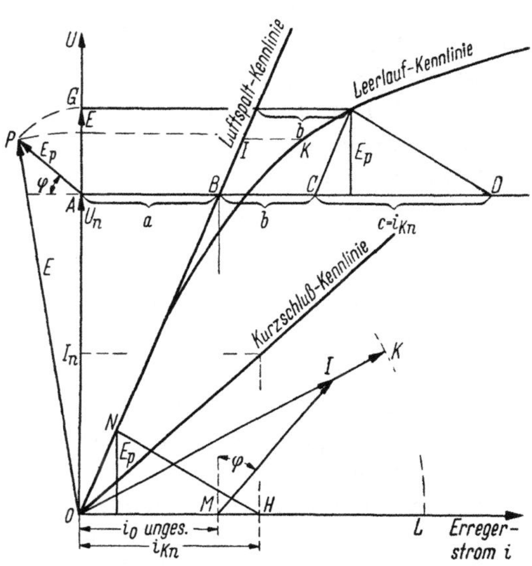

Abb. 77. Ermittlung des Erregerstromes eines Generators unter Berücksichtigung der Sättigung

$$\frac{i_{0\,\mathrm{unges}}}{i_{K_n}} = \frac{I_{K\,\mathrm{unges}}}{I_n} \qquad (72)$$

ist

$$i_{K_n} = i_{0\,\mathrm{unges}} \frac{I_n}{I_{K\,\mathrm{unges}}} = i_{0\,\mathrm{unges}}\, x_d \qquad (73)$$

d.h. die Strecke DC, die Basis des Potier-Dreiecks, kann auch aus dem Leerlauferregerstrom, multipliziert mit der synchronen Reaktanz, ermittelt werden. Durch den Punkt C zieht man eine Parallele zur Luftspaltkennlinie; vom Schnittpunkt dieser Parallelen mit der Leerlaufkennlinie fällt man ein Lot auf die Strecke c; dies ergibt die Potierspannung E_p. Bei einem Betrieb mit $\cos\varphi = 0$ übererregt, d.h. induktiver Last, addiert sich die Potierspannung E_p zu der Nennspannung $OA = U_n$ algebraisch und damit erhält man die EMK E zu OG. Zieht man eine Parallele zur Abszisse durch G, so schneidet diese zwischen der Luftspalt- und der Leerlaufkennlinie die Strecke b ab, die die Erhöhung des Erregerstroms infolge der Sättigung zur Folge hat. Der weitere Anteil ist gegeben durch die Strecke $a = AB$, welche den Erregerstrom $i_{0\,\mathrm{unges}}$ entsprechend der Luftspaltkennlinie bei der Spannung U_n darstellt.

Ist der Punkt D, d.h. der Erregerstrom für Belastung mit dem Nennstrom I_n bei $\cos\varphi = 0$ übererregt nicht bekannt, so muß die Potierspannung $E_p = I_n X_p$ errechnet werden, worauf das charakteristische Dreieck OHN konstruiert wird. Die Potier-Reaktanz X_p kann ungefähr aus der Gesamtreaktanz X_g die man bei der Bohrfeldprobe (s. S. 71) mißt, ermittelt werden.

$$\text{Für Volltrommelmaschinen ist } X_p \approx 0{,}6\,X_G\,,$$
$$\text{für Schenkelpolmaschinen ist } X_p \approx 1{,}0\,X_G\,.$$

Rechnerisch ergibt sich X_p aus der transienten Reaktanz X' und der subtransienten Reaktanz X'' ungefähr zu $X_p \approx X'' + 0{,}63\,(X' - X'') \approx 0{,}8\,X'$. Die Potierspannung ist etwas größer als die subtransiente Reaktanz und erreicht Werte bis zur Gesamtstreuspannung, die man bei der Bohrfeldprobe (s. S. 71) mißt.

Der Erregerstrom wurde in Abb. 77 für eine Belastung z.B. mit I_n und $\cos\varphi = 0$ übererregt in 3 Komponenten a, b und c zerlegt. Für einen beliebigen Leistungsfaktor und den Strom I_n erhält man den erforderlichen Erregerstrom, indem man auf der Abszisse die Strecke $OM = a = i_{0\,\mathrm{unges}}$ aufträgt. Von M aus trägt man unter dem Winkel φ die Strecke $MI = CD = c$ auf und erhält als resultierenden Erregerstrom ohne Sättigung OJ. Der Einfluß der Sättigung wird näherungsweise berücksichtigt, indem man zunächst an $OA = U_n$ unter dem Winkel φ die Potierspannung E_p mit dem Endpunkt P anträgt. Die Strecke OP trägt man auf der Ordinate ab und zieht durch den so gefundenen Endpunkt eine Parallele zur Abszisse, die zwischen der Leerlauf- und der Luftspaltkennlinie den Erregeranteil IK, der für die Sättigung in Betracht kommt, ausschneidet. Dieser Anteil wird in der Verlängerung von OI aufgetragen. $OK = OL$ ist dann die Erregung beim Nennstrom I_n und dem Phasenverschiebungswinkel φ.

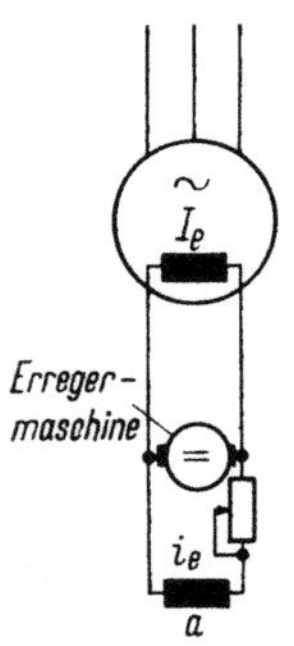

Abb. 78. Drehstromgenerator mit angebauter Erregermaschine

Vorstehendes Diagramm ergibt sowohl bei Maschinen mit Vollpolen als auch bei Maschinen mit ausgeprägten Polen gute Resultate.

Es sei in folgendem die Regelfähigkeit einer normalen Erregermaschine (Abb. 78) untersucht. Die Leerlaufcharakteristik der Erregermaschine zeigt Abb. 79. Selbsterregung ist möglich, wenn die unter dem Neigungswinkel $\tan\alpha = R$ verlaufende Gerade $i_e R$ mit der Leerlaufcharakteristik einen Schnittpunkt S bildet. Dabei bedeutet i_e den Erregerstrom des Erregergenerators und R den Gesamtwiderstand im

Anker- und Erregerkreis a. Sieht man näherungsweise vom inneren Widerstand des Erregergenerators ab, so hat man mit dem Schnittpunkt auch die Klemmenspannung der Erregermaschine und damit den durch den Drehstromgenerator fließenden Erregerstrom I_e. Um eine kleinere

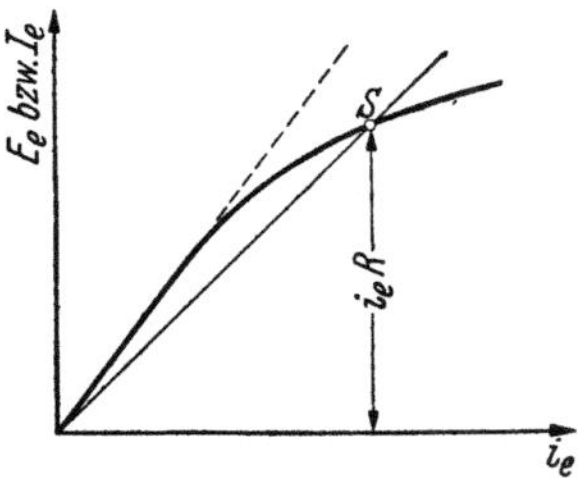

Abb. 79. Leerlaufkennlinie der Erregermaschine

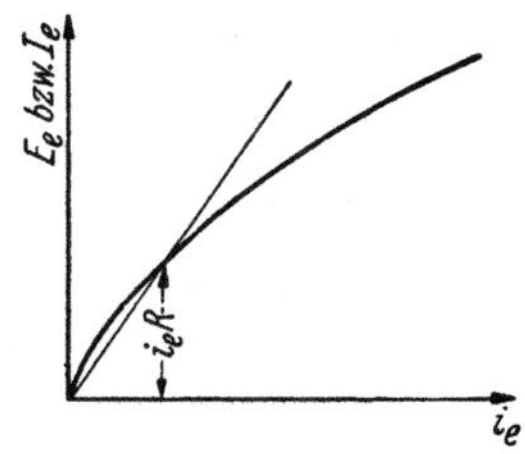

Abb. 80. Leerlaufkennlinie einer Erregermaschine mit Regulierpolen

Klemmenspannung an der Erregermaschine zu erzielen, muß der Widerstand im Erregerkreis a der Erregermaschine vergrößert werden. Die Widerstandsgerade wird dann steiler und kann mit dem geradlinigen Teil der EMK-Kurve zusammenfallen (Abb. 79), d.h. es sind jetzt überhaupt keine stabilen Verhältnisse mehr vorhanden. Eine Erregercharakteristik nach Abb. 79 kann also nur Verwendung finden, wenn der Regelbereich der Erregermaschine klein ist und man stets im gekrümmten Teil der EMK-Kurve arbeitet. Um die Regelfähigkeit zu verbessern, baut man Erregermaschinen, bei denen die Pole durch besondere Maßnahmen schon bei kleinen Strömen i_e in den Sättigungsbereich gelangen; z.B. kann man in die Pole (Regulierpole) Schlitze anbringen wie in Abb. 81. Man erhält damit eine EMK-Kurve, die schon bei kleinen Erregerströmen gekrümmt ist (siehe Abb. 80) und auch für kleinere Spannungen Schnittpunkte mit der Widerstandsgeraden liefert. Wenn auch mit solchen Spezialpolen die meisten in der Praxis vorkommenden Regelforderungen erfüllbar sind, so sind doch in Fällen, in denen wegen kapazitiver Belastung der Erregerstrom auf sehr kleine Werte gebracht werden muß, die Erregermaschinen mit Regulierpolen nicht genügend stabil, denn die Schnitte mit der EMK-Kurve sind im niederen Bereich verhältnismäßig flach.

Abb. 81. Regulierpol einer Erregermaschine mit Querschlitz

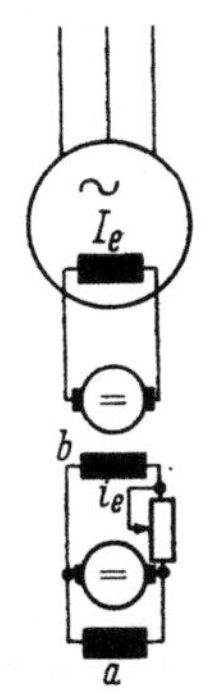

Abb. 82. Drehstromgenerator mit Haupt- und Hilfserregermaschine

Eindeutige Regelverhältnisse erhält man, wenn die Erregermaschine durch einen Hilfserreger mit konstanter Spannung fremderregt wird (s. Abb. 82). Wird dann im Erregerkreis b des Haupterregers der Feldstrom i_e durch Widerstände geregelt, so kann die Erregerspannung für den Drehstromgenerator von Null bis auf vollen Wert stabil geregelt werden.

Eine besondere Hilfserregermaschine ist auch notwendig, falls ein schnelles Regeln der Spannung gefordert wird, z.B. um die Stabilität einer Kraftübertragung zu sichern. Eine selbsterregte Erregermaschine nach Abb. 78 wird sich, da sie ihr Feld selbst schaffen muß, nicht so schnell regeln lassen, wie eine fremd erregte nach Abb. 82. Man kann zeigen, daß die Erregung um so langsamer ist, einen je flacheren Winkel die Widerstandsgerade mit der Charakteristik nach Abb. 79 bildet. Theoretisch ist sogar im gradlinigen Teil der Kennlinie die Zeitkonstante der Erregung unendlich groß. (Begriff der Zeitkonstante s. Abb. 85.) Eine selbsterregte Erregermaschine braucht, um von Remanenzspannung auf Nennspannung hochzufahren, etwa 5- bis 10mal so lange, als wenn ihr Feld an die konstante Nennspannung gelegt wird. Die Schnelligkeit der Erregung kann ferner gesteigert werden, falls die magnetischen Wege zur Unterdrückung der Wirbelströme lamelliert werden. Eine noch weitere Steigerung der Erregungsgeschwindigkeit kann durch das Anlegen einer höheren Spannung bei gleichzeitigem Vorschalten eines Widerstandes erreicht werden (Schnellerregung). Zur Orientierung diene, daß die Zeitkonstante einer fremderregten schnellaufenden Erregermaschine etwa 0,2 sek beträgt.

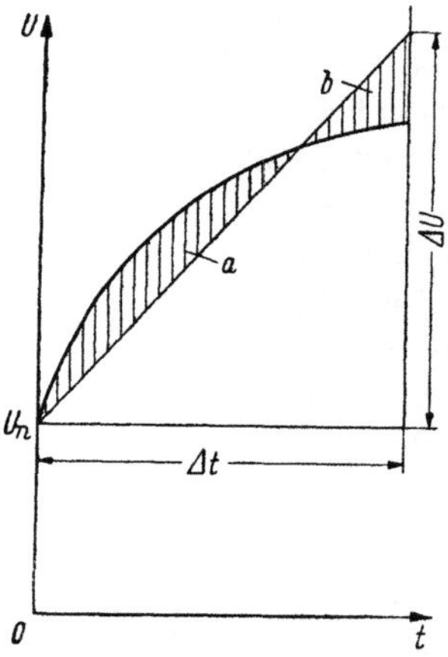

Abb. 83. Definition der „Erregergeschwindigkeit" nach den amerikanischen Normen

Eine Erregermaschine beurteilt man vielfach nach der Erregergeschwindigkeit, die nach den amerikanischen Normen wie folgt definiert ist:

Die leerlaufende Erregermaschine wird bei Nenndrehzahl auf die für den Nennbetrieb des Generators erforderliche Nennerregerspannung bei einer absoluten Temperatur der Feldwicklung von 75 °C reguliert. Nun wird der Regulierwiderstand im Feldkreis des Erregers plötzlich kurz geschlossen und man bestimmt die Kurve $U = f(t)$ (Abb. 83). Man wählt $t = 0{,}5$ sek und ersetzt die Kurve durch eine Gerade, derart, daß die Fläche $a =$ der Fläche b wird und das Verhältnis $\Delta U/\Delta t$ entspricht dann der Erregergeschwindigkeit in V/sek.

Bezogen auf die Nennerregerspannung sollte bei größeren Maschinen die Spannungsaufbau-Geschwindigkeit mindestens 0,5 sein; d.h., daß z.B. bei einer Nennerregerspannung von 250 V die Spannungsaufbau-Geschwindigkeit mindestens 125 V/sek betragen soll.

In Netzen, welche im Verbundbetrieb arbeiten und in denen Wert auf Stabilität der Kraftübertragung gelegt wird, ist es notwendig, daß bei Fernkurzschlüssen die Spannung der Werke, welche miteinander synchron arbeiten sollen, in der Zeit bis zum Abschalten des Kurzschlusses nicht allzu stark gesenkt wird, da sonst der Synchronismus verlorengeht. Hier kommt es nicht nur auf die Erregergeschwindigkeit, sondern auch auf einen genügenden Leistungsüberschuß der Erregermaschine an. Im Kurzschluß verursacht nämlich die Ankerwicklung ein starkes Gegenfeld, welches erhöhte Amperewindungen in der Erregung zur Kompensierung bedarf, d.h. die Erregermaschine muß eine höhere Leistung als im Nennbetrieb abgeben. Unter Umständen wird man in schwierigen Fällen eine Überbemessung der Spannung von 20 bis 50% gegenüber dem Nennbetrieb vorsehen müssen; die maximal erreichbare Spannung des Erregers bezeichnet man als Deckenspannung. (Amerikanische Bezeichnung: ceiling voltage.)

Bei langsam laufenden Wasserkraftgeneratoren mit unmittelbar gekuppelten Erregermaschinen ist die Zeitkonstante besonders groß, da wegen der kleinen Drehzahl die Erregermaschinen groß ausfallen. Will man kleinere, rasch laufende Erregermaschinen haben, so müssen sie getrennt von dem Hauptgenerator angeordnet sein, wobei der Abtrieb entweder durch ein Getriebe oder durch einen Drehstrommotor erfolgt, der vom Generator gespeist wird. Die getrennte Anordnung der Erregermaschine ist auch erwünscht, um die Bauhöhe der Turbinen klein zu halten. Die recht schöne Lösung des Erregerumformers bereitet jedoch die Schwierigkeit, daß bei Inbetriebsetzung des Generators zunächst noch keine Spannung vorhanden ist, welche den Asynchronmotor für die Erregermaschine speist.

Eine zuverlässige Sicherstellung der Erregung besteht darin, den Motor des Erregerumformers durch einen auf dem Hauptgenerator aufgebauten Hilfsgenerator zu speisen.

F. Die selbsttätige Spannungsregelung der Generatoren

a) Tirrill-, Wälzsektoren- und Öldruckregler

Von den Generatoren in den Kraftwerken verlangt man, daß sie weitgehendst die Spannung halten. Da die Belastung der Generatoren dauernden Schwankungen unterworfen ist, wird eine fortwährende Regelung der Erregung notwendig. Um diese möglichst zu beschränken, baute man früher Generatoren mit kleiner synchroner Reaktanz (großer Luftspalt). Um wirtschaftlichere Generatoren zu erhalten, baut man sie heute mit großer synchroner Reaktanz, sogenannte weiche Maschinen, bei denen allerdings bei schwankender Belastung die Erregung wesentlich mehr geändert werden muß. Da diese Spannungsregelung von Hand unvollkommen ist, und um das Personal zu entlasten, baut man selbsttätige Spannungsreglereinrichtungen, welche bei Belastungsschwankungen möglichst rasch die Erregung den neuen Belastungsverhältnissen anpassen.

Betrachten wir einen vollbelasteten Generator, dessen Belastung plötzlich zurückgeht. Wenn die Klemmenspannung konstant bleiben soll, muß der Erregerstrom des Generators verkleinert werden, d.h. man muß in den Feldkreis *a* des Erregers (Abb. 78) Widerstand einschalten. Der Strom im Feldkreis ändert jedoch nicht sofort seinen Wert, sondern

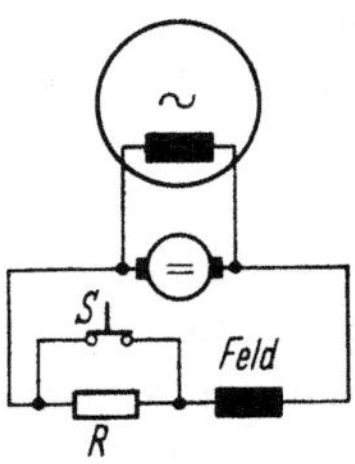

Abb. 84. Prinzip der Schnellregelung nach Tirrill

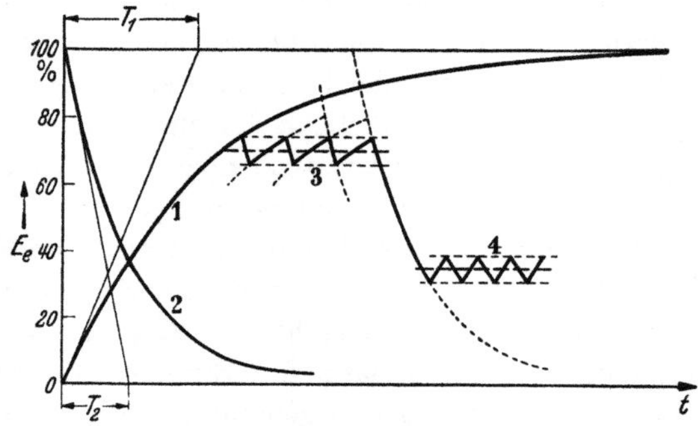

Abb. 85. Regelkennlinien des Tirrill-Reglers

strebt wegen der in der Feldwicklung vorhandenen Induktivität nur langsam seinem Endwert zu. Entsprechend langsam sinkt auch die Spannung an der Erregermaschine. Dadurch treten vorübergehend am Drehstromgenerator hohe Spannungen auf. Durch verschiedene Maßnahmen kann man die durch die Erregermaschine bedingte Trägheit bei der Spannungsregelung verkleinern.

Es sei zunächst das Prinzip erörtert, auf welchem der Tirrill-Regler beruht. Zur Verwendung kommt eine Erregermaschine (s. Abb. 84), in deren Erregerkreis ein besonderer Widerstand R liegt, der durch einen Schalter S kurzgeschlossen werden kann. Für diesen Fall (kein Widerstand im Feldkreis) zeigt die Kurve 1 der Abb. 85, wie der Fluß (bzw. die EMK) der Erregermaschine nach dem Einschalten dem Endwert zustrebt. Die Zeitkonstante T_1 ist dabei verhältnismäßig groß. Wird der Widerstand R eingeschaltet, so wird die Zeitkonstante des Kreises kleiner und die Spannung der Erregermaschine nimmt gemäß der Kurve 2 wesentlich rascher ab. Das Wesen der Schnellregulierung besteht in dem dauernden Ein- und Ausschalten des Widerstandes R, so daß man für die EMK bzw. Flußkurve die Zickzackkurve 3 der Abb. 85 erhält. Infolge der Induktivität der Erregerwicklung des Drehstromgenerators wird der dort fließende Strom I_e praktisch konstant sein, sofern das Tempo der Schwankungen genügend schnell ist. Wird jetzt die Maschine entlastet, so wird rasch, da man für den Übergang den steilen Teil der Kurve 2 ausnutzt, die dem neuen Beharrungszustand entsprechende Zickzackkurve 4 erreicht und zu hohe Spannung am Generator vermieden. Um schnelle Regelfähigkeit zu erzielen, ist es notwendig, daß die vorkommenden Erregerspannungen in einem Bereich genügender Steilheit der Kurven 1 und 2 liegen, d.h. die Erregermaschine muß überbemessen sein. Beim Tirrill-Regler erfolgt das dauernde Öffnen und Schließen des Kontaktes S von einem Relais, abhängig von der Spannung.

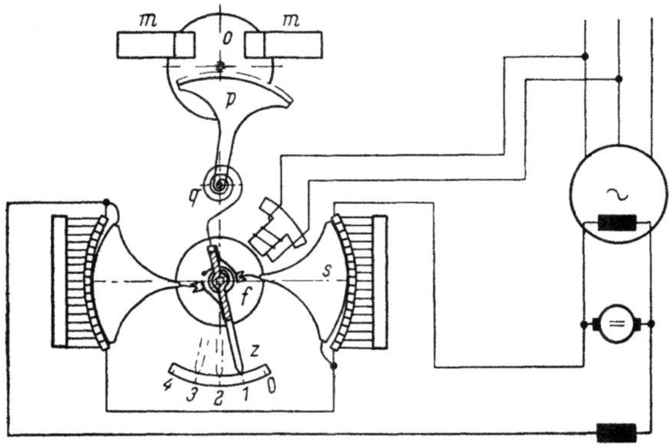

Abb. 86. Schema des Wälzsektorreglers (BBC)

Bei der beschriebenen Regelart handelt es sich um einen Apparat, bei dem Relais dauernd in Bewegung sind, auch wenn keine Laständerung stattfindet. Es gibt aber auch Schnellregler, die nur bei Abweichung der Spannung vom Sollwert arbeiten, sonst dagegen in Ruhe sind. Ein solcher Regler ist z.B. der Wälzsektorregler der Firma BBC, der in Abb. 86 schematisch als 2-Sektor-Regler aufgezeichnet ist. Er besteht aus einer drehbar gelagerten Aluminiumtrommel, auf die von einem an der Generatorspannung liegenden Spannungssystem nach dem Ferraris-Prinzip ein Drehmoment ausgeübt wird. Diesem Drehmoment wirkt eine Feder f entgegen, die mit ihrem einen Ende im Raum und mit ihrem anderen Ende an der Trommel befestigt ist. Mit der Trommel stehen außerdem zwei Wälzsektoren s in Verbindung, die bei Rechtsdrehung Widerstand in den Erregerkreis des Erregers einschalten. Mit der Trommel ist ferner ein Zeiger verbunden, der angibt, wie der Regler steht, sowie eine Feder q, die mit einem Zahnsegment p in Verbindung steht, welches auf eine Aluminiumscheibe arbeitet, die von permanenten Magneten m abgedämpft wird.

Befindet sich der Regler in der Stellung *1* im Gleichgewicht und wird der Generator entlastet, so wird das vom Ferraris-Motor ausgeübte Drehmoment größer, da die Spannung ansteigen will, und überwiegt gegenüber der Federkraft *f*. Die Trommel will sich in ihre Endlage bewegen, wird jedoch durch die sich allmählich spannende Feder *q* daran gehindert, weil infolge der in der Scheibe *o* erzeugten Dämpfungskraft das Zahnsegment *p* nicht so rasch zu folgen vermag. Die unmittelbar nach der Entlastung erreichte Stellung der Sektoren wird etwa bei Zeigerstellung *3* liegen. Der Generator vermindert jetzt infolge der geringeren Erregung seine Spannung und das auf den Ferraris-Motor ausgeübte Drehmoment nimmt ab, die Trommel bewegt sich im Linkssinne etwas zurück. In der Zwischenzeit ist außerdem das Zahnsegment *p* nachgekommen, die Feder *q* entspannt sich und mit der Zeigerstellung *2* wird die neue Gleichgewichtslage etwa erreicht sein. Das Charakteristische an dieser Regelung ist die im ersten Moment erfolgende Überregulierung bis in Stellung *3*, durch die eine rasche Feld- und EMK-Änderung erzwungen wird.

Man kann bei solchen Reglern unterscheiden zwischen einer astatischen und einer statischen Einstellung. Bei der astatischen Einstellung muß das Federsystem *f* durch eine Zusatzfeder so abgeglichen sein, daß bei konstanter Regelspannung das System sich in allen Lagen im Gleichgewicht befindet, d.h. der Regler reguliert auf konstante Spannung unabhängig von der Belastung, d.h. auch unabhängig von der Stellung des Reglers.

Bei einem Regler mit statischer Kennlinie ist die Federung so bemessen, daß, um die Trommel im Rechtssinne zu drehen, eine allmählich etwas ansteigende Spannung notwendig ist. Da dabei jedoch Widerstand eingeschaltet wird, bedeutet dies, daß mit kleiner werdender Belastung des Generators die Spannung etwas steigt, mit zunehmender Belastung dagegen etwas fällt.

Die statische Einstellung ist notwendig, wenn mehrere Generatoren mit je einem Regler parallel auf das gleiche Sammelschienensystem arbeiten, was bei astatischer Regelung nicht möglich ist. Betrachtet man z.B. zwei parallel geschaltete Generatoren und ist infolge Ungenauigkeiten der eine astatische Regler auf eine etwas höhere Spannung als der andere eingestellt, so wird sich die Sammelschienenspannung auf einen mittleren Wert einstellen, der für den ersten Regler zu niedrig und für den zweiten Regler zu hoch ist. Der erste Regler wird versuchen, die Spannung zu erhöhen, während der zweite Regler versuchen wird, dieselbe zu erniedrigen. Beide Regler arbeiten falsch, denn der eine Regler wird schließlich allen Widerstand kurzschließen und der andere allen Widerstand vorschalten, so daß zwischen beiden Maschinen große wattlose Ströme fließen werden. Eine Spannungsregelung findet dabei überhaupt nicht mehr statt.

Nur noch selten findet man die Lösung, daß von mehreren Generatoren nur einer einen astatischen Regler erhält, also die ganze Spannungsregelung übernimmt. Steigt die Belastung des Netzes, dann muß der Generator seine Erregung verstärken. Seine Blindstromerzeugung steigt, die der anderen Generatoren fällt, da diese sonst nicht die Spannung halten können. Sind die Unterschiede zu groß, dann muß die Erregung der nicht geregelten Generatoren von Hand nachgestellt werden.

Sind die Regler statisch eingestellt, so verläuft die Spannung in Abhängigkeit der Reglerstellung für den Regler *1* nach der Kurve I und für den Regler *2* nach der Kurve II (s. Abb. 87). Da die Sammelschienenspannung für beide Regler dieselbe ist, wird der Gleichgewichtszustand durch die Punkte *a* und *b* gegeben sein, die Reglerstellungen werden also etwas verschieden sein. Der Unterschied ist jedoch um so geringer, je genauer die beiden Regler eingestellt sind und je größer die Statik des Systems ist.

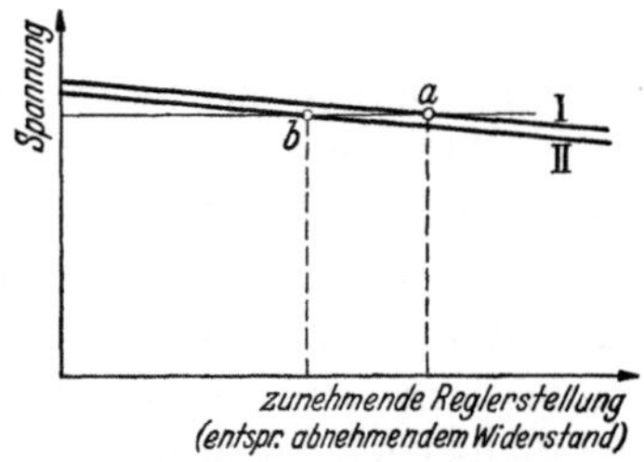

Abb. 87. Kennlinien zweier Regler in Abhängigkeit der Reglerstellung

Oft ist die abfallende Charakteristik des statischen Reglers nicht erwünscht. Man kann dann die Statik nach der Schaltung Abb. 88 ganz oder teilweise kompensieren. Bei dieser Schaltung wird das Spannungssystem des Reglers durch einen Spannungswandler *S* gespeist. Dem Spannungssystem des Reglers sind zwei Widerstände *R* und R_0 vorgeschaltet. An die Anzapfung *a* der Widerstände *R* und R_0 ist die eine

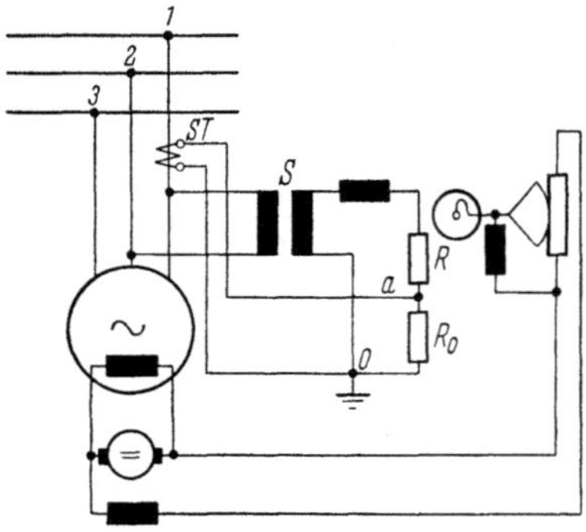

Abb. 88. Wälzsektorregler mit zusätzlicher Kompoundierung

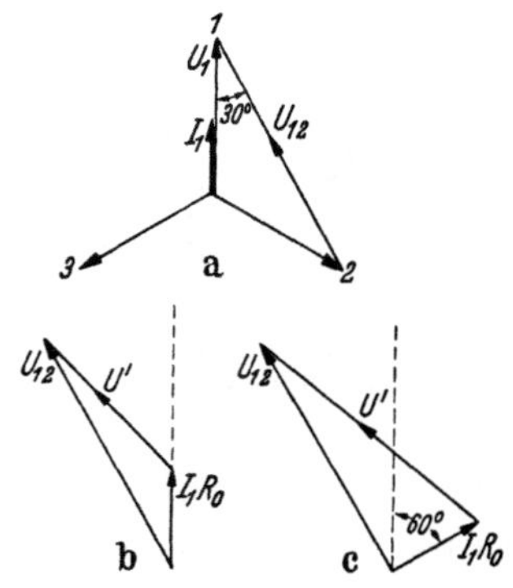

Abb. 89a–c. Diagramm für zusätzliche Kompoundierung des Wälzsektorreglers

Zuleitung des Stromwandlers *St* angeschlossen. Die dem Spannungssystem aufgedrückte Spannung ist durch den Zeiger U_{12} gegeben (s. Abb. 89). Hat der vom Generator abgegebene Strom I_1 die Phasenverschiebung Null, dann weist er gegen die Spannung U_{12} eine Phasenverschiebung von 30° auf (s. Abb. 89a). Wird I_1 nacheilend, dann wächst die Phasenverschiebung gegen U_{12}. Beispielsweise ist bei einer Phasenverschiebung des Stromes gegenüber der Spannung U_1 von 60°, die Phasenverschiebung gegen die Spannung U_{12} 90°. Bei einem $\cos\varphi = 1$ hat die vom Stromwandler am Widerstand R_0 erzeugte Spannung die Größe $I_1 R_0$ (s. Abb. 89b). Der durch die Spannungsspule des Reglers fließende Strom ist, wenn R_0 klein gegen R ist, annähernd durch die Spannungsdifferenz U' (s. Abb. 89b) gegeben. Da U' und damit der Spulenstrom, also auch das Reglermoment, mit wachsendem I kleiner wird, wird der Regler Widerstand abschalten, also auf höhere Spannung regeln, d.h. eine Kompoundwirkung ausüben. Dadurch kann die Statik des Reglers kompensiert werden. Besitzt der Strom etwa eine Phasenverschiebung von 60° (s. Abb. 89c), dann ist U' etwas größer als U_{12} geworden, die vom Regler eingestellte Spannung wird etwas tiefer als durch die Statik bedingt. Im allgemeinen wird man die Kompensierung der Spannung für einen mittleren $\cos\varphi$, z.B. 0,8, durchführen und hat dann bei schlechterem $\cos\varphi$ eine Spannungssenkung. Diese Eigenschaft ist für den Parallelbetrieb mehrerer Generatoren sehr günstig. Sollte z.B. ein Generator zu stark erregt sein, bedeutet dies, da die Wirkleistung durch den Drehzahlregler der Antriebsmaschine eindeutig gegeben ist, daß die Maschine erhöhte Blindleistung abgibt. Da hierbei ein schlechterer $\cos\varphi$ vorhanden ist, wird die Kompoundierung weniger wirksam, der Regler verkleinert die Erregung und der $\cos\varphi$ wird wieder besser. Man erreicht also bei statischen Reglern mit einer $\cos\varphi$-abhängigen Kompoundierung, außer der Spannungsregelung, daß der $\cos\varphi$ der einzelnen Maschinen untereinander gleich bleibt.

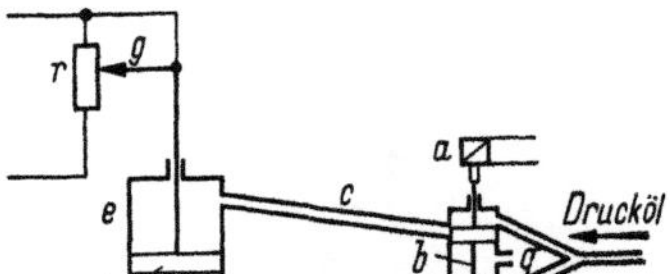

Abb. 90. Schematische Darstellung eines Öldruckreglers

Hat man langsam laufende Generatoren mit großen Erregerströmen, welche von einem Regler nach Abb. 86 nicht bewältigt werden können, so muß der Feldwiderstand durch einen Servo-Motor für größere Verstellkräfte angetrieben werden, welcher elektrisch oder auch hydraulisch arbeiten kann. Abb. 90 zeigt im Prinzip einen Öldruckregler. Hier arbeitet eine Spannungsspule *a* auf einen Ölschieber *b*, welcher in der gezeichneten Mittellage die beiden Ölleitungen *c* und *d* absperrt. Der Schieber *b* befindet sich in einem Gehäuse, dessen unteres und oberes Ende mit der Druckölleitung in Verbindung steht. Nimmt man an, die Spannung steigt, dann wird die Spannungsspule *a* ihren Kern etwas anziehen und den Steuerschieber *b* dabei nach oben bewegen. Es vermag jetzt Drucköl in die Leitung *d* zu strömen, wodurch der Kolben *f* im Zylinder *e* nach oben bewegt wird. Das aus der oberen Zylinderhälfte durch die Rohrleitung *c* entweichende Öl kann durch die Abflußöffnung *q* in einen Ölsammelbehälter fließen, von wo es durch eine Druckpumpe wieder in die Druckölleitung gefördert werden kann. Da der Kolben *f* sich nach oben bewegt, wird er mit einem Schleifkontakt *g* so lange Widerstand zuschalten, bis die Nennspannung wieder erreicht ist und der Schieber *b* die Ölleitung *c* und *d* absperrt.

Einen Hochleistungs-Spannungsregler mit Öldruckservomotor zeigt Abb. 91.

Abb. 91. Hochleistungsregler, Type KC. Rückseite mit Meßwerk und Ölpumpenmotor

Im Prinzip ist dieses Steuerverfahren identisch mit dem Verfahren, welches bei den Drehzahlreglern (s. S. 56) zur Anwendung kam, nur wurde dort der Steuerschieber nicht durch eine Steuerspule, sondern durch ein Zentrifugalpendel betätigt.

b) Transduktorverstärker

Von den Geräten der Regelungs- und Steuerungstechnik nimmt der Transduktorverstärker oder magnetische Verstärker auch bei der Spannungsregelung von Generatoren eine bedeutsame Stellung ein.

Das Grundelement des Transduktors ist die Drosselspule mit ferromagnetischem Kern ohne Luftspalt. Eine Wechselspannung, welche die Hilfsenergie für den Verstärker liefert, ändert den magnetischen Fluß in der Drosselspule periodisch zwischen einer oberen und unteren Grenze. Diese Grenzen werden durch den Einfluß der Steuerung verschoben. Die Steuerung erfolgt durch Änderung eines Gleichstromes in einer Steuerwicklung der Drossel, wobei der mittlere Wert des magnetischen Flusses geändert wird. Infolge der Sättigungseigenschaft ändert sich die Induktivität der Drosselspule mit verändertem magnetischen Fluß. Bei kleinen Werten des Flusses ist die Induktivität groß. Der induktive Widerstand der Drosselspule ist dann groß gegenüber dem Bürdenwiderstand des Verstärkers. In der Sättigung ist der Widerstand der Drosselspule klein gegenüber dem Bürdenwiderstand des Verstärkers. Wie lange nun in jeder Periode der große und der kleine Widerstandswert eingestellt ist, wird von der mittleren Flußhöhe und damit von dem Steuerstrom in der Steuerwicklung bestimmt. Kommt die Drosselspule garnicht in die Sättigung, dann ist der induktive Widerstandswert immer groß, der Transduktor ist zugesteuert (kleinste Spannung am Ausgang). Bleibt die Drosselspule immer in der Sättigung, dann ist der induktive Widerstand immer klein, der Transduktor ist aufgesteuert (größte Spannung am Ausgang). Im allgemeinen ist erwünscht, daß der Unterschied zwischen dem großen induktiven Widerstandswert und dem kleinen sehr groß ist und daß die Magnetisierungsströme im Gebiet großer Induktivität möglichst klein sind. Dies führte zur Entwicklung besonderer verlustarmer weichmagnetischer Kernwerkstoffe. Sowohl diese Entwicklung als auch die Schaffung alterungsbeständiger Trockengleichrichter mit hohem Sperrvermögen und kleinem Bauvolumen sind die Voraussetzungen für eine gute Qualität der Transduktorverstärker. Alle Transduktorverstärker benutzen die Sättigung magnetischer Kreise. Trotzdem bestehen grundlegende Unterschiede in der Wirkungsweise der gebräuchlichen Schaltungen. Man unterscheidet Transduktoren mit Induktivitätssteuerung und Sättigungssteuerung. Der Transduktor mit Induktivitätssteuerung hat nur für kleine Leistung und vorwiegend in der Meßtechnik Bedeutung. Bei der Sättigungssteuerung gibt es Schaltungen mit stromsteuernder und spannungssteuernder Charakteristik.

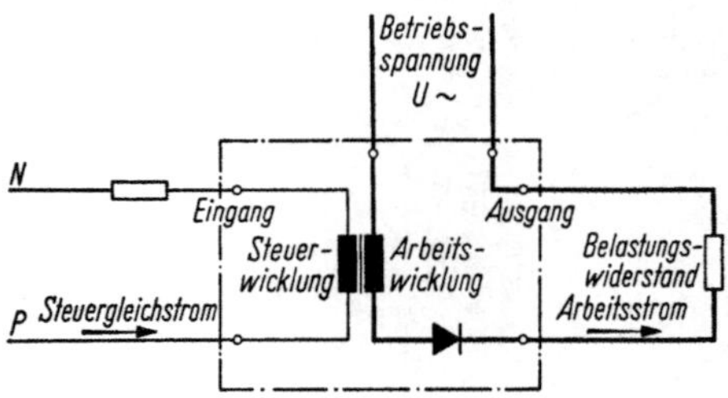

Abb. 92. Einphasige Grundschaltung eines spannungssteuernden, durchflutungsgesteuerten Transduktorverstärkers

Beim stromsteuernden Transduktorverstärker steuert die Eingangsgröße den Ausgangsstrom. Beim spannungssteuernden Transduktorverstärker steuert die Eingangsgröße die Ausgangsspannung. Der spannungssteuernde Transduktorverstärker hat eine bedeutend höhere Leistungsverstärkung als der stromsteuernde.

Zur Spannungsregelung von Generatoren werden vorwiegend Transduktorverstärker mit spannungssteuernder Charakteristik verwendet, wobei man noch zu unterscheiden hat zwischen durchflutungsgesteuerten und spannungszeitflächengesteuerten Transduktorverstärkern. Zur Einführung in die Wirkungsweise wird die Schaltung des spannungssteuernden, durchflutungsgesteuerten Transduktorverstärkers in einphasiger Darstellung erläutert (Abb. 92).

Hierzu werden vereinfachend folgende Voraussetzungen gemacht:

Der Steuergleichstrom erfährt durch die Vorgänge in der Transduktordrossel keine wesentliche Änderung, was durch einen sehr hohen Innenwiderstand der Steuerstromquelle oder durch eine ausreichend bemessene Drosselspule im Steuerkreis erreicht werden kann.

Streublindwiderstand und ohmscher Widerstand der Arbeitswicklung werden vernachlässigt.

Das ferromagnetische Kernmaterial hat die in Abb. 93a dargestellte Charakteristik (magnetische Induktion B in Abhängigkeit von der Durchflutung Θ oder der Feldstärke H).

Windungszahlen und Kernquerschnitt sind so dimensioniert, daß die in Durchgangsrichtung des Gleichrichters auftretende Halbwelle der Wechselspannung gerade gesperrt werden kann (Transduktordrossel kommt nicht in die Sättigung).

Der Widerstand des Gleichrichters ist in Durchlaßrichtung o, in Sperrichtung unendlich (ideales Verhalten).

Der Belastungswiderstand am Ausgang des Transduktorverstärkers ist ein reiner Wirkwiderstand.

Der Zusammenhang zwischen der Betriebsspannung und der magnetischen Induktion B in der Transduktordrossel ist durch das Induktionsgesetz gegeben.

$$u(t) = w_A F \frac{dB}{dt} \tag{74}$$

w_A ist die Windungszahl der Arbeitswicklung und F der Kernquerschnitt der Transduktordrossel.

Integriert man diese Gleichung über die positive Halbwelle, so ergibt sich

$$\int_0^{T/2} u(t)\,dt = w_A F (B_{\max} - B_{\min}) \tag{75}$$

d.h. die Spannungszeitfläche einer Wechselspannungshalbwelle bestimmt den Betrag der Induktionsänderung während der Halbwellendauer. Liegt z.B. die Magnetisierung des Kernes zu Beginn einer positiven Spannungshalbwelle bei dem Wert $B_{\min}$ (Abb. 93a u. c), dann hat, wie vorausgesetzt, nach Beendigung dieser halben Periodendauer die Induktion den Wert $B_{\max}$ erreicht. Der zeitliche Verlauf der Induktion ist in der Abb. 93c dargestellt und ergibt sich durch Integration der Betriebsspannung $u(t)$ der Abb. 93b.

Während der ersten Halbperiode liegt fast die gesamte Betriebsspannung an der Transduktordrossel. Der Arbeitspunkt auf der Magnetisierungsschleife (Abb. 93a) wandert in Richtung positive Sättigung.

Entsprechend der Breite der Magnetisierungsschleife wird eine Magnetisierungsdurchflutung benötigt. Es muß daher ein Strom durch den Belastungswiderstand fließen. Der zeitliche Verlauf des Stromes ist in Abb. 93d dargestellt.

Die nun folgende negative Spannungshalbwelle kann wegen der Sperrwirkung des Gleichrichters keinen Strom durch den Arbeitskreis treiben (Abb. 93d). Die ganze Spannung liegt in Sperrichtung am Gleichrichter. An der Arbeitswicklung liegt keine Spannung. Eine Änderung der Induktion ist daher nicht möglich. Nur unter der Einwirkung einer Steuerdurchflutung kann die Induktion aus dem Gebiet der Sättigung herausgeholt werden. Ist keine Steuerdurchflutung vorhanden, bleibt die Induktion am oberen Remanenzpunkt liegen.

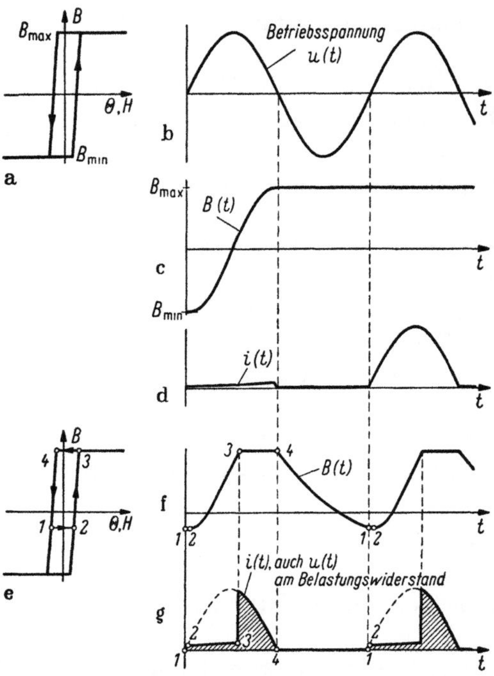

Abb. 93a–g. Idealisierte Zeitfunktion eines spannungssteuernden Transduktors mit Durchflutungssteuerung

Die wiederkehrende positive Spannungshalbwelle findet den Kern der Transduktordrossel in Sättigung (kleine Induktivität). Die gesamte Betriebsspannung liegt somit am Belastungswiderstand. Die wiederkehrende negative Spannungshalbwelle bringt wiederum keine Induktionsänderung.

Damit ist erklärt, daß der spannungssteuernde Transduktor ohne Steuereinwirkung aufgesteuert ist.

Durch Einwirkung einer Steuerdurchflutung in Gegenrichtung zur Durchflutung der Arbeitswicklung wird die Induktion aus der Sättigung auf kleinere Werte gebracht.

Es sei angenommen, der Arbeitspunkt auf der Magnetisierungsschleife befinde sich im Punkt *1* (Abb. 93e und f) und zwar zur Zeit des positiven Nulldurchganges der Betriebsspannung. Die steigende Spannung ändert die Durchflutung zunächst ohne wesentliche Induktionsänderung auf den Punkt *2*. Dadurch fließt ein Magnetisierungsstrom durch den Arbeitskreis, der klein ist gegenüber dem Strom bei aufgesteuertem Transduktor (Abb. 93g). Die an der Transduktordrossel gesperrte Spannungszeitfläche (nichtschraffierte Fläche Abb. 93g) bewirkt die Steigerung der Induktion bis zur Sättigung. Ist der Punkt *3* erreicht, dann entfällt die gesamte Betriebsspannung auf den Belastungswiderstand. Die nun sinkende Betriebsspannung führt die Durchflutung und damit auch den Arbeitsstrom auf den Wert Null zurück. Durch die Steuerdurchflutung wandert der Arbeitspunkt weiter über den Punkt *4* (Abb. 93e) zurück zum Punkt *1*, von wo aus der Arbeitsgang von neuem beginnt.

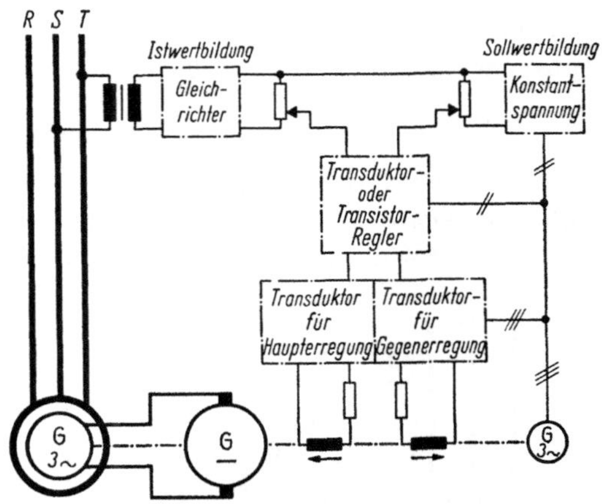

Abb. 94. Beispiel für selbsttätige Spannungsregelung mit Transduktorverstärker

Durch Änderung der Steuerdurchflutung läßt sich die Lage des Punktes *1* verschieben. Es besteht damit die Möglichkeit, den Mittelwert der Spannung am Belastungswiderstand stufenlos zu steuern. Die Stellzeiten sind kürzer als bei elektromechanischen Regeleinrichtungen. Dieser Vorteil ist jedoch meistens nicht entscheidend, da auch die Stellzeit elektromechanischer Regler klein ist gegenüber der Polradzeitkonstante des Synchrongenerators, was besonders für Generatoren großer Leistung gilt. Die Leistungsverstärkung des Transduktorverstärkers hat die Größenordnung von 1000.

Außer zur direkten Steuerung der Generatorerregung bei kleineren Generatoren werden Transduktorverstärker zur Steuerung der Erregermaschine vorgesehen, wenn die Erregerleistung zu groß wird.

Die Abb. 94 zeigt ein Schaltungsbeispiel, das sowohl bei Turbogeneratoren als auch bei Wasserkraftgeneratoren Anwendung findet. Der Erreger hat 2 Feldwicklungen, die eine für die Haupterregung, die andere für eine Gegenerregung. Mit Hilfe der Gegenerregung ist es möglich, vorübergehend negative Werte der Polradspannung einzustellen. Dies ist bei einer Lastabschaltung, wobei der Synchrongenerator zunächst übererregt ist, günstig, um möglichst schnell die Leerlauferregung einstellen zu können. Haupt- und Gegenerregung werden in einer Gegentaktschaltung gesteuert, d.h. wenn die Haupterregung auf den Maximalwert gestellt ist, dann hat die Gegenerregung den Wert Null. Ist die Haupterregung abgestellt, dann wird die Gegenerregung auf den Maximalwert gebracht. Es ergibt sich ein ungefähr linearer Zusammenhang zwischen der Erregerdurchflutung und der gemeinsamen Eingangsspannung der beiden Transduktorverstärker.

Die Steuerung der beiden Transduktorverstärker erfolgt von einem Tranduktorregler oder einem Transistorregler jeweils in Gegentaktschaltung. Der Transduktorregler unterscheidet sich von einem Transduktorverstärker besonders durch sein zeitabhängiges Übertragungsverhalten, das in weiten Grenzen zur Anpassung an den Spannungsregelkreis einstellbar sein muß. Die Transduktorverstärker benötigen eine Wechselspannung. Sie wird entweder einem Hilfsnetz oder einem Drehstrom-Hilfsgenerator, der mit der Generatorwelle gekuppelt ist, entnommen.

c) Kompounderregung

Generatoren in Kraftwerkshilfsbetrieben sowie Notstrom- und Baustellenaggregate und Schiffsgeneratoren sind häufig besonders starken Belastungsstößen ausgesetzt, die z. B. durch hohe Einschaltströme von Asynchronmotoren auftreten. Der Wunsch, die dadurch entstehenden Spannungseinbrüche klein und die Ausregelzeit kurz zu halten, führte zur Entwicklung von Selbsterregungseinrichtungen mit Lastkompoundierung, wie sie als „Selbstregelnde Generatoren" oder Konstantspannungsgeneratoren" bekannt sind.

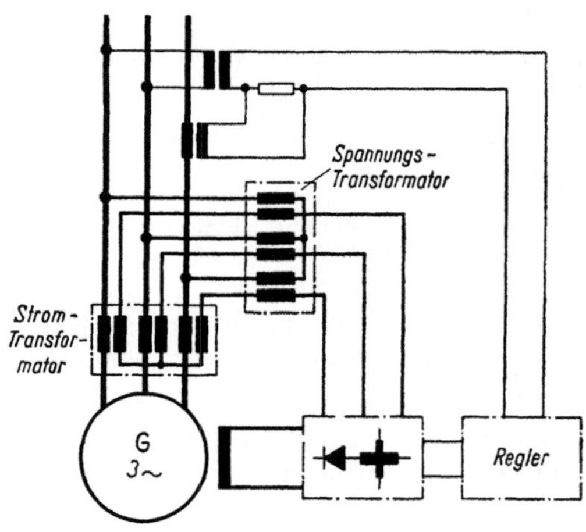

Abb. 95. Kompounderregung eines Synchrongenerators mit Spannungsregelung

Von der Remanenzspannung des Generators aus wird über einen Transformator mit nachgeschalteten Trockengleichrichtern der Generator selbsterregt. Die sonst übliche Erregermaschine entfällt. Der Selbsterregungskreis ist so ausgelegt, daß gerade die Leerlauferregung bei Generatornennspannung eingestellt ist.

Abhängig von der Generatorlast wird zu dieser Leerlauferregung ein weiterer Erregungsanteil zugefügt, so daß die gesamte Erregung jeweils den Wert hat, der zur Spannungserhaltung notwendig ist. Die Zusammensetzung der Leerlauf- und Lastkomponente entspricht dem vereinfachten Spannungsdiagramm des Turbogenerators, wie es in Abschn. III B, Abb. 60 dargestellt ist. Die Leerlauferregung entspricht dem Zeiger OA, die Lastkomponente dem Zeiger AC.

Unter dem Einfluß der Sättigung, der Drehzahl und der Erwärmung ändert sich die Genauigkeit der Spannungshaltung. Auch gilt das zugrundeliegende Zeigerdiagramm nicht so genau für Schenkelpolgeneratoren wie für Turbogeneratoren, so daß nicht in allen Fällen die erreichte Spannungsgenauigkeit genügt. Außerdem ist für gleichmäßige Blindlastverteilung im Parallelbetrieb eine geeignete Kennlinienbildung notwendig. Man überlagert daher vielfach eine Spannungsregelung. Hierzu liefern die Leerlauf- und die Lastkomponente eine höhere Polradspannung, als für die Spannungshaltung notwendig wäre. Die Korrektur besorgt ein Transduktorverstärker, der immer so viel von der Erregungsspannung sperrt, wie zu einer genaueren Spannungsregelung erforderlich ist. Den Steuerbefehl erhält der Transduktor von der Regelabweichung der Generatorspannung. Zur Kennlinienbildung für den Parallelbetrieb wird, abhängig von der Generatorlast ähnlich wie im Abschn. a) erwähnt, der Spannungsmeßwert beeinflußt.

Durch die Entwicklung von Transduktorverstärkern mit hochbelastbaren Siliziumgleichrichtern treten Selbsterregungseinrichtungen mit Lastkompoundierung und Spannungsregelung auch bei großen Generatoren immer mehr in den Vordergrund. Man erspart dabei den manchmal aufwendigen Anbau von Erregermaschinen, erhält geringere Erregungsverluste und erzielt kürzere Ausregelzeiten. Abb. 95 zeigt die Prinzipschaltung.

d) Direkte Polraderregung mit Trockengleichrichtern

Abb. 96 zeigt ein Schaltungsbeispiel, bei dem das Polrad des Synchrongenerators über Trockengleichrichter erregt wird. Zur Spannungsregelung ist ein Verstärker mit Gleichrichterausgang notwendig, der je nach Regelbefehl seine Aussteuerung ändert (Kästchen mit Gleichrichtersymbol). Der Verstärker kann z.B. ein Transduktorverstärker sein.

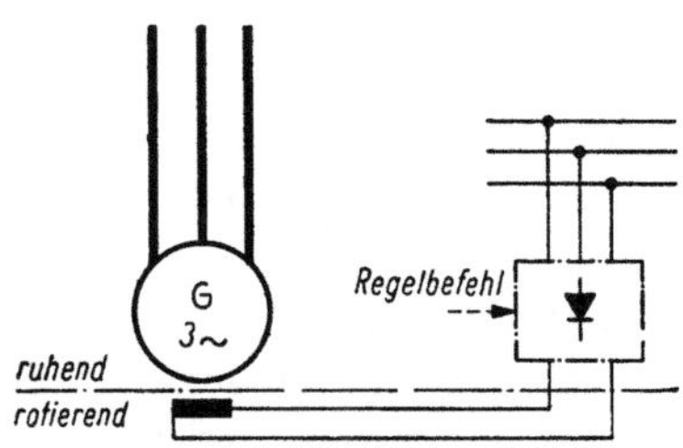

Abb. 96. Direkte Polraderregung mit Trockengleichrichtern

Die Drehstromspannung für den Verstärker mit Gleichrichterausgang kann statt von einem Hilfssatz auch von dem zu regelnden Drehstromgenerator, wobei auch eine Kompoundierung nach Abb. 95 anwendbar ist, oder von einem Hilfsgenerator (Drehstromerreger) auf der Welle des zu regelnden Generators abgenommen werden.

Bei Verwendung eines Drehstromerregers mit rotierenden Gleichrichtern (Abb. 97) fallen nicht nur die Erregermaschinen sondern auch die Schleifringe fort. Der Drehstromerreger ist eine Außenpolmaschine.

Die rotierenden Gleichrichter werden von der rotierenden Ankerwicklung gespeist und durch die hohle Generatorwelle mit dem Polrad verbunden.

In nächster Zeit ist der Einsatz von gesteuerten Trockengleichrichtern zu erwarten, wodurch die Bedeutung der Erregerschaltungen mit diesen Elementen stark zunehmen wird, da dadurch dann die gleichen günstigen Regeleigenschaften wie bei gittergesteuerten Stromrichtern erreicht werden.

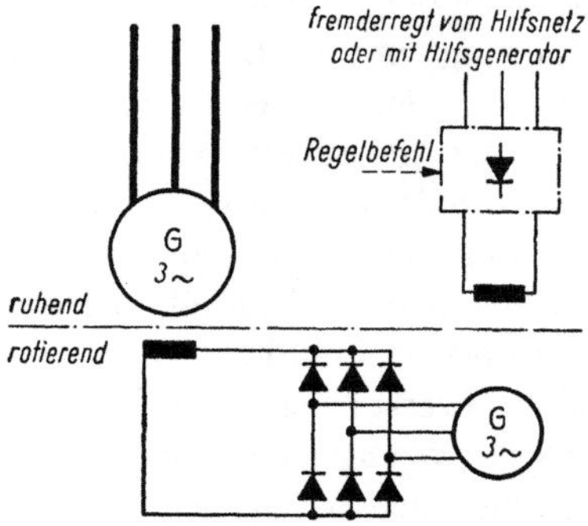

Abb. 97. Drehstromerreger mit rotierenden Gleichrichtern

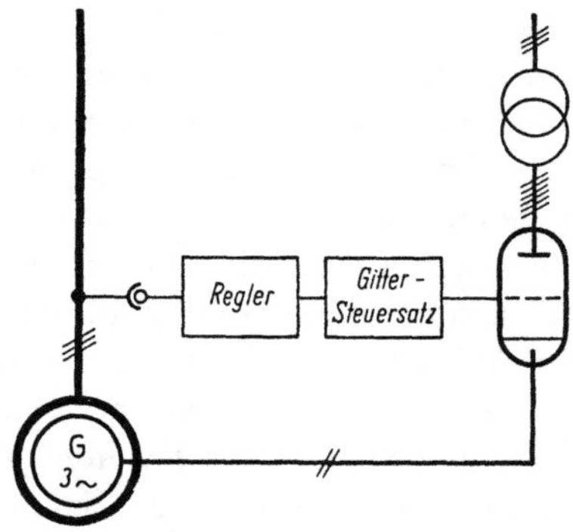

Abb. 98. Prinzipschaltung für Stromrichtererregung

e) Erregung mit Stromrichtern

Die Speisung des Polrades von Generatoren durch Stromrichter mit elektronischer Gittersteuerung erfüllt die höchsten Ansprüche, die an die Schnelligkeit einer Spannungsregelung gestellt werden. Der Quecksilberdampf-Stromrichter speist nach Abb. 98 direkt das Polrad des Generators. Die Spannungsregelung erfolgt über den Gittersteuersatz des Stromrichters. Für die Lieferung der Drehstromspannung des Stromrichters gelten im wesentlichen die gleichen Gesichtspunkte wie bei den Erregungsschaltungen mit Trockengleichrichtern. Mit Hilfe der Gittersteuerung ist es möglich, die Polradspannung innerhalb weniger ms von einem maximalen positiven Wert auf den maximalen negativen Wert zu steuern. Die Stromrichtererregung wird vor allem bei Generatoren und Phasenschiebern eingesetzt, die Blindlaststöße von z.B. Walzwerken auszuregeln haben. Außerdem ist diese Stromrichtererregung für Turbo- und Wasserkraftgeneratoren großer Leistung interessant.

G. Pendelungen von Synchronmaschinen in Netzen

a) Allgemeines

Synchrongeneratoren vermögen mechanische, z.B. durch Laststöße ausgelöste Schwingungen auszuführen, welche sich der Drehbewegung der Maschine überlagern. Um Einblick in diese Schwingungen und ihre

Auswirkungen zu gewinnen, werde von dem auf S. 73 behandelten Generatordiagramm ausgegangen: Die Phasenspannung sei U_λ, der Strom I besitze die Phasenverschiebung φ (s. Abb. 63 und 99a). Senkrecht zum Strom I wird an U_λ die Spannung $I X_d$ aufgetragen (Ir werde vernachlässigt). Man erhält als resultierenden Zeiger die EMK E_2. Die Leistung, welche der Drehstromgenerator abgibt, ist

$$P = 3\, U_\lambda \cdot I \cos\varphi = \frac{3\, I\, (X_d)}{(X_d)}\, U_\lambda \cos\varphi\,, \tag{76}$$

wobei im letzten Ausdruck Zähler und Nenner mit (X_d) erweitert sind.

Zur Berechnung des Drehmoments des Generators sei noch vorausgeschickt: Ist die Kreisfrequenz des Wechselstromes ω, so ist die Winkelgeschwindigkeit unseres Generators ebenfalls gleich ω, sofern die Maschine zweipolig ausgeführt ist. Bei $2p$-poliger Ausführung müssen wir uns die Generatoren stets auf die zweipolige Type, bei der elektrische und mechanische Winkelgeschwindigkeit übereinstimmen, reduziert denken.

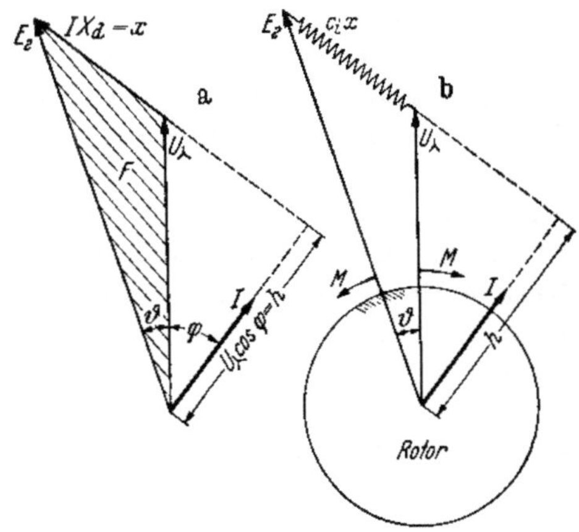

Abb. 99a u. b. a) Generatordiagramm; b) Mechanisches Modell für einen Generator

Die mechanische Leistung ist gleich Drehmoment mal Winkelgeschwindigkeit, also $M\omega$ und muß gleich der elektrisch abgegebenen Leistung sein, sofern wir die Verluste vernachlässigen. Es gilt also die Beziehung:

$$M\,\omega = P \tag{77}$$

oder

$$M = \frac{P}{\omega} = \underbrace{\frac{3}{(X_d)\,\omega}}_{c_i}\, \underbrace{I\,(X_d)}_{x} \cdot \underbrace{U_\lambda \cos\varphi}_{h}\,. \tag{78}$$

Trennt man diese Gleichung in der ausgeführten Weise auf, so kann man sie auch unter Benutzung der Abkürzungen wie folgt schreiben:

$$M = (c_i\, x)\, h\,. \tag{79}$$

Diese Gleichung stimmt im Aufbau mit dem Satz aus der Mechanik: Drehmoment = Kraft $(c_i x)$ × Hebelarm (h) überein und gestattet, den Generator durch ein einfaches mechanisches Modell zu ersetzen (siehe Abb. 99b). Man wird bald erkennen, daß dieses Modell in anschaulicher Weise Aufschluß über manche komplizierte Vorgänge geben kann.

Um die Verbindung zwischen Generator und dem mechanischen Modell (Abb. 99b) herzustellen, denken wir uns den Zeiger E_2, der der Polmitte des Läufers um 90° nacheilt, fest mit dem Polrad des Generators verbunden, so daß er sich auch 50mal je sek dreht. Der Netzzeiger U_λ, der die gleiche Drehzahl hat, bleibt gegenüber dem Zeiger E_2 um den Polradwinkel ϑ zurück. Wir wollen annehmen, daß der Generator auf ein großes Netz arbeite, so daß der Spannungszeiger U_λ, der zu diesem Netz gehört, in seiner Größe konstant ist und auch mit konstanter Geschwindigkeit rotiert. (Mitunter ist es zweckmäßig, von dieser gleichmäßigen Bewegung der beiden Zeiger abzusehen und nur die Bewegung der Zeiger gegeneinander zu beachten.) Um vom Generator Leistung ins Netz liefern zu können, denken wir uns den Endpunkt des Zeigers E_2 mit dem Endpunkt des Zeigers U_λ durch eine Feder verbunden, welche in ungespanntem Zustand (es wird kein Strom übertragen) die Länge Null besitzt. Ist ihre Federkonstante gleich c_i, so ist die von der Feder ausgeübte und somit übertragene Kraft, wenn die Feder auf die Länge x gereckt ist, gleich $c_i x$. Um diese Kraft ausüben zu können, muß der Generator durch ein Drehmoment angetrieben werden, welches gleich Kraft × Hebelarm ist, also die Größe $M = (c_i x) h$ besitzt. Da Übereinstimmung mit der Gl. (79) besteht, ist unser Modell in Ordnung. Man erkennt auf Grund dieses Modells, daß, je mehr Drehmoment dem Generator zugeführt wird, also auch je größer die abgegebene Leistung ist, der E_2-Zeiger dem Spannungszeiger mehr und mehr voreilt. Das größte Drehmoment, damit auch die größte abgegebene Leistung, wird bei einem Winkel $\vartheta = 90°$ erreicht; falls ϑ größer als 90° wird, nimmt das Drehmoment wieder ab und wird bei ϑ größer als 180° sogar negativ.

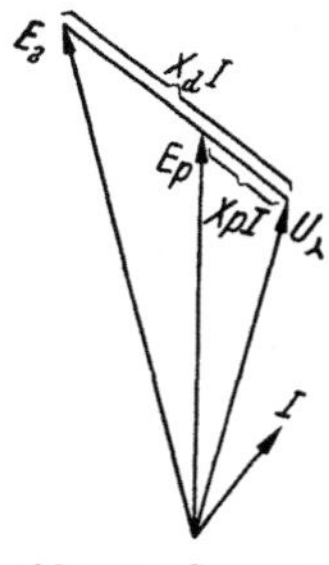

Abb. 100. Generatordiagramm bei Pendelungen

Treten Pendelungen auf, so finden im Inneren der Generatoren elektromagnetische Ausgleichsvorgänge statt, d. h. in der Polradwicklung, in den Dämpferstäben und im Eisen werden Ströme induziert. Theoretische Überlegungen und Versuche haben gezeigt, daß man in solchen Fällen meist nicht mit der synchronen Reaktanz X, sondern mit einer kleineren, der sogenannten Pendelreaktanz X_p rechnen muß, wobei die fiktive Spannung jetzt E_p ist und eine andere Phasenlage hat (Abb. 100). Daß X_p kleiner werden muß, ersieht man, falls man den Grenzfall sehr rascher Polradschwingungen untersucht. Hier ist die transiente Reaktanz X' (s. S. 79), d. h. die bei raschen Vorgängen wirksame Streuung maßgebend.

Bei Schenkelpolgeneratoren kann man bei normalen Pendelerscheinungen rechnen, daß X_p ungefähr gleich X_q ist.

Obige Angaben gelten unter der Voraussetzung konstanter Erregung. Hat man jedoch schnelle Spannungsregler in Verbindung mit Erregermaschinen kleiner Zeitkonstante und hoher Deckenspannung, dann kann man es erreichen, daß der minimale Grenzwert, d.h. die transiente Reaktanz wirksam ist.

Steigt die Leistung P des Generators, dann muß der Polradwinkel ϑ nach Gl. (54) größer werden. Es besteht jedoch keine Proportionalität, sondern die Leistung nimmt nach einem Sinusgesetz zu (Abb. 101). Die größte elektrische Leistung wird bei einem Polradwinkel von 90° übertragen. Bei einem größeren Polradwinkel nimmt die elektrisch abgebbare Leistung wieder ab. Stabil ist nur der erste ansteigende Ast der Leistungskurve, der zweite ist unstabil. Dies erkennt man, wenn man annimmt, daß in einem Punkt auf den abnehmenden Ast der Leistungskurve gerade Gleichgewichtszustand zwischen Antriebsleistung und abgegebener elektrischer Leistung vorhanden ist. Steigt aus irgendeinem Grunde die Antriebsleistung um den Betrag ΔP, so wird, da bei dem vorhandenen Polradwinkel nur die elektrische Leistung P abgegeben werden kann, das Polrad im Sinne einer Vergrößerung seines Polradwinkels durchgedreht werden. Damit wird aber die elektrische Leistung verkleinert, das Antriebsmoment findet kein entsprechendes Gegenmoment, das Polrad wird sich infolgedessen überschlagen.

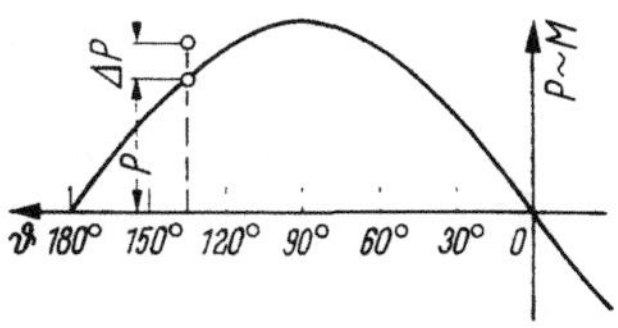

Abb. 101. Die Leistung bzw. das Drehmoment in Abhängigkeit des Polradwinkels

Es sei jetzt untersucht, was für Eigenschwingungen der an einem starren Netz hängende Generator ausführen kann, wenn er den Polradwinkel ϑ inne hat und er durch einen Stoß, bedingt durch eine schroffe Laständerung, aus seiner Gleichgewichtslage ausgelenkt wird. Zu diesem Zweck sei noch die sogenannte synchronisierende Leistung P_s berechnet. Unter P_s sei der Betrag verstanden, um den die Leistung anwächst, wenn der Winkel ϑ um die Einheit vergrößert wird, also differentiell ausgedrückt

$$P_s = \frac{dP}{d\vartheta}. \tag{80}$$

Man findet nach Gl. (54)

$$P_s = \frac{U_\lambda E_2}{X_d} \cos\vartheta. \tag{81}$$

Da Leistung und Drehmoment einander proportional sind, ergibt sich analog für das synchronisierende Drehmoment M_s

$$M_s = \frac{dM}{d\vartheta} = \frac{P_s}{\omega}. \tag{82}$$

Zur Ableitung der Schwingungsgleichung des Generators bedient man sich des mechanischen Modells (Abb. 102): Greift eine Masse m an einer

Feder mit der Federkonstanten c (Zunahme der Federkraft bei einer Federauslenkung von der Längeneinheit) an, so gilt für die Kreisfrequenz ν dieses schwingungsfähigen Systems (Abb. 102) wie aus der Mechanik bekannt:

$$\nu = \sqrt{\frac{c}{m}}. \tag{83}$$

Auf den Synchrongenerator übertragen, entspricht der Federkonstanten c das synchronisierende Moment M_s, der Masse m das Trägheitsmoment J'. Dabei ist zu beachten, daß, falls der Generator $2p$-polig ist, sein Trägheitsmoment J auf das einer zweipoligen Maschine, also auf J' reduziert werden muß. Man geht hierbei von der Überlegung aus, daß die lebendige Energie der gedachten zweipoligen Maschine genau so groß sein muß, wie die Energie der vorhandenen $2p$-poligen. Es gilt also

Abb. 102. Schwingungsmodell

$$\frac{1}{2} J'\omega^2 = \frac{1}{2} J \left(\frac{\omega}{p}\right)^2 \tag{84}$$

oder

$$J' = \frac{J}{p^2}. \tag{85}$$

Wir erhalten damit für die Kreisfrequenz der Generatorschwingungen unter Anlehnung an die Gl. (82), (83) u. (85) folgende Beziehung

$$\omega_d = \sqrt{\frac{P_s}{\omega \frac{J}{p^2}}}. \tag{86}$$

Bezeichnet man die Eigenschwingungszahl des Generators je sek mit f_d und die Schwingungsdauer mit T, dann gelten folgende Beziehungen:

$$\omega_d = 2\pi f_d, \qquad f_d = \frac{1}{T}, \qquad T = \frac{2\pi}{\omega_d}. \tag{87}$$

Aus der Gl. (86) geht hervor, daß die Frequenz und damit die Schwingungsdauer keine Konstante der Maschine ist, sondern sich mit P_s, der synchronisierenden Leistung, welche wiederum nach Gl. (81) keine Konstante ist, verändert. Konstant ist die Schwingungsdauer nur für einen bestimmten Belastungsfall, also einem gegebenen ϑ und unter Annahme, daß die auftretenden Schwingungen klein sind, die Größe von ϑ sich nicht wesentlich ändert. Größenordnungsmäßig liegt die Schwingungsdauer der Generatoren bei etwa $T = 1{,}25$ sek. Die durch irgendeine Ursache hervorgerufenen Schwingungen werden durch die an sich vorhandene Reibung und durch die auftretenden Verluste gedämpft. Diese Dämpfung kann wirksam vergrößert werden durch eine auf dem Polrad angebrachte Dämpferwicklung, in der bei Verschiedenheit zwischen der Umlaufgeschwindigkeit des Läufers und des Netzzeigers Ströme induziert werden und damit Verluste auftreten, welche die Schwingung mindern. In unserem mechanischen Ersatzbild kann der Einfluß der Dämpferwicklung durch eine Reibungsdämpfung, die zwischen U_λ-Zeiger und E_2-Zeiger angebracht ist und welche proportional der Relativgeschwindigkeit zwischen beiden Zeigern ist, berücksichtigt werden.

Wird ein Generator durch einen Diesel- oder Gaskraftmotor angetrieben, so ist das Antriebsmoment nicht konstant, sondern enthält übergelagerte höhere Harmonische. Ist eine dieser Harmonischen in Resonanz mit der Eigenschwingungszahl des Generators, dann können bei genügender Größe der Harmonischen unangenehme Polradschwingungen auftreten, welche mit starken Leistungsschwankungen verbunden sind. Ein solcher Resonanzfall muß vermieden werden.

b) Das Synchronisieren und die dabei auftretenden Pendelungen

Ein Generator, der zunächst noch leer läuft, soll auf ein Netz mit der Spannung U_λ geschaltet werden. Da zwischen dem Generator und dem Netz noch keine Verbindung besteht, darf auch im Ersatzbild (Abb. 103a)

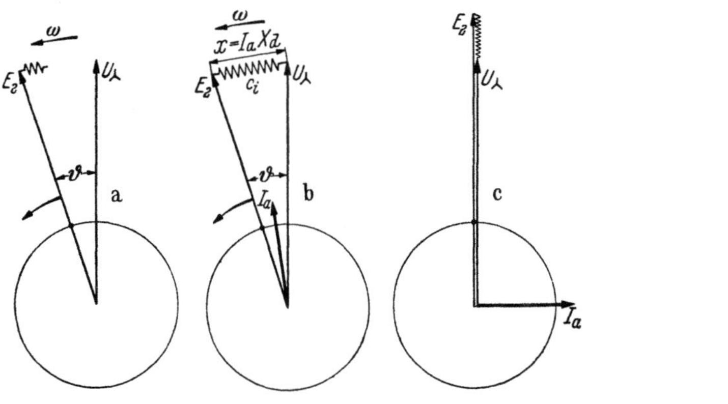

Abb. 103a–c. Schwingungsmodell beim Synchronisieren
a) vor dem Synchronisieren; b) beim Synchronisieren; c) falls EMK und Sammelschienenspannung verschieden groß, jedoch in Phase sind

die federnde Verbindung noch nicht eingezeichnet werden. Man kann sich vorstellen, daß die Feder die in Abb. 103a eingezeichnete Lage hat. Wird nun zwischen Generator und Netz der Schalter eingelegt, so ist das gleichbedeutend, daß die Feder plötzlich E_2 und U_λ verbindet (siehe Abb. 103b). Wird vorausgesetzt, daß in diesem Augenblick die Polradgeschwindigkeit und die Netzgeschwindigkeit gleich sind, daß also vor dem Parallelschalten nur eine Phasendifferenz ϑ_0 vorlag, so werden Pendelungen mit dem Maximalwinkel ϑ_0 um den Zeiger U_λ stattfinden. Besitzt dagegen in dem gezeichneten Augenblick der E_2-Zeiger eine Relativgeschwindigkeit gegen U_λ, so wird infolge der lebendigen Energie der Generatormasse zunächst ein Weiterschwingen stattfinden, also ϑ größer als ϑ_0 werden und erst bei einem größeren Winkel ϑ_0' eine Umkehr der Schwingung erfolgen. Unter Umständen braucht eine Schwingungsumkehr überhaupt nicht zu erfolgen, d.h. dann, daß der Generator sich überschlägt. Wie aus der Abb. 103b erkenntlich ist, tritt dies ein, wenn $\vartheta_0' > 180°$ wird, da dann die Feder das Polrad in gleichem Sinne weiterzieht.

Wenn man elektrisch stoßfrei synchronisieren will, muß man die mechanischen Pendelungen des Generators vermeiden, da diese elektrische Leistungspendelungen Ausgleichströme I_a erzeugen, die proportional der Größe x in unserem Netzmodell (s. Abb. 103b) sind. Man muß also darauf achten, daß im Moment des Synchronisierens der Winkel ϑ und die relative Geschwindigkeit zwischen beiden Zeigern klein ist.

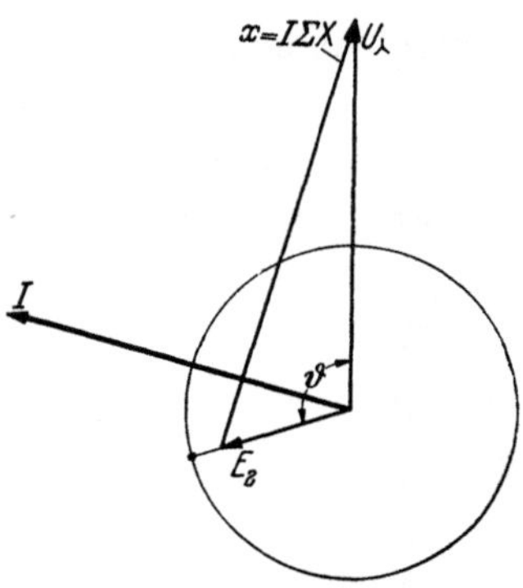

Abb. 104. Synchronisierung bei schwacher Erregung

Das Synchronisieren kann von Hand oder auch durch automatisch arbeitende Synchronisiergeräte erfolgen. Bei letzteren forderte man, daß ein Parallelschalten erst dann erfolgt, wenn erstens der Zeiger E_2 und die Spannung $U_\curlywedge$ sich, wie die Erfahrung lehrt, um weniger als 7° voneinander unterscheiden, zweitens der Schlupf, d.h. die Frequenzdifferenz nicht mehr als 0,2% beträgt, und drittens die Maschinenspannung gleich der Netzspannung ist. Letztere Bedingung braucht jedoch nicht so genau eingehalten zu werden, da Abweichungen hiervon (s. Abb. 103c) nur wattlose Ströme, jedoch keine Pendelungen hervorrufen.

Die oben geschilderte Feinsynchronisierung, die an und für sich erstrebenswert ist, kann mitunter schwierig durchzuführen sein. Ja es kann vorkommen, daß bei automatischen Synchronisiereinrichtungen ein Parallelschalten überhaupt nicht stattfinden kann, z.B. wenn ein Netz gestört ist und die Frequenz dauernd schwankt. Hier ist unter Umständen eine Synchronisierung von Hand eher möglich, da man besser ab- und zugeben kann. In solchen Betriebsfällen nimmt man die durch die im Moment des Synchronisierens noch vorhandenen Unstimmigkeiten hervorgerufenen Pendelungen und Stromstöße in Kauf.

Wenn man größere Stromstöße beim Synchronisieren zuläßt, kann man zu sehr einfachen Synchronisierungsmöglichkeiten kommen. Man wird den Generator schwach erregen, so daß der EMK-Zeiger E_2 klein ist (s. Abb. 104). Wird jetzt die Maschine auf das Netz geschaltet, so ist die Größe des Ausgleichstromes proportional x (s. Abb. 104). Da x bei kleinem E_2 ziemlich unabhängig von dem Winkel ϑ ist, braucht beim

Parallelschalten auf die Phasenlage, also auf ϑ nicht geachtet zu werden. Man muß jedoch dafür sorgen, daß der Generator durch seine Antriebsmaschine angenähert auf Netzfrequenz gebracht wird, damit das Fangen des Polrades, also das Synchronisieren, rasch erfolgt. Im Modell fangen sich die beiden Netzzeiger wie folgt: Durch die Dämpfung, die proportional der Geschwindigkeitsdifferenz beider Zeiger ist, werden diese auf etwa gleiche Geschwindigkeit gebracht. Synchronismus kann hierdurch allein jedoch nicht erreicht werden, da Lager und Luftreibung stets einen gewissen Schlupf bedingen. Erst die gedachte Feder, welche E_2 und U_λ verbindet, bringt das Polrad in den synchronen Lauf und macht den Schlupf zu Null. Im Moment des Parallelschaltens (s. Abb. 105 Schalter *1*) verhält sich der Generator ähnlich wie ein Asynchronmotor. Gelangt er in die Nähe der synchronen Drehzahl, so wird er durch die schwache Polraderregung in Synchronismus gebracht. Nachdem der Synchronismus erreicht ist, wird die Erregung voll eingeschaltet, E_2 wird also vergrößert (s. Abb. 105, Schalter *2*) und die großen wattlosen Ströme, die vorher dem Generator aus dem Netz zugeflossen sind, kommen, da die Maschine ihre Erregung nun selbst restlos liefert, in Wegfall. Um die Stromstöße im Moment des Parallelschaltens klein zu halten, kann man dem Generator eine Drosselspule vorschalten. Dies ist gleichbedeutend mit einer Vergrößerung von X. Bei einer gegebenen Abweichung der beiden Zeiger voneinander (s. Abb. 104) ist der Ausgleichstrom um so kleiner, je größer die Gesamtreaktanz ist. Man kann also durch eine solche Drosselspule die Ausgleichströme verkleinern, die Maschine weicher machen. Dabei wird allerdings auch das die Synchronisierung besorgende Moment kleiner. Ins Modell übertragen, bedeutet das Zuschalten der Drossel die Verwendung einer weicheren Feder. Selbstverständlich wird man, nachdem die Maschine sich gefangen hat und die Erregung verstärkt worden ist, die Fangdrossel (s. Abb. 105, Schalter *3*) kurzschließen. Solche Grobsynchronisierung wurde früher angewandt, wenn Generatoren automatisch rasch synchronisiert werden sollten[1].

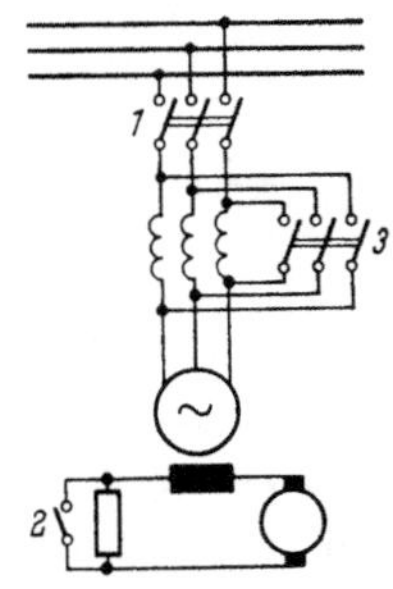

Abb. 105. Schaltung für Grobsynchronisierung

Heute verfügt man über Schnellsynchronisier-Einrichtungen, die ein Synchronisieren bei Frequenzdifferenzen von 1% ohne unzulässig hohe Schaltstöße ermöglichen. Dadurch ergibt sich auch die Möglichkeit, zum Anwerfen von Synchronmaschinen Anwurfmotoren mit gleicher Polzahl zu verwenden und das Synchronisieren, mit Hilfe einer derartigen Schnellsynchronisier-Einrichtung durchzuführen.

---

[1] Siehe auch G. Meiners: Die Technik selbsttätiger Steuerungen und Anlagen. München u. Berlin: R. Oldenburg 1936.

c) Pendelungen der Generatoren durch Belastungsänderungen

Ändert sich bei einer Synchronmaschine plötzlich die Belastung, so treten Schwingungen des Polrades auf, die unter Umständen zu einem Außertrittfallen des Generators führen können. Abb. 106 zeigt die Leistungskurve, die bekanntlich der Drehmomentenkurve proportional sein muß, in Abhängigkeit vom Polradwinkel ϑ. Die zunächst vorhandene

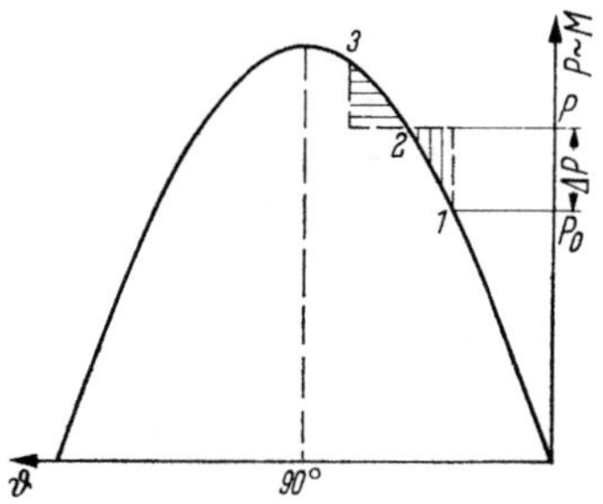

Abb. 106. Diagramm zur Ermittlung des Überschwingens des Polrades

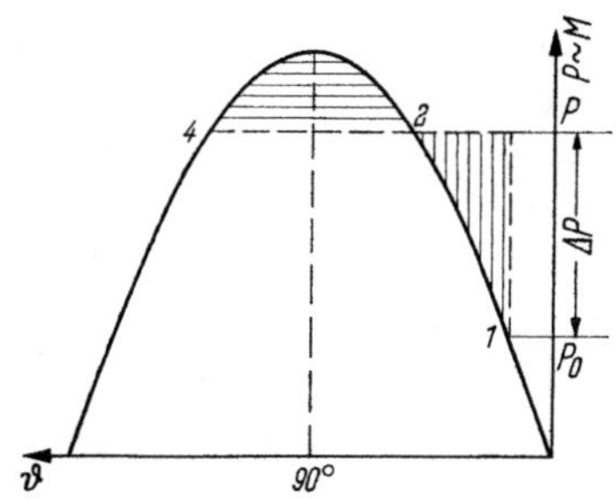

Abb. 107. Diagramm zur Feststellung des Außertrittfallens

Belastung entspreche auf der Kurve dem Punkt *1* und habe die Größe P_0. Wird die Antriebsleistung plötzlich um ΔP erhöht, etwa dadurch, daß die Dampfzufuhr zur Turbine vergrößert wird, so ergibt sich der neue Gleichgewichtszustand im Punkt *2* der Leistungskurve. Der Übergang vom Punkt *1* zum Punkt *2* erfolgt nicht allmählich, sondern in Form von Schwingungen. Dies geht aus folgendem hervor: Wenn im Zustand *1* die Leistung plötzlich um ΔP vergrößert wird, so ist zunächst die Antriebsleistung größer als die elektrisch abgegebene, es entsteht dabei ein Energieüberschuß, der durch die senkrecht schraffierte Fläche (Arbeit = Drehmoment × Winkel in Bogenmaß) dargestellt ist. Dieser Überschuß wird das Polrad beschleunigen und eine zusätzliche Geschwindigkeit erteilen, welche sich der an und für sich vorhandenen Drehgeschwindigkeit des Polrades überlagert. Wenn der Punkt *2* erreicht wird, stimmt zwar die zugeführte Leistung mit der elektrisch abgegebenen überein, das Polrad besitzt jedoch infolge seiner erhöhten Geschwindigkeit noch zusätzliche kinetische Energie, die es über den Gleichgewichtszustand bis zum Punkt *3* hinausschwingen läßt.

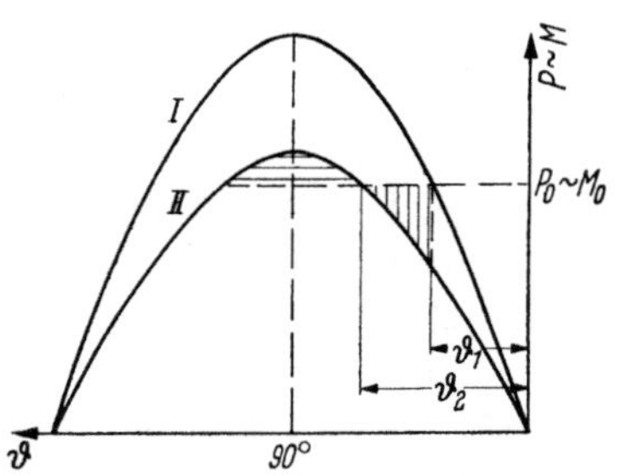

Abb. 108. Diagramm zur Feststellung der Polradschwingungen bei plötzlichen Vergrößerungen der Induktivität

Hierbei wird die zusätzliche kinetische Energie in potentielle Energie umgewandelt, da nach Überschwingen des Punktes *2* das elektrische Gegenmoment (entsprechend der abgegebenen elektrischen Leistung) größer wird als das Antriebsmoment. Im Punkt *3* ist die gesamte zusätzliche kinetische Energie in potentielle Energie umgewandelt. In diesem Punkt ist aber die elektrisch abgegebene Leistung größer als die mechanisch zugeführte. Das Polrad wird also abgebremst und schwingt damit wieder zurück und so fort. Unter Vernachlässigung aller Verluste wird in Abb. 106 die waagerecht schraffierte Fläche gleich der vertikal schraffierten. Liegt die Ausgangsleistung P_0 etwas tiefer, etwa wie in Abb. 107, so kann der Fall eintreten, daß beim Überschwingen, falls der Punkt *4* überschritten wird (da dann Antriebsleistung $>$ als elektrisch abgegebene Leistung) ein Rückschwingen des Polrades nicht mehr möglich ist, das Polrad durchrutscht und damit der Synchronismus verloren geht.

Solche Fälle des Überschwingens sind im Kraftwerksbetrieb immer möglich. Hierfür ein Beispiel: Ein Kraftwerk beliefere über eine Doppelleitung ein anderes Kraftwerk, dessen Spannung U_λ sei. Durch Abschalten der einen Leitung wird plötzlich die Leitungsinduktivität und damit die Gesamtinduktivität $X_d + X_L$, welche diesmal in Gl. (54) einzusetzen ist, um P zu erhalten, vergrößert. War die ursprüngliche Leistungskurve I (s. Abb. 108), so wird sie nach dem Schaltvorgang etwas niedriger liegen [s. Kurve II, Abb. 108 und Gl. (54)]. Da die Antriebsleistung P_0 der Maschine im ersten Augenblick unverändert ist und in der Kurve II dieser Leistung ein größerer Polradwinkel ϑ_2 entspricht, wird die neue Gleichgewichtslage auch nur mittels Schwingungen erreichbar sein, wobei unter ungünstigen Verhältnissen ein Außertrittfallen möglich ist.

Die gebrachten Überschwingdiagramme gelten unter der Voraussetzung der Verlustlosigkeit und daß die Generatorreaktanz konstant ist. Dies trifft annähernd bei Schenkelpolgeneratoren zu, bei denen auch bei Pendelvorgängen die Pendelreaktanz etwa gleich der Querreaktanz ist. Bei Turbogeneratoren muß jedoch bei Pendelungen mit der kleineren Pendelreaktanz, die bei sehr raschen Vorgängen zur transienten Reaktanz wird, gerechnet werden. Die Maschine verhält sich bei einem Stoß infolge der Pendelreaktanz steifer als ohne Berücksichtigung derselben.

Ein anderer Fall: Zwei Kraftwerke I und II sind miteinander durch eine Kuppelleitung verbunden und speisen einen etwa in der Mitte der Leitung befindlichen Abnehmer A (Abb. 109a) mit der Spannung U_Y. Die Lage der Polräder ist durch $E_{2\,\mathrm{I}}$ und $E_{2\,\mathrm{II}}$ in Abb. 109b gegeben. Erfolgt jetzt bei dem Abnehmer A ein Kurzschluß ($U_\lambda = 0$), dann besteht zwischen den beiden Kraftwerken keine synchronisierende Kraft mehr. Beide Kraftwerke werden, da die Spannung zusammenbricht und sie nur Blindleistung in den Kurzschluß hineinpumpen, praktisch entlastet. Im ersten Moment des Kurzschlusses steht (solange die Regler der Kraftmaschinen noch nicht ausgeregelt haben) weiterhin die volle Antriebsleistung zur Verfügung. Die Folge ist, daß die Polräder sich beschleunigen und hierbei nach einer gewissen Zeit eine größere Abweichung gegeneinander erhalten können (erkenntlich durch $E_{2\,\mathrm{I}}$ und $E_{2\,\mathrm{II}}$ in Abb. 109c). Wird dann der Kurzschluß durch den Schalter S abgeschaltet, so werden die beiden Polräder wieder durch eine gedachte Feder miteinander verbunden. Im Gegensatz zu Abb. 109b, in der, wegen der nach A abgegebenen Leistung, $E_{2\,\mathrm{I}}$ und $E_{2\,\mathrm{II}}$ im Modell ein Drehmoment auf den Zeiger U_λ übertragen wird, ist dies, da A jetzt abgeschaltet ist, in Abb. 109c nicht der Fall. U_λ stellt sich hier entsprechend der induktiven Abfälle $I_a\,(X_{d1} + X_{L1})$ und $I_a\,(X_{d2} + X_{L2})$ ein.

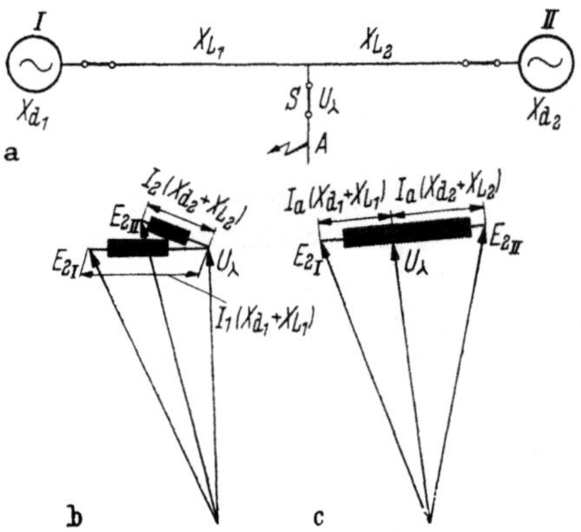

Abb. 109a–c. a) Zwei Kraftwerke arbeiten auf einen Verbraucher; b) Lage der EMK-Zeiger vor dem Kurzschluß; c) Lage der EMK-Zeiger nach Abschaltung des Kurzschlusses

Das synchronisierende Moment in Verbindung mit der Dämpfung wird versuchen, die E_2-Zeiger miteinander in Übereinstimmung zu bringen. Hierbei treten Schwingungen der beiden Polräder mit den zugehörigen Zeigern $E_{2\,\mathrm{I}}$ und $E_{2\,\mathrm{II}}$ gegeneinander auf. Dabei können je nach der augenblicklichen Lage von $E_{2\,\mathrm{I}}$ und $E_{2\,\mathrm{II}}$ die Ausgleichströme I_a derart groß sein, daß der Überstromschutz in den Kraftwerken I und II zum Ansprechen kommt und ein Abschalten bewirkt, obwohl die Strecke *I–II* gesund ist und die Generatoren sich fangen würden. Der Überstromschutz sollte gegen solche Pendelungen unempfindlich sein, was jedoch nicht immer der Fall ist.

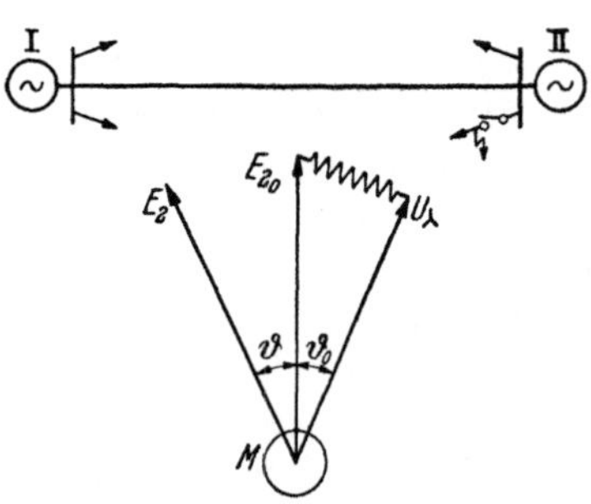

Abb. 110. Zwei Generatoren sind durch eine Kuppelleitung verbunden und am Ende der Kuppelleitung erfolgt Kurzschluß

Es sei jetzt untersucht, in welcher Zeit ein Kurzschluß abgeschaltet werden muß, damit noch ein rasches und sicheres Fangen der Generatoren nach Abschalten des Kurzschlusses erfolgt. Zur Untersuchung seien wiederum zwei durch eine Kuppelleitung miteinander verbundene Kraftwerke (s. Abb. 110), die mit ihrer Nennleistung belastet seien, betrachtet. Es trete beim Kraftwerk II ein Kurzschluß auf (ungünstigster Fall für unsere Betrachtung). Die Spannung am Kraftwerk II bricht zusammen, während, wenn die Kuppelleitung lang ist, die Spannung im Kraftwerk I ziemlich erhalten bleibt und das Kraftwerk I seine Verbraucher weiter mit dem Strom beliefern kann. Da die Belastung des Kraftwerks I also unverändert bleibt, können wir näherungsweise annehmen, daß sein Polrad sich mit konstanter Geschwindigkeit weiterdreht, während das Polrad des Kraftwerks II, da es entlastet ist, sich beschleunigen wird. Hatte vor dem Kurzschluß das Polrad des Kraftwerks II gegenüber dem Zeiger U_λ der Klemmenspannung eine Lage inne, welche durch den Zeiger E_{2_0} gekennzeichnet ist, dann wird nach einer Zeit t das Polrad sich um den Winkel ϑ vorgedreht haben. Da das Kraftwerk II vor dem Kurzschluß Nennlast haben sollte, so wird auch nach Kurzschlußbeginn (solange der Regler nicht eingegriffen hat) zunächst noch das normale Moment für die Beschleunigung zur Verfügung stehen. Für die weitere Betrachtung sei noch der Begriff der Anlaufzeit T_a eingeführt, worunter die Zeit verstanden sein soll, die das Polrad benötigt, um bei einer konstant wirkenden Kraft F entsprechend dem Nennmoment von Null auf Synchronismus zu kommen. Bei einer Wirkleistung $P = F v$ ist die Anlaufzeit:

$$T_a = \frac{m v}{F} = \frac{m v^2}{P} = \frac{m r^2 \omega^2}{P} = \frac{J \omega^2}{P}\,^{*}. \tag{88}$$

Vielfach wird auch mit der auf die Scheinleistung P_s bezogenen Trägheitskonstanten „inertia-constant" H gerechnet. Es gilt

$$H = \frac{m v^2}{2 P_s} = \frac{T_a}{2} \cos\varphi . \tag{89}$$

Die Winkelbeschleunigung b, welche in diesem Fall vorhanden ist, hat die Größe

$$b = \frac{\omega}{T_a} . \tag{90}$$

Da diese Beschleunigung auch in unserem Fall vorhanden ist, ergibt sich für die überlagerte Winkelgeschwindigkeit

$$v = b t \tag{91}$$

oder

$$v = \frac{\omega}{T_a} t \tag{92}$$

---

* Führt man statt des Trägheitsmomentes J das Schwungmoment GD^2 ein, so erhält man die Zahlenwertgleichung:

$$T_a = \frac{G D^2}{4P} \omega^2.$$

Man erhält T_a in sek, wenn man GD^2 in Mpm^2 (früher tm^2), P in kW und ω in 1/sek einsetzt.

und demgemäß für den Winkel ϑ im Bogenmaß

$$\vartheta = \frac{1}{2} b t^2 = \frac{1}{2} \frac{\omega}{T_a} t^2 . \tag{93}$$

Berechnet man für verschiedene Zeiten den Winkel ϑ in Grad, so erhält man z. B. bei einer Anlaufzeit T_a von 10 sek folgende Werte:

$t = 0{,}1$	$0{,}2$	$0{,}3$	1 sek
$\vartheta = 9°$	$36°$	$81°$	$900°$.

Berücksichtigt man, daß der Winkel ϑ_0 bei Normallast etwa schon 40° beträgt, dann wird z. B. eine Zeit von 0,3 sek schon einen Polradwinkel von über 120° gegenüber dem gleichmäßig rotierenden Zeiger U_λ ergeben. Da außerdem das Polrad infolge seiner Beschleunigung eine zusätzliche Geschwindigkeit erhält, wird der Winkel $\vartheta + \vartheta_0$ sich noch zu vergrößern suchen. Wird also erst nach 0,3 sek der Kurzschluß abgeschaltet, so ist mit einem sofortigen Fangen der Kraftwerke nicht zu rechnen. Man wird also, wenn sofortiges Wiederfangen eintreten soll, die Zeit, innerhalb welcher der Kurzschluß abgeschaltet werden muß, möglichst unter 0,2 sek zu wählen haben. Man ersieht, daß bei den verhältnismäßig großen Abschaltzeiten, welche die Schalter einschließlich Selektivschutz meist noch haben, mit einem Außertrittfallen der Kraftwerke bei ungünstiger Lage des Kurzschlußortes zu rechnen ist. Die Kraftwerke laufen dann asynchron und es treten zwischen ihnen kurzschlußartige Ausgleichsströme auf. Ob dann, vorausgesetzt der Überstromschutz spricht nicht an, von selbst infolge der Dämpfung und der synchronisierenden Kräfte allmählich ein Fangen eintritt, läßt sich ohne Kenntnis der Einzelheiten nicht beantworten. Es ist daher wichtig, Leistungsschalter und Selektivschutz mit möglichst kleinen Abschaltzeiten zu verwenden. Da die meisten Kurzschlüsse nicht als Klemmenkurzschlüsse zu werten sind, können die Abschaltzeiten etwas größer als 0,1 bis 0,2 sek sein. Erreicht man Abschaltzeiten von 0,25 bis 0,3 sek, so dürfte ein Auseinanderfallen der Kraftwerke nur selten zu erwarten sein.

Es seien wieder zwei Kraftwerke I und II betrachtet, welche über je eine Kuppelleitung einen Abnehmer, dessen Spannung U_λ annähernd konstant sei, mit Strom versorgen (Abb. 111a). Auf diesen Zeiger U_λ sei die EMK $E_{2\,\mathrm{I}}$ des Kraftwerks I und der Zeiger $E_{2\,\mathrm{II}}$ des Kraftwerks II bezogen. Da es oft unübersichtlich ist, in einem einzigen Schaltbild das Verhalten von mehreren Kraftwerken zu betrachten, sei das Diagramm für das Kraftwerk I links und das für das Kraftwerk II rechts in der Abb. 111b angegeben. Der Netzzeiger U_λ, auf dem wir beide Kraftwerke beziehen wollen, ist in der Mitte ebenfalls aufgezeichnet. Da die 3 U_λ-Zeiger identisch sind, kann man sich in Abb. 111b vorstellen, daß sie durch eine starre Welle k, auf der die Polräder I und II lose lagern, miteinander verbunden sind. (Die Abb. 111 b ist verzerrt gezeichnet, da die Polräder mit den Diagrammen senkrecht zur Welle k liegen.) Dadurch wird ihre Lage zueinander, auch wenn man sich vorstellt, daß sie sich 50mal in der Sekunde drehen, gewährleistet. Bei Bestimmung der im Modell vorzusehenden Federung zwischen dem Zeiger U_λ und den Zeiger der Kraftwerke I und II ist zu beachten, daß zu den synchronen Reaktanzen des jeweiligen Kraftwerks auch die zugehörige Leitungsimpedanz bis zum Abnehmer hinzuzuschlagen ist. Wenn die Kraftwerke I und II Leistung abgeben, werden die zugehörigen Polradzeiger E_2 die in der Abb. 111 b aufgezeichnete Lage einnehmen. Die Leistung wird auf den in der Mitte der Abbildung gezeichneten U_λ-Zeiger übertragen. Man muß sich vorstellen, daß von der Welle dieses Zeigers mechanische Leistung abgenommen wird (z. B. durch mechanische Abbremsung), welche gleich der elektrisch aufgenommenen Leistung ist. Tritt jetzt im Netz eine Zusatzbelastung ΔP auf, dann muß aus den Generatoren eine größere Leistung herausgeholt werden, wobei jedoch im ersten Moment, da die Regler an den Antriebsmaschinen noch nicht angesprochen haben, die zur Verfügung stehende Antriebsleistung unverändert geblieben ist. Größere Leistung kann aus den Generatoren nur herausgeholt werden, wenn die Polräder verzögert werden, also ein Teil ihrer kinetischen Energie zur Deckung der zusätzlichen Leistung verwandt wird. Die Folge ist ein Absinken der Netzfrequenz. Hierauf sprechen die Regler der Antriebsaggregate an und bewirken eine entsprechende Steigerung der Antriebsleistung.

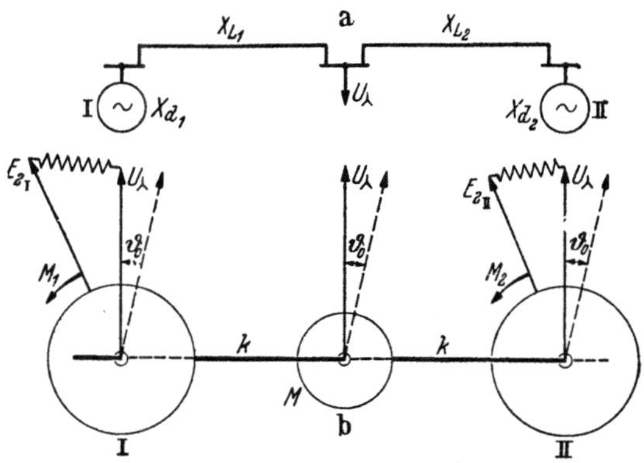

Abb. 111 a u. b. Zwei Kraftwerke arbeiten über je eine Leitung auf einen Verbraucher; b) Zeigerdiagramme

Tritt die Zusatzlast plötzlich auf, so ist dies gleichbedeutend [falls man von der Drehbewegung der Zeiger absieht und annimmt, daß im Netz keine Massen (Motoren) vorhanden sind, die Netzbelastung also durch Widerstände (Lampen) erfolgt], daß die U_λ-Zeiger um einen Winkel ϑ_0 plötzlich nach rechts gedreht werden (Abb. 111 b) bis Gleichgewicht zwischen der zusätzlichen Last und den erhöhten Federspannungen der einzelnen Zeiger vorhanden ist. Die Polräder können wegen ihrer Masse im ersten Augenblick ihre Lage nicht ändern. Ist der Verdrehungswinkel des U_λ-Zeigers ϑ_0, dann wird die zusätzliche vom Kraftwerk I abgegebene Leistung entsprechend Gl. (80) gleich

$$\Delta P_1 = P_{s1}\vartheta_0 \tag{94}$$

und die vom Kraftwerk II gleich

$$\Delta P_2 = P_{s2}\vartheta_0. \tag{95}$$

Addiert man die Gleichungen, dann ergibt sich verallgemeinert für beliebig viele Kraftwerke

$$\left.\begin{aligned} \Delta P &= \Delta P_1 + \Delta P_2 + \Delta P_3 + \cdots \\ &= \vartheta_0 (P_{s1} + P_{s2} + P_{s3} + \cdots) \\ &= \vartheta_0 \sum P_s. \end{aligned}\right\} \tag{96}$$

Das auf das Polrad I ausgeübte zusätzliche Moment ist dann

$$\Delta M_1 = \frac{\Delta P_1}{\omega} = \frac{\vartheta_0 P_{s1}}{\omega} = \frac{\Delta P\, P_{s1}}{\Sigma P_s \omega}. \tag{97}$$

Durch dieses Moment wird das Kraftwerk I mit

$$b_1 = \frac{\Delta P}{\Sigma P_s} \frac{P_{s1}}{\omega} \frac{1}{J_1/p_1^2} \tag{98}$$

verzögert, während die Verzögerung des Kraftwerks II den Wert

$$b_2 = \frac{\Delta P}{\Sigma P_s} \frac{P_{s2}}{\omega} \frac{1}{J_2/p_2^2} \tag{99}$$

aufweist. Diese im ersten Moment vorhandenen und im allgemeinen verschiedenen Verzögerungen werden nach einer gewissen Zeit in eine konstante Verzögerung b_0 übergehen, denn die beiden Kraftwerke müssen infolge der synchronisierenden Kräfte, wenn man von überlagerten Ausgleichsschwingungen absieht, sich gleichmäßig verzögern. Diese Verzögerung ergibt sich, da die Gesamtmasse gleich $(J_1/p_1^2 + J_2/p_2^2)$ ist, zu

$$b_0 = \frac{\Delta P}{\omega} \frac{1}{J_1/p_1^2 + J_2/p_2^2} = \frac{\Delta P}{\omega} \frac{1}{\Sigma J/p^2}. \tag{100}$$

Der Übergang von den Anfangsverzögerungen b_1 und b_2 zur Verzögerung b_0 erfolgt, wie erwähnt, durch Schwingungen. Solche Schwingungen sind unangenehm, da dabei leicht der eine oder andere Generator außer Tritt fallen kann. Hat man z. B. mehrere Generatoren mit einem verhältnismäßig schwachen Generator dabei, der ein ziemlich hohes Trägheitsmoment besitzt, so wird bei der auftretenden Verzögerung das Polrad wegen seiner großen Masse das Bestreben haben, seine Geschwindigkeit möglichst wenig zu verkleinern und da die synchronisierende Kraft klein ist, kann in einem solchen Falle ein Außertrittfallen stattfinden. Am besten ist es und man kann hierdurch Polradschwingungen vermeiden, wenn die im ersten Moment vorhandenen Beschleunigungen b_1, b_2 usw. einander gleich, also auch gleich b_0, sind. In unserem Falle trifft dies zu für

$$\frac{P_{s1}}{\omega \frac{J_1}{p_1^2}} = \frac{P_{s2}}{\omega \frac{J_2}{p_2^2}} \tag{101}$$

d.h. aber nach Gl. (86), daß die Eigenfrequenzen der verschiedenen Generatoren einander gleich sein sollen.

Wir wollen unser Ersatzbild noch für den Fall erweitern, daß das Netz in größerem Maße durch Asynchronmotoren belastet sei. Diese haben, vom Schlupf abgesehen, praktisch gleiche Drehzahl wie das Netz. Sinkt die Netzfrequenz, dann wird auch die Drehzahl dieser Asynchronmotoren abnehmen. Man kann sich also die Wirkung der Asynchronmotoren durch eine Masse M (Abb. 111b) ersetzt denken, welche mit dem mittleren Netzzeiger U_λ verbunden ist. Man erkennt also, daß Generatoren sowie Motoren miteinander schwingungsfähige Systeme bilden, die die mannigfaltigsten Schwingungen gegeneinander ausführen können, wobei auch der Netzzeiger U_λ, der streng genommen in seiner Größe nicht konstant ist, sondern ebenfalls Schwankungen unterliegt, sich an diesen Schwingungen mitbeteiligen kann.

H. Asynchrongeneratoren

Sobald die Läuferdrehzahl einer Asynchronmaschine diejenige ihres Drehfeldes übersteigt, kehrt sich mit dem Drehmoment auch die Energierichtung um, und die Maschine arbeitet als Drehstromgenerator. Entscheidend für den Betrieb ist die Existenz eines Drehfeldes, das – im Gegensatz zum Synchrongenerator – vom Netz her erregt werden muß. Ein Alleinbetrieb eines Asynchrongenerators mit seinen Verbrauchern ist also ohne besondere Maßnahmen nicht möglich. Er braucht immer Verbindung mit einem Netz, das die Erregung liefert und die Frequenz bestimmt. Der mit der abgegebenen Leistung wachsende nachteilige Blindleistungsbedarf beschränkt die Anwendung des Asynchrongenerators auf Leistungen, die klein sind im Vergleich zur Leistung der im Netz arbeitenden Synchrongeneratoren. Als Vorzug ist die einfache, betriebssichere Bauart, z.B. als Käfigläufer, und der Fortfall einer Synchronisierungseinrichtung sowie der Erregermaschine mit Regler anzusehen. Damit ergeben sich Vorteile im Gewicht, Platzbedarf, Preis, oft auch im Wirkungsgrad und hinsichtlich Pendelungen.

Bei gegebener Spannung und Frequenz hängt die abgegebene Leistung nur vom Schlupf ab. Sie ist durch die Drehzahl der Kraftmaschine einzustellen, die nur wenige Prozente über der synchronen Drehzahl des Generators liegt. Meistens wird mit fester Drehzahl bzw. Leistung gearbeitet, da bei Teillast der Leistungsfaktor stark abnimmt. Der Asynchrongenerator wird gewöhnlich leer hochgefahren und dann auf das Netz geschaltet. Der Schaltstromstoß ist unabhängig von der Einschaltdrehzahl. Er klingt schnell ab auf den durch den Schlupf bestimmten Dauerstrom. Beim Kurzschluß sowie beim Abschalten wird der Asynchrongenerator spannungslos, und der entlastete Antrieb ist gegen Durchgehen zu schützen oder entsprechend zu bemessen.

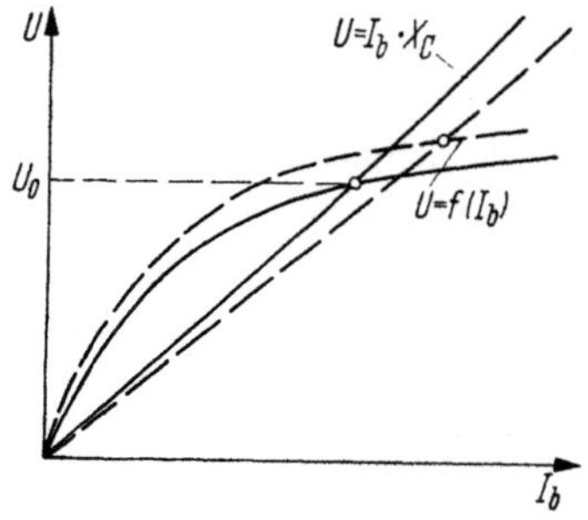

Abb. 112. Selbsterregter Asynchrongenerator. Leerlaufkennlinie und Kondensatorgerade bei konstanter Frequenz. Bei Frequenzerhöhung gestrichelte Linien

Asynchrongeneratoren werden gelegentlich in abgelegenen automatischen oder ferngesteuerten Unterwerken angewandt, wenn bei kleiner Leistung noch ein Vorteil gegenüber einer Synchronmaschine mit fernbetätigter Grobsynchronisierung und Erreger bleibt.

Um den Asynchrongenerator netzunabhängig zu machen, wird zur Erregung ein Kondensator verwendet. Unter Beachtung von kritischer Drehzahl und Kapazität – ähnlich wie beim selbsterregten Nebenschlußgenerator – kann sich die Maschine infolge ihrer Remanenz über die Kondensatoren selbst erregen auf eine Spannung U_0, die durch den Schnittpunkt der Leerlaufkennlinie (Spannung U als Funktion des Blindstromes I_b) und der Kondensatorgeraden $\left(U = I_b X_c = \frac{I_b}{\omega C}\right)$ in Abb. 112 gegeben ist. Spannungshaltung ist leicht möglich durch eine geringe Drehzahl – bzw. Frequenzsteigerung mit der Belastung, weil die Kennlinien in Abb. 112 sich mit der Frequenz gegenläufig ändern. Blindstromverbraucher sind bei der Erregerkapazität mit zu berücksichtigen. Die Anwendung beschränkt sich auf kleine Einzelanlagen, bei denen trotz des Kondensators noch ein preislicher Vorteil gegenüber Synchronmaschinen bleibt.

IV. Die Transformatoren

A. Allgemeines

Da die von den Generatoren erzeugte Spannung für eine wirtschaftliche Energieverteilung zu niedrig ist, benötigt man in den Kraftwerken außer den Drehstromerzeugern noch Transformatoren. Die durch die Transformatoren in den Kraftwerken erzeugte hohe Verteilungsspannung muß in den Verbraucherzentren wieder auf niedere Werte heruntergespannt werden. Es werden also sowohl in den Kraftwerken als in den Netzen in großer Zahl Transformatoren benötigt, so daß die Kenntnis ihrer Eigenschaften wichtig ist. Für die folgenden Betrachtungen sei die Wirkungsweise und der Aufbau des Transformators als bekannt vorausgesetzt.

Drehstromtransformatoren können in vielerlei Weise geschaltet werden, etwa in Stern-Stern, in Dreieck-Dreieck, in Dreieck-Stern bzw. umgekehrt, usw. (s. Abb. 113). Trotz der verschiedenen Schaltmöglichkeiten gibt es sicher für jeden Verwendungszweck eine günstigste. Um diese jeweils erkennen zu können, sollen die Eigenschaften der verschiedenen Schaltungen im folgenden genauer betrachtet werden.

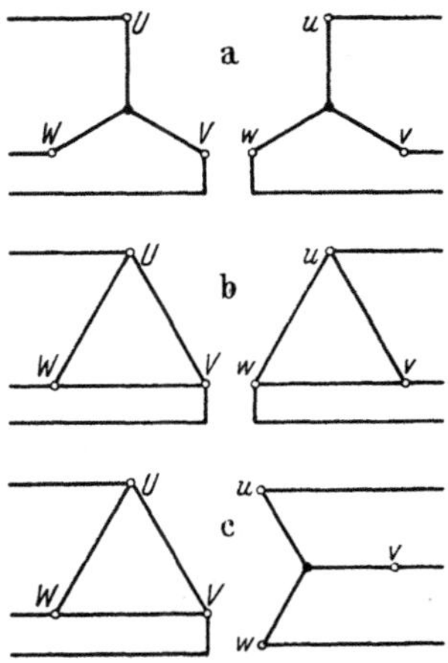

Abb. 113a–c. Transformatorenschaltungen
a) Stern-Sternschaltung; b) Dreieck-Dreieckschaltung; c) Dreieck-Sternschaltung

Bei einer im Stern geschalteten Wicklung ist die Strangspannung $U_{\curlywedge}$, wenn die verkettete Spannung U gegeben ist, $U_{\curlywedge} = U/\sqrt{3}$, also kleiner als diese. Bei der Dreieckschaltung stimmen dagegen Strangspannung und verkettete Spannung überein. Es besteht also zwischen der Stern- und der Dreieckschaltung der Unterschied, daß die erstere eine $1/\sqrt{3}$fach kleinere Phasenspannung hat. Da bei gegebenem Fluß bei der Sternschaltung die Zahl der Windungen ebenfalls $1/\sqrt{3}$ kleiner ist, hat man bei dieser Schaltung bei gleicher Leistung und gleicher verketteter Spannung $\sqrt{3}$mal kräftigere Querschnitte (gleiche Stromdichte). Bei der Sternschaltung ist wegen der geringeren Windungszahl der Isolationsaufwand geringer als bei der Dreieckschaltung. Deshalb ist die Sternschaltung vorwiegend bei höheren Spannungen am Platze. Die Dreieckwicklung findet dagegen bei nicht zu hohen Spannungen und bei größeren Strömen Verwendung. Wird z.B. bei der Sternwicklung, infolge zu großen Stromes, der Querschnitt zu groß, so daß man gezwungen wird, die Wicklung in zwei parallele Gruppen zu unterteilen, so kann unter Umständen beim Übergang auf Dreieckwicklung die Unterteilung vermieden werden.

Der in Stern-Stern geschaltete Transformator der Abb. 113a liege primärseitig an Spannung, die Sekundärwicklung sei jedoch unbelastet, so daß die Primärwicklung nur den Magnetisierungsstrom aufzunehmen hat. Bei einem (Einphasen-)Transformator muß bei zugeführter sinusförmiger Spannung der Fluß ebenfalls sinusförmig sein (allerdings 90°

phasenverschoben). Der Magnetisierungsstrom I (s. Abb. 114a) ist jedoch wegen der Eisensättigung nicht sinusförmig, sondern verzerrt. Wie eine Zerlegung der Stromkurve in die einzelnen Harmonischen zeigt, enthält sie außer der Grundwelle noch sämtliche ungeradzahligen Harmonische, deren Größe mit wachsender Ordnungszahl sinkt. Dabei ist (s. Abb. 114b) die 3. Harmonische negativ, die 5. positiv, die 7. negativ usw.

Für die 3. Harmonische, ebenso für alle durch drei teilbaren Harmonischen, ergibt sich im Falle des Drehstromtransformators, daß die Ströme dreifacher Frequenz in den 3 Phasen folgende Größen haben müßten:

$$\left.\begin{aligned} i_{\mathrm{III}_1} &= I_{\mathrm{III}} \sin 3\omega t \\ i_{\mathrm{III}_2} &= I_{\mathrm{III}} \sin 3(\omega t - 120) = I_{\mathrm{III}} \sin 3\omega t \\ i_{\mathrm{III}_3} &= I_{\mathrm{III}} \sin 3(\omega t - 240) = I_{\mathrm{III}} \sin 3\omega t, \end{aligned}\right\} \qquad (102)$$

d.h. aber, daß alle 3 Strangströme dreifacher Frequenz der Größe und Phase nach gleich sind. Da sie sich im Sternpunkt des primärseitig in Stern geschalteten Transformators nicht zu Null ergänzen können, vermögen sie in einem nicht geerdeten Drehstromsystem überhaupt nicht zu fließen. Hierbei ist vorausgesetzt, daß die 3 Schenkel des Transformators magnetisch gleich sind. Da jedoch der Fluß im mittleren Schenkel einen kleineren magnetischen Widerstand (nur Widerstand des Schenkels) hat als der in den beiden äußeren (Widerstand von Schenkel und Joch), sind die Magnetisierungsströme in den 3 Phasen nicht gleich. Es vermag jetzt, da Gl. (102) nicht mehr genau gilt, eine kleine 3. Harmonische zu fließen. Entsprechendes gilt für sämtliche durch drei teilbaren höheren Harmonischen. Um diese Harmonischen möglichst zu beseitigen, empfiehlt es sich, die Anschlüsse der einzelnen Transformatoren an die Phasen R, S und T nicht gleich, sondern zyklisch vertauscht, vorzunehmen.

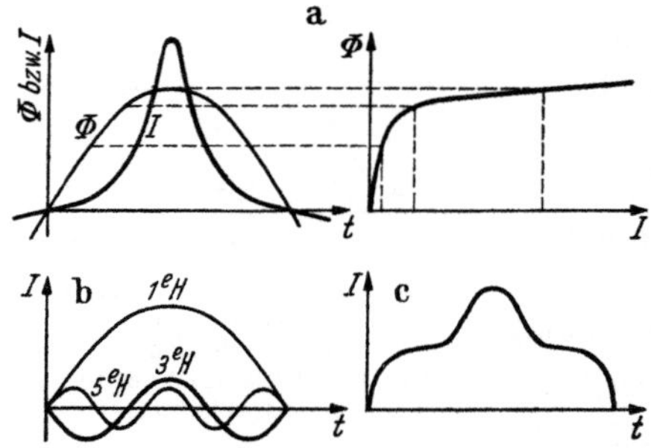

Abb. 114a–c. Ströme und Flüsse bei Sättigung des Transformators (Remanenz vernachlässigt) a) Strom und Fluß in Abhängigkeit der Zeit; b) Magnetisierungsstrom zerlegt in Grund- und Oberwellen; c) Magnetisierungsstrom mit fehlender 3. Harmonischen

Wie erwähnt, vermag, falls man von der Unsymmetrie der 3 Kraftlinienwege absieht, im Magnetisierungsstrom bei Sternschaltung keine 3. Harmonische zu fließen. Wir wollen, um einen sinusförmigen Fluß zu ermöglichen, annehmen, diese 3. Harmonische sei zunächst vorhanden, wobei wir sie jedoch wieder kompensieren wollen, indem wir zusätzlich auf jedem Schenkel die Amperewindungen einer 3. Harmonischen gleicher Größe, jedoch entgegengesetzter Richtung, annehmen. Untersuchen wir zunächst einen Dreischenkeltransformator, so können die zusätzlichen Amperewindungen, die in den 3 Schenkeln gleichphasig sind, keinen im Eisen geschlossenen Hauptfluß erzeugen, sondern nur einen Streufluß, der von den Jochen ausgeht und sich über die Luft und die Kesselwände schließt. Im großen und ganzen bleibt der Fluß je Schenkel sinusförmig und erhält nur eine durch die Jochstreuung bedingte kleine Flußkomponente dreifacher Frequenz, die in der Phasenspannung eine EMK dreifacher Frequenz erzeugt, die sich jedoch bei Bildung der verketteten Spannung heraushebt. Da der Fluß ziemlich sinusförmig geblieben ist, enthält der zufließende Magnetisierungsstrom dieselbe positive 5. Harmonische, welche die Abb. 114c zeigt. (Die 7., 11., 13. usw. Harmonischen müssen bei genauer Betrachtung auch berücksichtigt werden.)

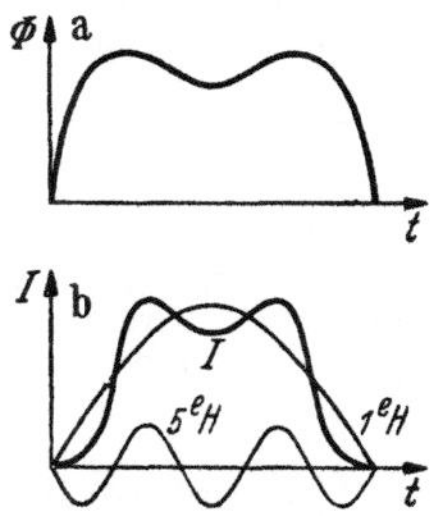

Abb. 115a u. b. Fluß und Strom beim Transformator mit magnetischem Rückschluß a) Flußkurve in Abhängigkeit der Zeit; b) Stromkurve in Abhängigkeit der Zeit

Anders liegen die Verhältnisse, falls man drei im Stern geschaltete Einphasentransformatoren, von denen jeder einen magnetischen Rückschluß hat, oder einen Dreiphasentransformator mit 4. bzw. 5. Schenkel als Rückschluß, untersucht. Jetzt vermögen die noch vorhandenen Zusatzamperewindungen dreifacher Frequenz, welche beim Dreischenkeltransformator nur einen kleinen Streufluß erzeugen konnten, sich infolge des magnetischen Rückschlusses auszuwirken, so daß der Fluß im Maximum geschwächt wird, also nicht mehr sinusförmig ist, sondern eine starke 3. Harmonische entsprechend Abb. 115a besitzt. Der Fluß kann nur durch drei teilbare Harmonische haben, weil dann die hierdurch bedingten elektromotorischen Kräfte, welche in den 3 Wicklungen gleichphasig sind, bei Bildung der verketteten Spannung, die ja sinusförmig sein soll, sich herausheben. Die Flußkurve der Abb. 115a muß von einem Magnetisierungsstrom erzeugt werden, der außer der Grundwelle eine 5., 7. usw. Harmonische hat, dem jedoch die durch drei teilbaren Harmonischen fehlen. Der Magnetisierungsstrom wird, falls wir uns auf die 5. Harmonische beschränken, etwa die in der Abb. 115b gezeichnete Form haben. Die 5. Harmonische ist nach dieser Abbildung diesmal nicht positiv, sondern negativ.

Die 3. Harmonischen in der Phasenspannung bewirken, daß das Potential des Sternpunktes gegen Erde nicht die Größe Null, sondern annähernd den Wert der Phasenspannung dreifacher Frequenz hat. Dies erkennt man aus der Abb. 116. Die speisende Leitung, wie auch der Sternpunkt, besitzen Kapazität gegen Erde. Die Kapazität des Sternpunktes gegen Erde ist jedoch wesentlich kleiner als die der Leitung. Für die elektromotorischen Kräfte E_{III} dreifacher Frequenz besteht über die Kapazitäten ein geschlossener Stromkreis. Da die Leitungskapazitäten jedoch bedeutend größer sind, als die Kapazität des Nullpunkts gegen Erde, wird letztere praktisch die Spannung der 3. Harmonischen gegen Erde annehmen. Diese Spannung ist bei einem Fünfschenkeltransformator wesentlich größer als bei einem Dreischenkeltransformator, da bei der Ausführung des Fünfschenkeltransformators eine kräftige 3. Harmonische in der Phasenspannung vorhanden ist.

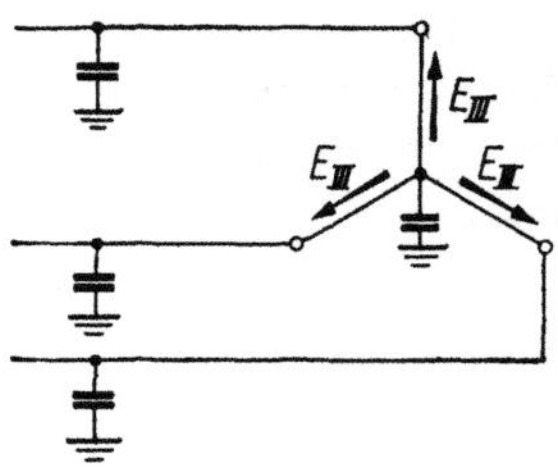

Abb. 116. Zuleitungs- und Sternpunktskapazitäten eines Transformators

Es sei jetzt die Magnetisierung eines Transformators mit einer primären Dreieckwicklung untersucht. Auch hier zeigt sich das Bestreben, daß bei sinusförmiger Klemmenspannung jede Phase einen sinusförmigen Fluß ausbilden will, damit aber auch einen Magnetisierungsstrom dreifacher Frequenz aufnehmen muß. Dieser Strom, der in jeder Phase gleichphasig ist, kann, wie Abb. 117 zeigt, in der Dreieckwicklung fließen. Die Ströme der 1., 5., 7. Harmonischen werden über die drei Zuleitungen den drei Phasen zugeführt. Da also bei der Dreieckwicklung der Fluß praktisch sinusförmig ist und alle Harmonischen des Stromes bekommt, die er braucht, sagt man, seine Magnetisierung sei eine natürliche und keine erzwungene, wie bei der Sternschaltung. Hierbei ist es gleich, ob die Sekundärseite im Dreieck oder im Stern geschaltet ist.

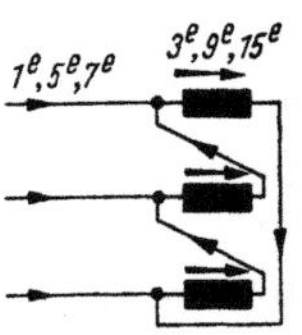

Abb. 117. Dreieckschaltung

Ist der Transformator primärseitig im Stern, sekundärseitig dagegen im Dreieck geschaltet, so ist die Magnetisierung ebenfalls eine natürliche. Es werden jetzt primärseitig dem Transformator die Harmonischen des Magnetisierungsstromes zufließen, die nicht durch drei teilbar sind, während die durch drei teilbaren Harmonischen in der sekundären Dreieckwicklung zum Fließen kommen. (Dieser Strom wird durch die durch drei teilbaren Harmonischen im Fluß, die durch das Fehlen dieser Harmonischen im Magnetisierungsstrom bedingt sind, erzeugt.)

Auch bei einem Stern-Stern-Transformator kann die erzwungene Magnetisierung zu einer natürlichen gemacht werden, wenn man eine dritte in sich kurzgeschlossene Dreieckwicklung aufbringt. In dieser sogenannten Tertiärwicklung können die durch drei teilbaren Harmonischen, welche für eine natürliche Magnetisierung gebraucht werden, fließen. Dadurch treten auch die sonst bei Stern-Stern-Schaltung vorhandenen Streuflüsse und Nullpunktsspannungen dreifacher Frequenz nicht auf. Es sei darauf hingewiesen (s. S. 443), daß man heute Transformatoren bauen kann, deren Magnetisierungsstrom praktisch oberwellenfrei ist.

Die Größe des Magnetisierungsstromes eines Transformators hängt von der Größe des Transformators und von der Spannung ab. Je größer der Transformator ist, um so relativ kleiner ist der Magnetisierungsstrom. Er beträgt

für einen 30-kVA-Transformator etwa 5%
für einen 3000-kVA-Transformator etwa 2%
für einen 30000-kVA-Transformator etwa 0,8%

Oft wird von den Transformatoren Nullpunktbelastbarkeit verlangt, z.B. wenn eine Erdschlußspule angeschlossen werden soll (s. S. 419) oder bei Verteiltransformatoren, bei denen die Lichtlast zwischen Außenleiter und Nulleiter geschaltet wird. Wenn man im letzten Falle auch bestrebt ist, die drei Phasen möglichst gleichmäßig zu belasten, wird man trotzdem mit Nulleiterströmen zu rechnen haben. Wir wollen den Fall betrachten, daß nur eine Phase über den Nullpunkt belastet und der Dreischenkeltransformator in Stern-Stern geschaltet sei (s. Abb. 118a). Die sekundären Amperewindungen werden dann primäre Gegenamperewindungen erzwingen, so daß keinerlei ganz im Eisen geschlossene zusätzlichen Flüsse entstehen, was mit der konstanten angelegten verketteten Spannung nicht vereinbar wäre. Dies ist aber nur möglich, wenn die resultierenden Amperewindungen der drei Schenkel in Größe und Richtung gleich sind. Es werden also primärseitig, falls man das Windungsverhältnis 1:1 annimmt, in der belasteten Phase der Strom $\frac{2}{3}I$ und in den unbelasteten je $\frac{1}{3}I$ fließen (s. Abb. 118a), je Schenkel werden dann gleichgerichtete $I/3$ Amperewindungen vorhanden sein (s. Abb. 118b). Da diese im Falle des Dreischenkeltrafos im Eisen sich schließende Flüsse nicht erzeugen können, werden Streuflüsse durch die Luft entstehen, welche sowohl unzulässige Erwärmungen in benachbarten Metallteilen hervorrufen, als auch erhebliche Spannungsabfälle verursachen. Eine nennenswerte Nullpunktbelastbarkeit besitzt demgemäß ein in Stern-Stern geschalteter Transformator nicht und man wird im allgemeinen keinen Nullpunktstrom zulassen, der dauernd größer als 10% des Nennstromes oder 30% während 2 h (z.B. bei angeschlossenen Erdschlußspulen) ist. Besitzt der Transformator einen 4. oder 5. Schenkel, dann ist er überhaupt nicht nullpunktbelastbar. Die nicht

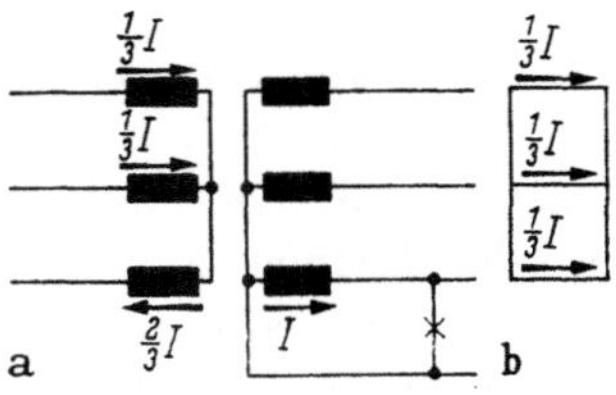

Abb. 118a u. b. Einphasig belasteter Stern-Stern-Transformator a) Stromverlauf; b) Restamperewindungen

kompensierten Amperewindungen der Abb. 118b vermögen jetzt über den 4. und 5. Schenkel einen derartigen Fluß zu treiben (kleiner magnetischer Widerstand!), der bewirkt, daß die Spannung an der belasteten Phase zusammenbricht.

Die Dreieck-Dreieck-Schaltung scheidet bei diesen Betrachtungen aus, da sie keinen Nullpunkt hat, der belastet werden könnte. Die Dreieck-Stern-Schaltung ist auf der Sternseite nullpunktbelastbar (s. Abb. 119), da die Amperewindungen der Belastung unmittelbar an

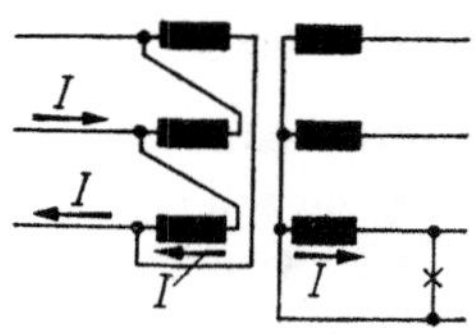

Abb. 119. Dreieck-Stern-Transformator bei einphasiger Belastung

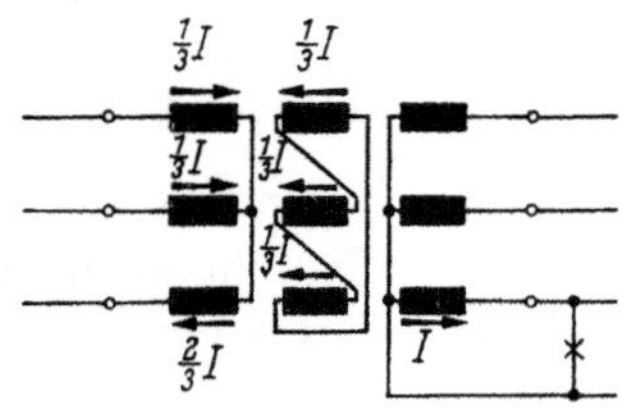

Abb. 120. Stern-Stern-Transformator mit Tertiärwicklung einphasig belastet

Ort und Stelle durch primäre Gegenamperewindungen kompensiert werden können. Zusätzliche aus dem Joch heraustretende Streuflüsse werden hier also nicht auftreten. Man kann auch die Stern-Stern-Schaltung nullpunktbelastbar machen, indem man eine im Dreieck geschaltete „Ausgleichswicklung" anordnet. In dieser wird jetzt ein Strom von der Größe $\frac{I}{3}$ ($\ddot{u} = 1:1$) fließen (s. Abb. 120), um die bei der Stern-Stern-Schaltung der Abb. 118 den Jochstreufluß ausbildenden Amperewindungen zu kompensieren.

Wir kennen noch eine weitere Schaltung, welche voll nullpunktbelastbar ist, nämlich die Stern-Zickzack-Schaltung (s. Abb. 121). Auf der Sekundärseite ist die je Phase vorhandene Wicklung in zwei Gruppen unterteilt. Die eine Gruppe des Schenkels *1* (EMK E_{I}) ist mit der zweiten Gruppe des Schenkels *2* (EMK E_{II}) so verbunden, daß die elektromotorischen Kräfte sich geometrisch subtrahieren, die Phasenspannung also $E_1 = E_{\mathrm{I}} \bumpeq E_{\mathrm{II}}$ ist (s. Abb. 121b u. c). Es ist

$$E_1 = \sqrt{3}\,E_I \tag{103}$$

oder, da $E_{\mathrm{I}} = E/2$ ist, wobei E die Phasenspannung ist, wenn die zwei Gruppen einer Phase in normaler Weise hintereinander geschaltet sind, ergibt sich

$$E_1 = \frac{\sqrt{3}}{2}\,E = 0{,}866\,E\,. \tag{104}$$

Die Sekundärspannung wird also in der Zickzackschaltung um etwa 14% kleiner, als wenn man bei gleicher Windungszahl die normale Stern schaltung gewählt hätte. Man braucht in der Sekundärwicklung daher etwa 14% mehr Kupfer, da man rund 14% mehr Windungen aufbringen muß, um gleiche Spannungen wie bei Sternschaltung zu erzeugen.

Denkt man sich den Transformator auf der Sternseite an Spannung gelegt, so ist die Magnetisierung erzwungen. Auf der Sekundärseite besitzt jedoch im Gegensatz zu der normalen Sternwicklung der Sternpunkt gegen Erde das Potential Null, denn die in den Wicklungshälften der Schenkel 1 und 2 erzeugten 3. Harmonischen, die gleichphasig sind, verschwinden in der Phasenspannung, da ja diese Wicklungshälften gegeneinander geschaltet sind. Fließt der einphasige Strom I, dann können sich die Amperewindungen entsprechend Abb. 121a an Ort und Stelle aufheben. Die Zickzack-Schaltung ist daher beliebig nullpunktbelastbar.

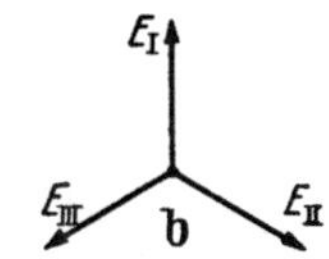

Auf Grund der bisherigen Überlegungen kommen wir bezüglich der Verwendbarkeit der einzelnen Schaltungen zu folgendem Ergebnis: Wenn in Kraftwerken Generatoren über Transformatoren auf ein Hochspannungsnetz arbeiten, wird man meistens die Transformatoren Dreieck-Stern schalten. An der Dreieckschaltung liegt dabei die niedere, an der Sternschaltung die höhere Spannung. Man erreicht durch die Dreieckwicklung eine natürliche Magnetisierung, durch die hochspannungsseitige Sternschaltung die isoliertechnisch günstigste Ausführung. Der Transformator ist außerdem nullpunktbelastbar, was gefordert werden muß, wenn auf der Hochspannungsseite Erdschlußspulen vorgesehen werden.

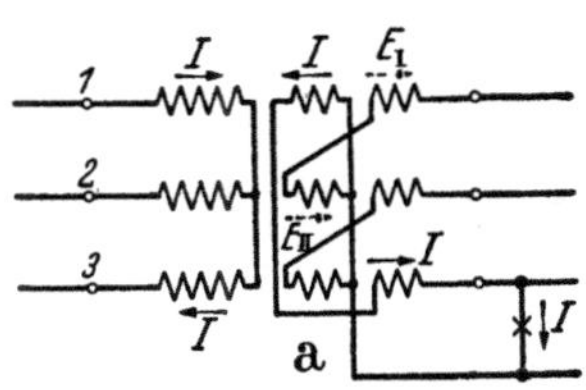

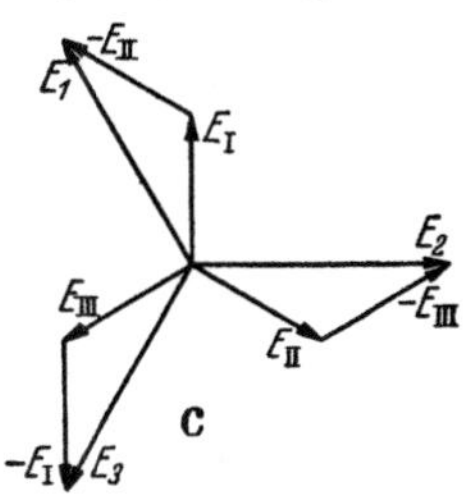

Abb. 121 a–c. a) Stern-Zickzack-Transformator bei einphasiger Belastung; b) Diagramm der je Wicklungshälfte erzeugten elektromotorischen Kräfte; c) Diagramm der Stern-Zickzackschaltung

Die Stern-Stern-Schaltung ist aus isoliertechnischen Gründen zweckmäßig, wenn zwei Hochspannungsnetze miteinander über einen Transformator gekuppelt sind. Um Streuflüsse aus den Jochen zu vermeiden und um den Transformator im Nullpunkt durch die Erdschlußspule voll belasten zu können, wird man dann noch eine Tertiärwicklung vorsehen.

Transformatoren in Dreieck-Dreieck-Schaltung kommen praktisch kaum vor.

Transformatoren, deren Sekundärseiten auf 400/231 V geschaltet sind, d.h. Ortsnetz-Transformatoren, werden mit Dreieck-Stern-Schaltung und Stern-Zickzack-Schaltung ausgeführt, da beide voll nullpunktbelastbar sind. Welche Schaltung im einzelnen angewandt wird, das entscheiden wirtschaftliche Erwägungen. Es zeigt sich, daß bei kleineren Leistungen, bei denen die Hochspannungsdrähte verhältnismäßig dünn sind, man besser die Hochspannungswicklung in Stern schaltet und auf der Niederspannungsseite lieber rund 14% mehr Kupfer für die Zickzack-Schaltung aufwendet, als den Transformator in Dreieck-Stern zu schalten. Bei größeren Leistungen ist die Dreieck-Stern-Schaltung wieder günstiger.

Bei Transformatoren können beim Einschalten Überstromerscheinungen („rush" genannt) auftreten. Um diese zu erklären, sei zunächst für den normalen Betrieb der Verlauf von Fluß Φ und Spannung U in

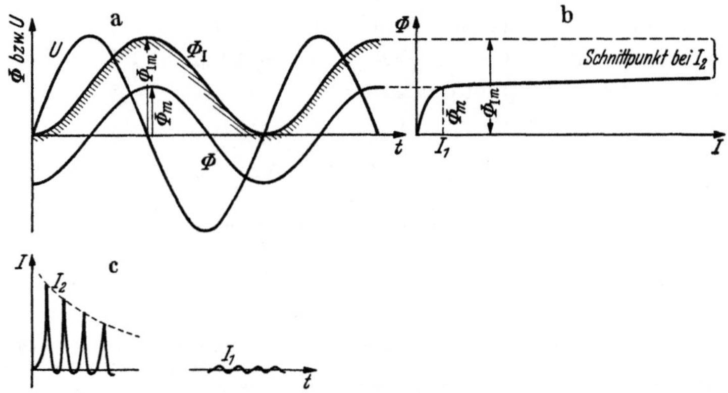

Abb. 122a–c. Einschaltvorgänge beim Transformator. a) Fluß in Abhängigkeit der Zeit; b) Fluß in Abhängigkeit des Stromes; c) Verlauf des Einschaltstromes beim leerlaufenden Transformator

Abb. 122a aufgezeichnet. Wird ein beispielsweise leerlaufender Transformator beim Nulldurchgang der Spannung (Zeit $t = 0$) eingeschaltet, so müßte der Fluß plötzlich vollen negativen Wert haben. Dies ist physikalisch unmöglich, denn ein endlicher Fluß kann nicht in unendlich kurzer Zeit entstehen. Es wird sich deshalb eine Flußkurve Φ_{I} ausbilden, bei der die Gestalt der ursprünglichen Flußkurve unverändert bleibt, im Einschaltzeitpunkt der Fluß jedoch durch Null geht. Da die neue Flußkurve gleichen Differentialquotienten besitzt wie die ursprüngliche, ist die Klemmenspannung, welche proportional $d\Phi/dt$ ist, unverändert geblieben. Da die Flußkurve Φ_{I} gegenüber der Kurve Φ (Widerstand der Wicklung vernachlässigt) einen doppelt so großen Maximalwert besitzt, ist ein riesenhafter Magnetisierungsstrom notwendig. In der Abb. 122b ist die Magnetisierungskurve des Transformators aufgezeichnet. Um den Maximalwert des normalen Flusses Φ_m zu erzeugen, genügt ein Maximalwert des Magnetisierungsstromes von der Größe I_1, um dagegen den Maximalwert $\Phi_{\mathrm{I}m}$ der gehobenen Flußkurve Φ_{I} zu erzeugen, gehört ein maximaler Stromwert von der Größe I_2, der wegen der hohen Sättigung ein Vielfaches des Magnetisierungsstromes und etwa das 2- bis 3fache des Nennstromes des Transformators sein kann. Zeitlich gesehen hat der Magnetisierungsstrom beim Einschalten den Verlauf der Abb. 122c. Infolge der im Stromkreis vorhandenen Widerstände klingt der Strom allmählich auf den normalen Magnetisierungsstrom ab (etwa 0,5 sek). Man kann die hohen Stromspitzen beim Einschalten vermeiden (abgesehen vom zufälligen Einschalten im Maximalwert der Spannung), falls ein Widerstand kurzzeitig vorgeschaltet und dann nach einigen Perioden kurzgeschlossen wird. Eine solche Schaltapparatur ist jedoch kompliziert, so daß man sie, wenn irgend möglich, vermeidet. Im Kraftwerk, wo Generator und Transformator meist eine Einheit bilden, spielt die beschriebene Erscheinung keine Rolle, da man den Transformator mit dem Generator gemeinsam hochfährt.

Bei Transformatoren muß man damit rechnen, daß auf der Hoch- oder Niederspannungsseite[1] Kurzschlüsse auftreten, also große Kurzschlußströme durch den Transformator fließen, die, abgesehen von Erwärmungen große Kräfte erzeugen. Betrachtet man einen Transformator mit Röhrenwicklung, bei dem z.B. die Niederspannungswicklung innen und die Hochspannungswicklung außen ist, so haben die durch beide Wicklungen fließenden Ströme entgegengesetzte Richtung und stoßen sich ab. Demgemäß wird bei einem Kurzschluß die innere Wicklung zusammengepreßt, also auf Druck beansprucht, während die äußere Wicklung nach außen gepreßt, also auf Zug belastet wird. Ungünstig beansprucht sind Transformatoren mit rechteckigen oder elliptischen Spulen. Deswegen verwendet man heute bei Großtransformatoren praktisch nur runde Zylinderspulen. Bei unsymmetrischer Anordnung der Ober- und Unterspannungswicklung treten bei Kurzschlüssen zwischen diesen auch axiale Kräfte auf. Dieser Fall kann bei Transformatoren mit Stufenschaltern (Regeltransformatoren) auftreten, bei denen Wicklungsteile ab- und zugeschaltet werden. Hier erfordert die Beherrschung der Stromkräfte besondere Sorgfalt.

Abgesehen von den Kurzschlußkräften muß mit Überspannungen infolge Auftretens von Wanderwellen gerechnet werden. Deshalb werden oft die Windungen am Eingang und am Sternpunkt stärker isoliert, wobei darauf geachtet werden muß, daß die stärker isolierten Wicklungsteile keine von den anderen Wicklungsteilen unabhängige Eigenschwingungen ausführen (weiteres s. S. 432).

Die Größe der Transformatoren ist durch ihre Transportmöglichkeit, d.h. durch das Eisenbahnprofil, gegeben. Große Transformatoren[2] wird

[1] Vidmar, M.: Transformatorenkurzschlüsse. Braunschweig: Vieweg 1954.

[2] Stenkvist, E.: Die Transformatoren für die schwedische 380-kV-Übertragung. CIGRE-Ber. 1952, Nr. 138. – Schumann, W. O. und H. Prinz: Fortschritte der Hochspannungstechnik. Akad. Verlagsanstalt, Leipzig 1954.

man mit Ölfüllung verfrachten und lediglich die Klemmen und das Ausdehnungsgefäß werden, sofern sie das Bahnprofil überschreiten, während der Beförderung abgenommen. Um möglichst große Transformatoren befördern zu können, verwendet man Spezialwagen mit tief gezogenem Träger (s. Abb. 146). Man strebt heute danach, auch bei großen Leistungen Transformatoren zu verwenden, bei denen während des Transportes weder Klemmen noch sonstige Teile abmontiert werden müssen, so daß eine Aufbereitung des Öles am Bestimmungsort vermieden wird. Diese sogenannten Wandertransformatoren (s. Abb. 145 u. 146), die man heute schon bis über 100000 kVA bauen kann, zwingen zu speziellen Konstruktionen, besonders hinsichtlich der Klemmen, damit diese nicht aus dem Bahnprofil herausragen.

Es sei noch auf folgendes hingewiesen: Arbeitet ein Transformator z.B. von einem 6-kV- auf ein 380-V-Netz, so wird das Übersetzungsverhältnis nicht 6000/380 gewählt, sondern 6000/400. Man wählt normalerweise die Sekundärspannung um 5% höher als die Netzspannung, um den im Transformator und im Netz bei Belastung auftretenden Spannungsabfall etwas auszugleichen.

B. Der Transformator als Leitungselement

a) Zweiwicklungstransformator

In den Leitungsnetzen unserer Kraftversorgung kommen in großer Zahl Transformatoren vor. Es soll gezeigt werden, daß man sich für Netzberechnungen die Transformatoren durch Induktivitäten und Widerstände ersetzt denken kann.

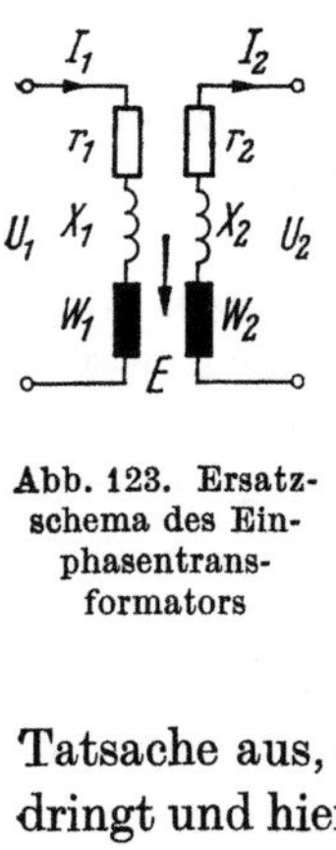

Abb. 123. Ersatzschema des Einphasentransformators

Wir gehen von dem einphasig aufgezeichneten Transformator der Abb. 123 aus. Die Primärseite habe w_1 und die Sekundärseite w_2 Windungen, also ist das Übersetzungsverhältnis gleich $ü = w_1/w_2$. Primär- und Sekundärwicklung haben ohmschen und induktiven Widerstand, der in der Abb. 123 eingetragen ist. Abb. 124 zeigt das bekannte einphasig durchgeführte Transformatordiagramm für Primär- und Sekundärseite. Dabei ist die primäre Spannung U_1, die sekundäre U_2. Um das Transformatordiagramm aufzustellen, gehen wir von der Tatsache aus, daß der Magnetfluß Primär- und Sekundärwicklung durchdringt und hier elektromotorische Kräfte E_1 bzw. E_2 erzeugt, die sich zueinander wie die Windungszahlen verhalten und gleichphasig sind.

$$\frac{E_1}{E_2} = \frac{w_1}{w_2} = ü\,, \qquad E_1 = E_2\,ü\,. \tag{105}$$

Wir gehen von der EMK E_2 der Sekundärwicklung aus. Zieht man von dieser den induktiven und ohmschen Spannungsabfall, also $I_2 X_2$ und $I_2 r_2$, geometrisch ab, so erhält man die Klemmenspannung U_2. Wir wollen U_2, E_2 sowie $I_2 X_2$ und $I_2 r_2$ mit dem Faktor $ü$ multipliziert auftragen (s. Abb. 124). Man hat dann den Vorteil, daß $E_2 ü$ auch gleich E_1 ist. Der Strom I_2 eilt der Spannung U_2 um den Winkel φ nach. Sieht man

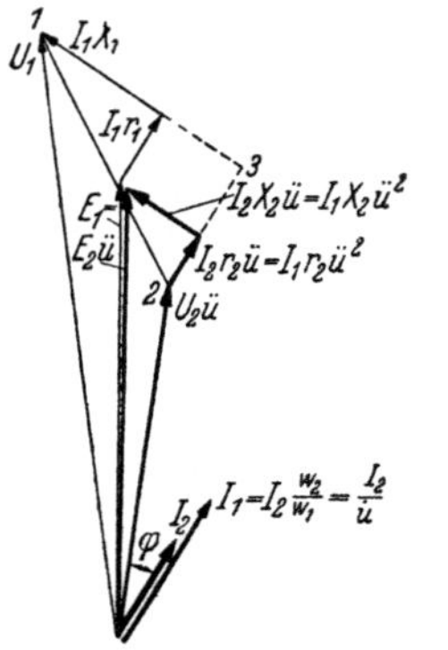

Abb. 124. Diagramm des Transformators

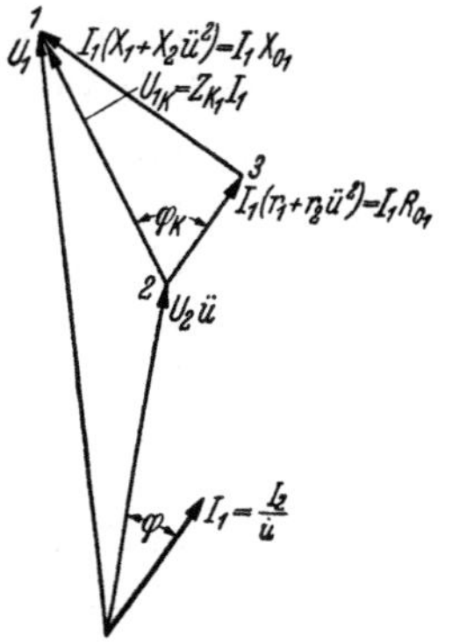

Abb. 125. Vereinfachtes Transformatordiagramm

vom Magnetisierungsstrom ab, dann müssen die primären und sekundären Amperewindungen sich aufheben, wobei

$$I_1 w_1 = I_2 w_2 \quad \text{oder} \quad I_1 = I_2/ü \tag{106}$$

ist. Bei der in der Abb. 123 als positiv angegebenen Stromrichtung von I_1 und I_2 ist das Amperewindungsgleichgewicht vorhanden, falls I_1 und I_2 gleichphasig sind. Die mit $ü$ multiplizierten ohmschen Spannungsabfälle der Sekundärseite lassen sich unter Benutzung der Gleichung $I_1 = I_2/ü$ wie folgt schreiben.

$$I_2 ü r_2 = I_1 ü^2 r_2 \quad \text{und} \quad I_2 ü X_2 = I_1 ü^2 X_2. \tag{107}$$

Diese auf die Primärseite überführten sekundären Spannungsabfälle haben gleiche Phasenlage wie die entsprechenden primären $I_1 r_1$ und $I_1 X_1$ (Magnetisierungsstrom vernachlässigt), die man zu $E_1 = E_2 ü$ addieren muß, um U_1 zu erhalten (s. Abb. 124). Addiert man den überführten sekundären und primären ohmschen Spannungsabfall, so ist deren Summe $I_1(r_1 + ü^2 r_2)$ im Diagramm durch die Strecke *2–3*, die Summe der induktiven Spannungsabfälle $I_1(X_1 + ü^2 X_2)$ durch die Strecke *3–1* dargestellt.

Die Abb. 125 zeigt das gleiche Transformatordiagramm, nur sind die nicht mehr benötigten Zeiger weggelassen und die ohmschen und induktiven Spannungsabfälle zusammengezogen worden. Für die Rechnung ist es zweckmäßig, die ohmschen und induktiven Widerstände auf primärer und sekundärer Seite in einem einzigen Ersatzwiderstand R_{01} und einer einzigen Ersatzreaktanz X_{01} auf einer Seite des Transformators, in diesem Fall auf der Primärseite, zusammenzuziehen. Es gilt dann:

$$R_{01} = r_1 + \ddot{u}^2 r_2 \quad \text{und} \quad X_{01} = X_1 + \ddot{u}^2 X_2 . \tag{108}$$

Das Zeigerdiagramm der Abb. 125 zeigt, daß man für den Transformator ein einfaches Ersatzbild entsprechend Abb. 126 aufzeichnen kann, denn man erhält die auf die Primärseite bezogene Spannung $\ddot{u}\, U_2$, falls man annimmt, daß R_{01} und X_{01} vom Strom $I_1 = I_2/\ddot{u}$ durchflossen sind und man von U_1 die Spannungsabfälle $I_1 R_{01}$ und $I_1 X_{01}$ geometrisch abzieht. Man kann also zur Rechnung einen Transformator, indem man sämtliche Größen auf die Primärseite bezieht, durch einen Ersatzwiderstand R_{01} und eine Ersatzreaktanz X_{01} ersetzen. In gleicher Weise kann man auch falls es zweckmäßig ist, alle Größen auf die Sekundärseite übertragen (R_{02} und X_{02}).

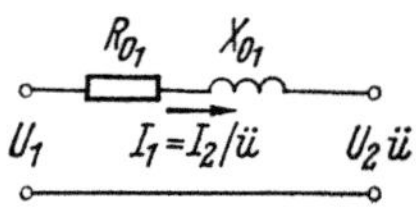

Abb. 126. Ersatzschaltung des Transformators

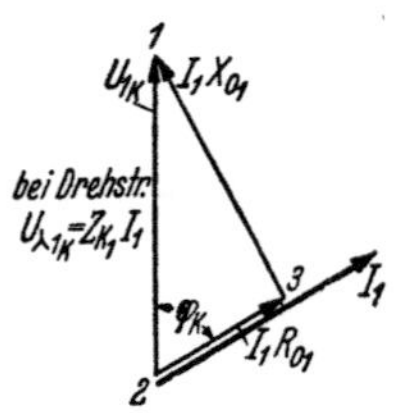

Abb. 127. Kurzschlußdreieck des Transformators

Das Transformatorersatzbild gilt auch für den symmetrisch belasteten Drehstromtransformator beliebiger Schaltung, sofern man dort alles auf die Phase bezieht, den Transformator sich also gedanklich in Stern-Stern-Schaltung umgewandelt denkt.

Das in den Abb. 124 und 125 mit *1–2–3* bezeichnete Dreieck, auch Kurzschlußdreieck genannt, hat eine besondere Bedeutung. Schließt man die Sekundärseite des Transformators kurz und führt man primärseitig eine solche Spannung U_{1K} (bei Drehstrom $U_{\curlyvee 1K}$) zu, daß der Strom I_1 fließt, dann erhält man das Diagramm nach Abb. 127, das dem Kurzschlußdreieck entspricht. Die Spannung U_{1K} für einen Kurzschlußstrom $I_K = I_n$ heißt die Kurzschlußspannung des Transformators und ist auch gleich $I_n z_{K1}$, wobei z_{K1} die auf die primäre Seite bezogene Kurzschlußimpedanz des Transformators ist. U_K wird meist als relative Kurzschlußspannung in Prozenten der Nennspannung, als $U_{K\%}$ angegeben. $U_{K\%}$ ist unabhängig davon, ob der Kurzschlußversuch von der Primär- oder Sekundärseite des Transformators aus durchgeführt wird, ferner ob die Bezugnahme auf die verkettete oder Phasenspannung erfolgt. Es ist also, falls der Index 1 und 2 die Primär- und Sekundärseite kennzeichnet,

$$u_{K\%} = \frac{U_{1K}}{U_1} \cdot 100 = \frac{U_{2K}}{U_2} \cdot 100 = \frac{U_{\curlywedge 1K}}{U_{\curlywedge 1}} \cdot 100 = \frac{U_{\curlywedge 2K}}{U_{\curlywedge 2}} \cdot 100 . \tag{109}$$

Beim Kurzschlußversuch, den man bei Nennstrom durchführt, wird die zugeführte Leistung P_K gemessen, die gleich den Kupferverlusten der

Wicklung ist, da die Eisenverluste wegen der geringen Kraftliniendichte infolge der kleinen Kurzschlußspannung U_{1K} vernachlässigt werden können. Die Kurzschlußverluste P_K werden meist in Prozent, als $P_{K\%}$, angegeben. Mit diesen durch den Kurzschlußversuch erhaltenen Werten lassen sich weitere Größen des Transformators ermitteln. Der Winkel φ_K im Kurzschlußdreieck ergibt sich zu:

$$\cos\varphi_K = \frac{I_1 R_{01}}{U_{1K}} = \frac{I_1^2 R_{01}}{I_1 U_1\left(\frac{U_{1K}}{U_1}\right)} = \frac{p_{K\%}}{u_{K\%}}. \qquad (110)$$

Diese Gleichung gilt sowohl für den Einphasen-, als auch den Drehstromtransformator. Für die auf die Primärseite bezogene Kurzschlußimpedanz z_{K1} (das ist der Gesamtwiderstand des Transformators im Kurzschluß) erhält man beim Drehstromtransformator, falls U_1 dessen verkettete Primärspannung ist und der Index $_\lambda$ angibt, daß die betreffende Spannung auf die Phase bezogen ist,

$$z_{K1} = \frac{U_{\lambda 1K}}{I_1} = \frac{\frac{u_{K\%}}{100}\,\frac{U_1}{\sqrt{3}}}{I_1} = \frac{u_{K\%}\,U_1}{100\cdot\sqrt{3}\,I_1}. \qquad (111)$$

Wie aus Abb. 127 hervorgeht, gilt

$$I_1 R_{01} = U_{\lambda 1K}\cos\varphi_K$$

oder

$$R_{01} = z_{K1}\cos\varphi_K. \qquad (112)$$

Entsprechend ergibt sich für X_{01}

$$X_{01} = z_{K1}\sin\varphi_K. \qquad (113)$$

Rechnet man mit der symbolischen Methode, so muß man, falls $j = \sqrt{-1}$ ist, für die Kurzschlußimpedanz $\mathfrak{z}_{K1}$ den Wert einsetzen

$$\mathfrak{z}_{K1} = z_{K1}(\cos\varphi_K + j\sin\varphi_K). \qquad (114)$$

In der Abb. 128 ist etwas ausführlicher gezeigt, wie die Berechnung eines Netzes mit Transformatoren durchgeführt werden kann. Es sei ein Generator mit der Spannung U_1 vorhanden, der über ein Leitungsnetz mit dem ohmschen Widerstand r_1 und der Induktivität X_1 und über einen Transformator ein weiteres Netz speist. An den Stellen I und II werden die Ströme I_{I} und I_{II} abgenommen. Zur Berechnung der Spannung U_{I} und U_{II} kann man z.B. alle Widerstände, Spannungen und Ströme der Sekundärseite auf die Primärseite überführen. Dabei müssen nach Gl. (108) die sekundären Widerstände mit $\ddot{u}^2$, die Spannungen nach Gl. (105) mit $\ddot{u}$ und die Ströme nach Gl. (106) mit $1/\ddot{u}$ multipliziert werden. Für den Transformator berechnet man R_{01} und X_{01} und kann dann das Ersatzbild der Abb. 128b aufzeichnen. Es ist jetzt möglich, in bekannter Weise $U_{\mathrm{I}}\,ü$ und $U_{\mathrm{II}}\,ü$, damit aber auch U_{I} und U_{II}, zu berechnen.

In der Abb. 128 können sowohl die Phasen- als auch die verketteten Spannungen eingetragen sein. Die Spannungsabfälle dürfen jedoch, da in ihnen die Phasenwiderstände bzw. Phasenreaktanzen enthalten sind, im Diagramm nur zu den Phasenspannungen addiert bzw. abgezogen

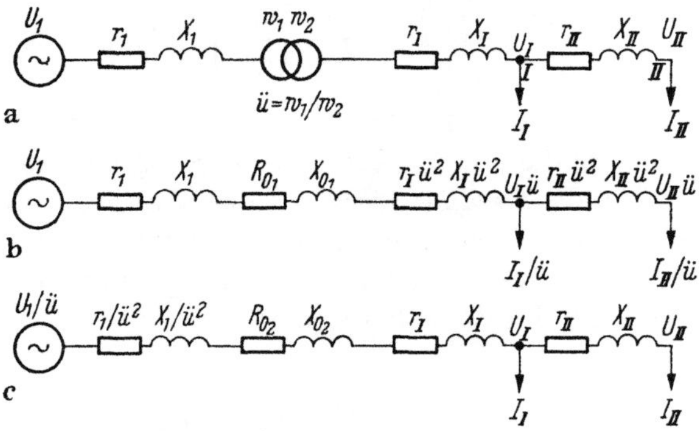

Abb. 128a–c. Überführung zweier durch einen Transformator gekuppelter Netze auf ein einfaches Schaltbild. a) Anordnung der beiden Netze; b) Ersatzbild bei Überführung der Sekundärseite auf die primäre; c) Ersatzbild bei Überführung der Primärseite auf die sekundäre

werden. Zur Vereinfachung denkt man sich oft diese Diagramme mit $\sqrt{3}$ multipliziert. Dann kann man die Phasenspannungen zahlenmäßig gleich den verketteten Spannungen einführen, muß jedoch alle Widerstände und Reaktanzen $\sqrt{3}$mal größer einsetzen.

Statt die sekundären Leitungsdaten auf die Primärseite zu überführen, kann man auch die primärseitigen Größen auf die Sekundärseite überführen entsprechend Abb. 128c. Die sekundärseitigen Widerstände, Spannungen und Ströme bleiben jetzt unverändert. Für den Transformator muß jetzt im Ersatzbild

$$R_{02} = z_{K2} \cos \varphi_K \tag{115}$$

und

$$X_{02} = z_{K2} \sin \varphi_K \tag{116}$$

eingesetzt werden, wobei, falls U_2 die verkettete Sekundärspannung ist,

$$z_{K2} = \frac{U_{K\,\%}\, U_2}{100 \cdot \sqrt{3}\, J_2}. \tag{117}$$

Die Generatorspannung U_1 muß mit $1/ü$, der Widerstand r_1 und die Reaktanz X_1 mit $1/ü^2$ multipliziert werden, um sie auf die Sekundärseite überführen zu können. Ob man die Überführung auf die Sekundärseite (nach Abb. 128c) oder auf die Primärseite (nach Abb. 128b) vornimmt, ist eine Frage der Zweckmäßigkeit. Im vorliegenden Falle macht es etwas weniger Rechenarbeit, wenn man alle Größen auf die Sekundärseite bezieht.

Da es möglich ist, einen Transformator durch eine Induktivität und durch einen ohmschen Widerstand zu ersetzen, kann man auch den im Transformator auftretenden Spannungsabfall ΔU berechnen. Zeichnet man das Transformatordiagramm als Prozentdiagramm auf, so erhält man nach Abb. 129 für den Spannungsabfall Δu in Prozenten.

$$\Delta u_{\%} = \Delta u_{K\,\%} (\cos\varphi \cos\varphi_K + \sin\varphi \sin\varphi_K) . \tag{118}$$

Man erkennt aus dieser Gleichung, daß der im Transformator auftretende Spannungsabfall um so größer ist, je höher die Kurzschlußspannung ist. Soll der Spannungsabfall kleine Werte haben, was z. B. bei Verteilungstransformatoren, welche auf Niederspannungsnetze arbeiten, erwünscht ist, so muß $u_{K\%}$ klein gehalten werden (etwa 4 bis 6%). Bei größeren Transformatoren, bei denen man die Spannungsabfälle im Transformator durch besondere Einrichtungen ausregeln kann (s. S. 147), wählt man die Kurzschlußspannung größer, etwa bis 10%, da dann bei Kurzschlüssen im Netz auftretenden Kurzschlußströme und ihre Auswirkung kleiner bleiben.

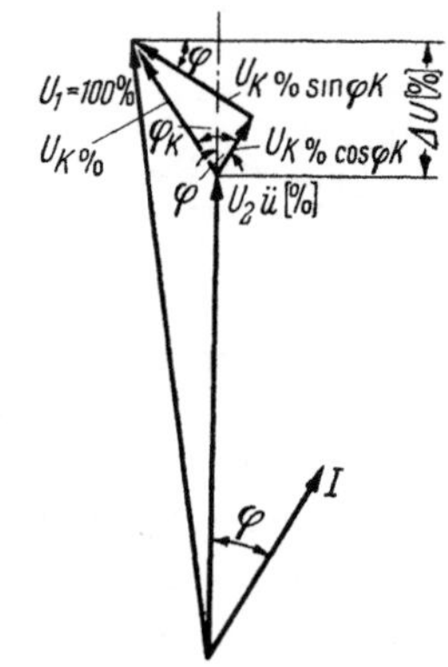

Abb. 129. Diagramm zur Ermittlung des Spannungsabfalls im Transformator

Bei den bisherigen Betrachtungen wurde der Magnetisierungsstrom im Transformator vernachlässigt. Bei den meisten Rechnungen, die für volle Strombelastung durchgeführt werden, spielt er tatsächlich nur eine untergeordnete Rolle.

Es soll jedoch, um auch schwachbelastete Leitungen berechnen zu können, gezeigt werden, wie er in der Rechnung eingesetzt werden kann. Das Ersatzdiagramm für den Transformator muß dann, wenn es einpolig aufgezeichnet wird, die in Abb. 130 aufgezeichnete Form haben. Den Magnetisierungsstrom I_0 kann man sich (s. Abb. 130) (von den höheren Harmonischen sei abgesehen) in einen Wirkstrom I_w, der durch die Hysteresis- und Wirbelstromverluste bedingt ist, und in einen reinen Magnetisierungsstrom I_μ, welcher der Spannung um 90° nacheilt, zerlegt denken. Der Strom I_w fließt im Ersatzbild für den Transformator durch einen parallel geschalteten Widerstand R_p, I_μ durch eine Induktivität X_p, und von hier über einen widerstandslos gedachten Nulleiter zurück.

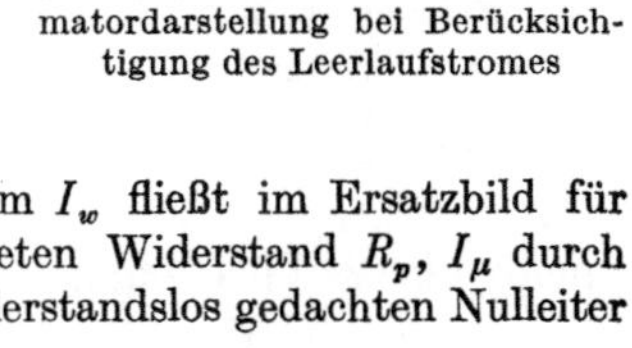

Abb. 130. Schematische Transformatordarstellung bei Berücksichtigung des Leerlaufstromes

Durch den Leerlaufversuch erhält man den Magnetisierungsstrom I_0 und die Leerlaufverluste P_0 des Transformators. Meist wird I_0 in Prozenten des Normalstromes, also als $I_0\%$, und P_0 in Prozenten der Nennleistung als $P_0\%$ angegeben.

Den Winkel φ_0, den I_{01} gegen die Spannung $U_{\lambda 01}$ bildet (s. Abb. 131), kann man berechnen zu:

$$\cos\varphi_0 = \frac{I_{w1}}{I_{01}} = \frac{I_{w1} U_1 \sqrt{3}}{I_1 U_1 \sqrt{3}\left(\frac{I_{01}}{I_1}\right)}$$

oder

$$\cos\varphi_0 = \frac{P_0\%}{I_0\%}. \tag{119}$$

(Diese Gleichung gilt auch für Einphasentransformatoren.) Im Falle des Drehstromes gilt für R_p und X_p

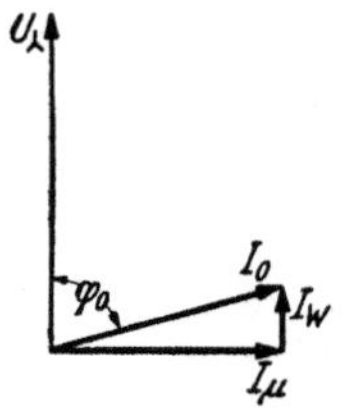

Abb. 131. Diagramm für Leerlaufstrom

$$R_p = \frac{U_1}{\sqrt{3}\, I_{w1}} = \frac{U_1}{\sqrt{3}\, I_{01} \cos\varphi_0}, \tag{120}$$

$$X_p = \frac{U_1}{\sqrt{3}\, I_{\mu 1}} = \frac{U_1}{\sqrt{3}\, I_{01} \sin\varphi_0} \tag{121}$$

oder meist annähernd

$$X_p = \frac{U_1}{\sqrt{3}\, I_{01}}. \tag{122}$$

Zur Berechnung der Ersatzgrößen eines Transformators wird $P_K\%$ und $P_0\%$ gebraucht. $P_K\%$ liegt bei kleineren Transformatoren etwa bei 2% und erreicht bei Großtransformatoren Werte bis herab zu etwa 0,5%. $P_0\%$ ist kleiner, die entsprechenden Werte sind etwa 1,0 bis 0,1%. Wegen dieser geringen Verluste kann man bei Großtransformatoren auf Wirkungsgrade kommen, die 99% übersteigen.

b) Dreiwicklungstransformator

Oft liegt das Bedürfnis vor, die Energie in Kraftwerken oder Umspannstationen mit mehreren Spannungen zu verteilen. Man kann in einem derartigen Fall aus Ersparnisgründen einen Transformator mit

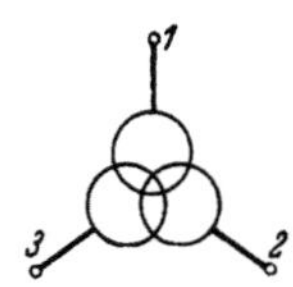

Abb. 132. Schematische Darstellung des Dreiwicklungstransformators

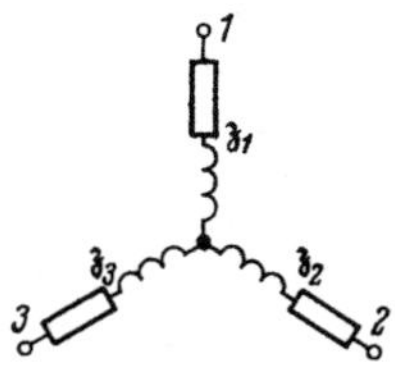

Abb. 133. Ersatzbild des Dreiwicklungstransformators

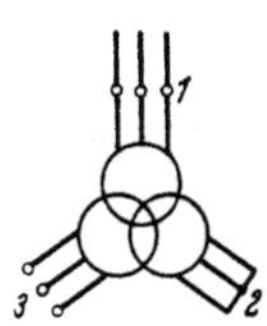

Abb. 134. Dreiwicklungstransformator mit kurzgeschlossener Wicklung 2

mehr als 2 Wicklungen verwenden. Hat die im Kraftwerk erzeugte Spannung 10 kV und soll die Energie etwa mit 60 und 100 kV verteilt werden, so bringt man auf dem Eisenkern Wicklungen für 10, 60 und 100 kV an. Abb. 132 zeigt schematisch einen solchen Dreiwicklungstransformator einpolig gezeichnet.

Es ist naheliegend, für einen Dreiwicklungstransformator ein Ersatzbild nach Abb. 133 zu zeichnen, welches aus den Impedanzen $\mathfrak{z}_1$, $\mathfrak{z}_2$ und $\mathfrak{z}_3$ besteht. Bei einem Dreiwicklungstransformator kann man drei Kurzschlußversuche durchführen. Man schließt z.B. (s. Abb. 134) die Transformatorwicklung *2* kurz und führt der Wicklung *1* eine Spannung zu, während die Wicklung *3* offen ist. Man kann dann auf Grund des Versuches eine Kurzschlußimpedanz $\mathfrak{z}_{12}$ in bekannter Weise ermitteln. Führt man dagegen der Wicklung *2* Spannung zu und schließt die Wicklung *3* kurz, dann ergibt sich eine Kurzschlußimpedanz $\mathfrak{z}_{23}$. In ähnlicher Weise kann auch eine Kurzschlußimpedanz $\mathfrak{z}_{31}$ bestimmt werden. (Alle Impedanzen werden auf eine Seite bzw. eine Verteilungsspannung bezogen!) Nach dem Ersatzdiagramm (Abb. 133) muß gelten:

$$\left.\begin{aligned} \mathfrak{z}_{12} &= \mathfrak{z}_1 + \mathfrak{z}_2\,, \\ \mathfrak{z}_{23} &= \mathfrak{z}_2 + \mathfrak{z}_3\,, \\ \mathfrak{z}_{31} &= \mathfrak{z}_3 + \mathfrak{z}_1\,. \end{aligned}\right\} \tag{123}$$

Aus diesen drei Gleichungen ergeben sich $\mathfrak{z}_1$, $\mathfrak{z}_2$ und $\mathfrak{z}_3$. Es ist:

$$\left.\begin{aligned} \mathfrak{z}_1 &= \frac{\mathfrak{z}_{12} + \mathfrak{z}_{31} - \mathfrak{z}_{23}}{2}\,, \\ \mathfrak{z}_2 &= \frac{\mathfrak{z}_{23} + \mathfrak{z}_{12} - \mathfrak{z}_{31}}{2}\,, \\ \mathfrak{z}_3 &= \frac{\mathfrak{z}_{31} + \mathfrak{z}_{23} - \mathfrak{z}_{12}}{2}\,. \end{aligned}\right\} \tag{124}$$

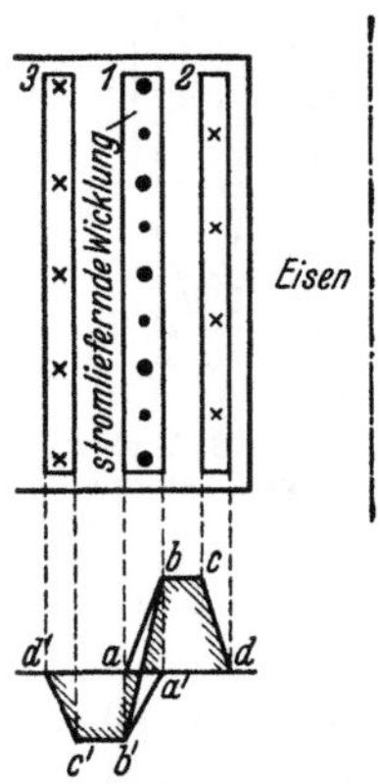

Abb. 135. Dreiwicklungstransformator (stromliefernde Wicklung befindet sich in der Mitte)

Damit sind die Impedanzen für das Ersatzbild des Dreiwicklungstransformators berechnet.

Bei einem Dreiwicklungstransformator ist anzustreben, falls *1* die stromliefernde und *2* und *3* die stromverteilenden Wicklungen sind, daß schwankende Strombelastungen in der Wicklung *3* möglichst keine Spannungsschwankungen in der Wicklung *2* bedingen. Dies wird erreicht, wenn die stromliefernde Wicklung zwischen den beiden stromabgebenden Wicklungen eingebaut ist. Abb. 135 zeigt die drei Wicklungen im Schnitt.

Es seien nur die Wicklungen *1* und *2* in Betrieb und die Ströme in der Wicklung *2* sollen in die Papierebene hinein (dünne Kreuze) und in der Wicklung *1* aus der Papierebene heraus (dünne Punkte) gerichtet sein. Das Streufeld zwischen der Wicklung *1* und *2*, welches, falls der ohmsche Widerstand der Wicklungen klein ist, den Spannungsabfall zwischen *1* und *2* verursacht, ist durch das Trapez *abcd* gegeben.

Ist jetzt die Wicklung *2* unbelastet, dagegen die Wicklungen *1* und *3* belastet (dicke Punkte in der Wicklung *1* und dicke Kreuze in der Wicklung *3*), so wird der Streufluß zwischen der Wicklung *1* und *3* durch den Linienzug $a' b' c' d'$ gegeben sein.

Sind jetzt die Wicklungen *2* und *3* gemeinsam in Betrieb, dann bildet sich das resultierende Streufeld $d' c' b' b c d$ aus. Aus der Abb. 135 ersieht man, daß sich das Streufeld zwischen den Wicklungen *1* und *2* und zwischen den Wicklungen *1* und *3* und damit auch der Spannungsabfall nur wenig geändert, und zwar etwas verkleinert hat. Die Anordnung der Wicklung ist sicher günstig. Wäre dagegen die stromliefernde Wicklung *1* (s. Abb. 136) außen angeordnet, dann würde sich, falls nur die Wicklungen *1* und *2* stromdurchflossen sind, das Streufeld $abcd$ ergeben. Arbeitete dagegen nur die Wicklung *1* und *3*, dann würde das Streufeld $a b' c' d'$ gelten. Wären sämtliche Wicklungen gleichzeitig im Betrieb, dann würde das resultierende Streufeld gleich $a e f g c' d'$ sein. Jetzt wäre der Streufluß zwischen der Wicklung *1* und *2* ganz erheblich vergrößert worden, d. h. daß Stromschwankungen in der Wicklung *3*, Spannungsschwankungen in der Wicklung *2* hervorriefen. Die Anordnung der Abb. 136 ist also möglichst zu vermeiden. Da Dreiwicklungstransformatoren meist Transformatoren großer Leistung sind, bei denen in erster Linie die induktiven Widerstände maßgebend sind, kann man im Ersatzbild auf die ohmschen Widerstände im allgemeinen verzichten. Man kann dann näherungsweise die Impedanzen gleich den Reaktanzen setzen. Es gilt dann:

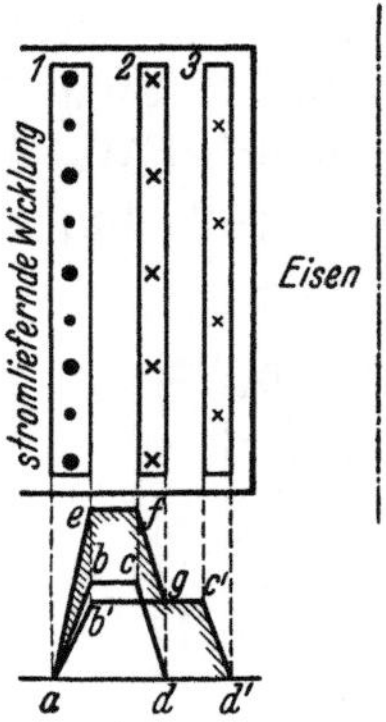

Abb. 136. Dreiwicklungstransformator (stromliefernde Wicklung befindet sich außen)

$$
\left.
\begin{aligned}
X_1 &= \frac{X_{12} + X_{31} - X_{23}}{2}, \\
X_2 &= \frac{X_{23} + X_{12} - X_{31}}{2}, \\
X_3 &= \frac{X_{31} + X_{23} - X_{12}}{2}.
\end{aligned}
\right\} \quad (125)
$$

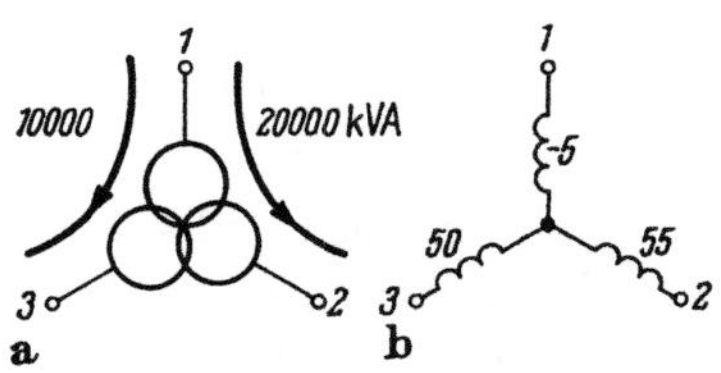

Abb. 137a u. b. Dreiwicklungstransformator für Rechenbeispiel

a) Leistungsverteilung; b) Ersatzschema

Beispiel: Es sei ein Dreiwicklungstransformator nach Abb. 137 gegeben, der bei Nennleistung in der Wicklung *1* 30000 kVA aufnimmt und diese durch die Wicklung *2* mit 20000 kVA und durch die Wicklung *3* mit 10000 kVA verteilt. Die Wicklung *1* hat 100 kV, die Wicklung *2* 60 kV und die Wicklung *3* 30 kV. Für die Kurzschlußspannung gelten folgende Werte:

$$U_{K_{12}} = 10\ \%\ \text{bei}\ 20000\ \text{kVA},$$

$$U_{K_{13}} = 4{,}5\%\ \text{bei}\ 10000\ \text{kVA},$$

$$U_{K_{23}} = 10{,}5\%\ \text{bei}\ 10000\ \text{kVA}.$$

Beziehen wir unsere Ersatzbilder auf 100 kV, dann ergeben sich folgende Nennströme:

$$I_{12} = \frac{20000}{\sqrt{3} \cdot 100} = 115\,\mathrm{A}\,,$$

$$I_{13} = \frac{10000}{\sqrt{3} \cdot 100} = 57{,}5\,\mathrm{A}\,,$$

$$I_{23} = \frac{10000}{\sqrt{3} \cdot 100} = 57{,}5\,\mathrm{A}\,.$$

Mit diesen Strömen und den bekannten Kurzschlußspannungen können die auf 100 kV bezogene Kurzschlußreaktanzen [nach Gl. (111)] wie folgt berechnet werden:

$$X_{12} = \sim z_{12} = \frac{0{,}1 \cdot 100000}{\sqrt{3} \cdot 115} = 50\,\Omega\,,$$

$$X_{13} = \sim z_{13} = \frac{0{,}045 \cdot 100000}{\sqrt{3} \cdot 57{,}5} = 45\,\Omega\,,$$

$$X_{23} = \sim z_{23} = \frac{0{,}105 \cdot 100000}{\sqrt{3} \cdot 57{,}5} = 105\,\Omega\,.$$

Unter Benutzung der Gl. (125) bekommen wir für die Reaktanzen unseres Ersatzschaltbildes (Abb. 137 b):

$$X_1 = \frac{50 + 45 - 105}{2} = -5\,\Omega\,,$$

$$X_2 = \frac{105 + 50 - 45}{2} = 55\,\Omega\,,$$

$$X_3 = \frac{45 + 105 - 50}{2} = 50\,\Omega\,.$$

Wenn der Aufbau eines Dreiwicklungstransformators nicht bekannt ist, sind die in Stern geschalteten Ersatzreaktanzen zunächst als reine Rechengrößen zu betrachten, die aus den gemessenen Kurzschlußreaktanzen zwischen je zwei Wicklungen gemäß Gl. (125) berechnet werden. Sie können auch negative Werte annehmen. Bei drei konzentrischen Zylinderwicklungen ist eine physikalische Deutung möglich. Die der inneren und äußeren Wicklung zugeordneten Reaktanzen sind etwa gleich der Kurzschlußreaktanz zwischen ihnen und der mittleren Wicklung. Hingegen fällt die Reaktanz der mittleren Wicklung immer klein und negativ aus. Bei Vernachlässigung der radialen Wicklungsausdehnungen würde sie Null werden.

c) Nullimpedanzen

Netzberechnungen werden vorteilhaft mit Hilfe der Methode der symmetrischen Komponenten (s. Abschn. XXI, S. 572) durchgeführt. In der einpoligen Darstellung gilt für das Mit- und Gegensystem beim Dreiwicklungstransformator die Ersatzschaltung nach Abb. 133; beim Zweiwicklungstransformator ist in gleichwertiger Darstellung zwischen den Polen *1* und *2* die Kurzschlußreaktanz bzw. -impedanz einzusetzen.

Für das Nullsystem treten an die Stelle dieser Reaktanzen die Nullimpedanzen des Transformators. In der Regel besitzt ein Netztransformator zwei in Stern geschaltete Hauptwicklungen und eine in Dreieck geschaltete Ausgleichswicklung. Ein Nullstrom, der von Erde über den Sternpunkt einer Spannungsseite zufließt, teilt sich gleichmäßig auf die als parallelgeschaltet gedachten Wicklungen dieses Systems auf, um über einen anderen Weg, etwa an einer Fehlerstelle, wieder nach Erde zurückzufließen. Innerhalb der Ausgleichwicklung bilden sich hierbei Gegenströme aus (s. Abb. 138a), die, da sie gleichphasig sind, Werte annehmen, als wäre jeder Strang für sich kurzgeschlossen. In der einpoligen Darstellung kommt daher dieses Verhalten der Dreieckwicklung einem Kurzschluß gleich. In der Ersatzschaltung (Abb. 138b) wird deshalb Pol *3* geerdet, was bedeutet, daß die Spannung an Wicklung *3* Null ist bzw. daß Wicklung *3* im Nullimpedanzschema als kurzgeschlossen zu betrachten ist.

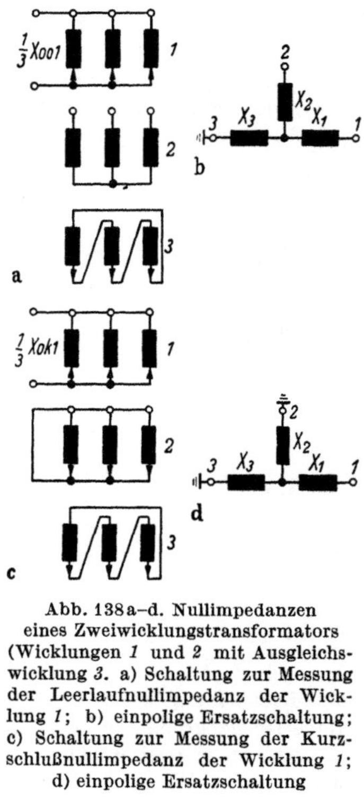

Abb. 138a–d. Nullimpedanzen eines Zweiwicklungstransformators (Wicklungen *1* und *2* mit Ausgleichswicklung *3*. a) Schaltung zur Messung der Leerlaufnullimpedanz der Wicklung *1*; b) einpolige Ersatzschaltung; c) Schaltung zur Messung der Kurzschlußnullimpedanz der Wicklung *1*; d) einpolige Ersatzschaltung

Man unterscheidet bei jeder Wicklung eine Leerlaufnullimpedanz, wie z.B. für Wicklung *1* in Abb. 138a dargestellt, und eine Kurzschlußnullimpedanz, bei der zusätzlich die Stränge der anderen Hauptwicklung kurzgeschlossen sind (Abb. 138c). Das AW-Gleichgewicht zu den Nullströmen in der Wicklung *1* wird jetzt durch Gegenströme in den Wicklungen *2* und *3* hergestellt. In praktischen Rechnungen treten normalerweise an Stelle der Kurzschlußverbindungen der zweiten Hauptwicklung andere Nullimpedanzen des dazugehörigen Netzes. Sind diese unendlich groß, d.h. kann sich kein Nullsystem auf der gleichen Seite ausbilden, was der Fall ist, wenn der Sternpunkt dieses Netzes frei ist, gehen die Kurzschlußnullimpedanzen in die Leerlaufnullimpedanzen über.

Die Leerlaufnullimpedanz z.B. der Wicklung *1* ist bei Drehstromtransformatoren mit Fünfschenkelkernen oder bei Verwendung von Einphasentransformatoren gleich der Kurzschlußimpedanz zwischen den Wicklungen *1* und *3*; bei Drehstromtransformatoren in Dreischenkelbauweise ist sie etwas kleiner. Die Kurzschlußnullimpedanz läßt sich aus der Ersatzschaltung Abb. 138d sofort berechnen. Für die Leerlaufnullimpedanz erhält man daher

$$X_{0\,01} = X_1 + X_3 = X_{13}, \tag{126}$$

für die Kurzschlußnullimpedanz der Wicklung *1*

$$X_{0\,k1} = X_1 + \frac{X_2 X_3}{X_2 + X_3}. \tag{127}$$

Bei Stern-Stern-geschalteten Transformatoren ohne Ausgleichwicklung können sich zu einem Nullstrom einer Seite in der Regel keine Gegen-Ampèrewindungen in der anderen Wicklung ausbilden, es sei denn, daß auch deren Sternpunkt geerdet ist und ein geschlossener Nullpfad auf dieser Seite sich ausbilden kann. Wenn dies nicht der Fall ist, verursachen die Nullströme gleichgerichtete Säulenflüsse, die sich nicht wie die um 120° phasenverschobenen Leerlaufflüsse zu Null ergänzen können und deshalb von Joch zu Joch über Luft und Kesselwandung zurückfließen müssen. Während bei einem Transformator mit Dreieckwicklung der Nullfluß seinen größten magnetischen Widerstand im Streukanal zwischen der betreffenden Wicklung und der Dreieckwicklung vorfindet, stehen jetzt die drei Säulenquerschnitte zur Verfügung. Die Nullimpedanz wird deshalb sehr groß; bezogen auf den Nennstrom erreicht sie einen relativen Wert von über 100%[1].

C. Spartransformatoren

a) Allgemeines

Bei großen Energieübertragungen werden heute mit Erfolg Spartransformatoren zur Kupplung von Höchstspannungsnetzen, wie z.B. 220 und 400 kV, eingesetzt. Ein Spartransformator verhält sich elektromagnetisch, genau wie ein Volltransformator. Seine Verwendung ist an bestimmte Voraussetzungen gebunden. Je nach Übersetzungsverhältnis ist die Einsparung an Material und Verlusten beträchtlich. Die Grenzleistung liegt höher als beim Volltransformator, wenn bestimmte Dimensionen, etwa mit Rücksicht auf das Bahnprofil, nicht überschritten werden dürfen oder wenn Gewichtsgrenzen eingehalten werden müssen. Eingeschränkt wird sein Einsatz durch die Bedingung der starren Erdung beider Netze. Würde diese nicht vorliegen, dann würden bei Erdberührung einer Phase der Oberspannungsseite an den beiden anderen Phasen der Unterspannungsseite unzulässige Spannungserhöhungen für dieses System auftreten. Durch die Verbindung beider Wicklungen miteinander besteht auch eine galvanische Verbindung beider Netze. Im Zusammen-

[1] Schlosser, K.: Die Nullimpedanzen des Voll- und des Spartransformators. BBC-Nachrichten 44 (1962), H. 2, S. 78/83.

hang mit der Übertragung von Hochspannungen, etwa in Form von Wanderwellen, von einer Seite auf die andere entstehen dadurch keine Nachteile, auch nicht im Hinblick auf eine Vergrößerung der Kurzschlußströme. Wohl ist die Reihenwicklung mit ihrer kleinen Windungszahl im Vergleich zum Volltransformator hinsichtlich Stoßspannungsfestigkeit schwieriger zu beherrschen, weil das Leitungssystem der Unterspannungsseite bei einem solchen Vorgang praktisch als Erde wirksam wird und die volle Höhe der ankommenden Wanderwelle auf eine relativ kurze Wicklung aufläuft. Diese Probleme sind aber gelöst und werden beherrscht genau so wie die Stoßfestigkeit einer Hochspannungswicklung eines Volltransformators.

Wie noch gezeigt wird, ist die relative Kurzschlußspannung zweier Wicklungen in Sparschaltung immer kleiner als die in der Schaltung als Volltransformator. Kleine Kurzschlußspannungen, vor allem bei kleinen Leistungen, sind aber eine Gefahr für den Spartransformator, der den dynamischen Kurzschlußkräften dann nicht mehr gewachsen ist. Bei großen und größten Leistungen jedoch werden im Zusammenhang mit dem Wachstumsgesetz auch die Kurzschlußspannungen größer, so daß man beim Leistungstransformator sogar nach Auswegen suchen muß, um sie nicht zu groß werden zu lassen. Bei großen Spartransformatoren können deshalb brauchbare Kurzschlußspannungen leicht erreicht werden. Die Kurzschlußspannung allein bzw. die ihr proportionale Kurzschlußreaktanz ist maßgebend für die Übertragung der Kurzschlußleistung von einer Netzseite auf die andere; die Verbindung beider Wicklungen ist bedeutungslos.

b) Bestimmung der Eigenleistung

Ein einfacher Zweiwicklungstransformator, bestehend aus zwei Wicklungen, habe die Leistung P.

$$P = U_{1n} I_{1n} = U_{2n} I_{2n} = P_E, \tag{128}$$

U_{1n} ist die Nennspannung auf der Aufnahmeseite,

U_{2n} ist die Nennspannung auf der Abgabeseite, d.h. die im Leerlauf auftretende Spannung.

Wenn diese Wicklungen zum Spartransformator zusammengeschaltet werden, bezeichnet man P_E als Eigenleistung des Spartransformators. Der gleiche Transformator ist aber nunmehr in der Lage, eine viel größere Leistung zu übertragen. Seine Durchgangsleistung (s. Abb. 139b) beträgt

$$P_D = U_{1n} I_{\mathrm{I}n} = U_{\mathrm{II}n} I_{2n}. \tag{129}$$

Aus beiden Gleichungen folgt

$$P_E = P_D \frac{U_{2n} I_{2n}}{U_{\mathrm{II}n} I_{2n}} = P_D \frac{U_{2n}}{U_{1n} + U_{2n}} = P_D \frac{r}{1 + r}, \tag{130}$$

wenn r das Verhältnis der Windungszahlen bedeutet.

$$r = \frac{w_2}{w_1} = \frac{U_{2n}}{U_{1n}}, \tag{131}$$

Man erkennt daraus, daß bei kleinen Werten von r, d.h. bei geringen Abweichungen des Transformator-Übersetzungsverhältnisses von 1, die Eigenleistung sehr klein wird. Wäre im Grenzfall die Zusatzspannung

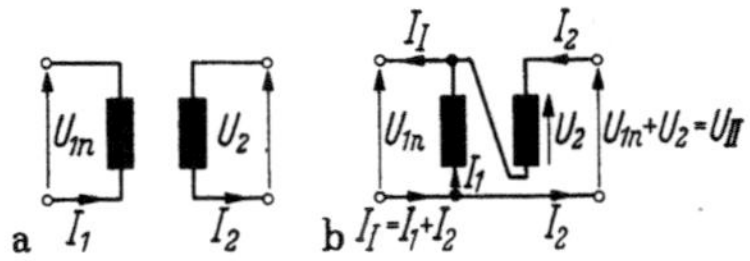

Abb. 139. Transformator mit zwei Wicklungen. a) als Volltransformator; b) als Spartransformator

U_{2n} Null, dann würde die gesamte Energie direkt übertragen werden, und die noch übriggebliebene Parallelwicklung würde lediglich erregt werden.

c) Kurzschlußspannung

Wenn ein Transformator belastet wird, erzeugt das zwischen den Wicklungen verlaufende Streufeld einen Spannungsunterschied gegenüber Leerlauf. Dieser Unterschied ΔU (s. Abb. 140) ist proportional dem Laststrom und hat, wenn die ohmschen Widerstände vernachlässigt werden, die Größe

$$\Delta U = X_k I_2 . \tag{132}$$

X_k ist die Kurzschlußreaktanz des Transformators, bezogen auf die Sekundärspannung U_{2n}; sie läßt sich aus der relativen Kurzschlußspannung in Prozenten, die hier mit u_{kE} (bezogen auf Eigenleistung) bezeichnet sei, berechnen:

$$X_k = \frac{u_{kE} U_{2n}}{100 I_{2n}} . \tag{133}$$

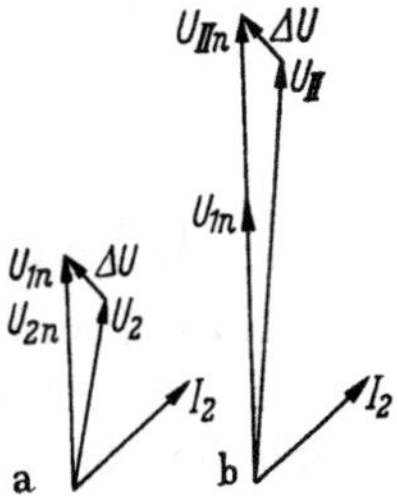

Abb. 140a u. b. Zeigerdiagramm des Volltransformators (a) und des Spartransformators (b)

Im Kurzschlußfalle steigt der Strom solange an, bis ΔU gleich U_{2n} wird, da die Lastspannung U_2 Null sein muß. Der Kurzschlußstrom des Volltransformators erreicht den Wert

$$I_{k,\,\mathrm{Voll}} = \frac{U_{2n}}{X_k} = I_{2n} \frac{100}{u_{kE}} . \tag{134}$$

Beim Spartransformator steigt dieser Wert auf

$$I_{k,\,\mathrm{Spar}} = \frac{U_{\mathrm{II}n}}{X_k} = I_{2n} \frac{100}{u_{kE}} \frac{U_{\mathrm{II}n}}{U_{2n}} . \tag{135}$$

Die Kurzschlußreaktanz X_k des Spartransformators, bezogen auf die Sekundärspannung U_{IIn}, hat den gleichen Wert wie jene des Volltransformators nach Gl. (133). Dies ist aus Abb. 141 leicht zu erkennen: Bei gleichem Nennstrom I_{2n} ist die anzulegende Kurzschlußspannung U_k in beiden Fällen gleich groß, da der Kurzschlußbügel am Spartransformator die Wicklung *1* überbrückt. Da die relative Kurzschlußspannung allgemein das Verhältnis dieser Kurzschlußspannung U_k zur jeweiligen Nennspannung ist, folgt für den Volltransformator

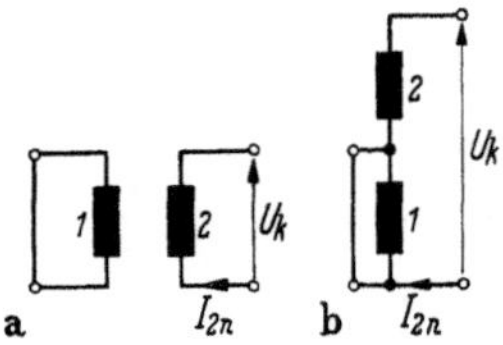

Abb. 141a u. b. Kurzschlußversuch am Voll- (a) und Spartransformator (b)

$$u_{kE} = \frac{U_k}{U_{2n}} 100 \tag{136}$$

und für den Spartransformator

$$u_{kD} = \frac{U_k}{U_{IIn}} 100. \tag{137}$$

u_{kD} bedeutet hier die Kurzschlußspannung des Spartransformators in Prozenten (bezogen auf Durchgangsleistung). An ein und demselben Transformator besteht daher zwischen den Schaltungen als Voll- und Spartransformator folgende Beziehung:

$$u_{kD} = u_{kE} \frac{U_{2n}}{U_{IIn}} = u_{kE} \frac{r}{1 + r}. \tag{138}$$

Analog zu Gl. (134) kann man für die Größe des Kurzschlußstromes beim Spartransformator (s. Gl. (135) schreiben

$$I_{k,\,\mathrm{Spar}} = I_{2n} \frac{100}{u_{kD}}. \tag{139}$$

d) Vergleich zwischen Voll- und Spartransformator

Beim Volltransformator gehört zu einem festen Modell eine bestimmte Leistung, die unabhängig von der Wahl der Spannung ist, wenn gleiche spezifische Nennbeanspruchungen in Kupfer und Eisen vorausgesetzt werden. Da auch die Wicklungsabmessungen und ihr gegenseitiger Abstand immer gleich bleiben soll, ändert sich auch die relative Kurzschlußspannung (in Prozenten) nicht. Man kann also die Spannungen beider Wicklungen beliebig wählen und diese zu einem Spartransformator zusammenschalten, ohne daß sich die Eigenleistung P_E und die Kurzschlußspannung u_{kE} ändern. Dagegen ändert sich abhängig vom Verhältnis r Gl. (131) dieser Spannungen die Durchgangsleistung P_D und die Kurzschlußspannung u_{kD} des Spartransformators (s. Abb. 142a). Je kleiner r, d.h. je kleiner die Zusatzspannung U_{2n}, gewählt wird, um so größer wird die Durchgangsleistung und um so kleiner die Kurzschlußspannung. Als untere Grenze für r, könnte man 0,25 festlegen[1]. Für das

[1] Um die Kurzschlußfestigkeit des Transformators nicht in Frage zu stellen.

Übersetzungsverhältnis 150/220 kV wird $r = 0{,}47$, für 230/330 kV = 0,43. Je größer r gewählt wird, um so mehr nähert sich der Spartransformator dem Volltransformator. Für Werte von r größer als drei bringt der Spartransformator keine einschneidenden Vorteile mehr mit sich.

In Abb. 142b sind in Abhängigkeit von der Maßzahl r die Eigenleistung und die auf die Eigenleistung bezogene Kurzschlußspannung aufgetragen, wenn eine bestimmte Durchgangsleistung und eine konstante Kurzschlußspannung u_{kD} (bezogen auf Durchgangsleistung) ge-

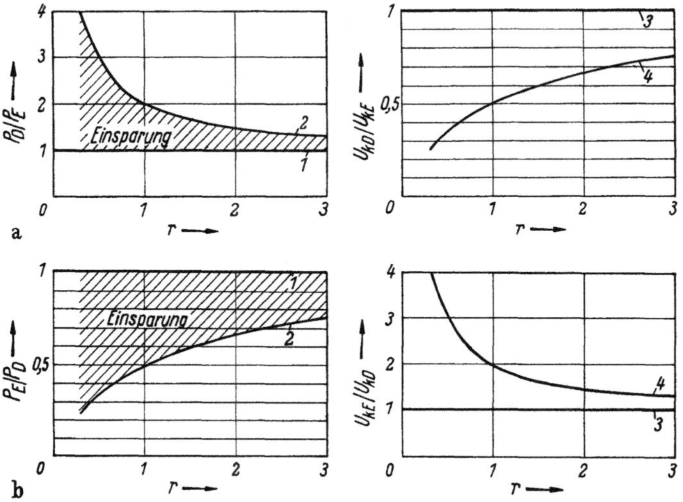

Abb. 142a u. b. Abhängigkeit der Leistung und Kurzschlußspannung eines Spartransformators vom Windungszahlverhältnis r. a) konstante Eigenleistung; b) konstante Durchgangsleistung

fordert werden. Je nach Wahl des Übersetzungsverhältnisses ändert sich die Größe des Transformators. Bei kleinem r wird die Kurzschlußspannung u_{kE} sehr groß, wenn von einem nicht zu klein gehaltenen Wert von u_{kD} ausgegangen wird. Auch hier ist zu erkennen, wieviel an Material und Verlusten eingespart werden kann, wenn man vom Wachstumsgesetz absieht.

In der Sparschaltung nimmt der gleiche Transformator im Kurzschlußfalle aus dem Netz einen größeren Strom auf als der Volltransformator; aber auch seine Wicklungsströme sind größer. Infolge des größeren Streufeldes und der größeren Wicklungsströme sind deshalb auch die Kurzschlußkräfte größer.

Wenn an einem Netzpunkt der Einsatz eines Spartransformators gegenüber einem Transformator mit getrennten Wicklungen abzuwägen ist, dann wird man von gleicher Durchgangsleistung und gleicher Kurzschlußspannung (U_{KD}) ausgehen. Der Spartransformator schneidet dann wesentlich günstiger ab als in obigem Vergleich, wo bei gleichem Modell der Unterschied nur in der Schaltung lag, während jetzt verschiedene Modellgrößen gegenüberstehen. Die aufgenommenen Kurzschlußströme sind jetzt in beiden Fällen gleich groß. Eine nähere Betrachtung zeigt, daß nunmehr der Streufluß im Kurzschlußfall und die Kurzschlußkräfte beim Spartransformator wohl etwas größer sind als beim Transformator

Abb. 143. Spartransformator 542 MVA, 330/230 bis 250 kV mit 66 MVA Dreieck-Ausgleichwicklung (BBC)

mit getrennten Wicklungen, aber ihr Unterschied ist wesentlich kleiner als bei obigem Vergleich.

Abb. 143 zeigt einen Spartransformator für eine Leistung von 542000 kVA für eine Übersetzung von 330/230 bis 250 kV mit 66000 kVA Dreieck-Ausgleichwicklung.

D. Kühlung der Transformatoren

Die im Transformator erzeugte Verlustwärme muß aus dem Ölkessel, in dem die Wicklung sitzt, abgeführt werden. Bei kleineren Leistungen genügt die Wärmeabfuhr unmittelbar aus der Oberfläche des Transformatorkessels, wobei man die Oberfläche durch Wellung und ähnliche Mittel vergrößern kann. Um die Wärmeabfuhr durch natürliche Lüftung noch zu verbessern, versieht man die Ölkessel mit Kühlrohren oder auch Radiatoren, welche seitlich am Transformator angeordnet sind und oben und unten mit dem Kessel in Verbindung stehen (s. Abb. 144 u. 145). In den Kühlrohren, die von der aufsteigenden Luft gekühlt werden, wird dem Öl Wärme entzogen. Das abgekühlte Öl ist spezifisch schwerer als das wärmere Öl im Innern des Kastens. Dadurch bewegt sich das Öl in den Kühlrohren von oben nach unten und es entsteht eine dauernde Ölumwälzung mit der eine gute Wärmeabgabe an die Umgebung verbunden ist. Man kann Transformatoren mit natürlicher Kühlung bis etwa 30000 kVA bauen. Wenn selbstgekühlte Transformatoren im Innern von Gebäuden, z. B. in Transformatorenkammern untergebracht sind, muß Kühlluft an einer tiefgelegenen Stelle des Raumes ein-, an einer hochgelegenen Stelle austreten können. Man braucht ungefähr je kW-Verlust sekundlich $^1/_{20}$ m³ Frischluft mit einer Eintrittstemperatur von höchstens 25 °C, andernfalls entsprechend mehr. Wenn der natürliche Luftzug nicht ausreicht, um die benötigte Luft zu fördern, müssen besondere Ventilatoren eingebaut werden. Transformatoren mit natürlicher Kühlung werden sehr viel in Freiluftanlagen angewandt.

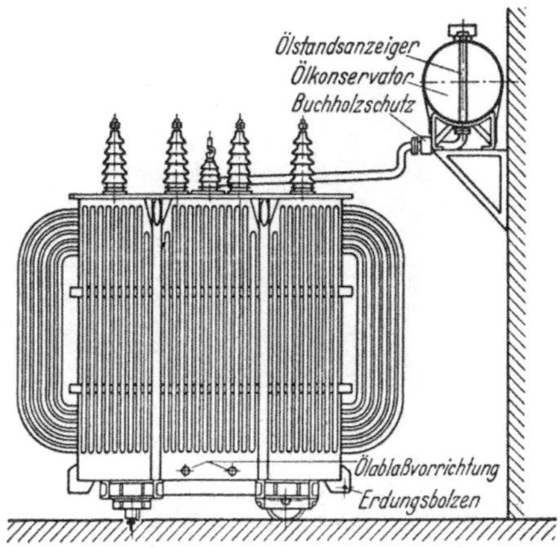

Abb. 144. Transformator mit Kühlrohren

Da die elektrischen Festigkeitseigenschaften des Transformatoröles (Durchschlagsfestigkeit von aufbereitetem Öl 125 kV/cm und mehr)

Abb. 145. Wandertransformator 30 MVA, 110 ± 16%/2 × 5,25 kV mit Stufenschaltwerk, Kühlungsart S/F (AEG)

leiden, wenn das Öl warm und großflächig mit der Luft in Berührung kommt, versieht man die Öltransformatoren mit einem Ölkonservator.

Dies ist ein Gefäß, welches über dem Transformator angeordnet und durch eine Rohrleitung mit diesem verbunden ist (Abb. 144). Man erreicht hierdurch, daß das im Transformator befindliche Öl kaum mit der Luft in Berührung kommen kann, andererseits bei Erwärmung sich auszudehnen

Abb. 146. Netz-Transformator 100 MVA 110/220 ± 11% kV/10 kV (BBC)

vermag. Das im Ölkonservator befindliche Öl, das nur kleinflächig mit der Luft in Berührung kommt, schützt gewissermaßen das im Transformator befindliche Öl.

Man kann die Kühlung eines Transformators verbessern, indem man außen am Kessel unterhalb der Radiatoren Ventilatoren anordnet

Abb. 147. Maschinentransformator 200 MVA 10,5/245 kV (BBC)

(Abb. 145), welche zusätzlich Luft auf die Kühlrohre bzw. Kühlrippen blasen. In der kalten Jahreszeit bzw. bei schwacher Belastung stehen diese Ventilatoren still, während sie in der warmen Jahreszeit und bei größerer Belastung laufen müssen. Mit dieser Ausführung lassen sich

Transformatoren bis etwa 100000 kVA bauen. Bei größeren Leistungen muß man die Verlustwärme in einem besonderen Kühler abführen, der häufig getrennt vom Transformator aufgestellt und mit diesem durch Rohrleitungen verbunden ist. Beim Wandertransformator ist die Kühleinrichtung in Form von Öl-Luftkühlern an den Schmalseiten des Transformators angeordnet (Abb. 146). Die erforderlichen Lüfter sind auf der Längsseite des Transformators der Abb. 146 zu erkennen. Kühlungsart *FU* (Luftkühlung mit zwangsweisem Ölumlauf). Durch Ölpumpen wird das warme Öl am oberen Teil des Kessels abgesaugt, durch den Kühler gepreßt und an einer tiefer gelegenen Stelle wieder hineingedrückt. Diese Art von Kühlung findet man vorwiegend in Freiluftanlagen in Umspannstationen. In Kraftwerken werden große Maschinen-Transformatoren gern mit Wasserkühlern ausgestattet, da Wasser in der Regel zur Verfügung steht. Abb. 147 (Kühlungsart WU, Wasserkühlung mit zwangsweisem Ölumlauf).

E. Transformatoren mit Stufenschalter (Regeltransformatoren)

In den Hochspannungsnetzen treten oft Spannungsabfälle von über 10% auf, die an geeigneter Stelle wieder ausgeregelt werden müssen. Hierzu hat man früher bei kleineren Leistungen Induktionsregler angewandt. Diese sind jedoch teuer, haben großen Magnetisierungsstrom, sind nicht kurzschlußfest und lassen sich für höhere Spannungen nicht bauen. Sie wurden daher durch regelbare Zusatztransformatoren verdrängt. Das Prinzip dieser Transformatoren zeigt die Abb. 148. Man verwendet einen Transformator in Sparschaltung, dessen primäre Phasen-

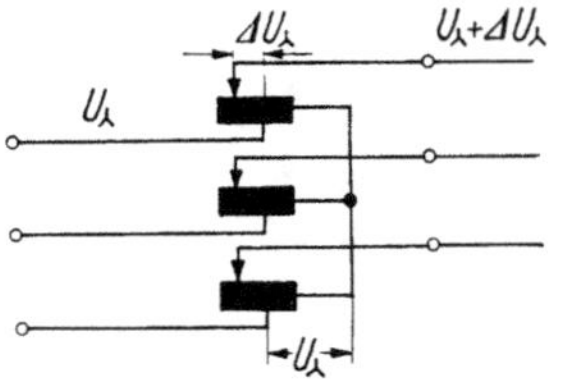

Abb. 148. Regeltransformator in Sparschaltung

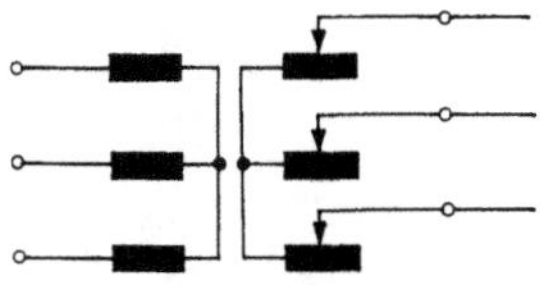

Abb. 149. Transformator mit Regelwicklung

spannung U_λ sei. Die Windungszahl für die Sekundärspannung ist nach oben und unten innerhalb gewisser Grenzen regelbar. Gemäß der Abb. 148 ist die geregelte, abgehende Phasenspannung $U_\lambda + \Delta U_\lambda$. Die primäre Eingangsspannung ist also um den Betrag ΔU_λ vergrößert worden.

Soweit angängig vermeidet man meist diese Zusatztransformatoren, indem man die Leistungstransformatoren selbst als Regeltransformatoren ausbildet (Abb. 149), d.h. man schafft die Möglichkeit, eine Wicklung in ihrer Windungszahl durch Windungsanzapfungen z.B. um ±16%, unter Umständen auch ±22% in Stufen verändern zu können. Letztere Anordnung ist billig und die durch die Regelung bedingten zusätzlichen Verluste sind klein. Man kann selbstverständlich nicht, wie nach der schematischen Darstellung vermutet werden könnte, bei größeren Leistungen die Wicklung feinstufig abtasten, sondern man kann nur eine Reihe von Anzapfungen vorsehen, die nacheinander eingeschaltet werden. Die Umschaltung von einer zur nächsten Stufe muß ohne Leistungsunterbrechung erfolgen. Auch darf kein Teil einer Transformatorenwicklung widerstandslos kurz geschlossen werden, da sonst große Kurzschlußströme entstehen könnten. Abb. 150 zeigt, wie eine solche Umschaltung möglich ist. Es bedeutet a die zu regelnde Wicklung mit den Anzapfungen b, welche mittels zweier Wählerkontakte c_1 und c_2 mit den zwei Stromschienen g_1 und g_2 verbunden werden können. In der gezeichneten Lage fließt der Strom über den Lastschalter d und den Kontakt c_1 zum Verbraucher. Soll

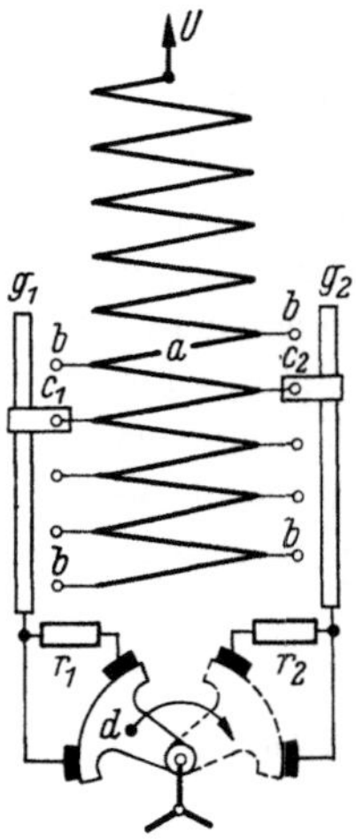

Abb. 150. Schema eines Stufenschalters

Abb. 151. Regeltransformator 40000 kVA, 110 kV Oberspannung

auf eine höhere Stufe geschaltet werden, so wird der Lastschalter d nach rechts in die punktierte Stellung bewegt. Dadurch wird in den Stromkreis zunächst der Widerstand r_1 und dann auch der Widerstand r_2 geschaltet. In diesem Augenblick ist die Transformatorenwicklung, welche zwischen den Wählerkontakten c_1 und c_2 liegt, über die Widerstände r_1 und r_2 kurzgeschlossen. Der Kurzschlußstrom läßt sich jedoch durch Wahl der Widerstände r_1 und r_2 in gewünschten Grenzen halten. Bei

Abb. 152. Sternpunktstufenschalter für ± 13 Stufen, Reihe 110, 800 A (Maschinenfabrik Reinhausen)

weiterer Bewegung des Lastschalters d wird der von c_1 kommende, über r_1 fließende Stromteil abgeschaltet und dann der Widerstand r_2 kurzgeschlossen, so daß die Stromlieferung jetzt von dem Wählerkontakt c_2 erfolgt. Soll auf eine noch höhere Stufe geschaltet werden, so wird der Kontakt c_1, der jetzt stromlos ist, eine Stufe weiter geschaltet und dann der Lastschalter d wieder nach links bewegt. Der Vorteil dieser Schaltart (Dr. JANSEN) besteht darin, daß das Umschalten vermittels eines Kraftspeichers rasch (etwa 2 bis 3 Per.) erfolgen kann und dadurch die vorübergehende Spannungsabsenkung, die eintritt, wenn die Widerstände r_1 oder r_2 vorgeschaltet sind, sich kaum bemerkbar macht. Ferner können bei raschem Umschalten die Widerstände r_1 und r_2 klein gehalten werden, weil dann in ihnen die Verlustwärme klein ist. Da die Wählerkontakte c_1 und c_2 sich von den Anzapfungskontakten b funkenfrei abheben, können sie direkt im Transformatoröl liegen, während der Lastschalter d, da er Leistung abzuschalten hat, in einem gesonderten Ölraum innerhalb oder außerhalb des Transformatorkastens angeordnet sein muß. Konstruktiv hat der Lastschalter bei größeren Leistungen im Gegensatz zu Abb. 150 Wälzkontakte.

Abb. 152 zeigt einen Sternpunktstufenschalter für ± 13 Stufen, Reihe 110, 800 A. Links im Bild ist der Antrieb zu erkennen, mit dessen Hilfe über den Schalterkopf oben die Kontakte bewegt werden. Zwischen dem Schalterkopf und dem in 6 Kontaktebenen angeordneten Wähler ist das zylindrische Ölgefäß zu erkennen, in dem der Umschaltvorgang der drei Phasen durchgeführt wird. Das Öl dieses Lastumschalters ist von dem des Transformators getrennt.

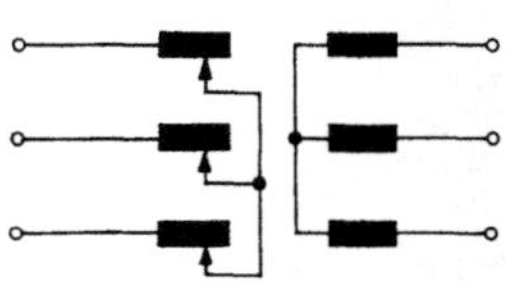

Abb. 153. Transformator mit Regelung am Nullpunkt

Die Innenansicht eines modernen Regeltrafos von 40000 kVA Leistung mit 110 kV Oberspannung zeigt Abb. 151. Die Reglerteile sind mit den gleichen Buchstaben wie bei Abb. 150 bezeichnet.

Regelt man auf der Eingangsseite der Wicklung gemäß Abb. 149, so braucht man für die drei Phasen drei Satz Wähler- und Lastschalter, die mit voller Spannung gegeneinander isoliert sein müssen. Die zu dem Lastschalter führenden Leitungen einer Phase, die gegeneinander nur kleine Spannungen führen, gehen durch denselben Isolator und können auf der Armatur leicht gegeneinander isoliert werden.

Günstigere Verhältnisse liegen vor, wenn man die Regelung im Nullpunkt des Transformators vornimmt (Abb. 153), was bei der Sternschaltung möglich ist. Hier haben die Wähler- und auch die Lastschalter der drei Phasen gegeneinander nur geringe Spannungen, so daß man sie, gegeneinander leicht isoliert, auf einem einzigen Isolator unterbringen kann, der im Erdschlußfall die Phasenspannung aushalten muß.

Bei anderen Ausführungen (s. Abb. 151) sind Lastschalterwiderstände in einem besonderen Isolierzylinder mit getrennter Ölfüllung koaxial über den Wählern unter Deckel des Transformators eingebaut. Für die Leitungsausführungen genügen bei Verwendung dieser Schalter normale Transformatorendurchführungen.

Der Antrieb der Wähler und Lastschalter erfolgt durch einen Motorantrieb mit dazwischengeschalteter Übertragungskinematik. Es ist dafür zu sorgen, daß der Schaltmechanismus z.B. durch einen Kraftspeicher, wie vorerwähnt, nicht in einer Zwischenstellung stehenbleibt.

F. Parallelschaltung und Erwärmung von Transformatoren

In den Schaltanlagen der Kraftwerke und Umspannstationen findet man vielfach parallel geschaltete Transformatoren. Diese Anordnung hat den Vorteil, daß bei kleiner Last ein Teil der Transformatoren abge-

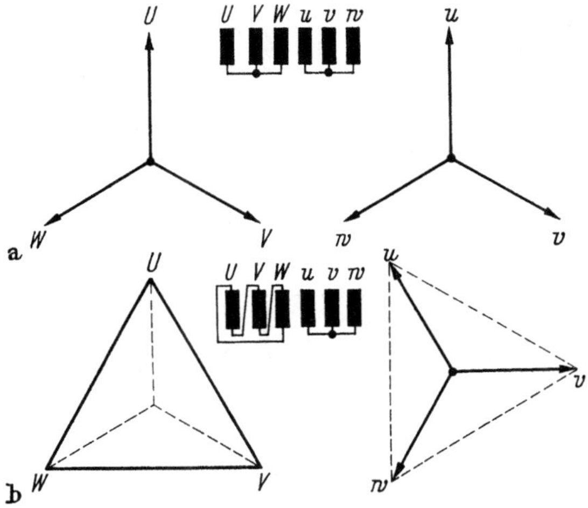

Abb. 154a u. b. Parallelarbeit der Transformatoren
a) Stern-Stern-Schaltung; b) Dreieck-Stern-Schaltung

schaltet und bei Ausfall einer Einheit der Betrieb von den verbleibenden Transformatoren weitergeführt werden kann. Auch ist bei der Unterteilung der Transformatorleistung in mehrere Einheiten eine Reservehaltung billiger. Im folgenden seien die Bedingungen untersucht, unter denen ein einwandfreier Parallellauf mehrerer Transformatoren möglich ist. Zunächst müssen bei gleicher Primärspannung die Transformatoren gleiche Sekundärspannung aufweisen, d.h. also, daß die Übersetzungsverhältnisse parallel geschalteter Transformatoren gleich sein müssen. Diese Bedingung allein genügt jedoch noch nicht. Haben wir z.B. zwei Transformatoren (s. Abb. 154), die Stern-Stern bzw. Dreieck-Stern geschaltet sind, dann sind bei gleichen Primärspannungen, wie aus den Diagrammen (Abb. 154a u. b) hervorgeht, die Spannungen auf der Sekundärseite der Größe nach, jedoch nicht der Phasenlage nach, gleich. Die beiden sekundären Sterne sind gegeneinander um 30° verdreht, so

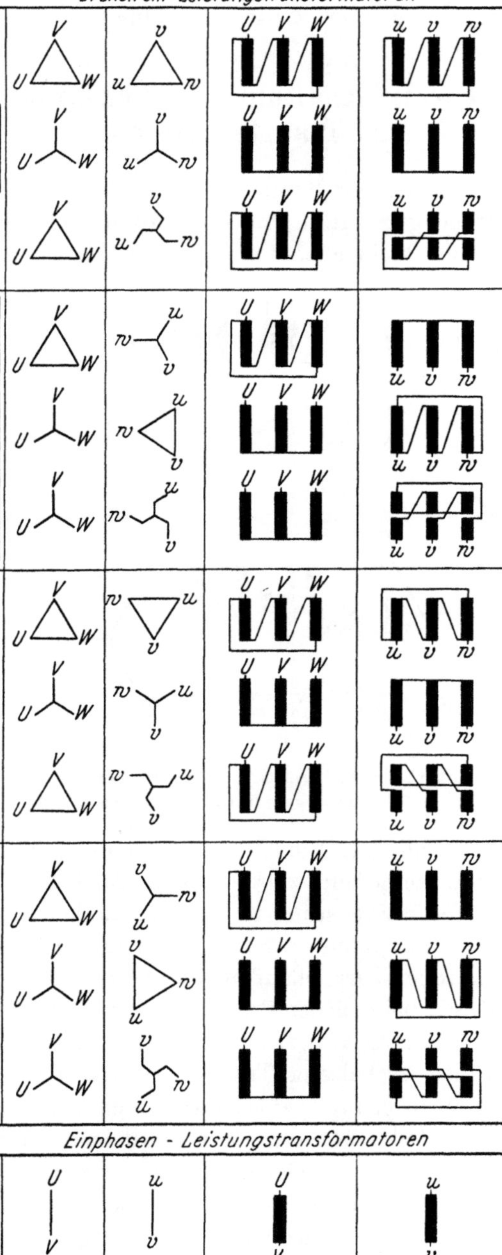

1	2	3		4		5	6
Bezeichnung		Zeigerbild		Schaltungsbild*		Übersetzung**	Bisherige Bezeichnung
Kennzahl	Schaltgruppe	OS	US	OS	US	$U_{L1}:U_{L2}$	
Drehstrom-Leistungstransformatoren							
0	Dd 0					$\frac{w_1}{w_2}$	A 1
	Yy 0					$\frac{w_1}{w_2}$	A 2
	Dz 0					$\frac{2w_1}{3w_2}$	A 3
5	Dy 5					$\frac{w_1}{\sqrt{3}w_2}$	C 1
	Yd 5					$\frac{\sqrt{3}w_1}{w_2}$	C 2
	Yz 5					$\frac{2w_1}{\sqrt{3}w_2}$	C 3
6	Dd 6					$\frac{w_1}{w_2}$	B 1
	Yy 6					$\frac{w_1}{w_2}$	B 2
	Dz 6					$\frac{2w_1}{3w_2}$	B 3
11	Dy 11					$\frac{w_1}{\sqrt{3}w_2}$	D 1
	Yd 11					$\frac{\sqrt{3}w_1}{w_2}$	D 2
	Yz 11					$\frac{2w_1}{\sqrt{3}w_2}$	D 3
Einphasen-Leistungstransformatoren							
0	Ii 0					$\frac{w_1}{w_2}$	E

* Als Bezugsseite für die Schaltungsbilder gilt die Oberspannungsseite. Bei den Wicklungen ist gleicher Wickelsinn vorausgesetzt

** w_1 und w_2 sind Strang-Windungszahlen und U_{L_1} und U_{L_2} sind Leiterspannungen

Abb. 155. Parallelschaltmöglichkeiten der verschiedenen Schaltgruppen (nach VDE 0532/7.55)

daß also eine Parallelschaltung unmöglich ist. Man muß daher auch die Schaltung der miteinander parallel zu schaltenden Transformatoren untersuchen. In den VDE-Vorschriften sind in einer Zusammenstellung (Abb. 155) Transformatoren verschiedener Schaltung in Gruppen eingeteilt, die, gleiche Übersetzungsverhältnisse vorausgesetzt, parallel geschaltet werden dürfen. Transformatoren verschiedener Gruppen dürfen nicht miteinander parallel geschaltet werden. Sehr viel zur Anwendung kommt die Gruppe C. Es sei erwähnt, daß Transformatoren der Schaltgruppe C und D parallel geschaltet werden können, wenn die Verbindung ihrer Klemmen nach obigem Schema erfolgt.

Sammelschienen	RST	r s t
Anschluß der	Ober-spannung	Unter-spannung
Schaltgruppe $C_1 C_2 C_3$	UVW	uvw
	UWV	wvu
$D_1 D_2 D_3$ oder	WVU	vuw
oder	VUW	uwv

Auf S. 128 wurde gezeigt, daß in einem Ersatzschema ein Transformator durch eine Induktivität und einen Widerstand ersetzt werden kann. Sehen wir zunächst der Einfachheit halber vom ohmschen Widerstand ab, dann gilt für zwei parallel geschaltete Transformatoren (Abb. 156a) das Ersatzbild der Abb. 156b. Die beiden Transformatoren werden sich an der Lastverteilung im umgekehrten Verhältnis ihrer Reaktanzen beteiligen. Hat der eine Transformator eine sehr große, der andere eine kleine Reaktanz, so wird durch ersteren praktisch kein Strom, durch den zweiten Transformator dagegen der gesamte Strom fließen, d. h. also, daß dieser Transformator überlastet wird. Anzustreben ist eine Stromverteilung entsprechend der Nennleistung der Transformatoren. Dies ist jedoch nur dann der Fall, wenn die beiden Reaktanzen umgekehrt proportional der zugehörigen Transformatorleistung sind oder, was gleich bedeutend ist, daß die Kurzschlußspannungen, in Prozenten ausgedrückt, gleich sind. Dabei ist, ohne daß die richtige Stromverteilung nennenswert gestört wird, eine Abweichung der Kurzschlußspannungen von 10% zulässig.

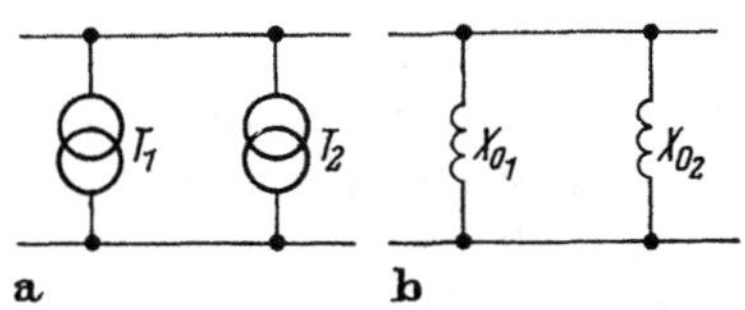

Abb. 156a u. b. Parallelschaltung der Transformatoren. a) schematische Darstellung; b) Ersatzschaltung

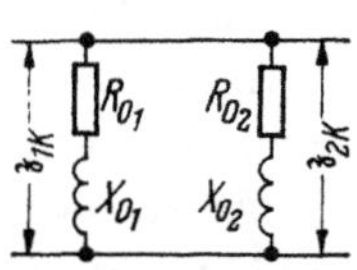

Abb. 157. Ersatzschaltung zweier parallel arbeitender Transformatoren unter Berücksichtigung der ohmschen Widerstände

Streng genommen ist das Ersatzbild unserer Transformatoren unter Berücksichtigung der ohmschen Widerstände das der Abb. 157. Unsere Forderung müßte also heißen, daß die Impedanzen sich in ihrer Größe umgekehrt verhalten wie die zugehörigen Leistungen. Dies ist ebenfalls gleichbedeutend mit einer Übereinstimmung der Kurzschlußspannungen. Außerdem sollte der Impedanzwinkel bei beiden Transformatoren gleich sein. Hat man jedoch Transformatoren, die in ihrer Leistung nicht gar zu sehr abweichen, dann sind auch die Impedanzwinkel nicht allzu verschieden und es genügt im allgemeinen die Forderung, daß die Kurzschlußspannungen gleich sind. Man soll jedoch möglichst anstreben, daß die Leistungen parallel zu schaltender Transformatoren nicht mehr als 3:1 abweichen, da sonst kleine Unterschiede in der Kurzschlußspannung den schwächeren Transformator schon beachtlich überlasten können.

Was die Größe der auszuwählenden Transformatoren anbetrifft, so liegen die Verhältnisse bei Kraftwerkstransformatoren einfach. Ist hier z.B. ein Generator und ein Transformator zu einer Einheit zusammengekuppelt, so muß die Nennleistung des nach den VDE-Vorschriften bemessenen Transformators mindestens gleich der des zugehörigen Generators sein. Es ist zu beachten, daß die Nennleistung eines nach den VDE-Vorschriften ausgelegten Transformators gleich seiner Leistungsaufnahme ist.

Schwieriger liegen die Verhältnisse bei Netztransformatoren. Ist der Belastungsverlauf gegeben, so kann nach den Methoden in Kap. XX ermittelt werden, ob eine zunächst geschätzte Transformatorleistung in bezug auf Erwärmung ausreichend ist. Man sollte jedoch auf keinen Fall die Transformatoren zu knapp wählen, da oft im Laufe der Zeit die Netzbelastung größer wird, ohne daß zunächst ein neuer Transformator aufgestellt werden kann. Die Auswahl der richtigen Transformatorleistung ist hier sehr stark eine Sache des richtigen Gefühls.

Ein Transformator arbeitet bei Nennleistung mit günstigem Wirkungsgrad, wenn der Transformator so ausgelegt ist, daß die Kupferverluste und Eisenverluste gleich sind. Transformatoren in Stadtnetzen, mit vorwiegender Lichtlast laufen jedoch längere Zeit am Tage praktisch leer und werden nur kurzzeitig voll belastet. Mit Rücksicht auf den Gesamtjahreswirkungsgrad ist es günstig, wenn diese (Licht-)Transformatoren so ausgeführt werden, daß die Eisenverluste klein bleiben. Dies bedingt aber, da die Transformatoren nicht verteuert werden dürfen, ein Anwachsen der Kupferverluste, was jedoch auf den Jahreswirkungsgrad wenig ausmacht, da die Transformatoren, wie vorausgesetzt, nur kurzzeitig mit Vollast arbeiten.

G. Quertransformatoren

Bei den normalen Regel- bzw. Zusatztransformatoren wird die Phasen- bzw. verkettete Spannung vergrößert oder verkleinert. Die Phasenlage sowohl der Phasen-, als auch der verketteten Spannung ändert sich bei der Regelung nicht. Es handelt sich also nur um eine Vergrößerung bzw. Verkleinerung des Spannungssterns.

In Ringnetzen (s. S. 519), welche von Kraftwerken gespeist werden und die Strom an Verbraucher liefern, tritt gelegentlich der Fall ein, daß die Stromverteilung innerhalb des Leitungsringes, die sich entsprechend den vorhandenen ohmschen und induktiven Widerständen einstellt, nicht den Forderungen des Betriebes entspricht. Um die Stromverteilung zu beeinflussen, muß in den Ring eine elektromotorische Kraft eingeschaltet werden, die einen im Ring fließenden Zusatzstrom erzeugt, der sich den ursprünglichen Strömen überlagert und die gewünschte Stromverteilung herstellt.

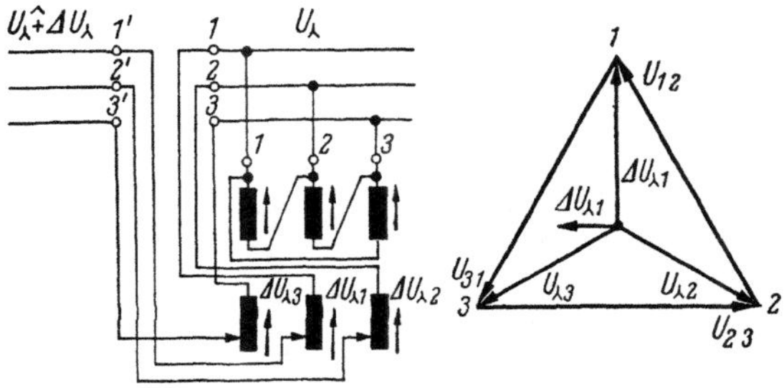

Abb. 158. Quertransformator mit Querkomponente senkrecht zur Phasenspannung

Nehmen wir an, die durch den Ring, den Abnehmern zufließenden Ströme seien vorwiegend Wirkströme, dann muß, wenn der Zusatzstrom die gleiche Phasenlage haben soll, die Zusatzspannung annähernd 90° voreilen, sofern der induktive Widerstand gegenüber dem ohmschen Widerstand der Leitung vorherrscht. Es fragt sich, in welcher Weise eine der Phasenspannung um annähernd 90° voreilende Zusatzspannung erzeugt werden kann. Abb. 158 zeigt im Prinzip die Schaltung. Die Primärwicklung des Zusatztransformators ist im Dreieck geschaltet. Die Spannung U_{23} besitzt gegenüber der Phasenspannung $U_{\curlywedge 1}$ eine Nacheilung von 90°. Bringt man auf dem Schenkel *2* des Transformators eine Sekundärwicklung auf und schließt diese so an, daß die in ihr induzierte EMK umgekehrt gerichtet ist wie die Spannung U_{23}, so hat diese neue Spannung eine Phasenvoreilung von 90° gegenüber der Spannung U_{Y1}. Entsprechende Überlegungen gelten für die anderen Phasen. (Die in der Abbildung eingetragenen Pfeile geben die positive Richtung der EMK an.) Abb. 158 zeigt, wie die Schaltung für die drei Phasen durchgeführt werden muß. Man wird an der Sekundärwicklung Anzapfungen vorsehen, damit man je nach den betrieblichen Anforderungen die Zusatzspannung regeln kann. Durch eine nicht eingezeichnete Wicklungsumschaltung kann der Zusatzspannung auch entgegengesetzte Phasenlage gegeben werden. Ein solcher Transformator heißt Quertransformator im Gegensatz zu den normalen Regeltransformatoren, die oft Längstransformatoren genannt werden.

In der Mehrzahl der Fälle wird es mit Rücksicht auf die ohmschen Leitungswiderstände nicht notwendig sein, daß die Zusatzspannung um 90° der Phasenspannung vorgeschwenkt wird, sondern es genügt eine Voreilung von etwa 60°. In einem solchen Falle wird man die Primärwicklung im Stern schalten und muß die Zusatzwicklung für die Phase *1* auf dem Schenkel *2* im umgekehrten Schaltsinne anordnen, um die gewünschte Phasenvoreilung zu erhalten (s. Abb. 159).

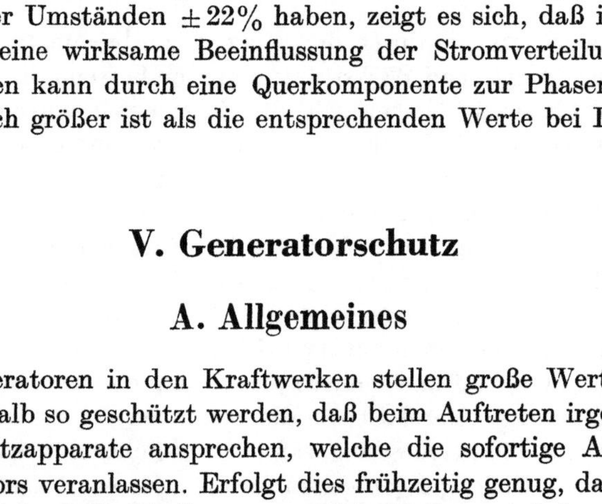

Abb. 159. Quertransformator mit Querkomponente 60° zur Phasenspannung

Während normale Regeltransformatoren einen Regelbereich von $\pm 16\%$, unter Umständen $\pm 22\%$ haben, zeigt es sich, daß in größeren Ringnetzen eine wirksame Beeinflussung der Stromverteilung oft nur erzielt werden kann durch eine Querkomponente zur Phasenspannung, die wesentlich größer ist als die entsprechenden Werte bei Längstransformatoren.

V. Generatorschutz

A. Allgemeines

Die Generatoren in den Kraftwerken stellen große Werte dar und müssen deshalb so geschützt werden, daß beim Auftreten irgendwelcher Fehler Schutzapparate ansprechen, welche die sofortige Abschaltung des Generators veranlassen. Erfolgt dies frühzeitig genug, dann wird in der Mehrzahl der Fälle die Zerstörung klein bleiben, so daß mit mäßigen Kosten gerechnet und in kürzester Zeit der Generator wieder in Betrieb genommen werden kann.

Nach ihrem Zwecke unterscheidet man Schutzeinrichtungen mit vorbeugenden Maßnahmen, die eine drohende Gefährdung der Generatoren vorsorglich signalisieren und andere Schutzeinrichtungen, die bei entstandenem Fehler frühzeitig eingreifen, indem sie den Generator vom Netz abschalten und ihn erforderlichenfalls rasch entregen, um die Zerstörung an der defekten Stelle möglichst klein zu halten.

Die Generatoren können durch folgende Isolationsfehler gefährdet werden:

a) in der Statorwicklung:

1. Wicklungsschluß, d.h. Schluß zwischen zwei verschiedenen Phasen (Abb. 160a).

2. Windungsschluß, d.h. Schluß zwischen Windungen, die derselben Phase angehören (Abb. 160b).

3. Erdschluß, d.h. Schluß einer Wicklung mit dem Statoreisen (Abb. 160c).

4. Doppel-Erdschluß. Dieser gefährliche Störungsfall liegt vor, wenn zu einem Erdschluß im Generator gleichzeitig noch ein Erdschluß einer anderen Phase hinzukommt (Abb. 160d). Hierbei fließen kurzschlußartige Erdschlußströme über die Erdschlußstelle im Generator, wodurch das aktive Eisen besonders in Mitleidenschaft gezogen wird.

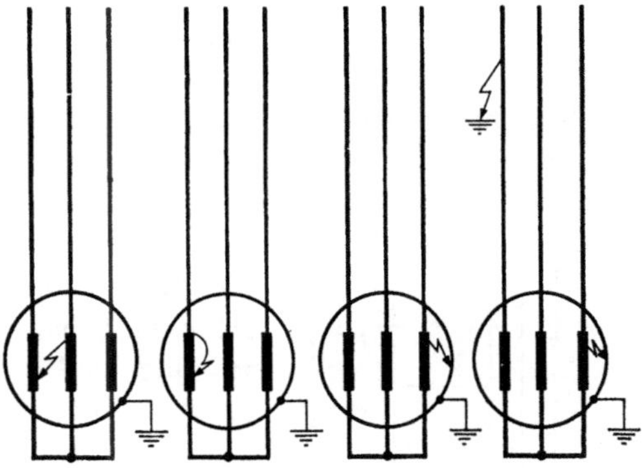

Abb. 160a–d. Fehlermöglichkeiten in der Statorwicklung von Drehstrom-Generatoren
a) Wicklungsschluß; b) Windungsschluß; c) Erdschluß; d) Doppel-Erdschluß

Die Statorisolation kann auch durch Kurzschlußströme in der Verteilungsanlage oder länger andauernde Überströme gefährdet werden.

b) in der Rotorwicklung:

5. einpoliger Erdschluß. Ein Schluß zwischen Wicklung und Eisen beeinträchtigt die Betriebsfähigkeit eines Generators nicht, weshalb dieser Fehler im allgemeinen nur signalisiert wird.

6. Windungsschluß. Metallische Berührung zwischen zwei benachbarten Windungen der Rotorwicklung ist selten, weshalb man auf eine Schutzeinrichtung zu seiner Erfassung in der Regel verzichtet. Nur bei Ljungström-Generatoren wird ein Generator-Windungsschluß-Schutz gelegentlich eingebaut, weil er mit einfachen Mitteln erreicht werden kann.

7. Unzulässige Erwärmung infolge der Rückwirkung unsymmetrischer Ströme im Stator auf den Rotor.

Es ist nicht möglich, die verschiedenen Fehlermöglichkeiten durch eine einzige Schutzeinrichtung mit ausreichender Empfindlichkeit zu erfassen, da die Merkmale der Störungen zu verschieden sind. Es wurden daher Schutzeinrichtungen gegen die oben erwähnten Störungen entwickelt.

In Verbindung mit dem Generatorschutz wird gewöhnlich auch ein Rückleistungsrelais bei Dampfturbinenantrieb vorgesehen, das auf Generatorrückleistung anspricht, die bei dampfseitigen Störungen auf der Antriebsseite entstehen und die Turbine thermisch gefährden kann, weil der Generator als Motor wirkend die Turbine ohne Dampfdurchsatz auf Drehzahl hält. Das Rückleistungsrelais schaltet in diesem Störungsfall den Generator vom speisenden Netz ab, worauf der Turbosatz ausläuft. Das Rückleistungsrelais stellt somit einen Schutz für die Turbine dar. Die Schaltung wird oft in der Weise ergänzt, daß ein Durchgehen der Turbine bei Betätigung des Schnellschlusses vermieden wird, solange die Dampfzufuhr noch nicht vollständig aufgehört hat.

B. Auslöser und Relais

Spricht bei einem Generator der Überstromschutz oder ein Schutz gegen innere Fehler an, so muß der Generator zunächst durch einen Schalter vom Sammelschienensystem abgetrennt werden. Das Auslösen des Schalters bewirken Auslöser bzw. Relais, die im folgenden für den Fall eines Überstromschutzes behandelt werden sollen. Die Übertragung der Überlegungen auf andere Schutzarten ergibt sich dann von selbst. Abb. 161 zeigt einen Generator mit einem Schalter, der in seiner Einschaltstellung verklinkt ist. Zwei Phasen des Generators sind über magnetische Auslöser A_1 und A_2 geführt. Entsteht ein unzulässig hoher Strom, so sprechen der eine oder auch beide Auslöser A_1 und A_2 je nach Ursache und Art des Überstromes an und lösen die Verklinkung des Schalters, der nun durch Federkraft auslösen kann. Prinzipiell genügt im Drehstromnetz die Verwendung von zwei Auslösern in zwei Phasen. Sehr oft wird man jedoch aus Gründen der Sicherheit in allen drei Phasen Auslöser vorsehen. Die in der Abb. 161 gezeigten Auslöser sind sogenannte Primärauslöser, da sie vom primären, d.h. vom Hauptstrom durchflossen sind. Diese Primärauslöser wird man nur bei kleineren Leistungen und nicht allzu hohen Spannungen anwenden. Liegen höhere Betriebsspannungen vor oder besteht die Gefahr großer Kurzschlußströme, so daß an den Auslösern Schäden auftreten können, sei es, daß sie infolge zu großer Erwärmung verbrennen oder daß sie durch die beim Kurzschluß auftretenden Kräfte zerstört werden, dann ist es richtiger, mit Sekundärauslösern zu arbeiten. Man sieht, wie Abb. 162 einpolig zeigt, einen Wandler W vor, der auf den Sekundärauslöser A arbeitet.

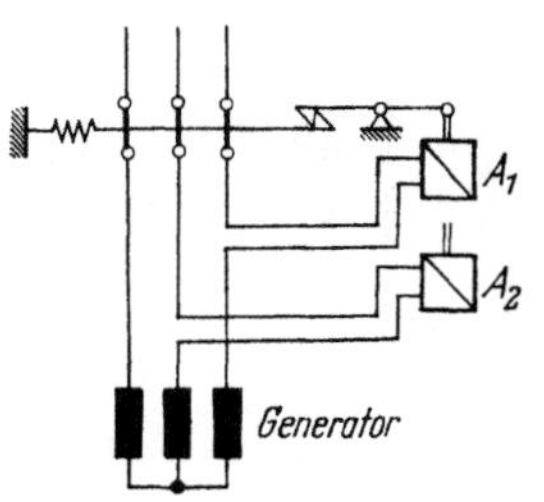

Abb. 161. Generator mit Primärauslöser

Am Auslöser selbst sind jetzt keine hohen Spannungen und man kann es bei größeren Kurzschlußströmen durch Sättigung des Wandlers erreichen, daß die im Auslöser fließenden Ströme thermisch und dynamisch beherrschbar sind. Heute werden in der Regel die Sekundärauslöser so bemessen, daß sie den Kurzschlußbeanspruchungen gewachsen sind. Der Wandler muß verhältnismäßig kräftig ausgebildet sein, da er den Strom liefern muß, um die Auslöseklinke zu betätigen. Günstiger wird die Anordnung noch, wenn man außer einem Stromwandler *W* (s. Abb. 163) ein Auslöserrelais *R* verwendet, welches einen Kontakt betätigt, durch den von einer Betätigungsbatterie aus Strom zu dem Auslöser *A* fließt. Man hat dann den Vorteil, daß das Relais *R*, welches nur den Kontakt zu schließen hat, also nur kleine Kräfte auszuüben braucht, klein und empfindlich ausgebildet werden kann; auch kann der Wandler für eine kleinere Leistung bemessen sein. Die für den Auslöser notwendigen Energien werden in beliebiger Größe von der Gleichstromquelle geliefert. Diese Anordnung von Sekundärrelais kommt heute in wichtigen Anlagen meistens vor.

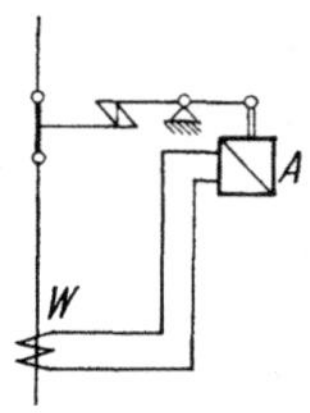

Abb. 162. Sekundärauslöser

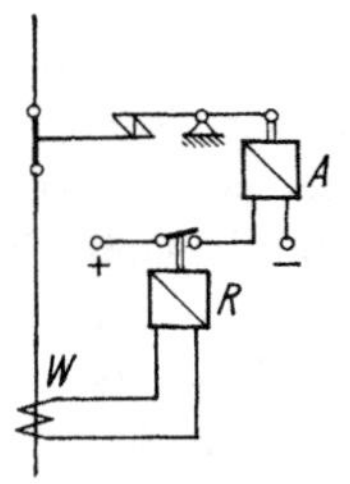

Abb. 163. Stromwandler mit Auslöserrelais

Beim Ansprechen des Sekundärrelais schließt sein Arbeitskontakt, wodurch die Auslösespule des Schalters von der Gleichstromquelle erregt, und somit der Auslösebefehl für den Schalter erteilt wird (Abb.163). Wenn von einem Sekundärrelais gleichzeitig mehrere Schalter betätigt werden sollen, so ordnet man zwischen Relais und Schalter ein Hilfsschütz an, das mit den erforderlichen Kontakten zum Einschalten der verschiedenen Schalter-Auslösespulen oder Signale ausgestattet ist. Diese Anordnung ist in den Kraftwerken und Verteilerstationen fast allgemein gebräuchlich. Sekundärrelais bieten den Vorteil, daß sie auf Schaltfeldern aufgebaut werden können und so die Überwachung des Betriebes erleichtern. Im Gegensatz dazu müssen die Primärauslöser, die auch als Primärrelais bezeichnet werden, weil sie vom primären Betriebsstrom durchflossen und die Schalterauslösung in den meisten Fällen auf mechanischem Wege direkt bewirken, am Aufstellungsort des Schalters eingebaut werden.

Man verlangt von einem Primär- oder Sekundärrelais, daß es innerhalb eines gewissen Bereiches auf einen bestimmten Auslösestrom einstellbar ist. Dieser Bereich liegt meistens zwischen dem 1,2- bis 2fachen Nennstrom. Die Veränderung der Einstellung der Ansprechstromgröße kann etwa derart vorgenommen werden, daß die Feder, die den Magnetanker in der Ausschaltstellung hält, verschieden stark gespannt wird.

Sehr oft verlangt man, daß erst nach einer bestimmten, einstellbaren Zeit nach Auftreten des Überstromes der Schalter ausgelöst wird. Im Falle der Abb. 163 darf dann durch den Anker des Relais *R* der Auslösekontakt nicht unmittelbar betätigt werden, sondern es muß zunächst ein Zeitglied freigegeben werden, welches nach einer gewissen Zeit den Auslösekontakt schließt. Dieses Zeitglied kann aus einem Uhrwerk, einem Hemmwerk oder einem kleinen Synchronmotor, der nach seiner Freigabe durch das Relais vom Relaisstrom angetrieben wird, bestehen. Solche Relais, welche erst nach einer gegebenen einstellbaren Zeit ansprechen, heißen Zeitrelais.

Nimmt man an, es trete ein Strom auf, der etwas oberhalb des Ansprechstromes liegt, so wird der Primärauslöser bzw. das Relais ansprechen und das Zeitglied freigeben. Verschwindet vor Ablauf des Zeitwerkes der Überstrom, so muß das Relais wieder in seine Ausgangsstellung zurückgehen ohne auszulösen. Hat der Auslösestrom des Relais die Größe I_a, so wird der Strom, bei dem das Relais wieder abfällt, der sogenannte Rückfallstrom I_r, etwas tiefer liegen. Ideal wäre, wenn das Abfallverhältnis $I_r/I_a = 1$ wäre. Dieses Verhältnis wird jedoch im allgemeinen nicht erreicht. I_r/I_a liegt praktisch bei etwa 0,85 bis 0,95.

Von einem Primärauslöser bzw. Relais ist wesentlich zu wissen, welcher Strom im Kurzschlußfalle über eine gewisse Zeit ausgehalten werden kann. Auskunft hierüber gibt der Einsekundenstrom, der auch thermischer Grenzstrom I_{therm} genannt wird. Man versteht darunter den Strom, der während einer Sekunde ausgehalten werden kann, ohne daß die Wicklung zu heiß wird. Ist der Schaltverzug (Zeit vom Beginn des Kurzschlusses bis Öffnen der Kontakte) infolge der Zeiteinstellung *t* Sekunden und der thermische Grenzstrom gleich I_{therm}, dann kann als größter beim Kurzschluß in der Wicklung auftretende Strom $I = I_{\text{therm}}/\sqrt{t}$ zugelassen werden. Es tritt dann gleiche Erwärmung auf wie beim thermischen Grenzstrom (Wärmeabstrahlung ist hierbei vernachlässigt). I_{therm} kann z.B. das 100- bis 200fache des Nennstromes betragen.

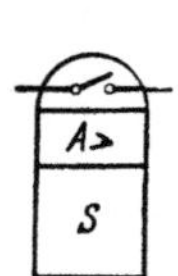

Abb. 164. Symbolische Darstellung eines Überstromzeitrelais

Außerdem ist auch noch angegeben, welcher dynamische Grenzstrom (I_{dyn}) im Kurzschlußfall mechanisch ausgehalten werden kann.

Wie gezeigt wurde, besteht ein Zeitrelais aus einem Ansprechglied, das auf die Störung, z.B. auf den Überstrom, anspricht und einem Zeitglied, das vom Ansprechglied zum Ablauf freigegeben wird und nach einer gewissen Zeit den Auslösebefehl gibt. Abb. 164 zeigt schematisch, wie bei genauerer Darstellung ein Zeitrelais mitunter aufgezeichnet wird. Der mit *A* bezeichnete Teil gibt das Ansprechglied an, während der mit *S* bezeichnete Teil das Zeitrelais darstellt.

Es ist nicht unbedingt notwendig, daß das Relais *R* der Abb. 163 die Zeitverzögerung enthalten muß, vielmehr kann das Relais *R* zunächst einen Hilfsstromkreis schließen, durch den elektrisch ein besonderes Zeitglied freigegeben wird, welches erst nach Ablauf einen Kontakt schließt, der den Auslöser des Schalters speist.

Um ein selektives Abschalten zu erzielen, gebraucht man gelegentlich Relais, welche wattmetrisch arbeiten. Ein derartiges Relais, welches geeignet geschaltete Strom- und Spannungsspulen besitzt, spricht nur an, falls ein Überstrom in der einen Richtung, nicht jedoch in der anderen fließt.

Primärauslöser stellen im Leitungszuge Induktivitäten dar, an denen beim Auftreffen von Wanderwellen Überspannungen entstehen können. Sie müssen deshalb dagegen geschützt werden z.B. durch Parallelschaltung von Widerständen.

C. Überstromschutz

In Abb. 165 ist gezeigt, in welcher Weise der Überstromschutz eines Generators mit Sekundärrelais ausgebildet sein kann. In zwei Phasen, oder meistens aus Reservegründen in den drei Phasen, und zwar benachbart dem Sternpunkt, sind drei Stromwandler eingebaut, welche in vorliegendem Falle auf drei Überstromzeitrelais arbeiten. Wenn ein Überstrom, etwa infolge eines Sammelschienenkurzschlusses, fließt, sprechen diese Relais an und schließen nach einer eingestellten Zeit Hilfskontakte, so daß von einer Gleichstromquelle über diese ein Strom zur Auslösespule des Generatorschalters zu fließen vermag und den Schalter auslöst. Fließt ein Überstrom infolge eines Netzkurzschlusses, so soll dieser von dem benachbarten Netzschalter abgeschaltet werden. Der Generatorschalter spricht nicht an, wenn seine Auslösezeit größer ist als die längste Auslösezeit der im Netz eingebauten Schalter. Hat man im Netz unabhängige Zeitrelais, die gegeneinander zeitlich gestaffelt sind (s. S. 390), so kann man unter Umständen (ältere Netze) am Generator auf Zeiten von 5 (bis 10) sek kommen, während der Generator den vollen Kurzschlußstrom führt. Sollte einmal der vorletzte Netzschalter versagen, dann

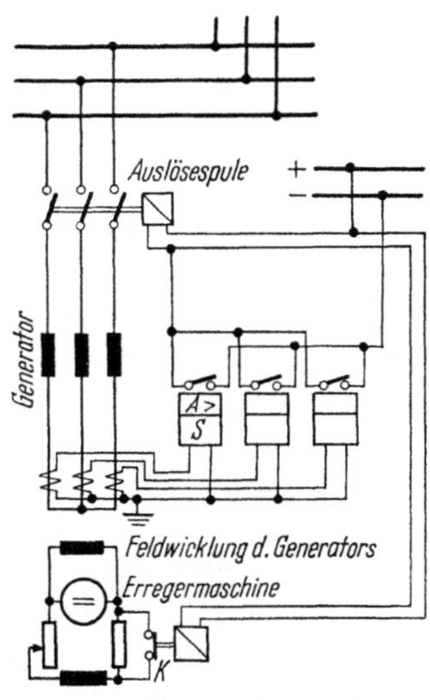

Abb. 165. Überstromschutz eines Generators

wird nach der eingestellten Zeit der Generatorschalter abschalten. Der Überstromschutz des Generators bildet also eine Art Reserve. Wenn im Generator selbst ein Kurzschluß, d.h. ein Wicklungsschluß zwischen zwei Phasen entsteht, dann sprechen die Überstromrelais an, lösen jedoch erst nach längerer Zeit den Schalter aus. Da in dieser langen Zeit größere Zerstörungen im Generator stattfinden können, ist dieser Schutz nicht gegen innere Schäden geeignet. Arbeiten mehrere Generatoren parallel auf ein Netz und tritt an einer Maschine ein innerer Fehler auf, so werden alle Generatoren auf die Fehlerstelle arbeiten und somit Überstrom führen. Es kann, wenn nur Überstromrelais vorgesehen sind, der Fall eintreten, daß auch die gesunden Generatoren abgeschaltet werden, was aber nicht erwünscht ist. Man muß also nach anderen Schutzarten suchen, die rascher und selektiver abschalten. Der vorhandene Überstromschutz kommt daher praktisch nur in Frage zum Schutz gegen Sammelschienen-Kurzschlüsse oder als Reserveschutz, falls der vorletzte Netzschalter oder der noch zu behandelnde Fehlerschutz des Generators versagt.

Prinzipiell kann man die drei Stromwandler auch vor die Wicklung des Generators legen. Nur wird dann bei einem Fehler im Generator durch die Stromwandler, falls der Generator allein auf das Netz arbeitet, kein Strom fließen und der Überstromschutz kann nicht als Reserve wirken.

D. Überlastschutz

Die Generatoren sind wie die übrigen Betriebsmittel einer Netzanlage, z.B. Transformatoren, Kabel usw. vorübergehend überlastbar, insbesondere wenn sie vorher nicht voll belastet waren. Andererseits kann bei zu hohen und lang andauernden Betriebsströmen infolge übermäßiger Temperatur die Isolation schadhaft werden und schließlich ein Erd- oder Kurzschluß entstehen. Um die Überlastungsfähigkeit von Generatoren sowie Transformatoren und Kabel voll ausnützen zu können, hat man den Überlastschutz geschaffen. Er leistet gute Dienste, z.B. bei Ausfall parallel arbeitender Maschinen oder wenn plötzlich die Zuschaltung eines weiteren größeren Verbrauchers dringend notwendig wird. Der Generator kann überlastet weiter betrieben werden, solange es der Überlastschutz zuläßt. Inzwischen können im Netz Maßnahmen zur Entlastung des Generators vom Bedienungspersonal getroffen werden, etwa durch Zuschaltung einer Maschine oder Abschaltung weniger wichtiger Verbraucher.

Diese Aufgabe läßt sich nur mit einer Einrichtung erreichen, die die Erwärmung des Generators während des Betriebes dauernd überwacht und die zulässige Grenztemperatur meldet, um so die frühzeitige Alterung der Wicklungsisolation infolge starker Erwärmung zu verhindern. Hierzu können Widerstandsthermometer oder Thermoelemente in der Nut der Statorwicklung für die direkte betriebsmäßige Messung verwendet werden. Sie stellen einen Fremdkörper in der Isolation dar, der besonders bei hohen Spannungen unerwünscht ist. Nach dem Einbau sind sie schwer zugänglich, weshalb man bei Defekten oft auf Ersatz verzichtet. Zur Vermeidung dieser Nachteile ist man dazu übergegangen, den Verlauf der tatsächlichen Wicklungstemperatur auf indirekte Weise zu messen, d.h. an einem Modell genau nachzubilden.

Hierzu dient ein thermisches Relais. Es bildet die Temperaturkurve des Generators getreu nach und mißt die Temperatur. Das Thermorelais kann als Primärrelais zum direkten Einbau in die zu schützende Leitung oder als Sekundärrelais zum Anschluß für Stromwandler ausgeführt werden, das dann wie ein Überstromzeitrelais nach Abb. 165 angeschlossen wird. Wenn die Erwärmung des Generators ein zulässiges Maß überschreitet, schließt es seinen Kontakt. Da in diesem Zustand der Generator nicht momentan gefährdet ist, ist eine sofortige Abschaltung entbehrlich, es genügt Signalisierung, damit das Betriebspersonal die für die Entlastung des Generators notwendigen Maßnahmen ergreifen kann.

Die Thermorelais gestatten die Überlastungsmöglichkeit der Generatoren in Notfällen, z.B. bei Netzzusammenbrüchen voll auszunützen, solange die überlastete Maschine nicht selber gefährdet wird und es die Antriebsmaschine zuläßt. Im allgemeinen reicht ein Thermorelais für den Generator aus. Eine günstige Anordnung zum Schutze des Generators gegen strommäßige Überbeanspruchungen besteht aus 2 Überstromzeitrelais für den Kurzschlußschutz und ein Thermorelais für den Überlastschutz in der 3. Phase.

E. Wicklungsschlußschutz

Zur Feststellung eines Wicklungsschlusses eignet sich am besten der Differentialschutz (s. Abb. 166). Bei diesem sind in jeder Phase an beiden Wicklungsenden Stromwandler angeordnet, die gleichsinnig miteinander verbunden sind. Von den Verbindungen führen drei Leitungen *a*, *b*, *c*, wie aus der Abb. 166 ersichtlich, zu einem Differentialrelais und von hier eine vierte Leitung zur Erde. Bei normalem Betrieb des Generators fließen in den Stromwandlern vor und hinter der Wicklung gleiche Ströme. An den drei Zuleitungen zum Differentialrelais herrscht also die Spannung 0 und es wird kein Strom zum Differentialrelais fließen. Tritt jedoch in der in Abb. 166 gekennzeichneten Weise zwischen den Phasen *1* und *2* ein Wicklungsschluß auf, dann werden Ströme in der gestrichelten Pfeilrichtung durch den Stromwandler fließen. Da ferner die parallel arbeitenden Generatoren in die Fehlerstelle hineinspeisen, werden die oberen Stromwandler der kranken Phase sogar in umgekehrter Richtung vom Strom durchflossen sein. Die in den Stromwandlern erzeugten Ströme sind nun nicht mehr gleich, die Differenz beider Wandlerströme muß durch das Differentialrelais fließen. Damit wird das Relais ansprechen, den Schalter zur Auslösung bringen und die Entregung einleiten.

Der Differentialschutz darf mit Rücksicht auf Falschauslösungen nicht zu empfindlich eingestellt sein, es sei denn, daß besonders abgeglichene Stromwandler benutzt werden. Im allgemeinen wird bei einem Fehlerstrom von 10 bis 20% des Nennstromes das Differentialrelais auslösen. Dieser Betrag erscheint zunächst ziemlich hoch, ist jedoch durch die Forderung bedingt, daß bei Netzkurzschlüssen der Differentialschutz nicht anspringen soll. Da die hierbei fließenden Kurzschlußströme den Maximalwert des Nennstromes unter Umständen um das 15fache übertreffen, können infolge nicht ganz gleicher Sättigungserscheinungen die Stromwandler prozentual etwas gegeneinander abweichen. Bei diesen großen Strömen bedeuten jedoch prozentuale kleine Abweichungen schon beachtliche Ströme im Differentialrelais, die unter Umständen den Schalter zur Auslösung bringen können, obwohl kein Generatorfehler vorliegt. Will man den Differentialschutz empfindlicher einstellen, so erfordert dies bis in das Überstromgebiet genau abgeglichene Stromwandler. Man kann jedoch das Auslösen des Differentialschutzes bei außenliegenden Kurzschlüssen auch vermeiden, indem man den Differentialschutz stabilisiert, d.h. gegen Stromwandler-Falschströme unempfindlich macht, ohne daß die Ansprechempfindlichkeit auf innere Kurzschlüsse darunter leidet. Man hat dann den Vorteil, daß Stromwandler mit normalem Abgleich verwendet werden können (s. S. 188).

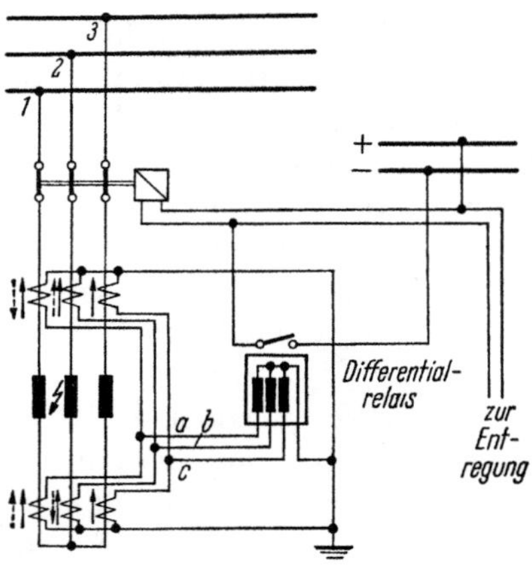

Abb. 166. Generator mit Differentialschutz

Der Differentialschutz läßt sich auch anwenden, wenn Generator und Transformator eine Einheit bilden. Hierbei kann der Transformator mitgeschützt werden. Dieser Schutz ist in Abb. 167 aufgezeichnet und zeigt, daß die Stromwandler einmal auf der Transformator- und das andere Mal auf der Generatorseite eingeschaltet sind. Da im normalen Betrieb die auf der Oberspannungsseite und auf der Generatorseite vorhandenen

Stromwandler meist nicht gleiche Wandlerströme erzeugen, ist in solchen Fällen ein Zwischenwandler notwendig. Bei dem Differentialschutz muß auch berücksichtigt werden, daß der Transformator vielfach in Dreieck-Stern geschaltet ist, d.h. der oberspannungsseitig vorhandene Spannungsstern ist gegenüber dem Spannungsstern des Generators in der Phase verschoben. Damit die Wandlerströme mit ihren Amperewindungen auf dem Zwischenwandler im normalen Betrieb sich zu Null ergänzen, muß diese Verschiebung beseitigt werden, z.B. indem die dem Transformator zugehörigen Wandlerwicklungen ebenfalls im Dreieck geschaltet werden. Ganz zu Null werden sich die Amperewindungen nicht ergänzen, da der Magnetisierungsstrom des Transformators wie ein kleiner Fehlerstrom, auf den jedoch das Differentialrelais nicht ansprechen darf, wirkt. Deswegen ist besonders auch hier eine Stabilisierung des Schutzes, wie Abb. 167 zeigt, angebracht. Durch eine spezielle Schaltung kann erreicht werden, daß ein Fehlansprechen durch den vorübergehenden Einschaltstrom (rush) des Transformators vermieden wird (s. S. 189).

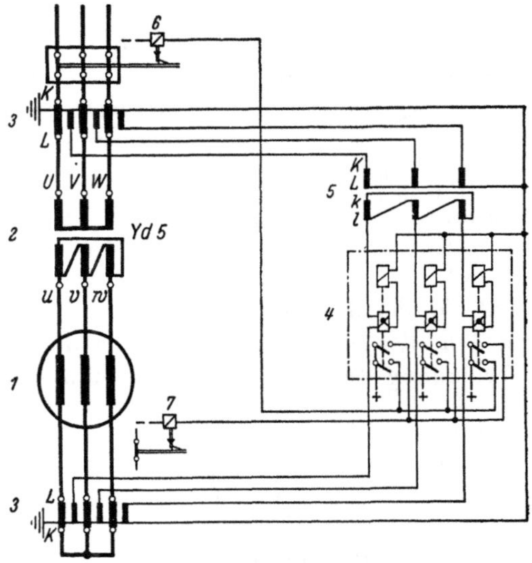

Abb. 167. Gemeinsamer stabilisierter Differentialschutz für Generator und Transformator
1 Generator; *2* Drehstrom-Transformator; *3* Stromwandler; *4* Differentialrelais; *5* Zwischenstromwandler; *6* Auslösung für Leistungsschalter; *7* Auslösung für Rotor-Entregungsschalter

F. Windungsschlußschutz

Tritt innerhalb der Phase ein Windungsschluß auf, so spricht der Differentialschutz leider nicht an. Bei einem Windungsschluß wird die betroffene Phase in der Spannung verkleinert, etwa wie in Abb. 168b gezeigt. Unter Ausnutzung dieser Spannungsabsenkung kann man mit der in Abb. 169 dargestellten Schaltung einen Windungsschlußschutz ausbilden. Es wird an die drei Phasen des Generators ein Spannungswandler S angeschlossen, dessen Sternpunkt mit dem Sternpunkt des Generators in Verbindung steht. Bei Windungsschluß ist die geometrische Summe der drei Spannungen im Spannungswandler nicht mehr gleich

Null (s. gestrichelte Pfeile in Abb. 168b), es wird also in der offenen Dreieckwicklung des Wandlers, welche die Phasenspannungen addiert, eine Restspannung U_r auftreten, welche das Windungsschlußrelais zum Auslösen bringt. Um zu vermeiden, daß im normalen Betrieb durch höhere Harmonische in der Phasenspannung des Generators (3. und alle durch drei teilbaren Harmonischen) Falschauslösungen stattfinden können, ist ein Sperrkreis in den Relaiskreis geschaltet.

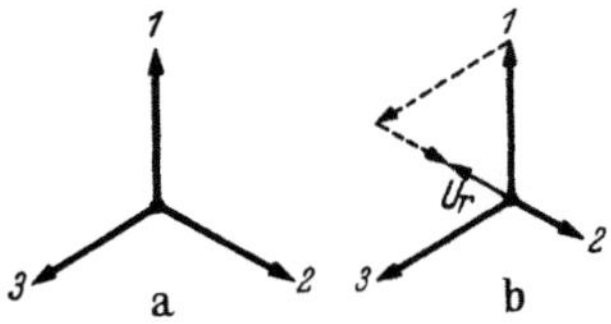

Abb. 168a u. b. Diagramme für Windungsschluß
a) Normalbetrieb; b) Windungsschluß in Phase 2

Sehr einfach kann der Windungsschlußschutz bei Ljungström-Generatoren gehalten werden. Es handelt sich hier (s. S. 25) um zwei von einer Turbine angetriebene Generatoren, die immer parallel geschaltet sind. Werden die Nullpunkte (s. Abb. 170) durch eine Leitung, in welcher ein Wandler liegt, miteinander verbunden, so wird normalerweise diese Verbindung stromlos sein. Ist jedoch in der Phase *1* ein Windungsschluß

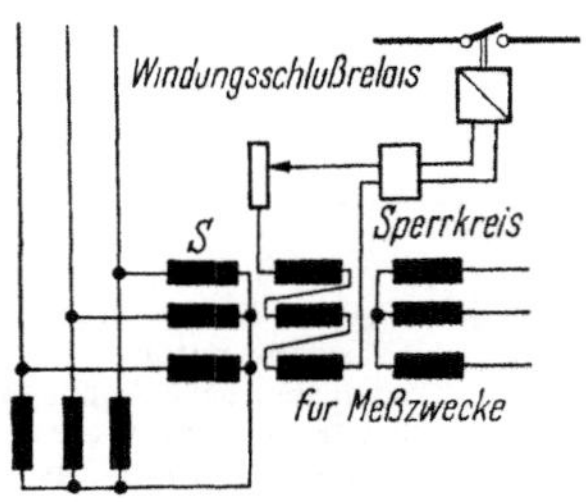

Abb. 169. Windungsschlußschutz

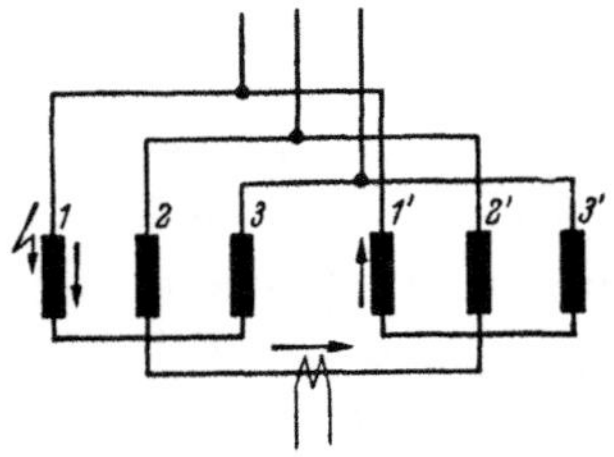

Abb. 170. Windungsschlußschutz bei Ljungström-Generatoren

vorhanden, so wird hier die Spannung kleiner und es vermag jetzt in der gestrichelten Weise ein Ausgleichstrom zu fließen, so daß der Wandler stromdurchflossen ist und die Abschaltung des Generators bewirken kann.

G. Stator-Erdschlußschutz

Sehr viele Fehler haben ihre Ursache in Erdschlüssen der Statorwicklungen, die innerhalb des Generators sich ausbilden und die dann unter Umständen in einen Doppelerdschluß, d.h. meist in einen Wicklungskurzschluß übergehen. Es muß also ein Schutz vorgesehen werden, der bei einem Schluß der Statorwicklung mit dem Statoreisen, den Generator abschaltet und entregt.

Die verschiedenen Schaltungen der gebräuchlichen Erdschlußschutzeinrichtungen unterscheiden sich durch die Methode, wie der über die Erdschlußstelle fließende Fehlerstrom auf das für das sichere Ansprechen der Schutzeinrichtung notwendige Maß durch ein Hilfsmittel künstlich vergrößert und der bei Klemmenerdschluß auftretende Erdschlußstrom zur Schonung der Erdschlußstelle auf einen zulässigen Höchstwert begrenzt wird. Arbeiten mehrere zu schützende Generatoren auf eine gemeinsame Sammelschiene, so muß der Erdschlußschutz selektiv wirksam sein, wodurch zusätzliche Apparate benötigt werden. Dagegen können für Stromerzeuger, die direkt auf einen Transformator arbeiten, einfache Erdschlußschutzeinrichtungen verwendet werden, da die Selektivität durch die galvanische Trennung des Generators vom Netz gegeben ist und deshalb die besonderen Hilfsmittel zur Unterscheidung zwischen generatorseitigen und netzseitigen Erdschlüssen entfallen können.

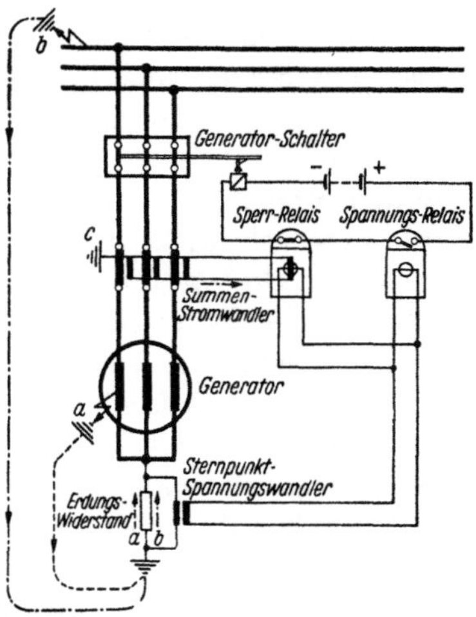

Abb. 171. Einfacher, selektiver Stator-Erdschlußschutz mit Widerstandserdung am Generator-Sternpunkt

Wir wollen zunächst annehmen, daß der Generator auf eine Sammelschiene mit anderen Generatoren parallel arbeitet und ein Erdschluß in einer Phase nicht unmittelbar am Nullpunkt, sondern mehr benachbart dem Phasenende liegt (bei *a* in Abb. 171). Arbeitet der Generator auf ein großes Netz mit genügender Kapazität, dann vermag, genau wie bei einem sonstigen Erdschluß, ein kapazitiver Erdschlußstrom zu fließen, der sich über die Fehlerstelle im Generator schließt. Man könnte daran denken, einen Gestellschluß durch den Differentialschutz mitzuerfassen. Prinzipiell wäre dies möglich, praktisch jedoch meist nicht, da der Differentialschutz mit Rücksicht auf Kurzschlüsse nicht zu empfindlich eingestellt werden darf und die Erdschlußströme meistens nicht einen solchen Betrag erreichen, daß das Differentialrelais zum Ansprechen gelangt. Sehr oft sind die durch die Anlage gegebenen Erdschlußströme zu klein, besonders wenn das Netz durch Erdschlußspulen kompensiert ist, oder wenn der Generator über einen Transformator auf ein Netz arbeitet (hier kommt nur die verhältnismäßig kleine Kapazität der Zuleitungen und der Wicklungen in Frage), so daß der natürliche Erdschlußstrom allein zum Ansprechen des Schutzes nicht ausreicht. Man muß ferner bedenken, daß, je näher die Erdschlußstelle am Wicklungsnullpunkt liegt, um so kleiner die auf den Erdschluß wirkenden Spannungen, also auch die Fehlerströme werden. Im allgemeinen muß man, um einen brauchbaren Erdschlußschutz zu schaffen, den Erdschlußstrom künstlich vergrößern, etwa dadurch, daß nach Abb. 171 der Generatorsternpunkt über einen geeignet bemessenen Widerstand geerdet wird. Die Größe des Widerstandes ergibt sich aus der Forderung, daß bei Erdschluß an den Klemmen, bei dem der größte Fehlerstrom fließt, dieser nur solche Werte erreicht, daß keinerlei beachtliche Zerstörungen durch den Erdschlußstrom hervorgerufen werden. Dieser Wert liegt etwa bei 5 A. Je näher der Fehler nach dem Wicklungssternpunkt rückt, um so kleiner wird der durch den Erdungswiderstand fließende Strom, um bei einem Fehler im Wicklungssternpunkt Null zu sein.

Bei der Schaltung nach Abb. 171 wird ein Spannungsrelais und ein Relais mit Strom- und Spannungsspule verwendet, das als Sperrelais dient, dessen Aufgabe unten erläutert wird. In die Phasenableitungen sind 3 Stromwandler *c* eingebaut, deren Sekundärwicklungen in der sogenannten Holmgreen-Schaltung gleichsinnig parallel geschaltet sind, so daß sie die vektorielle Summe der Betriebsströme messen. Bekanntlich ist in einem Drehstromsystem die vektorielle Summe der 3 Phasenströme Null, auch bei Kurzschlußvorgängen oder unsymmetrischen Betriebsströmen. Fließt dagegen aus dem Dreiphasensystem an einer Stelle ein Strom, z. B. ein Erdschlußstrom nach Erde ab, so entsteht eine Nullstromkomponente als Reststrom, der in der Summenstromschaltung nach Holmgreen aus den 3 Betriebsströmen ausgeschieden und in der Schaltung Abb. 171 der Stromspule des wattmetrischen Relais zugeführt wird. Seine Spannungsspule ist mit dem Spannungsrelais gemeinsam an den Spannungswandler zwischen Generator-Sternpunkt und Erde angeschlossen. An diesem tritt sowohl bei Erdschluß im Generator oder Netz eine Spannung auf. Bei einem Erdschluß im Generator, z. B. an der Stelle *a*, fließt der Erdschlußstrom über den Erdungswiderstand an die Fehlerstelle zurück. Die am Erdungswiderstand hervorgerufene Spannung bringt das Spannungsrelais zum Ansprechen, sobald die Erdschlußspannung den Ansprechwert des Relais überschritten hat. Das wattmetrische Erdschlußrelais hält seinen Kontakt geschlossen, so daß durch das Schließen des Kontaktes des Spannungsrelais der Generatorschalter und die (nicht gezeichnete) Schnellentregungseinrichtung betätigt werden.

Erfolgt nun ein Erdschluß außerhalb des Generators, etwa an der Stelle *b* des Netzes, so spricht wieder das Spannungsrelais an, jedoch ist jetzt die Summe der 3 Phasenströme nicht mehr = 0 sondern gleich dem Erdschlußstrom, so daß das Sperrelais erregt wird, seinen Kontakt öffnet und der Auslösekreis für den Generatorschalter trotz des Schließens des Kontaktes des Spannungsrelais, das etwas verzögert wird, offen bleibt. Das wattmetrische Relais dient also als Sperrelais, um bei Netz-Erdschlüssen die unerwünschte Abschaltung des Generators zu verhindern. Die Einrichtung wirkt selektiv.

Je näher der Erdschluß dem Generator-Sternpunkt zu liegt, um so kleiner wird die Erdschlußspannung und der Erdschlußstrom für die beiden Relais. Mit dieser Einrichtung werden daher nur etwa 70% der Wicklung geschützt. Arbeiten mehrere Generatoren auf eine Sammelschiene, so wird man im allgemeinen nicht jeden Generator erden, da

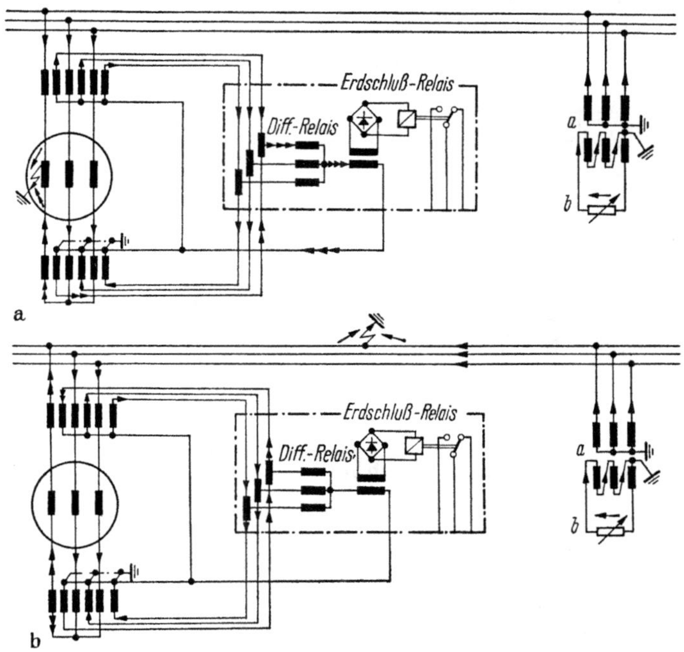

Abb. 172a u. b. Statorerdschluß mittels Gleichrichterschaltung der Erdschlußrelais (SSW) kombiniert mit Differentialschutz

dann der Erdschlußstrom zu groß würde, sondern man schafft an der Sammelschiene einen künstlichen Sternpunkt durch einen Erdungstransformator (Gestelldrossel).

Eine derartige Anordnung des Stator-Erdschlußschutzes für mehrere auf eine Sammelschiene arbeitende Generatoren zeigt Abb. 172, in der der Stator-Erdschlußschutz mit dem Differentialschutz kombiniert, sowie der Fehlerstromverlauf bei innerem und äußerem Erdschluß dargestellt ist. Der künstlich vergrößerte Erdschlußstrom wird an der Gestelldrossel *a* für alle parallel arbeitenden Generatoren gemeinsam erzeugt, indem im Erdschlußfalle ein durch den Belastungswiderstand *b* der Dreieckwicklung bestimmter Strom über die Fehlerstelle fließt; dessen Stärke ist, da nur eine Erdung vorhanden, von der Anzahl der in Betrieb befindlichen, geschützten Generatoren unabhängig. Bei Erdschluß im Generator (Abb. 152a) oder an den Phasenableitungen in dem von den beiden Stromwandlergruppen begrenzten Schutzbereich für den Differential- und Erdschlußschutz fließt ein Erdschlußstrom über die Fehlerstelle und erregt dabei die in einer Doppel-Summenstromschaltung angeordneten Differential-Stromwandler-Gruppen. Der Erdschlußstrom fließt sekundär, wie durch Pfeile angedeutet, über den am Differentialrelais gebildeten Sternpunkt in das Erdschlußstromrelais hinein zum sekundären Sternpunkt der Stromwandler zurück. Zur Erfassung genügend kleiner Erdschlußströme bzw. Erzielung eines hohen Schutz-

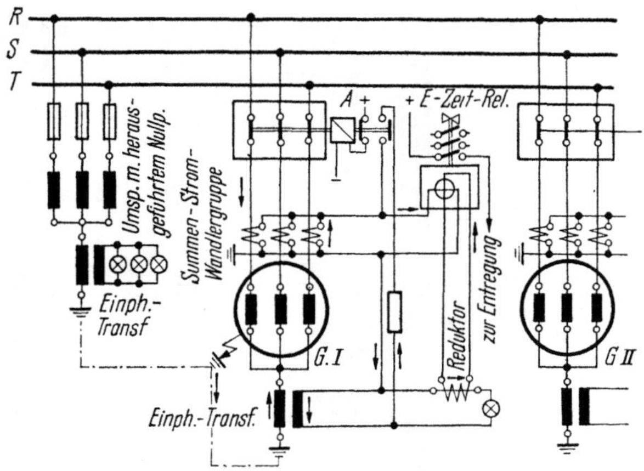

Abb. 173. Wattmetrischer Erdschlußschutz für mehrere auf gemeinsame Sammelschiene arbeitende Generatoren (AEG)

bereiches wird ein empfindliches Drehspul-Stromrelais verwendet, welches über einen Gleichrichter und Zwischenwandler im Summenstromkreis gespeist wird.

In Abb. 172 ist das Erdschluß- und Differentialrelais in einem Gehäuse eingebaut. Der Erdschlußschutz hat die für die Unterscheidung zwischen äußeren und inneren Erdschlüssen notwendige selektive Wirkungsweise, die durch die Doppel-Summenstromwandler gegeben ist. Bei äußerem Erdschluß (Abb. 172b) hebt sich die Wirkung der in den einzelnen Phasen fließenden Erdschlußströme, wie aus den eingetragenen Strompfeilen hervorgeht, auf, so daß das Erdschlußrelais, wie erwünscht, in Ruhe bleibt.

Um über dem gesamten Schutzbereich den Erdschlußstrom bei beliebiger Entfernung der Fehlerstelle vom Wicklungs-Sternpunkt weitgehend konstant zu halten, wird der Belastungswiderstand b abhängig von der Nullpunkt-Verlagerungsspannung selbsttätig geregelt.

Eine andere Möglichkeit, den künstlichen Erdschlußstrom bei Veränderung der Fehlerstelle zwischen Generator-Sternpunkt und Wicklungsklemme weitgehend konstant zu halten, besteht durch die Verwendung spannungsabhängiger Widerstände, wie z.B. Abb. 173 eine Erdschlußschutz-Einrichtung für parallel arbeitende Generatoren nach Dr. Bütow zeigt. Der künstliche Erdschlußstrom wird über einen Dreiphasen-Transformator mit herausgeführtem Sternpunkt für alle Stromerzeuger gemeinsam erzeugt, indem der zugängliche Sternpunkt über einen mit Eisen-Wasserstoff-Lampen belasteten Einphasen-Transformator geerdet wird. Zur Erfassung des Erdschlußstromes und Erzielung der Selektivität werden in den Klemmenableitungen des Generators drei Stromwandler in Summenschaltung eingebaut, die nur bei generatorseitigen Erdschlüssen von dem an der Sammelschiene erzeugten künstlichen Erdschlußstrom erregt werden und so für die Selektivität des Erdschlußschutzes sorgen. Durch die Verwendung der spannungsabhängigen Eisen–Wasserstoff-Widerstände entsteht der Vorteil, daß sich der Erdschlußstrom bei kleinen Erdschlußspannungen linear, bei größeren Erdschlußspannungen nur wenig ändert, so daß der Erdschlußstrom über einen großen Spannungsbereich fast gleich bleibt. Die Spannung für das Erdschlußrelais wird, wie das Schaltbild zeigt, für jede Maschine getrennt gewonnen. Sie wird dem Erdschlußrelais über den Reduktor zugeführt und mit Hilfe von spannungsabhängigen Widerständen wird ihr die gleiche Charakteristik erteilt, wie sie der künstlich erzeugte Erdschlußstrom besitzt. Durch diese Maßnahme gelingt es, auch bei Erdschlüssen in der Nähe des Sternpunktes ein kräftiges Drehmoment zu erzeugen und trotz kleinstem Fehlerstrom einen Schutzumfang von 90% zu erzielen.

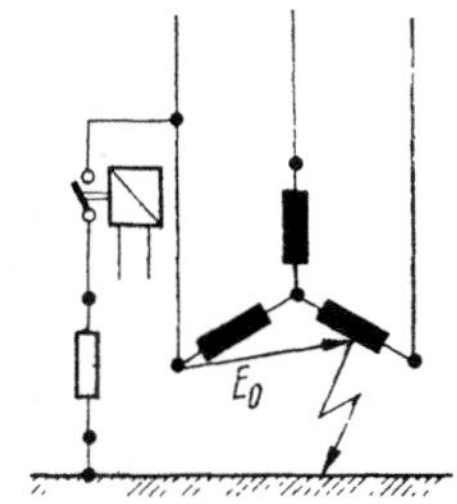

Abb. 174. Prinzip der Erdstrombildung des selektiven Erdschlußschutzes für parallel arbeitende Generatoren durch Erdung einer Phase

Eine andere Lösung zur Erzeugung eines wenig veränderlichen Erdschlußstromes wurde durch die Erdung einer gesunden Phase gefunden. Das geschieht im Prinzip nach Abb. 174. Beim Eintritt eines Erdschlusses wird eine der gesunden Phasen über einen Widerstand an Erde gelegt, so daß auf den entstehenden Stromkreis die Spannung E_0 wirkt. Es ist ersichtlich, daß ihre Größe bei Erdschluß im Nullpunkt gleich ist der Phasenspannung und bei Erdschluß an der Klemme gleich der verketteten. Der so entstehende Erdstrom, in seinem Maximalwert meist zu 5 A gewählt, ändert sich deshalb bei allen möglichen Fehlerlagen höchstens im Verhältnis 1:1,73. Eine Ausführung dieser Erdschlußschutzeinrichtung zeigt Abb. 175. Zur Feststellung eines Netz- oder Generatorerdschlusses dient ein dreipoliges, wattmetrisches Relais *3*, dessen Einzelrelais an je einer verketteten Netzspannung liegen, während das zweite Spulensystem aller drei Relais mit der Erdschlußspannung gespeist wird. Der dreiphasige Erdungstransformator *2*, mit einer in

Stern geschaltenen Sekundärwicklung *2b*, und einer in offenem Dreieck geschalteten Tertiärwicklung *2a* zur Messung der Erdschlußspannung, führt über den Erdungswiderstand *7* im Erdschlußfall transformatorisch die Polerdung durch, in dem durch das Erdungsschütz *5* die Erdung vorgenommen wird, welches von dem Erdschlußspürorgan *3* den Einschaltbefehl erhält. Der entstehende Erdschlußstrom kann nur bei einem Erdschluß auf der Generatorseite von den Summenstromwand-

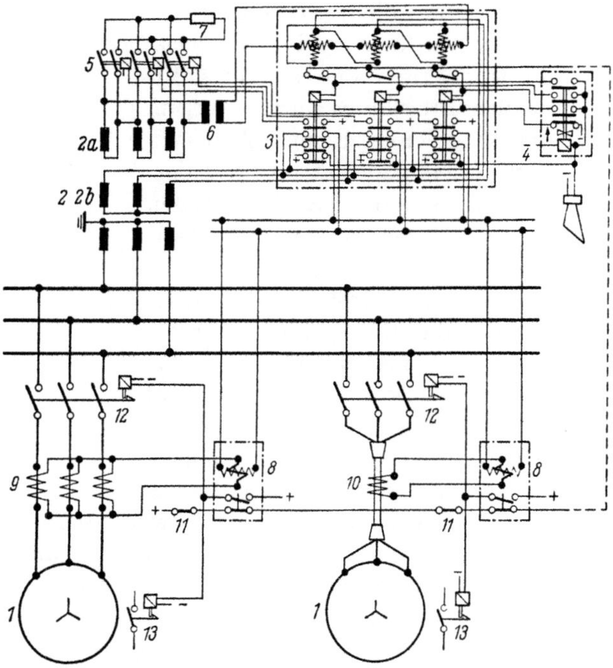

Abb. 175. Prinzipschaltbild des selektiven Erdschlußschutzes für parallel arbeitende Generatoren (BBC)

lern *9* als Summenstrom gemessen werden. Das hochempfindliche, wattmetrische Erdschlußrelais *8* wird im Spannungspfad von einer verketteten Generatorspannung geeigneter Phasenlage gespeist, die vom Erdschlußüberwacher *3* ausgewählt wird. Ein besonderer Vorteil dieser Erdschlußschutz-Einrichtung liegt darin, daß auch bei Erdschlüssen in Sternpunktnähe das Erdschlußrelais *8* ein kräftiges Drehmoment entwickeln kann, so daß eine unbestimmte Arbeitsweise bei schwachen Erdschlüssen nicht möglich ist. Mit dieser Schutzeinrichtung kann ein Schutzbereich von mindestens 95% erreicht werden.

Einfacher sind die Erdschlußschutz-Einrichtungen für Generator-Transformator-Einheiten, da auf die Mittel für die Selektivität verzichtet werden kann. Eine gebräuchliche Anordnung zeigt Abb. 176. Ein polarisiertes Erdschlußrelais *6*, welches an dem Spannungswandler *3* im Generator-Sternpunkt zur Messung der Erdschlußspannung angeschlossen ist, löst bei Erdschluß die Gruppe aus. An Stelle eines gewöhnlichen Spannungsrelais wird hier ein Relais verwendet, das über ein zweites Spulensystem mit einer verketteten Spannung polarisiert wird. Es kann dadurch für hohe Empfindlichkeit gebaut werden. Der größte Vorteil ist,

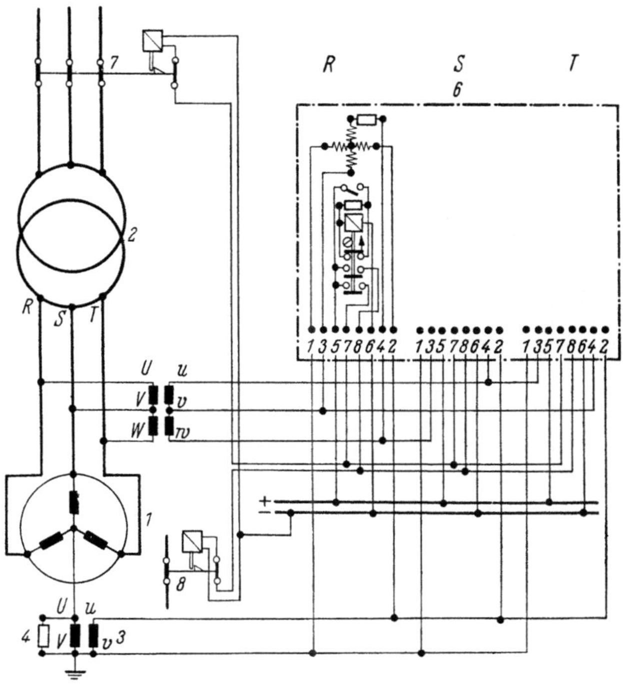

Abb. 176. Erdschlußschutz für Generator und Transformator in Blockschaltung (BBC)

daß es durch die Polarisation unempfindlich gegen Oberwellen wird. Um bei oberspannungsseitigen Erdschlüssen eine Fehlauslösung infolge der kapazitiven Kopplung der Oberspannungswicklung mit der Niederspannungswicklung zu vermeiden, wird parallel zum Sternpunkt-Spannungswandler ein Widerstand *4* geschaltet, der so bemessen ist, daß der durch den unterspannungsseitig fließenden Erdungsstrom erzeugte Spannungsabfall die Ansprechgrenze des Erdschlußrelais *6* nicht erreicht. Diese einfache Erdschlußschutz-Einrichtung ist in der Lage, 95% der Wicklungslänge zu schützen.

Obwohl die Wahrscheinlichkeit für Erdschlüsse in unmittelbarer Nähe des Generator-Sternpunktes gering ist, empfiehlt sich, besonders bei großen Maschineneinheiten, den Schutzbereich bis an den Sternpunkt zu erweitern. Damit auch Erdschlüsse im Generator-Sternpunkt erfaßt werden können, ist eine bleibende Nullpunkt-Verlagerungsspannung erforderlich, die künstlich erzeugt wird und z. B. von der Generatorspannung gewonnen werden kann. Eine Schutzapparatur für 100% Schutzbereich zeigt Abb. 177a. Wie im Vergleich mit Abb. 176 hervorgeht, wird die Erweiterung des Schutzbereiches von 95% auf 100% durch eine Zusatzspannung erreicht, die über einen Spannungswandler *9* in die Sternpunktverbindung eingefügt wird. Durch diesen Spannungswandler wird der Sternpunkt *A* um einen kleinen Betrag gehoben, so daß er normalerweise eine Spannung gegen Erde von der Größe *O–A* (Abb. 177b) hat. Tritt jetzt in der Nähe des Sternpunktes oder im Sternpunkt selbst ein Erdschluß auf, so vermag der Erdschlußschutz anzusprechen.

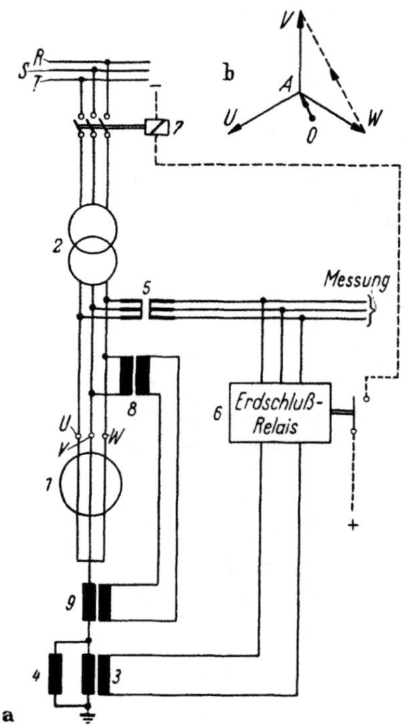

a

Abb. 177a u. b. Ständer-Erdschluß-Schutz für 100% Schutzbereich bei Generator-Transformator-Einheiten

a) Schaltung; b) Spannungsdiagramm

H. Spannungssteigerungsschutz

Ein Schutz gegen eine unzulässig hohe Spannungssteigerung ist manchmal zweckmäßig. Bei einer Lastabschaltung erhöht sich die Klemmenspannung des Generators sprunghaft um die Spannungserhöhung, die der vorausgegangene Laststrom in der transienten Reaktanz der Statorwicklung hervorgerufen hat. Die Klemmenspannung wächst noch weiter an, wenn der Generator nach einer Lastabschaltung im Netz kapazitiv belastet bleibt, z. B. durch eine leerlaufende Hochspannungsleitung. Mit der Entlastung beginnt ein Drehzahlanstieg, der die Spannungssteigerung verstärkt. Leistungsfähige automatische Spannungsschnellregler begrenzen die Spannungserhöhung und machen sie wieder rückgängig.

Schutzrelais gegen gefährliche hohe Spannungssteigerungen sind insbesondere dann erforderlich, wenn die Drehzahl-Regeleinrichtungen der Antriebsturbinen versagen. Bei Wasserturbinen kann die Drehzahl beim Durchgehen auf das Zwei- bis Dreifache der Nenndrehzahl steigen; die Generatorspannung kommt in kurzer Zeit auf hohe Werte. Zur Unterstützung des automatischen Spannungsreglers im Sinne der Spannungsbegrenzung ist deshalb ein momentan wirkendes Spannungsrelais vorzusehen, das vor Erreichen einer gefährlichen Spannungshöhe den Generator sofort abschaltet und schnellstens entregt. Bei Generatoren mit Dampfturbinenantrieb kann der Spannungssteigerungsschutz in der Regel weggelassen werden, da hier wegen des Turbinen-Schnellschlusses die Überdrehzahlen zuverlässig auf kleine Werte begrenzt werden. Generatoren, die auf Freileitungen arbeiten, können auch äußeren Überspannungen, etwa durch Blitzschlag in die Leitungen oder in deren Nähe, hohen Beanspruchungen ausgesetzt werden. Ihre Höhe wird durch Überspannungsableiter am Eingang und am Sternpunkt der Statorwicklung auf ein unschädliches Maß herabgesetzt. Dieser Schutz ist insbesondere bei Generatoren, die ohne Zwischenschaltung eines Transformators auf die Freileitung speisen, notwendig, wird öfters aber auch bei Generatoren, die über Transformatoren in Blockschaltung auf die Freileitung arbeiten, vorgesehen.

I. Rotor-Erdschlußschutz

Auch im Rotor kann sich ein Schluß zwischen der Erregerwicklung und dem Eisen ausbilden. Wenn auch ein solch einfacher Schluß zunächst keine Gefährdung bedeutet, so wird, falls noch ein zweiter Schluß hinzukommt, ein Teil der Erregerwicklung kurzgeschlossen. Die einzelnen Pole der Maschine werden dann nicht mehr gleiche Amperewindungen haben; damit werden auch die Flüsse der einzelnen Pole verschieden sein. Hierdurch treten einseitig radiale Kräfte am Rotor auf, welche diesen zu starken Vibrationen bringen können und ihn gefährden. Solche Gefahren kann man vermeiden, falls man ein Relais vorsieht, welches auf einen Rotorschluß anspricht. Die Abb. 178 zeigt die Ausführung. Auf den Erregerkreis wirkt über einen Spannungswandler W und eine Kapazität C eine Wechselspannung. Ist kein Schluß im Rotor, dann wird durch die Kapazität C praktisch kein Strom fließen und das Relais R nicht ansprechen. Tritt jedoch im Rotor ein Schluß auf, so

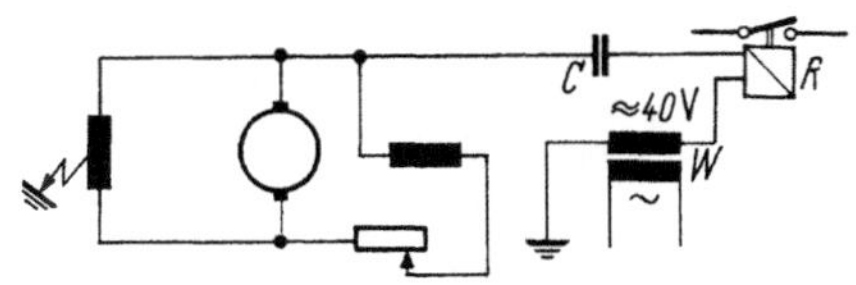

Abb. 178. Schutz des Rotors

vermag über die Kapazität C ein Strom zu fließen, der sich über die Fehlerstelle und die Erde schließen kann. Das Relais spricht jetzt an und kann ein Warnungszeichen ertönen lassen.

K. Schieflastschutz

Im Abschn. III „Drehstromgeneratoren" wurde die Schieflast behandelt.

Die Gegenkomponente kann durch eine Schaltung entsprechend Abb. 179 erfaßt werden. Hier wird der Wandler einer Phase auf einen

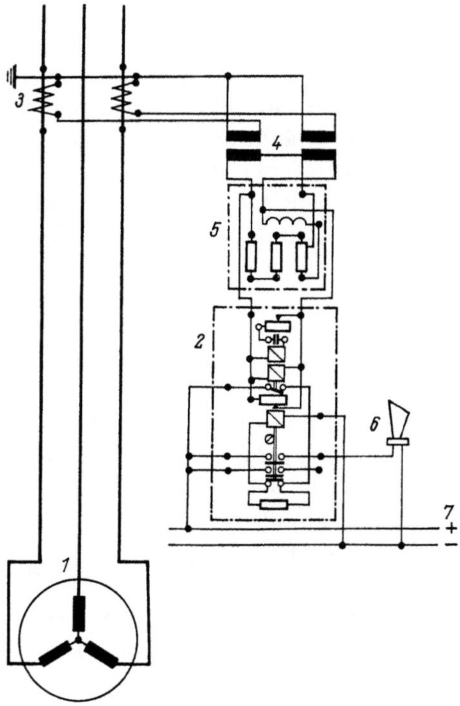

Abb. 179. Gegenstromschutz gegen unzulässige unsymmetrische Belastung von Generatoren
1 Generator; *2* Gegenstromrelais; *3* Stromwandler; *4* Hilfsstromwandler; *5* Impedanz; *6* Hupe; *7* Hilfsstromquelle

ohmschen Widerstand und der der zweiten, voreilenden Phase auf eine Impedanz mit dem Impedanzwinkel 60° belastet, so daß das Relais, wie man aus Abb. 173 erkennen kann, den einphasigen Strom bzw. die Gegenstromkomponente mißt. Das Gegenstromrelais ist gegen Frequenzabweichungen stabilisiert.

L. Turbinenschutz

Die Sicherheitseinrichtungen von Dampfturbinen in Verbindung mit Generatoren, die mit einem elektrischen Netz parallel arbeiten, können vorteilhaft durch ein Rückleistungsrelais erweitert werden, das bei dampfseitigen Störungen eine Gefährdung der Turbine vermeidet. Wenn aus irgendeinem Grunde eine Störung in der Dampfzufuhr der Turbine auftritt, so kann die Antriebsleistung der Turbine auf Null zurückgehen und der Generator entlastet sich. Die Turbine wird dann von der Synchronmaschine angetrieben und auf Drehzahl gehalten. Der Generator nimmt dabei Rückleistung aus dem speisenden Netz auf, die der Leerlauf-Antriebsleistung von Turbine und Generator entspricht. Laufen aber Dampfturbinen ohne den „kühlenden“ Dampfdurchsatz weiter, können sie sich unzulässig hoch erhitzen, infolge der starken Schaufelventilation, die besonders bei Turbinen mit hohen Gegendrücken hauptsächlich das Abdampfgehäuse gefährden können. Um diesen Störungsfall zu verhindern, sieht man ein Relais vor, das bei Rückleistung anspricht. Abb. 180 zeigt die Anordnung des Rückleistungsrelais. Es ist über Strom- und Spannungswandler zur Leistungsmessung an den Generator angeschlossen. Beim Ansprechen des Rückleistungsrelais *3* löst es nach einer einstellbaren Zeitverzögerung von einigen Sekunden den Generatorschalter *5* aus, worauf die Turbogruppe zum Stillstand ausläuft. Eine andere Gefährdung der Dampfturbine kann ferner durch Versagen des Turbinen-Schnellschlusses entstehen, der man bei parallel arbeitenden Generatoren begegnet, indem man die Schaltung des Rückleistungsrelais in einfacher Weise ergänzt. Soll die Turbogruppe durch Betätigung des Schnellschlusses stillgesetzt werden, so kann der Fall eintreten, daß die Absperrventile wider Erwarten nicht vollständig schließen, so daß der

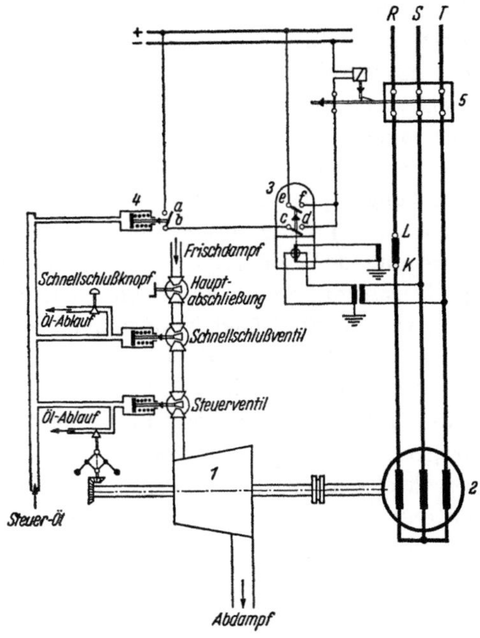

Abb. 180. Turbinenschutz
1 Turbine; *2* Generator; *3* Rückleistungsrelais; *4* Öldruckwächter; *5* Generatorschalter

Generator von der Turbine noch angetrieben wird. Würde der Generator in diesem Störungsfall vom Netz abgetrennt, so ginge die Turbine in wenigen Sekunden auf Überdrehzahl. Bei Schnellschlußversager darf also der Generator nicht vom Netz getrennt werden, damit nicht die letzte Sicherheit gegen Drehzahlerhöhung aufgegeben wird. Wir erkennen, daß der Generator erst dann vom Netz abgeschaltet werden darf, wenn das Rückleistungsrelais die Aufnahme von Rückleistung aus dem Netz gemessen hat, so daß feststeht, daß die Turbinenventile wirklich geschlossen haben. Hierfür ergänzt man die Schaltung des Rückleistungsrelais in der Weise, daß ein vom Schnellschluß abhängiger Kontakt *4a–b* mit einem zweiten Kontakt *c–d* des Rückleistungsrelais *3* in Reihe geschaltet wird, der unverzögert arbeitet. Die zum Schleppen der Turbogruppe aus dem Netz zu beziehende Energie für den Lauf des Generators als Motor liegt gewöhnlich zwischen ein und wenigen Prozenten, wobei der größere Anteil von der Turbine (Schaufelventilation, Reibung in Lagern, Stopfbüchsen-, Dichtungen-, Ölpumpen-Verluste) verbraucht wird, während für den Generator nur die geringeren Verluste für Belüftung, Lagerreibung und Erregung als Wirkleistung aus dem Netz bezogen werden müssen. Um die praktisch vorkommenden Schleppleistungen von Turbogruppen zu messen, werden die Rückleistungsrelais gewöhnlich mit einem Ansprechbereich von 1 bis 5% Wirkleistung verwendet. Das Rückleistungsrelais löst nur den Generatorschalter aus. Wenn die Schutzeinrichtungen des Generators infolge eines Fehlers im Generator ansprechen, so kann das Abfragen der Dampfschließorgane über das Rückleistungsrelais nicht abgewartet werden, sondern es muß so schnell wie möglich abgeschaltet und entregt werden. Bei Störungen, die keine akute Gefahr für den Generator bedeuten, z.B. Netzkurzschluß, betriebliche Überströme, Schieflast, könnte das Schutzrelais auf das Magnetventil des Schnellschlußventils wirken, worauf anschließend das Rückleistungsrelais die Abschaltung der Turbogruppe vom Netz vornimmt oder diese verhindert, für den Fall, daß noch Leckdampf einströmt, der für die Leerlaufleistung ausreicht, so daß Durchgehgefahr bei Trennung vom Netz vorliegen würde. Dann muß die Dampfzufuhr am Hauptschieber abgesperrt oder eine andere Notmaßnahme zum Stillsetzen der Turbogruppe eingeleitet werden.

Die Turbinen verfügen normalerweise über mehrfache Sicherheitseinrichtungen gegen Überdrehzahl; es ist darum zweckmäßig, die Auslösewege der Schutzrelais nach Abwägen des Gefahrenrisikos festzulegen.

M. Schnellentregung

Bei Fehlern im Innern des Generators, namentlich bei solchen, die einen Lichtbogen hervorrufen, muß die Energiezufuhr zur Defektstelle sofort unterbunden werden, damit der entstandene Schaden möglichst nur auf den örtlichen Defekt begrenzt bleibt. Hierfür genügt die sofortige Abschaltung des Generators vom Netz nicht, sondern es muß noch für eine rasche Entmagnetisierung gesorgt werden, damit der Generator mit seiner eigenen Spannung nicht länger auf die Defektstelle arbeiten kann. Hierzu dient die Schnellentregungs-Einrichtung. Sie hat die Aufgabe, nach der Abschaltung des Generators vom Netz einen raschen Feldabbau im Generator herbeizuführen. Hierzu muß die magnetische Energie der Läuferwicklung in kürzester Zeit vernichtet werden. Um die Zerstörungsarbeit des Lichtbogens möglichst klein zu halten, kommt es entscheidend darauf an, das Feld anfangs mit höchst zulässiger Geschwindigkeit abzubauen, damit die Generatorspannung so schnell wie möglich unter die Lichtbogenspannung an der Fehlerstelle sinkt und die Zerstörungswirkung aufhört. Andererseits dürfen beim Entregungsvorgang durch das rasche Abklingen des Rotorstromes keine unzulässig hohen Spannungen in der Rotorwicklung entstehen. Man könnte daran denken, den Polradschalter im Störungsfalle aufzureißen. Das führt zwar zu kürzester Entregungszeit, aber zu hohen Überspannungen. Schaltet man im Entregungsfalle andererseits einen kleinen Widerstand in den Läuferkreis, so erhält man zwar niedrige Spannungs-Beanspruchungen für die Läuferwicklung, jedoch klingt die Generatorspannung langsam ab. Zwischen beiden extremen Fällen ist ein Kompromiß in der Weise zu wählen, daß die Generatorspannung in wenigen Sekunden auf etwa 10% abgeklungen ist und hierbei die Spannungsspitze für die Läuferwicklung ungefährlich ist. In der einfachsten Ausführung, die vorwiegend für kleinere Generatoren Anwendung findet, wird ein Widerstand in den Feldkreis der Erregermaschine durch Öffnen eines parallel dazu liegenden Entregungsschalters eingeschaltet, der im normalen Betrieb durch den Entregungsschalter überbrückt ist (Abb. 181a). Dadurch wird das Feld der Erregermaschine geschwächt, wodurch auch die Erregung des Generators und damit seine Spannung abklingt. Bei dieser Art der Entregung ist die Entregungszeit noch verhältnismäßig groß. Die Spannung wird bis zur Remanenzspannung herabgesetzt. Für Generatoren mittlerer Größe

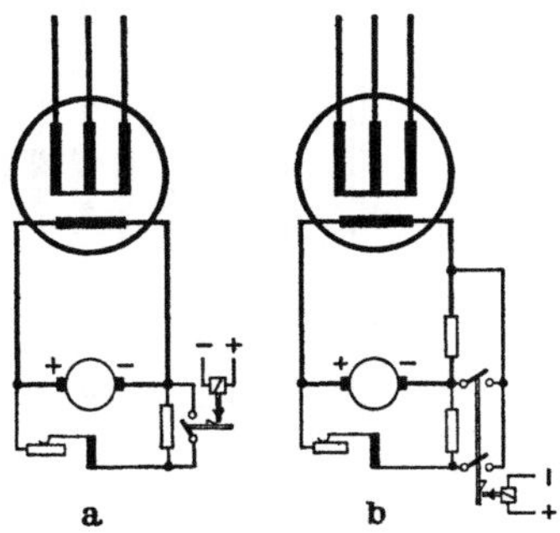

Abb. 181a u. b. Schnell-Entregungseinrichtungen
a) mit Feldschwächung im Erregerkreis (für kleine Generatoren); b) mit Feldschwächung im Erreger- und Rotorkreis (für mittlere Generatoren)

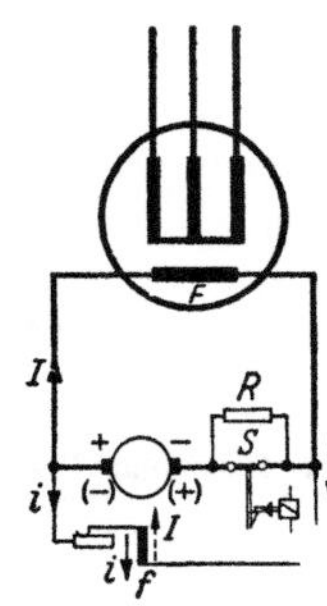

Abb. 182. Schwingungs-Entregung

kann eine kürzere Entregungszeit durch einen zusätzlichen Widerstand im Rotorkreis erzielt werden, der ebenfalls durch einen zweiten Kontakt des Entregungsschalters im Normalbetrieb überbrückt, im Entregungsfalle eingeschaltet ist, so daß eine raschere Vernichtung der magnetischen

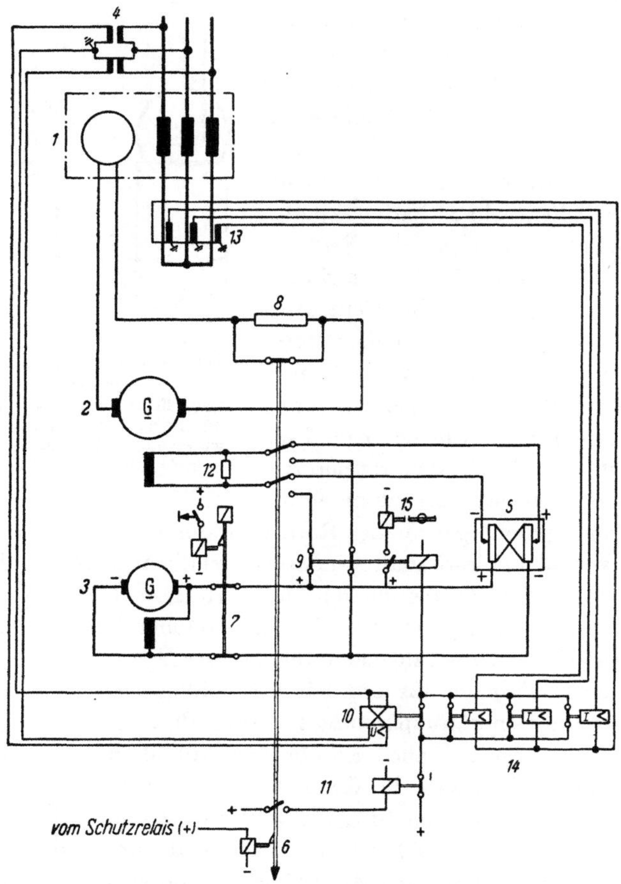

Abb. 183. Schnellentregung nach der Umpolmethode für extrem kurze Entregungszeiten für Generatoren größter Leistung

Energie des Rotors stattfinden kann (Abb. 181 b). Eine andere, häufig verwendete Schnellentregung ist die Schwingungsentregung (Abb. 182). Sie arbeitet wie folgt:

Die Erregermaschine liefert bei Normalentregung des Generators den Läuferstrom I und den Feldstrom i der Erregermaschine, die wie gezeichnet fließen. Im Ankerkreis der Erregermaschine wird vor der Abzweigung a zu den beiden Feldern ein geeignet bemessener Widerstand R angeordnet, der im Normalfall durch den Schalter S kurzgeschlossen ist.

Gebräuchlich ist auch eine Anordnung, bei der im Entregungsfalle die Rotorwicklung durch einen Schalter von der Erregermaschine einpolig abgetrennt und unterbrechungslos auf einen Dämpfungswiderstand umgeschaltet wird, wodurch infolge der Vernichtung der im Polrad aufgespeicherten magnetischen Energie eine Herabsetzung der Maschinenspannung schnell erfolgt.

Eine noch weitere Verkürzung der Entregungszeit kann durch die Umpolmethode nach Abb. 183 erreicht werden, die bei Generatoren sehr großer Leistung mit Hilfserregermaschinen angewendet wird. Im Rotorkreis ist ein Feldschwächungswiderstand eingebaut, der von dem Entregungsschalter bei Normalbetrieb überbrückt wird. Auf dem Entregungsschalter sind noch Kontakte für den Umpolschalter angeordnet. Im Entregungsfalle wird durch Öffnen des Entregungsschalters der Feldschwächungswiderstand in Reihe mit der Läuferwicklung geschaltet. Gleichzeitig wird die Feldwicklung durch den Umpolschalter an die volle Hilfserregerspannung mit umgekehrter Polarität angeschlossen. Diese Gegenerregung wird, sobald die Generatorspannung auf einen sehr kleinen Wert abgesunken ist, durch das Minimal-Spannungsrelais *10* unterbrochen, das über die 2 Spannungswandler *4* dreiphasig an die Generatorspannung angeschlossen ist. Bei Kurzschlußstörung des Generators heben die 3 Minimal-Stromrelais *14* die Gegenerregung rechtzeitig auf. Das Zeitrelais *11* unterbricht nach einer einstellbaren Zeit auf alle Fälle die Gegenerregung.

N. Relais-Prüfeinrichtung

Da die Schutzrelais nur sehr selten zum Ansprechen kommen, ist es zweckmäßig, ihre Betriebsbereitschaft regelmäßig zu kontrollieren. Hierzu dienen Relais-Prüfeinrichtungen, mit denen die Relais während des Betriebes oder Stillstands des Generators zum Ansprechen gebracht und so auf richtige Wirkungsweise erprobt werden können. Die Relais-Prüfeinrichtung muß absolut sicher eine Fehlabschaltung des Generators verhindern; leichte Bedienung ist anzustreben. Abb. 184 zeigt ein einfaches Prüfverfahren mit Überlagerungsstrom für *3* Überstromrelais. Mit den Prüftastern wird dem Betriebsstrom der Relais noch ein fremder Strom aus einer Wechselstromquelle überlagert, der mittels Widerstand *5* auf einen zum Ansprechen sicheren Wert einmalig eingestellt wird. Bei Betätigung des Prüftasters *6* liefert die Prüfeinrichtung bei Erprobung während des Betriebes den zum Ansprechen noch fehlenden Zusatzstrom, der für die Prüfung bei stillstehender Maschine mittels Prüfwiderstand auf den vollen Ansprechwert erhöht werden muß. Um bei der Prüfung eine Fehlabschaltung des Generators zu vermeiden, werden bei Betätigung des Prüfschalters gleichzeitig die Auslöseleitungen für den Generator- und Entregungsschalter unterbrochen. Mit Meßinstrumenten und Regeleinrichtungen erweiterte Prüfeinrichtungen gestatten die Ansprechwerte für Strom, Spannung und Laufzeit der Relais bei Stillstand oder Betrieb des Generators genau zu ermitteln, ohne daß irgendwelche

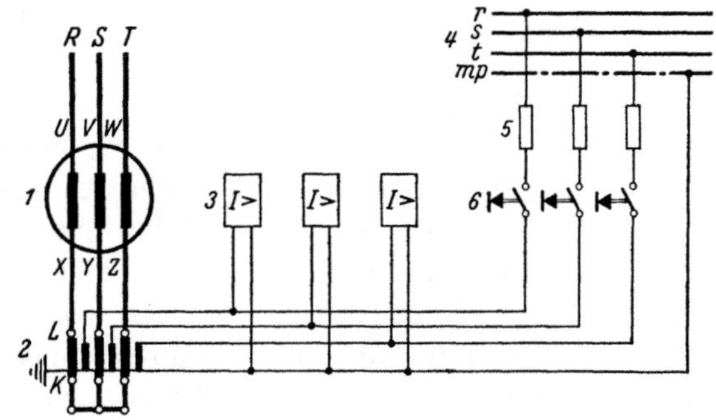

Abb. 184. Einfaches Prüfen eines Überstromrelais mit Überlagerungsstrom
1 Drehstrom-Synchrongenerator; 2 Stromwandler; 3 Überstromrelais; 4 Prüfstromquelle; 5 Prüfwiderstand; 6 Prüftaster

Umklemmungen an den Relais während ihrer Erprobung vorgenommen werden müssen. Zu einem Relaisprüfwagen zusammengebaut, kann die Erprobung der Schutzeinrichtungen für alle Maschinen des Kraftwerkes in einfacher und genauer Weise durchgeführt werden.

VI. Transformatorschutz

A. Allgemeines

Auch für die Transformatoren gilt derselbe Grundsatz wie für die Generatoren, daß ihre Konstruktionen allen betriebsmäßigen Anforderungen und darüber hinausgehenden Beanspruchungen vorübergehend gewachsen sein müssen, ohne Schaden zu erleiden. Äußere Einwirkungen, wie Stoßspannungen[1] atmosphärischer Herkunft führen infolge der übermäßigen Beanspruchung der dielektrischen Festigkeit ohne Erwärmung der Wicklungsisolation früher oder später zu einem Isolationsdurchschlag. Um einen Transformatorschaden zu vermeiden oder zu begrenzen, sind Schutzmaßnahmen notwendig, die bei einer drohenden Gefährdung vorbeugend warnen oder abschalten und bei einem eingetretenen Defekt immer den Transformator sofort spannungslos

[1] R. Elsner: Detection of insulation failures during impulse testing of transformers. CIGRE-Ber. 1954, Nr. 101. – W. Rabus: The impulse voltage difference method for the detection and location of faults during fullwave impulse test on transformers. CIGRE-Ber. 1954, Nr. 139.

machen. Wieder ist wie beim Generatorschutz die grundsätzliche Aufgabe gestellt, daß die Schutzrelais bei inneren Schäden oder bei Störungen auf den anschließenden Sammelschienen sicher ansprechen und bei entfernten Netzstörungen eine Fehlauslösung sicher vermeiden. Der Schutz für Transformatoren ist mit einfacheren Mitteln möglich als für Generatoren. Die gebräuchlichsten Schutzeinrichtungen für Transformatoren sind:

a) gegen äußere Einwirkungen:
Schutz gegen atmosphärische Überspannungen
Schutz gegen äußere Kurzschlüsse und thermische Überlastungen.

b) gegen innere Fehler:
Buchholzschutz
Differentialschutz.

B. Überspannungsschutz

Gefährliche Überspannungen können durch atmosphärische Störungen, Schaltvorgänge oder intermittierende Erdschlüsse ausgelöst werden. Um sie auf ein für die Transformatorisolation unschädliches Maß herabzusetzen, werden Überspannungsableiter vorgesehen und in der Regel am Eingang der Station in jede Leitung eingebaut. In ausgedehnten Anlagen empfiehlt es sich, mit Rücksicht auf den begrenzten Schutzbereich den Ableiter zusätzlich in unmittelbarer Nähe des Transformators zwischen Phase und Erde und im Sternpunkt anzuordnen. Die Ableiter setzen die ankommende Überspannungswelle bis auf die sogenannte Restspannung herab und flachen außerdem die Welle ab, so daß die zwischen benachbarten Windungen des Transformators auftretende Spannung ausgehalten werden kann.

C. Überstrom- und Überlastschutz

Gelingt es bei Sammelschienen- und Netzkurzschlüssen dem Netzschutz nicht, die defekte Stelle abzutrennen, so muß auch der Transformator abgeschaltet werden, um durch Überströme zu langer Dauer eine übermäßige Erwärmung zu vermeiden. Hierzu verwendet man Überstromzeitrelais, die bei Überschreiten des eingestellten Überstromes ansprechen und bei Andauern des Überstromes nach Ablauf der Auslöseverzögerung Kontakt geben für die Transformatorabschaltung. Um den speziellen Schutzrelais gegen Netzkurzschlüsse Gelegenheit zum Ansprechen zu geben, müssen die Überstromzeitrelais auf Zeitverzögerung eingestellt werden, die dem Netzschutz angepaßt werden muß. Sie sprechen auch auf innere Kurzschlüsse an, haben jedoch wegen der Auslöseverzögerung nur eine Grobschutzwirkung. In Notfällen kann es wertvoll sein, die volle Überlastungsfähigkeit des Transformators auszuschöpfen. Hierzu ist es notwendig, die Wicklungstemperatur zu überwachen. Dazu dienen Thermorelais, die die Erwärmung des Transformators dauernd messen, und ansprechen, sobald sie einen zulässigen Höchstwert erreicht hat. Besonders bei Transformatoren leistet die Anwendung von Thermorelais gute Dienste, die durch Ausnutzung der großen Überlastbarkeit eine in kritischen Versorgungszeiten nützliche Leistungsreserve schaffen. Das Thermorelais läßt man meist auf Signal wirken, damit das Personal für Entlastung des Transformators sorgen kann, wozu noch Zeit ist, da der Transformator betriebsmäßigen Überlastströmen kurzzeitig ohne Schaden standhält. Für den Überlastschutz genügt ein Thermorelais in einer Phase. Sind noch Überstrom-Zeitrelais vorhanden, so empfiehlt sich eine Kombination von 2 Überstrom-Zeitrelais in 2 Phasen für den Kurzschlußschutz und 1 Thermorelais in der dritten Phase für den Überlastschutz des Transformators.

D. Buchholz-Schutz

Zur Feststellung innerer Fehler bei Öltransformatoren mit Ausdehnungsgefäß eignet sich der nach dem Erfinder benannte Buchholz-Schutz, der sehr empfindlich arbeitet. Sein Prinzip beruht auf der Erscheinung, daß jeder Fehler im Öl von einer Gasentwicklung begleitet ist. Die Gasblasen werden in einem Schwimmerapparat im Deckel des Kastens gesammelt, der bei leichteren Fehlern ein Warnsignal betätigt, bei schweren den Transformatorschalter abschaltet.

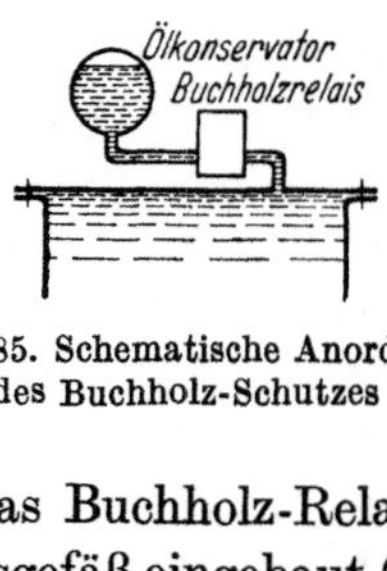

Abb. 185. Schematische Anordnung des Buchholz-Schutzes

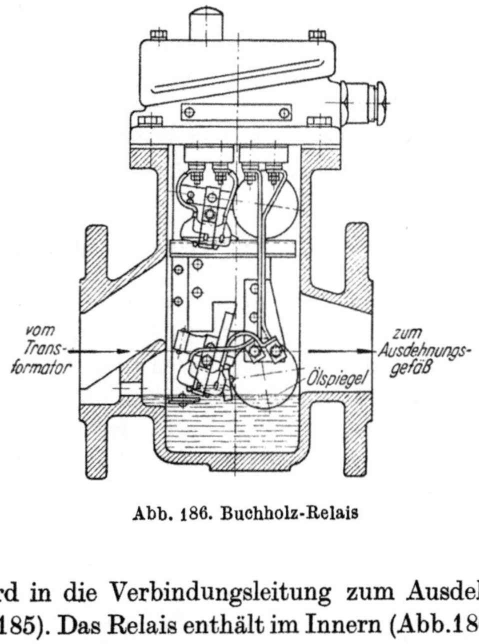

Abb. 186. Buchholz-Relais

Das Buchholz-Relais wird in die Verbindungsleitung zum Ausdehnungsgefäß eingebaut (Abb. 185). Das Relais enthält im Innern (Abb.186) z.B. zwei Schwimmer. Werden infolge eines inneren Fehlers Gasblasen gebildet, so steigen diese nach oben und gelangen in das Buchholz-Relais, in welchem sie allmählich die Flüssigkeit verdrängen. Dadurch nimmt der Auftrieb des oberen Schwimmers ab, er bewegt sich nach unten und eine Quecksilber-Schaltröhre schließt einen Kontakt, durch den ein Signal ausgelöst werden kann. Das Personal wird gewarnt und kann versuchen, die Ursache des Ansprechens zu ergründen und gegebenenfalls den Transformator zwecks näherer Untersuchung abzuschalten.

Kurzschlüsse im Innern des Transformators werden stets mit einer heftigen Gasentwicklung verbunden sein. Hierdurch wird das Öl stoßartig in das Ausdehnungsgefäß gepreßt und der untere Schwimmer durch die kräftige Ölströmung nach unten gekippt. Die hiermit verbundene Kontaktgabe löst unmittelbar den oder die Leistungsschalter aus.

Der Buchholz-Schutz ist ein Überwachungsapparat, der auf alle Fehler innerhalb des Kastens anspricht, und diese schon im Entstehen meldet. Außer Isolationsfehlern erfaßt er auch Leiterbrüche, schlechte Kontaktstellen z.B. an den Stufenschaltern, sowie Eisenbrand. Ferner spricht dieser Schutz auch auf Überschläge unter Deckel an, die meist an den Durchführungen auftreten. Er arbeitet selektiv, da die Gasentwicklung nur durch Vorgänge im zugehörigen Transformator hervorgerufen wird. Im Hinblick auf mögliche Störungen außerhalb des Kessels, wie Klemmenüberschläge, bedarf er einer Ergänzung, die meist durch den Differentialschutz vorgenommen wird.

E. Differentialschutz

Der Differentialschutz kann gemäß Abb. 187 ausgebildet sein. Das Differentialrelais wird an Stromwandler vor beiden Transformatorwicklungen angeschlossen und durch die Differenz ihrer Sekundärströme erregt. Bei Kurzschluß im Bereich zwischen den Stromwandlern fließt ein Strom in der Auslösewicklung des Relais, so daß es anspricht. Es werden also auch die Zuleitungen zu den Transformatorwicklungen innerhalb der Einbaustelle der Stromwandler mitgeschützt.

Im Normalbetrieb und bei Kurzschlüssen außerhalb des

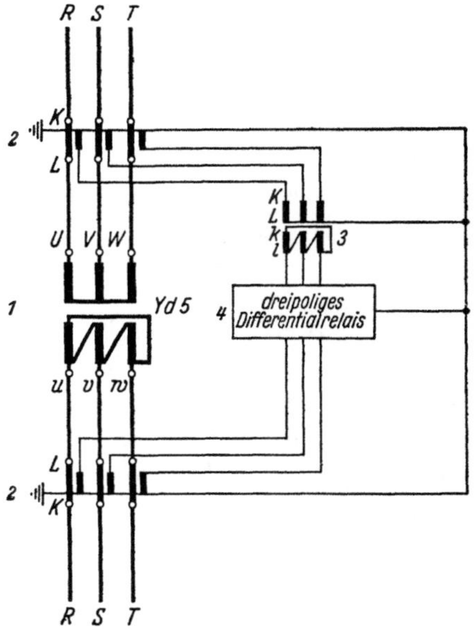

Abb. 187. Differentialschutz eines Drehstrom-Transformators in *Yd 5* Schaltung mit einem dreipoligen Differentialrelais
1 Drehstrom-Transformator in *Yd 5* Schaltung; *2* Hauptstromwandler; *3* Zwischenstromwandler; *4* Dreipoliges Differentialrelais

Schutzgebietes, das durch die beiden Stromwandlergruppen begrenzt wird, soll das Differentialrelais nicht ansprechen. Auch im Normalbetrieb bei Transformatoren mit einer Regelwicklung darf keine Fehlauslösung durch den Differentialschutz erfolgen, wenn der Stufenschalter in eine andere Stellung gebracht und sich hierdurch das Übersetzungsverhältnis des Transformators ändert. Ferner kann der unvermeidliche Magnetisierungsstrom eine Fehlauslösung bewirken, da er im Normalbetrieb einen durch die Hauptstromwandler übersetzten Strom durch das Differentialrelais schickt und deshalb die gleiche Wirkung hat wie ein Fehlerstrom. Der Magnetisierungsstrom kann bei veränderten Betriebsverhältnissen z. B. bei vorübergehender Erhöhung der Netzspannung, etwa nach Lastabschaltungen, ansteigen und unter Umständen das Differentialrelais zum Ansprechen bringen. Der Magnetisierungsstrom ist besonders beim Einschalten von Transformatoren groß (s. S. 126). Ebenso kann bei Stern-Stern-Transformatoren mit geerdetem Sternpunkt im Falle von Netzerdschluß ein hoher Fehlerstrom entstehen, der ohne besondere Abhilfe das Differentialrelais zum Ansprechen bringen würde. Für die Stromwandler wird eine Überstromziffer entsprechend den höchsten vorkommenden Stoßkurzschlußströmen vorgeschrieben, so daß der Stromfehler hierbei nicht größer als 10% ist.

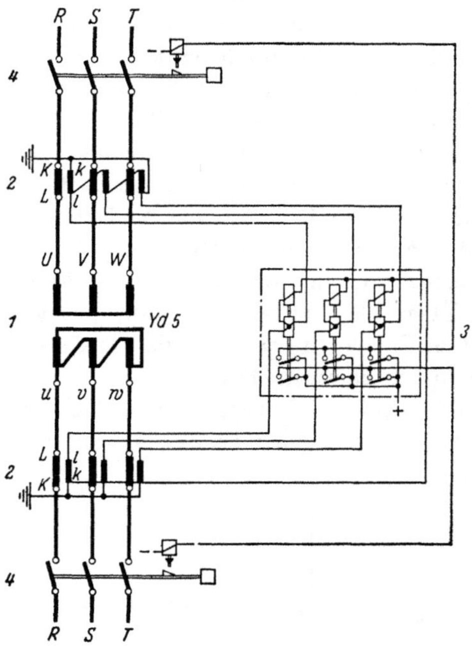

Abb. 188. Schaltung der Stromwandler für den Differentialschutz eines Transformators in Stern-Dreieck-Schaltung *Y 5 d*. *1* Drehstrom-Transformator; *2* Stromwandler; *3* Differentialrelais; *4* Leistungsschalter

Zur Vermeidung von Fehlauslösungen infolge der vorbezeichneten Ursachen werden die unten erwähnten Maßnahmen am Differentialrelais ergriffen. Bei Stern-Dreieck-Schaltung, die in Abb. 187 vorgesehen ist, muß durch entsprechende Schaltung von Hilfsstromwandlern die Phasenverschiebung sekundär – gegenüber primärseitig berücksichtigt werden. Man kann auch die Phasenverdrehung durch Dreieck-Schaltung der Primärwandler entsprechend Abb. 188 erreichen, jedoch ist die

Schaltung nach Abb. 187 für solche Fälle vorzuziehen, da hierbei eine gleichwertige Erdung der 3 Sekundärwicklungen im Sinne der VDE-Regeln für Meßwandler in Hochspannungsanlagen über 1 kV gegeben ist.

Wenn der Nullpunkt einer Transformatorwicklung bei Stern-Stern-Schaltung des Transformators direkt oder über eine Löschspule geerdet ist (Abb. 189) kann mit einer Fehlauslösung des Differentialrelais bei einem Erdschluß außerhalb des durch die Stromwandler begrenzten Schutzbereiches gerechnet werden, weil hierbei die primären und sekundären Ströme in jeder Phase des Transformators nicht mehr gleich groß bleiben und infolgedessen ein störender Nullpunktstrom über das Relais fließt. Das unerwünschte Ansprechen des Differentialrelais läßt sich durch Dreieckschaltung und zwar wieder zweckmäßig der Zwischenstromwandler-Sekundärwicklungen verhindern.

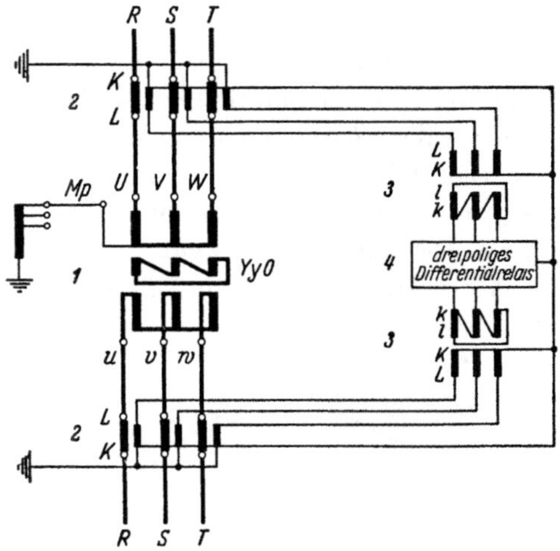

Abb. 189. Differentialschutz eines Drehstrom-Transformators mit Erdschluß-Löschspule auf der Oberspannungsseite
1 Drehstrom-Transformator mit Erdschluß-Löschspule auf der Oberspannungsseite; *2* Hauptstromwandler; *3* Zwischenstromwandler; *4* 3poliges Differentialrelais

Um bei störenden Differenzströmen ein Fehlansprechen des Differentialschutzes zu vermeiden, wird dieses, wie folgt stabilisiert.

Bei einem normalen Differentialschutz spricht das Relais (s. Gerade *a*, Abb. 190) bei einem bestimmten Fehlerstrom I_f an. Bei einem Transformator ohne Regelbarkeit wird man I_f so wählen, daß I_f mit genügender Sicherheit über dem Fehlerstrom I_μ, der durch den Magnetisierungsstrom des Transformators und durch Wandlerfehler bei hohen Strömen bedingt ist, liegt. Wird die Wicklung geregelt, so verändert sich das Übersetzungsverhältnis, und da die Differentialwandler in ihrem Übersetzungsverhältnis unverändert bleiben, wird sich jetzt ein Fehlerstrom, der durch das Differentialrelais fließt, ergeben. Dieser zusätzliche Fehlerstrom I_f' wird (konstante Anzapfung vorausgesetzt) proportional dem abgegebenen Strom ansteigen (Gerade *b*) und bei einer Stromstärke, die größer als I_0 ist (s. Abb. 190), wird das

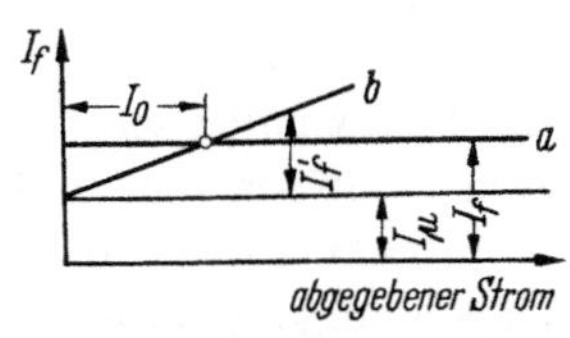

Abb. 190. Fehlerkurve und Ansprechkurve in Abhängigkeit des Stromes

Differentialrelais ansprechen, obwohl kein Fehler vorliegt. Günstiger wäre eine Charakteristik des Differentialrelais wie in Abb. 191a (Gerade *a*), d.h. der Auslösestrom soll mit wachsendem abgegebenem Strom ebenfalls zunehmen. Zeichnet man in dieser Abbildung den durch den Magnetisierungsstrom und das veränderte Übersetzungsverhältnis bedingten Fehlerstrom ein (Gerade *b*), so erkennt man, daß sich zwischen den beiden Geraden *a* und *b* kein Schnittpunkt mehr ergibt. Das Differentialrelais wird also nicht ansprechen, sofern nicht ein großer Fehlerstrom auftritt, der durch einen Fehler im Transformator hervorgerufen wird. Die ansteigende, wenn auch nicht immer geradlinige Charakteristik *a* erhält man, indem mit dem Anker des Differentialrelais *R* der

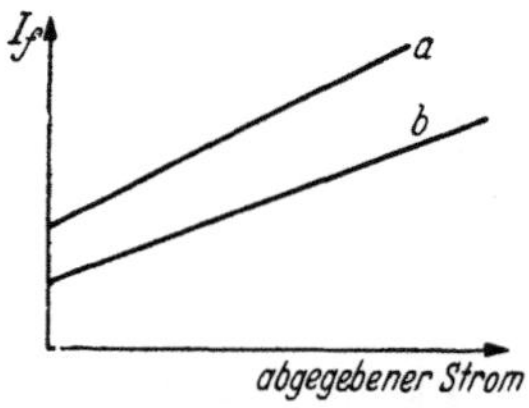

Abb. 191a. Gewünschte Ansprechkurve in Abhängigkeit des abgegebenen Stromes

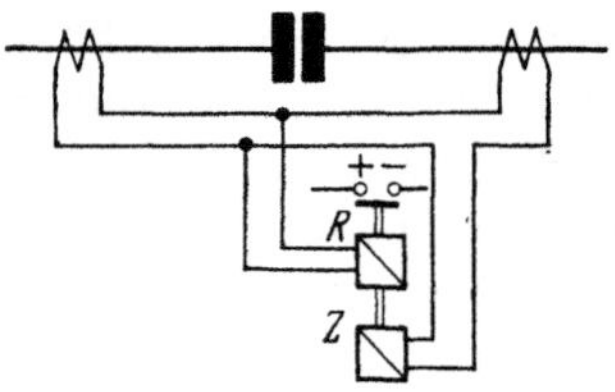

Abb. 191b. Differentialrelais mit zusätzlicher Haltewicklung

Anker eines zweiten Relais *Z* verbunden wird, welches von einem Strom durchflossen wird, der dem Leitungsstrom entspricht (Abb. 191b). Die Kräfte von *Z* und *R* sind einander entgegengesetzt gerichtet. Steigt der Leitungsstrom, dann nimmt die Kraft der Spule *Z*, welche den Anker in der Ruhelage halten will, zu. Es ist jetzt ein größerer Fehlerstrom, der durch das Differentialrelais *R* fließen muß, notwendig, um ein Ansprechen herbeizuführen. Man hat also durch ein solches stabilisiertes Differentialrelais mit zusätzlicher Haltewicklung den Vorteil, auch Regeltransformatoren schützen zu können. Selbstverständlich ist ein Differentialrelais mit Haltespule auch brauchbar, um bei einem Differentialschutz für einen Generator das genaue Abgleichen der Wandler vermeiden zu können, da bei einem außerhalb des Generators liegenden Kurzschluß die durch Ungenauigkeiten der Wandler hervorgerufenen Fehlerströme jetzt keine Falschauslösungen hervorrufen können.

Eine andere oft mit Vorteil anzuwendende Lösung läßt sich mit dem Sperrelais der Abb. 192b durchführen. Man hat zwei Spulensysteme, die von den Strömen I_1 und I_2, welche gleichphasig angenommen sind, durchflossen werden. Ist der Anker in der Mitte des Luftspaltes, dann wirken (Windungszahl = 1 gesetzt) beispielweise auf den linken Luftspalt $I_1 + I_2$ und auf den rechten $I_1 - I_2$ Amperewindungen. Sieht man von der Sättigung ab, dann ist die nach links wirkende Kraft proportional $(I_1 + I_2)^2$ und die nach rechts $(I_1 - I_2)^2$. Resultierend wirkt auf den

Anker $(I_1 + I_2)^2 - (I_1 - I_2)^2 = 4 I_1 I_2$. Der Anker kippt nach links, falls die Kraft größer ist als die Haltekraft einer Feder. Die Ansprechkurve $I_2 = f(I_1)$ müßte also eine Hyperbel sein. Praktisch (falls der Anker in der Ruhelage etwas rechts der Mitte liegt) ergeben sich die Ansprechkurven der Abb. 192c. Betrachten wir den mit dem Differentialrelais R versehenen Transformator der Abb. 192a und denken wir uns die Spulen I und II des Sperrelais der Abb. 192b von den Wandlerströmen I_1

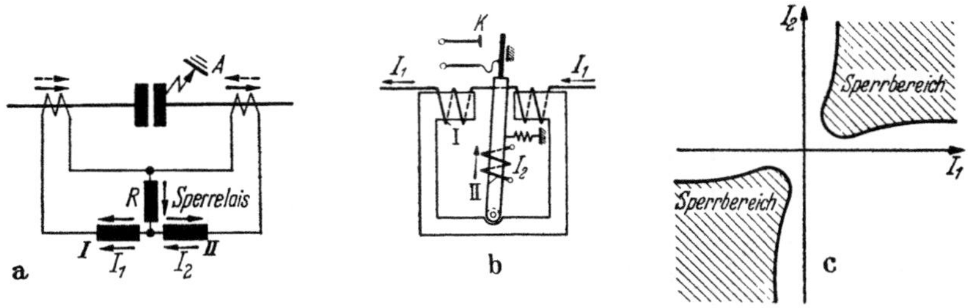

Abb. 192a–c. Sperrelais für Differentialschutz (SSW). a) Schaltung; b) Relais; c) Ansprechbereich

und I_2 durchflossen, so können I_1 und I_2 etwas verschieden sein, das Sperrelais wird, solange die Ströme gleichphasig und genügend groß sind, ansprechen. Es vermag zwar in diesem Falle durch das Differentialrelais ein Strom zu fließen, so daß es anspricht, die Schalter werden jedoch nicht ausgelöst, da die Auslöseleitung über den jetzt offenen Kontakt des Sperrrelais (Abb. 192b) geführt ist.

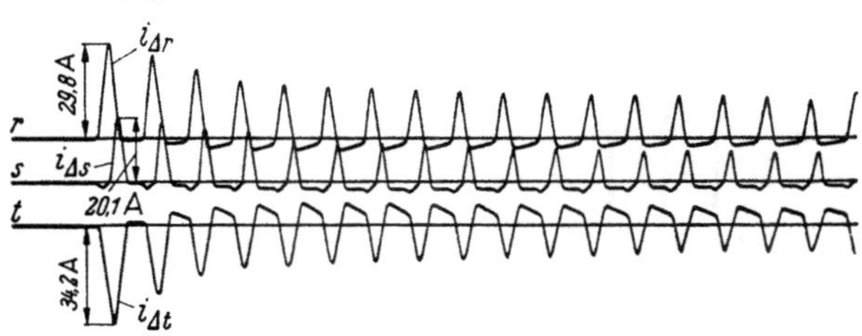

Abb. 193. Oszillogramm des Einschaltstromstoßes in den 3 Phasen eines Transformators

Ist jedoch im Transformator bei A ein Fehler, so fließen die gestrichelten Ströme. Das Differentialrelais R spricht an, das Sperrelais (welches jetzt von entgegengesetzten Strömen durchflossen wird) bleibt in Ruhe, so daß diesmal die Schalter ausgelöst werden.

Ein Fehlansprechen infolge des unter Umständen sehr hohen Einschaltstromstoßes (rush) eines Transformators wird bei dem sogenannten einschaltsicheren, stabilisierten Differentialrelais vermieden. Bei einer Lösung geht man davon aus, daß, wie Oszillogramm (Abb. 193) zeigt, die auf einer Seite der Nullinie liegenden Halbwellen durchweg viel kleiner sind als die Halbwellen auf der anderen Seite. Einen solchen Strom kann man hinsichtlich seiner Wirkung auf das Drehmoment eines von ihm durchflossenen Relais einem Strom gleichsetzen, der mit halber Betriebsfrequenz pulsiert.

Abb. 194 zeigt ein einschaltsicheres Prozent-Differentialrelais, das mit einfachen Zusätzen in der Weise ergänzt wurde, daß sein bewegliches System infolge Resonanz unter Drehmomentimpulsen von halber Be-

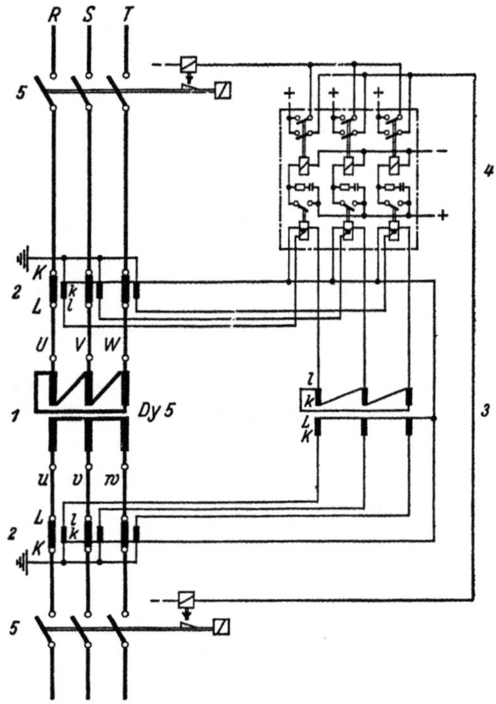

Abb. 194. Differentialschutz eines Transformators mit einem einschaltsicheren Prozent-Differentialrelais. *1* Drehstrom-Transformator; *2* Hauptstromwandler; *3* Zwischen-Stromwandler; *4* Differentialrelais; *5* Leistungsschalter

triebsfrequenz vibriert. Diese Vibrationen halten bei normalen Einschaltvorgängen so lange an wie die Stromstöße und verhindern die Auslösekontakte der Relais daran, lange genug geschlossen zu bleiben, um die Auslösung zu bewirken. Sollte aber im Betrieb oder während des Einschaltens ein Kurzschluß vorkommen, so schließen die Relaiskontakte unter der vorherrschenden Wirkung der Betriebsfrequenz sofort und lösen den Schalter mit der durch den eingebauten Zeitschutz gegebenen kleinen Verzögerung von 0,1 bis 0,15 sek aus.

Eine weitgehende Unempfindlichkeit gegen Fehlansprechen infolge des Einschaltstromstoßes erhält man auch durch Verwendung eines über Gleichrichter gespeisten Drehspulrelais, das den arithmetischen Mittelwert des Stromes erfaßt.

VII. Die Schaltung von Kraftwerken und Umspannwerken[1]

Zur Verteilung der in den Kraftwerken erzeugten elektrischen Energie dienen die Schaltanlagen, deren grundsätzliche Schaltung im folgenden behandelt werden soll. Im einfachsten Falle arbeiten mehrere Generatoren auf ein Sammelschienensystem, von dem eine Reihe von Leitungen zu Umspannwerken oder zu größeren Verbrauchern führen. In der Abb. 195 erfolgt die Verteilung mit der Generatorspannung. Jedem Generator muß ein Leistungsschalter vorgeschaltet sein, ferner muß jeder Abzweig einen solchen besitzen. Zum Freischalten sind vor den Generatorschaltern Trenner notwendig, um bei abgeschaltetem Generator den Leistungsschalter spannungslos untersuchen zu können. Ohne Trenner würde der eine Kontakt des Leistungsschalters von der Sammelschiene Spannung erhalten. In den Abzweigen wird meist beidseitig des Leistungsschalters je ein Trenner vorgesehen. Wenn es sich um Ausläuferleitungen handelt, die also nicht von der anderen Seite her gespeist werden können, kann wie in der Abb. 195 links oben dargestellt, der der Leitung zugekehrte Trenner wegfallen. Oft wird jedoch auch hier, soweit es sich um Freileitungen handelt, ein Trenner und Erdungsschalter vorgesehen, da die abgeschaltete Leitung durch atmosphärische Beeinflussungen elektrisch aufgeladen werden kann und man daher die Möglichkeit haben sollte, bei Untersuchung des Leistungsschalters diesen durch einen davorliegenden Trenner von der Leitung abtrennen und die Leitungsstrecke erden zu können.

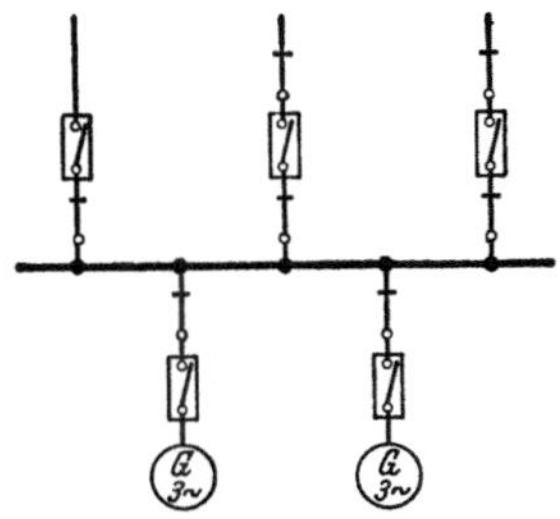

Abb. 195. Generatoren arbeiten auf Einfachsammelschiene

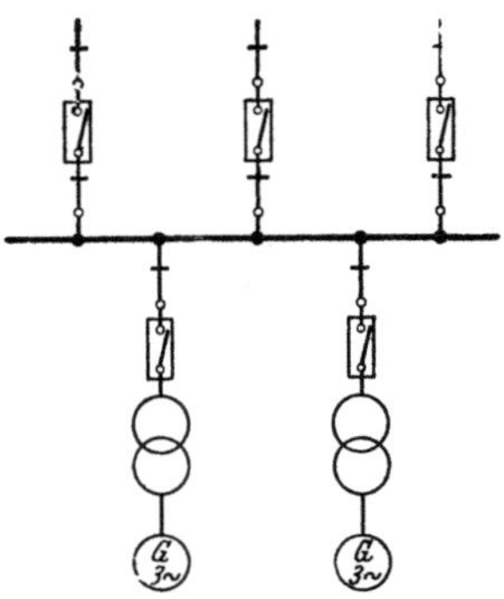

Abb. 196. Generatoren arbeiten über Transformatoren auf Einfachsammelschiene

Wenn die Verteilungsspannung eine höhere als die Generatorspannung ist, wird man jedem Generator einen Transformator zuordnen (Abb. 196). Generator und Transformator bilden eine Einheit und es ist nicht notwendig, zwischen Generator und Transformator einen Leistungsschalter

[1] Siehe auch Waltjen: Schaltanlagen für Drehstromkraftwerke. Berlin: Springer 1929 und H. Blaschke: Schaltung und Bemessung von Sammelschienen elektrischer Anlagen. Leipzig: Akad. Verlagsges. Geest u. Portig K.-G. 1949.

zu legen, sondern es genügt, wenn der Leistungsschalter auf der Oberspannungsseite des Transformators vorgesehen wird. Diese Anordnung wird als Blockschaltung bezeichnet; sie hat den großen Vorteil, daß bei einem Sammelschienen-Kurzschluß die Kurzschlußströme durch die Streuinduktivitäten der den Generatoren vorgeschalteten Transformatoren begrenzt werden.

Gelegentlich ist es notwendig, daß in einem Kraftwerk die Energie mit zwei verschiedenen Spannungen verteilt werden muß. Beispielsweise

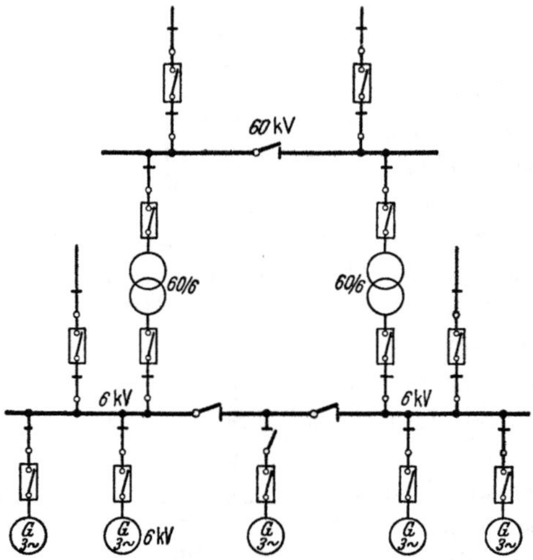

Abb. 197. 2 Sammelschienen zur Verteilung der elektrischen Energie mit 2 Spannungen

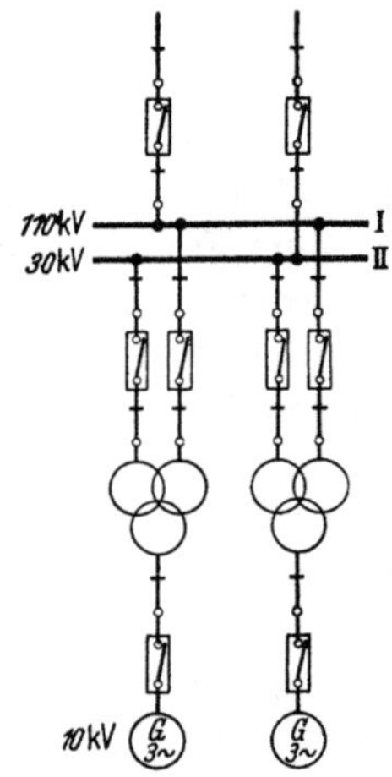

Abb. 198. Generatoren arbeiten über Dreiwicklungstransformatoren auf 2 Sammelschienen

arbeiten die Generatoren in einem nahe einer Stadt liegenden Werk mit einer Spannung von 6000 V. Mit dieser Spannung werden die Transformatorenstationen in der Stadt gespeist, während die Leitungen, welche zu einem benachbarten Überlandwerk gehen, eine höhere Spannung, z.B. 60 kV, besitzen (s. Abb. 197). Wenn sehr viele Generatoren unmittelbar auf ein Sammelschienensystem wirken, können bei großen Leistungen unangenehme Kurzschlußströme auftreten. Man unterteilt deswegen gelegentlich die Sammelschienen in zwei Sammelschienenabschnitte und fährt bei voller Belastung mit getrennten Hälften. Wenn ein Kurzschluß an einer Sammelschiene auftritt, ist der Kurzschlußstrom in diesem Falle nur etwa $^1/_2$ so groß. In der Abb. 197 ist ein Reservegenerator vorgesehen, der, wenn benötigt, sowohl auf den rechten, als auch auf den linken Abschnitt geschaltet werden kann. Ist bei geringer Belastung nur ein Generator eingeschaltet, dann ist es notwendig, die Sammelschienen zu kuppeln.

In Fällen, in denen die Verteilung mit zwei verschiedenen Spannungen erfolgt, wobei jedoch die Spannungen höher als die Generatorenspannung sind, empfiehlt sich die Verwendung von Dreiwicklungstransformatoren (s. Abb. 198). Während bei der Schaltung nach Abb. 196 zwischen den Generatoren und Transformatoren keine Leistungsschalter notwendig waren, sind sie jetzt erforderlich. Es besteht so die Möglichkeit, daß bei defektem oder abgeschaltetem Generator der zugehörige Transformator trotzdem in Betrieb bleibt und beispielsweise Energie von der 110 kV Sammelschiene nach der 30 kV Sammelschiene bzw. umgekehrt überträgt.

Bei den bis jetzt behandelten Schaltungen war der Einfachheit halber angenommen, daß nur ein Sammelschienensystem vorhanden war. Man wird jedoch stets, wenn es sich um wichtige Anlagen handelt, Doppel-

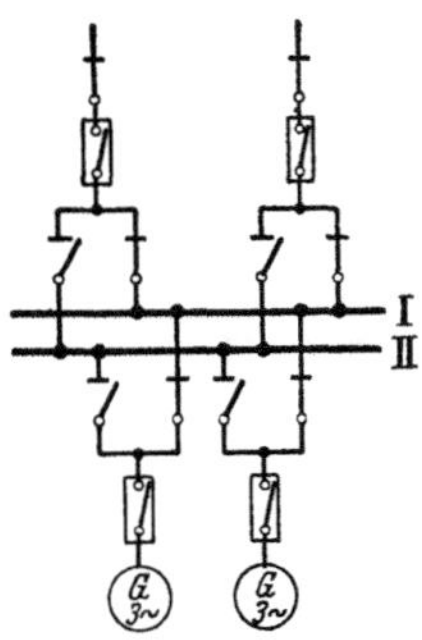

Abb. 199. Doppelsammelschienensystem

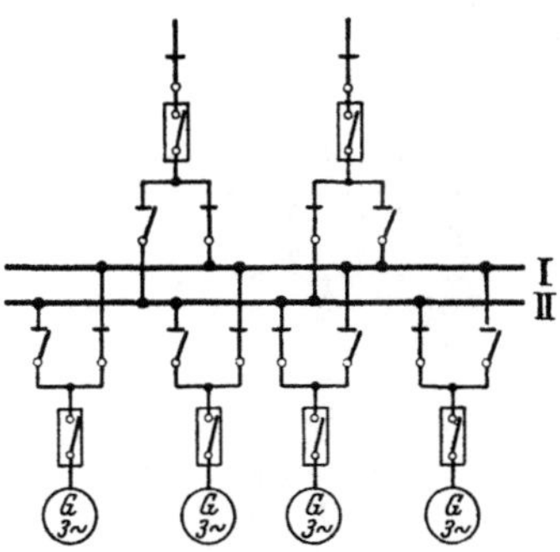

Abb. 200. Doppelsammelschienensystem; jede Sammelschiene arbeitet auf je einen Abzweig

sammelschienensysteme anwenden. Die Vorteile dieser Doppelsammelschienensysteme seien an einem einfachen Beispiel (Abb. 199) erläutert. In der Abb. 199 ist angenommen, daß das obere Sammelschienensystem in Betrieb ist, während das untere als Reserve dient. Entsprechend dem doppelten Sammelschienensystem ist jetzt die doppelte Anzahl von Trennern notwendig, von denen jedoch nur jeweils die eine Hälfte eingeschaltet ist, in diesem Falle die rechte. Sollen an dem Sammelschienensystem I Arbeiten vorgenommen werden (z. B. Reinigen der Isolatoren), dann kann das Sammelschienensystem II in Betrieb genommen werden, indem erst sämtliche linken Trenner eingelegt und dann die rechten abgeschaltet werden.

Das Doppelsammelschienensystem bietet ferner die Möglichkeit, mit getrennten Netzen zu fahren. Abb. 200 zeigt, daß die linken Generatoren auf das obere Sammelschienensystem I und die rechten auf das untere Sammelschienensystem II arbeiten, weiter ist der linke Abzweig mit dem oberen Sammelschienensystem und der rechte mit dem unteren verbunden. Durch die Trennung der Systeme werden einmal die Kurzschlußströme verkleinert und außerdem kann man beide Systeme, um verschiedene Spannungsabfälle in den abgehenden Leitungen gegebenenfalls auszugleichen, mit verschiedener Spannung betreiben. Ob man diese Möglichkeit ausnutzt, ist eine Frage, die von Fall zu Fall zu entscheiden ist.

Günstig ist bei Doppelsammelschienensystemen die Verwendung eines Kuppelschalters (s. Abb. 201). Mit diesem kann man den Übergang von einem Sammelschienensystem auf das andere etwas einfacher gestalten. Man wird jetzt so vorgehen, daß man erst den Kuppelschalter und dann in jedem Abzweig den offenen Trenner einlegt und hierauf

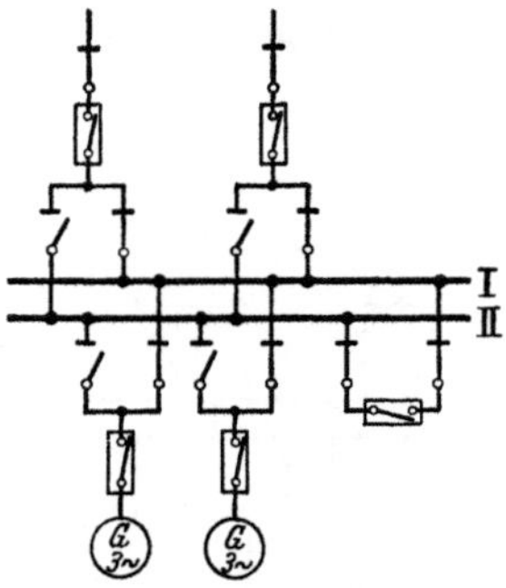

Abb. 201. Doppelsammelschienensystem mit Kuppelschalter

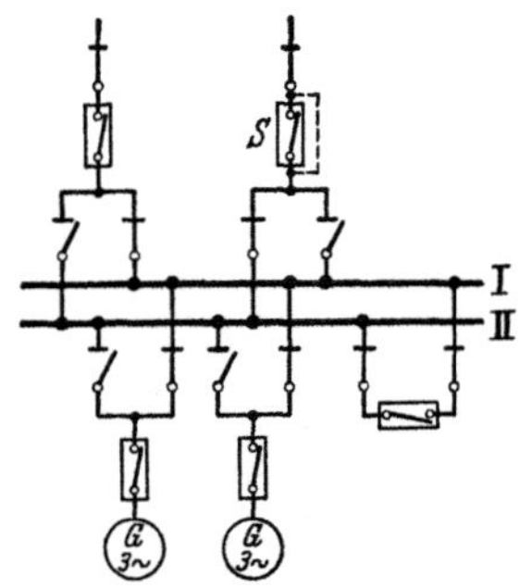

Abb. 202. Doppelsammelschienensystem mit Kuppelschalter bei schadhaftem Leistungsschalter

den geschlossenen herausnimmt. Anschließend wird der Kuppelschalter wieder geöffnet. Die bei der Anordnung nach Abb. 199 erforderliche Reihenfolge der Schalthandlungen, bei deren Nichtbefolgen gelegentlich Trenner unter Last gezogen werden, braucht bei Abb. 201 nicht eingehalten zu werden.

Der Kuppelschalter bietet im Falle des Fahrens mit zwei getrennten Systemen die Möglichkeit, beide Systeme, sofern Frequenzverschiedenheiten vorhanden sind, zu synchronisieren.

Der Kuppelschalter kann außerdem als Hilfsschalter dienen, wenn in einem Abzweig ein Leistungsschalter beschädigt sein sollte. In der Abb. 202 ist angenommen, dies sei mit dem rechten Leistungsschalter S der Fall. Der Leistungsschalter S wird dann überbrückt, der Abzweig an das freie Sammelschienensystem gelegt und der Kuppelschalter eingelegt. Der Abzweig wird jetzt über den Kuppelschalter gespeist und bei einem Kurzschluß auf der Strecke wird der Kuppelschalter auslösen. In diesem Falle müssen alle Generatoren auf eine Sammelschiene arbeiten.

Abb. 203 zeigt ein Doppelsammelschienensystem, bei dem noch eine Hilfsschiene vorgesehen ist. Hierdurch soll erreicht werden, daß in jedem beliebigen Abzweig jeder Leistungsschalter außer Betrieb genommen und nachgesehen werden kann, ohne daß eine Unterbrechung der Leistungsabgabe stattfindet. Hierzu ist ein Umgehungsschalter notwendig, der die Verbindung zwischen den Hauptsammelschienen und

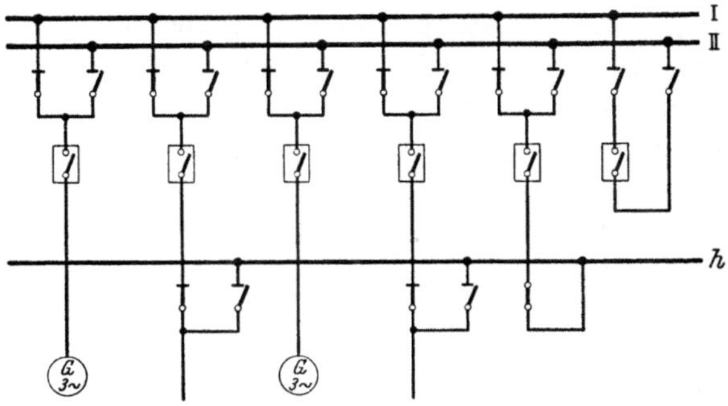

Abb. 203. Doppelsammelschienensystem mit zusätzlicher Hilfsschiene *h*

der Hilfsschiene herstellt. Soll etwa ein Leistungsschalter nachgesehen werden und ist das Sammelschienensystem I in Betrieb, dann müssen die entsprechenden Trenner und dann der Umgehungsschalter eingeschaltet werden. Jetzt kann der zu untersuchende Leistungsschalter, sowie die zugehörigen Trenner abgeschaltet werden, ohne daß eine Leistungsunterbrechung eintritt.

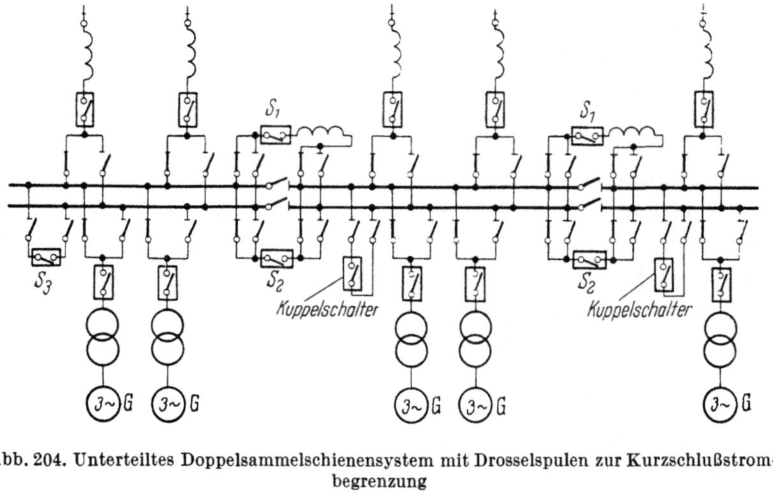

Abb. 204. Unterteiltes Doppelsammelschienensystem mit Drosselspulen zur Kurzschlußstrombegrenzung

Abb. 204 zeigt ein Doppelsammelschienensystem, wie es bei größeren Kraftwerken mit großen Kurzschlußströmen zur Anwendung kommen kann. Die Sammelschienen sind in mehrere Gruppen unterteilt (in diesem

Falle in drei), und die einzelnen Gruppen können widerstandslos bzw. über Drosselspulen miteinander verbunden werden.

Man wird im allgemeinen versuchen bei Schaltanlagen ohne Drosselspulen auszukommen und die notwendige Induktivität zur Begrenzung des Kurzschlußstromes in die Streuung der Transformatoren hineinzulegen. Bei größeren Leistungen und mittleren Spannungen z.B. bis 30 kV genügen diese Mittel nicht immer und man muß zur Begrenzung der Kurzschlußströme Kurzschlußdrosselspulen vorsehen. Diese Drosselspulen begrenzen vorwiegend die Stoßströme, während ihr Einfluß auf die Dauerkurzschlußströme nicht so groß ist. Normalerweise, wenn die drei Sammelschienenabschnitte durch die zugehörigen Generatoren gespeist werden, sind die drei Abschnitte durch den Schalter S_1 über die Drosselspulen miteinander verbunden. Die Drosselspulen können genügend Induktivität erhalten, da durch sie meist nur ein unbedeutender Ausgleichsstrom fließt, der nur einen kleinen Spannungsabfall bedingt. Tritt jedoch in einem der Sammelschienenabschnitte ein Kurzschluß auf, dann begrenzen diese Drosselspulen wirksam die zufließenden Kurzschlußströme und die nicht vom Kurzschluß betroffenen Sammelschienenabschnitte erfahren nur eine mäßige Spannungsabsenkung, so daß die zugehörigen Generatoren nicht außer Synchronismus geraten.

Sollten aus betrieblichen Gründen in das linke Sammelschienensystem von den rechten Sammelschienen aus beachtliche Ströme fließen, so würde durch die Drosselspulen der Spannungsabfall zu groß werden. Man wird deshalb einen Überbrückungssschalter S_2 einlegen, der die Sammelschienensysteme widerstandslos verbindet. Dieser Schalter wird so eingestellt, daß er im Störungsfall augenblicklich ausschaltet. Tritt in einem Abzweig des linken Sammelschienensystems ein Kurzschluß auf, so wird der Schalter S_2 sehr rasch auslösen und beide Sammelschienensysteme sind jetzt nur über die Drosseln miteinander verbunden. Im gesunden System wird damit die Spannung einigermaßen gehalten und die in das kranke System hineinfließenden Kurzschlußströme werden stark durch die Drosselspule begrenzt. Außerdem wird dann der Schalter im kranken Abzweig nach einiger Zeit den Kurzschluß abschalten. Der Überbrückungsschalter S_2 muß sehr leistungsfähig ausgebildet sein, denn er schaltet sehr schnell ab und hat demgemäß einen hohen Kurzschlußstrom, der noch nicht auf die Größe des Dauerkurzschlußstromes abgeklungen ist, abzuschalten. Handelt es sich um einen Sammelschienenkurzschluß im linken System, dann wird nicht nur der Überbrückungsschalter S_2 auslösen, sondern auch der zur Drosselspule gehörende Schalter S_1 und das linke kranke System abtrennen.

Man kann die in einem Abzweig auftretenden Kurzschlußströme sehr stark verkleinern, wenn auch hier Drosselspulen eingebaut werden. Diese können verhältnismäßig große Induktivität haben, ohne daß bei Nennstrom der Spannungsabfall zu groß wird, da durch sie ja nur die im Verhältnis zur Kraftwerksleistung kleine Leistung des Abzweiges fließt. Die in den Abzweigleitungen gelegenen Drosselspulen erzeugen bei Nennstrom eine induktive Spannung in der Größenordnung von 3 bis 8% der Sammelschienenspannung. Der durch sie bedingte Spannungsabfall ist jedoch wesentlich kleiner, da der induktive Spannungsabfall geometrisch von der Sammelschienenspannung abgezogen werden muß.

Es sei erwähnt, daß man in wichtigen Anlagen oft sogar Dreifachsammelschienen hat, die eine freizügige Betriebsführung gestatten.

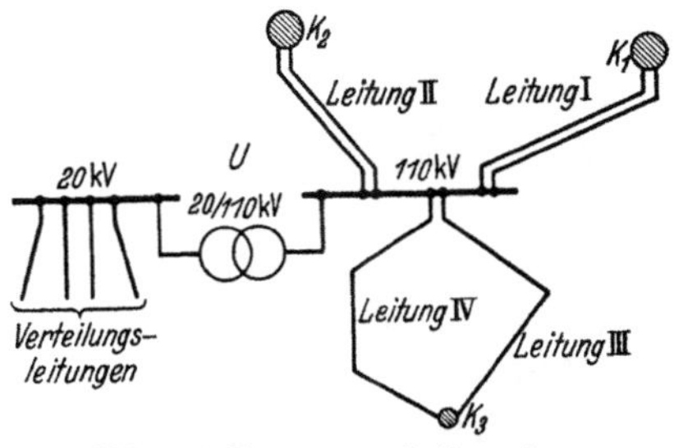

Abb. 205. Umspannwerk, Lageplan

In ähnlicher Weise wie bei Kraftwerken erfolgt die Ausbildung der Schaltanlagen bei Umspannwerken. Abb. 205 zeigt schematisch das Umspannwerk U, welches von den Kraftwerken K_1 und K_2 mit 110 kV über je eine Doppelleitung gespeist wird. An das Umspannwerk weiterhin angeschlossen ist eine 110-kV-Ringleitung mit einem

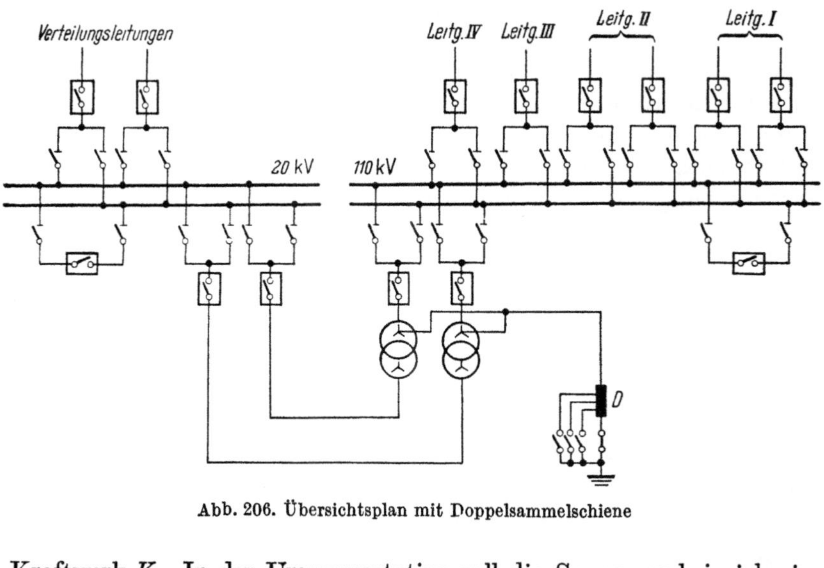

Abb. 206. Übersichtsplan mit Doppelsammelschiene

Kraftwerk K_3. In der Umspannstation soll die Spannung beispielweise auf 20 kV erniedrigt und mit dieser Spannung die Umgebung mit Strom versorgt werden. Abb. 206 zeigt die Schaltung. Das 110-kV-System ist von dem 20-kV-System getrennt angeordnet; beide werden miteinander durch zwei Transformatoren verbunden. Im Schaltbild ist auf der

110-kV-Seite eine Erdschlußlöschung (s. S. 417) durch die Erdschlußspulen D vorgesehen. Hierzu sind die Sternpunkte der Transformatoren 110-kV-seitig über Trenner mit der Erdschlußspule verbunden. Die Erdschlußspule hat Anzapfungen, die gestatten, bei Veränderungen des Netzes durch Wahl der richtigen Anzapfung jeweils den günstigsten Kompensationsgrad zur Erdschlußlöschung einzustellen.

VIII. Die Eigenbedarfsanlagen von Kraftwerken

Unter dem Begriff der elektrischen Eigenbedarfsanlagen versteht man diejenigen Einrichtungen in einem Kraftwerk, die erforderlich sind, um die Hilfsantriebe jederzeit mit elektrischer Energie zu versorgen. Zu den Hilfsantrieben des Kessels gehören im wesentlichen die Kesselspeisepumpen, Saugzug- und Frischluftgebläse und die Kohlemühlen. Besitzt der Kessel keine Kohlefeuerung, sondern Öl- oder Gasfeuerung, so treten an Stelle der Mühlen die entsprechenden Brenner. Bei dem Turbosatz, der bei größeren Einheiten für die öffentliche Elektrizitätsversorgung meist als Kondensationsturbosatz ausgeführt wird, sind als hauptsächlichste Antriebe die Kühlwasserpumpen, sowie die Kondensat- und Strahlwasserpumpen zu erwähnen. Außer diesen wenigen, einzeln aufgezählten Antrieben mit größeren Leistungen ist noch eine Vielzahl kleinerer Antriebe vorhanden, wobei zur Einschätzung der Größenordnung dienen mag, daß ein Kraftwerksblock, bestehend aus Kessel und Turbosatz bis zu etwa 100 Hilfsantriebe umfaßt. Je nach dem zur Verwendung gelangenden Brennstoff – Stein- bzw. Braunkohle, Öl oder Gas – und der Leistung der Turbosätze liegt der Eigenbedarf in der Größenordnung von etwa 7,5 bis 4% der Kraftwerksleistung.

Für die einzelnen Hilfsmaschinen hat sich als Antrieb der Elektromotor bewährt. Eine Ausnahme hiervon machen in manchen Kraftwerken die Kesselspeisepumpen, bei denen auch der Antrieb mittels Dampfturbine gebräuchlich ist. Falls nicht besondere Forderungen, z. B. hinsichtlich der Regelbarkeit der Drehzahl zu erfüllen sind, findet mit Rücksicht auf seinen einfachen und betriebssicheren Aufbau fast ausschließlich der Drehstrom-Asynchronmotor mit Kurzschlußläufer für direkte Einschaltung Verwendung. Motoren bis zu Leistungen von etwa 120 bis 150 kW werden im allgemeinen mit 380 bzw. 500 V versorgt, Motoren mit größeren Leistungen dagegen mit 6000 V. Außerdem sind einige Antriebe mit Gleichstrommotoren vorhanden, die bei einem totalen Zusammenbruch der Eigenbedarfsversorgung in Betrieb genommen werden. Sie werden daher aus der Gleichstrombatterie des Kraftwerkes gespeist.

Die Aufgabe der Eigenbedarfsversorgung besteht darin, die Energie für die Antriebsmotoren des Eigenbedarfes während des Anfahrens, des Betriebes und des Abstellens des Kraftwerkes mit Sicherheit zur Verfügung zu stellen. Beim Anfahren des Kraftwerkes ist die Energie für die Hilfsantriebe von einer fremden Stromquelle zu liefern bis zu dem Zeitpunkt, da das Kraftwerk in der Lage ist, seinen Energiebedarf selbst zu decken. Bei dem Abstellen eines Kraftwerkes muß noch die Energie verfügbar sein, um Kessel und Turbosatz abfahren zu können. Schließlich soll es bei einer Störung in der Eigenbedarfsversorgung möglich sein, das Kraftwerk so abzufahren, daß keine Schäden auftreten. An die Zuverlässigkeit der Versorgung werden somit sehr hohe Ansprüche gestellt, da ein Versagen nicht nur den Ausfall der Erzeugung des betroffenen Kessels und Turbosatzes bedeutet, sondern darüber hinaus schwere Schäden zur Folge haben kann. Die Sicherstellung der Eigenbedarfsversorgung wird je nach der Bauweise des Kraftwerkes auf verschiedenen Wegen erreicht.

Bei dem Aufbau neuzeitlicher Kraftwerke ist zwischen der Sammelschienen- und der Blockweise zu unterscheiden. Bei einem Sammelschienenkraftwerk sind mehrere Kessel sowohl wasser- als auch dampfseitig an je eine Sammelschiene angeschlossen und ebenso geben die Generatoren die erzeugte elektrische Energie an eine Sammelschiene ab, deren Spannung meist mit der Klemmenspannung der Generatoren identisch ist. Diese Bauweise läßt sich wirtschaftlich nur bei verhältnismäßig geringen Dampfdrücken und Dampftemperaturen und demgemäß niedrigen Turbinenleistungen ausführen. Auf der elektrischen Seite ist ihr außerdem durch die sich bei einem Kurzschluß addierenden Kurzschlußleistungen der einzelnen parallel betriebenen Generatoren bald eine Grenze gesetzt, da andernfalls entsprechend teuere Schaltanlagen für hohe Abschaltleistungen erforderlich werden. Aus den erwähnten Gründen werden Kraftwerke in Sammelschienenbauweise für die öffentliche Elektrizitätsversorgung heute kaum mehr erbaut. Ihr Anwendungsgebiet ist meist auf kleinere und mittlere Industriekraftwerke beschränkt.

Für Hochdruckkraftwerke mit Maschinensätzen großer Leistung, wie sie heute mit Rücksicht auf die Erstellungs- und Betriebskosten in der öffentlichen Elektrizitätsversorgung die Regel sind, hat sich in den letzten Jahren eindeutig die Blockbauweise durchgesetzt. Bei dieser Bauweise sind jeweils Dampfkessel und Turbosatz einander fest zugeordnet, sie bilden einen Block. Zwischen den einzelnen Blöcken eines Kraftwerkes bestehen normalerweise keine wasser- oder dampfseitigen Querverbindungen, so daß sich Störungen an einem Block nur auf diesen selbst auswirken. Bei den hier in Frage kommenden großen Leistungen kann die im Turbosatz erzeugte elektrische Energie nicht mehr mit der Klemmenspannung des Generators dem Abnehmer zugeführt werden.

Sie wird daher von der meist 10 kV betragenden Generatorspannung auf 110, 220 oder 380 kV hochgespannt. Da die hohen Kurzschlußleistungen einen Zusammenschluß der Generatoren auf der 10-kV-Seite nicht zulassen, wird auch zwangsläufig der Maschinenumspanner seinem Gene-

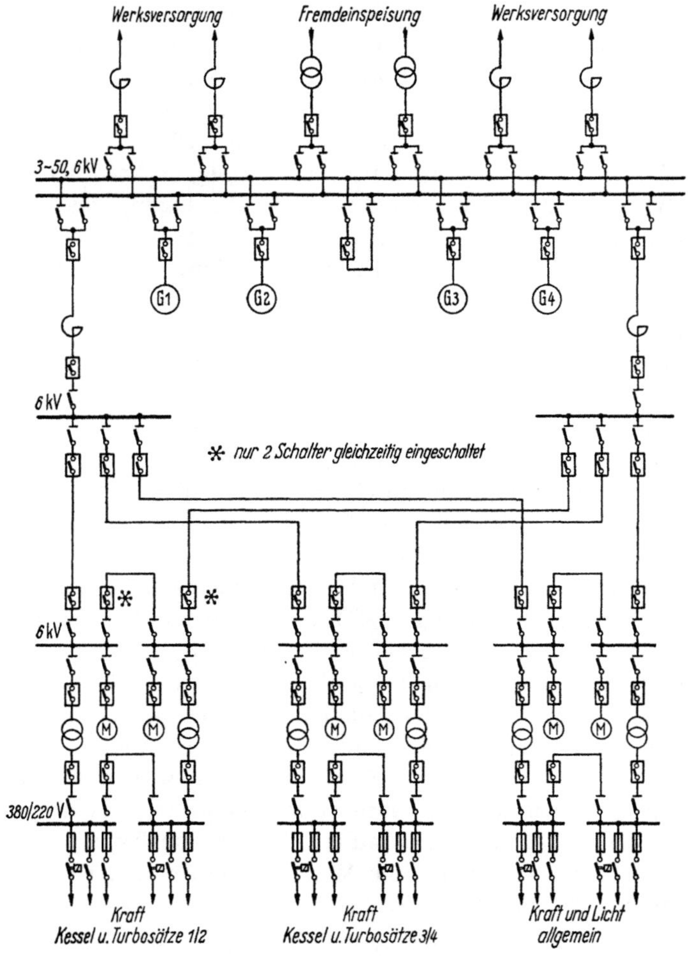

Abb. 207. Übersichtsplan eines Sammelschienenkraftwerkes

rator fest zugeordnet. Der Block erstreckt sich also von dem Kessel über den Turbosatz bis zu dem Maschinentransformator. Die grundsätzlich elektrische Schaltung der Versorgung des Eigenbedarfes hat sich an diese beiden Bauformen der Kraftwerke anzupassen.

In Abb. 207 ist die Schaltung eines Sammelschienenkraftwerkes für einen Industriebetrieb dargestellt. Die 4 Generatoren arbeiten auf eine

6-kV-Hauptschaltanlage mit Doppelsammelschienensystem. Außerdem ist über 2 Transformatoren eine Einspeisung von dem öffentlichen Netz vorhanden, über die ein Parallelbetrieb möglich ist. Ist der Bedarf der Betriebe an elektrischer Energie größer als die eigene Erzeugung, dann kann die zusätzliche Leistung aus dem Netz bezogen werden. Im umgekehrten Falle wird die überschüssige Energie an das Netz abgegeben. An die 6-kV-Anlage sind die Verbraucher zur Herabsetzung der Kurzschlußleistung über Drosselspulen angeschlossen. Die Kupplung zwischen den beiden Sammelschienensystemen ist im Betrieb geschlossen. Hierbei sind die Generatoren so geschaltet, daß einer derselben auf einem Schienensystem liegt, während die übrigen Generatoren, die Einspeisungen vom öffentlichen Netz, sowie die Abnehmer auf das andere System geschaltet sind.

Die Versorgung des Eigenbedarfes erfolgt von der Hauptschaltanlage ebenfalls über Drosselspulen. Die Eigenbedarfsschaltanlagen erhalten jeweils 2 Einspeisungen, wobei diese auf verschiedene Sammelschienensysteme geschaltet sind. Im normalen Betrieb wird also der Eigenbedarf von beiden Systemen versorgt, wobei die Kuppelschalter in den Eigenbedarfsschaltanlagen geöffnet sind. Tritt eine Störung an einem Sammelschienensystem ein und wird dasselbe dadurch spannungslos, so löst der Kuppelschalter in der Hauptschaltanlage aus. Dieser Schalter muß sehr schnell ansprechen und seine Schutzrelais so eingestellt sein, daß er nicht nur bei Kurzschluß, sondern auch bei Überlastung der Generatoren, also bei einem Rückgang der Spannung oder der Frequenz auslöst, ehe der Generatorschalter fällt. Die betroffenen Eigenbedarfsschaltanlagen schalten sich automatisch auf das andere Sammelschienensystem um, indem deren Einspeiseschalter öffnen und die Kuppelschalter schließen. Um die 6-kV-Hauptschaltanlage nicht für eine zu hohe Abschaltleistung auslegen zu müssen, kann es zweckmäßig sein, sie durch Einbau von Längskuppelschaltern in mehrere Abschnitte aufzuteilen, wobei die dargestellte Schaltung für die Sicherheit der Eigenbedarfsversorgung in jedem Abschnitt angewendet werden kann.

Das Anfahren des Kraftwerkes aus dem Stillstand erfolgt vom öffentlichen Netz aus, welches über 2 Transformatoren in die 6-kV-Hauptschaltanlage einspeist. Das Netz muß dabei so leistungsfähig sein, daß ein direktes Zuschalten der Kurzschlußläufermotoren der Eigenbedarfsantriebe möglich ist. Ist eine fremde Stromquelle nicht vorhanden, dann wird für das Anfahren des Kraftwerkes ein Dieselsatz erforderlich. Bei der Bemessung desselben ist zu beachten, daß der Generator nicht nur für die Wirkleistung der Eigenbedarfsantriebe, sondern auch für die bei dem direkten Einschalten der Kurzschlußläufermotoren auftretende hohe Blindleistung auszulegen ist.

Die Abb. 208 stellt eine Schaltung für ein aus 3 Blöcken bestehendes Blockkraftwerk dar. Jeder Block besitzt seine eigene Eigenbedarfsschaltanlage, die in der Regel nur ein Einfach-Sammelschienensystem erhält. An diese Schaltanlagen sind die Hochspannungsmotoren und

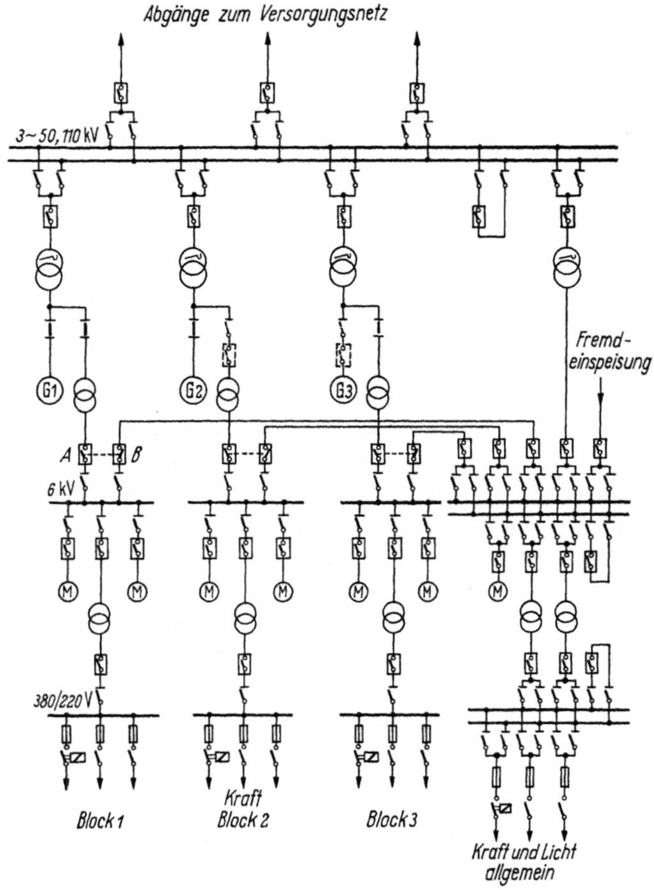

Abb. 208. Übersichtsplan eines Block-Kraftwerkes

über Transformatoren die Niederspannungsmotoren des Blockes angeschlossen. Die Schaltanlage „Allgemein“ besitzt entweder, wie im Schaltbild dargestellt, ein Doppelsammelschienensystem oder ein Einfachsammelschienensystem mit Längskupplung. Sie dient für die Versorgung des Allgemeinbedarfes im Kraftwerk, d.h. derjenigen Antriebe, die nicht direkt zu den Blöcken gehören. Hierzu zählen u.a. Transportanlagen für Brennstoffe und Asche; weiterhin werden von hier aus die Belüftungs-, Heizungs- und Klimaanlagen, die Entwässerungspumpen, die Druckluftversorgung, Krane, Aufzüge und die Beleuchtung des Kraftwerkes gespeist. Ferner werden von der Allgemeinanlage die umfangreichen Nebeneinrichtungen des Kraftwerkes versorgt, wie Werkstätten, Bürogebäude, Werksküche usw. Sind nur elektrisch angetriebene Kesselspeisepumpen vorhanden, so werden oft eine oder mehrere Reservespeisepumpen an die Allgemeinanlage angeschlossen, wodurch die Forderung erfüllt wird, daß aus Sicherheitsgründen die Speisepumpen von zwei voneinander unabhängigen Energiequellen zu versorgen sind.

Der Allgemeinanlage fällt außerdem die wichtige Aufgabe der Energieversorgung während des An- und Abfahrens des Kraftwerkes zu. Wird ein Block aus dem Stillstand angefahren, so wird sein Eigenbedarf von der Anfahr- und Allgemeinschiene über den Schalter B versorgt. Nach dem Hochfahren des Blockes und dem Synchronisieren des Generators mit dem Netz wird dann der Schalter B aus- und der Schalter A eingeschaltet. Bei dem Stillsetzen eines Blockes erfolgt der gleiche Vorgang in umgekehrter Reihenfolge, d.h. die Allgemeinanlage dient jetzt zum Abfahren des Blockes. Die Umschaltvorgänge werden in diesen beiden Fällen von Hand eingeleitet. Die Allgemeinanlage übernimmt aber auch die Versorgung des Blockeigenbedarfes bei Störungen an dem Generator, dem Maschinentransformator oder dem Blockeigenbedarfstransformator. Eine Störung im Netz, die zu einem Ansprechen des 110-kV-Generatorschalters durch Kurzschluß oder Überlast führt, wirkt sich auf die Versorgung des Eigenbedarfes nicht aus, da dann der Generator weiter in Betrieb bleibt und seinen Eigenbedarf speist. Liegt eine Störung in dem Bereich zwischen dem 110-kV-Maschinenschalter und dem Leistungsschalter auf der 6-kV-Seite des Blockeigenbedarfes vor, so findet eine automatische Umschaltung des Eigenbedarfes auf die Schaltanlage „Allgemein" statt. Die Anregung hierfür wird durch die entsprechenden Schutzeinrichtungen gegeben. Die Umschaltung wird aber gesperrt, wenn die Störungsursache in der 6-kV-Blockschaltanlage selbst liegt.

In Abweichung von der reinen Blockschaltung kann durch den Einbau eines Leistungsschalters in den Abzweig zu dem Blockeigenbedarfstransformator, wie bei Block 2 gestrichelt angedeutet oder auch in die Generatorableitung (bei Block 3 gestrichelt dargestellt) zwischen Generator und Abzweig zu dem Blockeigenbedarfstransformator die Auswirkung von Störungen verringert werden. In dem ersten Fall wird eine Störung an dem Blockeigenbedarfstransformator nicht zum Abschalten des Blockes führen. Es werden nur die Leistungssschalter auf beiden Seiten des Transformators ansprechen, der Eigenbedarf wird umgeschaltet und der Block kann ungestört weiter in Betrieb bleiben. Da der Leistungsschalter beim Abschalten einer Störung durch die Kurzschlußleistung des Generators und des Netzes beansprucht wird, sind seiner

Anwendung Grenzen gesetzt und sie ist nur bei Generatoren bis etwa 100 MVA Nennleistung möglich. Bei dem Einbau des Leistungsschalters in die Generatorableitung selbst besteht der Vorteil, daß der Eigenbedarf bereits beim Anfahren über den eigenen Maschinentransformator versorgt wird. Der Generator wird durch diesen Leistungsschalter über den Maschinentransformator mit dem Netz synchronisiert. Umschaltungen des Eigenbedarfes werden nur bei einer Störung an dem Maschinentransformator oder dem Blockeigenbedarfstransformator erforderlich. Die Kurzschlußbeanspruchung dieses Schalters ist geringer, dagegen ist er für eine höhere Nennstromstärke zu bemessen. Es wurden bereits Schalter bei Generatoren mit 12000 A Nennstrom eingebaut.

Die Umschaltungen des Eigenbedarfes erfolgen stets mit Unterbrechung. Bei gewollten Umschaltungen während des An- und Abfahrens können die Anlagen auch kurzzeitig parallel geschaltet werden, wobei die vorübergehende Erhöhung der Kurzschlußleistung zulässig ist. Dies ist jedoch in Störungsfällen nicht möglich. Die Unterbrechungszeit muß in jedem Fall möglichst kurz gehalten werden, damit die Eigenbedarfsmotoren in ihrer Drehzahl nicht zu sehr abfallen und sich bei der Wiederkehr der Spannung keine zu großen Wiederhochlaufströme ergeben, die unzulässig hohe Spannungsabfälle in den Transformatoren bewirken können. Andererseits darf die Umschaltzeit aber nicht zu kurz sein, da die einzelnen Eigenbedarfs-Asynchronmotoren nach dem Abschalten noch ein Restfeld besitzen, welches annähernd nach einer Exponentialfunktion abklingt. Wenn die durch diese Restfelder erzeugte Motorspannung in Phasenopposition auf die neue Spannung zugeschaltet wird, entstehen zwar nur kurzzeitige aber sehr hohe Ausgleichsströme, welche die Motorwicklungen und insbesondere die Wickelköpfe dynamisch stark beanspruchen. Man muß daher abwarten bis die Restfelder auf einen genügend niedrigen Wert abgeklungen sind und erst dann wieder zuschalten. Dieses Verfahren wird als Langzeitumschaltung bezeichnet. Die Steuerung erfolgt entweder durch ein fest eingestelltes Zeitrelais oder durch ein in Abhängigkeit von der Motorrestspannung arbeitendes Spannungsrelais. Je nach der Zusammensetzung der Motorengruppen ergeben sich Umschaltzeiten von etwa 1,2 bis 1,5 sek.

Eine andere Methode besteht darin, die Zuschaltung in einem solchen Augenblick vorzunehmen, in dem sich die Vektoren der Motorrestspannung und der neuen Netzspannung annähernd decken. Infolge des Drehzahlabfalles der Motorengruppe während der stromlosen Pause wird der Vektor der Motorrestspannung stetig verzögert, so daß sich Zeitpunkte gleicher Lage ergeben. Diese Methode wird als Kurzzeitumschaltung mit Phasenvergleich bezeichnet. Sie erfordert ein sehr rasch arbeitendes Phasenvergleichsgerät und ebenfalls Schalter mit kleinen Eigenzeiten. Bei synchronen Netzen werden hierbei Unterbrechungszeiten bis herab zu etwa 0,04 sek erreicht. Bei asynchronen Netzen liegen sie bei etwa 0,3 bis 0,7 sek, je nachdem, ob auf ein über- oder ein untersynchrones Netz zugeschaltet wird.

In den Eigenbedarfsschaltanlagen werden für die Hochspannungsmotoren Leistungsschalter verwendet, deren Schaltstellung durch die Umschaltung mit Unterbrechung nicht beeinflußt wird. Die Niederspannungsmotoren werden dagegen fast ausnahmslos über Schütze geschaltet. Diese Schütze besitzen Wechselstrommagnetspulen und fallen bei dem Absinken der Steuerspannung, die während des Umschaltvorganges mit der Restspannung der Motoren identisch ist, ab. Um nach der Wiederkehr der Netzspannung ein Anziehen der Schütze zu gewährleisten, wird der Schaltimpuls über ein Zeitrelais etwa 4 sek lang aufrecht erhalten. Kehrt die Spannung bis zu diesem Zeitpunkt wieder, dann erfolgt ein selbsttätiges Wiedereinschalten der Schütze. Ist die Spannung nach Ablauf dieser Zeit infolge einer Störung in der Eigenbedarfsversorgung nicht wieder verfügbar, dann ist ein Wiederanlaufen der Motoren nicht mehr erwünscht und die Schütze bleiben endgültig abgefallen. Auch diejenigen Motoren, die über Leistungsschalter geschaltet werden, werden dann durch die verzögerte Nullspannungsauslösung abgeschaltet.

Bei der Auslegung der Eigenbedarfsschaltanlage ist darauf zu achten, daß die Kurzschlußleistung von 200 MVA bei 6 kV möglichst nicht überschritten wird, da sich sonst höhere Kosten für die Schaltanlagen selbst und die mit Rücksicht auf die thermische Beanspruchung im Kurzschlußfalle zu bemessenden Kabel ergeben. Die Hoch- und Niederspannungsanlagen werden überwiegend in offener Bauweise errichtet, so daß die Anlagen leicht kontrolliert und überwacht werden können. Diese Bauweise erfordert aber abgeschlossene Betriebsräume, wobei die einzelnen Schaltanlagen aus Sicherheitsgründen in voneinander getrennten Räumen untergebracht sein sollten. Sind die Raumverhältnisse beengt, so können stahlblechgekapselte Anlagen verwendet werden, die aber während des Betriebes nicht so gut zu überwachen sind. Außerdem sind die Kosten der stahlblechgekapselten Bauweise höher. Die Versorgung der kleineren Motoren von etwa 50 kW abwärts erfolgt über gußgekapselte Unterverteilungen. Diese werden von den offenen Schaltanlagen über Ringkabel eingespeist und befinden sich in den Verbraucherschwerpunkten. Als Schutzeinrichtungen der Eigenbedarfsschaltanlagen sind in den Einspeisungen unabhängige Überstrom-Zeitrelais eingebaut, deren Einstellung nach Strom und Zeit so gestaffelt ist, daß auftretende Fehler nur auf den betroffenen Anlageteil beschränkt bleiben.

Die Eigenbedarfsschaltanlagen eines Kraftwerkes werden in den Schaltwarten gesteuert und überwacht. Es ist zwischen zwei Arten von Warten zu unterscheiden, dem thermischen Leitstand und der Elektrowarte, wobei diese entweder in getrennten Räumen oder aber in einem gemeinsamen Raum angeordnet sein können. Der thermische Leitstand dient für die Regelung, Steuerung und Überwachung der Wärmekreisläufe des Kraftwerkes. Von hier aus werden die wichtigsten Motoren der Eigenbedarfsantriebe des Kessels und des Turbosatzes gesteuert. Ihr Ausfall wird nach dem Leitstand gemeldet. In der Elektrowarte dagegen werden die Einspeisungen der Eigenbedarfsversorgung gesteuert und überwacht. Außerdem wird von hier der Generator mit dem Netz synchronisiert und seine Spannung und damit die abgegebene Blindleistung eingestellt. Die Wirkleistung wird dagegen in dem Wärmeleitstand bestimmt. Weiterhin findet in der Elektrowarte die Steuerung der Höchstspannungsanlage statt, allerdings ist für diesen Zweck, besonders bei größeren Anlagen, meist eine getrennte Netzwarte vorhanden. In der Warte sind die Störmeldungen der elektrischen Anlagen zentral zusammengefaßt. Ebenso sind hier die wichtigsten Schutzrelais, Zähler und schreibende Meßgeräte angeordnet.

Ein wichtiger Bestandteil der Eigenbedarfsversorgung ist die Gleichstromanlage. Sie speist im normalen Betrieb die Steuer- und Meldeeinrichtungen, sowie die Auslösestromkreise der Schutzrelais. Bei einem vollständigen Zusammenbruch der Drehstromversorgung müssen außer diesen Einrichtungen einzelne wichtige Verbraucher weiterhin versorgt werden und sie werden daher mit Gleichstrom gespeist. Dazu gehören die Notschmierpumpen für die Ölversorgung der Lager des Turbosatzes während und nach dem Auslaufen. Weiterhin sind bei wasserstoffgekühlten Generatoren die Wellendichtungen beim Auslaufen und möglichst auch im Stillstand mit Dichtöl zu versorgen. Auch der thermische Leitstand benötigt für wärmetechnische Messungen und die Regelung eine gesicherte Versorgung mit Dreh- bzw. Wechselstrom, welche in einem über einen Gleichstrommotor angetriebenen Umformer erzeugt wird. Von Wichtigkeit ist auch die Speisung der Gleichstrom-Notbeleuchtung des Kraftwerkes. Die Gleichstromanlage wird im normalen Betrieb von einer Batterie versorgt, die mit einem Puffergleichrichter parallel arbeitet. Der Puffergleichrichter ist magnetisch geregelt. Er liefert den Strom für die angeschlossenen Abnehmer und hält gleichzeitig die Batterie auf dem vollen Ladezustand, so daß ihre ganze Kapazität bei dem Ausfall der Drehstromversorgung verfügbar ist. Aus Sicherheitsgründen sind in einem Kraftwerk mindestens zwei Batterien mit Ladegeräten vorhanden, bei Blockkraftwerken erhält meist jeder Block seine eigene Batterie. Die Batterie wird in ihrer Kapazität so bemessen, daß im Störungsfalle wichtige Abnehmer etwa eine Stunde lang versorgt werden können.

Die vorstehend gemachten Ausführungen über die Versorgung der Hilfsbetriebe in Wärmekraftwerken gelten sinngemäß auch für Wasserkraftwerke. Hier beträgt die für den Eigenbedarf benötigte Leistung allerdings nur etwa 0,5 bis 1% der Kraftwerksleistung, da die insbesondere für den Dampferzeuger erforderlichen zahlreichen Hilfsantriebe in Wegfall kommen. Für die Energieversorgung der Eigenbedarfsantriebe bei Wasserkraftwerken sind mit den Hauptturbinen gekuppelte Hausgeneratoren oder aber besondere Hausturbinen gebräuchlich. Die Sicherstellung der Eigenbedarfsversorgung erfolgt durch die Kupplung der elektrischen Anlagen mit fremden Netzen.

IX. Isolierte Leitungen und Kabel

Die Fortleitung der elektrischen Energie kann in blanken Leitungen erfolgen, die in gewissen Abständen isoliert sind, wie es z.B. bei Freileitungen und Sammelschienen der Fall ist, oder in Leitungen, deren Leiter an allen Stellen eine Umhüllung aus Isoliermaterial besitzen. Man unterscheidet isolierte Leitungen und Kabel, deren Aufbau, elektrische und mechanische Eigenschaften und Verwendungszwecke in den Vorschriften des VDE festgelegt sind.

Die Unterschiede zwischen den beiden Begriffen – isolierte Leitungen und Kabel – haben sich in den letzten Jahren immer mehr verschoben, so daß eine klare Abgrenzung nur noch über die entsprechenden VDE-Vorschriften (0250, 0283 für isolierte Leitungen und 0255, 0271, 0286 für Kabel) möglich ist. Für die meisten Fälle reicht folgende Definition zur Unterscheidung aus:

Isolierte Leitungen sind Energie-, Steuer- oder Meßleitungen für feste Verlegung in Innenräumen, zum Teil auch im Freien – jedoch nicht im Erdboden – zur Installation von elektrischen Maschinen und Apparaten oder aber bewegliche Leitungen zum Anschluß ortsveränderlicher Stromverbraucher.

Unter *Kabeln* versteht man Energie- und Steuerleitungen, die meist im Erdboden verlegt werden; sie werden nicht zum Anschluß ortsveränderlicher Stromverbraucher verwendet.

Die alte Anschauung, daß Kabeln die Energieübertragung bei hohen Spannungen vorbehalten sei, hat sich inzwischen stark geändert. So werden bewegliche Großgeräte, z.B. Räumgeräte in Tagebaubetrieben, mit beweglichen Leitungen für Spannungen bis zu 35 kV versorgt (Leitungstrossen). Die Entwicklungstendenzen gehen z.Z. auf eine Erhöhung dieser Versorgungsspannung auf 60 kV.

A. Isolierte Leitungen

Der rasche Aufschwung und die stürmische Entwicklung der Kunststoffe, so z.B. Polyvinylchlorid, Polyäthylen, Polyamid, und der Synthesekautschuke, so z.B. bei Butylkautschuk, haben die Isolierstofftechnik auf dem Gebiete der isolierten Leitungen, speziell bei denen für feste Verlegung, in den letzten 10 Jahren vollständig gewandelt. Der einfachste und in großem Umfange eingesetzte Leitungstyp war vor 10 Jahren noch die Gummiaderleitung NGA für Spannungen bis zu 1000 V. Den Aufbau dieser Leitung zeigt Abb. 209. Dieser Leitungstyp ist heute vollständig von der Kunststoffaderleitung NYA verdrängt.

Abb. 209. Gummiaderleitung NGA

Abb. 210. Kunststoffaderleitung NYA

Diese Leitung (Abb. 210) ist ebenfalls bis zu 1000 V zugelassen und zwar zur Verwendung in trockenen Räumen für feste Verlegung im Rohr, auf oder unter Putz, sowie auf Isolierkörpern über Putz. Sie ist bis zu Querschnitten von 500 mm² genormt, bis zu 16 mm² in eindrähtiger Ausführung und für die höheren Querschnitte zur Erzielung einer größeren Biegbarkeit in mehrdrähtiger Ausführung, d.h. der Kupferleiter ist aus einzelnen Kupferdrähten verseilt. Die Isolierung besteht aus PVC (Polyvinylchlorid). Für gewisse Sonderzwecke, zur festen Verlegung im Freien auf Isolierkörpern, zum Einsatz in feuchten Räumen, als Hauseinführungsleitung oder für feste, geschützte Verlegung in und an Werkzeugmaschinen, unter Umständen auch im Schiffsbau, wird ein der NYA ähnlicher Leitungstyp mit größerer Isolierwanddicke gefertigt, die Sonder-Kunststoffaderleitung NSYA. Eine wetterfestere Aus-

Abb. 211. Wetterfeste kunststoffisolierte Leitung NFYW

führung (Abb. 211) dieses Leitungstyps ist die NFYW, die wetterfeste kunststoffisolierte Leitung, ebenfalls bis zu einer Nennspannung von 1000 V zugelassen, die im Freien und in feuchten Räumen, für feste Verlegung auf Isolierkörpern und für Spannweiten bis zu 20 m einsetzbar ist.

Dieser Leitungstyp hat neben der Kunststoffisolierung eine Kunststoffaußenhülle. Der Kupferdraht ist besonders hart gezogen. Die Leitung ist für Querschnitte bis zu 35 mm² zugelassen.

NYA-Leitungen werden für alle möglichen Installationen verwendet, so z.B. auch für Hausinstallationen. Da die Leitung keinen besonderen mechanischen Schutz hat, muß sie, wenn die Gefahr einer mechanischen Beschädigung von außen gegeben ist, durch Verlegung in Rohren geschützt werden. Heute kommen vielfach Isolierrohre zur Aufnahme der mechanischen Beanspruchung in Frage. Bei Verwendung von sogenannten Stahlpanzerrohren, d.h. besonders kräftigen Rohren, die man in Werkstätten oder an Maschinen verwendet, ist darauf zu achten, daß Stromhin- und Stromrückleitung im gleichen Rohr verlegt werden, da sonst durch die Magnetisierung des Eisenmantels ein erhöhter Spannungsabfall und damit zusätzliche Verluste und bei hohen Strömen eine starke Erwärmung des Stahlpanzerrohres auftreten können.

Abb. 212. Sondergummiaderleitung NSGAFMu

Ist eine Beschädigung von außen ausgeschlossen, so dürfen NYA-Leitungen auf offener Unterlage verlegt werden. Derartige Verlegung findet man häufig in Schaltzellen, Kraftwerken und Umspannwerken für Signal- und Betätigungsleitungen.

Bei besonders hohen elektrischen Ansprüchen an die Isolierung, d. h. beim Einsatz für höhere Spannungen, ist man bei der klassischen Gummiisolierung verblieben. Die Sondergummiaderleitung NSGAFMu (Abb. 212) ist für Nennspannungen bis zu 15 kV genormt. Sie dient zur festen Verlegung in trockenen Räumen und wird vielfach auch in Schienenfahrzeugen eingesetzt. Die Leitung ist mit einer Gummiisolierung versehen, die z.T. aus halbleitenden Schichten bestehen kann,

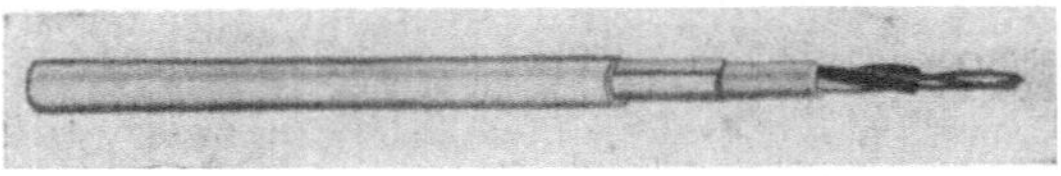

Abb. 213. Umhüller Rohrdraht NYRUZY mit Kunststoffisolierung

und hat darüber eine Beflechtung aus Bändern mit einer Tränkung aus einer wasserabweisenden, nichttropfenden Masse und als Außenhülle einen Gummimantel verminderter Brennbarkeit.

An Stelle der verhältnismäßig teuren Verlegung von einzelnen isolierten Adern in Putz oder Isolierrohren, einer Montage, die recht aufwendig ist, haben sich bereits seit langem Rohrdrähte mit gefalzten Metallmänteln (Zink, Eisen oder Aluminium) eingeführt. Die älteren Rohrdrähte enthielten NGA-Leitungen, einen Innenmantel, einen gefalzten Metallmantel und für bestimmte Verwendungszwecke eine äußere Umhüllung. Diese Leitungstypen sind heute durch kunststoffisolierte Rohrdrähte, so z.B. NYRAMZ bzw. NYRUZY (Abb. 213) verdrängt. Die beiden vorgenannten Leitungen haben einen Zinkbandmantel, der letzte Typ zusätzlich eine Außenhülle aus PVC. Neben diesen Rohrdrähten, die zur Verlegung in elektrischen Installationen auf oder unter Putz verwendet werden, haben sich heute in sehr starkem Maße zwei- und dreiadrige Stegleitungen NYIF eingeführt, die ebenfalls zur Verlegung auf oder unter Putz zugelassen sind. Diese isolierten Leitungen haben eine PVC-Isolierung, die etwas geringer ist als bei der entsprechen-

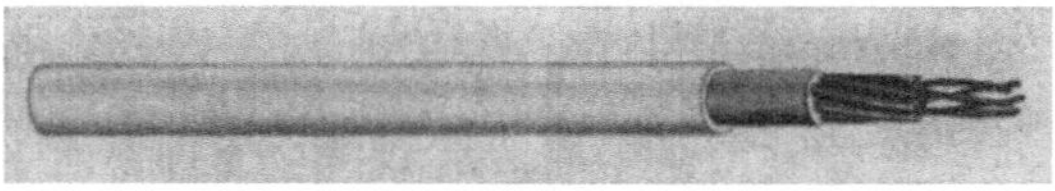

Abb. 214. Kunststoffmantelleitung NYM

den NYA-Leitung. Die zwei oder drei Adern einer Leitung liegen flach nebeneinander und sind mit einem gemeinsamen Gummimantel umgeben. Der Vorteil dieser Leitung besteht in der einfachen und schnellen Verlegeart. Für Fälle, bei denen man auf eine metallische Hülle nicht verzichten will, bietet sich die Bleimantelleitung NYBUY an, deren Adern mit Kunststoff isoliert sind, verseilt, und über einem Innenmantel einen nahtlosen Bleimantel enthalten. Dieser wird durch einen PVC-Mantel geschützt. Dieser Leitungstyp ist aus den gummiisolierten Bleimantelleitungen NBU und NBEU hervorgegangen.

Für viele Verwendungszwecke, so z.B. für die Verlegung in feuchten Räumen, auf und unter Putz, hat sich die Kunststoffmantelleitung NYM (Abb. 214) durchgesetzt. Sie entspricht in etwa der Verlegung einer NYA in einem Kunststoffrohr, d.h. die Leitung hat über den Kupferleitern eine Isolierung aus PVC, einen Innenmantel und einen Außenmantel aus Kunststoff. Die Leitung läßt sich einfach und rasch verlegen und hat gegenüber den Rohrdrähten den Vorteil einer guten Biegbarkeit.

Die bisher beschriebenen Leitungsarten kommen nur für feste Verlegung in Frage. Zum Anschluß ortsveränderlicher Maschinen, Apparate usw. werden bewegliche Zuleitungen benötigt. Hierfür wird nach wie vor eine Natur- oder Synthese-Kautschuk-Isolierung verwendet, da man keinen Stoff hat, der die Elastizität von Gummi überbietet. Die wichtigsten Typen sind die NLH, die leichte Gummischlauchleitung, die für leichte Handgeräte und Elektrowärmegeräte bei geringen mechanischen Beanspruchungen Verwendung findet; die NMH, die mittlere Gummischlauchleitung (Abb. 215), die in feuchten Räumen und Werkstätten zum Anschluß von Handbohrmaschinen, Handlampen usw. eingesetzt wird. Diese Leitungen haben flexible Kupferleiter, deren Einzeldrähte verzinnt sind, um einen chemischen Einfluß des unvulkanisierten Gummis auf das Kupfer zu verhindern, eine Gummiisolierung und einen Gummiaußenmantel. Die Wanddicken der Isolierungen und Mäntel sind bei beiden Typen entsprechend den mechanischen Anforderungen auf einander abgestimmt. Für besonders ungünstige Verhältnisse oder für schwere Geräte wie Werkzeuge, fahrbare Motoren hohe mechanische Beanspruchungen bietet die NSH, die starke Gummischlauchleitung mit einem Innen- und Außenmantel, ausreichende Sicherheit. Die Leitungen NLH und NMH 1,5 mm² sind bis 380 V, NMH von 2,5 mm² Querschnitt an aufwärts und NSH bis 1000 V zugelassen.

Abb. 215. Mittlere Gummischlauchleitung NMH

Die Belastbarkeiten für gummi- und kunststoffisolierte Leitungen sind in Tab. 2 dargestellt. Sie beziehen sich auf eine Umgebungstempe-

Tabelle 2. *Strombelastbarkeit von isolierten Leitungen mit Kupferleitern* (nach VDE 0100/11.58 und VDE 0100 Ü/11.58)

Nennquerschnitt (mm²)	Gruppe 1		Gruppe 2		Gruppe 3	
	max. A	Sich. A	max. A	Sich. A	max. A	Sich. A
0,75	–	–	13	10	16	15
1	12	10	16	15	20	20
1,5	16	15	20	20	25	25
2,5	21	20	27	25	34	35
4	27	25	36	35	45	50
6	35	35	47	50	57	60
10	48	50	65	60	78	80
16	65	60	87	80	104	100
25	88	80	115	100	137	125
35	110	100	143	125	168	160
50	140	125	178	160	210	200
70	–	–	210	225	260	260
95	–	–	265	260	310	300
120	–	–	310	300	365	350
150	–	–	355	350	415	430
185	–	–	405	350	475	430
240	–	–	480	430	560	500
300	–	–	555	–	645	–
400	–	–	–	–	770	–
500	–	–	–	–	880	–

Bemerkungen:

Gruppe 1 gilt für Rohrdrähte oder bis 3 Leitungen im Rohr.

Gruppe 2 gilt für kabelähnliche Leitungen, Panzeradern, frei in Luft verlegte mehradrige Leitungen und für Anschluß ortsveränderlicher Stromverbraucher.

Gruppe 3 gilt für einadrige Leitungen frei in Luft verlegt und für einadrige Leitungen ortsveränderlicher Stromverbraucher.

ratur von 25 °C und eine höchst zulässige Leitertemperatur von 60 °C für gummiisolierte Leitungen und 70 °C für kunststoffisolierte Leitungen. Diese Werte sind so festgelegt, daß für beide Leitungstypen bei gleichen Querschnitten gleiche Belastbarkeiten anzusetzen sind. Die unterschiedlichen Grenztemperaturen von Gummi und PVC ergeben sich bei gleicher Belastbarkeit aus den unterschiedlichen Wärmeleitzahlen der beiden Werkstoffe. Die in den Tabellen angegebenen Belastbarkeitswerte beziehen sich auf Dauerlast. Kurzzeitige Überbelastungen und die Größe dieser Überschreitung müssen von Fall zu Fall beurteilt werden. Es ist jedoch darauf zu achten, daß die zulässigen Temperaturen von 60 bzw. 70 °C für die beiden Rohstoffe PVC und Gummi nicht dauernd überschritten werden.

Die Belastungswerte gelten bei Raumtemperatur von 25 °C und Übertemperatur von 35 °C. Grenztemperatur 60 °C (Gummi) bzw. 70 °C (Kunststoff).

Bei höherer Raumtemperatur ist die Belastung zu verringern:

Raumtemperatur:	30 °C	35 °C	40 °C	45 °C	50 °C	55 °C	60 °C	65 °C
Belastung verringert auf:								
Gummi:	92%	85%	75%	65%	53%	38%	–	–
Kunststoff:	94%	88%	82%	75%	67%	58%	47%	33%

Sicherungen als Kurzschlußschutz dürfen bis zu 3 Stufen höher bemessen sein als die normale Kurzschlußsicherung.

B. Kabel

a) Starkstromkabel

Ähnlich wie bei den isolierten Leitungen hat auch bei Kabeln die Entwicklung neuer Rohstoffe und neuer Fertigungsverfahren eine Änderung der Bauarten mit sich gebracht. Das klassische Starkstromkabel hat über dem Leiter eine Isolierung aus Papierbändern, die bei 100 bis 120 °C im Vakuum getrocknet und mit einer bei dieser Temperatur dünnflüssigen Kabelmasse getränkt werden. Die Tränkmasse ist im Temperaturbereich bis zur höchst zulässigen Betriebstemperatur des Kabels zähflüssig bis plastisch, um ein Abwandern der Masse zu verhindern. Um die Isolierung gegen den Zutritt von Feuchtigkeit zu schützen, wird das Kabel mit einem Bleimantel umgeben. Neben dieser Kabelbauart, die bis auf einige Besonderheiten, auf die wir noch zu sprechen kommen, bereits Ende der 20iger Jahre bis zu Nennspannungen von 60 kV eingesetzt wurde, gab es noch gummiisolierte Kabel mit Bleimantel, die bis zu Nennspannungen von 1000 V Verwendung fanden. Diese Kabeltypen werden heute fast nicht mehr eingesetzt. Der rasche Aufschwung der Kunststoffe hat heute neue Bauarten geschaffen, die in den VDE-Vorschriften für Nennspannungen bis zu 10 kV genormt sind. PVC-isolierte Hochspannungskabel für Erdverlegung wurden bisher bis zu 30 kV eingesetzt.

Betrachten wir zunächst das klassische *Papier-Blei-Kabel.* Abb. 216 zeigt den Aufbau eines Dreileiter-Papier-Bleimantelkabels für Drehstrom. Jeder Leiter hat eine getränkte Papierisolierung. Die so isolierten Leiter sind miteinander verseilt und besitzen eine weitere gemeinsame Papierumwicklung, die sogenannte Gürtelisolierung. Darüber ist ein nahtloser Bleimantel gepreßt. Die Zwischenräume zwischen den 3 Adern werden durch Beiläufe, d.h. Papier, in früheren Zeiten auch Jute, ausgefüllt.

Abb. 216. Dreileiter-Gürtelkabel mit Rundleitern, 10 kV, NKBA

Papier ist ein ausgezeichneter Isolierstoff, wenn keine Hohlräume vorhanden sind. Ein Nachteil des Papieres ist seine Hygroskopie. Die Hohlräume im Papier-Dielektrikum vermeidet man, indem man das Kabel, wie bereits erwähnt, mit einem Isolieröl bei einer Temperatur von 100 bis 120 °C tränkt. Die Kabelmasse ist bei dieser Temperatur dünnflüssig und wird von dem unter Vakuum stehenden Kabel aufgesaugt. Bei den Betriebstemperaturen des Kabels ist die Tränkmasse zähflüssig bis plastisch. Zur Vermeidung des Eintritts von Feuchtigkeit ist das Kabel mit einem Bleimantel umgeben. Die Kabelenden müssen durch Kabelendverschlüsse abgeschlossen werden. Diese Bleikabel sind in den VDE-Vorschriften für Nennspannungen bis zu 60 kV genormt. Diese Kabel haben die Typenbezeichnung NK. Bei Verlegung in Erde umgibt man das Kabel mit einer Bebänderung aus asphaltiertem Papier, einer Bewehrung aus 2 Lagen Bandeisen und einer äußeren Schutzhülle aus getränkter Jute. Dieses Kabel hat die Typenbezeichnung NKBA. Kabel dieser Art können im Erdboden verlegt werden, wenn bei der Verlegung nur geringe Zugbeanspruchungen auftreten oder mit nachträglichen Beschädigungen nicht zu rechnen ist. Bei erforderlichen größeren Zugbeanspruchungen setzt man Kabel mit Rund- oder Flachdrahtbewehrungen ein, die wesentlich zugfester sind als die oben beschriebene Bandeisenbewehrung. Kabel dieser Bauart haben die Typenbezeichnung NKFA oder NKRA. Hat das Kabel an Stelle von Kupferleitern solche aus Aluminium, so drückt sich dies im Kurzzeichen durch ein A hinter dem N aus, d.h. ein Kabel mit Aluminiumleitern und Bandeisenbewehrung hat die Bezeichnung NAKBA. Der beschriebene

Aufbau gilt für Gürtelkabel, also für Kabel, deren Einzeladern mit einer gemeinsamen Gürtelisolierung umgeben sind. Sie werden für Spannungen bis 10 kV eingesetzt.

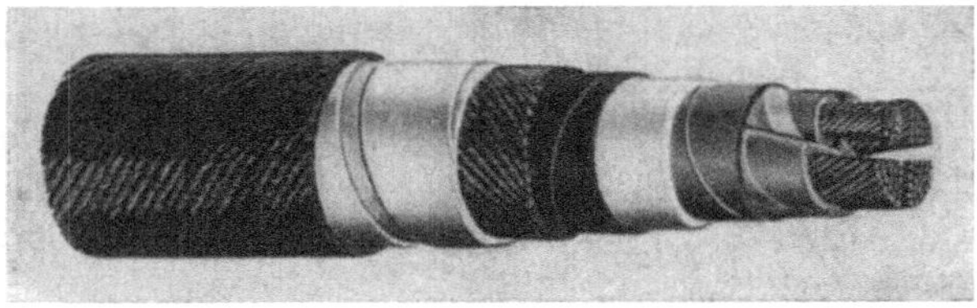

Abb. 217. Gürtelkabel mit Sektorleitern und viertem Leiter halben Querschnittes, NKBA, 1 kV

Bei Niederspannungskabeln, d.h. bei Kabeln für Nennspannungen bis zu 1 kV, wird der Nulleiter unter dem gemeinsamen Mantel mitgeführt. Er hat in der Regel den gleichen Querschnitt wie die drei Hauptleiter oder mindestens den halben Querschnitt. Abb. 217 zeigt dieses Kabel. Zur besseren Raumausnutzung und Ersparung von Beiläufen und Mantelmaterialien werden Gürtelkabel vielfach als Sektorkabel hergestellt, die bei gleichem Querschnitt einen kleineren Außendurchmesser haben (Abb. 218). Die elektrische Beanspruchung der Papierisolierung ist beim Sektorkabel größer als beim Rundleiterkabel, so daß – wie eingangs gesagt – Kabel dieser Bauart nur bis zu 10 kV zugelassen sind.

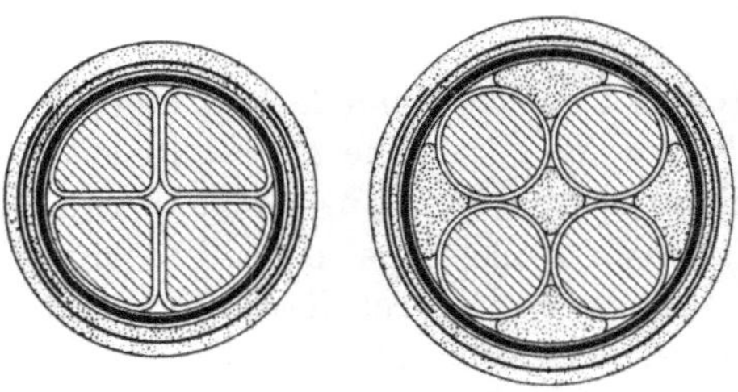

Abb. 218. Durchmesservergleich von Kabeln mit Sektor- und Rundleitern

Für Gürtelkabel mit Sektor- und Rundleitern gilt allgemein, daß die elektrischen Feldlinien im Innern das die Leiter umgebende Papier nicht immer senkrecht sondern auch schräg durchsetzen (Abb. 219). Man kann an jeder Stelle die elektrische Feldstärke in 2 Komponenten zerlegen, von denen die eine senkrecht, die andere längs zur Papierschicht verläuft. Da die elektrische Festigkeit längs der Papierschicht sehr viel niedriger ist als senkrecht zu ihr, ist das Kabel längs der Papierschicht stärker gefährdet. Es ist daher anzustreben, das Kabel nur radial, d.h. senkrecht zur Papierschicht, zu beanspruchen.

Unangenehm sind bei Gürtelkabeln auch die zwischen den drei Leitern liegenden Beiläufe und die Zwickel zwischen den Adern, die ebenfalls elektrisch beansprucht werden. Da Beilauf und Zwickel niedrigere elektrische Festigkeit haben als das gewickelte Papier, besteht hier besonders die Gefahr des Durchschlages. Die Erkenntnis, daß man

Papierkabel nur senkrecht zur Isolationsschicht beanspruchen soll, geht auf Höchstädter zurück, der jeden einzelnen isolierten Leiter mit einer geerdeten Metallfolie umgab und die drei Einzelleiter dann mit einem

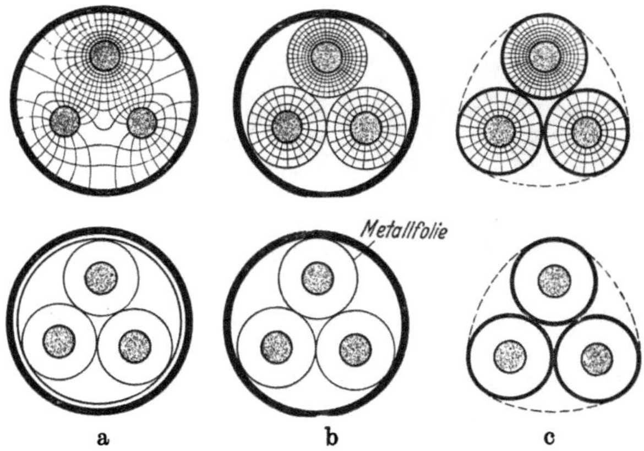

Abb. 219. Kraftlinienverlauf
a) Gürtelkabel; b) Kabel mit metallisierten Adern; c) Dreimantelkabel

gemeinsamen Bleimantel umpreßte (Abb. 220). Bei dem sogenannten Höchstädter-Kabel hat man nur radiale Beanspruchung in Richtung der größten elektrischen Festigkeit. Außerdem werden Beilauf und Zwickel elektrisch nicht beansprucht.

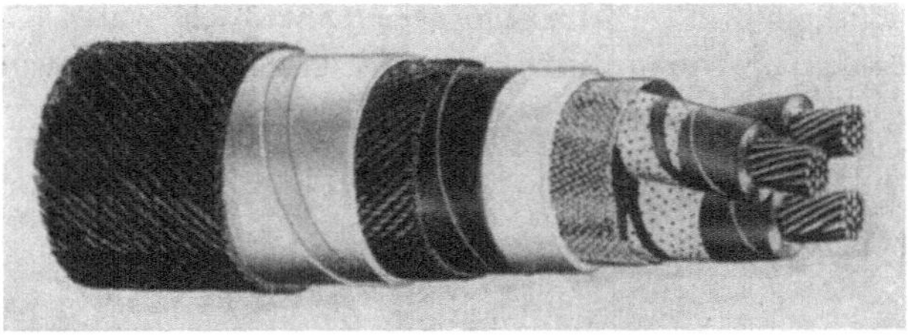

Abb. 220. Dreileiter-Höchstädter-Kabel mit metallisierten Adern, NHKBA, 10 kV

Da bei Kabeln dieser Bauart auch der Beilauf und die Zwickel mit Kabelmasse getränkt sein müssen und das Kabel infolge des gemeinsamen Bleimantels schwer biegbar ist, entwickelte man das Dreibleimantelkabel (Abb. 221). Hier besitzt jeder Leiter für sich einen Bleimantel. Damit ist die elektrische Beanspruchung der Papierisolierung ebenfalls radial und der Beilauf liegt wieder außerhalb des elektrischen Feldes. Da durch den einzelnen Bleimantel jede Einzelader für sich gegen Feuchtigkeit geschützt ist, braucht nur die Papierisolierung mit Kabelmasse getränkt zu werden, nicht mehr der Beilauf. Die drei einzelnen

Adern sind mit asphaltiertem Papier als Korrosionsschutz umgeben. Der weitere Aufbau entspricht dem bereits beschriebenen Kabel. Diese Dreimantelkabel sind für Spannungen bis zu 60 kV genormt. Unter Vorgriff auf die Belastbarkeitstabellen sei erwähnt, daß die Belastbarkeit

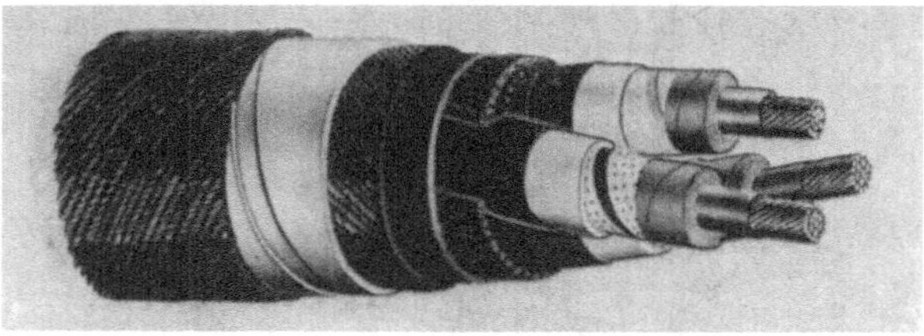

Abb. 221. Dreimantelkabel, NHEKBA, 20 kV

eines Dreimantelkabels größer ist als die eines Gürtel- oder Höchstädterkabels. Das Kurzzeichen für Kabel dieser Bauart lautet NHEKBA.

Das Vordringen des Kunststoffkabels in den letzten 10 Jahren – eine Entwicklung, auf die wir noch zu sprechen kommen – beschleunigte eine Reihe schon seit 2 Jahrzehnten betriebener Entwicklungen, das klassische Papier-Bleimantelkabel preisgünstiger herzustellen. Unter den neuen Kabelmänteln, die zu diesen Entwicklungen gehören, sind der Stahlwellmantel, der Kupferwellmantel und der Aluminiummantel zu erwähnen.

Stahl- und Kupferwellmantel werden heute fast ausschließlich für Niederspannungs- und Fernmeldekabel angewendet, während der Aluminiummantel, wie wir im folgenden noch sehen werden, sich auch für

Abb. 222. Aluminiummantelpresse

Kabel höherer Spannung eingeführt hat. Der Einsatz des Stahlwellmantels hat sich heute fast ausschließlich auf Fernsprechkabel beschränkt. Der Vorteil bei Fernsprechkabeln ebenfalls wie bei Signalkabeln besteht darin, daß man mit einem geringeren Aufwand als beim Bleimantelkabel einen günstigen Reduktionsfaktor erzielt.

Beim Kupferwellmantel und beim Aluminiummantel bieten sich die guten Leitfähigkeiten dieser Materialien an, den Mantel als vierten Leiter zu verwenden. So werden heute an Stelle des 1-kV-Kabels mit 4 oder $3^1/_2$ Leitern und gemeinsamen Bleimantel bereits in großem Umfange Dreileiter-Kupferwellmantel- und Aluminiummantelkabel eingesetzt, deren Mantel den halben oder ganzen Querschnitt eines Haupt-

Abb. 223. (N)KMDY Nennspannung 1 kV

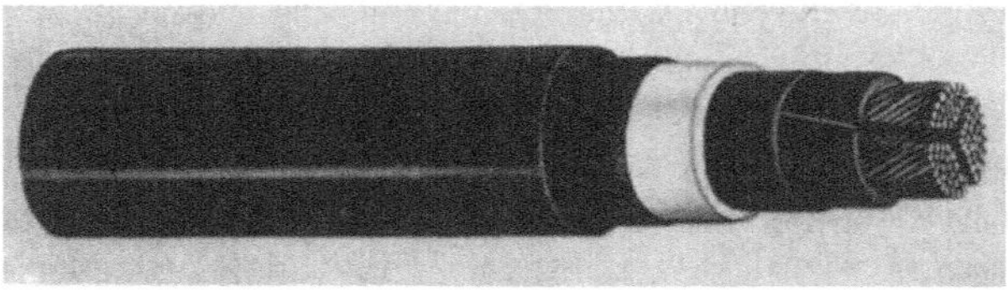

Abb. 224. Aluminiummantelkabel, NKLY, 1 kV

leiters darstellt. Abb. 222 zeigt eine Aluminiummantelpresse. Die Abb. 223 und 224 zeigen Ausführungsformen eines Kupferwellmantelkabels und eines Aluminiummantelkabels für Niederspannung.

Neben den Kupferwellmantel- und Aluminiummantelkabeln haben sich in den letzten 10 Jahren die Kunststoffkabel auch für Erdverlegung in großem Rahmen durchgesetzt. Unter den Starkstromkabeln für Nennspannungen bis zu 10 kV unterscheiden wir heute im wesentlichen folgende drei Typen, die sich durchaus bewährt haben:

Die einfachste Ausführung ist das Kabel mit Kunststoffisolierung und Kunststoffaußenmantel nach VDE 0271 mit der Typenbezeichnung NYY. Dieses Kabel eignet sich zur Verlegung in Innenräumen und im Freien. Eine Verlegung im Erdboden ist jedoch nur dann zulässig, wenn mit einer nachträglichen Beschädigung der Kabel nicht gerechnet werden muß. Es wird nur für Nennspannungen bis zu 1000 V eingesetzt. Für höhere Spannungen wurden zwei Typen entwickelt, das Kabel mit Kunststoffisolierung, einem konzentrischen Kupferleiter und einem Kunststoffaußenmantel, der Typ NYCY, und die gleiche Bauart jedoch mit Flachdrahtbewehrung, die Bauart NYFGbY.

Kabel dieses Aufbaues haben eine Isolierung aus Kunststoff, eine gemeinsame Aderumhüllung über den verseilten Adern, einen konzentrischen Leiter mit der Aufgabe als Mittelpunktsleiter oder Schirm und einen Kunststoffaußenmantel. Der wirksame Querschnitt des konzentrischen Leiters muß mindestens dem Querschnitt eines Kupferleiters von 6 mm² entsprechen, wenn er als Schirm verwendet wird. Wird er bei NYCY als Mittelpunktsleiter eingesetzt, muß er den halben Querschnitt der Außenleiter haben. Das Kabel NYCY wird zur Verlegung in Innenräumen, im Freien und im Erdboden eingesetzt. Der Typ NYFGbY mit Bewehrung ist ebenfalls wie NYCY für Nennspannungen bis zu 10 kV genormt. Es unterscheidet sich von NYCY durch die Bewehrung aus verzinkten Stahlflachdrähten und einen Gegenwendel aus Stahlband unter dem Kunststoffaußenmantel. Dieses Kabel ist besonders zur Verlegung im Erdboden geeignet, wenn während und nach der Verlegung mit starken mechanischen Beanspruchungen zu rechnen ist.

Die Kabelbelastbarkeiten sind in den folgenden Tabellen angegeben. Die zugelassenen maximalen Leitertemperaturen für papierisolierte Kabel sind verhältnismäßig niedrig. Schon bei den Leitertemperaturen von 40 bis 50 °C entstehen infolge von Belastungszyklen beim Betrieb eines Kabels Hohlräume in der Isolierung, deren Ursache in den unterschiedlichen Ausdehnungskoeffizienten von Papier und Tränkmasse liegt. Bei Erwärmung des Kabels dehnt sich die imkompressible Tränkmasse aus und weitet den Bleimantel. Bei anschließender Abkühlung gewinnt der Mantel seine ursprüngliche Form nicht mehr zurück. Die Folge davon ist eine Hohlraumbildung zwischen der äußeren Lage der Isolierung und dem an Erdpotential liegenden Mantel. In diesem unter geringem Dampfdruck stehenden Hohlraum setzen Glimmentladungen ein, die zur Zerstörung des Kabels führen können. Durch die Einführung der Höchstädter Folie, die wir bereits besprochen haben, wurde diese Gefahr gebannt; das Erdpotential wird nun von der äußeren Papierlage getragen, die sich auf Grund gleicher physikalischer Eigenschaften bei Wärmezyklen wie die Papierisolierung verhält. Allerdings ist durch die metallische Abschirmung der Kabelseele nur eine der Gefahren der Hohlraumbildung beseitigt, nicht jedoch die Entstehung der Vakuolen im Elektrikum selbst. Die Hohlräume im Dielektrikum bilden sich aus den gleichen Gründen bei Erwärmung und Abkühlung des Kabels. Sie stehen unter sehr geringem Dampfdruck – Öldämpfe und Luftreste aus der Isolierung – und neigen infolge der geringen Durchschlagsfestigkeit dieser Gase und der großen Feldstärken – bedingt durch die kleine Dielektrizitätskonstante zur Ionisation.

Die Glimmentladungen in den Hohlräumen führen zur Ionenaufspaltung, zur Zerstörung der Papiere, schließlich zum Durchschlag und damit zur Zerstörung des Kabels. Die Bildung von Hohlräumen innerhalb des Kabels kann man experimentell nachweisen, indem man den Verlustwinkel des Kabels bei steigender Spannung aufnimmt. Dieser Verlustwinkel ist bei einem neuwertigen, mäßig beanspruchten Kabel bei konstanter Temperatur ziemlich unabhängig von der Spannung (Abb. 225). Kühlt sich das Kabel nun z. B. von einer Leitertemperatur von 45 °C auf 13 °C ab, so entstehen Hohlräume; steigert man nun die Spannung, so nimmt der Verlustfaktor plötzlich stark zu (sogenannter Knick der Verlustfaktorkurve), da die Hohlräume zu glimmen beginnen und hierdurch die Verluste im Dielektrikum anwachsen.

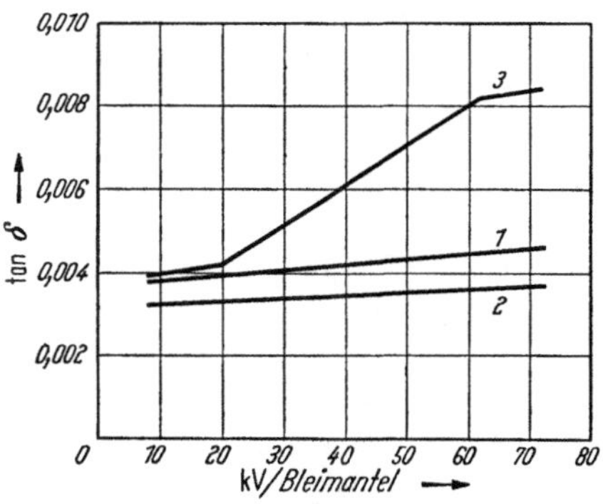

Abb. 225. Verlustfaktor eines neuzeitlichen Hochspannungs-Masse-Kabels in Abhängigkeit von der Spannung bei verschiedenen Temperaturen bzw. Betriebszuständen
1 Verlustfaktor des neuen oder nur mäßig beanspruchten Kabels bei 18 °C; *2* Verlustfaktor des neuen Kabels bei 35 °C; *3* Verlustfaktor des Kabels nach thermischer (und ggf. elektrischer) Überbeanspruchung, gemessen bei 18 °C

Aus diesem Grunde ist es trotz mehrfacher Versuche nicht gelungen, klassische Massekabel für eine Betriebsspannung von 110 kV zu bauen. Die Erkenntnisse der 20iger Jahre, daß die Betriebssicherheit des Massekabels mehr ein thermisches als ein elektrisches Problem darstellt, führt zur Entwicklung und Konstruktion einer großen Zahl von Höchstspannungskabeltypen, die alle den einen Zweck verfolgen, die sich im thermischen Wechsel bildenden Hohlräume eines Kabels zu beseitigen bzw. ihre Entstehung zu verhindern. Zur Beseitigung dieser schädlichen Hohlräume und damit gleichbedeutend mit der Möglichkeit, überhaupt wirtschaftliche und betriebssichere Höchstspannungskabel zu bauen, gibt es grundsätzlich zwei verschiedene Wege. Zunächst kann man in einem besonderen Vorratsgefäß oder im Kabel selbst einen unter Druck stehenden Isolierstoff bereithalten, der im Falle einer Hohlraumbildung in die Kabelisolierung eindringt, die Vakuolen füllt und damit ionisationsfrei macht.

Diesen Weg beschreitet z. B. das Ölkabel, das von L. Emanueli (Pirelli, Mailand) im Jahre 1918 erstmals gebaut wurde. Es beruht auf der Überlegung, den bei einem Massekabel einmaligen Tränkprozeß beim Ölkabel während des Betriebs dauernd nachbilden zu können. Das Ölkabel ist mit einem niedrigviskosen Öl – etwa einem Transformatorenöl vergleichbar – getränkt. Bei Erwärmung des Kabels kann die Tränkmasse bei einem Einleiterkabel durch den Hohlleiter, beim Dreileiterkabel durch die Zwickel in radialer Richtung in die dafür bestimmten Vorratsgefäße abfließen. Kühlt das Kabel wieder ab, so dringt das

Tränkmittel wieder durch den gleichen Kanal zurück und füllt die bei der Abkühlung entstandenen Hohlräume. Die Vorratsgefäße für die überschüssige Tränkmasse – die Ölausdehnungsgefäße – haben Membra-

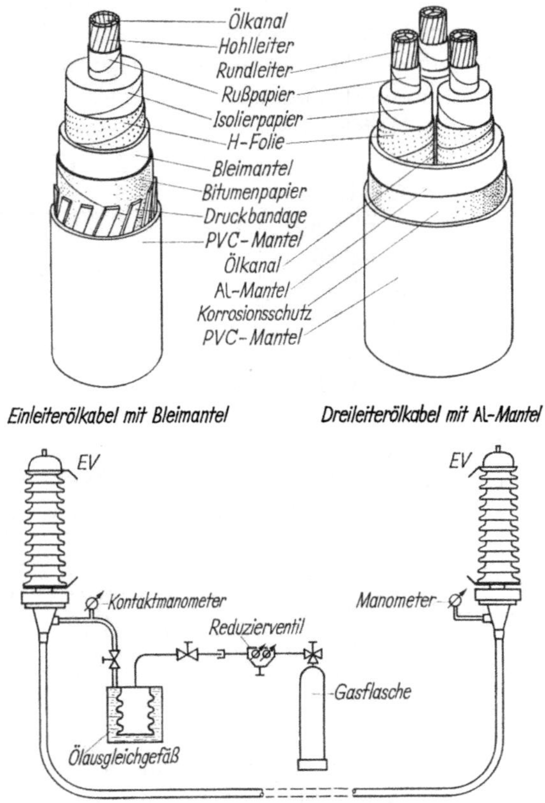

Abb. 226. Ölkabel

nen, die das Öl dauernd unter einem bestimmten Druck halten, und zwar bei dem in Deutschland verwendeten Niederdruck-Ölkabel auf einem Druck von etwa 1 bis 3 atü (Abb. 226).

Das Gasinnendruckkabel, das bereits 1920 von den Amerikanern H. B. Fisher und R. W. Atkinson vorgeschlagen wurde, beruht auf dem gleichen Prinzip. Die in Wärmezyklen gebildeten Hohlräume, die meist nur unter einem sehr geringen Gasdruck stehen, werden mit einem elektrisch hochwertigen, verdichteten Gas gefüllt. Auf diese Weise erhöhen sich die Durchbruchsfeldstärken in den Vakuolen gemäß dem Paschenschen Gesetz (Abb. 227) auf einen ausreichenden Wert. Dieses

Verfahren kam jedoch sehr spät zur Anwendung. Die Entwicklung hochwertiger Tränkmassen und besserer Tränkverfahren öffneten dem Problem des Gasinnendruckkabels in der Mitte der 30iger Jahre in England und in den Vereinigten Staaten den Weg. Es wurde eine Reihe von Konstruktionsvorschlägen ausgeführt, so daß normale „Impregnated

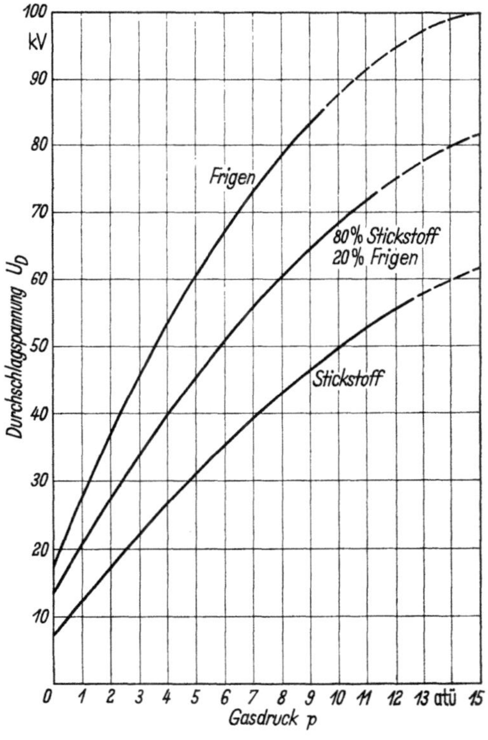

Abb. 227. PASCHENsches Gesetz

Pressure Cable“ nach BRAZIER und das mit vorimprägnierten Papieren gefertigte „Gas-filled Cable“ nach BEAVER. Abb. 228 zeigt den Aufbau des Kabels als Ein- und Dreileiterkabel und das Drucksystem.

Der andere Weg, die gefährlichen Hohlräume zu beseitigen, ist das Membrandruckkabel, das nach einem Vorschlag von W. VOGEL im Jahre 1933 erstmals ausgeführt wurde. Das Prinzip dieser Bauart besteht darin, die bei Erwärmung des Kabels auftretenden Ausdehnungskräfte gegen einen äußeren Druck arbeiten zu lassen. Beim Abkühlen des Kabels wird das Dielektrikum infolge des äußeren Druckes soweit zusammengedrückt, daß die gesamte Isolierung wieder vollkommen mit der Tränkmasse durchsetzt wird. Als Druckmittel, das im Gegensatz zum Öl- und Gasinnendruckkabel vom Dielektrikum getrennt ist, kommt in der Regel Gas, in seltenen Fällen auch Öl in Frage. Als Membran dient der Kabelmantel. Dieser besteht meist aus Blei, im Ausland auch aus Polyäthylen. Zum Schutz des Bleimantels werden einige Lagen bitumi-

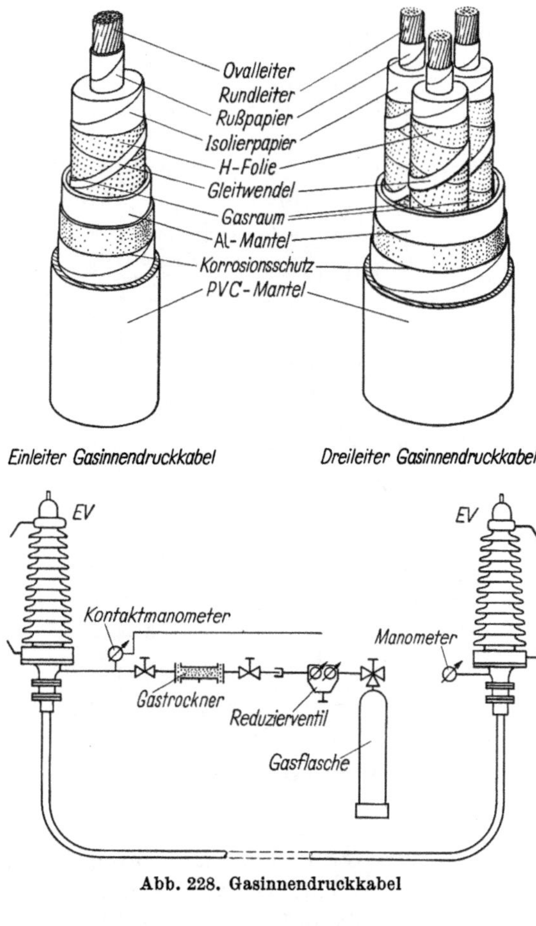

Abb. 228. Gasinnendruckkabel

niertes Papier und Gleitdrähte aufgebracht. Drei dieser Einleiterkabel werden in ein Stahlrohr eingezogen, das unter einem Druck von 15 atü steht (Abb. 229). Die Wirkungsweise und die elektrische Sicherheit der drei genannten Kabelbauarten geht am deutlichsten aus Abb. 230 hervor. Die Abbildung zeigt die Dauerdurchschlagsfestigkeit dieser Kabeltypen unter Betriebsbedingungen im Vergleich zu einem normalen Massekabel. Diese drei Bauarten können also mit wesentlich höheren Feldstärken – sie schwanken zwischen 8 und 12 kV/mm – betrieben werden.

Dazu kommt, daß man nicht die Temperaturbeschränkungen wie bei einem Massekabel hat. Während man dort nur bis etwa 25 °C Übertemperatur gehen kann, sind bei Öl-, Gasinnendruck- und Membrandruckkabel wesentlich höhere Temperaturen zulässig. So kann man beispiels-

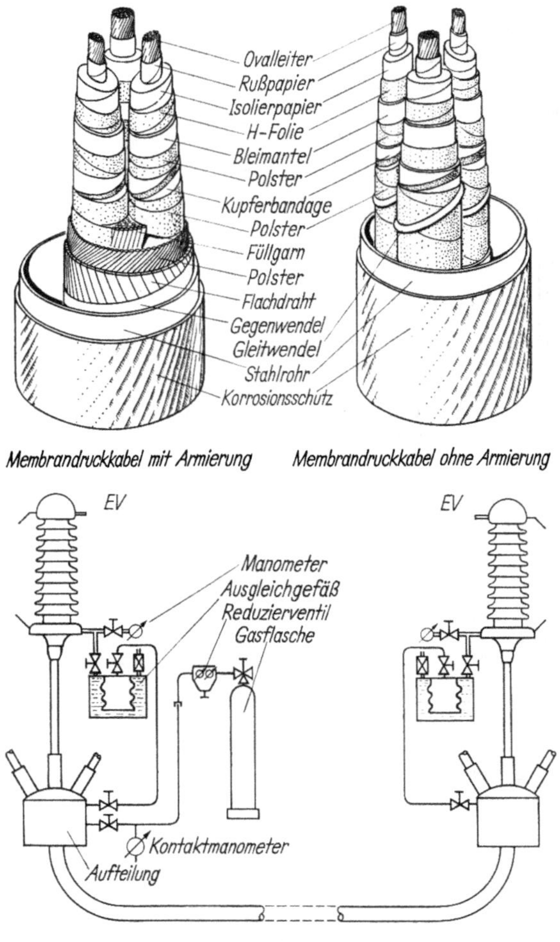

Abb. 229. Membrandruckkabel

weise Betriebstemperaturen von 70 bis 80 °C, also Übertemperaturen von 50 bis 60 °C, unbedenklich zulassen. Das bedeutet aber, daß man bei gleichen Querschnitten etwa 50% mehr Strom mit diesen Kabeln übertragen kann. Dadurch werden diese Konstruktionen, die durch Zubehör und Aufbau zunächst kompliziert wirken, bei höheren Spannungen durchaus wirtschaftlich.

Wir kommen nun zu den elektrischen Eigenschaften der vorstehend genannten Kabelbauarten. Die elektrischen Daten der Kabel unter-

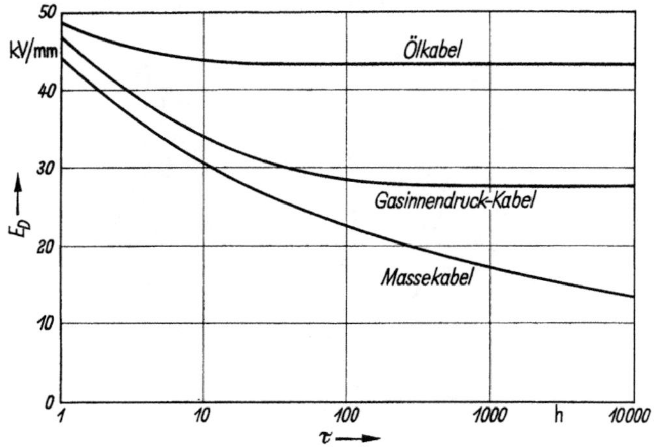

Abb. 230. Dauerdurchschlagfeldstärke E_D des Gasinnendruck-Kabels im Vergleich zu der des Öl- und Massekabels (nach DOMENACH)

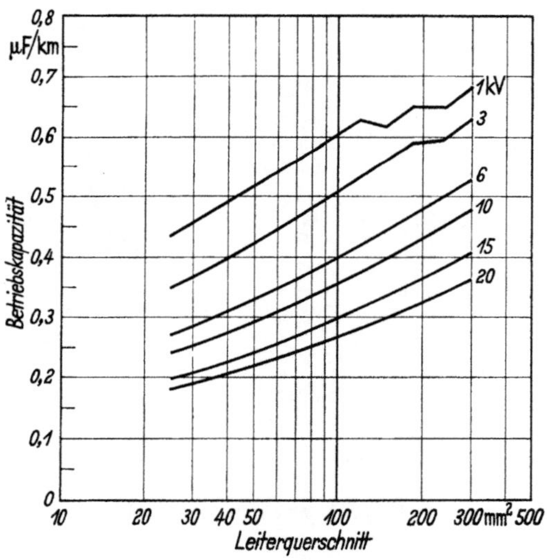

Abb. 231. Betriebskapazität von Dreileiter-Gürtel-Kabeln mit Rundleitern nach VDE 0255

scheiden sich beträchtlich von denen einer Freileitung. So ist die Induktivität eines Kabels wegen der geringen Leiterabstände wesentlich kleiner (in der Größenordnung des $3^1/_2$- bis 5fachen), die Betriebskapazität dagegen aus dem gleichen Grund bedeutend größer (etwa um das 13-

bis 20fache). Die Werte für Induktivität und Kapazität einer Freileitung lassen sich erfahrungsgemäß ziemlich genau ohne großen Aufwand

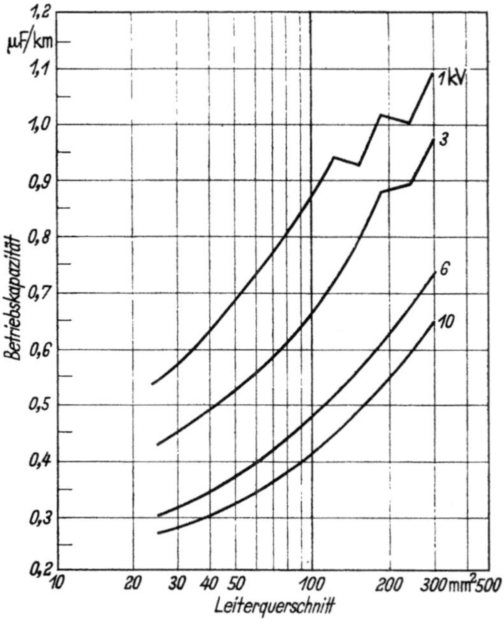

Abb. 232. Betriebskapazität von Dreileiter-Gürtel-Kabeln mit Sektorleitern nach VDE 0255

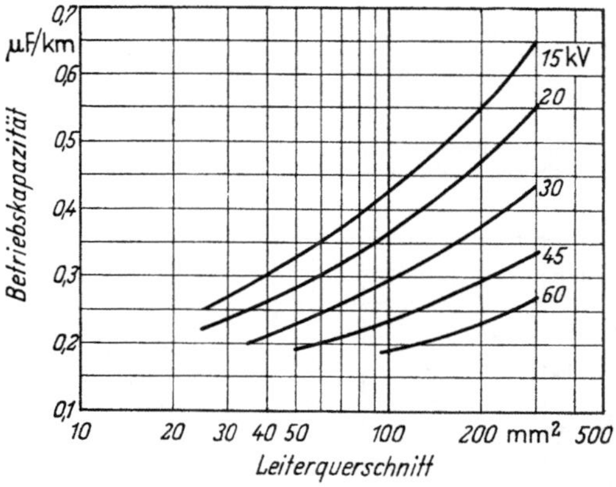

Abb. 233. Betriebskapazität von Einleiter-, Dreimantel- und H-Kabel nach VDE 0255

berechnen. Die Abb. 231 bis 237 zeigen für normale Gürtel- und Dreimantelkabel die Werte für Induktivität und Betriebskapazität.

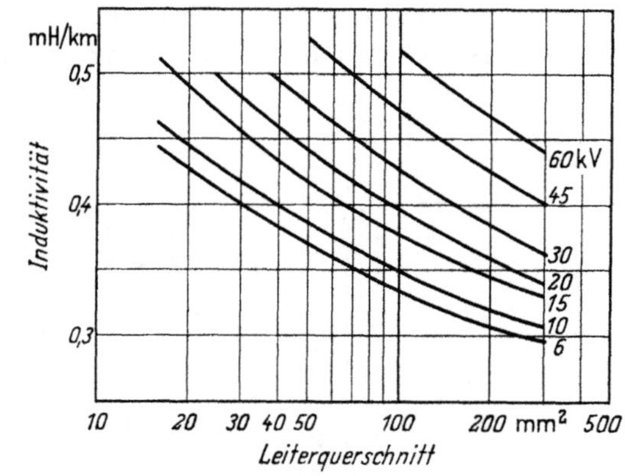

Abb. 234. Induktivität von bewehrten Dreimantel-Kabeln nach VDE 0255 bei 50 Hz
Induktivität unbewehrter Kabel: – 15%

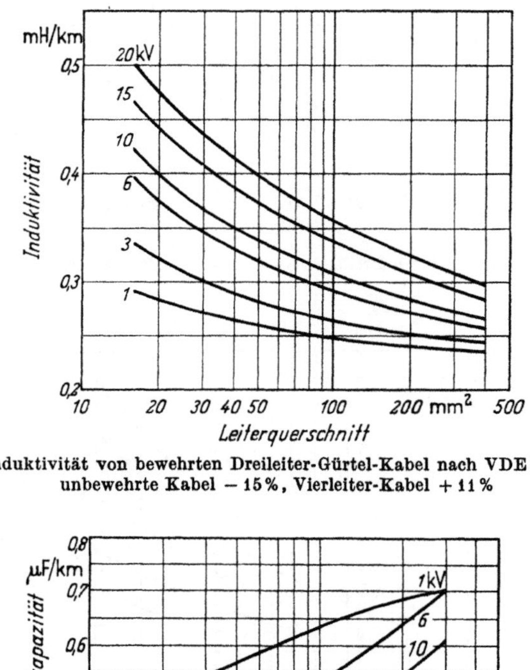

Abb. 235. Induktivität von bewehrten Dreileiter-Gürtel-Kabel nach VDE 0255 bei 50 Hz
unbewehrte Kabel – 15%, Vierleiter-Kabel + 11%

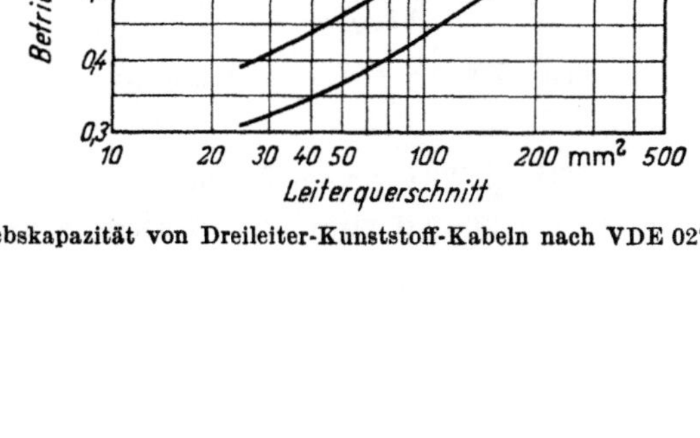

Abb. 236. Betriebskapazität von Dreileiter-Kunststoff-Kabeln nach VDE 0271 mit Rundleitern

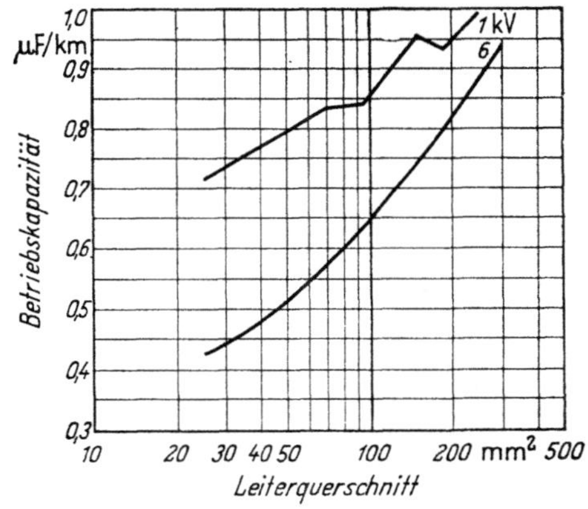

Abb. 237. Betriebskapazität von Kunststoffkabeln nach VDE 0271 mit Sektorleitern

Tabelle 3. *Strombelastbarkeit von Kunststoffkabeln für Betriebsspannungen bis* 1,5 kV *in Gleichstromsystemen oder bis* $U_0 = 0{,}6$ kV *in Einphasen- bzw. Drehstromsystemen* (nach VDE 0271/5.58)

Nenn-Querschnitt	Einleiterkabel[1]				Zweileiterkabel				Drei- und Vierleiterkabel			
	Belastbarkeit in A bei Verlegung											
	in Erde		in Luft		in Erde		in Luft		in Erde		in Luft	
mm²	Cu	Al	Cu	Al	Cu	Al	Cu	Al	Cu	Al	Cu	Al
1,5	35	–	28	–	30	–	24	–	25	–	20	–
2,5	50	–	40	–	40	–	32	–	35	–	28	–
4	65	52	52	42	50	40	40	32	45	36	36	29
6	85	68	68	54	65	52	52	42	60	48	48	38
10	110	86	88	70	90	72	72	58	80	64	64	51
16	155	125	125	100	120	96	96	77	110	88	88	70
25	200	160	160	130	155	125	125	100	135	110	110	88
35	250	200	200	160	185	150	150	120	165	130	130	105
50	310	250	250	200	235	190	190	150	200	160	160	130
70	380	305	305	245	280	225	225	180	245	195	195	155
95	460	370	370	295	335	270	270	215	295	235	235	190
120	535	430	430	345	380	305	305	245	340	270	270	215
150	610	490	490	390	435	350	350	280	390	310	310	230
185	685	550	550	440	490	390	390	310	445	355	355	285
240	800	640	640	510	570	455	455	365	515	410	410	330
300	910	730	730	585	640	510	510	410	590	470	470	375
400	1080	865	865	690	760	610	610	490	700	560	560	450
500	1230	985	985	790	–	–	–	–	–	–	–	–

[1] Diese Werte gelten für ein einzelnes Kabel mit oder ohne Bewehrung in Gleichstromanlagen sowie für ein einzeln liegendes Kabel ohne Bewehrung in Wechsel- oder Drehstromanlagen.

Tabelle 4. *Strombelastbarkeit von Mehrleiter-Kunststoffkabeln für Betriebsspannungen mit U_0 über* 0,6 kV (nach VDE 0271/5.58)

Nenn-querschnitt	U_0 = 3,5 kV				U_0 = 5,8 kV			
	Belastbarkeit in A							
	bei Verlegung							
	in Erde		in Luft		in Erde		in Luft	
mm²	Cu	Al	Cu	Al	Cu	Al	Cu	Al
6	55	44	44	35	–	–	–	–
10	75	60	60	48	65	52	52	42
16	100	80	80	64	85	68	68	54
25	130	105	105	84	110	88	88	70
35	160	130	130	105	135	110	110	88
50	195	155	155	125	165	130	130	105
70	235	190	190	150	200	160	160	130
95	280	225	225	180	240	190	190	150
120	325	260	260	210	280	225	225	180
150	370	295	295	235	320	255	255	205
185	420	335	335	270	360	290	290	230
240	490	390	390	310	420	335	335	270
300	560	445	445	355	475	385	385	310
400	660	525	525	420	560	450	450	360

Tabelle 5. *Strombelastbarkeit von drei einzeln nebeneinanderliegenden, unbewehrten Einleiter-Kunststoffkabeln in Drehstromsystemen* (nach VDE 0271/5.58)

Nenn-quer-schnitt	U_0 = 0,6 kV				U_0 = 3,5 kV				U_0 = 5,8 kV			
	Belastbarkeit in A											
	bei Verlegung											
	in Erde		in Luft		in Erde		in Luft		in Erde		in Luft	
mm²	Cu	Al	Cu	Al	Cu	Al	Cu	Al	Cu	Al	Cu	Al
16	140	115	115	92	130	105	105	84	110	88	88	70
25	180	145	145	115	170	135	135	110	145	115	115	92
35	220	175	175	140	210	165	165	130	175	140	140	110
50	270	215	215	170	260	205	205	165	220	175	175	140
70	325	260	260	210	310	250	250	200	265	215	215	170
95	390	310	310	250	375	300	300	240	315	255	255	205
120	445	355	355	285	430	345	345	275	360	290	290	230
150	500	400	400	320	485	390	390	310	410	330	330	265
185	550	440	440	350	535	430	430	435	460	365	365	290
240	625	500	500	400	615	490	490	390	520	415	415	330
300	695	555	555	445	680	545	545	345	570	455	455	365
400	785	630	630	505	770	620	620	495	645	515	515	410
500	855	685	685	550	–	–	–	–	–	–	–	–

Tabelle 6. *Strombelastbarkeit von* 1-kV-*Kabeln mit Kunststoffisolierung und Bleimantel* (nach VDE 0265/11.58) *oder Aluminiummantel* (nach VDE 0286/10.56)

Nennquerschnitt	Einleiterkabel		Dreileiterkabel		Einleiterkabel		Dreileiterkabel	
	Kabel in Luft verlegt				Kabel in Erde verlegt			
	Belastbarkeit in A							
mm²	Cu	Al	Cu	Al	Cu	Al	Cu	Al
1,5	29	–	20	–	35	–	25	–
2,5	40	31	–	21	50	40	35	25
4	53	42	36	28	65	50	45	35
6	68	53	46	35	85	65	55	45
10	95	72	62	48	115	90	75	60
16	125	95	82	65	155	120	100	80
25	160	125	105	85	200	155	130	105
35	200	155	135	105	250	195	170	130
50	250	195	165	125	310	245	205	155
70	300	235	200	155	375	295	250	195
95	370	285	240	185	460	355	300	230
120	420	330	275	215	525	410	345	270
150	490	380	315	245	610	475	390	305
185	550	430	360	280	685	535	450	350
240	640	500	–	–	800	625	–	–
300	740	580	–	–	925	725	–	–
400	880	680	–	–	1100	850	–	–
500	1000	780	–	–	1250	975	–	–

Tabelle 7. *Strombelastbarkeit von* 1-kV-*Gürtelkabeln mit Bleimantel* (nach VDE 0255/4.60) *oder Aluminiummantel* (nach VDE 0286/10.56)

Nennquerschnitt	Einleiterkabel[1]		Einleiterkabel[2]		Zweileiterkabel		Drei- und Vierleiterkabel	
	Belastbarkeit in A							
mm²	Cu	Al	Cu	Al	Cu	Al	Cu	Al
1,5	35	–	–	–	30	–	25	–
2,5	50	–	–	–	40	–	35	–
4	65	50	–	–	50	40	45	35
6	85	70	–	–	65	50	60	45
10	110	90	–	–	90	70	80	65
16	155	125	109	90	120	95	110	90

[1] Bei Einleiterkabeln mit Bewehrung gelten die angegebenen Belastungswerte nur für Gleichstrom.

[2] Diese Angaben gelten für Einleiterkabel mit Aluminiummantel, der den gleichen Strom wie der Leiter führt.

Tabelle 7. (Fortsetzung)

Nennquerschnitt mm²	Einleiterkabel[1]		Einleiterkabel[2]		Zweileiterkabel		Drei- und Vierleiterkabel	
	Belastbarkeit in A							
	Cu	Al	Cu	Al	Cu	Al	Cu	Al
25	200	160	140	115	155	125	135	110
35	250	200	170	135	185	150	165	130
50	310	250	210	165	235	190	200	160
70	380	305	255	200	280	225	245	195
95	460	370	305	240	335	270	295	235
120	535	430	345	275	380	305	340	270
150	610	490	390	310	435	350	390	310
185	685	550	430	340	490	390	445	355
240	800	640	485	390	570	455	515	410
300	910	730	540	430	640	510	590	470
400	1080	865	610	490	760	610	700	560
500	1230	985	665	535	–	–	–	–
625	1420	1140	710	585	–	–	–	–
800	1640	1310	760	630	–	–	–	–
1000	1880	1500	800	680	–	–	–	–

Tabelle 8. *Strombelastbarkeit von* 6- *und* 10-kV-*Dreileiter-Gürtelkabeln und* 20-kV-*Dreimantel-Kabeln mit Bleimantel* (nach VDE 0255/4.60) *oder Aluminiummantel* (nach VDE 0286/10.56)

Nennquerschnitt mm²	Gürtelkabel 6 kV		Gürtelkabel 10 kV		Dreimantelkabel 20 kV	
	Belastbarkeit in A					
	Cu	Al	Cu	Al	Cu	Al
6	55	45	–	–	–	–
10	75	60	65	50	–	–
16	100	80	85	70	–	–
25	130	105	110	90	115	90
35	160	130	135	110	140	110
50	195	155	165	130	170	135
70	235	190	200	160	210	170
95	280	225	240	190	245	195
120	325	260	280	225	285	230
150	370	295	320	255	325	260
185	420	335	360	290	365	290
240	490	390	420	340	425	340
300	560	445	475	385	480	385
400	–	–	–	–	550	440

Fußnote 1 und 2 auf S. 229.

Tabelle 9. *Strombelastbarkeit von* 30- *bis* 60-kV-*Dreimantelkabeln mit Bleimantel* (nach VDE 0255/4.60)

Nennquerschnitt mm²	30 kV		45 kV		60 kV	
	Belastbarkeit in A					
	Cu	Al	Cu	Al	Cu	Al
35	135	105	–	–	–	–
50	165	130	155	125	–	–
70	200	160	185	150	–	–
95	235	185	220	175	210	170
120	270	215	250	200	240	190
150	310	250	285	230	270	215
185	345	275	320	255	305	245
240	400	320	370	295	355	280
300	450	360	420	335	400	320
400	515	415	485	390	460	370
500	580	465	–	–	–	–

Tabelle 10. *Strombelastbarkeit von drei einzeln nebeneinanderliegenden, unbewehrten Einleiterkabeln in Drehstromsystemen mit Bleimantel* (nach VDE 0255/4.60) *oder Aluminiummantel*[1] (nach VDE 0286/10.56)

Nennquerschnitt mm²	1 kV		6 kV		10 kV		20 kV	
	Belastbarkeit in A							
	Cu	Al	Cu	Al	Cu	Al	Cu	Al
16	140	115	130	105	110	90	–	–
25	180	145	170	135	145	115	135	105
35	220	175	210	165	175	140	165	130
50	270	215	260	205	220	175	205	160
70	325	260	310	250	265	215	250	200
95	390	310	375	300	315	255	295	235
120	445	355	430	345	360	290	340	270
150	500	400	485	390	410	330	390	310
185	550	440	535	430	460	365	430	345
240	625	500	615	490	520	415	490	390
300	695	555	680	545	570	455	540	430
400	785	630	770	620	645	515	615	490
500	855	685	845	675	705	565	675	540
625	915	750	–	–	–	–	–	–
800	980	810	–	–	–	–	–	–
1000	1030	875	–	–	–	–	–	–

[1] Die oben angegebenen Werte gelten bei Aluminiummänteln unter der Voraussetzung, daß die Kabelmäntel nur an einem Ende verbunden und die Endverschlüsse isoliert aufgestellt sind. Bei beiderseitiger Verbindung der Mäntel sind diese Werte nach folgender Tabelle zu reduzieren (%):

Tabelle 11

Querschnitt mm²	16–30	70–150	185–240	300	400	500–625	800–1000
1–10 kV	100	95	90	85	85	80	75
20 kV	100	95	90	90	85	85	–

Tabelle 12. *Strombelastbarkeit von drei einzeln nebeneinanderliegenden, unbewehrten Einleiterkabeln in Drehstromsystemen mit Bleimantel* (nach VDE 0255/4.60) *oder Aluminiummantel*[1] (nach VDE 0286/10.56)

Nenn-querschnitt mm²	30 kV		45 kV		60 kV	
	Belastbarkeit in A					
	Cu	Al	Cu	Al	Cu	Al
35	155	125	–	–	–	–
50	190	155	185	150	–	–
70	235	190	220	175	–	–
95	280	225	265	210	250	200
120	320	255	300	240	285	230
150	365	290	340	270	325	260
185	405	325	385	310	365	295
240	465	370	440	350	420	335
300	515	410	490	390	465	370
400	590	470	565	450	535	430
500	650	520	–	–	–	–

Tabelle 13

Querschnitt mm²	35–50	70–150	185–240	300	400	500
30 kV	100	95	90	90	85	85
45 kV	100	95	95	90	90	–
60 kV	100	95	95	95	95	–

Bemerkungen zu den Kabel-Belastungstafeln

1. Die Belastungstafeln gelten (sofern nicht anders angegeben) für Kabel im Erdboden bei einer Bettungstiefe von etwa 70 cm und einer Umgebungstemperatur von 20 °C. Die zulässigen Temperaturerhöhungen am Leiter durch Strombelastung betragen:

Für Kabel mit Kunststoffisolierung und Kunststoffmantel (nach VDE 0271/5.58):

45 bis 50 °C bei Kabeln für U_0 bis 3,5 kV,
35 bis 40 °C bei Kabeln für U_0 bis 5,8 kV.

U_0 ist die Spannung zwischen Leiter und metallischer Umhüllung oder Erde.

[1] Die oben angegebenen Werte gelten bei Aluminiummänteln unter der Voraussetzung, daß die Kabelmäntel nur an einem Ende verbunden und die Endverschlüsse isoliert aufgestellt sind. Bei beiderseitiger Verbindung der Mäntel sind die Werte nach Tabelle 13 zu reduzieren (%):

Für Kabel mit Kunststoffisolierung und Bleimantel (nach VDE 0265/11.58) oder Aluminiummantel (nach VDE 0286/10.56):

bei Verlegung in Luft 35 °C (bei Verlegung in Erde ist eine Belastungserhöhung um 25% zulässig).

Für papier-isolierte Kabel mit Bleimantel (nach VDE 0255/4.60) oder Aluminiummantel (nach VDE 0286/10.56):

45 °C bei Kabeln für 1 bis 6 kV,
35 °C bei Kabeln für 10 bis 20 kV,
25 °C bei Kabeln für 30 bis 60 kV.

2. Belastungsminderung bei Anhäufung mehrerer Kabel oder Verlegung in Luft:

Tabelle 14

in Erde verlegt

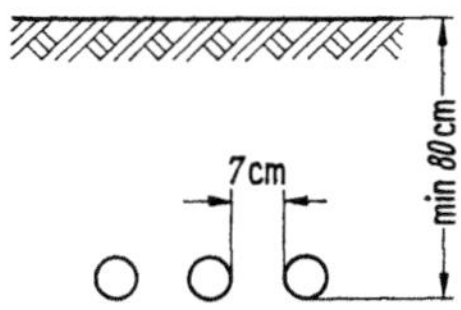

Verlegungsart der Kabel	Belastungsfaktor bei Kabel-Anzahl 1	2	3	4	5	6	8	10
Einleiter- und Mehrleiterkabel	1	0,9	0,8	0,75	0,7	0,65	0,62	0,6
3 Einleiterkabel in Drehstromsystemen	1	0,8	0,75	0,7				

In Erde verlegt und mit Kabel-Schutzhauben abgedeckt

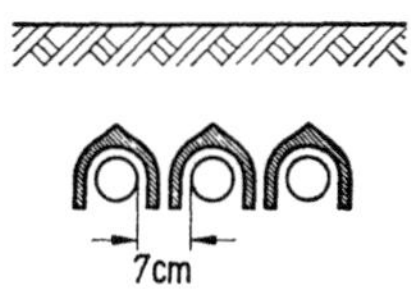

Verlegungsart der Kabel		1	2	3	4	5	6	8	10
Einleiter- und Mehrleiterkabel	a)	0,9	0,81	0,72	0,67	0,63	0,58	0,56	0,54
	b)	0,8	0,72	0,64	0,6	0,56	0,52	0,49	0,48
3 Einleiterkabel in Drehstrom-systemen	a)	0,9	0,72	0,68	0,63				
	b)	0,8	0,64	0,60	0,56				

a) ohne Hohlraum zwischen Kabel und Haube
b) mit Hohlraum zwischen Kabel und Haube

In Luft verlegt, an Wand, auf Pritsche oder im Kanal

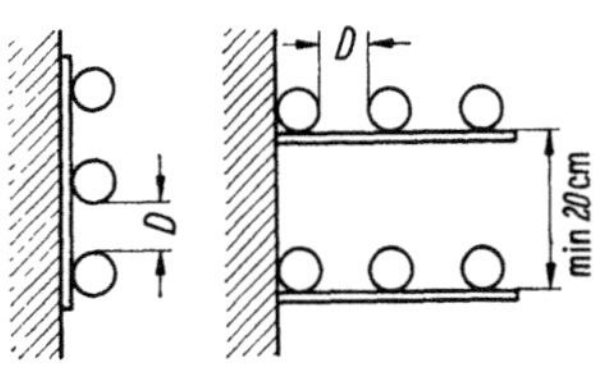

Verlegungsart der Kabel		1	2	3	4	5	6	8	10
An Wand oder auf Pritsche mit Zwischenraum D = Kabeldurchmesser	[1]	0,8	0,75	0,75	0,7	0,7	0,7		
	[2]			0,95			0,9		
An Wand oder auf Pritsche ohne Zwischenraum	[1]	0,8	0,65	0,65	0,6	0,6	0,6		
	[2]			0,8			0,75		

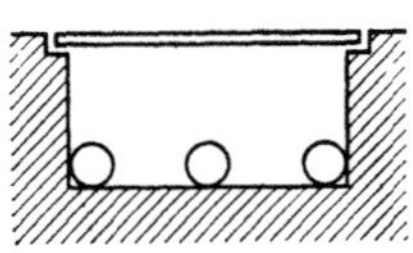

Verlegungsart der Kabel		1	2	3	4	5	6	8	10
Abgedeckter Kanal	[1]	0,7	0,7	0,65	0,65	0,6	0,6	0,55	0,5
	[2]			0,8			0,75		

[1] Kabel nach VDE 0255/4.60, VDE 0286/10.56.
[2] Kabel nach VDE 0265/11.58, VDE 0271/5.58.

3. Belastbarkeit bei anderen Umgebungstemperaturen:

Bei Umgebungstemperaturen, die dauernd von 20 °C abweichen, sind alle Angaben entsprechend nachstehender Tabelle umzurechnen.

Tabelle 15. *Zulässige Kabelbelastungen in Abhängigkeit von der Umgebungstemperatur in* °C

a) Kabel mit Kunststoffisolierung und Kunststoffmantel (nach VDE 0271/5.58).

Umgebungstemperatur °C		5	10	15	20	25	30	35
Betriebs-	U_0 bis 3,5 kV	115	110	105	100	94	88	82
spannung	U_0 bis 5,8 kV	120	113	107	100	93	85	76

b) Kabel mit Kunststoffisolierung und Bleimantel (nach VDE 0265/11.58) oder Aluminiummantel (nach VDE 0286/10.58).

Umgebungstemperatur °C	5	10	15	20	25	30	35
Verlegung in Luft	120	113	107	100	93	85	76
Verlegung in Erde	150	141	134	125	116	106	95

c) Kabel mit Papierisolierung und Bleimantel (nach VDE 0255/11.60) oder Aluminiummantel (nach VDE 0286/10.58).

Umgebungstemperatur °C		5	10	15	20	25	30	35
Betriebsspannung	1–6 kV	115	110	105	100	94	88	82
	10–20 kV	120	113	107	100	93	85	76

Die vorstehenden Tafeln geben Anhaltspunkte; genaue Werte sind von Fall zu Fall zu bestimmen.

Kabel in Kanälen, Rohrblöcken und dergleichen

Da hier die Abkühlungsverhältnisse sehr unterschiedlich sein können, müssen die zulässigen Werte der Strombelastbarkeit für den vorliegenden Einzelfall besonders ermittelt werden.

b) Fernwirk- und Fernmeldekabel

Ebenso wichtig wie die Energiekabel sind für den Kraftwerksbetrieb die Steuer- und Meldekabel, besonders weil man in immer stärkerem Maße Fernmeß- und Fernwirkanlagen einrichtet. Die Aufbauelemente für diese Kabelgruppe sind grundsätzlich die gleichen wie für die Energiekabel. Es handelt sich jedoch fast ausschließlich um die Fortleitung von Klein- oder Niederspannungen bei kleinen Stromstärken, unter Umständen auch mit hohen Frequenzen.

Während man früher vieladrige Steuer- und Signalkabel mit kleinen Aderquerschnitten als Papierbleikabel (masseimprägniert) oder auch häufig als Gummibleikabel ausführte, setzen sich hier neuerdings kunststoffisolierte Kabel immer mehr durch, entweder als Kunststoffbleikabel oder auch bleimantellos. Auch vor dem Aufkommen der NYY-Kabel wurden bereits gute Erfahrungen mit Schaltanlagenhilfskabeln mit Kunststoffisolierung und Kunststoffmantel gemacht.

Solche Kabel werden für einfache Steuer- und Meldezwecke (Ausnutzung nur mit Gleichspannung oder 50 Hz Wechselspannung), meist adrig verseilt. Für größere Entfernungen ist es empfehlenswert, auch diese Kabel zu verseilen, damit sie später durch Einsatz von modernen (Zeit- oder Tonfrequenz-)Multiplexverfahren mehrfach ausgenutzt werden können (s. Abschn. XV, S. 376).

Kabel, die zur Übertragung von Sprache und dementsprechend Tonfrequenzen dienen sollen, müssen so aufgebaut werden, daß die in einem Kabel zusammen verlegten Leitungskreise sich gegenseitig nicht beeinflussen (vermeiden von Übersprechen) und die höheren Frequenzen nicht zu stark gedämpft werden. Um das Übersprechen zu verhindern bzw. genügend klein zu halten, werden die zu einem Leitungskreis gehörenden beiden Leiter paarig verseilt bzw. mit einem zweiten solchen Paar zu einem Sternvierer zusammengefaßt, der gegebenenfalls noch durch zusätzliche Abgleichmaßnahmen symmetriert werden kann. Eventuell werden solche Vierer noch mit einer metallisierten Papierumwicklung gegen andere Kreise statisch abgeschirmt.

Fernsprechkabel werden mit trockenem Papier isoliert, dessen elektrische Festigkeit für die im allgemeinen geringe Spannungsbeanspruchung genügt und das außerdem wegen seiner niedrigen Dielektrizitätskonstante die erforderliche kleine Kapazität gewährleistet. Um die Kapazität noch mehr herabzusetzen, legt man zwischen Leiter und Isolierhülle noch eine Abstandskordel aus trockenem Papier, so daß um die Adern ein Luftraum entsteht. Eine andere Lösung besteht in der Verwendung poröser Kunststoffmassen als Isoliermittel. Da die trockene Papierisolierung sehr feuchtigkeitsempfindlich ist, muß großer Wert auf einen unbedingt dichten Metallmantel gelegt werden (Blei-, Aluminium- oder Wellmantel). Armierung und Schutzhüllen können wie bei den Energiekabeln ausgeführt werden.

Ein besonderes Problem bei den Steuer-, Melde- und Fernsprechkabeln besteht darin, äußere Störeinflüsse fernzuhalten. Das gilt in erster Linie für die induktive Beeinflussung durch Starkstromleitungen. Die „Schiedsstelle für Beeinflussungsfragen der deutschen Bundesbahn, der deutschen Bundespost und der VDEW“ hat eine technische Empfehlung herausgegeben[1], in der eine Anleitung zur Berechnung der in Fernmeldeleitungen durch Kurzschlüsse oder Doppelerdschlüsse an Drehstrom-Hochspannungsleitungen induzierten Spannungen gegeben wird, und auf die hier verwiesen werden kann.

[1] Technische Empfehlung Nr. 1 vom 12. 7. 1951 zu beziehen z.B. durch VDEW Frankfurt/Main.

Der Kabelmantel und die Bewehrung üben eine gewisse Schutzwirkung gegen die Induktionserscheinungen in den Kabeladern aus. Sie ist durch den sogenannten Kabelmantel-Schutzfaktor festgelegt, der in VDE 0816, §18, definiert ist. Das Meßverfahren für den Schutzfaktor ist in VDE 0472/1954, § 23, angegeben. Nachdem die Beeinflussung für einen Spezialfall errechnet worden ist, kann aus der VDE-Vorschrift die Größenordnung des Schutzfaktors entnommen werden, die dann bei der Kabelbestellung vorzuschreiben ist. Die Kabelhersteller müssen unter Umständen eine Spezialarmierung vorsehen, um den verlangten Wert einhalten zu können.

Um die Gefahr herabzumindern, daß bei Doppelerdschlüssen die Erdströme in einem weiten Bereich ausstreuen und dabei auch in die Nähe von Fernmeldekabeln geraten, ist es in Sonderfällen empfehlenswert, parallel zu den Hochspannungsleitungen (Freileitungen oder Kabelstrecken) ein hinreichend dimensioniertes blankes Erdseil in den Boden zu verlegen.

C. Kabelendverschlüsse und Kabelmuffen

Beim Anschluß von papier-isolierten Kabeln an Maschinen, Apparaten oder Sammelschienen könnte man zunächst daran denken, es ähnlich wie bei gummi-isolierten Adern zu machen, d. h. die Isolierung abzusetzen und auf die Ader einen Kabelschuh anzulöten und das Kabel in dieser Weise anzuschließen. Das ist bei Papierkabeln jedoch nicht ohne weiteres möglich, denn die mit Kabelmasse getränkte Isolierung ist sehr hygroskopisch. Feuchtigkeit im Kabel würde auch den Isolationswert herabsetzen; es ist also ein Abschluß vorzusehen, damit keinerlei Feuchtigkeit in das Kabelinnere gelangen kann, und damit andererseits keine Kabelmasse austreten kann. Die Kabelenden müssen sogenannte Kabelendverschlüsse erhalten, deren Konstruktion je nachdem, ob es sich um

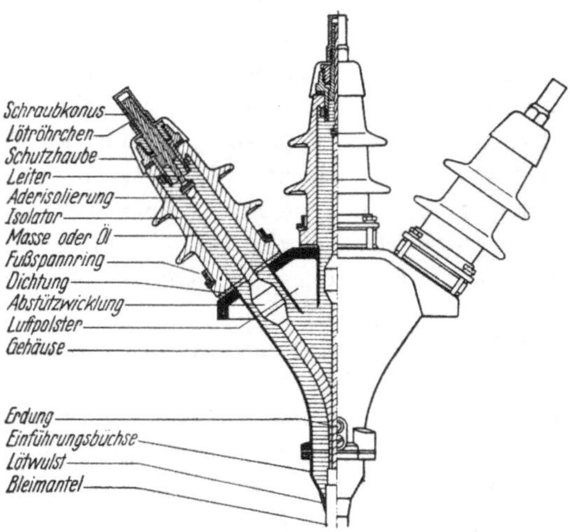

Abb. 238. Massearmer Flachendverschluß, 10 kV, Freiluftausführung: (RDK)

Gürtel- oder Dreimantelkabel handelt, unterschiedlich ist und im übrigen von der Spannung abhängt. Für Gürtelkabel bis zu einer Spannung von 10 kV kommt im wesentlichen die Konstruktion nach Abb. 238 in Frage. Am Ende des Kabels wird die Bewehrung entfernt und auf dem Bleimantel ein Gußgehäuse angebracht, welches drei Isolatoren für die Ausführungen der Adern aufweist. Die drei papier-isolierten Adern werden in die drei Ausführungen eingeführt. Das Innere des Kabelendverschlusses wird mit einer Vergußmasse ausgegossen, die zum Ausgießen – um genügend dünnflüssig zu sein – erwärmt wird. Es ist darauf zu achten, daß die Ausgußmasse den Endverschluß nicht restlos ausfüllt, damit die Masse die Möglichkeit einer Wärmeausdehnung hat. Ein unvermeidliches Übel bei diesen Endverschlüssen ist die verhältnismäßig große Menge an benötigter Vergußmasse. Tritt im Innern eines dieser Kabelendverschlüsse ein Überschlag auf, so wird infolge der dabei durch den Lichtbogen entwickelten Gase ein derartiger Überdruck erzeugt, daß der Endverschluß, sofern nicht geeignete Sicherheitsmaßnahmen getroffen sind, explodieren kann. Man ist daher bestrebt, die Menge der Vergußmasse so klein wie irgend möglich zu halten oder ganz darauf zu verzichten.

Man hat aus diesem Grunde speziell für Innenraumanlagen sogenannte Kleinendverschlüsse konstruiert, die nur eine geringe Menge

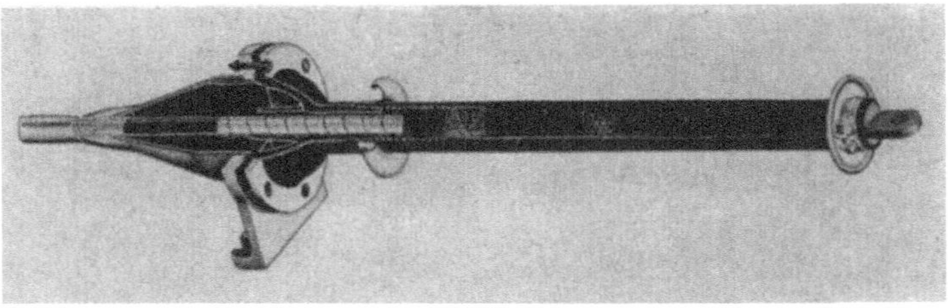

Abb. 239. Einleiter-Schlauchendverschluß für Innenräume

Ausflußmasse besitzen. Ihr Aufbau entspricht Abb. 239. Die einzelnen papier-isolierten Adern werden mit einem Isolierschlauch umgeben, der am Kabelschuh und an Gehäuse abgedichtet wird. Das Eindringen von Feuchtigkeit wird durch zwei Schlauchschellen verhindert.

In neuerer Zeit haben sich, allerdings nur für Niederspannungskabel mit getränkter Papierisolierung, Gießharzendverschlüsse eingeführt, die keine flüssige Vergußmasse mehr enthalten. Die Adern werden dabei mit einem Schrumpfschlauch oder einem selbtdichtenden PET-Band umwickelt.

Als man die ersten Kunststoffkabel verlegte, glaubte man, in Innenräumen auf Endverschlüsse verzichten zu können, da wegen der festen

Isolierung gegenüber Massekabeln kein Austritt von Tränkmasse oder ein Einfluß von Feuchtigkeit zu befürchten ist. Für Kabel bis zu 1 kV

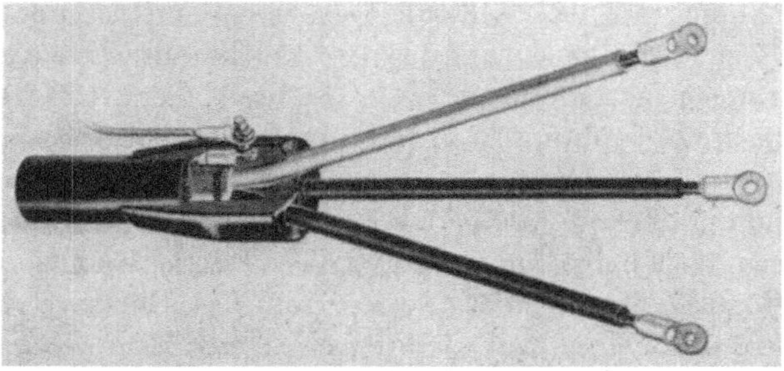

Abb. 240. Gießharz-Endverschluß für Kunststoffkabel 1/10 kV für Innen, Typ: GEV

Betriebsspannung ist dies möglich. Bei höheren Spannungen ergab sich jedoch in den Zwickeln an den Kabelenden Schwierigkeiten, die zum

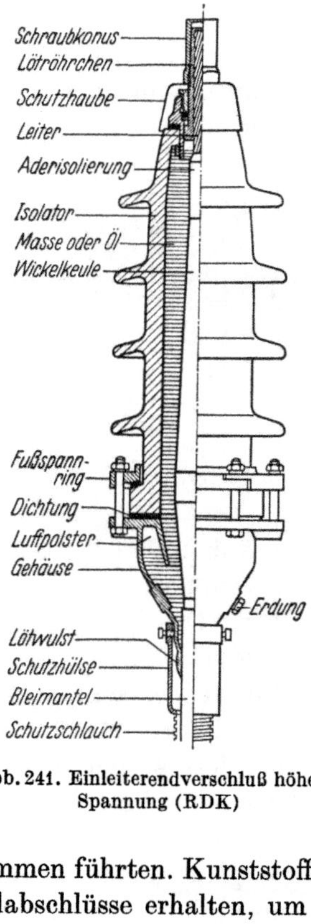

Abb. 241. Einleiterendverschluß höherer Spannung (RDK)

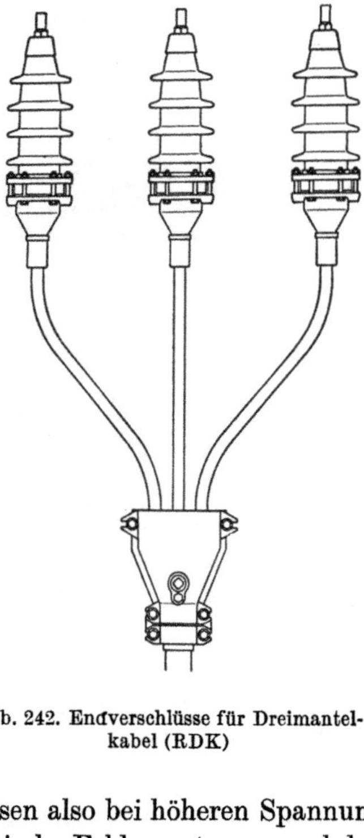

Abb. 242. Endverschlüsse für Dreimantelkabel (RDK)

Glimmen führten. Kunststoffkabel müssen also bei höheren Spannungen Endabschlüsse erhalten, um das elektrische Feld zu steuern und damit zu beherrschen. Hierzu wurden einfache und wirtschaftliche Gießharz-Endverschlüsse entwickelt. Das dazu verwendete Gießharz ist in der Regel ein verschnittenes, eingefärbtes Epoxydharz. Durch Zusammenfügen des flüssigen Harzes und des ebenfalls flüssigen Härters entsteht ein Gemisch, das selbständig und ohne äußere Wärmezufuhr aushärtet. Als Formen für das Gießharz kommen solche aus gedrückten Blechen oder in neuerer Zeit aus Kunststoffen in Frage. Abb. 240 zeigt einen Gießharz-Endverschluß, wie er in Innenräumen für Kabel bis zu 10 kV eingesetzt wird. Bei höheren Spannungen müssen die Kabelendverschlüsse so konstruiert sein, daß sie – abgesehen von einem sicheren Abschluß gegen Feuchtigkeit – auch gegen eine zu hohe elektrische Beanspruchung in der Isolierung gesichert sind. Abb. 241 zeigt einen Endverschluß für hohe Spannungen, und zwar für die Adern eines Dreibleimantelkabels. Mit dem Bleimantel steht der untere Gehäuseteil des Endverschlusses, der einen Isolator trägt, in Verbindung. Die Isolierung wird beim Austritt aus dem Bleimantel zunächst durch Aufwickeln einer Keule verstärkt und dann wieder verjüngt. Bis zur Verdickung wird die Oberfläche mit der Isolierung metallisiert und steht mit dem geerdeten Bleimantel in Verbindung. Auf diese Weise ist ein Auftreten einer zu hohen Längsfeldstärke wirksam verhindert. Zur weiteren Verminderung der elektrischen Beanspruchung sieht man am Abschluß der Metallisierung einen Strahlungsring vor. Bei einem Dreimantelkabel hat jede Ader einen solchen Endverschluß. Will man bei einem Dreimantelkabel mit einem einzigen Endverschluß auskommen, dann kann eine Konstruktion nach Abb. 242 verwendet werden, d.h. es wird ein gemeinsames Gehäuse verwendet, auf dem – wie vorher beschrieben – je ein voller Endverschluß aufgebaut ist. Daneben haben sich für Spannungen bis zu etwa 30 kV sogenannte Kleinendverschlüsse für Innenräume eingeführt, die ebenfalls nach dem Prinzip geringer Tränkmasse aufgebaut sind. Abb. 239 zeigt eine solche Ausführungsform.

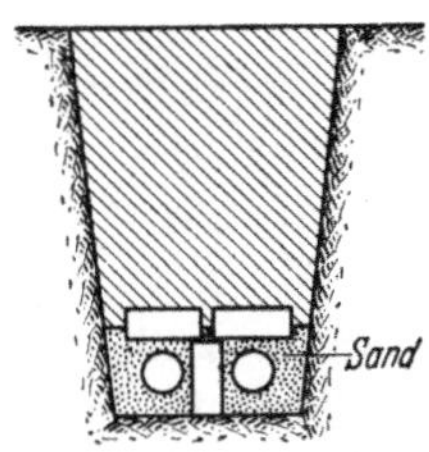

Abb. 243. Kabelgraben

Die Kabel werden im allgemeinen in der Erde in Kabelgräben verlegt, und zwar bei Niederspannung in einer Tiefe von 70 bis 80 cm, bei Hochspannungskabeln in einer Tiefe von 1 m bis 1,20 m. Mehrere Kabel in einem Graben werden mit Abstand nebeneinander verlegt und mit einer Sandschicht von etwa 10 cm Höhe bedeckt. Hierüber werden, nachdem der Sand festgestampft ist, hartgebrannte Ziegelsteine (Abb. 243) oder Betonplatten gelegt. Diese Abdeckung sieht man vor, damit, falls ein Kabelgraben geöffnet wird, beim Hacken der Arbeiter rechtzeitig merkt, daß er an die Kabel herankommt. Oberhalb der Abdeckung wird der Kabelgraben mit Erde aufgefüllt. Oft hat man halbkreisförmige Kabelabdeckhauben. Bei diesen besteht, wenn bei der Verlegung nicht besonders darauf geachtet wird, die Gefahr, daß zwischen Kabel und Abdeckhauben statt Sand Luft vorhanden ist, so daß die Wärmeabfuhr verschlechtert wird.

Da die Kabel wegen der transportfähigen Trommeln nur beschränkte Längen haben, und die Längen um so kürzer sind, je größer die Querschnitte der Kabel sind, müssen in gewissen Abständen, etwa alle 100 bis 1000 m, Verbindungen hergestellt werden, für die gleiche Gesichts-

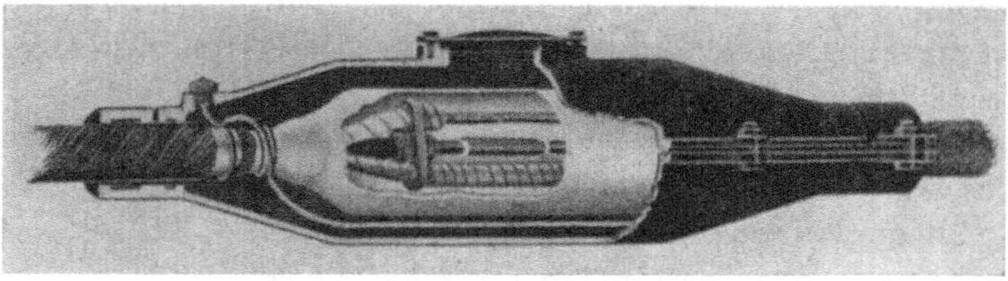

Abb. 244. Verbindungsmuffe VS/VI nach DIN 47600

punkte maßgebend sind wie für die Endverschlüsse. Abb. 244 zeigt eine Kabelmuffe für ein Gürtelkabel, Abb. 245a die Kabelmuffe für die eine Ader eines Dreimantelbleikabels für höhere Spannungen.

Man erkennt, daß die beiden Kabelenden, wo sie aneinander stoßen, miteinander metallisch verbunden sind und daß die Kabelisolierung sich allmählich nach diesen Stellen zu verjüngt. Über diese Kabelisolierung

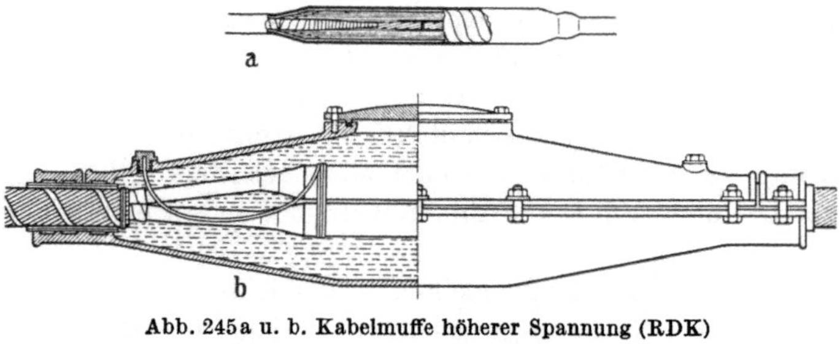

Abb. 245a u. b. Kabelmuffe höherer Spannung (RDK)
a) Einleiterbleimuffe; b) Gußeiserne Schutzmuffe mit eingebauten Einleiterbleimuffen

ist jedoch eine zusätzliche Isolierung aufgewickelt, welche metallisiert ist. Das Ganze ist mit einem Mantel aus Blei umgeben, der mit Kabelmasse ausgefüllt ist. Die in dieser Weise hergestellten einzelnen Muffen für die drei Adern befinden sich in einem gemeinsamen Gehäuse aus Gußeisen, das mit Ausgußmasse ausgefüllt wird (Abb. 245b).

X. Freileitungen

A. Allgemeines

Die Kabel haben in technischer Beziehung eine Reihe von Vorteilen. Da sie im allgemeinen im Erdboden verlegt werden, stören sie die Umgebung nicht, sind außerdem gegen Wind und Wetter und gegen elektrische atmosphärische Einflüsse geschützt. Trotz dieser Vorteile werden jedoch, abgesehen von besonderen Fällen, z. B. Verlegung von Hochspannungskabeln in Städten, meist keine Kabel, sondern Freileitungen zur Energieübertragung verwandt. Der Grund liegt in dem wesentlich niedrigeren Preis der Freileitung. Im folgenden sollen die Größen untersucht werden, welche für die Konstruktion einer Freileitung maßgebend sind.

Maßgebend für die Auslegung einer Freileitung ist ihr Temperaturverhalten. Im Sommer dehnt sich die Leitung aus, ihr Durchhang wird größer und die im Seil vorhandene Zugspannung nimmt ab, im Winter dagegen verkürzt sich die Leitung, der Durchhang wird kleiner, die Zugspannung größer. Man hat das Bestreben, eine Leitung so billig wie möglich zu bauen und wird demgemäß die Maste so niedrig wie irgend möglich ausführen. Es besteht jedoch hier die in den VDE-Vorschriften (VDE 0210, Vorschriften für den Bau von Starkstrom-Freileitungen) niedergelegte Forderung, daß der geringste Abstand der Freileitung vom Erdboden nicht weniger als 6 m betragen darf. Bei Wegüberkreuzung ist dieser Abstand auf 7 m zu vergrößern. Die Masthöhe muß also so gewählt werden, daß, wenn die Leitung am stärksten durchhängt, die obigen Abstände nicht unterschritten werden. Die genannten Zahlen gelten für Freileitungen mit verketteten Spannungen bis 110 kV. Bei größeren Spannungen muß der Abstand um den Betrag $\frac{U_{\mathrm{kV}} - 110}{150}$, in m gemessen, vergrößert werden.

Um die Maste klein zu halten, wird man die Leitungen (heute meist Aluminium- bzw. Aluminium-Stahlseile) mit möglichst großer Zugspannung verlegen, da hiermit der Durchhang klein wird. Hierbei dürfen jedoch die in den Leitungen bei tiefen Temperaturen auftretenden Zugspannungen die zulässigen Materialbeanspruchungen nicht überschreiten. Die zulässigen Materialbeanspruchungen sind ebenfalls vom VDE vorgeschrieben und werden später in einer Tabelle mitgeteilt. In den VDE-Vorschriften wird verlangt, daß für normale Verhältnisse das Temperaturverhalten in einem Bereich von $-20°$ bis $+40°$ untersucht werden muß. Ferner ist das Verhalten der Freileitung bei Zusatzlast zu prüfen, die im Winter bei Rauhreif auftreten kann. Erfahrungsgemäß treten diese Zusatzlasten weniger bei $-20°$ auf als bei Temperaturen, die in der Nähe von 0° liegen. Es wird deswegen verlangt, daß die Prüfung des Verhaltens der Freileitung bei Zusatzlast bei einer Temperatur von $-5°$ durchgeführt wird. Es ist von vornherein nicht sicher, ob die größten Beanspruchungen bei $-20°$ ohne Zusatzlast oder bei $-5°$ und Zusatzlast auftreten. Der ungünstigste Fall ist für die Leitungsberechnung zugrunde zu legen.

Zur Bestimmung des Temperaturverhaltens einer Freileitung werde zunächst die geometrische Form einer Freileitung berechnet. In Abb. 246 ist eine Freileitung schematisch aufgezeichnet. Die Spannweite sei mit a,

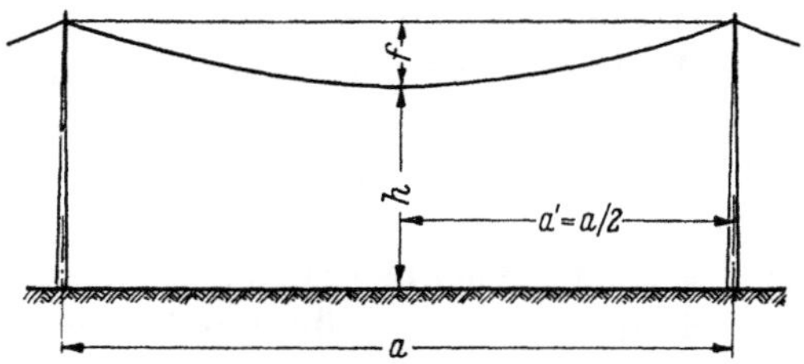

Abb. 246. Freileitung

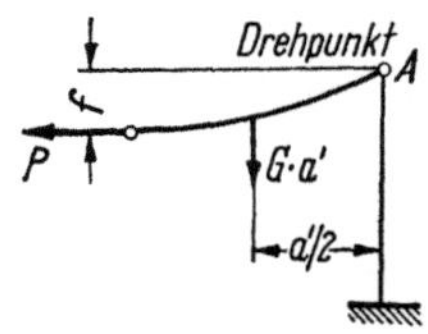

Abb. 247. Freileitung in der Mitte geschnitten

die halbe Spannweite mit a' und der Durchhang mit f bezeichnet. Denkt man sich die Freileitung an der tiefsten Stelle durchschnitten, jedoch hier eine Kraft P, die gleich der Seilspannung ist, angebracht, so wird das System weiterhin sich im Gleichgewicht befinden (s. Abb. 247). Denkt man sich das bewegliche Seil plötzlich erstarrt, also als festen Körper, so wird sich an dem Gleichgewichtszustand ebenfalls nichts ändern, wir können jedoch jetzt die Gesetze der Mechanik auf das erstarrt gedachte Seilstück anwenden. Das (halbe) Seilgewicht nehmen wir als eine in der Mitte des Seiles angreifende Kraft Ga' an. G bedeutet dabei das Seilgewicht je m Horizontalabstand. Streng genommen ist das Seilgewicht je m Horizontalabstand bei vorhandenem Durchhang nicht genau konstant, jedoch sind die Freileitungskurven in der Praxis derart flach, daß der Fehler bedeutungslos ist, wenn man Konstanz des Gewichts annimmt.

Betrachten wir den Aufhängepunkt A als Drehpunkt, dann müssen sich hier sämtliche Drehmomente zu Null ergänzen. Es muß also sein

$$P f = (G a')\frac{a'}{2} = \frac{G a'^2}{2} \tag{140}$$

und

$$f = \frac{G}{P}\,\frac{a'^2}{2}. \tag{141a}$$

Führt man statt a' die ganze Spannweite a ein, dann geht unsere Gleichung über in die Form:

$$f = \frac{1}{8}\,\frac{G}{P}\,a^2. \tag{141b}$$

Sehr oft ist es bequemer, mit den spezifischen Beanspruchungen zu rechnen. Ist G das Gewicht einer Leitung von 1 m Länge und q mm² Querschnitt, dann ist das spezifische Gewicht, d.h. das Gewicht des Seiles bezogen auf 1 mm² Querschnitt

$$g = G/q.$$

Entsprechend gilt für die spezifische Seilspannung:

$$p = P/q.$$

Führt man diese Werte in die Gl. (141 b) ein, dann ergibt sich

$$f = \frac{1}{8}\,\frac{g}{p}\,a^2. \tag{141 c}$$

In Abb. 248 ist nochmals die eine Bogenhälfte der Freileitung aufgezeichnet. Wir betrachten einen Punkt dieser Leitung im Abstand x mit der Ordinate y. Denken wir uns diesen Punkt A' in irgendeiner Weise festgehalten, so wird sich am Verlauf der Kurve nichts ändern. Wir können jetzt dieselben Gleichgewichtsüberlegungen wie bei der Abb. 247 anstellen und erhalten das allgemeine Ergebnis

$$y = \frac{1}{2}\,\frac{g}{p}\,x^2. \tag{142}$$

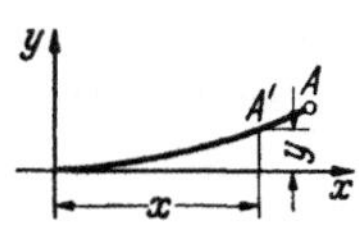

Abb. 248. Freileitungsstück mit eingezeichnetem Koordinatensystem

Diese Gleichung, die für Spannweiten bis zu 500 m ohne merklichen Fehler verwendet werden kann, besagt, daß bei kleinen Spannweiten eine Freileitung in Form einer Parabel durchhängt. Bei größeren Spannweiten ist es notwendig, mit der Gleichung der Kettenlinie zu rechnen, bei Spannweiten über 2000 m muß der Durchhang nach der Gleichung der elastischen Linie gerechnet werden.

In Gl. (142) bedeutet $p = P/q$ die spezifische Zugspannung im Scheitel der Parabel bei $x = 0$. An der Stelle x ist p nur der spezifische Horizontalzug. Die wirkliche spezifische Seilspannung ist $p_w = p/\cos\beta$, wobei β der Neigungswinkel bei x ist. Da

$$\frac{1}{\cos\beta} = \sqrt{1 + \left(\frac{d\,y}{d\,x}\right)^2} = \sqrt{1 + \left(\frac{g}{p}\,x\right)^2} \tag{143}$$

st, folgt

$$p_w = p\sqrt{1 + \left(\frac{g}{p}\,x\right)^2} = \sqrt{p^2 + (g\,x)^2}. \tag{144}$$

Für das Ende der Spannweite für $x = a' = a/2$ gilt

$$p_w = \sqrt{p^2 + g^2\,\frac{a^2}{4}}. \tag{145}$$

Bei kleinen Spannweiten kann näherungsweise $p_w = p$ gesetzt werden.

Sehr oft hat man es mit Freileitungen zu tun, bei denen die Aufhängepunkte verschiedene Höhenlagen wie in Abb. 249 besitzen. Legt man parallel zur Verbindungslinie $A - B$ eine Tangente an die Freileitung und denkt sich in der Berührungsstelle von Seil und Tangente

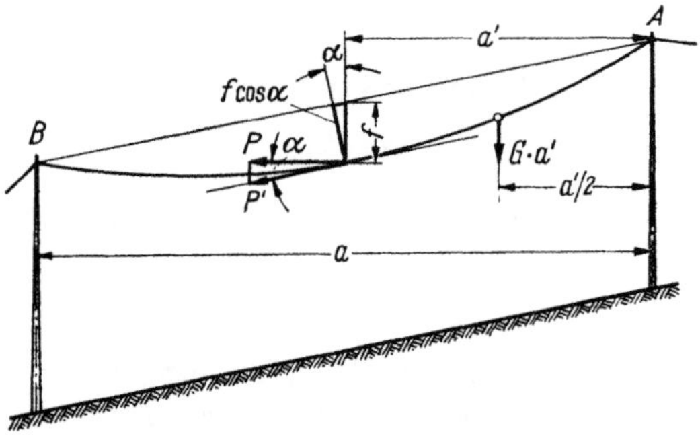

Abb. 249. Freileitung in Schräglage

die Freileitung geschnitten, so muß man an der Schnittstelle, um Gleichgewicht zu erhalten, die Kraft p' anbringen (streng genommen müßte P' eingesetzt werden, wir können jedoch auch mit den spezifischen Beanspruchungen p' rechnen). Ist g' das Gewicht je m Horizontalabstand und je mm² und bezeichnet man als Durchhang f den vertikalen Abstand zwischen Freileitung und Verbindungsgeraden A–B, dann ergibt sich als Gleichgewichtsbedingung:

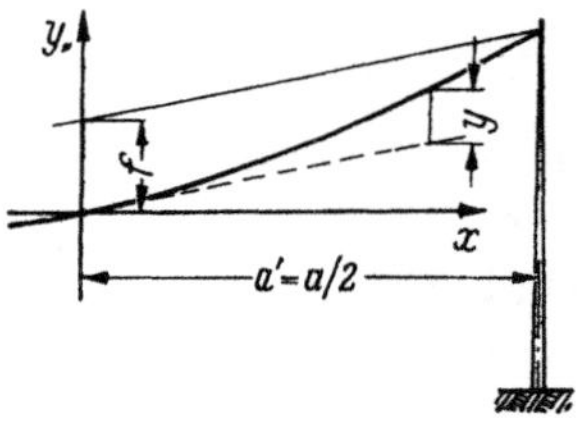

Abb. 250. Freileitung in Schräglage mit Koordinatensystem

$$p'(f \cos \alpha) = (g' a') \frac{a'}{2}. \qquad (146)$$

In dieser Formel bedeutet $f \cos \alpha$ den Hebelarm um den Aufhängepunkt A. Führt man statt g' das spezifische Leitungsgewicht g je m Länge, $g = g' \cos \alpha$ und statt p' den spezifischen Horizontalzug $p = p' \cos \alpha$ ein, dann geht unsere Beziehung über in

$$f = \frac{1}{\cos \alpha} \frac{g}{p} \frac{a'^2}{2}. \qquad (147)$$

Allgemein ausgedrückt ergibt sich der Verlauf der Freileitung, wenn wir die Horizontalabstände mit x und mit y die Ordinate entsprechend Abb. 250 verstehen, die Beziehung

$$y = \frac{g x^2}{2 p \cos \alpha}. \qquad (148)$$

Auf Grund obiger Beziehung läßt sich also stets, auch bei verschiedener Aufhängehöhe der Leitung, der Verlauf der Freileitung berechnen bzw. aufzeichnen.

Zur Bestimmung des Temperaturverhaltens der Freileitung ist es weiter notwendig, die Bogenlänge der Parabel zu berechnen. Ein Bogenelement dl besitzt bekanntlich die Größe

$$dl = \sqrt{1 + (dy/dx)^2}\, dx. \tag{149a}$$

Da $y = \frac{1}{2} \frac{g}{p} x^2$ ist, ergibt sich

$$\frac{dy}{dx} = \frac{g}{p} x. \tag{150}$$

Dies in die obige Gleichung eingesetzt, ergibt

$$dl = \sqrt{1 + (g/p)^2 x^2}\, dx. \tag{149b}$$

Für die praktisch vorkommenden Freileitungen ist das zweite Glied unter dem Wurzelzeichen sehr klein. Wir können deswegen mit großer Näherung für das Bogenelement schreiben

$$dl = \left[1 + \frac{1}{2}\left(\frac{g}{p}\right)^2 x^2\right] dx. \tag{149c}$$

Um die Gesamtbogenlänge L der Parabel zu erhalten, müssen wir von $-a'$ bis $+a'$ integrieren. Die Integration durchgeführt, ergibt:

$$L = 2a' + \frac{g^2}{p^2} \frac{a'^3}{3}, \tag{150a}$$

oder wenn man $a' = a/2$ setzt

$$L = a\left(1 + \frac{g^2}{p^2} \frac{a^2}{24}\right). \tag{150b}$$

Gelegentlich wird auch diese Gleichung unter Beachtung der Gl. (141c) geschrieben

$$L = a + \frac{8}{3} \frac{f^2}{a}. \tag{150c}$$

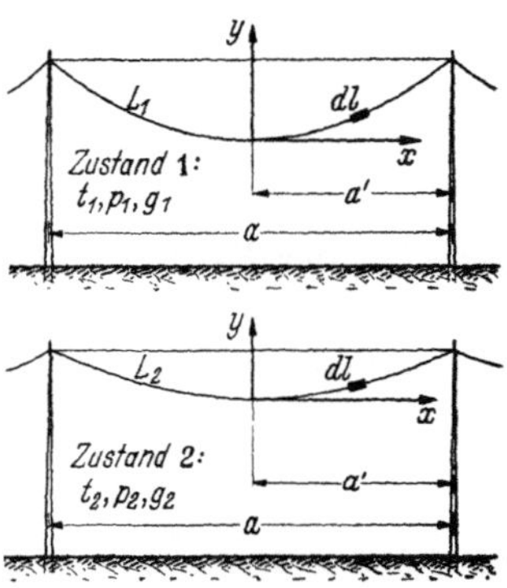

Abb. 251. Zwei verschiedene Zustände einer Freileitung

Jetzt können wir das Temperaturverhalten der Freileitung bestimmen. In Abb. 251 sind zwei Parabeln eingezeichnet, welche zwei verschiedenen Zuständen ein und derselben Freileitung entsprechen mögen. Dem 1. Zustand liege eine Temperatur t_1, eine spezifische Beanspruchung p_1 und ein Leitungsgewicht g_1, dem Zustand 2 eine Temperatur t_2, eine Zugspannung p_2 und ein Leitungsgewicht g_2 zugrunde. Normalerweise ist $g_1 = g_2$, da ja das Leitungsgewicht sich bei Temperaturschwankungen praktisch nicht ändert. Wir wollen jedoch durch die verschiedene Bezeichnung zum Ausdruck bringen, daß im einen Falle auf der Leitung Zusatzlasten durch Rauhreif, Eisbildung usw. vorhanden sein können.

Für jede der beiden Parabeln kann man die Gl. (150b) anwenden und erhält:

$$L_1 = a\left[1 + \left(\frac{g_1}{p_1}\right)^2 \frac{a^2}{24}\right] \tag{151}$$

und

$$L_2 = a\left[1 + \left(\frac{g_2}{p_2}\right)^2 \frac{a^2}{24}\right]. \tag{152}$$

Wir bilden die Differenz der beiden Bögen und erhalten

$$L_1 - L_2 = \frac{a^3}{24}\left[\left(\frac{g_1}{p_1}\right)^2 - \left(\frac{g_2}{p_2}\right)^2\right]. \tag{153}$$

Nehmen wir an, daß im Zustand 1, der auf den Zustand 2 folge, eine höhere Temperatur vorhanden ist als im Zustand 2, so wird, da die Temperatur um $t_1 - t_2$ zugenommen hat, durch die Erwärmung eine Längenausdehnung vom Betrage

$$\Delta l_w = L_2 (t_1 - t_2)\,\alpha \tag{154}$$

auftreten. Dabei bedeutet L_2 die Bogenlänge im Zustand 2 und α den Wärmeausdehnungskoeffizienten. Da bei zunehmender Temperatur der Durchgang etwas größer wird, wird die Zugspannung etwas kleiner werden, und zwar um den Betrag $p_2 - p_1$. Die hierdurch bedingte elastische Verkürzung beträgt

$$\Delta l_{elast} = \frac{L_2 (p_2 - p_1)}{E}, \tag{155}$$

wobei E der Elastizitätsmodul in kp/mm² ist. Insgesamt wird sich also durch den Einfluß der Temperaturänderung und durch den Einfluß der elastischen Zusammenziehung das Seil um den Betrag

$$\Delta l = L_2 (t_1 - t_2)\,\alpha - L_2 \left(\frac{p_2 - p_1}{E}\right) \tag{156}$$

ausdehnen. Diese Ausdehnung muß gleich $L_1 - L_2$ sein. Es ergibt sich also folgende Beziehung:

$$\frac{a^3}{24}\left[\left(\frac{g_1}{p_1}\right)^2 - \left(\frac{g_2}{p_2}\right)^2\right] = L_2 (t_1 - t_2)\,\alpha - L_2 \left(\frac{p_2 - p_1}{E}\right). \tag{157a}$$

Da die Bogenlänge L_2 nur ganz unwesentlich größer als die Spannweite a ist (also $L_2 = \sim a$), kann man die Gleichung noch vereinfachen:

$$\frac{a^2}{24}\left[\left(\frac{g_1}{p_1}\right)^2 - \left(\frac{g_2}{p_2}\right)^2\right] = (t_1 - t_2)\,\alpha + \frac{p_1 - p_2}{E}. \tag{157b}$$

Nach kurzer Umrechnung erhält man:

$$t_1 = t_2 + \frac{a^2}{24\,\alpha}\left[\left(\frac{g_1}{p_1}\right)^2 - \left(\frac{g_2}{p_2}\right)^2\right] - \frac{p_1 - p_2}{E\,\alpha}. \tag{158}$$

Dies ist die sogenannte Zustandsgleichung der Freileitung; sie zeigt den Zusammenhang von Temperatur, Gewicht und Zugspannung einer Leitung.

Nimmt man beispielsweise an, die größte Beanspruchung, die gleich der zulässigen Spannung sein darf, sei bei -20° vorhanden (wann dies zutrifft, wird später noch gezeigt,) dann werden wir in obige Gleichung $t_2 = -20^\circ$ und $p_2 = p_{\text{zulässig}} = p_z$ setzen. Da keine Eislast vorhanden ist, setzen wir $g_2 = g$. Auf Grund der Gleichung kann jetzt, sofern wir g_1 ebenfalls gleich g setzen, zu einer beliebigen Temperatur t_1 die zugehörige Zugspannung p_1 ermittelt werden. Diese Lösung führt jedoch zu einer Gleichung dritten Grades, die umständlich zu lösen ist. Besser geht man in der Weise vor, daß man verschiedene Werte von p_1 annimmt und die zugehörigen Temperaturen t_1 berechnet. Man kann auf diese Weise die Kurve $p_1 = f(t_1)$ aufstellen.

Da nun für jede Temperatur die zugehörige Spannung p_1 bekannt ist, kann nach Gl. (141c) auch der zugehörige Durchhang ermittelt werden. Hiermit kann man die Kurve $f = F(t_1)$ ermitteln.

Die erhaltenen Kurven heißen Montagekurven, da man mit ihnen feststellen kann, mit welcher Zugspannung und welchem Durchhang bei einer gegebenen Außentemperatur bei der Montage das Seil verlegt werden muß.

Bis jetzt war angenommen, die größte Beanspruchung des Seiles sei bei -20° vorhanden. Es muß jetzt noch kontrolliert werden, ob gegebenenfalls bei -5° und Eislast eine größere Zugbelastung vorhanden ist. Man wird in die Gleichung für den Zustand 2 wieder die Werte -20° annehmen, für den Zustand 1 jedoch $t_1 = -5^\circ$ einsetzen und für das Gewicht $g_1 = g + \Delta g$ einführen, wobei Δg die durch Rauhreif bedingte spezifische Zusatzlast ist. Rechnet man jetzt p_1 aus, so erhält man einen Wert entweder kleiner oder größer als p_z. Ist er kleiner, dann war unsere Annahme richtig, ist er dagegen größer, dann müßte unsere Rechnung nochmals durchgeführt werden, wobei man jetzt, da die größten Beanspruchungen bei -5° und Eislast vorhanden sind, $t_2 = -5^\circ$ und $g_2 = g + \Delta g$ und $p_2 = p_z$ einsetzt. g_1 wird gleich g gesetzt. Die für diesen Fall ermittelten Montagekurven

$$p_1 = f(t_1)$$

und

$$f = F(t_1)$$

sind in Abb. 252 niedergelegt.

Es ist wenig schön, daß man zunächst nicht weiß, ob die größte Beanspruchung bei -5° und Eislast oder bei -20° liegt. Es gibt jedoch ein einfaches Kriterium: die sogenannte kritische Spannweite a_{kr}. Die Spannweite a_{kr} ist die Spannweite, bei der die Beanspruchung bei -5°

und Eislast gleich der bei -20° ist. Zur Bestimmung von a_{kr} setzen wir in Gl. (158) ein:

$$t_1 = -20^\circ \qquad t_2 = -5^\circ$$
$$p_1 = p_z \qquad p_2 = p_z\,(= p_1)$$
$$g_1 = g \qquad g_2 = g + \Delta g\,.$$

Es ergibt sich:

$$-20 = -5 + \frac{a_{kr}^2}{24\,\alpha}\left[\left(\frac{g}{p_z}\right)^2 - \left(\frac{g+\Delta g}{p_z}\right)^2\right] \tag{159}$$

oder nach Umrechnung:

$$a_{kr} = p_z\sqrt{\frac{360\,\alpha}{(g+\Delta g)^2 - g^2}}\,. \tag{160}$$

Es muß jetzt nur noch ermittelt werden, ob bei Spannweiten kleiner oder größer als a_{kr} die größten Beanspruchungen bei -5° und Eislast oder bei -20° vorhanden sind.

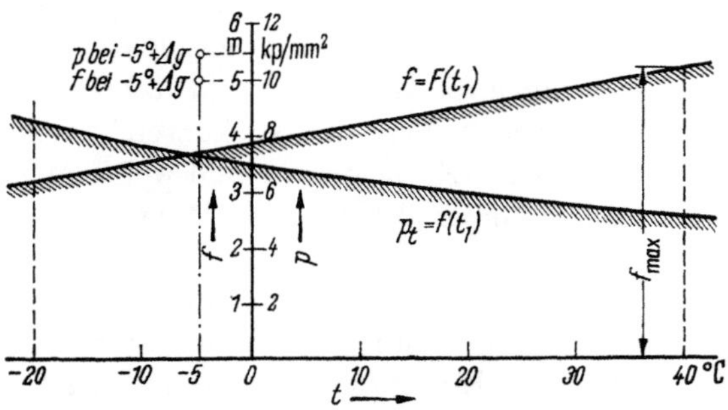

Abb. 252. Montagekurven einer Freileitung

Wir gehen von Gl. (158) aus, in der wir uns diesmal t_1, t_2 und p_2 konstant denken. Verändern wir a um da, dann verändert sich p_1 um dp_1. Den Zusammenhang zwischen dp_1 und da erhalten wir, falls wir Gl. (158) differenzieren. Es ergibt sich:

$$0 = \frac{2\,a\,d\,a}{24\,\alpha}\left[\left(\frac{g_1}{p_1}\right)^2 - \left(\frac{g_2}{p_2}\right)^2\right] + \frac{a^2}{24\,\alpha}\cdot 2\left(\frac{g_1}{p_1}\right)\left(-\frac{g_1}{p_1^2}\right)d\,p_1 - \frac{d\,p_1}{E\,\alpha}\,. \tag{161}$$

Setzen wir $g_1 = g$ und $g_2 = g + \Delta g$, ferner $p_1 = p_2 = p_z$, was bei $a = a_{kr}$ der Fall ist, dann ergibt sich unter Beachtung der Gl. (159) für den ersten Summanden obiger Gleichung der Wert $\left(-30\,\frac{d\,a}{a_{kr}}\right)$. Obige Gleichung läßt sich dann in folgende umwandeln:

$$\frac{30\,d\,a}{a_{kr}} = -d\,p_1\left(\frac{1}{E\,\alpha} + \frac{a_{kr}^2}{12\,\alpha}\,\frac{g_1^2}{p_z^3}\right). \tag{162}$$

Aus dieser Beziehung folgt, daß, falls wir die Spannweite gegenüber der kritischen vergrößern, p_1, das ist die zu -20° gehörende Zugspannung, abnimmt. Da $p_2 = p_z$, welches zu -5° und Eislast gehört, konstant sein sollte, folgt also, daß bei $a > a_{kr}$, $p_2 > p_1$ ist. Entsprechend ist bei $a < a_{kr}$, $p_1 > p_2$.

Allgemein ausgedrückt heißt dies folgendes:

Ist die Spannweite $a > a_{kr}$, dann liegen die ungünstigsten Materialbeanspruchungen bei $-5°$ und Eislast vor. Ist $a < a_{kr}$, dann ist der ungünstigste Fall bei $-20°$ ohne Eislast.

Die durch Rauhreif gebildete Zusatzlast ΔG kann für normale Verhältnisse nach einer in den VDE-Vorschriften festgelegten empirischen Formel

$$\Delta G = 0{,}18 \sqrt{d} \text{ kp/m} \tag{163}$$

berechnet werden (d = Seildurchmesser in mm).

Um das auf den mm² bezogene spezifische Zusatzgewicht Δg zu erhalten, muß durch den Querschnitt q geteilt werden

$$\Delta g = \frac{0{,}18 \sqrt{d}}{q}. \tag{164}$$

Bei einem Runddraht kann der Drahtdurchmesser d aus dem Querschnitt q berechnet werden

$$d = \sqrt{\frac{4}{\pi} q} = 1{,}129 \sqrt{q}. \tag{165}$$

Meistens hat man es bei Freileitungen jedoch nicht mit massiven Drähten, sondern mit Seilen zu tun. Bei diesen ist der Durchmesser etwas größer als dem reinen Querschnitt entspricht und muß daher Tabellen entnommen werden. Sofern solche nicht zur Hand sind, kann man näherungsweise setzen:

$$d = 1{,}3 \sqrt{q}. \tag{166}$$

Die nach der VDE-Formel ermittelte Zusatzlast ΔG gilt für normale Verhältnisse, wie sie z.B. in Deutschland auf dem Flachlande vorliegen. Sind Freileitungen durch gebirgige Gegenden zu führen, so ist mit wesentlich höheren Werten für die Zusatzlast zu rechnen. In ungünstigen Fällen hat man Zusatzlasten von 10 bis 14 kp für den Meter Seil festgestellt. Man muß also stets bei der Projektierung einer neuen Freileitung untersuchen, ob vielleicht mit erhöhten Zusatzlasten zu rechnen ist.

Hat man eine Freileitungsberechnung unter Zugrundelegung der VDE-mäßigen Zusatzlast durchgeführt, so ist es für die Beurteilung wesentlich, bei welchem Vielfachen der VDE-mäßigen Zusatzlast die Leitung mit ihrer Dauerzugfestigkeit beansprucht wird. Unter der Dauerzugfestigkeit versteht man dabei die Festigkeit, welche das Drahtmaterial ein Jahr auszuhalten vermag. Die Dauerzugfestigkeit ist kleiner als die mit Zerreißmaschinen ermittelte Bruchfestigkeit. Ausgangspunkt für diese Berechnung ist die allgemeine Zustandsgleichung der Freileitung:

$$t_1 = t_2 + \frac{a^2}{24\,\alpha}\left[\left(\frac{g_1}{p_1}\right)^2 - \left(\frac{g_2}{p_2}\right)^2\right] - \frac{p_1 - p_2}{\alpha E}.$$

Versteht man unter dem Zustand 2 denjenigen, der bei $-5°$ und der VDE-mäßigen Eislast Δg vorhanden ist und hierbei die zulässige Zugbeanspruchung p_z ergibt, so soll unter dem Zustand 1 der verstanden sein, bei dem die Zusatzlast x-mal größer als Δg ist und bei $-5°$ das Leitungsseil mit der Dauerfestigkeit p_d beansprucht. Setzt man in der Gleichung $t_1 = t_2 = -5°$, so erhält man

$$-5 = -5 + \frac{a^2}{24\,\alpha}\left[\left(\frac{g + x\Delta g}{p_d}\right)^2 - \left(\frac{g + \Delta g}{p_z}\right)^2\right] - \frac{p_d - p_z}{\alpha E} \qquad (167\,\mathrm{a})$$

oder nach einiger Umformung

$$x = \frac{1}{\Delta g}\left[p_d \sqrt{\frac{24}{a^2 E}(p_d - p_z) + \left(\frac{g + \Delta g}{p_z}\right)^2} - g\right]. \qquad (167\,\mathrm{b})$$

Für die verschiedenen Leitungsmaterialien sei im folgenden nachgerechnet, die wievielfache Zusatzlast bei den verschiedenen Spannweiten möglich ist, also wie groß x ist. Als Ausgangspunkt sei ein Kupferseil von 95 mm² angenommen und die anderen Materialien, deren Eigenschaften später behandelt werden, seien so gewählt, daß ein dem Leitwert des Kupferseiles entsprechender Querschnitt herauskommt. Diese Querschnitte und die bei der Rechnung zugrunde gelegten zulässigen Beanspruchungen sind folgende:

Kupferseil	95 mm² $p_z = 19$ kp/mm²
Aluminiumseil	150 mm² $p_z = 8$ kp/mm²
Aluminium-Stahlseil	150 mm² $p_z = 11$ kp/mm²
Aldreyseil	185 mm² $p_z = 12$ kp/mm²

Die Berechnung nach Gl. (167b) ergibt die Kurven der Abb. 253[1]. Man erkennt, daß bei größeren Spannweiten Aluminium etwa die zweifache VDE-mäßige Zusatzlast aushalten kann, ohne daß die Dauerfestigkeit überschritten wird. Besser als Aluminium sind Kupfer und Aluminium-Stahl (Aluminiumseil mit Stahlseele), am günstigsten Aldrey (Aluminiumlegierung). Typisch ist, daß bei Verringerung der Spannweite die Seile größere Zusatzlasten vertragen. Aus diesen Kurven kann man entnehmen, daß man Aluminiumleitungen nur verwenden wird, wenn keine größeren Zusatzlasten zu erwarten sind oder wenn die Spannweiten an und für sich klein sind, etwa wie im Ortsnetzbau. Hat man es mit hochbeanspruchten Freileitungen großer Spannweite zu tun, so kommt Aluminium-Stahl gegebenenfalls Aldrey zur Verwendung.

[1] Aus Behrens, Meyer, Nefzger: Aluminiumfreileitungen. Düsseldorf: Aluminium-Verlag 1954.

In Deutschland verwendet man heute für Hochspannungsleitungen vorwiegend Aluminium-Stahl, während Aldrey nicht in dem Maße zur Anwendung kommt, wie man es auf Grund der Kurven erwarten sollte. Es ist jedoch zu beachten, daß hochbeanspruchtes Aldreyseil infolge seines leichten Gewichtes leicht zu Seilschwingungen neigt (s. S. 256), weshalb man Aldrey meist mechanisch nicht so hoch belasten kann, wie es nach den VDE-Vorschriften zulässig ist.

Ermittelt man den Durchhang bei $-5°$ und Eislast und bei $+40°$, so zeigt sich, daß Aluminium die größten Durchhänge besitzt, daß bei ihm also die Maste am höchsten werden. Die Durchhänge bei Aluminium-Stahl und bei Aldrey sind am kleinsten und fast gleich groß.

In der Tab. 16 sind die wesentlichsten Daten für die verschiedenen Leitungsmaterialien zusammengestellt.

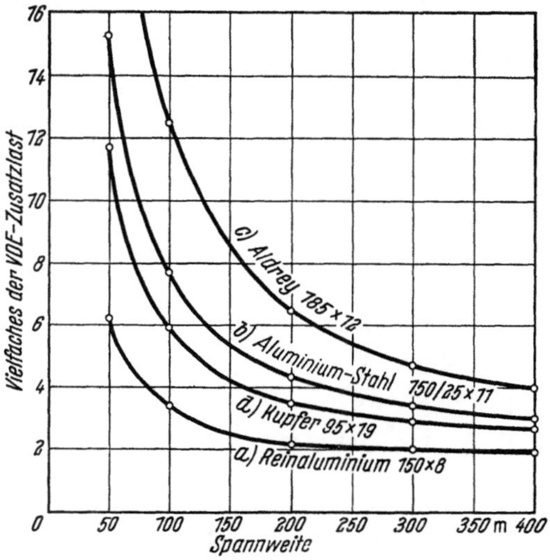

Abb. 253. Bruchzusatzlast in vielfachen der VDE-Zusatzlast in Abhängigkeit der Spannweite bei verschiedenen Materialien

Neben der Prüffestigkeit und der Dauerfestigkeit ist in der Tab. 16 noch die zulässige Zugspannung in kp je mm² außer für Kupfer, Bronze und Aluminium auch für Aldrey und Aluminium-Stahl angegeben.

Man hatte früher auch schon in Deutschland Aluminium-Freileitungen gebaut, jedoch nicht immer mit gutem Erfolg. Dies lag oft daran, daß das verwandte Aluminium nicht den notwendigen Reinheitsgrad besaß. Aluminium bildet mit den meisten Metallen, die es als Verunreinigung enthält, kleine elektrolytische Elemente. Hierdurch treten Korrosionserscheinungen auf, durch die das Material allmählich zerfressen wird. Um solche Fehler zu vermeiden, wird heute vom Aluminium verlangt, daß es mindestens einen Reinheitsgrad von 99,5% besitzt.

Aldrey ist eine Aluminiumlegierung (0,3 bis 0,5% Mg, 0,4 bis 0,7% Si, 0,3% Fe, Rest Al). Die Zusätze zur Erhöhung der Festigkeit wurden so gewählt, daß keine Korrosionserscheinungen auftreten und daß die elektrische Leitfähigkeit nicht nennenswert verschlechtert wird. Aus der Tab. 16 folgt, daß die Dauerfestigkeit von 12 kp/mm² bei Aluminium auf 24 kp/mm² bei Aldrey gestiegen ist, während die Leitfähigkeit nur von

Tabelle 16. *Mechanische und elektrische Festwerte für Freileitungsseile*[1]

	Kupfer	Bronze II	Aluminium	Aldrey	Aluminium-Stahl				
					Al/St 7,7	Al/St 6	Al/St 4,3	Al/St 1,7	Al/St 1,4
Eigengewicht kp/cm^3	$8{,}9\cdot10^{-3}$	$8{,}65\cdot10^{-3}$	$2{,}7\cdot10^{-3}$	$2{,}7\cdot10^{-3}$	$3{,}3\cdot10^{-3}$	$3{,}5\cdot10^{-3}$	$3{,}7\cdot10^{-3}$	$4{,}6\cdot10^{-3}$	$4{,}8\cdot10^{-3}$
Wärmeausdehnungszahl für 1 °C	$1{,}7\cdot10^{-5}$	$1{,}66\cdot10^{-5}$	$2{,}3\cdot10^{-5}$	$2{,}3\cdot10^{-5}$	$1{,}92\cdot10^{-5}$	$1{,}85\cdot10^{-5}$	$1{,}76\cdot10^{-5}$	$1{,}49\cdot10^{-5}$	$1{,}43\cdot10^{-5}$
Elastizitätsmodul kp/mm^2	13000	13000	5600	6000	7000	7700	8300	10900	11600
Dauerzugfestigkeit kp/mm^2	30	50	12	24	[2]	[2]	[2]	[2]	[2]
Zulässige Höchstspannung kp/mm^2	19	30	8	12	10,0	11,0	11,5	19,0	20,0
Zugelassener Mindestquerschnitt mm^2	10	10	25	25	16[3]	16[3]	16[3]	–	–
Streckgrenze kp/mm^2	30–38	56	13–17	27–31	–	–	–	–	–
Elastizitätsgrenze kp/mm^2	22	32	8–11[4]	17–19[4]	–	–	–	–	–
Spezifischer Widerstand bei 20 °C $\frac{mm^2}{m}$	0,01786	0,0278	0,087	0,0333	0,0287 (Al-Mantel)				
Elektrische Leitfähigkeit bei 20 °C $\frac{m}{mm^2}$	56	36	34,8	30	34,8 (Al-Mantel)				
Widerstandstemperaturzahl für 1 °C	0,0038	0,004	0,004	0,0036	0,004 (Al-Mantel)				

[1] VDE 0210 a 3/62 u. DIN 48200.

[2] Für Aluminium-Stahl- und Aldrey-Stahl-Seile gilt als Dauerzugfestigkeit des Seiles das 0,9fache der Summe der Dauerzugfestigkeiten der einzelnen Werkstoffe unter Beachtung des Querschnittsverhältnisses von Aluminium bzw. Aldrey zu Stahl.

[3] Siehe VDE 0210 § 6.

[4] Bleibende Dehnung 0,02% der Meßlänge.

34,8 auf 30 gefallen ist. Das spezifische Gewicht von Aldrey ist gleich dem des Aluminiums, also gleich $2{,}7 \cdot 10^{-3}$ kp/cm³.

Abb. 254a zeigt ein normales Aluminiumseil, Abb. 254b ein Aluminium-Stahlseil, welches aus einem Kern von Stahldrähten und einem Mantel aus Aluminiumdrähten besteht. Die im Freileitungsbau üblicherweise verwendeten Aluminium-Stahlseile haben ein Querschnittsverhältnis Aluminium : Stahl von 6 : 1 bis 7,7 : 1. Besonders im Ausland sind Tendenzen erkennbar, den Stahlanteil der Seile mit großem Durchmesser immer mehr zu verringern. Es werden bereits Aluminium-Stahlseile mit einem Verhältnis 20 : 1 verwendet. Für Sonderfälle, z.B. für Weitspannfelder oder für Gebirgsleitungen, werden jedoch auch Aluminium-Stahlseile mit einem höheren Stahlanteil eingesetzt (4,3 : 1). Infolge der immer größer werdenden Kurzschlußleistung der Netze und der Einführung der starren Sternpunkterdung auch für 110 kV haben sich in immer stärkerem Maße hoch leitfähige Erdseile eingebürgert. Man verwendet für diesen Zweck ebenfalls Aluminium-Stahlseile. Da in den meisten Fällen jedoch leiterseilgleiche Erdseile nicht erforderlich und unwirtschaftlich sind, diese Seile aber mit den Leiterseilen durchhangsgleich verlegt werden sollen, müssen Seile hoher Festigkeit, d.h. Seile mit hohem Stahlanteil verwendet werden. Als Erdseile sind Aluminium-Stahlseile mit einem Querschnittsverhältnis 1,4 : 1 bis 1,7 : 1 üblich. Für gelöschte Netze werden nach wie vor Stahlseile als Erdseil benutzt. Die wesentlichen Querschnitte, die zum Einbau gelangen, sind Aluminium-Stahlseile von 50/30 mm², 95/55 mm², 44/32 mm² und 105/75 mm² und Stahlseile von 35 mm², 50 mm² und 70 mm². Für Bündelleitungen wird mitunter auch ein leiterseilgleiches Erdseil verlegt.

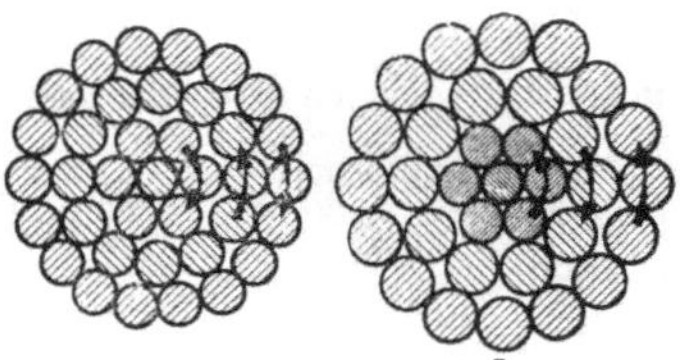

a b

Abb. 254a u. b. Freileitungsseile
a) normales Aluminiumseil;
b) Aluminium-Stahlseil

Die zulässige Höchstzugspannung für Aluminium-Stahlseile ist vom Querschnittsverhältnis abhängig und bewegt sich nach VDE 0210, § 7 von 10,0 kp/mm², für das Verhältnis 7,7 : 1 bis 20,0 kp/mm² für das Verhältnis 1,4 : 1 (s. Tab. 16).

In den Tabellen wird der Querschnitt von Aluminium-Stahlseilen mit 2 Zahlen angegeben. Die erste Zahl bezieht sich auf den Querschnitt des Aluminiummantels, die zweite Zahl auf den Querschnitt der Stahlseele. Bei elektrischen Berechnungen wird angenommen, daß nur der Aluminiummantel Strom führt (Leitfähigkeit 34,8). Der Gesamtquerschnitt ist gleich dem Querschnitt des Aluminiummantels plus dem Querschnitt der Stahlseele und ist den Temperatur- und Festigkeitsberechnungen zugrundezulegen.

Für Höchstspannungsleitungen kommen für Betriebsspannungen von 220 kV an im allgemeinen Bündelleiter zur Anwendung. Die Phasenseile werden auf mehrere Teilleiter (2, 3 oder 4) mit entsprechend kleinerem Querschnitt und Durchmesser aufgeteilt. Einzelleiter sind für diese Spannung häufig nicht mehr möglich, weil mit Rücksicht auf den Hochfrequenzstörpegel der Leitung die Oberflächenrandfeldstärke $15{,}8\,kV_{eff}/cm$ (bezogen auf die Nennspannung) nicht überschreiten soll. Bei Einzelseilen werden dadurch immer größere Seildurchmesser erforderlich (Hohlseile), die unwirtschaftlich werden. Für 220 kV haben sich daher 2er-Bündel und für 380 kV 2er-, 3er- und 4er-Bündel eingeführt.

Um die geforderte Oberflächenrandfeldstärke einhalten zu können, sind folgende Seildurchmesser erforderlich:

Nennspannung kV	Einzelseil	2er-Bündel	3er-Bündel	4er-Bündel
220	28 mm	21 mm	–	–
380	–	33 mm	24,5 mm	21 mm

Abb. 255. Freileitungsmast mit Vierfachbündelleitern für 380 V und Zweifachbündelleitern für 220 kV

Die Aufteilung der Phasenleiter in mehrere Teilleiter hat den Vorteil, daß für alle Spannungen genormte und verhältnismäßig leichte Leiterseile und normale Armaturen verwendet werden können. Die Teilleiter werden in einem Abstand von 400 mm voneinander gehalten. Dieser Abstand hat sich für alle Bündelanordnungen als annähernd optimal herausgestellt. Damit der vorgesehene Abstand auch bei Wind- und Eiszusatzlasten aufrechterhalten bleibt, werden in die Spannfelder Feldabstandhalter eingebaut. Um die Bildung von Schwingungsknoten zu vermeiden, werden die Abstände der einzelnen Feldabstandhalter untereinander verändert.

Einen Doppelleitungsmast mit 4er-Bündelleiter für ein 380-kV-System und 2er-Bündelleiter für ein 220-kV-System zeigt Abb. 255. Das 220-kV-System kann durch Ergänzung der Isolatorenketten und durch Hinzufügung von 2 Leiterseilen ebenfalls in ein 380-kV-4er-

Bündelsystem umgestellt werden. Infolge der günstigeren Verteilung des elektrischen Feldes von Bündelleitern sinken die Koronaverluste mit zunehmender Teilleiterzahl bei gleicher maximaler Oberflächenrandfeldstärke ab, da der Anteil der Leiterseiloberfläche, auf der diese Feldstärke auftritt, kleiner wird. In Abb. 256 bis 258 sind die Feldbilder eines Einzelseils, eines 2er-, 3er- und 4er-Bündels dargestellt. Diese Feldbilder wurden im elektrolytischen Trog aufgenommen und lassen die Änderung der

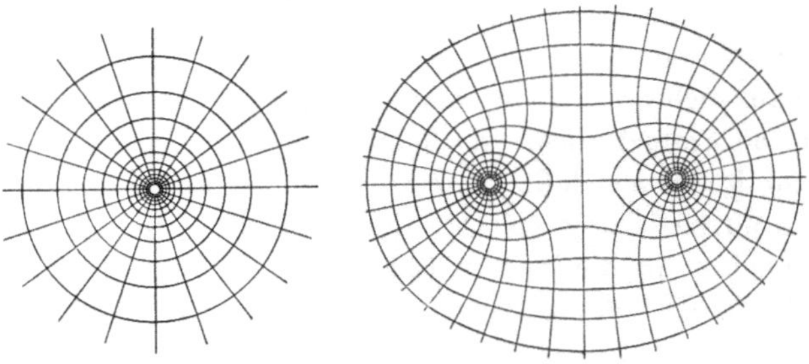

Abb. 256. Einzelseil und 2er-Bündel

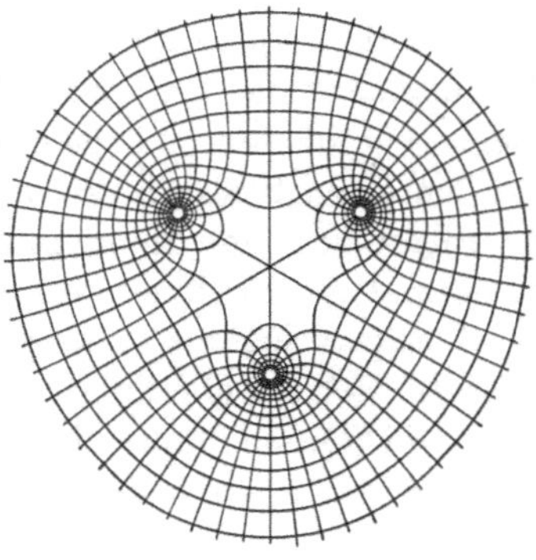

Abb. 257. 3er-Bündel

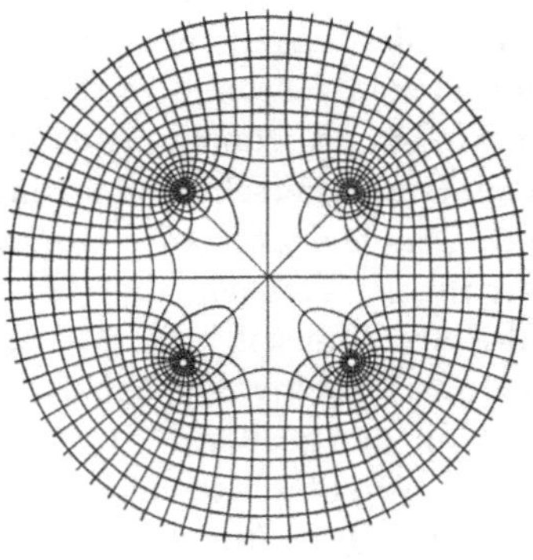

Abb. 258. 4er-Bündel

Abb. 256–258. Elektrostatisches Feld von Bündelleitern, aufgenommen im elektrolytischen Trog

Oberflächenrandfeldstärke am Umfang eines Teilleiters erkennen. Mit zunehmender Teilleiterzahl wird der von den Teilleitern eingeschlossene Raum immer stärker elektrisch abgeschirmt.

Die elektrischen Kennwerte der Freileitungen werden durch Bündelleiter ebenfalls stark beeinflußt. Es sinkt der Wellenwiderstand einer 2er-Bündelleitung auf etwa 75% und der einer 4er-Bündelleitung auf etwa 63%. Dementsprechend steigt die natürliche Leistung um etwa 30 bzw. 60% an.

Bei Anwendung der Aluminium-Stahlseile ist zu beachten, daß in der Stahlseele Zusatzverluste auftreten können. Es werde zunächst ein

Aluminium-Stahlseil mit nur einer Lage Aluminiumdrähte, die das Stahlseil spiralig umgeben, betrachtet. Da die Oberfläche der einzelnen Aluminiumdrähte oxydiert ist und somit die Einzeldrähte gegeneinander isoliert sind, wird der das Seil durchfließende Strom, wie bei einer Spule, die Stahlseele umfließen. Das Stahlseil wird hierdurch magnetisiert und es können beachtliche Zusatzverluste entstehen, sofern man nicht ein Stahlseil verwendet, welches schlecht magnetisierbar ist und vor allem kleine Eisenverluste aufweist. Günstig ist auch, eine möglichst große Schlaglänge des Aluminiumseiles zu wählen, da so die magnetisierenden AW kleiner werden.

Hat man mehrere Lagen Aluminiumdrähte um das Stahlseil gewickelt, so bekommen diese im allgemeinen entgegengesetzte Drallrichtung. Dadurch heben sich die Amperewindungen zum Teil auf. Eine vollständige Kompensierung erfolgt nicht, da die äußeren Lagen mehr Drähte aufweisen als die inneren Lagen und die Schlaglänge nicht allzu verschieden ist. Es kommt noch hinzu, daß die Stromverteilung auf die einzelnen Lagen nicht mehr gleichmäßig ist, sondern daß z. B. bei einem Zweilagenseil die innere Lage eine höhere Stromdichte besitzt als die äußere. Dies kann man sich grob so erklären, daß die Stromverteilung auf die beiden Lagen derart erfolgen will, daß die Amperewindungen sich möglichst kompensieren, im Innern also möglichst nur ein kleiner Fluß auftritt. Dies ist jedoch nur dann möglich, wenn die innere Lage obwohl sie kleineren Querschnitt hat, praktisch denselben Strom führt wie die äußere. Das bedeutet aber zusätzliche Verluste auch im Aluminiumseil. So ergab ein Versuch, daß bei einem normal gewickelten dreilagigen Stahl-Aluminiumseil von 340 mm^2 die Zusatzverluste 8% betrugen. Wenn man jedoch von vornherein die Schlaglängen der einzelnen Schichten verschieden groß wählt (bei einem Zweischichtenseil müßte die äußere Lage eine wesentlich größere Schlaglänge haben), kann man es erreichen, daß die erzeugten Amperewindungen praktisch Null sind und damit Zusatzverluste kaum auftreten werden.

B. Die Seilschwingungen

Die unter Zugspannung stehenden Leiterseile einer Freileitung neigen zu mechanischen Schwingungen. Es sind Schwingungen kleiner Wellenlänge und kleiner Amplitude und Schwingungen großer Wellenlänge und großer Amplitude bekannt. Wesentliche Bedeutung für den Entwurf einer Freileitung, d. h. für die Festlegung der maximalen Seilzugspannung und die Auswahl der zu verwendenden Armaturen haben die Seilschwingungen kleiner Wellenlänge und kleiner Amplitude, die auch als Vibration bezeichnet werden. Wird die Neigung der Leiterseile zum Schwingen beim Entwurf nicht angemessen berücksichtigt, dann kann eine Ermüdung des Leiterseilmaterials an den Aufhängepunkten und ein Schwingungsbruch an dieser Stelle eintreten. Wegen der Wichtigkeit dieses Problems sei kurz auf die Ursachen derartiger Schwingungen eingegangen. Ein in einem gleichmäßigen waagerechten Luftstrom hängendes gespanntes Seil wird zu Seilschwingungen durch Wirbelablösungen angeregt. Auf Grund der Strömungsverhältnisse entsteht im Windschatten des Seiles ein Unterdruckraum, in den Luft unter Wirbelbildung nachströmt. Die Wirbel werden vom Luftstrom wieder abgerissen, und zwar abwechselnd an der oberen und unteren Kante des Leiterseiles (Abb. 259). Dabei entstehen Kraftimpulse, die abwechselnd nach unten bzw. nach oben wirken. Am Leiterseil werden also Kräfte wirksam, die die Frequenz der Wirbelablösungen besitzen und die ein Leiterseil zu Schwingungen anregen, wenn sie mit der Eigenfrequenz des Seiles oder einer ganzzahligen Vielfachen davon erfolgen. Die anregende Frequenz ist proportional der Windgeschwindigkeit und umgekehrt proportional dem Leiterseilquerschnitt. Die Eigenfrequenz des Leiterseiles nimmt mit dem Seilzug zu und mit der Spannweite und dem spezifischen Gewicht des Seiles ab. Seile mit hoher Zugspannung, großem Durchmesser und geringem spezifischen Gewicht neigen leichter zu Schwingungen, da ihre Eigenfrequenz oder die Harmonischen davon in das Gebiet der erregenden Frequenz fallen. Das trifft besonders für Hohlseile und Einwerkstoffseile aus Aluminium und Aldrey zu. Die Schwingungsgefahr ist jedoch bei allen Leiterseilen vorhanden, wenn die Zugspannung zu hoch gewählt wird. Seilschwingungen wurden besonders beobachtet bei Windgeschwindigkeiten von 1 bis 6 m/sek und im Bereich von 10 bis 30 Hz. Die Schwingungsamplitude kann bis 2 cm betragen.

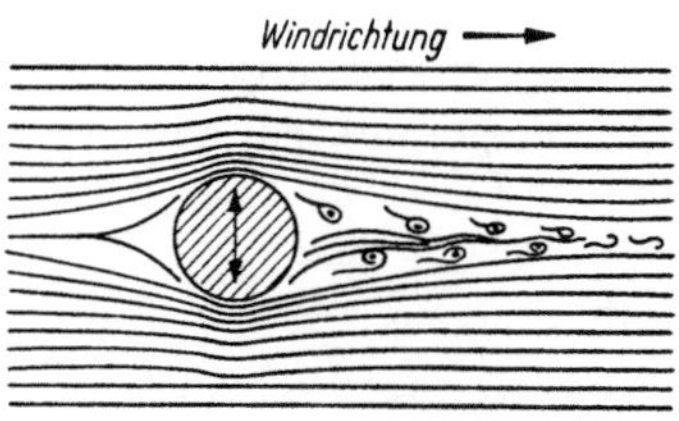

Abb. 259. Wirbelablösung an einem Leiterseil bei mäßiger Luftbewegung

Die auf die Befestigungspunkte der Seile, nämlich die Trag- und Abspannklemmen, auflaufenden Schwingungen geben dort ihre Schwingungsenergie ab und leisten Formänderungsarbeit im Leiterseil. Das führt im Laufe der Zeit zu der erwähnten Ermüdung des Materials. Es sind eine Reihe Methoden bekannt geworden, mit denen die Seilschwingungen vermieden bzw. wirksam bekämpft werden können. Nach VDE 0210 sind für jedes Leiterseilmaterial zulässige Höchstzugsspannungen festgelegt. Es hat sich herausgestellt, daß man diese Seilspannungen mit Rücksicht auf die Seilschwingungen nicht ausnutzen kann. Als Höchstzugspannung werden daher 66 bis 75% dieser Werte gewählt und Seilschwingungen weitgehend vermieden, so daß zusätzliche Maßnahmen nicht ergriffen werden müssen. Entscheidet man sich für höhere

Höchstzugspannung, z. B. 85% der VDE-Werte oder liegen besonders ungünstige Geländeverhältnisse vor oder Weitspannfelder, wie sie bei der Überquerung von Flüssen und Gebirgstälern vorkommen, dann erscheint es ratsam, Schutzmaßnahmen zur Dämpfung der Leiterseilschwingungen zu ergreifen.

Im Ausland werden seit jeher im Leitungsbau höhere Seilspannungen angewendet. Infolgedessen sind dort Schwingungsschutzmaßnahmen üblich. Die Schwingungsschutzarmaturen haben die Aufgabe die Schwingungsenergie aufzunehmen und dadurch dämpfend oder schwingungsstörend zu wirken. Man kennt 2 Gruppen von Schwingungsschutzarmaturen:

1. Seilverstärkungen
2. Schwingungsdämpfer

Seilverstärkungen erhöhen die Biegefestigkeit des Leiterseiles an den Aufhängepunkten und die auftreffende Schwingungsenergie wird auf

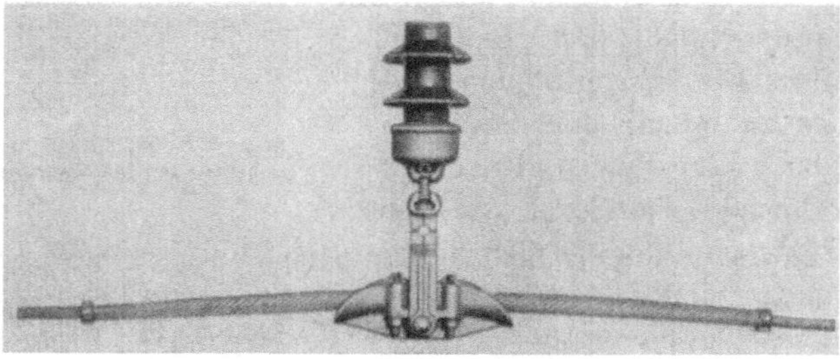

Abb. 260. Schwingungsschutzarmatur des Typs „Tapered-Armor-Rods" mit Muldentragklemme (Bergner, Schwabach)

einen größeren Querschnitt verteilt. Seit längerem bekannt sind Dämpfungsbeilagen, die mit in die Tragklemmen eingelegt werden und die auf beiden Seiten aus der Klemme herausragen und am Leiterseil mit Hilfsklemmen befestigt werden. Die Dämpfungsbeilagen sind raumsparend und können nachträglich in die vorhandenen Klemmen eingelegt werden. Eine Dämpfungsbeilage, die das ganze Leiterseil gleichmäßig umschließt, findet man in den sogenannten Armor-Rods. Das sind konisch sich nach beiden Enden verjüngende Stäbe aus Aluminium, die spiralförmig mit ständig abnehmender Steigung um das Seil gewunden und an ihren Enden mit Klemmen am Seil befestigt werden (Abb. 260). An der Stelle ihres größten Durchmessers werden die Tragklemmen befestigt. Bei Verwendung dieser Schwingungsschutzarmaturen sind allerdings größere Tragklemmen erforderlich. Ähnlich im Aufbau sind die sogenannten Preformed-Armor-Rods. Sie bestehen aus einer Anzahl schrauben-linienartig vorgeformter, hartgezogener, elastischer Drähte mit dem über der ganzen Länge gleichmäßigen Durchmesser (Abb. 261). Diese Drähte können in einfacher Weise ohne Werkzeuge auf das Leiterseil aufgewunden werden und ergeben ebenfalls eine vollständige und gleichmäßige Verstärkung des Leiterseiles. Da der Innendurchmesser der vorgeformten Drähte etwas kleiner ist als der Außendurchmesser des Leiters erhalten die Schwingungsschutzarmaturen beim Aufwinden eine Vorspannung, die den festen Sitz auf dem Leiterseil gewährleistet.

Abb. 261. Schwingungsschutzarmatur des Typs „Preformed-Armor-Rods" (Bergner, Schwabach)

Zur anderen Gruppe der Schwingungsschutzarmaturen gehören die Schwingungsdämpfer. Sie werden in einem bestimmten Abstand von den Klemmen am Leiterseil befestigt und entziehen dem Leiterseil Schwingungsenergie, indem Massen in Bewegung gesetzt werden. Zu dieser Gruppe der Schwingungsschutzarmaturen gehört der Stockbridge-Dämpfer, der aus elastisch angekoppelten Massen besteht (Abb. 262), die durch die Seilschwingungen in Bewegung gesetzt werden und so der Schwingung Energie entziehen, bzw. die Resonanz stören.

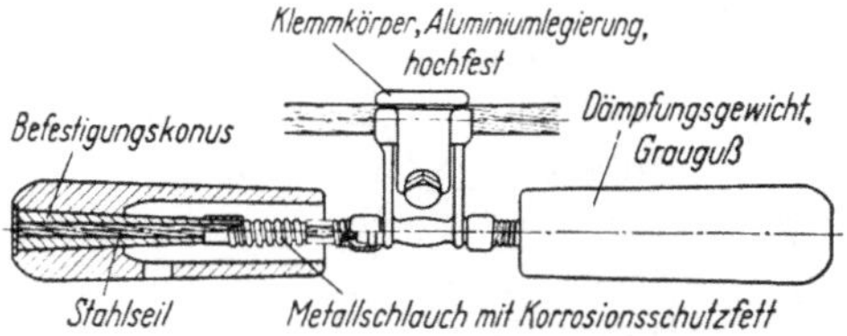

Abb. 262. Schwingungsdämpfer; Typ Stockbridge-Dämpfer (Bergner, Schwabach)

Als Schwingungsschutz wird auch gelegentlich ein dem Leiterseil gleiches Seilstück beiderseits der Tragklemmen girlandenförmig angehängt. Je nach Schwingungsgefährdung kann dieses Seilstück länger oder kürzer gemacht und der Abstand der Aufhängepunkte variiert werden.

Leiterseilschwingungen mit großer Wellenlänge und großer Amplitude sind als sogenanntes Tanzen der Leiterseile bekannt geworden. Die Schwingungsamplitude bei dieser Schwingungsart kann mehrere Meter betragen und dadurch zu gefährlichen Annäherungen der verschiedenen Phasen führen. Die Voraussetzungen für solche Schwingungen sind noch nicht restlos geklärt, man vermutet jedoch, daß relativ große Windgeschwindigkeiten, bestimmte Geländeverhältnisse und Spannweiten erforderlich sind und daß das Tanzen durch einen äußeren Anlaß, z.B. durch ungleiche Aneisung oder Eisabfall eingeleitet wird. Im allgemeinen kommt dieser Schwingungsart keine große Bedeutung zu, da sie erstens sehr selten auftritt und zweitens die Mastkopfbilder meist so bemessen sind, daß ein Zusammenschlagen der Seile nicht eintritt.

C. Isolatoren für Freileitungen

Die spannungsführenden Leiterseile werden an den Trag- und Abspannmasten so befestigt, daß sie von geerdeten Bauteilen einwandfrei isoliert sind. Hierzu dienen Isolatoren, die allen auftretenden mechanischen und elektrischen Beanspruchungen gewachsen sein müssen. Die mechanischen Belastungen werden in erster Linie durch das Gewicht oder die Zugspannung der Leiterseile einschließlich deren Zusatzlasten Wind und Eis hervorgerufen. Die Isolatoren müssen ferner allen vorkommenden elektrischen Beanspruchungen standhalten, in erster Linie der Betriebsspannung und der erhöhten Spannung im Erdschlußfall unter allen vorkommenden klimatischen Bedingungen, z. B. Regen, Nebel, Tau und bei Verschmutzungen durch Staubablagerungen und Industrieabgase, ferner der Überspannung durch Schaltvorgänge und der Gewitterüberspannung.

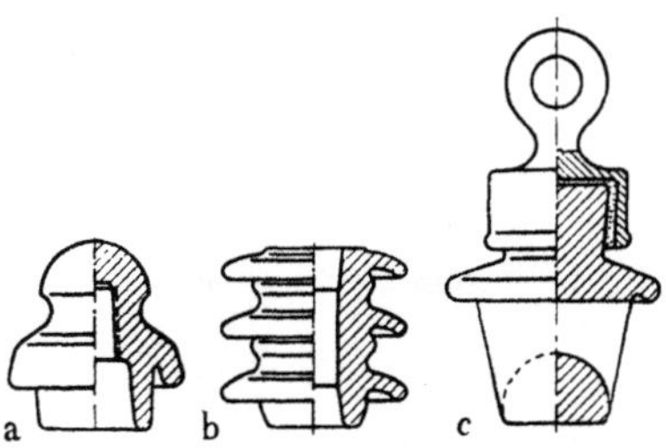

Abb. 263. Niederspannungsfreileitungsisolatoren
a) Stützenisolator *N*; b) Schäkelisolator *S*; c) Zugisolator *Z*

Für Niederspannungsfreileitungen oder Ortsnetze kommen Stützenisolatoren, Schäkelisolatoren und Zugisolatoren einfachster Bauart aus Porzellan und z. T. aus Glas (Abb. 263) in Frage.

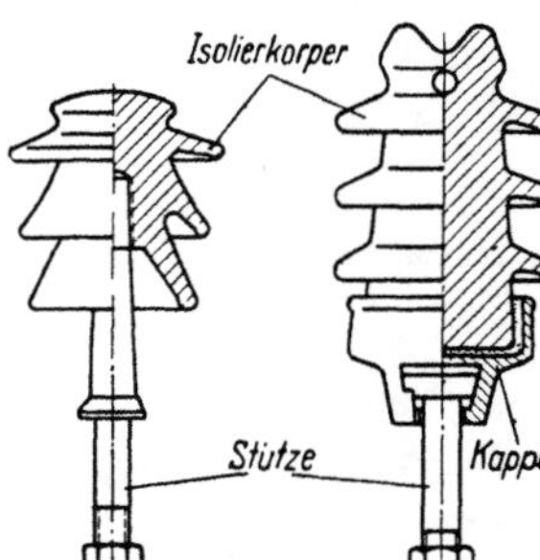

Abb. 264 a u. b. Hochspannungsfreileitungsisolatoren
a) Stützenisolator mit innenbefestigter Stütze; b) Vollkernmittelbundstützenisolator mit außenbefestigter Stütze (Rosenthal, Selb)

Für Mittelspannungsfreileitungen werden Stützenisolatoren der verschiedensten Ausführungsformen verwendet, unter anderem der Stützenisolator mit innen befestigter Stütze (Abb. 264 a), Mittelbundisolatoren in Vollkernausführung (Abb. 264 b) und andere Vollkernstützenisolatoren mit besonderer Kopfausbildung zur Unterbringung von Klemmen. Die Stützenisolatoren werden bis zu mittleren Leiterseilquerschnitten und für Spannungen bis 30 kV, im Ausland mitunter bis 66 kV, verwendet. Die Befestigung der Leiterseile an diesen Isolatoren erfolgt bei kleineren Querschnitten durch Wickelbunde, bei größeren Querschnitten und Weitspannfeldern durch Gleitklemmen in Verbindung mit Beiseilen und durch Schwingklemmen oder ähnliche Kopfklemmen. Der Mastkopf einer mit Stützenisolatoren ausgerüsteten Leitung erhält besonders kleine Abmessungen, da die Isolatoren starr am Mast befestigt sind und durch Wind nicht ausschwingen können.

Die Isolation von Leitungen mit größeren Querschnitten ab etwa 120 mm² und für Spannungen oberhalb 30 kV erfolgt in der Regel durch Hängeisolatoren. Der wichtigste heute in Deutschland verwendete Hängeisolator ist der Vollkernlangstabisolator (Abb. 265). Sein wesentlichstes Merkmal ist der langgestreckte mit einer Reihe von Schirmen versehene keramische Isolierkörper, der an den beiden Enden Metallarmaturen trägt und der im wesentlichen auf Zug beansprucht wird. Der Langstabisolator hat hervorragende mechanische und elektrische Eigenschaften. Es beträgt z.B. der Mittelwert der Bruchlast der Normaltype mit 75 mm Strunkdurchmesser 12 t. Jedoch ist es ohne weiteres möglich, Isolatoren herzustellen, die bei gleichem Strunkdurchmesser eine Mindestbruchlast von 15 t und mehr haben. Die guten elektrischen Eigenschaften des Langstabisolators beruhen auf der Tatsache, daß sein Isolierkörper nicht durchschlagbar und daß die Spannungsverteilung längs der Oberfläche relativ gleichmäßig ist. Insbesondere durch Letzteres wird das gute Hochfrequenzverhalten dieser Isolatoren im Frequenzbereich des Rundfunks und Fernsehens begründet. Durch ein zweckmäßig ausgewähltes Verhältnis von Schirmausladung zu Schirmteilung wird eine gute Selbstreinigung erreicht.

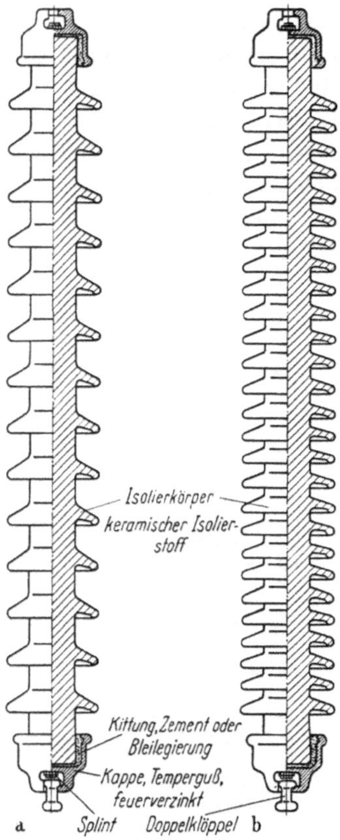

Abb. 265 a u. b. Vollkernstabisolatoren für 110 kV
a) Langstabisolator VKL 75/14 (75 mm Strunkdurchmesser, 14 Schirme);
b) Nebellangstabisolator VKNL 75/27 (75 mm Strunkdurchmesser, 27 Schirme)

Zu den Hängeisolatoren zählt ferner noch der Vollkernisolator (Abb. 266), ein Typ, aus dem der Langstabisolator entwickelt wurde und der Kappenisolator (Abb. 267), der im Ausland vorzugsweise verwendet wird. Für die Isolierkörper werden die keramischen Massen Porzellan und Steatit und für Kappenisolatoren auch vergütetes Glas benutzt.

Die Armierung der Hängeisolatoren erfolgt durch Klöppelkappen, die auf die Isolierkörper aufgekittet sind. Als Kittmasse wird Portlandzement, Schwefelzement oder eine Blei-Antimon-Legierung verwendet. Die einzelnen Isolatoren werden untereinander durch Klöppel verbunden. Im Falle des Kappenisolators ist der Klöppel fest in das Klöppelloch eingekittet. Auch andere Verbindungselemente sind bekannt, z. B. Laschenkappen und Laschen, die besonders bei hohen mechanischen Beanspruchungen Vorteile bieten.

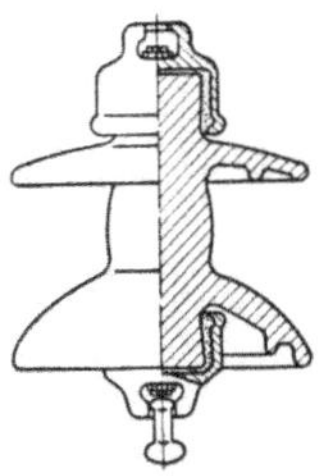

Abb. 266.
Vollkernisolator VK 75/2

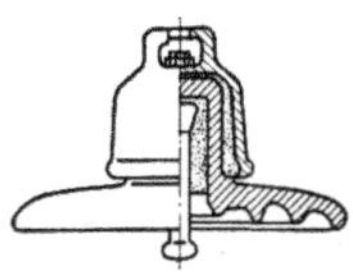

Abb. 267.
Kappenisolator

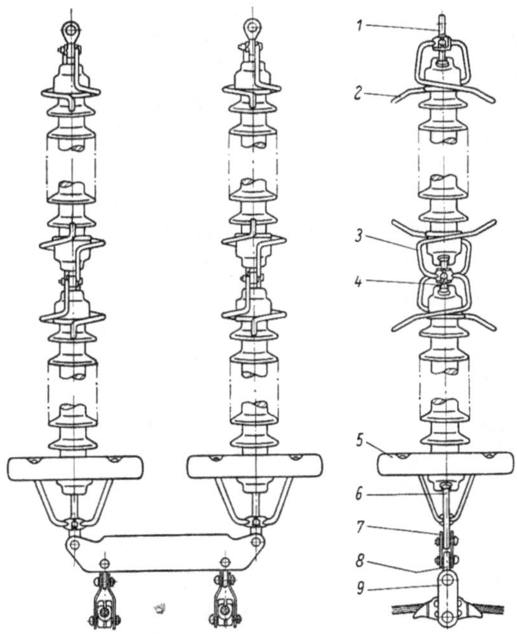

Abb. 268. Isolatorenketten mit Spiralhörnern und Daumenringen. *1* Aufhängeöse; *2* Obere Spiralhornarmatur; *3* Spiralhornzwischenarmatur; *4* Flansch-Doppelklöppel; *5* Unterer Daumenring; *6* Klöppelöse; *7* Abstandhalter; *8* Doppelöse; *9* Zweierbündel-Aufhängung

Die Hängeisolatoren werden mit den Zubehörteilen zu Hänge- und Abspannisolatorenketten zusammengestellt. Es sind Einfach- und Doppelhängeketten (s. Abb. 268) sowie Einfach- und Mehrfachabspannketten üblich. Die mechanische Bemessung der Kette erfolgt nach der VDE-Vorschrift 0210, § 12 und 14. Hängeisolatoren müssen mindestens das vierfache der Belastung des Eigengewichtes des Leiters der Isolatorenketten und des Zubehörs einschließlich Eisbehang und Isolatoren in Abspannlage mindestens das vierfache des auftretenden Höchstzuges der Leiterseile halten.

Die elektrische Bemessung der Ketten erfolgt so, daß ihre elektrischen Kennwerte den in VDE 0111 geforderten Stehwechsel- und Stehstoßspannungen mindestens entsprechen. Langstabisolatoren werden eingliedrig bis 150 kV, in Sonderfällen bis 220 kV verwendet. Die Länge des Porzellankörpers ist der jeweiligen Betriebsspannung angepaßt. Für 220 kV werden gewöhnlich zwei 110-kV-Langstabisolatoren in Reihe geschaltet und für 380 kV drei solcher Isolatoren. Vollkern- und Kappenisolatoren werden im allgemeinen nur in einer Bauhöhe hergestellt. Für die verschiedenen Betriebsspannungen wird die Anzahl der erforderlichen Glieder festgelegt.

Die Prüfung der Isolatoren wird in Übereinstimmung mit VDE 0446 vorgenommen. Man kennt Typenprüfungen, Stichprobenprüfungen und Stückprüfungen. Der Typenprüfung fällt die Aufgabe zu, die Brauchbarkeit einer neu entwickelten Isolatorentype nachzuweisen. Sie wird infolgedessen für jeden Typ meistens nur einmal durchgeführt. Zur Typenprüfung gehören umfangreiche elektrische Prüfungen und die Aufnahme der Jahresdauerlastkurve.

Die Stichprobenprüfung dient im wesentlichen dazu, die Qualität der Isolatoren nachzuweisen. Eine bestimmte Anzahl der gefertigten Isolatoren müssen dieser Prüfung unterzogen werden. Sie umfaßt folgende Einzelprüfungen: Prüfung der Abmessungen, Temperaturwechselprüfung, Durchschlagprüfung (entfällt bei Vollkernisolatoren), mechanische Prüfung, Prüfung auf Porosität und Verzinkungsprüfung.

Jeder Isolator der laufenden Produktion wird stückgeprüft. Durch diese Prüfung sollen fehlerhafte Stücke frühzeitig erkannt und ausgeschieden werden. Die Stückprüfung umfaßt die Prüfung der Oberflächenbeschaffenheit, die Ultraschallprüfung (ausgenommen Kappenisolatoren) sowie die Prüfung mit der vorgeschriebenen Prüflast. Kappenisolatoren werden ferner einer elektrischen Prüfung unterzogen. Die Ultraschallprüfung ist ein wichtiges Hilfsmittel des Isolatorenherstellers geworden, um Fehler z.B. Porosität, Lunker und Risse im Isolierkörper frühzeitig erkennen zu können.

Wie bereits erwähnt, müssen die Isolatoren unter allen klimatischen Bedingungen und bei allen vorkommenden Verschmutzungen einwandfrei arbeiten. Mit der in den letzten Jahren ständig zunehmenden Verschmutzung der Atmosphäre und den damit verbundenen Schmutzablagerungen auf den Oberflächen der Isolatoren ist es in steigendem Maße möglich, daß ungünstige, klimatische Bedingungen, z.B. lang anhaltender Nebel mit starker Verschmutzung zusammenfallen. In diesen Fällen wird die Isolationsfähigkeit normaler Isolatoren stark vermindert und es kann zu Überschlägen kommen. Um mit diesen Unsicherheiten im Netzbetrieb fertig zu werden, sucht man seit vielen Jahren nach geeigneten verschmutzungssicheren Isolatoren. Es wurden sogenannte Nebelkappenisolatoren entwickelt, deren Schirme tief herabgezogen waren, wodurch ein langer Kriechweg und damit verbesserte Eigenschaften bei Verschmutzung erzielt wurden. Mit der Entwicklung des Nebellangstabisolators des Typs VKNL 75/27 wurde ein Isolator gefunden, der den Anforderungen weitgehend gewachsen ist. Dieser Isolator hat bei gleicher Bauhöhe 27 Schirme gegenüber dem normalen 110-kV-Langstabisolatorentyp mit nur 14 Schirmen. Der Kriechweg dieses Isolators ist dementsprechend 40% größer. Durch Veränderung des Verhältnisses Schirmausladung zu Schirmteilung hat der Isolatorenhersteller eine Möglichkeit, den Isolator den unterschiedlichen Verschmutzungsbedingungen anzupassen. Mit dem Entwurf der VDE-Vorschriften 0448 wurden Richtlinien für die Prüfung von Isolatoren unter Fremdschichteinfluß geschaffen.

Es hat sich herausgestellt, daß der Kriechweg als Grundlage für die Bemessung der Isolatoren für Verschmutzungsgebiete brauchbar ist. Glöyer und Vogelsang[1] empfehlen folgende bezogenen Isolatorenkriechwege für die verschiedenen Verschmutzungsklassen:

Tabelle 17

Verschmutzungsklasse	Kennzeichen des Verschmutzungsgebietes	Empfohlener auf die Betriebsspannung = verkettete Spannung bezogener Isolatorenkriechweg cm/kV
a	land- und forstwirtschaftliche Bodennutzung, keine Industrie, saubere Atmosphäre	1,7–2,0
b	schwache Verschmutzung (Randzonen großer Industriegebiete)	2,2–2,5
	häufige und starke Nebel (Flußtäler)	
c	starke Industrieverschmutzung (z. B. Ruhrgebiet, Kölner und Mannheimer Industriegebiet)	2,6–3,2
d	sehr starke und leitfähige Verschmutzung (Nähe von Großkraftwerken, chemischen Industrie- und Hüttenwerken)	$\geqq 3{,}8$

Im Ausland werden neben den Porzellankappenisolatoren häufig auch Glaskappenisolatoren verwendet. Unter Glaskappenisolatoren seien Isolatoren verstanden, deren Glaskörper vergütet, d.h. durch plötzliches Abkühlen während des Herstellungsprozesses gehärtet sind. Dadurch wird die Oberflächenschicht gegenüber dem Inneren des Glaskörpers vorgespannt und der Isolator erhält hervorragende Festigkeitseigenschaften. Die Vorspannung bewirkt, daß die Festigkeit des Glaskörpers

[1] Glöyer u. Vogelsang, Freiluftisolation in Verschmutzungsgebieten. ETZ-A, 77 (1957), H. 7, 252–257.

nur so lange aufrechterhalten bleibt, solange seine Oberfläche unbeschädigt ist. Bei Beschädigung der Oberfläche, sei es durch äußere mechanische Einflüsse oder infolge eines elektrischen Durchschlages, wird die Vorspannung aufgehoben und der Glaskörper zerfällt in Krümel. Die mechanische Festigkeit des ganzen Isolators bleibt jedoch erhalten, da die Krümel innerhalb der Kappe einen größeren Raum beanspruchen als vorher und daher wie Keile wirken. Da der Schirm des beschädigten Glaskappenisolators abfällt, sind defekte Isolatoren in einer Leitung leicht festzustellen.

Rundfunkstörungen

Man hat festgestellt, daß gelegentlich durch Freileitungen Rundfunkstörungen verursacht werden, auch wenn die zulässige Oberflächenrand-Feldstärke an den Leiterseilen eingehalten wurde. Eine Nachprüfung ergab, daß die Ursache stets Glimmerscheinungen an den Isolatoren sind, die den Isolatoren selber keinen Schaden zuzufügen brauchen, die jedoch leider für den Rundfunk störend wirken. Solche Störungen treten auf sowohl bei Stützenisolatoren als auch bei Kappenisolatoren. Bei Stützenisolatoren ist der Isolator oft mit Hanf als Zwischenlage auf eine eiserne Stütze aufgebracht. Zwischen dem im Porzellan befindlichen Gewinde (Abb. 264) und der im Innern des Isolators befindlichen eisernen Stütze sind an manchen Stellen sehr kleine Lufträume vorhanden. Wird hier die Durchbruchfeldstärke der Luft überschritten, so tritt zwischen Porzellan und eiserner Stütze ein periodisches Glimmen auf, durch welches Störwellen erzeugt werden. Ferner vermag ein Glimmen zwischen dem Bindedraht, der das Seil am Isolator befestigt und meist kleinen Radius hat, und dem Isolator aufzutreten. Die Rundfunkstörungen können beseitigt werden, wenn das Innere des Isolators, soweit es der Stütze unmittelbar benachbart ist, metallisiert wird und man dafür sorgt, daß diese Metallisierung mit der eisernen Stütze in Verbindung kommt. Dadurch werden die Luftzwischenräume überbrückt und ein Glimmen ist nicht mehr möglich.

Die Ursachen der durch Kappenisolatoren hervorgerufenen Rundfunkstörungen sind ebenfalls Glimmentladungen, die im Isolatorinnern auftreten. Man muß damit rechnen, daß im Isolatorinnern die Kittmasse, welche den Klöppel festhält, an einigen Stellen der Isolatorwandung nicht ganz aufliegt, so daß hier kleine Luftschichten sind, die ins Glimmen kommen können. Eine Metallisierung des Porzellans im Innern bringt Abhilfe. Prinzipiell können auch in vorhandenen kleinen Luftschichten, die zwischen Kappe und Porzellan vorhanden sind, Glimmerscheinungen auftreten. Die Erfahrung zeigt jedoch, daß wegen des größeren Durchmessers hier die Feldstärke so klein ist, daß ein störendes Glimmen nicht entstehen kann. An den beweglichen Verbindungsstellen innerhalb einer

Isolatorenkette ist dann mit störenden Funkenbildungen zu rechnen, wenn sich auf den metallischen Verbindungselementen isolierende Oxydschichten oder Schmutzschichten bilden können. Infolge der Vielzahl solcher Verbindungsstellen bei Kappenisolatorenketten ist ein höherer HF-Störpegel zu erwarten. Glaskappenisolatoren verhalten sich darüber hinaus noch ungünstiger als Porzellankappenisolatoren; da die Dielektrizitätskonstante von Glas größer als die von Porzellan ist, ist auch die Feldkonzentration an den Elektrodenrändern und damit die Gefahr von Teildurchbrüchen (im Kitt) größer.

Bei Vollkern- und Langstabisolatoren sind die elektrischen Feldstärken an möglicherweise vorhandenen Luftschichten zwischen den Kappen und dem Porzellankörper so klein, daß Radiostörungen nicht auftreten.

Lichtbogenschutz

Die Isolatorenketten werden bei einem elektrischen Überschlag den Wirkungen des Erdschluß- oder Kurzschlußlichtbogens ausgesetzt. Erdschlußlichtbögen können durch ihre Dauer und Kurzschlußlichtbögen durch die Höhe des Stromes dem wärmeempfindlichen Isolierkörper gefährlich werden. Um die meist unangenehmen Auswirkungen des Lichtbogens so weit wie möglich einzuschränken oder zu beseitigen, werden die Isolatorenketten mit Lichtbogenschutzarmaturen ausgerüstet. Die meisten heute verwendeten Lichtbogenschutzarmaturen benutzen das Prinzip der einseitigen Lichtbogenspeisung zur Steuerung des Lichtbogens. Für Spannungen bis 60 kV und für Kappenisolatorenketten werden einfache Schutzhörner oder Schutzhornkreuze verwendet. Langstabisolatoren für Spannungen ab 100 kV werden mit Spiralhornarmaturen (Abb. 268) ausgerüstet. Ab 220 kV werden am spannungsführenden Pol der Isolatorenketten Schutzringarmaturen angeordnet, die neben der Steuerung des Lichtbogens für eine bessere Spannungsverteilung längs der Kette zu sorgen haben. Langstabisolatorenketten mit mehreren hintereinander geschalteten Isolatoren erhalten an den Verbindungsstellen der Isolatoren Zwischenschutzarmaturen, wodurch ein vollständiger Lichtbogenschutz möglich ist.

Armaturen

Bei Verwendung von Hängeketten erfolgt die Befestigung der Leiterseile an den Tragmasten mit Hängeklemmen und an den Abspannmasten mit Abspannklemmen. Die verschiedenen Bauformen von Hängeklemmen haben alle gemeinsam eine Tragschale oder Seilmulde und einen Klemmdeckel, mit dessen Hilfe das Leiterseil in der Tragschale festgeklemmt wird (Abb. 269). Fast alle modernen Klemmen haben zur Vermeidung von Magnetisierungsverlusten eine Tragschale aus nicht magnetischem Material, entweder Bronze für Kupferseile oder eine hochfeste korrosionsbeständige Aluminiumlegierung für Aluminium- und Aluminium-Stahlseile. Für kleinere Leiterseilquerschnitte und für Mittelspannungsnetze werden auch häufig noch Tragschalen aus feuerverzinktem Temperguß verwendet. Je nach den Anforderungen werden in die Leitungen sogenannte kurzschlußfeste Hängeklemmen, Spannhängeklemmen oder Auslösehängeklemmen eingebaut. Die letzte Klemmtype soll die Tragmaste bei einem eventuellen Leiterseilbruch gegen Überbeanspruchungen schützen. Bei einseitigen Zuglasten an der Klemme wird ein Sicherungsbolzen abgeschert und der Klemmkörper gleitet aus seiner Halterung ins Spannfeld hinaus.

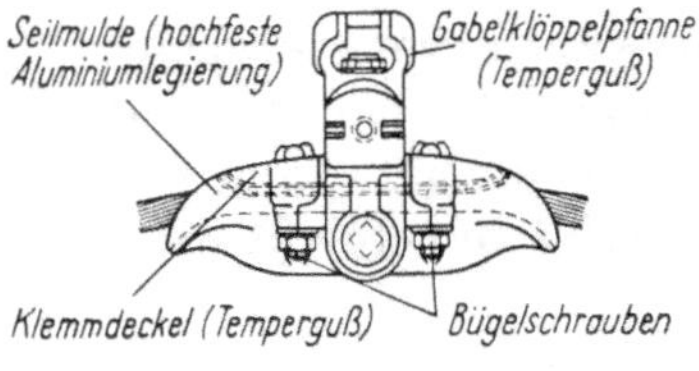

Abb. 269. Muldentragklemme (Bergner, Schwabach)

Hängeklemmen für größere Leiterseilquerschnitte werden mit Rücksicht auf die Seilschwingungen pendelnd aufgehängt, und zwar so, daß eine möglichst große Beweglichkeit der Seilklemmen gewährleistet ist und die Seilschwingungen nahezu ungehindert durch die Klemmen durchlaufen können.

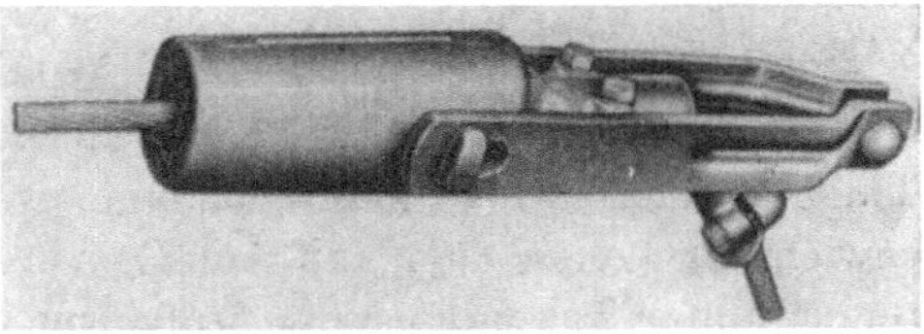

Abb. 270. Nutenkeilabspannklemme bestehend aus aufklappbarem Abspannkörper mit Schwalbenschwanzführung, Aluminium, zweiteiligem Nutenkeil, Aluminium, Abspannlaschen, Stahl, feuerverzinkt (Pfisterer, Stuttgart-Untertürkheim)

Als Abspannklemmen für Ortsnetze und Mittelspannungsleitungen bei kleineren Leiterseilquerschnitten werden Seilkauschen zusammen mit einfachen Hilfsklemmen oder Kerbverbindern und Kleinkeilklemmen verwendet. Für große Seilquerschnitte benutzt man Nutenkeilabspannklemmen und Keilabspannklemmen mit Nachschubeinrichtung (Abb. 270 und 271). Die Klemmwirkung wird dadurch erzielt, daß ein konisch sich verjüngender Keil mit steigender Zuglast immer weiter in den Klemmkörper hineingezogen wird und dadurch die Zugkräfte in Klemmdruckkräfte umgewandelt werden. Die Klemmen sind meist so ausgebildet, daß die Leiterseile eingelegt werden können, ohne daß sie geschnitten werden müssen. Dadurch ist es möglich, erforderlichenfalls die Klemmen nachzusetzen. Auch bei den Abspannklemmen werden entweder die Keile oder auch der gesamte Klemm-

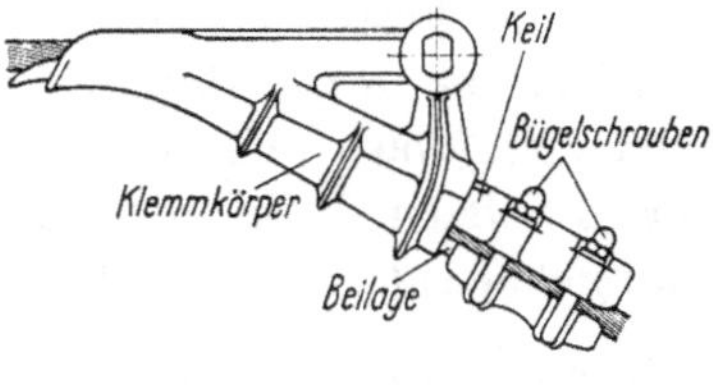

Abb. 271. Keilabspannklemme mit Nachschub (Bergner, Schwabach)

körper aus Aluminium hergestellt, um die Magnetisierungsverluste möglichst klein zu halten.

Neben den Keilabspannklemmen sind noch Konusabspannklemmen und Kompressionsabspannklemmen bekannt. Die letzteren werden bevorzugt vom Ausland für Aluminium- und Aluminium-Stahlseile verwendet. Kompressionsabspannklemmen (Abb. 272) bestehen aus einer Aluminiumhülse, die über das Leiterseil geschoben und mit diesem gemeinsam verpreßt wird. Für Aluminium-Stahlseile werden zwei ineinander geschobene Hülsen, eine aus Stahl für die Stahlseele und eine zweite aus Aluminium für den Aluminiummantel verwendet. Die Benutzung dieser Klemmen bedingt, daß die Leiterseile geschnitten werden. Ein Nachsetzen der Klemmen ist nicht möglich.

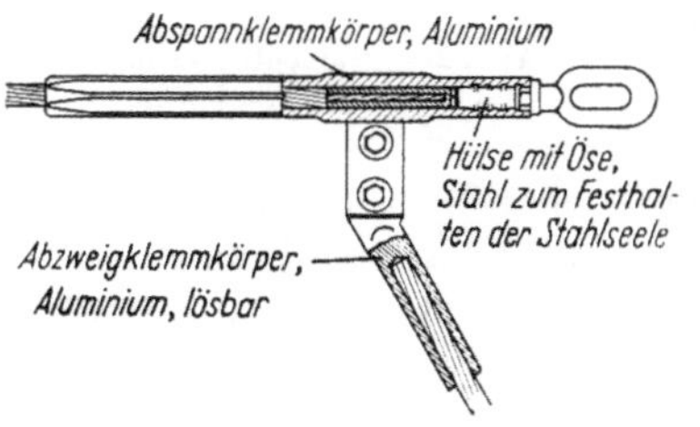

Abb. 272. Kompressionsabspannklemme (Bergner, Schwabach)

Die mechanische Festigkeit der Armaturen muß VDE 0210 entsprechen. Die Mindestbruchlast der Tragklemmen muß mindestens 2,5mal größer sein als die Last aus Eigengewicht der Leiterseile plus Eiszusatzlast. Die Abspannklemmen und Verbinder unter Zug müssen den 2,5fachen Höchstzug der Leiter oder 85% der Bruchlast der Leiter aushalten. Maßgebend ist der niedrigere Wert.

D. Maste und Leitungsanordnungen

Eine Freileitung muß für Drehstromübertragung drei Leiter führen. Bei größeren Leistungen, aber auch aus Gründen der Sicherheit, werden die Leitungen oft als Doppelleitungen ausgebildet, d.h. jede Phase ist 2mal vorhanden. Die Anordnung wird meist so getroffen, daß auf jeder Mastseite je drei Leiter angeordnet sind.

Bei der Festlegung der Anordnung der Freileitungsseile muß beachtet werden, daß der Abstand der Leiter voneinander und gegen Erde groß genug ist. (Nach VDE müssen die Leitungen bei größtem Durchhang mit ihrem tiefsten Punkt mindestens 6 m, bei Wegüberkreuzungen 7 m vom Erdboden entfernt sein. Bei Spannungen über 110 kV sind die angegebenen Werte um den Betrag $\frac{U_n - 110}{150}$ in m zu vergrößern; s. S. 241.) Während bei Niederspannungsleitungen der Mindestabstand der nicht ausgeschwungenen Leiter untereinander für Spannweiten bis 60 m mindestens 35 cm betragen muß und damit für den größten Teil der vorkommenden Fälle festgelegt ist, richtet sich bei Hochspannungsleitungen der Abstand nach der Nennspannung, nach dem Durchhang und nach der Kettenlänge.

Gemäß VDE-Vorschriften 0210, § 9 wird verlangt, daß unter Spannung stehende Leiter voneinander und von anderen Leitern desselben Spannfeldes, z.B. von Erdseilen, einen solchen Abstand (Abb. 273) erhalten, daß ein Zusammenschlagen oder eine Annäherung zum Überschlag nicht zu befürchten ist. Bei querschnittsgleichen Leiterseilen muß der Abstand in Spannfeldmitte mindestens betragen:

$$a = k\sqrt{f + l_k} + \frac{U_n}{150} \quad [\mathrm{m}]. \tag{168}$$

Hierin bedeuten

- k ein vom Ausschwingwinkel der Leitung abhängiger Faktor (s. VDE 0210, § 9).
- f den Durchhang der Leitungen bei +40 °C in m.
- l_k die Länge der Isolatorenkette einschließlich der senkrecht zur Leitungsrichtung beweglichen Kettenverlängerungen in m, bei Stützenisolatoren und bei Abspannketten ist $l_k = 0$ zu setzen.
- U_n die Nennspannung in kV.

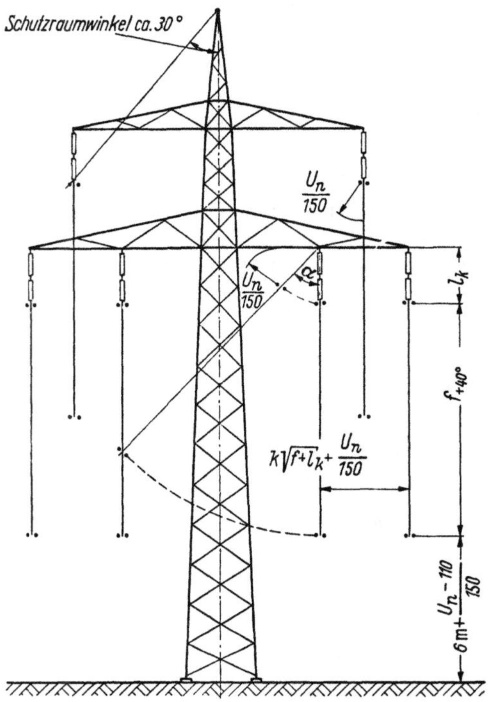

Abb. 273. Mastbild einer 220-kV-Leitung. Anordnung der Leiter am Mast

Der Mindestabstand der an den Isolatoren befestigten Leiter von geerdeten Bauteilen ist gleichfalls vorgeschrieben und beträgt

1. für Leiter von Freileitungen in Netzen, die mit nicht starr geerdetem Sternpunkt betrieben werden,

   bei ruhendem Leiter 0,1 + $U_n/150$ [m], mindestens jedoch 0,2 m,

   bei Ablenkung des Leiters durch Wind $U_n/150$ [m];

2. für Leiter von Freileitungen in Netzen, die mit starr geerdetem Sternpunkt betrieben werden,

   bei ruhendem Leiter und bei Ablenkung des Leiters durch Wind $U_n/150$ [m],

wobei U_n die Nennspannung in kV ist.

Zwei Phasen wird man möglichst nicht untereinander anordnen, damit nicht im Winter bei Eislast, falls die unterste Phase ihre Eislast verliert und emporschnellt, die oberste Phase berührt (s. Abb. 274). Um solche ungewollten Berührungen zu vermeiden, ist ein Horizontalabstand übereinander angeordneter Leitungen erwünscht.

Oft ist es zweckmäßig, die gegenseitige Annäherung von Leitungen nachzurechnen, denn die in den VDE-Vorschriften angegebenen Mindestwerte für die Ruhelage können unter Umständen zu knapp sein. Man muß bei der Nachrechnung von dem Windverhalten der Freileitungen ausgehen. Die Windkraft ist nach den Vorschriften VDE 0210, § 15 zu ermitteln.

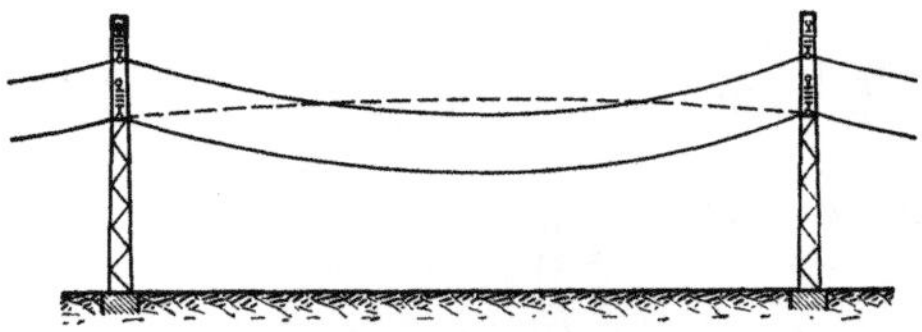

Abb. 274. Hochschnellen eines Seiles bei abfallender Eislast

Ist je m Länge eine Windkraft W kp/m vorhanden und das Gewicht je m Länge G kp/m, so ist die resultierende Kraft gleich R (s. Abb. 275). Die Leitung stellt sich unter der Kraft R schief ein, und zwar in Richtung der Kraft R, wobei der Ablenkwinkel $\tan \alpha_L = W/G$ ist. Diese Beziehung gilt unter der Voraussetzung, daß der Aufhängepunkt der Leitung fest ist. Meist ist die Leitung jedoch an Hängeisolatoren befestigt, welche ihrerseits ebenfalls ausschwingen können (Abb. 276). Das Gewicht des Hängeisolators sei G_J und die auf ihn wirkende Kraft W_J. Am untersten Ende des Isolators greift in vertikaler Richtung das Seilgewicht einer Spannweite an, also die Größe G_a; in horizontaler Richtung wirkt die Windkraft je Spannweite, also die Größe W_a. Denkt man sich die Kräfte W_J und G_J an das untere Ende des Isolators reduziert (hier sind sie wegen des doppelten Hebelarmes nur halb einzusetzen), so greift an diesem Punkt jetzt in horizontaler Richtung die Kraft $W_a + \frac{W_J}{2}$ und in vertikaler Richtung $G_a + \frac{G_J}{2}$ an. Die Resultierende fällt in Richtung des sich schräg einstellenden Isolators, wobei sein Ablenkungswinkel

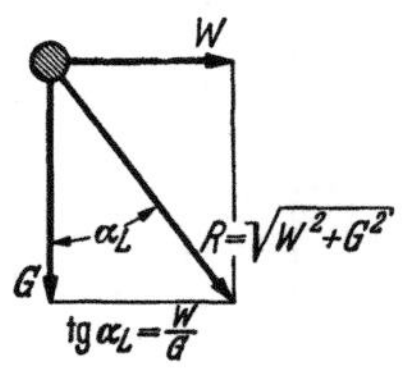

Abb. 275. Die Kräfte am Seil bei Wind

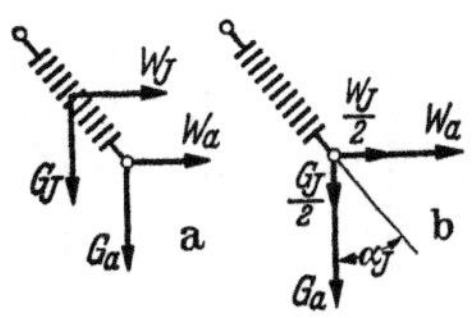

Abb. 276. Kräfte an einer Isolatorenkette bei Wind

$$\tan \alpha_J = \frac{W_a + \frac{W_J}{2}}{G_a + \frac{G_J}{2}} \tag{169}$$

ist.

In Abb. 277 ist ein Schnitt durch eine Freileitung in der Mitte der Spannweite gelegt. Der Isolator wird um den Winkel α_J aus der Horizontalen ausgelenkt. Die Auslenkung der Leitung, bezogen auf den Aufhängepunkt am Isolator, ist α_L. Zieht man vom Aufhängepunkt A des Isolators eine Verbindungslinie zum tiefsten Punkt S der Freileitung (s. Abb. 277), so bildet diese mit der Vertikalen einen resultierenden Winkel α, der graphisch oder auch rechnerisch ermittelt werden kann.

Man berechnet den Windabtrieb für die höchste Temperatur (+ 40°), bei der der größte Durchhang vorhanden ist und stellt sich vor, daß bei Wind dieser größte Durchhang seitlich um den Winkel α_L herumgeklappt wird (s. Abb. 276). Streng genommen, ist das Verfahren nicht richtig, denn es berücksichtigt nicht, daß R (s. Abb. 275) größer als G ist. Grundsätzlich kann man mit der Zustandsgleichung auch den tatsächlichen Durchhang unter Berücksichtigung der zusätzlichen Windkraft berechnen, jedoch hat es sich eingebürgert, diese genaue Rechnung nicht durchzuführen, da die weiteren oft ungenauen Angaben diese höhere Genauigkeit nicht rechtfertigen.

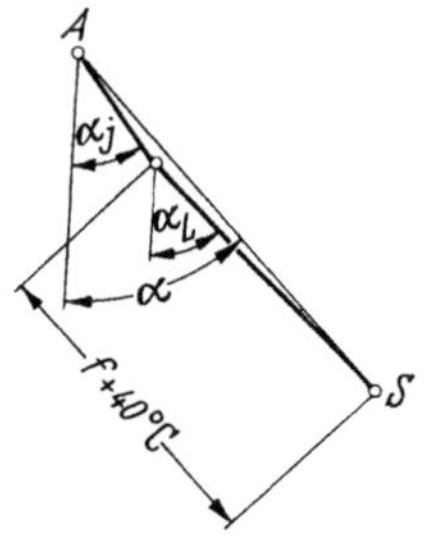

Abb. 277. Abgewehte Freileitung (in Mitte der Spannweite geschnitten)

Man muß ferner nachprüfen, ob das Erdseil (Sinngemäßes gilt für Luftkabel, Fernsprechleitungen usw.), welches bei Freileitungen auf der Mastspitze verlegt wird, genügend Abstand von den Phasenleitern besitzt. Dabei muß berücksichtigt werden, daß das Erdseil unter Umständen ein anderes Temperaturverhalten hat als die Leitungsseile. Der Querschnitt des Erdseiles wird so bemessen, daß weder bei − 20°, noch bei − 5° und Eislast unzulässige Beanspruchungen im Seil auftreten.

Bei in Ordnung befindlicher Freileitung haben bei Windstille die Maste nur die Seil-, Armaturen- und Isolatorengewichte aufzunehmen. Resultierende Horizontalzüge greifen an den Masten, sofern man von Winkelmasten usw. absieht, nicht an. Infolge von Unsymmetrien, z. B. wenn im Winter die Eislasten in den einzelnen Spannweiten nicht gleich groß sind, kann die Leitung das Bestreben haben, nach einer Richtung etwas zu verschieben. Um solche ungewollten Verschiebungen klein zu halten, ist es üblich, in bestimmten Abständen Abspannmaste vorzusehen, welche Festpunkte der Freileitung darstellen. Bei Freileitungen, deren Maste nicht auf Verdrehen berechnet sind, muß mindestens alle 3 km ein Festpunkt vorhanden sein. In Gegenden, in denen außergewöhnlich große Zusatzlasten zu erwarten sind, muß mindestens jeder zehnte Mast unabhängig davon, ob die Maste auf Verdrehen berechnet sind oder nicht, ein Festpunkt sein. Wenn an einem Abspannmast ein Seil reißt, so wirkt auf diesen ein einseitiger Zug, der den Mast auf Verdrehung und auch auf Biegung beansprucht. Es wird von einem Abspannmast verlangt, daß er beim Reißen eines Seiles und beim Vorhandensein der größtmöglichen Seilspannungen die hierbei auftretende zusätzliche Beanspruchung aushält. Bei einem Tragmast mit Hängeisolatoren können im allgemeinen die Beanspruchungen kleiner eingesetzt werden. Reißt hier ein Seil, dann wirkt auf den Tragmast ebenfalls der einseitige Leitungszug. Da jedoch die Isolatorenkette in Leitungsrichtung ausschwingen kann, wird der Seilzug auf den Mast vermindert, so daß man bei Tragmasten nur mit etwa der Hälfte des größtmöglichen Seilzuges zu rechnen braucht, den der Mast und natürlich auch die Isolatorenkette aushalten müssen. In Gegenden, in denen mit sehr großer Eislast zu rechnen ist, empfiehlt es sich, die Abspannmaste

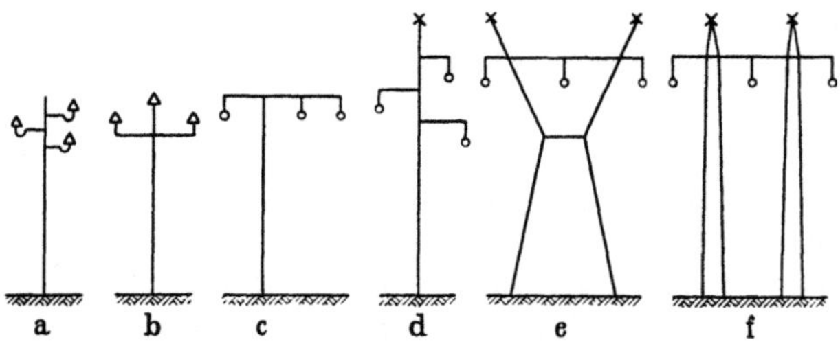

Abb. 278. Mastbilder von Drehstromeinfachleitungen

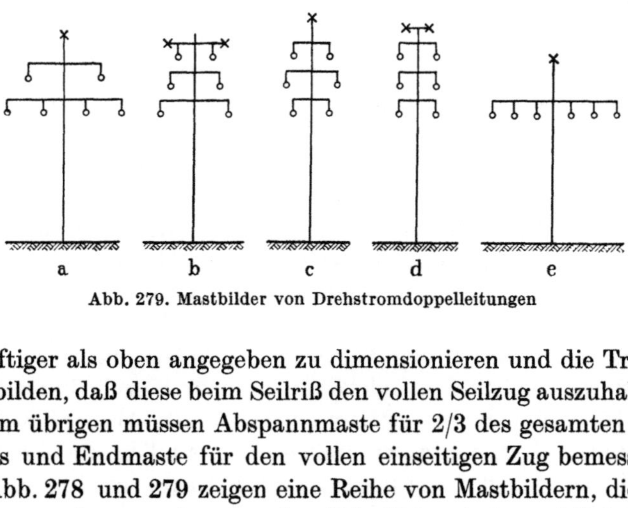

Abb. 279. Mastbilder von Drehstromdoppelleitungen

noch kräftiger als oben angegeben zu dimensionieren und die Tragmaste so auszubilden, daß diese beim Seilriß den vollen Seilzug auszuhalten vermögen. Im übrigen müssen Abspannmaste für 2/3 des gesamten einseitigen Zuges und Endmaste für den vollen einseitigen Zug bemessen sein.

Die Abb. 278 und 279 zeigen eine Reihe von Mastbildern, die im folgenden besprochen werden. In der Abb. 278a sind zwei Leitungsseile unmittelbar übereinander angeordnet, eine oft in Ortsnetzen bei kleinen Spannweiten vorkommende Anordnung, die jedoch vermieden werden soll, wenn größere Spannweiten vorliegen und mit Eislasten gerechnet werden muß. Abb. 278a u. b zeigt das Mastbild einer Mittelspannungsleitung mit Stützenisolatoren und Abb. 278c u. d stellt übliche Bauformen von Hochspannungseinfachleitungen dar. Das Dreiecksmastbild nach d wird für höhere Spannung häufiger angewendet als das Einebenenmastbild nach c, weil die Verdrehungsbeanspruchungen bei diesem Mastbild erheblich kleiner sind, dafür wird es allerdings etwas höher mit entsprechend größeren Biegungsbeanspruchungen. Mastbilder nach Abb. 278e und f werden ebenfalls für Hochspannungsleitungen verwendet. Sie sind jedoch mehr im Ausland üblich. e wird als Hirschgeweih- oder Ypsilonmastbild und f als Portalmastbild bezeichnet. Letzteres kann freistehend oder mit Ankern abgespannt ausgebildet werden.

Abb. 279a zeigt das am häufigsten vorkommende Mastbild der Drehstromleitung, das sogenannte Donau-Mastbild, b wird als Tannenbaum-Mastbild und c als Tonnen-Mastbild bezeichnet. Die letzten beiden Mastbilder beanspruchen eine kleinere Trassenbreite als ein Mast nach a, sind dafür jedoch höher mit entsprechend größeren Biegungsbeanspruchungen. Bei Mastbild c sind die Phasen der oberen und unteren Traverse übereinander angeordnet, das ist wegen der großen Traversenabstände möglich. Die Verdrehungsbeanspruchung ist bei diesem Mastbild besonders klein. Dem Mastbild c ähnlich ist d, eine Bauform, die im Ausland dort üblich ist, wo nicht mit Eiszusatzlasten gerechnet wird. Alle drei Phasen sind hier übereinander angeordnet mit annähernd gleichem Abstand zum Mastschaft. Die Verdrehungsbeanspruchung ist in diesem Fall günstig. Mastbild e ergibt besonders niedrige Maste, aber dafür hohe Verdrehungsbeanspruchungen am Mastschaft und eine breite Trasse.

Die Leiterseile einer Leitung werden durch Maste getragen. Für Ortsnetze werden überwiegend Holzmaste, vereinzelt auch Stahlbetonmaste oder Leichtrohrmaste verwendet. Im Mittelspannungsgebiet finden Holz-, Stahlbeton-, Stahlrohr- und Stahlgittermaste Anwendung. Für Hochspannungsleitungen kommen vorwiegend Stahlgitter- und Stahlrohrmaste zum Einsatz. Je nach Verwendungszweck sind im wesentlichen zu unterscheiden: Tragmaste, Winkeltragmaste, Winkelmaste, Abspannmaste, Endmaste und Kreuzungsmaste.

Holzmaste sind relativ preiswert. Jedoch ist ihre Lebensdauer begrenzt, da die Witterungseinflüsse und Fäulnis das Holz besonders an der Eintrittsstelle in das Erdreich angreifen und im Laufe der Zeit zersetzen. Das Anwendungsgebiet der Betonmaste ist begrenzt, da ihr Gewicht und ihre Abmessungen Transporte über große Entfernungen unwirtschaftlich machen. Gegenüber den Holzmasten bieten sie den Vorteil der nahezu unbegrenzten Lebensdauer und der Verwendbarkeit für größere Belastungen. Ein gewisses Einsatzgebiet für die sogenannten Leichtrohrmaste ist für leichte Leitungen in abgelegenen Gebieten, in die das Material über große Entfernungen transportiert werden muß, gegeben. Leichtrohrmaste bestehen aus einer Reihe von etwa 2 m langen Rohrschüssen, die aus 1 bis 2 mm dicken, längsgeschweißten Blechen hergestellt sind. Sie sind konisch ausgebildet, so daß sämtliche Schüsse für den Transport ineinander geschoben werden können und so nur einen geringen Laderaum beanspruchen.

Für schwerere Leiterseile ab etwa 120 mm² werden fast ausschließlich Stahlkonstruktionen für die Maste verwendet. Konstruktionen aus Winkelstahlprofilen finden dabei weitverbreitete Anwendung. Sie werden als genietete Konstruktionen in einzelnen Mastschüssen oder als geschraubte Konstruktion in Einzelstäben geliefert. Stahlkonstruktionen

Abb. 280. Prüfstation für Hochspannungsmaste mit einem 220/110-kV-Tragmast für 4 Drehstromsysteme als Prüfling: links vom Prüfling Belastungsmaste für Lasten in Leitungsrichtung; rechts vom Prüfling Belastungsmast für Lasten quer zur Leitungsrichtung

sind bekanntlich korrosionsgefährdet und müssen durch zweckentsprechende Farbanstriche oder durch Feuerverzinkung geschützt werden.

Die Berechnung der Mastkonstruktionen und der Mastgründungen erfolgt unter Beachtung der VDE-Vorschriften 0210. Es ist vorgeschrieben, daß die Maste je nach ihrem Verwendungszweck für die höchsten gleichzeitig zu erwartenden äußeren Lasten zu bemessen sind. Als solche kommen je nach Belastungsfall und Masttype in Betracht:

1. Eigengewicht der Maste, Querträger, Leiter einschließlich Eisbehang, Isolatoren und Armaturen,

2. Windlast auf die vorgenannten Bauteile,

3. Höchstzug der Leiterseile.

Bei der Berechnung sind verschiedene Belastungsfälle zu berücksichtigen, die unter den Begriffen Normalbelastung und Ausnahmebelastung zusammengefaßt sind (s. VDE 0210, Tafel 6). Um wirtschaftliche und leichte Mastkonstruktionen zu erhalten, werden die Maste auf Versuchsständen mit den rechnerischen Lasten für die verschiedenen Belastungsfälle und unter Umständen mit Überlasten auf Standfestigkeit geprüft (Abb. 280).

Die Mastkonstruktion bildet mit der Gründung eine Einheit. Die Maste sind im Boden derartig befestigt, daß unter Berücksichtigung aller anzunehmenden Belastungen bei gegebenen Baugrundverhältnissen eine ausreichende Standsicherheit vorhanden ist und unzulässige Bewegungen vermieden werden. Holzmaste und leichte, einstielige Maste aus Beton oder Stahlrohren werden häufig ohne besondere Gründung ins Erdreich eingesetzt. In vielen Fällen genügt eine einfache Betonplatte am Boden der Mastgrube. Bei größeren Belastungen durch einstielige Maste werden Blockfundamente oder Fertigteilfundamente verwendet.

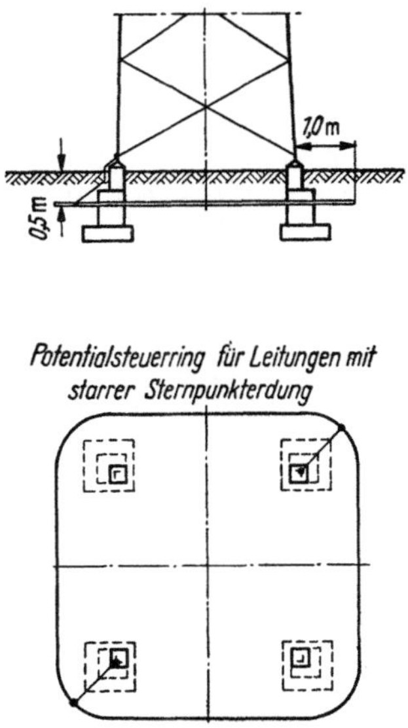

Abb. 281. Aufgeteilte Stufenfundamente für Hochspannungsmaste

Schwere vierstielige Mastkonstruktionen erhalten für jeden Eckstiel ein getrenntes Fundament, das jeder vorkommenden Bodenart besonders angepaßt wird. Dies besteht beispielsweise aus Stufenfundamenten, die auf der Baustelle hergestellt werden (Abb. 281). Bei ungünstigem Baugrund können die Fundamentköpfe durch Riegel miteinander verbunden werden. Falls der Mast eine rechteckige Grundfläche hat, werden mitunter auch die zwei dichter beieinander stehenden Eckstiele in einem gemeinsamen Fundament verankert. Neben den Stufenfundamenten sind noch eine Reihe anderer Fundamentarten üblich. Für Böden mit starkem Grundwasserandrang wird das sogenannte Einsetzfundament verwendet. Es besteht aus einem in der Fabrik vorgefertigten Schleuderbetonrohr und einer ebenfalls vorgefertigten Fundamentplatte, das auf der Baustelle zusammengesetzt und in die unter Umständen mit Wasser gefüllte Fundamentgrube eingesetzt wird. Bei dieser Gründungsart ist eine Wasserhaltung nicht erforderlich. Da das Betonrohr an der Unterseite durch den Betonpfropfen sicher abgedichtet ist, kann kein Grundwasser in das Innere des Stahlbetonrohres gelangen. Dadurch ist es möglich, die Herstellung der Gründung von der Mastmontage vollständig unabhängig zu machen (Abb. 282).

Für standfeste Bodenarten ohne Wasser haben sich Bohrfundamente als wirtschaftliche Gründung eingeführt. Bei dieser Gründungsart wird das Erdreich durch einen Erdbohrer ausgehoben, das Bohrloch hat die Abmessungen des späteren Fundamentes. Der Fundamentfuß kann eine

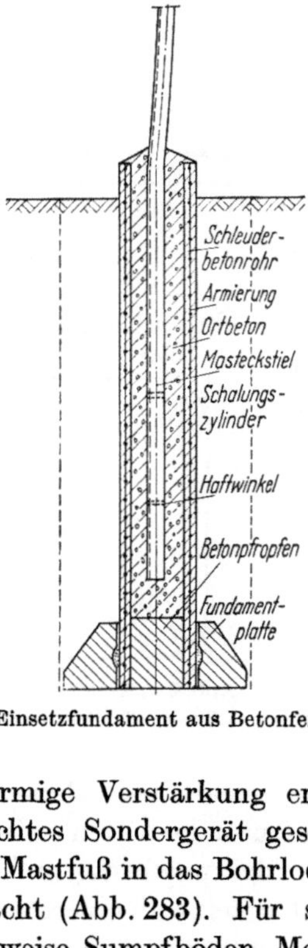

Abb. 282. Einsetzfundament aus Betonfertigteilen

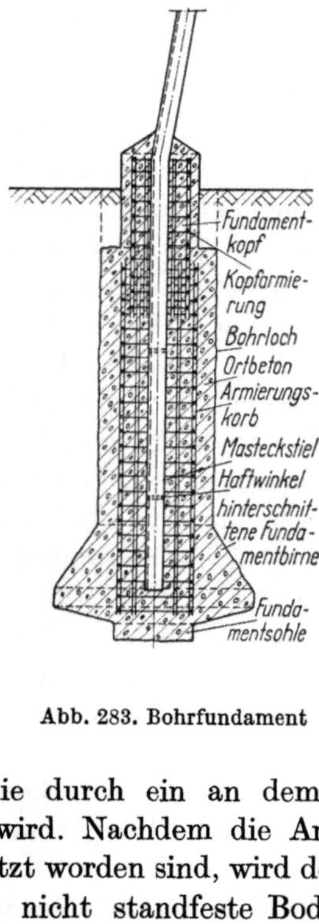

Abb. 283. Bohrfundament

birnenförmige Verstärkung erhalten, die durch ein an dem Bohrer angebrachtes Sondergerät geschnitten wird. Nachdem die Armierung und der Mastfuß in das Bohrloch eingesetzt worden sind, wird der Beton eingebracht (Abb. 283). Für schwierige nicht standfeste Bodenarten, beispielsweise Sumpfböden, Moorböden u. ä., sind Sondergründungen in Form von Pfahlgründungen oder Schwimmfundamenten üblich.

Starkstromfreileitungen müssen mit Erdungsanlagen versehen werden. Man unterscheidet Schutzerdungen, Betriebserdungen und Erdungen gegen Blitzeinwirkung. Mit der in immer größerem Umfang angewendeten starren Sternpunkterdung erhält die Schutzerdung besondere Bedeutung. Ihr fällt die Aufgabe zu, im Fehlerfall und soweit die Maste exponiert, d.h. in der Nähe von Straßen, Wegen oder auf bewohnten Grundstücken stehen, die Schrittspannungen in der Umgebung und die Berührungsspannungen am Mast auf ungefährliche Werte herabzusetzen,

(s. VDE 0210, § 31). Hierfür sind im allgemeinen Potentialerdungen notwendig. Die einfachste Form einer solchen Erdung ist in Abb. 281 dargestellt. In Netzen mit nicht geerdetem oder mittelbar geerdetem Sternpunkt muß der Ausbreitungswiderstand der Schutzerdung $\leq 125\,\mathrm{V}/I_e$ sein, wobei $I_e(A)$ der an der Erdschlußstelle aus dem Betriebsstromkreis zur Erde fließende Strom ist.

Neben der Schutzwirkung soll die Erdungsanlage in der Lage sein, Blitzströme abzuführen, ohne daß der Mast durch diese Ströme höhere Spannungen als die Stehstoßspannung der Isolation annimmt. Dadurch sollen rückwärtige Überschläge, d.h. Überschläge von geerdeten Bauteilen zum Leiterseil vermieden werden.

Für die Erdungsanlagen wird meistens feuerverzinktes Bandeisen, entweder in Form von Potentialsteuerringen oder als Diagonaloberflächenerder verwendet. Weist das Erdreich in den oberen Schichten einen zu hohen spezifischen Erdwiderstand auf, dann werden Tiefenerder in Form von Stab- oder Rohrerdern eingesetzt.

E. Bemessung der günstigsten Spannweite

Bei sämtlichen Rechnungen war bis jetzt angenommen, daß die Spannweite einer Freileitung gegeben ist. Es sei jedoch noch kurz angegeben, in welcher Weise die günstigste Spannweite ermittelt werden kann. Da man eine Leitung technisch sowohl für kleine als auch für große Spannweiten bauen kann, sind für die günstigsten Spannweiten rein wirtschaftliche Gesichtspunkte maßgebend. Trägt man in Abhängigkeit der Spannweite die Mast- und Isolatorenkosten für 100 km auf, so wird die Gesamtkostenkurve bei einer bestimmten Spannweite ein Minimum haben (Abb. 284). Bei sehr kleiner Spannweite braucht man sehr viel Maste, was teuer ist, während bei sehr großen Spannweiten die Maste sehr hoch werden, wodurch eine Verteuerung des einzelnen Mastes eintritt; zwischen diesen beiden Fällen muß ein Kostenminimum liegen. Die Isolatorenkosten nehmen mit wachsender Spannweite ab, denn je größer die Spannweite wird, um so weniger Isolatoren werden für 100 km Leitung benötigt. Die Gesamtkosten einer Freileitung, die sich

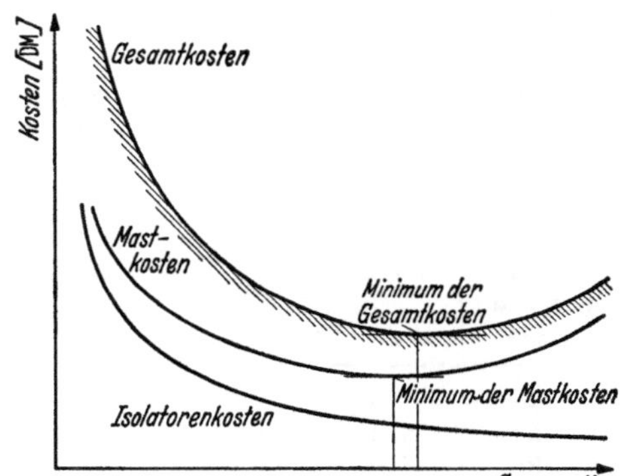

Abb. 284. Kosten einer Freileitung in Abhängigkeit von der Spannweite

aus den Kosten für die Maste und die Isolatoren zusammensetzen (von den Seilkosten sei abgesehen, da sie unabhängig von der Spannweite sind), ergeben eine Kurve, die ein Minimum besitzt, und zwar wird das Minimum um so weiter nach rechts rücken, je höher der Anteil der Isolatorenkosten an den Gesamtkosten ist. Das heißt, da bei hohen Spannungen die Isolatoren teuerer werden, die günstigste Spannweite mit höherer Spannung größer werden wird.

F. Erwärmung von Freileitungsseilen

Da Erdkabel gegen Erwärmung sehr empfindlich sind, läßt man bei Massekabel höherer Spannung nur eine Übertemperatur von 25 °C zu. Freileitungsseile weisen keinerlei wärmeempfindliche Isolation auf und man sollte daher annehmen, daß man den Seilen eine wesentlich höhere Erwärmung zumuten könnte. Versuche an Aluminium- und Kupferseilen haben jedoch gezeigt, daß es zweckmäßig ist, mit der Übertemperatur durch Stromwärme nicht über 40 °C zu gehen. Bei einer zugelassenen Übertemperatur von 40 °C kann man damit rechnen, daß im Sommer die Seile unter dem Einfluß der Sonneneinstrahlung etwa eine Temperatur von 80 °C erreichen. Diese Temperatur ist noch zulässig, während oberhalb dieses Wertes bereits eine Entfestigung der aus hartgezogenen Drähten aufgebauten Seile eintritt.

Tabelle 18. *Dauerstrombelastbarkeit der gebräuchlichsten Freileitungsseile für* 40 °C *Übertemperatur in mäßig bewegter Luft*

Einwerkstoffseile				Aluminium-Stahlseile		
Seil-nenn-querschnitt mm²	Kupfer A	Rein-aluminium A	Aldrey A	Seil-nenn-querschnitt mm²	Aluminium-Stahl A	Aluminium-Stahl Quer-schnitts-verhältnis
16	115	92	88	16/2,5	90	
25	151	121	115	25/4	125	
35	174	149	142	35/6	145	
50	231	185	176	50/8	170	
70	282	226	215	70/12	235	
95	357	282	269	95/15	290	
120	411	329	313	120/21	345	6
150	477	382	363	150/25	400	
185	544	435	414	185/32	455	
240	641	513	488	210/36	490	
300	747	598	568	240/40	530	
				300/50	615	
				125/29	355	
				170/40	440	4,3
				210/50	505	

Im allgemeinen wird bei den meisten Freileitungen die Übertemperatur von 40 °C nicht erreicht, da die aus Gründen des Spannungsabfalles, bzw. der Wirtschaftlichkeit sich ergebende Stromdichte (etwa 0,8 bis 1 A/mm² bei Al- und Al-St-Seilen), so klein ist, daß die sich einstellende Übertemperatur meist unterhalb 20 °C liegt. Gelegentlich kommen jedoch auch Fälle vor, z.B. kurze Verbindungsleitungen, bei welchen man die Leitungen nicht nach dem Spannungsabfall oder der Wirtschaftlichkeit, sondern nach der zulässigen Übertemperatur bemißt. Hier bildet dann die angegebene Übertemperatur von 40 °C die obere Begrenzung der Belastungsfähigkeit der Freileitung.

Die Kenntnis der Temperatur der Leiterseile bei Kurzschlüssen ist wichtig. Da die hierbei auftretende erhöhte Temperatur, verglichen mit der des Dauerbetriebes nur kurzzeitig vorhanden ist, darf sie höher sein, ohne daß Entfestigung eintritt.

In Tab. 19 sind die höchst zulässigen Kurzschlußendtemperaturen, bei denen noch keine Entfestigung eintritt, eingetragen.

Tabelle 19. *Höchst zulässige Kurzschlußendtemperaturen bei* 0% *Entfestigung für Seile aus verschiedenen Werkstoffen. (Mit einer Zugspannung* > 1 kg/mm²*)*

Leiterseilmaterial	ϑ_k °C
Kupfer	170
Reinaluminium	130
Aluminium-Stahl	160
Aldrey	160
Stahl	200

Bei der Bemessung der Querschnitte der Leiter- und Erdseile sollte für den zu erwartenden Kurzschlußstrom nachgeprüft werden, ob die in Tab. 19 angegebenen Endtemperaturen nicht überschritten werden. Das ist insbesondere für die Erdseile von Bedeutung, da deren Querschnitt gewöhnlich erheblich kleiner als der der Leiterseile ist, sie aber im Erdkurzschlußfall einen großen Teil des Erdkurzschlußstromes übernehmen müssen.

XI. Sicherungen

Sicherungen werden angewandt, um Leitungen, Apparate, kleinere Transformatoren usw. gegen Überlastung und Kurzschluß zu schützen. Sie kommen stets dort in Frage, wo sich der Einbau von Überstromschaltern nicht lohnt.

Eine Sicherung ist ein in den Stromkreis geschalteter Schmelzdraht, der sich durch den Strom erwärmt und bei einem bestimmten Stromwert durchschmilzt. Sicherungen in dieser Form werden auch heute noch als Streifensicherungen in Laboratorien und für Sonderzwecke verwandt. Ihr Nachteil ist der verhältnismäßig große Lichtbogen, der beim Ansprechen der Sicherung entsteht. Man ist deshalb zu geschlossenen Sicherungen übergegangen. Hier ist der Sicherungsdraht in einer Patrone aus keramischem Material untergebracht. Dabei hat es sich als äußerst günstig erwiesen, den Sicherungsdraht in einem Füllmittel, z.B. feingemahlenen trockenen Quarzsand, einzubetten (s. Abb. 285). Tritt bei Überlastung des Stromkreises ein Durchschmelzen bzw. bei größeren Strömen ein Verdampfen des Sicherungsdrahtes ein, dann wird der entstehende Lichtbogen durch den Quarzsand derart gekühlt, daß er erlischt. Der Stromverlauf sieht dabei (Kurzschluß in einem Gleichstromkreis) entsprechend Abb. 286a aus. Bei starken Kurzschlußströmen wird eine passend ausgewählte Sicherung bereits beim Stromanstieg abschalten, so daß der Kurzschlußstrom überhaupt nicht seine volle Höhe erreicht, die Anlage also vor den Auswirkungen der Kurzschlußströme geschützt wird. In dieser Eigenschaft ist die Sicherung im Bereich ihrer Ausschaltleistung jedem Schalter überlegen. Als Abschaltstrom einer Sicherung wird der Strom angegeben, der auftreten würde, wenn statt der Sicherung eine metallische Verbindung vorhanden wäre.

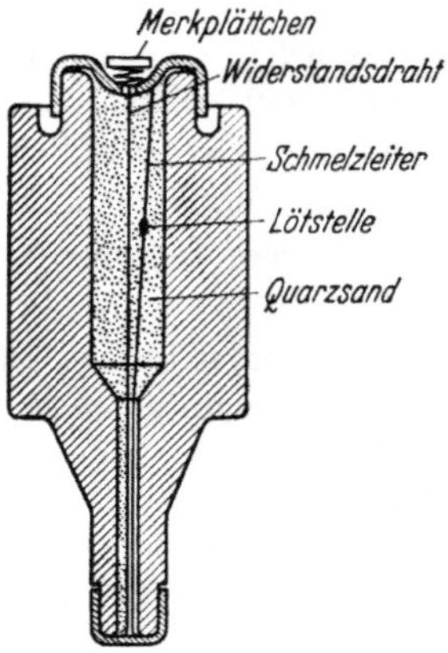

Abb. 285. Sicherungspatrone (V & H)

Um erkennen zu können, ob eine Sicherung durchgeschmolzen ist, verwendet man meistens ein kleines Merkblättchen (s. Abb. 285), welches durch einen dünnen Widerstandsdraht festgehalten wird. Schmilzt der Schmelzleiter einer Sicherung durch, so wird anschließend der Widerstandsdraht ebenfalls durchschmelzen und das Merkblättchen, welches unter der Spannung einer kleinen Feder steht, wird nach oben bewegt und zeigt an, daß die Sicherung ausgelöst hat. Es gibt heute Hochspannungssicherungen für Spannungen (3 bis 30 kV) mit Auslöseschlagstift, bei denen eine kräftige Feder (mit einer Schlagkraft von etwa 2 bis 5 kp) über ein Zwischengestänge Hilfskontakte betätigt, die eine Meldung oder Fernauslösung eines zugehörigen Leistungsschalters bewerkstelligen (Abb. 289); bei Last- oder Leistungstrennschaltern dagegen wirkt der Auslöseschlagstift über ein Zwischengestänge auf die Freiauslösung, womit der Last- oder Leistungstrennschalter beim Durchbrennen einer Sicherungspatrone zum Ausschalten gebracht wird. Um die Auslösekraft zu vergrößern, ist in letzterem Falle

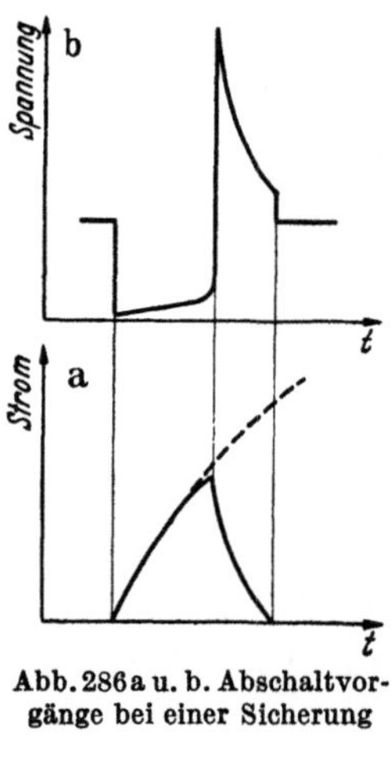

Abb. 286a u. b. Abschaltvorgänge bei einer Sicherung

meist zusätzlich ein Hilfs-Federkraftspeicher vorhanden, der beim Einschalten des Last- oder Leistungstrennschalters mit gespannt wird. Es sei erwähnt, daß beim Abschalten durch eine Sicherung auch Überspannungen entstehen können. Abb. 286 b zeigt den Verlauf der Spannung bei einer Abschaltung. Die Überspannung kommt dadurch zustande, daß nach dem Durchschmelzen des Sicherungsdrahtes der Strom sehr rasch abnimmt, und damit, bei der stets vorhandenen Induktivität, der Wert $L(di/dt)$ sehr groß wird. Meist ist die entstehende Überspannung nicht gefährlich, außerdem kann sie bei entsprechender Ausbildung der Sicherung in mäßigen Grenzen gehalten werden.

Als Material für Schmelzsicherungen kommt heute vorwiegend Silber zur Verwendung. Silber hat jedoch einen sehr hohen Schmelzpunkt (etwa 950°). Um die in normalem Betrieb in der Sicherung vorhandenen Temperaturen möglichst herunterzusetzen, wird der Schmelzdraht oft aus zwei Hälften hergestellt, die miteinander verlötet sind (s. Abb. 285). Da die Lötstelle schon bei etwa 230° schmilzt, und man im normalen Betrieb unter dieser Schmelztemperatur bleiben muß, sind im Innern an der heißesten Stelle der Sicherung die Temperaturen in erträglichen Grenzen.

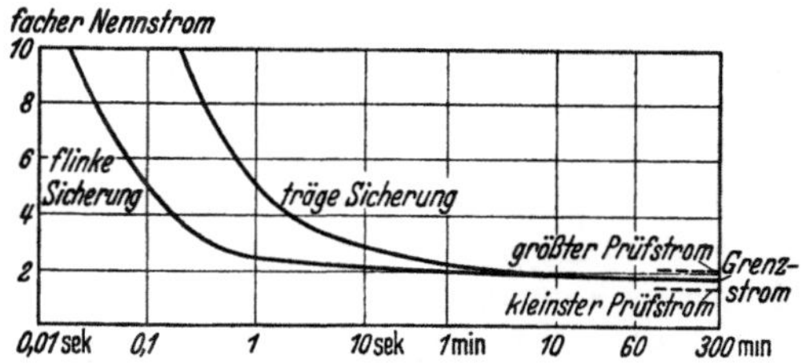

Abb. 287. Abschaltkennlinien von Sicherungen

Eine jede Sicherung besitzt eine Schmelzcharakteristik, die angibt, in welcher Zeit die Sicherung bei einem gegebenen Strom durchschmilzt. Je nach der Charakteristik kann man hier unterscheiden zwischen flinken und trägen Sicherungen. Die Abb. 287 zeigt, daß die flinke und die träge Niederspannungssicherung wohl einen etwa gleichen Grenzstrom (bei dem die Sicherung nach unendlich langer Zeit durchschmilzt) besitzen, daß jedoch im Bereich der Überströme die träge Sicherung wesentlich langsamer abschaltet. Man wird also in Niederspannungsanlagen träge Sicherungen verwenden, wenn kurzzeitige Überlastungen noch kein Auslösen hervorrufen sollen. Zur Beurteilung, ob eine Sicherung z.B. bei einem anlaufenden Motor durchschmilzt, ist die auf S. 299 gebrachte Rechnung anzustellen.

Die Charakteristik einer Schmelzsicherung kann innerhalb gewisser Grenzen noch verändert werden. Ist der Strom einer Sicherung so groß, daß man zum Schmelzstreifen (statt Drähten) übergehen muß, so kann man benachbart der Lötstelle ein kleines Loch anbringen. Hierdurch wird der Grenzstrom der Sicherung kaum beeinflußt, da die an der verengten Stelle zusätzlich erzeugte Wärmemenge Zeit findet, abzufließen und die Temperatur der Lötstelle somit kaum beeinflußt. Tritt jedoch plötzlich ein großer Überstrom auf, so steigt die Temperatur an der verengten Stelle so schnell an, daß die erzeugte Mehrwärme keine Zeit hat abzufließen, und der Streifen an der gelochten Stelle durchschmilzt. Je größer also der Lochdurchmesser ist, um so flinker wird die Sicherung bei auftretenden Überströmen arbeiten. Bei großen Stromstärken werden mehrere parallelgeschaltete Patronen auf einen Sicherungsunterteil aufgeschraubt.

Abb. 288. Niederspannungs-Hochleistungs-Sicherung mit aufgesetztem Betätigungsgriff (V & H)

Bei trägen Sicherungen wird die Trägheit durch besondere Gestaltung des Querschnittes des Schmelzleiters und der Lötstelle erreicht.

Sicherungspatronen entsprechend Abb. 285 werden für Schraubsicherungen verwandt, d.h. die Patrone kommt in ein Sicherungselement und wird durch einen Schraubstöpsel festgeklemmt. Solche Schraubsicherungen kann man bis etwa 200 A bauen. Bei größeren Stromstärken wird man die Patronen nicht mehr festschrauben, sondern in Unterteile einsetzen (s. Abb. 288). Man kann derartige Sicherungen so ausbilden, daß man sie mit einem besonderen aufsetzbaren isolierten Griff packen, einsetzen und herausnehmen kann. Solche Sicherungen werden in Niederspannungsanlagen als Trennstrecke gebraucht und sind kombiniert als dreipolige Leer- und Lastsicherungsschalter für verschiedene Einbauarten erhältlich. Diese Hochleistungssicherungen werden für Niederspannung von 60 bis 600 A mit Messerkontakten, unter Umständen sogar bis 2000 A mit Schraubkontakten gebaut. Sie dienen oft zum Schutz von Leitungen, z.B. in den städtischen Kabelnetzen, wo sie meist in den Kabelverteilungskästen untergebracht sind.

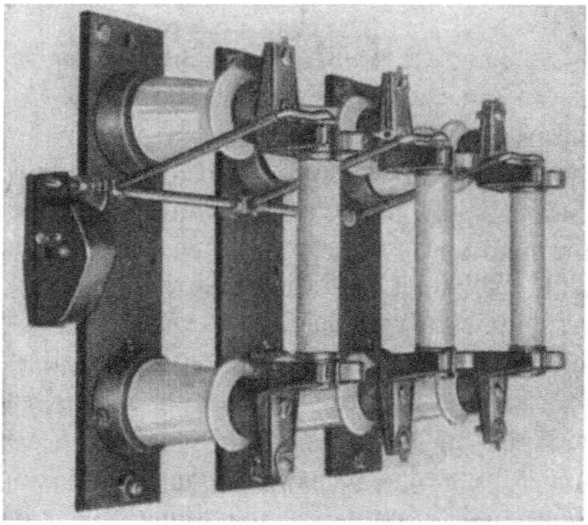

Abb. 289. Hochspannungssicherung mit Meldevorrichtung

Im allgemeinen ist bei einer Sicherung nicht der Grenzstrom angegeben, den die Sicherung gerade noch aushalten kann, sondern der Nennstrom der Sicherung, der tiefer liegt. Für die Prüfung der Sicherungen hat man nach VDE die Begriffe kleinster und größter Prüfstrom eingeführt. Diese Prüfströme haben, verglichen mit dem Nennstrom, folgende Größe (s. Tab. 20).

Tabelle 20[1]

1	2	3	4
Art und Nennstrom I_n	kleinster Prüfstrom	größter Prüfstrom	Prüfdauer h
geschlossene Schmelzeinsätze			
35 bis 60 A	1,3 I_n	1,6 I_n	1
80 A und darüber	1,3 I_n	1,6 I_n	2

Dabei versteht man unter kleinstem Prüfstrom den Strom, den eine Sicherung mindestens 1 h aushalten können muß, während bei dem größten Prüfstrom die Sicherung nach 1 h durchschmelzen muß. Bei den Sicherungen von 60 bis 200 A bezieht sich der kleinste Prüfstrom nicht auf 1,

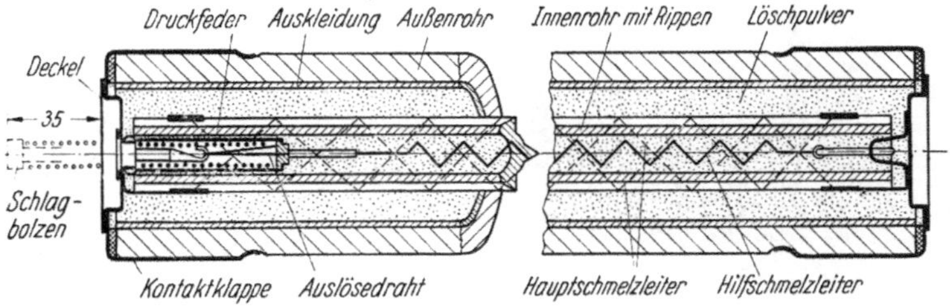

Abb. 290. Aufbau einer Hochspannungs-Hochleistungs-Sicherung

sondern auf 2 h Prüfdauer, weil hier die Zeitkonstante der Sicherung bezüglich der Erwärmung wesentlich größer geworden ist. Der Grenzstrom der Sicherung ist etwa das Mittel aus kleinstem und größtem Prüfstrom.

Die vorgeschriebenen Schmelzzeiten geschlossener Schmelzeinsätze gehen aus Tafel 13, VDE 0660/12.52 hervor.

Abschmelzsicherungen werden auch in Hochspannungsanlagen gebraucht, z. B. zur Absicherung von kleinen Transformatoren, von Spannungswandlern usw. Solche Sicherungen haben wegen der höheren Spannung eine wesentlich größere Länge (Abb. 290). Eine Hochspannungssicherung besteht aus einem Porzellanrohr, welches an beiden Enden Metallkappen trägt. In dem Porzellanrohr befindet sich zwischen den Metallkappen der Schmelzdraht. Dieser ist nicht gerade gespannt, sondern, um für den Lichtbogen eine größere Bahn zu erhalten, spiralig eingelegt und von einem Füllmittel umgeben (z. B. Quarzsand).

[1] Nach VDE 0660/12.52.

Abb. 290 zeigt den Aufbau einer Hochspannungs-Leistungs-Sicherung. Als Löschmittel dient ein körniges Material ohne Treibwirkung. Das Gehäuse für Schmelzleiter und Löschmittel, das Sicherungsrohr, besteht aus einem Sonderporzellan und ist innen mit einer Wärmeschutzschicht ausgekleidet, die das Porzellan vor unzulässigen plötzlichen Erwärmungen schützt. Die Schmelzleiter sind in dem Löschpulver als freie, sich selbst tragende Locken oder auf mit Rippen versehenen Trägern angeordnet. Dadurch wird erreicht, daß die Drähte allseitig von Löschpulver umgeben sind. Durch einen Nebenschmelzleiter wird die Anzeigevorrichtung ausgelöst. Sie besteht aus einem kleinen Federenergiespeicher, der beim Ansprechen der Sicherung einen Stift auf der Stirnseite der Sicherung herausdrückt. Durch eine besondere Ausbildung der Schmelzleiter als Stufenschmelzleiter kann beim Abschaltvorgang das Auftreten gefährlicher Überspannungen vermieden werden. Hochspannungssicherungen werden auch gelegentlich als Trennsicherungen verwandt (Abb. 291). In solchen Fällen kann man auf besondere Trennschalter (z. B. in kleineren Transformatorenstationen) verzichten.

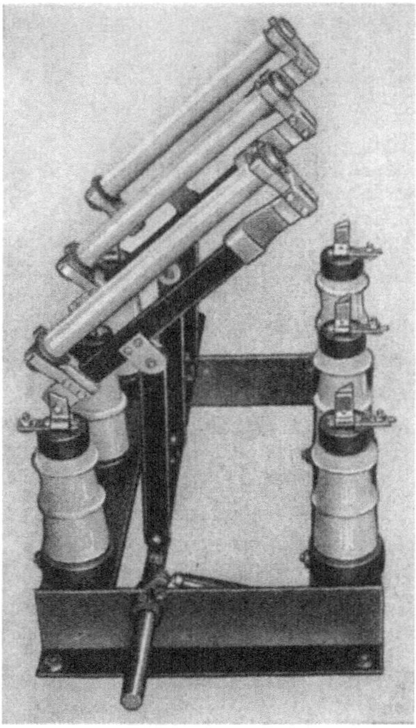

Abb. 291. Dreipolige Trennsicherung

Hochspannungssicherungen lassen sich heute etwa für folgende Nennspannungen, Nennströme und Nennausschaltleistungen bauen:

Tabelle 21

Nennstrom	Nennspannung in kV				
	3	6	10	20	30
	Nennausschaltleistung in MVA				
6–25	450	800	1200	1000	1500
40	450	800	1000	1000	600
60	450	700	1000	400	–
100	400	700	1000	300	–
150	400	700	350	–	–
200	400	–	–	–	–

Die angegebenen Nennausschaltleistungen werden von HH-Sicherungen bis zur 1,15fachen Nennspannung beherrscht. Eine Verwendung von HH-Sicherungen bei Betriebsspannungen von weniger als etwa 20% der Nennspannung ist nicht zu empfehlen, da die Lichtbogen-Spannungen strombegrenzender Sicherungen nach der oberen Grenze der zulässigen Betriebsspannung ($1{,}15\,U_n$) ausgelegt sind. Würde man sie bei zu niedriger Betriebsspannung einsetzen, so können unter Umständen relativ hohe Überspannungen beim Abschmelzen auftreten.

Übersteigt an ihrem Einbauort die Kurzschlußleistung das Schaltvermögen der Sicherung, dann ist es zweckmäßiger, auf ihren Einbau zu verzichten, um eine Ausweitung der Störung zu verhindern. In den Fällen, wo man aus diesen Gründen auf den Einbau von HH-Sicherungen wegen zu hoher Netz-Kurzschlußleistung verzichten muß, ist es daher zweckmäßig, einpolig isolierte Spannungswandler anzuwenden, die zur Sammelschiene und zwischen den Phasen geschottet einzubauen sind. Bei einem etwaigen Fehler können alsdann nur Erdschlüsse und kaum Phasenkurzschlüsse auftreten.

Da HH-Sicherungen den Stoßkurzschlußstrom bereits im Anstieg unterbrechen, d.h. die Entstehung des vollen Scheitelwertes verhindern, brauchen nachgeschaltete Betriebsmittel nur für den Durchlaßstrom, dessen Zeitdauer auf etwa 0,01 sek und kürzer begrenzt ist, ausgelegt werden; vgl. auch VDE 0103, § 4 „Leitsätze für die Bemessung von Starkstromanlagen auf mechanische und thermische Kurzschlußfestigkeit".

XII. Schaltgeräte

Schaltgeräte sind Apparate, die den Zweck haben, Strompfade zu verbinden bzw. zu trennen. Wenn diese Aufgabe im stromlosen Zustand erfolgt, so werden hierzu die sogenannten Trenner verwendet. Muß das Gerät jedoch in der Lage sein, einen Strom, z.B. den Betriebsstrom oder in Störungsfällen den Kurzschlußstrom ein- bzw. auszuschalten, so wird es als Schalter bezeichent.

Der Trenner dient vorwiegend dazu, eine sichtbare Trennstrecke zu schaffen, um Anlageteile und Schalter für Überholungsarbeiten oder dergleichen von der Spannung freizuschalten. Es wird von ihm eine einfache, wartungsfreie Bauart verlangt und eine erhöhte Spannungsfestigkeit der geöffneten Schaltstrecke, um mit Sicherheit einen Übertritt der Spannung auf die freigeschalteten Anlageteile zu verhindern (freigeschaltete Anlageteile sind selbstverständlich nach den VDE-Vorschriften vor Inbetriebnahme der Arbeiten noch zusätzlich zu erden).

Zwischen diese beiden oben erwähnten Hauptbauformen hat sich in neuerer Zeit eine Zwischenbauweise geschoben, nämlich der Lasttrennschalter. Er erfüllt die Trennerbedingungen, ist aber gleichzeitig in der Lage, kleinere Ströme, z.B. seinen Nennstrom, jedoch nicht die auftretenden Kurzschlußströme, zu unterbrechen.

A. Trenner

Da Trenner eine sichtbare Trennstrecke besitzen müssen, schalten sie offen in Luft. Für Mittelspannungsschaltanlagen Reihe 10 bis 30 und für Niederspannungsschaltanlagen werden vorwiegend Messerschalter verwendet (s. Abb. 292).

Abb. 292. Dreipoliger Innenraumtrenner (Bauart 1 bis 30 kV)

Sie bestehen normalerweise aus 2 Stützern je Pol, die Kontaktstücke tragen und ein schwenkbares Trennmesser. Die Kontaktstücke sollen mit den Messern möglichst eine geradlinige Strombahn bilden, um selbsttätiges Öffnen des Trennmessers durch den Kurzschlußstrom zu verhindern. Da die Trenner im Leitungszug eingebaut werden und bei Kurzschlüssen zwischen diesen große Kräfte auftreten können, müssen die Stützer eine solche Umbruchkraft haben, daß sie die Beanspruchung aushalten. Die Trenner können als einpolige Schalter ausgeführt sein. Beim Bedienen muß dann jedes einzelne Messer mit einer Schaltstange aus Isoliermaterial gezogen werden, oder jedes Messer einen eigenen Druckluftantrieb erhalten. In der Regel werden dreipolige Trenner verwendet, die miteinander über eine Welle gekuppelt sind und gemeinsam betätigt werden. Bei Fernbetätigung ist ein Antrieb durch einen Druckluftzylinder, dessen Ventile von Hand oder elektrisch gesteuert werden, zweckmäßig.

Obwohl normale Trenner nur für Betätigung ohne Last vorgesehen sind, so lassen sich doch unter Umständen mit ihnen kleine Lasten schalten, so kann man z.B. mit einem Trenner bei 6 bis 10 kV einen Laststrom von etwa 2 A und bei 15 bis 30 kV einen Laststrom von etwa 1 A schalten. Handelt es sich um die Abschaltung von Entmagnetisierungsströmen, von Transformatoren, die bekanntlich vorwiegend induktiv sind, so sind die abschaltbaren Ströme kleiner. Es dient zur Orientierung, daß man bis 30 kV Entmagnetisierungsströme von Transformatoren mit Leistungen von 150 bis 300 kVA abschalten kann, wenn man schnell schaltet. Früher hat man von dieser Möglichkeit ab und zu Gebrauch gemacht, heute zieht man hierfür jedoch den Lasttrennschalter vor.

Eine etwas andere Ausführung der Trenner ist der Schubtrenner. Hier werden die Trennmesser nicht mehr seitlich herausgeklappt, sondern nach unten verschoben, wodurch man etwas an Raumtiefe spart.

Trenner werden oft mit Erdungsschaltern ausgerüstet, um spannungslos gemachte Leitungen erden zu können. Hierzu werden am Trennerrahmen drehbare Messer eingebaut, die beim Erden hochgeklappt werden und dabei die oben auf dem Stützer befindlichen Anschlußstücke mit den geerdeten Trennerrahmen verbinden.

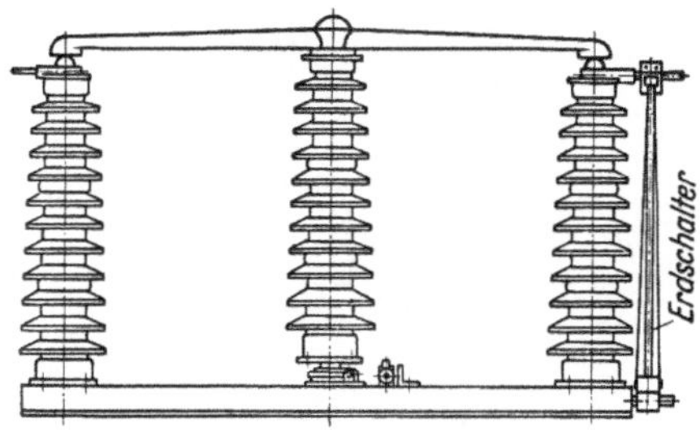

Abb. 293. Drehtrenner

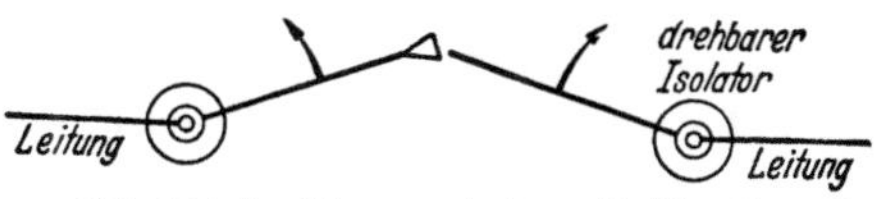

Abb. 294. Drehtrenner (schematisch) mit zwei drehbaren Isolatoren

Für hohe Spannungen und Innenraum-Schaltanlagen wird sehr oft der Drehtrenner mit 3 Stützern je Pol wegen seines kleinen Raumbedarfs verwendet. Bei ihm sind die Messer an den mittleren drehbaren Isolatoren befestigt (s. Abb. 293).

Man hat hier eine Doppelunterbrechung, so daß die einzelnen Unterbrechungsstellen nur etwa den halben Luftabstand zu haben brauchen. Bei Freiluftschaltanlagen, bei denen wegen der erforderlichen größeren Kriechstrecke gegen Erde mit Rücksicht auf Verschmutzung der Isolatoren die Porzellane teurer sind und die Platzfrage nicht so entscheidend ist, verwendet man Drehtrenner mit 2 Stützern je Pol (s. Abb. 294). Hier sind beide Stützer drehbar.

Die Leitungsanschlußstücke bleiben bei der Drehung der Porzellane stehen, drehen sich also auf den Porzellanen, wobei durch entsprechende Kontakte dafür gesorgt ist, daß der Betriebsstrom von den Leitungsanschlußstücken zu den Messern fließen kann. Durch entsprechende Konstruktion wird erreicht, daß auch im Winter vereiste Kontakte mit Sicherheit geöffnet und einwandfrei geschlossen werden können. Abb. 295 zeigt ein Bild eines solchen Trenners mit 2 Stützern je Pol.

In den letzten Jahren hat sich vor allem bei höchsten Betriebsspannungen der Einsäulentrenner, manchmal auch Scherentrenner oder Greifertrenner genannt, eingebürgert (s. Abb. 296).

Er besteht im wesentlichen aus einem Stützer, der eine scherenförmige Strombahn trägt. Der Stützer ist gleichzeitig Träger der einen

Zuleitung, die andere Zuleitung bildet der sogenannte Gegenkontakt, der über dem Trenner hängt und direkt von der darüber befindlichen anderen

Abb. 295. 110-kV-Drehtrenner mit Erdungsschalter (BBC)

Zuleitung, z. B. der Sammelschiene, getragen wird. Beim Einschalten wird die Schere nach oben gefahren und faßt den Gegenkontakt mit einem entsprechend hohen Kontaktdruck. Zum Ausschalten wird die Schere nach unten abgesenkt. Der Hauptvorteil dieser Bauart ist der minimale Grundflächenbedarf, was bei hohen Spannungen besonders ins Gewicht fällt. Ein weiterer Vorteil ist seine leichte Säuberungsmöglichkeit. Ist nämlich der Gegenkontakt an der Sammelschiene befestigt, so kann bei geöffneter Schere und Spannungslosigkeit des Abzweigs infolge der großen Abstände zur Sammelschiene . der verschmutzte Isolator gefahrlos gereinigt werden, was in Gegenden, in denen mit großer Verschmutzung gerechnet werden

Abb. 296. 220-kV-Einsäulentrenner

muß, in gewissen Zeitabständen nötig ist. Bei den Drehtrennern müssen in solchen Fällen außer dem Abzweig auch die zugehörigen Sammelschienen spannungslos gemacht werden.

B. Leistungsschalter

a) Allgemeines

Leistungsschalter müssen nicht nur in der Lage sein, den normalerweise zu übertragenden Betriebsstrom ein- und auszuschalten, sondern auch bei Störungen die auftretenden Kurzschlußströme zu unterbrechen, die ein Vielfaches der Normalströme betragen und bei Wechselstrom- und Drehstromanlagen stark induktiv sind, d.h. die Spannung hat beim natürlichen Strom-Nulldurchgang ihren Maximalwert, was die Abschaltung erschwert (das Abschalten von Hochspannungskondensatoren wird im folgenden besonders berücksichtigt). Diese Phasenverschiebung zwischen Strom und Spannung ist bei Kurzschlüssen infolge der Induktivitäten der Generatoren, Transformatoren und Leitungen, gegenüber denen die Ohmschen Widerstände sehr klein sind, stets vorhanden. Sie beträgt bei Hochspannungskreisen nahezu 90°. Diese ungünstigsten Verhältnisse seien im nachfolgenden

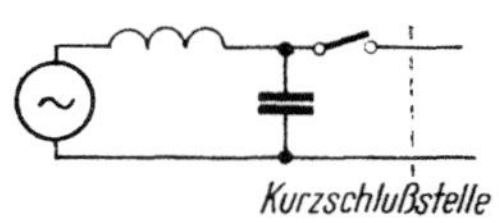

Abb. 297. Generator arbeitet auf Kurzschlußstelle

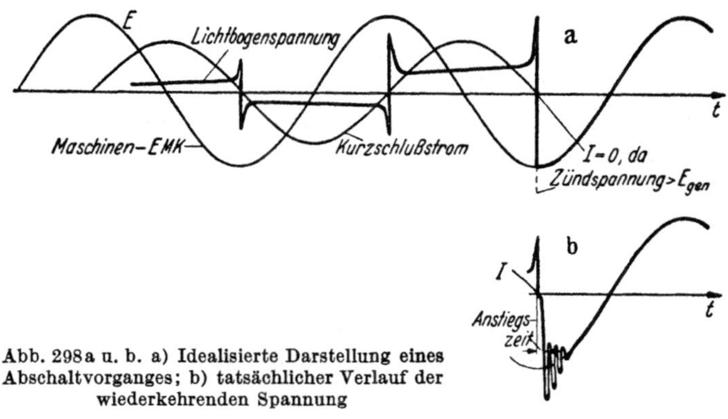

Abb. 298a u. b. a) Idealisierte Darstellung eines Abschaltvorganges; b) tatsächlicher Verlauf der wiederkehrenden Spannung

genauer untersucht. Ein Wechselstromgenerator speise über einen Schalter eine Leitung, in der ein Kurzschluß vorhanden sei (Abb. 297). In der Abb. 298 ist die bei Kurzschluß vorhandene Maschinen-EMK aufgezeichnet. Der Kurzschlußstrom ist um 90° gegen diese Spannung phasenverschoben. Öffnet der Schalter, so ist die Spannung zwischen den Kontakten des Schalters zunächst klein, und zwar gleich der Lichtbogenspannung (s. Abb. 298a); sie wächst jedoch mit kleiner werdendem Strom und größer werdender Kontaktentfernung an. Nach jedem Nulldurchgang des Stromes muß der Lichtbogen neu zünden, wobei die Zündspannung mit wachsender Kontaktentfernung wächst. Wird schließlich die Zündspannung größer als die Maschinen-EMK, so zündet der Lichtbogen nicht mehr, und am Schalter ist jetzt die EMK vorhanden. In der Abb. 298a ist angenommen, daß diese Spannung nach dem Nulldurchgang des Stromes sofort vorhanden sei. Dies ist physikalisch jedoch nicht möglich, denn infolge der vorhandenen Induktivitäten und Kapazitäten kann die Spannung an den Kontakten, welche beim Nulldurchgang des Stromes Null ist, nicht plötzlich ihren vollen Wert erreichen, sondern nur nach einer Einschaltschwingung (s. Abb. 298b). Die Frequenz dieser Schwingung kann sehr hoch sein, z.B. 50000 Hz. Die wiederkehrende Spannung braucht also zu ihrem Anstieg zwar eine kleine, aber immerhin eine endliche Zeit, durch die, wie wir sehen werden, überhaupt erst die Löschung des Lichtbogens ermöglicht wird.

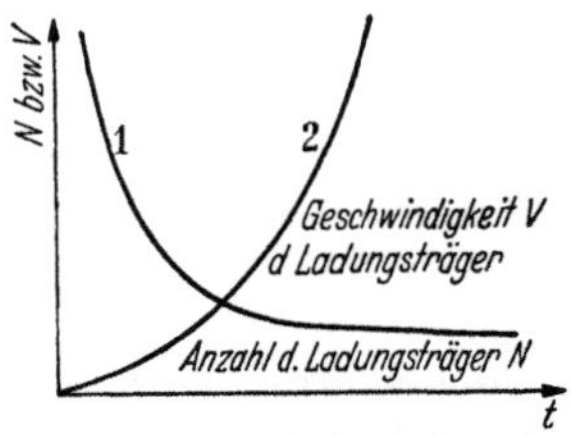

Abb. 299. Geschwindigkeit und Zahl der vorhandenen Ladungsträger

Es seien jetzt die für das Abschalten eines Schalters maßgebenden Erscheinungen näher untersucht. Durch den im Schaltmedium vorhandenen Lichtbogen und infolge der hohen Temperatur ist ein großer Teil der Moleküle der Schaltstrecke dissoziiert, d.h. die Moleküle haben sich in positive und negative Ionen und Elektronen aufgespalten. Beim Durchgang des Stromes durch Null vereinigen sich diese verschieden geladenen Teilchen sehr rasch, da das Medium sich schnell abkühlt. Das Verschwinden dieser geladenen Teilchen kann etwa durch die Kurve *1* der Abb. 299 dargestellt werden. Bisher ist aber nicht berücksichtigt, daß die Spannung an der Schaltstrecke gemäß Abb. 298b wiederkehrt.

Durch die wiederkehrende Spannung werden die positiven Teilchen in der einen und die negativen in der anderen Richtung beschleunigt und zwar wird ihre Geschwindigkeit um so mehr anwachsen, je mehr die Spannung ansteigt (Kurve *2* der Abb. 299). Hierbei werden beim Aufprallen auf neutrale Moleküle letztere dissoziiert und ist die Spannung groß genug, kommt es zur Stoßionisation, die in einen Lichtbogen übergehen kann. Man hat also zwei Vorgänge: Erstens wollen infolge der abnehmenden Temperatur die elektrisch geladenen Teilchen sich neutralisieren und zweitens werden infolge der wiederkehrenden Spannung neue elektrische Teilchen erzeugt. Je nachdem, ob der erste oder zweite Einfluß überwiegt, wird der Lichtbogen erlöschen bzw. wieder zünden. Diese Betrachtung zeigt den maßgebenden Einfluß, den der Anstieg der wiederkehrenden Spannung besitzt.

Tatsächlich sinkt bei praktisch allen Schalterbauarten die beherrschbare Ausschaltleistung je nach Bauart mehr oder weniger bei wachsender Steilheit der Wiederkehrspannung (Abb. 298b). Die mittlere Steilheit s in kV je sek wird bei einfrequentem Verlauf der Einschwingspannung sehr oft ausgedrückt durch die Begriffe „Frequenz f_e" der wiederkehrenden Spannung und Überschwingfaktor γ (Verhältnis aus der maximalen Amplitude der Einschwingspannung und dem Scheitelwert U des 50-Hz-Grundwellenanteils der Spannung beim Unterbrechen des Stromes). Es gilt die Beziehung:

$$s = 2 \cdot f_e \cdot \gamma \cdot U. \qquad (170)$$

Um das Ausschaltvermögen eines Leistungsschalters im Kurzschlußfall eindeutig zu definieren, sollten also diese Werte angegeben werden.

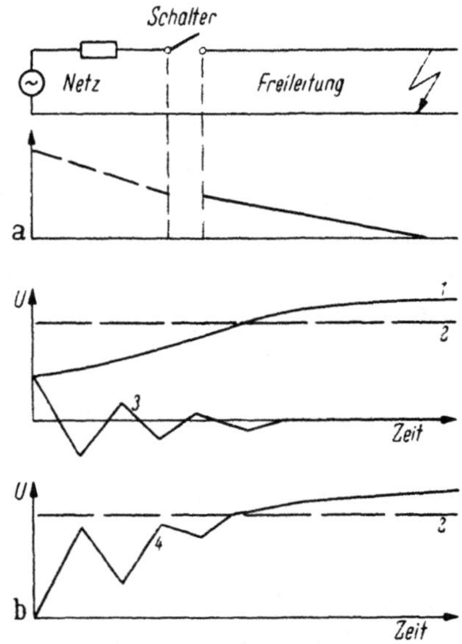

Abb. 300a u. b. Abstandskurzschluß
a) Räumlicher Spannungsverlauf vor Abschaltung des Kurzschlusses; b) Spannungsverlauf am Schalter nach Abschaltung des Kurzschlusses
1 Einschwingspannung des Netzteiles; *2* betriebsfrequenter Anteil von *1*; *3* Wanderwellenschwingung der kurzgeschlossenen Freileitung; *4* wiederkehrende Gesamtspannung über geöffnetem Schalter, sie ist gleich der Differenz aus *1* und *3*

Bei Schaltern für Freileitungsnetze muß beachtet werden, daß unter Umständen der Schalter höher beansprucht wird, wenn der abzuschaltende Kurzschluß von der Stromquelle aus gesehen nicht direkt hinter dem Schalter, sondern auf einer Freileitung in einer Entfernung von wenigen Kilometern vom Schalter auftritt. Befindet sich der Kurzschluß auf einer Leitung weit entfernt vom Schalter, so wird seine Stromhöhe durch die Leitungsreaktanz stark gedämpft, dies ist somit günstig für den Schalter. Bei Kurzschlußentfernungen von nur wenigen Kilometern vom Schalter ist die Dämpfung durch die Freileitung jedoch gering, so daß der Kurzschlußstrom fast so groß ist wie bei Kurzschlüssen direkt hinter dem Schalter. Jedoch wird bei diesen Kurzschlüssen den sogenannten „Abstandskurzschlüssen" der Schalter spannungsmäßig höher beansprucht als beim Schalterklemmenkurzschluß. Diese Verhältnisse sind stark vereinfacht in Abb. 300 dargestellt. Hierbei ist ein so großer Zeitmaßstab gewählt, daß die betriebsfrequente Spannung annähernd als konstant erscheint. Vor Abschaltung des Kurzschlusses nimmt auf der Freileitung die Spannung bis zum Kurzschlußpunkt linear ab. Nach Unterbrechung des Stromes gleicht sich die Freileitungsspannung in

Form einer sägezahnförmigen Wandlerwellenschwingung mit sehr hoher Frequenz aus. Die an den Schalterklemmen liegende Spannung erhält also anfangs einen sägezahnförmigen Verlauf mit sehr hoher Anfangssteilheit, wodurch es zu Wiederzündungen und damit zu Schalterversagern kommen kann. Die Steilheit der dreieckigen Wandlerwellenschwingung der Leitung bis zur ersten Spannungsumkehr beträgt

$$\frac{du}{dt} = Z \cdot J \cdot \omega \cdot \sqrt{2}, \tag{171}$$

wobei Z der Wellenwiderstand der Leitung J der Kurzschlußstrom (Effektivwert) und ω die Betriebskreisfrequenz (bei 50-Hz-Netzen, somit 314) ist. Bei einem Kurzschluß dicht hinter dem Schalter ist J groß und damit auch die Steilheit du/dt. Da aber die Anfangsamplitude der Wanderwellenschwingung auf der Leitung klein ist, ist der Einfluß dieser Schwingung auf den Klemmenspannungsverlauf des Schalters nicht erheblich. Ähnliches gilt für große Kurzschlußentfernungen. Hier ist zwar die Anfangsamplitude der Wanderwellenschwingung groß, ihre Anfangssteilheit jedoch gering, da der Strom J kleiner ist. Bei Kurzschlußabständen von wenigen Kilometern, d.h. dem „Abstandskurzschluß" ist der ungünstige Einfluß der Wanderwellenschwingung auf den Verlauf der Spannung an den Schalterklemmen ganz erheblich. Aus obiger Formel erkennt man auch, daß das Problem des Abstandskurzschlusses nur bei Freileitungen auftritt. Die Anfangssteilheit der Wanderwellenschwingung ist proportional dem Wellenwiderstand der Leitung. Dieser beträgt bei Starkstromkabeln nur etwa 1/10 des Werts bei Freileitungen, so daß bei Kabelnetzen durch diese Schwingung keine höhere Spannungsbeanspruchung des Schalters bei Fehlern auf einem Abgangskabel auftritt.

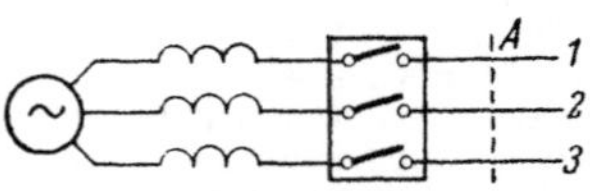

Abb. 301. Dreipoliger Kurzschluß

Sieht man zunächst von der übergelagerten Schwingung der wiederkehrenden Spannung ab, so kann man die Abschaltleistung eines Schaltpols formal festlegen zu: Kurzschlußstrom unmittelbar bei Kontakttrennung mal wiederkehrende Spannung, beide effektiv gemessen.

Unter Zugrundelegung dieser Festsetzung seien im folgenden die Abschaltleistungen für Drehstrom bei drei- und zweiphasigem Kurzschluß berechnet. Abb. 301 zeigt schematisch den Generator und den bei A vorhandenen Kurzschluß der drei Phasen, Abb. 302a den Spannungs- und Stromstern bei Kurzschluß. Der Strom bei dreipoligen Kurzschluß $I_{3\,\mathrm{pol}}$ und die wiederkehrende Spannung U_{λ} bzw. U. Der Zeitstrahl liege gerade vertikal, so daß in der Phase 1 der Strom Null ist und die Phasenspannung ihren maximalen Wert hat. Wenn jetzt der Strom in der Phase 1 erlischt, so sind die in den Phasen 2 und 3 fließenden

Ströme einander entgegengesetzt und haben die Größe $I_{3\,\text{pol}}\frac{\sqrt{3}}{2}$, wobei die Phasen 2 und 3 an der verketteten Spannung U liegen. Das Potential der drei Leitungen bei A liegt jetzt in der Mitte von U, also im Punkte P (Abb. 302b), so daß für die wiederkehrende Spannung des in der Phase 1 liegenden Schalterpoles die Spannung P–1 einzusetzen ist, deren Größe $\frac{3}{2}\,U_\lambda = U\frac{\sqrt{3}}{2}$ ist. Die Phase 1 hat also eine Abschaltleistung $U I_{3\,\text{pol}}\frac{\sqrt{3}}{2}$.

1/4 Periode später finde die Abschaltung des noch in den Phasen 2 und 3 fließenden Kurzschlußstromes $I_{3\,\text{pol}}\frac{\sqrt{3}}{2}$ statt (s. Abb. 302c). Für die beiden Schaltpole 2 und 3 zusammen ergibt sich ebenfalls eine Abschaltleistung von $U I_{3\,\text{pol}}\frac{\sqrt{3}}{2}$. Die Gesamtabschaltleistung des Schalters ist also

$$P_{3\,\text{pol}} = U\, I_{3\,\text{pol}}\sqrt{3} \qquad (172)$$

Dabei hat also der zuerst abzuschaltende Pol die Hälfte der Abschaltleistung zu übernehmen.

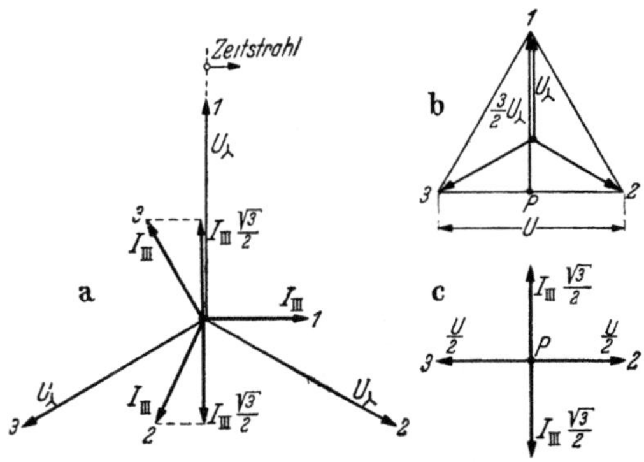

Abb. 302a–c. Diagramm für die Abschaltung eines Kurzschlusses. a) Strom- und Spannungsdiagramm im Augenblick des Stromnulldurchgangs in der Phase 1; b) Spannungsdiagramm; c) Strom- und Spannungsdiagramm nach dem Abschalten des Schaltpoles 1

Die asymmetrische dreipolige Abschaltleistung nach den amerikanischen Regeln berücksichtigt auch das Gleichstromglied. Beträgt dieses 80% des Scheitelwertes des Anfangkurzschlußwechselstromes, so ist dies geometrisch zum Anfangkurzschlußwechselstrom zu addieren und die asymmetrische Abschaltleistung wird bei einer wiederkehrenden Spannung gleich der Nennspannung das $\sqrt{1 + (0{,}8\sqrt{2})^2} = 1{,}5$fache der symmetrischen Abschaltleistung.

Ist ein zweipoliger Kurzschluß vorhanden, so haben, falls der zweipolige Kurzschlußstrom $I_{2\,\text{pol}}$ ist, die beiden betroffenen Schalterpole je halbe verkettete Spannung, als Leistung je $I_{2\,\text{pol}}\frac{U}{2}$ abzuschalten. Die Gesamtabschaltleistung beträgt somit

$$P_{2\,\text{pol}} = U I_{2\,\text{pol}} \qquad (173)$$

Ist die Abschaltleistung an einem Netzpunkt für zwei-, als auch für dreipoligen Kurzschluß gleich, so heißt das, daß beim zweiphasigen Kurzschluß der abzuschaltende Strom $\sqrt{3}$mal so groß ist als beim dreiphasigen.

Dafür ist jedoch die wiederkehrende Spannung $\sqrt{1/3}$mal kleiner. Da ein Schalter im allgemeinen durch einen größeren Strom mehr beansprucht wird, ist die zweipolige Abschaltung trotz der etwas kleineren wiederkehrenden Spannung die ungünstigere. Es ist deshalb keineswegs gesagt, daß eine dreipolige Abschaltleistung auch zweipolig geleistet werden kann. Mit kleiner werdender Spannung nimmt allgemein das Abschaltvermögen ab (z.B. nach Abb. 303). Die Abschaltleistung moderner Schalter liegt, dreipolig gemessen, je nach Größe etwa zwischen 100 bis zu mehreren 1000 MVA (1 MVA = 1000 kVA).

Abb. 304 zeigt den Kurzschlußstrom und die in der Maschine vorhandene EMK in Abhängigkeit von der Zeit. Beide nehmen ab. Also ist

Abb. 303. Ausschaltleistung und Ausschaltstrom eines Schalters in Abhängigkeit der Spannung

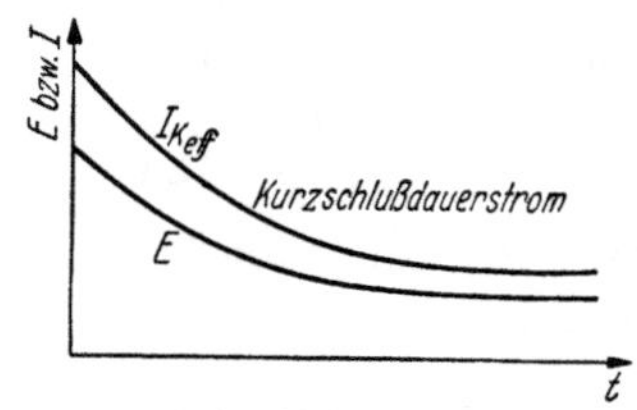

Abb. 304. Abklingende EMK und Kurzschlußstrom

auch die Schaltleistung kleiner, wenn nicht sofort abgeschaltet wird. Für die wiederkehrende Spannung ist die jeweils bei der Abschaltung vorhandene Maschinen-EMK maßgebend, da die Maschinenleerlaufspannung infolge der Trägheit des Feldes erst langsam wiederkehrt.

Um die Schaltleistung eines einzubauenden Leistungsschalters festzulegen, soll man, selbst, wenn eine Zeiteinstellung von mehreren Sekunden vorgesehen ist, diese nicht berücksichtigen, sondern zur Sicherheit die Abschaltleistung für den kleinsten vorkommenden Schaltverzug (0,1 bis 0,25 sek) (Kommandozeit + Aus – Eigenzeit des Schalters) berechnen. Als wiederkehrende Spannung nimmt man sicherheitshalber die Nennspannung. Wird der Schalter auf einen Kurzschluß geschaltet, so entsteht ein sehr hoher Stromstoß, den der Schalter thermisch und dynamisch aushalten muß.

Gelegentlich müssen Schalter auch Kapazitäten schalten, so beim Abschalten von langen leerlaufenden Leitungen bzw. beim Abschalten von Kondensatorenbatterien für die Blindstromerzeugung. Abb. 305 zeigt die Schaltanordnung einpolig und das Spannungs- und Stromdiagramm. Die Spannung der Maschine sei 1; Strom 3 eilt um 90° vor. Auch hier wird beim Öffnen des Schalters die Unterbrechung beim Nulldurchgang des Stromes erfolgen. Hierbei hat die Spannung ihren Höchstwert und der Kondensator ist voll geladen und behält nach dem

Abschalten seine Ladung und seine jetzt konstante Spannung 2 (in der Abb. 305 gestrichelt). Die Spannung 1 verläuft nach wie vor sinusförmig und die Differenz zwischen 1 und 2 ist die Spannung, welche zwischen den Kontakten herrscht. Nach einer Halbperiode erreicht diese Spannung den doppelten Maximalwert der Spannung 1. Ein Schalter zum Schalten von Kapazitäten sollte innerhalb der ersten Halbperiode diesen doppelten Maximalwert der Spannung vertragen, ohne neu zu zünden.

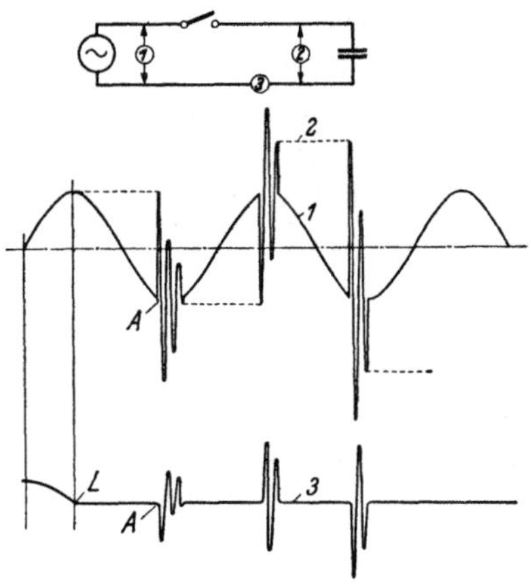

Abb. 305. Abschalten einer leerlaufenden Leitung mit einem nicht rückzündungsfreiem Schalter

In der Abb. 305 ist der Abschaltvorgang bei einem nicht rückzündungsfreien Schalter dargestellt. Man erkennt, daß die Potentialdifferenz, welche vor der Rückzündung zwischen Leitung und Netz bestanden hat, sich in Form einer Schwingung zwischen der Leitungskapazität und der Induktivität des speisenden Netzes auszugleichen sucht. Der Schwingstrom kann im Schalter bei einem seiner Nulldurchgänge wieder unterbrochen werden; das sind aber diejenigen Zeitmomente, in welchen sich das Leitungspotential in einer Extremlage befindet. Auf diese Art kann die Leitung mit einer Spannung vom Netz abgetrennt werden, welche die Netzspannung weit übertrifft, und bei mehrmaliger Wiederholung des Rückzündungsspieles kann sich ungünstigstenfalls das Leitungspotential auf diese Art auf sehr hohe Werte aufschaukeln.

Im folgenden sollen jetzt die verschiedenen Schalterarten näher betrachtet werden.

Alle Schalter für die in diesem Buch behandelnden Netzspannungen unterbrechen den Strom über einen Lichtbogen. Grundsätzlich ist zu unterscheiden zwischen Gleichstromschaltern und den hier vorliegend zu behandelnden Wechselstromschaltern. Bei Gleichstromschaltern ist kein natürlicher Nulldurchgang des Stroms vorhanden, es muß durch entsprechende Vergrößerung des Lichtbogenwiderstandes erreicht werden, daß der Strom bis auf Null abnimmt. Es gelingt durch geeignete Maßnahmen wie intensive Kühlung des Bogens usw. Lichtbogengradienten von einigen 100 V/cm zu erreichen, so daß bei entsprechend langen Lichtbögen Bogenspannungen von einigen 1000 V erreicht werden können. Gleichströme sehr hoher Spannungen, wie sie für Energieübertragung auf große Entfernungen in Frage kommen, können aber mit den zur Zeit bekannten Mitteln von Leistungsschaltern nicht unterbrochen werden. Bei den Wechselstrom- bzw. Drehstromschaltern gibt es diese Schwierigkeiten nicht infolge des natürlichen Nulldurchgangs des Stromes. Es muß nur dafür gesorgt werden, daß beim Stromnulldurchgang die eben noch leitende Lichtbogenstrecke schnell entionisiert wird, damit beim Auftreten der wiederkehrenden Spannung keine Neuzündung auftritt. Die Mittel hierfür sind Mehrfachunterbrechung (vor allem bei hohen Spannungen angewendet), wodurch jede Unterbrechungsstelle einen entsprechend kleineren Anteil der wiederkehrenden Gesamtspannung auszuhalten hat, intensivste Kühlung der Lichtbogenstrecke und schnellster Ersatz der ionisierten Lichtbogengase durch kühles, nicht ionisiertes, also spannungsfestes Löschmittel. Man kann folgende hauptsächlichste Schalterbauarten unterscheiden:

b) Luftschalter

Bei Niederspannung kann man mit sogenannten Hebelschaltern, die ihren Aufbau nach den Messertrennschaltern ähneln, bei Spannung bis 500 V Ströme von etwa 400 A schalten, wobei man im Gegensatz zu Drehstromschaltern für Gleichstromschalter Momentschaltung anwenden muß. Höhere Stromstärken lassen sich mit solchen Messerschaltern schlecht schalten, da die Kontaktmesser und -federn zu sehr angeschmort werden. Zur Abschaltung höherer Ströme verwendet man daher oft ein doppeltes Kontaktsystem, von dem das eine nur zur Übertragung des Stromes und das andere zur Abschaltung dient. Abb. 306 zeigt schematisch einen solchen Schalter, bei dem die Stromübertragung durch einen Lamellenkontakt, der aus einzelnen Kupferblechen hergestellt ist (viele Kontakte), erfolgt, während ein parallel geschalteter Abreißkontakt, der etwas später öffnet, die Abschaltung übernimmt. Dieser Abreißkontakt ist hörnerartig ausgebildet. Dies hat seinen Grund im folgenden: Steht der Lichtbogen zwischen den beiden hörnerartigen Kontakten, so versucht er, die Stromschleife, die er bildet, zu vergrößern, um einen möglichst großen magnetischen Fluß zu umfassen. Damit wandert er an den Hörnern nach oben; hierin wird er durch den thermischen Auftrieb, den der Lichtbogen erfährt, noch unterstützt. Der Lichtbogen erhält schließlich eine derartige Länge, daß er abreißt. Dieses Schaltprinzip wird auch für mittlere Spannungen bei den Masthörnerschaltern, die zum Abschalten von Stichleitungen oder Masttransformatoren dienen, benutzt. Man kann mit derartigen Hörnerschaltern im Notfall bei 20 kV 300 A schalten, wobei allerdings der Lichtbogen beträchtliche Längen erreicht.

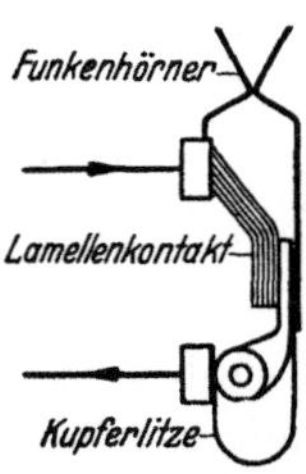

Abb. 306. Schalter mit Lamellenkontakt und Funkenhörnern

Neuerdings verwendet man bei Motorschutz- und Leistungsschaltern sowie bei Schützen vielfach Klotzkontakte. Das sind geeignet geformte Kontaktstücke aus Kupfer, die die Stromleitung und die Abschaltung übernehmen. Die sich beim Abschalten möglicherweise bildenden Schmelzperlen sind nicht gefährlich, denn die Kontakte werden nicht wie bei den Trennmessern ineinandergeschoben, sondern aufeinandergepreßt; außerdem werden solche Klotzkontakte meist als Abwälzkontakte ausgebildet.

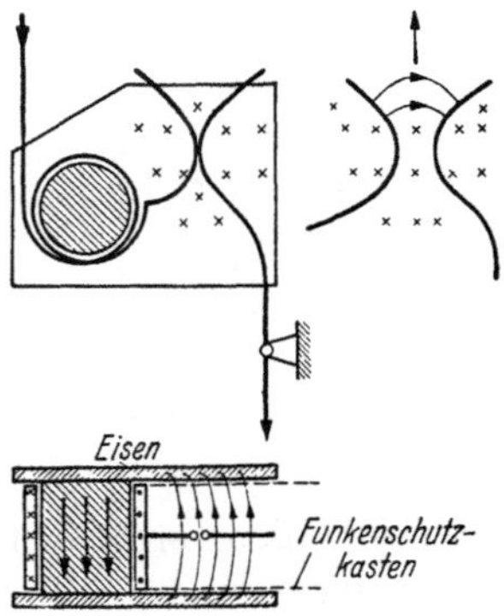

Abb. 307. Schalter mit Lichtbogenblasung

Bei schwierigen Schaltverhältnissen, z. B. bei Gleichstrom, wendet man stets Lichtbogenblasung an. Abb. 307 zeigt den Aufbau eines solchen Schalters: Der Strom wird zunächst um einen Eisenkern geführt, dann erst zum Schalter, der im Magnetfeld, das der Strom im Eisenkern erzeugt, liegt. Entsteht beim Öffnen der Kontakte ein Lichtbogen, so wird dieser bei geeigneter Richtung der magnetischen Kraftlinien durch die auf ihn ausgeübte Kraft in die Länge gezogen, so daß er abreißt.

Die Abschaltung von Gleichstrom ist, bezogen auf gleichen Strom und gleiche Spannung, viel schwerer als die von Wechselstrom, da bei letzterem durch den Nulldurchgang des Stromes Schalt-Erleichterungen eintreten. Gleichstromschalter, auch solche für höhere Spannungen, z. B. 3000 V, müssen als Luftschalter ausgebildet werden, da, wie Gleichstromschaltversuche mit Ölschaltern zeigten, das Öl durch den Gleichstrom eine starke Zersetzung und Verrußung erfährt. Gleichstromschalter werden, von ganz leichten Fällen abgesehen, stets mit Lichtbogenblasung ausgeführt. Sehr schwierig ist das Schaltproblem bei höheren Gleichspannungen, z. B. 3000 V im Bahnbetrieb (Italien) und in Gleichrichteranlagen. Hier eignet sich sehr gut ein Kontaktsystem, bei dem die in einem Magnetfeld befindlichen Kontakthörner etwa kreisförmig gebogen sind, wobei das Magnetfeld schon in geringem Abstand von den Hörnern stark abnimmt. Hierdurch wird beim Abschalten, wie die Abb. 308 zeigt, der Lichtbogen längs der Kontakthörner in die Länge gezogen, so daß man auf kleinem Raum große Lichtbogenlängen erhält, also große Leistungen schalten kann.

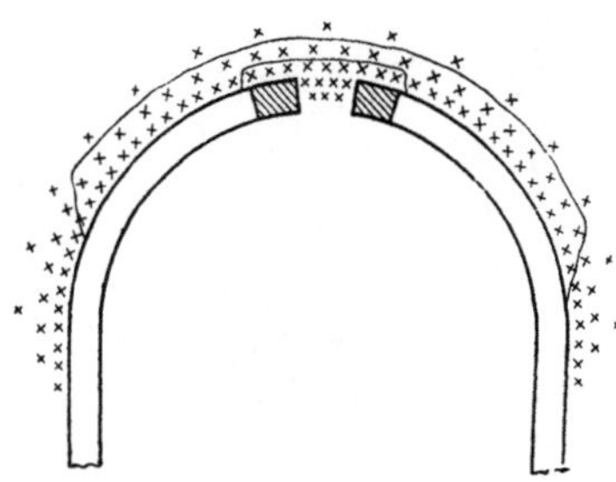
Abb. 308. Schalthörner mit Lichtbogenblasung

Abb. 309 zeigt schematisch einen Schalter, der neben gewöhnlicher Abschaltung durch Hand eine selbsttätige Überstrom-, als auch thermische Auslösung (gegen Überlastung) besitzt. Der Strom fließt über eine Blasspule *a* zu den Kontakten *b* und von hier über einen Überstrommagneten *c* und einen Bimetallstreifen *g*. Der drehbar gelagerte, etwas federnde Kontakthebel, kann durch einen Betätigungsgriff *d* über das Kniehebelsystem *e* eingeschaltet werden. Tritt ein Überstrom auf, so wird durch den Magnetanker der Kniehebel über seinen toten Punkt gedrückt und die Feder *f* schaltet ab. Liegt eine Überlastung vor, so erwärmt sich der Bimetallstreifen und biegt sich, da er aus zwei Metallen von verschiedenen Ausdehnungskoeffizienten besteht, nach oben durch, wodurch der Kniehebel durchgedrückt und der Schalter ausgelöst wird. Weiter besitzt der Schalter Freiauslösung, d.h. wenn auch durch Hand der Schaltergriff in der Einschaltstellung gehalten wird, kann trotzdem bei einem auftretenden Überstrom der Schalter abschalten.

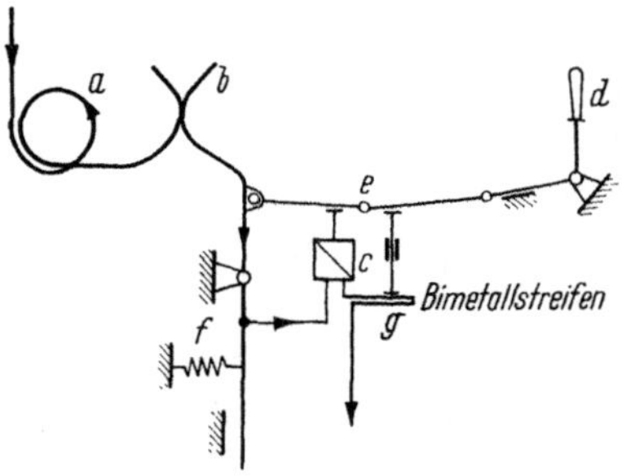

Abb. 309. Schalter mit Überstrom- und Bimetallauslösung

Abb. 310 zeigt einen Selbstschalter, der neben gewöhnlicher Ausschaltung durch Hand eine selbsttätige elektromagnetische Kurzschluß-Schnellauslösung und thermisch-verzögerte Überstromauslösung besitzt. Die Kurzschlußauslöser sind in gewissen Grenzen, z.B. zwischen dem 3- bis 15fachen Auslösernennstrom einstellbar, während die thermischen Auslöser einen Einstellbereich zwischen dem 1- bis 2fachen Auslösernennstrom besitzen und jeweils nach Bedarf auszuwählen sind.

Abb. 310. Selbstschalter mit elektromagnetischer Kurzschluß-Schnellauslösung und thermisch verzögerter Überstromauslösung (BBC)

Das in der Abb. 309 angegebene Schaltprinzip kommt oft bei Motorschutzschaltern zur Anwendung. Soll z.B. ein Kurzschlußankermotor geschützt werden, so hat sich der Schutz sowohl auf Überlastung des Motors, als auch auf Überströme zu erstrecken. In Abb. 311 ist die reduzierte Stromkurve I_e des Motors für den Anlauf in Abhängigkeit der Zeit gegeben. Um diese zu erhalten, geht man von dem tatsächlichen Stromverlauf $I = f(t)$ aus. Betrachtet man die Zeit t, dann ist der zu dieser Zeit gehörende Effektivstrom

$$I_e = \sqrt{\frac{1}{t}\int_0^t I^2\,dt} \qquad (174)$$

d.h. I_e erzeugt in der Zeit t dieselbe Wärme wie der tatsächliche Strom. I_e, welchen man für jede Zeit t berechnen kann, ist in der Abb. 311 zum Vergleich mit der Sicherungskennlinie eingetragen.

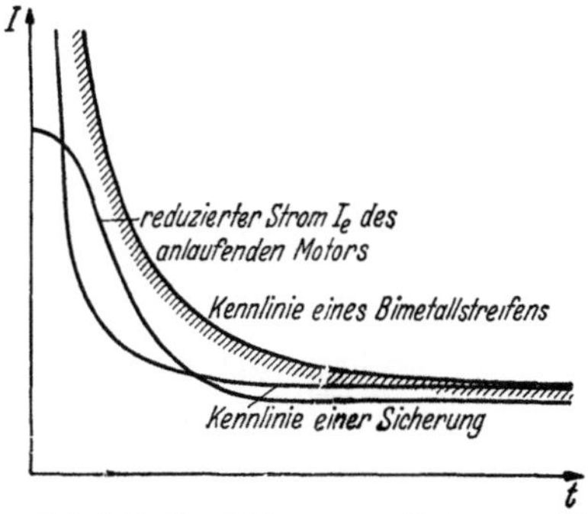

Abb. 311. Kennlinien einer Sicherung und eines Bimetallstreifens

Versuchte man den Motor durch eine Sicherung gegen Überlastung zu schützen, so würde, wie die Abb. 311 zeigt, die Sicherung beim Anlauf des Motors durchbrennen. Wählte man andererseits eine größere Sicherung, so daß sie den Anlauf des Motors verträgt, dann ist kein Überlastungsschutz mehr vorhanden. Die Charakteristik des Bimetallstreifens läßt sich dagegen so ausbilden, daß ein Überlastungsschutz gegeben ist, aber auch die kurzzeitigen Anlaufspitzen ausgehalten werden. Zum Schutz gegen Überstrom dient die Überstromspule c (s. Abb. 309). Derartige Schutzschalter findet man auch heute vielfach in Hausinstallationen zum Schutz der Leitungen.

In industriellen Anlagen könnte man prinzipiell bei kleinen Motoren mit kleinen Motorschutzschaltern auskommen. Da jedoch hier oft große Kurzschlußströme vorhanden sind, muß, falls am Motor ein Kurzschluß auftritt, der Motorschutzschalter diesen abschalten können, was große Konstruktionen bedingt. Man verwendet trotzdem oft kleine Motorschutzschalter, die dann nur einen Überlastungsschutz, jedoch keinen Überstromschutz erhalten. Als Kurzschlußschutz verwendet man vorgeschaltete Sicherungen, die bei Überlastung nicht ansprechen, die jedoch einen Kurzschluß sehr schnell abschalten. Der Motorschutzschalter darf dann nicht ansprechen.

Man kann mit den oben erwähnten Mitteln, d.h. Verlängerung des Lichtbogens durch magnetische Blasung auch Leistungsschalter für Spannungen bis etwa 20 kV und Ausschaltleistungen bis zu einigen 100 MVA beherrschen. Diese Schalter werden im allgemeinen als Magnetschalter oder Magnetblasschalter bezeichnet und haben in USA eine sehr weite

Verbreitung gefunden. Auch eine ganze Reihe von europäischen Firmen liefern seit einigen Jahren solche Schalter.

c) Ölschalter

Der früher ausschließlich in den Schaltanlagen zur Verwendung gekommene Leistungsschalter war der Ölschalter: Obwohl er in seiner klassischen Form heute außer in USA und England nicht mehr fabriziert wird, sei er hier kurz beschrieben, da er noch in manchen älteren Anlagen in Betrieb ist. Abb. 312 zeigt eine einpolige Ausführung mit Zweifachunterbrechung im Schnitt. Handelt es sich um einen dreiphasigen Ölschalter, dann befinden sich im gleichen Ölkessel drei solcher Unterbrechungsstellen nebeneinander, wobei zwischen denselben Isolierwände eingeschaltet sind. Das Öffnen des Schalters geschieht durch eine nach unten bewegliche Isolierstange, welche das oder die Messer aus den Kontakten zieht. Nach einem gewissen Kontaktweg tritt die Abschaltung ein.

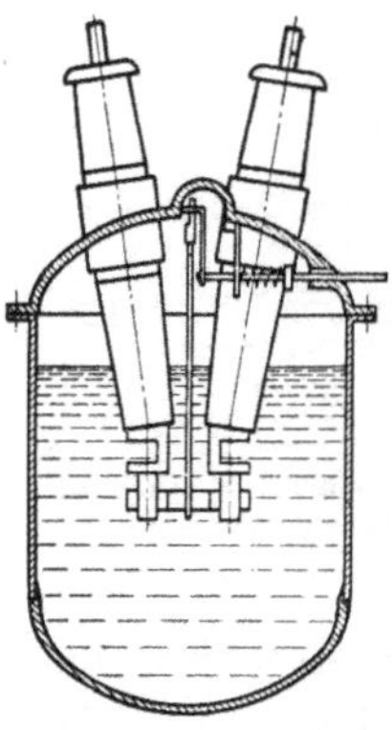

Abb. 312. Ölschalter

Der Abschaltvorgang im Leistungsschalter ist in Abb. 313 für die einpolige Anordnung in Richtung des Messers gesehen im einzelnen aufgezeichnet. Hat das Kontaktmesser sich etwas abgehoben, so entsteht ein Lichtbogen, der infolge seiner hohen Temperatur das Öl in Ölgase zersetzt, so daß sich um den Lichtbogen eine Gasblase bildet. Hierdurch wird das Öl verdrängt und der Ölspiegel muß steigen (s. Abb. 313 a). Mit wachsendem Kontaktabstand wird die Gasblase größer und das verdrängte Öl weiterhin nach oben bewegt. Schließlich ist durch eine kleine Entlüftungsöffnung sämtliche Luft aus dem Ölschalterkessel herausgepreßt, das durch die Gasblase verdrängte Öl hat den Deckel erreicht (s. Abb. 313 c). Da nur unmerklich Öl aus dem Schalter heraus kann, steht für das insgesamt entwickelte Gas kein größeres Volumen als das ursprüngliche Luftvolumen des Schalters zur Verfügung, d.h. aber, daß bei weiterer Gasentwicklung der Druck im Schalter so lange ansteigt, bis bei genügend großem Kontaktweg eine Löschung des Lichtbogens eingetreten ist. Hieraus folgt, daß bei gegebenem Schaltweg und bei gegebener Schaltgeschwindigkeit der im Schalter erzeugte Druck um so

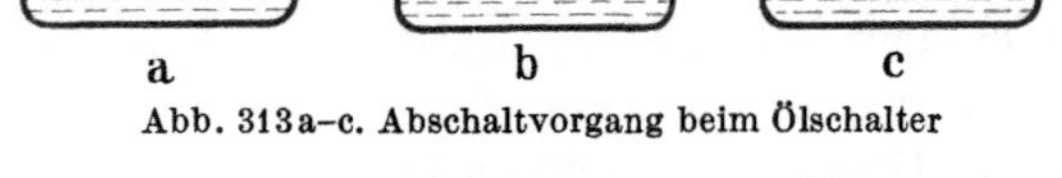

a b c

Abb. 313a–c. Abschaltvorgang beim Ölschalter

kleiner ist, ein je größeres Luftvolumen man im Schalter vor dem Schalten hat. Man hat also die Möglichkeit, den Schalterdruck in gewissen Grenzen verändern zu können. Die auftretenden Schalterdrücke liegen in der Größenordnung von etwa 7 at.

Die geschilderten Vorgänge erfolgen sehr rasch und das nach oben beschleunigte Öl wird mit großer Geschwindigkeit auf den Deckel aufprallen, so daß bei einem schweren Kurzschluß ein Schalter, sofern er nicht gut befestigt ist, sich nach oben bewegt.

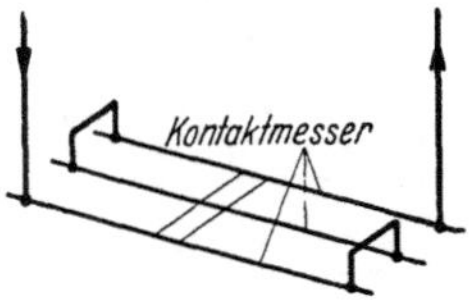

Abb. 314. Mehrfachunterbrechung

Bei sehr hohen Spannungen muß man jede Phase in einem besonderen Kessel unterbringen und, um genügend großen Kontaktweg zu erhalten, mehrfache Unterbrechungen vorsehen (s. Abb. 314). Da das Öl beim Ölschalter zur Isolierung dient, sind bei großen Spannungen riesige Ölmengen notwendig, z.B. bei einem Schalter für 220 kV etwa 20 t Öl je Phase, was unerwünscht ist, da bei Schalterexplosionen diese großen Ölmengen in Brand geraten und ferner die Schalter sehr groß werden.

Ein Schalter muß nicht nur Ströme unterbrechen, sondern er muß auch, falls er auf einen Kurzschluß geschaltet wird, die hierbei auftretenden Beanspruchungen ertragen können. Beim Schalten auf den Kurzschluß treten im ersten Augenblick große Stoßströme auf, die in der Stromschleife des Schalters ein starkes magnetisches Feld erzeugen. Dieses Feld hat das Bestreben, die Stromschleife (s. Abb. 315) zu vergrößern. Damit treten im Schalter Kräfte auf, die ein Schließen des Schalters verhindern bzw. das Schaltmesser von den Kontakten abheben wollen. Bei Verwendung gewöhnlicher Klotzkontakte besteht somit die Gefahr einer Kontaktabhebung. Hierdurch können leicht Kontaktverschweißungen auftreten, durch die der Schalter arbeitsunfähig würde.

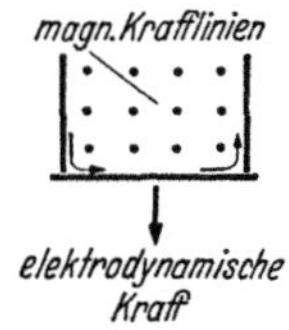

Abb. 315. Elektrodynamische Kraftwirkung auf das Schaltmesser

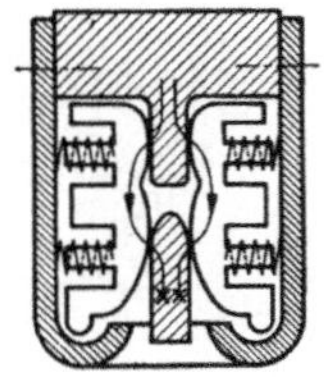

Abb. 316. Lamellenkontakt

Um dies zu vermeiden, hat man verschiedene andere Kontaktformen entwickelt. Eine viel angewandte Ausführung ist der in Abb. 316 dargestellte Lamellenkontakt. Eine Reihe von hintereinander angeordneten Kontaktlamellen werden durch Spiralfedern auf das Kontaktmesser gepreßt. Der Vorzug dieser Ausführung besteht darin, daß durch die links und rechts im Kontakt befindlichen Lamellen parallele, sich anziehende Ströme fließen, welche die Lamellen fest auf das Messer pressen. Dieses Prinzip wird auch angewandt, falls keine Kontaktmesser, sondern Kontaktstifte zur Anwendung kommen. Hier wird man die Kontaktlamellen radial um den Kontaktstift anordnen. Diese sogenannten

Tulpenkontakte werden z.B. bei dem Ölschalter mit Löschkammer gebraucht. Durch die Einführung der Löschkammer gelang es die Umschaltleitung des Ölschalters erheblich zu vergrößern. Bei diesem Ölschalter tragen die beiden zu einer Phase gehörenden, in den Ölschalterkessel hineingehenden Isolatoren an ihren Enden sogenannten Löschkammern (s. Abb. 317), in welche die Kontaktstifte bei geschlossenem Schalter hineinragen. Wird ein solcher Schaltstift beim Abschalten aus dem feststehenden Kontakt herausgezogen, so entstehen in der Kammer infolge der durch den Lichtbogen bildenden Ölgase hohe Drücke (Größenordnung 60 bis 80 atü). Sobald der Schaltstift die Kammer verläßt, können die Ölgase, dabei auch Öl mitreißend, aus der Kammer expandieren, wobei sie den Lichtbogen abkühlen, so daß er erlischt.

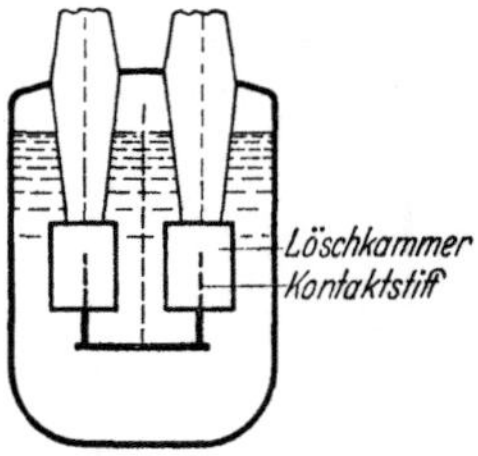

Abb. 317. Ölschalter mit Löschkammer

d) Expansionsschalter auf Wasserbasis

Die bei den Ölschaltern besonders bei höheren Spannungen benötigten großen Ölmengen und die bei Ölschalterexplosionen möglichen Ölbrände gaben Veranlassung nach Schaltprinzipien zu suchen, bei denen überhaupt kein Öl Verwendung finden sollte. Ein solcher ölloser Schalter ist der Expansionsschalter auf Wasserbasis.

Abb. 318a zeigt im Prinzip die Kammer eines solchen Schalters. Jeder Pol besitzt eine eigene Schaltkammer, die teilweise mit destilliertem Wasser einschließlich Glykolzusatz gefüllt ist.

Die Wirkungsweise bei der Abschaltung eines Kurzschlußstromes ist folgende:

Bei der Trennung des beweglichen Schaltstiftes von dem feststehenden Tulpenkontaktstück *a* entsteht ein Lichtbogen, der in der Rohrkammer *b* das Wasser zersetzt. Die Rohrkammer wird durch einen elastischen Ring *c* federnd auf die Dichtungsfläche gedrückt. Erreicht der von den Lichtbogengasen erzeugte Druck einen bestimmten Wert, so hebt sich die Rohrkammer an, und die überschüssigen Schaltgase können entweichen. Wenn der Kurzschlußstrom sich dem Werte Null nähert, erfolgt dann durch intensive Nachverdampfung

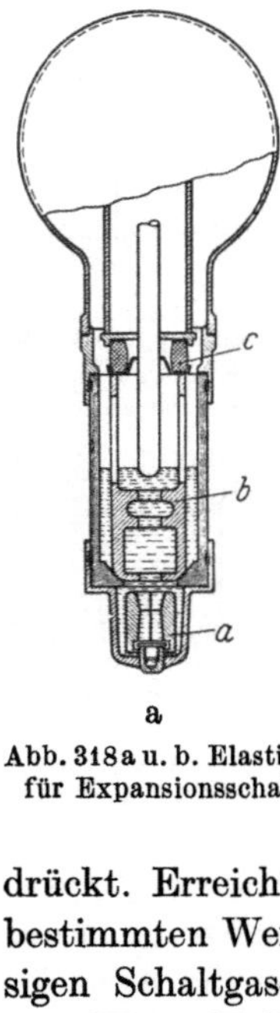

a

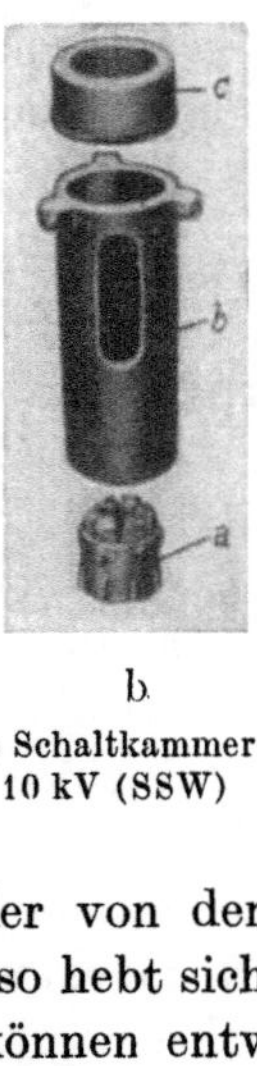

b

Abb. 318a u. b. Elastische Schaltkammer für Expansionsschalter 10 kV (SSW) der überhitzten Grenzschicht zwischen der Flüssigkeit und der den Lichtbogen umgebenden Gaszone eine starke Kühlung des Lichtbogenkerns. Die Kühlung erstreckt sich auf das gesamte Volumen des Bogens, so daß bei der Wiederkehr der Spannung an den Kontakten keine neue Zündung erfolgt.

Die in der Abb. 318 dargestellte Löschkammer wird als elastische Löschkammer bezeichnet. Sie findet Anwendung bis etwa 10 kV.

Abb. 319. Innenraum-Expansionsschalter 30 kV, Ausschaltleistung 600 MVA (SSW)

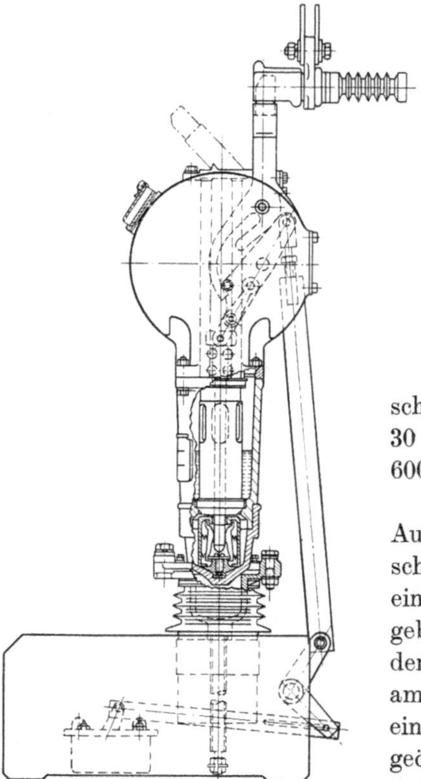

Abb. 320. Expansionsschalter mit Trennschalter (SSW)

Abb. 319 zeigt einen Expansionsschalter für eine Reihenspannung von 30 kV mit einer Ausschaltleistung von 600 MVA.

Abb. 320 zeigt den konstruktiven Aufbau eines derartigen Expansionsschalters. Der im Kopf des Schalters eingebaute Mechanismus ist so ausgebildet, daß, wenn der Schaltstift aus der Schaltkammer herausgezogen ist, am Schluß der Schaltbewegung noch ein in Reihe geschaltetes Trennmesser geöffnet wird. Hiermit wird erreicht, daß der bewegliche Schaltstift nur einen solchen Schalthub auszuführen braucht, daß die Ausschaltung bewirkt wird, daß jedoch die aus Sicherheitsgründen notwendige Luftisolierung durch das vorgeschaltete Trennmesser hergestellt wird.

Beim Einschaltvorgang wird über das Hebelsystem im Schalterkopf zuerst das Trennmesser eingelegt und dann erst werden die Schaltkontakte in der Kammer geschlossen. Dies gilt für Schalter bis etwa 10 kV.

Für Spannungen ab 20 kV ist von den SSW die sogenannte Spritzkammer entwickelt worden, die in der Abb. 321 dargestellt ist. In ihr steht der Flüssigkeitsspiegel so tief, daß die Unterbrechungsstelle der Kammer im Ruhezustand und beim Einschalten flüssigkeitsfrei bleibt. Unterhalb des Tulpenkontaktes befindet sich ein Kolben, der durch eine Feder nach oben gepreßt wird. Beim Ausschalten folgt der Kolben dem Schaltstift und fördert Löschflüssigkeit in die Rohrkammer. Mit dieser Spritzkammer wird ein hoher Flüssigkeitsstand vermieden, wie er in Schaltern höherer Spannungen sonst erforderlich wäre. Die aus der Kammer während des Ausschaltvorganges entweichenden Gase haben nur ein geringes Flüssigkeitsvolumen zu bewegen; Rückstau und Druckbeanspruchung der Kammer sind entsprechend herabgesetzt.

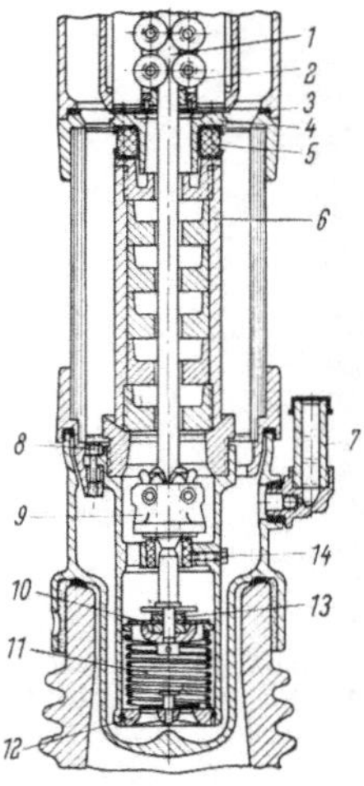

Abb. 321. Spritzkammer eines Expansionsschalters für 30 kV
1 Schaltstift; *2* Stromrolle; *3* Dichtungsring; *4* Auspuffring; *5* Elastischer Ring; *6* Rohrkammer; *7* Flüssigkeitsstandglas; *8* Imbusschraube; *9* Kammerschaltstück; *10* Spritzkolben; *11* Feder; *12* Kammerboden mit Rückschlagventil; *13* Dämpfungsgummi; *14* Gewindestift

Die Einschaltung erfolgt bei den Schaltern mit Spritzkammer nicht, wie bei denen bis 10 kV, in der Reihenfolge Trennmesser – Schaltstift, sondern die Lufttrennstrecke übernimmt die Einschaltung. Bei der „Lufteinschaltung" wird die hierbei flüssigkeitslose Kammer vollkommen entlastet. Wegen der hohen Schaltgeschwindigkeit der Trennmesser sowie des geringen Spannungsabfalles des Luftlichtbogens macht die Beherrschung der Einschaltarbeit durch die Trennstrecke keine Schwierigkeiten.

Expansionsschalter auf Wasserbasis sind zur Zeit nur bis etwa 60 kV wirtschaftlich ausführbar, da die Isolationsfähigkeit des Wassers nicht eine derart hohe ist wie die von Öl. Bei höheren Spannungen werden deshalb unter Zugrundelegung ähnlicher Schaltprinzipien die Schalter mit Öl gefüllt, wobei man mit sehr kleinen Ölmengen auskommt.

e) Ölarme Schalter

Man kann für sämtliche Spannungen sogenannte ölarme Schalter bauen. Im Gegensatz zum normalen Ölschalter dient das Öl, und zwar in kleinen Mengen, bei den ölarmen Schaltern zur Löschung des Lichtbogens, aber nicht für die Isolierung gegen Erde. Abb. 322 zeigt die Ringspaltlöschkammer eines ölarmen Druckausgleichschalters, wie sie z. B. von der Firma Voigt & Haeffner ausgeführt wird.

Es erwies sich als vorteilhaft, die Löschströmung erst bei einer ganz bestimmten Lichtbogenlänge, die bereits nahe bei der Löschdistanz liegt, einsetzen zu lassen, sie dann aber so wirkungsvoll wie möglich zu gestalten. Diese Erkenntnis führte zu der Entwicklung der Ringspaltlöschkammer.

Ihre Wirkungsweise ist aus der Abb. 322 leicht zu erkennen. Der Differentialkolben *3* ist aus der Nähe des Lichtbogens heraus in den unteren Teil des Lichtbogenraumes *4*

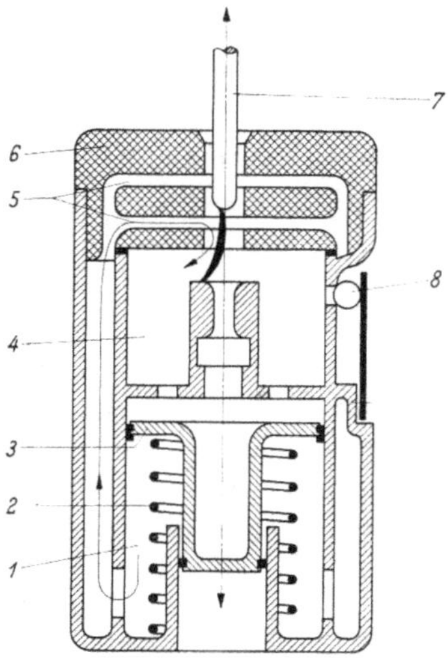

Abb. 322. Löschkammer eines Druckausgleichschalters (V & H)

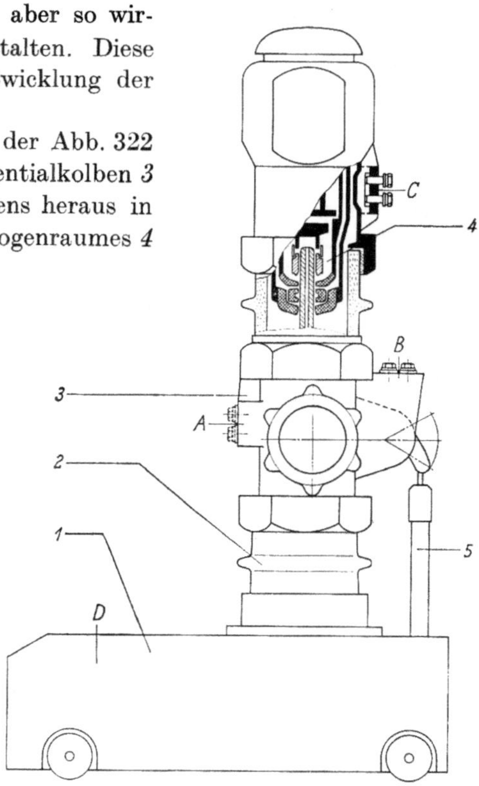

Abb. 323. Schnitt durch einen Druckausgleichschalter (V & H)

verlegt, kann daher aus Metall bestehen und sehr druckfest ausgeführt werden. Der Kolben drückt das Löschöl aus dem Pumpraum *1*, in dem sich auch die Rückholfeder *2* befindet, und den seitlich hochgeführten Kanälen in die Ringspalte *5* des kräftig ausgebildeten Kammerdeckels *6*. Bei der Aufwärtsbewegung des Schaltstiftes *7* wird der Lichtbogen nach der Trennung der Schaltstücke zunächst noch nicht bespült; die Löschströmung kann erst einsetzen, wenn der Schaltstift die Spalte freigegeben hat und sich in der für die Bespülung und Löschung des Lichtbogens günstigsten Stellung befindet, wobei der Druck durch Kugelventile *8* oder ähnliche Mittel begrenzt wird.

Abb. 323 zeigt das Schnittbild eines Säulenschalters mit hängender Löschkammer. Dieser Typ wird für hohe Ausschaltleistungen (bis 2000 MVA bei 30 kV), hohe Nennströme (1000 und 2000 A) und die Reihenspannungen 10, 20 und 30 kV gebaut. Der Antrieb mit Zubehör befindet sich in einem fahrbaren Gehäuse, das auf Stützern *2* die Getriebegehäuse *3* trägt. Diese enthalten ein kinematisches System, das die Bewegung der Antriebsstange *5* in die Schaltstiftbewegung umsetzt. Über dem Getriebegehäuse ist der Schaltstreckenisolator mit der Ringspaltlöschkammer *4* angeordnet. Die leicht zu entfernenden Abdeckungen *D* des Antriebsgehäuses *1* ermöglichen bequemen Zugang zum Aufzugsmotor, Federspeicher, Schloß und dem weiteren üblichen Zubehör eines Leistungsschalters. Der Schalter wird unten bei *A* oder *B* und oben bei *C* angeschlossen. Wird der Schalterkopf um 180° gedreht, so kann *C* auch über *A* liegen, so daß diese Bauform besonders zahlreiche Varianten der Anschlußmöglichkeit bietet. Als Antrieb dient ein Federspeicher, der von einem Elektro- oder Druckluftmotor gespannt wird. Aufzug durch eine Handkurbel ist in beiden Fällen möglich. Bei der Einschaltung wird die Ausschaltfeder gespannt. Der Schalter ist in erster Linie für den Einbau in offene Innenanlagen bestimmt.

f) Druckluftschalter

Während die bis jetzt behandelten Schalter als Löschmittel Flüssigkeiten benutzten, verwendet der Druckluftschalter zum Löschen des Lichtbogens Druckluft. Abb. 324 zeigt schematisch den Schalter sowie den Löschvorgang: Ein Zylinder trägt eine Metallkappe, welche den einen Pol des Schalters darstellt; der andere Pol ist der Kontaktbolzen, der beim Schalten zurückgezogen wird. Der sich hierbei bildende Lichtbogen wird durch die Druckluft nach außen geblasen, stark gekühlt und erlischt nach der ersten bzw. zweiten Halbwelle beim Nulldurchgang des Stromes. Abb. 325 zeigt die konstruktive Durchführung dieses Schaltprinzips für einen Schalter mittlerer Spannung.

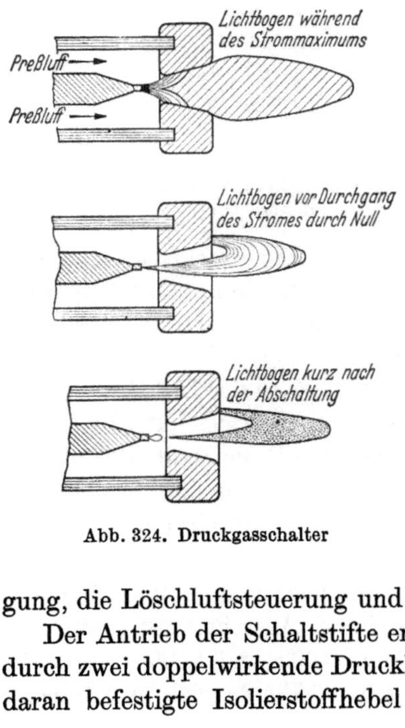

Abb. 324. Druckgasschalter

Auf eine gußeiserne kastenförmige Grundplatte *2* sind vorn die Polsäulen *4* und oben der Druckluftbehälter *1* aufgebaut. Die Grundplatte enthält außerdem alle Bauelemente für die Schaltstiftbewegung, die Löschluftsteuerung und die Dämpfung.

Der Antrieb der Schaltstifte erfolgt durch einen, bei größeren Typen durch zwei doppelwirkende Druckluftantriebe *3* über eine Welle und drei daran befestigte Isolierstoffhebel *6*. Das Löschluftventil *7* mit großem

Durchlaß und nichtrostendem Sitz befindet sich im oberen Teil der Grundplatte. Seine Betätigung erfolgt von der Schaltwelle *9* aus über ein Kniehebelsystem *10*. Unten an der Grundplatte in Verlängerung der Maschinenachse ist ein hydraulisch wirkender Geschwindigkeitsregler *5*

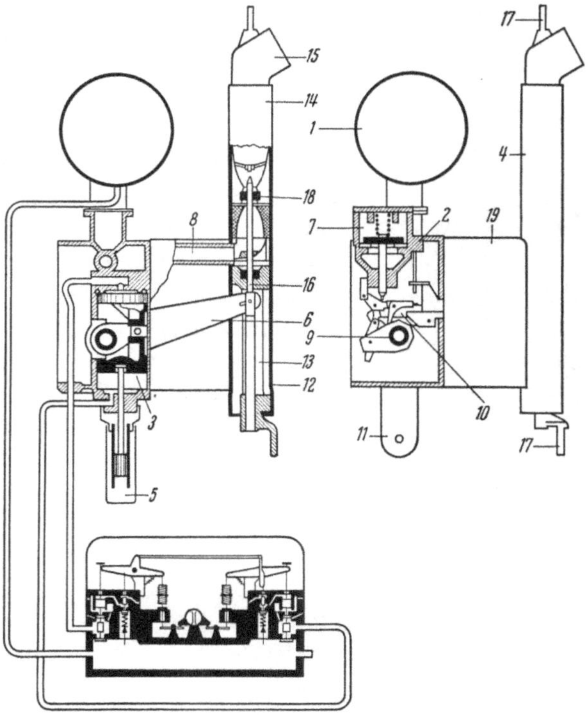

Abb. 325. Druckgaswandschalter (AEG)

1 **Druckluftkessel;** ***2*** **Grundplatte;** ***3*** **Antrieb;** ***4*** **Polsäule;** ***5*** **Geschwindigkeitsregler;** ***6*** **Schalthebel;** ***7*** **Löschluftventil;** ***8*** **Löschluftrohr;** ***9*** **Schaltwelle;** ***10*** **Kniehebelsystem;** ***11*** **Hilfsschalter;** ***12*** **Tragrohr;** ***13*** **Führungsstück;** ***14*** **Schalldämpfer;** ***15*** **Auspuffablenker;** ***16*** **Schaltstift;** ***17*** **Anschlüsse;** ***18*** **Ringkontakt;** ***19*** **Tragisolator**

angebaut, der die beweglichen Teile des Schalters vor Erreichen der Endstellungen prellfrei abfängt. Ein neben dem Regler angeordneter Hilfschalter *11* für die Steuer- und Meldestromkreise wird über ein Gestänge ebenfalls von der Schaltwelle angetrieben.

In der Polsäule sind alle aktiven Schaltelemente vereinigt. Sie besteht aus drei Hauptteilen: dem Tragrohr *12* mit Führungsstück und Schaltkammer, dem Schalldämpfer *14* mit Auspuffablenker *15* und Düsenkörper sowie dem Schaltstift *16*. Am Ablenker und Führungsstück sind die Anschlüsse *17* angegossen.

Als Kontaktsystem dienen die bewährten Ringkontakte, bei denen sich, je nach Schaltertype, sechs, acht oder zwölf in einem versilberten

Gehäuse untergebrachte *Z*-förmige Kontaktsegmente durch Federn gegeneinander und gegen das Gehäuse abstützen. Der Schaltstift trägt am oberen Ende einen Stahlkegel mit Wolframspitze. Die Kontaktflächen sind stark versilbert.

Abb. 326. Ansicht eines Druckgaswandschalters mit unmittelbar angebautem Luftbehälter (AEG)

Stabile, nach unten offene Tragisolatoren *19* von *U*-förmigem Querschnitt stellen die feste Verbindung zwischen Polsäulen und Grundplatte her. Innerhalb dieser Isolatoren liegen die Löschluftrohre und die Schalthebel *6*. Abb. 326 zeigt die Ansicht eines solchen Druckgasschalters mit angebautem Luftbehälter.

Für höhere Spannungen kann der Druckluftschalter als Freistrahlschalter bzw. als Mehrfach-Freistrahlschalter, für hohe Kurzschlußleistungen mit mehreren Schaltstrecken ausgeführt werden (AEG). Abb. 327 zeigt einen solchen dreipoligen Schalter für 220 kV. Dieser Schalter hat je Phase mehrere hinter-

Abb. 327. Dreipoliger Mehrfach-Freistrahlschalter 220 kV (AEG)

einander geschaltete Unterbrechungsstellen in der Form von Freistrahl-Löschköpfen.

Die Abb. 328 zeigt einen Schnitt durch einen Doppelschaltkopf mit zwei Freistrahl-Löschköpfen. Der Schaltstift drückt in eingeschaltetem Zustand gegen den Gegenkontakt. Beim Ausschalten bildet sich

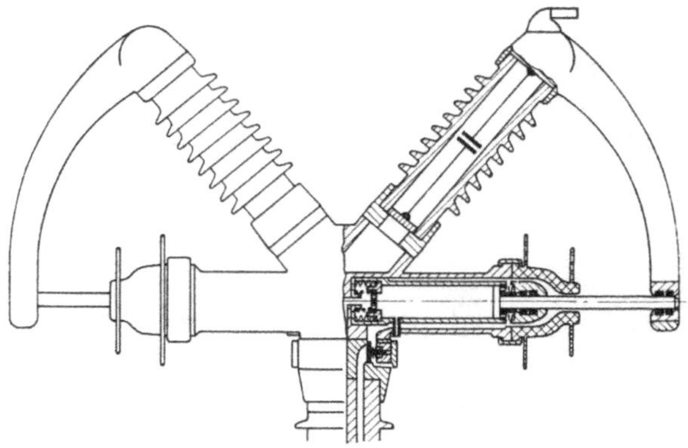

Abb. 328. Doppellöschkopf eines Mehrfach-Freistrahlschalters (AEG)

der Unterbrechungs-Lichtbogen in freier Luft aus, sein Fußpunkt wird mit dem Schaltstift unter starker Druckluftbeblasung in das Innere der Düse gezogen. Der hohe Druck in der Düse und die starke Kühlwirkung der Löschluft verhindern ein Wiederzünden des Lichtbogens nach seinem natürlichen Stromnulldurchgang. Die Schaltstifte werden durch Druckluft in ihre Aus- und Einstellung bewegt und in ihrer Endlage mechanisch festgehalten. Die Löschköpfe werden sofort nach jedem Schaltvorgang entlüftet und bleiben drucklos.

Abb. 329. Pol eines Druckkammerschalters 220 kV, 10 000 MVA mit 6 Schaltkammern

Der Schalter besteht aus drei gleichartigen pneumatisch gekuppelten Einphasen-Einheiten. Die als Druckluftbehälter ausgebildeten Schalter-Untergestelle enthalten die pneumatischen und elektrischen Steuereinrichtungen. Auf dem Untergestell sind die als Hohlisolatoren ausgebildeten Stützerporzellane aufgebaut. Durch die Stützer strömt die Betätigungs- und Löschluft zu den Unterbrechungsstellen. Durch eine Zickzack-Anordnung der Doppelschaltköpfe wird die Längsabmessung des Mehrfach-Freistrahlschalters verhältnismäßig klein gehalten.

Abb. 329 zeigt den Pol eines Druckkammerschalters 220 kV 10000 MVA mit 6 Schaltzellen, bei dem ebenfalls Druckluft als Löschmittel verwendet wird.

Eine interessante Bauart von Hochspannungsleistungsschaltern zeigen die Abb. 330 u. 331. Die Strombahn des aktiven Teils liegt horizontal statt senkrecht, die bisher vorgebauten Trennkontakte können entbehrt

Abb. 330. Dreipolige Druckluftschnellschaltergruppen Bauart DCVF 110 k 3500. Reihe 110, 600 A, 3500 MVA in einem großen 220/110-kV-Freiluftumspannwerk

werden. Von den Druckluftbehältern wird die Luft durch die Isolatoren symmetrisch je 2 Schaltkammern zugeführt; sie entweicht beim Abschaltvorgang durch die Auspuffschlitze der beiden Schaltkammergehäuse, in denen die Kontaktschließfeder sowie die Kontaktführung untergebracht sind. Bei diesem einfachen Schaltprinzip fehlt jedes mechanische Verbindungsgestänge von Erde nach spannungsführenden Teilen. Das Einschalten geschieht durch momentanes Ablassen der Druckluft mittels Servoventil; der bewegliche Kontakt schließt sich unter Wirkung der Federkraft und von Druckluft angetriebenen Einschaltkolben, um kurze Einschaltzeiten zu erreichen.

Die Potentialsteuerung übernehmen Kondensatoren, die parallel zu den Unterbrechungsstellen geschaltet und unterhalb den Löschkammern angeordnet sind. Zur Erhöhung der Schaltleistung und zur Beherrschung schwieriger Schaltvorgänge, wie sie in Löschspulennetzen und Netzen mit Kompensationsdrosseln vorliegen können, oder beim Abschalten langer leerlaufender Leitungen, werden den Schaltstellen während des Schaltvorganges über druckluftgesteuerte Hilfskontakte zusätzlich spannungsabhängige Widerstände parallel geschaltet. Diese Widerstände sind über den Schaltkammern aufgebaut.

Abb. 331. Dreipolige Druckluftschnellschaltergruppe Bauart DHVF 380 m 15000, Nennspannung 380 kV, Nennstrom 2000 A, Nennausschaltleistung 15000 MVA

Der grundsätzliche Aufbau der Löschkammer eines solchen Hochspannungsdruckschnellschalters zeigt Abb. 332. In Fig. a dieser Abbildung ist der Schalter geschlossen, die Hilfskontakte sind offen und die Widerstände daher abgetrennt. Erhält der Schalter einen Ausschaltbefehl, so strömt Druckluft in die Löschkammern, die Hilfskontakte schließen sehr rasch, so daß die Widerstände mit den sich öffnenden Hauptkontakten parallelgeschaltet sind (Fig. b der Abb. 332). Die Widerstände bleiben während der ganzen Dauer des Löschvorganges parallelgeschaltet. Nach endgültiger Löschung des Ausschaltbogens bleiben gemäß Fig. c der Abb. 332 die Hilfskontakte noch geschlossen, so daß ein kleiner Reststrom durch die Widerstände fließt. Der Antriebsmechanismus der Hilfskontakte ist nun derart ausgebildet, daß dieselben kurze

Zeit später öffnen, wodurch der über die Widerstände fließende Reststrom unterbrochen wird (Fig. d der Abb. 332).

Die Ausschaltzeit, gerechnet von Impulsgabe bis Kontaktöffnung, beträgt bei diesen Hochspannungsschaltern etwa 0,04 sek. Die Lichtbogenzeit ist sehr kurz; sie beträgt etwa 0,01 bis 0,02 sek, so daß die Ausschaltzeit nur 0,05 bis 0,06 sek beträgt. Durch Anordnung mehrerer Löschkammern kann mit diesen Schaltern der Spannungsbereich bis 380 kV beherrscht werden und die Nennausschaltleistungen erreichen heute Werte bis zu 16000 MVA bei 380 kV.

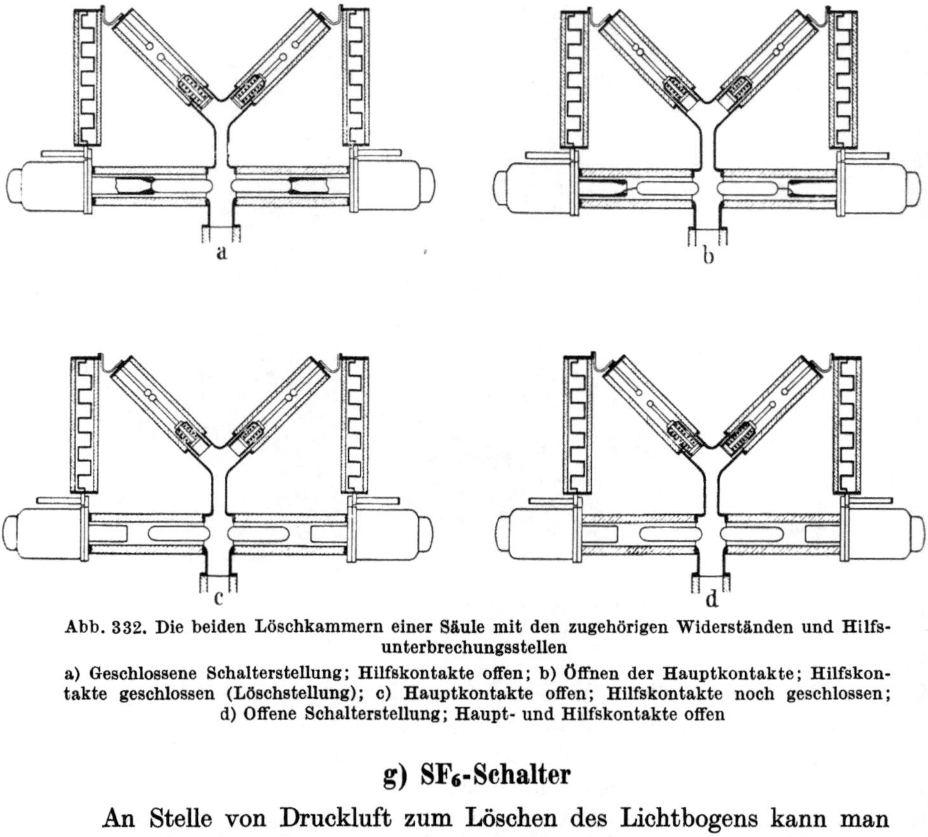

Abb. 332. Die beiden Löschkammern einer Säule mit den zugehörigen Widerständen und Hilfsunterbrechungsstellen

a) Geschlossene Schalterstellung; Hilfskontakte offen; b) Öffnen der Hauptkontakte; Hilfskontakte geschlossen (Löschstellung); c) Hauptkontakte offen; Hilfskontakte noch geschlossen; d) Offene Schalterstellung; Haupt- und Hilfskontakte offen

g) SF_6-Schalter

An Stelle von Druckluft zum Löschen des Lichtbogens kann man auch andere Gase verwenden. So bietet die Verwendung von Schwefelhexafluorid (SF_6) insofern den Vorteil, daß die Lichtbogenzeit-Konstante nur 1/10 des eines in Luft brennenden Bogens ist und daß das Gas elektronegativ ist, d.h. es hat starke Neigung freie Elektronen einzufangen, so daß die Lichtbogenstrecke beim Stromnulldurchgang sehr schnell entionisiert wird. Da diese Gase sehr teuer sind, muß man völlig geschlossene Schalter verwenden und kann das Gas nicht nach der Abschaltung entweichen lassen. Im Lichtbogen wird das Gas teilweise zersetzt, man muß also die Zersetzungsprodukte z.B. durch aktives Aluminium (Tonerde) im Schalter beseitigen. Die Firma Westinghouse hat in USA eine Reihe solcher Schalter geliefert und es ist nicht ausgeschlossen, daß sich dieses Prinzip stärker einführt.

C. Lasttrennschalter

Wie bereits erwähnt, handelt es sich hierbei um Trenner, die durch eine Zusatzeinrichtung die Eigenschaft erhalten, ihren Betriebsnennstrom, d.h. 400 A, 600 A oder sogar 1000 A bei einem Leistungsfaktor von 0,7 noch auszuschalten, wobei die Trennereigenschaften (erhöhte Spannungsfestigkeit über die geöffnete Trennstrecke) erhalten bleiben. Die Abb. 333 zeigt ein solches Gerät.

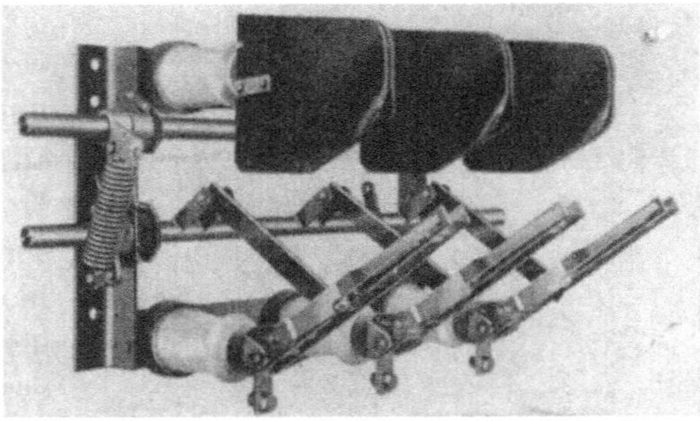

Abb. 333. Lasttrenner L-TRI 60 für Innenanlagen 10 und 20 kV (Concordia). Netzspannung nach VDE

Es ist wie ein normaler dreipoliger Mittelspannungstrenner aufgebaut. Parallel zum eigentlichen Hauptmesser, welches im eingeschalteten Zustand den Betriebsstrom führt, befindet sich ein Hilfsmesser, das beim Ausschalten des Hauptmessers infolge einer einfachen Verrastung noch in der Einschaltstellung verbleibt. Hat das Hauptmesser nahezu seine Ausschaltstellung erreicht, so wird das Hilfsmesser freigegeben und durch eine Feder, die es mit dem Hauptmesser verbindet, sehr schnell ausgeschaltet. Es bewegt sich hierbei durch eine enge Flachlöschkammer (es gibt auch andere Löschkammerbauformen) durch die der entsprechende Schaltlichtbogen gezogen wird. Die Wände der Flachlöschkammer bestehen aus einem Isoliermaterial, dessen Oberfläche durch die Einwirkung der Lichtbogenwärme sehr stark gast, so daß eine Gasströmung in der Kammer entsteht, welche zum Abreißen des Lichtbogens führt.

Diese Lasttrennschalter, welche sich sehr stark eingeführt haben, hatten einen Vorläufer, den früheren Hartgasschalter der AEG, bei dem ebenfalls durch den Lichtbogen ein stark gasendes Isoliermaterial zersetzt wurde, wodurch der Schalter in die Lage versetzt wurde, sogar kleinere Kurzschlußleistungen auszuschalten.

XIII. Meßwandler

A. Stromwandler[1]

In unseren Kraftwerken und Schaltanlagen können Meßinstrumente und Relais nicht unmittelbar in die Hochspannungsleitungen eingebaut werden, da sie sich schlecht für große Stromstärken und hohe Spannungen bauen lassen und zudem eine Wartung gefährlich wäre. Man führt deshalb die Messungen unter Zwischenschaltung von Strom- und Spannungswandlern durch. Die Wandler sind kleine Meßtransformatoren, welche Strom und Spannung auf einen niedrigeren, für die Instrumente und Apparate brauchbaren Meßwert (5 A, gelegentlich auch 1 A bei längeren Anschlußleitungen, wie sie vielfach in Hochspannungsanlagen vorkommen, bzw. 100 V oder $100/\sqrt{3}$ V) herabsetzen. Da durch den Wandler die Messung auf eine Niederspannungsmessung zurückgeführt ist und die Sekundärwicklung einseitig geerdet wird, ist die Verwendung normaler Meßinstrumente und Relais möglich und die Wartung ungefährlich.

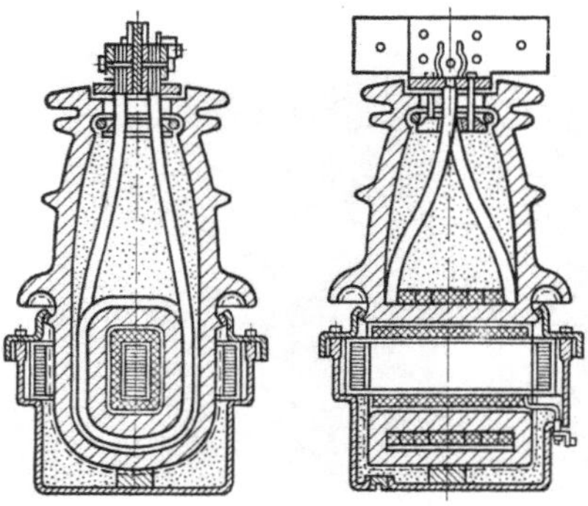

Abb. 334. Querloch-Topfstromwandler

Abb. 334 zeigt einen Stromwandler, und zwar als Querloch-Topfwandler ausgeführt. Eine Weiterentwicklung des Querloch-Topfwandlers ist der Querloch-Stützer-Stromwandler, bei dem der Sockel noch niedriger als der Topf des Stromwandlers nach Abb. 334 ausgebildet ist. Der Querloch-Stützer-Stromwandler kann in beengten Räumen eingesetzt werden. Man verlangt von einem Stromwandler, daß die Sekundärstromstärke proportional der Primärstromstärke ist und sich nur durch das Übersetzungsverhältnis unterscheidet. Ferner soll die Phasenlage des Sekundärstromes I_2' mit der primären übereinstimmen, um keine Fehler bei Leistungsmessungen zu erhalten.

In Abb. 335 ist vereinfacht das Stromwandlerdiagramm aufgezeichnet für den Fall, daß der Wandler dabei nach Abb. 335 auf der Sekundärseite durch Meßinstrumente bzw. Relais, deren Scheinwiderstand Z bekannt ist, belastet sei. Um durch den Scheinwiderstand Z der Belastung den Sekundärstrom I_2 zu treiben, muß der Wandler eine EMK

[1] Siehe auch M. Walter: Strom- und Spannungswandler. München: R. Oldenbourg 1944.

$E_2 = I_2 Z$ besitzen (von dem ohmschen und induktiven Abfall im Wandler selbst sei der Einfachheit halber abgesehen). Diese EMK wird durch einen um 90° voreilenden Fluß Φ hervorgerufen, wobei dieser durch einen in der Phase etwas voreilenden Magnetisierungsstrom I_0 erzeugt wird (Voreilung wegen der Verlustkomponente des Magnetisierungsstromes). Der Strom I_2 eilt, wenn die Impedanz induktiven Charakter hat, der EMK E_2 nach. Der Sekundärstrom I_2, auf die Primärseite bezogen, sei I_2', wobei $I_2' = \ddot{u} I_2$ ist. Der primäre Strom I_1 ist gleich der geometrischen Summe aus dem Magnetisierungsstrom I_0 und dem Sekundärstrom I_2'. Der Strom I_1 ist also sowohl der Größe als auch der Phase nach von I_2' etwas verschieden. Der Unterschied in der Größe von Sekundärstrom I_2' und Primärstrom I_1 wird durch den Stromfehler f des Wandlers erfaßt. Der Stromfehler ist in %:

$$f\% = \frac{\ddot{u} I_2 - I_1}{I_1} 100 \tag{175a}$$

oder

$$f\% = \frac{I_2 - \frac{I_1}{\ddot{u}}}{\frac{I_1}{\ddot{u}}} 100. \tag{175b}$$

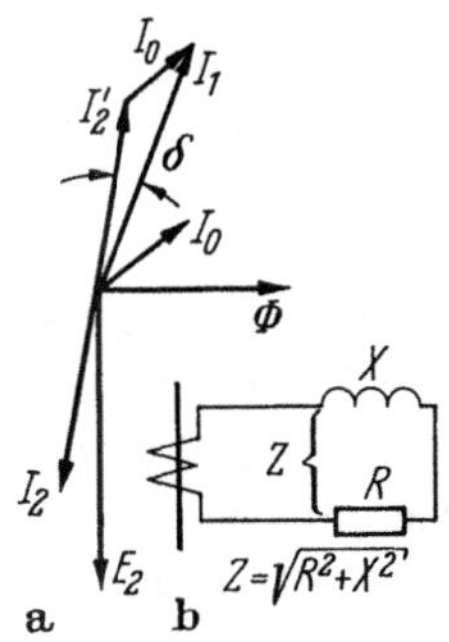

Abb. 335a u. b. Diagramm eines Stromwandlers (vereinfacht)

Die Phasenverschiebung, die der Wandler zwischen beiden Strömen bewirkt, wird durch den Begriff des Fehlwinkels berücksichtigt. Unter dem Fehlwinkel δ versteht man die Winkelabweichung, in Bogenminuten gemessen, die der Sekundärstrom gegen den primären Strom erfährt (Fehler positiv, falls I_2' gegen I_1 voreilt).

Der Stromfehler, wie auch der Fehlwinkel, kommen durch den Magnetisierungsstrom in die Messung. Man muß daher diesen so klein wie möglich halten, indem man mit niedrigen Kraftliniendichten bis zum Gebiet der maximalen Permeabilität arbeitet, größenordnungsmäßig mit etwa 1000 bis 2000 Gauß, und unter Umständen Spezialeisen mit hoher Permeabilität verwendet (Induktion dann bis $\sim$5000). In der Ausführung als Topfwandler, wie er in der Abb. 334 aufgezeichnet ist, lassen sich, wenn verlangt, sehr genaue Wandler herstellen. Man wird im Eisenkern die Kraftliniendichte, d.h. also bei gegebenem Kern den Fluß niedrig wählen. Da durch die Impedanz des Sekundärkreises und durch den Sekundärstrom die EMK E_2 gegeben ist, läßt sich auf Grund der Formel

$$E_2 = 4{,}44\, f\, w_2\, \Phi \cdot 10^{-8}\ \mathrm{V} \tag{176}$$

die sekundäre Windungszahl w_2 berechnen. Die primäre Windungszahl ergibt sich dann infolge des Übersetzungsverhältnisses $1/\ddot{u}$-mal so groß.

Diese Windungszahl muß man auf der Primärseite unterbekommen, was bei einem Topfwandler im allgemeinen möglich ist.

Da bei einem gegebenen Wandler mit wachsender Sekundärimpedanz bei konstantem Strom die Sekundärspannung wächst, muß der Fluß Φ, also auch der Magnetisierungsstrom I_0, zunehmen. Der Meßwandlerfehler wird damit aber größer. Wenn also der bei einem Wandler als zulässig angegebene Fehler nicht überschritten werden soll, darf im Sekundärkreis keine zu hohe Impedanz liegen. Man gibt deswegen bei einem Stromwandler stets die Nennbürde an. Unter der Nennbürde versteht man den in Ohm angegebenen Scheinwiderstand der sekundärseitig angeschlossenen Apparate einschließlich der Zuleitungen, bei dem die Fehlergrenze der jeweiligen Klasse nicht überschritten wird. Der Leistungsfaktor der Belastung ist hierbei $\cos\varphi = 0{,}8$. Normale Nennbürden sind bei 5 A z.B. 0,2, 0,6 und 1,2 Ω entsprechend 5, 15 und 30 VA.

Man teilt die Stromwandler in verschiedene Klassen ein. Die Stromwandler der Klassen 0,1 bis 3 sind dauernd bis 1,2 I_n bei Nennbürde, die Stromwandler der Klassen 0,1 *G* bis 3 *G* sind dauernd bis 2,0 I_n bei Nennbürde belastbar. Die Spannungswandler aller Klassen sind dauernd bis 1,2 U_n bei Nennbürde belastbar. Die Tab. 22 enthält für die verschiedenen Wandlerklassen die Strom- und Winkelfehler, die bei verschiedenen Stromwerten maximal zulässig sind.

Tabelle 22. *Fehlergrenzen für Stromwandler der Klassen* 0,1 *bis* 3 *und* 0,1 G bis 3 G

1	2	3	4	5	6	7	8	9	10	11	12	13	14	15
	Stromfehler $\pm F_i$% bei							Fehlwinkel $\pm \vartheta_i$-Minuten bei						
Klasse	$2{,}0 \cdot I_n$	$1{,}2 \cdot I_n$	$1{,}0 \cdot I_n$	$0{,}5 \cdot I_n$	$0{,}2 \cdot I_n$	$0{,}1 \cdot I_n$	$0{,}05 \cdot I_n$	$2{,}0 \cdot I_n$	$1{,}2 \cdot I_n$	$1{,}0 \cdot I_n$	$0{,}5 \cdot I_n$	$0{,}2 \cdot I_n$	$0{,}1 \cdot I_n$	$0{,}05 \cdot I_n$
0,1	–	0,1	0,1	–	0,2	0,25	–	–	5	5	–	8	10	–
0,2	–	0,2	0,2	–	0,35	0,5	–	–	10	10	–	15	20	–
0,5	–	0,5	0,5	–	0,75	1,0	–	–	30	30	–	40	60	–
1	–	1,0	1,0	–	1,5	2,0	–	–	60	60	–	80	120	–
3	–	–	3,0	3,0	–	–	–	–	–	–	–	–	–	–
0,1 G	0,1	–	0,1	–	0,2	0,25	0,4	5	–	5	–	8	10	15
0,2 G	0,2	–	0,2	–	0,35	0,5	0,75	10	–	10	–	15	20	30
0,5 G	0,5	–	0,5	–	0,75	1,0	1,5	30	–	30	–	40	60	90
1 G	1,0	–	1,0	–	1,5	2,0	–	60	–	60	–	80	120	–
3 G	–	–	3,0	3,0	–	–	–	–	–	–	–	–	–	–

Die Fehlerkurven des Wandlers müssen innerhalb der beiden Linienzüge liegen, die durch die geradlinige Verbindung der positiven bzw. negativen Werte vorstehender Tabelle erhalten werden.

1. Die Fehlergrenzen gelten für Nennfrequenz

bei Wandlern der Klassen 0,1 bis 1 und 0,1 G bis 1 G für Bürden zwischen $^1/_4$- und $^1/_1$-Nennbürde bei einem sekundären Leistungsfaktor $\cos\beta = 0{,}8$,

bei Wandlern der Klassen 3 und 3 G für Bürden zwischen $^1/_2$- und $^1/_1$-Nennbürde bei einem sekundären Leistungsfaktor $\cos\beta = 0{,}8$.

Die Stromwandler der einzelnen Klassen (entsprechendes gilt für Spannungswandler) finden wie folgt Anwendung:

Kl. 0,1: als Normal bei Eichschaltungen mittels genauester Meßbrücken im Laboratorium und Prüffeld.

Kl. 0,2: für genaueste Laboratoriums- und Prüffeldmessungen besonders bei großer Phasenverschiebung sowie zum Anschluß von Präzisionszählern im Betrieb und zur Verrechnungsmessung.

Kl. 0,5: für gewöhnliche Laboratoriums- und Prüffeldmessungen sowie zum Anschluß von Zählern und Wattmetern im Betrieb (Betriebsmessung).

Kl. 1: zur Messung von Strom, Spannung und Leistung im Betrieb.

Kl. 3: zum Anschluß von Überwachungsmeßgeräten minderer Genauigkeit und von Relais im Betrieb, abgesehen vom Differentialrelais und widerstandabhängigem Schutzrelais, wofür Klasse 1 empfehlenswert ist.

Stromwandler der Klassen 0,1 G, 0,2 G und 0,5 G (Großbereichwandler) sind vorzugsweise zum Anschluß von besonders belastbaren Zählern (Großbereichzähler) mit Nennströmen von 5 und 1 A bestimmt.

Zur Beurteilung für die von einem Wandler zu liefernde Leistung sei in Tab. 23 der Eigenverbrauch von 5 A-Anschlußgeräten mitgeteilt.

Tabelle 23

	VA	$\cos\varphi$
Weicheisen-Stromzeiger	1,2–3,8	0,94–0,99
Elektrodynamischer Stromzeiger	3,5–10	1
Drehfeld-Stromzeiger	2,5–10	0,65–0,87
Stromschreiber	4–15	0,9 –0,6
Hitzdraht-Stromzeiger	1,5–3,3	1
Elektrodynamischer $\cos\varphi$-Zeiger	3,8–10	0,92–0,95
Elektrodynamischer Leistungszeiger	1,5–4	0,57–0,98
Leistungsschreiber, Drehfeld-Leistungszeiger	1,5–9	0,95–0,5
Normale Zählerspulen	0,5–1,1	0,5
Überstromrelais	1,2–10	
Überstromzeitrelais	6–15	
Selektivschutzrelais	6–30	
40 m Doppelleitung 4 mm² bei 5 A	10	1

Da die Stromwandler von den im Netz auftretenden Kurzschlußströmen durchflossen werden, müssen sie die dabei auftretenden thermischen und dynamischen Beanspruchungen aushalten. Zur Beurteilung des Verhaltens der Wandler bei großen Stromstärken hat man den Begriff des thermischen Grenzstromes („I_{therm}“ meist in kA) geschaffen. Der thermische Grenzstrom ist der Primärstrom, den die Primärwicklung ohne Schaden 1 sek lang aushalten kann. Dabei darf die Wicklung mit einer Stromdichte von 180 A/mm² bei Cu bzw. von 118 A/mm² bei Al belastet werden. Die Wandler sind meist für etwa $I_{\text{therm}} = 100 \times$ Nennstrom bemessen. Wird ein Wandler nicht 1 sek, sondern t sek von einem Kurzschlußstrom I_k durchflossen, dann darf dieser Strom keine größere Wärme entwickeln als der thermische Grenzstrom innerhalb 1 sek. Die Größe des über t sek fließenden zulässigen Stromes I_k ergibt sich damit zu

$$I_k = \frac{I_{\text{therm}}}{\sqrt{t}}, \tag{177}$$

denn $I_k^2 t = I_{\text{therm}}^2 1$.

Der Wandler muß weiter die beim Stoßkurzschlußstrom auftretenden elektromagnetischen Kräfte beherrschen. Man versteht unter dem dynamischen Grenzstrom („I_{dyn}“ in kA) die maximale Stromamplitude, die der Wandler mechanisch erträgt. Dieser braucht auf dem Leistungsschild nicht angegeben zu werden, falls er mindestens den Wert

$$I_{\text{dyn}} = 1{,}8\sqrt{2}\, I_{\text{therm}} = 2{,}5\, I_{\text{therm}}$$

besitzt.

Wenn ein Wandler nur zum Speisen von Meßinstrumenten benötigt wird, spielt es keine Rolle, wenn bei großen Strömen, z. B. Kurzschlüssen, der Wandler auf der Sekundärseite zu wenig anzeigt. Ein zu geringer Sekundärstrom ist sogar gut, da die Meßinstrumente dann gegen Überlastung geschützt sind. Anders liegen jedoch die Fälle bei Wandlern, welche Relais speisen, die erst bei Kurzschlüssen ansprechen und unter Umständen hier genau arbeiten müssen, z. B. die Wandler eines Impedanzschutzes. Hier ist es wesentlich, daß bei größeren Strömen keine zu großen Fehler auftreten. Um sich in dieser Hinsicht ein Urteil über einen Wandler bilden zu können, benutzt man den Begriff der „Überstromziffer“, wobei diese das Vielfache des Nennprimärstromes ist, bei dem die Nennbürde ohne Rücksicht auf den Leistungsfaktor der Stromfehler maximal 10% beträgt.

Da man an Wandler für Meßinstrumente (kleine Überstromziffer) und an Wandler für Relais (große Überstromziffer) verschiedene Anforderungen stellt, ferner die Bürde, die ein Relais darstellt, meist größer ist als die, welche ein Meßinstrument bildet und man bei Relaiswandlern

[1] Nach Koch & Sterzel.

nicht immer so große Genauigkeiten braucht wie bei Meßwandlern, sollte man, sofern man es wirtschaftlich durchführen kann, Meßinstrumente und Relais durch je einen besonderen Kern speisen lassen. Man hat dann den Vorteil, daß, falls bei einem Kurzschluß ein Meßinstrument durchbrennen sollte, die Relais, da sie von einem besonderen Kern gespeist werden, betriebsbereit bleiben. Meist gibt man den beiden Wandlerkernen eine gemeinsame Primärwicklung.

Untersucht man den in der Abb. 334 dargestellten Topfwandler, der an und für sich meßtechnisch gut ist, auf sein Verhalten im Betrieb, so findet man, daß er keine große Kurzschlußfestigkeit aufweist. Besonders gefährdet ist der Durchführungsisolator, da im Kurzschlußfall auf die zwei entgegengesetzt stromdurchflossenen Leiter, die ankommende und die abgehende Leitung, große Kräfte wirken, die den Isolator zu sprengen versuchen. Topfwandler können deswegen nur zur Anwendung kommen, wenn keine großen Kurzschlußströme zu erwarten sind.

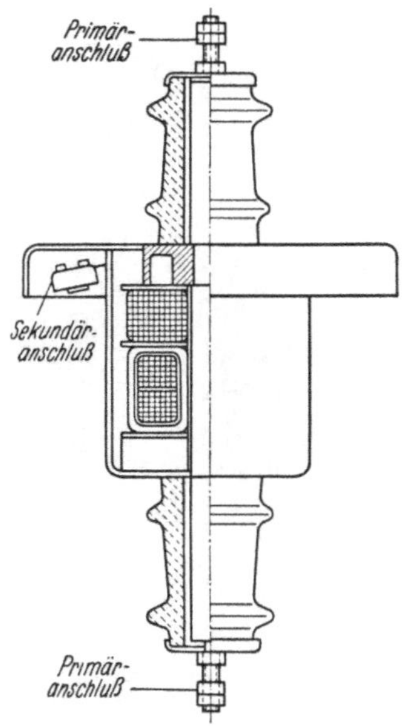

Abb. 336. Stabstromwandler

Eine absolut kurzschlußsichere und außerdem billige Ausführung eines Stromwandlers ist der Stabstromwandler, der als Durchführungsstromwandler in der Abb. 336 dargestellt ist. Der Primärleiter durchsetzt den Stromwandlerkern geradlinig, bildet also keine Stromschleife und ist bezüglich der Übersetzung als eine Windung in Rechnung zu setzen. Wir hatten gesehen, daß bei verlangter Sekundärleistung und bei einem gewählten Kraftlinienfluß die primäre Windungszahl sich zwangsläufig ergibt. Sie ist, wenn man den Sekundärstrom als konstant annimmt, bei kleinem Primärstrom groß und nimmt mit wachsendem Primärstrom ab. Das Anwendungsgebiet der Einstabwandler liegt also bei großen Strömen. Man kann sie selbstverständlich auch für kleinere Ströme ausbilden, muß allerdings dann einen größeren Kraftlinienfluß und größere Kraftliniendichte zulassen, wodurch aber die Genauigkeit des Wandlers leidet. Beispielsweise läßt sich bei einem Stabwandler gegebener Größe bei 50 A Primärstromstärke der Wandler für die Klasse 3 mit einer Belastbarkeit von 7,5 VA bauen. Ist die Stromstärke jedoch 500 A, dann läßt sich der Wandler, bezogen auf die Klasse 3, mit 250 VA belasten bzw., falls man höhere Genauigkeit fordert und die Klasse 0,5 wählt, mit 90 VA.

Wenn man auch für kleinere Ströme Stromwandler in kurzschlußfester Form mit kleinen Meßfehlern bauen will, muß man eine Ausführung wählen, bei der man primärseitig mehrere Windungen unterbringt und diese, ebenso wie die Zuführungen gut abstützt. Eine gute Lösung ist von der Firma Koch & Sterzel mit dem Querloch-Durchführungswandler angegeben worden, der für Primärströme von 5 A bis etwa 800 A und für Spannungen bis etwa 30 kV gebaut wird. Bei diesem Wandler (s. Abb. 337), der sowohl als Stütz-, als auch als Durchführungsstromwandler gebaut werden kann, befindet sich die Primärwicklung in einem Isolator und ist auf einen hohlen Spulenkörper, der ein Teil des Porzellankörpers ist, gewickelt. Dadurch ist die Primärwicklung nach allen Seiten durch Porzellan isoliert. Durch den hohlen Spulenkörper des Wandlers ist ein mit der Sekundärwicklung versehener Eisenkern gesteckt; der magnetische Rückschluß wird durch außen um den Isolator herumgehende Joche hergestellt. Das Innere des Porzellankörpers wird mit graphitiertem, also leitendem Quarzsand ausgefüllt, so daß im Innern des Wandlers kein Glimmen eintreten kann. Durch die Ausfüllung des Wandlers mit Quarzsand erreicht man außerdem eine gute Abstützung der Wicklung und der Einführungen. Die Isolierung des Wandlers übernimmt der Porzellankörper. Der Querloch-Durchführungswandler ist für thermische Grenzströme von 100 bis etwa 1000 I_n ausführbar, ebenso wie der Querloch-Topfstromwandler. Hinsichtlich der dynamischen Festigkeit kann der Querloch-Durchführungstyp gegenüber der Querloch-Stützer- oder Topfbauweise höher beansprucht werden wegen der beim Durchführungswandler (Abb. 337) nach entgegengesetzten Seiten herausgeführten Primäranschlüsse.

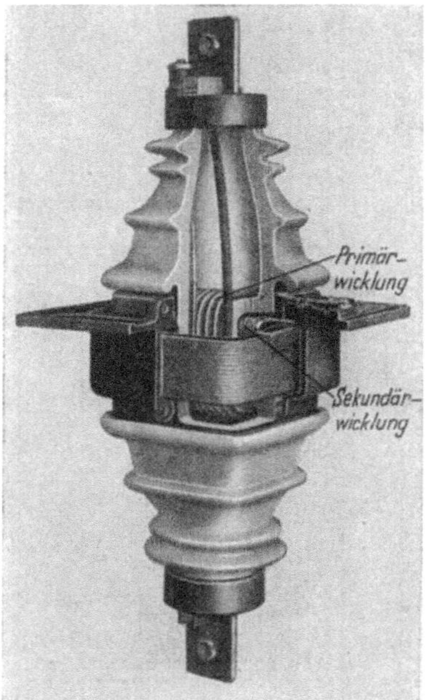

Abb. 337. Querloch-Durchführungsstromwandler (Koch & Sterzel)

Es sei in diesem Zusammenhang erwähnt, daß man in geschlossenen Schaltanlagen, d.h. bei niederer und mittlerer Spannung, bestrebt ist, bei Stromwandlern möglichst keine brennbaren Isoliermedien wie Öl oder feuergefährliche Masse zu verwenden. Es wurde deshalb der mit Porzellan, also trocken isolierte Wandler geschaffen. Neuerdings verwendet man auch Gießharz als Isoliermittel, weil es neben seiner günstigen Formbarkeit größere Elastizität aufweist und daher größeren Kurzschlußkräften standzuhalten vermag als Porzellan. Allerdings besteht für die von außen nicht mehr zugängliche Wicklung der Gießharzwandler keine Reparaturmöglichkeit.

Abb. 338 zeigt einen Topfstromwandler der Reihe 110 und Abb. 339 eine Gruppe moderner Freiluftwandler in Topfbauweise.

Bei Wandlern über 60 kV ist man allgemein zur Topfbauweise mit völligem Luftabschluß übergegangen.

Stromwandler sind, sofern sie primärseitig einige Windungen besitzen, durch auftreffende Wanderwellen gefährdet, da sie eine Induktivität

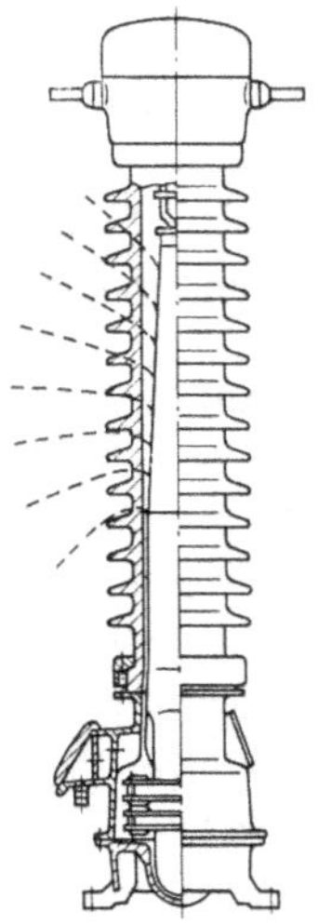

Abb. 338. Neuer Topfstromwandler. Reihe 110-AToF 110 (S & H)

Abb. 339. Eine Gruppe moderner Freiluftwandler in Topfbauweise

darstellen und somit eine Spannungserhöhung durch Reflexion der Welle hervorrufen. Um die Reflexion der Wanderwelle zu mildern, damit aber auch die Spannungserhöhung in kleinen Grenzen zu halten, schaltet man parallel zur Primärwicklung einen spannungsabhängigen Widerstand, der bei normaler Spannung sehr groß, bei Überspannung jedoch klein ist.

Beim Arbeiten mit Stromwandlern ist darauf zu achten, daß diese nie sekundärseitig geöffnet werden, da sonst die sekundären Gegenamperewindungen in Wegfall kämen und somit der gesamte zu messende primäre Strom magnetisierend wirken würde. Durch die hierdurch hervorgerufene hohe Induktion im Eisenkern können lebensgefährliche Spannungen an den sekundären Klemmen auftreten, der Eisenkern selbst kann sich unzulässig hoch erwärmen, möglicherweise sogar verbrennen. Auf jeden Fall bleibt eine, die Meßgenauigkeit des Wandlers herabsetzende Restmagnetisierung im Kern zurück, die man nur durch eine besondere Behandlung wieder beseitigen kann.

B. Spannungswandler

Die Spannungswandler dienen dazu, die hohen Spannungen unserer elektrischen Anlagen für Meß- oder Relaiszwecke auf niedere Werte, z.B. 100 V herabzusetzen. Bei der Bemessung der Spannungswandler treten im allgemeinen nicht derartige Schwierigkeiten auf wie bei den Stromwandlern, da im Kurzschlußfalle keine erhöhten Beanspruchungen auf den Spannungswandler wirken. Auch ist zu beachten, daß im Netz der Strom großen Schwankungen unterworfen ist, die Spannung jedoch annähernd konstante Größe behält, somit der Stromwandler über den ganzen Meßbereich möglichst genau arbeiten soll, der Spannungswandler jedoch (abgesehen von Wandlern für den Distanzschutz) meist nur in einem kleinen Bereich.

Bei der Transformation der Spannung tritt ebenso wie bei der Transformation des Stromes durch den Meßwandler eine Verfälschung des Meßwertes der Größe und Phasenlage nach auf. Man ist bestrebt, diese Fehler so klein wie irgend möglich zu halten. Die nicht richtige Wiedergabe der Spannung hat beim Spannungswandler seinen Grund in den Spannungsabfällen der Primär- und Sekundärwicklung. Um den Spannungsfehler klein zu halten, wird man die Wicklungen der Wandler mit reichlichem Querschnitt ausführen und die Streuung der Wicklung möglichst klein halten. Dadurch wird auch der Fehlwinkel zwischen primärer und sekundärer Spannung klein. Jeder Spannungswandler besitzt eine Nennleistung in VA, die dauernd abgegeben werden kann, ohne daß die Fehlergrenzen der jeweiligen Klassen überschritten werden. Normal sind Nennleistungen von 15, 30 und 60 VA bei $\cos\varphi = 0{,}8$.

In der Tab. 24 sind die Klassen mit den zugehörigen zulässigen Fehlern angegeben. Ist U_1 und U_2 die Primär- bzw. Sekundärspannung, so ist der Fehler des Spannungswandlers

$$f\% = 100\,\frac{U_2 \ddot{u} - U_1}{U_1}. \qquad (178)$$

Über die Anwendung der einzelnen Klassen s. S. 317.

Tabelle 24. *Fehlergrenzen bei Spannungswandlern*

Klasse	Spannung	Spannungsfehler in %	Fehlwinkel in min
0,1	0,8–1,2 U_n	± 0,1	± 5
0,2	0,8–1,2 U_n	± 0,2	± 10
0,5	0,8–1,2 U_n	± 0,5	± 20
1	0,8–1,2 U_n	± 1,0	± 40
3	1,0 U	± 3,0	—

Spannungswandler können sowohl als Trocken-, als auch als Öl- bzw. Massewandler ausgebildet sein. Man ist bestrebt, wenn irgend möglich Trockenspannungswandler zu verwenden.

Neuerdings verwendet man auch Gießharzwandler, bei denen die Hochspannungswicklung, Isolierkörper und die angegossenen Hochspannungsdurchführungen einen einheitlichen festen Block bilden, der keine Luftblasen enthält (Abb. 340, 341 u. 342).

Abb. 340. Gießharzspannungswandler Reihe 10, einpolig isoliert (Siemens)

Abb. 341. Gießharzspannungswandler Reihe 10, zweipolig isoliert (Siemens)

Abb. 342. Zweipolig isolierter Gießharzwandler 20000/100 V (Wirges, Wirges/Westerwald)

Abb. 343. Ölarmer Spannungswandler Reihe 30 (Siemens)

Die Ölwandler werden heute fast durchweg als ölarme Wandler ausgeführt (Abb. 343).

Abb. 344 zeigt einen Einphasen-Spannungswandler. Der Kern dieser Wandler liegt an Erde. Die gesamte Hochspannung wird in der Primärwicklung vom höchsten Potential bis zum Potential Null abgebaut.

Wird für Meß- oder Relaiszwecke nur eine verkettete Spannung benötigt, dann genügt ein zweipoliger isolierter Einphasenwandler, der zwischen zwei Phasen angeschlossen wird. Werden die drei verketteten Spannungen benötigt, z.B. für Leistungsmessungen, dann kann man mit zwei Spannungswandlern auskommen, wenn diese in V-Schaltung angeordnet sind (s. Abb. 345). Die Abb. 346 zeigt einen Doppelspannungswandler, der in einem gemeinsamen Gehäuse zwei in V zusammengeschaltete Einphasenwandler enthält. Man kann auch einen Dreischenkelwandler mit drei Wicklungen verwenden, jedoch darf dann primärseitig der Nullpunkt nicht geerdet sein. Die Sekundärwicklung ist dagegen stets geerdet. Benötigt man bei Erdschlußmessungen die Spannung gegen Erde, dann können drei im Stern geschaltete Einphasenwandler gewählt werden, deren Sternpunkt geerdet wird. Will man statt drei Einphasenwandler einen Dreiphasenwandler verwenden, dann darf man in diesem Falle keinen Dreischenkelwandler verwenden, sondern nur einen Fünfschenkelwandler. Hat etwa die Phase S einen Erdschluß (s. Abb. 347), also gegen Erde die Spannung Null, dann muß der durch die Phase S des Wandlers hindurchtretende Fluß ebenfalls Null sein. Die Spannung der beiden anderen Phasen ist auf den verketteten Wert angestiegen. Die Summe ihrer Flüsse ist daher aber nicht Null, sondern entspricht der Summenspannung SA (Abb. 348). Es muß

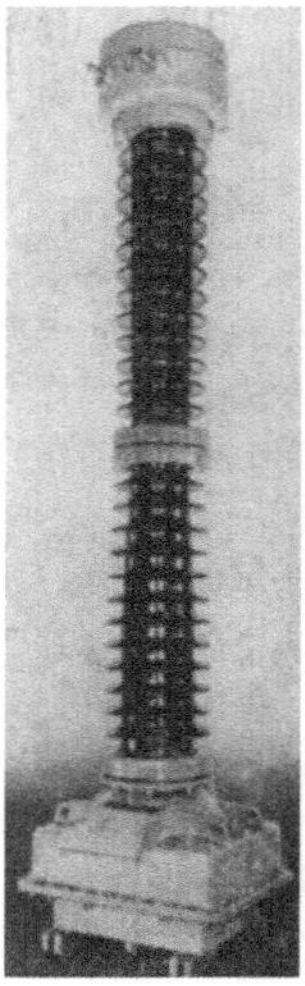

Abb. 344. Freiluftspannungswandler Reihe 220 (Siemens)

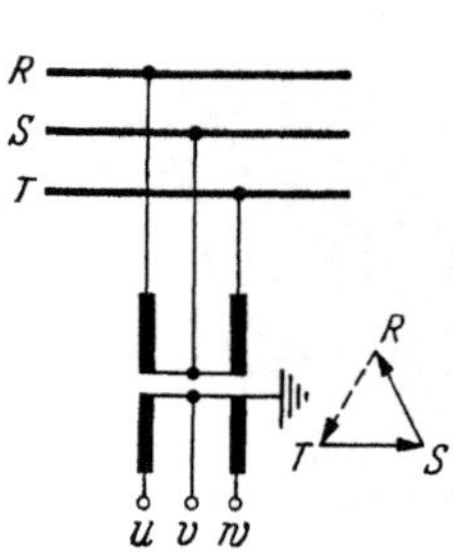

Abb. 345. Spannungswandler in V-Schaltung

Abb. 346. Doppelspannungswandler, bestehend aus zwei Einphasenwandler in V-Schaltung Reihe 10 (Siemens)

also für den Fluß die Möglichkeit bestehen, sich durch einen 4. und 5. Schenkel schließen zu können. Ist dies nicht möglich, wie etwa bei einem Dreischenkelwandler, dann bilden sich große Streuflüsse aus und erzwingen riesige Magnetisierungsströme, durch die ein Verbrennen des Wandlers erfolgen kann. Bringt man auf dem 4. und 5. Schenkel eines Fünfschenkelwandlers zwei in Reihe geschaltete Wicklungen geeigneter

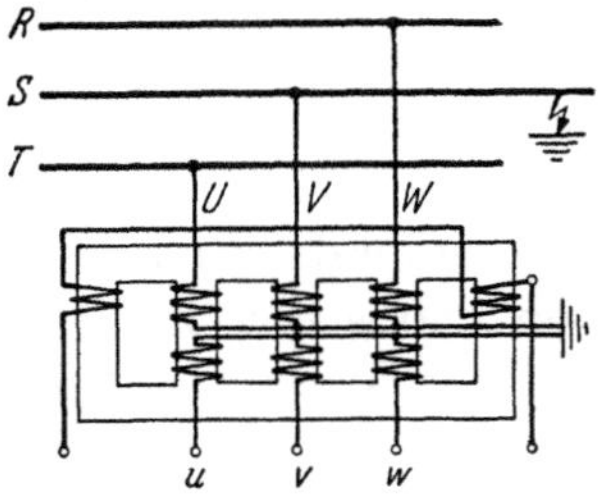

Abb. 347. Fünfschenkelwandler

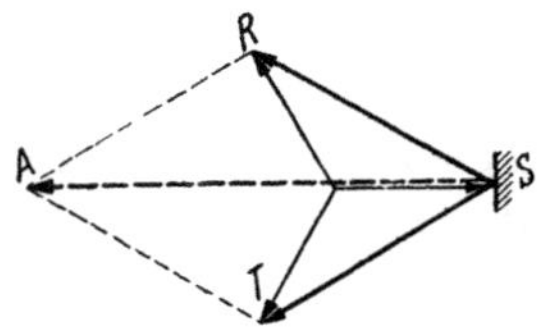

Abb. 348. Diagramm des Fünfschenkelwandlers bei Erdschluß

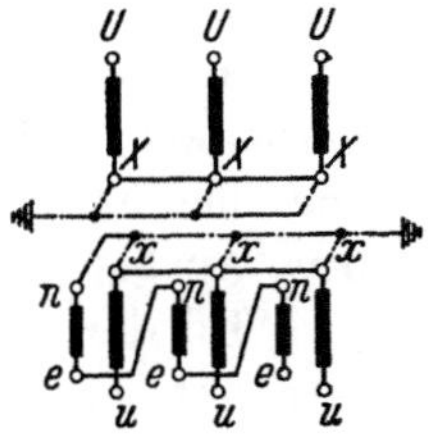

Abb. 349. 3 einpolig isolierte Einphasenwandler mit sekundärer Meßwicklung und offener Dreieckwicklung

Windungszahl auf, so kann man hiermit die Spannung des Nullpunktes gegen Erde messen. Bei Verwendung von drei einpoligen Wandlern kann man hierfür eine offene Dreieckwicklung benutzen (Abb. 349); in der Regel wird sekundär noch eine Meßwicklung vorgesehen. Erdungsspannungswandler führen ferner etwaige statische Ladungen eines Netzes ab.

XIV. Schaltanlagen

A. Allgemeines

Die Verteilung der in den Kraftwerken erzeugten elektrischen Energie erfolgt durch die Schaltanlagen. Diese können in Gebäuden untergebracht werden oder als Freiluftanlagen ausgebildet sein. Die Unterbringung der Schaltanlagen in Gebäuden wird bis etwa 30 kV meist die zweckmäßigste sein. Oberhalb dieser Spannung werden die Leitungsabstände, damit auch das Gebäude, sehr groß, zumal mit Rücksicht auf wirtschaftliche Fertigung elektrische Schaltgeräte für Freiluft auch für Innenraumanlagen verwendet werden. Die Folge ist ein Anwachsen des Anteils der Gebäudekosten an den Gesamtkosten. In diesem Falle ist dann die Freiluftanlage, bei der die Anlage im Freien aufgestellt wird, und damit also die Gebäude gespart werden, die wirtschaftlichere.

Unter Umständen ist es notwendig, auch bei höheren Spannungen die Anlage in einem Gebäude unterzubringen, und zwar dann, wenn mit derart staubhaltiger Luft zu rechnen ist, daß eine unzulässige Verschmutzung der Isolatoren eintritt und somit Überschläge zu befürchten sind.

B. Schaltanlagen in Gebäuden

Soll in einem Kraftwerk erzeugte Energie in einem Schalthaus verteilt werden, so wird oft das Schalthaus getrennt vor dem Maschinenhaus aufgestellt. Man erreicht damit, daß man in der Führung der ein- bzw. abgehenden Leitungen insbesondere bei Freileitungen unabhängiger ist, da man die verschiedenen Fronten des Schalthauses benutzen kann. Ferner werden die Lichtverhältnisse im Schalthaus günstiger und man kann von allen Seiten an das Gebäude gelangen, was meist für das Einbringen bzw. Ausbauen der Apparate und Transformatoren notwendig ist.

Wird die im Kraftwerk erzeugte Energie in Transformatoren hochgespannt, so können die Transformatoren grundsätzlich im Maschinenhaus oder im Schalthaus eingebaut sein. Da man heute, wenn möglich, Generator und Transformator zu einer Einheit zusammenfaßt und die Leistungsschalter und Sammelschienen erst hinter den Transformatoren anordnet, bekommt man in diesem Falle eine gute Leitungsführung, falls die Blocktransformatoren am Maschinenhaus angeordnet sind.

Prinzipiell besteht kein Unterschied zwischen einem Schalthaus, welches die im Kraftwerk erzeugte Energie verteilt und einem Schalthaus, welches losgelöst von der Energieerzeugung an einer beliebigen Stelle des Netzes die Energieverteilung vornimmt. In diesem Falle wird dann meist noch eine Umspannung in eine andere Spannung mit vorgenommen (s. Abb. 206).

Eine Schaltanlage ist die materielle Verwirklichung eines Schaltbildes, wie es auf S. 191 behandelt wurde. Der Kernpunkt einer Schaltanlage ist das Sammelschienensystem, welches heute bei wichtigeren Anlagen meist als Doppelsammelschienensystem ausgebildet ist. Zu diesem Sammelschienensystem führen die einzelnen Zuleitungen bzw. Abgänge mit ihren Leistungs- und Trennschaltern und Strom- und Spannungswandlern. Man betrachtet alles das, was zu einer Zuleitung, bzw. Ableitung zur Sammelschiene gehört, als eine Schaltzelle. Liegt eine solche Schaltzelle in ihren Abmessungen fest, so sind auch unter Berücksichtigung der Gänge und gewünschten Nebenräume die Maße des Schalthauses bestimmt. Für die Größe einer Schaltzelle ist die Höhe der Spannung wesentlich. Je nach Größe der Spannung sind die Abstände, welche einzuhalten sind, das sind die Abstände der spannungsführenden Teile gegeneinander oder gegen Erde, zu wählen. Bei den Mindestabständen nach Tab. 25 ist zu unterscheiden, ob entsprechend VDE 0101/7.60, § 18 und 19 die Abstände der N-Reihen oder der S-Reihen einzuhalten sind, wobei die S-Reihe in Anlagen, in denen durch Einbau von Überspannungsableitern oder infolge des gesamten Netzausbaues mit geringen atmosphärischen Überspannungen zu rechnen ist, verwendet werden kann.

Tabelle 25

Reihe (mit Kennbuchstabe N) nach VDE 0111	Mindestabstände a für Innenanlagen mm	Mindestabstände c für Freiluftanlagen mm	Reihe (mit Kennbuchstabe S) nach VDE 0111	Mindestabstände b für Innenanlagen mm	Mindestabstände d für Freiluftanlagen mm
bei nicht starr geerdetem Sternpunkt (volle Isolation)					
1 N	40	150	1 S	40	150
3 N	65	150	3 S	60	150
6 N	90	150	6 S	75	150
10 N	115	150	10 S	90	150
15 N[1]	160	–	15 S[1]	115	–
20 N	215	215	20 S	160	160
25 N[1,2]	270	–	25 S[1,2]	215	–
30 N	325	325	30 S	270	270
45 N	520	520	45 S	380	380
60 N	700	700	60 S	520	520
110 N	1100	1100	110 S	950	950
150 N	1550	1550	150 S	1350	1350
220 N	2200	2200	220 S	1850	1850
bei starr geerdetem Sternpunkt (verringerte Isolation)					
110 NE	950	950	110 SE	800	800
150 NE	1350	1350	150 SE	1100	1100
220 NE	1850	1850	220 SE	1550	1550
300 NE[1]	2400	–	300 SE[1]	2200	–
380 NE	2900	2900	380 SE	2700	2700

Schaltanlagen der offenen Zellenbauweise dürfen nur in abgeschlossenen elektrischen Betriebsräumen errichtet werden. Als Berührungsschutz sind in den Gängen alsdann Verkleidungen aus Blech oder Gitter (bzw. -türen) 1800 mm hoch oder Schutzleisten in 1000 mm Höhe zulässig.

In größeren Innenraumschaltanlagen sind Ausgänge und Türen so anzuordnen, daß der Fluchtweg innerhalb der Anlage nicht mehr als 20 m beträgt (40 m bei Innenanlagen ab 60 kV). Die Türen müssen nach außen aufgehen und mit Türschlösser versehen sein, die von innen ohne Schlüssel, jedoch mittels Klinke leicht geöffnet werden können, auch wenn die Türen von außen verschlossen sind.

[1] In VDE 0101 nicht enthalten.

[2] Nur für Betriebsmittel in Wechselstrom-Bahnanlagen.

Für Mittelspannungs-Schaltanlagen bis 30 kV ist bei größeren Kurzschlußleistungen bzw. Kurzschlußströmen der Einbau von Lichtbogen-Schutzdecken zwischen Sammelschienen und Sammelschienen-Trennschaltern zu empfehlen (Abb. 350). Bei sehr großen Kurzschlußleistungen ist eine zweite Lichtbogen-Schutzdecke zwischen Sammelschienen-Trennschaltern und Leistungsschalter vorteilhaft. Durch diese Schottung soll das Wandern eines elektrischen Lichtbogens begrenzt werden, zumal solche z.B. bei einem versehentlichen Schalten eines Sammelschienen-Trenners unter Last immer auftreten.

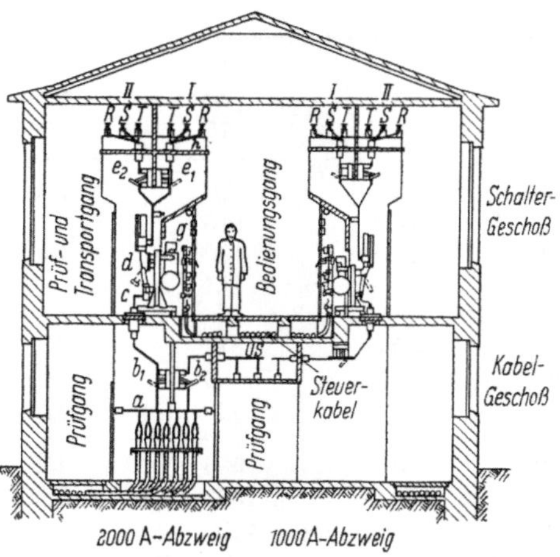

Abb. 350. Innen-Schaltanlage R 10 mit Doppelsammelschienen und Umgebungsschiene

Durchgeführte Lichtbogen-Kurzschlußversuche an Hochspannungszellen der üblichen Bauformen haben ergeben, daß zum Schutz des Bedienungspersonals die Anordnung zusätzlicher Leitflächen zum Ablenken der heißen Lichtbogengase von dem Bedienungsstandort sehr wichtig ist. Weitere Maßnahmen zum Schutze des Bedienungspersonals und der Schaltanlagen gegen derartige Lichtbogenkurzschlüsse bzw. deren weitere Folgen sind:

1. Begrenzen der Kurzschlußleistung, z.B. durch Aufteilen des Netzes.
2. Begrenzen der Kurzschlußzeit.
3. Der Einbau eines zuverlässigen Schaltfehlerschutzes, um ein Schalten der Trennschalter unter Last wirksam zu verhindern.
4. Fernbetätigte Trennschalterantriebe.
5. Der Einbau von Lasttrennschaltern (Schutztrenner) mit ausreichendem Schaltvermögen statt Trennschalter, insbesondere für Schaltanlagen mit Nennströmen unter 1250 A.
6. Umkleiden der blanken Stromschienen mit Isolierstoff mit Lichtbogen abweisender Wirkung, z.B. PVC, um eine Wanderung des elektrischen Lichtbogens zu verhindern.

In Abb. 350 ist der Schnitt durch eine Innenraumschaltanlage der Reihe 10 dargestellt, wobei ein 1000 A Abzweig und ein 2000 A Abzweig mit Doppelsammelschienen und im Kabelgeschoß eine Umgehungssammelschiene *US* vorgesehen sind. Links im Bild sind parallel geführte Kabel auf eine Kabelhilfsschiene *a* zusammengeschaltet, die weitere Verbindungsleitung führt alsdann über einen dreipoligen Trennschalter b_1

und Durchführungsstromwandler *c* zum Leistungsschalter *d* in der Bauform eines Druckluftschalters. Vom Leistungsschalter geht der Stromverlauf über je einen dreipoligen Trennschalter e_1 oder e_2 zu den Sammelschienen *I* oder *II*. Im Kabelgeschoß können statt über den Trenner b_1 die Kabel auch über den Trenner b_2 direkt auf die Umgehungsschiene *US* geschaltet werden, falls dies z.B. bei Überholung des Leistungsschalters notwendig sein sollte. In diesem Falle wird die *US*-Schiene über einen besonderen Kuppelschalter, wie in Abb. 203 angegeben, mit der Sammelschiene *I* oder *II* verbunden. Der Druckluftbehälter und die Steuerorgane *g* des Leistungsschalters sind vom Hochspannungsteil durch eine Zwischenwand getrennt und somit im Betrieb zugänglich.

Die einzelnen Zellen, mit den drei Phasen einer Zu- oder Ableitung, sind gegeneinander sowohl im Kabel- als auch im Schaltergeschoß durch Hartgipswände getrennt. Ferner sind die Trennschalter gegen die Sammelschienen und auch diese gegeneinander durch eine Hartgipswand *h* abgeschirmt. Während die seitlichen Trennwände einmal die Aufgabe haben, beim Arbeiten in der abgeschalteten Nachbarzelle einen Schutz zu bilden, ist es deren weitere Aufgabe, bei einem eventuell entstehenden Lichtbogen (z.B. infolge falscher Trennschalterbetätigung) zu verhindern, daß dieser auf andere Anlageteile übergreift. Die in den Bedienungsgang überstehende Schutzdecke soll weiterhin den Bedienenden gegen die heißen Lichtbogengase abschirmen. Durch das in der Schutzdecke eingesetzte Fenster ist auch die *Ein-* oder *Aus*-Stellung der Trenner sichtbar. Die Trennung der Trennschalter gegen die Sammelschienensysteme durch die Lichtbogenschutzdecke *h* soll vermeiden, daß der Lichtbogen in das Sammelschienensystem gelangt und hier entlangwandert und gegebenenfalls große Zerstörungen anrichten kann. Dies ist möglich, weil ein entstehender Lichtbogen das Bestreben hat, von der Erzeugungsstelle abzuwandern, wie man aus der zweipolig gezeichneten Anordnung (Abb. 351) erkennt. Tritt zwischen den beiden Leitern ein Lichtbogen auf, so hat die durch ihn gebildete Stromschleife das Bestreben, ihren Kraftlinienfluß zu vergrößern, so daß der Lichtbogen wandern muß. Dieses Wandern kann in horizontaler Richtung nach oben und bei genügender Stromstärke bzw. bei den meist sehr großen Kurzschlußströmen auch nach unten erfolgen. Bei der Anordnung nach Abb. 350 wird der Lichtbogen innerhalb der Zelle festgehalten, so daß weitere Zerstörungen in der Schaltanlage nicht angerichtet werden. Man kann auch sogenannte völlig offene Schaltanlagen bauen, bei denen die seitlichen Trennwände und die Lichtbogenschutzwände weggelassen sind. Im allgemeinen werden jedoch in Deutschland bei mittleren Spannungen

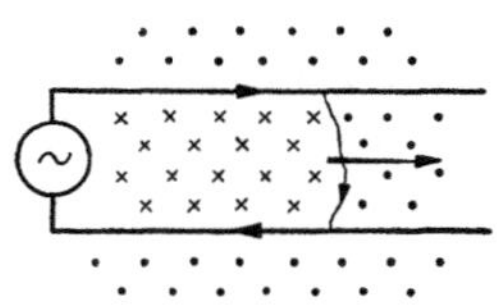

Abb. 351. Lichtbogenwanderung

Anlagen mit seitlichen Wänden und Lichtbogen-Schutzdecke bevorzugt. Bei Anlagen für große Spannungen baut man jedoch allgemein die Anlage völlig offen.

Trennschalter können durch Hebel- oder Gestängeantrieb betätigt werden. In größeren Verteilungsanlagen wird in der Regel der Druckluftantrieb nicht nur für die Leistungsschalter, sondern auch für die Trennschalter vorgesehen.

Allgemein kommen für Sammelschienen, abgesehen von kleinen Stromstärken, bei denen Rundleiter genügen, Flachschienen aus *E*-Kupfer oder *E*-Aluminium zur Anwendung, wobei bei größeren Strömen zur besseren Kühlung mehrere Schienen in kleinem Abstand nebeneinander angeordnet sind. Da bei großen Strömen sich große Querschnitte ergeben und hierbei in den Flachschienen eine merkliche Stromverdrängung, also eine stärkere Erwärmung auftritt, geht man heute gelegentlich zu rohrförmigen Querschnitten über, die auch mechanisch gut sind. Günstig in bezug auf Stromverdrängung sind auch Sammelschienen, die aus ein oder zwei *U*-Profilen hergestellt sind.

Für betriebswichtige Schaltanlagen, insbesondere solche für die Energieversorgung großer Industriewerke hat man gelegentlich Dreifachsammelschienen.

Der Aufbau einer solchen Schaltanlage mit erhöhter Sicherheit ist beispielsweise in Abb. 352 dargestellt. Die Sammelschienen *I* und *II* befinden sich im obersten Stockwerk (Sammelschienengeschoß), während die dritte Sammelschiene in Höhe des Reaktanzengeschosses mit untergebracht ist. Zu beachten ist, daß die Sammelschiene *II* für die linke und rechte Abzweigreihe gemeinsam und in der Mitte angeordnet ist. Sämtliche Sammelschienentrenner sind gegenüber den Sammelschienen geschottet, um die Auswirkung etwaiger Lichtbögen bei Fehlschaltungen einzuschränken.

Die zu jedem Abzweig erforderlichen Leistungsschalter sind in einem besonderen Schaltergeschoß aufgestellt. Von dem Leistungsschalter geht die abgehende Leitung, über eine Drosselspule zur Begrenzung der Kurzschlußleistung, zu den Kabelabgängen im Kabelgeschoß. Innerhalb der Kabelzellen sind auch die Spannungswandler über Sicherungen angeschlossen.

Abb. 353 zeigt den Schnitt und Teilgrundriß eines 110-kV-Schalthauses mit 3fach Sammelschienen. Der Anschluß erfolgt durch Freileitungen, deren Überspannungsableiter außerhalb am Gebäude angeordnet sind.

Durch Verwendung von Drei-Stützer-Drehtrennschalter ergibt sich im Sammelschienengeschoß je Abzweigtrenner eine kleinere Zellenteilung, so daß bei der wechselseitig geschachtelten Aufstellung der Leistungsschalter im Erdgeschoß die Gesamtbaulänge des Schalthauses

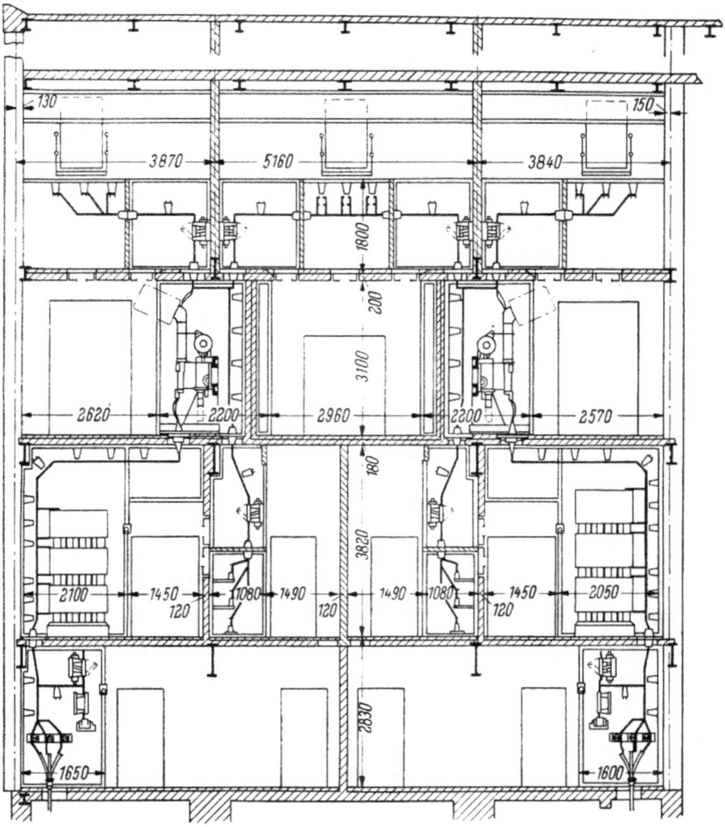

Abb. 352. 6-kV-Innenraum-Schaltanlage mit erhöhter Sicherheit. Ausschaltleistung 60 MVA bei 6 kV

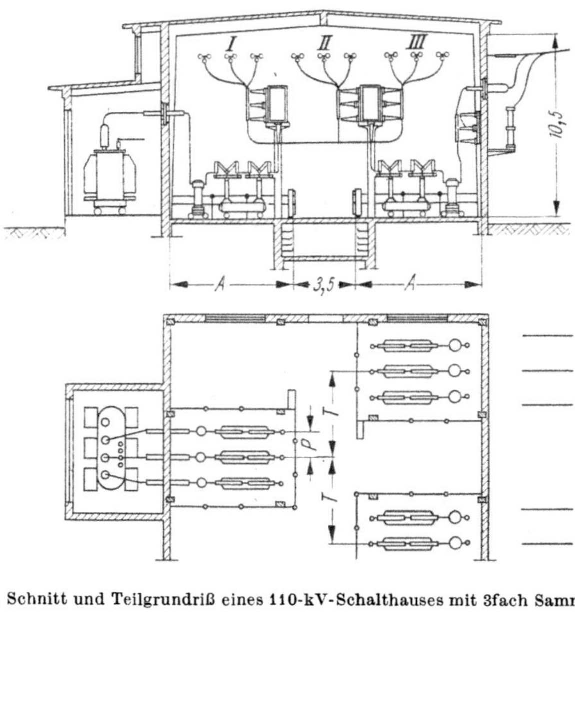

Abb. 353. Schnitt und Teilgrundriß eines 110-kV-Schalthauses mit 3fach Sammelschienen

gekürzt werden kann, weil in diesem Fall nicht auf die sonst größere, für den Leistungsschalter erforderliche Zellenteilung, Rücksicht genommen zu werden braucht. Durch Verwendung kombinierter Strom- und Spannungswandler, ist auch die Zellentiefe kleiner als bei Anwendung getrennter Strom- und Spannungswandler.

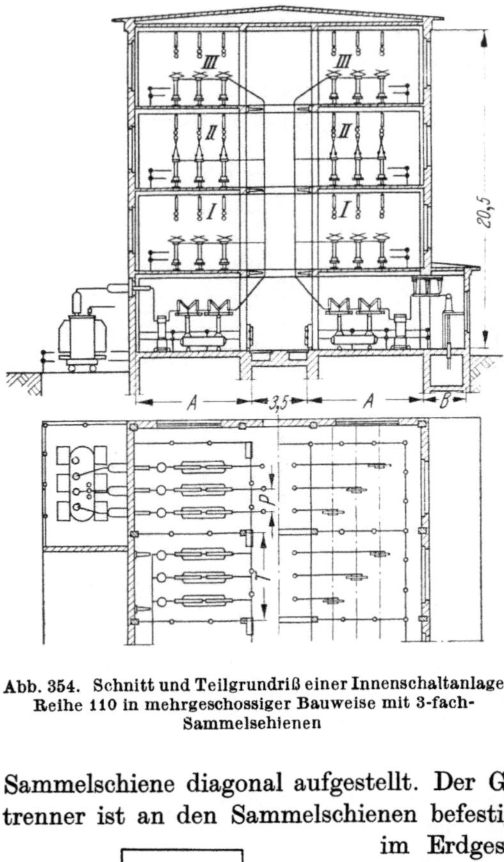

Abb. 354. Schnitt und Teilgrundriß einer Innenschaltanlage Reihe 110 in mehrgeschossiger Bauweise mit 3-fach-Sammelschienen

Neue Möglichkeiten für raumsparende Bauweisen bieten die Einsäulentrenner, deren Ausführung auf S. 287 (XII) beschrieben ist. Die Abb. 354 zeigt im Schnitt und Teilgrundriß den Aufbau einer Innenschaltanlage Reihe 110 in mehrgeschossiger Bauweise mit 3-fach-Sammelschienen. Wie aus dem Teilgrundriß rechts ersichtlich, sind die Sammelschienen - Einsäulentrenner im Schnittpunkt zwischen Abzweigleitung und Sammelschiene diagonal aufgestellt. Der Gegenkontakt der Einsäulentrenner ist an den Sammelschienen befestigt. Für den Abzweigtrenner im Erdgeschoß sind wiederum Drei-Stützer-Drehtrennschalter gewählt, um möglichst kleine Zellenteilungen zu erhalten. Für den Anschluß der 110-kV-Kabel ist im Erdgeschoß längsseitig ein Anbau angeordnet.

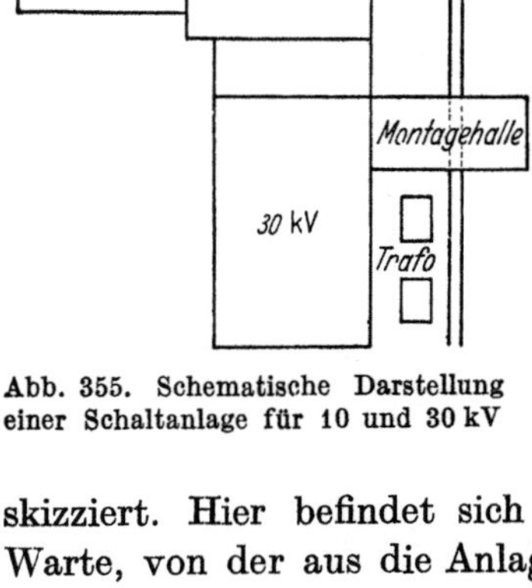

Abb. 355. Schematische Darstellung einer Schaltanlage für 10 und 30 kV

In Umspannstationen erfolgt die Verteilung oft mit zwei Spannungen, z.B. mit 30 und 10 kV. Man wird in diesen Fällen meist die Schaltanlage für die beiden Spannungen getrennt anordnen. Eine mögliche Ausführung ist in Abb. 355 skizziert. Hier befindet sich zwischen den beiden Schaltanlagen die Warte, von der aus die Anlage gesteuert und der Schaltzustand überwacht werden kann. In manchen industriellen Anlagen sind im gleichen Raume die Schaltanlagen für zwei verschiedene Spannungen untergebracht, z.B. für 0,5 und 6 kV.

Für die Mittelspannungen werden vielfach stahlblechgekapselte Schaltanlagen verwendet. Diese stahlblechgekapselten Schaltanlagen werden aus beliebig ausgerüsteten Schalt- und Transformatorschränken, letztere meist noch durch Niederspannungs-Verteilerschränke ergänzt, nach dem jeweiligen Bedarf zusammengestellt. Für die Aufstellung genügen meistens einfache Fundamente, auf welche diese Stationen aufgesetzt werden. Die einzelnen Schalt- und Transformatorschränke sind von außen vollständig geschlossen und können, da keinerlei Berührungsgefahr mit spannungsführenden Teilen besteht, auch innerhalb von Betriebsstätten oder im Freien aufgestellt werden. Bei Aufstellung im Freien ist allerdings zu beachten, daß die einzelnen Schaltschränke innen beheizt werden müssen, um Kondenswasserbildung zu vermeiden, und um die Betriebstüchtigkeit der eingebauten Geräte bei niedrigen Außentemperaturen zu erhalten. Eingebaute Schaltgeräte können bei diesen Baueinheiten nach Öffnen kleiner Bedienungstüren von außen betätigt werden. Es entfallen daher zusätzliche Bedienungsgänge, so daß der Raum- und Platzbedarf gegenüber ummauerten Schaltstationen erheblich kleiner ist.

Stahlblechgekapselte Schaltfelder werden zum Teil mit fest eingebauten Geräten Abb. 356 und zum Teil auch mit ausfahrbaren Schalt-

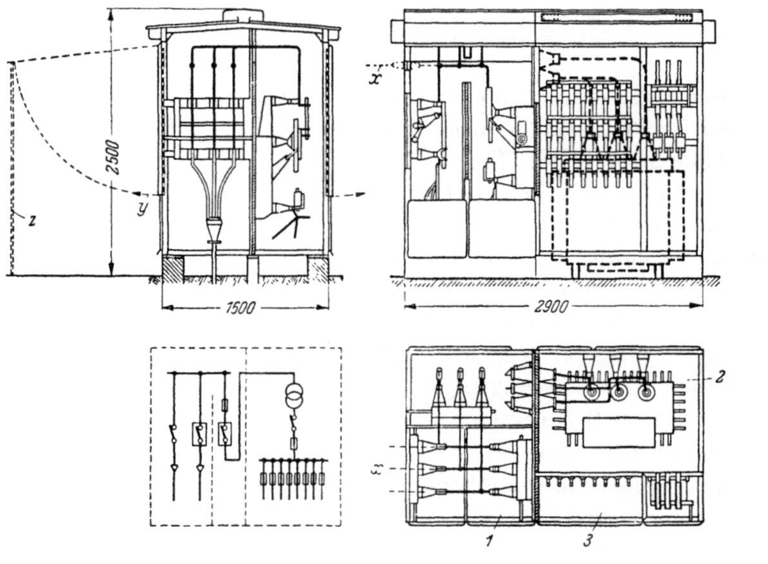

Abb. 356. Hochspannungsschrankanlage für Freiluftaufstellung als Netztransformatorenstation ausgebildet, Reihe 10

x Erweiterungsrichtung; *1* Hochspannungs-Schaltanlage; *2* Trafo 10/0,38 kV; *3* Niederspannungs-Schaltanlage des Trafos geräten, z.B. Leistungsschalter, Abb. 357 ausgeführt. Für fabrikgefertigte und nach VDE 0111, Taf. 1, 3 bzw. 9 mit Spannung geprüfte Schaltfelder brauchen die in Tab. 25 angegebenen Mindestabstände nicht eingehalten zu werden. Durch diese Spannungsprüfung sind kleinere Abmessungen der Schaltfelder erreichbar, als wenn sie unter Einhaltung der nach Tab. 25 vorgeschriebenen Mindestabstände ausgeführt werden.

Die meist üblichen Grundschaltungen gekapselter Schaltfelder sind in den Normblättern DIN 43676, DIN 43677 und DIN 43678 zusammengestellt.

Abb. 357. Stahlblechgekapselte Hochspannungsschaltanlage für Betriebsspannungen bis 10 kV mit ausfahrbaren Schaltwagen und Einfachsammelschienen

Bei stahlblechgekapselten Schaltanlagen wird, wenn man Doppelsammelschienensystem benötigt, sehr oft die Zweileistungsschalter-Methode angewendet. Hierbei werden, wie in Abb. 358 gezeigt, Schaltfelder mit Einfachsammelschienen verwendet. Diese Schaltfelder werden im allgemeinen einander gegenüber aufgestellt und die Kabelanschlüsse je zweier gegenüberliegender Zellen miteinander verbunden. Diese Verbindung kann als blanke Schiene oder als Kabel ausgeführt werden.

Stellt man die Felder nicht mit der Bedienungsseite, sondern mit der Rückseite einander gegenüber auf, so wird die vorgenannte Verbindung sehr kurz. Diese Lösung kann vor allem dann interessant sein, wenn je Abzweig zwei Schaltwagen vorgesehen werden, was bei Fernbedienung der Felder zur zwangsläufigen Notwendigkeit wird. Die Anwendung der Zweileistungsschalter-Methode bietet u.a. auch den Vorteil, daß Trenner vollkommen vermieden sind und sämtliche Schalthandlungen mit dem Leistungsschalter ausgeführt werden.

Um sämtliche Abzweige Abb. 359 von der Betriebsschiene *A* auf die Schiene *B* unterbrechungslos umschalten zu können, ist zuerst ein Schaltwagen in *B 1* (System *B*, Abzweig *1*) einzufahren und der Leistungsschalter einzuschalten, damit beide Schienen unter Spannung sind (Sammelschienenkupplung). Hiernach ist ein weiterer Schaltwagen in Abzweig *B 2* einzufahren. Der in *A 2* freiwerdende Wagen wird in *B 3* eingefahren usw. Es werden insgesamt mindestens $n + 2$ Schaltwagen benötigt, wobei „n" die Zahl der Abzweige der Schaltanlage ist. Es dürfte zweckmäßig sein, in der Einspeisung sowohl für System *A* als auch System *B* die Schaltwagen mit denselben Nennströmen fest beizubehalten und nur in den Abzweigen zu den Verbrauchern, die im allgemeinen für kleinere

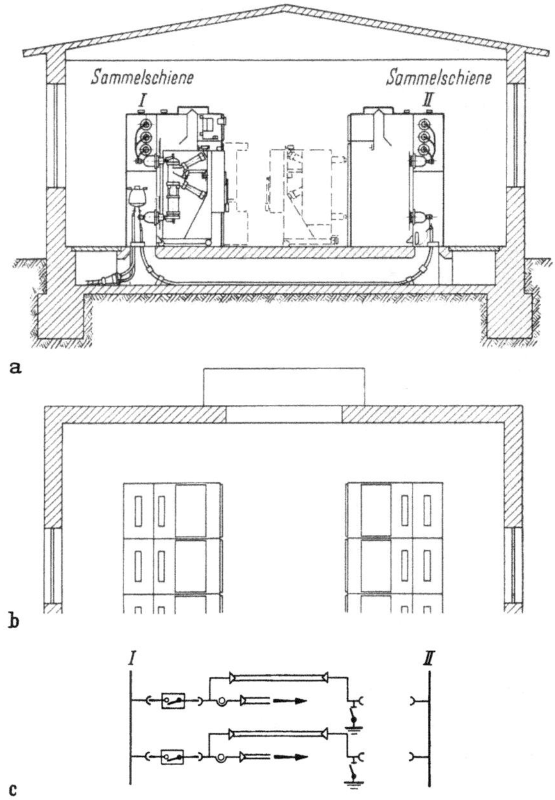

Abb. 358. Gekapselte Schaltfelderreihe 10 nach der Zweileistungsschaltermethode
a) Querschnitt; b) Grundriß; c) Schaltbild

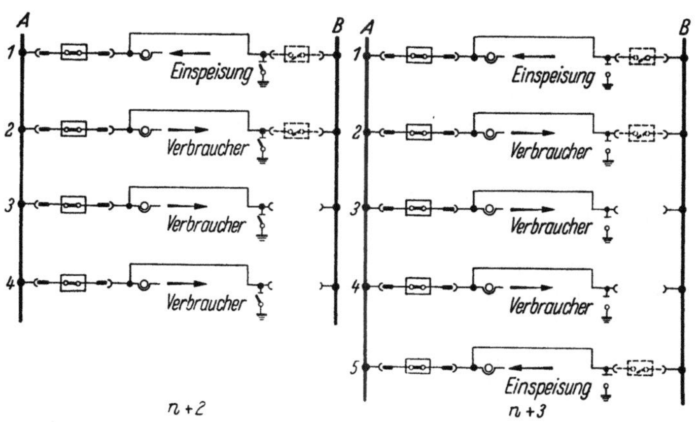

Abb. 359. Übersichtsschaltplan für eine Anlage nach der Zweileistungsschaltermethode. Mit einer Einspeisung: erforderliche Schaltwagen $n + 2$; mit zwei Einspeisungen: erforderliche Schaltwagen $n + 3$

Nennströme ausgelegt sind, die Schaltwagen beim Sammelschienenwechsel auszutauschen.

Durch die erweiterte Anwendung von Isolierstoffen ergibt sich für den Bau von Innenraum- und Mittelspannungs-Schaltanlagen die Möglichkeit den Raumbedarf insbesondere solcher der gekapselten Bauweise noch weiter zu verkleinern. Ein Beispiel hierfür zeigt Abb. 360, die die Ansicht einer 7feldrigen Schaltanlage Reihe 20, 1250 A und mit Leistungsschalter für 500 MVA der gießharzisolierten Bauweise darstellt.

Abb. 360. Front einer siebenfeldrigen Schaltanlage Reihe 20 der gießharzisolierten Bauweise

Ähnliche Möglichkeiten bestehen auch für Anlagen bis 110 kV Betriebsspannung zum Teil unter Anwendung druckgasisolierter Sammelschienen, Leitungen und Schaltgeräte.

Die gekapselten Anlagen haben den Vorteil, daß sie nach außen abgeschlossen sind, also keine Berührungsgefahr besteht und können daher auch innerhalb sonstiger Betriebsstätten aufgestellt werden. Sie sind ferner in den Abmessungen klein und die Schaltung kann, da man die Kästen baukastenmäßig zusammenzustellen vermag, leicht geändert werden, auch kann man leicht Erweiterungen vornehmen.

In letzter Zeit geht man dazu über, auch kleine Netztrafostationen zur Versorgung von Häuserblocks, Werksiedlungen usw. in Schrankform im Freien aufzustellen. Der Schrank wird fabrikfertig geliefert und ist in kürzester Zeit betriebsbereit. Er enthält die Anschlüsse für das Hochspannungsringkabel und meistens einen Abgang für einen Transformator sowie die Verteilungsanlage auf der Niederspannungsseite mit Hochleistungsgriffsicherung. Ein Ausführungsbeispiel zeigt Abb. 356.

Man ist bestrebt, Mittelspannungs-Schaltanlagen in stahlblechgekapselter Ausführung, bestehend aus einzelnen Feldern, fabrikfertig herzustellen, so daß die Aufstellung auf der Baustelle mit einem minimalen Zeitaufwand verknüpft ist. Sowohl die Felder als auch deren Einzelteile sind weitgehend genormt, wodurch günstige Voraussetzungen für eine rasche Auswechselbarkeit gegeben sind. Diese Normung verlangt eine Beschränkung auf wenige Standardtypen und wurde in USA eingeführt, um eine rationelle Fertigung in großer Stückzahl zu ermöglichen.

Eine gekapselte Schaltanlage dieser Bauart zeigt Abb. 361.

Abb. 361. Stahlblechgekapselte Schaltanlage, bestehend aus fabrikfertig hergestellten Einzelfeldern

Abb. 362. Gekapselte Zuleitungen zu 3 Einphasen-Transformatoren (GE)

Nicht nur die Schaltanlagen, sondern auch die Verbindungsleitungen, z. B. zwischen Generator und Transformator oder den Sammelschienen, werden bei Verschmutzungsgefahr gekapselt.

Abb. 363. Gekapseltes Sammelschienenstück (GE)

Abb. 362 zeigt den unterspannungsseitigen Anschluß einer aus drei Einphasen-Transformatoren bestehenden Gruppe. Die Kapselung der Leitungen, bestehend aus je 2 U-Schienen, geht im einzelnen aus der Abb. 363 hervor.

Abb. 364. Gekapselte Freiluftanlage (GE)

Für die Stromversorgung eines Betriebes wird oft eine Freiluftschaltanlage in Verbindung mit Transformatoren errichtet. Die Unterspannungsverteilung ist, wie aus Abb. 364 ersichtlich, in Schrankform zwischen den beiden Transformatoren aufgestellt.

C. Freiluftschaltanlagen

Bei höheren Spannungen und zwar von etwa 60 kV ab, wird man meist die Schaltanlagen als Freiluftanlagen bauen. Diese haben einmal den Vorteil, daß sie, da das Schalthaus wegfällt, billiger werden, daß sie rascher gebaut werden können und daß es keine Schwierigkeiten macht, die Anlage zu vergrößern, falls man genügend Bodenfläche zur Verfügung hat. Die Entwicklung der Freiluftanlagen ist in Deutschland

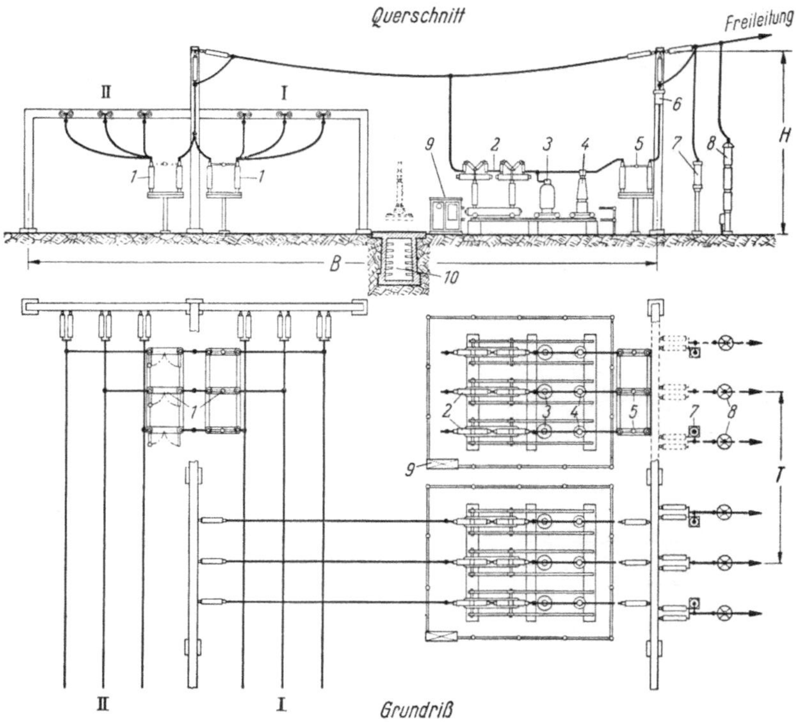

Abb. 365. Freiluft-Schaltanlage mit Druckluftschnellschaltern. Halbhohe (klassische) Bauweise

bestrebt, möglichst an Eisen und Isolatoren zu sparen und übersichtliche Anlagen zu erhalten. Im folgenden seien drei typische Freiluftanlagen behandelt:

Abb. 365 zeigt eine Freiluftanlage in halbhoher sogenannter klassischer Bauweise für 60 bis 220 kV. Parallel zur ankommenden Freileitung ist ein Überspannungsableiter *8* und ein Koppelkondensator *7* geschaltet. Letzterer dient zur Abnahme der Hochfrequenz für die Hochfrequenztelefonie. Die Freileitung führt dann über eine Sperre *6* zum

Trennschalter *5*. Die Sperre *6* (Spule) soll die Hochfrequenz von der Schaltanlage absperren. Vom Trennschalter *5* aus laufen die Leitungen über einen Stromwandler *4* über einen Spannungswandler *3* zum Leistungsschalter *2* (Druckluftschalter). Vom Leistungsschalter geht der Stromverlauf über die Trennschalter *1* zum Sammelschienensystem I oder II. Die Sammelschienensysteme I und II bestehen aus Leitungen, die an den beiden Enden der Schaltanlage an je einem Portal an Isolatoren abgespannt sind.

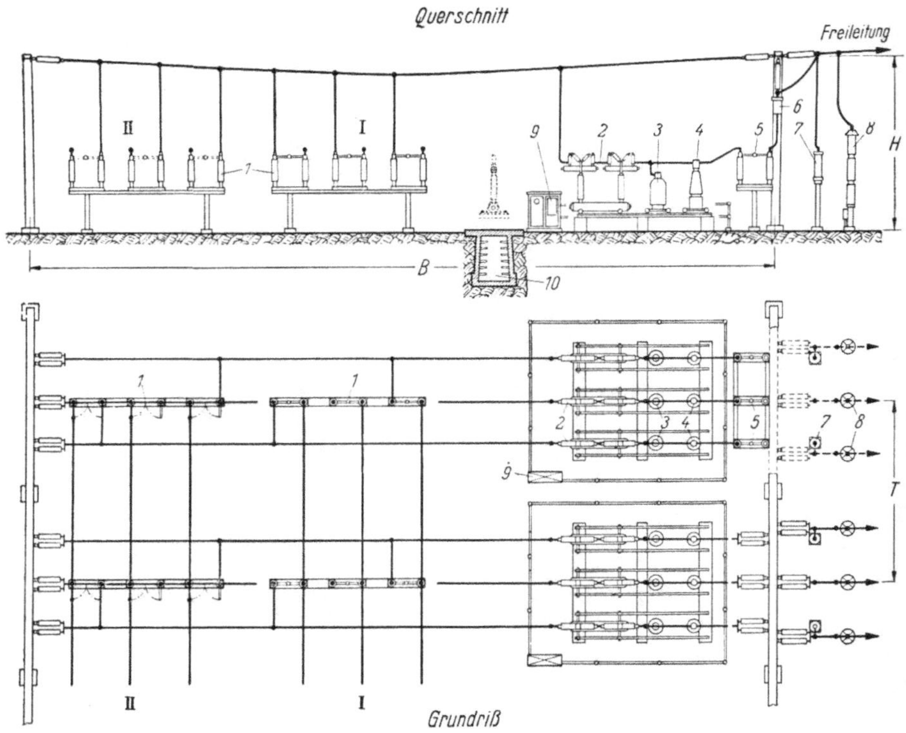

Abb. 366. Freiluft-Schaltanlage mit Druckluftschnellschaltern. Reihen-Querbauweise (RWE)

Abb. **366** zeigt eine Freiluft-Schaltanlage in Reihen-Querbauweise (RWE), die sich von der klassischen Bauweise im wesentlichen dadurch unterscheidet, daß die Sammelschienen auf je einem Stützer der Sammelschienen-Trennschalter aufgelegt sind. Aus diesem Grunde sind die einzelnen Pole der Sammelschienen-Trennschalter hintereinander im Zuge der abgehenden Leitungen angeordnet, also quer zur Sammelschiene.

In Abb. 367 ist eine weitere Bauweise, die Reihen-Längsbauweise, gezeigt, die bevorzugt in Hochspannungsfreiluftanlagen angewendet wird. Sie ist dadurch gekennzeichnet, daß die 3 Pole der Sammelschienen-Trennschalter hintereinander, also in Längsrichtung der Sammelschienen, angeordnet sind. Es ergibt sich hier der Vorteil, daß die Verbindungen zwischen den Sammelschienen-Trennschaltern zum Leistungsschalter in gleicher Höhe geführt werden können. Man spart dadurch an Abspanngerüsten, wie sie bei den vorbeschriebenen Bauweisen erforderlich sind; ferner werden die Sammelschienen nicht überkreuzt. Auch läßt sich

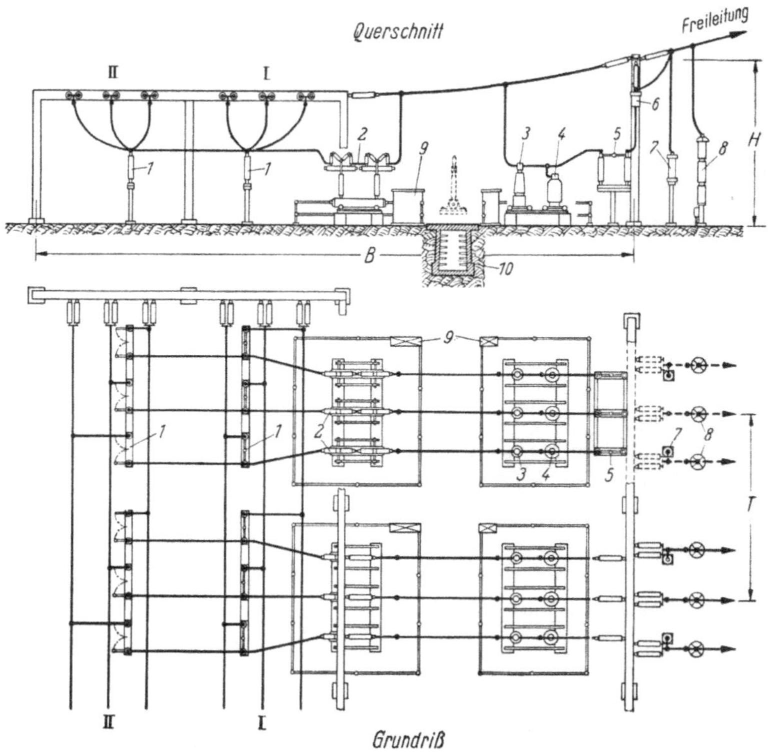

Abb. 367. Freiluft-Schaltanlage mit Druckluftschnellschaltern. Reihen-Längsbauweise

eine derart gebaute Anlage in einfacher Weise auf eine beliebige Anzahl von Sammelschienensystemen erweitern.

Zur Aufnahme des Steuerblocks für die Betätigung der Leistungs- und Trennschalter dient ein Steuerschrank, der jedem Abzweig, wie dargestellt, zugeordnet ist. Für den Transport der Schaltgeräte sind geeignete Wege vorzusehen, wie dies in vorstehenden Bildern angedeutet ist. Der Transport wird vielfach als begehbarer Kanal ausgebildet für die Verlegung der Steuer- und Meßkabel.

D. Schaltwarte

Während bei kleinen Schaltanlagen die Betätigung der Leistungsschalter und der Trennschalter vom Bedienungsgang aus erfolgt, genügt dies für größere Schaltanlagen allein nicht mehr. Hier muß eine Fernbetätigung der Schalter von einer zentralen Kommandostelle, der sogenannten Schaltwarte, aus vorgesehen werden. Zu diesem Zweck führt man von den Schaltern der Anlage Betätigungsleitungen in die Schaltwarte, desgleichen noch Meßleitungen zur Überwachung sämtlicher Stromkreise. Damit kann man von der Schaltwarte aus jede Schalthandlung vornehmen und überwachen, außerdem kann das Personal an Hand der Anzeige der Meßinstrumente Entscheidungen treffen, ob Schalthandlungen ausgeführt werden müssen (z. B. Inbetriebsetzen einer Maschineneinheit bei ansteigender Last). Um in der Schaltwarte eine gute Übersicht zu bekommen, ordnet man jeder ankommenden und abgehenden Leitung, sowie jedem Maschinensatz ein besonderes Feld zu. Abb. 368 zeigt schematisch, wie diese Zuordnung sein kann. Die Betätigungsschalter für die Fernbetätigung können dabei auf den Schaltwänden, falls hier kein Platz vorhanden ist oder die Übersichtlichkeit leidet, auf Schaltpulten angeordnet werden, die vor den Schalttafeln aufgestellt sind. Auf diesen Schaltwänden bzw. Schaltpulten befindet sich dann auch meist ein Schaltbild der Anlage.

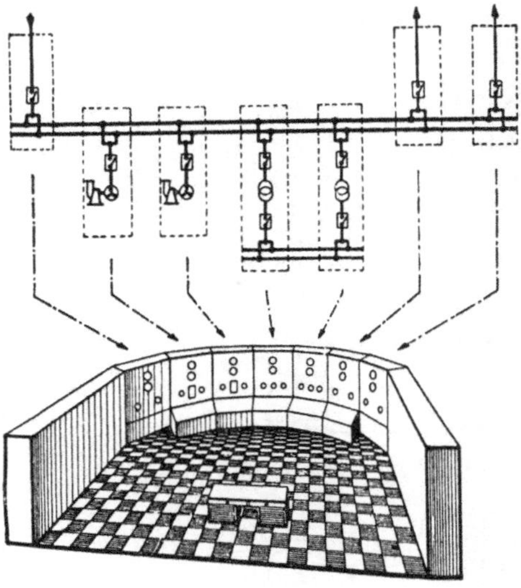

Abb. 368. Schaltwarte

E. Das Bedienungsschaltbild

Es ist unbedingt notwendig, daß der Schaltwärter einer Schaltanlage sich jederzeit über den Schaltzustand der Anlage bzw. des Netzes ein Bild machen kann. Hierzu dient das Bedienungsschaltbild. Es ist dies ein Schaltbild, welches in vereinfachter Form auf den Instrumententafeln oder auf einem Pult der Schaltwarte angebracht ist. Das Bedienungsschaltbild kann aufgemalt oder die Leitungen können durch farbige Leisten gekennzeichnet sein. An dem Schaltbild muß der Wärter jederzeit erkennen können, ob ein Schalter ein- bzw. ausgeschaltet ist. Dies kann z.B. durch Zeigermelder, auch Schauzeiger genannt, erfolgen. Ein solcher Zeigermelder besteht z.B. aus einem dünnen, schmalen Rechteck (schwarzer Strich), welches drehbar angeordnet ist. Befindet sich der schwarze Strich in Richtung des Leitungszuges, so heißt dies, daß der zugeordnete Schalter geschlossen ist (Abb. 369a). Steht der Zeigermelder dagegen senkrecht zur Leitungsrichtung (s. Abb. 369b), so ist der entsprechende Schalter geöffnet.

Zur Betätigung des Zeigermelders dient ein kleiner Elektromagnet mit einer Ein- und einer Aus-Spule. Das Schauzeichen ist also sowohl in der Ein-, als auch in der Aus-Stellung stromdurchflossen. Liegt jedoch im Meldekreis ein Schaden vor, so daß der Zeigermelder stromlos ist, dann wird durch die Federkraft der Zeiger in eine schräge Lage (Abb. 369c) gebracht, welche Störung bedeutet. Um die Lage des Zeigermelders in Übereinstimmung mit der Lage des zu meldenden Schalters (Trenner- oder Leistungsschalter) zu bringen, müssen vom Zeigermelder zum Leistungsschalter Meldeleitungen verlegt sein. Am Schalter selbst sind Hilfskontakte vorzusehen, durch welche je nach dem Schaltzustand die Ein- oder Aus-Spule des Zeigermelders stromdurchflossen ist. Zur besseren Unterscheidung werden für Trenner und Leistungsschalter meistens verschieden große Zeigermelder angewendet.

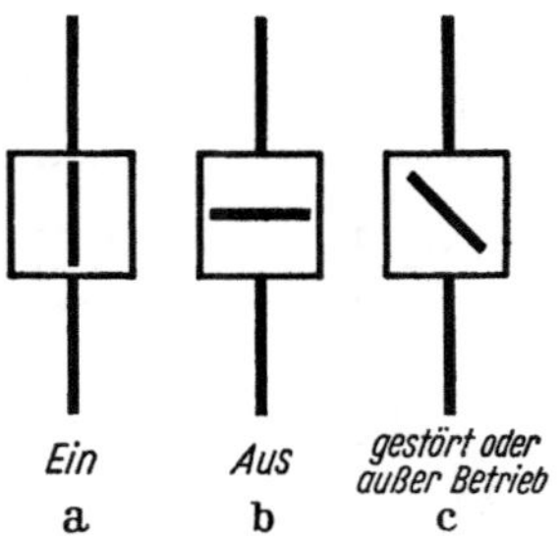

Abb. 369a–c. Schalterstellungsanzeiger im Blindschaltplan

Statt Stellungszeiger kann man im Leitungszug auch zwei verschiedenartige Lampen anordnen. Leuchtet z.B. die rote auf, dann heißt dies „Schalter ein"; leuchtet dagegen die grüne, so bedeutet dies „Schalter aus".

Obwohl man mit den bis jetzt beschriebenen Meldeeinrichtungen den Schaltzustand der Anlage genau nachbilden kann, ist es jedoch leicht möglich, daß, falls ein Leistungsschalter infolge Überlastung ausfällt, dies vom Schaltwärter überhaupt nicht bemerkt wird, da im Blindschaltbild meist eine Reihe von Schaltern ausgeschaltet ist. Man hat deswegen noch zusätzliche Einrichtungen vorzusehen, etwa eine Hupe, die ertönt, falls der Schaltzustand der Anlage sich ändert und die vom Wärter abgeschaltet werden kann, nachdem er von der Schaltänderung Kenntnis genommen hat. Aber auch in diesem Falle ist es bei umfangreichen Schaltungen nicht einfach, herauszufinden, welcher Leistungsschalter gefallen ist.

Einfach wird das Auffinden eines gefallenen Schalters, falls man im Blindschaltbild Melde- oder Quittungsschalter benutzt. Es sind dies kleine, im Blindschaltbild angebrachte Knebelschalter, die, falls „Schalter ein“ in Richtung des Leitungszuges, falls „Schalter aus“ jedoch senkrecht hierzu stehen. In Verbindung mit einem solchen Meldeschalter ist noch eine Lampe erforderlich, die z. B. im Meldeschalter selbst angebracht sein kann. Diese Lampe brennt z. B. ruhig, wenn die Stellung des Meldeschalters der tatsächlichen Stellung des Leistungsschalters entspricht. Fällt jedoch der Leistungsschalter aus, so wird, da der Meldeschalter noch in der Einschaltstellung sich befindet, die zugeordnete Meldelampe blinken und dem Schaltwärter zeigen, daß der Leistungsschalter ausgefallen ist. Wenn er jetzt den Meldeschalter in die Aus-Stellung bringt, wird die Meldelampe wieder ruhig brennen, da jetzt die Stellung des Meldeschalters mit der des Leistungsschalters wieder übereinstimmt. Der Vorteil dieses Systems besteht darin, daß z. B. bei Hellschaltung normalerweise sämtliche Kennlampen ruhig brennen. Blinkt jedoch eine Lampe auf, so weiß der Wärter sofort, daß hier der Schaltzustand geändert wurde. Er „quittiert“ die Kenntnisnahme, indem er die Stellung des Schalters mit dem jetzt vorhandenen Schaltzustand in Übereinstimmung bringt. Man kann einen solchen Melde- bzw. Quittierschalter auch mit einem Steuerschalter vereinigen.

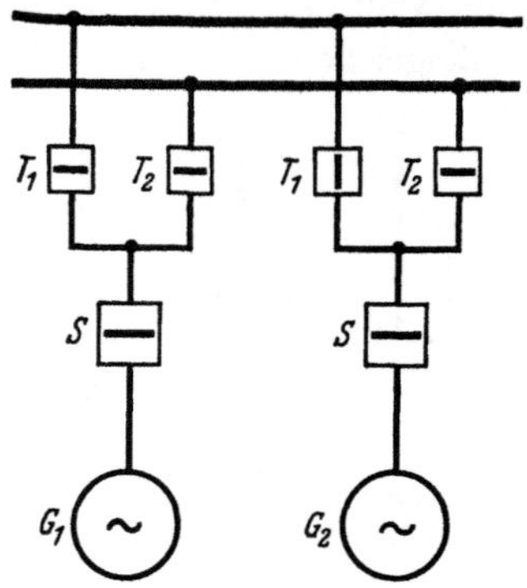

Abb. 370. Blindschaltplan für Schaltwarten mit Schalterstellungsanzeiger

Abb. 370 zeigt einen einfachen Blindschaltplan für ein Doppelschienensystem, auf welches zwei Generatoren *G 1* und *G 2* arbeiten. Zwischen jedem Generator und den Sammelschienen sind ein Leistungsschalter und zwei Trenner vorgesehen. Im Blindschaltplan ist die Stellung der Trenner durch die Zeigermelder *T 1* und *T 2* dargestellt, während die Stellung des Leistungsschalters durch den Knebel des Steuerquittierschalters *S* zu ersehen ist. Stimmt die Stellung des Steuerquittierschalters mit der tatsächlichen Stellung des Leistungsschalters überein, so ist der Knebel von innen ruhig beleuchtet, während er bei Nichtübereinstimmung Blinklicht erhält. Soll beispielsweise der Leistungsschalter des Generators *2*, der zunächst eingeschaltet ist, ausgeschaltet werden, so wird der Knebel des Steuerquittierschalters *S* in die gezeichnete Querstellung gebracht. Jetzt erscheint ein Blinklicht, weil die Stellung des Steuerquittierschalters nicht mit der des Leistungsschalters übereinstimmt. Man kann den Schalter *S* so ausbilden, daß man den Knebel etwas in Achsrichtung bewegen und dann etwas über die Querstellung hinaus gegen eine Federkraft drehen kann. Hierbei wird ein Steuerschalter betätigt, der den Leistungsschalter ausschaltet. Sowie man den

Knebel losläßt, geht er wieder in die Querlage zurück und da der Leistungsschalter ausgeschaltet ist, hat der Knebel jetzt ruhiges Licht.

Mit dem stetig wachsenden Bedarf an elektrischer Energie sind nicht nur die Schalt- und Verteileranlagen größer geworden, sondern auch deren Schaltwarten, insbesondere für Anlagen mit mehreren Spannungsgruppen, Mehrfach-Sammelschienen und dergleichen. Allzugroße Schaltwarten sind jedoch wenig übersichtlich, wodurch deren Bedienungssicherheit insbesondere bei Störungen wesentlich eingeschränkt wird.

Abb. 371. Kleinschaltwarte für die Hochspannungsverteilungen eines großen Stahlwerkes

Durch die Entwicklung kleinerer Melde- und Steuergeräte und der Wahl kleinerer Meßgeräte war es möglich, die Abmessungen der Warte wesentlich einzuschränken. Einen weiteren Fortschritt in dieser Richtung brachte die Umstellung der Steuer- und Meldegeräte auf Kleinspannung. Die hierfür erforderlichen Umsetzrelais zum Umschalten der Steuerspannung auf die Betätigungsspannung 220 oder 110 V kann man in einem Nebenraum auf geeigneten Relaisgestellen anordnen. Abb. 371 zeigt als Beispiel eine moderne Kleinsteuerwarte mit Kleinsteuerquittierschalter. Die Kleinsteuerquittierschalter sind auf einer Steuertafel mit Leuchtbild auf einem Steuerpult eingebaut. Das Leuchtbild leuchtet je nach Betriebszustand in verschiedenen Farben auf. Die zugehörigen Meßgeräte sind im Pultaufbau angeordnet. Bei der Auswahl kleiner Meßgeräte ist zu beachten, daß diese nur mit elektromagnetischem oder Drehspulmeßwerk ausgeführt werden. Es sind deshalb für wattmetrische Messungen zusätzliche Meßwertumformer erforderlich, die man ebenfalls im Nebenraum unterbringen kann.

Derartige Schaltwarten, insbesondere für Lastverteilerwarten sind auch mittels Mosaikleuchtbild ausführbar, dessen Ausführung aus Abb. 372 und 373 hervorgeht. Derartige Mosaikleuchtbilder können durch den Einbau von Kleinsteuerquittierschalter oder Leuchtdrucktasten für die Betätigung ferngesteuerter Trenner und Leistungsschalter ergänzt werden. In die einzelnen Mosaikbausteine lassen sich bis zu vier Steckglühlampen in den Farben weiß, grün und rot einbauen, die je nach Schaltzustand und gewählter Schaltung aufleuchten oder im Störungsfall blinken. Die einzelnen Mosaikbausteine sind in einem Gitterblech eingesetzt, und sind in einfacher Weise umzustellen, falls dies durch Schaltungsänderung der zugehörigen Hochspannungs- oder Netzanlage notwendig sein sollte.

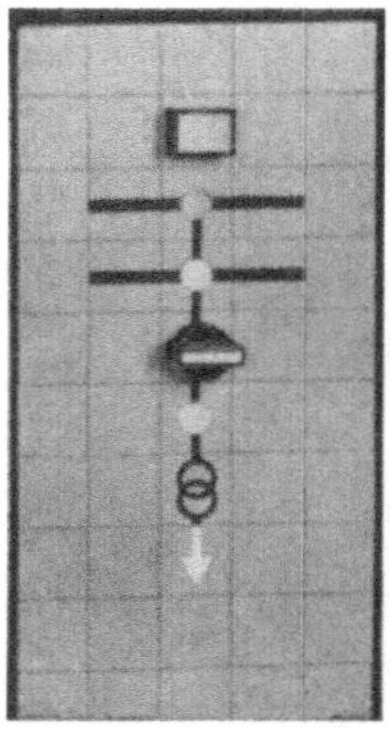

Abb. 372. Modell des BBC-Mosaik-Leuchtbildes

Der Einbau von Meßinstrumenten ist ebenfalls möglich.

Die Entwicklung der Anwahlsteuerung führte schließlich zur sogenannten Kleinwarte, die insbesondere für sehr große Schalt- und Verteileranlagen sowie Lastverteileranlagen wesentliche Vorteile hat. Abb. 374 zeigt als Beispiel die Kleinwarte eines 380/220/110-kV-Umspannwerkes mit Tastenanwahlsteuerung. Die hinter dem Steuerpult aufgestellte Rückmeldetafel läßt den Schalt- und Belastungszustand der Anlage erkennen. Die Trenner der Leistungsschalter werden vom Pult

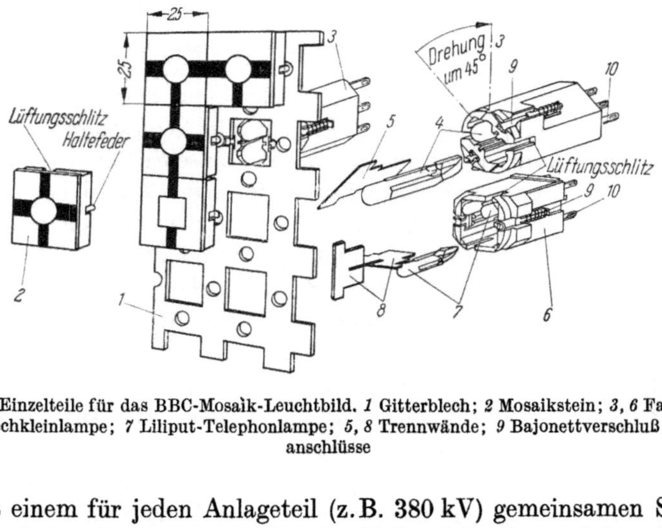

Abb. 373. Einzelteile für das BBC-Mosaik-Leuchtbild. *1* Gitterblech; *2* Mosaikstein; *3*, *6* Fassungen; *4* Fernsprechkleinlampe; *7* Liliput-Telephonlampe; *5*, *8* Trennwände; *9* Bajonettverschluß; *10* Lötanschlüsse

aus mit einem für jeden Anlageteil (z.B. 380 kV) gemeinsamen Steuerquittierschalter ferngesteuert. Aus der Teilansicht einer solchen Steuerplatte Abb. 374 erkennt man je Anlageteil die Drucktaster für die

Abb. 374. Kleinschaltwarte mit Tastenanwahlsteuerung für ein großes 380/220/110-kV-Umspannwerk

Abb. 375. Teilansicht der Schaltwarte mit Tastenanwahl-Steuerung im 380/220/110/30/10-kV-Umspannwerk. Im Hintergrund ist ein Teil der Rückmeldetafel sichtbar. Der Ausschnitt des Steuerpultes zeigt eine Steuerplatte mit sehr kleinen Abmessungen (knapp 0,5 m²) für die Tastenanwahlsteuerung der insgesamt 50 Hochspannungsabzweige

Anwahl der Trenn- und Leistungsschalter, z.B. für Abzweige und Kuppelschalter und darüber angeordnet die Drucktasten der einzelnen Hochspannungsabzweige der 380-, 220- und 110-kV-Schaltanlage. Nach erfolgter Anwahl eines Abzweiges und dessen Trenn- oder Leistungsschalter wird mit dem unterhalb dem Bedienungsbild angeordneten Steuerquittierschalter die gewählte Schalterbetätigung ausgeführt. Die Anwahlsteuerung ist für Spannungen bis 220 V ausführbar.

Die genaue Arbeitsweise der Tastenanwahlsteuerung ist in nachstehender Tab. 26 erläutert.

Um Fehlschaltungen zu vermeiden, insbesondere z.B. das Schalten der Trenner unter Last, werden bei deren Antrieben entweder Warn- oder Verriegelungseinrichtungen angebracht, so daß diese Trenner weder am Aufstellungsort noch fern betätigt werden können. Abb. 376 zeigt die Schaltungs- und Wirkungsweise eines einfachen Verriegelungsbeispiels. Die Sammelschienentrenner mit Druckluftantrieben *1* werden mittels der pneumatischen Steuersätze *3* betätigt. Die pneumatischen Steuersätze sind zusätzlich mit Sperrmagneten *3* ausgerüstet, d.h., die Betätigung der Steuersätze ist nur möglich, wenn der zum Abzweig gehörende Leistungsschalter *2* ausgeschaltet ist. Weiterhin ist die Verriegelung so durchgebildet, daß immer nur der Trenner zur Sammelschiene *I* oder zur Sammelschiene *II*, aber nie beide eingeschaltet werden können. Um dies zu erreichen, sind die elektrischen Leitungen der Sperrmagnete über Hilfskontakte des Leistungsschalters und der Trenner geschaltet. Wie aus der Schaltung zu entnehmen ist, erfolgt die Freigabe der Trennerbetätigung nur bei erregtem Sperrmagnet. Störungen, wie z.B. Ausbleiben der Hilfsspannung oder Drahtbruch, können also eine fehlerhafte Freigabe der Verriegelungseinrichtung nicht herbeiführen.

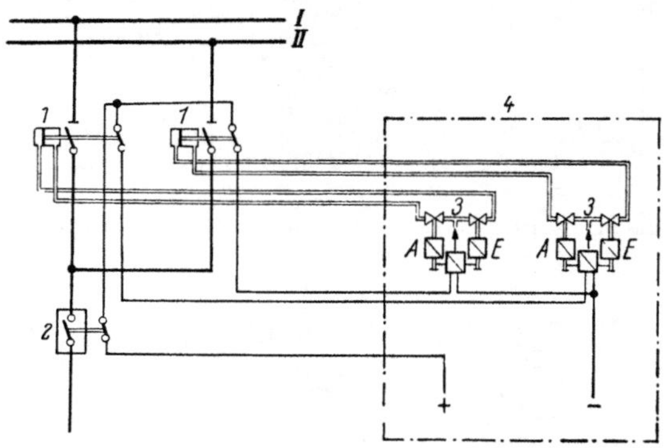

Abb. 376. Grundschaltung der elektropneumatischen Verriegelung zwischen Trennschalter und Leistungsschalter in einer Schaltanlage mit Doppelsammelschienen
1 Trennschalter mit Druckluftantrieb; *2* Leistungsschalter; *3* Steuersatz (Steuerdoppelventil mit Entriegelungsmagnet); *4* Steuerblock

In Abb. 377 ist die Schaltung einer Trennerverriegelung für eine Schaltanlage mit Doppelsammelschienen und einen für alle Abzweige gemeinsamen Kuppelschalter angegeben, wobei folgende normal übliche Verriegelungsbedingungen erfüllt werden:

a) Bei offenem Kuppelschalter kann von den Sammelschienentrennern immer nur einer geschaltet werden; seine Betätigung ist nur bei offenem Leistungsschalter möglich. Der unterbrechungslose Sammelschienenwechsel durch die Trenner ist nur bei geschlossenem Kuppelschalter möglich.

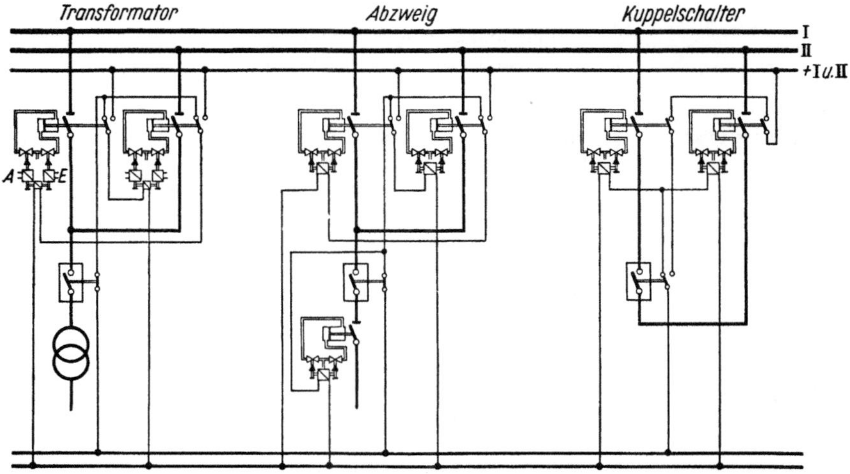

Abb. 377. Elektropneumatische Verriegelungsschaltung zwischen Trennschalter, Leistungsschalter und Kuppelschalter in einer Schaltanlage mit Doppelsammelschienen

b) Die Sammelschienentrenner des Kuppelschalterabzweiges können nur bei offenem Kuppelschalter geschaltet werden.

c) Der Leitungstrenner ist nur bei offenem Leistungsschalter dieses Abzweiges schaltbar.

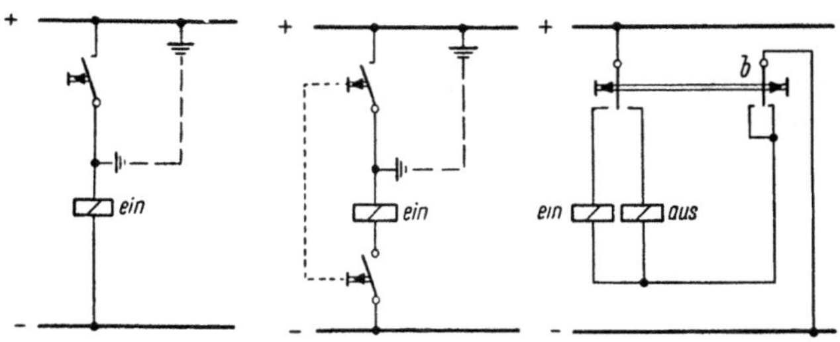

a b

Abb. 378a u. b. a) Fehlschaltmöglichkeit bei zwei Erdschlußstellen und einpoliger Steuerung eines Trennschalters; b) keine Fehlschaltmöglichkeit bei zwei Erdschlußstellen und zweipoliger Steuerung eines Trennschalters

Elektrisch fernbetätigte Trenn- und Erdungsschalter müssen nach den neueren Bestimmungen VDE 0101, § 4 zweipolig gesteuert werden. Hierdurch will man Fehlschaltungen verhindern, die bei einpoliger Steuerung möglich sind, wenn die Steuerleitung vor und hinter dem Steuergerät Erdschluß erhält (siehe Abb. 378).

Tabelle 26. *Arbeitsweise der Tastenanwahl-Steuerung*

Schaltvorgang	Steuerplatte im Steuerpult	Rückmeldetafel
Abzweiganwahl	Anwahltaste des zu steuernden Abzweiges drücken (bleibt in Arbeitsstellung und leuchtet). Schalteranwahltasten im Abzweigschema leuchten auf.	Abzweigbeschriftung leuchtet weiß auf.
Schalteranwahl	Anwahltaste des zu steuernden Trenners oder Leistungsschalters im Abzweigschema betätigen (bleibt in Arbeitsstellung). Beim Leistungsschalter kommt unter Umständen noch eine gleichgeartete Synchronisieranwahl hinzu. Steuertaster oder Steuerquittierschalter leuchtet auf.	Weiße Grundfläche des Zeigermelders leuchtet auf.
Schalterbetätigung	Steuerquittierschalter „Ein“ bzw. „Aus“ betätigen.	Zeigermelder zeigt die neue Stellung des Schalters an.
Leistungsschalterauslösung (durch Schutzrelais)	Hupe ertönt; Abstellen durch Hupenschalter, Abzweiganwahltaste des betreffenden Abzweiges blinkt.	Abzweigbeschriftung blinkt rot.
	Quittierung durch Drücken der blinkenden Abzweiganwahltaste. Blinklicht geht dadurch in Ruhelicht über.	Rot blinkende Abzweigbeschriftung erlischt.
Beendigung einer Schalthandlung	Löschtaste drücken, alle leuchtenden Abzweig- und Schalteranwahltasten gehen in Ruhestellung und erlöschen. (Bei mehreren nacheinander auszuführenden Schalthandlungen braucht die Löschtaste nur einmal am Schlusse bedient zu werden. Doppelbetätigung ist durch Verriegelung verhindert.)	Abzweigbeschriftung und Zeigermelderbeleuchtung erlöschen.

F. Das Leuchtschaltbild

Bei großen Schaltwarten kommt zur Bedienung der verschiedenen Schaltanlagen häufig das Leuchtschaltbild zur Anwendung. Das Leuchtschaltbild besteht aus einer dunkel gestrichenen Glasplatte, bei der das einpolige Schaltbild der Anlage in der Bemalung ausgespart ist und durch dahinter angeordnete Lampen ausgeleuchtet wird. Vor dem

Leuchtschaltbild wird ein Betätigungspult aufgestellt, das lediglich die Steuerquittierschalter enthält. Da man bei dem Leuchtschaltbild durch die verschiedenen Farben des Leitungszuges mit einem Blick sofort den Betriebszustand der gesamten Anlage übersehen kann, hat es sich auch für Lastverteilerwarten (Darstellung des gesamten Netzbildes) teilweise eingeführt. Weitere Verwendungsgebiete ergeben sich bei Industrieanlagen, Getreidespeichern, Mühlen, Schleusen, Aufbereitungsanlagen, wie überhaupt bei allen Anlagen mit den verschiedensten Förder- und Leitungswegen, die dadurch leicht überblickt werden können.

Bei umfangreichen Fernsteuerungen oder verwickelten Verriegelungsmöglichkeiten ist der elektrische Schaltfehlerschutz das Gegebene, wobei ein Prüfsatz jede beabsichtigte Schalthandlung vorher auf Zulässigkeit hin untersucht.

XV. Fernmelde- und Fernwirktechnik für den Elektrizitätsversorgungsbetrieb

Der Elektrizitätsversorgungsbetrieb ist heute nur noch durchführbar, wenn sich die einzelnen Betriebsstellen jederzeit über alle Vorkommnisse und zu ergreifenden Maßnahmen verständigen können und insbesondere die für die Betriebsführung vorgesehenen Stellen einerseits über alles Wichtige schnellstens unterrichtet werden und andererseits die Möglichkeit besitzen, indirekt (d.h. durch Anweisung an Zwischenstellen) oder direkt (durch Fernsteuerung von Maschinen, Fernbetätigen von Schaltern usw.) in den Betrieb einzugreifen.

Die Mittel einerseits zur Unterrichtung und Verständigung und andererseits zum Einwirken auf den Betrieb werden als Fernmelde- und Fernwirkanlagen bezeichnet. Sie bedienen sich im allgemeinen der Mittel und Kanäle der normalen Fernmeldetechnik, die aber im Hinblick auf die besonderen Bedürfnisse des Elektrizitätsversorgungsbetriebes nach Übertragungssicherheit und Sicherheit gegen die Verfälschung von Nachrichten und Befehlen eine Sonderausgestaltung erfahren haben.

Die Betriebsbedingungen für die Nachrichtenmittel weichen im Elektrizitätsversorgungsbetrieb von den Gepflogenheiten z.B. des öffentlichen Fernsprechbetriebes weitgehend ab. Bei Hochspannungsstörungen haben alle Gespräche und Nachrichtenübermittlungen, die zur Störungsbehebung und zur Durchführung von Schaltmaßnahmen dienen, den unbedingten Vorrang gegenüber anderen Übermittlungsbedürfnissen. Wartezeiten in der Nachrichtenübermittlung würden sich in langen Stromlieferungsunterbrechungen und mit großem wirtschaftlichen Nachteil nicht nur für die Elektrizitätslieferer, sondern vor allem für die von der unterbrochenen Elektrizitätslieferung abhängigen Betriebe auswirken.

So sind mit zunehmender Intensivierung der Elektrizitätsversorgung und besonders durch den Zusammenschluß von Versorgungsunternehmen zu großen Verbundnetzen sehr ausgedehnte betriebseigene Fernmelde- und Fernwirkanlagenetze erstellt worden, die sozusagen das Nervensystem der großen Verbundnetze darstellen. Selbstverständlich stützt sich der Betrieb auch noch auf das öffentliche Fernsprechnetz, an das in der Regel alle in Frage kommenden Betriebsstellen angeschlossen sind.

A. Übertragungskanäle

a) Niederfrequenzkanäle über Drahtleitungen

Zur Übertragung der Nachrichten werden grundsätzlich alle Möglichkeiten und Wege verwendet, die auch in normalen Fernmeldeanlagen benutzt werden. Die gewöhnliche Telefonfreileitung tritt trotz ihrer Billigkeit wegen der ungenügenden Betriebssicherheit mehr und mehr zurück. In Nieder- und Mittelspannungsnetzen werden noch Fernmelde-Freileitungen, die auf den Hochspannungsmasten unterhalb der Hochspannungsleiter verlegt sind, benutzt. Dabei müssen besondere Vorkehrungen gegen die Beeinflussung der Fernsprechleitungen durch Spannung und Strom der Hochspannungsleitung getroffen werden. Durch die *Hochspannung* wird die Fernmeldeleitung *elektrostatisch* beeinflußt. Die Ladeströme werden durch Erdungsdrosseln abgeführt. Im Normalbetrieb, d.h. bei symmetrischer *Strom*belastung der 3 Phasen und symmetrischer Lage der Fernmeldeleitung zu den 3 Hochspannungsleitern (regelmäßige Verdrillung, sowohl der Fernmeldeleitung als auch der Hochspannungsleiter) heben sich die durch *induktive* Beeinflussung in der Fernmeldeleitung entstehenden Längsspannungen auf. Tritt dagegen ein Doppelerdschluß so auf, daß die Hochspannungsleitung bevorzugt wie ein einziger Leiter mit sehr großem Strom wirkt (während sich der Stromkreis über andere weiter abliegende Wege schließt), so können erhebliche Längsspannungen und bei nicht symmetrischer Lage der Fernsprechleiter zum stromführenden Hochspannungsleiter auch Querspannungen auftreten. Die Fernmeldeleitung muß also durch Übertrager abgeriegelt werden, deren Isolation der größten auftretenden Spannung gewachsen ist. Um die Spannung zu begrenzen, werden außerdem Überspannungsableiter eingebaut, die in Verbindung mit Schmelzsicherungen die Übertrager vor Überlastung schützen. Die in dem geschilderten Fall auftretenden Querspannungen werden durch häufiges Auskreuzen (Symmetrieren) der Fernsprechadern auf ein erträgliches Maß herabgesetzt.

In neuerer Zeit werden solche, insbesondere vorhandene Telefonfreileitungen auf Hochspannungsgestängen auch mit Trägerstromkanälen zusätzlich belegt. Da der unmittelbar durch die Hochspannungsleitung verursachte Störpegel (Oberwellen von 50 Hz) vorwiegend im Niederfrequenzbereich liegt, haben die Trägerstromkanäle eine fühlbare Verbesserung mit sich gebracht. Diese Möglichkeit besteht vor allem dann, wenn die Telefonadern nicht aus Eisen, das bei hoher Frequenz erhebliche Dämpfungen besitzt, sondern aus Kupfer oder Bronze bestehen.

Für Fernmeldekabel im Einflußbereich von Hochspannungsleitungen entfallen die elektrostatische Beeinflussung (wegen des leitenden und geerdeten Mantels) und die Querspannungen (wegen der durch den Kabelaufbau erreichten Symmetrie), dagegen können auch hier im Doppelerdschlußfall erhebliche Längsspannungen auftreten, deren Höhe beim Aufbau der Anlage berücksichtigt und gegen die Maßnahmen zum Schutz des Kabels und der angeschlossenen Verbraucher getroffen werden müssen. Diesen Längsspannungen kann durch geeigneten Aufbau des Kabels (großer Reduktionsfaktor) und durch Parallel-Leiter im oder neben dem Kabel, die an beiden Kabelenden geerdet sind, entgegengewirkt werden[1].

Kabel werden heute im Elektrizitätsversorgungsbetrieb sowohl als Erdkabel (hohe Anlagekosten) wie als Luftkabel auf dem Hochspannungsgestänge und zum Teil als Blitzseilkabel verwendet. Die Kabel haben mit der größeren Leitungskapazität auch größere Dämpfung, die durch Einschaltung von Induktivitäten (Pupinspulen) herabgesetzt werden kann. Dabei wird jedoch der für die Übertragung ausnutzbare Frequenzbereich eingeengt und zwar um so mehr, je größer die Spulenfeldlängen und die eingeschalteten Induktivitäten sind. In neueren Anlagen pupinisiert man daher weniger stark oder verzichtet ganz darauf, um die Kabel durch zusätzliche Trägerstromkanäle mehrfach ausnutzen zu können.

Die höchste Ausnutzbarkeit erreichen Breitbandkabel, die im allgemeinen als Koaxialkabel verlegt werden. Als Hinleitung dient eine Ader, als Rückleitung der konzentrisch zu ihr liegende Kabelmantel.

b) Trägerstromkanäle

Verändert man die Höhe einer Hochfrequenzspannung U_T von der Kreisfrequenz ω_T, d.h. $U_T = A \sin \omega_T t$ (Abb. 379a) nach einem niederfrequenten Gesetz (Abb. 379b) $\sin \omega_N t$ z.B. durch einen veränderlichen Widerstand, durch ein Mikrophon oder einen sonstigen Modulator, so

[1] Vgl. Technische Empfehlungen Nr. 1 vom Januar 1959 (Ersatz für Ausgabe vom 12. 7. 1951). „Anleitung zur Berechnung der in Fernmeldeleitungen durch Kurzschlüsse oder Doppelerdschlüsse in Hochspannungsleitungen induzierten Spannungen (Berechnungsanleitung für Gefährdungsspannungen)". Zu beziehen durch VWEW, Frankfurt/Main, Stresemannallee 21.

kann die sich daraus ergebende Spannung geschrieben werden als

$$U_{\text{res}} = A\,(1 - m \sin \omega_N t) \sin \omega_T t\,. \tag{179a}$$

Hieraus ergibt sich

$$U_{\text{res}} = A \sin \omega_T t - \frac{m}{2} \cos(\omega_T - \omega_N)\,t + \frac{m}{2} \cos(\omega_T + \omega_N)\,t\,, \tag{179b}$$

d.h. neben der ursprünglichen Hochfrequenz $A \sin \omega_T t$ (Trägerfrequenz) treten noch zwei weitere Frequenzen auf, die um die Frequenz ω_N niedriger und höher als die Frequenz der Trägerschwingung liegen. Bei $m = 1$ (Modulgrad 100%) ist die Amplitude jeder dieser beiden „Seitenfrequenzen" halb so groß wie die Amplitude der ursprünglichen Trägerschwingung. Wird unter ω_N nicht eine einzige Frequenz sondern ein ganzes Frequenzband (z.B. Sprachband von 0,3 bis 2,4 kHz) verstanden, so spricht man von dem oberen und unteren Seitenband und bei Mitübertragung dieser beiden Seitenbändern von Zwei-Seitenbandanlagen.

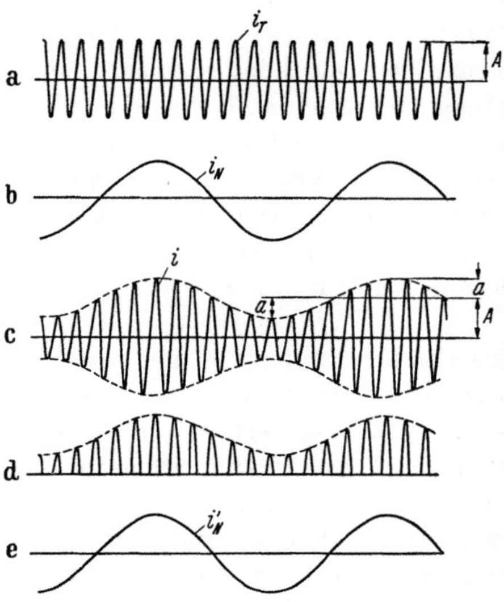

Abb. 379a–e. Modulation der Hochfrequenz a) Trägerfrequenz; b) Niederfrequenz; c) Modulation der Hochfrequenz; d) Gleichrichtung der modulierten Hochfrequenz; e) Heraussiebung der Niederfrequenz

Man kann auf diese Weise Nachrichten, die durch Frequenzen im Niederfrequenzband dargestellt werden, bequem in eine andere zur Übertragung gut geeignete Frequenzlage umsetzen. Auf der Gegenseite werden die Nachrichten durch einen analogen Vorgang in das Niederfrequenzband zurückversetzt. Will man mehrere Nachrichtenverbindungen erstellen, so kann man die Umsetzung aus dem Niederfrequenzband in verschiedene Lagen des Hochfrequenzbandes verlegen und so über eine einzige Drahtleitung mehrere Fernmeldekanäle ohne gegenseitige Störung nebeneinander übertragen. Auf der Empfangsseite werden die einzelnen Übertragungsbänder durch Filter wieder voneinander getrennt und danach unabhängig voneinander wieder in die Niederfrequenzlage zurückversetzt. Durch mehrstufige Modulation gelingt es außerdem ein Seitenband und ganz oder teilweise auch die Trägerfrequenz zu unterdrücken und trotzdem auf der Gegenseite durch Zusatz oder Verstärkung der Trägerfrequenz das Niederfrequenzband wiederherzustellen.

Bei diesen „Ein-Seitenbandanlagen" wird auch in der hochfrequenten Übertragungslage praktisch nur die gleiche Bandbreite in Anspruch genommen wie im Niederfrequenzband.

Die Zwei-Seitenbandtechnik ist einfacher und billiger und wird daher in Netzen mit geringen Verkehrsbedürfnissen und weniger dichter Frequenzbelegung angewandt. Die Ein-Seitenbandanlagen sind verwickelter und bringen neben der Ersparnis an Frequenzband (was der Anzahl der maximal einsetzbaren Kanäle zugute kommt) eine fühlbare Verbesserung der Übertragungsverhältnisse durch Fortfall des an der eigentlichen Nachrichtenübertragung nicht beteiligten Trägers und Konzentrierung der Nachrichten auf ein Seitenband (geringere Beeinflussung durch Störspannungen).

Sehr große Bedeutung für die Elektrizitätsversorgung hat die Trägerfrequenzübertragung auf den Hochspannungsleitungen selbst erlangt. In einer nunmehr 40jährigen Entwicklung hat sie sich zu einem der sichersten und verbreitetsten Nachrichtenmittel der Elektrizitätsversorgungsunternehmen über große Entfernungen entwickelt. Das benutzte Frequenzband reicht von etwa 40 bis 375 kHz. Sender und der Empfänger auf der Gegenseite werden über Kopplungskondensatoren, die für die volle Betriebsspannung der Hochspannungsleitung isoliert sind, an die Hochspannungsleitung selbst angeschlossen und über sie miteinander verbunden. Die Kopplung erfolgt unter Zuhilfenahme von Anpassungseinrichtungen, die einerseits den Wellenwiderstand des Zuführungskabels dem der Hochspannungsleitung anpassen und andererseits den Blindwiderstand der Kopplungskondensatoren kompensieren. Die Bandbreite dieser Anordnungen hängt ab von der Größe der Kopplungskapazität je Phase und der absoluten Lage der Frequenz im Frequenzband. Bei niederen Frequenzen werden äußere Kopplungskapazitäten benötigt, um die gleiche Bandbreite bei gleicher Dämpfung durchlassen zu können. Folgende Kopplungsarten werden angewandt (Abb. 380):

a) Die Hochfrequenzgeräte liegen einerseits an Erde und andererseits an einem Drehstromleiter (einer „Phase"): *Einphasenkopplung.*

b) Die früher angewandte *Doppelphasenkopplung* (Schaltung zweier zu verschiedenen Drehstromsystemen gehörenden Leiter gegen Erde) wird heute nur noch in Ausnahmefällen angewandt.

c) Die Hochfrequenzgeräte sind zwischen 2 Leitern der gleichen Drehstromleitung angekoppelt, so daß der eine Leiter die Hin- und der andere die Rückleitung darstellt: *Zwischenphasenkopplung.*

d) Die Hochfrequenzgeräte liegen zwischen je einem Leiter zweier auf den gleichen Masten verlegten Drehstromsysteme: *Zwischensystemkopplung.*

Bei der Einphasen- und Doppelphasenkopplung (a u. b) erfolgt die Rückleitung nur scheinbar über die Erde, deren Hochfrequenzwiderstand relativ groß ist. In Wirklichkeit gehen die Hochfrequenzströme in einiger Entfernung der Endgeräte über die Erd-Kapazität der nicht gekoppelten Leiter auf diese nicht gekoppelten Leiter über, die dann die Rückleitung übernehmen. Die damit verbundene Dämpfung und weitere Verluste durch sich auf den nicht gekoppelten und nicht gesperrten Leitern ausbildenden stehenden Wellen verschlechtern den Wirkungsgrad dieser Kopplungsarten. Die symmetrischen Kopplungen (c u. d) vermeiden diese Verluste, verteuern aber die Anlage durch den doppelten Aufwand an Kondensatoren, Sperren und unter Umständen Ankopplungsübertragern.

Die Zwischensystemkopplung (d) erlaubt die Aufrechterhaltung der Nachrichtenübertragung selbst dann, wenn eine der beiden angekoppelten Drehstromleitungen abgeschaltet, unterbrochen und auf der Strecke

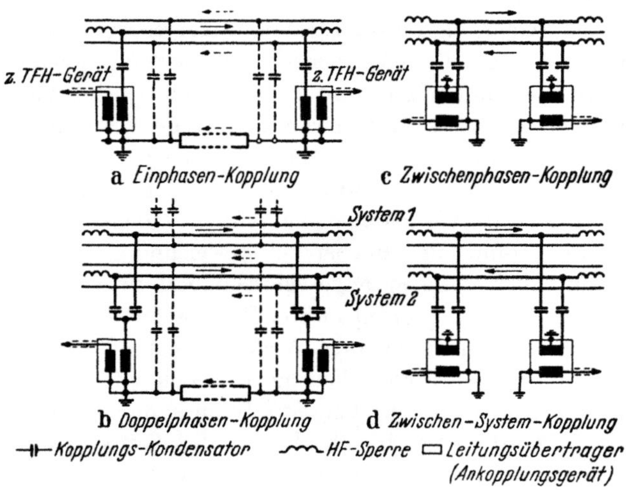

Abb. 380. Kopplungsarten

geerdet ist. Sie wird daher in allen Fällen bevorzugt, in denen es auf eine besonders sichere Übertragung ankommt, z.B. bei Mehrzweckübertragungen und Mitübertragung der Schnelldistanzschutz-Auslösebefehle für beide Drehstromleitungen (vgl. Abschn. XVI).

Um die Nachrichtenübertragung von Schalthandlungen in den Werken unabhängig zu machen und insbesondere auch dann aufrecht erhalten zu können, wenn die Leitungen im Werk fest geerdet sind, werden in alle Abgänge von den für die Hochfrequenzübertragung benutzten Anlageteile in andere Teile der Hochspannunganlage Hochfrequenzsperren eingebaut. (Abgänge in Schaltanlagen, Stichleitungen usw.). Die Sperren werden als abgestimmte Sperren für zwei bestimmte Frequenzbänder mit einer Induktivität von etwa 0,18 mHy und als Breitbandsperren (Induktivität etwa 1,8 mHy) gebaut. Sie müssen allen durch den Betriebsstrom verursachten Belastungen (Dauerstrom, kurzzeitige thermische Überlastung und Stoßkurzschlußstrom) gewachsen sein. Sie werden außerdem mit Überspannungsleitern ausgerüstet, die die Abstimmittel vor den bei Wanderwellen auftretenden Überspannungen schützen.

c) Drahtlose Übertragung

Die Technik der Ultrakurzwellen hat für die Elektrizitätsversorgung ebenfalls neue Wege eröffnet. Rundstrahlende Sender erlauben es, in großen Bezirken die zur Störbehebung eingesetzten Trupps und Fahrzeuge jederzeit zu erreichen. Dadurch können die durch die Leitungsstörungen bedingten Lieferpausen erheblich herabgesetzt werden. Die Mitbenutzung solcher UKW-Anlagen für die Übermittlung von Meßwerten, Schaltermeldungen und Schaltbefehlen ist inzwischen bereits verwirklicht worden.

Für sonstige große Nachrichtenbündel wird auch die Richtstrahltechnik in cm- und dm-Bereich eingesetzt und erscheint bezüglich Betriebssicherheit und Anlagekosten konkurrenzfähig.

d) Auswahl der Technik

Welche Kanalart für eine jeweils vorliegende Aufgabe die geeignete ist, richtet sich nach den Kosten, den vorliegenden Ansprüchen an Betriebssicherheit, Erweiterungsfähigkeit und eventuell nach der Verfügbarkeit von Übertragungsbändern (Trägerfrequenz und UKW).

In Netzen starker Zusammenballung von Erzeugern und Abnehmern großer Energie können teuere Fernmeldenetze großer Übertragungskapazität wirtschaftlich sein, auch wenn ihre Anlagekosten relativ hoch sind (Erdkabel), während in anderen Bezirken großer Entfernung mit ländlichen Abnehmern nur eine einfache Trägerfrequenzanlage auf Hochspannungsleitung oder eine Fernmeldeleitung am Hochspannungsgestänge angebracht erscheint.

Bei allen Nachrichtenverbindungen nimmt die zur Übertragung eingesetzte Senderenergie auf dem Wege bis zum Empfänger ab. Sie kann unter Umständen durch Zwischenverstärkung wieder angehoben werden. Die Reichweite ist begrenzt durch den am Empfangsort im Übertragungsband vorhandenen Störpegel, der durch atmosphärische Verhältnisse, durch störende Maschinen, durch von der Hochspannungsleitung selbst herrührende Hochspannungsstörfelder verursacht wird. Im allgemeinen liegt dieser Störpegel bei Hochspannungsleitungen höher als bei Leitungen geringer Spannung. Mit modernen Mitteln sind aber heute bereits Trägerstromübertragungen auf 380-kV-Leitungen von mehreren hundert Kilometer Länge betriebssicher erstellt worden.

B. Fernsprechen

Die am vielseitigsten verwendbare Nachrichtenverbindung, die dem entsprechend im weitesten Umfang eingesetzt wird, ist die Fernsprechanlage. Wenn mit Gleichstrom ausnutzbare Drahtleitungen, wie z. B. innerhalb des Postnetzes, vorliegen, werden Zentralbatterie- (Handbetätigungssystem) oder auch normale Wähleranlagen mit Gleichstromwahl und Wechselstromruf eingesetzt. Müssen die Leitungen abgeriegelt werden, so genügt bei Handbetrieb die OB (Ortsbatterieanlage) mit Wechselstromruf und Wechselstromschlußzeichen und gegebenenfalls bei Wählanlagen die Induktiv- oder Wechselstromwahl. Für Trägerfrequenz auf Hochspannungsleitungen haben sich verschiedene Verkehrsarten entwickelt. Dazu gehören zunächst die Einzelverbindungen, bestehend aus lediglich zwei Endgeräten, die durch Hochfrequenz miteinander verbunden sind, aber auf der Niederfrequenz mit anderen Fernsprechanlagen zusammengeschaltet werden können. Dabei ist jedem Gerät eine feste Sendefrequenz zugeordnet, der auf der anderen Seite die Empfangsfrequenz entspricht. In Anlagen mit mehr als 2 Hochfrequenzgeräten in einem Hochfrequenzbezirk kann mit Hilfe von Frequenzwechsel der beliebige Untereinanderverkehr zwischen je zwei Stationen ermöglicht werden. Eine Sonderstellung nimmt der Linienverkehr ein, bei dem 2 Endgeräte dauernd senden, während die im Zuge einer Linie liegenden anderen Stationen mit modulierbaren Zwischenverstärkern ausgerüstet sind. Die zunehmende Intensivierung des Netzbetriebes bringt die Beschränkung der Sprechbezirke auf 2 Endgeräte mit sich, die dann oft nicht nur zur Übertragung des Fernsprech- und des Rufkanals sondern auch zur Übertragung von anderen Diensten, Fernmessung, Fernsteuerung usw. mit herangezogen werden. Derartige Verbindungen werden als normale Weitverbindungen in große Netzgruppensysteme mit selbsttätigen Wähleinrichtungen eingesetzt. Trotz dieser Eingliederung in den normalen Betrieb werden immer Vorkehrungen getroffen, um das Fernsprechnetz erforderlichenfalls für den Schalt- und Störbehebungsdienst verfügbar zu machen.

C. Fernschreiben

Als allgemeines Nachrichtenmittel, das jede Art Nachrichten, jedoch mit schriftlichem Beleg zu übertragen gestattet, ist der Fernschreiber zu nennen. Die Übertragung erfolgt über einen normalen Hin- und Rücktelegrafiekanal. Die zu übertragenden Zeichen (Buchstaben, Ziffer usw.) werden nach einem Code in Impulsen dargestellt, nach denen z. B. eine oberhalb des Sprachbandes liegende Tonfrequenz getastet, d. h. ein- und abgeschaltet wird. Die Impulse werden auf der Gegenseite empfangen und in den Fernschreibmaschinen wieder in druckbare Buchstaben und Ziffern umgesetzt. Wichtige Stationen werden teils über das öffentliche teils über das betriebseigene Fernschreibnetz verbunden.

D. Fernmessen

Werden mehrere Versorgungsnetze zusammengeschaltet, so entstehen Probleme über den Maschinen- und Leistungseinsatz. Um die Austauschleistungen nach vereinbarten Plänen einstellen zu können, muß man über die an den Übergabestellen fließenden Leistungen am Ort der Maschine oder am Ort des Lastverteilers laufend unterrichtet sein. Hierfür sind Fernmeßanlagen entwickelt worden.

a) Gleichstrom-Intensitätsverfahren

Durch in der Zwischenzeit neu entwickelte Meßwertumformer Abb.381 wird eine beliebige in ein Drehmoment umsetzbare Meßgröße durch das Gegendrehmoment eines sich selbsttätig einregelnden Gleichstromes kompensiert, der über eine Fernleitung in einem normalen Drehspulinstrument mit entsprechender Eichung angezeigt wird. Diese Meßwertumformer sind besonders geeignet, wenn es nötig ist, aus mehreren Werten eine Summe oder Differenz zu bilden. Da es sich um eingeprägte Gleichströme handelt, können die Ausgänge derartiger Meßwertumformer, gleiche Wertigkeit des abgegebenen Gleichstroms vorausgesetzt, unmittelbar parallel geschaltet werden. Der Gesamtstrom stellt dann die Summengröße dar. Sind die Wertigkeiten verschieden, so kann man die Meßwertumformerströme durch Widerstände verschiedener Größe leiten, die ihrerseits hintereinander geschaltet sind. Die Summe der Spannungsabfälle an den Widerständen stellt dann die Summengröße dar, die dann durch entsprechende Einrichtungen über eigentliche Fernmeßanlagen weiter übertragen werden.

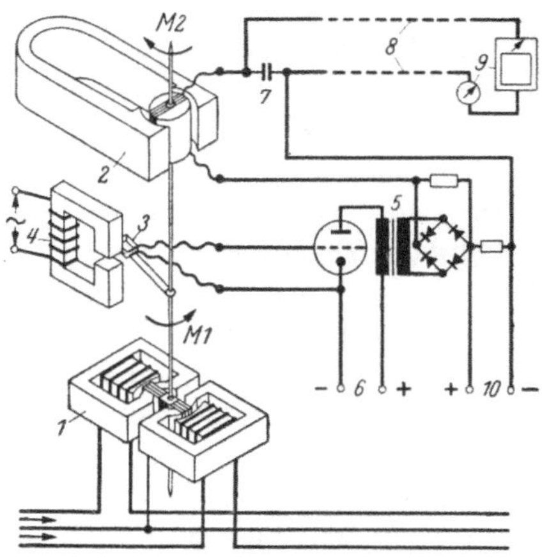

Abb. 381. Wirkungsweise des Meßwert-Umformers
1 Richtkraftloses Leistungsmeßwerk; *2* Richtkraftloses Drehspulmeßwerk; *3* Tauchspule; *4* Erregung für Tauchspule mit Netzfrequenz; *5* Verstärkerschaltung; *6* Anodenspannung (vom Netzanschlußteil); *7* Glättungskondensator; *8* Fernleitungen; *9* Drehspul-Anzeige- oder Registrierinstrument; *10* Zusatzgleichspannung für Leistungsumkehr (vom Netzschlußteil)

Im allgemeinen werden über große Entfernungen nur Übertragungen angewandt, die intensitätsabhängig sind. Heute stehen für den Betrieb im wesentlichen folgende Verfahren zur Verfügung:

b) Impuls-Frequenzverfahren.
c) Frequenzvariations-Verfahren.
d) Impuls-Abstandsverfahren oder Impuls-Zeitverfahren.
e) Digital verschlüsselte nicht analoge Fernmeßübertragung.

b) Impuls-Frequenzverfahren

Die Meßgröße wird in der Frequenz dauernd aufeinanderfolgender Impulse abgebildet. Ein Motorzähler z.B. verändert seine Drehzahl proportional zu der von ihm gemessenen Leistung. Wird von der Zählerachse über ein Übersetzungsgetriebe ein Kontaktwerk angetrieben, so ist die Häufigkeit der Kontaktschlüsse, d.h. die von ihm abgegebene Impulsfrequenz ein direktes Maß für die gemessene Leistung. Kann die Energie in zwei Richtungen fließen (Bezug und Lieferung), so wird die Impulsgebereinrichtung mit einem Vortrieb versehen, so daß die Impulsfrequenz niemals negativ wird. Neuerdings werden Impulsgeber nach dem Kompensationsverfahren dafür eingesetzt, entsprechend Abb. 382a. Das Leistungsmeßwerk (*1*) ist über die Regelfahne (*2*) mit dem Drehspulmeßwerk (*6*) mechanisch gekuppelt. Eine Verstärkerröhre (*3*) ist als Hochfrequenzgenerator geschaltet. Durch die Bewegung der Regelfahne wird der Kopplungsgrad der Rückkopplungsschalter (*4*) verändert. Der hierdurch gesteuerte Ausgangsstrom der Verstärkerröhre fließt über einen Hochfrequenztransformator (*5*) zu einem polarisierten Steuerrelais (*7*), das in Selbstunterbrecherschaltung arbeitet und dem ein Begrenzungskondensator parallelgeschaltet ist. Dieses Relais steuert mit seinem Kontakt gleichzeitig ein Kompensationsrelais (*8*) und ein Senderelais (*9*).

Vom Kompensationsrelais wird das Drehspulmeßwerk (*6*) über eine Kondensator-Lade- und -Entladeschaltung mit einer Hilfsspannung in Abhängigkeit von der Impulsfrequenz beaufschlagt; es übt ein Drehmoment aus, das dem des Leistungsmeßwerks entgegengesetzt ist. Im Gleichgewichtszustand beider Meßwerke sendet das Senderelais über eine Gleich- oder Wechselstromquelle eine der Meßgröße proportionale Anzahl von Impulsen je Zeiteinheit aus. Die die Meßgröße darstellenden Impulse werden auf der Empfangsseite durch Kondensatorumladung oder analoge Einrichtungen wieder in Gleichstrom oder Gleichspannung verwandelt, die die Meßgröße abbilden und zur Speisung der Empfangsgeräte dienen.

In neuester Zeit sind auch volltransistorisierte Geber- und Empfangseinrichtungen auf dem Markt erschienen. Auch hierbei wird die Meßgröße in der Höhe einer Impulsfrequenz abgebildet und vom Empfänger ein

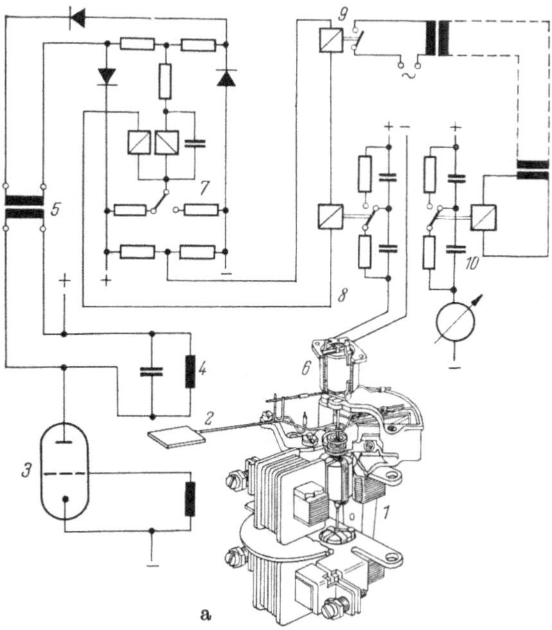

a

der Meßgröße entsprechender Gleichstrom abgegeben. Der Gebereingang wird an einen Meßwertumformer angeschlossen, der die zu übertragende Meßgröße zunächst in einen Gleichstrom umsetzt. Die neuen Geräte sind einfacher aufgebaut und benötigen weniger Wartung, Speisung und Raum.

Dieses Fernmeßsystem hat den Vorteil, daß lediglich die Impulszahl je Sekunde richtig übertragen werden muß, daß die Anzeige aber nicht von Schwankungen der Übertragungsenergie auf der Leitung oder kleineren Verzerrungen des Impulsverhältnisses abhängt. Die üblichen Impulsfrequenzen liegen zwischen 2 und 25 Impulsen/sek. Die Übertragungszeitkonstante richtet sich nach der kleinsten verwendeten Impulsfrequenz. Die Impulsfrequenz ist nach oben durch die Forderung begrenzt, daß die Übertragung über die normalen WT-Kanäle (WT = Wechselstrom-Telegrafietechnik) möglich sein soll

b

Abb. 382a u. b. Meßwertkompensationsgeber und Darstellung der Impulsfrequenz-Fernmessung (S & H)

und daß die gegebenenfalls verwendeten Relais dem Betrieb dauernd standhalten müssen. Bei Übertragungen über abgeriegelte Leitungen oder Hochfrequenzanlagen werden Tonfrequenzen im Rhythmus der Impulse ein- und ausgeschaltet.

Die Übertragung mehrerer Meßwerte über einen Nachrichtenkanal ist möglich, indem man jedem Meßwert eine von den anderen Meßwerten abweichende Tonfrequenz zuordnet, die ihrerseits im Rhythmus der Impulse getastet wird. Dabei werden Frequenzen verwendet, die sich aus dem Schema $60 \frac{n+1}{2}$ Hz ergeben. Bei Mehrfachübertragungen über Kanäle, deren gradliniger Aussteuerungsbereich begrenzt ist, muß mit zunehmender Anzahl von Übertragungen, der Aussteuerungsanteil je Kanal herabgesetzt werden, damit der gradlinige aussteuerbare Bereich eingehalten und Klirrfrequenzen und damit gegenseitige Störungen zwischen den einzelnen Kanälen vermieden werden. Auf die Abnahme des Aussteueranteils an der Sendeenergie (mit zunehmender Kanalzahl) muß in jedem Einzelfall wegen der zu überbrückenden Dämpfung Rücksicht genommen werden.

c) Frequenzvariations-Verfahren

Die Meßgröße wird in eine Tonfrequenz umgewandelt, deren Höhe sich mit dem Meßwert ändert. Die Meßgröße wird z.B. als Winkelausschlag in einem Zeigerinstrument dargestellt, an das ein Variometer gekoppelt ist, dessen Induktivität im frequenzbestimmenden Bereich eines Tonfrequenzoszillators liegt. Jeder Winkelstellung des Meßgerätes entspricht eine bestimmte Induktivität und damit eine bestimmte Höhe der Tonfrequenz (Abb. 383). Die abgegebene Tonfrequenz steht dann in einem eindeutigen Zusammenhang mit der ursprünglichen Meßgröße. Bei Strom- und Spannungsmessungen kann an Stelle eines Geberinstrumentes mit Variometer eine gleichstrommagnetisierte Meßdrossel *MD* als frequenzbestimmendes Element verwendet werden. (Abb. 383, untere Hälfte.)

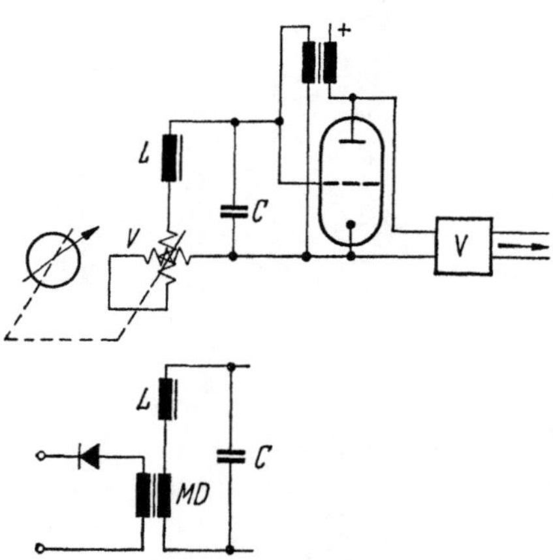

Abb. 383. Frequenzvariations-Fernmeßverfahren. Fernmeß-Sender

Auf der Empfangsseite wird durch eine Diskriminatorschaltung ein Gleichstrom eingestellt, der seinerseits abhängig von der empfangenen

Frequenz ist (Abb. 384). Damit ist die Größe des auf der Empfangsseite eingestellten Gleichstromes ein eindeutiges Maß für die auf der Senderseite erfaßten primären Meßgröße.

Die in Anspruch genommene Bandbreite liegt bei $\pm 7^1/_2\%$ der mittleren Frequenz des Kanals, also beispielsweise von 2210 bis 2580 Hz. Die Zeitkonstante der Übertragung ist außerordentlich klein. Sie beträgt für den Empfänger 30 msek und für den Sender 50 msek, wenn an Stelle des Anzeigeinstruments mit gekuppeltem Variometer eine durch Gleichstromvorerregung veränderliche Induktivität als Fernmeßgeber verwendet wird.

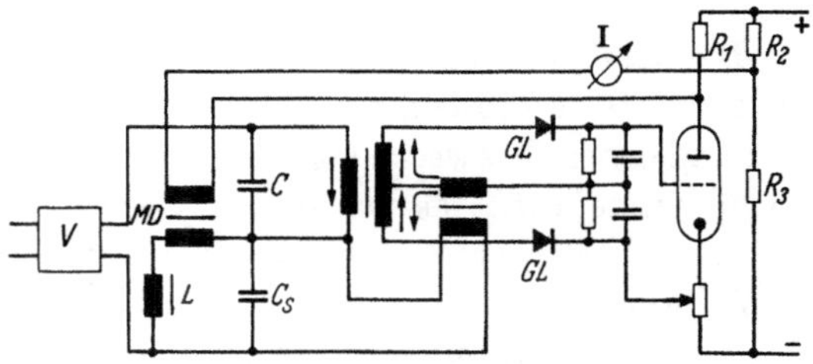

Abb. 384. Frequenzvariations-Fernmeßverfahren. Fernmeß-Empfänger

Durch die geringe Zeitkonstante ist es möglich, eine Mehrfachübertragung in der Weise durchzuführen, daß eine große Anzahl von Meßwerten zeitlich gestaffelt zyklisch nacheinander übertragen werden.

Zyklische Übertragung (Zeitmultiplex)

Auf der Geberseite (Abb. 385) ist eine Mehrzahl von Gebern mit ihnen zugeordneten Oszillatoren eingebaut, die über eine im Bild als Drehwähler dargestellte Umschalteinrichtung nacheinander auf die Sendeeinrichtung

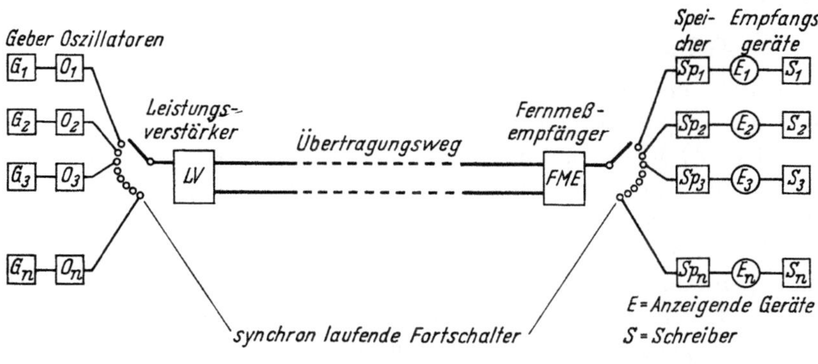

Abb. 385. Prinzip der zyklischen Mehrfachübertragung von Meßwerten

und damit an den Übertragungsweg gelegt werden. Auf der Empfangsseite wird in einem Fernmeßempfänger der die jeweiligen Meßgröße entsprechende Tonfrequenzhöhe in eine von ihr abhängige Gleichspannung umgesetzt, die über einen synchron laufenden Umschalter auf (den Einzelwerten zugeordnete) elektronische Speicher geschaltet werden, die im Ausgang auch dann die der Meßwerthöhe entsprechenden Gleichströme abgeben, wenn der Übertragungskanal auf einen anderen Schritt fortgeschaltet ist. Als Umschalteinrichtung dienen bei den hier geschilderten Verfahren abnutzungsfreie Kaltkathodenglimmschaltröhren, bei anderen analog aufgebauten Systemen Relais, die durch Transistorenketten synchron gesteuert werden.

Die Umlaufgeschwindigkeit (der Abtastrhythmus) beträgt 10 Meßwertschritte in 0,6 sek, wobei zwei für die Herstellung der Schrittgleichheit und generelle Zwecke verwendet werden, so daß 8 Meßwerte in 0,6 sek, 18 Meßwerte in 1,2 sek usf. bis 38 Werte mit einem Abtastrhythmus von 2,4 sek übertragen werden können. Bei anderen Verfahren werden 20 Meßwerte je Sekunde abgetastet. Die Geschwindigkeit, mit der der Ausgangsgleichstrom einer plötzlichen Meßwertänderung folgt, hängt außer von dem Abtastrhythmus auch noch von der Zeitkonstante des Speichers ab, so daß beispielsweise bei der ersten Übertragung der Ausgangsgleichstrom die Änderung zu 90%, bei der zweiten Übertragung schon zu 99% abbildet.

Der besondere Vorteil der zyklischen Übertragung liegt darin, daß über den Übertragungskanal gleichzeitig immer nur ein einziger Meßwert übertragen wird, so daß für diesen Wert die volle Sendeenergie des Kanals eingesetzt werden kann. Übertragungssicherheit und Reichweite nimmt also nicht mit der Anzahl der im Zyklus übertragenen Werte ab. Die Übertragung mehrerer Zyklen, denen dann verschiedene Frequenzbänder zugeordnet werden, über denselben Nachrichtenkanal ist grundsätzlich möglich.

d) Impulsabstandverfahren oder Impulszeitverfahren

Bei diesem Verfahren wird die Meßgröße in einer Impulsdauer oder in einem Impulsabstand abgebildet. Das Verfahren ist grundsätzlich vor etwa 30 Jahren mit langen Impulszeiten (15 sek) bereits gebaut worden und zwar wurde ein Abtastzeiger von der Zeit t_0 ab mit konstanter Geschwindigkeit so lange vorwärts bewegt bis der Ist-Zeiger zur Zeit t_1 erreicht wurde. Damit ist die Größe des Meßwertes unmittelbar in der Zeitdauer $t_1 - t_0$ abgebildet. Das Verfahren wird heute elektronisch zur Mehrfachübertragung von bis zu 5 Meßwerten über einen WT-Kanal (s. unter b) gebaut. Die einzelnen Meßwerte werden in Zeiten vom Meßwert 0% = 40 msek bis Meßwert 100% = 120 msek abgebildet. Der dafür benutzte WT-Kanal muß Einschwingzeiten haben, die klein gegenüber diesen Zeiten sind, und genügend verzerrungsfrei sein.

e) Digital verschlüsselte nicht analoge Fernmeßübertragung

Bei den vorgenannten Fernmeßverfahren wird die Meßgröße immer in einer analogen Zwischengröße (Strom, Spannung) bei Intensitätsverfahren, Wert $\approx \frac{1}{t} \left(\frac{1}{\text{Zeit}}\right)$ beim Impuls-Frequenzverfahren und Frequenzvariationsverfahren und Wert $\approx t$ (Zeit) beim Impuls-Abstands- oder Impulszeitverfahren abgebildet. Bei der digitalen Übertragung wird ein grundsätzlich anderer Weg beschritten. Die Meßgröße wird mit einer Hilfsgröße, die binär digital aufgebaut wird, verglichen und in binäre Schritte zerlegt, deren Ja/Nein-Kennzeichnung dann als Stromimpuls bzw. als Impulspause übertragen wird. Die Annäherung des Digitalwertes an den wirklichen Wert kann theoretisch beliebig weit getrieben werden. Bei einer analog-digitalen Umwandlung nach einem binären Gesetz kann bei Übertragung von 8 Schritten eine Genauigkeit von 0,25% erreicht werden, wenn man von Umwandlungsfehlern absieht. Für die Übertragung muß ein Startzeitpunkt festgelegt werden, von dem ab die 8 Schritte eines Meßwertes nacheinander übertragen werden. Grundsätzlich kann man auch eine Reihe von derart verschlüsselten Digitalwerten zyklisch nacheinander übertragen.

Auf der Empfangsseite werden die Codezeichen entweder unmittelbar Rechengeräten zur Datenverarbeitung zugeführt oder in Digital-Analog-Wandlern wieder in die Analogform überführt und zur Anzeige und Registrierung in gebräuchlichen Geräten verwendet.

Die Umwandlung von Analog- in Digitalform und umgekehrt, geschieht rein elektronisch mit Dioden, Transistoren und Kaltkathodenglimmschaltröhren, also Elementen, die durchweg eine sehr hohe Lebensdauer besitzen und sich beim Schalten nicht abnützen. Zur Fernübertragung benutzt man Tonfrequenzumtastkanäle. Die Übertragungsgeschwindigkeit (Impulsfrequenz, Abtastrhythmus) hängt von der Kanalbandbreite und der Anzahl der Schritte ab, die zur Darstellung des Meßwertes eingesetzt werden. Z. B. können bei einer Kanalbreite von 360 Hz bis zu 20 Meßwerte in der Sekunde mit einer Genauigkeit von etwa $^1/_2$% übertragen werden.

E. Fernregeln[1]

Die unter D geschilderten Fernmeßverfahren liefern am Empfangsort Gleichströme, die die übertragenen Meßwerte darstellen. Diese übertragenen Meßwerte können als Grundlage für Maschinenregelung von Hand oder auch selbsttätig dienen.

[1] Vgl. Abschn. XVII O., S. 523.

F. Fernsteuern

Die Schaltanlagen und Kraftwerke sind in den meisten Fällen mit besonderen Schaltverfahren verbunden, von denen aus die Schalter in den Schaltanlagen gesteuert werden. Bei den für Höchstspannung gebauten Schaltanlagen sind wegen der notwendigen großen Abstände die Anlagen räumlich so ausgedehnt, daß es nicht mehr zweckmäßig ist, die weit entfernt liegenden Schalter von der Schaltwarte aus nach einem Direktverfahren zu betätigen. Dann ist es erforderlich, auf indirekt arbeitende Verfahren unter Verwendung von Zwischenrelais – also auf Fernsteuerverfahren – überzugehen.

Oft besteht auch der Wunsch, mehrere zu einem Versorgungsnetz gehörende Schaltstationen von einer zentralen Schaltwarte aus fernzubedienen und fernzuüberwachen. In diesen Fällen können die zwischen Kommandostelle und den einzelnen Unterstationen auftretenden Entfernungen bis zu 20 km betragen.

Für größere Überlandnetze und Verbundnetze besteht auch oft die Aufgabe, von einer Lastverteilerstelle aus an wichtigen entfernten Knotenpunkten der Netze oder in den speisenden Kraftwerken Schalthandlungen vorzunehmen. In diesem Falle liegen die Entfernungen in der Größenordnung von 100 km und darüber.

Die Fernsteuereinrichtungen müssen allen diesen unterschiedlichen Aufgabenstellungen gerecht werden. Es ist verständlich, daß es notwendig war, dafür verschiedene Verfahren zu entwickeln. Je nach Aufgabenstellung ist in jedem Einzelfalle zu entscheiden, welches Verfahren eingesetzt werden soll und welche Lösung zu einem technisch-wirtschaftlichen Optimum führt. Man darf dabei nicht nur die Entfernung zwischen Kommandostation und den Unterwerken betrachten, man muß auch die Zahl der in den Unterstationen zu steuernden Schalter und die von dort abzusetzenden Meldungen und die Sicherheitsanforderungen berücksichtigen. Neuerdings geht man immer mehr dazu über, die Verbindungen zwischen Kommandostation und Unterstation mit fernmeldetechnischen Mitteln zu erstellen, also Fernmelde-Erdkabel, Spezialkabel (z.B. Luftkabel auf den Masten der Hochspannungsleitung), Trägerfrequenzverbindungen über Hochspannungsleitungen und Ultrakurzwellen-Verbindungen einzusetzen.

Heute kommen für die Fernsteuerung vorwiegend die folgenden Verfahren in Betracht:

a) Eindrahtfernsteuerung.
b) Zweidrahtfernsteuerung mit zusätzlichen gemeinsamen Leitern.
c) Zweidrahtfernsteuerung ohne zusätzliche gemeinsame Leiter.
d) Wählerfernsteuerung.

e) Tonfrequenz-Multiplex-Fernsteuerung.
f) Elektronische Impuls-Code-Fernsteuerung.

Bei ganz kurzen Entfernungen, wie z.B. innerhalb der Werksverbindungen, verwendet man zur Fernsteuerung von dem Steuerquittierschalter in der Schaltwarte aus eine Vielzahl von Adern, im allgemeinen wenigstens 7 (Abb. 386). Davon dienen 2 Adern für den Einschaltbefehl, 2 Adern für den Abschaltbefehl und wenigstens 3 Adern für die Meldung der Schalterstellungen. Weitere Adern für den Hupenanwurf und Verriegelungszwecke können noch hinzukommen.

Sollen Schalter oder Werke über große Entfernungen gesteuert werden, so verbietet sich die Verlegung so vieler Starkstromadern aus wirtschaftlichen Gründen von selbst. Für nicht allzu große Entfernungen kann man gegebenenfalls Adern von Schwachstromkabeln verwenden. Man spart an Investition für Leitungskupfer, benötigt aber an den Enden des Kabels Zwischenschütze, um die Befehle mit Hilfe örtlicher Stromquellen ausführen zu können. Im Bestreben, Leitungen zu sparen, sind die Eindrahtfernsteuerungen und mehrere Ausführungen von Zweidrahtfernsteuerungen entwickelt worden, bei denen für jedes zu betätigende Organ (z.B. Schalter) eine bzw. zwei individuelle Adern und dazu noch einige generelle, d.h. für alle Steuerungen gemeinsame, Adern benötigt werden.

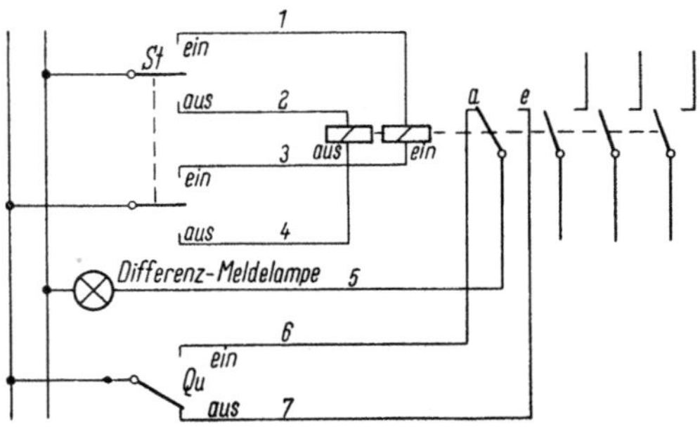

Abb. 386. Orts-(Nah-)Steuerung eines Schalters mit Differenzstellungsmeldung (7 Adern je gesteuertes Organ, dazu weitere für Hupenanwurf usw.)

a) Eindrahtfernsteuerung

Das Eindrahtverfahren kann bei nicht allzu großen Entfernungen zur Anwendung kommen; es hat den Vorzug, daß neben zwei generellen Adern für jeden zu steuernden Schalter und für jede Meldung nur eine individuelle Ader benötigt wird. In Abb. 387 ist das Grundschaltbild für die Eindrahtschaltung dargestellt. Als gemeinsame Adern für das ganze Unterwerk sind zwei Leitungen erforderlich. Damit braucht man für die Steuerung und Stellungsmeldung von n-Schaltern:

$$x = n + 2\,\text{Leitungen}$$

In Abb. 387 sind zur Verdeutlichung der prinzipiellen Schaltung alle Zwischenschütze fortgelassen worden. Zwei Adern a und b sind für sämtliche Stellungen und Meldungen gemeinsam, während zur Übertragung des Ein- und Aus-Befehls und der Rückmeldung eine individuelle Ader (*1*) verwendet wird. Im gezeichneten Zustand ist der Schalter ausgeschaltet, der Quittierteil des Steuerquittierschalters steht ebenfalls auf aus. Über den Stromweg: Minus, Einschaltschütz, „Aus“-Meldekontakt des Schalters, die Verbindungsleitung *1*, Differenzlampe, „Aus“-Kontakt des Quittierschalters liegt die Leitung auf dem anderen Ende ebenfalls am Minuspol der Stromquelle. Über die Meldeleitung fließt daher kein Strom und die Differenz-Meldelampe ist dunkel. Um den Schalter einzuschalten, wird zunächst der Steuerquittierschalter in die „Ein“-Stellung umgelegt, so daß jetzt der Pluspol an der Differenz-Meldelampe liegt. Es kommt ein Stromfluß zustande, der die Meldelampe aufleuchten läßt. Er ist aber noch zu schwach, um etwa das „Ein“-Schütz zu betätigen.

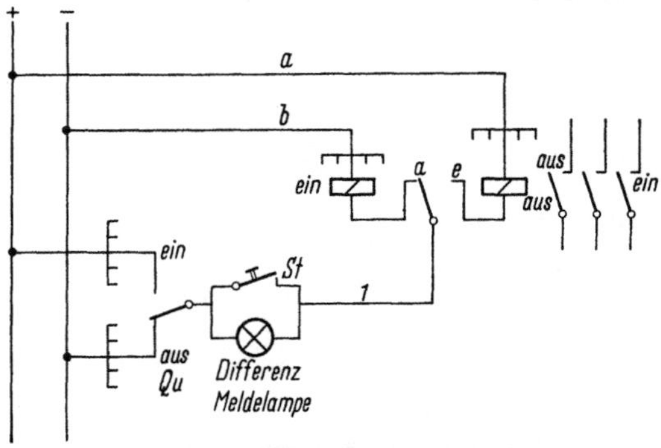

Abb. 387. Prinzip der Eindraht-Steuerung ($n + 1$) Adern bei n gesteuerten Schaltern

Bei Überdrehen des Steuerquittierschalters schließt der Steuerkontakt *St* die Differenzmeldelampe kurz, so daß nunmehr der Strom stark genug wird, um das „Ein“-Schütz zu betätigen. Der Schalter schaltet ein und legt auch seinen Meldekontakt auf „aus“ um. Nunmehr liegt der Pluspol der Stromquelle über das „Aus“-Schütz, Aus-Seite des Meldekontakts, die Verbindungsleitung *1*, Differenzmeldelampe „Ein“-Seite des Quittierschalters wieder an dem Pluspol der Batterie. Beide Seiten des Kreises liegen also an der gleichen Spannung, so daß wieder kein Stromfluß zustandekommt. Fällt der Schalter, so schaltet der Meldekontakt auf „a“ um. Es entsteht jetzt ein Stromfluß vom Pluspol der Stromquelle über „Ein“-Kontakt des Quittierschalters, Differenzmeldelampe „Aus“-Seite des Meldekontakts „Ein“-Schütz nach Minuspol der Stromquelle. Die Differenzmeldelampe leuchtet auf. Durch zusätzliche Einrichtungen kann ein akustischer Alarm angeworfen werden.

Die Eindrahtschaltung arbeitet nur zuverlässig bei kleinen Leitungswiderständen. Sie kann daher nur bei relativ kurzen Entfernungen zwischen Kommandostelle und Unterwerk eingesetzt werden.

b) Zweidrahtfernsteuerung mit zusätzlichen gemeinsamen Leitern

Das grundsätzliche Schaltbild für die Zweidrahtfernsteuerung zeigt Abb. 388. Von der Steuerstelle zur Unterstation führen 5 Verbindungsleitungen. Von diesen 5 Leitungen sind aber nur die Adern *1* und *2* einmal für jeden Schalter erforderlich; die Adern *a*, *b* und *c* stellen gemeinsame Leitungen gleichzeitig für mehrere Schalter dar. Demnach ist die Zahl der Leitungen, die für die Fernsteuerung von *n*-Schaltern bereitgestellt werden müssen:

$$x = 2\,n + 3 \text{ Leitungen}.$$

In der Kommandostelle ist ein Steuerquittierschalter dargestellt, der den Steuerkontakt *St* und einen Quittierkontakt *Qu* besitzt. In der gezeichneten Stellung steht der ferngesteuerte Schalter und der Steuerquittierschalter in der „Aus"-Stellung. Der Minuspol der Stromquelle liegt über der gemeinsamen Ader *b*, *a*-Seite des Schaltermeldekontaktes, die individuelle Ader *2*, an der einen Seite der Differenzmeldelampe. Der andere Anschluß der Differenzmeldelampe liegt über den „Aus"-Kontakt des Quittierschalters ebenfalls am Minuspol der Stromquelle. Es fließt kein Strom, die Differenzmeldelampe ist dunkel.

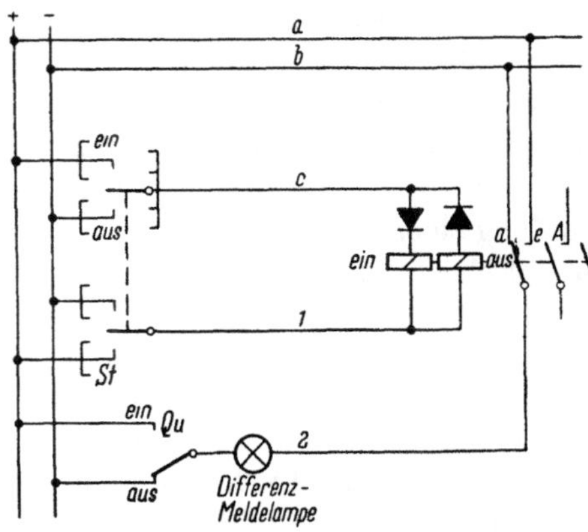

Abb. 388. Prinzip der Zweidraht-Steuerung ($2n + 3$)-Adern bei n gesteuerten Schaltern

Soll der Schalter eingeschaltet werden, so wird zunächst der Steuerquittierschalter in die „Ein"-Stellung gebracht; dann werden durch Überdrehen in die Befehlstellung die beiden *St*-Kontakte nach oben umgelegt. Damit kommt der Pluspol der Stromquelle über die gemeinsame Ader *c* und den Gleichrichter auf das „Ein"-Schütz, während die andere Seite des „Ein"-Schützes über die individuelle Ader *1* und den nach oben umgelegten 2. Kontakt des Steuerschalters an dem Minuspol der Stromquelle liegt. Das „Ein"-Schütz spricht an. Der Schalter schaltet ein und legt seinen Meldekontakt auf die *e*-Stellung um. Die Differenzmeldelampe erlischt.

In gleicher Weise wird die Ausschaltung des Schalters bewirkt, indem die Steuerkontakte nach unten umgelegt werden. Im Steuerstromkreis fließt der Strom in umgekehrter Richtung und wird durch den Gleichrichter auf das „Aus"-Schütz geleitet.

Auch hier kann bei Änderung des Schaltzustandes ein akustischer Alarm angeworfen werden.

Die Eindraht- und Zweidrahtfernsteuerung wurde früher ausschließlich aus Starkstromquellen (110/220-V-Batterien) gespeist. Gegebenenfalls kann man mit 24 oder 60 V unter Verwendung von Fernmeldekabeln und Fernmeldezwischenrelais die gleiche oder größere Reichweite und Betriebssicherheit erzielen. Das wird insbesondere in Betracht kommen, wenn eine größere Anzahl von Organen ferngesteuert, gemeldet und der Leitungsaufwand in einem erträglichen Rahmen gehalten werden sollen.

Beurteilung der Betriebssicherheit der Ein- und Zweidrahtfernsteuerung

Bei beiden unter a) und b) aufgeführten Verfahren wird die gemeinsame Betätigungsspannung für die Kommando- und Unterstation benötigt, die über generelle Adern zwischen beiden Stationen übertragen wird. Bei Kabelstörungen (z.B. mechanischer Beschädigung bei Bauarbeiten) können Kurzschlüsse zwischen Adern auftreten, die betriebsmäßig nicht vorgesehen sind. Bei der Eindrahtfernsteuerung genügt die Verbindung einer Ader mit einer der Batterieadern, um unter Umständen einen falschen Schaltbefehl hervorzurufen. Bei der Zweidrahtfernsteuerung müssen schon 2 Kontaktschlüsse verschiedener Polarität auftreten, ehe ein falscher Schaltbefehl ausgelöst werden kann. Bei Beachtung aller betrieblichen Eigenschaften beider Schaltungen wird man in vielen Fällen, d.h. wenn die Kabeltrasse gegen mechanische Schäden nicht sehr sicher gemacht werden kann, der Zweidrahtfernsteuerung den Vorzug geben.

c) Zweidrahtfernsteuerung ohne zusätzliche gemeinsame Leiter

Die in Abb. 389 dargestellte Zweidrahtsteuerung benötigt für jedes gesteuerte Organ zur Steuerung und Rückmeldung nur ein Aderpaar. Sie ist zur Verbindung über Fernmeldeadern gedacht. Die Verbindungsleitung von der Kommandostation zur Unterstation ist im Gegensatz zu den vorher geschilderten Verfahren a) und b) dauernd von einem Strom durchflossen, bei dessen Ausfall Alarm gegeben wird. Die Schaltung benutzt die Polaritätsunterschiede für die Meldung und Polaritäts- und Intensitätsunterschiede für die Steuerung. Sie arbeitet auf folgende Weise:

In Ruhestellung (Abb. 389a) liegt ein Außenpol der in der Mitte angezapften Stromquelle über den Widerstand des L-Relais (etwa 2000 Ω) an der einen Leitungsader während der mittlere Pol der Stromquelle an der anderen Ader liegt. Der Stromkreis schließt sich in der „Aus“-Stellung des Hochspannungsschalters über einen Gleichrichter und das Einschaltschütz. Im gezeichneten Zustand fließt vom Pluspol der Stromquelle über den Aus-Kontakt des Quittierschalters, Ruhe-Kontakt des Kontrollrelais K, die Wicklungen des L-Relais ein positiver Strom über das Einschaltschütz mit Gleichrichter zum Mittelpol der Spannungsquelle zurück. Wird der Quittierschalter in die Stellung „Ein“ umgelegt (Abb. 389b), so wird die Spannung an der Schleife umgekehrt, so daß wegen des hinter dem Einschaltschütz liegenden Gleichrichters kein Strom fließen kann. Das L-Relais fällt ab und schaltet das K-Relais ein, das die Spannung an der Schleife durch sein Ansprechen wieder umpolt. Der Strom kommt wieder zustande, das L-Relais spricht an, doch bleibt K über seinen k^{I}-Kontakt erregt. Wird jetzt mit dem Steuerschalter der Schaltbefehl gegeben (Abb. 389c), so

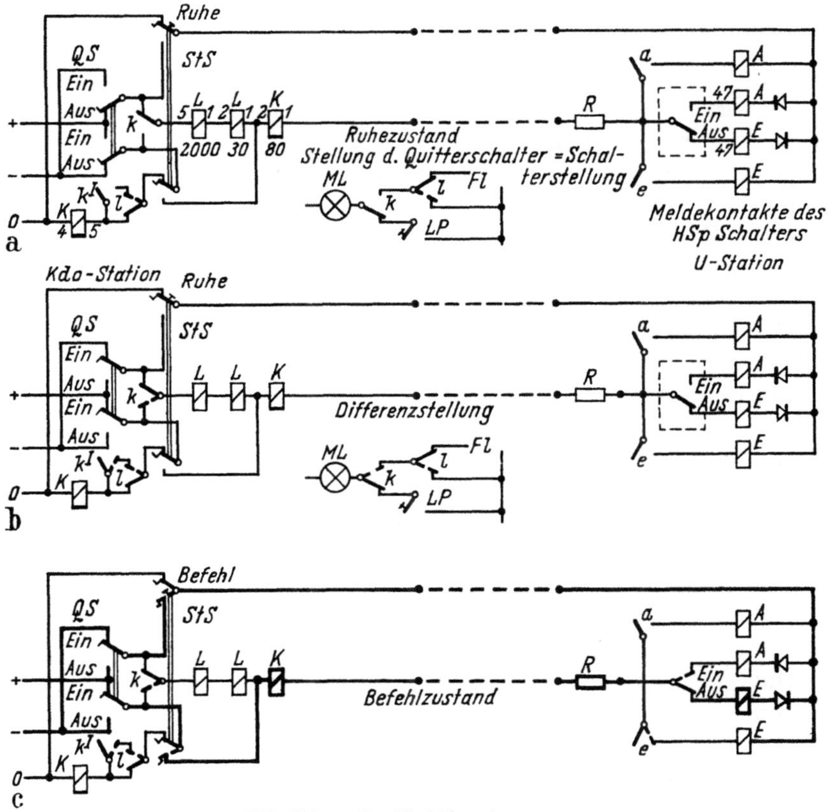

Abb. 389a–c. Zweidrahtfernsteuerung

werden die Wicklungen des L-Relais (2000 und 30 Ω) kurzgeschlossen und gleichzeitig der bisher am Mittelpol der Stromquelle liegende Leiter an den Außenpol der Stromquelle gelegt. Die Schleife erhält die doppelte Betriebsspannung und durch Kurzschluß der L-Wicklungen einen so großen Strom, daß das Einschaltschütz in der Unterstation anspricht und den Schalter einschaltet. Der Meldekontakt des Schalters legt sich in die „Ein"-Stellung um, worauf nunmehr der Strom nicht mehr fließen kann, weil der Gleichrichter hinter dem Ausschaltschütz in umgekehrter Richtung gepolt ist. Nach Loslassen des Steuerschalters besteht wieder Übereinstimmung zwischen der Schalterstellung und der Stellung des Steuerquittierschalters, so daß Bild a wieder gilt jedoch mit dem Unterschied, daß der Quittierschalter auf „Ein" und der Meldekontakt ebenfalls auf „Ein" steht. Der negative Pol der Stromquelle liegt über die „Ein"-Seite des Quittierschalters, den in Ruhe befindlichen *k*-Kontakt, die Wicklungen des *L*-Relais (2000 und 30 Ω) an der Leitung. Der Meldekontakt des Schalters liegt auf „Ein" und die Rückleitung liegt wieder am Mittelpunkt der Batterie, die Stromrichtung ist gegenüber Bild a umgekehrt, so daß ein Ruhestrom über das Ausschaltschütz und den nachgeschalteten Gleichrichter fließen kann.

Während bei der unter b) geschilderten Zweidrahtsteuerung oder sogar unter a) geschilderten Eindrahtsteuerung Fehlschaltungen bei Kabelschäden sehr leicht eintreten können, wenn Schlüsse zwischen direkt an der Batterie liegenden Adern und Steueradern auftreten, besteht diese Gefahr bei der unter c) geschilderten Zweidrahtsteuerung nicht, wenn nicht gerade ein Befehl erteilt wird. In den Außenleitern liegt im Ruhezustand immer ein Widerstand von mehr als 2000 Ω, so daß auch bei Kurzschluß der Adern keine Stromstärke auftreten kann, die die Ausgangsrelais *A* oder *E* zum Ansprechen bringen kann. Allerdings ist der Aufwand größer als bei den vorgenannten Steuerungen, doch können bei 60 V = 2 × 30 V Reichweiten von 500 Ω ohne weiteres erzielt werden, was bei Fernsprechadern mit 0,8 mm ∅ Cu etwa einer Leitungslänge von 7 km entspricht.

Bei den Eindraht- und Zweidrahtfernsteuerungen (a bis c) besteht eine galvanische Verbindung zwischen der Kommandostation und der Unterstation. Solche Verbindungen können beeinflußt werden, wenn die Steuerleitungen in der Nähe von Hochspannungsleitungen verlegt sind und auf der Hochspannungsleitung Störungen, z. B. ein Doppelerdschluß, auftritt. Die dann auf den Steuerleitungen induzierten Längsspannungen gegen Erde können solche Werte erreichen, daß das Bedienungspersonal und die Isolation der Geräte gefährdet sind. Man wird deshalb in allen Fällen, in denen mit Hochspannungsbeeinflussung gerechnet werden muß, die möglichen Längsspannungen berücksichtigen und nötigenfalls von Schaltungen Abstand nehmen müssen.

d) Wählerfernsteuerung

Wenn die Aufgabe besteht, eine Anzahl von Steuerbefehlen oder von Signalmeldungen über größere Entfernungen zu übertragen, so setzt man zweckmäßig eine Wählerfernsteuerung ein. Der grundsätzliche Vorteil der Wählerfernsteuerverfahren besteht darin, daß sie für alle Steuer- und Meldevorgänge nur eine Leiterschleife (Fernmeldefreileitung oder -kabel) benötigen. Als Steuerverbindungen kann auch eine Hin- und Rück-UKW-Verbindung oder ein Gegensprech-Trägerfrequenzkanal über Hochspannungsleitung oder über Spezialkabel benutzt werden. Gegenüber den adersparenden Verfahren, wie Zweidraht- und Eindrahtschaltung, haben die Wählerverfahren den einzigen Nachteil, daß infolge der Zwischenschaltung von Wählereinrichtungen zwischen dem Steuerkommando und der Befehlsausführung bzw. zwischen Schalterstellungsänderung und deren Meldung in der Schaltwarte immer eine Zeit von meist einigen Sekunden verstreicht. Dafür ist die Sicherheit gegen Störungen außerordentlich groß; sofern das Wählerverfahren die erforderlichen Sicherstellungsvorkehrungen enthält, wird bei ihm entweder

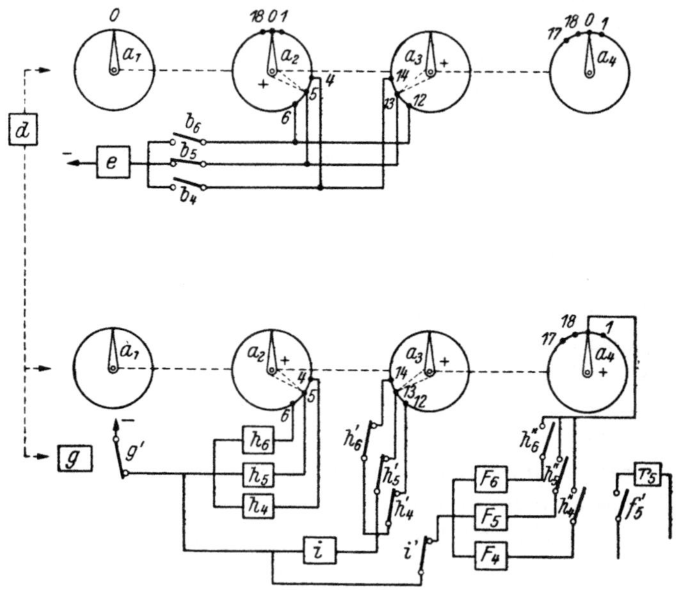

Abb. 390. Fernsteuerung nach dem Wählerverfahren

die richtige Steuerung ausgeführt oder es wird keine Änderung des bestehenden Schaltzustandes vorgenommen. Wegen der großen Sicherheit, die mit einer Wählerfernsteuerung zu erzielen ist, greift man oft zu diesem Verfahren selbst dann, wenn die Entfernung zwischen der Kommandostation und der Unterstation so gering ist, daß Wirtschaftlichkeitsüberlegungen eigentlich zu Gunsten der Zweidrahtschaltung ausfallen.

Der Befehl und die Meldung werden durch Impulsgruppen übermittelt. Eine Wählerfernsteuer-Schaltung ist in ihrem grundsätzlichen Aufbau in Abb. 390 dargestellt. Darin bedeutet A die Sende- und B die Empfangsstelle. Sowohl in A als auch in B befindet sich ein Wähler, der auf einer gemeinsamen Welle je vier Arme a besitzt, welche teilweise als Kontaktarme benutzt werden. Diese Arme können sowohl auf der Geberseite *A* und der Empfängerseite *B* durch einen gemeinsamen Stromimpuls durch je ein elektromagnetisches Schrittschaltwerk schrittweise gedreht werden. Die gezeichnete Anlage sei für die Übermittlung von 18 Steuerbefehlen ausgerüstet und der Leistungsschalter Nr. 5 möge eingeschaltet werden. Hierzu wird der Kontakt b_5 eingeschaltet. Gleichzeitig mit dieser Einschaltung wird der Relaisunterbrecher *d* in Betrieb gesetzt, durch den die Wähler in der Sendestelle und in der Empfangsstelle Stromimpulse bekommen und sich schrittweise drehen, bis die Nullstellung wieder erreicht ist. Gleichzeitig mit den Wählern erhält auch das sogenannte Pausenempfangsrelais *g* Impulse. Es besitzt eine solche Abfalldämpfung, daß es bei der raschen Impulsfolge seinen Kontakt g' dauernd angezogen, also unterbrochen hält. Gelangt nun der Wähler in der Sendestelle *A* auf die Stellung *5* (zweiter Arm *a* gestrichelt gezeichnet), so kann jetzt Strom von Plus über *5* zu dem sogenannten Pausensenderelais *e* fließen. Dieses beeinflußt den Relaisunterbrecher *d* derart, daß eine kurze Sendepause eintritt. In dieser kann das Pausenempfangsrelais *g* abfallen, wodurch der Kontakt g' schließt. Auf der Empfangsseite *B* fließt jetzt Strom von Plus über den gestrichelt eingezeichneten zweiten Arm a_2 über den Kontakt *5* zum Relais h_5 über g' nach Minus. Das Relais h_5 zieht seinen Anker an, hält sich selbst und betätigt seine Kontakte h_5' und h_5''. Nach Ablauf der kleinen Pause laufen die Wähler wieder weiter.

Man richtet es so ein, daß beim Sender der Kontakt *5* mit dem Kontakt *13* einer weiteren Kontaktreihe verbunden ist. Dabei ist dieser zweite Kontakt so gewählt, daß er spiegelbildlich zum Kontakt *5* liegt. Dies ist bei 18 Stellungen beim Kontakt *13* der Fall, da $13 = 18 - 5$ ist. Gelangen die Wähler jetzt an die Stelle *13*, so wird Strom von Plus (Arm *a* in *A*) über den Kontakt *13* über b_5 zum Pausensenderelais *e* gelangen und es wird wieder eine Schaltpause eingelegt, durch welche das Pausenempfangsrelais *g* seinen Kontakt g' abfallen läßt und ihn dadurch schließt. Obwohl beim Empfänger *B* der Schaltarm a_3 eine Verbindung zwischen Plus und Kontakt *13* herstellt, vermag der Strom nicht weiterzufließen, da der Kontakt h_5' unterbrochen ist.

Ist jedoch zwischen Geber und Empfänger infolge eines Fehlers oder Beeinflussung von außen eine Differenz der Stellungen eingetreten, z. B., daß der Empfänger statt auf Kontakt *13* erst auf Kontakt *12* steht, so wird von Plus aus über Kontakt *12*, über den geschlossenen Kontakt h_4', über das Relais *i* Strom über g' nach Minus fließen. Das Fehlerrelais *i* spricht an, hält sich selbst und wird seinen Kontakt *i* unterbrechen und wie noch zu ersehen, verhindern, daß der Schaltbefehl durchgegeben wird. Ist jedoch der Kontakt *13* synchron erreicht, so kann das Fehlerrelais *i* nicht ansprechen. Nach der kleinen Schaltpause werden dann die

Impulse so lange weitergegeben, bis sämtliche Arme sich wieder in der Ruhestellung befinden. In diesem Falle wird beim Empfänger *B* Strom von Plus über den Arm a_4 über das Relais F_5, über den Kontakt i' und über den jetzt geschlossenen Kontakt g' nach Minus fließen können. Das Relais F_5 spricht an und schließt seinen Kontakt f_5', wodurch das Relais r_5 anzieht und das Einschalten des gewünschten Leistungsschalters *5* vornimmt.

Bei der geschilderten Steuerung wird also 2mal geprüft (auf Stellung *13* und nach Erreichen der „Null"-Stellung), ob Gleichlauf zwischen Geber und Empfänger vorhanden ist. Erst dann wird das Schaltkommando gegeben.

Wenn eine Differenz der Stellungen beim Geber und Empfänger vorhanden ist, derart, daß der Geber seine „Null"-Stellung erreicht hat, der Empfänger jedoch nicht, so wird kein Schaltkommando gegeben werden können.

Hätte das Fehlerrelais *i* angesprochen, also *i'* geöffnet, so könnte das Einschalten nicht stattfinden. Sollte *i* nicht angesprochen haben, am Schlusse jedoch der Synchronismus verlorengegangen sein, etwa daß der Geber auf Null, der Empfänger jedoch nur bis *18* gekommen sei, so kann der Schalter nicht eingeschaltet werden. Diese scharfe Überwachung ist notwendig, damit nicht durch Felder- oder Fremdbeeinflussungen Fehlimpulse zustande kommen und ein falscher Schalter betätigt wird.

Es gibt noch einige andere Wählerfernsteuerverfahren. Allen ist gemeinsam, daß sie durch entsprechende Sicherstellungsvorrichtungen eine Fehlschaltung praktisch verhindern. Wegen der großen Zuverlässigkeit, mit der die Fernsteuerung über Wähleranordnungen sich durchführen läßt, wird sie in Fernbedienungsanlagen – meist in Verbindung mit Fernmeß- und Fernsynchronisieraufgaben – mehr und mehr verwendet.

Wenn für die Übertragung der Fernsteuerimpulse und der Fernmeßwerte nur ein Leitungskanal oder eine Hochfrequenzverbindung zur Verfügung steht, so kann man den betreffenden Kanal mehrfach ausnutzen, wie das im Abschnitt A beschrieben worden ist. Falls aber zwei Leitungen vorhanden sind, und die Fernmeßwerte nicht dauernd, sondern nur „auf Abfrage" zur Verfügung zu stehen brauchen, so bedient man sich auch der Fernsteuereinrichtung, um die jeweils gewünschte Meßstelle anzuwählen und den Meßwert über die Meßleitung zu übertragen. Man kann also ein und dieselbe Meßleitung nacheinander für die Übermittlung beliebig vieler Meßwerte benützen.

Soll z.B. die Aufgabe gelöst werden, eine Fernsynchronisierung vorzunehmen, so kann mit der Fernsteuereinrichtung am Empfangsort eine automatische Synchronisiereinrichtung auf die Maschine geschaltet werden, welche synchronisiert werden soll. Die Synchronisierung erfolgt dann automatisch und nach erfolgter Synchronisierung mittels Fernsteuerung die Rückmeldung.

Soll in die Ferne eine stetige Regelung übertragen werden, so kann durch eine Fernsteuerungseinrichtung ein Aderpaar auf das zu regelnde Aggregat geschaltet werden. Die Regelung kann dann von der Sendestelle über das durchgeschaltete Aderpaar erfolgen.

e) Tonfrequenz-Multiplex-Fernsteuerung

Ein Befehl oder eine Meldung kann über ein Aderpaar auch mit Wechselstrom übertragen werden (Abb. 391). Eine Wechselstromquelle wird dann eingeschaltet, wenn der Befehl übertragen werden soll und sie wird abgeschaltet, wenn der Befehl aufhören soll. Diese Übertragung kann auch über abgeriegelte und beeinflußte Leitungen erfolgen.

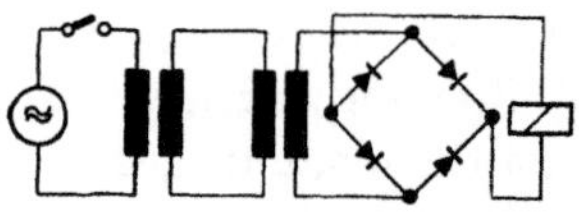

Abb. 391. Übertragung einer Meldung (eines Befehls) mit Wechselstrom über eine abgeriegelte Leitung

Ordnet man jeder zu übertragenden Information (Befehl oder Meldung) eine getrennte Frequenz zu und verwendet man auf der Empfangsseite frequenzselektive Empfänger (Auswerter), so kommt man zu dem in Abb. 392 dargestellten Aufbau einer Tonfrequenz-Multiplex-Fernsteuerungs-(TMF-)Anlage.

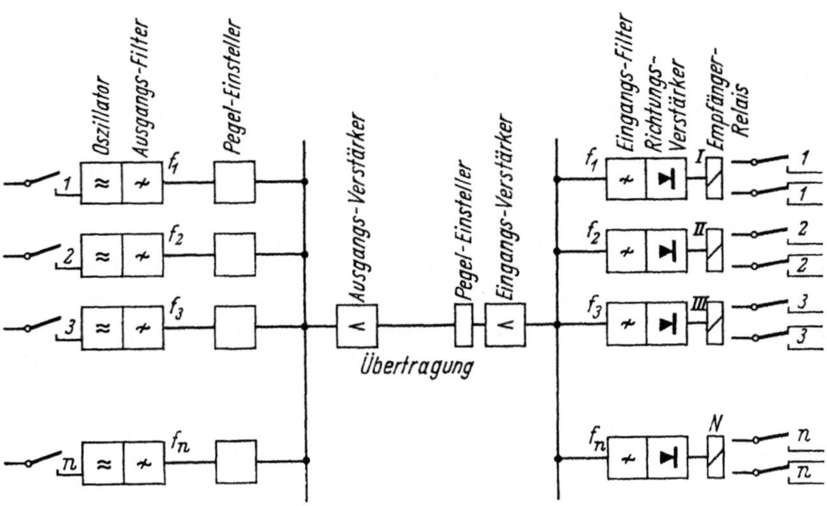

Abb. 392. Aufbau einer Tonfrequenz-Multiplex-Fernsteuerung (TMF-Anlage)

Auf der Geberseite wird für jede Tonfrequenz ein Oscillator mit anschließendem Ausgangsfilter (Geber) eingesetzt, denen noch Pegelsteller und gegebenenfalls Ausgangsverstärker nachgeschaltet werden.

Von dort gehen die erzeugten Tonfrequenzen als Tonfrequenzgemisch auf die Übertragungsleitung, die entweder ein Fernmeldeaderpaar oder auch Trägerfrequenzkanal sein kann, zur Empfangsstelle. Dort wird gegebenenfalls nach Demodulation der Trägerfrequenz das Tonfrequenzgemisch über eine Pegelstelleinrichtung und einen Ausgangsverstärker auf die tonselektiven Auswerter gegeben, die dann ihr Ausgangsrelais zum Ansprechen bringen, wenn die ihnen zugeordnete Befehlstonfrequenz in genügender Stärke auf sie auftrifft. Das Verfahren gestattet also, einen Fernmeldekanal vielfach auszunutzen und angesichts dieser Möglichkeit sollte man, wie bereits in Abschn. IX, S. 234 „Fernwirk- und Fernmeldekabel" erwähnt, dazu übergehen, auch die Steuerkabel paarig verseilt zu verlegen.

Die Tonfrequenz-Multiplex-Fernsteuerung wird in verschiedenen Betriebsweisen eingesetzt. Zunächst kann die Einschaltung einer Maschine so lange aufrecht erhalten bleiben als die entsprechende Tonfrequenz gesendet wird (Dauerbefehl). Bei ihrem Fortfall würde die Maschine zum Stillstand kommen. Benötigt man eine höhere Übertragungssicherheit, so kann für den Aus- und den Ein-Zustand jeweils eine aktive Tonfrequenz gesendet werden, so daß man eine Überwachungsmöglichkeit besitzt, die bei Fehlen oder bei Vorhandensein *beider* Tonfrequenzen einen Fehleralarm auslöst. Dadurch sinkt allerdings die Anzahl der übertragbaren Informationen auf die Hälfte herab.

Werden keine Dauerbefehle benötigt, sondern genügt es, Befehle ungleichzeitig als Impulse zu übertragen, so kann man durch Kombination einer bestimmten Anzahl aus einer größeren Zahl von Tonfrequenzen die Anzahl der übertragbaren Informationen erheblich steigern. Werden z. B. insgesamt 12 Frequenzen vorgesehen und werden Kombinationen von je 4 aus diesen 12 Frequenzen zur Kennzeichnung einer Information verwendet, so können insgesamt $\binom{12}{4} = \frac{12 \cdot 11 \cdot 10 \cdot 9}{1 \cdot 2 \cdot 3 \cdot 4}$ $= 495$ Informationen gekennzeichnet werden. Die Betriebssicherheit gegen einfallende Störtonfrequenzen kann in diesem Fall außerordentlich weit getrieben werden. Man kann die Anzahl der empfangenden Tonfrequenzen überwachen und Befehle nur dann ausführen, wenn die richtige Anzahl empfangen wird. Außerdem kann man im Ruhezustand eine Kombination von 4 Tonfrequenzen (als Blind-)Befehl übertragen, so daß auch bei Einstreuung von mehreren Tonfrequenzen, wie sie an sich einem Befehl entsprechen würden, keine falsche Übertragung zustandekommen kann.

Abb. 393a zeigt einen volltransistorisierten Ton-Frequenz-Generator mit Ausgangsfilter, in dem sich keine bewegten Teile befinden und Abb. 393b zeigt einen Tonfrequenz-Auswerter mit Eingangsfilter und Ausgangsrelais. Nur das Ausgangsrelais ist von außen noch zugänglich.

Im übrigen sind die Bauteile voll vergossen und enthalten keine bewegten Teile.

Beim Einsatz der TMF muß berücksichtigt werden, daß im allgemeinen die Dämpfung der Fernmeldekabel mit der Frequenz zunimmt.

Abb. 393a. Transistor-Tongenerator mit Ausgangsfilter

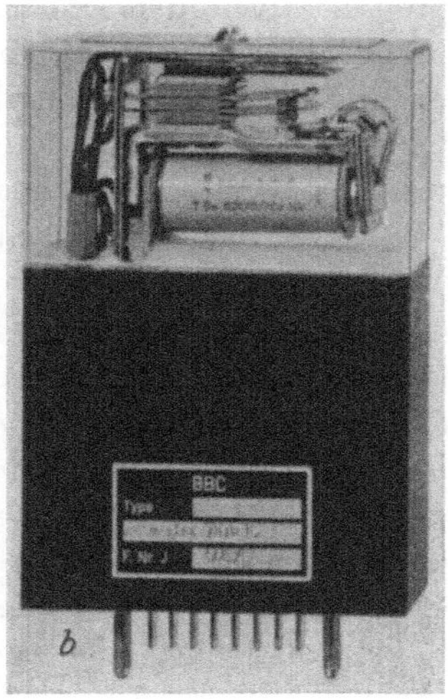

Abb. 393b. Tonfrequenzauswerter mit Eingangsfilter und Ausgangsrelais

Mit Rücksicht auf eine möglichst weitgehende Ausnutzbarkeit sollte das Frequenzspektrum durch Bespulung der Leitungen möglichst nicht eingeengt sein.

f) Elektronische Impuls-Code-Fernsteuerung

In neuerer Zeit geht die Entwicklung dahin, die in den Wähleranlagen noch vorhandenen vielen mechanischen Kontakte durch elektronische Bauelemente zu ersetzen. Zugleich mit dem Verzicht auf Wähler und Relais, durch die die verwendbaren Impulsgeschwindigkeiten praktisch auf die Normalien der Fernsprechwählertechnik festgelegt waren, strebt man höhere Übertragungsgeschwindigkeiten an. Wiederholt sind auf Messen Geräte ausgestellt worden, die für die Übertragung eines Befehls einschließlich Rückmeldung und Rückkontrolle Zeiten in der Größenordnung von nur 0,3 sek benötigen. Die Entwicklung dieser Einrichtungen ist noch stark in Fluß. Der Einführung dieser Geräte steht der im Verhältnis zur Wählerfernsteueranlage noch zu große Investitionsaufwand hemmend entgegen.

G. Tonfrequenz-Rundsteuerung

In Niederspannungsnetzen liegt oft die Aufgabe vor, an einer größeren Zahl beliebig im Netz verteilter Verbraucher von einer zentralen Stelle aus Schalthandlungen vorzunehmen. Wenn es sich darum handelt, die Straßenlampen einer Stadt zu schalten, die Umschalter in Doppeltarifzählern zu betätigen, gewisse Verbrauchergruppen während der Belastungsspitze vom Netz abzutrennen oder Alarmsignale auszulösen, so ist es praktisch nicht möglich, zu jedem Verbraucher besondere Steuerleitungen zu verlegen. Man setzt dann das als Tonfrequenz-Rundsteuerung bezeichnete Fernsteuerverfahren ein, bei dem das Versorgungsnetz selbst als Fernsteuernetz verwendet wird.

An einer zentralen Stelle des Netzes werden der Netzspannung Tonfrequenzimpulse überlagert, die sich über den ganzen von dieser Stelle aus erfaßten Netzteil ausbreiten. Sofern die Frequenz und die Spannung der Impulse richtig gewählt wurden, ist es möglich, an jedem Punkt des Netzes Empfangsrelais zu betätigen, mit denen die gewünschten Schaltungen ausgeführt werden können.

Für Rundsteuerzwecke steht ein breites Band von Frequenzen von 175 Hz bis rund 3000 Hz zur Verfügung. Die Steuerfrequenzen sind im allgemeinen in die Gebiete zwischen der 3. und 5., 7. und 11., 13. und 17., 19. und 23., 25. und 29. sowie der 37. und 41. Oberwelle gelegt. Sehr viele Anlagen, besonders Stadtnetze, arbeiten mit Frequenzen über 400 Hz. In den letzten Jahren beginnen sich jedoch Frequenzen um 200 Hz immer mehr durchzusetzen. Diese tiefen Frequenzen haben den Vorteil, daß die im Netz eingebauten Phasenschieberkondensatoren nicht berücksichtigt zu werden brauchen.

Für hohe Steuerfrequenzen können große Phasenschieberbatterien so kleine Impedanzen darstellen, daß die für das betreffende Netz erforderliche Tonfrequenzleistung unzulässig groß sein müßte. Abgesehen davon bilden Kondensatoren mit der Streuinduktivität der Transformatoren oder mit der Induktivität der Leitungen Reihenresonanzkreise. Die gleichmäßige Versorgung aller Teile des Netzes mit Steuerspannung ist dann nicht mehr gewährleistet. Bei der Berechnung der Sendeanlage müssen diese Gesichtspunkte berücksichtigt werden; es ist also nicht zulässig, sich mit einem Rundsteuerverfahren auf eine bestimmte Steuerfrequenz festzulegen. Die günstige Steuerfrequenz muß nach den Gegebenheiten des Netzaufbaues und der Netzbelastungen im Einzelfalle bestimmt werden. Tiefe Frequenzen um 200 Hz haben dagegen Ausbreitungseigenschaften der 50-Hz-Netzfrequenz selbst. Kondensatoren brauchen nicht berücksichtigt zu werden, und bei geeignet gewählten Einspeisepunkten besteht völlige Schaltfreiheit für das 50-Hz-Netz. Der Betriebsdienst braucht auf das Vorhandensein einer Rundsteueranlage keinerlei Rücksicht zu nehmen. Bei großen Stadt- und Überlandnetzen spielt dieses Problem oft eine wichtige Rolle.

Die einzuspeisende Tonfrequenzleistung richtet sich in erster Linie nach der 50-Hz-Netzbelastung. Die für das Ansprechen der Empfangsgeräte notwendige Tonfrequenzspannung wird als Spannungsabfall des Tonfrequenzstromes an den Netzverbrauchern erzeugt, deren Impedanz gegenüber der Eingangsimpedanz der Empfangsgeräte klein ist. Bei Steuerverfahren, deren Empfänger-Ansprechspannung bei 1,5 V liegt, genügt meist eine Tonfrequenzleistung von 0,5‰ der höchsten Netzbelastung. Bei Überlandnetzen mit relativ langen Freileitungen und bei Netzen mit mehreren Spannungsstufen muß eine etwas höhere Leistung eingespeist werden. Da außerdem die in den nächsten 10 Jahren zu erwartende Belastungssteigerung des Netzes bei der Bemessung der Tf-Sendeanlage berücksichtigt werden muß, liegt die Ausbauleistung der Sendeanlagen je nach dem angewandten Verfahren zwischen 1‰ und 3‰ der heutigen 50-Hz-Netzbelastung.

Die Überlagerung der Tonfrequenz kann in kleinen Netzen mit nur einigen Verteiltransformatoren zwischen Sternpunkt der Transformatoren und dem Nulleiter vorgenommen werden. In den meisten Fällen wird die Tonfrequenz in das Mittelspannungsnetz eingespeist. Auf diese Weise ist es möglich, auch größere Netze von einer Sendestelle aus zu steuern. Die Tonfrequenz wird dem Netz entweder durch Serienankopplung oder durch Parallelkopplung zugeführt. Die Parallelankopplung verwendet man vor allem bei höheren Frequenzen, bei denen die Impedanz der das Netz speisenden Hochspannungsseite groß ist gegenüber der Impedanz des zu steuernden Netzteiles. Die Tonfrequenz wird dabei dem Mittelspannungsnetz über Ankopplungskondensatoren zugeführt, deren Blindstrom durch vorgeschaltete Drosselspulen kompensiert wird. Durch entsprechende Bemessung der Drosselspulen erreicht man einen relativ geringen Verlust an Tonfrequenzleistung in der Ankopplung. Die Tf-Generatoren werden grundsätzlich als Drehstromerzeuger gebaut, so daß die drei Phasen des Netzes gleichmäßig mit Tonfrequenzspannung versorgt werden. Neben rotierenden Generatoren werden in den letzten Jahren, besonders in größeren Versorgungsgebieten mit mehreren Einspeisungen im Mittelspannungsnetz, elektronische Umrichter eingesetzt. Mit Hilfe statischer Sender ist es möglich, die Tonfrequenz an mehreren Punkten selbst eines weit verzweigten Hochspannungsnetzes völlig synchron und phasengleich einzuspeisen. Unliebsame Interferenzen und Phasendifferenzen treten damit nicht auf. Die gleichzeitige Fernsteuerung aller Sender ist über Funk oder Draht möglich. Abb. 394 zeigt die grundsätzliche Schaltung einer Serienankopplungseinrichtung, wie sie bei tiefen Frequenzen (um 200 Hz) häufig eingesetzt wird.

Die Empfangsgeräte sieben mittels Resonanzanordnung die Tonfrequenzspannung, die je nach dem verwendeten Verfahren zwischen 1,5 V und 4,5 V liegt, aus und führen sie Auswerteeinrichtungen zu, mit denen es möglich ist, eine Reihe verschiedener Schaltbefehle zu unter-

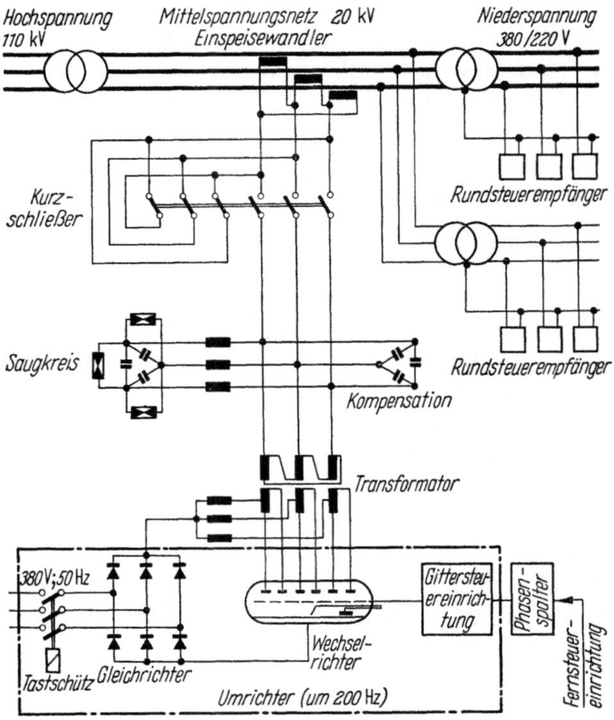

Abb. 394. Grundsätzliches Schaltbild für eine Rundsteuer-Sendeanlage

scheiden. Praktisch haben sich dafür von Synchronmotoren angetriebene Wähleranordnungen durchgesetzt. Man unterscheidet die nach der Impuls-Intervall-Methode und die nach der Impuls-Zeit-Methode arbeitenden Rundsteuerverfahren.

H. Auslösekupplung zwischen den Schnelldistanzrelais an den Enden eines Schutzabschnittes

Auf S. 415 wird die Technik der Kurzschlußfortschaltung (Schnellwiedereinschaltung) behandelt. Die nahezu synchrone Abschaltung an beiden Leitungsenden ist erforderlich, um einerseits die Leitung so schnell wie möglich spannungslos zu machen (Begrenzung der durch den Lichtbogen verursachten Störungen) und andererseits die gesamte Zeit der

Energieunterbrechung mit Rücksicht auf die Netzstabilität und die Wiedereinschaltmöglichkeit möglichst gering zu halten.

Die zu diesem Zweck an sich mögliche Übergreifschaltung bewirkt in Grenzfällen auch die fälschliche Abschaltung gesunder Leitungsabschnitte, die unter Umständen gerade den Synchronismus zwischen Kraftwerk und zu versorgendem Netz aufrecht erhalten sollen. Diesen Nachteil vermeidet die Auslösekupplung zwischen den Schnelldistanzrelais eines Schutzabschnittes. Bei Fehlern in der Nähe eines Leitungsendes ($<15\%$ der Leitungslänge) löst das an diesem Ende eingebaute Relais in Schnellzeit aus, während das Relais am anderen Leitungsende die 2. Zone feststellt. Wird von einem schnellauslösenden Relais an das an sich in der 2. Stufe auslösende Relais ein Auslösebefehl übertragen, so kann der Schalter an dem langsameren Ende verspätet um die Übertragungszeit des Befehls mitausgelöst werden.

In der Regel werden diese Auslösekupplungen über Trägerfrequenzanlagen auf der Hochspannungsleitung mitübertragen. Hier muß ein Kompromiß zwischen der erreichbaren Übertragungszeit und der erzielten Übertragungssicherheit getroffen werden. Je geringer diese Übertragungszeit sein soll, desto größer muß das für den den Befehl übertragenden Kanal zur Verfügung stehende Frequenzband sein und desto größer ist auch die Möglichkeit, daß die Empfänger durch die Einflüsse des Lichtbogens in der Aufnahme des Befehls beeinträchtigt werden. Langjährige Entwicklung und Bewährung haben heute zu Übertragungszeiten (gerechnet von der Einschaltung des Befehls auf der Sendeseite bis zur Stromabgabe auf der Ausspule des Leistungsschalters) von 20 msek. geführt.

Die gesamte Lieferunterbrechung braucht also nur um 20 msek gegenüber der reinen für die Entionisierung benötigten Zeit verlängert zu werden.

Die Übertragung der Auslösebefehle kann über TFH-Fernsprechverbindungen erfolgen, wenn oberhalb des Sprechbandes für diese Zwecke ein bestimmtes Frequenzband zur Verfügung gestellt wird, oder über getrennte Geräte, die ihre Signale direkt in der Trägerlage übertragen. Heute werden für diese Zwecke in erster Linie Frequenzverschiebungskanäle eingesetzt (frequency-shift), die gegenüber reinen Tastkanälen eine höhere Betriebssicherheit aufweisen. Bei der Übertragung in der Hochfrequenzlage können sogar für Leitungen mit 3 Leitungsenden (T-Form) die HF-Auslösebefehle zu den jeweiligen Gegenstationen einwandfrei übertragen werden.

XVI. Netzstörungen

A. Störungen im Netz durch Kurzschlüsse

Zu den unangenehmsten Netzstörungen gehören die Kurzschlüsse. Kurzschlüsse werden meist durch Phasenüberschläge, etwa bei schlechter Isolation, oder beim Auftreten von Überspannungen, eingeleitet. Je nachdem, ob der Kurzschluß sich zwischen zwei oder zwischen drei Phasen ausbildet, spricht man von einem zweipoligen oder dreipoligen Kurzschluß. In Netzen, deren Sternpunkt geerdet ist, führt ein Überschlag nach Erde ebenfalls zu einem Kurzschluß (einpoliger Kurzschluß). In den mit isoliertem Sternpunkt arbeitenden Hochspannungsnetzen (bzw. Sternpunkt ist über eine Erdschlußdrossel geerdet) führt ein Überschlag nach Erde zu einem Erdschluß (s. S. 395). Der Doppelerdschluß, wie ihn die Abb. 395a zwischen den Phasen S und T zeigt, hat jedoch ähnliche Wirkung wie ein zweipoliger Kurzschluß. In Netzen mit isoliertem Sternpunkt sind die meisten Kurzschlüsse zweipolig. Diese können jedoch in einen dreipoligen übergehen, wenn z.B. der Kurzschlußlichtbogen mit der gesunden Phase in Berührung kommt. Zweipolige Kurzschlüsse an Kabeln gehen wegen der kleinen Leiterabstände praktisch immer in dreipolige Kurzschlüsse über.

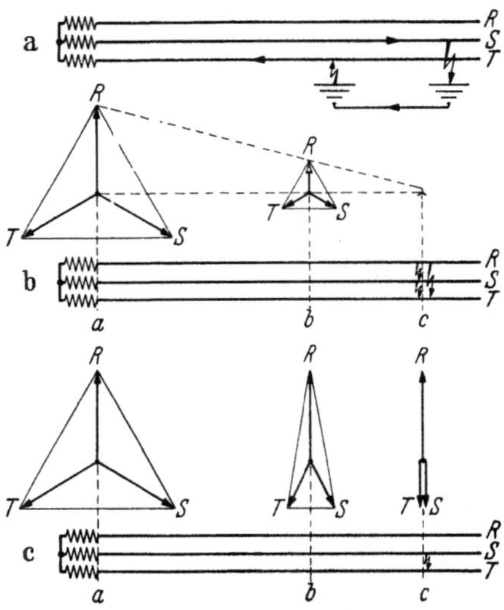

Abb. 395a–c. a) Doppelerdschluß; b) dreipoliger Kurzschluß; c) zweipoliger Kurzschluß

Bei einem dreipoligen Kurzschluß ist an der Kurzschlußstelle die Spannung zwischen den einzelnen Phasen Null und steigt infolge der Leitungswiderstände und Induktivitäten nach der Speisestelle zu an. In der Abb. 395b ist ein dreipoliger Leitungskurzschluß dargestellt und es wird gezeigt, wie die Spannungsdreiecke an den Stellen a, b, c beschaffen sind. An der Kurzschlußstelle c ist das Spannungsdreieck zu einem Punkt entartet. Bei einem Kurzschluß unmittelbar an den Klemmen des Generators schrumpft an dieser Stelle das Spannungsdreieck ebenfalls zu einem Punkt zusammen. Die EMK des Generators arbeitet dann allein auf die Reaktanzen der Maschine. Abb. 395c zeigt die Verhältnisse bei einem zweipoligen Kurzschluß zwischen den Phasen S und T. An der

Speisestelle a ist das Spannungsdreieck unverzerrt (streng genommen wird infolge der Generatorinduktivität auch hier bereits eine Verzerrung vorliegen). Die Spannung zwischen S und T nimmt nach der Kurzschlußstelle bis auf den Wert Null ab. Die Phasenspannung der gesunden Phase R bleibt dagegen erhalten, so daß die Spannungsdreiecke bei b und c die in der Abb. 395c aufgezeichnete Gestalt besitzen.

Ein Kurzschluß muß wegen seiner schädlichen Auswirkungen auf elektrische Maschinen, Apparate und Anlagen raschestens abgeschaltet werden. Besteht z.B. ein dreipoliger Kurzschluß längere Zeit, so gelangen sämtliche Drehstrommotoren an der Kurzschlußstelle und in der Nachbarschaft zum Stillstand. Bei einem zweipoligen Kurzschluß besteht die Möglichkeit, daß Motoren, wenn sie schwach belastet sind, als zweiphasig gespeiste Motoren weiterlaufen. Stark belastete Motoren werden dagegen auch in diesem Fall zum Stillstand kommen. Wird aber der Kurzschluß, der in einer Abzweigleitung liege, rasch abgeschaltet, dann können die Auswirkungen auf die nicht in diesem Abzweig liegenden Motoren und übrigen Verbraucher unwesentlich sein.

Bei einem Kurzschluß können sehr hohe Ströme auftreten, welche die Leitungen und Kabel erwärmen, und zwar um so mehr, je längere Zeit bis zum Abschalten des Kurzschlusses vergeht. Auch aus diesem Grunde ist ein rasches Abschalten erwünscht, besonders da bei Freileitungskurzschlüssen die Möglichkeit besteht, daß der mit dem Kurzschluß verbundene Lichtbogen Leitungen durchschmilzt und diese dann herunterfallen. Infolge der bei einem Kurzschluß fließenden großen Ströme treten in den Maschinen, Transformatoren, Apparaten usw. hohe mechanische Kräfte auf, die ausgehalten werden müssen, was eine besondere Bemessung der elektrischen Maschinen und Apparate mit Rücksicht auf den Kurzschlußfall erforderlich macht.

B. Kurzschlußschutz in Netzen

In den Verteilungsnetzen der elektrischen Kraftversorgung treten gelegentlich Kurzschlüsse auf, die raschestens abgeschaltet werden müssen. Dabei soll möglichst nur die kranke Strecke abgeschaltet werden, nicht jedoch gesunde Netzteile. Man bezeichnet einen Netzschutz, der nur die kranke Strecke zur Abschaltung bringt, als selektiven Netzschutz. Es gibt verschiedene Schutzsysteme mit mehr oder weniger guter Selektivität, die im folgenden behandelt werden sollen.

a) Schutz der Niederspannungsnetze

In Niederspannungsnetzen kommen zum Schutz der Leitungen bei Kurzschluß vorwiegend Schmelzsicherungen zur Anwendung. Die Sicherungen brauchen in diesem Zusammenhang nicht unbedingt die Leitungen, wie etwa bei der Absicherung der Gummikabel, vor Überlastung zu schützen, sondern haben vor allem die Aufgabe, im Kurzschlußfalle möglichst nur die kranke Strecke abzuschalten. Abb. 396 zeigt den Einbau der Sicherungen in zwei strahlenförmigen Verteilungsnetzen, welche von je einer Transformatorenstation aus gespeist werden. Man erhält bei derartigen Strahlennetzen einen selektiven Netzschutz, wenn die hintereinander geschalteten Sicherungen in ihrer Nennstromstärke bzw. ihrer Charakteristik so abgestimmt sind, daß, falls bei *K* ein Kurzschluß erfolgt, nur die Sicherung bei *a* anspricht. In größeren Verteilungsnetzen wird man oft an Stellen, an denen zu verschiedenen Niederspannungsnetzen eines Kraftwerkes gehörende Leitungen sich treffen, diese des besseren Lastausgleiches wegen miteinander verbinden, oder die Möglichkeit einer Verbindung vorsehen (s. Abb. 396). Solche Verbindungsleitungen wird man ebenfalls durch Sicherungen an den beiden Enden schützen bzw. wenn man in der Mitte der Verbindungsstrecke eine Trennstelle vorsehen will, hier eine herausnehmbare Sicherung (Griffsicherung) anbringen.

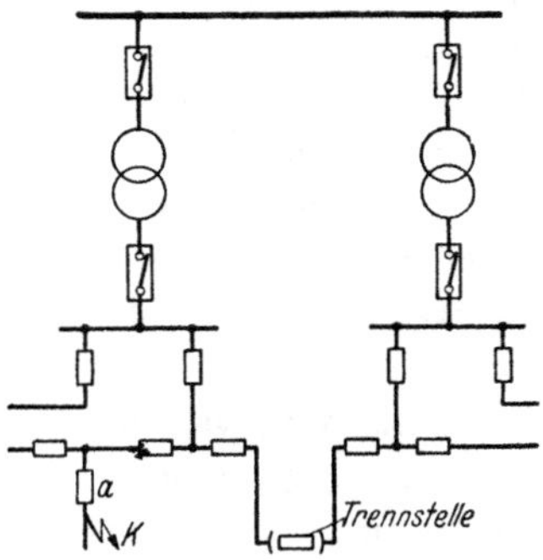

Abb. 396. Niederspannungsstrahlennetz

Bei vermaschten Niederspannungsnetzen, die für Großstädte mit großen Flächendichten des Elektrizitätsbedarfs in Frage kommen, hat sich eine Schutzanordnung nach Abb. 397 als brauchbar erwiesen. Die einzelnen Knotenpunkte des Netzes oder bei kleinerer Belastungsdichte nur ein Teil derselben werden durch Transformatoren gespeist, welche oberspannungsseitig an Hochspannungskabeln liegen. Die Verbindung der Niederspannungsseite der Transformatoren mit dem Netz erfolgt über Rückwattschalter (Luftschalter), die in der Abb. 397 durch kleine Kreise dargestellt sind. Die in den Knotenpunkten zusammenstoßenden Leitungen können durch Sicherungen abgesichert werden. Diese Sicherungen (nur bei *a* und *b* eingezeichnet) werden, um bei großen Strömen keine zu steile Charakteristik zu haben, als träge Sicherungen meist gleicher Nennstromstärke ausgebildet. Diese Sicherungen arbeiten trotz gleicher Nennstromstärke selektiv, da bei einem Kurzschluß von den

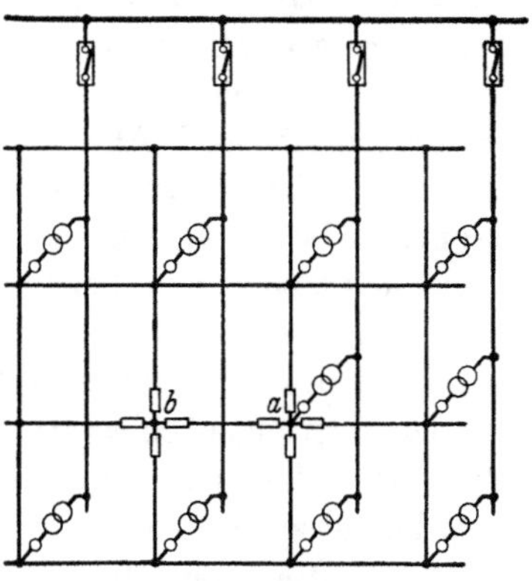

Abb. 397. Maschennetz

vier Knotenpunktssicherungen die zum kranken Leitungsteil gehörende Sicherung vom größten Strom durchflossen ist, also auch am schnellsten abschalten wird. Gelegentlich verwendet man in Maschennetzen überhaupt keine Sicherungen, sondern läßt, falls ein Kabeldefekt auftritt, die Kurzschlußstelle ausbrennen, wobei, falls der Kurzschlußstrom nicht gar zu groß ist, nach dem Ausbrennen der Kurzschluß verschwindet und das Netz weiterhin im Betrieb gehalten werden kann.

Erfolgt in der Hochspannungszuleitung ein Kurzschluß, so schaltet der Leistungsschalter auf der Hochspannungsseite ab. Die Kurzschlußstelle wird aber über die Transformatoren von der Niederspannungsseite aus weiter gespeist. Jetzt sprechen jedoch die Rückwattschalter an, da die Stromrichtung sich in ihnen umgekehrt hat und trennen das Niederspannungsnetz von der Hochspannungsleitung. Bei der geschilderten Anordnung spart man in den zahlreichen Transformatorenstationen die großen und teuren Leistungsschalter auf der Oberspannungsseite.

b) Schutz der Hochspannungsnetze

1. Allgemeines

In Hochspannungsnetzen werden zum Schutz der Leitungen Leistungsschalter verwendet, welche, von Primärauslösern abgesehen, durch Relais ausgelöst werden. Diese Relais weisen ein Anregeglied und ein Zeitglied auf. Im Kurzschlußfall erfolgt meist ein Ansteigen des Stromes und stets ein Absinken der Spannung, d.h. die Netzimpedanz $Z = U_\lambda/I$ wird kleiner. Man läßt daher das Anregeglied auf den Kurzschlußstrom oder in Netzen, wo der Kurzschlußstrom möglicherweise kleiner als der Nennstrom werden kann (s. Kap. XVIII), auf die „Unterimpedanz" des Netzes ansprechen[1]. Das Anregeglied löst das Zeitglied aus, dieses wiederum gibt nach Ablauf einer gewissen Zeit den Auslösebefehl an den Leistungsschalter. Im Kurzschlußfall sprechen alle vom Kurzschluß betroffenen Relais an, zur Auslösung soll jedoch nur der der Kurzschlußstelle nächstliegende Leistungsschalter kommen. Die übrigen Schalter werden nicht ansprechen, da die Relais nach der Abschaltung des Kurzschlusses in ihre Ausgangsstellung zurückkehren.

Die Leitungen eines Hochspannungsnetzes können in verschiedener Art ausgebildet sein. Abb. 398a zeigt eine einseitig gespeiste Leitung mit parallel geschalteten Abnehmern. Diese Abnehmer können über Leistungsschalter oder, falls es sich um kleine Transformatorenstationen handelt, über Sicherungen angeschlossen sein. Diese Anordnung mit

[1] Ein Überstromrelais spricht zwar im Kurzschlußfalle auf den Stoßstrom an, könnte aber bei längeren Ausschaltzeiten und einem Dauerkurzschlußstrom, der kleiner als der Normalstrom der Leitung ist, wieder abfallen ohne den Kurzschluß zur Abschaltung gebracht zu haben.

parallel geschalteten Stromverbrauchern kommt nur bei weniger wichtigen Leitungen in Frage, da im Falle eines Kurzschlusses auf der Leitung die ganze Leitung durch den Schalter *a* abgeschaltet werden muß, hiermit aber alle Verbraucher spannungslos werden. Besser ist die Anordnung nach Abb. 398 b, bei welcher die Verbraucher über besondere Schalter an die Sammelschienen *A*, *B* und *C*, die im Zuge der Leitung angeordnet sind, angeschlossen sind. Es wird jetzt für jede Leitungsstrecke ein Leistungsschalter benötigt. Erfolgt der Kurzschluß bei *K*, so muß der Schalter *a* auslösen, dabei bleiben die vorgelagerten Strecken unter Spannung. Aber auch diese Lösung kann nicht befriedigen, da die hinter der Kurzschlußstelle liegenden gesunden Sammelschienen *B* und *C* spannungslos werden. Abhilfe bringt eine Anordnung nach Abb. 398 c, die doppelt gespeiste Leitung oder der hiermit identische, von einer Stelle aus gespeiste Ring, da jede Schaltstelle von beiden Seiten aus mit elektrischer Energie versorgt wird. Bei doppelseitiger Speisung der Strecke muß jeder Leitungsabschnitt zwei Schalter haben, damit bei einem Kurzschluß bei *K* nur die kranke Strecke abgeschaltet wird. Die Sammelschienen *A* und *B* behalten nun weiterhin Spannung und die Strombelieferung der Abnehmer erfährt keine Unterbrechung. Bei einer Doppelleitung (s. Abb. 398 d) muß stets, unabhängig ob dieselbe einseitig oder zweiseitig gespeist wird, jeder Leitungsabschnitt zwei Schalter besitzen.

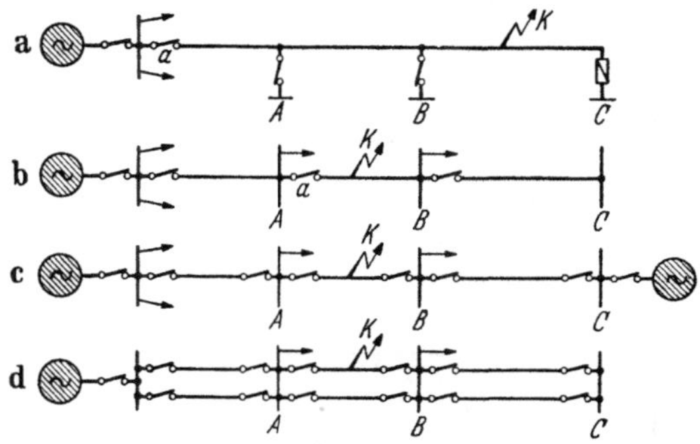

Abb. 398 a–d. Verschiedene Möglichkeiten der Schaltung von Hochspannungsleitungen

In der Abb. 399 ist die einseitig gespeiste Strecke entsprechend Abb. 398 b nochmals wiedergegeben. In der Abbildung sind die zu den Leistungsschaltern gehörenden Relais durch kleine Kreise dargestellt. Tritt am Ende der Leitung ein Kurzschluß auf, so ist es, sofern nur eine Überstromauslösung an den Schaltern vorhanden wäre, dem Zufall überlassen, welcher Leistungsschalter auslöst. Man kann für diesen Kurzschlußfall jedoch Selektivität erreichen, wenn durch den Überstrom sämtliche den Schaltern zugeordnete Auslöserelais zunächst nur angeregt werden, diese jedoch erst nach bestimmten einstellbaren Laufzeiten den zugehörigen Leistungsschalter zur Auslösung bringen. Staffelt man die Relais zeitlich derart, daß die Laufzeit der Relais vom Ende der Leitung in Richtung zur Speisestelle hin ansteigt, entsprechend Abb. 399, dann wird bei einem Kurzschluß *K* am Ende der Leitung tatsächlich nur der kranke Abschnitt abgeschaltet, da das zugehörige Relais die kürzeste Laufzeit besitzt. Sollte das Relais oder der Schalter versagen, dann löst das im Leitungszuge vorgeschaltete Relais allerdings erst nach etwas längerer Zeit aus, bildet also eine Art Reserve.

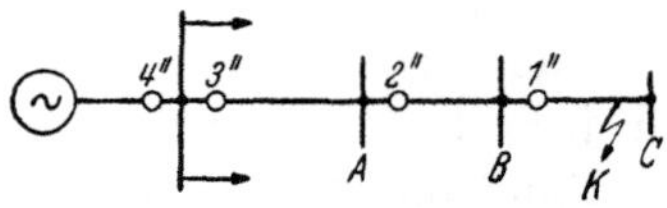

Abb. 399. Einseitig gespeiste Leitung

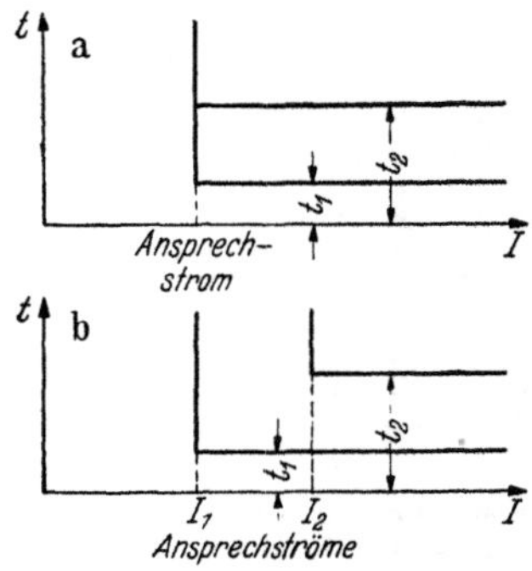

Abb. 400a u. b. Charakteristik eines unabhängigen Überstromzeitrelais

Die Relais, mit denen man obige Staffelung durchführt, sind unabhängige Überstromzeitrelais, da sie unabhängig von der Größe des Kurzschlußstromes stets nach gleicher Zeit die Auslösung bewirken. Das Zeitglied kann etwa wie auf S. 160 angegeben, aus einem kleinen, im Relais eingebauten asynchron anlaufenden Synchronmotor bestehen, der durch den magnetischen Fluß des Relais erregt wird. Bei einem unabhängigen Überstromzeitrelais kann die Auslösezeit sowie die Größe des Ansprechstromes verschieden eingestellt werden. Abb. 400a zeigt die Charakteristik zweier Relais, welche gleiche Ansprechstromstärke, jedoch verschiedene Zeiteinstellung, haben. In Abb. 400b sind die Kennlinien zweier Relais dargestellt, welche verschiedene Zeiteinstellung und auch verschiedene Ansprechstromstärken besitzen.

Außer diesen unabhängigen Stromzeitrelais, die unbeeinflußt von der Größe des Kurzschlußstromes nach einer einstellbaren Zeit die Abschaltung bewerkstelligen, gibt es noch Relais, bei denen die Auslösezeit von

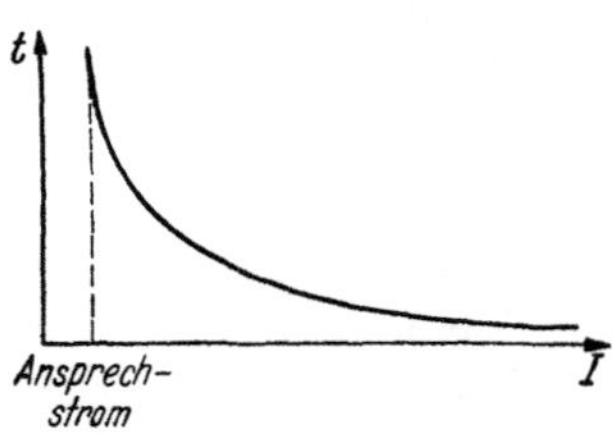

Abb. 401. Charakteristik eines stromabhängigen Zeitrelais

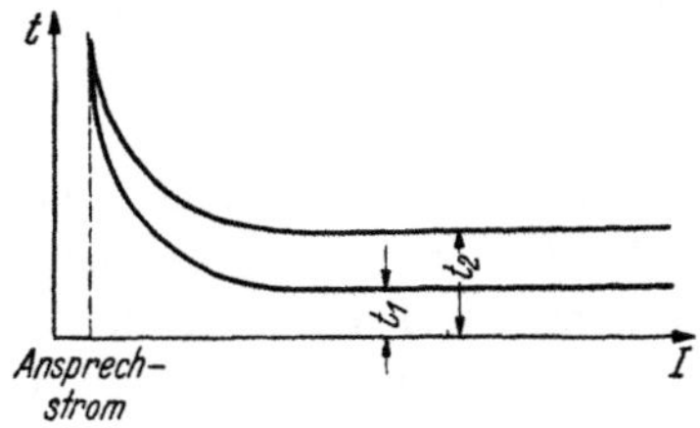

Abb. 402. Charakteristik eines begrenzt stromabhängigen Zeitrelais

der Größe des Stromes abhängig ist. Abb. 401 zeigt die Charakteristik eines derartigen, sogenannten abhängigen Stromzeitrelais. Die Auslösung erfolgt, wie man der Charakteristik entnehmen kann, für große Ströme sehr rasch, für kleine Ströme weniger schnell. Eine ähnliche Kennlinie weisen die begrenzt stromabhängigen Zeitrelais auf (Abb. 402), nur mit dem Unterschied, daß große Ströme mit einer festen, einstellbaren Zeit zur Abschaltung gelangen. Große Bedeutung haben heute weder das stromabhängige noch das stromunabhängige Relais.

Bei den bis jetzt behandelten Relais war immer eine Anregung des Relais durch Überstrom vorgesehen. Unter Umständen genügt dies nicht. In Netzen, die nachts praktisch leerlaufen, wird man zur Nachtzeit nur einige wenige Generatoren, die meist nur schwach erregt sind, in Betrieb halten. Der in einem Netz auftretende Dauerkurzschlußstrom ist jedoch von der Zahl und dem Erregungszustand der Generatoren abhängig. Während am Tage die Kurzschlußströme beachtlich sind, kann es vorkommen, daß nachts der Kurzschlußstrom kleiner als der Nennstrom der Leitung ist. In solchen Fällen würden Überstromzeitrelais nicht recht am Platze sein. Hier helfen dann Anregeglieder in den Relais, welche auf die „Impedanz" der Leitung ansprechen. Die Verhältnisse werden am besten aus der zweipolig aufgezeichneten Abb. 403a klar. Normalerweise ist der durch die Leitung fließende Strom durch die Größe $I = U/Z$ gegeben, wobei $Z = U/I$ die Gesamtimpedanz ist. Z setzt sich zusammen aus der konstanten Leitungsimpedanz und der veränderlichen Verbraucherimpedanz. Wenn man die Spannung U als näherungsweise konstant ansieht, ergibt sich für die Impedanz Z in Abhängigkeit vom Betriebsstrom eine Hyperbel (Abb. 403b). Tritt im Netz ein Kurzschluß auf, so wird die Verbraucherimpedanz kurz geschlossen, die Gesamtimpedanz des Stromkreises wird also plötzlich, und zwar bei jedem Belastungszustand des Netzes, vermindert. Man kann diese Erscheinung, wie bereits erwähnt, zur Anregung eines Relais benutzen. In Abb. 404 ist ein derartiges Relais dargestellt; es besitzt einen Waagebalken zum Messen der Impedanz. Im normalen Betrieb wird die Zugkraft der Spannungsspule überwiegen und den Waagebalken im Linkssinne an einen Anschlag pressen, so daß der Auslösekontakt K offen ist. Tritt ein Kurzschluß auf, so sinkt die Leitungsimpedanz, d.h. das Verhältnis U/I wird kleiner. Es wird nun die Kraft der Stromspule überwiegen; damit wird unmittelbar oder über den Kontakt K ein unabhängiges Zeitrelais oder ein Distanzrelais freigegeben. Selbstverständlich ist eine solche Impedanzanregung komplizierter als eine normale Überstromanregung, da dem Relais noch die Spannung zugeführt werden muß, was bei Hochspannungsleitungen Spannungswandler bedingt.

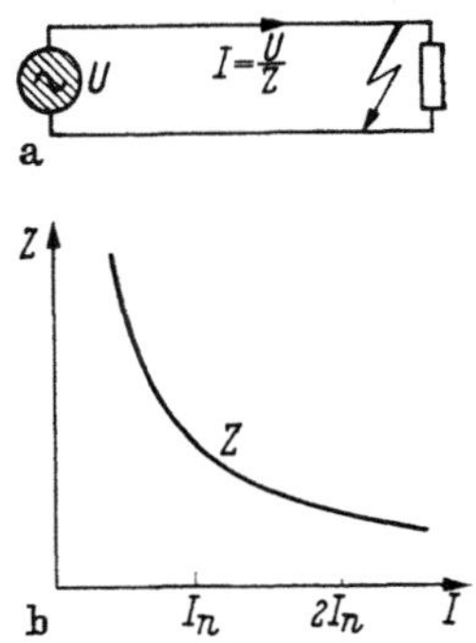

Abb. 403 a u. b. Impedanz einer Leitung in Abhängigkeit des Nennstromes

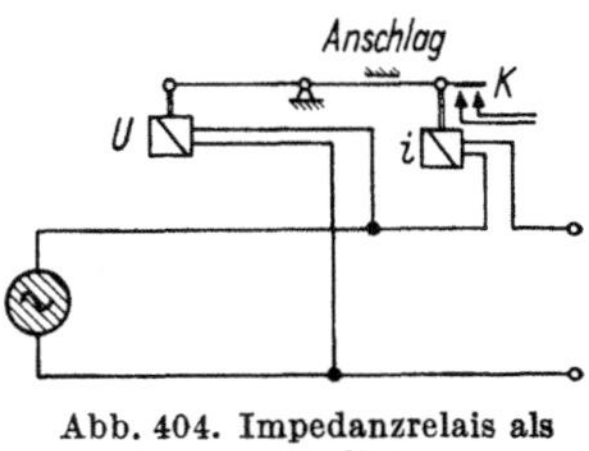

Abb. 404. Impedanzrelais als Anregeglied

2. Schutz durch normale Zeitrelais

Abb. 405 zeigt ein gewöhnliches Strahlennetz, welches durch unabhängige Überstromzeitrelais geschützt ist. Die Staffelung der Zeitrelais ist so durchgeführt, daß die Laufzeit der Relais vom Ende der Leitung gegen den Anfang zu ansteigt. Die Zeitstaffelung beträgt in unserem Beispiel 0,4 bis 0,5 sek. Um kleine Auslösezeiten am Kraftwerk zu erhalten, ist es günstig, die zwischen zwei Relais liegenden Staffelzeiten so klein wie möglich zu wählen. Hier sind jedoch Grenzen gegeben. Wenn ein Relais beispielsweise 1 sek nach dem Auftreten des Überstromes anspricht, so heißt dies, daß dem Leistungsschalter nach 1 sek der Auslösebefehl gegeben wird. Der Leistungsschalter selbst wird um die Eigenzeit des Schalters, die je nach Bauart und Baujahr 0,05 bis 0,15 sek betragen kann, später ausschalten. Nehmen wir beispielsweise die Eigenzeit des Schalters mit 0,15 sek an, so wird der Kurzschlußstrom nach 1,15 sek unterbrochen. Hätte das übergeordnete Relais eine Laufzeit von 1,1 sek erhalten, so würde es nach dieser Zeit durch Impulsgabe den Schaltermechanismus des zugehörigen Leistungsschalters freigeben, da nach 1,1 sek der Kurzschluß noch nicht abgeschaltet ist. Die Mindestlaufzeit des übergeordneten Relais müßte demnach 1,4 sek betragen, die Staffelzeit würde dann gleich der Eigenzeit des Schalters, der Relais-Zeitstreuung und unter Berücksichtigung eines Sicherheitszuschlages von etwa 0,2 sek, also 0,4 sek sein.

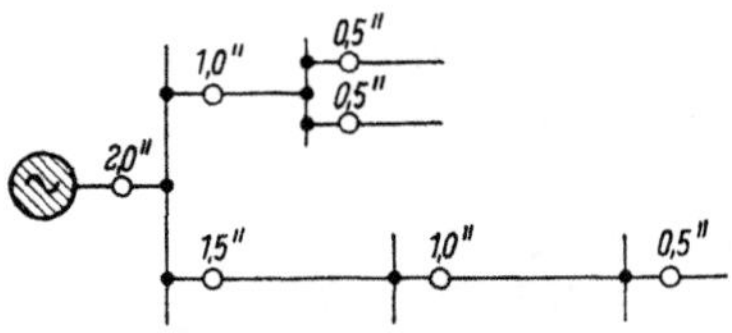

Abb. 405. Schutz eines Strahlennetzes mit unabhängigem Überstromzeitrelais

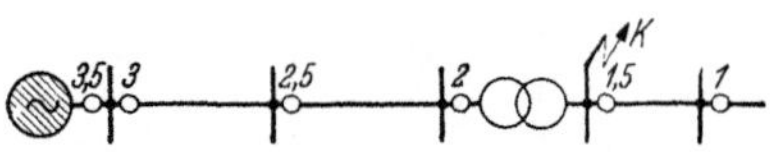

Abb. 406. Schutz eines Netzes mit zwei Spannungen

Abb. 406 zeigt zwei Netze verschiedener Spannung, die über einen Transformator gekuppelt sind. Auch in derartigen Fällen ist ein Staffelschutz möglich. Der Transformator muß in das Schutzsystem einbezogen werden, damit die Sammelschiene geschützt wird. Bei einem Fehler im Transformator selbst würde die Abschaltung durch den Netzschutz zu lange dauern, es ist daher, wie schon auf S. 182 beschrieben, ein besonderer schnell abschaltender Transformatorschutz (Buchholz-Schutz, Differentialschutz) noch vorzusehen.

Man könnte daran denken, statt der unabhängigen Stromzeitrelais, begrenzt abhängige Stromzeitrelais (Abb. 407) zu verwenden, da man dann kurzzeitige Überlastungen zulassen kann, ohne daß die Relais infolge der größeren Auslösezeiten die Schalter zur Auslösung bringen. Wie jedoch auf S. 389 erwähnt, hängen die Kurzschlußströme vom

Belastungszustand des Netzes ab. Abb. 407 zeigt, wie beispielsweise die Kurzschlußströme nachts und am Tage liegen können. Man kommt damit nachts zu größeren Auslösezeiten. Da man jedoch möglichst kleine Auslösezeiten anstrebt, werden solche Relais für den Netzschutz seltener verwendet. Recht brauchbar sind solche Relais, um am Ende einer Leitung einen Abnehmer zu schützen. Diese Anordnung hat den Vorteil, daß kurzzeitige Überlastungen den Schalter nicht zur Auslösung bringen. Man kann von bestimmten Überströmen an eine Momentauslösung vorsehen, so daß eine Relaischarakteristik entsprechend Abb. 408 entsteht. Man muß nur, um Fehlauslösungen zu vermeiden, darauf achten, daß die Maximalzeitrelais, welche dem Verbraucher im Netz vorgeschaltet sind, die Auslösekennlinie des begrenzt abhängigen Zeitrelais nicht überschneiden.

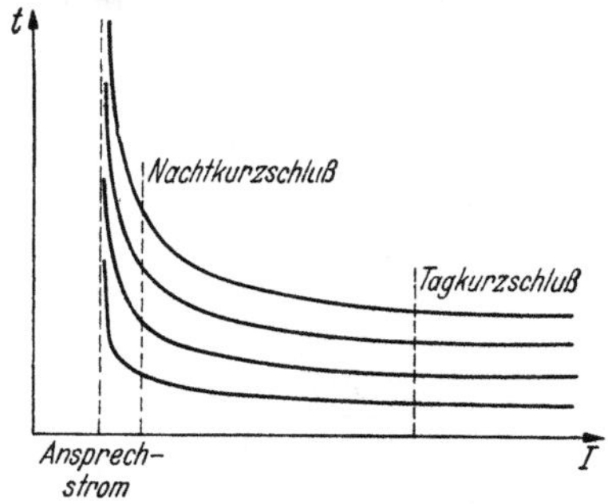

Abb. 407. Charakteristiken für begrenzt stromabhängige Zeitrelais

Bei manchen Netzen mag die Versuchung nahe liegen, rein stromabhängige Zeitrelais mit einer Kennlinie, wie Abb. 409a sie zeigt, zu verwenden, z. B. dann, wenn ein Netzgebilde nach Abb. 409b vorliegt, bei dem die Ströme, welche in der Leitung fließen, von Station zu Station kleiner werden. Es sei angenommen, daß die Stromwandler am Ende der Leitung eine Übersetzung 500:5, in der Mitte 1000:5 und am Anfang 1500:5 besitzen. Tritt am Ende der Leitung ein Kurzschluß

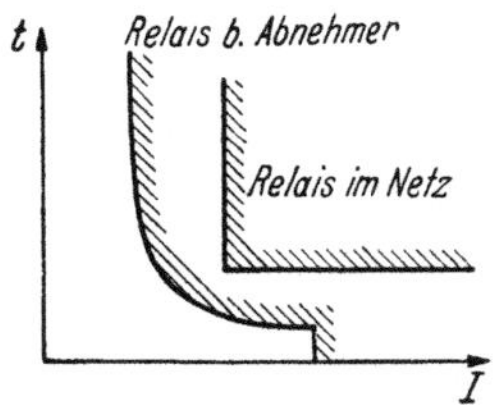

Abb. 408. Charakteristik eines begrenzt stromabhängigen und eines unabhängigen Zeitrelais

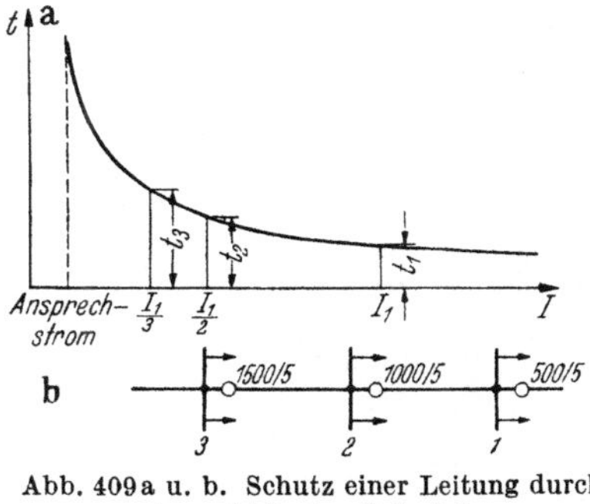

Abb. 409a u. b. Schutz einer Leitung durch stromabhängige Zeitrelais

auf und ist der durch den Kurzschluß bedingte das Relais *1* durchfließende Strom I_1, so ergibt dieser eine Auslösezeit t_1. Der durch das Relais *2* fließende Strom ist jedoch wegen der anderen Stromwandlerübersetzung nur $I_1/2$ und der durch das Relais *3* fließende Strom $I_1/3$. Die zugehörigen Zeiten sind (Abb. 409a) t_2 und t_3. Die Auslösezeiten bei den drei Relais sind also trotz gleicher Kennlinien genügend gegeneinander gestaffelt. Die Staffelung wird jedoch ungenügend, wenn ein sehr großer Kurzschlußstrom fließt, da dann die Zeiten t_1, t_2, t_3 wegen der flachen Kennlinien sich kaum mehr voneinander unterscheiden, also Falschauslösungen auftreten können.

Während bei strahlenförmigen Netzen ein Schutz mit unabhängigen Stromzeitrelais durchführbar ist, erfordert der Schutz bei der doppelseitig gespeisten Strecke und dem identischen Ringnetz unabhängige Stromzeitrelais mit zusätzlichen Richtungsgliedern. Abb. 410a zeigt eine

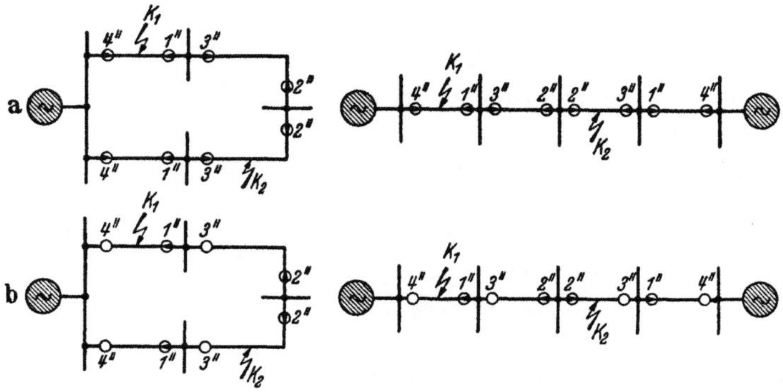

Abb. 410a u. b. Schutz einer Ringleitung bzw. einer zweiseitig gespeisten Leitung

doppelseitig gespeiste Leitung und ein Ringnetz. Die kleinen Kreise bedeuten die vorhandenen Relais und der in ihnen angegebene Pfeil gibt an, daß es sich um ein Relais mit einem Richtungsglied handelt, welches den zugehörigen Leistungsschalter nur bei einem Überstrom in Richtung des Pfeiles auslöst. Man erreicht bei diesem Netzaufbau einen selektiven Kurzschlußschutz durch zwei gegenläufige Zeitstaffelsysteme und Beachtung der Energierichtung. Im Beispiel ist angenommen, daß die Zeiten der einzelnen Relais mit 1 sek gestaffelt sind. Ist bei K_1 ein Kurzschluß, so werden nur die beiden benachbarten Relais die Strecke zur Abschaltung bringen. In gleicher Weise wird, wenn bei K_2 ein Kurzschluß auftritt, die Abschaltung durch die beiden benachbarten Relais erfolgen. Die übrige Strecke bleibt im Betrieb. Eine solche Anordnung hat also den Vorteil, daß bei einem Streckenkurzschluß nur der kranke Leitungsabschnitt zur Abschaltung kommt, das übrige Netz jedoch in Betrieb bleibt und alle Verbraucher weiterhin beliefert werden können.

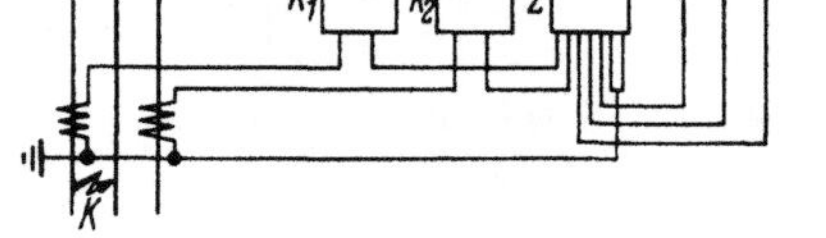

Abb. 411. Leitungsabzweig mit Überstromzeitrelais und Richtungsglied

Abb. 411 zeigt, wie in einer Station ein derartiger richtungsabhängiger Schutz ausgebildet sein kann. Es ist angenommen, daß der Überstromschutz in zwei Phasen eingebaut ist (oft werden auch die drei Phasen geschützt). Tritt bei K ein Kurzschluß auf, so schließt das Überstromrelais R_1 seinen Kontakt. Der Stromkreis wird jedoch erst geschlossen, wenn auch der in Reihe geschaltete Kontakt des zusätzlichen Richtungsgliedes Z geschlossen ist. Das Richtungsglied kann als wattmetrisches Relais ausgebildet sein. Infolge des der Spannung stark nacheilenden Kurzschlußstromes sind dessen Drehmomente klein, besonders beim Zusammenbruch der Spannung. Zur Erhöhung der Ansprechgenauigkeit des wattmetrischen Relais läßt man den Strom in den Spannungsspulen der angelegten Spannung gleichfalls nacheilen.

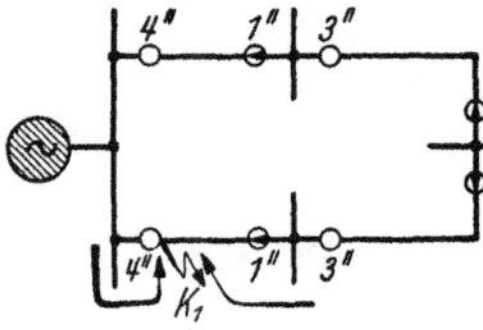

Abb. 412. Ringleitung

In der Schaltung (Abb. 410 a) können einige Richtungsglieder gespart werden, ohne daß, wie man leicht nachprüfen kann, die Selektivität des Schutzes leidet. Abb. 410 b und Abb. 412 zeigt die neue Schaltung. Es genügt also, wenn an einem Abzweig das Relais mit der kleineren Ansprechzeit ein Richtungsglied erhält das bei Energierichtung zur Sammelschiene hin sperrt.

Es sei angenommen (s. Abb. 412), daß ein Kurzschluß dicht an den Sammelschienen bei K_1 erfolge. Der unmittelbar der Kurzschlußstelle zufließende Strom wird groß, der über den Ring der Kurzschlußstelle zufließende Strom dagegen klein sein. Ist dieser Strom derart klein, daß er das rechts der Kurzschlußstelle liegende Relais mit der Auslösezeit 1 sek nicht anregt, so wird das linke Relais mit 4 sek Einstellzeit zuerst ansprechen und sein zugehöriger Schalter wird abschalten, wobei die Abschaltung nach etwa 4,15 sek beendet ist (0,15 sek = Eigenzeit des Schalters). Erst jetzt wird das rechte Relais mit der Einstellzeit 1 sek angeregt (da nun ein größerer Kurzschlußstrom über den Ring fließen wird) und wird nach 1 sek die Auslösung des Schalters, der nach 1,15 sek die Abschaltung beendet hat, bewirken. Insgesamt wird also für die Abschaltung des Kurzschlusses 4,15 + 1,15 = 5,3 sek benötigt statt 5,15 sek, wenn das rechte Relais sofort angesprungen wäre. Es vermögen also unter ungünstigen Verhältnissen längere Abschaltzeiten aufzutreten, als man zunächst auf Grund der Staffelung erwarten kann.

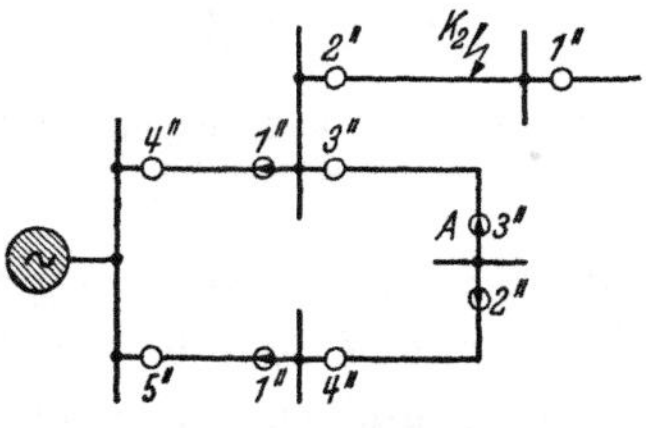

Abb. 413. Ringleitung mit zusätzlichem Sammelschienenabzweig

Die gegenläufige Zeitstaffelung kann auch angewandt werden, wenn von den einzelnen Sammelschienen der Ringleitung noch Abzweige abgehen, nur müssen die Auslösezeiten im Ring den Zeiten im Abzweig angepaßt werden. Die Abschaltzeiten im Abzweig müssen kleiner sein als die im Ring. In der Abb. 413 ist ein Abzweig eingezeichnet. Die dort vorhandenen Relais sollen Auslösezeiten von 1 und 2 sek besitzen. Erfolgt ein Kurzschluß an der Stelle K_2, so würde, wenn die Zeitstaffelung im Ring gegenüber Abb. 412 nicht geändert wird, auch das Relais A anspringen und eine Fehlauslösung bewirken. Man muß deswegen die Zeit des Relais A größer wählen, und zwar 3 sek statt 2. Das Relais A kann jetzt ohne Richtungsglied ausgeführt werden.

Nach ähnlichen Grundsätzen können auch Doppelleitungen nach Abb. 414 geschützt werden. Bei einem Kurzschluß an der Stelle K_1 wird nur die kranke Strecke abgeschaltet. Es ist allerdings zu beachten, daß danach durch die gesunde Strecke der doppelte Betriebsstrom fließt und die dort befindlichen Relais hierbei nicht ansprechen dürfen.

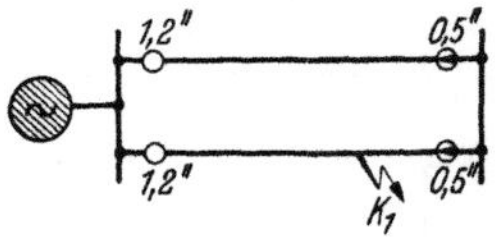

Abb. 414. Doppelleitung

Eine einseitig gespeiste Doppelleitung mit verschiedenen Zwischenstationen kann in ähnlicher Weise wie ein von einer Stelle aus gespeister Ring geschützt werden. Falls man eine Staffelzeit von 0,7 bis 0,8 sek zugrunde legt, ergibt sich zunächst eine Zeitstaffelung gemäß Abb. 415a. Diese Zeitstaffelung arbeitet solange einwandfrei, als in dem kranken Leitungsteil (Kurzschlußstelle K_1) von beiden Seiten ein solcher Kurzschlußstrom zufließt, daß die beiden Relais der kranken Leitung angeregt werden. Liegt jedoch der Kurzschluß an der Stelle K_2, so wird praktisch der ganze Kurzschlußstrom durch das Relais A fließen, während durch das Relais B nur ein kleiner Strom fließt, da diesem ein größerer Leitungswiderstand vorgeschaltet ist. Relais A wird anspringen, Relais B dagegen nicht. Nach $1{,}2 + 0{,}15 = 1{,}35$ sek (Eigenzeit des Schalters zu 0,15 sek angenommen) wird der zu A gehörige Leistungsschalter die Abschaltung vollendet haben. Jetzt fließt ein größerer Kurzschlußstrom durch das Relais B und nach einer Zeit von $0{,}5 + 0{,}15 = 0{,}65$ sek wird der Schalter des Relais B den Kurzschluß abschalten.

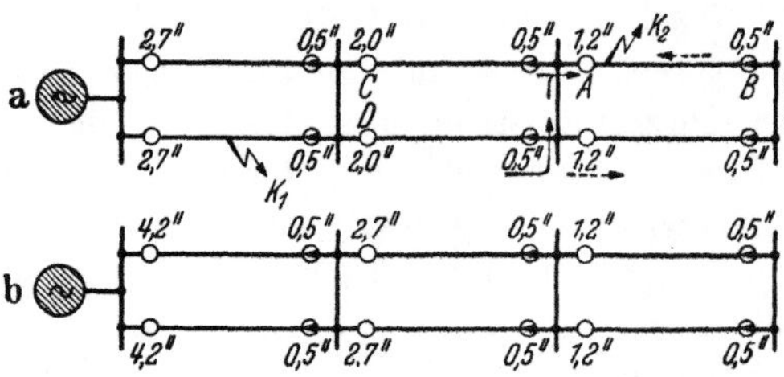

Abb. 415a u. b. Doppelleitung mit dazwischen geschalteten Sammelschienen

Die Gesamtzeit vom Beginn bis zum Abschalten des Kurzschlusses dauert also $1{,}35 + 0{,}65 = 2$ sek. In der Zwischenzeit werden jedoch die Relais C und D, die beide eine Einstellung von 2 sek haben, ausgelöst haben und ihre Strecke abschalten, was jedoch unerwünscht ist. Man muß deshalb die Zeiten etwa nach Abb. 415b staffeln. Die Sammelschienenschalter mit den Richtungsrelais erhalten eine möglichst kleine Auslösezeit (0,5 sek), die für alle diese Schalter gleich groß sein kann.

3. Schutz durch Distanzrelais

Der Schutz mit gegenläufiger starrer Staffelung ist nicht möglich bei ringförmigen Netzgebilden, die mehrseitig gespeist werden. Auch in Maschennetzen versagt dieser Schutz. Man muß daher zu einer Anordnung greifen, bei der die Auslösezeiten nicht starr eingestellt sind, sondern sich nach der Lage der Fehlerstelle richten.

Zur Erörterung dieses Schutzprinzips sei zunächst der einfache Fall einer einseitig gespeisten Strecke (Abb. 416a) betrachtet, die nur am Ende eine Belastung habe. Tritt auf der Leitung ein Kurzschluß auf, dann wird der fließende Kurzschlußstrom eine konstante Größe haben (vorausgesetzt, daß bei A und B keine Ströme entnommen werden), die Spannung wird jedoch von der Kurzschlußstelle bis zum Kraftwerk ansteigen (Abb. 416b). Die Impedanz $Z = U_{\lambda k}/I$, welche man an den einzelnen Stellen des Netzes messen kann, ist am Kurzschlußort Null (satter Kurzschluß vorausgesetzt) und wird in Richtung nach dem Kraftwerk größer. Baut man Relais, deren Auslösezeiten proportional den durch ein Meßwerk ermittelten Impedanzen und damit auch den Entfernungen (= Distanzen) vom Kurzschlußort sind, so wird das Relais, das der Fehlerstelle benachbart ist, am raschesten ansprechen, da es kleinste Impedanz mißt, also auch kleinste Laufzeit aufweisen muß. Diese Schutzart kann fast immer, auch bei beliebig vermaschten Netzen zur Anwendung kommen, denn auch dort nimmt die Impedanz vom Kraftwerk nach dem Kurzschlußort hin ab. Die Anregung eines derartigen Relais kann durch ein Überstromrelais oder durch ein Relais nach Abb. 404, welches beim Unterschreiten eines Impedanzwertes anspricht, erfolgen.

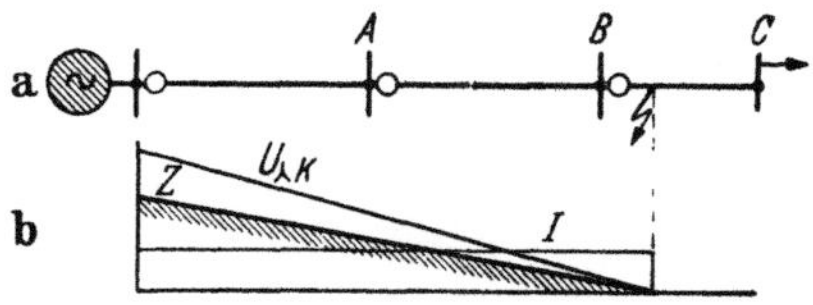

Abb. 416a u. b. Spannung und Impedanz einer Leitung bei Kurzschluß

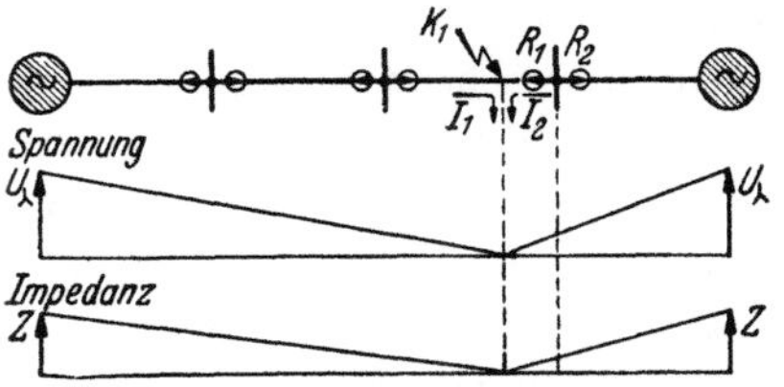

Abb. 417. Spannung und Impedanz bei einer zweiseitig gespeisten Leitung

Liegt eine zweiseitig gespeiste Strecke entsprechend Abb. 417 vor, dann werden bei einem Fehler an der Kurzschlußstelle K_1 die Relais R_1 und R_2 gleiche Impedanzen messen. Es soll jedoch nur Relais R_1 ansprechen, also müssen, um Fehlauslösungen zu vermeiden, die beiden Relais Richtungsglieder erhalten, welche die Auslösung freigeben, wenn der Stromfluß von der Sammelschiene weg erfolgt.

Hat man ein beliebig vermaschtes Netz (s. Abb. 418) und erfolgt bei K_1 ein Kurzschluß, so ist an dieser Stelle die Impedanz am kleinsten und steigt mit wachsender Entfernung vom Kurzschlußort an. Am Knotenpunkt A brauchen streng genommen keine Relais mit Richtungsgliedern vorhanden zu sein, denn der in die kranke Strecke hineinfließende Strom ist gleich der Summe der beiden zufließenden, also wird das in der kranken Strecke vorhandene Relais die kleinste Impedanz, also auch die kleinste Laufzeit haben. Da die Möglichkeit besteht, daß der über die eine Leitung zufließende Kurzschlußstrom im Verhältnis zum anderen klein ist oder die eine Leitung überhaupt abgeschaltet sein kann, muß man auch hier, um Fehlauslösungen zu vermeiden, Richtungsglieder vorsehen.

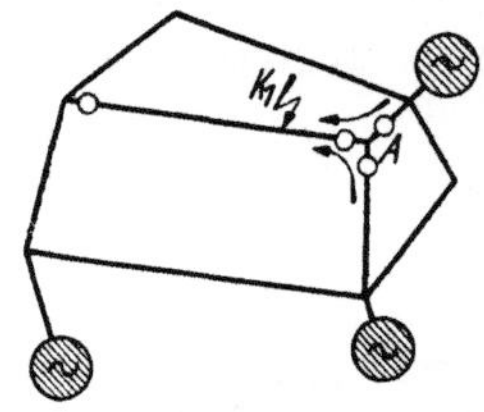

Abb. 418. Schutz eines vermaschten Netzes

Es ist nicht unbedingt notwendig, daß man bei der Festlegung der Laufzeiten von den Impedanzen der Leitung ausgeht; genau so kann man die Reaktanzen der Leitung benutzen. Bei der Verwendung von Reaktanzrelais hat man den Vorteil, daß die Kurzschlußlichtbögen, die in Netzen höherer Spannung nach verhältnismäßig kurzer Zeit große Längen und beachtliche ohmsche Widerstände erreichen (bis etwa 250 Ω), von einem derartigen Relais nicht erfaßt werden, im Gegensatz zu einem Impedanzrelais, welches dadurch eine zu große Kurzschlußentfernung mißt und demzufolge nach einer zu langen Zeit auslöst. Das Reaktanzrelais hat jedoch den Nachteil, daß es bei Netzpendelungen eher zu Fehlauslösungen führt als ein Impedanzrelais, so daß die heutigen Schnelldistanzrelais die reine Reaktanzmessung nicht verwenden. Der Einfluß des Lichtbogenwiderstandes wird durch besondere Schaltungen zum größten Teil kompensiert. Außerdem arbeiten die heutigen Schnelldistanzrelais sehr rasch, so daß sich lange Lichtbögen weniger ausbilden können und die Messung dadurch weniger gefälscht wird.

α) **Einrelais-Impedanzschutz mit Doppelerdschlußerfassung.** Bei dem Distanzrelais müßte man eigentlich für jede Phase ein Meßrelais benutzen. Da diese Relais jedoch teuer sind, strebt man danach, möglichst mit einem Relais auszukommen, besonders wenn es sich um Netze mittlerer Spannung handelt, in denen wegen der kürzeren Stationsabstände sehr viele Relais gebraucht werden, also Wert auf größte Billigkeit der einzelnen Schutzanordnungen gelegt werden muß.

Abb. 419 zeigt eine Ausführungsform, die SSW bei seinen Impedanzrelais zur Anwendung bringt, bei der nur ein Impedanzrelais und ein Richtungsglied zum Schutze der drei Leitungen benötigt werden. Weiterhin sind drei Stromwandler und ein Spannungswandlersatz (nicht eingezeichnet), durch den die Spannungen zwischen den einzelnen Phasen und für den Fall der Erfassung des Doppelerdschlusses die Spannung zwischen Phase und Erde gemessen werden können, vorhanden. In den

Phasen R und T der Stromwandler liegen zwei Umschaltrelais a_1 und a_2. Spricht das Relais a_1 an, dann wird der Schalter b_1 nach rechts und der Schalter b_1' nach links, spricht das Relais a_2 an, dann wird der Schalter b_2 nach rechts gelegt. In der Nullleitung der drei Stromwandler ist ein weiteres Relais a_3 vorgesehen, welches den Schalter b_3 betätigt. Das Relais a_3 tritt nur bei Erfassung eines Doppelerdschlusses in Tätigkeit. Bei Kurzschlüssen zwischen den Phasen RS und RT und beim Dreiphasenkurzschluß RST spricht stets das Relais a_1 an und schaltet den Kontakt b_1 nach rechts. In diesen Fällen fließt der Wandlerstrom der Phase R durch das Richtungsglied und durch das Impedanzrelais. Nur bei einem Kurzschluß zwischen den Phasen S und T bleibt der Umschalter b_1 in der gezeichneten Lage und der durch die Phase T fließende Strom wird jetzt durch das Richtungsglied und durch das Impedanzrelais hindurchgeführt. Bei zweipoligen Kurzschlüssen ist es für eine einwandfreie Impedanzmessung, wie auch für das richtige Arbeiten des Richtungsgliedes wesentlich, daß stets die Spannung der beiden kurzgeschlossenen Phasen zur Messung benutzt wird. Eine Kontrolle zeigt, daß das Schaltbild stimmt. Besteht ein Kurzschluß etwa zwischen den Phasen R und S, so wird der Schalter b_1 nach rechts bewegt, also der Strom der Phase R gemessen. Ferner wird der Schalter b_1' nach links bewegt. Man sieht, daß an die Spannungsspulen des Richtungsgliedes und des Impedanzrelais die Spannung U_{RS} gelegt wird. Das Impedanzrelais mißt einen Impedanzwert $Z = U_{RS}/I_R$, das ist aber beim zweipoligen Kurzschluß die zweifache Impedanz einer Phase: $Z = 2\,Z_R$. Ist ein dreiphasiger Kurzschluß vorhanden, dann wird, weil der Schalter b_1 umgelegt wird, der Strom der Phase R gemessen. Weiter wird der Schalter b_1' und der Schalter b_2 betätigt. Man mißt in diesem Fall die Spannung U_{RT} und erhält als Impedanz die Größe $Z = U_{RT}/I_R$. Da die Leitungsimpedanz jedoch in diesem Fall gleich

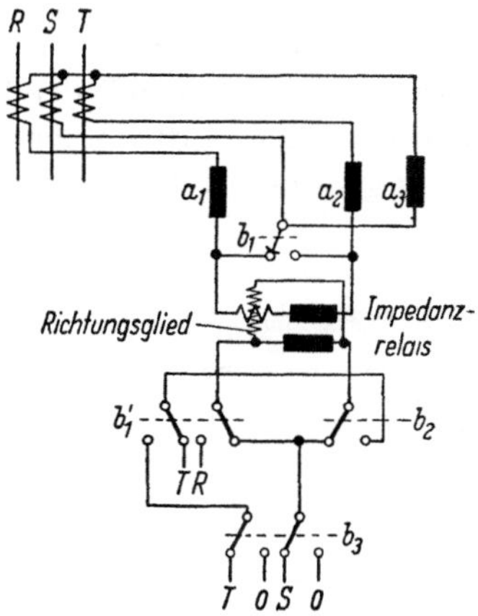

Abb. 419. Einrelais-Impedanzschutz (SSW)

$$Z_R = \frac{U_{\curlywedge R}}{I_R} \quad (U_{\curlywedge R} = \text{Phasenspannung von } R) \tag{180}$$

und

$$U_{\curlywedge R} = \frac{U_{RT}}{\sqrt{3}} \tag{181}$$

ist, ergibt sich, daß die gemessene Impedanz $\sqrt{3}$mal größer als die Leitungsimpedanz ist.

$$Z = \frac{U_{RT}}{I_R} = \sqrt{3}\,\frac{U_{\lambda R}}{I_R} = \sqrt{3}\,Z_R\,. \tag{182}$$

Im vorhergehenden Fall, beim zweiphasigen Kurzschluß, war die gemessene Impedanz $2\,Z_R$ gewesen. Da beide Werte sich nicht stark voneinander unterscheiden, ist diese Abweichung, die nur kleine Unterschiede in der Laufzeit der Relais ergibt, zulässig. Tab. 27 zeigt, wie bei den einzelnen Kurzschlußarten die Anregung erfolgt und welche Impedanz gemessen wird.

Tabelle 27

Nr.	Kurzschluß	Anregung	Strompfad	Spannungs-pfad	Messung	Gemessene Impedanz
1	R–S	I_R	R	RS	$\frac{U_{RS}}{I_R}$	$2Z_R$
2	S–T	I_T	T	ST	$\frac{U_{ST}}{I_T}$	$2Z_T$
3	T–R	I_R, I_T	R	TR	$\frac{U_{TR}}{I_R}$	$2Z_R$
3a	R–S–T	I_R, I_T	R	TR	$\frac{U_{TR}}{I_R}$	$\sqrt{3}Z_R$
	Doppel-erdschluß					
4	R–S	I_R, I_0	R	RO	$\frac{U_{RO}}{I_R}$	$Z_R + \frac{I_0}{I_R} Z_E$
5	S–T	I_R, I_0	T	TO	$\frac{U_{TO}}{I_T}$	$Z_T + \frac{I_0}{I_T} Z_E$
6	T–R	I_R, I_T, I_0	R	RO	$\frac{U_{RO}}{I_R}$	$Z_R + \frac{I_0}{I_R} Z_E$

Tritt in einem Netz ein Doppelerdschluß auf, so ist dies gleichbedeutend mit einem Zweiphasenkurzschluß. Abb. 420a zeigt die zunächst einseitig gespeiste Strecke, welche bei A und B zwischen den Phasen R und S einen Doppelerdschluß haben soll. In der Station M befinden sich drei Stromwandler in Summenschaltung, in deren Nulleitung die Stromspule eines Relais liegt. Im Fall des angenommenen Doppelerdschlusses ist in M nur die Phase R stromdurchflossen (vom normalen Belastungsstrom sei hierbei abgesehen), das Relais mißt den Erdstrom I_0, der in diesem Fall gleich dem Phasenstrom I_R ist. Der Strom I_0 kann also zur Anzeige für einen vorhandenen Doppelerdschluß benutzt werden. Der Strom I_R fließt bis zur Erdschlußstelle A in der Phase R und von da in der Erde zurück, bis er bei B von der Phase S wieder aufgenommen wird. Dieser teils in der Leitung, teils in der Erde fließende Strom verursacht einen Spannungsabfall, zu dessen Berechnung die zwar nicht ganz exakte, aber einfache Annahme zweckmäßig ist, daß zwischen M und A in der Leitung die normale Phasenimpedanz Z_R und in der Erde eine weitere Impedanz Z_E vorhanden ist. Die Spannung in der Station M (Abb. 420b) zwischen der Phase R und Erde hat also die Größe

$$U_{RO} = I_R (Z_R + Z_E). \tag{183}$$

Setzt man annähernd $Z_E = Z_R$ (meistens ist Z_E etwas kleiner), so ergibt sich, daß das Impedanzrelais die Größe

$$\frac{U_{RO}}{I_R} = 2 Z_R \tag{184}$$

mißt, also genau den gleichen Wert wie beim normalen zweipoligen Kurzschluß. Würde man die verkettete Spannung U_{RS} wählen, die in der Station M vorhanden ist, so würde sich, da diese, wie die Abb. 420b

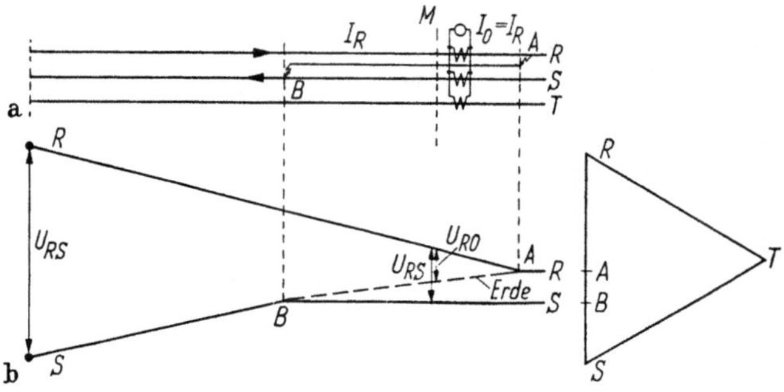

Abb. 420a u. b. Doppelerdschluß

zeigt, viel größer ist, eine zu große Laufzeit des Relais ergeben. Man muß also im Fall eines Doppelerdschlusses dem Impedanzrelais die Spannung U_{RO} zuführen.

Ist ein Doppelerdschluß vorhanden und wird die Leitung zweiseitig gespeist, dann fließt, wie die Abb. 421a zeigt, durch die Erde der Strom I_0, der jetzt jedoch gleich

$$I_0 = I_R + I'_R \tag{185}$$

ist. Die Spannung gegen Erde wird daher

$$U_{RO} = I_R Z_R + I_0 Z_E. \tag{186}$$

Unser Impedanzrelais mißt also

$$\frac{U_{RO}}{I_R} = Z_R + \frac{I_0}{I_R} Z_E. \tag{187}$$

Dieser Wert ist jetzt nicht mehr wie bei der einseitig gespeisten Strecke gleich $Z_R + Z_E$, sondern unterliegt je nach der Größe von I_0 Schwankungen. Diese bedingen eine Veränderung der Auslösezeit, die jedoch meist noch tragbar ist.

Aus diesen Betrachtungen folgt, daß für den Fall des Doppelerdschlusses die Spannung der Phase gegen Erde gemessen werden muß. Die hierfür notwendigen Umschaltungen werden durch das Relais a_3 der Abb. 419, welches nur anspricht, wenn ein Doppelerdschluß vorhanden ist, vorgenommen. Das Relais a_3 betätigt den Schalter b_3. Tritt z.B. (s. Abb. 421 b) ein Doppelerdschluß zwischen den Phasen R und S auf, so werden die Schalter b_1, b_1' und b_3 der Abb. 419 betätigt. An die Spannungsspule des Impedanzrelais kommt, wie das Schaltbild zeigt, die Spannung U_{RO} zu liegen und auf die Stromspule wirkt I_R. Das Relais, das auf den Schalter K_1 wirkt (s. Abb. 421 b), spricht an und trennt den Doppelerdschluß auf. Die beiden Netzhälften können für sich weiter im Betrieb gehalten werden, denn die Kurzschlußströme, die durch den Doppelerdschluß bedingt waren, sind beseitigt. Jede Netzhälfte weist jedoch einen einfachen Erdschluß auf, der bei vorhandenen Erdschluß-Löschvorrichtungen meist gelöscht wird oder zumindest gestattet, daß man eine gewisse Zeit mit bestehendem Erdschluß fahren kann. Das Relais, das dem Schalter K_2 links von den Sammelschienen zugeordnet ist, spricht nicht an, weil das Richtungsglied sperrt. Es ist wesentlich, daß nicht die Schalter K_1 und K_2 zusammen ansprechen, da sonst die Sammelschiene M und die daran hängenden Verbraucher keine Spannung mehr hätten. Hat der Doppelerdschluß die in der Abb. 421 c gezeichnete Lage, so wird das Richtungsglied des Impedanzrelais, welches zum Schalter K_2 gehört, richtig stromdurchflossen und der Schalter K_2, nicht jedoch der Schalter K_1 löst aus. Ist ein Doppelerdschluß zwischen den Phasen T und R vorhanden (Abb. 421 d), dann arbeitet ebenfalls nur der Schalter K_1, weil zunächst nur der Strom der Phase R gemessen wird und nur das Richtungsglied, welches zum Schalter K_1 gehört, im richtigen Sinne stromdurchflossen ist. In der Tab. 27, S. 398 ist angegeben, wie beim Doppelerdschluß die einzelnen Anregungen und die gemessenen Impedanzen sind.

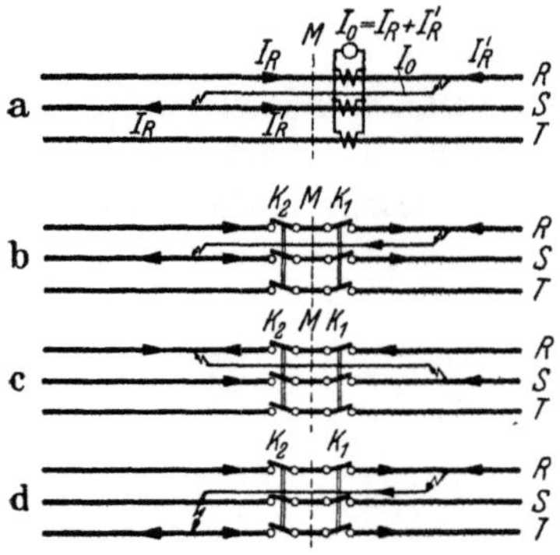

Abb. 421 a–d. Verschiedene Lage des Doppelerdschlusses

Der Einrelaisschutz erreicht kürzeste Abschaltzeiten von etwa 0,1 bis 0,06 sek. Erheblich kleinere Zeiten lassen sich nicht erzielen, da die

Anschaltung des Meßgliedes an die richtige Phase eine gewisse Zeit benötigt. Bei Relais für sehr kurze Abschaltzeiten, z. B. dem sogenannten Einperiodenrelais (BBC), welches für solche Höchstspannungsnetze vorgesehen ist, bei denen mit Rücksicht auf die Stabilitätsverhältnisse Kurzschlüsse sehr rasch abgeschaltet werden müssen, wird auf jede Umschaltung im Relais verzichtet und für jede Phase ein Meßglied vorgesehen (Abb. 422) Mit einem solchen Relais lassen sich Auslösezeiten von 0,01 bis 0,03 sek erzielen.

Abb. 422. Einperioden-Distanzrelais L 6 e nach dem Drehfeldprinzip (BBC)

β) **Kennlinien.** Die Distanzrelais können mit verschiedenen Charakteristiken ausgerüstet werden. Man verwendete früher meist stetige Kennlinien, bei denen die Laufzeit der Relais direkt proportional der Entfernung ist. Es sei eine einseitig gespeiste Strecke mit dem eingezeichneten Distanzrelais versehen (Abb. 423). Die Auslösezeit des Relais I wird bei einem Kurzschluß am Anfang des Streckenabschnitts Null sein und proportional mit der Strecke zunehmen. Man hat also durch die schräge Kurve I–I ein Maß für die Auslösezeit t_1 bei einem Kurzschluß an jeder Stelle der Strecke. Entsprechend kann man die Auslösezeiten für die Relais II und III ermitteln und bekommt die Kurven II–II und III–III. Man erkennt, daß unabhängig davon, ob der Kurzschluß an der Stelle K_1, K_2 oder K_3 ist, die Auslösezeiten

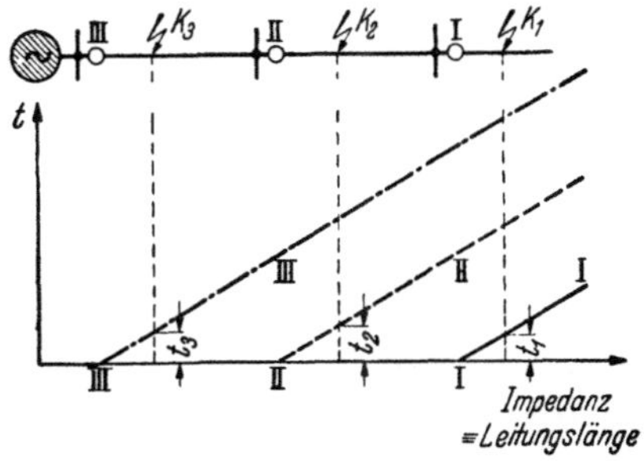

Abb. 423. Auslösezeiten auf einer Leitung in Abhängigkeit der Impedanz

nicht sehr verschieden sind. Man erhält also gegenüber dem Staffelschutz mit starr eingestellten Zeiten kurze Abschaltzeiten unabhängig von der Zahl der hintereinander geschalteten Leitungen. Im ersten Fall spricht das Relais I, im zweiten Fall das Relais II und im dritten das Relais III an. Sollte bei einem Kurzschluß in K_1 das Relais I versagen, dann wird nach einer etwas längeren Zeit das Relais II die Abschaltung über-

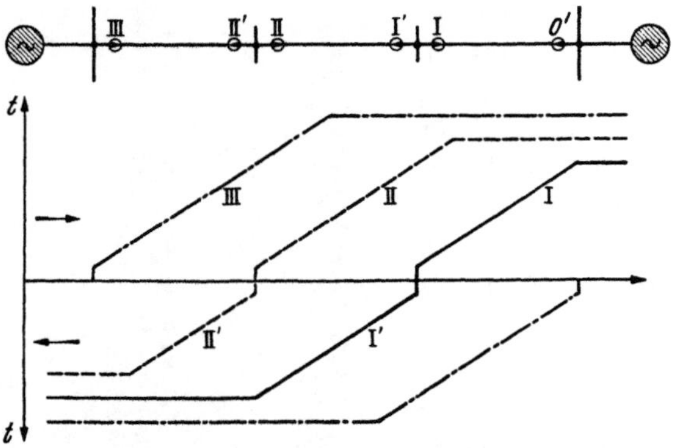

Abb. 424. Auslösezeiten des Distanzschutzes bei doppelseitig gespeister Strecke

nehmen. Der Impedanzschutz bietet also ebenso wie der normale Staffelschutz eine Art Reserve beim Versagen eines Relais.

Bei einer zweiseitig gespeisten Strecke (Abb. 424) verlaufen die Staffelkurven entsprechend. In der Abbildung sind die Staffelkurven für die Relais, welche bei einem Stromdurchfluß nach rechts ansprechen, oberhalb der Abszisse und die Kurven für die Relais, die nach links ansprechen, unterhalb derselben aufgetragen. Es ist angenommen, daß die Relais auch bei der Impedanz Null eine kleine Zeit zum Ansprechen benötigen (Abb. 426). Ferner ist vorgesehen, daß jedes Relais eine größte Laufzeit hat, die auch bei beliebig großer Impedanz nicht überschritten wird.

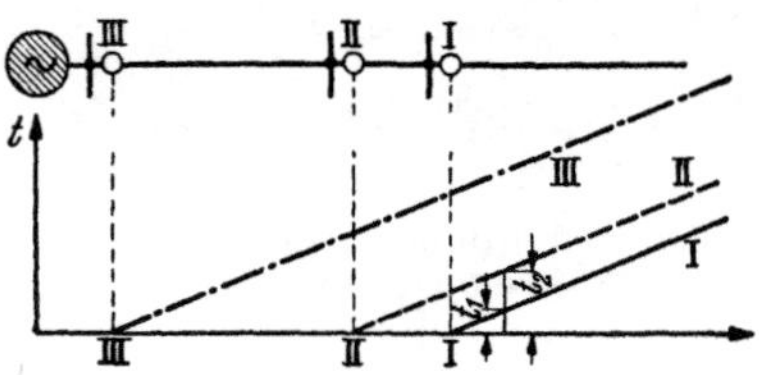

Abb. 425. Auslösezeiten in Abhängigkeit der Impedanz bei unterschiedlichen Streckenlängen

Weniger gut arbeitet ein Distanzschutz falls entsprechend Abb. 425 die Streckenlängen sehr verschieden sind. Während auf der kurzen Strecke die Abschaltzeiten sehr klein sind, werden dieselben bei längeren Strecken, falls der Kurzschluß am Ende der Strecke erfolgt, verhältnismäßig lang. In krassen Fällen können die Zeiten t_1 und t_2 der Relais I und II (Abb. 425) sich nur wenig voneinander unterscheiden, so daß hierdurch unter Umständen Fehlabschaltungen erfolgen können.

Aus diesem Grunde rüstet man die Relais mit stetiger Charakteristik mit einem „Eilkontakt“ aus, wodurch erreicht wird, daß, wenn der Fehler innerhalb einer gewissen Strecke liegt, eine Auslösung mit einer kurzen, über die betreffenden Strecke konstanten Zeit erfolgt. Erst wenn der Fehler außerhalb dieses Bereiches liegt, kommt die stetige Kennlinie in Frage.

Es sei, um die Wirkungsweise des Eilimpedanzrelais klar zu erkennen, der Schutz einer einseitig gespeisten Strecke entsprechend Abb. 426 betrachtet. Den einzelnen Impedanzrelais wird man eine Charakteristik geben, daß auf etwa 80% jedes Streckenabschnitts (Streckenlänge entspricht der Impedanz in Ohm) die Eilzeit t_0 vorhan-

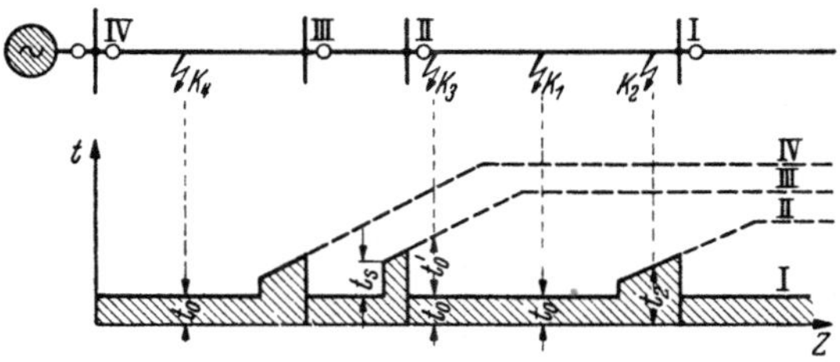

Abb. 426. Auslösezeiten einer durch Impedanzrelais mit Eilkontakt geschützten Leitung

den ist. Erst dann beginnt mit einem kleinen Zeitsprung t_s die ansteigende Charakteristik des Relais. Tritt z. B. ein Kurzschluß an der Stelle K_1 auf, dann erfolgt die Auslösung mit der Grundzeit t_0. Erst wenn der Kurzschluß ziemlich am Ende der Strecke bei K_2 ist, wird nach einer größeren Zeit t_2 ausgelöst. Ist der Kurzschluß bei K_3, also ganz am Anfang der Strecke, dann erfolgt die Auslösezeit ebenfalls mit der Eilzeit t_0. Das vorgeschaltete Relais III kommt nicht zum Auslösen, da dessen Zeit um den Betrag t_0' größer ist als die Zeit des Relais II. Um auf jeden Fall ein Auslösen des Relais III zu vermeiden, muß t_0' eine bestimmte Größe haben. Man erkennt, daß man diesen Wert durch entsprechende Wahl des Zeitsprungs t_s (Parallelverschieben der Auslösekennlinie!) beim vorgeschalteten Relais III verändern kann. Sollte bei einem der angenommenen Kurzschlußfälle das Relais oder der Schalter versagen, dann wird, allerdings mit einer größeren Zeit, das dem vorhergehenden Streckenabschnitt zugeordnete Relais III ansprechen und wenn auch dieses versagen sollte, mit einer noch etwas größeren Zeit das Relais IV. Man hat also bei dem Impedanzschutz eine Reserve, da stets jedes Relais von dem davorgeschalteten geschützt wird. Sollte bei einem Kurzschluß an der Stelle K_4 das Relais IV versagen, so muß das von den Sammelschienen im Kraftwerk angeordnete Relais die Abschaltung übernehmen. Bei der Festlegung der Kennlinien der einzelnen hintereinander geschalteten Relais muß man, um Fehlauslösungen zu vermeiden, darauf achten, daß keine Überschneidungen vorkommen und daß benachbarte Relais genügenden Zeitabstand gegeneinander aufweisen.

Eine andere Möglichkeit, die sehr oft angewendet wird, da sie die kürzesten Auslösezeiten ergibt, ist die Ausführung der Relais mit einer Stufencharakteristik (s. Abb. 427). Die erste Stufe umfaßt im allgemeinen 80 bis 85% der zu schützenden Teilstrecke und ist im vorliegenden Beispiel auf eine Auslösezeit von 0,1 sek eingestellt. Die weiteren Zeitstufen werden hinsichtlich Meßdistanz und Auslösezeit den Netzverhältnissen angepaßt. Die letzte, hier die fünfte Zeitstufe wirkt als Endzeitbegrenzung.

Beim Distanzschutz ist zu beachten, daß die Distanzrelais nicht die tatsächliche Impedanz oder Reaktanz der Leitung messen, sondern einen Wert, der durch die Strom- und Spannungswandler gegeben ist. Ist z.B.

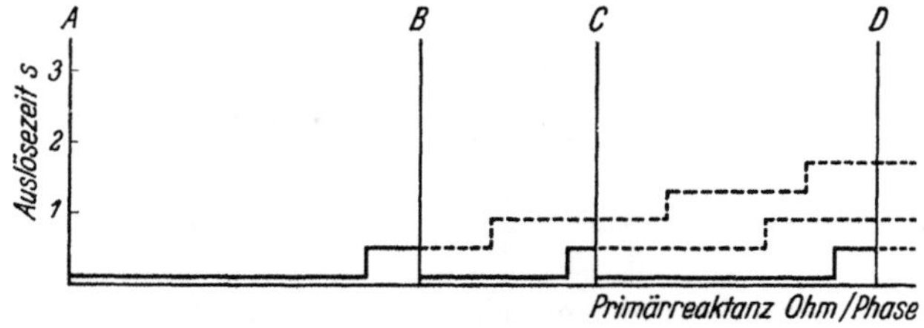

Abb. 427. Distanzrelais mit Stufencharakteristik

die Leitungsimpedanz $Z = U_\lambda/I$ und wird durch die Meßwandler eine Spannung $U'_\lambda = U_\lambda/\ddot{u}_U$ und ein Strom $I' = I/\ddot{u}_I$ ($\ddot{u}$ = Übersetzungsverhältnis der Wandler) dem Relais zugeführt, so ergibt sich die vom Relais gemessene Impedanz zu

$$Z' = \frac{U'_\lambda}{I'} = \frac{U_\lambda}{I}\,\frac{\ddot{u}_I}{\ddot{u}_U}\,. \tag{188a}$$

Es besteht also, da $U_\lambda/I = Z$ ist, zwischen der gemessenen und der tatsächlichen Impedanz die Beziehung

$$Z' = Z\,\frac{\ddot{u}_I}{\ddot{u}_U}\,. \tag{188b}$$

γ) Der Konduktanzschutz (SSW). Der Konduktanzschutz zieht zur Messung die Konduktanz, d.h. das Verhältnis der Wirkkomponente $I\cos\varphi$ des Stromes zur Spannung U, also $\frac{I\cos\varphi}{U} = \frac{1}{Z}\cos\varphi$ heran. Das Prinzip der angewendeten Schaltung ist einphasig in Abb. 428 dargestellt. Das Relais besitzt zwei Transformatoren mit je drei Wicklungen (Transformator „Sperrseite" und Transformator „Auslöseseite"). Die eine Wicklung des Transformators „Sperrseite" wird vom Strom e durchflossen, der proportional der Leitungsspannung U ist. Wenn k_1 das Spannungswandlerübersetzungsverhältnis ist und r einen einstellbaren Vorwiderstand im Relais bedeutet, so gilt $e = k_1 \frac{U}{r}$. Die zweiten Wicklungen der Transformatoren werden von einem Strom i durchflossen, welcher dem Strom I in der zu schützenden Leitung entspricht. Ist k_2 das Stromwandlerübersetzungsverhältnis, so gilt $i = k_2 I$. Die in den dritten Wicklungen der beiden Transformatoren erzeugten Ströme werden gleichgerichtet und in einer Brücke verglichen. Das in der Diagonale der Brücke liegende Drehspulrelais Dr ist stromlos, wenn die beiden Ströme auf der Sekundärseite gleich sind. Überwiegt z. B. der Strom, den der von dem Transformator „Auslöseseite" gespeiste Gleichrichter liefert, so schlägt das Drehspulrelais nach der einen Seite aus und erteilt den Auslösebefehl, überwiegt der Strom des anderen Gleichrichters, so schlägt das Relais nach der anderen Seite aus, auf welcher keine Auslösung erfolgt. Gleichgewicht herrscht, wenn

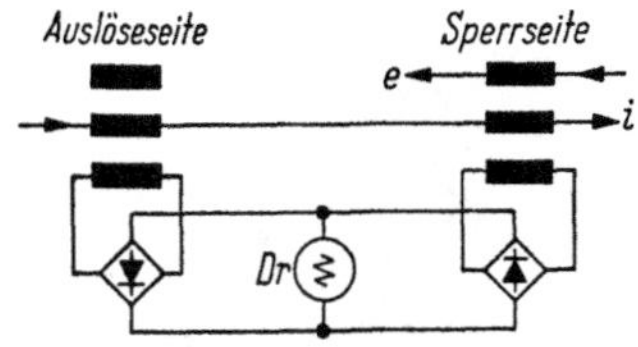

Abb. 428. Konduktanzmessung

$$i = \|i \triangle e\| \tag{189a}$$

oder

$$i^2 = i^2 - 2\, e\, i \cos\varphi + e^2 \tag{189b}$$

$$\frac{1}{2} = \frac{i}{e} \cos\varphi \tag{189c}$$

$$\frac{1}{2} = \frac{k_2 I r}{k_1 U} \cos\varphi \tag{190a}$$

$$\frac{k_1}{r\, 2\, k_2} = \frac{1}{Z} \cos\varphi \tag{190b}$$

$$r = \frac{Z}{\cos\varphi} \frac{k_1}{2\, k_2}\,. \tag{190c}$$

Es wird also dann immer der Gleichgewichtszustand erreicht, wenn eine bestimmte Konduktanz $\frac{1}{Z} \cos\varphi$ überschritten wird.

Die Abb. 429 zeigt das Ortsdiagramm des Konduktanzrelais. Denkt man sich die Station im Mittelpunkt eines Koordinatensystems, von dem die eine Achse den Wirkwiderstand, die andere den Blindwiderstand darstellt, so kann man sich die Leitung als Widerstandsgebilde gleichsam „geographisch gesehen" von der Station nach verschiedenen Richtungen ausgehend denken, je nachdem, welches Verhältnis von Blind- und Wirkwiderstand die Leitung enthält. Bestünde die Leitung nur aus ohmschem Widerstand, so würde sie in Richtung der R-Achse verlaufen und Strom und Spannung wären in Phase. Da aber jede Leitung, besonders

Freileitungen, aus Blind- und Wirkwiderstand besteht, hat sie gegenüber der R-Achse eine bestimmte Neigung, die den Kurzschlußwinkel φ mit der R-Achse einschließt. Legt man in die R-Achse den Stromvektor i, so ist der geometrische Ort für die Spitze aller Spannungsvektoren, bei denen die Differenz $i \triangle e = i$ ist, ein Kreis, dessen Mittelpunkt in Richtung der R-Achse um den Betrag i verschoben ist und dessen Peripherie durch den Koordinatenmittelpunkt geht. Die Impedanzlinie der Leitung tritt in der Station bzw. im Koordinatenmittelpunkt erst in den Kreis ein und verläßt ihn beim Kippunkt. Es erfolgt daher eine Auslösung nur in einer Richtung, von der Station aus gesehen. Diese Meßanordnung umfaßt also Entfernungsmessung und Richtungsmessung zugleich.

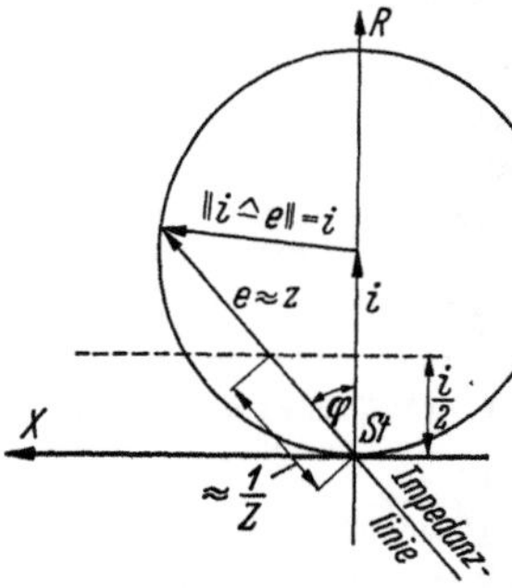

Abb. 429. Konduktanzkreis

Der Strom e in der Meßschaltung ist umgekehrt proportional dem Einstellwiderstand r. Dieser wiederum steigt mit dem Ausdruck $Z/\cos\varphi$ linear an. Es gilt nun

$$r \approx \frac{Z}{\cos\varphi} = \frac{Z^2}{R} = R + \frac{x^2}{R} = x\frac{2}{\sin 2\varphi} = R\frac{1}{\cos^2\varphi}\,. \tag{191}$$

Die beiden letzten Quotienten zeigen, wie der Einstellwiderstand bzw. der Strom e von x bzw. R abhängig ist. $\sin 2\varphi$ ändert sich z.B. zwischen 30 und 60° nur etwa um $\pm 7\%$, d.h. bei konstanter Fehlerortsentfernung hat der Wirkwiderstand nur geringen Einfluß auf die Fehlerortsmessung. Ist dagegen der Winkel spitzer als 60°, dann nimmt der Wert $\sin 2\varphi$ sehr rasch ab. Aus diesem Grunde eignet sich das Konduktanzrelais vor allem für Mittelspannungsnetze. Bei Höchstspannungsnetzen sind die Querschnitte, die Induktivität und damit auch die Winkel φ größer, bis zu 85°, weshalb das reine Konduktanzrelais hierfür ausscheidet.

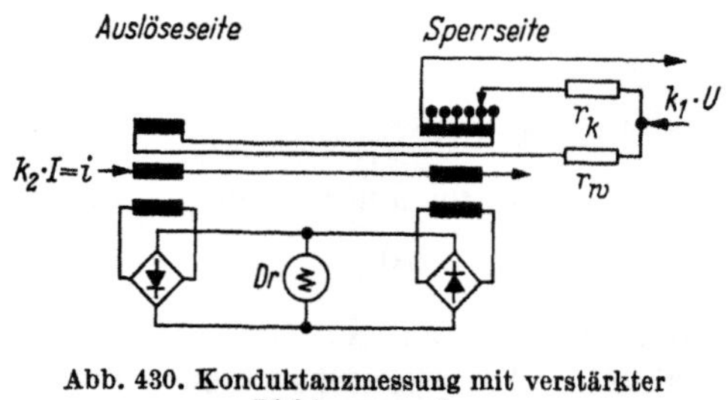

Abb. 430. Konduktanzmessung mit verstärkter Richtungsangabe

In der praktischen Ausführung des Konduktanzrelais wird die erste Wicklung des Transformators „Auslöseseite" (nach Abb. 430) von einem Teil des von den Netzspannungswandlern gelieferten Stromes durchflossen. Hierdurch erhält das Konduktanzmeßwerk eine erhöhte Richtungsempfindlichkeit, was vor allem bei größeren Fehlerentfernungen von Vorteil ist, bei denen bei dem Relais nach Abb. 429 der Strom *e* verkleinert werden muß, um den Gleichgewichtszustand zu erreichen, wodurch die Richtungsempfindlichkeit geringer wird.

δ) Das Schnelldistanzrelais. Das Schnelldistanzrelais SD 14 bzw. SD 14a (AEG) ist ein Impedanzrelais mit stufenförmiger Auslösekennlinie (Abb. 431). Es besitzt ein Richtungsrelais und ein Impedanzrelais. Die Impedanzmessung als Messung des Verhältnisses U/I geschieht durch Vergleich der Spannung und des Stromes in einer Gleichrichter-Brückenschaltung, in deren Brückenzweig ein empfindliches Drehspulrelais liegt (Abb. 432). Wenn der gleichgerichtete Spannungswert überwiegt, hält das Relais seinen Kontakt geöffnet. Ist der gleichgerichtete Stromwert größer als der Spannungswert, so schließt das Drehspulrelais seinen Kontakt. Die dadurch gegebene Grundimpedanz entspricht dem Kippunkt der ersten Stufe. Die weiteren Stufen werden durch Einschalten von Vorwiderständen in dem Spannungskreis gewonnen. Diese Schaltungen nehmen Kontakte eines Zeitwerkes vor. Die Messung der Energierichtung geschieht ebenfalls in einer Gleichrichter-Brückenschaltung mit Drehspulrelais, wobei der einen Seite der Brücke die Summe aus Spannung und Strom zugeführt wird, der anderen Seite dagegen die Differenz. Je nach Energierichtung und damit Richtung des Stromes gegenüber der Spannung fließt der Strom im Brückenzweig in der einen oder der anderen Richtung. Damit schließt das Richtungsrelais bei der gewünschten Energierichtung und sperrt in der anderen Richtung.

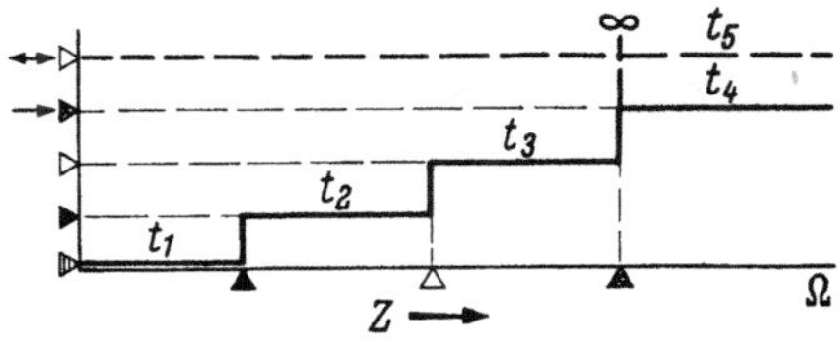

Abb. 431. Kennlinie der Schnelldistanzrelais SD14 und SD 14a (AEG)

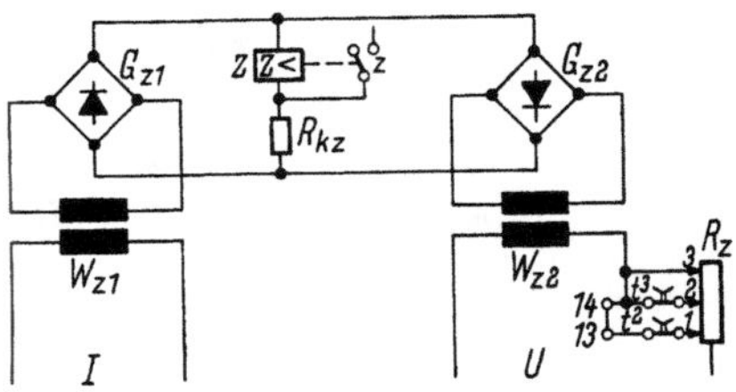

Abb. 432. Impedanzmessung

ε) Das Drehfeld-Impedanzrelais. Das Drehfeld-Impedanzrelais mit gleichzeitiger Richtungserfassung (BBC) (Abb. 433) benötigt kein zusätzliches Richtungsrelais, da bei ihm die Impedanz- und Richtungsbestimmung durch ein einziges Drehfeldrelais ausgeführt wird. Der Einfachheit halber sei das Prinzip zweipolig erläutert.

Es sind zwei Stationen *A* und *B* vorhanden und der Impedanzschutz sei für die Station *A* eingezeichnet. Es bedeutet *1* einen Stromwandler und *2* einen Spannungswandler. Der Stromwandler arbeitet auf eine Impedanz Z_0 und die Sekundärseite des Spannungswandlers ist mit der

Impedanz Z_0 in Reihe geschaltet und beide sind mit der Spule *3* eines Drehfeldrelais verbunden. Die der Spule *3* zugeführte Spannung E_d ist bei passender Polung der Wandler $E_d = IZ_0 \triangle E$. Entspricht die Wandlerspannung der Spannung bei A und wird Z_0 gleich der Leitungsimpedanz der Strecke Aa gemacht, die z.B. 85% der Leitungslänge sein möge, so gilt bei einem Kurzschluß in a

$$E \triangleq I Z_0 \quad \text{oder} \quad E_d = 0 = I Z_0 \triangle E, \tag{192}$$

d.h. daß an der Spule *3* die Spannung E_d gerade Null ist. Liegt der Kurzschluß jedoch vor a bei a', so wird der Strom in der Impedanz Z_0 größer und die Spannung E meist kleiner werden, so daß die Differenzspannung E_d positiv wird. Liegt der Kurzschluß dagegen rechts von a bei a'', so wird der Strom, der durch Z_0 fließt, kleiner, also die Differenz-

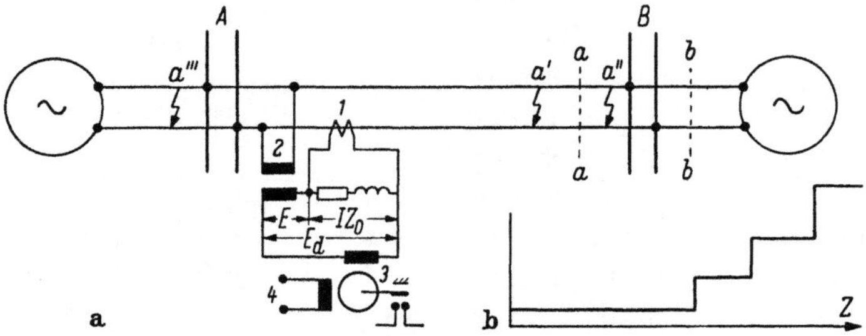

Abb. 433a u. b. Schnellimpedanzschutz mit Drehfeldrelais für gleichzeitige Impedanz- und Richtungsbestimmung (BBC)

spannung E_d negativ. Ist dagegen der Kurzschluß außerhalb der zu schützenden Leitung und zwar links von A bei a''', so wird, da I negativ ist, nach Gl. (192) E_d auch negativ.

Die Spannung E_d ist also nur positiv, falls der Fehler innerhalb von Aa liegt. Ein besonderes Richtungsrelais ist also für diese Ermittlung nicht notwendig.

Führt man nun die Differenzspannung E_d der Spule *3* eines Ferrarissystems zu und hat man eine weitere senkrecht daran liegende Spule, welche an einer Vergleichsspannung liegt, die eine Phasenverschiebung gegen E_d hat, so entsteht ein Drehmoment, welches positiv ist, falls der Kurzschluß innerhalb von Aa liegt und zur Kontaktgabe benutzt werden kann.

Verkleinert man die Spannung auf der Sekundärseite des Wandlers *2*, dann wird bei einem kleineren IZ_0 die Differenzspannung U_d Null; d.h., es muß ein kleinerer Strom fließen, was einer größeren Streckenlänge, also einer größeren Impedanz entspricht. Man kann also leicht den Streckenbereich für das Ansprechen einstellen.

Infolge der Möglichkeit, den Ansprechbereich (Ansprechimpedanz) leicht verändern zu können, kann man dem Relais unter Benutzung eines Zeitwerkes mit Kontakt, eine stufenförmige Kennlinie nach Abb. 433b geben. Liegt ein Kurzschluß zwischen *Aa*, so wird ein Überstrom bzw. eine Unterimpedanzanregung ansprechen (in Abb. 433a nicht eingezeichnet) und das Drehfeldrelais *3* einschalten, welches positiv ausschlägt und Kontakt gibt und den Leistungsschalter auslöst. Die kürzeste Zeit, welche vom Anregebeginn bis zum Abschalten des Kurzschlusses vergeht, beträgt bei Benutzung guter Leistungsschalter etwa 0,1 sek. Ist der Kurzschluß jetzt rechts von *a* bei *a''*, so ist E_d negativ und das Drehfeldrelais dreht sich entgegengesetzt gegen einen Anschlag, gibt also keinen Kontakt. Man hat nun ein Zeitwerk, welches bei Beginn des Kurzschlusses zu laufen anfängt und schaltet dieses z.B. nach 0,4 sek die Sekundärseite des Spannungswandlers *2* auf eine kleinere Spannung um, die einem größeren Schutzbereich, z.B. für die Strecke *Ab* entspricht, so ist jetzt das Moment im Drehfeldrelais wieder positiv und es kann Kontakt gegeben werden. Ein Kurzschluß, der auf der Strecke *ab* liegt, wird also nach 0,4 sek abgeschaltet. Gibt man dem Zeitwerk noch einen weiteren Kontakt, der nach einem weiteren Zeitintervall den Spannungswandler nochmals umschaltet, so kann noch eine dritte Zeitstufe (evtl. auch eine vierte und fünfte) vorgesehen werden.

In einem Drehstromnetz wird man für jede Phase je ein Anregeglied haben. Durch diese wird beim Ansprechen das nur einmal vorhandene Drehfeldrelais in dem kranken Stromkreis eingeschaltet. Die Wicklung *4* für die Vergleichsspannung des Drehfeldrelais wird derart zwischen zwei Phasen gelegt, daß ein möglichst großer Phasenwinkel mit der Differenzspannung E_d vorhanden ist.

4. Zusammenfassung der Systeme mit Zeitstaffelung

Die bis jetzt behandelten Schutzsysteme arbeiteten alle mit einer Zeitstaffelung. Diese konnte fest eingestellt sein (Staffelschutz mit stromunabhängigen Zeitrelais), oder sie richtete sich nach der Entfernung des Kurzschlußortes vom Relais (Distanzschutz). Der Schutz mit stromunabhängigen Zeitrelais hat den Vorteil der großen Einfachheit und Billigkeit; sein Nachteil sind die langen Abschaltzeiten bei vielen hintereinandergeschalteten Leitungen und die Nichtverwendbarkeit in vermaschten Netzen und mehrfach gespeisten Ringen. Wenn für derartige Netzgebilde ein Kurzschlußschutz benötigt wird oder wenn bei einfachen Netzgebilden Wert auf kürzere Abschaltzeiten gelegt wird, dann muß ein Distanzschutz zur Anwendung kommen. Der Distanzschutz ist komplizierter als der stromunabhängige Zeitstaffelschutz. Beide Staffelschutzarten haben den Vorteil, daß beim Versagen eines Relais oder eines

Schalters das übergeordnete Relais die Abschaltung, allerdings mit einer etwas längeren Zeit, übernimmt. Bei beiden Schutzsystemen muß darauf geachtet werden, daß, wenn in einem Netz die Staffelung der Zeiten bzw. der Charakteristiken durchgeführt wird, der Schutz in einem übergeordneten Netz (ein Netz höherer Spannung) hiermit in Einklang steht, d.h. wenn ein Fehler in einem Mittelspannungsnetz auftritt, so darf auf keinen Fall im übergeordneten Hochspannungsnetz ein Relais vorhanden sein, welches eine kürzere Abschaltzeit als ein Relais des Mittelspannungs-

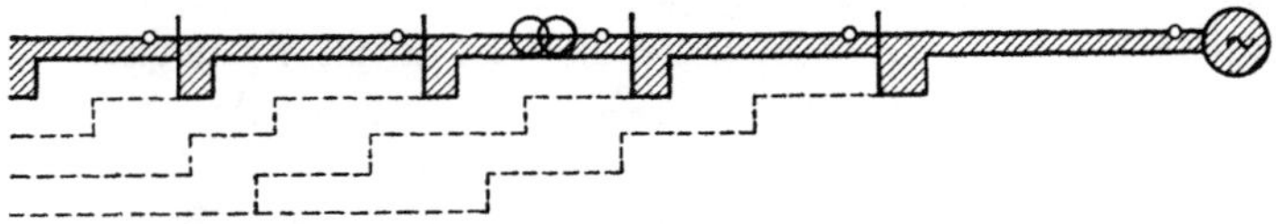

Abb. 434. Auslösezeiten des Impedanzschutzes bei einem Netz mit zwei Spannungen

netzes besitzt und hierdurch eine Fehlabschaltung herbeiführt. Durch den Zeitstaffelschutz werden die Fehler in den Stationen und in den Sammelschienen mit erfaßt. Transformatoren, die zwischen zwei Netzen vorhanden sind, werden als Leitungsstrecken aufgefaßt und müssen ebenfalls mit dem Netz angepaßten Relais versehen werden. Abb. 406 zeigt die Staffelung beim unabhängigen Zeitschutz und Abb. 434 die Staffelung beim Distanzschutz. Da die dem Transformator zugeordneten Relais jedoch bei Fehlern in den Transformatoren oft zu lange Abschaltzeiten haben, wird unabhängig von diesen Relais noch ein besonderer Transformatorenschutz (Differentialschutz und Buchholzschutz) angewandt.

Der Distanzschutz kann nicht angewandt werden, falls die Leitungswiderstände zu klein werden, ein Fall, der bei Kabelnetzen manchmal vorliegt. Hier ist der Querschnitt meist groß und die Länge klein.

5. Der Stromvergleichsschutz

Wenn es sich darum handelt, eine kranke Leitungsstrecke schnell abzuschalten, oder wenn der Distanzschutz wegen zu geringer Länge und zu großem Querschnitt der Leitung nicht in Frage kommt, kann ein Vergleichsschutz angewandt werden. Ähnliche Verhältnisse können gelegentlich auch bei Hochspannungsleitungen vorliegen, falls die unter Zwischenschaltung von Strom- und Spannungswandler in den Distanzrelais gemessenen Impedanzen zu klein werden [s. Gl. (187)]. Abb. 435 zeigt einpolig eine mögliche Schaltung.

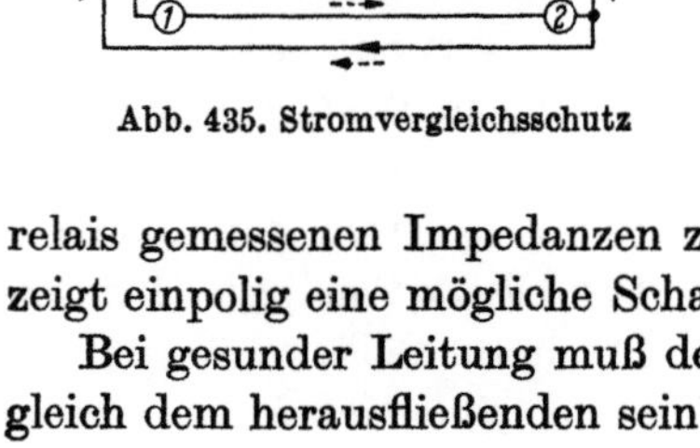

Abb. 435. Stromvergleichsschutz

Bei gesunder Leitung muß der in die Leitung hineinfließende Strom gleich dem herausfließenden sein. Im normalen Zustand werden also die

Relais *1* und *2* nicht stromdurchflossen sein. Tritt jedoch in der Leitung ein Kurzschluß auf, so werden von beiden Seiten in die Leitung Ströme hineinfließen (gestrichelte Pfeile), die beiden Differentialrelais werden vom Strom durchflossen und werden damit den Schalter auslösen. Dieser Schutz kann bei beliebig geschalteten Netzen zur Anwendung kommen, die Auslösezeiten können sehr klein gehalten werden. Unangenehm sind die benötigten Hilfsleitungen, welche besonders bei großen Entfernungen den Schutz verteuern, so daß, falls keine zwingenden Gründe vorliegen, der Vergleichsschutz dort nicht zur Anwendung kommt. Bei Kabelleitungen, die meistens kleinere Längen haben und bei denen der Distanzschutz oft nicht angewandt werden kann, läßt sich der Schutz mit Vorteil verwenden. Man muß beachten, daß, falls durch den an sich gesunden Abschnitt größere Kurzschlußströme fließen, die Wandlerströme etwas verschieden sein können, so daß hierdurch die Relais irrtümlicherweise zur Auslösung kommen können [es handelt sich hier um die gleiche Er-

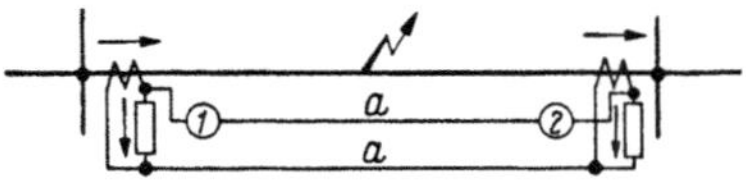

Abb. 436.
Stromvergleichsschutz mit Widerständen

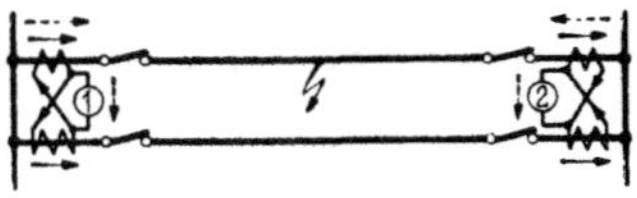

Abb. 437.
Achterschutz

scheinung wie beim Differentialschutz der Generatoren und Transformatoren (S. 164)]. Durch besondere Stabilisierung der Relais (ähnlich den Anordnungen auf S. 189) lassen sich Fehlauslösungen vermeiden. Abb. 436 zeigt eine andere Möglichkeit des Differentialschutzes, bei dem die Stromwandler gegeneinander geschaltet sind und nur zwei Leitungen gebraucht werden. Die Verbindungsleitungen *a* sind normalerweise stromlos, und nur bei einem Fehler in der Leitung werden sie wie auch die Relais *1* und *2* vom Strom durchflossen.

Ist eine Doppelleitung zu schützen, dann läßt sich dies mit einfachen Mitteln durch den ,,Achterschutz", der ebenfalls ein Vergleichsschutz ist, erreichen. Sind beide Leitungen (s. Abb. 437) gleichmäßig stromdurchflossen, dann fließen die Stromwandlerströme gemäß den in dieser Abbildung ausgezogenen Pfeilen und die Relais *1* und *2* sind stromlos. Tritt jedoch ein Fehler auf (Fehlerströme gestrichelt gezeichnet), so werden, falls der Fehler in der oberen Leitung liegt, die Relais von oben nach unten gehend stromdurchflossen sein. Abgeschaltet werden soll jedoch nur die obere Leitung, also muß das Relais außer einer Überstromanregung noch ein Richtungsglied haben, welches, wenn der Relaisstrom von oben nach unten fließt, den Schalter der oberen Leitung zum Auslösen bringt. Nach Abschaltung der kranken Leitung muß jetzt die gesunde Leitung den Strom der kranken Leitung mit übernehmen. Es darf also jetzt das Relais des Achterschutzes, das bei dem Einleitungsbetrieb stromdurchflossen ist, nicht ansprechen. Dies kann beispielsweise durch eine Umschaltung am Relais erreicht werden, welche von dem herausgefallenen Leistungsschalter getätigt wird.

Ein Nachteil der Vergleichsschutzarten ist, daß beim Versagen von Relais oder Schalter die übrigen Relais nicht Reservestellung geben. Man kann dies aber erreichen, wenn man beispielsweise den Achterschutz, der sehr rasch arbeitet, und den Zeitschutz vereinigt.

Eine Verallgemeinerung des Achterschutzes zum Schutz parallel geschalteter Leitungen ist der Polygonschutz (s. Abb. 438). Ist in der obersten Leitung ein Fehler, so sind die Relais *1* und *2* stromdurchflossen, liegt der Fehler jedoch auf der zweiten Leitung, so führen die Relais *2* und *3* Strom. Aus den stromführenden Relais kann man also schließen, welche Leitung schadhaft ist, und kann diese durch geeignete Relaisschaltung abschalten lassen.

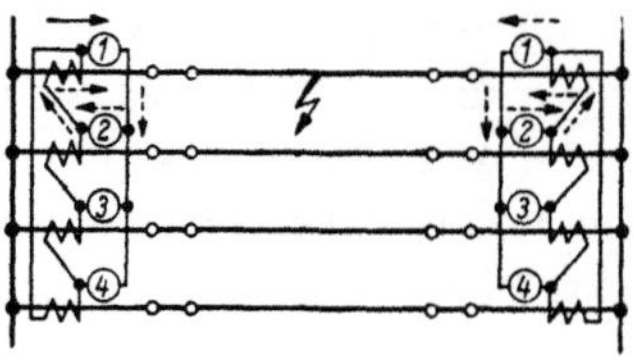

Abb. 438. Polygonschutz

6. Der Richtungsvergleichsschutz

Beim Stromvergleichsschutz geht man von der Tatsache aus, daß ein Streckenabschnitt einer Übertragungsleitung nur dann gesund ist, wenn der in den Streckenabschnitt hineinfließende Strom gleich dem herausfließenden ist. Ist jedoch eine Strecke krank, dann weichen die Ströme am Anfang und am Ende der kranken Leitung voneinander ab. Durch Vergleich der Ströme am Anfang und am Ende der Leitung konnte die fehlerhafte Strecke ermittelt werden. Hierzu waren besondere, längs der Leitung verlaufende Hilfsleitungen notwendig, die von Wechselströmen, welche von Stromwandlern erzeugt wurden, durchflossen waren. Entsprechend der Größe der Meßströme mußten die Verbindungsleitungen bemessen sein. Man kann jedoch auch einen Vergleichsschutz ausbilden, bei dem nicht die Größe der Ströme am Anfang und Ende eines Abschnitts miteinander verglichen werden, sondern die Richtungen der Ströme. Die Abb. 439a und b zeigen die Verhältnisse bei einseitiger und zweiseitiger Speisung der Leitung. Ist bei einem auf einer Leitung liegenden Kurzschluß ein Streckenabschnitt gesund, dann ist die Richtung des Kurzschlußstromes am Anfang und am Ende der Leitung gleich, nicht jedoch im Streckenabschnitt, in dem der Kurzschluß sich befindet. Es zeigt sich,

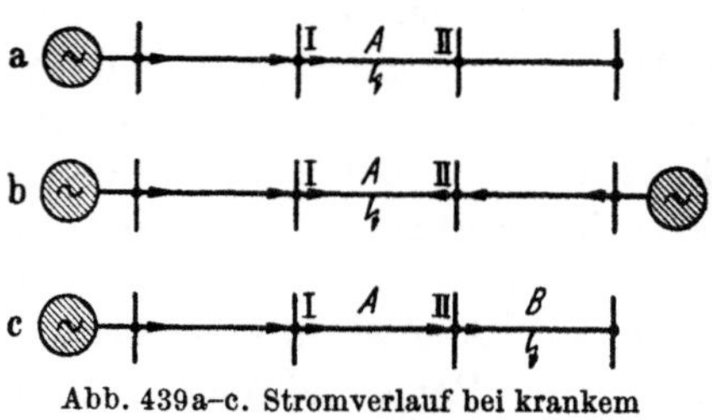

Abb. 439a–c. Stromverlauf bei krankem Streckenabschnitt

daß man jetzt mit Hilfsleitungen auskommt, die weniger Anspruch an reichliche Bemessung stellen. Man braucht außerdem für alle drei Phasen des Systems nur zwei durchgehende Leitungen. Ferner kommt die beim Differentialschutz oft notwendige Stabilisierung, um Fehlauslösungen bei großen Kurzschlußströmen zu vermeiden, in Wegfall. Man kann weiterhin den Schutz so ausbilden, daß, falls auf irgendeinem Streckenabschnitt ein Schalter oder ein Relais versagen sollte, ähnlich wie beim Zeitstaffelschutz, das dem Abschnitt vorgelagerte Relais einspringt und, allerdings dann nach einer etwas längeren Zeit, die Abschaltung bewirkt.

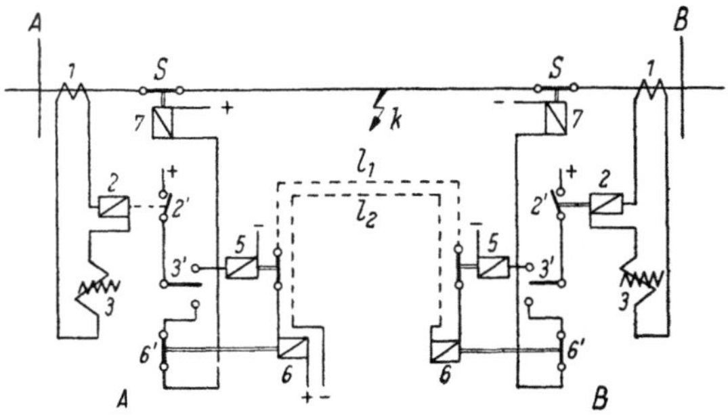

Abb. 440. Richtungsvergleichsschutz

Abb. 440 zeigt, wie ein Richtungsvergleichsschutz beschaffen sein kann. In den beiden Stationen *A* und *B* sind je ein Schalter *S* und je ein Stromwandler *1* vorhanden. Jeder arbeitet über je eine Spule *2* eines Überstromrelais auf die Spule *3* eines Richtungsrelais. Zwischen den beiden Stationen *A* und *B* sind zwei Hilfsleitungen l_1 und l_2, welche normalerweise von Gleichstrom durchflossen sind. Es sei angenommen, ein Kurzschluß befinde sich rechts von *B*, so daß die Strecke *AB* von einem Kurzschlußstrom durchflossen wird, obwohl sie gesund ist. Betrachten wir zunächst die Station *B*, so spricht das Überstromrelais *2* an und schließt seinen Kontakt *2'*. Da der Kurzschlußstrom in Richtung auf die Sammelschiene gerichtet ist, legt das Relais *3* seinen Umschaltkontakt *3'* nach oben, so daß von Plus über *2'* und *3'* der Strom nach der Spule *5* fließen kann, welche den Strom in den Leitungen l_1 und l_2 unterbricht. Betrachten wir jetzt die Station *A*, so schließt das Überstromrelais *2* seinen Kontakt *2'* und das Richtungsrelais *3* legt, da der Kurzschluß von der Sammelschiene weggeht, seinen Kontakt *3'* nach unten. Da jedoch die Leitungen l_1 und l_2 stromlos wurden, ist das Relais *6* abgefallen und hat seinen Kontakt *6'* geöffnet, so daß von Plus über *2'* und *3'* ein Strom nicht fließen kann. Sollte jedoch innerhalb *AB* bei *K* ein Kurzschluß vorhanden sein, so werden in beiden Stationen die Richtungsrelais *3* ihren Kontakt *3'* nach unten legen, so daß die Relais *5* nicht ansprechen können, also der über l_1 und l_2 fließende Gleichstrom erhalten bleibt. Es vermag sowohl in der Station *A* als auch in *B* jetzt Strom von Plus über *2'*, *3'*, *6'* nach dem Auslöser *7* zu fließen, der seinen Leistungsschalter *S* auslöst.

Der Richtungsvergleichsschutz kann bei Leitungen höherer Spannung, die meist große Länge haben und bei denen deswegen Schwachstromleitungen für den Vergleichsschutz nicht zur Verfügung stehen, eine evtl. vorhandene Hochfrequenzübertragung mitbenutzen. Abb. 441 zeigt schematisch die Anordnung. In der Station *A* und *B* ist je ein Hochfrequenzsender *S* und Empfänger *E* vorhanden. Wird von *A* aus nach *B* gesprochen, so gelangt die Hochfrequenz über das Koppelfilter *K*, über den Koppelkondensator *C* auf die Starkstromleitung und am Ende über den Kondensator *C* über das Koppelfilter *K* zu dem Empfänger *E*. Wird gesprochen, so wird im Sender die Trägerfrequenz f_1 moduliert und im Empfänger *E* demoduliert, also wieder in die Sprechströme umgewandelt. Um ein Gegensprechen zu ermöglichen, hat der Sender *S* in der Station *B* meist eine andere Trägerfrequenz f_2. Man kann es so einrichten, daß die beiden Frequenzen f_1 und f_2, auch wenn nicht gesprochen wird, auf die Leitung gegeben werden, wobei sie nur nicht moduliert sind. Der Richtungsvergleichsschutz nutzt diese beiden vorhandenen Hochfrequenzkanäle wie folgt aus: Nehmen wir an, es sei ein Kurzschluß bei *k* vorhanden, so wird durch das Überstromrelais der Kontakt *1* geschlossen und vom Richtungsrelais der Kontakt *2* (die Relais sind nicht eingezeichnet), falls der Kurzschlußstrom von der Sammelschiene weggeht. Beide Relais unterbrechen außerdem, falls sie in der geschilderten Weise angesprungen sind, die zur Station *B* gesandte Hochfrequenz f_1, so daß dort der Empfänger *E* stromlos wird und in *B* das Relais *4* seinen Anker fallen läßt und dabei den Kontakt *3* schließt. In der Station *B* waren ebenfalls das Überstromrelais und das Richtungsrelais angesprungen und hatten ihre beiden Kontakte *1* und *2* geschlossen und außerdem die Hochfrequenz f_2 unterbrochen, welche zur Station *A* gesandt wird. In der Station *A* fällt das Relais *4* ab und schließt seinen Kontakt *3*. Sowohl in *A* als in *B* vermag jetzt Strom von Plus über die Auslösespule *5* des Schalters *6* über den Kontakt *1*, *2*, *3* nach Minus zu fließen, so daß die beiden Leistungsschalter *6* ausgeschaltet werden.

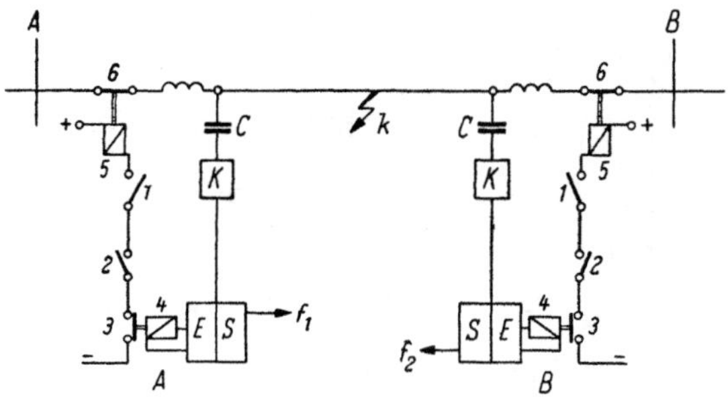

Abb. 441. Richtungsvergleichsschutz für Hochfrequenzübertragung

Sollte dagegen ein Kurzschluß rechts von *B* gelegen sein, so wird in *B* das Richtungsrelais seinen Kontakt *2* nicht schließen, auch wird die zur Station *A* gesandte Hochfrequenz f_2 nicht unterbrochen, so daß in

Station *A* das Relais *4* angezogen, also der Kontakt *3* offen bleibt. Weder in der Station *A* noch in der Station *B* kann jetzt Strom durch die Auslösespule *5* fließen. Der Vergleichsschutz kann auch arbeiten, falls über die Leitung mit Hochfrequenz gesprochen wird. Es wird dann nur kurzzeitig die Hochfrequenzverbindung unterbrochen, aber, nachdem die Schalter gefallen sind, wieder eingeschaltet.

Bei dem Richtungsvergleichsschutz spielt es genau wie beim Stromvergleichsschutz keine Rolle, ob die Strecke kurz oder lang ist. Man kann mit ihm kurze Abschaltzeiten erreichen. Sein Nachteil (gleiches gilt für den Stromvergleichsschutz) ist der, daß die Sammelschienen der Stationen nicht mitgeschützt sind. Hat man noch einen übergelagerten Zeitstaffelschutz, so kann dieser den Sammelschienenschutz mit übernehmen.

7. Die Kurzschlußfortschaltung

Untersucht man die Störungen eines Hochspannungsnetzes, so fallen rund 70% auf Erdschlüsse und etwa 30% auf Kurzschlüsse. Die Erdschlüsse führen in der Regel bei vorhandenen Erdschlußspulen nicht zu Betriebsstörungen; das Abschalten der Kurzschlüsse verursacht jedoch solche. Untersucht man die Kurzschlüsse genauer, so findet man, daß nach dem Abschalten der Kurzschluß meist nicht mehr vorhanden ist und nur etwa 25% der auftretenden Kurzschlüsse bleibender (metallischer) Art sind. Man kann also Netzstörungen noch weiter verkleinern, falls man beim Auftreten eines Kurzschlusses diesen schnell abschaltet und den Schalter dann rasch wieder einschaltet. In den meisten Fällen ist der Kurzschluß verschwunden, und der Betrieb merkt von der kurzen Unterbrechung nichts. Sollte jedoch nach dem Wiedereinschalten der Kurzschluß noch vorhanden sein, so wird man den normalen Netzschutz einschalten, der dann die endgültige Abschaltung bewirkt.

Wie erwähnt, soll nach dem Abschalten des Kurzschlusses möglichst rasch wieder eingeschaltet werden. Allerdings muß so viel Zeit vergehen, daß der Lichtbogen entionisieren kann. Hierfür wird bei 10 kV bei dreipoliger Kurzschlußunterbrechung eine Zeit von 0,2 sek gebraucht, während bei größeren Spannungen dieser Wert bis 0,3 sek ansteigt. Diese Zeit muß man also verstreichen lassen, bis das Wiedereinschalten erfolgt. Bei einpoligen Kurzschlußunterbrechungen können längere Pausenzeiten erforderlich sein, da von den im Betrieb verbleibenden gesunden Phasen über die gegenseitige Kapazität ein Strom fließt, der den Kurzschlußlichtbogen speist. Am einfachsten läßt die Kurzschlußfortschaltung sich in einem einseitig gespeisten Netz durchführen (Abb. 442a). Von den verschiedenen im Netz vorhandenen Schaltern, welche in Abb. 442a nicht eingezeichnet sind, wird man den Schalter *S* mit Kurzschlußfortschaltung versehen. Tritt ein Kurzschluß ein, z. B. bei *k*, so wird durch den Schalter S dieser abgeschaltet und nach etwa 0,25 sek das Netz wieder eingeschaltet. Beim Weiterbestehen des Kurzschlusses werden dann die Schalter des Netzes durch ihren Netzschutz beeinflußt.

Abb. 442 b zeigt ein Netz, welches von einer Doppelleitung gespeist wird. Infolge ihrer Bedeutung soll diese eine Kurzschlußfortschaltung erhalten, und zwar muß diese bei jedem Schalter der Doppelleitung vorhanden sein. Tritt bei k ein Kurzschluß auf, so müssen beide Schalter S_1 und S_2 möglichst gleichzeitig auslösen und nach kurzer Zeit wieder einschalten. Am einfachsten läßt sich dies durchführen, falls man einen Stromvergleichs- oder Richtungsvergleichsschutz hat, bei dem allerdings besondere Hilfsleitungen benötigt werden. Hat man eine zweiseitig gespeiste Leitung mit Zwischenstation (Abb. 442 c), und will man eine Kurzschlußfortschaltung vorsehen, die keinerlei Hilfsleitungen oder Hochfrequenzverbindungen benötigt, dann kann auch ein rasch arbeitender Impedanzschutz entsprechend ausgebildet werden. Abb. 442 d zeigt die normale stufenförmige Kennlinie eines Impedanzschutzes für den Leitungsabstand AB, der bei k einen Kurzschluß haben soll. Normalerweise werden etwa 85% der Strecke mit der Grundzeit t_0 durch den Impedanzschutz geschützt; erst wenn der Fehler dicht bei der Station B liegt, wird der Schalter S_3 eine größere Auslösezeit als der Schalter S_4 haben, so daß in diesem Bereich eine Kurzschlußfortschaltung, welche gleiche Zeiten für beide Schalter erfordert, nicht richtig arbeiten kann. Man muß deshalb für die Kurzschlußfortschaltung den Schutzbereich der Grundzeit t_0 größer wählen, z. B. zu 115% der Leitungslänge, und bekommt dann die Zeitstaffelung nach Abb. 442 e. Ist zwischen A und

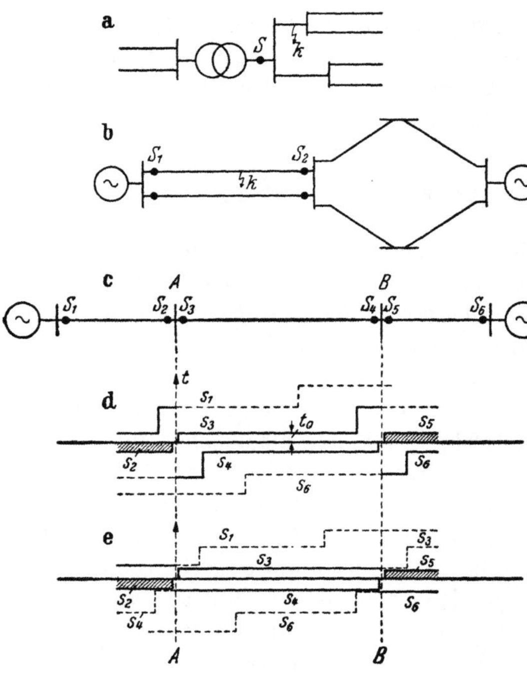

Abb. 442 a–e. Kurzschlußfortschaltung
a) Strahlenförmiges Netz; b) Doppelleitung; c) Zweifach gespeiste Leitung; d) Dazugehöriger Staffelplan für Impedanzschutz; e) Geänderter Staffelplan für Kurzschlußfortschaltung

B ein Fehler vorhanden, so wird bei der Kurzschlußfortschaltung dieser stets erfaßt. Ist der Kurzschluß in der Mitte der Strecke, d.h. je 15% von den beiden Enden entfernt, so sprechen nur die beiden Schalter S_3 und S_4 an. Befindet sich jedoch der Kurzschluß z.B. in einem Abstand von 7% von B, so wird wegen der um 15% übergreifenden Kennlinien auch der Schalter des Nachbarfeldes S_1 ansprechen. Da jedoch anschließend die Leitung wieder eingeschaltet wird, hat dieses Abschalten für den Betrieb keine nachteiligen Folgen.

Bei Anwendung der Kurzschlußfortschaltung werden die meisten auftretenden Kurzschlüsse vom Betrieb, falls die Unterbrechungszeit klein ist, überhaupt nicht bemerkt. Auch die Stabilität der Übertragung wird in der Regel nicht beeinflußt. Bei Kabelnetzen hat es jedoch wenig Wert, die Kurzschlußfortschaltung zu verwenden, da eine Verfestigung der Isolation in einer spannungslosen Pause nicht möglich ist.

C. Erdschluß in Leitungen

a) Der Erdschluß und seine Kompensierung

Wird eine Freileitung durch die in Stern geschaltete Sekundärwicklung eines Transformators oder durch einen Generator gespeist, so besitzt, sofern die Leitung gut verdrillt ist, der Sternpunkt das Potential Null gegen Erde. Bei Dreieckschaltung besitzt der gedachte Nullpunkt des Systems das Potential Null. Die drei Phasen der Leitung weisen gegen Erde die Phasenspannung auf, und es gilt für die Potentiale der Spannungsstern der Abb. 443, wobei der Sternpunkt M das Potential Null hat.

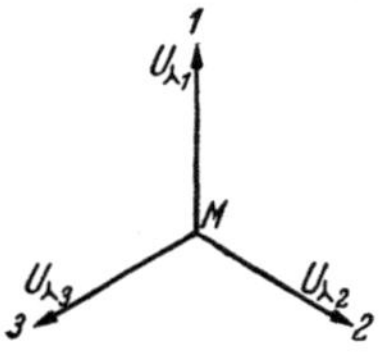

Abb. 443. Spannungsdiagramm

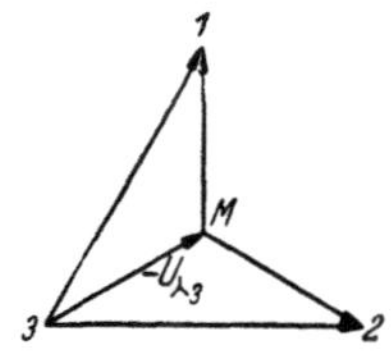

Abb. 444. Spannungsdiagramm beim Erdschluß

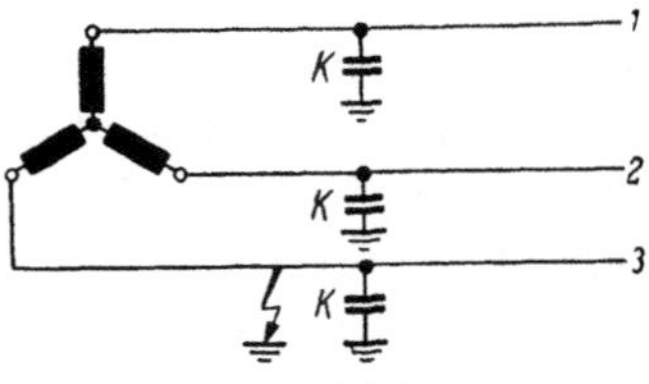

Abb. 445. Drehstromleitung mit Erdschluß

Erfolgt in der Phase *3* ein Überschlag nach Erde (s. Abb. 445) bzw. kommt die Leitung *3* mit der Erde in Berührung, so wird die Phase *3* das Potential Null erhalten, und da die verketteten Spannungen zwischen den einzelnen Phasen unverändert bestehen bleiben, gilt der Spannungsstern der Abb. 444. Der Sternpunkt besitzt jetzt gegen Erde die Phasenspannung $-U_{\lambda 3}$, während die Leitungen *1* und *2* gegen Erde die verkettete Spannung annehmen. Erfolgt der Erdschluß durch einen Überschlag, dann wird sich ein Erdschlußlichtbogen ausbilden, der periodisch löscht und zündet, wodurch stoßartige Überspannungen auf die Leitung kommen. Durch diese Überspannungen, und da die Potentiale der Leiter *1* und *2* auf die verkettete Spannung gegen Erde gehoben sind, ist es leicht möglich, daß auch an den anderen Phasen Überschläge auftreten. Erfolgt der erste Erdschluß bei *I* (s. Abb. 446) und tritt noch ein zweiter Erdschluß bei *II* durch Überschlag hinzu, dann sind die Phasen *1* und *3* über die Erde kurzgeschlossen. Ein derartiger Doppelerdschluß ist gleichbedeutend einem zweiphasigen Kurzschluß und seinen Folgen. Es besteht ferner die Gefahr, daß bei einem normalen Erdschluß der Erdschlußlichtbogen, der beachtliche Längen erreichen kann, die benachbarten Phasen berührt und hierdurch zu einem Kurzschluß führt.

Da die angedeuteten Störungen durch Erdschlüsse hervorgerufen werden, soll im folgenden untersucht werden, ob es nicht Mittel und Wege gibt, einen sich bildenden Erdschluß derart zu löschen, daß schädliche Auswirkungen vermieden werden.

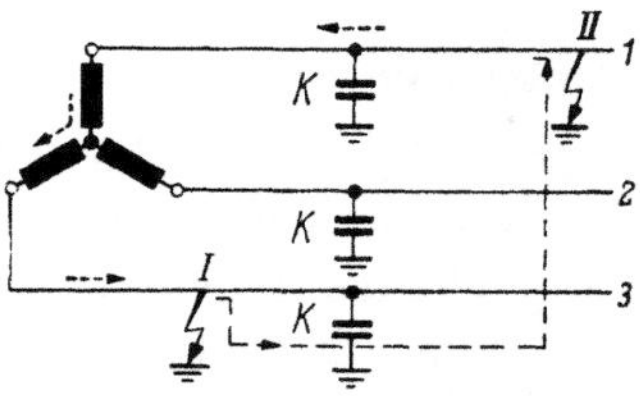

Abb. 446. Doppelerdschluß

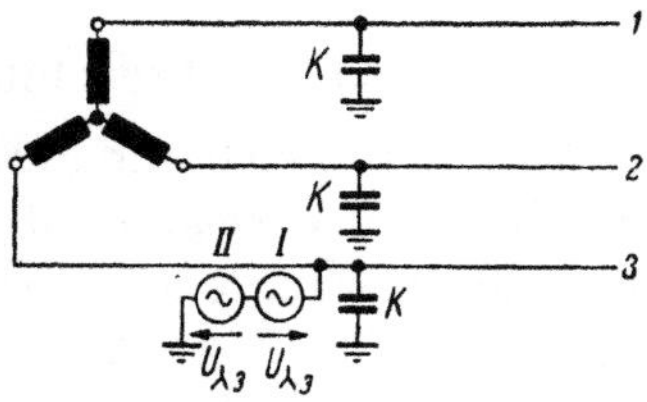

Abb. 447. Erdschlußbehaftete Drehstromleitung mit gedachten Hilfsgeneratoren *I* und *II*

Es sei zunächst der Strom an der Erdschlußstelle untersucht. Dabei sei von der Abb. 447 ausgegangen und angenommen, der Erdschluß befinde sich in der Phase *3*. Da im Erdschluß die normalen Belastungsströme und auch die Ströme, welche über die gegenseitigen Leitungskapazitäten fließen, unverändert sind, wird der durch die Erdschlußstelle fließende Strom ein Strom sein, der sich diesen normalen Belastungsströmen überlagert. Um diese Überlagerung in einfacher Weise zu erkennen, denken wir uns den Erdschluß in der Abb. 447 dadurch nachgebildet, daß zwischen Phase *3* und Erde eine leitende Verbindung gezogen wird. Es wird sich nichts ändern, wenn wir uns in diese leitende Verbindung zwei Generatoren *I* und *II* eingefügt denken, welche je die Phasenspannung $U_{\lambda 3}$ der Abb. 443 haben, die jedoch in beiden Generatoren entgegengesetzt gerichtet sind, so daß sie sich aufheben. Der durch diese Generatoren fließende Strom wird der wirkliche Erdschlußstrom sein. Denken wir uns jetzt die EMK des Generators *II* gleich Null gesetzt, dann wird durch den Generator *I*, da dieser genau die Spannung $U_{\lambda 3}$ der Phase *3* hat, kein Strom fließen. Unser Drehstromsystem entspricht dann dem normalen Zustand, wenn kein Erdschluß vorhanden ist. Den Erdschlußstrom erhalten wir also, wenn wir den Generator *II* mit der EMK $U_{\lambda 3}$ (entgegengesetzt eingeführt) annehmen. Da bei Leitungen die Gesetze der Superposition gelten, wird sich an dem durch den Generator *II* zusätzlich erzeugten Strom nichts ändern, wenn wir sämtliche übrigen im System vorhandenen elektromotorischen Kräfte gleich Null setzen. Wir erhalten dann das Ersatzbild der Abb. 448, wobei man sich die im Sternpunkt eingezeichnete Induktivität L zunächst wegdenken möge. In dem Ersatzbild arbeitet der Generator *II* mit der EMK $U_{\lambda 3}$ in der eingezeichneten Richtung auf die drei Erdkapazitäten K, die über die widerstandslos gedachte Transformatorwicklung alle parallel geschaltet sind. Der Generator *II* wird einen Strom I_C erzeugen, der sich gemäß den ausgezogenen Pfeilen der Abb. 448 verteilt. Faßt man die drei Kapazitäten K zusammen und läßt bei der Spannung $U_{\lambda 3}$ den Index 3 weg, dann entsteht das weiter vereinfachte Ersatzbild der Abb. 449, wobei wir uns ebenfalls zunächst die Induktivität L als nicht vorhanden denken. Der vom Generator gelieferte kapazitive Strom I_C eilt (s. Abb. 450) der Spannung U_λ, welche vertikal aufgetragen ist, um 90° vor und hat die Größe

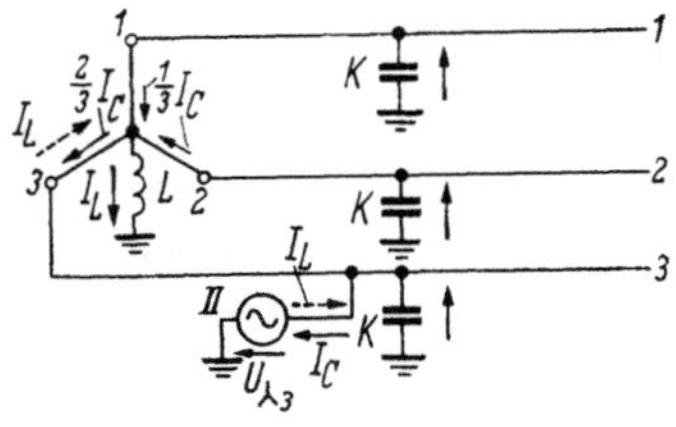

Abb. 448. Erdschlußbehaftete Drehstromleitung mit Hilfsgenerator *II* und eingezeichneter Verteilung des Erdschlußstromes

$$I_C = U_\lambda 3 \omega K. \tag{193}$$

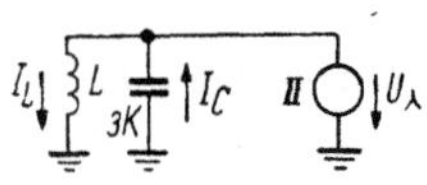

Abb. 449. Vereinfachtes Ersatzbild einer erdschlußbehafteten Leitung

Unser Ziel soll sein, diesen Strom, der über die Erdschlußstelle fließt, auf Null zu bringen. Dies kann nach der Erfindung von Prof. Petersen durch eine Induktivität L erfolgen, die im Sternpunkt des Transformators angebracht ist (s. Abb. 448). Betrachtet man nur die Induktivität (s. Ersatzbild Abb. 449), dann muß der gedachte Generator in dieselbe einen Strom liefern von der Größe

$$I_L = \frac{U_\lambda}{\omega L}, \tag{194}$$

welcher der Spannung um 90° nacheilt (s. Abb. 450). Ist I_C gleich I_L, also

$$3\omega K = \frac{1}{\omega L} \quad \text{oder} \quad \omega^2 3 K L = 1, \tag{195}$$

Abb. 450. Strom-Spannungs-Diagramm bei Erdschluß

dann fließt durch den Generator *II*, d.h. in Wirklichkeit durch die Erdschlußstelle, überhaupt kein Strom und der Lichtbogen muß erlöschen bzw., wenn es sich um einen satten Erdschluß handelt (ein Leiter liegt auf dem Mastgestänge), wird eine Verschmorung nicht eintreten, da der Strom Null ist. Es kann also ohne Schaden längere Zeit im Erdschluß gefahren werden. Es sei erwähnt, daß der Kreis (s. Abb. 449), bestehend aus Induktivität L und Kapazität $3K$, sich in Resonanz mit der Netzfrequenz befindet, da $I_C = I_L$ ist.

In Wirklichkeit wird durch unseren gedachten Generator II bzw. durch die Erdschlußstelle immer noch ein kleiner Strom fließen, denn die Induktivität besitzt Widerstand, ferner sind im Netz Ableitungswiderstände vorhanden, so daß die Ströme I_C und I_L keine reinen Blindströme und nicht genau um 90° phasenverschoben sind, sondern die in der Abb. 451 gezeichnete Lage besitzen und ein kleiner Reststrom I_r übrigbleiben wird. Dieser Reststrom ist jedoch klein und liegt praktisch etwa in der Größenordnung von 3 bis 10% des unkompensierten Erdschlußstromes. Er enthält außerdem die nichtkompensierten Oberwellenströme ungerader Ordnung, da die Löschspule nur die Grundwelle kompensiert. Obwohl er vorhanden ist, wird eine Löschung des Erdschlußlichtbogens rasch eintreten, da beim ohmschen Charakter des Reststromes Strom und Spannung zu gleicher Zeit durch Null verlaufen und die Spannung an der Fehlerstelle infolge Aufschwingens des Schwingkreises aus Netzkapazität und Löschspule nur langsam ansteigt.

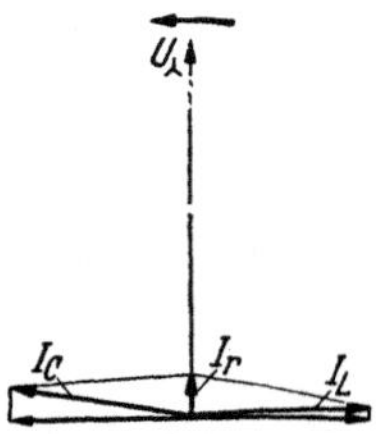

Abb. 451. Strom-Spannungs-Diagramm bei Erdschluß unter Berücksichtigung des Reststromes

Bei sattem Erdschluß wird wegen der Kleinheit des Reststromes eine unzulässige Verschmorung trotz längeren Fahrens im Erdschluß nicht eintreten. Desgleichen werden die beim nichtkompensierten Erdschluß auftretenden Überspannungen, da der Lichtbogen nicht wieder zündet, und Unsymmetrien im Spannungssystem vermieden. Es ist noch zu beachten, daß bei nennenswerten Oberwellen in der Spannungskurve des Netzes über die Erdschlußstelle ein beachtlicher Strom höherer Frequenz fließen kann, so daß unter Umständen eine Kompensation der Grundwelle allein nicht genügt.

Die Leistung der Drosselspule ist gegeben durch die Phasenspannung mal dem hindurchfließenden Strom, der gleich dem Erdschlußstrom I_C ist. Die Leistung ergibt sich also, da $U = \sqrt{3}\, U_\lambda$ ist, zu:

$$P_b = U_\lambda I_C = U_\lambda^2 3 \omega K = U^2 \omega K . \qquad (196)$$

Eine Erdschlußspule ähnelt in ihrem äußeren Aufbau einem Transformator. In ihrem inneren Aufbau stellt sie eine Eisendrossel mit mehreren Luftspalten dar.

Bis jetzt war angenommen, daß die Drosselspule auf die Netzkapazität abgestimmt war. Eine vollkommene Abstimmung ist jedoch nicht immer möglich, denn die Kapazität des Netzes unterliegt Schwankungen, da die Durchhänge der Leitungen je nach Temperatur verschieden sind, ferner werden im Netz Leitungen ab- bzw. hinzugeschaltet, so daß hier Veränderungen der Kapazitäten stattfinden. Es fragt sich, in welchem Maße Abweichungen von der theoretischen Abstimmung zulässig sind, ohne daß die Löschfähigkeit der Spule gestört wird. Hier hat die Erfahrung gezeigt, daß im allgemeinen Abweichungen vom Sollwert von $\pm 10\%$ erlaubt sind, ohne daß dabei die Löschfähigkeit merkbar gestört wird. Sollten im Netz gelegentlich Schaltveränderungen zu erwarten sein, die größere Abweichungen bedingen, dann muß die Erdschlußspule Anzapfungen erhalten, durch die ihre Induktivität verändert werden kann und durch welche sie mit der jeweiligen Netzkapazität in Übereinstimmung gebracht wird. In Kabelnetzen sollte man die Erdschluß-Löschspule auf möglichst exakte Kompensation einstellen, um den Strom an der Fehlerstelle möglichst niedrig zu halten. In reinem Freileitungsanschluß und gemischten Freileitungs-Kabelnetzen sollte man leicht überkompensieren, um bei Ausfall von Leitungsstrecken zu vermeiden, daß man in das Resonanz-Maximum gerät.

In einer Umspannstation werden im allgemeinen mehrere Transformatoren vorhanden sein. Man führt dann die Nullpunkte zu einer Sammelschiene, an die eine gemeinsame Drosselspule angeschlossen ist, welche verschiedene Anzapfungen besitzt, die über Trennschalter eingeschaltet werden können (s. Abb. 206).

Es sei jetzt noch etwas näher der im Leitungssystem bei Erdschluß fließende Strom untersucht. In der Abb. 448 sind die durch die Kapazitäten bedingten Ströme ausgezogen und die durch die Induktivität bedingten gestrichelt eingezeichnet. Man erkennt, daß in der Phase *3* ein Strom $I_L - \frac{2}{3} I_C = \frac{I_L}{3} = \frac{I_C}{3}$ fließen wird, derselbe Strom also wie in den anderen Phasen. In den drei Phasen fließen also (s. Abb. 452) beim kompensierten Erdschluß gleich große, gleichgerichtete Ströme. Hat man einen Transformator, der in Stern-Stern geschaltet ist, dann werden diese gleichgerichteten Ströme, da sie von der Primärseite nicht kompensiert werden können (s. Abb. 453), gleichsinnige Amperewindungen erzeugen, welche ein kräftiges Streufeld verursachen. Da dieses unzulässige Ströme und Erwärmungen in benachbarten Eisenteilen hervorbringt, darf ein solcher Transformator nur mit einer Erdschlußleistung von etwa 20% der Nennleistung belastet werden. Ist der Transformator jedoch Dreieck-Stern geschaltet (s. Abb. 454), so vermögen in der Dreieck-

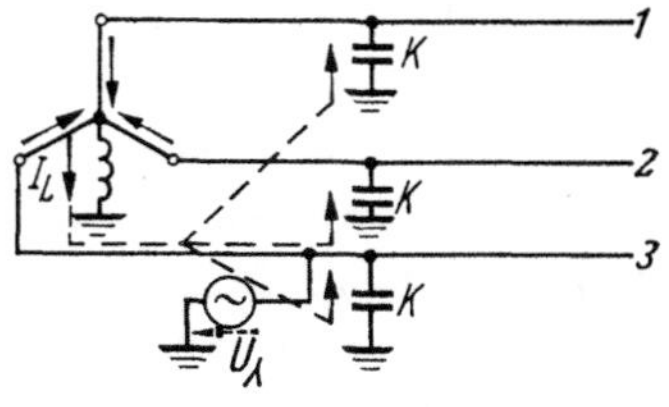

Abb. 452. Resultierendes Strombild beim Erdschluß

wicklung entgegengesetzt gerichtete Ströme zu fließen, welche die gleichsinnigen Erdschlußströme kompensieren. Ein solcher Transformator kann mit einer beliebig großen Erdschlußspule versehen werden, nur muß in bezug auf Erwärmung der Transformator den zusätzlichen Erdschlußstrom vertragen können. Auch ein Stern-Stern-Transformator kann voll nullpunktsbelastbar gemacht werden, wenn er eine in Dreieck geschaltete Tertiärwicklung erhält (s. S. 124).

Es ist zu beachten, daß auf der nicht vom Erdschluß betroffenen primären Seite des Transformators keinerlei durch den Erdschluß verursachte Ströme zum Fließen kommen. Die Generatoren im Kraftwerk erfahren also überhaupt nicht, daß ein Erdschluß vorhanden ist.

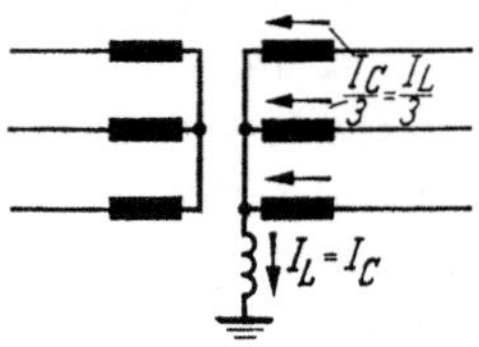

Abb. 453. Stern-Stern-Transformator bei Erdschluß (kompensiert)

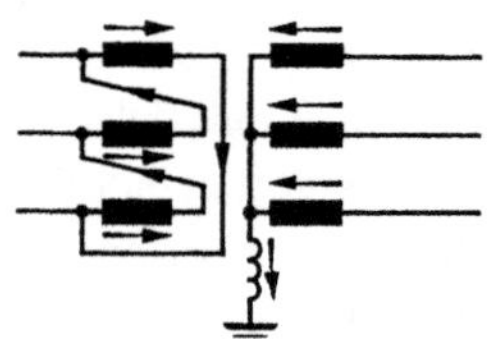

Abb. 454. Stern-Dreieck-Transformator bei Erdschluß (kompensiert)

Ohne Erdschlußkompensierung würden im Transformator die ausgezogenen Ströme der Abb. 448 fließen. Diese unsymmetrischen Ströme würden, auf die Primärseite des Transformators überführt, die Generatoren unsymmetrisch belasten, und es würde infolge der Induktivitäten eine Verzerrung des Spannungsdreiecks zustande kommen.

Liegt ein größeres Netz vor, dann könnte man grundsätzlich das ganze Netz durch eine einzige Erdschlußspule kompensieren. Dies hätte jedoch eine beträchtliche zusätzliche Erwärmung der zugehörigen Transformatoren durch die Erdschlußströme zur Folge. Es ist deshalb günstiger, die Erdschlußspulen im Netz zu verteilen, und zwar möglichst so, daß, wenn irgendwelche Netzteile aufgetrennt werden, die jetzt bestehenden einzelnen Bezirke für sich kompensiert sind.

Es wurde bereits erwähnt, daß in Netzen gelegentlich Schaltveränderungen vorkommen und daß dann, um eine gute Erdschlußkompensierung zu haben, die Anzapfungen der Erdschlußspulen verändert werden müssen. Es fragt sich, in welcher Weise eine Kontrolle über die Kompensierung möglich ist. Hier führt folgende Überlegung zum Ziel. Im normalen Betrieb soll der Sternpunkt des Drehstromsystems gegenüber der Erde das Potential Null haben. In Wirklichkeit wird jedoch infolge der nie ganz wegzubringenden Unsymmetrien der Leitung der Sternpunkt ein gewisses Potential gegen Erde haben. Ist am Sternpunkt eine Drosselspule vorhanden, dann ist (wie man nachweisen kann) bei genauer Abstimmung der Drosselspule mit der Leitungskapazität das Nullpunktspotential am größten. Man braucht also nur die Spannung an der Erdschlußspule bei verschiedenen Einstellungen zu messen und die Einstellung zu wählen, welche größte Spannung ergibt. Ganz genau ist dieses Verfahren nicht, da man hier im ungesättigten Teil der Drossel arbeitet, während im normalen Erdschlußfalle die Drossel schon eine kleine Sättigung hat. Man muß also noch eine Korrektur vornehmen. Es gibt jedoch heute besondere Meßeinrichtungen, sogenannte Kompensometer[1], mit denen man sehr genau den Kompensierungsgrad messen kann und die im Prinzip so arbeiten, daß bei der Messung dem Nullpunkt eine besondere Spannung zugeführt und festgestellt wird, ob der dem System zufließende Strom voreilend oder nacheilend ist. Richtige Kompensierung ist vorhanden, wenn überhaupt kein Blindstrom fließt, denn in einem richtig abgestimmten Resonanzkreis fließt bekanntlich nur ein Wirkstrom. Man kann ferner die Erdschlußspule mit einem regelbaren Luftspalt ausführen, so daß eine stetige Regelung möglich ist und man die Anzapfungen spart. Obige Regelung kann man, durch Relais überwacht, auch automatisch vornehmen lassen.

Abgesehen von Freileitungsnetzen werden heute auch Hochspannungskabelnetze kompensiert, nur sind hier die Kompensierungsmittel infolge der größeren Kabelkapazität wesentlich umfangreicher als bei Freileitungen. In den 30-kV-Kabelnetzen von großen Städten können Erdschlußströme von einigen 1000 A fließen. In einem unkompensierten Kabelnetz wird ein Erdschluß wegen der kleinen Leiterabstände sofort einen Kabelkurzschluß verursachen. Ist das Kabelnetz jedoch kompensiert, dann wird zwar der fließende Reststrom wegen der kleinen Abstände zwischen Ader und Bleimantel nicht zum Erlöschen kommen, aber das Kabel kann eine gewisse Zeit in Betrieb gehalten werden, in der man Umschaltungen des Netzes vornehmen kann, ehe man die Strecke zur Abschaltung bringt.

b) Erdschlußanzeige

Wenn in einem Netz ein Erdschluß auftritt, so ist es erwünscht, daß dieser dem Betriebspersonal angezeigt wird. Für die Erdschlußanzeige gibt es eine Reihe von Lösungen. Eine Ausführung zeigt die Abb. 455a für den Fall, daß ein Sternpunkt, etwa an einem Transformator, zugänglich ist. Schaltet man zwischen Sternpunkt und Erde einen Spannungswandler und läßt diesen auf ein Relais arbeiten, so wird das Relais normalerweise keine Spannung haben. Tritt jedoch ein Erdschluß auf, dann wird das Potential des Sternpunktes auf die Phasenspannung gehoben. Das Relais spricht hierauf an und kann eine Hupe, eine Fallklappe

[1] Siehe E. Hueter u. W. Schäfer: Die Messung der Erdschlußkompensation. ETZ 52 (1931) 1023.

oder eine sonstige Anzeige betätigen. Ist kein Sternpunkt zugänglich, dann kann ein hochspannungsseitig geerdeter Spannungswandler (Fünfschenkelwandler) verwendet werden (s. Abb. 455b), dessen im Dreieck geschaltete Sekundärwicklung die Erdschlußspannung mißt (s. S. 325) und ein Relais betätigen kann.

Diese Anordnungen zeigen nur den Erdschluß an, nicht jedoch die betroffene Phase. Ist dies wesentlich zu wissen, dann kann eine Anordnung nach Abb. 456 gewählt werden. Auf der Sekundärseite des Wandlers sind in jeder Phase ein Spannungsanzeiger und eine Lampe angeordnet, ferner ist ein Relais vorgesehen. Die Spannungszeiger gestatten im normalen Betrieb eine genaue Überwachung der Spannungen gegen Erde und lassen auch Unsymmetrien erkennen. Die Lampen leuchten

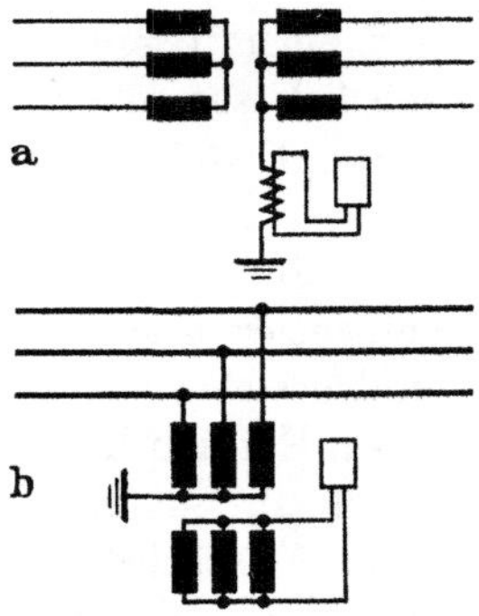

Abb. 455a u. b. Schaltung zur Erdschlußanzeige

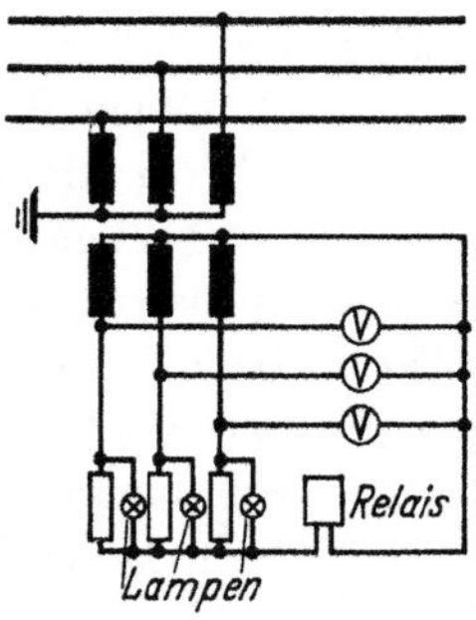

Abb. 456. Schaltung zur Erdschlußanzeige der einzelnen Phasen

im normalen Betrieb alle gleichmäßig. Erfolgt ein Erdschluß, so erlischt die zur erdschlußbehafteten Phase gehörende Lampe, das Relais spricht an und betätigt z.B. eine Hupe. Man kann dann sofort an der gelöschten Lampe erkennen, welche Phase Erdschluß hat. Sind in einem Netz eine Reihe von Stationen, die alle Erdschlußanzeigevorrichtungen besitzen, so werden diese, sofern es sich um ein galvanisch zusammenhängendes Netz handelt, alle ansprechen. Man möchte oft jedoch nicht nur wissen, daß ein Erdschluß vorhanden ist, sondern auch in welchem Leitungsabzweig derselbe sich befindet, denn in ungelöschten Netzen will man den kranken Abschnitt sofort abschalten, während man in gelöschten Netzen, falls der Erdschluß nicht löscht, zunächst versuchen wird, das Netz so umzuschalten, daß möglichst keine Verbraucher ausfallen, wenn dann anschließend die erdschlußbehaftete Strecke abgeschaltet wird.

Zur Feststellung der für eine erdschlußbehaftete Strecke maßgebenden Eigenschaften seien die bei einem Erdschluß fließenden Ströme nochmals etwas genauer betrachtet. Abb. 457a zeigt eine von einem Transformator gespeiste Strecke, die in der Phase *3* Erdschluß habe. Auf S. 418 wurde gezeigt, daß man die durch den Erdschluß hervorgerufenen zusätzlichen Ströme finden kann, indem man sich vorstellt, daß zwischen Leiter *3* und der Erdschlußstelle ein Generator mit der Phasenspannung $U_{\lambda 3}$ eingeschaltet ist, wobei als positive Richtung die Pfeilrichtung gilt. Da es sich bei unseren Betrachtungen um eine Überlagerung über den normalen Betriebszustand handelt, können wir weiter annehmen, daß in den Wicklungen des Transformators keinerlei Spannung erzeugt wird,

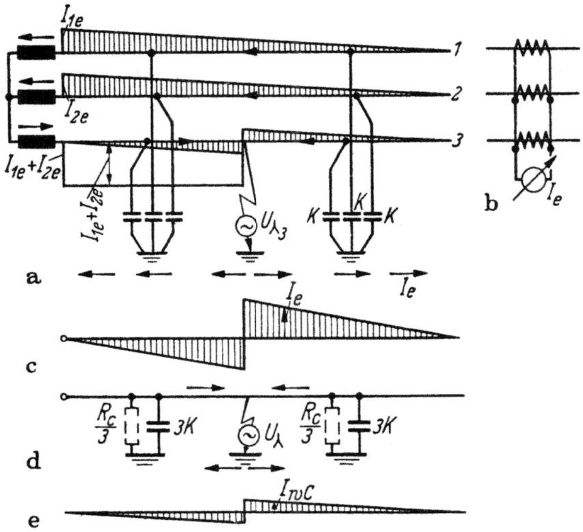

Abb. 457a-e. Stromverlauf beim ungelöschten Erdschluß

so daß die drei Phasen *1*, *2* und *3* gleiches Potential haben. Nimmt man an, daß die Kapazitäten zwischen den drei Leitungen und der Erde gleichmäßig verteilt sind, so haben die in den drei Phasen fließenden Ströme die in der Abb. 457 a dargestellte Größe und Richtung. Betrachtet man die Phasen *1* und *2*, so nimmt wegen der gleichmäßig verteilten Kapazität der Strom vom Ende der Leitung an bis zum Anfang zu und hat hier die Größe I_{1e} bzw. I_{2e}. Betrachtet man die Phase *3*, so nehmen die Ströme ebenfalls vom Ende der Leitung bis zur Erdschlußstelle zu. Links der Erdschlußstelle hat jedoch der über die Leitungskapazität und dann durch die Leitung *3* fließende Strom (in der Abb. 457 a schraffiert) andere Richtung. Man muß ferner beachten, daß die beiden Ströme I_{1e} und I_{2e} aus den Phasen *1* und *2* heraus über die Phase *3* zur Erdschlußstelle fließen. Wir wollen uns vorstellen, daß mit der Stromwandlersummenschaltung der Abb. 457 b an verschiedenen Stellen der Leitung gemessen werde. Das Amperemeter zeigt die Summe der drei Leitungsströme. Diese Summe der drei Ströme ist in Abb. 457 c aufgetragen. Der Summenstrom I_e ist gleich dem Erdschlußstrom, der an der Meßstelle unterhalb der Leitung in der Erde fließt, allerdings in anderer Richtung. Die normalen Belastungsströme der Leitung gehen in die Messung nicht ein, da sie sich bei Summenschaltung der Wandler zu Null ergänzen. Für viele Betrachtungen können wir uns das Leitungsgebilde der Abb. 457 a wesentlich vereinfachen, indem wir uns vorstellen, daß die drei Leitungen parallel so verschoben werden, daß sie zusammenfallen, also eine einzige Leitung (s. Abb. 457 d) bilden. (Dies ist zulässig, weil die drei Leitungen bei unserer Betrachtung gleiches Potential haben.) Nimmt man zwischen der Ersatzleitung und der Erde dreifache Erdkapazität an, so ergibt der Leitungsstrom und auch der Erdstrom die Größe der Abb. 457 c. (Den Transformator am Ende der Leitung, dessen drei Wicklungen bei der Parallelverschiebung ebenfalls zusammenfallen, haben wir in dem Ersatzbild weggelassen, da bei unseren Betrachtungen in dem Transformator ja keinerlei Spannung erzeugt werden sollte.) Normalerweise sind auf jeder Leitung Ableitungsverluste vorhanden, welche wir uns als Parallelwiderstände R_C zu den Kapazitäten vorstellen können (s. Abb. 457 d). Durch unsere an der Erdschlußstelle wirkende Spannung des Ersatzgenerators wird auch ein zusätzlicher Strom erzeugt, der sich über diese Widerstände schließt und der in der Abb. 457 e als Strom I_{wC} aufgetragen ist. Dieser Strom ist ein Wirkstrom und hat gleiche Phasenlage mit der Erdschlußspannung. Seine Verteilung entspricht der des Blindstromes der Abb. 457 c, nur ist er wesentlich kleiner.

Es sei jetzt der Sternpunkt unseres Transformators in der Abb. 458 a mit der Erde über eine Erdschlußspule verbunden. In unserem Ersatzbild (Abb. 458 a) wird diese Erdschlußspule L unmittelbar am Leitungsanfang mit der Erde verbunden. Parallel zur Induktivität L haben wir noch einen Widerstand R_L vorgesehen, der als Ersatzwiderstand für die Verluste in der Erdschlußspule gelten mag. Sehen wir zunächst von sämtlichen Widerständen in der Abb. 458 a ab und nehmen wir an, daß die Kapazitäten des Netzes genau durch die Induktivität L kompensiert seien, dann wird der in der Leitung fließende Blindstrom I_e die in der Abb. 458 b gezeichnete Größe und Richtung besitzen, d.h. er nimmt vom Ende der Leitung bis zum Anfang geradlinig zu. Durch die Erdschlußstelle selbst fließt kein Strom. Es ist wesentlich, daß der Stromverlauf I_e diesmal von der Lage der Erdschlußstelle überhaupt nicht beeinflußt wird, so daß wir jetzt schon den Schluß ziehen können, daß der Erdschlußblindstrom in einem

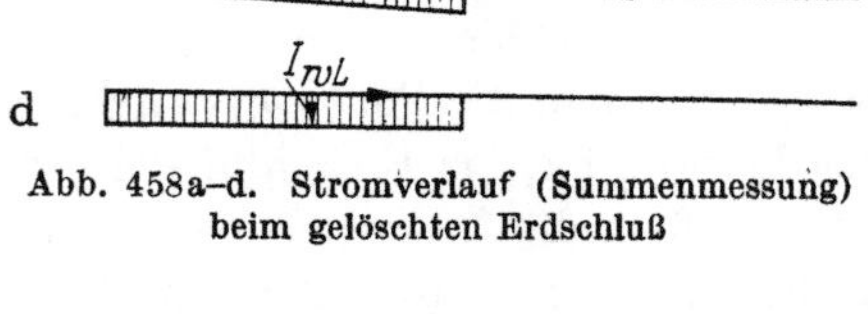

Abb. 458a–d. Stromverlauf (Summenmessung) beim gelöschten Erdschluß

kompensierten Netz sicher nicht dazu geeignet ist, die Lage des Erdschlusses anzuzeigen.

Wir betrachten jetzt die Wirkströme I_{wC}, welche durch die den Kapazitäten parallel geschalteten Widerstände fließen. Ihre Größe und Richtung ist aus der Abb. 458c zu erkennen. Wir wollen weiterhin den Wirkstrom untersuchen, der durch den Ersatzwiderstand R_L, welcher die Verluste der Erdschlußspule berücksichtigt, hervorgerufen wird. Seine Größe und Richtung zeigt die Abb. 458d. Man erkennt, daß in einem kompensierten Netz sich nur die Wirkströme, nicht dagegen die Blindströme mit der Lage des Erdschlußortes ändern.

In welcher Weise können nun unsere gewonnenen Erkenntnisse für die Auffindung einer kranken Strecke benutzt werden? Dabei sei zunächst der Fall betrachtet (Abb. 459), daß von der Sammelschiene S mehrere Leitungen, in unserem Falle die Leitungen I und II, ausgehen. Ist in der Leitung II des nichtkompensierten Netzes ein Erdschluß vorhanden, so werden infolge der gleichmäßig verteilten Kapazitäten gegen Erde die Erdschlußströme (Blindströme) die in der Abb. 459 gezeichnete Größe und Richtung besitzen. Dabei fließt der von der Leitung I kommende Blindstrom I_{I} über die Leitung II in die Erdschlußstelle hinein. Ein Kennzeichen der erdschlußbehafteten Leitung ist also die Richtung des Erdschlußstromes, welche im Fall des Erdschlusses von der Sammelschiene weg in die Leitung hineingerichtet sein muß. Dies gilt auch, wenn nicht zwei Leitungen, sondern beliebig viele Leitungen an ein Sammelschienensystem angeschlossen sind. Das Verfahren versagt, wenn nur eine einzige Leitung vorhanden ist, da dann, wie die Abb. 457c zeigt, am Anfang der Strecke der Erdschlußstrom Null ist. In diesem Fall genügt aber eine einfache Erdschlußanzeige entsprechend Abb. 455 und 456.

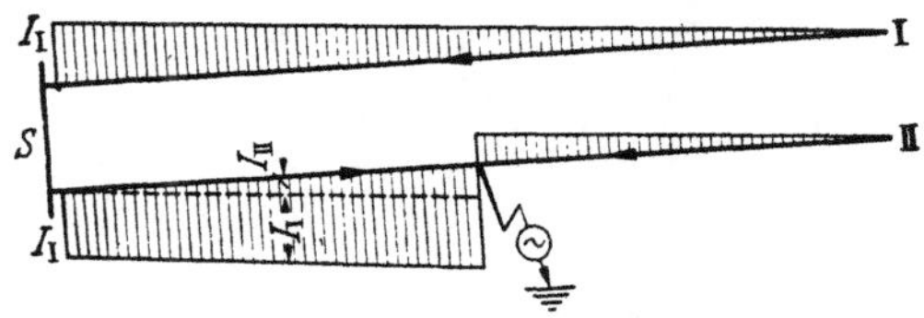

Abb. 459. Stromverlauf (Summenmessung) des ungelöschten Erdschlusses bei zwei parallel geschalteten Strecken

Betrachtet man das nichtkompensierte Netz der Abb. 460a und nimmt an, bei A sei ein Erdschluß. Es werden dann die über die Kapazitäten der Erdschlußstelle zufließenden Ströme etwa die in der Abb. 460a gezeichneten Richtungen besitzen. Man erkennt, daß nur in der erdschlußbehafteten Leitung die Ströme von den beiden Enden nach der Strecke zu fließen. Baut man also gerichtete Erdschlußrelais, die z. B. zwei Fallklappen betätigen, eine rote Fallklappe, wenn der Erdschlußstrom von der Sammelschiene weg und eine grüne Klappe, falls der Erdschlußstrom auf die Sammelschiene zu fließt, dann kann man sich in folgender Weise ein Bild über die Lage des Erdschlusses machen. Von sämtlichen Stationen wird telefonisch mitgeteilt, ob die roten oder die grünen Klappen der Erdschlußrelais gefallen sind (in der Abb. 460 a sind die roten Klappen schwarz gezeichnet). Trägt man diese Meldungen in einen Schaltplan ein, so erkennt man, daß nur auf der Strecke *a–d* der Abb. 460 a der Erdschluß liegen kann, da nur hier beide Erdschlußrelais ihre roten Klappen betätigt haben. Die in Frage kommenden Erdschlußrelais sind wattmetrische Relais, deren Stromspulen von drei Wandlern in Summenschaltung betätigt werden (Abb. 457 b), während die Spannungsspule von dem Spannungswandler der Abb. 455 oder der Abb. 455 b gespeist wird. Das Meßwerk dieser wattmetrischen Relais muß so ausgebildet werden, daß das Relais die Blindleistung mißt.

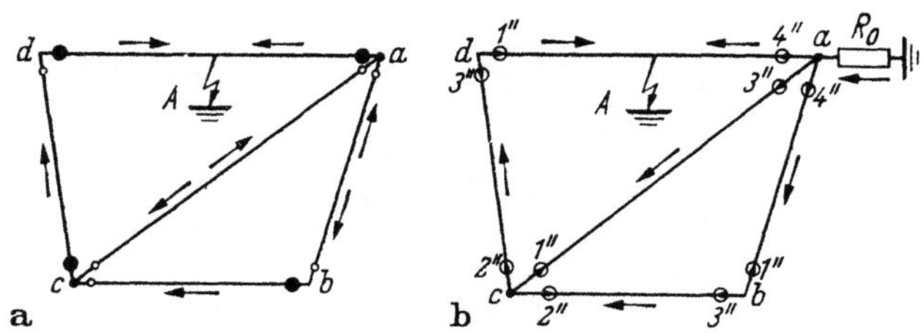

Abb. 460 a u. b. Stromverlauf (Summenmessung) im vermaschten Netz beim Erdschluß

Bei nichtkompensierten Netzen wird gelegentlich der Wunsch geäußert, daß bei einem Erdschluß eine sofortige selektive Abschaltung stattfinden soll. Dies ist möglich, falls man an einer Stelle des Netzes, z. B. an der Stelle *a* (s. Abb. 460 b) besondere Bedingungen schafft, indem man z. B. zwischen einen dort vorhandenen Sternpunkt und Erde einen Widerstand R_0 legt. Dieser Widerstand ist normalerweise stromlos, da ja unsere Ersatzleitung gegenüber Erde das Potential Null hat. Nur im Fall des Erdschlusses kann man sich an der Erdschlußstelle die Phasenspannung wirksam denken, und es fließen jetzt über den Widerstand R_0 die Wirkströme, die in der Abb. 460 b eingezeichnet sind. Die Blindströme interessieren diesmal nicht, und die Wirkströme, welche durch die Ableitungsverluste der Leitung zustande kommen, sollen durch geeignete Wahl des Widerstandes R_0 klein gegen die durch den Widerstand R_0 erzeugten Ströme sein. Bildet man die Erdschlußrelais wieder als gerichtete wattmetrische Relais aus, die diesmal jedoch auf den Wirkstrom ansprechen müssen, und verbindet man sie mit gestaffelten Zeitrelais, welche auf die Leistungsschalter arbeiten, dann kann tatsächlich ein selektiver Erdschlußschutz geschaffen werden. Führt man die Zeitstaffelung vom Punkt *a* ausgehend gegenläufig durch, so erfolgt stets eine selektive Abschaltung der kranken Strecke, davon unabhängig, wo die Erdschlußstelle liegt. Ist die Erdschlußstelle bei *A*, so spricht zunächst das Relais bei *d* mit 1 sek Laufzeit an, und der zugehörige Schalter schaltet ab. Sämtliche übrigen Relais, abgesehen von dem Relais mit 4 sek Laufzeit bei *a* werden jetzt stromlos. Bei *a* wird dann die kranke Strecke nach 4 sek endgültig abgeschaltet.

Bei einem durch Erdschlußspulen gelöschten Netz besteht weniger das Bedürfnis nach einer sofortigen Abschaltung, als nach Kenntnis der erdschlußbehafteten Leitung und der Lage des Erdschlusses. Mit den Blindströmen kann man diesmal nichts anfangen, denn wie durch die Abb. 458b gezeigt, sind die im Netz auftretenden Blindströme unabhängig von der Lage des Erdschlußortes. Man muß deshalb bei einem kompensierten Netz die Wirkströme zur Anzeige benutzen.

Betrachten wir zunächst die Wirkströme, die durch die Ableitungsverluste des Netzes zustande kommen, so gilt für deren Verteilung das gleiche wie bei den Blindströmen eines nichtkompensierten Netzes. Hat man also ein kompensiertes Netz von der gleichen Gestalt wie in Abb. 460a, so werden die Wirkströme den eingezeichneten Verlauf besitzen, und es gilt das gleiche Gesetz, daß die Leitung erdschlußbehaftet ist, bei der die Wirkströme von beiden Sammelschienen der Leitung zufließen. Nimmt man an, im Netz sei bei *a* eine Erdschlußdrossel angeschlossen, so besitzt diese Ohmsche Verluste, und ihr Ersatzwiderstand kann beispielsweise durch den Widerstand R_0 der Abb. 460b dargestellt werden. Die durch diesen Widerstand R_0 hervorgerufenen Wirkströme sind aus der Abb. 460b zu erkennen. Auch sie fließen derart, daß in der erdschlußbehafteten Leitung die Wirkströme von beiden Seiten zufließen. Es genügt also, wenn in einem gelöschten Netz wattmetrische Relais, die allerdings diesmal auf den Wirkstrom ansprechen, eingebaut sind und man bei einem Erdschluß feststellt, wo die roten und wo die grünen Fallklappen gefallen sind. In der Leitung, in der beide roten Fallklappen gefallen sind, ist Erdschluß vorhanden. Es sei erwähnt, daß die Ausbildung der wattmetrischen Erdschlußrelais und das Zusammenarbeiten mit den Summenstromwandlern hohe Forderungen an Genauigkeit stellt, da die zu messenden Fehlerströme klein sind und leicht durch Wandlerfehler falsche Resultate vorgetäuscht werden. Es kann deshalb gelegentlich zweckmäßig sein, die Wirkströme zu erhöhen, indem z. B. in Reihe mit einer Erdschlußdrossel ein kleiner Widerstand geschaltet wird.

D. Die Sternpunktserdung in Hochspannungsnetzen

Die in den USA schon seit langem übliche starre Erdung des Sternpunktes von Hochspannungsnetzen wird auch im deutschen 220-kV- und 380-kV-Netz angewendet. Einzelne 110-kV-Netze, insbesondere Kabelnetze in Stadtgebieten, werden ebenfalls mit starr geerdetem Sternpunkt betrieben. Der Erdschlußkompensation durch Löschspulen wird in sehr ausgedehnten Höchstspannungsnetzen durch die Höhe des noch im Erdschlußlichtbogen verbleibenden Restwirkstromes eine Grenze gesetzt. Die Mittel zur Kompensation dieses Restwirkstromes sind sehr aufwendig. Außerdem ist der Reststrom abhängig von je nach Witterungsverhältnissen verschiedenen Korona- und Ableitungsverlusten der Leitungen, so daß die Kompensationseinrichtung für den Reststrom in einem bestimmten Netz keineswegs immer in der Einstellung unverändert bleiben könnte.

Der große Erdschlußstrom in gelöschten Netzen hatte an den gesunden Phasen infolge der Spannungserhöhung in den Nullimpedanzen der Betriebsmittel, die er durchfließt, ein derart hohes Spannungsniveau zur Folge, daß insbesondere Wandler und Ableiter hierdurch gefährdet werden. Die hohe Verlagerungsspannung des gelöschten Höchstspannungsnetzes würde ferner starke Beeinflussung zu anderen Netzen geringerer Betriebsspannung hervorrufen.

Diese Erscheinungen, die bei gelöschten Höchstspannungsnetzen ein wesentlicher Nachteil der Übertragung sind, lassen sich in erträglichen Grenzen halten, wenn man auf starre Sternpunktserdung übergeht. Jeder Erdschluß im starr geerdeten Netz ist allerdings ein Kurzschluß und erfordert die sofortige Abschaltung der gestörten Strecke. Hierfür muß der Selektivschutz eingreifen und kann, wenn er für die Erfassung eines solchen Störungsfalles eingerichtet ist, den Erdkurzschlußstrom in sehr kurzen Zeiten von der Größenordnung 1/10 sek unterbrechen.

Eine Sternpunktserdung wird als starr oder auch wirksam bezeichnet, wenn durch sie sichergestellt wird, daß die Spannung an den beiden nicht durch Erdschluß gestörten Phasen nicht höher als etwa das 0,8-fache der verketteten Spannung erreicht. Dies ist sichergestellt, wenn das Verhältnis der Nullimpedanz zur Mit- bzw. Gegenimpedanz nicht größer als 3 und das Verhältnis des Wirkwiderstandes zur Mitreaktanz nicht größer als 1 ist.

Damit der Erdkurzschluß im starr geerdeten Netz den Netzbetrieb nicht stört, wird die sogenannte Kurzschlußfortschaltung (s. S.415) angewendet, mit der die gestörte Strecke einige Zehntel Sekunden lang vom Netz getrennt wird. In dieser Zeit kann der Erdschlußlichtbogen, falls er durch einen Überschlag entstanden ist, mangels Energie von selbst löschen; nach der Wiederzuschaltung ist die Strecke dann störungsfrei und kann in Betrieb bleiben. Wenn jedoch die Störung weiter besteht, wird eine nochmalige Abschaltung vorgenommen, die dann endgültig ist.

Die starre Sternpunkterdung erfordert in der Auslegung der Erdungsanlagen von Stationen und Leitungsmasten besondere Maßnahmen, um die Schritt- und Berührungsspannung im Störungsfalle zu begrenzen. In Stationen wird der Erdungswiderstand durch ein möglichst ausgedehntes Erdleitermaschennetz auf Werte unterhalb 1 Ω begrenzt. Bei den Masten sind Strahlen- und Ringerder erforderlich, durch die ebenfalls ein ausreichend geringer Erdungswiderstand erzielt, durch die aber insbesondere ein sanfter Abbau des Spannungstrichters unterhalb des Mastes erreicht werden kann.

E. Überspannungen und Überspannungsschutz in elektrischen Leitungsnetzen

In elektrischen Leitungsnetzen können Überspannungen, deren Ursache verschiedenster Art sind, auftreten. Sowohl beim Ein-, als auch beim Ausschalten einer Leitung können Überspannungen entstehen. Betrachtet man z.B. den einfachsten Fall, daß man eine Freileitung einschaltet, so wird der Funke etwa im Maximalwert der Spannung überspringen, die Spannung als Wanderwelle mit Lichtgeschwindigkeit über die Leitung eilen und am offenen Ende derselben theoretisch auf den doppelten Wert reflektiert werden (s. S. 538). Es lassen sich noch weitere Fälle zeigen, bei denen durch Schaltwanderwellen Überspannungen entstehen, z.B. wenn eine Wanderwelle zuerst ein Kabel durchläuft, das dann in eine Freileitung einmündet, oder wenn eine Wanderwelle auf eine Induktivität trifft (Stromwandler oder Reihenwicklung eines Regeltransformators). Auch Abschaltspannungen können gelegentlich lästig werden. Wird z.B. ein sekundär unbelasteter Transformator primärseitig abgeschaltet und nimmt der Fluß dabei rasch ab, wird also $-d\Phi/dt$ groß, so kann eine Überspannung induziert werden. Ebenso treten im Erdschlußfall durch den intermittierend brennenden Lichtbogen infolge Rückzündungen hohe Überspannungen auf, die jedoch vermieden werden, falls das Netz durch Erdschlußspulen kompensiert ist.

In der Mehrzahl der Fälle läßt es sich durch geeignete Isolierung des Netzes, der Schaltanlagen und der Transformatoren erreichen, daß infolge von Schaltüberspannungen keine Netzstörungen auftreten.

Es sei erwähnt, daß, wenn Wanderwellen auf Transformatoren auftreffen, erhöhte elektrische Beanspruchung zwischen einzelnen Windungen auftreten, so daß man diese meist stärker isoliert. Die hierbei auftretenden Erscheinungen lassen sich am besten überblicken, wenn wir von einer Drosselspule ausgehen, welche eine einlagige Zylinderwicklung besitzt und einen Eisenkern umgibt. Das eine Ende der Wicklung sei an Erde gelegt und das andere werde plötzlich mit einer Stromquelle konstanter Spannung verbunden. Für unsere Überlegungen müssen wir berücksichtigen, daß die Induktivität der Drossel gleichmäßig verteilt ist und daß zwischen den einzelnen Windungen und zwischen den Windungen und der Erde Kapazitäten vorhanden sind. Das Ersatzbild unserer Drossel kann etwa durch Abb. 461 a dargestellt werden. Legen wir die Drosselspule plötzlich an eine konstante Spannung, dann würde bei normaler Betrachtungsweise die Spannung sich gleichmäßig nach der Geraden *0–1* der Abb. 461 b auf die einzelnen Windungen verteilen. In Wirklichkeit wird jedoch, da die den Kapazitäten plötzlich zufließenden Ladungen nicht in unendlich kurzer Zeit durch die Induktivität hindurchfließen können, der Vorgang so verlaufen, als ob sämtliche Teilinduktivitäten unendlichen Widerstand hätten und für die Spannungsverteilung nur die einzelnen Kapazitäten maßgebend sind. Es wird also im ersten Moment eine Spannungsverteilung sich ergeben, die durch die Wicklungskapazitäten bedingt ist und welche einen ähnlichen Verlauf besitzt wie die einer Isolatorenkette und etwa nach Abb. 461 b verläuft. Man erkennt, daß hierbei die Eingangswindungen gegeneinander höhere Spannungen aufweisen als die Windungen am Ende. Nach einer gewissen kleinen, jedoch endlichen Zeit muß der Spannungsverlauf entsprechend dem stationären Zustand nach der Geraden *0–1* verlaufen. Der Übergang von der ursprünglichen Spannungsverteilung (ausgezogen) zur stationären Spannungsverteilung (gestrichelt) erfolgt vermittelst allmählich abklingender Schwingungen verschiedenster Frequenz und Wellenlänge. Hierbei können zu gewissen Zeiten sehr hohe Beanspruchungen zwischen einzelnen Wicklungsteilen auftreten, welche zum Überschlag führen können. Praktisch ähnliche, jedoch noch kompliziertere Verhältnisse liegen beim tatsächlichen Transformator (auch wenn er nicht geerdet ist), auf den irgendeine Wanderwelle auftrifft, vor. Hierbei kommt der Transformator ins Schwingen, wobei unkontrollierbare Wicklungsbeanspruchungen aufzutreten vermögen.

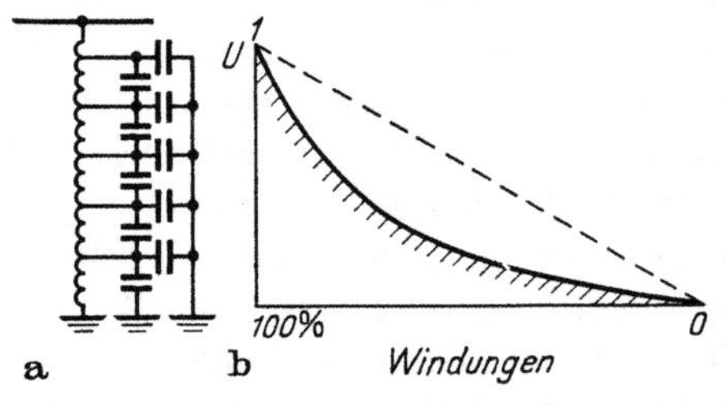

Abb. 461 a u. b. Ersatzbild eines Transformators zur Erklärung der Transformatorschwingungen

Es ist möglich, durch besondere Ausbildung der Wicklungskapazitäten eine durch diese bedingte Spannungsverteilung zu erreichen, die praktisch nach der Geraden *0–1* der Abb. 461 b verläuft. Wenn aber im ersten Augenblick beim Auftreffen der Spannungen die Spannungsverteilung mit der stationären übereinstimmt, können keine Schwingungen in der Wicklung und damit keine erhöhten Beanspruchungen zustande kommen. Bei diesen sogenannten schwingungsfreien Transformatoren unterteilt man die Hochspannungswicklung in eine Reihe von Zylinderspulen, die alle hintereinander geschaltet sind. Betrachtet man jede Zylinderspule für sich in erster Annäherung als einen Belag annähernd konstanter Spannung, dann stellen die einzelnen Zylinderspulen, falls die Hochspannungswicklung plötzlich an Spannung gelegt wird, eine Art Kondensatordurchführung dar, bei der man es erreichen kann, daß zwischen den einzelnen Zylinderspulen etwa gleiche Potentialdifferenz besteht, was ja angestrebt wird.

Es sei erwähnt, daß auch ein nicht schwingungsfreier Transformator gleiche Spannungssicherheit haben kann, falls er richtig isoliert ist.

Bei der Isolierung eines Transformators ist ferner zu beachten, daß der Nullpunkt, der normalerweise das Potential Null besitzt, auf ein erhöhtes Potential gelangen kann, wenn z.B. auf den drei Leitungen des Drehstromsystems eine gleichphasige Wanderwelle in den Transformator eindringt.

Wesentlich gefährlicher als Überspannungen, welche durch Schalthandlungen entstehen, sind die durch atmosphärische Einwirkungen in den Leitungen hervorgerufenen Überspannungen. Nähert sich einer Leitung eine z.B. positiv aufgeladene Wolke (Abb. 462), so werden in der Leitung entgegengesetzte Ladungen influenziert. Dabei treten jedoch noch keine Überspannungen auf, da die Wolke sich der Leitung allmählich nähert und die gleichnamige Elektrizitätsmenge auf der Leitung, welche abgestoßen wird, durch geerdete Spannungswandler oder Erdschlußspulen abfließen kann. Verschwindet plötzlich die Ladung der Wolke, beispielsweise indem durch einen Blitzschlag nach einer anderen entgegengesetzt geladenen Wolke oder nach Erde ein Ladungsausgleich stattfindet, so werden die Ladungen in der Leitung plötzlich frei, da sie nicht mehr durch Ladungen auf der Wolke gebunden sind. Es treten damit hohe Überspannungen auf, die proportional der Ladung sind. Die Ladung, also auch die Überspannungen, werden nach beiden Seiten der Leitung abfließen, und zwar in Form von Wanderwellen mit Lichtgeschwindigkeit. Diese Überspannungen können in Mittelspannungsnetzen, seltener dagegen in Hochspannungsnetzen (wegen der besseren Isolierung) zu Überschlägen führen. Man kann diese influenzierten Spannungen durch Erdseile auf den Masten mildern.

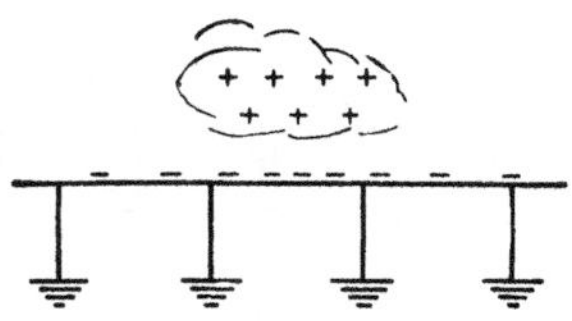

Abb. 462. Beeinflussung einer Hochspannungsleitung durch eine geladene Wolke

Am gefährlichsten ist der oft vorkommende Fall, daß der Blitz unmittelbar in die Leitung einschlägt. Hierdurch erhält die Leitung plötzlich eine sehr hohe Spannung, und es können Überschläge nach Erde, d.h. nach den Masten oder dem Erdseil auftreten. Ist das Erdseil genügend hoch über den Leitungen angeordnet, so werden, wie man in den letzten Jahren experimentell festgestellt hat, die Blitze, welche in die Leitung schlagen wollen, meist durch das Erdseil aufgefangen. Ein Blitzschlag in das Erdseil wird keinerlei Störungen verursachen, sofern der Blitzstrom möglichst widerstandsfrei in die Erde abfließen kann. Dies ist jedoch nicht immer der Fall. Man hat durch Versuche festgestellt, daß, wenn ein Blitzschlag auf einen Mast trifft bzw. auf das Erdseil in unmittelbarer Nähe des Mastes, rund 60% des Blitzstromes durch den Mast fließen und nur der Rest über das Erdseil nach den übrigen durch das Erdseil parallel geschalteten Masten. Dies hat seinen Grund darin, daß durch den Wellenwiderstand des Erdseiles der Strom am Abfließen über das Erdseil gehindert wird. Abb. 463 a zeigt die Blitzstromverteilung beim Einschlagen des Blitzes in den Mast und Abb. 463 b die Verteilung beim Einschlag des Blitzes in das Erdseil in der Mitte der Spannweite. Man hat für den Fall der Abb. 463a Mastströme von 40000 A, ja sogar von 60000 A (Spitzenwert) festgestellt. Nimmt man z.B. an, daß der Übergangswiderstand des Mastes gegen Erde 20 Ω beträgt, so bedingt dies, daß der Mast bei einem Strom von 60000 A sich auf ein Potential von $60000 \cdot 20 = 1200000$ V hebt. Infolge dieser hohen Spannung können jetzt rückwärtige Überschläge vom Mast bzw. dem Erdseil nach den Leitungen auftreten. Um solche rückwärtigen Überschläge zu vermeiden, muß also der Übergangswiderstand des Mastes gegen Erde so klein wie irgend möglich gehalten werden, so daß stets Blitzstrom mal Erdübergangswiderstand kleiner ist als die Stoßspannung der Isolatoren. Unter Verwendung normaler Isolatorentypen müßte z.B. bei einer 110-kV-Leitung der Erdübergangswiderstand kleiner als 15 Ω und bei einer 50-kV-Leitung kleiner als 8 Ω sein. Diese geforderten Erdübergangswiderstände werden bei den meisten Leitungen heute überschritten. Da man jedoch experimentell nachgewiesen hat, daß ein großer Teil der aufgetretenen Überschläge durch solche rückwärtige Überschläge kommen, dürfte es sich dringend empfehlen, Mehrkosten nicht zu scheuen, um die Masterdung zu verbessern. Man wird in schwierigen Fällen mehrere Rohre, die nicht zu dicht am Mastfuß angebracht sind, in die Erde eintreiben, wobei, wenn das Grundwasser sehr tief steht, diese Rohre 30 bis 40 m unter Erde eingetrieben werden müssen. Bei guten Erdverhältnissen (fetter Boden) genügen auch Banderden, das sind Eisenbänder, die vom Mast aus in etwa 70 cm Tiefe strahlenförmig verlegt sind. Gelegentlich kommt auch ein Bodenseil zur Verwendung, d.h. die Mastfüße werden miteinander durch ein im Erdboden verlegtes Seil verbunden. Es hat sich jedoch hier gezeigt,

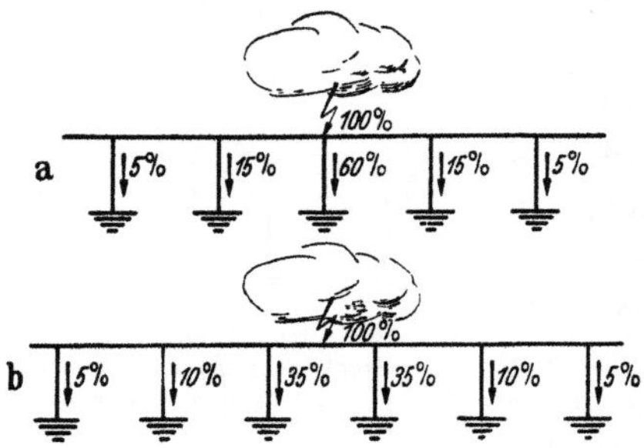

Abb. 463a u. b. Blitzstromverteilung in Hochspannungsleitung[1]

[1] Siehe H. Grünewald: Gewittergefährdung und Gewitterschutz von Freileitungsanlagen. Elektrizitätswirtsch. 34 (1935) 454.

daß ein solches Bodenseil, welches ebenfalls einen Wellenwiderstand besitzt, nur dann Verbesserung bringt, wenn die Mastfüße und ihre Erde ohne das Bodenseil keinen höheren Widerstand als rund 100 Ω haben.

Da ein in genügender Höhe über einer Leitung angebrachtes Erdseil bei guter Masterdung nur dann gute Schutzwirkung gegen Blitzschlag in die Leitung besitzt, falls die Leitung nicht zu breit ist, wird man besonders bei Doppelleitungen, die in einer Ebene verlegt sind, bei denen die Leitung also sehr breit baut, in gewitterreichen Gegenden zwei oder unter Umständen sogar drei Erdseile verlegen.

Bei Mittelspannungsleitungen verwendet man oft Holzmaste ohne Erdseil. Da die Holzmaste sehr gut gegen Erde isolieren (Holz verträgt Stoßspannungen von 300 bis 400 kV/m), treten auf derartigen Leitungen, abgesehen von gelegentlichen Mastzersplitterungen (falls ein Blitz unmittelbar in einen Mast einschlägt), weniger Störungen durch atmosphärische Überspannung auf. Die auftretenden Überspannungen wandern vielmehr auf der Leitung entlang und suchen sich sonstige schwache Stellen aus. Bei Wegkreuzungen werden die Holzmaste aus Festigkeitsgründen oft durch Eisenmaste ersetzt, und hier schlagen dann meist, da die Stützer der Isolatoren Erdpotential haben, die Isolatoren über. Auch finden die weitergeleiteten Überspannungen oft schwache Stellen in den Transformatorenstationen. Man kann jedoch auch bei Holzmasten ein Erdseil verwenden, welches an jedem Mast durch eine Erdleitung gut mit der Erde verbunden sein muß und die in das Erdseil gelangenden Blitzschläge unmittelbar zur Erde ableiten kann. Um trotzdem einen Teil der Holzisolation gut auszunutzen, darf dann nicht die vom Erdseil abgehende Erdleitung unmittelbar am Mast heruntergeführt werden, da sie sonst sämtliche Ausleger erden würde. Man wird vielmehr die Erdleitung nach Abb. 464[1] zunächst frei führen und dann erst am Mast entlang, so daß alle Ausleger noch durch Holz isoliert sind. Durch obige Konstruktion werden sicher viele Blitzschläge, welche ohne Erdseil in die Leitung treffen würden, abgefangen und Überschläge an den Eisen-

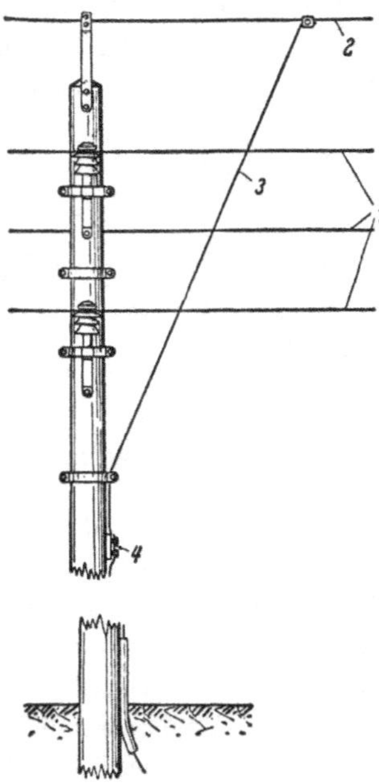

Abb. 464. Holzmast mit Erdseil
1 Leiterseile; *2* Erdseil; *3* Erdungsleitung; *4* Trennstelle in der Erdungsleitung

[1] Aus H. Grünewald: Gewittergefährdung und Gewitterschutz von Freileitungsanlagen. Elektrizitätswirtsch. 34 (1935) 454.

masten und in den Stationen vermieden. Trotz aller Maßnahmen wird man mit gelegentlichen Überschlägen zu rechnen haben. Dabei ist es besser, wenn diese im Netz als in einer Umspannstation auftreten. Deswegen sollte man den Isolationsgrad der Station stets höher wählen als den der Leitung, was jedoch bis heute wegen der zu hohen Kosten kaum durchführbar ist.

Es ist zu beachten, daß bei kurzzeitigen Überspannungen nicht die Überschlagsspannung allein maßgebend ist, sondern daß der Entladeverzug der Isolatoren eine Rolle spielt. Trifft eine Stoßspannung genügender Höhe auf einen Isolator, so benötigt er eine kleine, aber meßbare Zeit zum Überschlag. Hat man zwei Isolatorentypen mit gleicher Überschlagspannung bei 50 Perioden, dann wird bei auftretender Stoßspannung der Isolator zuerst durchschlagen, der den kleineren Entladeverzug hat, und wird dadurch unter Umständen infolge der eintretenden Spannungsabsenkung den zweiten entlasten.

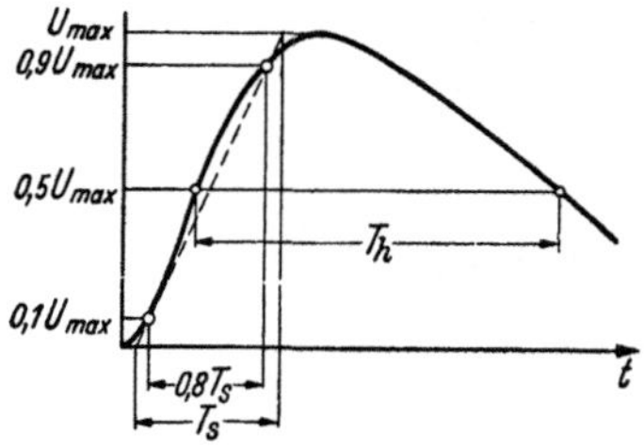

Abb. 465. Stoßwelle

Um eine Stoßspannung (z. B. bei der Prüfung von Überspannungsableitern) zu charakterisieren, muß nicht nur ihr maximaler Spannungswert, sondern ihr Verlauf annähernd gekennzeichnet sein. Abb. 465 zeigt den Spannungsverlauf der Stoßwelle in Abhängigkeit der Zeit. Zieht man eine Gerade durch 0,1 U_{max} und durch 0,9 U_{max}, dann bildet die Projektion dieser Geraden auf der Zeitachse, falls man sie bis zur Abszisse und bis zum Maximalwert verlängert, die Stirndauer T_s. Die Zeit, während der die Spannungskurve größer als 0,5 U_{max} ist, bezeichnet man als Halbwertdauer[1]. Größenordnungsmäßig liegen die Werte der Stirndauer etwa bei 0,5 bis 5 μsek (1 μsek $= 10^{-6}$ sek) und die Halbwertdauer etwa bei 5 bis 500 μsek.

Da mit gelegentlichen Leitungsüberschlägen zu rechnen ist, drängt sich die Frage auf, ob man nicht Überspannungsschutzapparate in die Leitung einbauen soll. Diese sind im Prinzip so ausgebildet, daß sie aus einer Funkenstrecke bestehen, die schon bei einer mäßigen Überspannung, die unter der Überschlagspannung der Leitung liegt, anspricht. Deshalb darf eine solche Funkenstrecke nur einen sehr kleinen Entladeverzug haben. Um die in Verbindung mit Überspannungen vorhandenen Ladungen möglichst rasch abzuleiten, um also die Überspannung abzusenken, soll eine solche Funkenstrecke nur durch einen mäßigen Widerstand mit der Erde verbunden sein. Dies bedingt jedoch, nachdem die Überspannung abgeklungen ist, daß bei einem konstanten Widerstand

[1] Aus ETZ 58 (1937) 615. Entwurf 2 zu VDE 0675.

infolge der Betriebsspannung ein derartig großer Strom fließt, daß der Lichtbogen nicht auslöschen wird. Diese Schwierigkeiten konnten jedoch bei den in den letzten Jahren auf den Markt gebrachten Überspannungsableitern gelöst werden [SAW-Ableiter (AEG), Resorbit-Ableiter (BBC), Kathodenfallableiter (SSW)]. Abb. 466 zeigt, als Ausführungsbeispiel, einen Überspannungsableiter der Firma BBC. Er besteht aus einer Löschfunkenstrecke und einem in Reihe geschalteten Widerstand, der aus einzelnen Elementen zusammengesetzt ist. Dieser aus keramischen Massen hergestellte Widerstand ist veränderlich und besitzt eine solche Charakteristik, daß mit größer werdender Spannung der Widerstand stark abnimmt. Die Stromspannungscharakteristik eines solchen Widerstandes einschließlich vorgeschalteter Löschfunkenstrecke, die notwendig ist, um bei abgeleiteter Überspannung den Ableiter von der Leitung abzutrennen, zeigt Abb. 467. Abb. 468 zeigt, wie beispielsweise ein Überspannungsableiter an einer Transformatorenstation eingebaut sein kann.

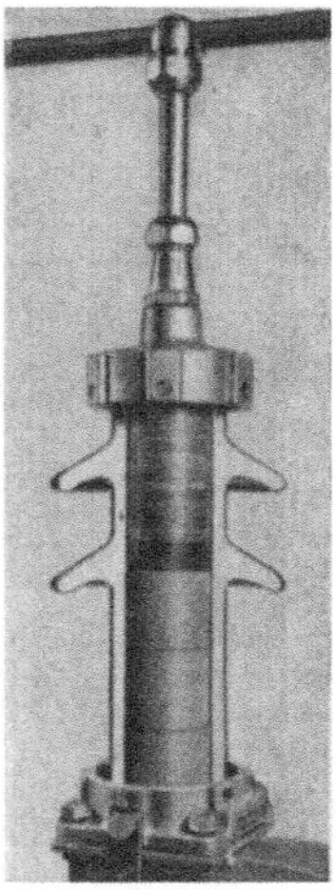

Abb. 466. Resorbitableiter (BBC)

Überspannungsableiter kommen heute vorwiegend zum Schutz von Umspann- und Verteilungsanlagen in Frage. Ferner wird man mit ihnen die im Zuge der Leitung liegenden Wicklungen von Regeltransformatoren schützen, die besonders gefährdet sind. Ferner verbindet man Überspannungsableiter oft mit den Nullpunkten von Transformatoren, die beim Auflaufen von Überspannungen ebenfalls erhöhte Spannung gegen Erde annehmen können.

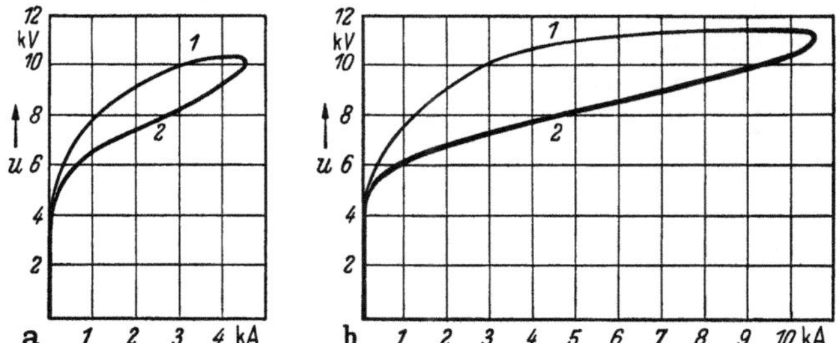

Abb. 467. Charakteristik eines Resorbitableiters

Ein anderer, billigerer, aber nicht so leistungsfähiger Überspannungsschutz ist der sogenannte Löschrohrableiter. Dieser besteht aus einem Isolierrohr, welches oben eine Stift- und unten eine Hohlelektrode besitzt, welche geerdet ist. Tritt eine Überspannung auf, so wird die Außenfunkenstrecke und auch die zwischen Stift- und Hohlelektrode befindliche Innenfunkenstrecke überschlagen. Ein Widerstand zwischen Ableiter und Erde wie bei dem zuletzt behandelten Ableiter ist nicht vorhanden. Hat man ein zwei- oder dreipoliges Ansprechen der Ableiter, so fließt also durch diesen der Kurzschlußstrom der Leitung, der abgeschaltet werden muß. Infolge des an der Innenfunkenstrecke entstehenden Lichtbogens wird vom Isolierrohr etwas vergast, und durch den entstehenden Überdruck wird der Lichtbogen nach unten geblasen, so daß er nach einigen Halbperioden erlischt. Ein solcher sogenannter Löschrohrableiter ist in seiner Anwendung durch die von ihm zu schaltende Kurzschlußleistung begrenzt, und zwar darf diese nicht zu groß, andererseits aber auch nicht zu klein sein, da sonst nicht genügend Gas erzeugt wird, um den Lichtbogen zu löschen. Bei einphasigem Ansprechen im unkompensierten Netz (Erdschluß) ist zwar der zu unterbrechende Strom meist unter dem unteren Grenzstrom des Ableiters. Jedoch arbeitet er spannungsmäßig günstig, da die Spannung am Ableiter nach dem Erlöschen beim Nulldurchgang des Stromes (Abschalten einer Kapazität s. S. 294) nicht plötzlich, sondern allmählich ansteigt. Der Ableiter unterbricht also richtig den Strom. Gleiches gilt auch, wie man zeigen kann, für kompensierte Netze. Da in Deutschland die Netze vorwiegend kompensiert sind, werden einpolige Überschläge schon durch die Erdschlußspule gelöscht. Für die Erfassung und Löschung von zwei- oder mehrpoligen Überschlägen sind dagegen die Löschrohrableiter günstig. Sie finden hauptsächlich Anwendung zum Schutze von Ausläuferstationen, die meist von vornherein keine zu großen Kurzschlußleistungen haben. In solchen Stationen hatte man bei Gewitter sehr oft ein Durchschmelzen der Hochspannungssicherungen vor dem Netzumspanner in Ortsnetzen, verursacht durch Überschläge an den Umspannerdurchführungen. Hier bringt der Einbau von Löschrohrableitern eine Erleichterung. Ferner werden Löschrohrableiter oft an besonders bei Gewittern gefährdeten Masten angebracht, z.B. an Eisenmasten, die im Zuge von Holzmasten angeordnet sind.

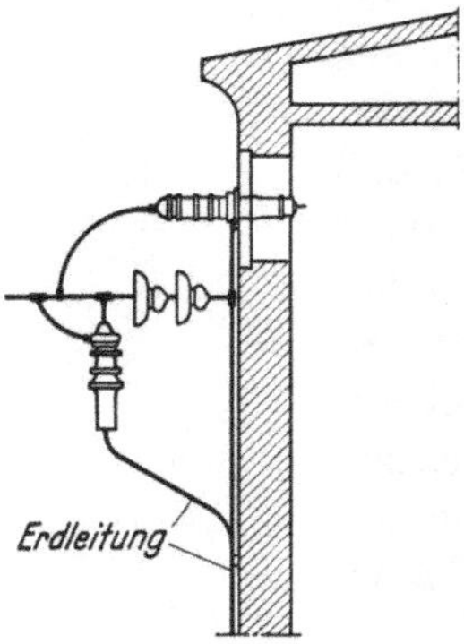

Abb. 468. Einbau eines Überspannungsableiters

Beim Einbau von Löschrohrableitern ist zu beachten, daß die bei der Löschung austretenden Gase ungehindert abziehen können und nicht auf spannungsführende Teile treffen. Außerdem ist für bewohnte Gegenden zu berücksichtigen, daß beim Ansprechen eines Löschrohrableiters sehr starke, knallartige Geräusche auftreten. Weiterhin ist in der Regel der Ansprechverzug der normalen Funkenstrecke der Löschrohrableiter wesentlich größer als derjenige eines Ventilableiters mit spannungsabhängigem Widerstand, so daß, wenn das Löschrohr zündet, höhere Stoßüberspannungen auf das Schutzobjekt durchgelassen werden. Man wird daher zum Schutze hochwertiger Objekte den allerdings auch erheblich teureren Ventilableiter mit spannungsabhängigem Widerstand vorziehen.

Zur Erzielung eines möglichst störungsfreien Betriebs ist es notwendig, daß in einer Anlage die verschiedenen Isolationen aufeinander abgestimmt sind (s. Abschn. G).

Es sei erwähnt, daß man gelegentlich auch Blitzschläge und damit Beschädigungen an Erdkabeln feststellt, obwohl man annehmen sollte, daß durch die Erde die Kabel gegen atmosphärische Störungen geschützt sind. Solche Blitzschläge in Kabeln wurden jedoch nur dann festgestellt, wenn die Kabel in schlechtleitendem Erdboden verlegt waren. Der Blitz schlägt hier in das Kabel hinein und vermag längs der Armierung und des Bleimantels nach solchen Stellen abzufließen, wo die Erde eine gute Leitfähigkeit besitzt[1].

In unseren Hochspannungsanlagen gibt es spannungslose Teile, Schaltgerüste, Transformatorenkessel usw., welche von Personen berührt werden können. Wenn nun ein solcher Teil durch einen Fehler in der Anlage Spannung erhält, würde Gefahr bestehen, daß bei Berührung ein Unglücksfall entstehen könnte. Deshalb müssen alle diese Teile möglichst widerstandsfrei geerdet sein. Nimmt man an, eine Phase komme mit einem solchen Teil durch einen Fehler in Berührung, so wird ein Erdschlußstrom fließen. Der Widerstand der Erdung soll nach den Vorschriften jedoch so klein gehalten sein, daß Erdungswiderstand mal Erdschlußstrom (in gelöschten Netzen der Reststrom) kleiner ist als 125 V. Diese Spannung scheint hoch. Als selten gefährlich für Menschen betrachtet man Spannungen nur bis zu 65 V. Man muß jedoch bedenken, daß normalerweise die berechnete Spannung von 125 V nicht ganz auf den Berührenden entfällt, da dieser im allgemeinen ja auch nur über Widerstände mit der eigentlichen Erde in Verbindung steht. In Spezialfällen (gut leitender Boden usw.) muß man selbstverständlich unter dem Wert von 125 V bleiben.

F. Oberwellen in Hochspannungsnetzen

Es ist anzustreben, daß in den Netzen möglichst sinusförmige Spannungen und Ströme vorhanden sind, da Oberwellen Verluste mit sich bringen und den Wirkungsgrad von Leitungen, Motoren usw. verschlechtern. Auch bereiten Oberwellen in der Spannungskurve der Erd-

[1] Siehe G. Lehmann: VDE-Fachberichte 9 (1937) 46.

schlußkompensierung Schwierigkeiten und rufen Störungen in der Hochspannungsleitung benachbarter Fernsprechleitungen hervor. Es wird daher heute bei modernen Generatoren vorgeschrieben, daß die Abweichung der tatsächlichen Spannungskurve von einer mittleren sinusförmigen nicht mehr als 5% des Grundwellenscheitelwertes betragen darf. Von den Oberwellen sind, da stets die negative Halbwelle der Spannungskurve spiegelbildlich gleich der positiven ist, sämtliche ungeradzahligen möglich. Praktisch auswirken können sich im symmetrisch belasteten Drehstromsystem, sofern die Nullpunkte nicht unmittelbar geerdet sind, jedoch nur die 5., 7., 11., 13. usw., d.h. nur die Oberwellen, welche nicht durch 3 teilbar sind. Dies kann man leicht einsehen. Betrachtet man z.B. die dritte Oberwelle, so würden die Ströme in den drei Phasen folgende Größen haben:

$$\left.\begin{aligned} i_1 &= I_{\mathrm{III}} \sin 3\,\omega t \\ i_2 &= I_{\mathrm{III}} \sin 3\,(\omega t - 120) = I_{\mathrm{III}} \sin 3\,\omega t \\ i_3 &= I_{\mathrm{III}} \sin 3\,(\omega t - 240) = I_{\mathrm{III}} \sin 3\,\omega t. \end{aligned}\right\} \qquad (197)$$

Die drei Ströme in den drei Phasen sind also gleich. Da bei einem Drehstromsystem, falls eine Rückleitung fehlt, die Summe der drei Ströme Null sein muß, können Ströme der dreifachen Frequenz oder (wie sich genauso zeigen läßt) einem Vielfachen davon nicht fließen. (Bei Unsymmetrie im Drehstromsystem sind auch bei fehlender Rückleitung durch 3 teilbare höhere Harmonische möglich, s. S. 120.) Auch in den verketteten Spannungen können beim Dreiphasensystem keine durch 3 teilbaren Oberwellen vorhanden sein, denn sollten solche in der Phasenspannung vorkommen (was möglich ist), so heben sich diese (wegen der gleichen Phasenlage) in der verketteten Spannung heraus. Von den Oberwellen interessiert deshalb besonders die 5., 7., 11., 13. usw. Harmonische.

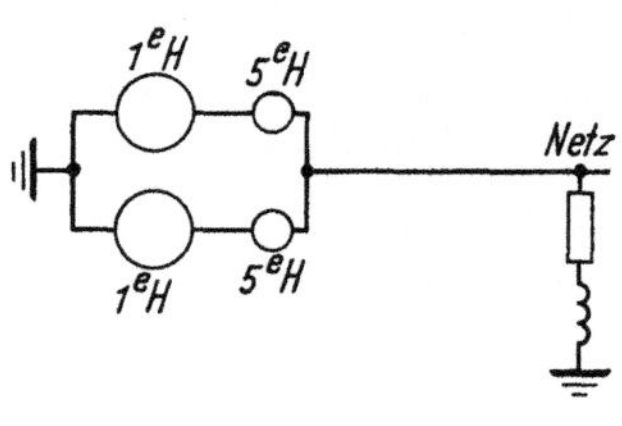

Abb. 469. Ersatzbild zweier Generatoren mit 5. Harmonischen

Zwei Generatoren, die parallel geschaltet sind, kann man durch das Ersatzbild der Abb. 469 darstellen. Man nimmt für die Grundwelle einen besonderen Generator an, ebenso für jede Oberwelle, jedoch ist in unserer Abb. 469 nur der Oberwellengenerator für die 5. Harmonische eingetragen. Sind die beiden parallel geschalteten Generatoren gleich gebaut, so daß also die in ihnen auftretenden Oberwellen gleichphasig sind, so werden innerhalb der Generatoren keine Ausgleichströme fließen. Die in das Netz fließenden Ströme der 5. Harmonischen sind im allgemeinen klein, da die Reaktanzen in den Generatoren und im Netz im Vergleich zum 50periodigen Strom die fünffache Größe besitzen. Sind die beiden Generatoren nicht gleich, so sind die höheren Harmonischen im allgemeinen nicht gleichphasig, und es vermögen dann innerhalb der Generatoren Ausgleichströme zu fließen, die jedoch keine Rolle spielen, da sie durch die Streureaktanzen der Generatoren, die mit dem fünffachen Wert in Rechnung zu setzen sind, klein gehalten werden. Durch moderne Generatoren kommen heute kaum höhere Harmonische in die Netze.

In der Hauptsache sind es heute die Transformatoren, die die Oberwellen erzeugen. Die Drehstromtransformatoren nehmen, falls ihnen eine sinusförmige verkettete Spannung aufgedrückt wird, aus dem Netz einen Magnetisierungsstrom auf, der eine 5., 7. usw. Harmonische besitzt (Abb. 470). Diese Harmonischen im Strom sind um so stärker, je höher der Transformator gesättigt ist. Die höheren Harmonischen müssen durch die Primärinduktivität des Transformators, die Induktivität der Leitung und auch durch die Streuinduktivität der Generatoren fließen und bewirken in diesen Spannungsabfälle. Dadurch wird die Klemmenspannung der Generatoren und auch die Spannung im Netz, selbst wenn die EMK der Generatoren sinusförmig bleibt, durch die fließenden Oberwellen verzerrt. Die ursprüngliche Annahme, daß am Transformator eine sinusförmige Spannung liegt, stimmt jetzt nicht mehr ganz[1].

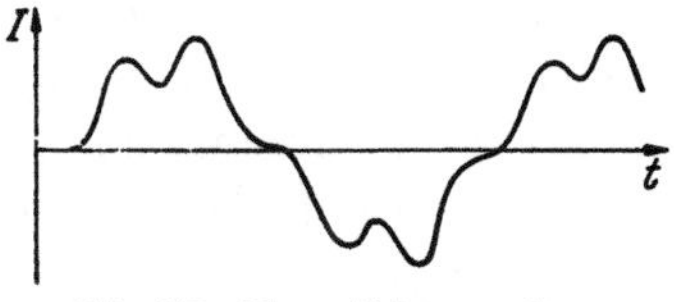

Abb. 470. Magnetisierungsstrom eines Transformators

Für manche Überlegungen, bei denen man feststellen will, welchen Einfluß im Netz die vom Transformator erzeugten höheren Harmonischen ausüben, ist es zweckmäßig, sich ein Modell vorzustellen. Dabei gehen wir zunächst von der Überlegung aus, daß, wenn dem Transformator (Streuung sei zunächst gleich Null gesetzt) eine sinusförmige Spannung aufgedrückt wird, im Magnetisierungsstrom eine 5. Harmonische I_V (bei unseren Betrachtungen sei nur die 5. untersucht) vorhanden ist. Führt man dagegen dem Transformator einen sinusförmigen Magnetisierungsstrom zu, dann erhält die Spannung eine 5. Harmonische E_V. Wir benutzen das Ersatzbild, welches man nach S. 133 für den Transformator verwenden kann und welches in Abb. 471 a, allerdings unter Weglassung der Verlustwiderstände, aufgezeichnet ist. Die beiden Induktivitäten L_1 und L_2 entsprechen der primären und sekundären Streuinduktivität, während die Parallelinduktivität L_p den Magneti-

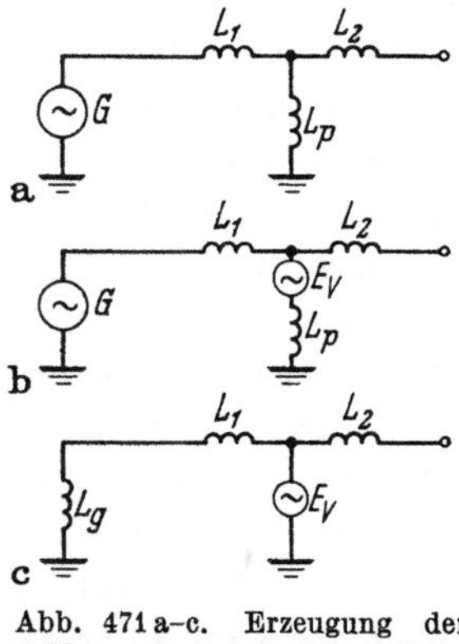

Abb. 471 a–c. Erzeugung der 5. Harmonischen im Magnetisierungsstrom eines Transformators durch einen gedachten Hilfsgenerator

[1] Siehe E. Hueter: ETZ 1933, 747.

sierungsstrom aufnimmt. Dieses Bild gilt streng nur für den ungesättigten Transformator mit sinusförmigem Magnetisierungsstrom. Um bei Sättigung die 5. Harmonische im Magnetisierungsstrom zu bekommen, denken wir uns (s. Abb. 471 b) in Reihe mit der Induktivität L_p einen kleinen Generator für die 5. Harmonische gelegt. Dieser Generator hat eine EMK und eine nur für die 5. Harmonische wirksame Eigenreaktanz. Die EMK entspreche der 5. Spannungsharmonischen E_V bei sinusförmiger Magnetisierung. Die Eigenreaktanz sei so groß, daß, falls der Generator die 5. Stromharmonische I_V des Magnetisierungsstromes erzeugt, die EMK E_V in der Eigenreaktanz verbraucht wird, seine Klemmenspannung also Null ist (gedachter Kurzschlußversuch). Stellt man sich weiter vor, daß die Induktivität L_p die 5. Stromharmonische widerstandslos durchläßt, so genügt unser Modell für die meisten Untersuchungen. Da die Grundharmonische bei unseren Betrachtungen nicht interessiert, können wir die Induktivität L_p, da sie ja für die 5. Harmonische keinen Widerstand darstellen soll, weglassen, ebenfalls den Generator G, den wir nur durch seine Streuinduktivität ersetzen. Es ergibt sich dann das Bild Abb. 471 c.

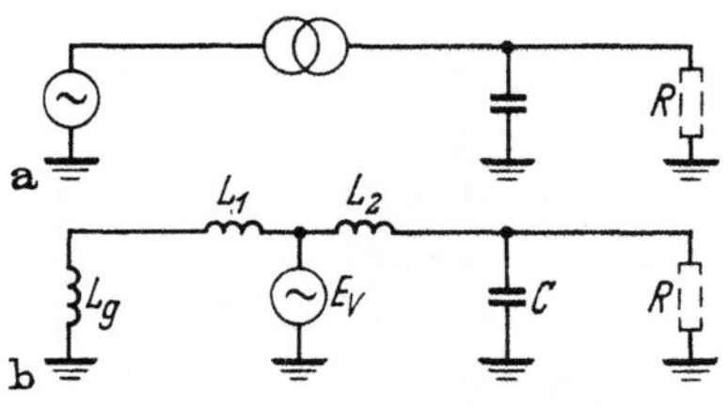

Abb. 472 a u. b. Ersatzbild einer Leitung für die 5. Harmonische

Die Brauchbarkeit des Ersatzbildes zeige der Fall, daß ein Generator über einen Transformator eine Hochspannungsleitung mit Kapazität speist, die zunächst unbelastet sei. R sei also zunächst Null, auch seien zur Vereinfachung die Widerstände und Reaktanzen der Leitungen unberücksichtigt (s. Abb. 472 a). Bilden wir unser Ersatzbild für den Transformator, so ergibt sich Abb. 472 b. Wir erhalten ein Gebilde, bestehend aus mehreren Induktivitäten und einer Kapazität, und es muß darauf geachtet werden, daß die Eigenschwingungszahl dieses Gebildes nicht in Resonanz kommt mit der 5. Harmonischen (gleiches gilt auch für die 7., 11. usw. Harmonische), da sonst erhöhte Spannungen auftreten können. Ist die Hochspannungsleitung am Ende belastet (Belastung durch einen gestrichelten Widerstand dargestellt), so werden die Schwingungen im Resonanzfalle stark gedämpft. Immerhin vermögen auch in solchen Fällen unangenehme Verzerrungen der Spannung bei dem Abnehmer R aufzutreten. Da der Schaltzustand der Netze Veränderungen unterworfen ist, kann man feststellen, falls man Netzspannung durch einen Oszillographen oder besser durch ein Oberwellenmeßgerät beobachtet, daß je nach Schaltzustand man eine mehr oder weniger verzerrte Spannungskurve hat. Das hängt damit zusammen, daß man mehr oder weniger in Resonanz mit der betrachteten Oberwelle kommt und man bei Schaltänderungen auch die Zahl der Transformatoren verändert.

Es sind heute Möglichkeiten bekannt, wie man die höheren Harmonischen im Magnetisierungsstrom der Transformatoren stark unterdrücken kann. Auf S. 121 war festgestellt worden, daß der Dreischenkeltransformator in Stern-Stern-Schaltung in seinem Magnetisierungsstrom eine positive 5. Harmonische besitzt, während bei einem Transformator gleicher Schaltung mit magnetischem Rückschluß die 5. Harmonische gerade entgegengesetzte Phasenlage besitzt (gleiches gilt auch für die 7. und alle nicht durch 3 teilbaren Harmonischen). Stellt man sich vor, daß der magnetische Rückschluß immer mehr und mehr verkleinert wird, bis er ganz verschwunden ist, so wird die ursprünglich vorhandene negative 5. Harmonische schließlich positiv, muß also durch Null hindurchgegangen sein. Man kann es nach Vorschlägen von Buch und Hueter durch passende Ausbildung der magnetischen Rückschlüsse (wobei diese nur klein zu sein brauchen) erreichen, daß die 5. und auch die 7. Harmonische praktisch fehlt, der Magnetisierungsstrom also sinusförmig ist[1]. Diese Bauform eignet sich für Stern-Stern- bzw. Stern-Zickzack-Transformatoren, wobei letztere nur für kleinere Leistungen in Frage kommen.

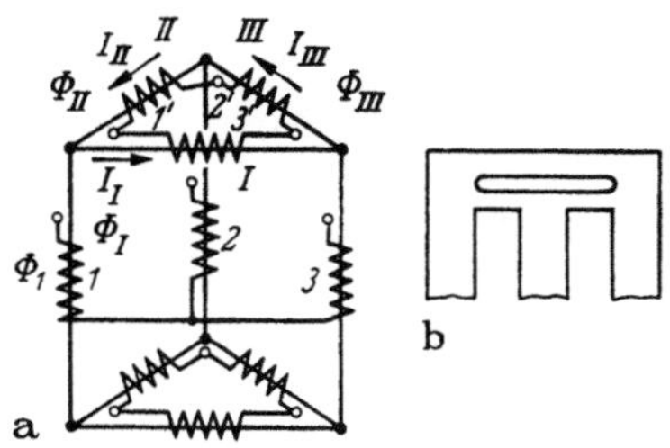

Abb. 473 a u. b. Schematische Darstellung eines Transformators mit sinusförmigem Magnetisierungsstrom

Eine andere Lösungsmöglichkeit zeigt die schematisch gezeichnete Abb. 473a, bei welcher der Transformator drei Schenkel besitzt und die Joche im Dreieck angeordnet sind. Die Joche tragen eine im Dreieck geschaltete Kurzschlußwicklung. Durch diese wird verhindert, daß im Joch durch 3 teilbare höhere Harmonische des Flusses auftreten können, oder anders ausgedrückt, in der Wicklung können die durch 3 teilbaren höheren Harmonischen fließen, die ein sinusförmiger Fluß für die Magnetisierung benötigt. Um durch das Joch I einen sinusförmigen Fluß hindurchzutreiben, ist eine 1. Harmonische, eine negative 3. (diese wird durch die Kurzschlußwicklung geliefert), eine positive 5., negative 7. usw. notwendig. Abb. 474a zeigt die 1. und 5. Harmonische. Ein entsprechender Strom, bei dem die 1. Harmonische um 120° phasenverschoben ist, fließt am Joch II (Abb. 474b). Um diese Ströme zum Fließen zu bringen, müßte man an den Dreieckspunkten *1'*, *2'* und *3'* der Abb. 473a entsprechende Magnetisierungsströme zuführen. So müßte dem Punkte *1'* ein Strom von der Größe $I_1 = I_{\mathrm{I}} \,\underline{\triangle}\, I_{\mathrm{II}}$ zugeführt werden. Bildet man diese Differenz (s. Abb. 474c), so zeigt sich, daß der der Dreieckwicklung zugeführte Magnetisierungsstrom I_1 diesmal eine 5. Harmonische hat, die negativ ist.

[1] Buch, R. u. E. Hueter: ETZ 56 (1935) 933.

Wir wollen bei unseren weiteren Betrachtungen vorübergehend annehmen, daß der magnetische Widerstand in den drei Schenkeln *1*, *2* und *3* Null sei. Statt der Dreieckwicklung im Punkte *1'* den Strom I_1 zuzuführen, kann man gleiche Magnetisierung im Joch erhalten, falls man einen I_1 proportionalen Strom durch die Wicklung *1* leitet. Er muß nur eine solche Größe haben, daß die erzeugten Amperewindungen doppelt so groß sind wie die für die obere Jochgruppe benötigten, da ja auch eine untere Jochgruppe vorhanden ist. Der durch den Schenkel *1* fließende Fluß hat gleiche Phasenlage wie die 1. Harmonische des Stromes I_1, da $\Phi_1 = \Phi_{\mathrm{I}} \triangleq \Phi_{\mathrm{II}}$. Da jedoch der Schenkel *1* auch magnetischen Widerstand besitzt, benötigt der Fluß für das Durchfließen des Schenkels *1* ebenfalls Amperewindungen, und zwar entsprechend der Magnetisierung eines Dreischenkeltransformators solche mit einer 1., einer positiven 5., einer negativen 7. Harmonischen usw. im Magnetisierungsstrom. Um nun den Fluß sowohl durch die Schenkel als auch die Joche zu treiben, ist die Summe der Amperewindungen notwendig, und man erkennt, weil für die Joche und Schenkel Amperewindungen fünffacher Frequenz, jedoch entgegengesetzten Vorzeichens gebraucht werden, daß bei passender Bemessung diese sich aufheben können, das Netz von den 5. Harmonischen entlastet wird. Ähnliche Überlegungen kann man für sämtliche nicht durch 3 teilbaren höheren Harmonischen anstellen. Bei praktischer Ausführung wird man die Schenkel des Transformators nicht in verschiedenen Ebenen, sondern in einer Ebene anordnen und das Jochdreieck dadurch herstellen, daß man das Joch schlitzt (s. Abb. 473b), ferner wird die Schaltung aus baulichen Rücksichten meist etwas verändert werden[1].

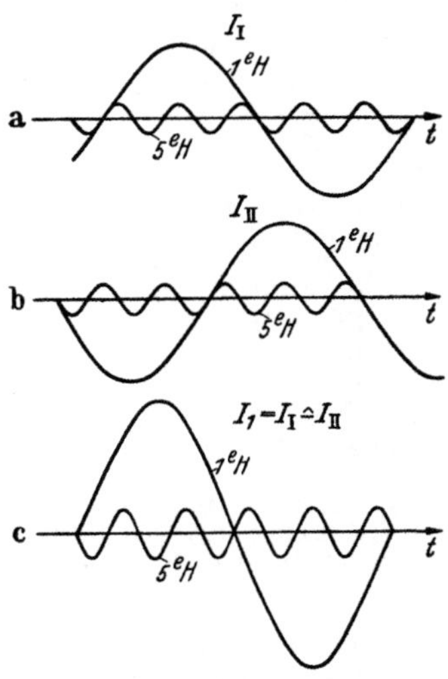

Abb. 474a–c. Magnetisierungs-AW mit 5. Harmonischen

Man kann, sofern man höhere Harmonische in den Netzen vermeiden will, dies auch ohne Spezialtransformatoren erreichen. Hat man etwa einen primär im Dreieck geschalteten Transformator, so benötigt jede Dreieckseite zur Magnetisierung eine positive 5. Harmonische. Es wurde jedoch in Abb. 474c gezeigt, daß der einer Dreieckswicklung zufließende Magnetisierungsstrom eine negative 5. Harmonische hat. Schaltet man also einen im Stern geschalteten Dreischenkeltransformator und einen

[1] Siehe W. Krämer: VDE-Fachberichte 9 (1937) 52.

im Dreieck geschalteten Transformator primärseitig an ein Netz, so benötigt der eine eine positive uud der andere eine negative 5. Harmonische; durch das Netz braucht also, falls diese Harmonischen sich genau kompensieren, überhaupt keine 5. Harmonische zu fließen.

Man hat in den letzten Jahren gelegentlich Störungen durch höhere Harmonische, die durch Gleichrichter erzeugt werden, beobachtet. Führt man einem Gleichrichter eine sinusförmige Spannung zu und wird auf der Gleichrichterseite ein gut geglätteter Gleichstrom entnommen, so ist der auf der Wechselstromseite zufließende Strom nicht rein sinusförmig, sondern besitzt höhere Harmonische. Bezeichnet man die Phasenzahl des Gleichrichters mit p und versteht man unter k eine ganze Zahl, die die Größe 1, 2, 3 usw. haben kann, dann sind, wie man zeigen kann, auf der Wechselstromseite Harmonische der Ordnungszahl $kp \pm 1$ möglich, d.h., daß ein 6-Phasen-Gleichrichter höhere Stromharmonische von der Ordnung 5, 7, 11, 13, 17, 19 usw. erzeugt, ein 12-Phasen-Gleichrichter dagegen höhere Harmonische von der Ordnung 11, 13, 23, 25 usw. Man kann ferner, falls man die Induktivität des Gleichrichtertransformators zu Null setzt, für die Größe der Oberwellen das Gesetz ableiten, daß die ν-te Oberwelle I_ν die Größe hat

$$I_\nu = \frac{I_1}{\nu}, \tag{198}$$

wobei I_1 die 1. Harmonische des Stromes ist. Man erkennt also, daß unabhängig von der Schaltung des Gleichrichters, beim Vorhandensein höherer Harmonischer diese bei gleicher Ordnungszahl immer dieselbe Größe haben und daß mit steigender Ordnungszahl deren Größe abnimmt. Die nach obigem Gesetz berechneten Oberwellen sind etwas größer, als sie die Messung ergibt, da, wie bereits erwähnt, die Transformatorinduktivität vernachlässigt worden ist.

Will man die Oberwellen klein halten bzw. Oberwellen niederer Ordnungszahl, da diese meist die unangenehmsten sind, ganz vermeiden, so muß man einen Gleichrichter höherer Phasenzahl wählen. Diese Maßnahme ist jedoch mit erhöhten Kosten verbunden, da bei größerer Phasenzahl die Typenleistung des Gleichrichters und des Transformators und vor allem auch dessen Kompliziertheit bezüglich der Schaltverbindungen zunimmt. Hat man mehrere Gleichrichter, so kann man bestimmte Oberwellen im Netz vermeiden, indem man verschiedene Schaltgruppen für die Transformatoren wählt. Ein sechsphasiger Gleichrichter erzeugt bekanntlich eine 5. und 7., eine 11. und 13. usw. Harmonische. Man kann die 5. und 7. Harmonische für das Netz zum Verschwinden bringen, wenn man etwa den einen Transformator primärseitig im Dreieck, den anderen primärseitig im Stern schaltet. Die Verhältnisse liegen dann ähnlich wie bei der Vermeidung der Oberwellen im Magnetisierungsstrom der Transformatoren.

Man darf jedoch nicht den Schluß ziehen, daß jeder vorhandene Gleichrichter in einem Netz stören muß. Aufmerksamkeit erfordern nur solche Fälle, wo Großgleichrichter, z. B. für Großelektrolysenanlagen, an ein Netz angeschlossen werden. In einem solchen Falle sind Kontrollen durchzuführen, ob nicht im Netz Störungen durch Resonanz der Oberwellen auftreten können.

Fließen durch Generatoren beachtliche Oberwellen hindurch, so erfordert die Dämpferwicklung eine besondere Bemessung. Durchfließt z. B. eine 5. und 7. Oberwelle einen Generator, so erzeugt die 5. ein invers rotierendes und die 7. ein gleichsinnig rotierendes Statordrehfeld. Beide schneiden, wenn auch in entgegengesetzter Richtung, die Stäbe der Dämpferwicklung mit der sechsfachen Frequenz, so daß hier Ströme sechsfacher Frequenz entstehen, welche die erzeugenden Felder auslöschen wollen. Diese Ströme müssen von der Dämpferwicklung, die ja im Idealfalle stromlos ist, in bezug auf Erwärmung ertragen werden können.

In Netzen, die einen schlechten $\cos\varphi$ haben, führt man oft, um die Leitungen von den Blindströmen zu entlasten, die geforderte Blindleistung an Ort und Stelle durch Kondensatoren zu. Durch die Kondensatoren wird die Eigenschwingungszahl des Netzes verändert, und man muß darauf achten, daß keine Resonanz mit irgendeiner im Netz vorhandenen Oberwelle eintritt (Eigenschwingungszahl normaler Netze größenordnungsmäßig 150 bis 600 Hz).

Es sei noch erwähnt, daß höhere Harmonische durch Glimmen der Leitung und durch zweipoligen Kurzschluß im Netz hervorgerufen werden können.

G. Koordination der Isolationen

Man versteht darunter die Gesamtheit aller Maßnahmen, die ergriffen werden, um in elektrischen Anlagen Durchschläge von Überspannungen zu verhindern, Überschläge möglichst weitgehend ebenfalls zu verhindern und, soweit das mit wirtschaftlichen Mitteln nicht erreicht werden kann, unvermeidliche Überschläge auf Stellen zu beschränken, an denen sie keinen Schaden anrichten können und den Betrieb nicht stören. Für die Ableitung der hohen Überspannungen, die sich irgendwo entladen müssen, werden am vorteilhaftesten Überspannungsableiter eingesetzt. So ist die Koordination der Isolationen auch an die Verwendung von Ableitern gebunden.

Bei der Wahl der Isolationsfestigkeit muß ein Kompromiß getroffen werden, der darin besteht, die Anzahl der Betriebsstörungen auf einem gewissen Mindestmaß zu halten, andererseits jedoch die Anlagen nicht zu kostspielig werden zu lassen. Durch das Prinzip der Isolationskoordination erhält dieser Kompromiß eine gesicherte Grundlage.

Das Problem der Isolationskoordination ist an sich schon alt, wie das Beispiel der Parallelfunkenstrecken bei Durchführungen von Transformatoren zeigt. Jedoch ist für die richtige Bemessung der Isolationen die Erforschung der Überspannungsvorgänge maßgebend, und erst in den letzten Jahrzehnten ist es gelungen, über die Entstehung der verschiedenen Arten von Überspannungen, ihre Ausbreitung in Netzen und Anlagen, ihre Einwirkung auf elektrische Betriebsmittel und über das Verhalten der Isolierstoffe bei Überspannungsbeanspruchungen eine umfassende und tiefere Kenntnis zu erhalten. Nur so konnte man auch an die Aufgabe der zweckmäßigen Isolationsbemessung, die neben der Anwendung der Ableiter als das zweite Kennzeichen der Isolationskoordination bezeichnet werden kann, herangehen. Man fand, daß sich mit der Isolationskoordination bedeutende Verbesserungen im Bau und Betrieb elektrischer Anlagen gegenüber den bisherigen Methoden der Isolationsbemessung erzielen ließen. Inzwischen ist die Isolationskoordination auch zu einem besonderen Gebiet der elektrotechnischen Vorschriften sowohl in Deutschland (vgl. VDE 0111) als auch in anderen Ländern und bei der Internationalen Elektrotechnischen Kommission (IEC) geworden.

Abgesehen von den betriebsfrequenten Spannungserhöhungen, die bei Lastabwurf und bei Erdschlüssen in elektrischen Anlagen entstehen, unterscheidet man zwei Hauptgruppen von Überspannungen, und zwar die sogenannten inneren Überspannungen, die durch Schalthandlungen entstehen, z.B. bei Kurzschlußabschaltungen, beim Abschalten leer laufender Leitungen und Transformatoren, beim Einschwingen und intermittierender Unterbrechung von Erdschlüssen, ferner die sogenannten äußeren Überspannungen, die durch die Einwirkung von Blitzeinschlägen entstehen, sei es direkt in die Leiter oder indirekt über die Leiterisolatoren vom Leitungsmast her, wo nach einem Erdseil- oder Masteinschlag am Erdungswiderstand, der vom Blitzstrom durchflossen wird, ein hoher Spannungsabfall entstand. Während die inneren Überspannungen in einem bestimmten Verhältnis zu den Betriebsspannungen der Anlage stehen, können die äußeren Überspannungen unbegrenzte Höhen erreichen, es sei denn, daß sie durch Überschläge der Freileitungsisolatoren auf ein gewisses Maß herabgesetzt werden. Eine wesentliche Reduzierung der äußeren Überspannungen erfolgt jedoch nicht, wenn die Freileitung auf Holzmasten verlegt ist, da das Holz hierbei praktisch einen Isolator darstellt. Der Erdseilschutz von Leitungen und vor allem an Schaltanlagen ist ein wirksames Mittel, um direkte Blitzeinschläge in Leiter zu hindern und die Blitzüberspannungen wenigstens auf das Maß zu begrenzen, das die Überschlagsspannung der Leitungsisolatoren vorschreibt. Der Charakter der inneren Überspannungen erweist sich im allgemeinen als eine mittel- oder hochfrequente, gedämpfte Schwingung, während die äußeren Überspannungen als sogenannte Stoßwelle meist mit steilem

Anstieg in der Größenordnung von 1 μsek Dauer und einem flachen Rücken mit einer Halbwertdauer von 50 bis 100 μsek auftritt, unter Umständen aber auch durch das Hinzutreten von weiteren Überschlägen an Leitungsisolatoren als sogenannte abgeschnittene Stoßwelle erscheint.

Aus wirtschaftlichen Gründen ist es unmöglich, die Stationen so hoch zu isolieren, daß die von der Leitung einziehenden und durch deren Isolation allerdings begrenzten Überspannungen zu keinen Über- oder Durchschlägen in der Station führen. Ebensowenig ist es möglich, die heutige übliche Isolation der Stationen beizubehalten und die Freileitungen so schwach zu isolieren, daß die in die Station einlaufenden Überspannungswellen dort keine Überschläge verursachen. Dadurch bekäme man auf den Leitungen eine Häufung der Störungen, und zwar nicht nur durch die Überspannungen selbst, sondern auch infolge der je nach Witterungsbedingungen eintretenden Isolationsminderung, die bereits zu Überschlägen bei der betriebsfrequenten Spannungsbeanspruchung führen kann. Man muß also auf eine wirksame Isolationsabstufung zwischen Leitung und Station verzichten, ist dann aber gezwungen, beim Übergang von der Leitung auf die Station eine wirksame Überspannungsableitung vorzunehmen, am besten durch die Ableiter.

Die Betriebseigenschaften der Ableiter bestimmen somit das untere Niveau der in einer elektrischen Anlage unvermeidlichen Überspannungsbeanspruchung, und zwar durch ihre Ansprechspannung sowohl für Stoßwellen als auch für die in der Anlage selbst entstehenden inneren Überspannungen, ferner durch ihre Restspannung am spannungsabhängigen Widerstand, wenn er von einem Ableitstrom durchflossen ist. Da der Ableiter nach seinem Ansprechen und nach Führen des Ableiterstromes den von der betriebsfrequenten Spannung durch ihn hindurchfließenden betriebsfrequenten Strom wieder sicher löschen soll, ergibt sich ein bestimmtes Konstruktionsmaß für die erzielbare Überspannungsbegrenzung, das mit der Nennspannung der Ableiter in Beziehung steht. Die Ansprechspannung der Ableiter für betriebs- und höher frequente Spannungen liegt nach dem heutigen Stand der Technik bei etwa dem 2- bis 2,5fachen der betriebsfrequenten Spannung (beide als Effektivwerte betrachtet), der Scheitelwert der Ansprechspannung für Stoßwellen und der Restspannung bei Ableitströmen in der Größenordnung von 10 kA bei etwa dem 3,5fachen des Effektivwertes der betriebsfrequenten Spannung.

Das Niveau, auf das der Ableiter die Überspannungen begrenzt, bezeichnet man als den Schutzpegel der Anlagen, und auf diesem aufbauend hat man die Isolation der Betriebsmittel und Stationen zu bemessen. Man unterscheidet zwei Verfahren der Isolationskoordination, die sich zwar nicht im Prinzip, jedoch in der Praxis unterscheiden. Das eine Verfahren legt für alle Isolationen nur einen einzigen Pegel fest, der ein gewisses Maß, und zwar 20 bis 25%, über dem Schutzpegel liegt. Bei richtiger Funktion und bei richtigem Einbau der Ableiter wird dann ein Überschlag oder Durchschlag der Isolation kaum mehr eintreten. Allerdings kann der Ableiter bei steilen Spannungsanstiegen, die weniger als 0,5 bis 1 μsek dauern, bei seinem Ansprechen verzögert werden, und es können daher in diesen Sonderfällen noch Isolationsschäden vorkommen, und zwar auch im Innern der Betriebsmittel; jedoch ist die Anzahl der so möglichen Störungen derart gering, daß man sie aus wirtschaftlichen Gründen in Kauf zu nehmen bereit ist. Eine derartige Praxis setzt das sorgfältige Studium der Ausbreitung von Überspannungen in elektrischen Anlagen voraus. In Ländern, wie z.B. den USA, wo man nach diesem Verfahren nur einen einzigen Isolationspegel anwendet, pflegt man daher bei der Netzplanung sorgfältige Untersuchungen an Modellen, sogenannten Netzanalysatoren, durchzuführen, um das Verhalten einer Anlage gegen Überspannungen im voraus kennenzulernen und die Stellen, an denen man Ableiter einbauen muß, festzulegen.

Das zweite Verfahren stuft die verschiedenen Isolationen einer Anlage nach dem Grade ihrer Bedeutung und dem Gesichtspunkt, ob Überschläge zu nachhaltigen Schäden führen oder nicht, in zwei Niveaus ein, die beide höher liegen als der Schutzpegel und unter sich gegeneinander abgestuft sind. Die Praxis ist in der Schweiz und in Deutschland üblich. Man unterscheidet das Niveau der sogenannten äußeren Isolation, für das ein unterer Isolationspegel gilt und in das alle Isolationen in Luft zwischen unter Spannung stehenden Leitern und Erde eingeordnet werden. Dieser Pegel soll mindestens 20% über dem Schutzpegel liegen, damit ein ausreichender Schutz auch bei steil überschießenden Stoßwellen durch die Ableiter noch annähernd gewährleistet ist. Da man jedoch bei diesen Isolationen mit zum Teil ungefährlichen Überschlägen – man denke an die Funktion der Erdschlußlöschung – zu rechnen hat, kann man bei der Planung des Ableitereinbaues meist auf eine sorgfältige Überspannungsanalyse verzichten und sie verhältnismäßig formal durchführen. Man kommt auch meist mit weniger Ableitern aus als bei dem ersten Verfahren. Das nächste Niveau, dem die sogenannten inneren Isolationen von Betriebsmitteln zugeordnet sind, gilt für die festen und flüssigen Isolationen der Transformatoren, Kabel und Isolatoren sowie für die Unterbrechungsstellen der Trenner und gegebenenfalls auch der Leistungsschalter. Für dieses Niveau ist der obere Isolationspegel festgelegt, der mindestens 15% über dem unteren Isolationspegel liegen soll. So können Überspannungen, wenn sie aus irgendwelchen Gründen, sei es durch die Funktion der Ableiter oder durch die Art des Einbaues von Ableitern, nicht ausreichend abgesenkt werden, zwar einen Überschlag an einer äußeren Isolationsstrecke hervorrufen, werden aber kaum in die Lage kommen, einen Schaden an Isolationen hervorzurufen, deren Ausfall eine erhebliche Betriebsstörung nach sich ziehen würde.

Aus der Praxis der zwei gegeneinander abgestuften Isolationspegel folgt das sogenannte „in sich koordinierte" Betriebsmittel, dessen äußere Isolationen, gegebenenfalls unter Zuhilfenahme einer Funkenstrecke, für den unteren Isolationspegel bemessen sind und dessen innere Isolationen dem oberen Isolationspegel entsprechen. Hier soll eine Überspannung ganz gleich welcher Art und Höhe auf jeden Fall an der äußeren Isolation durch Überschlag abgeleitet werden und die innere Isolation nicht beschädigen. Dies ist ja das schon lange bekannte, aber etwas rauhe Verfahren des Überspannungsschutzes, das man nun mit dem Prinzip der Isolationskoordination zu verfeinern vermag; in Verbindung mit

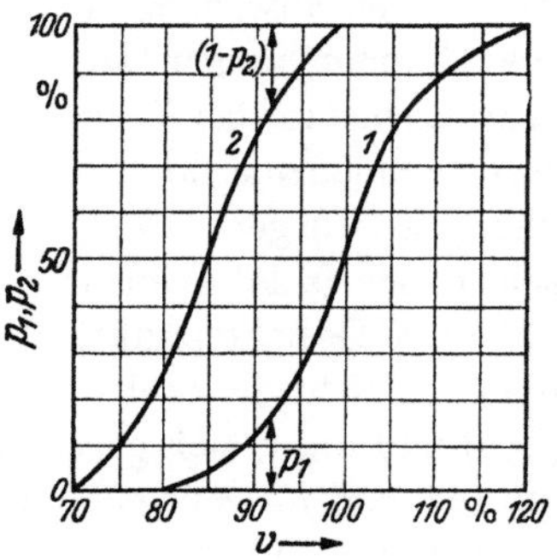

a

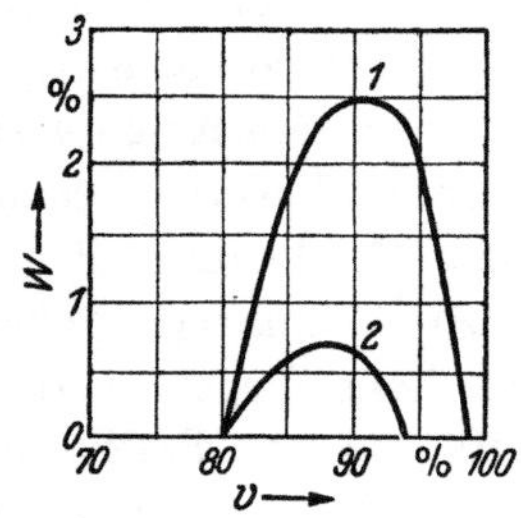

b

Abb. 475a u. b. Versagerwahrscheinlichkeit bei gegeneinander abgestuften Isolationspegeln

Kurve *1* = Überschlagwahrscheinlichkeit der Funkenstrecke
Kurve *2* = Ansprechwahrscheinlichkeit des Ableiters
Kurve *1* = Die 50%-Ansprechspannung des Ableiters ist 15% unter der 50%-Überschlagspannung der Funkenstrecke eingestellt
Kurve *2* = Die 50%-Ansprechspannung des Ableiters ist 20% unter der 50%-Überschlagspannung der Funkenstrecke eingestellt

dem Ableiter kommt ihm heute noch die Aufgabe einer zusätzlichen Schutzfunktion zu. Den freien Lichtbogen in einer Anlage zu vermeiden, ist doch wohl ein lohnendes Ziel; ihn zuzulassen, kann nur als Notbehelf betrachtet werden.

In Abb. 475 ist gezeigt, wie man für eine bestimmte Abstufung von Schutzpegel und Isolationspegel gegeneinander die Sicherheit der zu schützenden Isolation etwa ermitteln kann. Eine Funkenstrecke mit einer Überschlagwahrscheinlichkeit p_1 (vgl. Abb. 475a) sei mit einem Ableiter mit der Ansprechwahrscheinlichkeit p_2 zusammengeschaltet; diese Anordnung werde mit Überspannungen bestimmter Höhe und Form beansprucht. Dabei bildet der Ableiter den Schutzpegel und die Funkenstrecke den zu schützenden Isolationspegel. Die Wahrscheinlichkeit dafür, daß der Ableiter nicht anspricht, beträgt $1 - p_2$. Das Produkt $(1 - p_2) \cdot p_1$ ist die Wahrscheinlichkeit dafür, daß ein Überschlag an der Funkenstrecke aufzutreten vermag. Dieses Produkt wird als Versagerwahrscheinlichkeit der Anordnung bezeichnet. In Abb. 475b ist das

Produkt $(1 - p_2) \cdot p_1$ als Kurve dargestellt, und zwar für zwei verschiedene Abstände zwischen Schutzpegel und Isolationspegel. Man erkennt, daß mit zunehmendem Abstand beider Pegel die Versagerwahrscheinlichkeit rasch abnimmt. Die experimentelle Bestimmung der Versagerwahrscheinlichkeit bestätigt in Kurvenverlauf und Größenordnung des Kurvenmaximums die Richtigkeit dieser Darlegungen.

Bei der Einführung des Koordinationsprinzips für die Isolationsbemessung mußte man natürlich auf die vorher herrschende Isolationspraxis Rücksicht nehmen, und man wollte nicht von heute auf morgen an sich bewährte Konstruktionen ändern. Durch die Möglichkeit, die der Ableiter bietet, gelang es jedoch, sofort gewisse Gefährdungspunkte in elektrischen Anlagen unschädlich zu machen, und man konnte hiermit dem erstrebten Prinzip der Koordination ungefähr entsprechen. Daß sich zwei Verfahren der Isolationskoordinaten eingebürgert haben, ist auch in erster Linie im historischen Werdegang der Isolationsbemessung begründet. In Deutschland und in der Schweiz war die sogenannte Schutzfunkenstrecke parallel zu Isolatoren schon lange in Gebrauch, dagegen hat man mit der Einführung der Ableiter gezögert und konnte dies auch tun, da die Erdschlußlöschung ein wirksames Mittel darstellt, den Schaden durch einen Überschlag an Luftstrecken gering zu halten. Wenn die Netze mit starrer Sternpunktserdung betrieben werden, wie z.B. schon lange in USA, bedeutet der Überschlag eines Leiters gegen Erde über die äußere Isolation einen Kurzschluß und ist daher nicht ganz harmlos. Deshalb hat man in USA schon frühzeitig Ableiter in größerem Maße eingebaut, und es bedurfte nur eines vernünftigen Schemas der Abstufung des Schutzpegels der Ableiter gegen den Pegel nun aller Isolationen, um dem Prinzip der Isolationskoordination Rechnung zu tragen. Die Erfahrungen im Ableiterbau und in der Praxis mit der Isolationskoordination werden die zukünftige Entwicklung maßgebend beeinflussen und wohl auch zu einem einheitlichen, international anerkannten Verfahren führen.

XVII. Die Berechnung elektrischer Netze

A. Die einseitig gespeiste Leitung

Ist eine Leitung (s. Abb. 476) am einen Ende durch einen Verbraucher mit dem Strom i belastet und ist die Länge von Hin- und Rückleitung jeweils l, der Querschnitt q und ist die Leitfähigkeit des Leitungsmaterials gleich $\varkappa$, so ist die Spannung beim Verbraucher um den Spannungsabfall

$$\Delta U = 2\,\frac{i\,l}{\varkappa\,q} \tag{199}$$

kleiner als am Anfang der Leitung (s. Abb. 477). Vorausgesetzt sei hierbei, wie auch im folgenden, daß die Belastung durch Gleichstrom oder durch Wechselstrom mit einer Phasenverschiebung $\varphi = 0$ über induktivitätsfreier Leitung erfolge. Besitzt die Leitung mehrere Stromverbraucher i_1, i_2 usw. (s. Abb. 478) und haben die Widerstände ϱ der einzelnen Leitungsstücke, die für Hin- und Rückleitung jeweils gleich seien, die in der Abb. 478 angegebenen Werte $\varrho_1, \varrho_2 \ldots$, dann ergibt sich der Spannungsabfall am Ende der Leitung zu

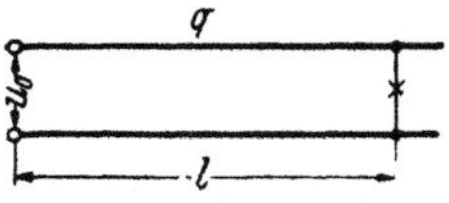

Abb. 476. Hin- und Rückleitung mit Stromverbraucher

$$\Delta U = 2(I_1 \varrho_1 + I_2 \varrho_2 + I_3 \varrho_3 + I_4 \varrho_4). \quad (200)$$

In dieser Formel bedeuten I_1, I_2 usw. die Ströme, die in den jeweiligen Leitungsstücken fließen. Meist sind jedoch nicht diese Ströme bekannt,

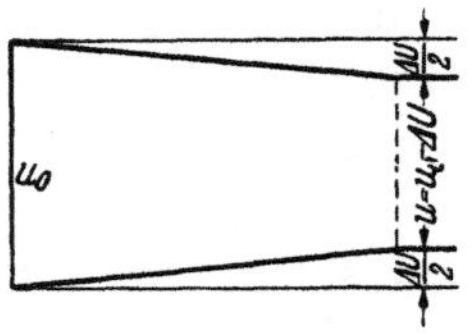

Abb. 477. Spannungsverlauf für Hin- und Rückleitung

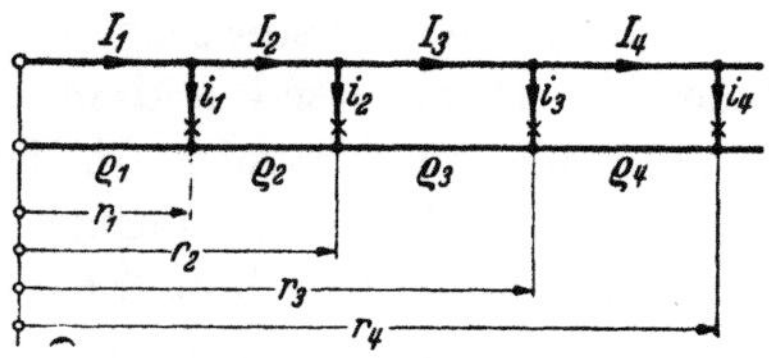

Abb. 478. Leitung mit mehreren Verbrauchern

sondern die Ströme, die von den Verbrauchern abgenommen werden, also die Ströme i_1, i_2, i_3 usw. Es besteht jedoch die Beziehung:

$$\left.\begin{aligned} I_1 &= i_1 + i_2 + i_3 + i_4 \\ I_2 &= \phantom{i_1 +{}} i_2 + i_3 + i_4 \\ I_3 &= \phantom{i_1 + i_2 +{}} i_3 + i_4 \\ I_4 &= \phantom{i_1 + i_2 + i_3 +{}} i_4 . \end{aligned}\right\} \quad (201)$$

Setzt man diese Werte in Gl. (200) ein, dann erhält man

$$\Delta U = 2[(i_1 + i_2 + i_3 + i_4)\varrho_1 + (i_2 + i_3 + i_4)\varrho_2 + (i_3 + i_4)\varrho_3 + i_4 \varrho_4]$$

oder

$$\Delta U = 2[i_1 \varrho_1 + i_2(\varrho_1 + \varrho_2) + i_3(\varrho_1 + \varrho_2 + \varrho_3) + i_4(\varrho_1 + \varrho_2 + \varrho_3 + \varrho_4)].$$

Da nach Abb. 478 $\varrho_1 = r_1$; $\varrho_1 + \varrho_2 = r_2$; $\varrho_1 + \varrho_2 + \varrho_3 = r_3$ usw. ist, ergibt sich:

$$\Delta U = 2(i_1 r_1 + i_2 r_2 + i_3 r_3 + i_4 r_4) \quad (202\,\text{a})$$

oder allgemeiner:

$$\Delta U = 2 \sum i r. \quad (202\,\text{b})$$

Oft ist längs der Leitung konstanter Querschnitt q vorhanden. Bezeichnet man die Entfernungen vom Speisepunkt bis zu den einzelnen Abnehmern mit l_1, l_2, l_3 usw., dann kann man, z. B. für r_2 schreiben: $r_2 = l_2/\varkappa q$. Dies auf Gl. (202 b) angewandt, ergibt die Beziehung:

$$\Delta U = \frac{2}{\varkappa q} \sum i l. \tag{203}$$

Die bis jetzt abgeleiteten Gleichungen gelten unter der Voraussetzung, daß die Widerstände bzw. die Querschnitte für die Hin- und Rückleitung gleich sind, daß also der Abfall Δu für die Hinleitung gleich dem der Rückleitung und der Gesamtspannungsabfall $\Delta U = 2 \cdot \Delta u$ ist. Gelegentlich sind jedoch für Hin- und Rückleitung verschiedene Widerstände vorhanden, oft fällt scheinbar sogar die Rückleitung gänzlich fort. Dieser Fall liegt z. B. in gleichmäßig belasteten Drehstromsystemen vor. Es ist dann für den Spannungsabfall je Phase nur der Abfall in der Zuleitung zu berechnen. Wir wollen deshalb im folgenden stets nur den Spannungsabfall Δu (u sei klein geschrieben) für die Zuleitung berechnen. Ist noch der Spannungsabfall in einer Rückleitung zu berücksichtigen, dann ist dieser Spannungsabfall sinngemäß zu ermitteln. Der Gesamtabfall ist dann gleich der Summe aus beiden. Unsere bisherigen Formeln, nur auf die Hinleitung bezogen, lauten:

$$\Delta u = I_1 \varrho_1 + I_2 \varrho_2 + I_3 \varrho_3 + \cdots = \sum I \varrho \tag{204}$$

$$\Delta u = i_1 r_1 + i_2 r_2 + i_3 r_3 + \cdots = \sum i r \tag{205}$$

$$\Delta u = \frac{1}{\varkappa q} (i_1 l_1 + i_2 l_2 + i_3 l_3 \ldots) = \frac{1}{\varkappa q} \sum i l. \tag{206}$$

Oft sind statt der Ströme die Leistungen P_s, die entnommen werden, gegeben. Bei unsymmetrisch belastetem Drehstromsystem mit der verketteten Spannung U ist $i = P_s/\sqrt{3}\,U$. Setzt man dies in Gl. (206) ein, dann folgt

$$\Delta u = \frac{1}{\varkappa q \sqrt{3}\,U} (P_{s1} l_1 + P_{s2} l_2 + P_{s3} l_3 + \cdots) = \frac{1}{\varkappa q \sqrt{3}\,U} \sum P_s l. \tag{207}$$

Die Gln. (205) und (206) zeigen, daß man den Spannungsabfall Δu erhält, indem man die durch die einzelnen Ströme bedingten Spannungsabfälle einander überlagert. Die Größen $i \cdot l$ der Gl. (206) bezeichnet man als Strommomente. Die Abb. 479 a zeigt eine einseitig gespeiste Strecke mit drei Stromverbrauchern. In den Abb. 479 b, c und d sind die Spannungsabfälle, die jeder Strom auf der Strecke für sich allein erzeugen würde, aufgetragen. Die Summe der Spannungsabfälle ergibt den resultierenden Spannungsabfall (Abb. 479 e).

Obige und auch die im folgenden abgeleiteten Werte für die Spannungsabfälle gelten auch bei vorhandener Induktivität und Phasenverschiebung, falls man mit den Wirkströmen bzw. Wirkleistungen rechnet und einen Faktor k einführt. Es handelt sich hier um eine Näherungsrechnung (s. S. 474), welche gilt, falls der Spannungsabfall klein ist.

Für den Fall, daß der Spannungsabfall nicht am Ende der Leitung, sondern im Punkte a (Abb. 479a), zu bestimmen ist, denkt man sich bei a die Leitung geschnitten. Aus der Schnittstelle, die den Abstand l_a von der Speisestelle habe, fließt der Strom $i_2 + i_3$. Die Strommomente, bezogen auf den Punkt a, sind also $i_1 l_1 + (i_2 + i_3)\, l_a$. Teilt man diesen Ausdruck durch $\varkappa\, q$, so erhält man den Spannungsabfall im Punkt a.

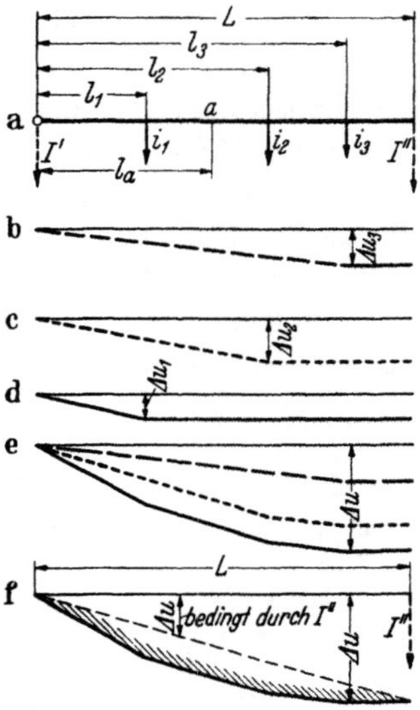

Abb. 479a–f. Leitung mit mehreren Stromverbrauchern sowie die hierdurch bedingten Spannungsabfälle auf der Leitung

Sehr oft ist der Spannungsabfall Δu in Prozent und damit Δu gegeben. (Bei Drehstrom bezieht sich Δu auf die Phasenspannung $U_\curlywedge = U/\sqrt{3}$, also $\Delta u = \dfrac{\Delta u\%\, U}{100\sqrt{3}}$. In Fällen mit großem Spannungsabfall muß bei $\Delta u\%$ angegeben werden, ob es sich auf die Spannung am Anfang oder am Ende der Leitung oder auf die Nennspannung bezieht.) Gesucht ist dann der Querschnitt der Leitung. Es ist

$$q = \frac{\Sigma\, i l}{\varkappa\, \Delta u}. \tag{208}$$

Um komplizierte Netzgebilde zu berechnen, ist es zweckmäßig, die meist zahlreich vorhandenen Stromabnahmen einer Leitungsstrecke durch einen gedachten ideellen Strom I'' mit gleicher Wirkung wie die einzelnen Ströme zu ersetzen. Denkt man sich I'' (s. Abb. 479a) am Ende der Leitung im Abstand L vom Speisepunkt angreifend, dann gilt, wenn I'' gleichen Spannungsabfall wie die Ströme i_1, i_3 usw. erzeugen soll,

$$I'' L = \sum i l \quad \text{oder} \quad I'' = \frac{\Sigma\, i l}{L}. \tag{209}$$

Abb. 479f zeigt die tatsächlich vorhandenen Spannungsabfälle und den durch I'' bedingten (gestrichelt gezeichnet). Am Ende der Leitung ist also Gleichheit der Spannungsabfälle vorhanden. Um das Ersatzbild zu vervollständigen, ist es notwendig, am Anfang der Leitung einen Belastungsstrom

$$I' = \sum i - I'' \tag{210}$$

einzuführen. I' verändert nicht den Spannungsabfall auf der Leitung, aber die Summe unserer ideellen Ströme $I' + I''$ wird jetzt gleich $\sum i$, also gleich den Strömen, welche die Stromquelle liefert. Die Notwendigkeit, I' einzuführen, geht aus der Abb. 480 hervor, bei der zwei in Reihe geschaltete Leitungen l_1 und l_2 vorhanden sind und l_2 eine Reihe von Stromabnahmen besitzt. Der Spannungsabfall auf l_2 ergibt sich zu

$$\Delta u_2 = \frac{I'' l_2}{\varkappa q}. \tag{211}$$

Um den Spannungsabfall auf der Strecke l_1 richtig zu erhalten, ist zu beachten, daß diese von einem Strom von der Größe $\sum i$ durchflossen wird, man aber auch zu einem richtigen Ergebnis gelangt, falls man, wie oben angegeben, nicht nur den ideellen Strom I'', sondern auch I' berücksichtigt. Der Spannungsabfall am Ende der Leitung ergibt sich als Summe der Einzelspannungsabfälle also zu

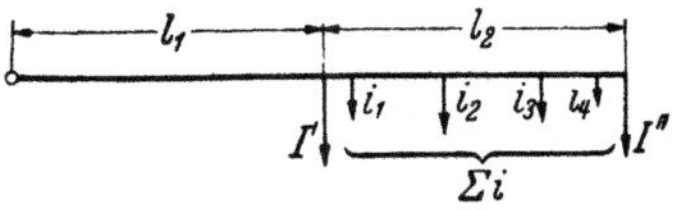

Abb. 480. Leitung, bei welcher die abgenommenen Ströme durch zwei Komponentenströme ersetzt werden

$$\Delta u = \frac{(I' + I'') l_1 + I'' l_2}{\varkappa q}. \tag{212}$$

Nach Gl. (210) war $I' = \sum i - I''$. Setzt man für I'' den Wert nach Gl. (209) ein, dann erhält man

$$I' = \sum i - \frac{\Sigma i l}{L} = \frac{(i_1 + i_2 + i_3) L - i_1 l_1 - i_2 l_2 - i_3 l_3}{L} \tag{213a}$$

$$I' = \frac{i_1 (L - l_1) + i_2 (L - l_2) + i_3 (L - l_3)}{L} \tag{213b}$$

oder

$$I' = \frac{\Sigma i (L - l)}{L}. \tag{213c}$$

Man kann also I' in ähnlicher Weise wie I'' erhalten, nur muß man die Summe der Strommomente vom anderen Ende der Leitung aus bilden. Die ideellen Ströme I' und I'' nennt man auch die Stromkomponenten.

Es sei eine Leitung vorhanden, bei der je m Länge gleichmäßig verteilt die Stromstärke j abgenommen werde. Gefragt wird, wie groß der Spannungsabfall im Abstand x von der Speisestelle ist. Man legt durch die Leitung (s. Abb. 481a) bei x einen Schnitt. Aus der Schnittstelle wird der Strom $j\,(l - x)$ fließen (Abb. 481 b). Denkt man sich die auf der Strecke x gleichförmig verteilte Strombelastung auf die Enden des Streckenabschnitts

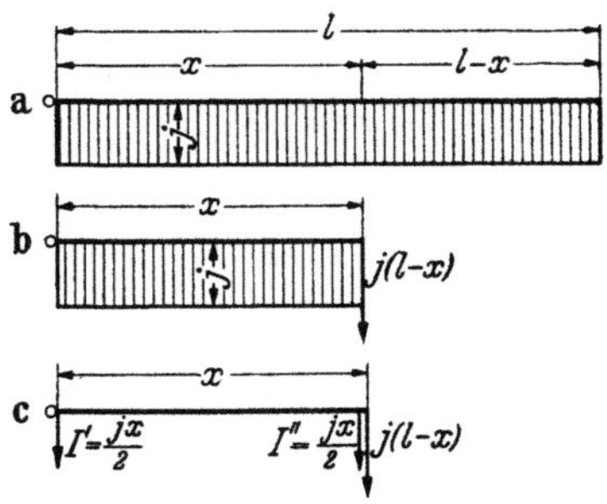

Abb. 481 a–c. Leitung mit gleichmäßig verteilter Stromabnahme

gebracht (Abb. 481 c), so erhält man für die Stromkomponente J' und J'' je den Wert $(j \cdot x/2)$. Der Spannungsabfall an der Stelle ist dann gleich

$$\Delta u_x = \frac{x}{\varkappa q}\left(\frac{j x}{2} + j(l - x)\right) \tag{214a}$$

oder

$$\Delta u_x = \frac{j}{\varkappa q}\, x\left(l - \frac{x}{2}\right). \tag{214b}$$

Setzt man $x = l$, so erhält man den Spannungsabfall am Ende der Leitung

$$\Delta u = \frac{j l^2}{2 \varkappa q}. \tag{214c}$$

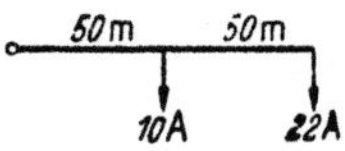

Abb. 482. Strombelastungen für Beispiel

Beispiel. Die Ströme der Abb. 482 belasten symmetrisch ein Drehstromsystem, dessen verkettete Spannung 380 V, die Phasenspannung also 220 V beträgt. Da nur auf der Hinleitung Spannungsabfall auftritt, ist bei einem zulässigen Spannungsabfall von 3%

$$\Delta u = \frac{3}{100} \cdot 220 = 6{,}6\,\text{V}.$$

Es ist somit

$$q = \frac{10 \cdot 50 + 22 \cdot 100}{56 \cdot 6{,}6} = 7{,}3\,\text{mm}^2.$$

Gewählt wird der genormte Querschnitt 10 mm², so daß der Spannungsabfall

$$\frac{7{,}3}{10} \cdot 3 = 2{,}2\% \quad \text{ist.}$$

Beispiel. Auf einer symmetrisch belasteten Drehstromleitung aus Al liege eine Belastung von 30 kW, die gleichmäßig verteilt entnommen werde. Die Länge der Leitung sei 400 m, der zulässige Spannungsabfall sei 2%, die Spannung U beträgt 380/220 V. Gefragt wird nach dem Querschnitt q.

Aus Gl. (214 c) folgt

$$q = \frac{j l^2}{2 \varkappa \Delta u}.$$

30 kW entspricht $I = \frac{30000}{\sqrt{3} \cdot 380} = 45{,}6\,\text{A}$. Je m Leitungslänge entfällt dann $j = \frac{45{,}6}{400} = 0{,}114\,\text{A/m}$. Es ist $\Delta u = \frac{2}{100} \cdot 220 = 4{,}4\,\text{V}$.

Es wird dann $q = \frac{0{,}114 \cdot 400^2}{2 \cdot 34{,}8 \cdot 4{,}4} = 59{,}5\,\text{mm}^2$.

Es wird $q = 70\,\text{mm}^2$ gewählt.

B. Zweiseitig gespeiste Leitungen

Die Leitung nach Abb. 483a sei von zwei Speisepunkten I und II, die zunächst gleiche Spannungen haben sollten, gespeist. Die Stromabnahmen seien i_1, i_2, i_3 usw. Es interessieren die Ströme, welche von I und II in die Leitung hineinfließen. Denkt man sich zunächst die Leitung bei II durchschnitten (s. Abb. 483a), so erhält man eine einseitig gespeiste Leitung; der Spannungsabfall kann für die Leitung und die Schnittstelle bei II berechnet werden. Es gilt hierfür der Linienzug a der Abb. 483b. Der Spannungsabfall ist an der Schnittstelle gleich dem Spannungsabfall des äquivalenten Stromes

$$I'' = \frac{\Sigma i l}{L}.$$

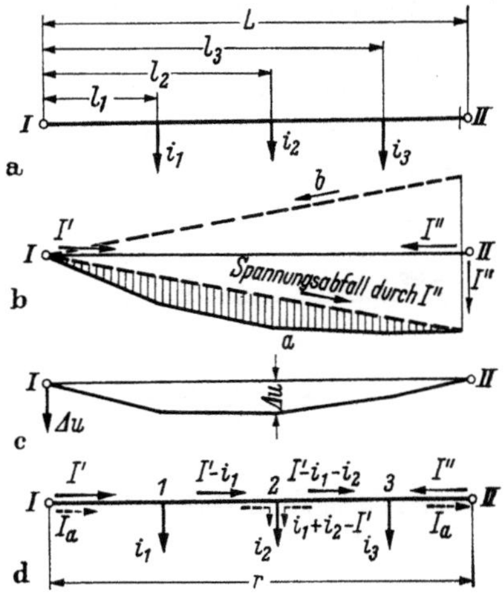

Abb. 483a–d. Zweiseitig gespeiste Leitung

Man stellt sich nun vor, daß in die Leitung von rechts nach links ein Strom von der Größe I'' fließt. Dieser Strom erzeugt für sich allein einen Spannungsabfall, der durch die Gerade b der Abb. 483b dargestellt ist. Fließen die Ströme i_1, i_2, i_3 und dieser Strom I'' gleichzeitig, dann überlagern sich die Spannungsabfälle, und an der Schnittstelle bei II ist der Spannungsabfall Null vorhanden. Die Schnittstelle und II haben also gleiches Potential, so daß der Schnitt jetzt nicht mehr notwendig ist. Der auf der Leitung tatsächlich vorhandene Spannungsabfall entspricht nun der schraffierten Kurve der Abb. 483b und ist in Abb. 483c für sich allein herausgezeichnet. Punkt I und II haben, wie verlangt, gleiches Potential. Es gilt also das Gesetz, daß bei einer zweiseitig gespeisten Strecke mit gleicher Spannung an den Speisepunkten der bei II in die Leitung hineinfließende Strom gleich dem nach Gl. (209) berechneten ideellen Strom I'' ist. Entsprechend fließt von I in die Leitung der Strom I'. Die Stromverteilung in den einzelnen Leitungsstücken ist jetzt bekannt. Der Strom beträgt im ersten Abschnitt von links I', im zweiten Abschnitt $I' - i_1$, im dritten Abschnitt $I' - i_1 - i_2$. Ergibt sich hierfür z.B. ein negativer Wert, dann fließt der im Abschnitt *3* vorhandene Leitungsstrom entgegengesetzt der als positiv geltenden ausgezogenen Pfeilrichtung, also der Abnahmestelle *2* zu (gestrichelt gezeichnet). Da hier von beiden Seiten Strom zufließt, hat dieser Punkt größten

Spannungsabfall, der, da die Stromverteilung bekannt ist, jetzt leicht berechnet werden kann.

Oft haben die Speisepunkte I und II ungleiches Potential, z. B. u_{I} und u_{II} (bei Drehstrom ist für diese Werte die Phasenspannung einzusetzen). Nehmen wir zunächst an, es seien keine Stromabnahmen auf der Leitung vorhanden, dann fließt ein Ausgleichsstrom (in Abb. 483d gestrichelt gezeichnet)

$$I_a = \frac{u_{\mathrm{I}} - u_{\mathrm{II}}}{r}, \tag{215}$$

wobei r der Widerstand der ganzen Leitungsbahn ist. Sind gleichzeitig die Stromabnahmen i vorhanden, so überlagern sich die ausgezogenen Leitungsströme der Abb. 483d und der Ausgleichsstrom I_a. Es fließt also von links nach rechts in die Leitung der Strom $I' + I_a$, im Abschnitt *1–2* der Strom $I' - i_1 + I_a$, im Abschnitt *2–3* der Strom $I' - i_1 - i_2 + I_a$ usw. Vom Punkt II fließt von rechts nach links der Strom $I'' - I_a$. Damit ist die neue Stromverteilung gegeben, und die Spannungsabfälle können berechnet werden.

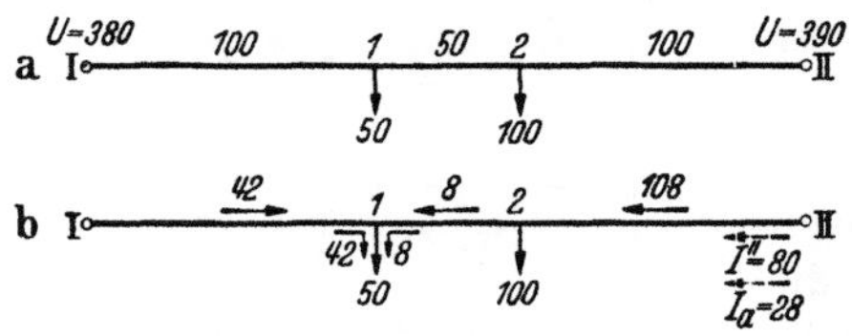

Abb. 484a u. b. Strombelastungen der zweiseitig gespeisten Leitung für Beispiel

Beispiel. Eine zweiseitig gespeiste Drehstromleitung habe an den Speisepunkten eine verkettete Spannung von 380 und 390 V. Gefragt wird nach dem größten Spannungsabfall, falls die (ohmschen) Belastungen je Phase die der Abb. 484a sind und als Leitung eine Aluminiumleitung von 35 mm² Querschnitt in Frage kommt. Es ist

$$I'' = \frac{\Sigma i l}{L} = \frac{50 \cdot 100 + 100 \cdot 150}{250} = 80\,\mathrm{A}.$$

Da bei II die verkettete Spannung 10 V höher ist, besteht zwischen II und I eine Differenz der Phasenspannung von $10/\sqrt{3} = 5{,}78$ V. Der Widerstand zwischen II und I ist $r = \frac{250}{3{,}48 \cdot 35} = 0{,}205\,\Omega$. Es fließt also von II nach I ein Ausgleichsstrom

$$I_a = \frac{5{,}78}{0{,}205} = 28{,}2\,\mathrm{A}.$$

Insgesamt fließen von II aus 80 + 28 = 108 A (s. Abb. 484b).

Im Abschnitt *1–2* fließen dann 108 − 100 = 8 A und im Abschnitt *I–1* 8 − 50 = −42 A.

Im Punkt *1* ist, da er von beiden Seiten gespeist wird, der größte Spannungsabfall. Er ist, falls man von I aus rechnet

$$\Delta u = \frac{100 \cdot 42}{34{,}8 \cdot 35} = 3{,}5\,\mathrm{V}.$$

Prozentual ist der Spannungsabfall dann $\frac{3{,}5 \cdot \sqrt{3} \cdot 100}{380} = 1{,}59\%$, also klein.

C. Verteilung der Netzbelastungen auf die Knotenpunkte

Es wurde festgestellt, daß der bei einseitiger Speisung am Leitungsende angreifende Ersatzstrom I'' genau so groß wie der bei zweiseitiger Speisung von diesem Ende in die Leitung hineinfließende Strom ist (der Ausgleichsstrom wird gesondert behandelt). Dieses Ergebnis gestattet, in beliebigen Netzen sämtliche an den Leitungen angreifende Belastungsströme auf die Knotenpunkte zu bringen. In Abb. 485a ist ein Netz dargestellt, welches die Speisepunkte A, B und C besitzt, die beliebige Spannungen haben können. Uns interessiert das Leitungsstück I–II. Die an diesem angreifenden Belastungen bewirken, falls die Punkte I und II gleiches Potential haben, das Zufließen der Ströme I' und I''. Bei verschiedener Spannung der Punkte I und II kommt außerdem noch der Ausgleichsstrom I_a hinzu. Falls wir uns nur für die Potentiale an den Knotenpunkten I und II interessieren, wird sich in den Netzgebilden links von I und rechts von II nichts ändern, wenn wir annehmen, daß die Belastung auf der Strecke I–II durch die an den Knotenpunkten I und II angreifenden Ströme I' und I'' ersetzt werden (s. Abb. 485b). Diese Vereinfachung ist zulässig, da nur durch den Ausgleichsstrom I_a die Spannungsdifferenz zwischen I und II geschaffen wird und die im übrigen Netz fließenden Ströme nicht geändert werden, da es für diese einerlei ist, ob die Ströme I' und I'' in der Leitung I–II hineinfließen oder an den Punkten I und II abgenommen werden. Man kann also die auf einer Strecke I–II angreifenden Belastungen stets ersetzt denken durch zwei an den Knotenpunkten angreifende Komponentenströme I' und I''. Das bis jetzt für die Strecke I–II abgeleitete Ergebnis gilt allgemein, und man kann in einem Netz sämtliche Belastungen auf die Knotenpunkte verteilen. Das Verfahren gilt auch, falls die zu betrachtende Strecke nur einseitig gespeist ist, denn der dann am Ende angreifende Ersatzstrom hat genau gleiche Größe wie der Komponentenstrom.

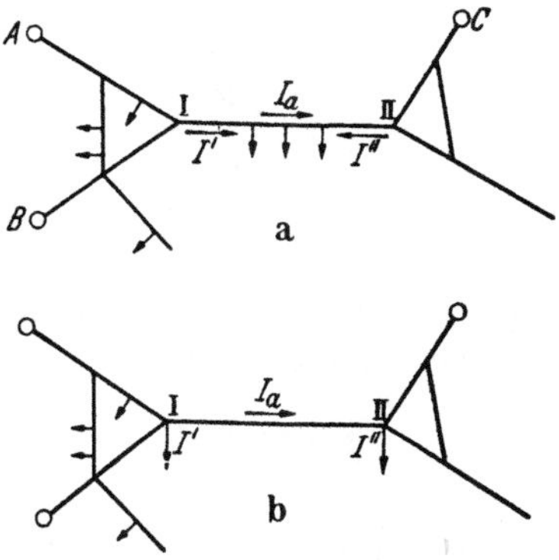

Abb. 485a u. b. Anwendung der Komponentenzerlegung auf ein beliebiges Netz

D. Berechnung von sternförmigen Netzgebilden

In Netzen kommen häufig sternförmige Gebilde (s. Abb. 486a) vor (z. B. in allen Knotenpunkten der Netze). Zur Vereinfachung der Berechnung ist es zunächst notwendig, die Belastungen durch die Komponentenströme zu ersetzen. Dies führt zu Abb. 486 b. Die am Sternpunkt angreifenden Komponentenströme I_{I}'', I_{II}'' und I_{III}'' kann man zu einem einzigen Strom I zusammenfassen

$$I = I_{\mathrm{I}}'' + I_{\mathrm{II}}'' + I_{\mathrm{III}}'' \quad \text{(s. Abb. 486c)}.$$

Zur Berechnung des Sternpunktspotentials u_0 werde dieses Potential zunächst als bekannt vorausgesetzt. Es ist dann möglich, die dem Stern-

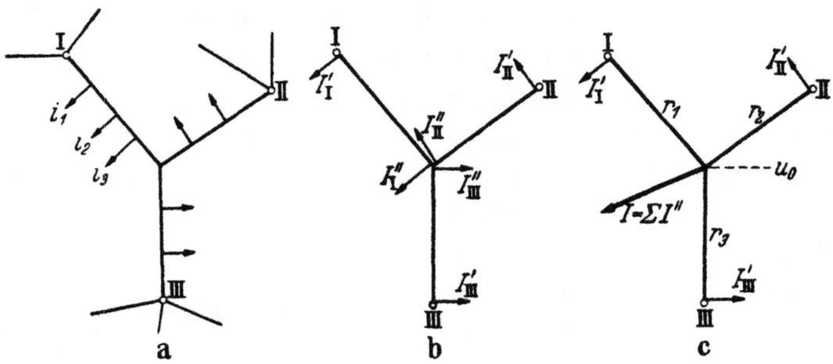

Abb. 486 a–c. Leitungsstern

punkt zufließenden Ströme I_1, I_2, I_3 zu berechnen. Sie ergeben sich, falls u_1, u_2, u_3 die Eckpunktspotentiale bzw. Phasenspannungen sind, zu:

$$I_1 = \frac{u_1 - u_0}{r_1}; \qquad I_2 = \frac{u_2 - u_0}{r_2}; \qquad I_3 = \frac{u_3 - u_0}{r_3}. \tag{216}$$

Da $I_1 + I_2 + I_3 = I$ sein muß, folgt

$$\frac{u_1 - u_0}{r_1} + \frac{u_2 - u_0}{r_2} + \frac{u_3 - u_0}{r_3} = I \tag{217 a}$$

oder

$$\frac{u_1}{r_1} + \frac{u_2}{r_2} + \frac{u_3}{r_3} - I = u_0\left(\frac{1}{r_1} + \frac{1}{r_2} + \frac{1}{r_3}\right). \tag{217 b}$$

Setzt man

$$\frac{1}{r_1} + \frac{1}{r_2} + \frac{1}{r_3} = \frac{1}{r_0}, \tag{218}$$

wobei r_0 der Ersatzwiderstand für die Parallelschaltung der Leiterwiderstände r_1, r_2 und r_3 ist, so kann man die Gleichung auch schreiben:

$$u_0 = r_0\left(\frac{u_1}{r_1} + \frac{u_2}{r_2} + \frac{u_3}{r_3} - I\right) = r_0\left(\sum \frac{u}{r} - I\right). \tag{219}$$

Nachdem jetzt u_0 bekannt ist, kann man die Stromverteilung und die Spannungsabfälle der einzelnen Schenkel des Sternes ermitteln, denn jeden Schenkel kann man als zweiseitig gespeiste Strecke auffassen.

Es sei erwähnt, daß in einem beliebigen Netz für jeden Knotenpunkt eine solche Sternpunktsgleichung, in der die Eckpunktspotentiale u_1, u_2, u_3 usw. vorkommen, gilt. Sind einige dieser Eckpunkte Speisepunkte, dann sind hier die Potentiale bekannt. Die anderen Potentiale sind zunächst unbekannt, können jedoch berechnet werden, da man ebenso viele Sternpunktsgleichungen (auch Knotenpunktsgleichungen genannt) aufstellen kann, als zur Berechnung der Potentiale nötig sind. Da diese Berechnung sehr kompliziert wird, seien im folgenden andere Methoden gebracht, die schneller zum Ziel führen.

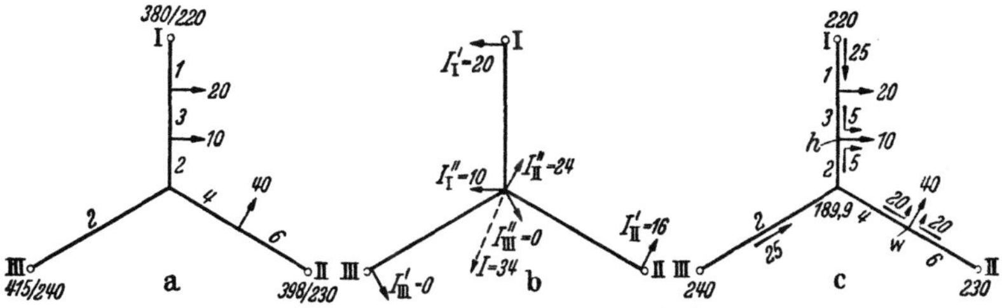

Abb. 487a–c. Strombelastungen des Netzsternes für Beispiel

Beispiel. Gesucht ist bei dem Leitungsstern der Abb. 487a der Punkt größten Spannungsabfalles und die Stromverteilung. Die Phasenwiderstände und die Ströme des Drehstromsystemes sind in der Abbildung eingetragen. Es werde zunächst die Berechnung der Komponentenströme durchgeführt.

$$I_{\mathrm{I}}'' = \frac{20 \cdot 1 + 10 \cdot 4}{6} = 10\,\mathrm{A}, \qquad I_{\mathrm{I}}' = 30 - 10 = 20\,\mathrm{A},$$

$$I_{\mathrm{II}}'' = \frac{40 \cdot 6}{10} = 24\,\mathrm{A}, \qquad I_{\mathrm{II}}' = 40 - 24 = 16\,\mathrm{A},$$

$$I_{\mathrm{III}}'' = 0, \qquad I_{\mathrm{III}}' = 0 \quad \text{(s. Abb. 487 b)}.$$

Die Sternpunktsbelastung ist $I = I_{\mathrm{I}}'' + I_{\mathrm{II}}'' + I_{\mathrm{III}}'' = 10 + 24 + 0 = 34$ A. Das Sternpunktspotential bzw. dessen Phasenspannung berechnet sich nach

$$u_0 = r_0 \left(\sum \frac{u}{r} - I \right);$$

hierin ist

$$\frac{1}{r_0} = \frac{1}{r_1} + \frac{1}{r_2} + \frac{1}{r_3} = \frac{1}{6} + \frac{1}{10} + \frac{1}{2} = \frac{23}{30};$$

hierin ist $r_0 = 1{,}3\,\Omega$. Es ist also

$$u_0 = 1{,}3 \left(\frac{220}{6} + \frac{230}{10} + \frac{240}{2} - 34 \right) = 189{,}9\,\mathrm{V}.$$

Man kann jetzt die Ausgleichströme der einzelnen Schenkel berechnen.

$$I_1 = \frac{220 - 189{,}9}{6} = 5\,\mathrm{A}.$$

$$I_2 = \frac{230 - 189{,}9}{10} = 4\,\mathrm{A}.$$

$$I_3 = \frac{240 - 189{,}9}{2} = 25\,\mathrm{A}.$$

Außer diesen Ausgleichströmen fließen in die drei Schenkel die Ströme I'_{I}, I'_{II} und I'_{III} hinein.

In den Schenkel *1* fließt also von I 5 + 20 = 25 A (s. Abb. 487 c).
In den Schenkel *2* fließt also von II 4 + 16 = 20 A.
In den Schenkel *3* fließt also von III 25 + 0 = 25 A.

Daraus kann jetzt die Stromverteilung nach Abb. 487 c ermittelt werden. Punkte größten Spannungsabfalles liegen bei *h* und *w*. Die Spannung bei *w* ist

$$230 - 20 \cdot 6 = 110\,\mathrm{V} \text{ und die bei } h\ 189{,}9 - 5 \cdot 2 = 179{,}9\,\mathrm{V}.$$

Vergleicht man diese Spannungen mit der Nennspannung 220 V, so erkennt man, daß die Spannungsabfälle derart groß sind, daß die angenommenen Ströme nicht möglich sind, so daß es sich um einen praktisch nicht ausführbaren Belastungsfall handelt.

E. Netzumwandlungen

Es soll im folgenden versucht werden, kompliziertere Netzgebilde in einfachere, die der Berechnung besser zugänglich sind, zu verwandeln. Da bei solchen Umwandlungen auch als Ausgangsgebilde Netzsterne in Betracht kommen und es dabei hinderlich ist, wenn im Sternpunkt ein Strom I (s. Abb. 488 a) abgenommen wird, soll als erstes dieser Stromwert I vom Sternpunkt auf die Eckpunkte überführt werden. Dabei können diese Eckpunkte I, II und III mit einem beliebigen Netz in Verbindung stehen. Wir nehmen zunächst an, daß die Punkte I, II und III gleiches Potential haben. Die drei Punkte können dann zusammengefaßt werden. Man erhält drei parallel geschaltete Leiter mit den Widerständen r_1, r_2 und r_3 (s. Abb. 488 b) und der Stromabnahme I am Ende. Der Ersatzwiderstand r_0 für die drei parallel geschalteten Widerstände berechnet sich aus

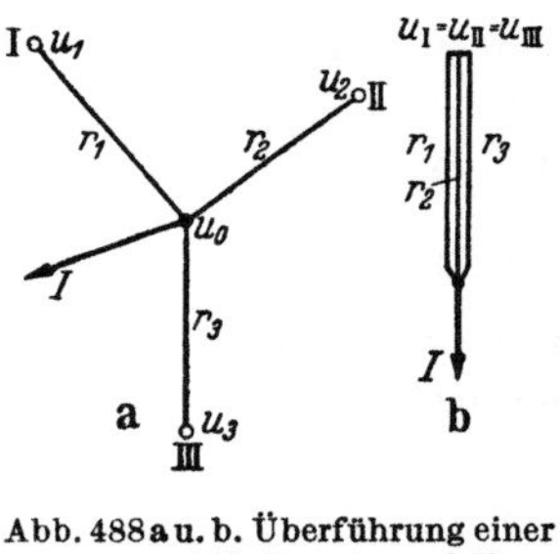

Abb. 488 a u. b. Überführung einer Sternpunktbelastung auf die Eckpunkte

$$\frac{1}{r_0} = \frac{1}{r_1} + \frac{1}{r_2} + \frac{1}{r_3}. \tag{220}$$

Im Sternpunkt des Netzgebildes wird infolge der Stromabnahme I das Potential um den Betrag

$$\Delta u_0 = I\, r_0 \tag{221}$$

niedriger sein als an den Speisepunkten. Da nun der Spannungsabfall am Sternpunkt bekannt ist, können die in den einzelnen Leitungen fließenden Ströme ermittelt werden. Sie ergeben sich zu:

$$I_1 = \frac{I\, r_0}{r_1}\,; \qquad I_2 = \frac{I\, r_0}{r_2}\,; \qquad I_3 = \frac{I\, r_0}{r_3}\,. \tag{222}$$

Statt diese Ströme in die Leitungen hineinfließen zu lassen, kann man, ohne an den Strom- und Spannungsverhältnissen des angeschlossenen

Netzes etwas zu ändern, annehmen, daß diese Ströme als zusätzliche Belastungsströme zu den Strömen I'_I, I'_II und I'_III (s. Abb. 486c) an den Punkten I, II und III angreifen (s. Abb. 489). Man kann also eine Belastung vom Sternpunkt auf die benachbarten Netzpunkte übertragen. Da unsere Eckpunkte I, II und III normalerweise ungleiches Potential haben, werden durch den Stern noch zusätzliche Ausgleichströme fließen, die durch die Umwandlungen nach Gl. (227) mit erfaßt werden.

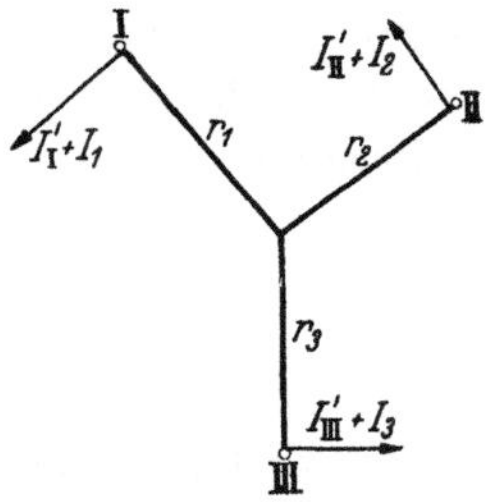

Abb. 489. Netzstern, bei dem sämtliche Belastungen auf die Eckpunkte überführt sind

Abb. 490a zeigt einen vierpoligen Netzstern, Abb. 490b ein allgemeines Viereck, bei dem sämtliche Ecken miteinander verbunden sind. Die Widerstandswerte sind in beiden Abbildungen eingezeichnet. Es sei nachgeprüft, ob sich ein Stern stets in ein widerstandstreues Vieleck umwandeln läßt (bzw. umgekehrt), wobei wir unter Widerstandstreue die Eigenschaft verstehen, daß die im anstoßenden Netz herrschenden Strom- und Spannungsverhältnisse unverändert bleiben, einerlei ob man den Stern oder das Vieleck im Netz eingeschaltet hat. Für das Potential u_0 des Sternpunktes gilt, wenn die Potentiale der Eckpunkte u_1, u_2 usw. sind, die Sternpunktsgleichung

$$u_0 = r_0\left(\frac{u_1}{r_1} + \frac{u_2}{r_2} + \frac{u_3}{r_3} + \frac{u_4}{r_4}\right). \tag{223}$$

Da im Netz der Abb. 490 für die Ströme nur die Potentialunterschiede maßgebend sind, nicht jedoch die absoluten Größen der Potentiale,

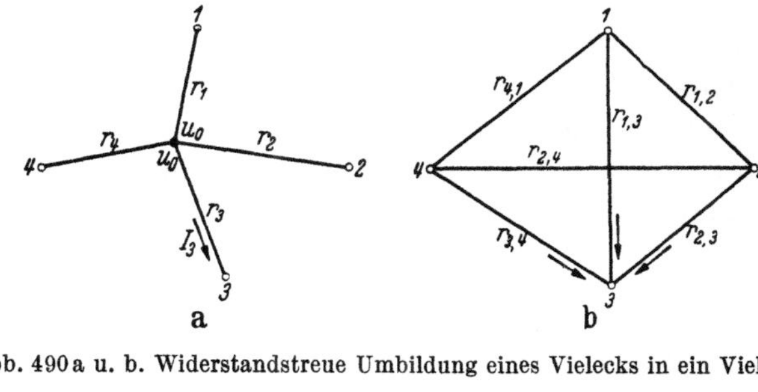

Abb. 490a u. b. Widerstandstreue Umbildung eines Vielecks in ein Vielseit

können wir deren Nullpunkt so wählen, daß beispielsweise das Potential des Punktes *3* gleich Null ist, d.h. $u_3 = 0$. Der dem Punkt *3* durch den Widerstand r_3 zufließende Strom I_3 hat dann den Wert

$$I_3 = \frac{u_0}{r_3} = \frac{r_0}{r_3}\left(\frac{u_1}{r_1} + \frac{u_2}{r_2} + \frac{u_4}{r_4}\right). \tag{224}$$

Wir betrachten jetzt das Vieleck der Abb. 490 und berechnen ebenfalls die Ströme, welche dem Punkt *3* zufließen. Besitzen diese Ströme zusammen die Größe I_3', so gilt:

$$I_3' = \frac{u_1}{r_{13}} + \frac{u_2}{r_{23}} + \frac{u_4}{r_{34}}. \tag{225}$$

Sind Vieleck und Stern widerstandstreu, dann muß I_3' gleich I_3 sein, und zwar bei beliebigen Potentialen der anderen Eckpunkte. Die Übereinstimmung der Gl. (224) und (225) ist unter diesen Voraussetzungen nur gegeben, wenn folgende Beziehungen bestehen:

$$\frac{r_0}{r_1 r_3} = \frac{1}{r_{13}}, \quad \frac{r_0}{r_2 r_3} = \frac{1}{r_{23}}, \quad \frac{r_0}{r_3 r_4} = \frac{1}{r_{34}}. \tag{226}$$

Ähnliche Gleichungen gelten auch für die anderen Eckpunkte, so daß, falls wir beliebige Eckpunkte mit ν und μ bezeichnen, allgemein gilt:

$$r_{\nu\mu} = \frac{r_\nu r_\mu}{r_0}. \tag{227}$$

Wir können also stets einen Stern mit gegebenen Widerständen in ein Vieleck verwandeln. Die Größen der Widerstandswerte der Vieleckseiten lassen sich nach Gl. (227) berechnen.

Die Umwandlung eines Vielecks in einen Stern erscheint zunächst ebenfalls durchführbar, ist jedoch im allgemeinen nicht möglich. Das allgemeine Viereck nach Abb. 490 b hat z. B. sechs Seiten, es ergeben sich also sechs Gleichungen entsprechend Gl. (227), aus denen wir jedoch nur die vier Sternseiten, also vier Unbekannte ermitteln wollen. Die Aufgabe der Umwandlung eines Vielecks in einen Stern ist daher überbestimmt, so daß die Umwandlung im allgemeinen nicht möglich ist. Eine Ausnahme macht die Umwandlung eines Dreiecks in einen Stern, da hier die Zahl der Widerstände sowohl beim Dreieck und beim Stern gleich 3 ist, eine Überbestimmung der Gleichungen damit nicht vorliegt.

Da die Umwandlung eines Sterns in ein Dreieck bzw. umgekehrt oft vorkommt, seien die Formeln hierfür noch angegeben. Nach Gl. (227) gilt für den Fall des Dreiecks:

$$r_{12} = \frac{r_1 r_2}{r_0} = r_1 r_2 \left(\frac{1}{r_1} + \frac{1}{r_2} + \frac{1}{r_3}\right) = \frac{r_1 r_2}{r_3} + r_1 + r_2. \tag{228a}$$

Für die übrigen Dreiecksseiten gelten sinngemäße Formeln. Es ist:

$$\left.\begin{aligned} r_{12} &= \frac{r_1 r_2}{r_3} + r_1 + r_2, \\ r_{23} &= \frac{r_2 r_3}{r_1} + r_2 + r_3, \\ r_{31} &= \frac{r_3 r_1}{r_2} + r_3 + r_1. \end{aligned}\right\} \tag{228b}$$

Um nun den Stern aus den gegebenen Dreiecksseiten r_{12}, r_{23} und r_{31} berechnen zu können, gehen wir von folgenden drei Gleichungen aus:

$$r_{12} = \frac{r_1 r_2}{r_0}, \qquad r_{23} = \frac{r_2 r_3}{r_0}, \qquad r_{31} = \frac{r_3 r_1}{r_0}. \tag{228c}$$

Durch Addition dieser drei Gleichungen ergibt sich:

$$r_{12} + r_{23} + r_{31} = \frac{r_1 r_2 + r_2 r_3 + r_3 r_1}{r_0} = r_1 r_2 r_3 \left(\frac{1}{r_3} + \frac{1}{r_1} + \frac{1}{r_2}\right) \frac{1}{r_0} \tag{229a}$$

oder

$$r_{12} + r_{23} + r_{31} = \frac{r_1 r_2 r_3}{r_0^2}. \tag{229b}$$

Multiplizieren wir die Gleichungen $r_{12} = \frac{r_1 r_2}{r_0}$ und $r_{23} = \frac{r_2 r_3}{r_0}$ miteinander, dann ergibt sich

$$r_{12} r_{23} = \frac{r_1 r_2 r_3 r_2}{r_0^2}. \tag{230}$$

Durch Division dieser Gleichung durch Gl. (229b) erhält man schließlich:

$$r_2 = \frac{r_{12} r_{23}}{r_{12} + r_{23} + r_{31}}. \tag{231}$$

Sinngemäß gilt für die anderen Sternseiten ähnliches, so daß wir für die Umwandlung eines Dreiecks in einen Stern folgende Beziehungen erhalten:

$$\left.\begin{aligned} r_1 &= \frac{r_{21} r_{31}}{r_{12} + r_{23} + r_{31}}, \\ r_2 &= \frac{r_{32} r_{12}}{r_{12} + r_{23} + r_{31}}, \\ r_3 &= \frac{r_{12} r_{23}}{r_{12} + r_{23} + r_{31}}. \end{aligned}\right\} \tag{232}$$

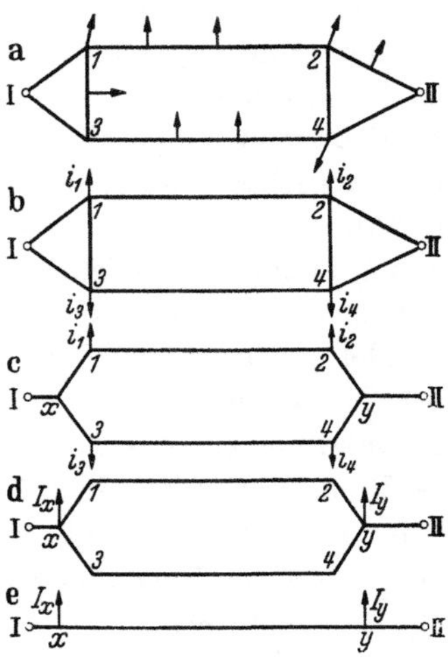

Abb. 491 a–e. Beispiel für Netzumbildung

Ein Beispiel möge den Rechnungsgang bei einer Netzumbildung zeigen: Gegeben ist das Netzgebilde der Abb. 491 a. Bringt man die Belastungen durch Ermittlung der Komponentenströme auf die Knotenpunkte, dann ergibt sich Abb. 491 b. Ersetzt man das linke und das rechte Dreieck durch einen widerstandstreuen Stern, der nach Gl. (232) berechnet werden kann, so geht das Netzgebilde in die Form der Abb. 491 c über. Bringt man die Ströme auf die Knotenpunkte x und y, so entsteht Abb. 491 d. Jetzt kann man die beiden parallel geschalteten Leitungen zu einer Resultierenden zusammenfassen (Abb. 491 e). Da die Potentiale u_{I} und u_{II}, die verbleibenden beiden Stromabnahmen I_x und I_y und sämtliche Widerstandswerte bekannt sind, können die Potentiale u_x und u_y, man hat jetzt eine zweiseitig gespeiste Strecke vor sich, berechnet werden. Nachdem

u_x und u_y ermittelt sind, bilden wir unser Ersatzbild in das der Abb. 491c zurück. Da die Potentiale in u_x und u_y, die Widerstandsverhältnisse und auch die Ströme i_1, i_2, i_3, i_4 bekannt sind, können die Potentiale der Eckpunkte u_1, u_2, u_3 und u_4 berechnet werden. Man kann die zwischen x und y liegenden Leitungen wiederum als zweiseitig gespeiste Strecken auffassen. Die ermittelten Potentiale u_1, u_2, u_3 und u_4 stimmen mit den Eckpunktspotentialen der Abb. 491a überein, so daß man nun zur Ausgangsform des Netzes zurückkehren kann. Falls noch die Potentiale bzw. Spannungsabfälle zwischen den Eckpunkten bei gegebenen Stromabnahmen gesucht sind, kann man diese jetzt auch berechnen, wobei man nur die Gesetze für die zweiseitig gespeiste Strecke anzuwenden hat.

Wir wollen noch den Beweis liefern, daß man jedes beliebige Netzgebilde mit der Methode der Netzumbildung berechnen kann. Es sei der Betrachtung das Netz der Abb. 492 mit den drei Speisepunkten I,

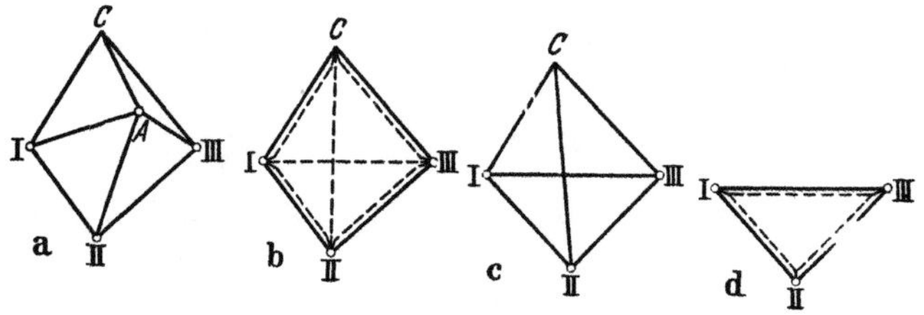

Abb. 492a–d. Vereinfachung eines Netzes durch Netzumbildung

II und III zugrunde gelegt. Es soll versucht werden, durch Netzumbildung einen Knotenpunkt nach dem anderen fortzuschaffen. Fängt man mit dem Knotenpunkt A an, so kann man den vierpoligen Stern durch ein Vieleck ersetzen, welches in der Abb. 492b gestrichelt eingezeichnet ist. Faßt man die parallel geschalteten Strecken zusammen, so entsteht das Netzgebilde der Abb. 492c. Der Knotenpunkt A ist verschwunden und nur noch der Knotenpunkt C vorhanden. Verwandelt man den nach dem Knotenpunkt C führenden Stern in ein Dreieck, so ergeben sich die gestrichelten Dreiecksseiten der Abb. 492d. Durch Zusammenfassen der parallel geschalteten Seiten hat man schließlich das ursprüngliche Netzgebilde auf das Dreieck I, II, III reduziert. Eigentlich hätte man die Umwandlung schon mit der Abb. 492c beenden sollen, da das Potential des Punktes C nach Gl. (219) berechnet werden kann. Ist u_C bekannt, dann läßt sich u_A in Abb. 492a ebenfalls nach Gl. (219) berechnen. Bei komplizierteren Netzen macht die Berechnung nach dieser Methode ebenfalls sehr viel Arbeit.

F. Die Bemessung von verästelten Leitungen

Es sei ein Leitungsgebilde entsprechend Abb. 493a gegeben. Von einer Stammstrecke mit der Länge l_0 gehen eine Reihe von Abzweigleitungen l_1, l_2 usw. aus. Die Belastungen auf den Strecken seien bereits auf die Knotenpunkte gebracht, so daß, falls nur zwei Abzweigleitungen vorhanden sind, wir Abb. 493a erhalten. Der Spannungsabfall am Ende der Leitungen an den Punkten *1* und *2* soll Δu betragen. Gefragt wird nach dem Leitungsquerschnitt der Leitungen. Der Spannungsabfall auf der Stammstrecke Δu_0 und der Spannungsabfall $\Delta u'$ in den Abzweigen können innerhalb gewisser Werte gewählt werden, ohne daß dabei der Gesamtspannungsabfall Δu beeinflußt zu werden braucht. Ist z.B. $\Delta u = 10$ V, dann kann Δu_0 zu 6 V und der Spannungsabfall auf den Strecken *A–1* und *A–2* zu je 4 V gewählt werden. Genausogut kann man aber auch für $\Delta u_0 = 2$ V und für den Spannungsabfall auf den Strecken *A–1* und *A–2* je 8 V annehmen. Unter diesen verschiedenen Möglichkeiten ist daher sicher eine, welche am günstigsten ist. Wir wollen, um zu einer eindeutigen Lösung zu gelangen, die Forderung stellen, daß die Materialmenge, also das Volumen der Leitungen, möglichst klein sein soll. Der Spannungsabfall auf der Strecke *A–1* und *A–2* sei $\Delta u'$. Es gilt dann:

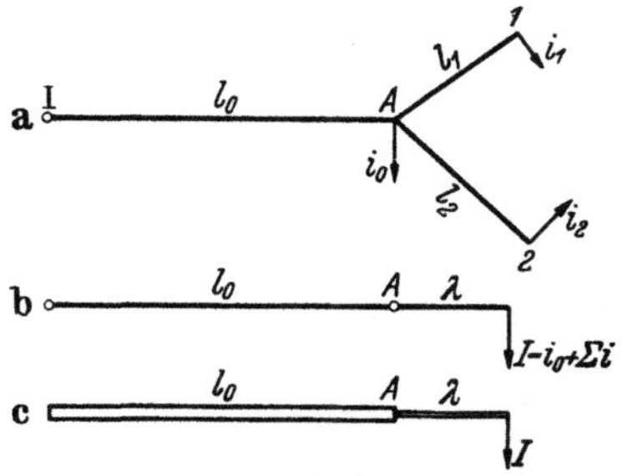

Abb. 493a–c. Stammleitung mit mehreren Abzweigen

$$\Delta u' = \frac{i_1 l_1}{\varkappa q_1}, \qquad \Delta u' = \frac{i_2 l_2}{\varkappa q_2}. \tag{233a}$$

Multipliziert man Zähler und Nenner dieser Gleichungen mit l_1 bzw. l_2, so erhält man, da $q_1 l_1 = V_1$ bzw. $q_2 l_2 = V_2$ das Volumen der jeweiligen Strecke ist,

$$\left.\begin{aligned} \Delta u' &= \frac{i_1 l_1^2}{\varkappa q_1 l_1} = \frac{i_1 l_1^2}{\varkappa V_1} \quad \text{bzw.} \quad \Delta u' = \frac{i_2 l_2^2}{\varkappa V_2} \\ \text{oder} \qquad V_1 &= \frac{i_1 l_1^2}{\varkappa \Delta u'}, \qquad V_2 = \frac{i_1 l_2^2}{\varkappa \Delta u'}. \end{aligned}\right\} \tag{233b}$$

Das Gesamtvolumen der beiden Strecken l_1 und l_2 ist

$$V = \frac{i_1 l_1^2 + i_2 l_2^2}{\varkappa \Delta u'} \tag{234a}$$

oder allgemein geschrieben

$$V = \frac{\Sigma i l^2}{\varkappa \Delta u'}. \tag{234b}$$

Wir denken uns im folgenden die Leitungen l_1 und l_2 durch eine einzige fiktive Leitung von der Länge λ ersetzt, die gleichen Spannungsabfall $\Delta u'$

wie die Einzelstrecken haben soll und die vom selben Strom durchflossen wird wie die Stammstrecke l_0. Da der Strom der Stammstrecke gleich

$$I = i_0 + i_1 + i_2 \tag{235}$$

ist, ergibt sich für das Volumen des fiktiven Leiters

$$V = \frac{I\lambda^2}{\varkappa \Delta u'}. \tag{236}$$

Fordern wir, daß das Volumen des fiktiven Leiters gleich dem der beiden Teilstrecken ist, so gilt:

$$\frac{I\lambda^2}{\varkappa \Delta u'} = \frac{\Sigma i l^2}{\varkappa \Delta u'} \quad \text{oder} \quad \lambda = \sqrt{\frac{\Sigma i l^2}{I}}. \tag{237}$$

Da sowohl die Stammstrecke als auch der fiktive Leiter vom gleichen Strom I durchflossen wird, erhält man das Ersatzbild nach Abb. 493b. Je nachdem, ob wir den Querschnitt der Stammstrecke l_0 groß wählen (s. Abb. 493c) und den Querschnitt der Strecke λ entsprechend klein bemessen, haben wir es in der Hand, bei gleichem Gesamtspannungsabfall Δu den Spannungsabfall Δu_0 im Punkte A verändern zu können. Es ist jedoch einleuchtend und läßt sich auch streng mathematisch nachweisen, daß das kleinste Gesamtvolumen bei gegebenem Spannungsabfall vorhanden ist, wenn sowohl der Querschnitt auf der Stammstrecke als auch der Querschnitt auf der fiktiven Strecke gleich sind. Bei gleichem Querschnitt q_0 für beide Strecken gilt dann

$$q_0 = \frac{I(l_0 + \lambda)}{\varkappa \Delta u'}. \tag{238}$$

Für Δu_0 ergibt sich damit

$$\Delta u_0 = \frac{I l_0}{q_0 \varkappa}. \tag{239}$$

Der Spannungsabfall auf den Einzelstrecken beträgt demnach:

$$\Delta u' = \Delta u - \Delta u_0. \tag{240}$$

Man findet schließlich die Leiterquerschnitte für die Einzelstrecken zu

$$q_1 = \frac{i_1 l_1}{\varkappa \Delta u'} \tag{241 a}$$

bzw.

$$q_2 = \frac{i_2 l_2}{\varkappa \Delta u'}. \tag{241 b}$$

Bei obiger Berechnung hatten wir gefordert, daß der Materialaufwand ein möglichst geringer sein soll. Unter Umständen können andere Forderungen zweckmäßig sein, z. B. kann man die Leitung so bemessen, daß bei gegebenem Spannungsabfall kleinste Verluste oder geringste Übertragungskosten vorhanden sind.

Wenn man schnell rechnen will, kann man ein Verfahren anwenden, welches recht brauchbare Werte liefert, sofern die Leitungslängen l_1, l_2 usw. nicht gar zu verschieden lang sind. Man denkt sich die Leiterlängen durch eine mittlere Länge $l_m = \frac{l_1 + l_2 + \cdots l_n}{n}$ ersetzt und fordert, daß der Spannungsabfall proportional den Längen ist. In diesem Fall gilt für $\varDelta u_0$:

$$\varDelta u_0 = \varDelta u \frac{l_0}{l_0 + l_m}. \tag{242}$$

Nachdem $\varDelta u_0$ bekannt ist, können die Querschnitte $q_1, q_2 \ldots$ berechnet werden. Sind die Abzweigleitungen gleich lang, so würde das vereinfachte Berechnungsverfahren zur Folge haben, daß in sämtlichen Leitern gleiche Stromdichte j vorhanden ist, da dann unabhängig vom Querschnitt der Spannungsabfall proportional der Länge zunimmt

$$\varDelta u = \frac{l\,i}{\varkappa\,q} = \frac{l\,j}{\varkappa}. \tag{243}$$

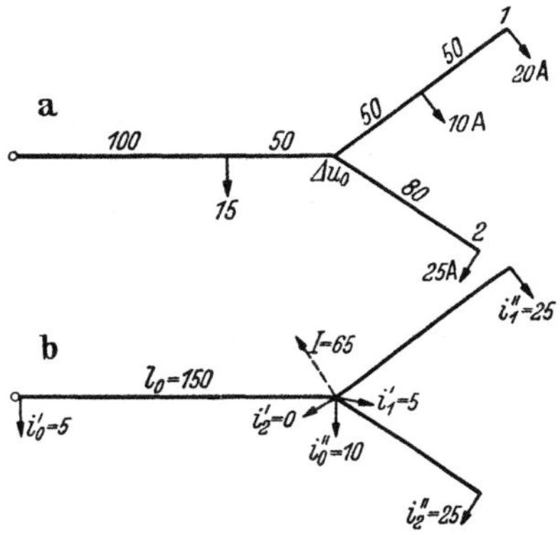

Abb. 494a u. b. Strombelastungen für Beispiel

Beispiel. Es sei die Drehstromleitung (220/380 V) nach Abb. 494a so zu bemessen, daß der Materialaufwand möglichst klein sei und der Spannungsabfall etwa 3% betrage.

Ermittlung der Komponentenströme

$$i_0'' = \frac{15 \cdot 100}{150} = 10\,\text{A}, \qquad i_0' = 15 - 10 = 5\,\text{A}.$$

$$i_1'' = \frac{10 \cdot 50 + 20 \cdot 100}{100} = 25\,\text{A}, \qquad i_1' = (20 + 10) - 25 = 5\,\text{A}.$$

$$i_2'' = 25\,\text{A}, \qquad i_2' = 0.$$

Es ist der Strom der Stammstrecke

$$I = (i_1' + i_2' + i_0'') + i_1'' + i_2'' = 5 + 0 + 10 + 25 + 25 = 65\,\text{A}.$$

Es ist die fiktive Länge

$$\lambda = \sqrt{\frac{\Sigma\,i\,l^2}{I}} = \sqrt{\frac{25 \cdot 100^2 + 25 \cdot 80^2}{65}} = 79\,\text{m}.$$

Es ist ferner $\varDelta u = \frac{3}{100} \cdot 220 = 6{,}6$ V; es gilt

$$\varDelta u_0 = \varDelta u \frac{l_0}{l_0 + \lambda}, \qquad \varDelta u_0 = \frac{6{,}6 \cdot 150}{150 + 79} = 4{,}32\,\text{V}.$$

Es ergibt sich für die Strecke l_0

$$q_0 = \frac{I\,l_0}{\varkappa\,\Delta u_0} = \frac{65 \cdot 150}{34{,}8 \cdot 4{,}32} = 65\,\text{mm}^2;$$

gewählt wird

$$q_0 = 70\,\text{mm}^2.$$

Dann wird

$$\Delta u_0 = \frac{65}{70} \cdot 4{,}32 = 4\,\text{V}.$$

Für die Abzweigleitungen verbleibt dann $\Delta u' = 6{,}6 - 4 = 2{,}6$ V. Es wird $q_1 = \frac{l_1 i_1''}{\varkappa\,\Delta u'} = \frac{100 \cdot 25}{34{,}8 \cdot 2{,}6} = 27{,}6$ gewählt wird $q_1 = 25\,\text{mm}^2$ (evtl. auch $q_1 = 35\,\text{mm}^2$).
Es wird $q_2 = \frac{l_2 i_2''}{\varkappa\,\Delta u'} = \frac{80 \cdot 25}{34{,}8 \cdot 2{,}6} = 22{,}1$; gewählt wird $q_2 = 25\,\text{mm}^2$.

G. Leitungsberechnung und Leitungsbemessung nach der Schnittmethode

Eine Methode, die vermaschte Netze nachzurechnen erlaubt und mit der man auch Netze bemessen kann, ist die Schnittmethode. Sie sei am Netzgebilde der Abb. 495a erläutert. Man geht hierbei so vor, daß man zunächst solche Stellen des Netzes aufsucht, von denen man vermutet, daß sie tiefstes Potential haben, also von zwei Seiten aus ihren Strom erhalten. Ist dies an den Punkten a und b der Fall, so denkt man sich hier die Leitung aufgeschnitten. Man erhält dann das Ersatzbild der Abb. 495b. Man führt allgemein so viele Schnittstellen ein, daß das vermaschte Netz in Gebilde zerfällt, die leicht berechenbar sind.

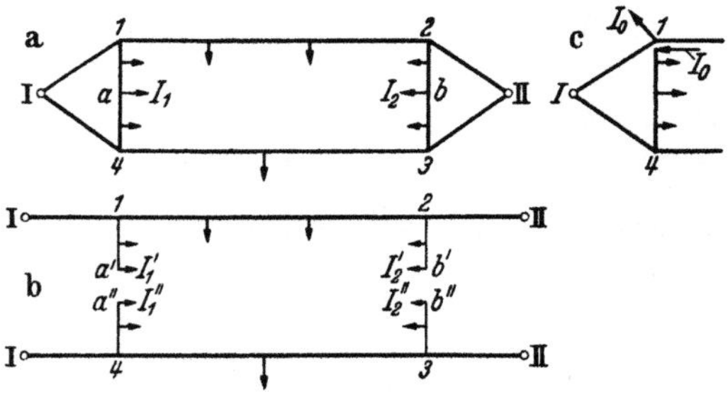

Abb. 495a–c. Bestimmung der Spannungsabfälle durch Schnittmethoden

Da an der Schnittstelle a der Strom von beiden Seiten zufließen soll, wird von der oberen Leitung der Strom I_1' und von der unteren Leitung der Strom I_1'' zufließen. Wie groß beide sind, ist zunächst unbekannt, ihre Summe muß in a jedoch I_1 ergeben. Man schätzt zunächst I_1' und I_1'' und führt ähnliche Schätzungen an der Stelle b durch. Man kann dann den Spannungsabfall in a' und a'', desgleichen in b' und b'' berechnen. Sind I_1' und I_1'' richtig gewählt worden, dann muß der Spannungsabfall im Punkt a' gleich dem im Punkt a'' sein. Gleiches gilt für b' und b''. Sollte jedoch herauskommen, daß a'' einen Spannungsabfall von 10 V, a' dagegen nur einen von 5 V aufweist, dann war I_1'' zu groß und I_1' zu klein gewählt. Man muß jetzt neue Werte für I_1' und I_1'' annehmen und nochmals nachprüfen, ob nun der Spannungsabfall in a' und a'' annähernd gleich ist.

Mitunter führt folgendes Verfahren recht schnell zum Ziel: Hat man wie eben angenommen, bei der ersten Annahme herausbekommen, daß zwischen a' und a'' eine Differenz von 5 V besteht, dann kann man sagen, daß diese 5 V, falls die Punkte a' und a'' miteinander verbunden werden, einen Ausgleichsstrom I_a herbeiführen, der näherungsweise berechnet werden kann, indem man den Spannungsunterschied durch den Widerstand der Strecke *1–4* teilt. Dieses Verfahren ist jedoch nur ein Näherungsverfahren, welches voraussetzt, daß I_a vorwiegend durch r_{14} bestimmt ist. Die Spannungsabfälle in a' und a'' müssen mit der neuen Stromverteilung nochmals kontrolliert werden.

Bei Anwendung des Schnittverfahrens ist es nicht unbedingt notwendig, daß der Schnittpunkt an eine Stelle größten Spannungsabfalls gelegt wird. In Abb. 495 c ist der Schnittpunkt bei *1* angenommen worden. Um beim Zusammensetzen der Schnittstelle Potentialgleichheit zu erhalten, muß man jedoch beachten, daß in die geschnittene Leitung *1–4* Strom hineinfließt, man also eine negative Stromabnahme I_0 einführen muß, die zunächst geschätzt werden muß, man andererseits am Schnittpunkt *1* eine entsprechende Stromabnahme I_0 vorzusehen hat. Die Schnittmethode, die ein Probierverfahren darstellt, führt bei einiger Übung meist rascher zum Ziel als die anderen Verfahren.

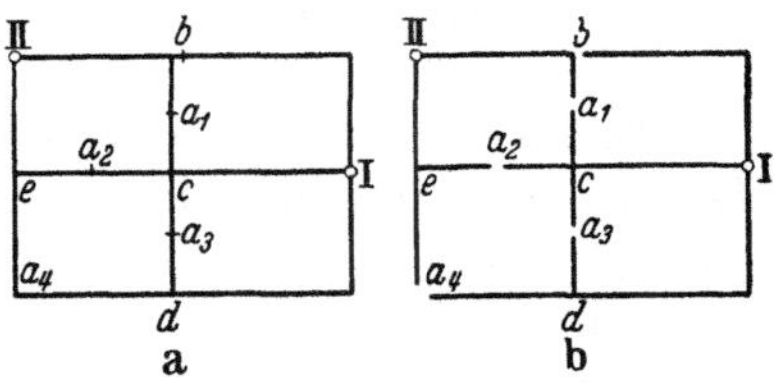

Abb. 496 a u. b. Bemessung eines Netzes nach der Schnittmethode

Die Schnittmethode läßt sich auch mit Vorteil bei der Bemessung von Leitungen anwenden. Ist etwa das Netz der Abb. 496 a mit den Speisepunkten I und II gegeben, so kann man eine Reihe von Schnittpunkten wählen, an denen man größten Spannungsabfall wünscht. Dies sei an den Stellen a_1, a_2, a_3, a_4 der Fall. Die Schnittstellen müssen selbstverständlich so gelegt werden, daß möglichst einfache Leitungsgebilde entstehen, die leicht berechnet werden können (deshalb auch noch einen Schnitt bei *b*). Nach Durchführung der Schnitte erhält man das Ersatzschema der Abb. 496 b. Nimmt man an, daß an den Stellen a_1, a_2, a_3, a_4 der zugelassene Spannungsabfall Δu auftreten soll, so lassen sich sämtliche Leitungsquerschnitte nach den bekannten Methoden berechnen, und auch beim Verbinden der Schnittstellen werden keine Ausgleichströme fließen. Bei einer solchen Berechnung wird jedoch herauskommen, daß beispielsweise der Querschnitt der Strecke c–a_2 ein anderer sein muß als der der Strecke e–a_2. Dies dürfte jedoch im allgemeinen nicht zulässig sein, auch wird man für die Strecke e–c einen genormten

Querschnitt verwenden. Diesen wählt man zweckmäßigerweise so, daß er zwischen den rechnerischen Querschnitten der Strecken e–a_2 und a_2–c liegt. Wenn man auf diese Weise neue Querschnitte eingeführt hat (man wird versuchen, mit möglichst wenigen Querschnitten auszukommen), werden die Schnittstellen a_1, a_2, a_3 usw. jetzt nicht mehr größten Spannungsabfall haben. Man muß daher das neue Netz nochmals nachrechnen, ob an keiner Stelle der Spannungsabfall zu groß wird, bzw. in einem solchen Fall eine Querschnittsverstärkung vornehmen. Die Nachrechnung kann nach der Methode der Netzumbildung oder wiederum nach der Schnittmethode erfolgen.

H. Die Berechnung des Spannungsabfalls bei Dreiphasenstrom unter näherungsweiser Berücksichtigung der Induktivität und der Phasenverschiebung

Die bis jetzt abgeleiteten Formeln gelten voraussetzungsgemäß für Leitungen, welche nur ohmschen Widerstand aufweisen und entweder von Gleichstrom oder von Wechselstrom mit der Phasenverschiebung Null durchflossen werden. Die erhaltenen Beziehungen für den Spannungsabfall haben unter obigen Voraussetzungen auch unverändert Gültigkeit für eine symmetrisch belastete Drehstromleitung. Ist an einer Stelle der Drehstromleitung die abgenommene Leistung gleich P, so ist, falls U die verkettete Spannung ist, der in der Zuleitung fließende Phasenstrom allgemein gleich

$$I = \frac{P}{U\sqrt{3}\cos\varphi} \tag{244}$$

oder bei $\cos\varphi = 1$

$$I = \frac{P}{\sqrt{3}\,U}. \tag{245}$$

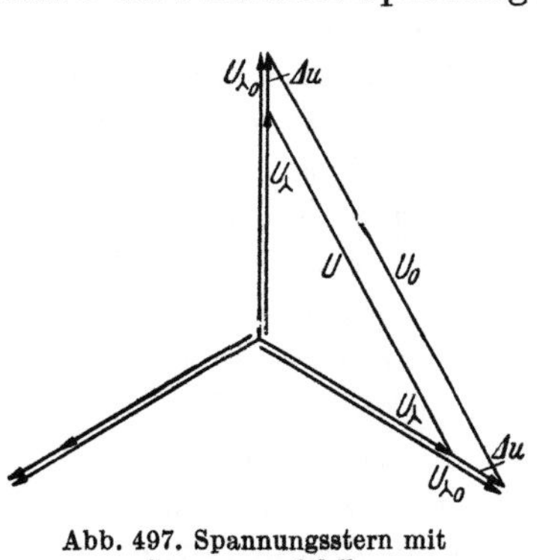

Abb. 497. Spannungsstern mit Spannungsabfall

Dieser Phasenstrom ist unabhängig davon, ob der Verbraucher im Stern oder im Dreieck an das Netz angeschlossen ist. Abb. 497 zeigt den Spannungsstern für ein Drehstromsystem. Die Phasenspannung am Anfang der Leitung sei $U_{\lambda 0}$, der Spannungsabfall in jeder Phase gleich Δu. Beim Verbraucher ist also die Spannung U vorhanden. Man erkennt, daß, symmetrische Belastung des Drehstromsystems vorausgesetzt, beim Abnehmer die Spannungen U_λ der drei Phasen gleich groß und in der Phase um 120° verschoben sind. Meist ist der Spannungsabfall in Prozenten der Nennspannung angegeben. Man muß beachten, daß bei einem Drehstromsystem der Spannungsabfall stets nur von der Phasenspannung $U_{\lambda 0}$ abgezogen werden darf und nicht von der verketteten Spannung U_0. In unserem Falle ist der Spannungsabfall in Prozenten (bezogen auf die Spannung am Abnahmeort) gleich

$$\Delta u\% = \frac{\Delta u}{U_\lambda} \cdot 100 = \frac{\Delta u \sqrt{3}}{U} \cdot 100. \tag{246}$$

Die bis jetzt angenommenen Vereinfachungen, daß die Leitung keine Induktivität habe und daß die Stromabnahmen mit einem $\cos\varphi = 1$ erfolgen, sind praktisch kaum vorhanden. Es sei deswegen versucht, die wahren Verhältnisse näherungsweise zu berücksichtigen. In Abb. 498 ist das Diagramm für eine Phase aufgezeichnet. U_λ sei die Spannung beim Verbraucher, I der abgenommene Strom, der gegen die Spannung U_λ eine Phasenverschiebung φ besitzt. Die Spannung $U_{\lambda 0}$ am Anfang der Leitung erhalten wir, indem wir vom Verbraucher ausgehend zu U_λ gleichsinnig mit dem Strom I den ohmschen Spannungsabfall Ir und dem Strom um 90° voreilend, den induktiven Spannungsabfall IX antragen.

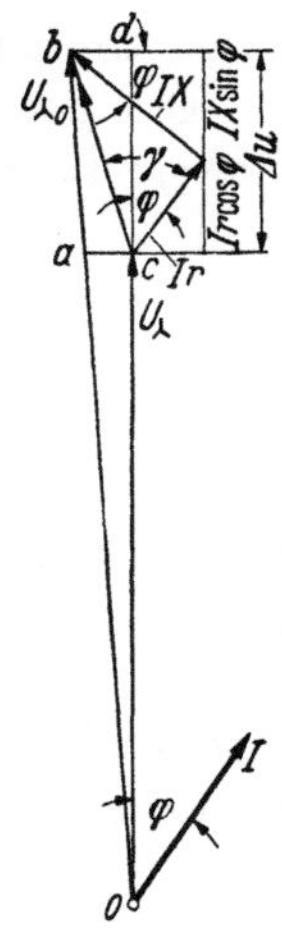

Abb. 498. Diagramm zur Berücksichtigung der Induktivität und der Phasenverschiebung

Den Spannungsabfall auf der Leitung erhält man exakt, wenn man algebraisch U_λ von $U_{\lambda 0}$ abzieht. Der Spannungsabfall ist gleich der Strecke a–b der Abb. 498 (O–a erhält man durch den Kreis mit U_λ um O). Aus der Abbildung kann man entnehmen, daß mit ziemlicher Annäherung der Spannungsabfall Δu gleich der Strecke c–d gesetzt werden darf. Es kann dann für den Spannungsabfall geschrieben werden:

$$\left.\begin{aligned} \Delta u &= I r \cos\varphi + I X \sin\varphi, \\ \Delta u &= I r \cos\varphi \left(1 + \frac{X}{r} \tan\varphi\right). \end{aligned}\right\} \tag{247}$$

Setzt man

$$1 + \frac{X}{r} \tan\varphi = k, \tag{248}$$

so geht die Gleichung über in die Form

$$\Delta u = I \cos\varphi \, r k. \tag{249}$$

Beachtet man, daß $I \cos\varphi = I_w$, also gleich dem Wirkstrom ist, so ergibt sich:

$$\Delta u = I_w r k. \tag{250}$$

Aus dieser Gleichung folgt, daß man bei Berücksichtigung der tatsächlichen Leitungsverhältnisse annäherungsweise so rechnen darf, als ob von der Leitung nur Wirkströme abgenommen würden und der ohmsche Widerstand der Leitung um den Faktor k größer wäre. k ist 1, wenn die Induktivität der Strecke bzw. die Phasenverschiebung gleich Null ist. Sonst ist k größer als 1, z.B. bei einem 95-mm²-Dreiphasenkabel aus Kupfer bei $\cos\varphi = 0{,}9$ ist $k = 1{,}18$, bei $\cos\varphi = 0{,}8$ hat k den Wert 1,28. Weist die betrachtete Strecke konstanten Querschnitt auf, dann ist

$$\Delta u = I_w \frac{l\,k}{\varkappa\, q}\,. \tag{251}$$

Zur Berechnung des Faktors k benötigt man die Reaktanz der Leitung (vgl. Abschnitt Kabel, S. 226, Abb. 234 u. 235).

Die Betrachtungen, die wir bis jetzt für einen einzigen Abnehmer durchgeführt haben, gelten auch, falls mehrere Abnehmer vorhanden sind.

Die angenäherte Berechnung des Spannungsabfalls unter Berücksichtigung der Leitungsinduktivität und der Phasenverschiebung zwischen Strom und Spannung läßt sich allgemein auf die einseitig gespeiste Strecke anwenden, auf die zweiseitig gespeiste Strecke jedoch nur, wenn das Verhältnis von Leitungsinduktivität und ohmschem Widerstand über die ganze Leitung konstant ist (s. S. 509).

Bei Netzberechnungen wird man meist so vorgehen, daß man mit einem mittleren Wert für k, der sich aus einem mittleren $\cos\varphi$ und einem mittleren Querschnitt q ergibt, rechnet. In die Berechnung einzuführen sind, wie abgeleitet, nur die Wirkströme und der ohmsche Widerstand der Leitung ($\Delta u = I_w r$). Der sich dann ergebende Spannungsabfall ist um den Faktor k zu vergrößern. Soll der Querschnitt q einer Leitung berechnet werden, so muß der Faktor k, der ja vom Querschnitt abhängig ist, zunächst geschätzt werden. Es sei betont, daß die gebrachten Näherungsrechnungen nur gelten, falls der Spannungsabfall nicht zu groß ist. Ist dies jedoch der Fall, so sind die im Kapitel K gebrachten Methoden anzuwenden.

I. Niederspannungsmaschennetze

In Großstädten, in denen die Straßenzüge meist quadratisch oder rechteckig angeordnet sind, wird man die Niederspannungsverteilungskabel längs dieser Straßenzüge verlegen. Dabei erweist es sich als zweckmäßig, wenn an den Kreuzungsstellen die Kabel miteinander verbunden werden, so daß ein vermaschtes Netz entsteht. Die Abb. 499a–d zeigen quadratisch angeordnete Niederspannungskabelnetze, welche mit der Lage der Straßenzüge zusammenfallen sollen. Die kleinen eingezeichneten Kreise seien die Einspeisestellen der Transformatorenstationen. In der Abb. 499a entfällt auf den Flächeninhalt einer Masche (schraffierte

Fläche), also auf die Größe l^2, eine Transformatorenstation; das Netzgebilde hat die spezifische Maschenzahl $m = 1$. In der Abb. 499b sind weniger Transformatorenstationen angeordnet. Hier entfällt eine Transformatorenstation auf den doppelten Flächeninhalt einer Masche, die spezifische Maschenzahl ist damit $m = 2$. Die Abb. 499c und d zeigen die Anordnung der Transformatorenstationen bei spezifischen Maschenzahlen $m = 4$ und $m = 8$. Es ist selbstverständlich, daß die Straßenzüge nicht wie in den Abb. 499 dargestellt, quadratisch angeordnet sein müssen; sie können auch rechteckig sein, auch können die Transformatorenstationen anders eingesetzt sein, etwa wie die Abb. 500 zeigt.

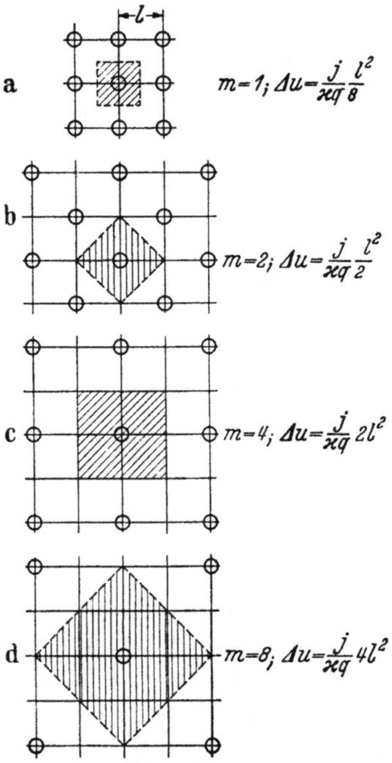

Abb. 499a–d. Maschennetze mit verschiedener Zahl und Lage der Speisepunkte

Es ist leicht zu erkennen, daß das Maschennetz in bezug auf Spannungsabfall sehr günstig ist. Ein Vorteil der vermaschten Netze besteht ferner darin, daß man zu belastungsschwachen Jahreszeiten (Sommer) eine Reihe von Transformatorenstationen außer Betrieb nehmen kann, so daß Leerlaufverluste vermieden werden. In Maschennetzen ist es unnötig, jede Transformatorenstation mit zwei Transformatoren zu versehen, da bei Ausfall einer Transformatoreneinheit die übrigen Stationen die Speisung des zum kranken Transformator gehörenden Netzbezirkes übernehmen. Man kommt daher mit einem Transformator in jeder Station aus. Ein weiterer Vorteil des Maschennetzes ist, daß, wenn ursprünglich das Netz mit verhältnismäßig wenig Transformatorenstationen ausgerüstet war, späterhin jederzeit die Möglichkeit besteht, bei größer werdender Netzbelastung zusätzliche Transformatoren an den noch freien Knotenpunkten anzubringen. Man kann damit ohne Vergrößerung der Leitungsquerschnitte den Spannungsabfall verkleinern. Vorausgesetzt ist dabei allerdings, daß die Kabel thermisch nicht überbeansprucht werden. Schaltungstechnisch sind diese Transformatorenstationen sehr einfach, da, wie auf S. 385 angegeben, nur auf der Niederspannungsseite ein Schalter (Rückwattschalter) vorgesehen wird.

Der Spannungsabfall in einem vermaschten Netz kann im allgemeinen nicht berechnet werden, da die Stromabnahmen in einem derartigen Netz nie ganz regelmäßig verteilt sind und das Netz an sich ebenfalls Unsymmetrien aufweist. Die Rechenarbeit würde damit derart groß werden, daß sie nicht geleistet werden kann. Man ist deshalb bei vermaschten Netzen darauf angewiesen, sie entweder in Modellen nachzubilden und sie experimentell zu untersuchen oder man muß sich die Maschennetze in bezug auf ihre Gestalt und Belastung derart vereinfachen, daß sie mit einem vernünftigen Rechenaufwand gelöst werden können.

Wie eine solche Rechnung durchgeführt wird, sei an Hand der Abb. 500a gezeigt. Es sei dabei vorausgesetzt, daß je Meter Straßenlänge der abgenommene Strom die Größe j habe. In unserem Beispiel ist weiterhin angenommen, daß die Straßenlänge konstant und gleich l sei. Es ist, wenn man die Abbildung betrachtet, leicht einzusehen, daß der größte Spannungsabfall im Punkte A vorhanden ist. Um diesen Spannungs-

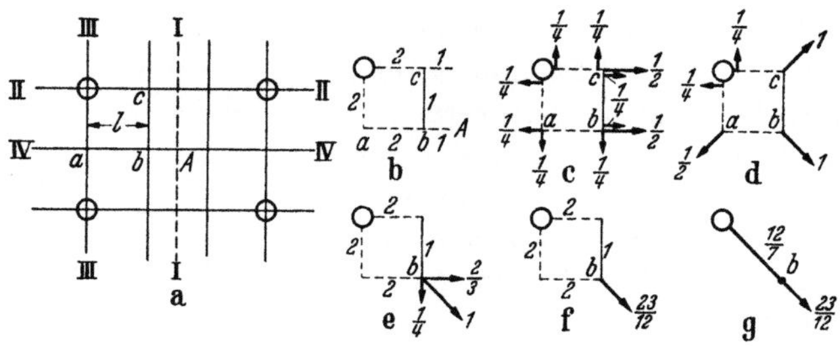

Abb. 500a–g. Maschinennetz aufgeschnitten, um die Berechnung zu ermöglichen

abfall berechnen zu können, legen wir eine Reihe von Symmetrieschnitten, und zwar die Schnitte I–I, II–II, III–III und IV–IV. Durch den Schnitt I–I wird die linke Netzhälfte von der rechten getrennt. Der Schnitt II–II, desgleichen die Schnitte III–III und IV–IV werden so gelegt, daß sie längs der Leitung verlaufen. Damit wird der Leitungszug in zwei Leitungen, die je halben Querschnitt aufweisen und auch nur halbe Belastung führen, aufgetrennt. Abb. 500b zeigt, welches Leitungsgebilde für unsere Berechnung übrigbleibt, nachdem die oben erwähnten Symmetrieschnitte gelegt worden sind. Setzt man vereinfachend zunächst den Widerstand einer ungeschnittenen Straßenseite gleich 1, dann haben die Leitungszüge (geschnittene Leitungen sind gestrichelt gezeichnet) die in Abb. 500b angegebenen Widerstände. Nur auf der Straßenlänge c–b ist der Leiter nicht geschnitten, so daß sein Widerstand die Größe 1 hat. Die übrigen Leiter sind geschnitten, so daß ihr Widerstand verdoppelt wurde. Der Widerstand der Strecke b–A hat den Wert 1, da er bei halber Länge halben Querschnitt aufweist. Je Straßenlänge ist die Belastung $j \cdot l$ vorhanden. Wird ein Schnitt längs einer Leitung gelegt, dann entfällt auf eine derart geschnittene Leitung nur die Belastung $j\,l/2$. Bringt man die einzelnen Belastungen auf die Eckpunkte und läßt vereinfachend in der Abb. 500c die Bezeichnung $j\,l$ fort, dann ergeben sich die eingezeichneten Strombelastungen. In Abb. 500d sind diese Strombelastungen in den Eckpunkten zusammengefaßt, in Abb. 500e die Belastungen in den Punkten c und a auf den Punkt b reduziert (die entsprechenden Strombelastungen an der Einspeisestelle wurden nicht eingetragen, da sie auf den Spannungsabfall keinen Einfluß haben). Die Abb. 500f zeigt den resultierenden Strom im Punkt b, er beträgt 23/12, streng genommen $\frac{23}{12} j\, l$. Ersetzt man die Parallelschaltung der Widerstände (Abb. 500f) durch einen einzigen Widerstand von der Größe $\frac{3 \cdot 4}{3+4} = \frac{12}{7}$, oder strenggenommen $\frac{12}{7} \frac{l}{\varkappa q}$ (s. Abb. 500g), dann kann der Spannungsabfall im Punkte b berechnet werden. Er ergibt sich zu:

$$\Delta u_0 = \frac{12}{7} \frac{l}{\varkappa q} \frac{23}{12} j\, l = \frac{23}{7} \frac{j\, l^2}{\varkappa q}.$$

Um den Spannungsabfall im Punkte A zu erhalten, ist noch der Spannungsabfall der Strecke b–A hinzuzuzählen (gleichmäßige Belastung!). Dieser Spannungsabfall ergibt sich zu:

$$\Delta u' = \frac{l}{\varkappa q} \frac{j\, l}{8} = \frac{j\, l^2}{8 \varkappa q}.$$

Der gesamte Spannungsabfall ist damit:

$$\Delta u = \Delta u_0 + \Delta u' = \left(\frac{23}{7} + \frac{1}{8}\right) \frac{j\, l^2}{\varkappa q} = \frac{191}{56} \frac{j\, l^2}{\varkappa q}.$$

In ähnlicher Weise lassen sich die Spannungsabfälle in anderen vermaschten Netzen berechnen, sofern die Netze symmetrisch aufgebaut sind. Man wird deshalb in der Praxis versuchen, näherungsweise die tatsächlichen unregelmäßigen Belastungen durch gleichmäßige zu ersetzen und die Netzgestalt so zu vereinfachen, daß eine Berechnung durchführbar wird. Falls dies nicht möglich ist, müssen Modellversuche vorgenommen werden. Für die Netzgebilde der Abb. 499 ist die Größe des jeweiligen größten Spannungsabfalls angegeben.

J. Die Berechnung der Induktivität und Kapazität von Netzen

a) Allgemeines

Bei den bisherigen Leitungsberechnungen wurde angenommen, daß für den Spannungsabfall und die Stromverteilung in Netzen vorwiegend der ohmsche Widerstand maßgebend ist. Diese Annahme trifft für Niederspannungsnetze, besonders wenn es sich um Kabelnetze handelt, einigermaßen zu. Es wurde gezeigt, daß man den Einfluß der vorhandenen Induktivität und der Phasenverschiebung bei den Abnehmern näherungsweise durch einen Vergrößerungsfaktor k berücksichtigen kann.

Bei Freileitungen höherer Spannung wird der induktive Widerstand einer Leitung wesentlich größer als der ohmsche, so daß die bisherigen Rechnungsmethoden nicht immer angebracht sind und durch genauere ergänzt werden müssen. So wird man oft Zeigerdiagramme benutzen, kommt aber bei schwierigen Aufgaben mit diesen allein nicht zum Ziel. Hier bietet dann zur Lösung der Aufgaben die Methode der komplexen Rechnung ein vorzügliches Hilfsmittel. Diese Methode gibt die Möglichkeit, bei sinngemäßer Anwendung der bis jetzt abgeleiteten Gleichungen, selbst kompliziertere Probleme zu lösen.

Bei Leitungen höherer Spannung, und zwar unabhängig davon, ob es sich um Kabel oder Freileitungen handelt, muß für die Behandlung mancher Fragen auch die Kapazität der Leitung berücksichtigt werden. Im folgenden soll deshalb zunächst auf die Berechnung von Leitungsinduktivität und Leitungskapazität eingegangen werden.

b) Die Berechnung der Induktivität von Leitungen

Um die Induktivität L einer Leitung zu berechnen, sei zunächst ermittelt, mit welcher Kraftlinienzahl jeder Leiter eines Leitungssystems verkettet ist. Dabei werde von einem einzelnen Leiter (s. Abb. 501) mit dem Radius r ausgegangen. Die Induktion B im Innern des Leiters im Abstand x berechnet sich, falls der vom Fluß $B dx$ (es sei 1 cm Leiterlänge betrachtet) umschlungene Strom i_x, die Permeabilität μ_0 in Luft ($\mu_0 = 1{,}256 \cdot 10^{-8}\,\mathrm{H\,cm}^{-1}$) und der Kraftlinienweg $l = 2\pi x$ ist, nach der Beziehung

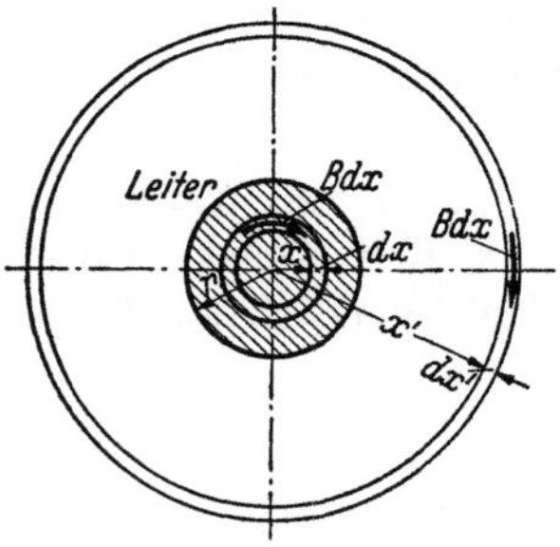

Abb. 501. Stromdurchflossener Leiter mit eingezeichneten Kraftlinien

$$B \cdot 2\pi x = \mu_0 i_x \quad \text{oder} \quad B = \frac{\mu_0 i_x}{2\pi x}. \qquad (252)$$

Ist der gesamte Leitungsstrom i, dann ist $i_x = \frac{x^2}{r^2} i$ und Gl. (252) geht über in die Form

$$B = \mu_0 \frac{x i}{2\pi r^2}. \qquad (253)$$

Wir betrachten den Kraftlinienfluß $B \cdot dx \cdot 1$, der die Fläche von der Breite dx und der Länge 1 cm an der Stelle x durchsetzt. Dieser Fluß umschlingt nicht den Gesamtstrom i, sondern nur den Strom i_x. Er ist, wenn wir die Kraftlinienverkettung auf den Strom i der Leitung beziehen wollen, mit dem Faktor $i_x/i = x^2/r^2$ zu multiplizieren. Wir erhalten also als Kraftlinienverkettung des Stromes i den Wert

$$d\Phi' = \frac{x^2}{r^2} B\,dx = \mu_0 \frac{x^3}{2\pi r^4} i\,dx. \qquad (254)$$

Um sämtliche Kraftlinienverkettungen innerhalb des Leiters zu erhalten, muß $d\Phi'$ von Null bis r integriert werden. Es ergibt sich dann:

$$\Phi' = \int_0^r \frac{\mu_0 x^3}{2\pi r^4} i\, d x = \frac{\mu_0}{8\pi} i\,. \tag{255}$$

In einer Entfernung x' außerhalb des Leiters (s. Abb. 501) ergibt sich die Induktion B nach Gl. (252), indem $i_x = i$ gesetzt wird, zu

$$B = \frac{\mu_0}{2\pi} \frac{i}{x'}\,. \tag{256}$$

Da jetzt alle Kraftlinien mit dem vollen Strom i verkettet sind, erhalten wir die Kraftlinienverkettung Φ'' außerhalb des Leiters, wenn wir $B\,dx'$ von r bis zu einer großen Entfernung R integrieren, zu

$$\Phi'' = \int_r^R B\, d x' = \int_r^R \frac{\mu_0}{2\pi} \frac{i}{x'} d x = \frac{\mu_0}{2\pi} i \ln \frac{R}{r}. \tag{257}$$

Die Gesamtkraftlinienverkettung des Leiters ist damit

$$\Phi = \Phi' + \Phi'' = \frac{\mu_0}{2\pi} i \left(\ln \frac{R}{r} + \frac{1}{4}\right). \tag{258}$$

Man könnte zunächst glauben, zu einem brauchbaren Ergebnis zu kommen, falls R unendlich groß gewählt wird. Dies ergibt jedoch eine unendlich große Kraftlinienverkettung, ein Zeichen, daß in den bisherigen Annahmen irgend etwas falsch bzw. nicht berücksichtigt worden ist. Es wurde bis jetzt nicht beachtet, daß ein nur in einer Richtung fließender Strom unmöglich ist, sondern da jeder Strom in anderen Leitungen oder auch in Erde wieder zurückfließen muß. Wir wollen deshalb unsere Betrachtungen auf mehrere Leiter eines Stromsystems, beispielsweise auf die drei Leiter der Abb. 502 mit den Radien r_1, r_2 und r_3, beziehen. Wir führen die Ströme i_1, i_2 und i_3 als positiv ein, wenn sie in die Papierebene hineinfließen. Es muß dann gelten:

$$i_1 + i_2 + i_3 = 0\,.$$

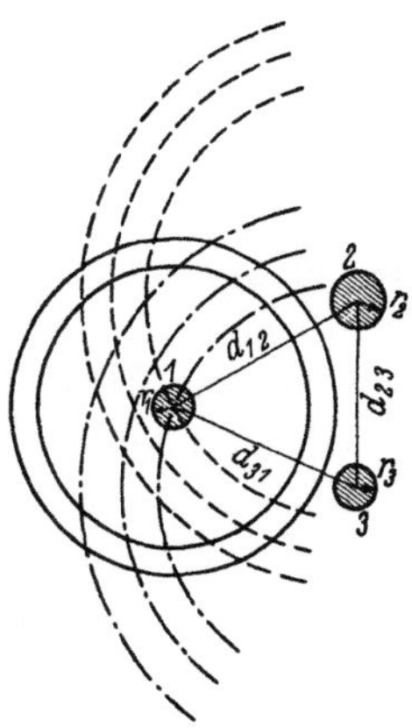

Abb. 502. Drei Leiter mit eingezeichneten Kraftlinien

Um die wirkliche Kraftlinienverkettung Φ_1 des Leiters *1* zu erhalten, muß man beachten, daß dieser Leiter *1* nicht nur von den eigenen Kraftlinien umfaßt wird, sondern daß auch ein Teil der Kraftlinien, die vom Leiter *2* erzeugt werden, ihn umschlingen, und zwar die Kraftlinien, die in der Abbildung gestrichelt eingezeichnet sind (im Abstand d_{12} von Leiter *2* ab). Zur Kraftlinienverkettung des Leiters *1* zählen ferner die vom Strom i_3 erzeugten Kraftlinien, soweit sie strichpunktiert eingetragen sind. Die Verkettung des Leiters *1* mit den vom Strom i_2 herrührenden Kraftlinien läßt sich nach Formel (257) berechnen, falls dort r gleich dem Abstand der beiden Leiter, also gleich d_{12} gesetzt wird. Entsprechendes gilt für die vom Strom i_3 herrührende Kraftlinienverkettung. Die gesamte Kraftlinienverkettung des Leiters *1* ergibt sich damit zu:

$$\Phi_1 = \frac{\mu_0}{2\pi} i_1 \left(\ln \frac{R}{r_1} + \frac{1}{4}\right) + \frac{\mu_0}{2\pi} i_2 \ln \frac{R}{d_{12}} + \frac{\mu_0}{2\pi} i_3 \ln \frac{R}{d_{13}} \qquad (259\text{a})$$

oder

$$\Phi_1 = \frac{\mu_0}{2\pi}\left[(i_1 + i_2 + i_3) \ln R + i_1 \left(\ln \frac{1}{r_1} + \frac{1}{4}\right) + i_2 \ln \frac{1}{d_{12}} + i_3 \ln \frac{1}{d_{13}}\right]. \qquad (259\text{b})$$

Beachtet man, daß $i_1 + i_2 + i_3 = 0$ ist, so kann man die letzte Gleichung überführen in die Form:

$$\Phi_1 = \frac{\mu_0}{2\pi}\left[i_1 \left(\ln \frac{1}{r_1} + \frac{1}{4}\right) + i_2 \ln \frac{1}{d_{21}} + i_3 \ln \frac{1}{d_{13}}\right]. \qquad (259\text{c})$$

In gleicher Weise, wie eben durchgeführt, lassen sich die Kraftlinienverkettungen für den Leiter *2* und für den Leiter *3* berechnen. Es sollen jetzt folgende Abkürzungen eingeführt werden:

$$\left.\begin{aligned} a_{11} &= \frac{\mu_0}{2\pi}\left(\ln \frac{1}{r_1} + \frac{1}{4}\right), \quad a_{22} = \frac{\mu_0}{2\pi}\left(\ln \frac{1}{r_2} + \frac{1}{4}\right), \quad a_{33} = \frac{\mu_0}{2\pi}\left(\ln \frac{1}{r_3} + \frac{1}{4}\right), \\ a_{12} &= \frac{\mu_0}{2\pi} \ln \frac{1}{d_{12}}, \qquad a_{23} = \frac{\mu_0}{2\pi} \ln \frac{1}{d_{23}}, \qquad a_{31} = \frac{\mu_0}{2\pi} \ln \frac{1}{d_{31}}, \end{aligned}\right\} \qquad (260)$$

wobei man z.B. a_{11} als Feldkoeffizient des Leiters *1* und a_{12} als Feldkoeffizient des Leiters *1* gegen den Leiter *2* bezeichnet. Durch die stets vorhandene Rückleitung wird, wie aus den nachfolgenden Gln. (263) u. (265) hervorgeht, die Induktivität von der gewählten Längeneinheit von d und r unabhängig. Die Kraftlinienverkettungen je Längeneinheit der Leitung können damit bei Anwendung der eingeführten Abkürzungen wie folgt geschrieben werden:

$$\left.\begin{aligned} \Phi_1 &= i_1 a_{11} + i_2 a_{12} + i_3 a_{13}, \\ \Phi_2 &= i_1 a_{21} + i_2 a_{22} + i_3 a_{23}, \\ \Phi_3 &= i_1 a_{31} + i_2 a_{32} + i_3 a_{33}. \end{aligned}\right\} \qquad (261)$$

Diese Gleichungen, welche für drei Leiter abgeleitet wurden, gelten in sinngemäßer Erweiterung auch für beliebig viele Leiter. Die Anwendung dieser wichtigen Gleichungen ergibt sich aus folgenden Beispielen:

1. Einphasenleitungen (s. Abb 503)

Es gilt hier für den Leiter *1*

$$\Phi_1 = i_1 a_{11} + i_2 a_{12}\,. \tag{262a}$$

Da in diesem Falle $i_2 = -i_1$ ist, erhält man, wenn man für die Koeffizienten die Werte nach Gl. (260) einsetzt,

$$\Phi_1 = i_1 \frac{\mu_0}{2\pi}\left(\ln\frac{1}{r} + \frac{1}{4} - \ln\frac{1}{d}\right) \tag{262b}$$

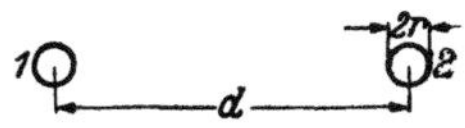

Abb. 503 Wechselstromleitung

oder umgeschrieben

$$\Phi_1 = i_1 \frac{\mu_0}{2\pi}\left(\ln\frac{d}{r} + \frac{1}{4}\right). \tag{262c}$$

Beachtet man, daß die Kraftlinienverkettung gleich der Stromstärke des Leiters mal der Induktivität, also $\Phi_1 = L_1 i_1$, ist, dann ergibt sich die Induktivität je Längeneinheit der einfachen Länge der Schleife

$$L = \frac{\mu_0}{2\pi}\left(\ln\frac{d}{r} + \frac{1}{4}\right). \tag{263}$$

Für die Induktivität von Hin- und Rückleitung zusammen ist der doppelte Wert einzusetzen.

2. Symmetrische Drehstromleitung

Für eine symmetrische Drehstromleitung nach Abb. 504 gilt für die Kraftlinienverkettung des Leiters *1*

$$\Phi_1 = i_1 a_{11} + i_2 a_{12} + i_3 a_{13} \tag{264a}$$

Beachtet man, daß

$$a_{12} = a_{13} \quad \text{und} \quad i_1 = -(i_2 + i_3)$$

ist, dann gilt

$$\Phi_1 = i_1 (a_{11} - a_{12}) \tag{264b}$$

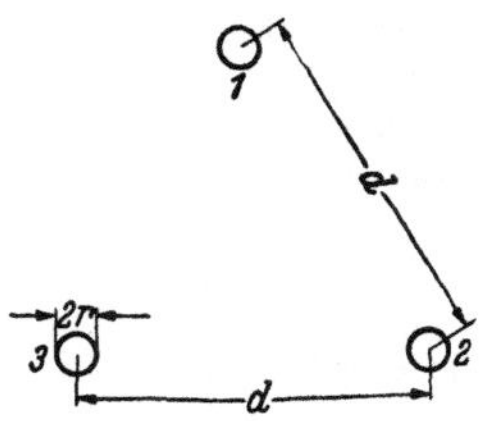

Abb. 504. Symmetrische Drehstromleitung

oder, falls man für die Koeffizienten die entsprechenden Werte nach Gl. (260) einsetzt,

$$\Phi_1 = i_1 \frac{\mu_0}{2\pi}\left(\ln\frac{1}{r} + \frac{1}{4} - \ln\frac{1}{d}\right). \tag{264c}$$

Für die anderen Leiter ergeben sich gleiche Klammerausdrücke. Die Induktivität je Phase und Längeneinheit ergibt sich damit zu

$$L = \frac{\mu_0}{2\pi}\left(\ln\frac{d}{r} + \frac{1}{4}\right). \tag{265}$$

In Abb. 505 ist die Reaktanz $X = 2\pi f L$ in Abhängigkeit von d/r aufgetragen. X beträgt bei Freileitungen oft etwa 0,4 Ω/km.

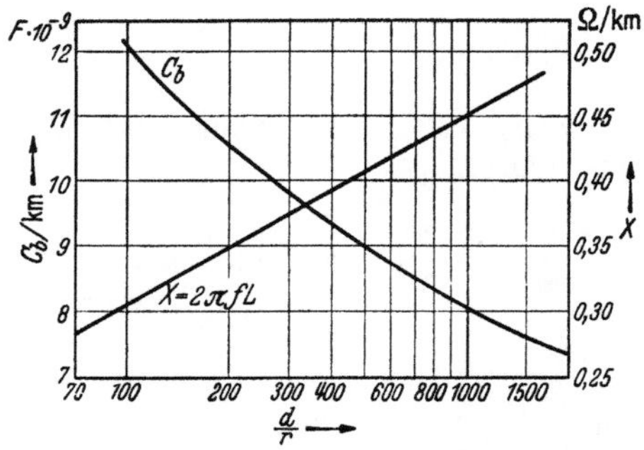

Abb. 505. Reaktanz und Betriebskapazität einer Drehstromleitung

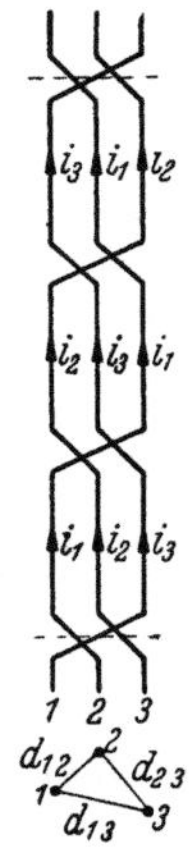

Abb. 506. Drehstromleitung verdrillt

3. Unsymmetrisches, jedoch verdrilltes Drehstromsystem

Im allgemeinen sind die Leitungen eines Drehstromsystems räumlich nicht symmetrisch angeordnet, sondern aus konstruktiven Gründen meist unsymmetrisch. Um jedoch in jeder Phase gleiche Induktivität und auch je Phase gleiche Kapazität gegen Erde zu erhalten, muß man größere Überlandleitungen gemäß dem Schema Abb. 506 verdrillen (wenigstens eine vollständige Verdrillung zwischen zwei Stationen). Um die Kraftlinienverkettungen mit dem Strom i_1 zu erhalten, ist zu beachten, daß z. B. die vom Strom i_2 herrührenden Kraftlinienverkettungen in den einzelnen Abschnitten der Leitung verschieden sind, da der Leitungsabstand zwischen dem Strom i_1 und dem Strom i_2 nicht konstant, sondern gleich d_{12}, d_{31} und d_{23} ist. Es muß deshalb für die Feldkoeffizienten ein Mittelwert eingesetzt werden. Es ergibt sich dann für die Kraftlinienverkettung des vom Strome i_1 durchflossenen Leiters

$$\Phi_1 = i_1 a_{11} + i_2 \frac{(a_{12} + a_{13} + a_{23})}{3} + i_3 \frac{(a_{31} + a_{23} + a_{12})}{3}. \qquad (266\,\mathrm{a})$$

Beachtet man, daß

$$i_1 = -(i_2 + i_3)$$

ist, so erhält man

$$\Phi_1 = i_1 \left(a_{11} - \frac{a_{12} + a_{23} + a_{31}}{3} \right). \qquad (266\,\mathrm{b})$$

Es ist

$$a_{11} = \frac{\mu_0}{2\pi} \left(\ln \frac{1}{r} + \frac{1}{4} \right),$$

$$a_{12} = \frac{\mu_0}{2\pi} \ln \frac{1}{d_{12}},$$

$$a_{23} = \frac{\mu_0}{2\pi} \ln \frac{1}{d_{23}},$$

$$a_{31} = \frac{\mu_0}{2\pi} \ln \frac{1}{d_{31}}.$$

Somit ergibt sich

$$\Phi_1 = i_1 \frac{\mu_0}{2\pi}\left[\ln\frac{1}{r} + \frac{1}{4} - \frac{1}{3}\left(\ln\frac{1}{d_{12}} + \ln\frac{1}{d_{23}} + \ln\frac{1}{d_{31}}\right)\right] \tag{266c}$$

oder

$$\Phi_1 = i_1 \frac{\mu_0}{2\pi}\left[\ln\frac{\sqrt[3]{d_{12}\,d_{23}\,d_{31}}}{r} + \frac{1}{4}\right]. \tag{266d}$$

Führt man zur Abkürzung ein

$$d = \sqrt[3]{d_{12}\,d_{23}\,d_{31}},$$

wobei d der geometrische Mittelwert aus den Phasenabständen ist, dann ergibt sich für die Phaseninduktivität in Henry der unsymmetrischen, jedoch verdrillten Drehstromleitung (s. Abb. 506)

$$L = \frac{\mu_0}{2\pi}\left[\ln\frac{d}{r} + \frac{1}{4}\right]. \tag{267}$$

4. Drehstromdoppelleitung gleichmäßig verdrillt

Es sei die Drehstromdoppelleitung nach Abb. 507 a, bei welcher das linke System I und das rechte System II gleichmäßig belastet seien, untersucht. Für die Induktivität des vom Strom i_1 durchflossenen Leiters im System I würde die Formel (267) gelten, falls nicht zusätzliche Beeinflussungen durch das System II stattfinden. Diese zusätzlichen Beeinflussungen der Ströme i_1, i_2 und i_3 des Systems II auf den vom Strome i_1 durchflossenen Leiter müssen ebenfalls berücksichtigt werden. Da die Beeinflussungen in jedem Abschnitt der Verdrillung andere sind, werden auch hier Mittelwerte aus den Koeffizienten gebildet. Es ergibt sich damit für die Kraftlinienverkettung des Leiters *1* vom System I durch das System II folgender Wert:

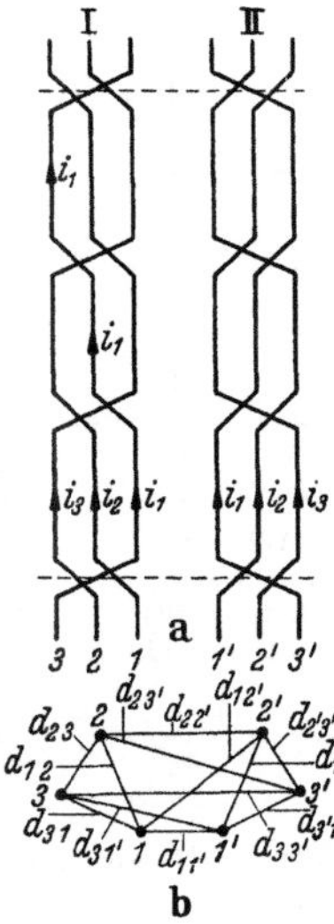

Abb. 507 a u. b
Doppeldrehstromleitung verdrillt

$$\Phi_{\mathrm{II}_1} = i_1\frac{(a_{11'} + a_{22'} + a_{33'})}{3} + i_2\frac{(a_{12'} + a_{23'} + a_{31'})}{3} + i_3\frac{(a_{13'} + a_{21'} + a_{32'})}{3}. \tag{268a}$$

Hierin bedeutet z. B. $a_{22'}$ den Feldkoeffizienten des Leiters *2'* gegen Leiter *2*, also $a_{22'} = \frac{\mu_0}{2\pi}\ln 1/d_{22'}$, wobei $d_{22'}$ (s. Abb. 507 b) der Abstand des Leiters *2* gegen *2'* ist. Da die beiden letzten Klammern der Gleichung gleich sind und $(i_2 + i_3) = -i_3$ ist, findet sich

$$\Phi_{\mathrm{II}_1} = i_1\left(\frac{a_{11'} + a_{22'} + a_{33'}}{3} - \frac{a_{12'} + a_{23'} + a_{31'}}{3}\right) \tag{268b}$$

oder nach Einsetzung der Koeffizienten

$$\Phi_{\mathrm{II}_1} = i_1\frac{\mu_0}{2\pi}\ln\sqrt[3]{\frac{d_{12'}\,d_{23'}\,d_{31'}}{d_{11'}\,d_{22'}\,d_{33'}}}. \tag{268c}$$

Um die gesamte Kraftlinienverkettung des Leiters *1* im linken System zu erhalten, muß jetzt noch $L_0 i_1$ hinzuaddiert werden [L_0 nach Gl. (267)].

Es ist also

$$\Phi_1 = \frac{\mu_0}{2\pi} i_1 \left[\ln \frac{d}{r} + \ln \sqrt[3]{\frac{d_{12'} d_{23'} d_{31'}}{d_{11'} d_{22'} d_{33'}}} + \frac{1}{4} \right]. \tag{269}$$

Setzt man zur Abkürzung

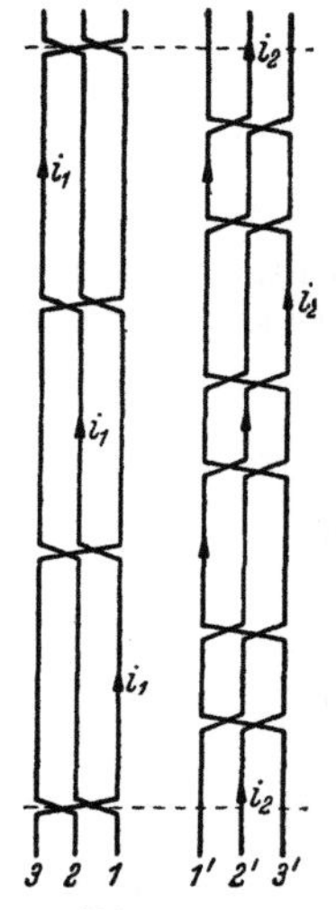

Abb. 508 Doppeldrehstromleitung mit Spezialverdrillung

$$\left. \begin{aligned} d &= \sqrt[3]{d_{12} d_{23} d_{31}}, \\ d' &= \sqrt[3]{d_{12'} d_{23'} d_{31'}}, \\ d'' &= \sqrt[3]{d_{11'} d_{22'} d_{33'}}, \end{aligned} \right\} \tag{270}$$

dann erhält man für die Phaseninduktivität in Henry je km:

$$L = \frac{\mu_0}{2\pi} \left[\ln \frac{d}{r} \frac{d'}{d''} + \frac{1}{4} \right]. \tag{271}$$

Gegenüber den Werten von L bei der Einfachleitung ist die Induktivität eines Systems einer Doppelleitung etwas größer (5 bis 15%).

5. Drehstromdoppelleitung mit Spezialverdrillung

Es soll im folgenden gezeigt werden, daß, falls die Verdrillung nach Abb. 508 ausgeführt ist, die beiden Systeme I und II sich gegenseitig nicht beeinflussen. Wir untersuchen zunächst die Kraftlinienverkettung, die durch den Strom i_2 im System II auf den Strom i_1 im System I ausgeübt wird. Die vom Strom i_2 herrührende Kraftlinienverkettung ergibt sich zu

$$i_2 \left(\frac{a_{12'} + a_{13'} + a_{11'} + a_{21'} + a_{22'} + a_{23'} + a_{33'} + a_{31'} + a_{32'}}{9} \right). \tag{272}$$

Für die Ströme i_1 und i_3 vom System II, die auf i_3 vom System I einwirken, ergeben sich genau gleiche Klammerfaktoren. Da jedoch $i_1 + i_2 + i_3 = 0$ ist, ist der Einfluß der drei Ströme des Systems II auf das System I gleich Null. Es gilt also für die Induktivität in Henry einer vollkommen verdrillten Leitung die in Gl. (267) angegebene Formel:

$$L = \frac{\mu_0}{2\pi} \ln \left(\frac{d}{r} + \frac{1}{4} \right). \tag{273}$$

6. Die Induktivität eines Stromkreises bei Rückleitung des Stromes in der Erde

In der Starkstromtechnik wird die Erde betriebsmäßig nie als Rückleitung benutzt (abgesehen von elektrischen Bahnen, bei denen allerdings der Strom vorwiegend in den Schienen zurückfließen soll). In Störungsfällen, etwa bei Erdkurzschluß in Netzen und starrer Sternpunkterdung oder beim Doppelerdschluß in Netzen mit isoliertem oder gelöschtem Sternpunkt, kann jedoch auch bei Starkstromanlagen eine Rückleitung des Stromes durch die Erde erfolgen. Für manche Rechnungen braucht man die Größe der hier geltenden Induktivität und den ohmschen Widerstand. Die Berechnung der Induktivität einer Stromschleife, bei der ein Draht die Hinleitung und die Erde die Rückleitung bildet, ist schwierig, denn selbst Näherungslösungen führen mathematisch zu Besselschen Funktionen, deren Kenntnis wir nicht voraussetzen wollen. Es ergibt sich durch Messungen und auch durch die erwähnten Näherungsrechnungen, daß die Reaktanz, gebildet aus dem Draht als Hinleitung und der Erde als Rückleitung größenordnungsmäßig zwischen 0,6 und 0,8 Ω/km liegt. Dabei gelten die kleinen Werte für größere Leitungsquerschnitte bzw. umgekehrt. Für manche Überlegungen ist die Vorstellung zweckmäßig (wenn auch nicht ganz exakt), daß in der Hinleitung die normale Phasenreaktanz wirksam ist, welche normalerweise etwa 0,4 Ω je km beträgt. Für die Rückleitung in Erde verbleibt damit eine Reaktanz im Betrage von 0,2 bis 0,4 Ω/km, ein Wert, der 50 bis 100% der Phasenreaktanz ausmacht. Vielfach ist es auch üblich, die Reaktanz einer Schleife mit Rückleitung über Erde nach S. 572 mit symmetrischen Komponenten zu rechnen. Dabei beträgt bei Freileitungen das Verhältnis von Nullreaktanz zur Mitreaktanz $x_0/x_1 \approx 4$, so daß nach Formel (522) die Reaktanz der Kurzschlußbahn über Erde etwa doppelt so groß ist wie die Phasenreaktanz (Mitreaktanz).

Der Strom hat in der Erde neben induktivem Widerstand auch ohmschen Widerstand zu überwinden. Dieser ist, wie man ableiten kann, gleich[1] $R_e \approx f\,10^{-3}$ Ω/km (f = Frequenz in Hertz). In dieser Formel kommt die spezifische Leitfähigkeit des Erdbodens sonderbarerweise nicht vor. Einen Anhaltspunkt für diese Erscheinung gibt folgende Erklärung: Betrachten wir in der Erde zwei Stromfäden, von denen der eine unmittelbar dicht an der Erdoberfläche verläuft, der andere dagegen in einem größeren Abstand, dann ist sicher der Kraftlinienfluß, der von der Hinleitung und dem ersten Stromfaden umschlungen wird, kleiner als der Kraftlinienfluß, der von der Hinleitung und dem zweiten Stromfaden umschlungen wird. Der zweite Stromfaden hat also einen größeren induktiven Widerstand, seine Stromdichte wird somit, da bei beiden Stromfäden eine gleiche treibende Spannung zur Verfügung steht, kleiner sein als im ersten Falle. Hieraus folgt, daß der Strom sich nicht beliebig tief im Erdreich ausbreitet, sondern in einer der Erdoberfläche benachbarten Schicht mäßiger Ausdehnung verläuft. Ist der Erdwiderstand größer, dann ist die für die Rückleitung sich bildende Schicht stärker als bei besserer Leitfähigkeit, so daß also die schlechtere Leitfähigkeit durch einen größeren Querschnitt ausgeglichen wird. Bei $f = 50$ Perioden findet man den Erdwiderstand zu 0,05 Ω/km. Zu diesem Widerstand muß noch der Erdübergangswiderstand beim Stromeintritt und -austritt hinzugezählt werden. Letzterer ist sehr veränderlich und liegt größenordnungs-

[1] RÜDENBERG: Elektrische Schaltvorgänge in geschlossenen Stromkreisen von Starkstromanlagen. 4. Aufl. Berlin/Göttingen/Heidelberg: Springer 1953.

mäßig bei Umspann- und Kraftwerken bei einigen Zehntel Ohm, bei einzelnen Masten ohne Erdseil bei 5 bis 100 Ω. Denkt man sich den Erdwiderstand durch den Widerstand eines Kupferdrahtes ersetzt, so würde ein Draht von 21,4 mm ∅ gleichen Widerstand wie die Erde (abgesehen von den Erdübergangswiderständen) besitzen. Bei höheren Frequenzen nimmt der Erdwiderstand stark zu. Der Strom wird dann nahe der Erdoberfläche zurückgeleitet.

Praktisch alle Hochspannungsleitungen besitzen ein oder mehrere Erdseile. Im Fall eines Doppelerdschlusses vermag somit der Strom nicht nur über die Erde, sondern auch über das Erdseil zu fließen. Erdseile aus Stahl führen über eine Entfernung von einigen Kilometern nur einen geringen Anteil des Erdstromes, der oft vernachlässigt werden kann. Erdseile aus Aluminiumstahl tragen dagegen auch auf große Entfernungen merklich zur Erdstromführung bei. Sie werden daher bei starrer Sternpunkterdung bevorzugt, zumal sie zugleich den wirksamen Mastwiderstand erniedrigen. Bei einer Leitung, welche im Gelände einen Bogen macht, fließen die Erdströme nicht in Richtung der Bogensehne, also auf dem kürzesten Weg, sondern verlaufen praktisch längs der Leitung. Würden nämlich die Rückströme längs der Sehne verlaufen, so wäre der vom Strom umschlungene Fluß, also der induktive Widerstand größer als für den Fall, daß der Strom der Leitung folgt.

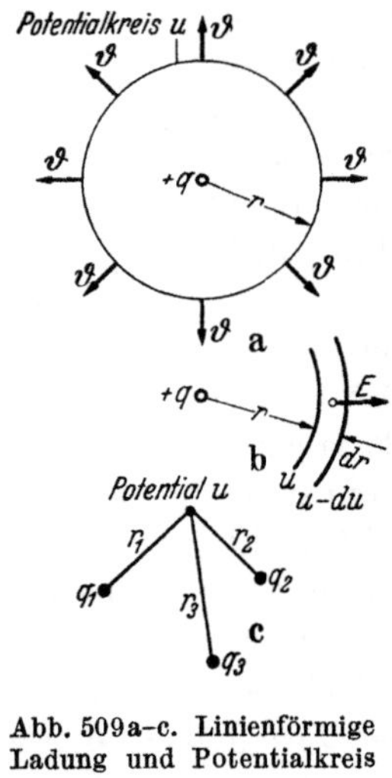

Abb. 509a–c. Linienförmige Ladung und Potentialkreis

c) Die Berechnung der Leitungskapazitäten

Wir gehen von einer linienförmig verteilten Ladung q, die sich auf eine Längeneinheit, z.B. 1 km, erstrecke, aus. Der durch eine Ladung q erzeugte Verschiebungsfluß ist gleich der Ladung. Also wird, da Symmetrie vorhanden ist, im Abstand r von der Ladung q die Verschiebungsdichte $\mathfrak{D}$ sich berechnen lassen (s. Abb. 509a) nach

$$q = \mathfrak{D}\, 2\pi r \tag{274a}$$

oder

$$\mathfrak{D} = \frac{q}{2\pi r}. \tag{274b}$$

Die Verschiebungsdichte $\mathfrak{D}$ ist proportional der Feldstärke $\mathfrak{E}$. Es gilt für Luft mit der Dielektrizitätskonstanten $\varepsilon_0 = 0{,}886 \cdot 10^{-13}$ F/cm

$$\mathfrak{E} = \frac{\mathfrak{D}}{\varepsilon_0} \tag{275a}$$

oder unter Benutzung von Gl. (274 b)

$$\mathfrak{E} = \frac{q}{\varepsilon_0 2\pi r}. \tag{275b}$$

In unserem Fall sind die Potentialflächen Kreise um den Mittelpunkt der Ladung. Schreitet man in Richtung der Feldstärke um den Betrag dr weiter (s. Abb. 509 b), so nimmt bekanntlich das Potential u um den Betrag du ab. Es gilt:

$$-\frac{du}{dr} = \mathfrak{E} = \frac{q}{\varepsilon_0 2\pi r}. \tag{276}$$

Integriert ergibt die Gleichung

$$u = -\frac{q}{\varepsilon_0 2\pi} \ln r + C. \tag{277}$$

In dieser Gleichung bedeutet C eine Integrationskonstante, deren Größe später noch festgelegt werden muß. Bei mehreren Leitern, z.B. seien drei Leiter vorhanden, überlagern sich die Potentiale, und man erhält (s. Abb. 509 c) für das Potential an einer beliebigen Stelle die Beziehung

$$\varepsilon_0 2\pi u = q_1 \ln r_1 - q_2 \ln r_2 - q_3 \ln r_3 + C'. \tag{278}$$

Die uns interessierenden Leitungen sind jedoch nie im vollkommen freien Raum angeordnet, sondern sind stets der Erde benachbart, welche wir als leitend auffassen müssen. Da die elektrischen Kraftlinien infolge des konstanten Potentials der Erde auf der Erde senkrecht stehen, kann man sich den Einfluß der Erde auf das Potential eines Leiters ersetzt denken, indem man zu dem wirklich vorhandenen Leiter mit der auf die Längeneinheit bezogenen Ladung $+q$ einen spiegelbildlich gedachten Leiter mit der Ladung $-q$ anordnet (s. Abb. 510). Wenden wir unsere Potentialgleichung auf diesen Fall an und berechnen wir das Potential u auf der Erde, dann erhält man:

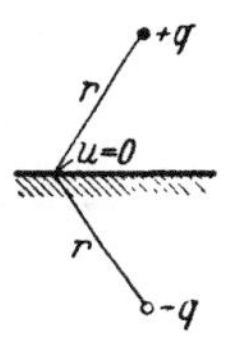

Abb. 510 Linienförmige Ladung und Spiegelbild

$$\varepsilon_0 2\pi u = -q \ln r + q \ln r + C'. \tag{279}$$

Setzt man das Potential der Erde gleich Null, so daß also die Potentiale der Leitungen gleich den Leiterspannungen gegen Erde werden, dann ergibt sich die Integrationskonstante $C' = 0$.

Die Einführung des spiegelbildlich anzuordnenden Leiters gilt auch sinngemäß bei beliebig vielen Leitungen (s. Abb. 511 a). Es soll im folgenden das Potential auf der Oberfläche des Leiters *1*, der den Radius r_1 habe, berechnet werden. Die Ladung q_1 sei dabei im Mittelpunkt konzentriert angenommen. Wir wollen weiter näherungsweise annehmen, daß in nicht zu großem Abstand von der linienförmig gedachten Ladung q_1 die Potentialflächen Kreise sind und daß eine solche Potentialfläche mit unserer Leiteroberfläche zusammenfällt, da auf dieser konstantes Potential herrschen muß. Für das Potential an der in der Abb. 511 a markierten Stelle auf dem Leiter *1* ergibt sich unter Beachtung der in der Abb. 511 a eingetragenen Bezeichnungen die Beziehung:

$$\varepsilon_0 2\pi u_1 = -q_1 \ln r_1 - q_2 \ln d_{12} - q_3 \ln d_{13} + q_1 \ln 2h_1 + q_2 \ln D_{12} + q_3 \ln D_{13} \tag{280a}$$

oder

$$\varepsilon_0 2\pi u_1 = q_1 \ln \frac{2h_1}{r_1} + q_2 \ln \frac{D_{12}}{d_{12}} + q_3 \ln \frac{D_{13}}{d_{13}}. \tag{280b}$$

In dieser Gleichung müßte z. B. d_{12} der Abstand sein, den die betrachtete Stelle der Oberfläche des Leiters *1* vom Mittelpunkt des Leiters *2* hat. Dieser ist jedoch praktisch gleich dem Abstand der Mittelpunkte der Leiter *1* und *2* (s. Abb. 511 b). Führt man folgende Abkürzungen ein

$$\left.\begin{aligned} a_{11} &= \frac{1}{\varepsilon_0 2\pi} \ln \frac{2h_1}{r_1}, \qquad a_{22} = \frac{1}{\varepsilon_0 2\pi} \ln \frac{2h_2}{r_2}, \quad a_{33} = \cdots, \\ a_{12} &= a_{21} = \frac{1}{\varepsilon_0 2\pi} \ln \frac{D_{12}}{d_{12}}, \qquad a_{23} = a_{32} = \frac{1}{\varepsilon_0 2\pi} \ln \frac{D_{23}}{d_{23}}, \end{aligned}\right\} \tag{281}$$

dann kann man die soeben aufgestellte Gleichung für das Potential des Leiters *1* und auch sinngemäß die Gleichungen für die Potentiale der Leiter *2* und *3* schreiben:

$$\left.\begin{aligned} u_1 &= a_{11} q_1 + a_{12} q_2 + a_{13} q_3, \\ u_2 &= a_{21} q_1 + a_{22} q_2 + a_{23} q_3, \\ u_3 &= a_{31} q_1 + a_{32} q_2 + a_{33} q_3. \end{aligned}\right\} \tag{282}$$

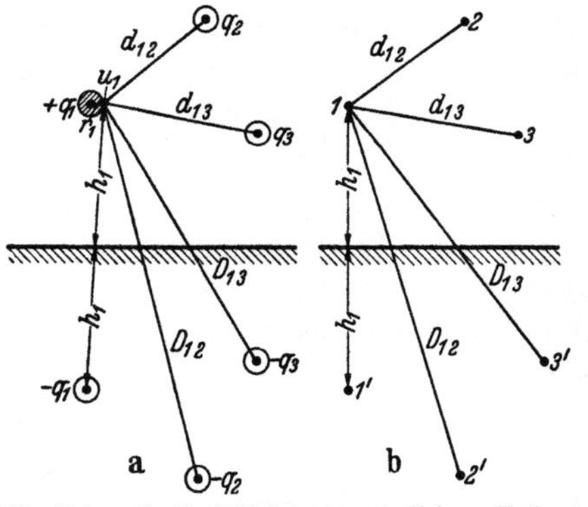

Abb. 511 a u. b. Drei Leitungen parallel zur Erde mit Spiegelbild

Die bei den Ladungen stehenden Koeffizienten bezeichnet man als Potentialkoeffizienten. Es sei der Potentialkoeffizient zwischen dem ν-ten und dem μ-ten Leiter

$$a_{\nu\mu} = \frac{1}{\varepsilon_0 2\pi} \ln \frac{D_{\nu\mu}}{d_{\nu\mu}} \tag{283}$$

etwas umgeformt. Unter Benutzung der Abb. 512 lassen sich folgende Beziehungen aufstellen:

$$\left.\begin{aligned} D_{\nu\mu}^2 &= (h_\nu + h_\mu)^2 + d_{\nu\mu}^2 - (h_\mu - h_\nu)^2, \\ D_{\nu\mu}^2 &= 4h_\nu h_\mu + d_{\nu\mu}^2, \\ \frac{D_{\nu\mu}}{d_{\nu\mu}} &= \sqrt{\frac{4h_\nu h_\mu}{d_{\nu\mu}^2} + 1}. \end{aligned}\right\} \tag{284}$$

Man kann also für den Potentialkoeffizienten $a_{\nu\mu}$ allgemein schreiben

$$a_{\nu\mu} = \frac{1}{\varepsilon_0 2\pi} \ln \sqrt{\frac{4 h_\nu h_\mu}{d_{\nu\mu}^2} + 1} \tag{285a}$$

oder

$$a_{\nu\mu} = \frac{1}{\varepsilon_0 4\pi} \ln \left[\frac{4 h_\nu h_\mu}{d_{\nu\mu}^2} + 1\right]. \tag{285b}$$

Der Ausdruck für den Potentialkoeffizienten a_{11} bzw. a_{22}, a_{33} allgemein geschrieben, ergibt sich nach Gl. (281) wie folgt:

$$a_{\nu\nu} = \frac{1}{\varepsilon_0 2\pi} \ln \frac{2 h_\nu}{r_\nu}. \tag{286}$$

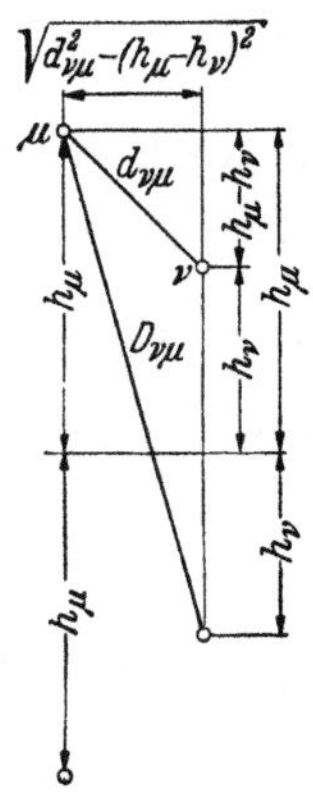

Abb. 512. Hilfsbild für Berechnung

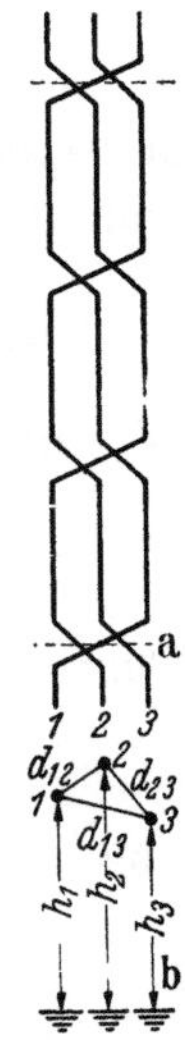

Abb. 513a u. b Drehstromleitung verdrillt

1. Die Berechnung der Leitungskapazität für eine verdrillte Drehstromleitung

Es sei die verdrillte Drehstromleitung nach Abb. 513a gegeben. Infolge der Verdrillung wird der mittlere Abstand jeder der drei Phasen gegen Erde gleich sein. Als Mittelwert sei der geometrische Mittelwert genommen, der sich auch schon bei Berechnung der Leitungsinduktivität als einzusetzender Mittelwert ergeben hat. Für die mittlere Höhe h ergibt sich, falls die Leiterabstände nach Abb. 513b h_1, h_2 und h_3 sind,

$$h = \sqrt[3]{h_1 h_2 h_3}. \tag{287}$$

Da die Radien der drei Leiter gleich sind, werden die Koeffizienten a_{11}, a_{22} und a_{33} gleich sein. Man findet also

$$a_{11} = a_{22} = a_{33} = \frac{1}{\varepsilon_0 2\pi} \ln \frac{2h}{r}. \tag{288}$$

In der Gl. (283) kommt die Größe $d_{\nu\mu}$ vor. Die mittleren Abstände der einzelnen Leiter voneinander sind infolge der Verdrillung ebenfalls gleich. Führt man den mittleren Abstand gemäß der Beziehung

$$d = \sqrt[3]{d_{12} d_{23} d_{31}} \tag{289}$$

in die Gl. (283) ein, dann erhält man für die Potentialkoeffizienten den Wert:

$$a_{12} = a_{23} = a_{31} = \frac{1}{\varepsilon_0 4\pi} \ln \left[\left(\frac{2h}{d}\right)^2 + 1\right]. \tag{290}$$

Unter Benutzung des Gleichungssystems (282) erhält man für die Potentiale der drei Leitungen des Drehstromsystems die Beziehungen:

$$\left.\begin{aligned} u_1 &= a_{11} q_1 + a_{12} q_2 + a_{12} q_3 \\ u_2 &= a_{12} q_1 + a_{11} q_2 + a_{12} q_3 \\ u_3 &= a_{12} q_1 + a_{12} q_2 + a_{11} q_3 \,. \end{aligned}\right\} \qquad (291)$$

Diese drei Gleichungen kann man noch wie folgt umformen:

$$\begin{aligned} u_1 &= a_{11} q_1 && + a_{12} q_2 && + a_{12} q_3 \\ u_1 - u_2 &= (a_{11} - a_{12}) q_1 && + (a_{12} - a_{11}) q_2 && + 0 \\ u_1 - u_3 &= (a_{11} - a_{12}) q_1 && + 0 && + (a_{12} - a_{11}) q_3 \,. \end{aligned}$$

Multipliziert man die zweite und dritte Gleichung mit $\frac{a_{12}}{a_{11} - a_{12}}$ und addiert die drei Gleichungen, so erhält man

$$u_1 + (u_1 - u_2) \frac{a_{12}}{a_{11} - a_{12}} + (u_1 - u_3) \frac{a_{12}}{a_{11} - a_{12}} = q_1 [a_{11} + 2 a_{12}]$$

oder umgeschrieben

$$q_1 = \frac{u_1}{a_{11} + 2 a_{12}} + \frac{(u_1 - u_2)}{(a_{11} + 2 a_{12})} \frac{a_{12}}{a_{11} - a_{12}} + \frac{(u_1 - u_3)}{(a_{11} + 2 a_{12})} \frac{a_{12}}{a_{11} - a_{12}} \,. \qquad (292)$$

Führt man jetzt folgende Abkürzungen ein

$$K_{11} = \frac{1}{a_{11} + 2 a_{12}} \qquad (293)$$

und

$$K_{12} = \frac{a_{12}}{a_{11} - a_{12}} K_{11} \,, \qquad (294)$$

dann läßt sich die Gl. (292) auch schreiben

$$q_1 = u_1 K_{11} + (u_1 - u_2) K_{12} + (u_1 - u_3) K_{12} \,. \qquad (295)$$

Auf Grund dieser Beziehung kann man die Auffassung entwickeln, daß die auf dem Leiter *1* je Längeneinheit sitzende Ladung q_1 zustande kommt durch die Erdkapazität K_{11} des Leiters *1*, welche an der Spannung u_1 gegen Erde liegt und durch die Gegenkapazitäten K_{12} des Leiters *1* gegen die Leiter *2* und *3*, an welchen die Potentialunterschiede $(u_1 - u_2)$ und $(u_1 - u_3)$ herrschen (s. Abb. 514).

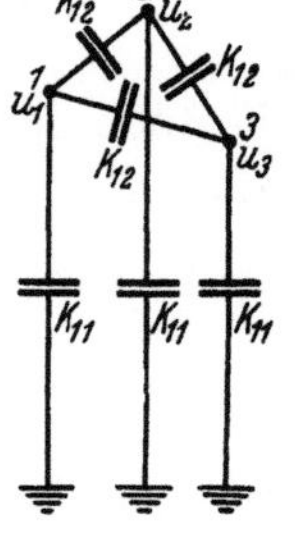

Abb. 514 Kapazitäten der Drehstromleitung

Man kann die Gl. (295) auch schreiben:

$$q_1 = u_1 K_{11} + (2 u_1 - u_2 - u_3) K_{12} \,. \qquad (296\text{a})$$

Beachtet man, daß bei einem symmetrischen Drehstromsystem (ohne Erdschluß!)

$$u_1 + u_2 + u_3 = 0$$

ist, dann folgt

$$q_1 = u_1 (K_{11} + 3 K_{12}). \tag{296b}$$

In einem Drehstromsystem ist also die Ladung q_1 proportional dem Potential u_1. Man kann deshalb die Kapazitäten in einer einzigen Ersatzkapazität, der Betriebskapazität, zusammenfassen, an der das Potential u_1 (Phasenspannung!) liegt und welche die Größe hat:

$$C_b = K_{11} + 3 K_{12}. \tag{297}$$

Also ist die Betriebskapazität unter Berücksichtigung von (293) und (294) C_b auch gleich (s. auch Abb. 505)

$$C_b = \frac{1}{a_{11} - a_{12}}. \tag{298}$$

Dabei sind die Potentialkoeffizienten:

$$a_{11} = \frac{1}{\varepsilon_0 2\pi} \ln \frac{2h}{r}, \qquad a_{12} = \frac{1}{\varepsilon_0 4\pi} \ln \left[\left(\frac{2h}{d}\right)^2 + 1\right]. \tag{299}$$

2. Berechnung der Kapazitäten für eine verdrillte Drehstromdoppelleitung

Es sei das Potential u_1 des Leiters *1* im linken System der Drehstromdoppelleitung (Abb. 515) berechnet und werde von der Voraussetzung ausgegangen, daß gleichphasige Leitungen im rechten und linken System zueinander symmetrisch angeordnet sind, also gleiche Ladungen und Potentiale besitzen. Für das Potential des Leiters *1* im linken System gilt unter Beachtung, daß $a_{12} = a_{13}$ und $a_{12'} = a_{13'}$, die Beziehung

$$\left.\begin{aligned} u_1 = a_{11} q_1 + a_{12} q_2 + a_{12} q_3 \\ + a_{11'} q_1 + a_{12'} q_2 + a_{12'} q_3. \end{aligned}\right\} \tag{300}$$

In dieser Gleichung wird durch die Glieder in der zweiten Zeile die Beeinflussung des rechten Systems auf den ersten Leiter des linken Systems ausgedrückt.

Die Koeffizienten a_{11} und a_{12} sind nach den Gln. (286) u. (285b) berechnet. Für den Koeffizienten $a_{11'}$ ergibt sich

$$a_{11'} = \frac{1}{\varepsilon_0 4\pi} \ln \left[\left(\frac{2h}{d''}\right)^2 + 1\right]. \tag{301}$$

Hierin bedeutet h die mittlere Höhe und

$$d'' = \sqrt[3]{d_{11'} d_{22'} d_{33'}} \tag{302}$$

den mittleren Abstand, den gleichphasige Leiter beider Systeme gegeneinander haben. Für $a_{12'}$ ergibt sich

$$a_{12'} = \frac{1}{\varepsilon_0 4\pi} \ln \left[\left(\frac{2h}{d'}\right)^2 + 1\right]. \tag{303}$$

Hierin bedeutet

$$d' = \sqrt[3]{d_{12'} d_{23'} d_{31'}} \tag{304}$$

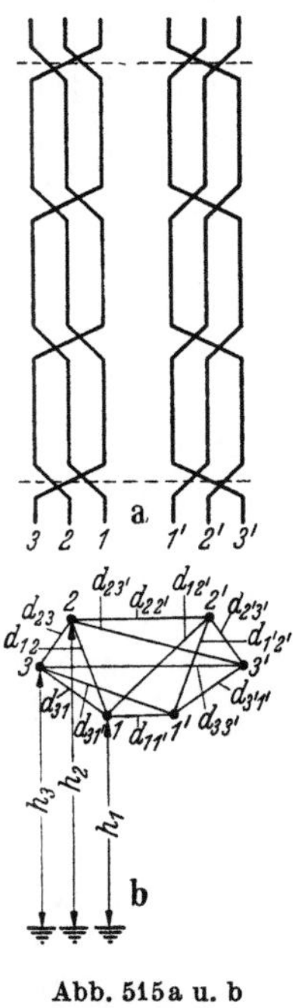

Abb. 515a u. b
Doppeldrehstromleitung verdrillt

den mittleren Abstand, den ein Leiter im linken System gegen einen nicht gleichphasigen Leiter im rechten System hat. Man kann Gl. (300) auch schreiben:

$$u_1 = (a_{11} + a_{11'})\, q_1 + (a_{12} + a_{12'})\, q_2 + (a_{12} + a_{12'})\, q_3 \,. \tag{305}$$

Setzt man zur Abkürzung

$$\left.\begin{aligned} A_{11} &= a_{11} + a_{11'}\,, \\ A_{12} &= a_{12} + a_{12'}\,, \end{aligned}\right\} \tag{306}$$

dann ergibt sich

$$u_1 = A_{11} q_1 + A_{12} q_2 + A_{12} q_3 \,. \tag{307}$$

Entsprechende Gleichungen gelten für u_2 und u_3. Die letzte Gleichung hat genau gleiche Form wie die Gl. (291), so daß die dort abgeleiteten Werte für die Erdkapazität, für die Gegenkapazität und für die Betriebskapazität sinngemäß angewandt werden können. Es ergibt sich dann unter Beachtung der Gln. (293), (294), (298) u. (297)

$$\left.\begin{aligned} K_{11} &= \frac{1}{A_{11} + 2A_{12}}\,, \\ K_{12} &= \frac{A_{12}}{A_{11} - A_{12}}\, K_{11}\,, \\ C_b &= \frac{1}{A_{11} - A_{12}} = K_{11} + 3K_{12}\,. \end{aligned}\right\} \tag{308}$$

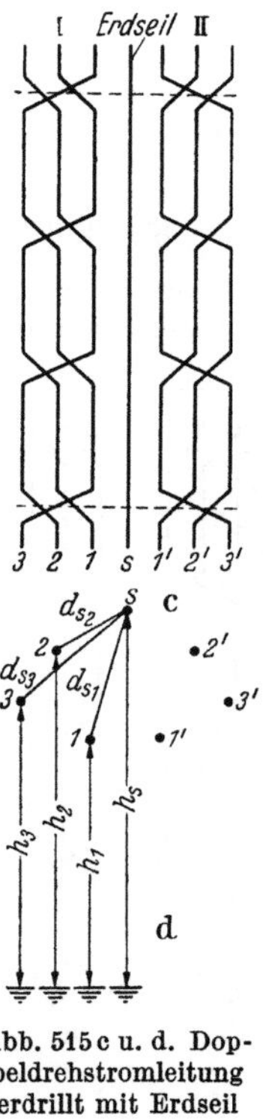

Abb. 515c u. d. Doppeldrehstromleitung verdrillt mit Erdseil

3. Drehstromleitungen mit Erdseil

Es werde eine Drehstromleitung mit Erdseil (Abb. 515c u. d) untersucht, und zwar sei die Ableitung der Formeln sowohl für die Doppel- als auch die Einfachleitung gleichzeitig durchgeführt. Geht man von der Doppelleitung aus und bezeichnet die Potentialkoeffizienten diesmal mit A'_{11} und A'_{12}, so erhält man für die Potentiale der drei Leiter und für das Potential des Erdseils folgende Beziehungen

$$\left.\begin{aligned} u_1 &= A'_{11} q_1 + A'_{12} q_2 + A'_{12} q_3 + a_{1s} q_s\,, \\ u_2 &= A'_{12} q_1 + A'_{11} q_2 + A'_{12} q_3 + a_{1s} q_s\,, \\ u_3 &= A'_{12} q_1 + A'_{12} q_2 + A'_{11} q_3 + a_{1s} q_s\,, \\ u_s = 0 &= a_{1s}(2)\, q_1 + a_{1s}(2)\, q_2 + a_{1s}(2)\, q_3 + a_{ss} q_s\,. \end{aligned}\right\} \tag{309}$$

In den drei ersten Zeilen berücksichtigt das 4. Glied den Einfluß des Erdseiles mit der Ladung q_s auf die Potentiale der Leiter. Hat das Erdseil den Abstand h_s von der Erde, dann ergibt sich a_{1s} nach Gl. (285b) zu

$$a_{1s} = \frac{1}{\varepsilon_0 4\pi} \ln\left(\frac{4hh_s}{d_s'^2} + 1\right). \tag{310}$$

Hierin bedeutet

$$d'_s = \sqrt[3]{d_{s1} d_{s2} d_{s3}} \tag{311}$$

den mittleren Abstand des Erdseiles von den drei Leitungen. Die 4. Gleichung gilt für das Potential des Erdseiles, welches Null ist. Es ist hierin, falls r_s der Radius des Erdseiles ist,

$$a_{ss} = \frac{1}{\varepsilon_0 2\pi} \ln \frac{2h_s}{r_s}\,. \tag{312}$$

Der in der letzten Zeile der Gl. (309) in Klammer geschriebene Faktor 2 gilt nur für den Fall der Doppelleitung, da dann sowohl die Ladung q_1 im rechten als auch im linken System einen Einfluß auf das Potential des Erdseiles ausübt. Bei der Einfachleitung ist der Faktor 2 durch den Faktor 1 zu ersetzen. Multipliziert man die letzte Beziehung der Gl. (309) mit a_{1s}/a_{ss} und zieht sie von der ersten ab, dann erhält man

$$u_1 = \left(A'_{11} - (2)\frac{a_{1s}^2}{a_{ss}}\right) q_1 + \left(A'_{12} - (2)\frac{a_{1s}^2}{a_{ss}}\right) q_2 + \left(A'_{12} - (2)\frac{a_{1s}^2}{a_{ss}}\right) q_3 . \quad (313)$$

Setzt man zur Abkürzung

$$\frac{a_{1s}^2}{a_{ss}} = a_s \quad (314)$$

und im Falle der Doppelleitung

$$\left.\begin{aligned} A_{11} &= A'_{11} - 2a_s = a_{11} + a_{11'} - 2a_s, \\ A_{12} &= A'_{12} - 2a_s = a_{12} + a_{12'} - 2a_s, \end{aligned}\right\} \quad (315)$$

im Falle der Einfachleitung

$$\left.\begin{aligned} A_{11} &= A'_{11} - a_s = a_{11} - a_s, \\ A_{12} &= A'_{12} - a_s = a_{12} - a_s, \end{aligned}\right\} \quad (316)$$

dann geht die Gleichung über in:

$$u_1 = A_{11} q_1 + A_{12} q_2 + A_{12} q_3 . \quad (317)$$

Damit haben auch hier die Beziehungen der Gl. (308) Gültigkeit, sofern für A_{11} und A_{12} die Werte nach Gl. (315) bzw. (316) eingesetzt werden.

4. Drehstromleitungen mit mehreren Erdseilen

Mit den Potentialkoeffizienten lassen sich auch die Kapazitäten K_{11}, K_{12} und C_b für Drehstromleitungen mit mehreren Erdseilen, die in gewitterreichen Gegenden oft angewandt werden, berechnen. Die Berechnung soll nicht durchgeführt werden, da keinerlei neue Gesichtspunkte vorkommen und die Rechnung außerdem etwas langwierig ist. Es wird sich deswegen damit begnügt, im folgenden die Ergebnisse der Rechnung mitzuteilen. Es gelten auch für Drehstromleitungen mit mehreren Erdseilen die Gl. (308), wenn für die Potentialkoeffizienten im Fall der Doppelleitung die Werte der Gl. (315), im Fall der Einfachleitung die Werte der Gl. (316) eingesetzt werden. In den beiden letzten Gleichungen kommt die Größe a_s vor. Ist die Zahl der Erdseile gleich z, dann ergibt sich a_s zu

$$a_s = z \frac{a_{1s}^2}{a_{ss} + (z-1)\, a_{ps}} . \quad (318)$$

Die in dieser Gleichung vorkommenden Koeffizienten ermitteln sich wie folgt:

$$\left.\begin{aligned} a_{1s} &= \frac{1}{\varepsilon_0 4\pi} \ln\left[\frac{2h \cdot 2h_s}{(d'_s)^2} + 1\right], \\ a_{ps} &= \frac{1}{\varepsilon_0 4\pi} \ln\left(\frac{2h_s}{d_s}\right)^2 + 1\right], \\ a_{ss} &= \frac{1}{\varepsilon_0 2\pi} \ln\frac{2h_s}{r_s} . \end{aligned}\right\} \quad (319)$$

In diesen Gleichungen ist

$h = \sqrt[3]{h_1 h_2 h_3}$	p, q, s Erdseile
d, d', d'' wie in den Gln. (289), (304) u. (302)	z Zahl der Erdseile
r Seilradius	$\left.\begin{matrix}1\ 2\ 3\\ 1'\ 2'\ 3'\end{matrix}\right\}$ Leiter des Stromkreises $\left\{\begin{matrix}\text{I}\\ \text{II}\end{matrix}\right.$
r_s Erdseilradius	

h_s sowie d_s berechnen sich entsprechend nachstehender Tabelle. In dieser Tabelle bedeutet z.B. h_q den Abstand des Erdseiles q vom Erdboden. Es bedeutet d_{q1} den Abstand des Erdseiles q vom Leiter 1 des Stromkreises I, d_{pq} den Abstand des Erdseiles p vom Erdseil q.

Tabelle 28

z	1	2	3
h_s	h_s	$\sqrt[2]{h_p h_q}$	$\sqrt[3]{h_p h_q h_s}$
d_s	—	d_{pq}	$\sqrt[3]{d_{ps} d_{sq} d_{qp}}$
d'_s	$\sqrt[3]{d_{s1} d_{s2} d_{s3}}$	$\sqrt[2]{\sqrt[3]{d_{p1} d_{p2} d_{p3}} \cdot \sqrt[3]{d_{q1} d_{q2} d_{q3}}}$	$\sqrt[3]{\sqrt[3]{d_{p1} d_{p2} d_{p3}} \cdot \sqrt[3]{d_{q1} d_{q2} d_{q3}} \cdot \sqrt[3]{d_{s1} d_{s2} d_{s3}}}$

5. Allgemeines zur Berechnung der Leitungskapazitäten

In den Formeln zur Berechnung der Leitungskapazitäten kommt die Größe h, d.i. der mittlere Abstand der drei Phasen vom Erdboden, vor. h ist strenggenommen keine Konstante, da die Leitungen einen gewissen Durchhang aufweisen. Man bekommt jedoch befriedigende Werte, wenn man für h den Wert einsetzt, der etwa dem Schwerpunkt der Leitung entspricht. Diesen findet man genügend genau zu

$$h = H - 0{,}7\,f. \tag{320}$$

Hierin bedeutet H den mittleren Abstand der Seile gegen Erde an den Aufhängepunkten und f den Durchhang der Leitung. Der Durchhang ist von der Temperatur abhängig, also strenggenommen auch die Kapazität. Es genügt jedoch, für den Durchhang f den Wert bei $+10°$ einzusetzen.

Es sei erwähnt, daß die Werte für die Kapazitäten verschiedener Leitungen keinen sehr großen Schwankungen unterworfen sind, da Veränderungen in den Leitungsabständen wenig ausmachen, denn die betreffenden Größen stehen unter dem Logarithmus. Für grobe Überschlagsrechnungen kann man sich für Hochspannungsleitungen merken, daß

die Betriebskapazität in der Größenordnung $C_b = 9 \cdot 10^{-9}$ F/km,

die Erdkapazität bei Doppelleitungen mit Erdseil in der Größenordnung $K_{11} = 3{,}5 \cdot 10^{-9}$ F/km (etwa 40% von C_b) und

die Gegenkapazität bei Doppelleitungen mit Erdseil in der Größenordnung $K_{12} = 1{,}8 \cdot 10^{-9}$ F/km (etwa 50% von K_{11}) liegt.

Bei Einfachleitungen liegt K_{11} höher, etwa bei $5 \cdot 10^{-9}$ F/km und K_{12} etwa bei $1{,}3 \cdot 10^{-9}$ F/km.

Bei der rechnerischen Ermittlung der Erdkapazität K_{11} ergeben sich Werte, die etwas kleiner als die durch die Messung erhaltenen sind. Dies hat seinen Grund darin, daß die Maste zusätzliche Erdkapazitäten bilden, ferner durch Schaltanlagen, Transformatorenstationen usw. ebenfalls eine Vergrößerung der Erdkapazität zustande kommt. Die notwendigen Zuschläge sind um so kleiner, je höher die Spannung ist, da dann weniger Maste und weniger Stationen vorhanden sind. Als Zuschläge zu den rechnerisch erhaltenen Größen kommen etwa Werte nach Tab. 29 in Frage.

Tabelle 29

Betriebsspannung kV	Zuschlag für die Erdkapazität %
10	16
100	9
200	7

d) Über Zusatzverluste und die Koronaerscheinung an Hochspannungsleitungen

Die in einer Leitung auftretenden Verluste entstehen überwiegend durch die Stromwärme. Man dimensioniert bei großen Übertragungsleitungen die Leiter so, daß diese Verluste etwa 2%/100 km Leitungslänge bei Übertragung der natürlichen Leistung betragen. Die Ableitungsverluste über die Isolatoren spielen eine untergeordnete Rolle, da die Isolation einer Leitung relativ hoch ist; der Isolationswiderstand je km Leitung ist in der Regel größer als $20 \times 10^6\ \Omega$.

Bei größeren Leitungsquerschnitten treten zusätzliche Stromwärmeverluste durch die Stromverdrängung auf. Diese entsteht zum Teil durch den normalen Skineffekt, dessen Einfluß bei verseilten Kupferleitern über 20 mm ∅ in der Größenordnung von 10% liegt. Aluminiumseile enthalten aus Festigkeitsgründen Stahlseelen, die durch den Leiterstrom magnetisiert werden; denn der Strom folgt vorwiegend dem Drall der Teilleiter, und obwohl man abwechselnde Lagen im Gegenschlag ausführt, gelingt es nicht vollkommen, die magnetisierende Wirkung der Stromfäden auf die Stahlseele aufzuheben. Zusätzliche Verluste entstehen hier also als Eisenverluste in den Stahldrähten. Bei Aluminium-Stahl-Seilen bis 40 mm ∅ erhält man Zusatzverluste in der Größenordnung von 5%.

Leiter größeren Außendurchmessers werden vielfach als Hohlseile hergestellt. In solchen Seilen aus Aluminium, die ebenfalls eine Stahlseele als Tragkonstruktion enthalten, werden durch den dem Drall folgenden und den Stahl magnetisierenden Strom Zusatzverluste in der Größenordnung von 10% und darüber hervorgerufen. Kupferhohlseile von derartigem Durchmesser bedürfen der Stahlseele nicht und sind daher praktisch zusatzverlustfrei. Bei Bündelleitern, die aus mehreren Aluminium-Stahl-Seilen geringen Durchmessers gebildet werden, sind die zusätzlichen Verluste ebenfalls unerheblich.

Mit dem Höherwerden der Betriebsspannung von Hochspannungsleitungen erhält die Koronaerscheinung größere Bedeutung. Je nach Feldstärke an der Leiteroberfläche und Witterung sind die hiermit verbundenen Verluste verschieden und nehmen unter ungünstigen Verhältnissen beträchtliche Werte an. Bei glatter Leiteroberfläche und trockenem Wetter beginnt eine Leitung zu glimmen, wenn die Feldstärke an der Leiteroberfläche 21,4 kV_{eff}/cm beträgt. Aus der spezifischen Ladung der Leiteroberfläche läßt sich nach Gl. (275b) die Feldstärke berechnen:

$$E = \frac{q}{\varepsilon_0 2 \pi r} . \tag{321}$$

Die Ladung q ist im erdschlußfreien Betrieb

$$q = U_\curlywedge C_b , \tag{322}$$

also kann man die Feldstärke auch schreiben

$$E = \frac{C_b}{\varepsilon_0 2 \pi r} U_\curlywedge . \tag{323}$$

Wenn man $E = 21\,400\ V/\text{cm}$ einsetzt, ergibt sich für die Spannung $U_\curlywedge$, falls r in cm und C_b in F/km eingeführt wird,

$$U_\curlywedge = 1{,}19 \frac{r}{C_b} \cdot 10^{-3} . \tag{324}$$

Diese errechnete Spannung, bei der das Glimmen in der einen ideal glatten Leiter umgebenden Luft einsetzt, berücksichtigt noch nicht, daß die Leiteroberfläche Rauhigkeit besitzt oder daß ein Einfluß der Witterung vorherrscht. Man pflegt diese Einflüsse durch die Einführung eines Faktors, der kleiner als 1 ist, in Gl. (324) zu berücksichtigen. Dieser Faktor beträgt für normale Leiteroberfläche, die bereits dem Einfluß der Alterung im Betrieb unterworfen gewesen ist, und starken Regen etwa 0,7, für trockenes Wetter etwa 0,9.

Bei Leitern großen Durchmessers kann man von einem ausgesprochenen Glimmeinsatz überhaupt kaum sprechen, da die Entladungen an einzelnen Punkten der Oberfläche, an denen eine Rauhigkeit vorliegt, zu beginnen pflegen, und dies geschieht, wie sich durch mathematische Berücksichtigung der Rauhigkeit nachweisen läßt und auch experimentell bestätigt wird, bei etwa einem Drittel der oben angenommenen Einsatzfeldstärke des glatten Leiters.

Haben die Koronaentladungen einmal eingesetzt, so treten Verluste auf, für deren Berechnung Formeln angegeben worden sind, jedoch haben sich diese Formeln im allgemeinen wenig bewährt, da die oben erwähnte

Oberflächenbeschaffenheit und die Wetterlage die Verluste zu sehr und zu unregelmäßig beeinflussen. Man pflegt daher, um die Verluste einer Leitung vorauszuberechnen, Versuchsleitungen zu bauen, die das zur Verwendung vorgesehene Seil unter möglichst natürlichen Verhältnissen zu messen erlauben. Da die Verluste eines Seiles von bestimmtem Außendurchmesser und derselben Oberflächenbeschaffenheit die gleichen bleiben, wenn nur die Feldstärke an der Leiteroberfläche die gleiche ist, so läßt sich das Versuchsergebnis auf die Feldverhältnisse der Übertragungsleitung umrechnen.

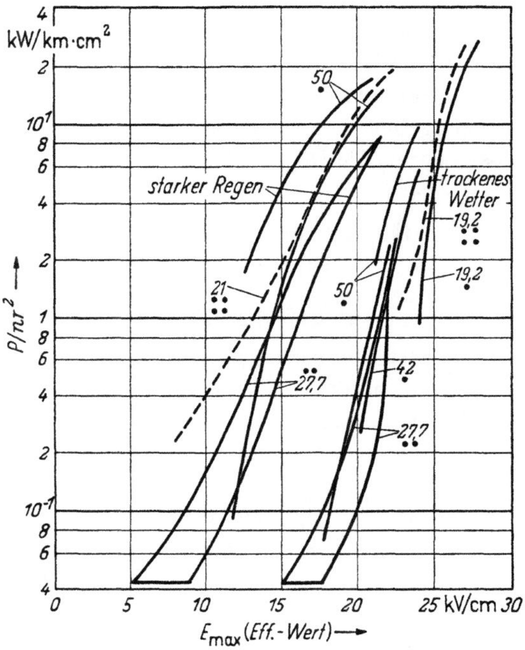

Abb. 516. Berechnungstafel für die Ermittlung der Koronaverluste, abhängig von der Feldstärke

In Abb. 516 ist eine Berechnungstafel wiedergegeben, der eine größere Anzahl von Messungen zugrunde liegt. Man hat zur Anwendung der Tafel die Feldstärke an der Leiteroberfläche nach Gl. (324) und für Bündelleitungen die am Teilleiterumfang vorkommende, höchste Feldstärke (E_{max} als Effektivwert) aus den Leitungskonstanten zu ermitteln. Für diese Feldstärke geht man in den für die gesuchte Witterung und je nach Rauhigkeit des Leiters geltenden Koronabereich und stellt die Verlustgröße $P/n\,r^2$ fest. P bedeutet Verluste je km und Phase, n die Anzahl der parallelen Teilleiter bei Bündelleitungen ($n = 1$ für die Leitung mit Einfachseil), r^2 das Quadrat des Leiter- bzw. Teilleiterradius in cm². Durch Multiplikation der Verlustgröße mit n und r^2 erhält man dann die an dem Leiter bzw. Bündel einer Phase auftretenden Koronaverluste je km in kW.

In einem Beispiel für eine Höchstspannungsleitung von 380 kV Betriebsspannung mit 50-mm-∅-Hohlseil, deren Betriebsfeldstärke zwischen 15 und 17 kV_{eff}/cm zu liegen pflegt, ermittelt man nach Abb. 516 die je Phase auftretenden Koronaverluste bei trockenem Wetter zu etwa 0,2 kW/km und bei starkem Regen zu 20 kW/km. Wenn die Leitung mit Vierfachbündel 4 × 21 mm belegt ist, so pflegt man die Betriebsfeldstärke auf etwa 14 $\mathrm{kV_{eff}/cm}$ zu bemessen. Die entsprechenden Verluste werden dann 0,15 kW/km und 8 kW/km je Phase der Leitung betragen.

Zur Beurteilung dieser Verluste für den Betrieb der Leitung bezieht man sie auf 100 km Leitungslänge und die natürliche Übertragungsleistung. Für das 50-mm-Hohlseil ergibt sich dann bei trockenem Wetter der Wert von etwa 0,02%/100 km, bei starkem Regen dagegen etwa 2% je 100 km. Für die Leitung mit dem Bündelleiter von 4 × 21 mm erhält man dagegen nur 0,004%/100 km bei trockenem Wetter und 0,5%/100km bei starkem Regen. Die Koronaverluste bei trockenem Wetter sind, wirtschaftlich gesehen, ohne Belang. Für die wirtschaftliche Bedeutung der Koronaverluste bei Regen muß berücksichtigt werden, daß ein Regengebiet nur begrenzte Ausdehnung hat und daß, über das Jahr betrachtet, die Regenzeit begrenzt ist.

K. Die Berechnung von Wechselstromnetzen unter Berücksichtigung der Induktivität

a) Leitungen mit gegebener Stromverteilung

Es sei eine einseitig gespeiste Strecke mit dem ohmschen Widerstand r und dem induktiven Widerstand X gegeben (s. Abb. 517a). Die Leitung besitze eine Reihe von Stromabnahmen. Im allgemeinen werden nicht unmittelbar die Ströme, sondern die abgenommenen Leistungen und die Leistungsfaktoren gegeben sein. Die erwähnten Stromabnahmen sind in den meisten Fällen Umspannstationen, die den Strom mit durch Transformatoren herabgesetzter Spannung verteilen. Ist am Ende der Strecke (s. Abb. 517a) die Phasenspannung $U_{\lambda 2}$ (damit auch die verkettete Spannung U_2) bekannt, dann ergibt sich bei einer abgenommenen Leistung P_2 an dieser Abnahme der Strom zu

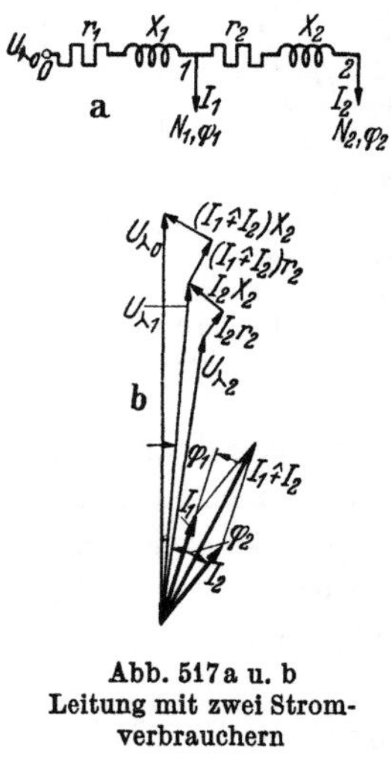

Abb. 517a u. b
Leitung mit zwei Stromverbrauchern

$$I_2 = \frac{P_2}{\sqrt{3}\,U_2 \cos\varphi_2}. \tag{325}$$

Dieser Strom erzeugt auf der Strecke *1–2* einen ohmschen Spannungsabfall $I_2 r_2$, der in Phase mit dem Strom liegt, und einen induktiven Spannungsabfall $I_2 X_2$, der dem Strom um 90° voreilt. Die geometrische Addition dieser Spannungsabfälle zur Phasenspannung $U_{\lambda 2}$ ergibt die Spannung $U_{\lambda 1}$ in *1*. Der Strom I_1 kann jetzt aus N_1 berechnet und unter dem Winkel φ_1 an $U_{\lambda 1}$ angetragen werden.

$$I_1 = \frac{P_1}{\sqrt{3}\,U_1 \cos\varphi_1}. \tag{326}$$

Bei Berechnung der Spannungsabfälle auf der Strecke *0–1* in r_1 und X_1 muß beachtet werden, daß diese Widerstände vom geometrischen Summenstrom $I_1 \hat{+} I_2$ durchflossen werden. Durch Addition dieser ohmschen und induktiven Spannungsabfälle zu $U_{\lambda 1}$ erhält man die an der Speisestelle vorhandene Spannung $U_{\lambda 0}$ (Abb. 517b).

Auch die zweiseitig gespeiste Strecke nach Abb. 518a ist berechenbar, falls die Stromverteilung von vornherein gegeben ist. Stellt man beispielsweise die Forderung, daß die Abnahmestelle *2*, deren Spannung bekannt sei, vom Speisepunkt I den Strom I_{I} und vom Speisepunkt II den Strom I_{II} beziehen soll, dann kann man ohne weiteres die Leitung in *2* aufschneiden. Man erhält damit zwei einseitig gespeiste Strecken, wodurch die Berechnung der Spannungen $U_{\lambda \mathrm{I}}$ und $U_{\lambda \mathrm{II}}$ möglich ist. Diese beiden Spannungen (s. Abb. 518b) werden im allgemeinen verschiedene Größe und Phasenlage haben. Damit die geforderte Strombelieferung auch eingehalten wird, muß es möglich sein, daß die Spannungen in den Speisepunkten I und II wie berechnet auch eingeregelt werden können. Strecken mit beliebig vielen Speisestellen und Stromabnahmen (s. Abb. 519a) können in ähnlicher Weise berechnet werden, nur muß

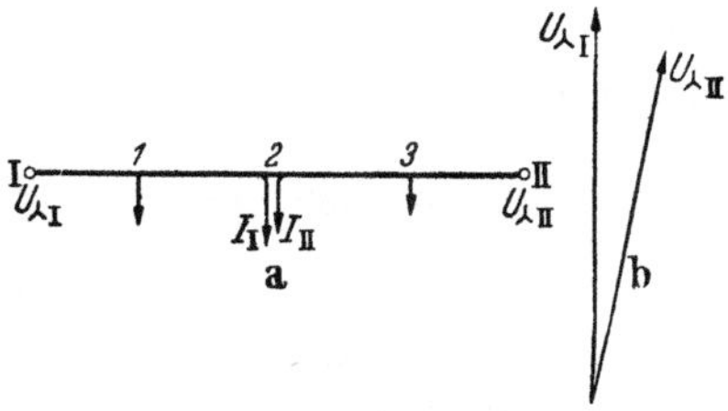

Abb. 518a u. b. Zweiseitig gespeiste Leitung mit gegebener Stromverteilung

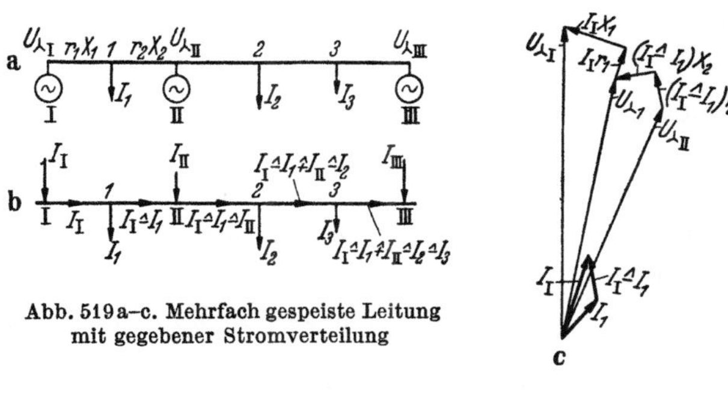

Abb. 519a–c. Mehrfach gespeiste Leitung mit gegebener Stromverteilung

von vornherein festgelegt werden, in welcher Weise die Leistungen bzw. die Ströme auf die einzelnen Kraftwerke verteilt werden sollen (Abb. 519b). Diese Verteilung wird entsprechend der Leistungsfähigkeit der Werke vorgenommen. Es muß sein:

$$I_{\mathrm{I}} \hat{+} I_{\mathrm{II}} \hat{+} I_{\mathrm{III}} = I_1 \hat{+} I_2 \hat{+} I_3 . \qquad (327)$$

Ist die Spannung beispielsweise in I gegeben, sie sei gleich $U_{\lambda \mathrm{I}}$, dann muß man, um $U_{\lambda 1}$ zu erhalten, den durch I_1 bedingten ohmschen und induktiven Spannungsabfall von $U_{\lambda \mathrm{I}}$ geometrisch abziehen (s. Abb. 519c).

Die Spannung $U_{\lambda\,\text{II}}$ in II ergibt sich dadurch, daß man die durch den Strom $I_{\text{I}} \triangleq I_1$ bedingten Spannungsabfälle von $U_{\lambda\,\text{I}}$ abzieht usw. Auf diese Weise können unter Benutzung der in Abb. 519b eingetragenen Ströme sämtliche Spannungen ermittelt werden.

Beim Konstruieren der Spannungsdiagramme denkt man sich diese oft mit $\sqrt{3}$ multipliziert. Dadurch kann man statt der Phasenspannungen jetzt numerisch die verketteten Spannungen einsetzen (obgleich diese eine andere Phasenlage haben), muß aber bei der Berechnung der Spannungsabfälle alle Widerstände $\sqrt{3}$-mal größer annehmen.

b) Leitungen mit gesuchter Stromverteilung

1. Komplexe Rechnung

Wenn in Netzgebilden zur Berechnung der Spannungen erst die Stromverteilung ermittelt werden muß, versagt die bis jetzt geführte rein geometrische Betrachtung. Man muß in solchen Fällen die Hilfsmittel der komplexen Rechnung anwenden, wobei wir diese vorwiegend in geometrischer Form gebrauchen wollen. Es ist bekannt, daß man in der Gaußschen Zahlenebene einen Zeiger $\mathfrak{I}$ vom absoluten Betrag I (Zeiger als komplexe Größen werden deutsch, ungerichtete Größen lateinisch geschrieben) wie folgt schreiben kann (Abb. 520a):

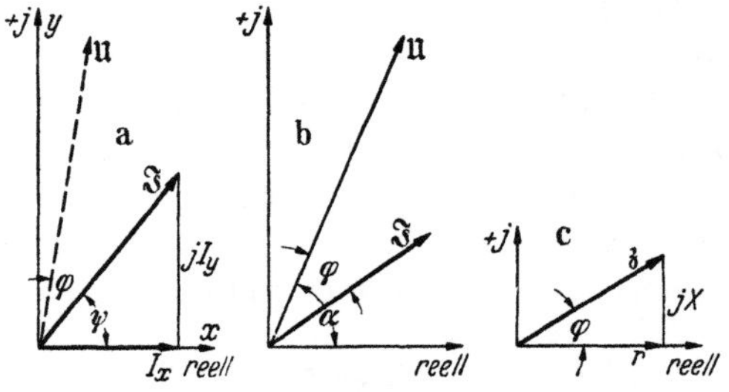

Abb. 520 a–c. Zeigerbilder

$$\mathfrak{I} = I_x + j\,I_y = I\,(\cos\psi + j\sin\psi)\,. \tag{328}$$

Darin bedeutet: $j = \sqrt{-1}$ die imaginäre Einheit, I den absoluten Wert und ψ den Winkel zwischen Zeiger $\mathfrak{I}$ und der Abszissenachse. I ergibt sich zu: $I = \sqrt{I_x^2 + I_y^2}$. Nach den Gesetzen der Mathematik ist

$$\cos\psi + j\sin\psi = e^{j\psi}\,.$$

Man kann also auch schreiben:

$$\mathfrak{I} = I\,e^{j\psi}\,. \tag{329}$$

Diese Gleichung besagt, daß der Zeiger $\mathfrak{I}$ gleich ist dem absoluten Wert I, multipliziert mit $e^{j\psi}$, d. h. mit einem Zeiger von der Größe 1, der gegen die Abszissenachse den Winkel ψ bildet. ψ berechnet sich zu

$$\tan\psi = \frac{I_y}{I_x}\,. \tag{330}$$

Das Rechnen mit komplexen Zahlen sei an einigen Beispielen gezeigt.

Ein Wechselstrom $\mathfrak{J}$ durchfließe einen ohmschen Widerstand r und einen induktiven Widerstand X. Ermittelt soll die Spannung werden. Man bildet zunächst (die Zweckmäßigkeit wird sich später zeigen) für die Impedanz nach Abb. 520c einen Zeiger

$$\mathfrak{z} = r + j\,X \tag{331}$$

vom absoluten Betrag z und dem Winkel φ gegen die reelle Achse:

$$\tan\varphi = \frac{X}{r}\,. \tag{332}$$

Multiplizieren wir den Stromwert $\mathfrak{J}$ mit der Impedanz $\mathfrak{z}$, dann ergibt sich ein Zeiger $\mathfrak{U}$

$$\mathfrak{U} = \mathfrak{J}\,\mathfrak{z} = I\,e^{j\psi} z\,e^{j\varphi} = I\,z\,e^{(\psi+\varphi)}, \tag{333}$$

dessen Größe gleich dem Produkt der absoluten Beträge der Einzelzeiger, also gleich $I\,z$ ist und der gegen die Abszissenachse den Winkel $\psi + \varphi$ bildet (s. Abb. 520a). $\mathfrak{U}$ eilt also gegen $\mathfrak{J}$ um den Winkel φ vor. Da $\tan\varphi = X/r$ und der absolute Betrag von $\mathfrak{z}$ gleich $z = \sqrt{r^2 + X^2}$ ist, muß der gebildete Zeiger $\mathfrak{U}$ gleich der Wechselspannung sein, die den Strom $\mathfrak{J}$ durch den ohmschen Widerstand r und den induktiven Widerstand X treibt. Hat man umgekehrt einen Spannungszeiger $\mathfrak{U} = U\,e^{j\alpha}$ (s. Abb. 520b) und teilt diesen durch die Größe $\mathfrak{z} = z\,e^{j\varphi}$, so ergibt sich ein Zeiger

$$\mathfrak{J} = \frac{\mathfrak{U}}{\mathfrak{z}} = \frac{U\,e^{j\alpha}}{z\,e^{j\varphi}} = \frac{U}{z}\,e^{j(\alpha-\varphi)}, \tag{334}$$

der gegen $\mathfrak{U}$ um den Winkel φ zurückgedreht ist (s. Abb. 520b) und dessen Größe und Richtung mit den Forderungen der Wechselstromtheorie übereinstimmt. Wir können also das ohmsche Gesetz auch auf Wechselstrom, d.h. auf Zeiger anwenden, sofern man statt der Widerstände die Impedanzen als Zeiger in die Gleichung einführt. Liegt die Spannung $\mathfrak{U}$ an einer Reihenschaltung von einem Widerstand r, einem induktiven Widerstand $X_L = \omega L$ und einem kapazitiven Widerstand $X_C = 1/\omega C$, so ist in die Rechnung als Impedanz der Wert

$$\mathfrak{z} = r + j\,(X_L - X_C) = r + j\left(\omega L - \frac{1}{\omega C}\right) \tag{335}$$

einzusetzen. Dabei ist

$$z = \sqrt{r^2 + \left(\omega L - \frac{1}{\omega C}\right)^2} \quad \text{und} \quad \tan\varphi = \frac{\omega L - \frac{1}{\omega C}}{r}\,. \tag{336}$$

Für die geometrische Betrachtung von Wechselstromaufgaben ist das Ergebnis wichtig, daß man zwei Zeiger miteinander multipliziert, indem man die absoluten Beträge multipliziert und die Richtung des neuen Zeigers erhält, indem man die Winkel der beiden Zeiger (von der reellen Achse aus gemessen) addiert, daß man zwei Zeiger durcheinander dividiert, indem man die absoluten Beträge dividiert und die Richtung des neuen Zeigers durch Subtraktion der Winkel erhält. Die Addition und Subtraktion von Zeigern ist selbstverständlich geometrisch durchzuführen.

Der große Vorteil der komplexen Behandlung von Wechselstromaufgaben besteht darin, daß sämtliche bis jetzt für rein ohmsche Widerstände abgeleiteten Beziehungen zwischen den Spannungen und Strömen

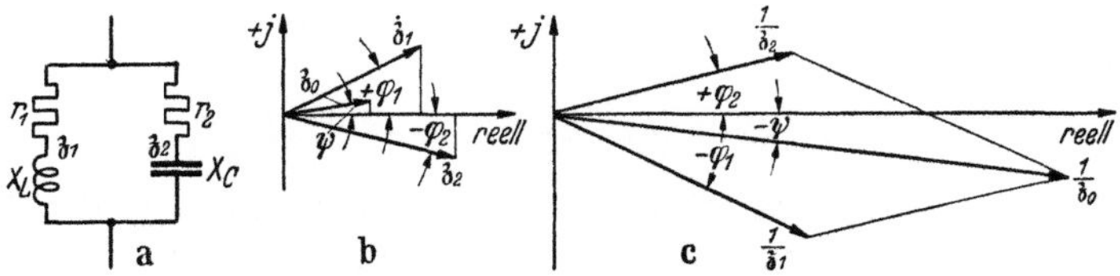

Abb. 521 a–c. Ermittlung der Impedanz einer Stromverzweigung

unverändert übernommen werden können, sofern man sie ins Geometrische übersetzt. Beispielsweise gilt für den Ersatzwiderstand r_0 von zwei Widerständen r_1 und r_2

$$\frac{1}{r_0} = \frac{1}{r_1} + \frac{1}{r_2}. \tag{337}$$

Sinngemäß berechnet sich die Ersatzimpedanz $\mathfrak{z}_0$ zweier parallel geschalteter Impedanzen (Abb. 521 a) $\mathfrak{z}_1 = r_1 + jX_L$ und $\mathfrak{z}_2 = r_2 - jX_c$ aus

$$\frac{1}{\mathfrak{z}_0} = \frac{1}{\mathfrak{z}_1} + \frac{1}{\mathfrak{z}_2}. \tag{338}$$

Wir wollen $\mathfrak{z}_0$ graphisch ermitteln und bilden zunächst $1/\mathfrak{z}_1$. Da $\mathfrak{z}_1 = z_1 e^{j\varphi_1}$ ist (Abb. 521 b), wird $\frac{1}{\mathfrak{z}_1} = \frac{1}{z_1} e^{j(-\varphi_1)}$. Man ersieht hieraus, daß die Richtung des Zeigers $1/\mathfrak{z}_1$ durch den Winkel $-\varphi_1$ bestimmt ist, also durch Spiegelung von $\mathfrak{z}_1$ in bezug auf die reelle Achse erhalten wird (Abb. 521 c). Der absolute Betrag von $1/\mathfrak{z}_1$ ist gleich $1/z_1$, kann also berechnet werden. Entsprechendes gilt für $1/\mathfrak{z}_2$. Die geometrische Summe von $1/\mathfrak{z}_1 + 1/\mathfrak{z}_2$ ergibt $1/\mathfrak{z}_0$. Um $\mathfrak{z}_0$ zu erhalten, muß $1/\mathfrak{z}_0$ in bezug auf die reelle Achse gespiegelt werden und die absolute Größe $z_0 = \frac{1}{(1/z_0)}$ berechnet werden. ($1/z_0$ kann aus Abb. 521 c abgegriffen werden.) Der so gebildete Zeiger $\mathfrak{z}_0$ ist in der Abb. 521 b eingezeichnet. In ähnlicher Weise kann man beliebige Impedanzkombinationen geometrisch ermitteln. Selbstverständlich kann man $\mathfrak{z}_0$ auch rechnerisch ermitteln, indem man für $\mathfrak{z}_1$ und $\mathfrak{z}_2$ die reellen und imaginären Bestandteile einsetzt.

Ein weiteres Beispiel zeige die Anwendung der komplexen Rechnung auf Netzaufgaben. Es sei ein Impedanzstern (Abb. 522a) mit den Impedanzen $\mathfrak{z}_1$, $\mathfrak{z}_2$ und $\mathfrak{z}_3$ gegeben, deren Größen und Richtungen aus der Abb. 522b entnommen werden können. Die Potentiale der Punkte *1*, *2* und *3* sind durch das Potentialdreieck *1*, *2*, *3* der Abb. 522c gegeben oder, wenn wir für unsere Betrachtungen das Potential des Punktes *2* will-

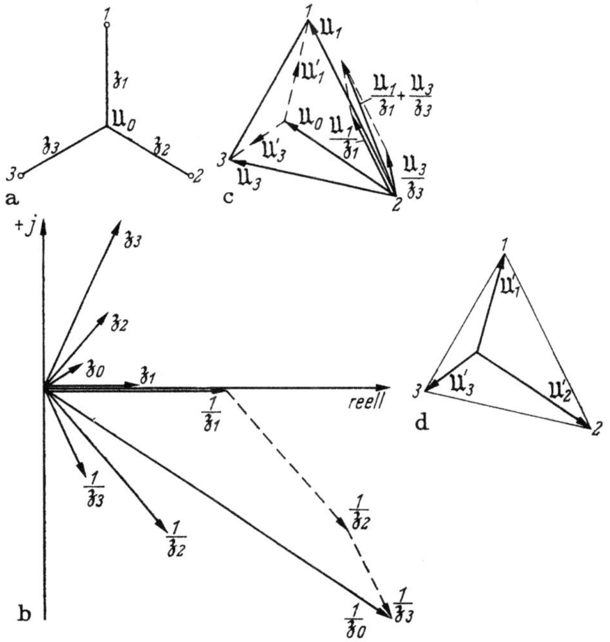

Abb. 522a–d. Bestimmung der Mittelpunktspannung eines unsymmetrischen Drehstromsystems

kürlich gleich 0 setzen, sind die Potentiale von *1* und *3* durch die Zeiger $\mathfrak{U}_1$ und $\mathfrak{U}_3$ (Abb. 522c) gegeben. Die Sternpunktsgleichung Gl. (219) geht unter Beachtung, daß $\mathfrak{U}_2 = 0$ gesetzt ist (desgleichen ist die Stromabnahme im Sternpunkt gleich 0), über in

$$\mathfrak{U}_0 = \mathfrak{z}_0 \left(\frac{\mathfrak{U}_1}{\mathfrak{z}_1} + \frac{\mathfrak{U}_3}{\mathfrak{z}_3} \right). \tag{339}$$

Um diesen Ausdruck zu konstruieren, muß zunächst $\mathfrak{z}_0$ auf Grund der Beziehung $1/\mathfrak{z}_0 = 1/\mathfrak{z}_1 + 1/\mathfrak{z}_2 + 1/\mathfrak{z}_3$ gebildet werden. Diese Konstruktion ist in Abb. 522b durchgeführt worden. Man benötigt ferner die Zeiger $\mathfrak{U}_1/\mathfrak{z}_1$ und $\mathfrak{U}_3/\mathfrak{z}_3$, die man addieren muß. Da $\mathfrak{U}_1$, $\mathfrak{U}_3$ und $\mathfrak{z}_1$, $\mathfrak{z}_3$ bekannt sind, kann $(\mathfrak{U}_1/\mathfrak{z}_1 + \mathfrak{U}_3/\mathfrak{z}_3)$ ermittelt werden (s. Abb. 522c). Multipliziert man jetzt $(\mathfrak{U}_1/\mathfrak{z}_1 + \mathfrak{U}_3/\mathfrak{z}_3)$ mit der resultierenden Impedanz $\mathfrak{z}_0$, welche nach Abb. 522b gebildet wird, dann erhält man das Potential $\mathfrak{U}_0$ des Sternpunktes und damit auch die an den drei Impedanzen $\mathfrak{z}_1$, $\mathfrak{z}_2$ und $\mathfrak{z}_3$ wirkenden Spannungen $\mathfrak{U}_1'$, $\mathfrak{U}_2'$ und $\mathfrak{U}_3'$ (s. Abb. 522d), so daß die Berechnung der Ströme $\mathfrak{I}_1$, $\mathfrak{I}_2$ und $\mathfrak{I}_3$ möglich ist. Beispielsweise ist $\mathfrak{I}_1 = \mathfrak{U}_1'/\mathfrak{z}_1$.

2. Berechnung der beidseitig gespeisten Strecke

Es sei die beidseitig gespeiste Strecke nach Abb. 523a betrachtet. Die Wechselstrompotentiale (Abb. 523b) in den Speisepunkten I und II seien gleich. Dieser Fall liegt vor bei einem einseitig gespeisten Ring, den man aus der Abb. 523a erhält, wenn man die Punkte I und II zusammenfallen

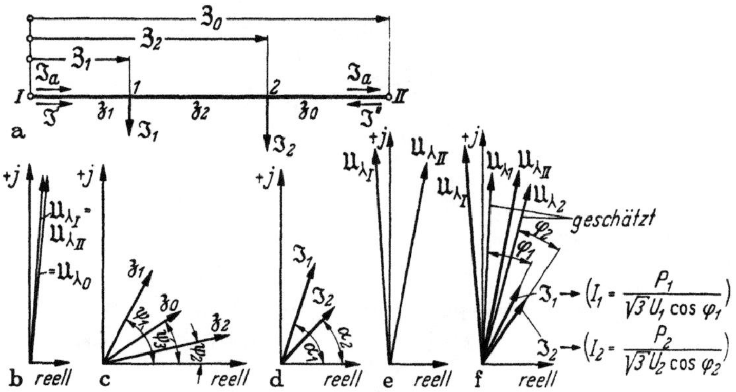

Abb. 523a–f. Zweiseitig gespeiste Leitung

läßt. Es sind die Stromabnahmen $\mathfrak{I}_1$ und $\mathfrak{I}_2$ sowie die Leitungsimpedanzen $\mathfrak{z}_1$, $\mathfrak{z}_2$, $\mathfrak{z}_0$ nach Abb. 523d u. c gegeben. Man kann weiterhin bilden

$$\mathfrak{Z}_1 = \mathfrak{z}_1,$$
$$\mathfrak{Z}_2 = \mathfrak{z}_1 + \mathfrak{z}_2,$$
$$\mathfrak{Z}_0 = \mathfrak{z}_1 + \mathfrak{z}_2 + \mathfrak{z}_0.$$

Es ergibt sich bei sinngemäßer Anwendung der für die gleichstrombelastete Leitung abgeleiteten Gleichungen der von II in die Leitung hineinfließende Strom zu

$$\mathfrak{I}'' = \frac{\mathfrak{I}_1\mathfrak{Z}_1 + \mathfrak{I}_2\mathfrak{Z}_2}{\mathfrak{Z}_0} \tag{340}$$

und der von I in die Leitung fließende Strom zu

$$\mathfrak{I}' = \mathfrak{I}_1 + \mathfrak{I}_2 - \mathfrak{I}''. \tag{341}$$

Da sämtliche Größen bekannt sind, lassen sich $\mathfrak{I}''$ bzw. $\mathfrak{I}'$ berechnen bzw. geometrisch konstruieren. Ist die Spannung in I und II bekannt, sie sei gleich $\mathfrak{U}_{\lambda 0}$, so läßt sich jetzt bei bekannter Stromverteilung die Spannung im Punkt 1 ermitteln.

$$\mathfrak{U}_{\lambda 1} = \mathfrak{U}_{\lambda 0} - \mathfrak{I}'\mathfrak{z}_1. \tag{342}$$

In gleicher Weise erhält man die Spannung $\mathfrak{U}_{\lambda 2}$

$$\mathfrak{U}_{\lambda 2} = \mathfrak{U}_{\lambda 1} - (\mathfrak{J}' - \mathfrak{J}_1)\,\mathfrak{z}_2\,. \tag{343}$$

Im allgemeineren Fall sind $\mathfrak{U}_{\lambda\,\mathrm{I}}$ und $\mathfrak{U}_{\lambda\,\mathrm{II}}$ nicht gleich (Abb. 523e), sondern voneinander verschieden. Dies bedingt einen zusätzlichen Ausgleichstrom von der Größe

$$\mathfrak{J}_a = \frac{\mathfrak{U}_{\lambda\,\mathrm{I}} - \mathfrak{U}_{\lambda\,\mathrm{II}}}{\mathfrak{Z}_0}\,, \tag{344}$$

wobei als positive Richtung für den Ausgleichstrom die Richtung von I nach II gilt. Man erhält jetzt für die einzelnen Spannungen folgende Werte:

$$\left.\begin{aligned} \mathfrak{U}_{\lambda 1} &= \mathfrak{U}_{\lambda\,\mathrm{I}} - (\mathfrak{J}' + \mathfrak{J}_a)\,\mathfrak{z}_1\,, \\ \mathfrak{U}_{\lambda 2} &= \mathfrak{U}_{\lambda 1} - (\mathfrak{J}' + \mathfrak{J}_a - \mathfrak{J}_1)\,\mathfrak{z}_2\,. \end{aligned}\right\} \tag{345}$$

Diese Spannungen können ebenfalls leicht geometrisch gebildet werden.

Da man in Hochspannungsnetzen meistens wesentlich größere Spannungsabfälle hat als in Niederspannungsnetzen, kann man, wenn nicht die Ströme, sondern die Leistungen beim Abnehmer gegeben sind, zur Berechnung der Ströme nicht annehmen, daß die beim Abnehmer vorhandene Spannung und Phasenlage gleich der der Speisestelle ist. Dies geht an und für sich schon nicht, wenn zwei Speisestellen (Abb. 523) mit verschiedenen Spannungen und verschiedenen Phasenlagen vorhanden sind. Man muß sich dann so helfen, daß man die Spannungen an den Abnahmestellen (Abb. 523f) in bezug auf Größe und Phasenlage schätzt und aufzeichnet und hiernach mit den bekannten Leistungen P (in W) und bekannten $\cos\varphi$ die Ströme I berechnet und ebenfalls ins Diagramm einträgt. Mit diesen Strömen konstruiert man in bekannter Weise die Spannungen an den Abnahmestellen und muß nun feststellen, ob dieselben stark von den angenommenen Spannungen abweichen. Sollte dies der Fall sein, so wird man mit den neuen Spannungen aus den bekannten Leistungen nochmals die Abnahmeströme berechnen und mit diesen die Rechnung durchführen. Diese zweite Rechnung ergibt dann meist die Spannungen mit genügender Genauigkeit. In der Mehrzahl der Fälle wird man schon mit der ersten Rechnung genügend genaue Ergebnisse erzielen.

c) Berücksichtigung der Leitungskapazität

Die Freileitungen sowie die Kabel besitzen eine über die gesamte Leitungslänge gleichmäßig verteilte Kapazität. Bei symmetrischen Belastungen kann man je Phase mit einer sogenannten Betriebskapazität rechnen, die sich nach den Angaben auf S. 491 berechnen läßt. Für die meisten Rechnungen ist es zweckmäßig, nicht mit verteilten, sondern mit konzentrierten Kapazitäten zu rechnen. Es sei beispielsweise eine Leitung von der Länge l km und der auf den km bezogenen Betriebskapazität c vorhanden. Man kann sich nun die längs der Leitung verteilte Kapazität entweder durch eine in der Mitte der Leitung angreifende konzentrierte Kapazität von der Größe $C = l\,c$ (Abb. 524a) oder auch durch zwei Kapazitäten von je $C/2$, die auf die beiden Enden der Leitung konzentriert sind, ersetzt denken (in Abb. 524a gestrichelt gezeichnet). Die Annahme einer konzentriert gedachten Leitungskapazität ist je nach verlangter Genauigkeit zulässig bis zu Entfernungen von 300 bis 500 km (s. S. 544). Hat man eine einseitig oder auch zweiseitig gespeiste Strecke mit einer Reihe von Streckenabschnitten, so kann man sich für jeden Abschnitt (Abb. 524b) die Leitungskapazitäten auf die Enden, also auf die Punkte *1*, *2*, I und II verteilt denken und diese dann dort zusammenfassen (Abb. 524c). Die Phasenspannung an der Abnahme *1* sei gleich $U_{\lambda 1}$. Diese Spannung ruft einen um 90° voreilenden kapazitiven Strom hervor von der Größe $I_{C_1} = U_{\lambda 1}/X_{C_1} = U_{\lambda 1}\omega C_1$ oder komplex geschrieben

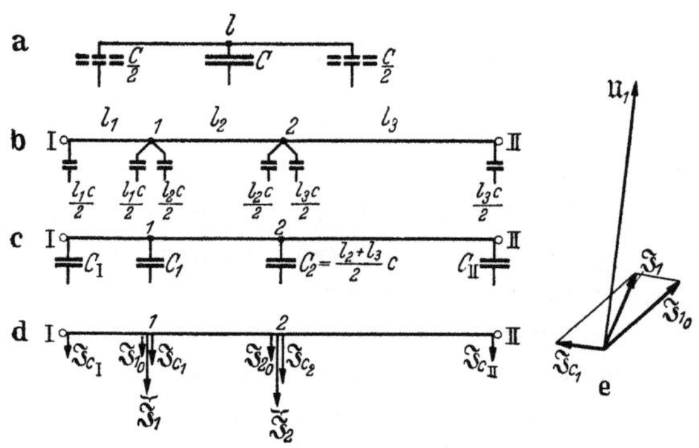

Abb. 524a–e. Berücksichtigung der Leitungskapazität

$$\mathfrak{I}_C = j\,\omega\,C_1\,\mathfrak{U}_{\lambda 1}\,. \tag{346}$$

Da man, falls die Leistungen gegeben sind, zur Ermittlung der abgenommenen Verbraucherströme $\mathfrak{I}_{10}$ und $\mathfrak{I}_{20}$ die Spannungen $\mathfrak{U}_1$, $\mathfrak{U}_2$ haben bzw. schätzen muß, kann man auch gleichzeitig die Ladeströme $\mathfrak{I}_C$ der Leitung (s. Abb. 524d) berechnen. Im Punkt *1* greift damit (unter Berücksichtigung der konzentrierten Leitungskapazität) als Gesamtstrom der Strom (Abb. 524e)

$$\mathfrak{I}_1 = \mathfrak{I}_{10} + \mathfrak{I}_{C1} \tag{347}$$

an. Da die Belastungs- und Ladeströme für die übrigen Abnahmestellen genauso bestimmt werden können, kann die Berechnung der Leitung nach den bisherigen Grundsätzen erfolgen.

d) Die Berechnung von Leitungen unter Benutzung der Wirk- und Blindströme der Abnehmer

Es sei eine einseitig gespeiste Leitung (Abb. 525) mit den Impedanzen $\mathfrak{Z}_1$, $\mathfrak{Z}_2$ usw. oder allgemein geschrieben mit den Impedanzen $\mathfrak{Z}$ vorhanden. Der Spannungsabfall auf der Leitung kann unter Benutzung der komplexen Rechnung geschrieben werden:

$$\Delta \mathfrak{U} = \mathfrak{I}\,\mathfrak{Z}. \tag{348}$$

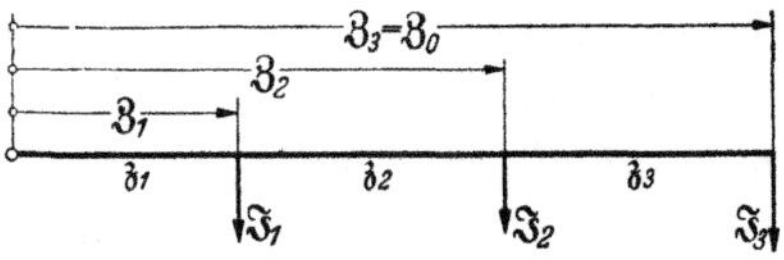

Abb. 525. Leitung mit mehreren Stromverbrauchern

In unserem speziellen Beispiel, in dem drei Stromabnahmen vorhanden sind, wollen wir vorübergehend annehmen, daß die Spannung am Ende der Leitung $\mathfrak{U}_{\lambda 3}$ und die Spannung am Anfang der Leitung $U_{\lambda 0}$ der Größe und Phase nach bekannt (s. Abb. 526) seien. Wir legen unser Koordinatensystem (in der Abb. 526 dünn gezeichnet) so, daß die imaginäre Achse eine mittlere Richtung zwischen den beiden Spannungen $\mathfrak{U}_{\lambda 0}$ und $\mathfrak{U}_{\lambda 3}$ einnimmt. Die vorhandenen Ströme $\mathfrak{I}_1$, $\mathfrak{I}_2$ und $\mathfrak{I}_3$ oder ganz allgemein geschrieben $\mathfrak{I}$, zerlegen wir in je eine Blindkomponente I_b, welche in Richtung der reellen und in eine Wirkkomponente I_w, welche in Richtung der imaginären Achse fällt. Ferner zerlegen wir den Spannungsabfall $\Delta\mathfrak{U}$ ebenfalls (s. Abb. 526) in zwei Komponenten ΔU_b und ΔU_w. Wir können jetzt die Gl. (348), da $\mathfrak{Z} = r + jX$ ist, auch schreiben:

$$\left.\begin{aligned} j\Delta U_w + \Delta U_b &= \sum (j I_w + I_b)(r + jX), \\ j\Delta U_w + \Delta U_b &= j\sum (I_w r + I_b X) + \sum (I_b r - I_w X). \end{aligned}\right\} \tag{349}$$

Der reelle Teil und der imaginäre Teil dieser Gleichung müssen übereinstimmen, also gilt:

$$\Delta U_w = \sum (J_w r + I_b X), \tag{350}$$

$$\Delta U_b = \sum (I_b r - I_w X). \tag{351}$$

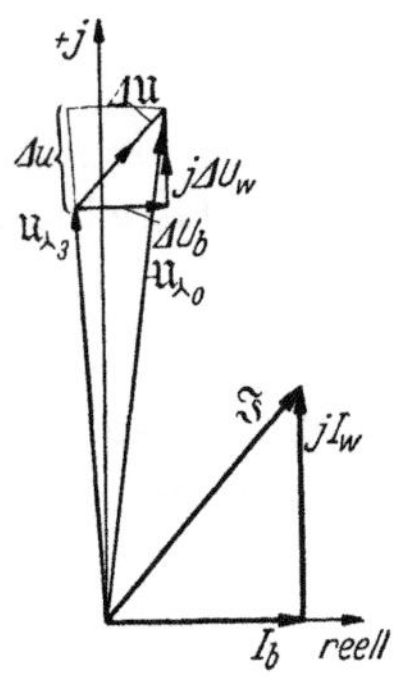

Abb. 526. Diagramm

Nun ist ΔU_w mit ziemlicher Annäherung gleich dem Spannungsabfall $\Delta U = U_{\lambda 0} - U_{\lambda 3}$, so daß wir für diesen auch schreiben können:

$$\Delta u = \sum I_w r + \sum I_b X. \tag{352}$$

Die Ströme I_w und I_b sind die Wirk- bzw. Blindströme für eine Spannung, die mit der j-Achse zusammenfällt. Da die tatsächlich vorhandenen Spannungen in ihrer Richtung von dieser mittleren Spannungslage meist nicht sehr abweichen, kann man I_w und I_b auch als Wirk- und Blindströme, bezogen auf diese tatsächlichen Spannungen, betrachten. Man hat dann das Gesetz, daß der Spannungsabfall der Leitung gleich ist der Summe der Strommomente, gebildet aus den Wirkströmen mal den Widerständen (gemessen von der Speisestelle aus) plus der Summe der Strommomente, gebildet aus den Blindströmen mal den Reaktanzen. Sind nicht die Ströme, sondern die Leistungen gegeben, dann müssen die Spannungen zunächst angenommen und hieraus die Ströme berechnet werden, die dann in die Gl. (352) eingesetzt werden.

Diese oft angewandte Näherungsmethode zur Berechnung des Spannungsabfalls in einer Leitung, welche auch auf einseitig gespeiste Strahlennetze übertragen werden kann, ist sehr einfach, und man mag geneigt sein, das Verfahren bei beliebig vermaschten Netzen anzuwenden, da man dann den Vorteil hätte, daß, nachdem einmal sämtliche Ströme in Wirk- und Blindströme zerlegt sind, man die Wirk- und Blindströme je für sich betrachtet und die Spannungsabfälle am Schluß ähnlich Gl. (352) superponiert. Leider ist unser Gesetz allgemein nur für einseitig gespeiste Leitungen gültig. Schon für die zweiseitig gespeiste Strecke gilt es nur, wie wir sehen werden, unter einschränkenden Voraussetzungen.

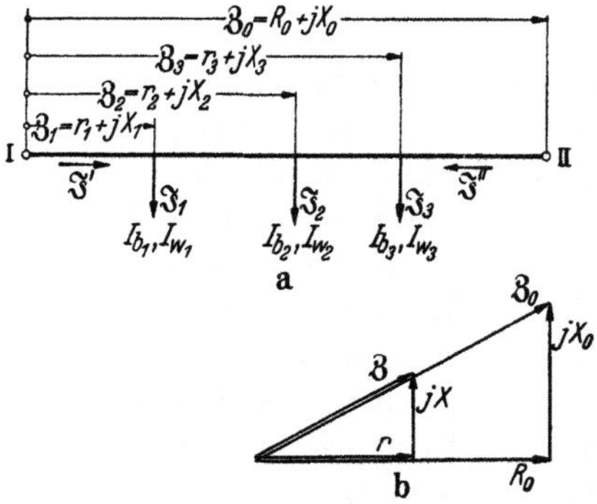

Abb. 527a u. b. Zweiseitig gespeiste Leitung

Es sei die zweiseitig gespeiste Strecke nach Abb. 527a gegeben. Die Spannungen in den Punkten I und II seien gleich. Der von II in die Leitung hineinfließende Strom läßt sich berechnen zu:

$$\mathfrak{J}'' = \frac{\Sigma \mathfrak{J}\,\mathfrak{Z}}{\mathfrak{Z}_0}, \quad \text{wobei} \quad \mathfrak{Z}_0 = \mathfrak{z}_1 + \mathfrak{z}_2 + \cdots. \tag{353a}$$

Spalten wir sämtliche Ströme in Wirk- und Blindströme auf, dann geht unsere Gleichung über in:

$$\mathfrak{J}'' = j\,I_w'' + I_b'' = j\sum \frac{I_w \mathfrak{Z}}{\mathfrak{Z}_0} + \sum \frac{I_b \mathfrak{Z}}{\mathfrak{Z}_0}. \tag{353b}$$

Nehmen wir an, daß die einzelnen Impedanzen der Leitung $\mathfrak{Z}_1, \mathfrak{Z}_2, \mathfrak{Z}, \mathfrak{Z}_0$ (s. Abb. 527b) gleiche Richtung haben, dann wird:

$$\frac{\mathfrak{Z}}{\mathfrak{Z}_0} = \frac{r}{R_0} = \frac{X}{X_0} \quad \text{oder auch} \quad \frac{X}{r} = \frac{X_0}{R_0}.$$

Man kann also Gl. (353b) in diesem angenommenen Fall auch schreiben:

$$j\,I_w'' + I_b'' = j\,\frac{\Sigma I_w r}{R_0} + \frac{\Sigma I_b X}{X_0}. \tag{353c}$$

Hieraus folgt:

$$I_w'' = \frac{\Sigma I_w r}{R_0} \quad \text{und} \quad I_b'' = \frac{\Sigma I_b X}{X_0}. \tag{354}$$

Weiter ist:

$$I'_w = \sum I_w - I''_w \quad \text{und} \quad I'_b = \sum I_b - I''_b \,. \tag{355}$$

Nach diesen Formeln können wir also Wirk- und Blindströme für sich getrennt betrachten und auch die Wirk- und Blindströme auf die Leitungsenden überführen. Voraussetzung für die getrennte Betrachtung der Wirk- und Blindströme, welche auch auf ganze Netze übertragen werden kann, ist allerdings, daß auf den Leitungen die Größe X/r konstant ist, was normalerweise gleichbedeutend mit konstantem Querschnitt der Leitungen ist. Oft wird man, um obiges Rechenverfahren ausführen zu können, näherungsweise annehmen können, daß X/r konstant ist. Prinzipiell ist obiges Rechenverfahren identisch mit dem auf S. 504 gebrachten, so daß die jetzt bewiesenen Einschränkungen auch dort gelten.

e) Verluste in einer Fernleitung

Bis jetzt handelte es sich stets um die Ermittlung des Spannungsabfalles in einer Fernleitung. Von wesentlichem Einfluß auf die Auslegung einer Leitung sind jedoch auch die Leistungsverluste, die, damit der Wirkungsgrad der Übertragung nicht zu schlecht wird, bestimmte Werte nicht überschreiten sollen. Die auftretenden Verluste sind gleich $I^2 r = I^2 l/\varkappa q$ je Phase, also ergeben sich die Gesamtverluste P_v für das Drehstromsystem zu:

$$P_v = \frac{3\,I^2 l}{\varkappa q} \,. \tag{356}$$

Ist die abgenommene Leistung P, die verkettete Spannung U sowie der $\cos\varphi$ gegeben, dann läßt sich der abgenommene Strom I ermitteln zu:

$$I = \frac{P}{\sqrt{3}\,U \cos\varphi} \,. \tag{357}$$

Diesen Wert in die Gl. (356) eingesetzt ergibt:

$$P_v = \frac{P^2 l}{U^2 \varkappa q \cos^2\varphi} \,. \tag{358}$$

Sollen die Verluste nur α-mal der abgegebenen Leistung sein, also

$$P_v = \alpha P \,, \tag{359}$$

dann geht die Gl. (359) über in die Form:

$$\alpha = \frac{P l}{U^2 \varkappa q \cos^2\varphi} \,. \tag{360}$$

Wir können also nachrechnen, wieviel Prozent der übertragenen Leistung die Verluste in einer Fernleitung ausmachen bzw. umgekehrt, wenn die Verluste und die Spannung U gegeben sind, wie groß der Querschnitt q der Leitung zu wählen ist. Die Größe der in Hochspannungsleitungen auftretenden Verluste unterliegt starken Schwankungen. Größenordnungsmäßig sind die Verluste einer Leitung 5 bis 10% der übertragenen Leistung.

f) Beeinflussung der Verluste durch geeignete Belastungsverteilung bei zweiseitig gespeisten Strecken

Es sei die zweiseitig gespeiste Strecke nach Abb. 528 betrachtet. Die Stromabnahmen I_1, I_2 seien nach Größe und Phasenlage bekannt. Man denkt sich diese Ströme in Wirkströme I_w und in Blindströme I_b aufgeteilt. Zunächst seien die Blindströme betrachtet. Die abgenommenen Blindströme müssen von den beiden Kraftwerken geliefert werden, und es fragt sich, welche Verteilungsart die geringsten Leitungsverluste ergibt. Der vom rechten Kraftwerk gelieferte Blindstrom sei I_b'', der vom linken Kraftwerk gelieferte I_b'. Wie groß I_b'' ist, sei zunächst unbekannt. Beachten wir, daß der Widerstand ϱ_3 vom Strom I_b'', der Widerstand ϱ_2 von $(I_b'' - I_{b2})$ und der Widerstand ϱ_1 vom Strom $(I_b'' - I_{b2} - I_{b1})$ durchflossen wird, dann ergibt sich für die gesamten Leitungsverluste, wenn k eine Konstante ist,

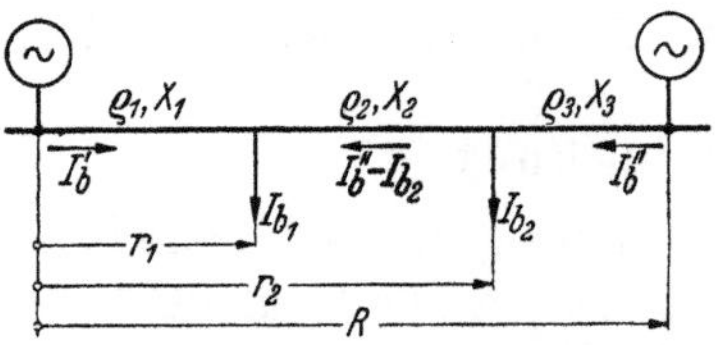

Abb. 528. Leitung mit eingezeichneter Blindstromverteilung

$$P_v = k\,[(I_b'' - I_{b2} - I_{b1})^2\,\varrho_1 + (I_b'' - I_{b2})^2\,\varrho_2 + I_b''^2\,\varrho_3]\,. \tag{361}$$

Um das Minimum zu erhalten, wird $d\,P_v/d\,I_b''$ gebildet und gleich Null gesetzt.

$$\frac{d\,P_v}{d\,I_b''} = 0 = k\,2\,[(I_b'' - I_{b2} - I_{b1})\,\varrho_1 + (I_b'' - I_{b2})\,\varrho_2 + I_b''\,\varrho_3]\,. \tag{362}$$

Beachtet man, daß

$$\mathfrak{r}_1 = \varrho_1\,,$$
$$\mathfrak{r}_2 = \varrho_1 + \varrho_2\,,$$
$$R = \varrho_1 + \varrho_2 + \varrho_3$$

ist, so ergibt sich nach kleiner Umrechnung

$$I_b'' = \frac{I_{b1}\mathfrak{r}_1 + I_{b2}\mathfrak{r}_2}{R} = \frac{\Sigma I_b\,\mathfrak{r}}{R}\,. \tag{363}$$

I_b' erhält man aus der Beziehung $I_b' = \sum I_b - I_b''$. (364)

Wir erhalten also die geringsten Verluste, falls die von den Kraftwerken zu liefernden Blindströme nach diesen Gleichungen, die dem gleichen Gesetz gehorchen wie die Beziehungen zur Bestimmung der Komponentenströme, aufgeteilt werden.

Das Optimum der Verluste ändert sich nicht, falls wir jetzt noch die abgenommenen Wirkströme betrachten und annehmen, daß die zufließenden Wirkströme von vornherein fest gegeben sind und entsprechend der Leistung der beiden Kraftwerke ermittelt wurden. Die Verluste der Wirkströme überlagern sich den Verlusten der Blindströme, da, falls I der durch eine Leitung fließende Strom ist, die Beziehung gilt

$$I_w^2 + I_b^2 = I^2. \tag{365}$$

Sollte man auch die Verteilung der Wirkströme auf die beiden Kraftwerke beliebig vornehmen können, dann ergeben sich günstige Verluste, falls der vom Kraftwerk II zufließende Wirkstrom I_w''

$$I_w'' = \frac{\Sigma I_w r}{R} \tag{366}$$

und der von I zufließende Wirkstrom

$$I_w' = \sum I_w - I_w'' \tag{367}$$

ist. Ob die gewünschte Verteilung der Wirk- und Blindströme auf die einzelnen Kraftwerke möglich ist, muß von Fall zu Fall geprüft werden.

g) Die Verwendung von Kondensatoren bzw. von Phasenschiebern zur Kleinhaltung des Spannungsabfalls und der Leitungsverluste

Für die Verringerung des Spannungsabfalls von Leitungen werden heute vielfach Reihenkondensatoren verwendet. Sie sind insbesondere nützlich bei starken, rasch veränderlichen Belastungen, wie sie bei Lichtbogen, Öfen und Schweißeinrichtungen vorkommen, und kommen auch bei Hochspannungsübertragungen für die Verbesserung der Stabilität in Frage.

Die Gl. (247) des Abschnittes XVII H geht, wenn mit X_L der Widerstand der Längsinduktivität und mit X_C der Widerstand der Reihenkapazität bezeichnet wird, über in

$$\begin{aligned} \Delta u &= I\,r\cos\varphi + I\,(X_L - X_C)\sin\varphi \\ &= I\,r\cos\varphi\left(1 + \frac{X_L - X_C}{r}\tan\varphi\right). \end{aligned} \tag{368}$$

Der Spannungsabfall Δu wird Null für

$$X_C = X_L + r\cot\varphi. \tag{369}$$

Man erkennt, daß man mit einer um so kleineren Kapazität auskommt, je höher der Leistungsfaktor ist.

Abb. 529 zeigt in Anlehnung an Abb. 498, daß bei Reihenschaltung eines Kondensators, welcher der obigen Gleichung entspricht, die Spannung am Anfang und Ende der Leitung nahezu gleich ist. Man erkennt auch die Verbesserung des $\cos\varphi$ am Anfang der Leitung.

Reihenkondensatoren müssen beim Kurzschließen geschützt werden, z.B. durch Funkenstrecken in Verbindung mit einem Überbrückungsschalter. Auch erfordern Resonanzschwingungen u.U. zusätzliche Schutzmaßnahmen durch ohmsche Widerstände.

Bei der Untersuchung des Einflusses von Parallelkondensatoren auf den Spannungsabfall am Ende der Leitung der einseitig gespeisten Strecken der Abb. 530 gehen wir von der Gl. (352) aus.

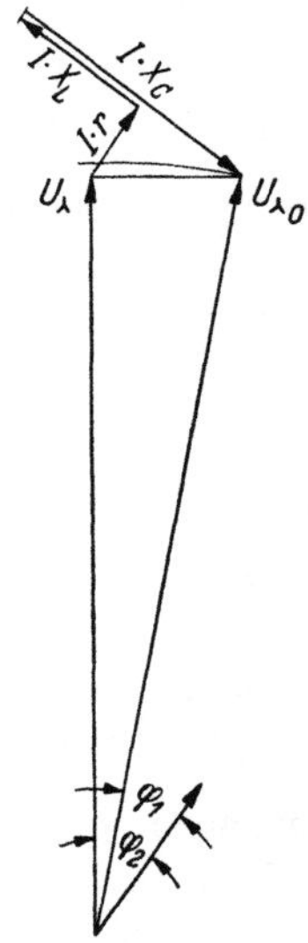

Abb. 529. Spannungsdiagramm bei Reihenschaltung eines Kondensators

$$\Delta u = \sum I_w r + \sum I_b X.$$

Eine am Ende der Leitung vorgesehene Kapazität bzw. vorgesehener Phasenschieber nimmt voreilenden Blindstrom auf bzw. liefert nacheilenden Blindstrom I_C in die Leitung, wirkt also als ein Blindstromerzeuger. Die Gleichung gilt auch für diesen Fall, nur muß der von der Kapazität (bzw. Phasenschieber) erzeugte Blindstrom I_C mit Minuszeichen zusätzlich in die Gleichung eingeführt werden. Der Spannungsabfall am Ende der Leitung ist also

$$\Delta u = \sum I_w r + \sum I_b X - I_C X_0. \tag{370}$$

Bei passender Wahl von I_C kann der Spannungsabfall am Ende der Leitung Null werden. In diesem Falle gilt:

$$I_C X_0 = \sum I_w r + \sum I_b X \tag{371 a}$$

und

$$I_C = \frac{\Sigma I_w r + \Sigma I_b X}{X_0}. \tag{371 b}$$

Statt die Kapazität am Ende der Leitung vorzusehen, kann man sie auch bei einem Zwischenverbraucher anbringen. Es ist dann in Gl. (371 b) für X_0 die von der Speisestelle bis zum Ort der Kapazität vorhandene Reaktanz einzusetzen.

Durch Verwendung einer Kapazität (bzw. eines Phasenschiebers) können auch die Verluste in einer Leitung verkleinert werden. Abb. 531

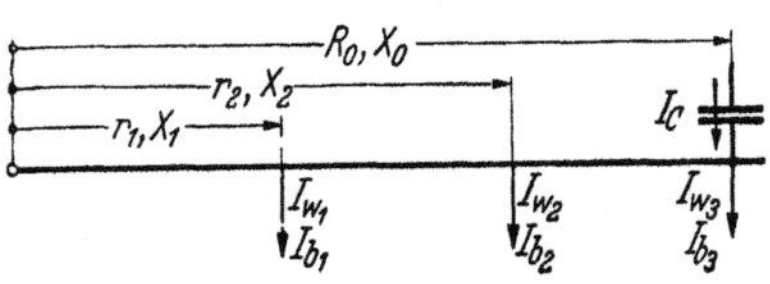

Abb. 530. Leitung mit angeschlossener Kapazität

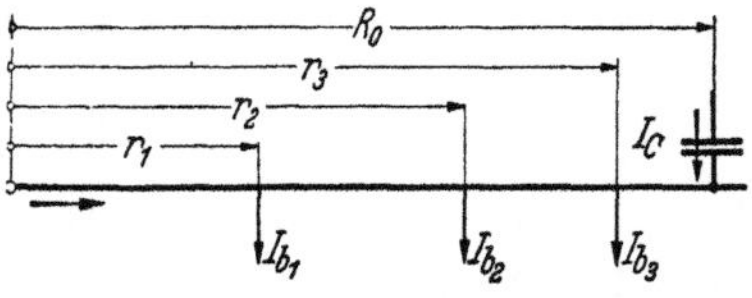

Abb. 531. Leitung mit angeschlossener Kapazität

zeigt nochmals die einseitig gespeiste Strecke. In der Abbildung sind nur die Blindströme eingetragen. Denken wir uns am Ende der Strecke eine

Kapazität, die, wie erwähnt, als Blindstromerzeuger wirkt, so kann für den Blindstrom die Leitung als zweiseitig gespeist aufgefaßt werden. Auf S. 510 war gezeigt worden, daß die Leitungsverluste durch den Blindstrom am kleinsten werden, wenn I_b'', welches in unserem Falle dem I_C entspricht, gleich wird:

$$I_b'' = I_C = \frac{\Sigma I_b r}{R_0}. \tag{372}$$

Bemißt man also die Kapazität derart, daß dieser Blindstrom abgegeben wird, so herrschen in der Leitung kleinste Verluste. Die erforderliche Kapazität je Phase kann leicht auf Grund der Beziehungen

$$I_C = U_\lambda \omega C \quad \text{und} \quad C = \frac{I_C \sqrt{3}}{\omega U} \tag{373}$$

berechnet werden. Wird die Kapazität nicht unmittelbar an die Leitung angeschlossen, sondern über einen Transformator, dann ist zu beachten, daß die unterspannungsseitig vorhandene Kapazität C_u auf die Oberspannungsseite so wirkt, als ob sie um das Quadrat des Übersetzungsverhältnisses verkleinert wäre. Es gilt also für die auf die Oberspannungsseite bezogene Kapazität

$$C_0 = C_u \frac{1}{\ddot{u}^2}. \tag{374}$$

Wenn auch nach Gl. (372) die Leitungsverluste durch eine Parallelkapazität bzw. einen Phasenschieber verkleinert werden können, so sind die Verluste trotz allem immer noch größer, als wenn überhaupt keine Blindströme in den Leitungen vorhanden wären. Man muß deshalb bestrebt sein, die Blindströme möglichst ganz von der Leitung fernzuhalten und sie unter Umständen an Ort und Stelle des Blindstrombedarfs durch Kondensatoren oder Phasenschieber zu kompensieren. Abb. 532a zeigt eine Umspannstation (Verbraucher), welche den benötigten Blindstrom über die Leitung bezieht. Die Hochspannungsleitung kann vom Blindstrom entlastet werden, wenn der Blindstrom auf der Hochspannungsseite des Abnehmers durch Kapazitäten oder Phasenschieber erzeugt wird (Abb. 532b). Bei dieser Anordnung ist zu beachten, daß der Blindstrom durch den Transformator hindurchfließen muß und diesen nach wie vor erwärmt. Erfolgt die Blindstromerzeugung auf der Unterspannungsseite des Transformators (s. Abb. 532c), dann wird auch der Transformator von den Blindströmen entlastet, so daß er nur Wirkströme zu übertragen hat, er somit weniger erwärmt wird bzw. man ihn stärker mit Wirkleistung belasten kann. Da der Blindstrombedarf zeitlich meist nicht konstant ist, sondern starken

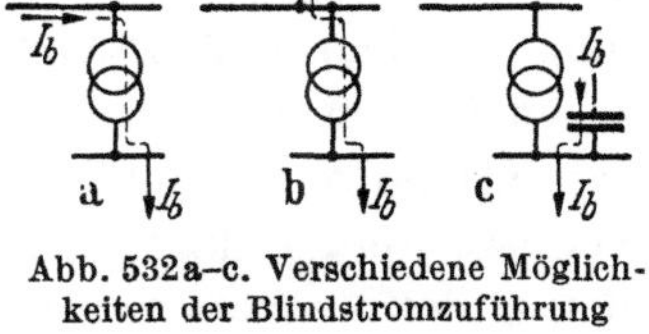

Abb. 532a–c. Verschiedene Möglichkeiten der Blindstromzuführung

Schwankungen unterliegt, muß in einem solchen Fall die Kapazität regelbar sein.

Um die Größe der Kapazität der vom Netz benötigten Blindleistung anzupassen, wird man diese in etwa 5 bis 7 Stufen regelbar ausführen. Beim Zuschalten einer Kapazität an eine Spannungsquelle mit unendlich großer Ergiebigkeit würde theoretisch der Kondensator seine Ladeleistung in unendlich kurzer Zeit aufnehmen. Dies würde einen unendlich großen Strom bedingen. Wegen der im Netz vorhandenen Widerstände und der beschränkten Ergiebigkeit der Spannungsquelle kann ein unendlich großer Strom nicht fließen. Immerhin vermögen jedoch kurzzeitig sehr hohe Stromstöße und hierdurch bedingte Spannungsabsenkungen des Netzes aufzutreten. Das Zu- und Abschalten der Kondensatoren erfolgt durch Leistungsschalter. Um jedoch mit zwei Leistungsschaltern eine beliebige Zahl von Kondensatoren an- und abschalten zu können, sieht man zu den einzelnen Kondensatoren Trennmesser vor, welche die Schaltung vorbereiten, während die eigentliche Ab- und Zuschaltung von den Leistungsschaltern vorgenommen wird.

Statt Kondensatoren können umlaufende Phasenschieber (leerlaufende Synchronmaschinen) gewählt werden. Die Verluste der Kondensatoren sind etwa 0,2 bis 0,3%, während die der Phasenschieber bei größeren Leistungen (10000 bis 30000 kVA) etwa 2 bis 1,3% betragen, also wesentlich größer sind. Unterhalb von 10000 kVA dürften meist Kondensatoren wirtschaftlicher sein. Oberhalb von 10000 kVA können Phasenschieber günstiger sein, falls die jährliche Betriebszeit klein ist, die höheren Verluste also nicht viel ausmachen. Bei höheren Spannungen, für welche sich Phasenschieber nicht bauen lassen, müßte man noch besondere Transformatoren verwenden, so daß ein wirtschaftlicher Vergleich zugunsten der Kondensatoren ausfällt.

L. Berechnung des wirtschaftlichen Leitungsquerschnitts

Ein Kraftwerk speise eine Leitung von der Länge l km mit der Spannung U, am Ende der Leitung werde die Leistung P kW abgenommen. Berücksichtigt man zunächst nicht den Spannungsabfall, so gelten folgende Überlegungen für die Gestaltung der Leitung. Baut man die Leitung mit kleinem Querschnitt, dann wird die Leitung billig, und die jährlichen Kosten, die man für Verzinsung und Abschreibung des Anlagekapitals aufwenden muß, bleiben klein. Die in der Leitung auftretenden Verluste werden dagegen hoch, außerdem muß das Kraftwerk um den Betrag der Verluste größer gebaut werden, was beides Kosten mit sich bringt. Man kann sich die Vergrößerung des Kraftwerkes idealisiert so vorstellen, daß ein besonderes Verlustkraftwerk gebaut werden muß (s. Abb. 533). Legt man umgekehrt die Leitung mit großem Querschnitt aus, so werden die Kosten für den Kapitalzins, für Abschreibungen der Leitung usw. groß, die Kosten für die Verluste sowie für das Verlustkraftwerk jedoch klein. Es gibt also sicher einen Querschnitt, bei dem die jährlichen Gesamtkosten am günstigsten sind. Dieser Querschnitt soll im folgenden ermittelt werden.

Sind die Verluste, welche in der Leitung auftreten, gleich P_v kW, dann muß das Verlustkraftwerk für P_v kW ausgebaut werden. Betragen die Ausbaukosten je kW a DM, so kostet die Vergrößerung des Kraftwerkes $P_v\,a$ DM. Die Kosten für die Verzinsung des Kapitals, für die Abschreibungen usw. seien durch den Faktor p_1 erfaßt. Die jährlich aufzubringenden Kosten für das Verlustkraftwerk belaufen sich dann auf $P_v\,a\,p_1$ DM oder auf $P_v\,k_K$ DM, falls $k_K = a\,p_1$ ist. Wir müssen in diese Beziehung für P_v die Verluste einsetzen, die bei größter abzugebender Leitung P_m auftreten.

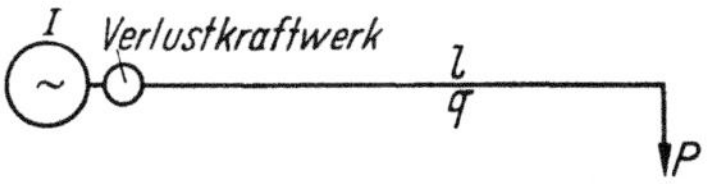

Abb. 533. Hochspannungsleitung mit gedachtem Verlustkraftwerk

Bei Ermittlung der Leitungsverluste innerhalb eines Jahres ist zu beachten, daß die Leistungsabnahme Schwankungen unterliegt. Auf S.47 wurde gezeigt, daß durch die geordnete Jahresbelastungskurve ein Überblick über die während eines Jahres abgegebene Leistung P in kW erreicht wird. Eine ähnliche Kurve kann man für die abgegebenen kVA bzw. für den abgegebenen Strom I aufstellen. Diese geordnete Jahreskurve für den Strom I ist in Abb. 534 aufgezeichnet, desgleichen die I^2-Kurve. Der Flächeninhalt der Kurve $I^2 = f(t)$ ist proportional den Leitungsverlusten im Jahr.

Man stellt sich jetzt vor, die Leitung werde mit dem größten Strom I_m (entsprechend größter Leistung P_m) während h Stunden im Jahr betrieben, wobei in dieser Zeit gleiche Verluste auftreten sollen wie bei der tatsächlichen Belastung je Jahr. In der Abb. 534 ist ein Rechteck eingezeichnet mit der Höhe I_m^2 und der Breite h. Der Inhalt des Rechteckes $I_m^2 h$ muß gleich dem Inhalt der schraffierten Fläche $\sum I^2 \Delta t$ sein. Es gilt also

$$h = \frac{\sum I^2 \Delta t}{I_m^2}. \tag{375}$$

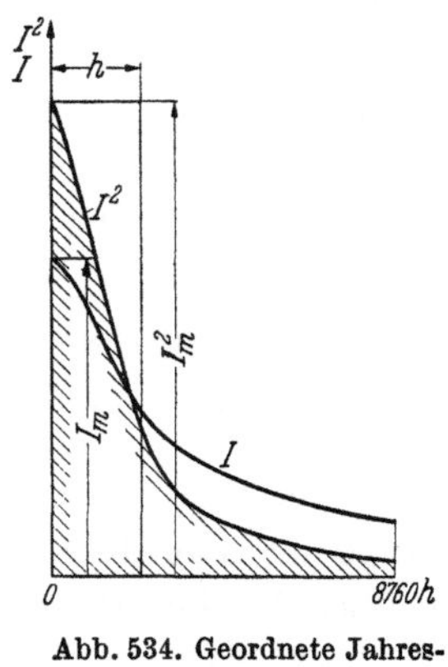

Abb. 534. Geordnete Jahreskurve für I^2

Die jährlichen Leitungsverluste sind also $P_v\,h$ kWh. Kostet die kWh b DM, so sind die jährlichen Kosten K_v, die für die Vergrößerung des Kraftwerkes und für die Verluste in der Leitung aufzubringen sind, gleich

$$K_v = P_v k_K + P_v h\,b. \tag{376}$$

Trägt man die Anlagekosten je km Fernleitung bei gegebener Spannung in Abhängigkeit vom Querschnitt auf, so erhält man als Ergebnis, wenn als Abszisse der Querschnitt und als Ordinate der Preis aufgetragen wird, eine gerade Linie. Man kann daher für die Kosten von 1 km Leitung setzen

$$K_L = A + B q . \tag{377}$$

Beträgt der Kapitalfaktor p_2, so sind die jährlichen Kosten für die Leitung

$$K'_L = A_L + B_L q , \tag{378}$$

wobei man zur Abkürzung $A_L = p_2 A$ und $B_L = p_2 B$ gesetzt hat.

Eine genauere Untersuchung ergibt, daß bei Verwendung von Bündelleitern die Faktoren B und B_L von der Zahl n der Bündelleiter je Phase in der Weise abhängig sind, daß B und B_L etwa mit $\sqrt[4]{n}$ anwachsen. Für q ist bei Bündelleitern die Summe der Querschnitte der Teilleiter einzusetzen. Dieser Einfluß bleibt im folgenden unberücksichtigt.

Die Gesamtkosten der Leitung je Jahr belaufen sich damit auf:

$$K = P_v (k_K + h b) + l (A_L + B_L q) . \tag{379}$$

Setzt man für N_v den Wert aus Gl. (358) ein, dann ist

$$K = \frac{P^2 l}{U^2 \cos^2 \varphi \, \varkappa \, q} (k_K + h b) + l (A_L + B_L q) . \tag{380}$$

Differenziert man diese Gleichung nach q und setzt den Differentialquotienten gleich Null, so erhält man

$$\frac{dK}{dq} = 0 = - \frac{P^2 l}{U^2 \cos^2 \varphi \, \varkappa \, q^2} (k_K + h b) + l B_L \tag{381}$$

oder

$$q = \frac{P}{U \cos \varphi} \sqrt{\frac{k_K + h b}{\varkappa B_L}} \quad \text{bzw.} \quad q = I \sqrt{3} \sqrt{\frac{k_K + h b}{\varkappa B_L}} . \tag{382}$$

Der wirtschaftliche Querschnitt kann damit berechnet werden. Beachtet man, daß die Stromdichte gleich ist

$$j = I/q$$

und setzt man diesen Wert in die Gl. (382) ein, so findet sich für die wirtschaftliche Stromdichte j der Wert

$$j = \sqrt{\frac{\varkappa B_L}{3 (k_K + h b)}} . \tag{383}$$

In den Formeln muß P und U (verkettete Spannung) in W und V bzw. in kW und in kV eingesetzt werden. k_K sind die jährlichen festen Kosten für 1 kW installierte Kraftwerkleistung in DM ($k_K = a \, p_1$), b ist der Preis je kWh in DM (reine Energiekosten), und $B_L = B \, p_2$ sind die jährlichen festen Kosten je km Freileitung für den querschnittabhängigen Anteil. $\varkappa$ ist die Leitfähigkeit des Leitermaterials.

In den Formeln für den wirtschaftlichen Querschnitt und für die wirtschaftliche Stromdichte ist die Leitungslänge l nicht enthalten. Man kommt also, je länger die Leitung gewählt wird, zu immer größeren Verlusten, so daß, da diese bestimmte Werte nicht überschreiten sollen, die Übertragungsspannung erhöht werden muß. Die Gesichtspunkte, die für die Wahl der Spannung maßgebend sind, seien später erörtert. Zur Orientierung diene, daß die wirtschaftliche Stromdichte bei Aluminium-Stahl-Freileitungen etwa 0,6 bis 0,8 A/mm² beträgt. Bei Kabeln aus Kupfer beträgt sie etwa 2 bis 3 A/mm².

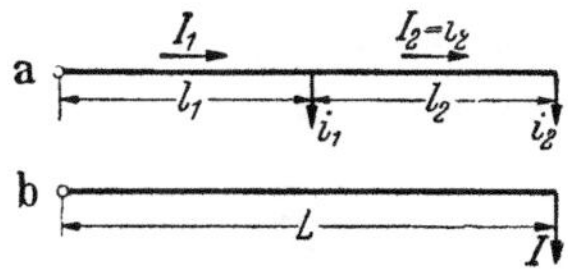

Abb. 535a u. b. Leitung mit zwei Stromverbrauchern

Unsere Überlegungen bezüglich der wirtschaftlichen Stromdichte oder bezüglich des wirtschaftlichen Querschnittes lassen sich auch, konstanten Querschnitt vorausgesetzt, auf eine Leitung mit mehreren Stromabnahmen, die einseitig (s. z.B. Abb. 535a) oder auch zweiseitig gespeist sei, übertragen. Die in der Abb. 535a den Leistungen P_1 und P_2 entsprechenden Ströme i_1 und i_2 verursachen in der Leitung im Laufe eines Jahres Verluste. Die Leitungsströme seien mit I_1 und I_2 bezeichnet (s. Abb. 535a). Um die Gesamtverluste im Jahr berechnen zu können, müssen die Ströme in ihrem zeitlichen Verlauf während eines Jahres bekannt sein. Zu einem gegebenen Zeitpunkt, und zwar bei den Leitungsströmen I_1' und I_2' werden die Verluste am größten sein. Denkt man sich diese größten Verluste durch einen Strom I, der die ganze Leitung L durchfließen soll (s. Abb. 535b), erzeugt, dann gilt

$$I^2 L = I_1'^2 l_1 + I_2'^2 l_2 \tag{384a}$$

oder

$$I^2 = \frac{I_1'^2 l_1 + I_2'^2 l^2}{L}. \tag{384b}$$

Die Verluste in der Leitung je Jahr sind proportional

$$l_1 \sum I_1^2 \varDelta t + l_2 \sum I_2^2 \varDelta t, \tag{385}$$

wobei $\varDelta t$ kleine Zeitabschnitte seien.

Denkt man sich diese Verluste durch den konstanten, die Leitung L während h Stunden durchfließenden Strom I erzeugt, dann gilt

$$I^2 L h = l_1 \sum I_1^2 \varDelta t + l_2 \sum I_2^2 \varDelta t, \tag{386a}$$

$$h = \frac{l_1 \Sigma I_1^2 \varDelta t + l_2 \Sigma I_2^2 \varDelta t}{L I^2}. \tag{386b}$$

Da I und h somit bekannt sind, kann wiederum Gl. (382) zur Ermittlung des wirtschaftlichen Querschnitts

$$q = I\sqrt{3}\sqrt{\frac{k_K + h\,b}{\varkappa B_L}}$$

angewandt werden.

Bei Drehstromdoppelleitungen ist in den Formeln ab (382) $B_L/2$ statt B_L einzusetzen. Man erhält dann für die Drehstromdoppelleitung

$$j = \sqrt{\frac{\varkappa B_L}{6\,(k_K + h\,b)}} \quad \text{und} \quad q = I\sqrt{3}\sqrt{\frac{2\,(k_K + h\,b)}{\varkappa B_L}}, \tag{387}$$

wobei B_L hier für den querschnittsabhängigen Kostenanteil der Doppelleitung gilt.

M. Berechnung der Übertragungsspannung einer Fernleitung

Bei Berechnung des wirtschaftlichen Querschnitts bzw. der wirtschaftlichen Stromdichte war die Übertragungsspannung als bekannt vorausgesetzt worden. In der Formel für die Stromdichte kommt die Spannung nicht vor. Setzen wir fest, daß die Verluste α-mal die abgegebene Leistung betragen dürfen, dann läßt sich die Übertragungsspannung für eine einseitig gespeiste Fernleitung bestimmen. Die Verluste sind

$$P_v = \frac{3\,I^2\,l}{\varkappa\,q} = \alpha\sqrt{3}\,U\,I\cos\varphi. \tag{388}$$

Da $j = I/q$ ist, ergibt sich weiterhin

$$U = \frac{\sqrt{3}}{\varkappa\,\alpha}\,\frac{l\,j}{\cos\varphi}. \tag{389}$$

Berechnet man nach dieser Gleichung die verkettete Spannung U für eine Aluminiumleitung unter Zugrundelegung folgender Größen

$$\varkappa = 34{,}8\,,\; j = 1\,\text{A/mm}^2\,,\; \alpha = 7\% \quad \text{und} \quad \cos\varphi = 0{,}72\,,$$

so erhält man bei einseitiger Speisung

$$U_{\text{kV}} = l_{\text{km}} \quad \text{bzw.} \quad U_{\text{V}} = l_{\text{m}}. \tag{390}$$

Bei einer Leitung von 100 km Länge kann unter diesen Voraussetzungen die Spannung 110 kV günstig sein.

In Gl. (377) wurden die Leitungskosten aus der Konstanten A und dem querschnittsabhängigen Teil Bq ermittelt. Ist die Übertragungsspannung nicht bekannt, so muß deren Einfluß dadurch berücksichtigt werden, daß an Stelle von A das Glied $A + C\,U$ tritt.

In einer genaueren Betrachtung wird man neben den Errichtungskosten auch die Verlustkosten berücksichtigen. Das Ergebnis einer solchen Untersuchung zeigt Abb. 536. Die wirtschaftliche Übertragungsspannung ist danach nicht nur von der Leitungslänge, sondern auch von der Übertragungsleistung abhängig. Der für die Energieübertragung in Frage kommende Bereich wird durch die Linien *a* und *b*, d.h. durch die Kennlinien für 5 und 20% Transportkosten begrenzt. Im Bereich *A*, d.h. oberhalb der Kennlinie *a*, handelt es sich um kurze Entfernungen, welche man mit Hilfe der jeweils örtlich vorhandenen Netzspannung überbrücken wird. Im Bereich *B* wird die Übertragung durch die großen Transportkosten unwirtschaftlich.

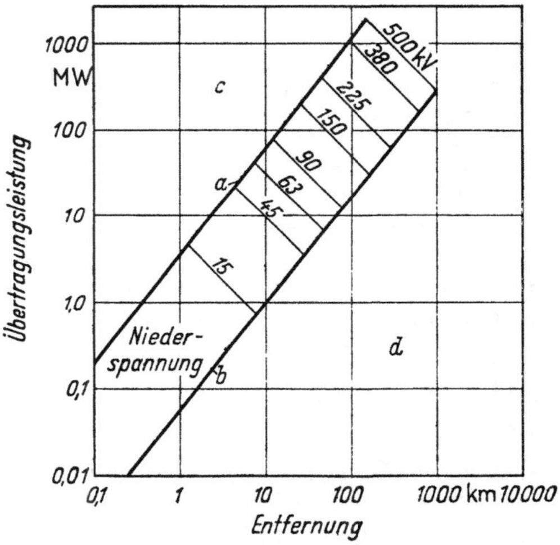

Abb. 536. Transport großer Leistungen über Drehstromleitungen (nach AILLERET EdF)

a) 5% Transportkosten bezogen auf die Kosten der transportierten Energie; *b*) 20% Transportkosten bezogen auf die Kosten der transportierten Energie; *c*) Transport noch wirtschaftlich, Investitionskosten in den Stationen überwiegen; *d*) Transport unwirtschaftlich

Bei Untersuchung einer wirtschaftlichen Übertragung über große Entfernungen kann die Untersuchung nicht mehr mit obigen einfachen Formeln durchgeführt werden, da unter Umständen zusätzliche Einrichtungen erforderlich sind, um z.B. eine sichere Stromversorgung auch bei einpoligen Fehlern zu gewährleisten. Bei Entfernungen über etwa 300 km wird man Doppelleitungen an Stelle von Einfachleitungen vorsehen, die unterhalb der natürlichen Leistung eine genügende dynamische Stabilität bei Kurzunterbrechung ergeben. Bei Entfernungen über etwa 500 km wird man aus denselben Gründen Zwischenstationen vorsehen, in denen auch Reihenkondensatoren und Ladestromdrosseln angeschlossen werden können.

N. Ringleitungen

Oft arbeiten eine Reihe von Kraftwerken auf eine Hochspannungsleitung, an der außerdem Abnehmer angeschlossen sein können. Es besteht so die Möglichkeit, daß zu Zeiten geringen Elektrizitätsbedarfes ungünstig arbeitende Kraftwerke abgeschaltet werden und der Strom von den restlichen Kraftwerken geliefert wird. Auch kann auf diese Weise ein Wasserkraftwerk bei Wassermangel über die Hochspannungsleitung den für das eigene Versorgungsgebiet benötigten Strom von den anderen angeschlossenen Kraftwerken beziehen. Oft wird eine solche Hochspannungsleitung, sofern die örtlichen Verhältnisse es gestatten, zu einem Ring zusammengeschlossen (s. Abb. 537a). Man hat dann als weiteren Vorteil, daß nach Abschalten einer gestörten Leitung der Strom dem beziehenden Werk von der anderen Seite geliefert werden kann.

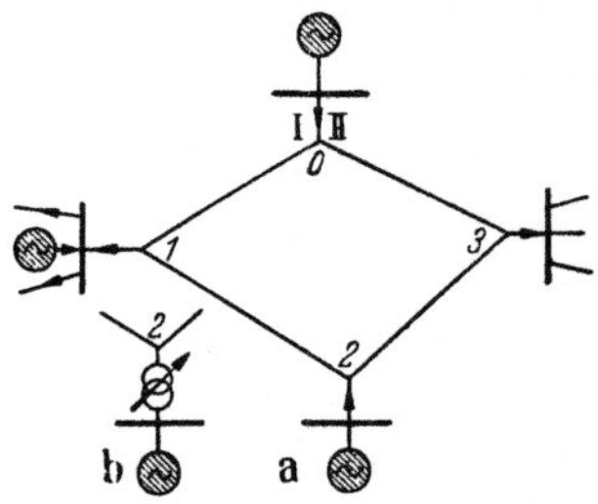

Abb. 537a u. b. Leitungsring

Von Interesse sind die Strom- und Spannungsverhältnisse in einem solchen Ring. Die abgenommenen und die dem Ring zugeführten Ströme seien gegeben. Da nirgends Strom verlorengehen kann, müssen die in den Ring hineinfließenden Ströme gleich den abgenommenen sein. Man kann die Strom- und Spannungsverteilung in einem solchen Ring nach dem auf S. 504 gebrachten Verfahren genau ermitteln. Man braucht sich nur an einer Stelle den Ring aufgeschnitten zu denken, z. B. in der Abb. 537a am oberen Kraftwerk. Denkt man sich nun die Leitung ausgebreitet, so entsteht die zweiseitig gespeiste Strecke der Abb. 538, deren Endpunkte gleiches Potential haben. Man kann, da die Leitungsimpedanzen bekannt sind, den von links und den von rechts zufließenden Strom I' und I'' ermitteln. Damit kennt man auch die in den übrigen Leitungen fließenden Ströme, und man kann die Spannungen in den einzelnen Punkten berechnen. Man muß nur beachten, daß die in die Leitung hineingespeisten Ströme (in Abb. 538 der Strom I_2) als negative Abnehmer in die Gl. (340) eingesetzt werden müssen.

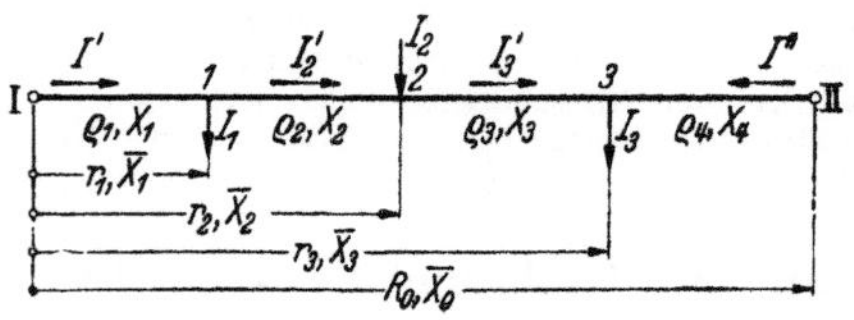

Abb. 538. Leitungsring geschnitten

Wenn die Ströme I_1, I_2, I_3 tatsächlich geliefert bzw. entnommen werden sollen, müssen die einzelnen Kraftwerke genau die Spannung halten, die sich für die Punkte *1*, *2* und *3* ergeben. Die Phasenlage und die Größe dieser Spannungen stellen sich richtig ein, wenn jedes Kraftwerk die ihm zukommende Wirkleistung abgibt und wenn die absolute Höhe der Spannung durch Veränderung der Erregung auf den verlangten Wert gebracht wird. Die einzelnen Kraftwerke bzw. Abnehmer müssen also um die gewünschte Leistungsabgabe bzw. Leistungsentnahme zu erzwingen, ihre Spannungen um gewisse Beträge gegenüber der Sollspannung verändern. Da jedoch die Kraftwerke meistens noch ein eigenes Netz zu versorgen haben, würden diese Spannungsabweichungen unmittelbar auch auf das eigene Netz gelangen. Ist dies unerwünscht, so sind Regeltransformatoren notwendig, die je nach Zweckmäßigkeit entweder für das Mittel- oder das Hochspannungsnetz (s. Abb. 537 b) vorzusehen und sinngemäß zu regeln sind.

Auf die Stromverteilung innerhalb des Ringes hat man keinen Einfluß. Je nach den Widerstands- und Induktivitätsverhältnissen wird sich diese einstellen.

Sollte aus irgendwelchen Gründen in der Ringleitung eine andere, natürlich mit den Kirchhoffschen Gesetzen verträgliche Stromverteilung erwünscht sein, dann wird damit auch I' und I'' entsprechend festgelegt. Man kann dann wieder, vom Punkt I mit der Spannung $\mathfrak{U}_{\lambda\,\mathrm{I}}$ (Abb. 538) ausgehend, berechnen, welche Spannungsabfälle in den Punkten *1*, *2*, *3* und II vorhanden sind. Die Spannung $\mathfrak{U}_{\lambda\,\mathrm{II}}$ im Punkt II wird jetzt mit der Spannung $\mathfrak{U}_{\lambda\,\mathrm{I}}$ in I nicht mehr übereinstimmen, sondern die in der Abb. 539 gezeichnete Lage haben. $\mathfrak{U}_{\lambda\,\mathrm{I}}$ und $\mathfrak{U}_{\lambda\,\mathrm{II}}$ unterscheiden sich um die Spannung $\Delta\mathfrak{U}$. Sollen jetzt die Punkte I und II zum Ring zusammengeschlossen werden, dann muß, wenn die gewünschte Stromverteilung bleiben soll, in den Ring eine EMK eingebracht werden, welche $\Delta\mathfrak{U}$ nach Größe und Phase kompensiert. Da diese EMK (nach Abb. 539) annähernd um 90° gegen $\mathfrak{U}_{\lambda\,\mathrm{I}}$ phasenverschoben ist, kann sie durch einen normalen Transformator nicht erzeugt werden, sondern muß durch einen Quertransformator gebildet werden (s. S. 154).

Abb. 539. Spannungsdiagramm

Prinzipiell sind sämtliche Aufgaben über die Strom- und Spannungsverteilung in einem Ring lösbar. Es sei jedoch die Aufgabe noch von einem anderen Gesichtspunkt aus behandelt, um einen besseren physikalischen Einblick zu gewinnen. Wir nehmen wieder an, die abgenommenen bzw. zugeführten Ströme seien der Größe und Phasenlage nach gegeben. Wir denken uns sämtliche Ströme in Wirk- und Blindströme zerlegt. Wir wollen, um die Verhältnisse ganz klar zu gestalten, zunächst annehmen, es seien nur Wirkströme I_w vorhanden und die Leitung besitze nur Induktivität. Da die Punkte I und II gleiches Potential haben, müssen die Spannungsabfälle auf der Leitung (Abb. 538) addiert Null ergeben. Abb. 540 a zeigt die Spannungsabfälle. Den von links in die Leitung zufließenden Strom I'_w und den von rechts zufließenden Strom I''_w kann man nach der Beziehung

$$I''_w = \frac{\Sigma I_w \bar{X}}{X_0}, \qquad I'_w = \sum I_w - I''_w \tag{391}$$

berechnen. (Der Strich über der Größe X soll darauf hinweisen, daß die Reaktanz von I bis zur Abnahme von I_w gemessen wird.) Die Ableitung obiger Gleichung, die auf S. 457 nur für ohmsche Widerstände durchgeführt ist, läßt sich in gleicher Weise auch für Induktivitäten durchführen. Wir wollen mit der so ermittelten Stromverteilung jetzt auch die ohmschen Spannungsabfälle berücksichtigen. Es entsteht dann das Bild der Abb. 540b. Der Linienzug wird sich im allgemeinen nicht mehr schließen, da die Ströme gegeben sind und die Widerstände beliebige Werte haben können. In diesem Fall kann die ursprünglich angenommene Stromverteilung nicht stimmen, denn wenn wir die Punkte I und II in Abb. 540b miteinander verbinden, wird durch die Restspannung vom Betrag der Strecke I–II ein Ausgleichstrom erzeugt werden, der eine Phasenverschiebung gegen die Spannung $U_{\lambda\,\mathrm{I}}$ besitzt und der sich dem in die Leitung fließenden Strome überlagert. Unser Linienzug schließt sich jedoch immer, wenn die ohmschen Widerstände proportional den induktiven sind, was z. B. bei einer Leitung, die mit konstantem Querschnitt und konstanten Phasenabständen ausgeführt wird, zutrifft. In einem solchen Falle hat der Linienzug den Verlauf der Abb. 540c. Dieser Fall ist sehr wichtig und sollte, wie aus den folgenden Gründen hervorgeht, möglichst angestrebt werden.

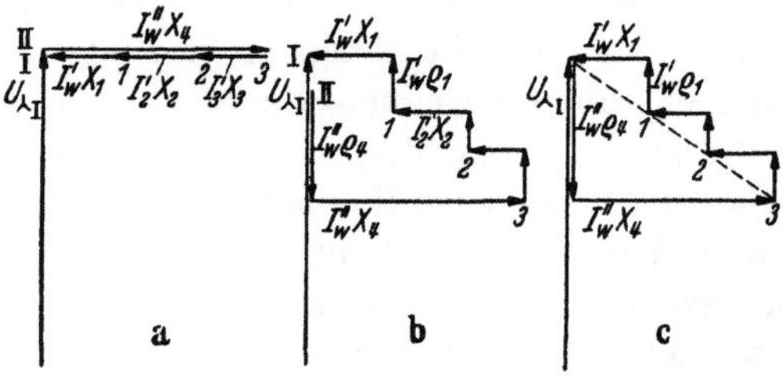

Abb. 540 a–c. Spannungsdiagramm für Ringleitung

Da die ohmschen Widerstände, wie angenommen, proportional den induktiven sein sollen, kann man für die Berechnung von I'_w und I''_w statt Gl. (391) auch folgende Formel anwenden:

$$I''_w = \frac{\sum I_w r}{R_0}, \qquad I'_w = \sum I_w - I''_w. \tag{392}$$

Auf S. 511 wurde gezeigt, daß bei obiger Stromverteilung die Gesamtverluste in der Leitung am kleinsten sind. Es ergibt sich also das interessante Ergebnis, daß in einem Ring, in welchem in allen Teilen die ohmschen Widerstände proportional den induktiven sind, die Stromverteilung sich so einstellt, daß die Leitungsverluste ein Minimum werden. Ist die Bedingung, daß die ohmschen Widerstände proportional den induktiven sind, nicht erfüllt, dann ergibt sich eine andere Stromverteilung, und es treten erhöhte Kupferverluste auf. Selbstverständlich kann in einem solchen Fall jederzeit durch eine in den Ring hineingebrachte Zusatz-EMK, die für die Verluste günstigste Verteilung nach Gl. (392) erzwungen werden.

Wir haben bis jetzt nur die Wirkströme betrachtet. Sind jedoch auch Blindströme im Ring vorhanden, so lassen sich die für die Wirkströme aufgestellten Ergebnisse genau auf die Blindströme übertragen. Zeichnet man für die Blindströme ein Polygon entsprechend Abb. 540c auf, so wird sich dieses ebenfalls schließen, falls die induktiven Widerstände den ohmschen proportional sind. Die Stromverteilung ergibt sich dann entsprechend der Beziehung:

$$I_b'' = \frac{\Sigma I_b r}{R_0}, \qquad I_b' = \sum I_b - I_b''. \tag{393}$$

O. Zusammenschluß von verschiedenen Großversorgungen zur Verbundwirtschaft

Es hat sich als zweckmäßig erwiesen, wenn Großversorgungen, die je eine Reihe von Kraftwerken besitzen, ihre Netze miteinander durch Kuppelleitungen verbinden. Die Gründe eines solchen Zusammenschlusses sind wirtschaftlicher und betrieblicher Art. So kann folgender Fall vorliegen: Das eine Netz habe sehr viel Wasserkräfte. Es besteht die Möglichkeit, daß in wasserreichen Zeiten mehr Energie erzeugt wird, als verbraucht werden kann, in wasserarmen Zeiten dagegen ein Mangel an Energie vorhanden ist, so daß man gezwungen wäre, hierfür ein besonderes Dampfkraftwerk zu bauen. Ein anderes Netz habe dagegen Dampfkraftwerke genügender Größe. Man wird dann zweckmäßig zwischen beiden Großversorgungen ein Übereinkommen treffen, daß in wasserreichen Zeiten das Netz mit vorwiegender Dampfkraft die durch Wasserkraft erzeugte Überschußenergie, die ja sehr billig ist, bezieht, während zu Zeiten des Wassermangels das Dampfkraftwerk die fehlende Energie für das Netz mit den Wasserkraftwerken liefert, dieses also kein zusätzliches Dampfkraftwerk zu haben braucht. Ein Vorteil ist auch, daß man in zusammengeschlossenen Netzen der Großversorgung die Maschinenreserve kleiner halten kann, da beim Ausfall eines Maschinensatzes in einem Kraftwerk oder sogar eines ganzen Kraftwerkes die anderen Werke einspringen können.

Abb. 541. Zwei Netze mit Kupplungsleitung und Kupplungstrafo

Man muß den Zusammenschluß zweier derartiger Großversorgungen so vornehmen, daß Störungen in dem einen Netz möglichst nicht auf das andere übertragen werden. Sind beide Netze unmittelbar miteinander verbunden, so wird ein Erdschluß in dem einen Netz sich voll auf das andere auswirken. Dies kann man vermeiden, falls man einen Kuppeltransformator mit dem Übersetzungsverhältnis 1:1 (falls die Spannungen beider Netze gleich sind) in der Kuppelleitung vorsieht (Abb. 541). Um Kurzschlüsse in einem Netz möglichst wenig auf das andere Netz zu übertragen, wird man die Kupplungstransformatoren (meist als Regeltransformator ausgeführt) mit großer Streuung ausführen. Um eine geregelte Zusammenarbeit zwischen zwei solchen im Gemeinschaftsbetrieb arbeitenden Netzen zu erzielen, kann vereinbart werden, daß ein Netz die Frequenz genau einhält (Frequenznetz), während das andere Netz durch entsprechende Regelung seiner Maschinen dafür sorgt, daß die vereinbarte Übertragungsleistung eingehalten wird (Fahrplannetz *F*). Es muß ferner im Fahrplannetz *F* ein Kraftwerk *a* beauftragt werden, seine Maschinen so zu regeln, daß die gewünschte Kupplungsleistung stets vorhanden ist. Die übrigen Werke dieses Netzes fahren nach dem ihnen im voraus angegebenen Plan die zugeteilte Leistung.

Es ist notwendig, daß in der Kupplungsleitung Meßinstrumente eingebaut sind, welche mittels Fernmeßeinrichtungen dem die Kupplungsleitung überwachenden Kraftwerk genau anzeigen, welche Kupplungs-

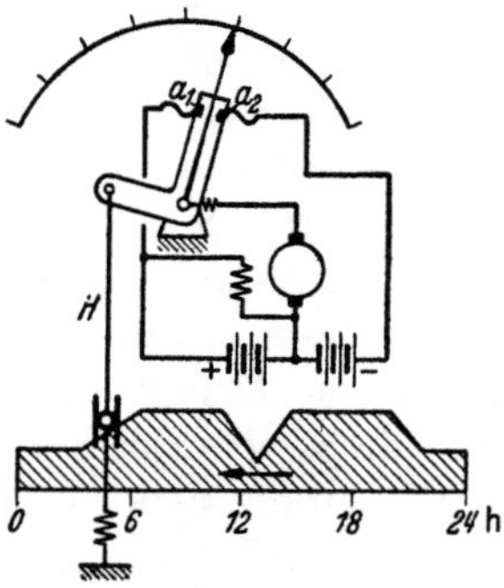

Abb. 542. Beispiel für Fahrplansteuerung (schematisch)

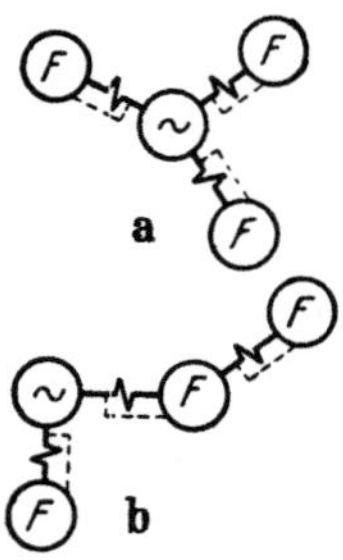

Abb. 543a u. b. Gekuppelte Netze

leistung übertragen wird. Die Überwachung der Kupplungsleistung kann auch automatisch erfolgen mittels einer Fahrplansteuerung (Abb. 542). Diese besteht z.B. aus einer Schablone, welche durch ein Uhrwerk fortbewegt wird. Durch die Schablone wird ein Kontakthebel gesteuert, der als Anschläge zwei Kontakte a_1 und a_2 besitzt. Zwischen diesen beiden befindet sich der Zeiger eines Wattmeters, welcher die übertragene Kupplungsleistung angibt. Wird der Hebel *H* durch die Schablone nach oben bewegt, was gleichbedeutend ist, daß mehr Leistung über die Kupplungsleitung geliefert werden soll, dann berührt der Zeiger des Wattmeters den Kontakt a_1, und der Verstellmotor an den Turbinen wird derart beeinflußt, daß mehr Leistung abgegeben wird, bis schließlich der Zeiger wieder die Mittellage zwischen den Kontakten a_1 und a_2 einnimmt. Sollte zuviel Leistung über die Kupplungsleitung übertragen werden, dann wird der Kontakt a_2 geschlossen, und die Regelmotoren arbeiten im Sinne einer Leistungsverminderung. Es können auch mehrere Netze miteinander arbeiten, wobei zwischen je zwei Netzen ein Übertragungsfahrplan eingehalten werden kann, sofern die Netze strahlenförmig oder in Reihenschaltung miteinander verbunden sind (s. Abb. 543a u. b).

Etwas komplizierter werden die Verhältnisse, wenn ein Netz mit einem anderen Netz über zwei Leitungen in Verbindung steht (s. Abb. 544). Man kann es im Fahrplannetz durch Beeinflussung der Maschinen erreichen, daß die an das Frequenznetz gelieferte bzw. entnommene Leistung dem gewünschten Wert entspricht, hat es jedoch nicht in der Hand, die Leistungsübertragung über die beiden Leitungen willkürlich vorzunehmen. Eine willkürliche Leistungsübertragung über die beiden Kuppelleitungen ist nur möglich, wenn ein Quertransformator eingebaut ist. Im Fahrplankraftwerk wird jetzt die Summenleistung der beiden Kuppelleitungen gemessen. Schwierigkeiten treten auf, wenn drei Netze durch einen Ring miteinander verbunden sind (Abb. 545) und zwischen Werk A und B eine bestimmte Übertragungsleistung eingehalten werden muß und weiter das Werk C vom Werk A und vom Werk B je einen bestimmten Betrag beziehen soll. Will man hier die an das Werk C zu liefernde Leistung zwingen, in gewünschter Weise die Leitungen A–C und B–C zu durchfließen, so muß in einer dieser Leitungen ein Quertransformator eingebaut werden.

Abb. 544. Zwei Netze mit doppelter Kupplung

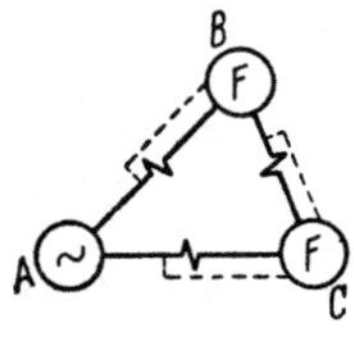

Abb. 545. Drei Netze durch Ringleitung verbunden

Man wird im allgemeinen versuchen, überbestimmte Kupplungen nach Abb. 544 u. 545 zu vermeiden, und Anordnungen nach Abb. 543 wählen, bei denen die Zahl der Kupplungen um eins kleiner ist als die Zahl der Netze. Die geschilderte Zusammenarbeit von Netzen und deren Unterteilung in ein Frequenz- und in Fahrplannetze erfolgt nur zufriedenstellend, falls das Frequenznetz groß im Vergleich zu den übrigen Netzen ist.

Ordnet man einem Netz die Frequenzhaltung und dem anderen die Einhaltung der Übergabeleistung (z. B. nach Fahrplan) zu, so treten leicht Überregelungen auf, die erst allmählich ausgeglichen werden.

Eine ideale Regelung besteht darin, daß wenn z. B. zwei Netze zusammengeschlossen sind und in dem einen Netz eine Laständerung auftritt, die Regelmaschine nur dieses Netzes zum Ausregeln eingreift. Dieses Ziel wird durch die Netzkennlinienregelung erreicht.

Ein Kriterium dafür, in welchem Netz die Laständerung auftritt, erhält man durch Gegenüberstellung der Frequenzänderung Δf und der Übergabeleistung $\Delta P_ü$ in beiden Netzen. Betrachten wir zwei Netze I und II (s. Abb. 546a) und nehmen wir an, vom Netz I und Netz II werde die Leistung $P_ü$ als Übergabeleistung abgegeben. Erfolgt im Netz II ein Laststoß ΔP, so wird im Netz I und im Netz II die Frequenz um den Betrag Δf absinken, wobei die Übergabeleistung um den Betrag $\Delta P_ü$ zunimmt. Bezogen auf das Werk II wollen wir dieser Leistung, als einer aufgenommenen Leistung, das negative Vorzeichen geben.

$\Delta P_{ü}$ wird erhalten, indem meßtechnisch die Übergabeleistung mit der Sollübergabeleistung verglichen wird. Wir wünschen, daß nur das Werk II seinen eigenen Belastungsstoß ausregelt, der Frequenzregler des Werkes I dagegen gesperrt ist. Diese Sperre ist schaltungstechnisch möglich auf Grund der Tatsache, daß das Produkt aus Δf und $\Delta P_{ü}$ im Netz I negativ ist, während es im Werk II positiv ist. Betrachten wir jetzt den Fall, daß im Netz II eine Lastabnahme auftritt (Abb. 546 b), so steigt die Frequenz, und die aufgenommene Übergabeleistung wird um $P_{ü}$ kleiner; mit anderen Worten: $\Delta P_{ü}$ wird für Werk II positiv, für Werk I dagegen negativ. Wir wünschen, daß auch diesmal der Regler des Werkes I gesperrt ist, wobei als Kennzeichen dienen kann, daß auch hier das Produkt aus Δf und $\Delta P_{ü}$ negativ ist. Ähnliche Überlegungen gelten auch für die Fälle Abb. 546 c u. d.

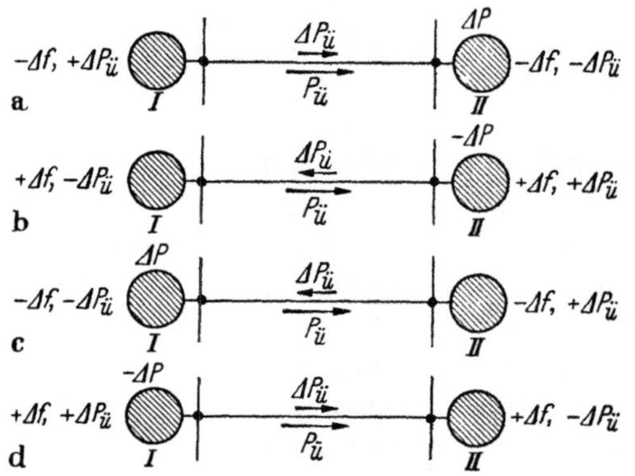

Abb. 546 a–d. Zwei gekuppelte Netze bei Lastschwankungen

Beim Netzkennlinienverfahren wird der Begriff der Netzstatik eingeführt. Die Netzstatik ist nichts anderes als die resultierende Statik, bezogen auf die Summenleistung aller Generatoren des Gesamtnetzes. Die Verhältnisse lassen sich an Hand eines Zahlenbeispiels einfach überblicken.

Netz I mit 100 MW Gesamtleistung und einer Statik $s = 4\%$ sei mit einem Netz II von 200 MW mit einer Statik $s = 2\%$ gekuppelt. Zwischen den beiden Netzen sei eine Übergabeleistung von 50 MW von Netz I zum Netz II vereinbart. Die Leistungszahl K_{I} des Netzes I (s. S. 62) und damit die Statik der Übergabeleistung, bezogen auf dieses Netz, beträgt $\frac{100}{2}$ MW/Hz oder bezogen auf die Übergabeleistung $\frac{50}{1}$ MW/Hz. Die Leistungszahl K_{II} des Netzes II beträgt $\frac{200}{1}$ MW/Hz oder bezogen auf die Übergabeleistung $\frac{50}{1/4}$ MW/Hz. Die Frequenzänderung bei einer Leistungsänderung ist durch die Summe der Leistungszahlen d.h. $\frac{250}{1}$ MW/Hz bestimmt. Nehmen wir an, daß im Netz I eine Leistungszunahme um 25 MW auftritt, so hat entsprechend Abb. 547 dies einen Frequenzabfall von $\frac{1}{10}$ Hz entsprechend $\frac{250}{1} = \frac{25}{1/10}$ zur Folge. Das Netz I beteiligt sich zunächst entsprechend der Leistungszahl $K_{ü} = \frac{50}{1}$

$= \frac{5}{1/10}$ mit 5 MW und das Netz II entsprechend der Leistungszahl von $\frac{200}{1} = \frac{20}{1/10}$ mit 20 MW an der Deckung der zusätzlich benötigten Leistung. Die Steigung der Netzkennlinie des Netzes I beträgt 1 : 50 und die des Netzes II $\frac{1}{4}$: 50.

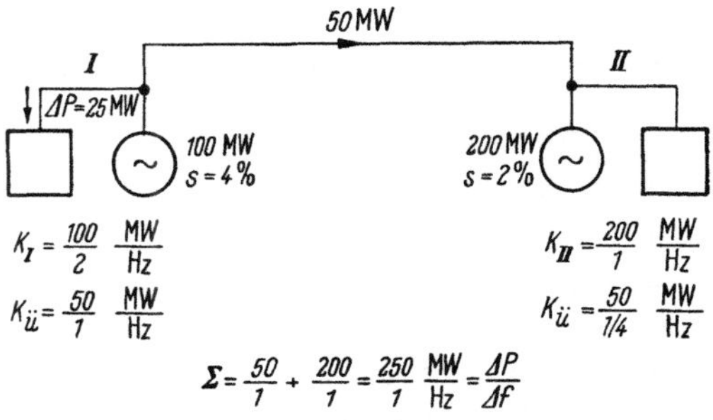

Abb. 547. Beispiel für Netzkennlinien-Regelung

Die Leistung von 20 MW (Abb. 548) erscheint beim Netz I als aufgenommene Leistung. Der Punkt B_{Ia} fällt außerhalb der Kennlinie, das Produkt $(-\Delta P_ü)$ $(-\Delta f)$ ist positiv entsprechend Abb. 546c. Der Netzregler des Netzes I wird daher eingreifen und die Kennlinie so lange parallel verschieben, bis der Punkt B wieder auf die Netzkennlinie zu liegen kommt (B_{Ib}). Δf ist im Endzustand wieder zu Null geworden. Netz I hat vollständig die Zusatzlast von 75–50 = 25 MW übernommen, und Punkt B_{II} ist nach A_{II} zurückgewandert, der dem Ausgangspunkt 50 MW bei Sollfrequenz entspricht.

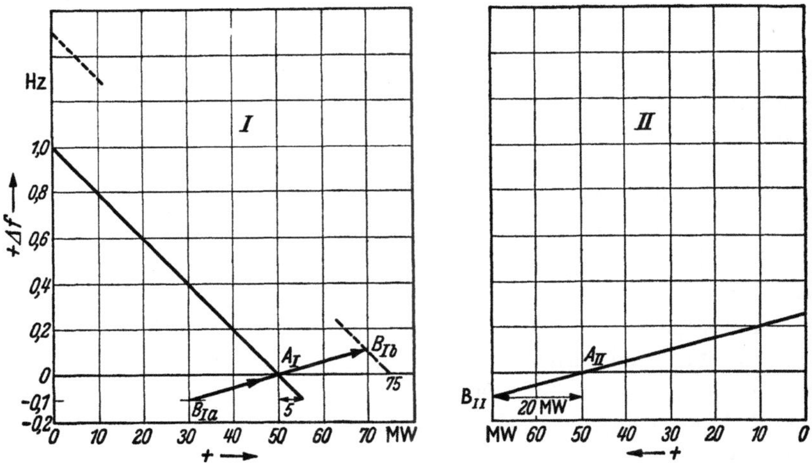

Abb. 548. Regelvorgang bei Netzkennlinien-Regelung

Während für die Verteilung der Wirkströme in den Netzen vorwiegend die Energiezufuhr in den Kraftwerken maßgebend ist, ist für die Verteilung der Blindleistung die Spannungshaltung in den Netzen bestimmend. Will man z.B. Blindstrom von A nach B übertragen, so muß die Spannung in A höher als in B sein. Dies erkennt man am besten aus dem zweiten Glied der Gl. (352).

P. Die Hochspannungsleitung ohne Spannungsabfall

a) Unter Vernachlässigung des Leitungswiderstandes

Bei einer vollkommenen Leitung sollte bei der Leistungsübertragung kein Spannungsabfall auftreten. Es soll im folgenden untersucht werden, ob solche Leitungen möglich sind. Dabei sei zunächst der ohmsche Widerstand der Leitung gleich Null gesetzt.

Es sei ein Leitungsabschnitt nach Abb. 549a betrachtet, dessen Induktivität L ist und der vom Strom I_0 durchflossen wird. An den Punkten *1* und *2* der Leitung seien die Spannungen ihrer Größe nach gleich, sie müssen jedoch, um einen Strom durch die Induktivität zu treiben, gegeneinander phasenverschoben sein. Die Differenzspannung ist $I_0 \omega L$. Der Strom I_0 eilt der Spannung $I_0 \omega L$ um 90° nach und hat die in der Abb. 549b dargestellte Phasenlage. Es sei die Forderung gestellt, daß im Punkt *1* der Leitung nur Wirkstrom zugeführt wird und daß bei *2* Wirkstrom entnommen wird. Führen wir der Leitung bei *1* den Wirkstrom I zu, dann muß man, um den Leitungsstrom I_0 zu erhalten, zu I noch einen Stromwert ΔI_1 (s. Abb. 549b) hinzufügen. ΔI_1 eilt der Spannung U um 90° nach, ist also ein Blindstrom, der durch eine Kapazität $C/2$ geliefert werden kann, da Kapazitäten voreilende Ströme aufnehmen bzw. nacheilende Ströme abgeben.

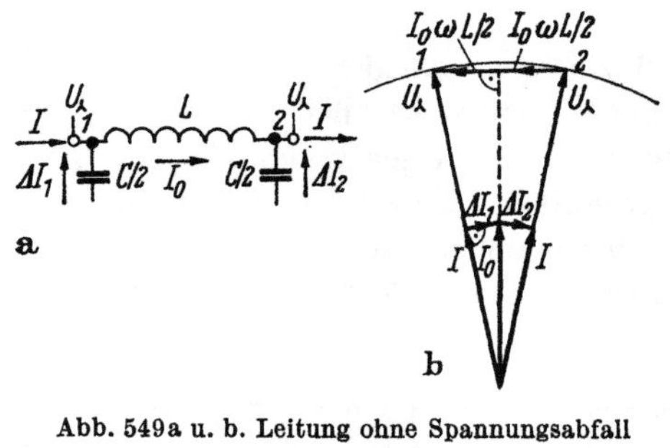

Abb. 549a u. b. Leitung ohne Spannungsabfall

Im Punkt *2* soll, wie vorausgesetzt, ein Wirkstrom I abgenommen werden. Wir erhalten den Wirkstrom I, indem wir den Strom ΔI_2 zu I_0 addieren. ΔI_2, welches der Größe nach gleich ΔI_1 oder allgemein gleich ΔI ist, kann ebenfalls durch eine passend bemessene Kapazität $C/2$ geliefert werden (auf das gesamte Leitungsstück L entfällt also insgesamt die Kapazität C). Dabei ist

$$\Delta I = U_\lambda \, \omega \, \frac{C}{2} \, . \tag{394}$$

Wir erkennen, daß wir durch eine Leitung, die Induktivität besitzt, bei konstanter Spannung Wirkstrom zuführen und Wirkstrom abnehmen können. Auf Grund ähnlicher Dreiecke ergibt sich nach Abb. 549b die Beziehung

$$\frac{I_0 \omega \frac{L}{2}}{U_\lambda} = \frac{\Delta I}{I_0} = \frac{U_\lambda \omega \frac{C}{2}}{I_0} \tag{395a}$$

oder

$$I_0 (I_0 \omega L) = U_\lambda (U_\lambda \omega C). \tag{395b}$$

Diese Gleichung sagt aus, daß die induktive Blindleistung der Leitung gleich der kapazitiven sein muß. Führt man die Maximalwerte $U_{\lambda m}$ und I_{0m} in die Gl. (395b) ein, dann erhält man

$$\frac{1}{2} L I_{0m}^2 = \frac{1}{2} C U_{\lambda m}^2. \tag{396}$$

Diese Gleichung besagt, daß die maximal in der Kapazität aufgespeicherte Energie gleich der maximal in der Induktivität aufgespeicherten Energie sein muß. Umgeschrieben lautet die Gleichung

$$\frac{U_\lambda}{I_0} = \sqrt{\frac{L}{C}}. \tag{397}$$

Bis jetzt haben wir an den Leitungsenden die benötigten Kapazitäten zusätzlich angebracht. Es fragt sich, da ja eine Leitung verteilte Kapazitäten besitzt und man sich diese bei nicht zu großen Leitungslängen auf die Enden gebracht denken kann, ob diese Leitungskapazitäten unter Umständen die erforderliche Größe besitzen, um die Leistung ohne Spannungsabfall über die Leitung zu schicken. Setzen wir in Gl. (397) $L = L_0 l$ und $C = C_0 l$, dann ergibt sich

$$\frac{U_\lambda}{I_0} = \sqrt{\frac{L_0}{C_0}} = Z, \tag{398}$$

d.h. konstante Spannung ist in den beiden Punkten *1* und *2* vorhanden, wenn der durch die Leitung fließende Strom eine solche Größe besitzt, daß $I_0 = U_\lambda / Z$ ist. Z wird als Wellenwiderstand der Leitung bezeichnet. Ist die betrachtete Leitungslänge genügend klein, dann ist I_0 gleich dem Wirkstrom I, und es gilt $I = U_\lambda / Z$. Man kann sich jetzt beliebig viele kurze Leitungslängen zu einer großen Leitungslänge l aneinandergereiht denken. Die Spannung und der Strom wird dann längs der Leitung konstant bleiben, jedoch wird der Phasenwinkel ϑ für Strom und Spannung immer mehr nacheilend (s. Abb. 550b). Der durch die Leitung fließende Strom muß am Ende der Leitung abgenommen werden (s. Abb. 550a). Dies bedingt, daß die Verbraucher einem ohmschen Widerstand R gleichwertig sein müssen, der gleich dem Wellenwiderstand Z der Leitung ist. Es gilt also

$$R = Z. \tag{399}$$

In diesem Falle kann der Strom über beliebig lange Leitungen ohne Spannungsabfall übertragen werden. Der Strom I hat dabei stets gleiche Phasenlage wie die Spannung, ist also stets Wirkstrom (s. Abb. 550 b).

Es sei noch berechnet, wie groß der Winkel ϑ ist, den die Spannung im Abstande l gegen die Spannung am Leitungsanfang hat. Der Bogen, welcher die beiden Spannungszeiger miteinander verbindet, hat die Größe $I\omega L_0 l$. Teilt man diesen Wert durch die Spannung U_λ, dann erhält man den Winkel zu $\vartheta = \frac{I\omega L_0 l}{U_\lambda}$ oder da $\frac{I}{U_\lambda} = \frac{1}{Z} = \frac{1}{\sqrt{L_0/C_0}}$ ist,

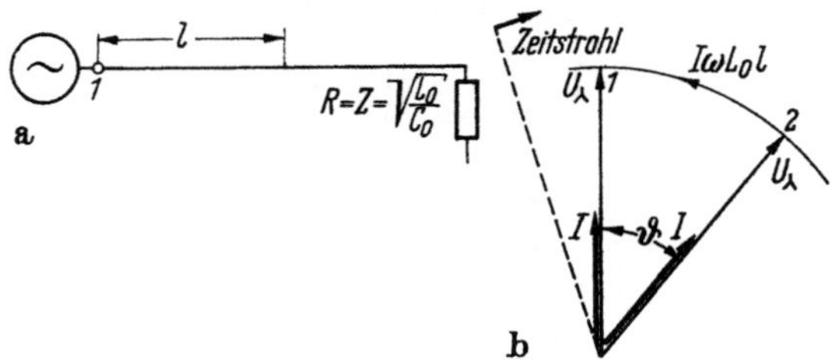

Abb. 550 a u. b. Leitung ohne Spannungsabfall, am Ende belastet

$\vartheta = \frac{\omega l}{1/\sqrt{L_0 C_0}}$. Beachtet man, daß $\frac{1}{\sqrt{L_0 C_0}} = v$ die Lichtgeschwindigkeit ist (s. S. 536), so kann man auch schreiben

$$\vartheta = \frac{\omega l}{v}. \tag{400}$$

Bei einer Freileitung und $f = 50$ Hz entspricht nach dieser Formel, da $v = 300000$ km/sek ist, einem Winkel 2π eine Leitungslänge l von 6000 km. Betrachtet man die Momentanwerte, indem man den Zeitstrahl in die Abb. 550 b einführt, so ersieht man, daß die Augenblickswerte der Spannungen und Ströme an den verschiedenen Stellen der Leitungen verschiedene Größe haben. Wesentlich für die Konstanz der Spannung ist die Bedingung

$$U_\lambda / I = Z = R.$$

Bei einem Drehstromsystem ist die abgenommene Leistung gleich

$$P = 3\left(\frac{U}{\sqrt{3}}\right)^2 \frac{1}{R}.$$

Setzt man $R = Z$, so folgt

$$P_n = \frac{U^2}{Z}. \tag{401}$$

Die dieser Formel entsprechende Leistung heißt die „natürliche“ Leistung P_n der Leitung. Rechnet man für verschiedene Spannungen diese natürliche Leistung für $Z = 375\,\Omega$ aus (dieser Wert ist ziemlich unabhängig von den Abmessungen der Leitung, s. S. 538), dann ergibt sich

Tabelle 30

Verkettete Spannung in kV	Natürliche Leistung in kW	Verkettete Spannung in kV	Natürliche Leistung in kW
10	270	150	60000
20	1070	220	130000
30	2400		(170000)[1]
110	32000	400	660000[2]

Bei Hochspannungsleitungen ist es nicht möglich, immer die natürliche Leistung zu übertragen. Ist die Leistung kleiner als die natürliche, so werden Spannungserhöhungen oder, falls die übertragene Leistung größer als die natürliche ist, Spannungsabsenkungen längs der Leitung auftreten. Die Bedingung der konstanten Spannung muß jedoch auch bei variabler Leistung aufrechterhalten werden, und es fragt sich, durch welche Maßnahmen dies erreicht wird. Die Gl. (401) umgeschrieben ergibt:

$$Z = \sqrt{\frac{L_0}{C_0}} = \frac{U^2}{P_n}. \tag{402}$$

Wird P kleiner als die natürliche Leistung P_n, dann müßte der Wellenwiderstand der Leitung größer werden. Man kann ihn jedoch nur dadurch veränderlich machen, daß man Zusatzinduktivitäten bzw. Zusatzkapazitäten einschaltet. Um den Wellenwiderstand zu vergrößern, müßte man beispielsweise die Kapazität C verkleinern. Die Leitungskapazität C_0 ist jedoch gegeben, und eine Verkleinerung ist nur möglich, indem man Drosselspulen ΔL parallel zur Leitung schaltet, da diese dann einen Teil des von den Leitungskapazitäten abgegebenen Stromes kompensieren (s. Abb. 551a). Der Wellenwiderstand kann auch vergrößert werden, indem man die Induktivität vergrößert, d.h. zur Leitungsinduktivität L_0 noch besondere Induktivitäten ΔL_0 hinzufügt (s. Abb. 551b). Strenggenommen müßten diese Kompensierungsmittel unendlich fein verteilt in die Leitung eingeführt werden.

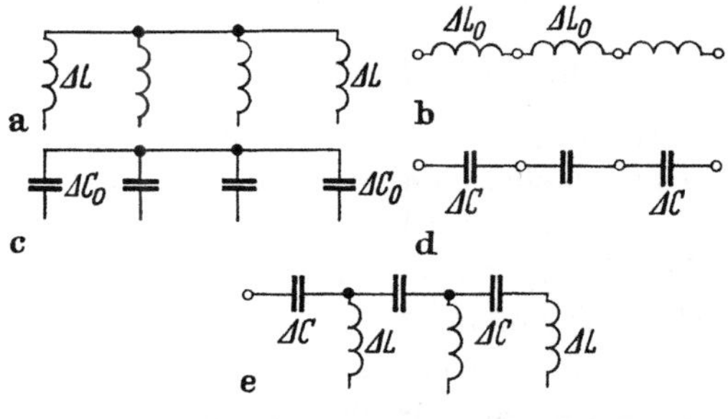

Abb. 551a–e. Verschiedene Möglichkeiten der Kompensierung einer Hochspannungsleitung

[1] Zweier-Bündelleiter mit Wellenwiderstand 280 Ω.

[2] Vierer-Bündelleiter mit Wellenwiderstand 240 Ω.

Praktisch genügt es jedoch, wenn die Zusatzkapazitäten bzw. -induktivitäten in Abständen von größenordnungsgemäß 200 km eingeschaltet werden.

Ist die zu übertragende Leistung größer als die natürliche, dann muß der Wellenwiderstand verkleinert werden. Dies kann erreicht werden, indem zusätzliche Parallelkapazitäten vorgesehen werden (s. Abb. 551 c) oder indem man die Induktivität der Leitung verkleinert, indem man im Zuge der Leitung Kapazitäten einschaltet (s. Abb. 551 d). Hat man eine Leitung, die teils unterhalb, teils oberhalb der natürlichen Leistung arbeitet, dann müssen die Kompensierungsmittel teils induktiver, teils kapazitiver Art sein. In einem solchen Fall kann man auch parallel geschaltete Synchronphasenschieber verwenden, die bei Untererregung die Eigenschaft von Drosselspulen, bei Übererregung die Eigenschaft von Kapazitäten haben.

Es besteht die Möglichkeit, wenigstens theoretisch, die Leitung so zu kompensieren, daß unabhängig von der Belastung die Spannung ohne Nachregelung längs der Leitung konstant bleibt. Hierzu ist erforderlich, daß man im Zuge der Leitung Zusatzkapazitäten ΔC und parallel zur Leitung Zusatzinduktivitäten ΔL schaltet (Abb. 551e). ΔC wird dabei so gewählt, daß es die Induktivität des zugehörigen Leitungsabschnittes gerade kompensiert. Es gilt also die Bedingungsgleichung:

$$\frac{1}{\omega \Delta C} = \omega L_0 l. \tag{403}$$

ΔL wird derart gewählt, daß es die Leitungskapazität kompensiert:

$$\omega \Delta L = \frac{1}{\omega l C_0}. \tag{404}$$

So ideal die letzte Kompensierungsart erscheinen mag, so groß ist jedoch der Aufwand an Kapazitäten und Drosselspulen, so daß aus wirtschaftlichen Gründen diese Lösung ausscheidet.

b) Unter Berücksichtigung des Leitungswiderstandes

Es sei jetzt der Widerstand der Leitung berücksichtigt und untersucht, ob auch dann die Forderung nach konstanter Übertragungsspannung erfüllt werden kann. Der zu untersuchende Leitungsabschnitt (Abb. 552 a) von der Länge l besitze die Induktivität L und den ohmschen Widerstand r. Die Spannungen an den Punkten *1* und *2* seien der Größe nach gleich und durch das Zeigerdiagramm der Abb. 552 b gegeben. Die Differenz der Spannungen $U_{\lambda 1}$ und $U_{\lambda 2}$ muß den ohmschen Spannungsabfall und den induktiven Spannungsabfall überwinden. Die Lage des durch die Leitung fließenden Stromes I_0 muß parallel dem ohmschen Spannungsabfall sein und ergibt eine Phasenlage, die gegenüber der Mittellinie unseres Diagramms eine Verschiebung δ aufweist. Es ist

$$\tan \delta = \frac{r}{\omega L}. \tag{405}$$

Es sei ebenfalls die Forderung gestellt, daß der der Leitung zugeführte Strom I_1 und der der Leitung abgenommene Strom I_2 Wirkströme sein sollen. Man projiziert I_0 zunächst auf $U_{\lambda 1}$ und findet, da man den Wirkstrom I_1 zuführt, daß der Leitung noch der Strom ΔI_1 zugeführt werden muß, um I_0 zu erhalten. Entsprechend findet man, daß, wenn am Ende der Leitung der Strom I_2 abgenommen werden soll, zum ankommenden Strom I_0 der Blindstrom ΔI_2 hinzugezählt werden muß. Aus dem Diagramm kann man ablesen, daß I_1 größer als I_2 ist. Das hat seinen Grund darin, daß infolge der ohmschen Verluste die abgegebene Leistung kleiner als die zugeführte sein muß. ΔI_1 und ΔI_2 sind Ströme, welche ihren zugehörigen Spannungen um 90° nacheilen, sie können also durch Kapazitäten C_1 und C_2 erzeugt werden, die aus folgenden Formeln berechnet werden können:

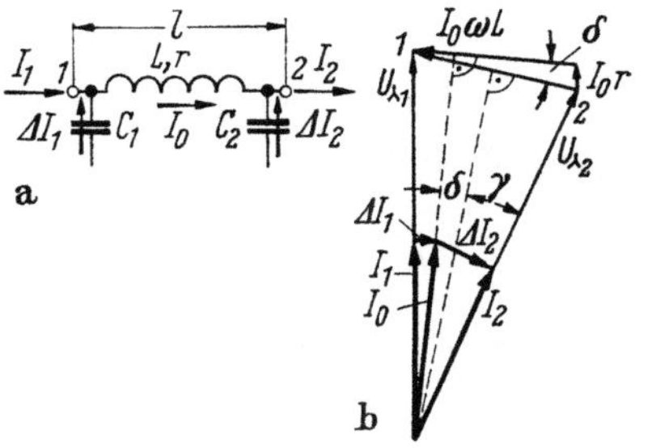

Abb. 552a u. b. Hochspannungsleitung ohne Spannungsabfall unter Berücksichtigung des Widerstandes

$$\left.\begin{aligned} \Delta I_1 &= U_\lambda \omega C_1, \quad & C_1 &= \frac{\Delta I_1}{\omega U_\lambda}, \\ \Delta I_2 &= U_\lambda \omega C_2, \quad & C_2 &= \frac{\Delta I_2}{\omega U_\lambda}. \end{aligned}\right\} \tag{406}$$

Berücksichtigen wir die an und für sich vorhandene Leitungskapazität, die wir je zur Hälfte auf die beiden Leitungsenden konzentriert denken können, dann sind je nach der Größe von $l C_0/2$ die noch zusätzlich erforderlichen Kapazitäten positiv oder negativ. Negative Kapazitäten bedeuten jedoch Induktivitäten.

Will man das Diagramm nach Abb. 552b für eine gegebene Leitung aufstellen, so ist zunächst der Winkel zwischen $U_{\lambda 1}$ und $U_{\lambda 2}$ unbekannt. Man kann ihn durch folgende Konstruktion leicht ermitteln. Wir gehen von der Spannung $U_{\lambda 2}$ und dem dort vorhandenen Wirkstrom I_2 aus. Wäre nur I_2 vorhanden, so würde er in der Leitung einen Spannungsabfall

$$I_2 Z = I_2 \sqrt{r^2 + (\omega L)^2}$$

erzeugen, der gegenüber $U_{\lambda 2}$ um $90 - \delta$ voreilt. Dieser ist in Abb. 553 eingetragen. Berücksichtigt man, daß der tatsächliche, durch die Leitung fließende Strom gleich dem Wirkstrom I_2 plus dem Strom ΔI_2 ist, so erzeugt letzterer einen Spannungsabfall, der, weil ΔI_2 dem Strom um 90° voreilt (ΔI_2 muß hierbei umgekehrte Richtung wie in Abb. 552b bekommen), dem Spannungsabfall $I_2 Z$ um 90° voreilt. Da der Endpunkt von $U_{\lambda 1}$ auf einem Kreis liegen muß, ergibt sich sofort die räumliche Lage von $U_{\lambda 1}$, und aus der Länge von $\Delta I_2 Z$ kann man ΔI_2 erhalten, so daß jetzt auch I_0 und die sonstigen interessierenden Größen konstruiert werden können.

Wenn man eine lange Leitung hat, kann man sich beliebig viele solcher betrachteter Abschnitte nebeneinander gesetzt denken und kann stets erreichen, daß die Spannung konstant bleibt. Der durch die Leitung fließende Strom wird allerdings, je länger die Leitung ist, immer kleiner.

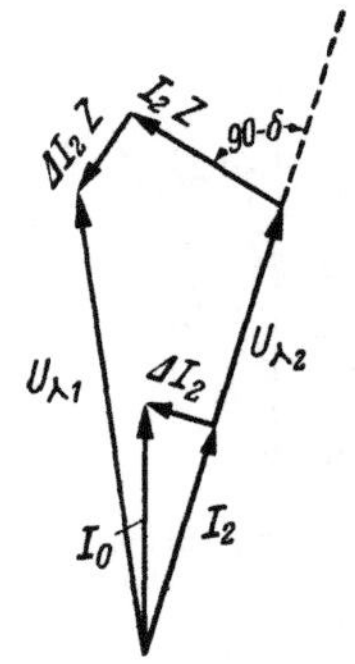

Abb. 553 Hilfsdiagramm für Abb. 552b

Meistens hat man Leitungen, die abschnittsweise unterteilt sind, sei es, daß Leistung entnommen oder Leistung zugeführt wird. Wir betrachten in der Abb. 554a eine Leitung, die aus zwei Abschnitten besteht. Im ersten Abschnitt werde der Wirkstrom I_1 zugeführt, am Ende dieses Abschnittes steht der Wirkstrom I'_2 zur Verfügung. Führen wir hier durch ein Kraftwerk noch den Wirkstrom I_w zu, dann ist der in den zweiten Abschnitt eingeführte Wirkstrom $I''_2 = I'_2 + I_w$. Für den zweiten Abschnitt gilt ein entsprechendes Bild wie für den ersten Abschnitt. Dem Ende der ersten und dem Anfang der zweiten Leitung muß ein Blindstrom insgesamt von der Größe $\Delta I'_2 + \Delta I''_2$ zugeführt werden (Abb. 554b). Wir haben jedoch, falls wir die Leitungskapazitäten auf die Enden überführen, im Punkt 2 die Kapazität $\left(\frac{l_1 + l_2}{2}\right) C_0$ zur Verfügung. Die erforderliche Blindleistung je Phase ist

$$U_\lambda (\Delta I'_2 + \Delta I''_2)\,. \tag{407}$$

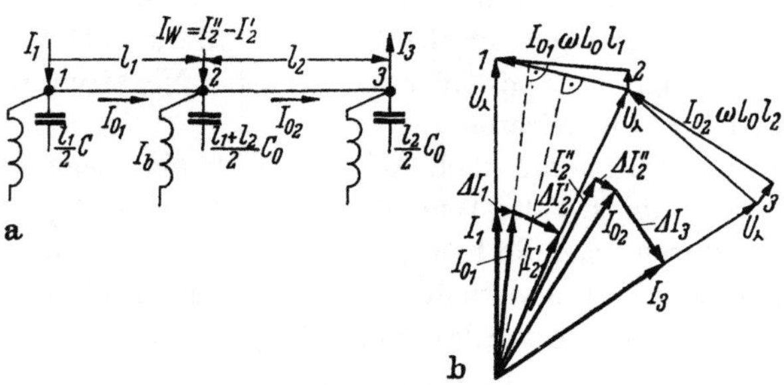

Abb. 554a u. b. Hochspannungsleitung ohne Spannungsabfall mit mehrfacher Abnahme

Die durch die Leitungskapazität zur Verfügung stehende Blindleistung beträgt

$$U_\lambda^2\, \omega \left(\frac{l_1 + l_2}{2}\right) C_0\,. \tag{408}$$

Die noch zuzuführende Blindleistung ist demnach

$$U_\lambda I_B = U_\lambda (\Delta I'_2 + \Delta I''_2) - U_\lambda^2\, \omega \left(\frac{l_1 + l_2}{2}\right) C_0\,. \tag{409}$$

In der Mehrzahl der Fälle wird diese Blindleistung negativ sein, d.h. wir müssen zusätzliche Drosselspulen vorsehen, wie in der Abb. 554a aufgezeichnet ist. In ähnlicher Weise können die Punkte *1* und *3* behandelt werden. Statt zwei Abschnitte kann die Leitung beliebig viele Abschnitte haben, ohne daß in der prinzipiellen Behandlung sich etwas ändert. Sollen Drosselspulen in den Stationen vorgesehen werden, so schließt man sie am besten mit Dreiwicklungstransformatoren nach Abb. 555 an die Leitung. Ein Transformator ist sowieso notwendig, um Leistung zu- bzw. abzuführen. Sieht man an dem Transformator noch eine dritte Wicklung vor, so kann über diese die veränderliche Drosselspule eingeschaltet werden.

Abb. 555 Dreiwicklungstransformator mit angeschlossener Regeldrossel

Ist an einer Station eine Leistungsabnahme mit einem gewissen Blindleistungsbedarf vorhanden, so kann dieser Blindstrombedarf, falls er nicht zu groß ist, durch die Leitung gedeckt werden. Es muß dann die einzuschaltende Drossel kleiner gewählt werden, denn der Blindstrombedarf des Abnehmers wirkt an und für sich schon wie eine Drosselspule. Genügt die von den Leitungskapazitäten gelieferte Blindleistung nicht, so muß man zusätzliche Kapazitäten oder Phasenschieber vorsehen, bzw. die Blindleistung muß von einem angeschlossenen Kraftwerk geliefert werden.

Q. Leitungen großer Länge

Im folgenden seien die Grundlagen für die Berechnung von Leitungen großer Länge mit gleichmäßig verteilter Induktivität und Kapazität gebracht. Dabei sei bei der Ableitung der Theorie vorwiegend physikalisch vorgegangen. In Abb. 556a ist eine widerstandslose Stromquelle von der Spannung u vorhanden, welche über einen Schalter auf eine Leitung geschaltet werden kann. Diese sei im Abstand x durch ein bewegliches Kontaktstück a mit der Rückleitung verbunden, so daß ein Strom i fließen kann. Das Kontaktstück a werde mit der Geschwindigkeit $v = dx/dt$ nach rechts bewegt, wodurch der verkettete Kraftfluß zunimmt. Ist die Induktivität je Längeneinheit L_0, so ist der verkettete Fluß, falls das Kontaktstück den Abstand x hat, $\Phi = L_0\, i\, x$. Bei der Bewegung des Kontaktstückes ändert sich der Kraftfluß, so daß bei konstantem Strom gilt:

$$\frac{d\Phi}{dt} = L_0\, i \frac{dx}{dt} = L_0\, i\, v. \tag{410}$$

Die Änderung des Kraftflusses muß (Verluste der Leitung seien Null) gleich der aufgedrückten Spannung u sein

$$u = L_0\, i\, v. \tag{411}$$

Bei der Bewegung des Kontaktstückes a wird stets links von a zwischen den beiden Leitungen die volle Spannung u, rechts von a dagegen die Spannung Null sein. Bei konstanter Bewegung des Kontaktstückes läuft also eine Spannungswelle u (Abb. 556 b) und auch eine Stromwelle i mit der Geschwindigkeit v über die Leitung.

Es werde jetzt die Kapazität C_0 je Längeneinheit berücksichtigt. Hat die Leitungslänge x die Kapazität $C_0 x$, so ist die hierauf sitzende Ladung gleich

$$q_0 = C_0 u x. \tag{412}$$

Bewegt sich eine Spannungswelle u nach rechts, so werden immer mehr Kapazitätselemente an Spannung gelegt, also die Ladung q vergrößert. Hierdurch fließt ein Strom $i' = dq/dt$

$$i' = C_0 u \frac{dx}{dt} = C_0 u v. \tag{413}$$

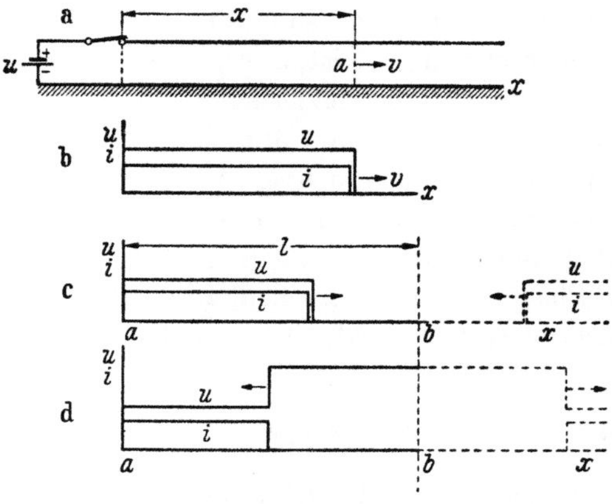

Abb. 556 a–d. Wanderwellen auf einer Leitung
a) Leitungsanordnung; b) Spannungs- und Stromwelle; c) für Reflexion benötigte von rechts kommende Hilfswelle; d) Wanderwelle bei Reflexion

Dieser Strom fließt durch die Leitung und schließt sich an der Stirn der Spannungswelle über das Kapazitätselement, welches gerade aufgeladen wird. Wählt man die Geschwindigkeit v so groß, daß der durch die Induktivität bedingte Strom i gerade so groß ist wie der durch die Kapazität bedingte i', dann kann die Kontaktverbindung a weggelassen werden. Es muß dann gleichzeitig gelten:

$$\left.\begin{aligned} u &= L_0 i v, \\ i &= C_0 u v. \end{aligned}\right\} \tag{414}$$

Multipliziert man die beiden Gleichungen miteinander, so findet sich:

$$v = \frac{1}{\sqrt{L_0 C_0}}, \tag{415}$$

und dividiert man sie durcheinander, so erhält man:

$$\frac{u}{i} = \sqrt{\frac{L_0}{C_0}} = Z. \tag{416}$$

Aus unseren Überlegungen können wir folgendes schließen: Wird die Spannung u auf die Leitung geschaltet, so wandert bei vorhandenem L_0

und C_0 eine rechteckige Spannungs- und Stromwelle über die Leitung. Die sich einstellende Geschwindigkeit ist $v = \frac{1}{\sqrt{L_0 C_0}}$, und zwischen Spannung und Strom besteht die Beziehung $u = iZ$.

Es werde zunächst ausgerechnet, wie groß die sich einstellende Geschwindigkeit ist, mit welcher sowohl die Spannung als auch die Stromwelle über die Leitung läuft. Für die Induktivität einer Phase gilt nach S. 481:

$$L_0 = \frac{\mu_0}{2\pi}\left(\ln\frac{d}{r} + 0{,}25\right).$$

Verzichtet man auf den Summanden 0,25, der gegenüber $\ln\frac{d}{r}$ klein ist, so ergibt sich:

$$L_0 = \frac{\mu_0}{2\pi}\ln\frac{d}{r}. \tag{417}$$

Die Betriebskapazität hat nach S. 491 die Größe

$$C_0 = \frac{1}{a_{11} - a_{12}} = \frac{1}{\frac{1}{\varepsilon_0 2\pi}\ln\frac{2h}{r} - \frac{1}{\varepsilon_0 4\pi}\ln\left(\frac{4h^2}{d^2} + 1\right)}. \tag{418}$$

Vernachlässigt man den Summanden 1 unter dem 2. Logarithmus im Nenner (1 ist klein gegen $4h^2/d^2$), so erhält man:

$$C_0 = \frac{\varepsilon_0 2\pi}{\ln\frac{d}{r}}. \tag{419}$$

Setzt man L_0 und C_0 in die Gl. (415) für v ein, so ergibt sich

$$v = \frac{1}{\sqrt{\mu_0 \varepsilon_0}}$$

oder

$$v = 300000\,\text{km/sek} \tag{420}$$

v ist also gleich der Lichtgeschwindigkeit und unabhängig von der besonderen Ausbildung der Freileitung. Bei Kabeln spielt die Dielektrizitätskonstante des Isoliermaterials für die Kapazität des Kabels eine besondere Rolle, deswegen ist hier v keine Konstante. v liegt bei Kabeln etwa in der Größenordnung von

$$v = 150000\,\text{km/sek}$$

In der Formel (416) kommt der Wellenwiderstand $Z = \sqrt{\frac{L_0}{C_0}}$ vor. Setzt man die Werte für L_0 und C_0 in die Gleichung für Z ein, dann erhält man:

$$Z = \frac{1}{2\pi}\sqrt{\frac{\mu_0}{\varepsilon_0}}\ln\frac{d}{r} \tag{421 a}$$

oder

$$Z = 60 \ln \frac{d}{r}. \tag{421 b}$$

Wählt man z. B. $d = 300$ cm und $r = 0{,}6$ cm, dann ergibt sich Z zu 375 Ω. Dieser Wert ist für die meisten Hochspannungsleitungen annähernd eine Konstante, da d und r unter dem Logarithmus vorkommen. Für Kabel ist der Wellenwiderstand wesentlich kleiner und liegt größenordnungsmäßig etwa bei 35 bis 40 Ω. Obige Werte von Z gelten für eine Phase gegen Erde, d.h. auch für Drehstrom. Für solche Wanderwellen, bei denen zwei Leitungen die Hin- und Rückleitung bilden, gilt, falls u die Spannung zwischen beiden Leitungen ist, für Z der doppelte Wert, also bei Freileitungen etwa 750 und für Kabel etwa 70 bis 80 Ω. Die Geschwindigkeit v bleibt unverändert.

Wir betrachten in Abb. 556c eine Leitung von endlicher Länge l, welche an Spannung gelegt wird, so daß über sie eine Spannungs- und eine Stromwelle läuft. Es interessiert die Veränderung der Strom- und Spannungswelle, falls sie das Leitungsende b erreicht. Am besten stellt man sich vor, daß in Abb. 556c von rechts nach links ebenfalls eine Strom- und Spannungswelle läuft. Treffen beide Spannungswellen zusammen, so tritt eine Verdoppelung der Spannung auf, wie sie Abb. 556d zeigt. Die beiden entgegengesetzt verlaufenden Stromwellen ergeben jedoch den resultierenden Strom Null. Die Grenzbedingungen, daß für das Leitungsende b der resultierende Strom stets gleich Null und am Leitungsanfang die Spannung stets u ist, wird also bei der Überlagerung der beiden Wanderwellen erfüllt. Abb. 556d zeigt die bei der sogenannten Reflexion der Wanderwellen am Leitungsende entstehenden Wellenumbildungen. Es entsteht also beim Auftreffen einer Spannungswelle am Leitungsende eine Verdoppelung der Spannung.

Ist das Leitungsende durch einen beliebigen Widerstand abgeschlossen, so kann auch hier die Reflexion durch das Zusammenwirken einer nach rechts und einer nach links verlaufenden Wanderwelle, die jedoch verschiedene Größe haben, beschrieben werden. Ist jedoch der Abschlußwiderstand $R = Z$, so ist der beim Auftreffen der Welle durch diesen fließende Strom gleich dem der Stromwelle, so daß keine Reflexion stattfindet.

Ist am Leitungsanfang keine Gleichspannung, sondern eine Wechselspannung vorhanden, so verläuft eine sinusförmige Wanderwelle mit der Geschwindigkeit v über die Leitung. Dies kommt daher, weil man sich eine sinusförmige Spannung aus konstanten Spannungsstößen zusammengesetzt denken kann, die sich überlagern, so daß, wie in Abb. 557 gezeichnet, kleine Rechteckwellen über die Leitung laufen, deren Addition eine sinusförmige Wanderwelle ergibt. Auch bei einer solchen gilt wegen der Superposition für jede Stelle das Gesetz:

$$\frac{u}{i} = Z = \sqrt{\frac{L_0}{C_0}}.$$

Daraus folgt, daß in Verbindung mit der Spannungswelle stets eine gleichphasige Stromwelle über die Leitung läuft. Dies gilt für eine unendlich lange Leitung, oder falls diese mit einem Widerstand R abgeschlossen ist, der gleich dem Wellenwiderstand Z ist. Bei einem anderen Widerstand müßte eine entgegengesetzt laufende, sinusförmige Welle superponiert werden, so daß eine Reflexion stattfindet.

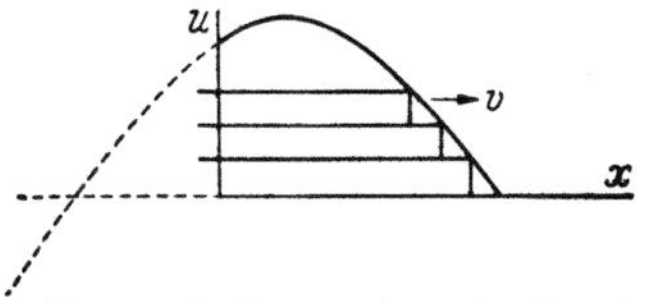

Abb. 557. Zerlegung einer sinusförmigen Wanderwelle in Rechteckwellen

Ist eine Leitung mit einem Widerstand $R = Z$ abgeschlossen (Abb. 558a), so sind die Maximalwerte von Strom und Spannung an allen Stellen der Leitung gleich groß, und die übertragene Leistung ist gerade die natürliche, welche auf S. 531 behandelt wurde. Denkt man sich die Spannungswelle nach rechts über die Leitung laufend, so wird an der Stelle x die Spannung zu einem späteren Zeitpunkt ihren Maximalwert erreichen als am Leitungsanfang (Abb. 558b).

Führt man den Begriff Wellenlänge ein, so ist diese

$$\lambda = \frac{v}{f}, \tag{422}$$

d.h. bei einer Frequenz $f = 50$ ergibt sich bei $v = 300000\,\text{km}$ eine Wellenlänge von 6000 km, und dieser Wert entspricht bei der Sinuskurve einem Winkel 2π.

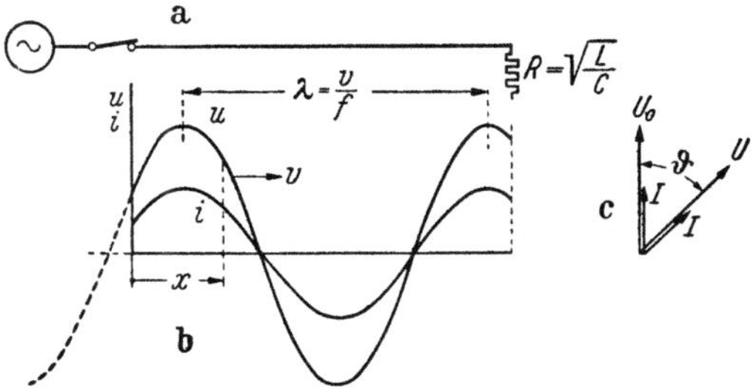

Abb. 558a–c. Sinusförmige Wanderwelle
a) Leitung ist mit Wellenwiderstand abgeschlossen;
b) Strom- und Spannungswelle längs der Leitung;
c) Zeigerdiagramm

Ist die Entfernung gleich x, so wird der an der Stelle x wirksame Spannungszeiger U um den Winkel ϑ gegen U_0 (Abb. 558c) verdreht sein. Es ist

$$\left.\begin{aligned} \vartheta &= \frac{x}{\lambda} \cdot 2\pi \quad \text{oder da} \quad \lambda = \frac{v}{f} \\ \vartheta &= \frac{x}{v} \cdot 2\pi f = x\frac{\omega}{v} = x\omega\sqrt{L_0 C_0} = x\alpha, \end{aligned}\right\} \tag{423}$$

falls man

$$\alpha = \frac{\omega}{v} = \omega\sqrt{L_0 C_0} \tag{424}$$

setzt.

Die Leitung habe jetzt ohmsche und auch Ableitungsverluste, deren Einfluß, verglichen mit dem der Induktivität und Kapazität, jedoch nicht allzu groß sein soll. Betrachten wir wieder den Fall der rechteckigen Welle, so wird deren Rücken bei Vorhandensein von Verlusten nicht mehr horizontal sein, sondern nach dem Leitungsanfang hin zunehmen. Betrachtet man die Stelle x, so ist hier die Spannung u und der Strom i vorhanden, d.h. durch den Leitungsquerschnitt wird die Leistung $u\,i$ transportiert. Ist an der Stelle $x + dx$ die Spannung $u + du$ und der Strom $i + di$, so ist die austretende Leistung jetzt

$$(u + du)(i + di).$$

Da außerdem in dem Leitungselement die ohmschen Verluste

$$r i^2 dx$$

und die Ableitungsverluste

$$G u^2 dx$$

auftreten (r und G beziehen sich auf die Längeneinheit), gilt, falls man annimmt, daß an der Stelle x während der Zeit dt die aufgespeicherten magnetischen und kapazitiven Energien sich praktisch kaum ändern, die Beziehung:

$$u i = (u + du)(i + di) + i^2 r dx + u^2 G dx \tag{425a}$$

oder

$$u di + i du = -(i^2 r + u^2 G) dx. \tag{425b}$$

Wir wollen nun näherungsweise annehmen, daß, obwohl infolge der Verluste die Spannungs- und Stromwelle längs der Leitung abnimmt, zwischen u und i die Beziehung nach Gl. (416) gilt:

$$i = \frac{u}{Z}.$$

Setzt man in Gl. (425b) $i = u/Z$, so findet man:

$$\left.\begin{aligned} u\frac{du}{Z} + \frac{u}{Z}du &= -\left(\frac{u^2 r}{Z^2} + G u^2\right) dx, \\ \frac{du}{u} &= -\frac{1}{2}\left(\frac{r}{Z} + GZ\right) dx, \\ u &= u_0 e^{-\frac{1}{2}\left(\frac{r}{Z} + GZ\right)x}, \end{aligned}\right\} \tag{426}$$

wobei u_0 die Spannung am Leitungsanfang ist. Gleiches Gesetz gilt auch für die Stromwelle. Man ersieht, daß die Spannungswelle mit größer werdender Entfernung vom Leitungsanfang exponentiell mit der Dämpfungskonstanten

$$\beta = \frac{1}{2}\left(\frac{r}{Z} + GZ\right) = \frac{1}{2}\left(r\sqrt{\frac{C_0}{L_0}} + G\sqrt{\frac{L_0}{C_0}}\right) \tag{427}$$

abnimmt, es gilt also

$$u = u_0 e^{-\beta x} \quad \text{und} \quad i = i_0 e^{-\beta x}. \tag{428}$$

In den meisten Fällen (von Koronaverlusten sei abgesehen) sind die Ableitungsverluste klein, so daß näherungsweise geschrieben werden kann:

$$\beta = \frac{1}{2}\frac{r}{Z} = \frac{1}{2} r \sqrt{\frac{C_0}{L_0}}. \qquad (429)$$

Hat man am Anfang der Leitung eine sinusförmig sich ändernde Spannung, so kann man sich diese durch sich überlagernde kleine Spannungsstöße (s. S. 538) ersetzt denken. Jeder Stoß erregt eine Rechteckwelle, welche bei Vorhandensein von Verlusten exponentiell abklingt. Demgemäß ist bei sinusförmiger Spannung am Leitungsanfang die über die

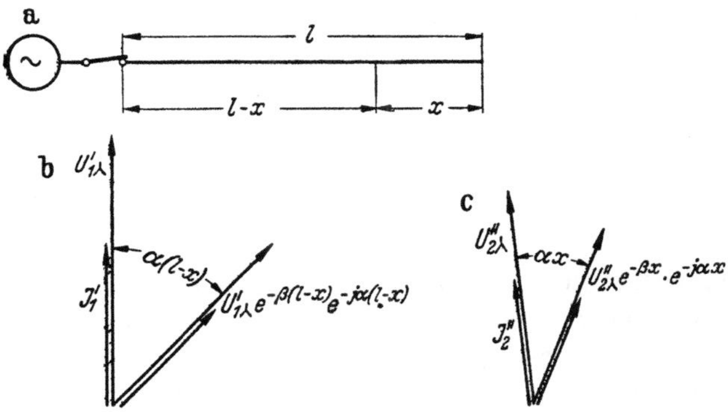

Abb. 559a–c. Ermittlung des Spannungs- und Stromzustandes einer Leitung durch Überlagerung einer rechts- und einer linkslaufenden Welle

a) Leitungsanordnung; b) Zeigerdiagramm für rechtslaufende Wellen; c) Zeigerdiagramm für linkslaufende Wellen

Leitung laufende Welle eine Sinuswelle, deren Werte mit $l - x$ abnehmen. Bedeutet in Abb. 559b $U'_{1\lambda}$ den Spannungszeiger am Anfang der Leitung, so wird an einer Stelle a, welche die Entfernung x vom Leitungsende, also $l - x$ vom Leitungsanfang hat (Abb. 559a), der neue Spannungszeiger, falls keine Verluste vorhanden sind, gleiche Größe haben, jedoch nach Abb. 559b um den Winkel $\vartheta = \alpha\,(l - x)$ zurückgedreht sein. Da jedoch Verluste vorhanden sind, wird die Größe des neuen Spannungszeigers (Abb. 559b):

$$U'_{1\lambda} e^{-\beta(l-x)} \qquad (430)$$

und die des Stromzeigers

$$\frac{U'_{1\lambda}}{Z} e^{-\beta(l-x)} \qquad (431)$$

sein. Man kann nun diesen neuen Spannungszeiger unter Berücksichtigung seiner Größe und Phasenlage wie folgt schreiben:

$$\mathfrak{U}_{1\lambda} e^{-\beta(l-x)} e^{-j\alpha(l-x)} = U'_{1\lambda} e^{-\gamma(l-x)}, \qquad (432)$$

falls man

$$\gamma = \beta + j\alpha \tag{433}$$

setzt.

Wir wollen nun gleichzeitig eine von rechts nach links in der Leitung laufende Wanderwelle untersuchen. Hat diese am Leitungsende den Wert $U'_{2\lambda}$, so kann man den Spannungszeiger an der Stelle a schreiben (Abb. 559c):

$$\mathfrak{U}'_{2\lambda}\, e^{-\gamma x} \tag{434}$$

und für den Stromzeiger

$$\frac{\mathfrak{U}'_{2\lambda}}{Z}\, e^{-\gamma x}. \tag{435}$$

Die resultierende, in a vorhandene Spannung U ist dann:

$$\mathfrak{U}_{\lambda} = \mathfrak{U}'_{1\lambda}\, e^{-\gamma(l-x)} + \mathfrak{U}'_{2\lambda}\, e^{-\gamma x}, \tag{436}$$

und der resultierende Strom, der proportional den jeweiligen Spannungszeigern ist, hat die Größe

$$\mathfrak{I} = \frac{\mathfrak{U}'_{1\lambda}}{Z}\, e^{-\gamma(l-x)} - \frac{\mathfrak{U}'_{2\lambda}}{Z}\, e^{-\gamma x}. \tag{437}$$

Das Minuszeichen in der zweiten Gleichung kommt zustande, weil die zweite Stromwelle von rechts nach links in der Leitung läuft, wir jedoch die Richtung vom Leitungsanfang zum Leitungsende als die für die Stromrichtung positive annehmen wollen. Beziehen wir die beiden Gleichungen auf das Leitungsende, also auf $x = 0$, so ergibt sich:

$$\left.\begin{aligned} \mathfrak{U}_{2\lambda} &= \mathfrak{U}'_{1\lambda}\, e^{-\gamma l} + \mathfrak{U}'_{2\lambda}, \\ \mathfrak{I}_2 &= \frac{\mathfrak{U}'_{1\lambda}}{Z}\, e^{-\gamma l} - \frac{\mathfrak{U}'_{2\lambda}}{Z}. \end{aligned}\right\} \tag{438}$$

Multipliziert man die zweite Gleichung mit Z und addiert bzw. subtrahiert sie von der ersten, so ergibt sich:

$$\left.\begin{aligned} \mathfrak{U}'_{1\lambda}\, e^{-\gamma l} &= \frac{\mathfrak{U}_{2\lambda} + \mathfrak{I}_2 Z}{2}, \\ \mathfrak{U}'_{2\lambda} &= \frac{\mathfrak{U}_{2\lambda} - \mathfrak{I}_2 Z}{2}. \end{aligned}\right\} \tag{439}$$

Setzt man diese Werte in Gl. (436) ein, so erhält man:

$$\mathfrak{U}_{\lambda} = \frac{\mathfrak{U}_{2\lambda} + \mathfrak{I}_2 Z}{2}\, e^{+\gamma x} + \frac{\mathfrak{U}_{2\lambda} - \mathfrak{I}_2 Z}{2}\, e^{-\gamma x}. \tag{440}$$

Berücksichtigt man, daß der hyperbolische Cosinus und Sinus

$$\left.\begin{aligned} \cosh \gamma x &= \frac{e^{\gamma x} + e^{-\gamma x}}{2}, \\ \sinh \gamma x &= \frac{e^{\gamma x} - e^{-\gamma x}}{2} \end{aligned}\right\} \tag{441}$$

ist, so kann man auch schreiben:

$$\mathfrak{U}_{\lambda} = \mathfrak{U}_{2\lambda} \cosh \gamma x + \mathfrak{J}_2 Z \sinh \gamma x . \tag{442a}$$

Setzt man die Werte nach Gl. (438) in (437) ein, so ergibt sich, falls I_2 der Strom am Leitungsende ist:

$$\mathfrak{J} = \mathfrak{J}_2 \cosh \gamma x + \frac{\mathfrak{U}_{2\lambda}}{Z} \sinh \gamma x . \tag{442b}$$

Die beiden Gln. (442 a) u. (442 b) gestatten, falls der Strom und die Spannung am Ende gegeben sind, die Berechnung des Stromes und der Spannung an einer beliebigen Stelle der Leitung und auch für den Leitungsumfang.

Sollten der Strom $\mathfrak{J}_1$ und die Spannung $\mathfrak{U}_{1\lambda}$ am Anfang der Leitung gegeben sein und ist jetzt x der Abstand vom Leitungsanfang, so erhält man nach ähnlicher Rechnung:

$$\left.\begin{aligned} \mathfrak{U}_{\lambda} &= \mathfrak{U}_{1\lambda} \cosh \gamma x - \mathfrak{J}_1 Z \sinh \gamma x , \\ \mathfrak{J} &= \mathfrak{J}_1 \cosh \gamma x - \frac{\mathfrak{U}_{1\lambda}}{Z} \sinh \gamma x . \end{aligned}\right\} \tag{443}$$

Da im allgemeinen unter dem hyperbolischen Cosinus bzw. Sinus ein komplexes Glied steht, sind für die Anwendung folgende mathematische Formeln wichtig:

$$\left.\begin{aligned} \sinh(\beta + j\alpha)x &= \sinh \beta x \cos \alpha x + j \cosh \beta x \sin \alpha x , \\ \cosh(\beta + j\alpha)x &= \cosh \beta x \cos \alpha x + j \sinh \beta x \sin \alpha x . \end{aligned}\right\} \tag{444}$$

Hiermit und unter Benutzung der Gln. (442) u. (443) lassen sich alle Rechnungen für lange Leitungen unter Berücksichtigung der Dämpfung ausführen. Die Gln. (442 a u. b) gelten auch für die Übertragung von Telefonie- und Hochfrequenzströmen auf Freileitungen und Kabeln.

Es sei jetzt der für viele prinzipielle Untersuchungen wichtige Sonderfall untersucht, daß die Leitungsdämpfung $\beta = 0$ ist. Unter Benutzung der Gl. (442) findet man aus den Gln. (444):

$$\left.\begin{aligned} \mathfrak{U}_{\lambda} &= \mathfrak{U}_{2\lambda} \cos \alpha x + j \mathfrak{J}_2 Z \sin \alpha x , \\ \mathfrak{J} &= \mathfrak{J}_2 \cos \alpha x + j \frac{\mathfrak{U}_{2\lambda}}{Z} \sin \alpha x . \end{aligned}\right\} \tag{445}$$

Leer laufende Leitung. Es sei jetzt der Fall der leer laufenden Leitung untersucht. Hierfür muß in Gl. (445) $I_2 = 0$ gesetzt werden. Man erhält dann:

$$\left.\begin{aligned} \mathfrak{U}_{\lambda} &= \mathfrak{U}_{2\lambda} \cos \alpha x , \\ \mathfrak{J} &= j \frac{\mathfrak{U}_{2\lambda}}{Z} \sin \alpha x , \end{aligned}\right\} \tag{446}$$

d.h. die Spannungs- und Stromzeiger sind an allen Stellen der Leitung für sich in Phase. Abb. 560a zeigt die Verteilung der Spannungszeiger längs der Leitung. Dabei entspricht 90° einer Leitungslänge von 1500 km. Ist die Leitungslänge kleiner als 1500 km, so eilt, wie man aus Gl. (446) erkennen kann, der Strom der Spannung vor (Abb. 560b). Ist jedoch die Leitungslänge größer als 90°, jedoch kleiner als 180°, so eilt die Spannung dem Strome vor (Abb. 560c). Je nach der Leitungslänge wirkt also eine leer laufende Leitung als Kapazität bzw. als Induktivität.

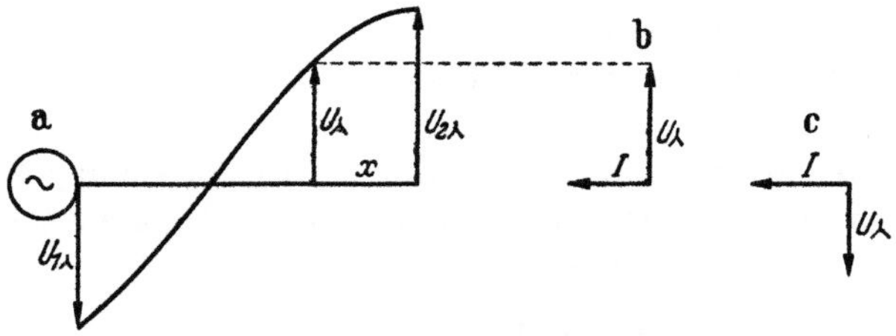

Abb. 560a–c. Leer laufende Leitung

a) Stehende Spannungswelle auf der Leitung; b) Zeigerdiagramm für eine Leitungslänge kleiner als 1500 km; c) Zeigerdiagramm für eine Leitungslänge zwischen 1500 und 3000 km

Es sei jetzt eine Näherungsrechnung angestellt, die für Leitungslängen von einigen hundert km gilt. Setzt man in Gl. (446) $x = l$ und $\alpha = \omega/v$, so wird

$$\mathfrak{U}_{\curlywedge} = \mathfrak{U}_{2\curlywedge} \cos \frac{\omega l}{v}. \tag{447}$$

Entwickelt man den Cosinus in einer Reihe und berücksichtigt unter Annahme kleiner Winkel ($\omega l/v$) nur das 1. und 2. Glied, dann ergibt sich:

$$\mathfrak{U}_{\curlywedge} = \mathfrak{U}_{2\curlywedge} \left[1 - \frac{1}{2}\left(\frac{\omega l}{v}\right)^2 + \cdots\right] \tag{448}$$

oder umgewandelt unter Beachtung, daß $v = \dfrac{1}{\sqrt{L_0 C_0}}$,

$$\mathfrak{U}_{\curlywedge} - \mathfrak{U}_{2\curlywedge} = -\frac{1}{2}\,\frac{\omega^2 l^2}{v^2}\,\mathfrak{U}_{2\curlywedge} = \left(j\,\mathfrak{U}_{2\curlywedge}\frac{l C_0 \omega}{2}\right)(j\,\omega\, l L_0). \tag{449}$$

In der letzten Gleichung ist $j\,\mathfrak{U}_{2\curlywedge}\dfrac{l C_0 \omega}{2}$ der kapazitive Strom, der durch die Leitungsinduktivität $l L_0$ fließt, falls wir uns nach Abb. 561 die gleichmäßig verteilte Leitungskapazität in den beiden Leitungsenden zu je $l C_0/2$ konzentriert denken. Man kann also, sofern $\omega l/v$ ein kleiner Bruch ist, mit genügender Genauigkeit die gleichmäßig verteilte Kapazität der Leitung auf die beiden Enden überführen. Wählt man z.B. $l = 500$ km, dann entspricht dieser Strecke (weil 6000 km = 360°) 30° oder $2\pi/12 = 0{,}524$, und der Klammerausdruck der Gl. (448) wird $\left(1 - \dfrac{0{,}524^2}{2}\right) = 0{,}863$.

Der tatsächliche Wert des Cosinus von 30° ist 0,866, so daß die Übereinstimmung mit der Näherungslösung sehr genau ist. Bei geringeren Ansprüchen an die Genauigkeit kann dieses Verfahren auch auf Leitungen mit Längen größer als 500 km angewandt werden. Die Überführung der Leitungskapazität auf die Enden gilt auch, falls die Leitung belastet ist.

Es sei eine beidseitig gespeiste leer laufende Leitung betrachtet (Abb. 562). Sind die Spannungen an beiden Enden gleich, so wird in der Mitte der Leitung der Ladestrom von beiden Seiten zufließen und der

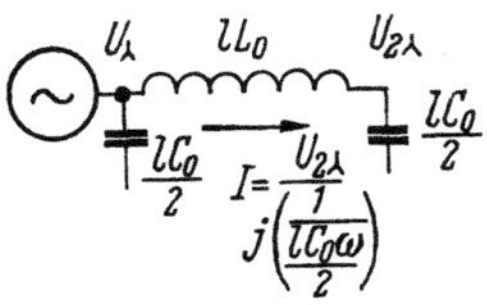

Abb. 561. Hochspannungsleitung, Kapazität auf die Enden überführt

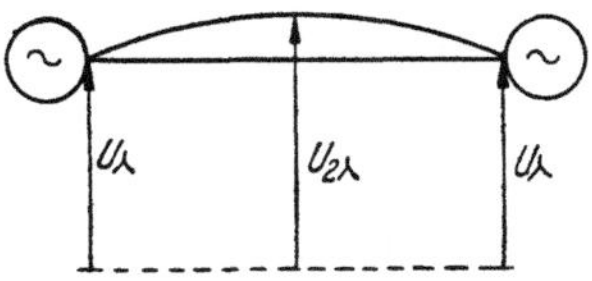

Abb. 562. Spannungsverlauf einer zweiseitig gespeisten leer laufenden Hochspannungsleitung

Strom hier gleich Null sein. Wenn man sich an dieser Stelle einen Schnitt durch die Leitung denkt, erhält man zwei einseitig gespeiste Leitungen. Betrachtet man wieder eine Gesamtlänge von $l = 500$ km, so entspricht der halben Entfernung, die für unsere einseitig gedachte Speisung in Frage kommt, eine Länge von 250 km oder ein Winkel von 15°. Es ist cos 15° gleich 0,96, d.h. daß die Spannung $\mathfrak{U}_\lambda$ an den beiden Speisestellen um nicht ganz 4% kleiner, als die Spannung $\mathfrak{U}_{2\lambda}$ in der Mitte der Leitung ist. Man kann daher in diesem Fall annehmen, daß in der Leitung durch die Kapazität praktisch keine Spannungserhöhung eintritt. Man macht also im Fall der zweiseitig gespeisten Leitung, falls man sich ebenfalls die gleichmäßig verteilte Kapazität der ganzen Leitung auf die beiden Enden verteilt denkt, einen Fehler von 4%.

Kurzschluß der Leitung. Es sei die Leitung im Kurzschluß untersucht. Man muß jetzt in den Gln. (445) $U_{2\lambda}$ gleich Null setzen und erhält dann:

$$\left.\begin{aligned} \mathfrak{U}_\lambda &= j\,\mathfrak{I}_2 Z \sin\alpha x, \\ \mathfrak{I} &= \mathfrak{I}_2 \cos\alpha x. \end{aligned}\right\} \qquad (450)$$

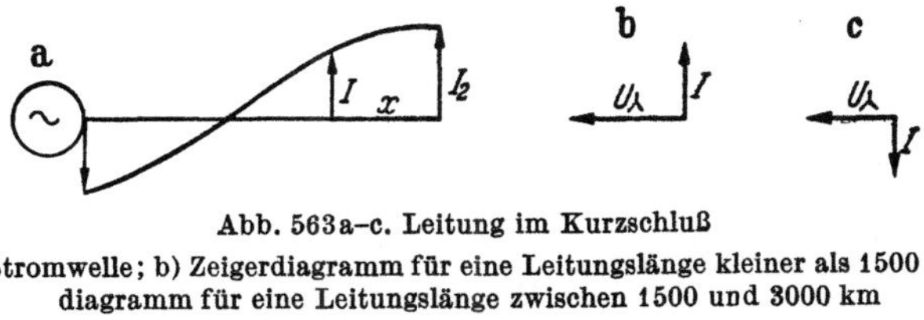

Abb. 563a–c. Leitung im Kurzschluß

a) Stehende Stromwelle; b) Zeigerdiagramm für eine Leitungslänge kleiner als 1500 km; c) Zeigerdiagramm für eine Leitungslänge zwischen 1500 und 3000 km

Auch diesmal sind die Amplituden der Spannungs- und Stromzeiger längs der Leitung für sich gleichphasig (Abb. 563a). Bei einer Leitungslänge kleiner als 1500 km eilt die Spannung dem Strom um 90° vor (Abb. 563b), und die Leitung wirkt wie eine Induktivität. Ist die Leitungslänge größer als 1500 km, jedoch kleiner als 3000 km, so eilt der Strom der Spannung vor, die Leitung wirkt also wie eine Kapazität (Abb. 563c).

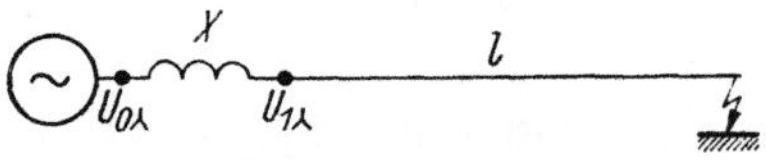

Abb. 564. Über eine Reaktanz kurzgeschlossene Leitung

Ist eine Leitung über eine Reaktanz X kurzgeschlossen (Abb. 564), so gilt für den Leitungsanfang:

$$\left.\begin{aligned}\mathfrak{U}_{1\lambda} &= j\,\mathfrak{J}_2 Z \sin\alpha l,\\ \mathfrak{J}_1 &= \mathfrak{J}_2 \cos\alpha l.\end{aligned}\right\} \tag{451}$$

Vor der Reaktanz gilt

$$\mathfrak{U}_{0\lambda} = U_{1\lambda} + j\,\mathfrak{J}_1 X,$$

also

$$\mathfrak{U}_{0\lambda} = j\,\mathfrak{J}_2 Z \sin\alpha l + j\,\mathfrak{J}_2 X \cos\alpha l$$

oder

$$\mathfrak{J}_2 = \frac{\mathfrak{U}_{0\lambda}}{j\,(Z \sin\alpha l + X \cos\alpha l)}\,. \tag{452}$$

R. Die Stabilität von Leitungen

Arbeitet ein Kraftwerk über eine Leitung auf ein Netz, welches nur Widerstände und Reaktanzen besitzt, also keine größeren, die Spannung und die Frequenz haltenden Generatoren enthält, so kann die Leitungslänge beliebig groß sein. Ein sogenanntes Stabilitätsproblem gibt es hierbei nicht. Anders sind die Verhältnisse, falls das zu speisende Netz eigene Generatoren besitzt. Deshalb sei jetzt der Fall untersucht, daß ein Kraftwerk über eine Leitung auf ein großes Netz mit der als starr angenommenen Spannung $U_{2\lambda}$ arbeite. In einem Ersatzbild 565a sei das Kraftwerk durch einen Generator I mit der inneren EMK $E_{2\,\mathrm{I}}$ (s. S. 71) und das Netz mit der starren Spannung $U_{2\lambda}$ durch den Generator II dargestellt. Die Reaktanz der Leitung einschließlich der Reaktanzen der Generatoren und Transformatoren (s. Abb. 565) sei X. Wir denken uns nun den Spannungszeiger $E_{2\,\mathrm{I}}$ gegenüber dem

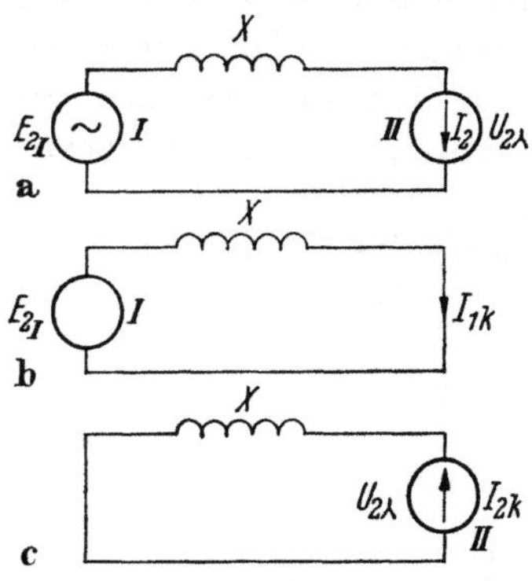

Abb. 565a–c. Stabilität zwischen 2 Kraftwerken, welche über eine Leitung, die nur Induktivität hat, miteinander verbunden sind

a) Schaltanordnung; b) die Spannung des Kraftwerkes II wird Null gesetzt; c) die Spannung des Kraftwerkes I wird Null gesetzt

Spannungszeiger $U_{2\lambda}$ um den Winkel ϑ vorgedreht. Welche Leistung wird dem Kraftwerk II zugeführt? Wir denken uns zunächst die Spannung des Kraftwerks II gleich Null gesetzt, so daß das Ersatzbild 565b gilt. Der Generator I wird mit seiner Spannung $E_{2\mathrm{I}}$ einen Kurzschlußstrom I_{1k} liefern. Jetzt sei die Spannung des Generators I gleich Null gesetzt und die Spannung $U_{2\lambda}$ wieder wirksam. Es gilt jetzt Abb. 565c, und der Generator II wird einen Kurzschlußstrom I_{2k} erzeugen. Überlagern wir die in Abb. 565b u. c aufgezeichneten Zustände, so bekommen wir den dem Kraftwerk II zugeführten Strom I_2 zu

$$I_2 = I_{1k} \triangle I_{2k}. \tag{453}$$

Abb. 566a zeigt die beiden Spannungszeiger $E_{2\mathrm{I}}$ und $U_{2\lambda}$. Der von der Spannung $E_{2\mathrm{I}}$ erzeugte Kurzschlußstrom I_{1k} eilt um 90° nach. Ent-

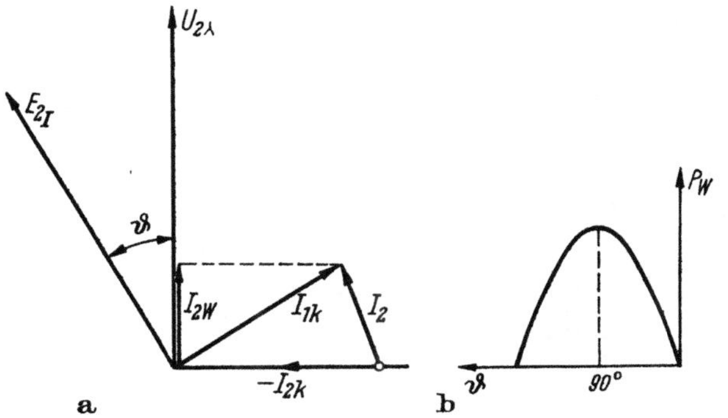

Abb. 566a u. b. Stabilitätsuntersuchung
a) Zeigerdiagramm; b) übertragene Leistung in Abhängigkeit des Voreilwinkels

sprechend eilt I_{2k} der Spannung U_2 um 90° nach. Nach Gl. (453) muß I_{2k} jedoch entgegengesetzt aufgetragen werden. Abb. 566a zeigt, daß I_2 auf einem Kreis liegt und daß nur der Kurzschlußstrom I_{1k} mit der Spannung U_2 einen Wirkstrom bildet, nicht jedoch der Kurzschlußstrom I_{2k}. Man kann für die übertragene Wirkleistung nach Abb. 566a schreiben.

$$P = 3\, U_{2\lambda} I_{1k} \sin\vartheta, \tag{454}$$

und man erkennt (Abb. 566b), daß die Leistung sinusförmig mit dem Voreilwinkel ϑ zunimmt. Die größte Leistung wird bei einem Winkel $\vartheta = 90°$ übertragen. Steigert man die mechanische Antriebsleistung des Generators I, bis der Winkel ϑ größer als 90° wird, die elektrische Leistung also abnimmt, so ist ein stabiler Betrieb nicht mehr möglich, da der Generator I sich beschleunigt und außer Tritt fällt.

Die gebrachte Ableitung für die Gl. (454) hat allgemeine Gültigkeit und beschränkt sich nicht nur darauf, daß zwischen den beiden Kraftwerken I und II eine Induktivität geschaltet ist. Zwischen den beiden Kraftwerken kann ein Netzgebilde geschaltet sein, welches aus beliebigen Induktivitäten und Kapazitäten besteht, denn in unserer Ableitung war ja nur maßgebend, daß der Kurzschlußstrom I_{1k} der Spannung E_1 um 90° nacheilt, und diese Nacheilung ist bei Kombination von Reaktanzen möglich, bzw. falls eine Voreilung um 90° stattfindet, muß der Kurzschlußstrom I_{1k} negativ eingesetzt werden. Unsere Ableitung gilt also auch für den Fall, daß zwischen Kraftwerk I und II Induktivitäten und dann eine lange Leitung mit gleichmäßig verteilter Kapazität und Induktivität geschaltet ist. Auch hier ist die statische Stabilität erreicht, falls zwischen $E_{2\mathrm{I}}$ und U_2 eine Phasenverschiebung von 90° vorhanden ist. I_{1k} in Gl. (454) kann gemäß Gl. (452) berechnet werden.

Interessant ist, daß man nach Gl. (454) um so mehr Leistung stabil übertragen kann, je größer der Kurzschlußstrom I_{1k} ist. Dies kann man z. B. erreichen, indem man die Leitungsinduktivitäten teilweise durch Reihenkapazitäten kompensiert.

Es sei jetzt der Fall geprüft, daß unsere Reaktanz in Abb. 565 (verallgemeinert das Netzwerk) Widerstand besitze. Es seien gleiche Überlegungen wie in Abb. 566a angestellt, nur eilen diesmal die Kurzschlußströme nur um $90° - \delta$ nach. Das aufgezeichnete Diagramm Abb. 567a zeigt, daß infolge der Verluste eine Verkleinerung des Wirkstromes I_{w2} eintritt und die maximale Leistung schon bei einem Winkel $90° - \delta$ auftritt. Für die Wirkleistung kann man schreiben:

$$P_2 = 3\,U_{2\lambda}\,[I_{1k}\sin(\vartheta + \delta) - I_{2k}\sin\delta]\,. \tag{455}$$

Diese Formel gilt auch für ein beliebiges Netzwerk zwischen den Kraftwerken I und II.

Es sei jetzt die Wirkleistung des Kraftwerkes I untersucht, welche sich von der Leistung des Werkes II wegen der Leitungsverluste unterscheidet. Für den vom Werk I abgegebenen Strom I_1 gilt:

$$I_1 = I_{1k} \triangle I_{2k}\,. \tag{456}$$

Im allgemeinen Falle sind dabei I_{1k} und I_{2k} auf das Werk I zu beziehen, denn bei einer Leitung mit verteilter Induktivität und Kapazität ist z.B. I_{1k} anders, je nachdem man es auf den Leitungsanfang oder das Leitungsende bezieht. Bei einer einfachen Leitung ist jedoch kein Unterschied vorhanden. Man kann I_{w1} erhalten, falls man in Abb. 567a I_1, welches statt I_2 einzutragen wäre (bei einer einfachen Leitung stimmen beide überein), auf $E_{2\mathrm{I}\lambda}$ projiziert. Da $E_{2\mathrm{I}\lambda}$ gegen U_2 um den Winkel ϑ vorgedreht ist, kann man nach Abb. 567a P_1 erhalten, indem man in Gl. (455) die Winkel um ϑ verkleinert und $E_{2\mathrm{I}\lambda}$ statt $U_{2\lambda}$ schreibt.

$$\left.\begin{aligned} P_1 &= 3\,E_{2I\lambda}\,[I_{1k}\sin\delta - I_{2k}\sin(\delta - \vartheta)] = \\ &= 3\,E_{2I\lambda}\,[I_{2k}\sin(\vartheta - \delta) + I_{1k}\sin\delta]\,. \end{aligned}\right\} \tag{457}$$

Für den Fall einer einfachen Leitung kann man schreiben:

$$\tan\delta = \frac{r}{X}. \qquad (458)$$

In Abb. 567b sind P_1 und P_2 in Abhängigkeit von ϑ aufgetragen. Man erkennt, daß der Maximalwert von P_1 bei $90° + \delta$ und der von

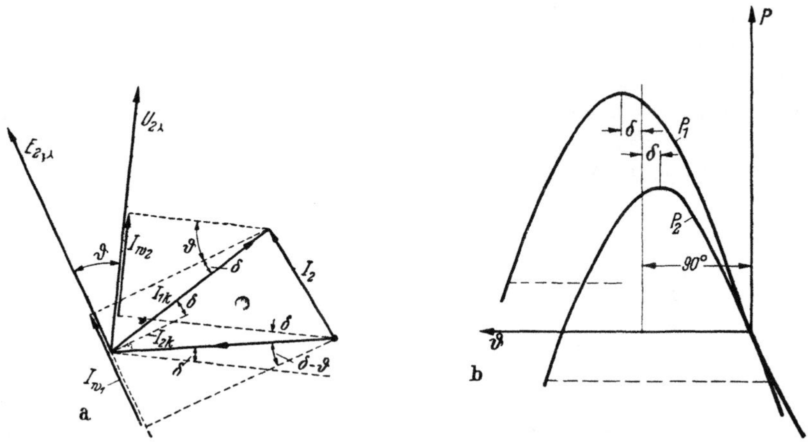

Abb. 567a u. b. Stabilitätsuntersuchung unter Berücksichtigung des ohmschen Widerstandes der Leitung
a) Zeigerdiagramm; b) vom Kraftwerk I abgegebene Leistung P_1 und vom Kraftwerk II empfangene Leistung P_2 in Abhängigkeit vom Voreilwinkel

P_2 bei $90° - \delta$ liegt. Der erste Wert ist, verglichen mit dem der verlustfreien Leitung, größer, der zweite Wert dagegen kleiner geworden. Wo liegt nun die Stabilitätsgrenze? Bei einem unendlich starren Netz sicher beim Maximum von P_1, bei einem nachgiebigen Netz dagegen beim Maximum von P_2. Vergrößert man nämlich den Winkel ϑ über $90° - \delta$, so sinkt die elektrische Leistung, die Belastung bleibt dagegen, so daß ein Abbremsen und damit ein Außertrittfallen eintritt. Man wird also in der Regel damit rechnen müssen, daß bei vorhandenen Verlusten die Kippgrenze schon bei einem Winkel $90° - \delta$ eintritt.

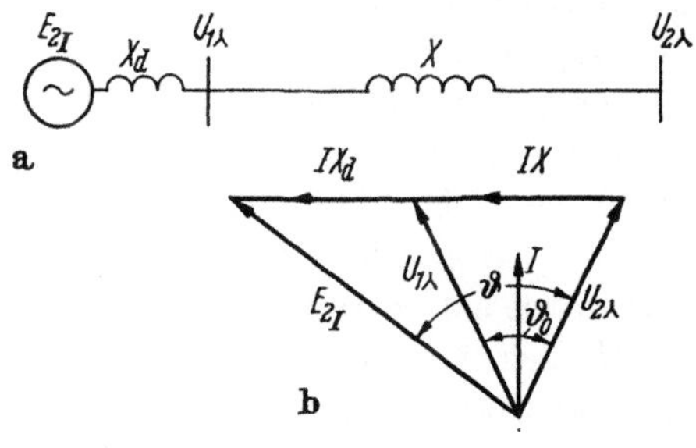

Abb. 568a u. b. Stabilitätsuntersuchung für ein Kraftwerk, welches über eine Reaktanz auf ein starres Netz arbeitet
a) Schaltplan; b) Zeigerdiagramm

In Abb. 568a arbeitet ein Generator über seine synchrone Reaktanz X_d auf ein Sammelschienensystem und dann über die Leitungsreaktanz (einschließlich Transformatorenreaktanz) auf das starre Netz mit der Spannung $U_{2\lambda}$. Durch einen Spannungsregler im Werk I werde an den Sammelschienen die Spannung $U_{1\lambda}$ konstant (gleich $U_{2\lambda}$) gehalten. Ist der Strom gegeben, dann läßt sich das für die Leitung geltende Diagramm zeichnen (Abb. 568b). Verlängert man IX um den Betrag IX_d, so erhält man die innere EMK $E_{2\mathrm{I}}$ des Generators. Diese muß für Stabilitätsbetrachtungen zugrunde gelegt werden, da bei Gleichgewichtsstörungen der Regler nicht schnell genug ist, um $U_{1\lambda}$ konstant zu halten. Wir dürfen so rechnen, als ob die innere EMK $E_{2\mathrm{I}}$ konstant bliebe. Dabei muß unter Umständen, wie auf S. 104 gezeigt, statt der synchronen die kleinere Pendelreaktanz eingesetzt werden. Auf jeden Fall muß, je nach der Ruhe des Netzes und der beabsichtigten Sicherheit, der zwischen $E_{2\mathrm{I}}$ und $U_{2\lambda}$ liegende Winkel um einen Betrag kleiner als 90° sein.

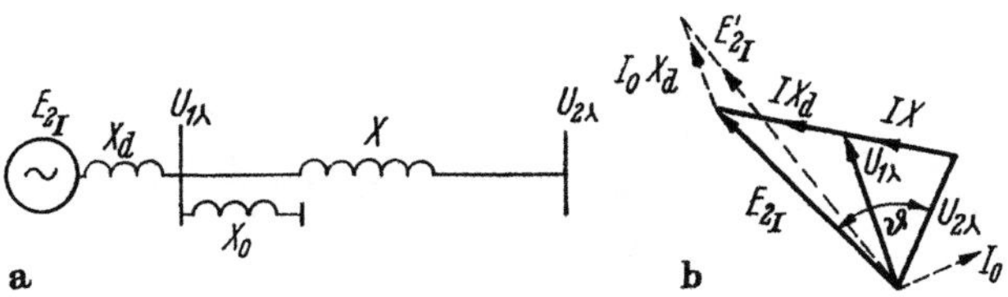

Abb. 569a u. b. Einfluß einer an den Sammelschienen angeschlossenen Reaktanz auf die Stabilität a) Schaltplan; b) Zeigerdiagramm

Bei Maschinen mit ausgeprägten Polen erhält man bei üblichen Verhältnissen von X_d/X_q ungefähre Ergebnisse bei der Stabilitätsberechnung, wenn man X_q ebensogroß wie X_d wählt.

In Abb. 569a ist parallel zur Sammelschiene eine Drossel angeschlossen, und es sei ihr Einfluß auf die Stabilität untersucht. Abb. 569b zeigt das Diagramm zunächst ohne die Drossel X_0. Wird die Drossel angeschlossen, so wird X_d von einem zusätzlichen Strom I_0 durchflossen, der $U_{1\lambda}$ um 90° nacheilt. Dies ergibt in X_d eine zusätzliche um 90° voreilende Spannung, die zu $E_{2\mathrm{I}}$ addiert die neue innere EMK $E'_{2\mathrm{I}}$ ergibt, die mit $U_{2\lambda}$ einen kleineren Winkel bildet als $E_{2\mathrm{I}}$. Da das System verlustlos ist, folgt, daß dadurch die Stabilität verbessert ist. Die Magnetisierungsströme der im Zuge der Leitung vorhandenen Transformatoren wirken wie solche Drosseln.

Ähnlich wie oben läßt sich zeigen, daß Kapazitäten parallel zu U_1 die Stabilität verschlechtern.

In Abb. 570a sei jetzt parallel zu $U_{1\lambda}$ eine Wirklast vorhanden. Das Diagramm Abb. 570b zeigt, daß der durch r bedingte zusätzliche Strom I_0, der gleiche Phase wie $U_{1\lambda}$ hat, in X_d einen Spannungsabfall erzeugt, der zu $E_{2\mathrm{I}}$ addiert eine neue innere EMK $E'_{2\mathrm{I}}$ ergibt, welche mit $U_{2\lambda}$ einen größeren Winkel als $E_{2\mathrm{I}}$ bildet. Wir können vermuten, daß hierdurch die Stabilität verschlechtert wird. Es sei jedoch eine genauere

Untersuchung durchgeführt, die in ähnlicher Weise auch auf andere Stabilitätsprobleme übertragen werden kann.

Die Impedanzen X_d, X und r bilden einen Widerstandsstern, der nach den Regeln auf S. 464 in ein widerstandsgetreues Dreieck umgewandelt werden kann. Abb. 570b zeigt die Dreiecksumwandlung. Gemäß Gl. (228b) gilt für die neue Impedanz Z, welche zwischen $E_{2\mathrm{I}}$ und $U_{2\curlywedge}$ liegt:

$$Z = \frac{j X_d j X}{r} + j(X_d + X),$$

$$Z = \frac{-X_d X}{r} + j(X_d + X). \qquad (459)$$

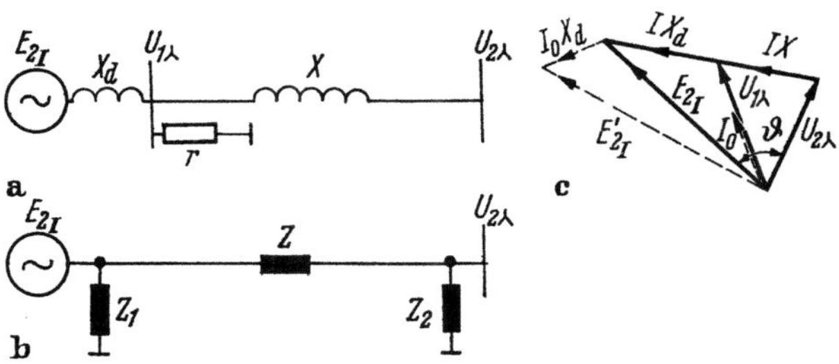

Abb. 570a–c. Einfluß eines an den Sammelschienen angeschlossenen Widerstandes auf die Stabilität
a) Schaltplan; b) Ersatzschaltbild; c) Zeigerdiagramm

Z ist für die Stabilität wichtig, da es zwischen $E_{2\mathrm{I}}$ und U_2 geschaltet ist. Die Impedanzen Z_1 und Z_2 sind dagegen ohne Bedeutung, da sie als Belastungen des widerstandslosen Generators und des Netzes gelten.

Nach Gl. (459) besteht Z aus einer Induktivität und einem negativen Wirkwiderstand. Man kann die Gl. (458) anwenden, muß jedoch beachten, daß δ jetzt negativ ist:

$$\tan\delta = -\frac{X_d + X}{X_d X} r. \qquad (460)$$

Man erhält, falls man $\delta = -\delta_0$ setzt, wobei δ_0 positiv ist:

$$P_1 = 3 E_{2I}[I_{2k}\sin(\vartheta + \delta_0) - I_{1k}\sin\delta_0]. \qquad (461)$$

Hieraus folgt, daß für P_1 die Stabilitätsgrenze bereits bei einem Winkel $90° - \delta_0$ erreicht wird. P_2 erreicht zwar bei einem späteren Winkel sein Maximum, jedoch wird die Stabilität hier nur durch P_1 bestimmt.

Es sei jetzt (Abb. 571a) der Fall einer langen, jedoch verlustfreien Leitung untersucht, welche von einem Kraftwerk mit der inneren EMK $E_{2\mathrm{I}}$ gespeist wird, welche über die Generator- und Transformatorreaktanz X über die Leitungslänge l auf das Netz II mit der starren Spannung U_2 arbeite. Am Anfang der Leitung herrscht die Spannung U_1, und es werde gerade die natürliche Leistung übertragen, so daß der

Winkel zwischen $U_{1\lambda}$ und $U_{2\lambda}$ nach Gl. (423) $\vartheta_0 = \omega l/v$ ist. Infolge des Spannungsabfalls IX in der Reaktanz eilt die EMK $E_{2\mathrm{I}}$ der Spannung U_1 um den Winkel ε vor. Es gilt nach Abb. 571 b:

$$\tan\varepsilon = \frac{IX}{U_{1\lambda}} = \frac{IX}{ZI} = \frac{X}{Z}. \tag{462}$$

Wir wissen, daß aus Stabilitätsgründen der Winkel

$$\vartheta = \vartheta_0 + \varepsilon \tag{463}$$

maximal 90° werden darf. Um auf große Leitungslängen zu kommen, muß X so klein als möglich gehalten werden. In unserem Fall wollen

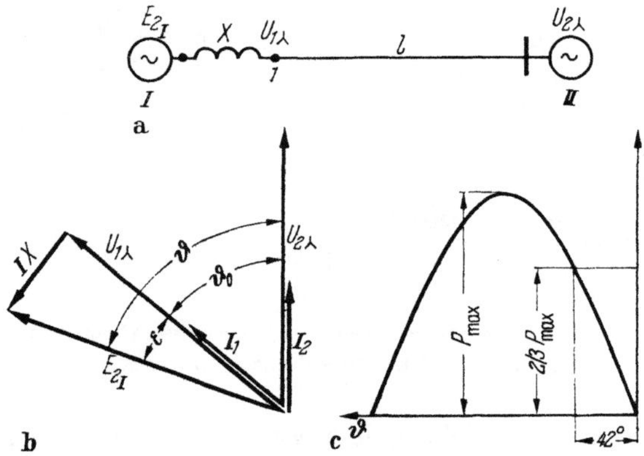

Abb. 571 a–c. Kraftwerk arbeitet über Reaktanz und über eine lange Leitung auf ein starres Kraftwerk

a) Schaltplan; b) Zeigerdiagramm; c) übertragene Leistung in Abhängigkeit vom Voreilwinkel

wir damit rechnen, daß im Kraftwerk eine schnell wirkende Spannungsregelung vorhanden ist, so daß bei Pendelungen die transiente Generatorreaktanz X_d' wirksam ist. Diese und die Transformatorreaktanz X_T wird also wirksam. Nehmen wir an, daß bei Nennstrom $IX = I(X_d' + X_T)$ 30% von $U_{1\lambda}$ ist, so ergibt sich nach Gl. (462):

$$\tan\varepsilon = 0{,}3$$

und hieraus $\varepsilon = 17°$. Für den Winkel ϑ_0, d.h. für die Leitung bleibt dann ein Winkel von 73° übrig. Da 90° einer Leitungslänge von 1500 km entspricht, dürfte bei einem Winkel von 73° die Leitung maximal nur 1200 km lang sein. In Wirklichkeit muß jedoch die Leitungslänge kleiner gewählt werden, da sonst der kleinste Laststoß genügt, um ein Außertrittfallen zu bewirken. Da das Netz II nicht vollkommen starr ist, sondern Laststöße und auch Kurzschlüsse auftreten können, durch welche Frequenzschwankungen und Spannungsabsenkungen entstehen, muß mit einer gewissen Sicherheit gerechnet werden. Es soll deswegen nur ein solcher Winkel ϑ zugelassen werden, daß die übertragene Leistung nur etwa 2/3 von der bei 90° übertragbaren ist (s. Abb. 571 c), d.h., daß für ϑ nur ein Winkel von 42°, d.h. für die Leitung nur ein Winkel $\vartheta_0 = 42° - 17° = 25°$ möglich ist. Einem Winkel von 25° entspricht jedoch eine Leitungslänge von 400 km. Bei den oben getroffenen Annahmen läßt also die sogenannte dynamische Stabilität nur eine Leitungslänge von 400 km statt von 1200 km zu. Selbstverständlich war die von uns gemachte Annahme, daß die übertragene Leistung 2/3 der Kippleistung ist, eine willkürliche.

Es fragt sich, durch welche Maßnahmen man bei größeren Leitungslängen wieder Stabilität erhalten kann. Dabei interessieren uns besonders Leitungslängen in der Größenordnung von 1000 km. Zur Beurteilung diene Gl. (423) für den Leitungswinkel ϑ_0.

$$\vartheta_0 = \frac{\omega l}{v} = \omega l \sqrt{L_0 C_0}. \tag{464}$$

Aus der Gleichung folgt, daß bei konstantem zulässigem ϑ_0 eine Erniedrigung der Frequenz eine größere Leitungslänge l zuläßt. Von diesem Verfahren wird man jedoch kaum Gebrauch machen.

Schaltet man in regelmäßigen Abständen parallel zur Leitung Induktivitäten, so nimmt der Ladestrom ab und die scheinbare Kapazität C_s je km Leitung wird kleiner. Es gilt:

$$\vartheta_0 = \omega l \sqrt{L_0 C_s}. \tag{465}$$

Verkleinert man nun die scheinbare Kapazität C_s, so kann man bei konstantem ϑ_0 die Leitungslänge l wieder vergrößern. Dies hat jedoch in bezug auf die natürliche Leistung

$$P = \frac{U^2}{Z} = U^2 \sqrt{\frac{C_s}{L_0}} \tag{466}$$

die Wirkung, daß diese kleiner wird. Um auf den alten Wert zu kommen, müßte man die Spannung erhöhen, was jedoch oft nicht möglich ist.

Man kann ferner die Leitungsinduktivität L_0 durch in regelmäßigen Abständen in Reihe geschaltete Kondensatoren scheinbar verkleinern. Ist die scheinbare Induktivität L_s, so gilt:

$$\vartheta_0 = \omega l \sqrt{L_s C_0}. \tag{467}$$

Wird also L_s verkleinert, so kann bei konstantem ϑ_0 ebenfalls die Leitungslänge vergrößert werden. Die natürliche Leistung

$$P = U^2 \sqrt{\frac{C_0}{L_s}} \tag{468}$$

wird jetzt vergrößert.

Ideal wäre es, sowohl die Leitungsinduktivität als auch die Leitungskapazität teilweise zu kompensieren. Man erhält dann für den Winkel

$$\vartheta_0 = \omega l \sqrt{L_s C_s} \tag{469}$$

und für die natürliche Leistung

$$P = U^2 \sqrt{\frac{C_s}{L_s}}. \tag{470}$$

Bei gegebener Spannung, Leitungslänge, Leistung und ϑ_0 können aus diesen beiden Gleichungen die Größen L_s und C_s ermittelt werden. Da man L_0 und C_0 kennt, weiß man dann, welche zusätzlichen Kompensationsmittel notwendig sind. Man wird selbstverständlich nicht, wie bei der prinzipiellen Überlegung, die Kompensierung zu feinstufig durchführen, sondern diese aus preislichen Gründen in möglichst wenig Stufen erfolgen lassen. Allerdings wird dann die Spannung bzw. der Strom nicht mehr an allen Stellen der Leitung gleich sein.

An Reihenkondensatoren liegt bei einem Leitungskurzschluß eine so hohe Spannung, daß diese gefährdet sind. Man muß deshalb Funkenstrecken oder Drosselspulen parallel schalten, die so ausgelegt sind, daß sie bei zu großer Spannung am Kondensator sich stark sättigen und dadurch die Spannung begrenzen.

S. Über die Möglichkeiten der Gleichstrom-Hochspannungsübertragung

Soll Energie über große Entfernungen (> 400 km) übertragen werden, so sind wegen Stabilitätsschwierigkeiten besondere Zusatzeinrichtungen, wie Kondensatoren, Drosselspulen, Phasenschieber usw., einzubauen. Diese Zusatzeinrichtungen werden um so umfangreicher, je größer die Leitungslänge ist. Aus diesen Gründen denkt man daran, die Leistungsübertragung durch hochgespannten Gleichstrom erfolgen zu lassen, weil hierbei ein Stabilitätsproblem nicht vorliegt, prinzipiell also beliebig große Entfernungen überbrückbar sind. Da die Energie in Form von Drehstromleistung erzeugt wird, muß der Drehstrom in hochgespannten Gleichstrom umgewandelt, über die Leitung geschickt und am Ende wieder in Drehstrom umgewandelt werden, da für die Unterverteilung ebenfalls nur Drehstrom in Frage kommt. Abgesehen vom Fortfall der Stabilitätsschwierigkeiten wird die Gleichstromleitung billiger als eine Drehstromleitung, und man kann auch Kabel verwenden, die sich bei Gleichstrom leichter bauen lassen und hier in der Isolation kein Glimmen bei evtl. Hohlraumbildung eintritt, da die Spannungsverteilung in der Isolation sich nicht wie bei Wechselstrom nach dem Dielektrikum ausbildet, sondern nach den Isolationswiderständen der Kabelisolation.

Bei Drehstrom ist zwar der Bau von Hochspannungskabeln bis 400 kV möglich, jedoch müßten bei größeren Kabellängen wegen der sehr großen Kapazität große Kompensationsdrosseln benutzt werden, so daß aus wirtschaftlichen Gründen solche Drehstromkabel nur auf geringe Entfernungen (z. B. Energieleitung durch eine Stadt) in Frage kommen. Seekabel großer Leistung lassen sich für Drehstrom nur bei Entfernungen bis etwa 25 km ausführen. Allerdings erfordert das Gleichstromsystem einen erhöhten Aufwand, um den Drehstrom in Gleichstrom und dann wieder am Ende der Leitung den Gleichstrom in Drehstrom umzuwandeln.

Zunächst sei an Hand einer idealisierten Betrachtung festgestellt, warum eine Gleichstromleitung billiger als eine Drehstromleitung ist. Abb. 572a zeigt ein Drehstromsystem mit der verketteten Spannung U, also dem Maximalwert $U\sqrt{2}$. Abb. 572b zeigt das Zeigerdiagramm. Abb. 572c zeigt bei Gleichstrom die Hin- und Rückleitung, die gegeneinander die Spannung U_g haben. Dabei ist angenommen, daß die Gleichspannungserzeugung in der Mitte geerdet ist, also jeder Leiter gegen Erde nur die Spannung $U_g/2$ hat.

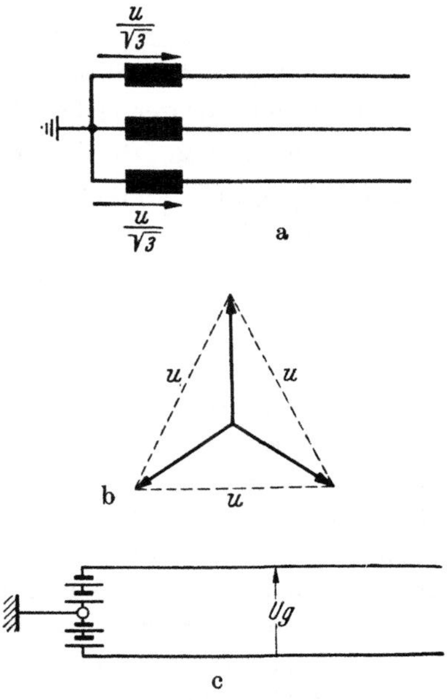

Abb. 572a–c. Vergleich zwischen Drehstrom- und Gleichstromübertragung
a) Schaltplan für Drehstrom; b) dazugehöriges Zeigerdiagramm; c) Schaltplan für Gleichstrom

Wir gehen von der Drehstromübertragung aus, und deren Leitungsdurchmesser sei so gewählt, daß kein Glimmen eintritt. Maßgebend für das Glimmen ist der Maximalwert der Phasenspannung gegen Erde, also die Größe $U_\lambda\sqrt{2}$. Wird das Gleichstromsystem mit gleichem Durchmesser ausgebildet, so dürfte

$$\frac{U_g}{2} = U_\lambda\sqrt{2} \qquad (471)$$

sein.

Wir wollen jetzt annehmen, daß für die Drehstrom- und die Gleichstromleitungen gleiche Materialmengen benutzt werden. Ist der Querschnitt der Drehstromleitung $q_\sim$ und der der Gleichstromleitung q_-, so gilt

$$3q_\sim = 2q_-. \qquad (472)$$

Da der Gleichstromquerschnitt größer als der Wechselstromquerschnitt ist, darf die Gleichspannung bei gleicher Glimmsicherheit im Verhältnis der Radien vergrößert werden. Da diese jedoch mit der Wurzel der Querschnitte zunehmen, darf die Gleichspannung gegen Erde folgenden Wert haben.

$$\frac{U_g}{2} = U_\lambda \sqrt{2}\sqrt{\frac{3}{2}} = U_\lambda \sqrt{3} = U. \tag{473}$$

Die Drehstromleistung ist, falls I der Strom ist,

$$P_\sim = 3\,U_\lambda I \tag{474}$$

und die Gleichstromleistung ist, falls I der Gleichstrom ist,

$$P_- = 2\left(\frac{U_g}{2}\right) I_-. \tag{475}$$

Infolge des größeren Leitungsquerschnittes darf bei gleicher Stromdichte der Strom 3/2mal so groß als bei Wechselstrom sein. Läßt man jedoch gleichen prozentualen Spannungsabfall oder gleiche prozentuale Verluste zu, so kann die Stromdichte wegen der nach Gl. (473) $\sqrt{3}$mal höheren Spannung $\sqrt{3}$ mal so groß gewählt werden. Es gilt also für die Gleichstromleistung

$$P_- = 2\left(U_\lambda \sqrt{3}\right)\left(I\frac{3}{2}\sqrt{3}\right) = 3(3\,U_\lambda I) = 3\,P_\sim. \tag{476}$$

Das heißt, daß bei gleicher Glimmgrenze, gleichem Materialaufwand und gleichen prozentualen Verlusten bei Gleichstrom eine dreimal so große Leistung übertragen werden könnte. Obige Betrachtung stellt natürlich keinen wirtschaftlichen Vergleich dar, da bei einem solchen der Aufwand der Stationen für die Stromumwandlung mit berücksichtigt werden müßte. Auch wird man bei Gleichstrom-Freileitungen nicht so dicht an die Glimmgrenze herangehen wie bei Wechselstrom, da, wenn eine Gleichstromleitung zu glimmen anfängt, die Glimmverluste wesentlich größer als bei Wechselstrom sind. Immerhin zeigen obige Überlegungen, daß bei sehr großen Entfernungen die Verbilligung durch die Leitung sicher so groß sein kann, daß eine Verteuerung der Umformungsstationen mit in Kauf genommen werden kann.

Es sei jetzt geprüft, in welcher Art die Umformung des Drehstroms in Gleichstrom und die Rückwandlung in Drehstrom möglich ist. Hierfür kommen heute nur Quecksilberdampfstromrichter in Frage. Trockengleichrichter sind bei Hochspannung wegen ihrer Verluste im Nachteil.

Im folgenden sei das Prinzipielle der Umformung an einem zweianodigen Stromrichtergefäß für Wechselstrom, Abb. 573a gezeigt. Es bedeutet T_1 einen Transformator, der auf die beiden Anoden *1* und *2* des Stromrichtergefäßes G_1 arbeitet. Der vom Stromrichter G_1 gelieferte Gleichstrom fließt durch die Leitungen a_1 und a_2 und gelangt dann in ein weiteres Stromrichtergefäß G_2, in welchem die Rückwandlung in Wechselstrom erfolgen soll. In der Leitung a_2 ist eine Drossel D vorgesehen, durch welche die Welligkeit des Gleichstromes beseitigt wird und die bei Kurzschlüssen die Anstiegsgeschwindigkeit des Stromes begrenzt.

Zunächst sei nur die Wirkung des Stromrichters G_1, der als Gleichrichter arbeitet, untersucht, wobei angenommen werden soll, daß er durch Gitter g gesteuert werden kann. Es ist bekannt, daß eine nicht brennende Anode bei negativer Ladung des Gitters nicht zum Zünden kommt, selbst wenn ihre Anodenspannung den hierfür richtigen Wert hat. Andererseits kann im Gegensatz zur Elektronenröhre eine Anode, die brennt, nicht erlöschen, falls ihr Gitter eine negative Ladung erhält. Dies ist unmöglich, weil im Gegensatz zu einer Elektronenröhre, die nur Elektronen enthält, bei einem Stromrichter außer Elektronen auch positive Ionen vorkommen. Diese werden von dem negativen Gitter angesaugt, häufen sich in dessen Nähe und kompensieren die steuernde Wirkung des Gitters. In Abb. 573b ist die EMK der Anoden *1* und *2* aufgezeichnet. Es ist angenommen, zum Zeitpunkt t_1 wird das negative Gitter der Anode *1* positiv, so daß

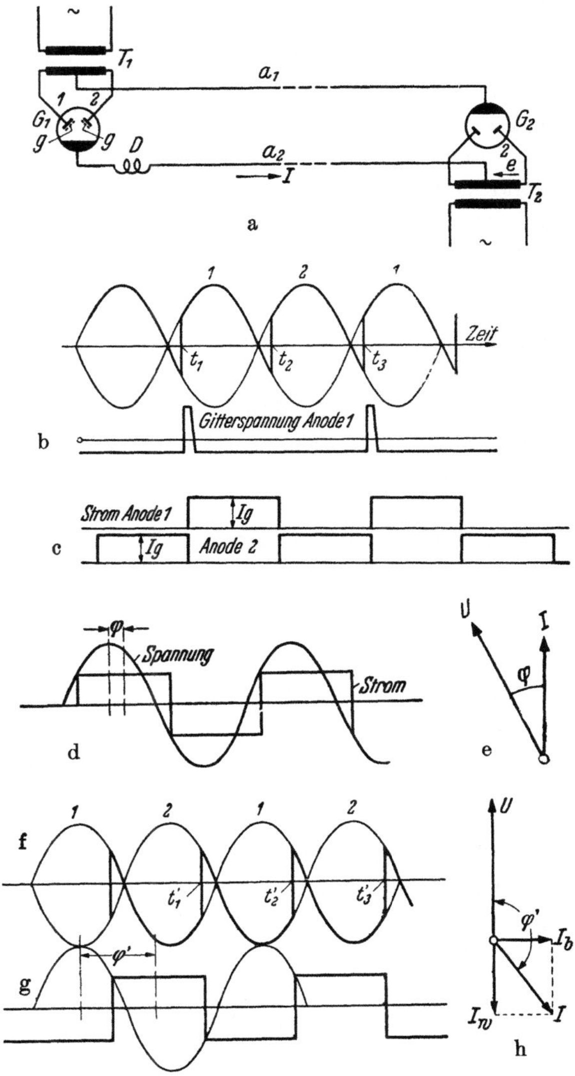

Abb. 573a–h. Gleichstrom-Hochspannungsübertragung in zweipoliger Anordnung dargestellt

a) Schaltplan; b) Liniendiagramm für Spannungen; c) Liniendiagramm für Anodenstrom; d) Liniendiagramm für Wechselstrom; e) Zeigerdiagramm; f) Liniendiagramm der Spannungen für Gleichrichter G_2; g) Liniendiagramm des zu f gehörigen Wechselstromes; h) dazugehöriges Zeigerdiagramm die Anode *1* zünden kann. Kurzzeitig darauf wird das Gitter wieder negativ gemacht, was jedoch, da jetzt ein Anodenstrom fließt, keinen Einfluß auf dessen Verlauf hat. Im Zeitpunkt t_2 wird das Gitter der Anode *2*, welches bis jetzt negativ war, positiv, und die Anode *2* wird jetzt zünden, da sie ein höheres Potential als die Anode *1* hat. Kurz nach dem Zünden wird das Gitter wieder negativ gemacht. Zum Zeitpunkt t_3 wird das Gitter der Anode *1* kurzzeitig positiv, so daß jetzt die Anode *1* wieder brennt. Eine Anode ist also 180° im Betrieb und 180° in Ruhe. Während der Betriebszeit ist die Spannung teils positiv, teils negativ. Da jedoch die positive Fläche, welche größer als die negative ist, überwiegt, haben wir eine mittlere positive Gleichspannung. Um trotz der verzerrten Gleichspannung einen glatten Gleichstrom zu bekommen, ist angenommen, daß eine unendlich große Drosselspule D vorhanden ist. Unter dieser Voraussetzung sehen die Anodenströme wie in Abb. 573c aufgezeichnet aus. Der entsprechende Wechselstrom ergibt sich aus der Forderung des Amperewindungsgleichgewichts. Das heißt, jedesmal, wenn die Anode wechselt, ändern sich die Amperewindungen im Transformator, d.h. auch die Richtung des primären zufließenden Stromes. Der Wechselstrom hat den Rechteckverlauf der Abb. 573d (Magnetisierungsstrom des Transformators gleich Null gesetzt). Man erkennt, daß dieser Wechselstrom gegenüber der Spannung eine Phasenverschiebung φ hat. Das zugehörige Zeigerdiagramm zeigt Abb. 573e. Man kann ferner zeigen, daß mit verzögertem Einsatz der Gittersteuerung die mittlere Gleichspannung E_g kleiner wird, und zwar gilt das Gesetz

$$E_g = E_{g_0} \cos\varphi . \tag{477}$$

Dabei ist E_{g_0} die Gleichspannung bei voller Aussteuerung, also bei $\varphi = 0$. Der Einsatz der Gittersteuerung soll jetzt beim Stromrichter G_2 Abb. 573f so weit verschoben sein, daß er bei t_1' liegt. Die Anode soll 180° brennen, also bis t_2', dann erst soll die Anode *2* zünden (was möglich ist, da sie ein höheres Potential als die Anode *1* hat) und bis t_3' brennen. Die für die Anode *1* wirksame EMK-Fläche besteht aus einem größeren negativen und einem kleineren positiven Teil. Die mittlere Gleichspannung ist also negativ. Physikalisch bedeutet dieses, daß beim Stromrichter G_2 der Strom I gegen die wirksame EMK des Transformators durch die Anode *2* fließt. Dies ist möglich, falls dem Stromrichter G_2 durch G_1 eine genügend hohe Gleichspannung geliefert werden kann, welche die Gegen-EMK im Transformator T_2 überwindet. Dem Stromrichter G_2 wird also Gleichstromenergie zugeführt, welche in Wechselstromenergie umgewandelt wird. Zeichnet man den primär zufließenden Wechselstrom auf, Abb. 573g, so hat dieser, verglichen mit der Spannung E nach Abb. 573b, eine solche Richtung, daß Energie an das Wechselstromnetz zurückgegeben wird. Abb. 573g zeigt, daß der Wechselstrom diesmal eine Phasenverschiebung φ' hat, die größer als 90° ist, und Abb. 573h zeigt das zugehörige Zeigerdiagramm. Dieses läßt erkennen, daß, obwohl das Wechselstromnetz einen Wirkstrom I_w empfängt, es einen nacheilenden Blindstrom I_b liefern muß, dieser also nicht vom Stromrichter abgegeben werden kann. Der Blindstrom wäre 0, falls der Winkel $\varphi' = 180°$ wäre. Einen Aussteuerwinkel von 180° kann man jedoch nicht wählen, denn dann wäre nicht die Bedingung erfüllt, daß die Anode, welche zünden soll, eine größere Spannung haben muß, als die, welche erlöschen soll. Berücksichtigt man noch die Streuung in dem Transformator, so muß man sogar bei einem Winkel kleiner als 180° bleiben, damit die Stromrichtersteuerung einwandfrei arbeitet. Das heißt, daß stets am Empfangsort bei der Umwandlung von Gleichstrom in Wechselstrom vom Wechselstromnetz Blindleistung geliefert werden muß, wofür auch Phasenschieber und Kondensatoren benutzt werden können. Die bisherigen prinzipiellen für Wechselstrom durchgeführten Betrachtungen lassen sich auch auf ein Drehstromsystem übertragen.

Eine Gleichstromhochspannungsübertragung hat nur Interesse, wenn hohe Gleichspannungen, z.B. 200 bis 400 kV, übertragen werden. Verwendet man für die Erzeugung des Gleichstromes Quecksilberdampfgefäße, so müssen von diesen einige in Reihe geschaltet werden, da der einzelne Gleichrichter nicht für so hohe Spannungen zu bauen ist (maximal bis etwa 150 kV).

Zusammenfassung

Hat man große Leistungen auf große Entfernungen zu übertragen, so erfordert das Drehstromsystem aus Stabilitätsgründen zusätzliche Einrichtungen. Diese können in der Regel in dicht besiedelten Ländern entfallen, da hier die Möglichkeit gegeben ist, in gewissen Abständen die Leitung an fremde Netze anzuschließen, welche die Spannung stützen und dadurch den Betrieb der Fernleitung stabil gestalten. Ist jedoch die Möglichkeit solcher von Natur aus gegebenen Stützungen nicht möglich, so hat das Gleichstromhochspannungssystem Vorteile, da Stabilitätsschwierigkeiten nicht vorhanden sind und die Möglichkeit besteht, Gleichstromhochspannungskabel besonders für lange Seekabelverbindungen zu verwenden.

XVIII. Berechnung der Kurzschlußströme

In unseren Netzen ist mit gelegentlichen Kurzschlüssen zu rechnen. Die Größe der hierbei auftretenden Kurzschlußströme ist für die Bemessung des Selektivschutzes der Leitungen, der Apparate, der Wandler und der Schalter von größter Bedeutung, da erhöhte Beanspruchungen in bezug auf Erwärmung, mechanische Festigkeit und auf Abschaltvermögen auftreten. Im ersten Augenblick des Kurzschlusses liefern die Generatoren einen sehr hohen Stoßstrom (Amplitude etwa das 15- bis 18fache des Maximalwertes des Nennstromes), der in einigen Sekunden auf den Wert des Dauerkurzschlußstromes abklingt. Von Interesse ist der gesamte Verlauf des Kurzschlußstromes. Während früher bei den großen Eigenzeiten der Schalter und den reichlichen Auslösezeiten der Netze vor allem die Größe des Dauerkurzschlußstromes interessierte, ist heute die Größe des abklingenden Wechselstromes meist wichtiger, da die Schaltereigenzeiten und die Auslösezeiten wesentlich kleiner geworden sind.

A. Die Berechnung des Stoßkurzschlußstromes

Im Abschn. III über Generatoren wurde der subtransiente Kurzschlußstrom (Anfangskurzschluß-Wechselstrom) I''_K und der transiente Kurzschlußstrom (Übergangskurzschluß-Wechselstrom) I'_K bei Klemmenkurzschluß des Generators ausgehend vom Leerlaufzustand ermittelt.

Bei Berechnung des Kurzschlußstromes von Netzen muß der Blindwiderstand X und der Wirkwiderstand R der gesamten Kurzschlußbahn berücksichtigt werden. Man geht hierbei von der Betriebsspannung des Netzes U aus und nicht von der Generatornennspannung, die in der Regel 5% höher als die Netzspannung liegt. Die treibende Spannung ist die EMK E, d.h. die geometrische Summe von Generatornennspannung und Statorstreuspannung. Dem Unterschied zwischen Generator-EMK und Netzspannung bei Belastung trägt man ungefähr Rechnung durch den Faktor 1,1, so daß für I''_K gilt:

$$I''_K = \frac{1{,}1\,U}{\sqrt{3}\cdot\sqrt{X^2+R^2}}\,. \tag{478}$$

Hierin bedeuten

U Betriebsspannung des Netzes
R Wirkwiderstand der gesamten Kurzschlußbahn
X Blindwiderstand der gesamten Kurzschlußbahn.

Der größtmögliche Stoßkurzschluß ergibt sich zu

$$I_s = \varkappa\sqrt{2}\,I''_K\,. \tag{479}$$

Der Faktor $\varkappa$ kann rechnerisch oder näherungsweise entsprechend den Vorschriften VDE 0102 nach Abb. 574 ermittelt werden.

Dieser Stoßkurzschlußstrom I_s tritt beim Einschalten auf einen Kurzschluß auf und bestimmt die dynamische Beanspruchung der in der Kurzschlußbahn liegenden Maschinen und Geräte.

Für die Bestimmung des Ausschaltstromes eines Leistungsschalters ist der effektive Wert der Wechselstromkomponente des Stromes, welcher im Zeitpunkt der Kontakttrennung durch den Schalterpol fließt, zu berücksichtigen. Bei mehrpoligen Schaltern ist der Mittelwert der symmetrischen Ausschaltströme zu bilden. Die dreiphasige symmetrische Ausschaltleistung ergibt sich durch Multiplikation des Ausschaltstromes mit der Nennspannung und dem Faktor $\sqrt{3}$.

Das Abklingen des Kurzschlußwechselstromes kann rechnerisch entsprechend den Zeitkonstanten ermittelt werden. Näherungsweise läßt er sich auch abhängig von I''_K/I_n aus Abb. 575 entnehmen.

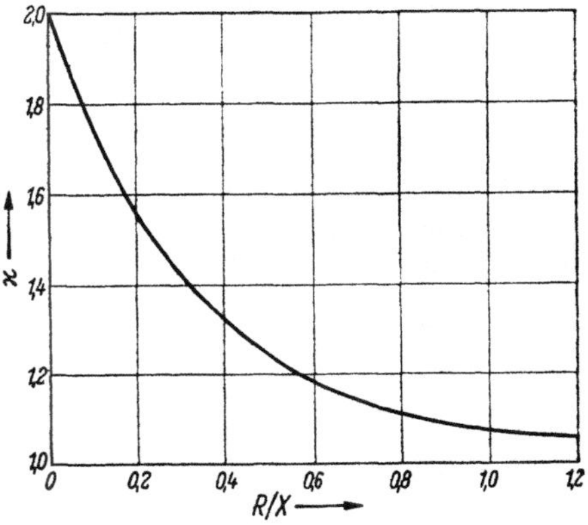

Abb. 574. Reduktion des größtmöglichen Stoßkurzschlußstromes, abhängig von R/X

Es gilt für den symmetrischen Ausschaltstrom $I_a = \mu I''_K$.

Das Abklingen des Stoßkurzschlußstromes kann wie nach Abb. 71 auch unter Berücksichtigung der Netzimpedanz berechnet werden. Die einzusetzenden Zeitkonstanten erhält man angenähert, indem man die subtransiente Zeitkonstante bei Klemmenkurzschluß mit X/x''_d, die transiente Zeitkonstante mit X/x'_d und die Gleichstromzeitkonstante mit $\frac{r_a}{R}\,\frac{X}{x''_d}$ multipliziert. Auch bei der Bestimmung des subtran-

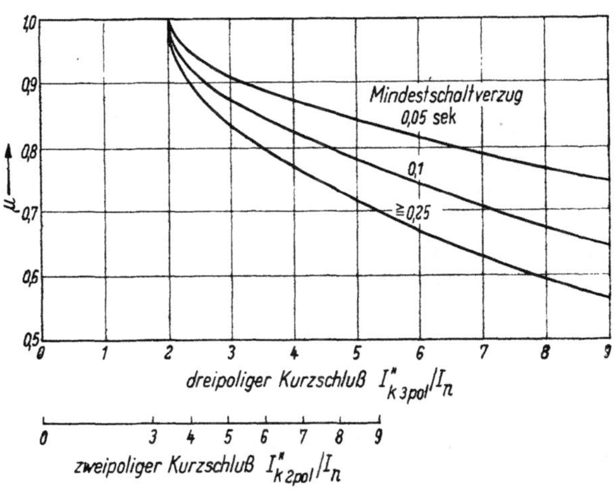

Abb. 575. $I_a/I''_K = \mu$, abhängig von I''_K/I_n

a) Mindestschaltverzug ≈ 0,05 sek; b) Mindestschaltverzug ≈ 0,1 sek; c) Mindestschaltverzug ≧ 0,25 sek

sienten Stromes und des transienten Stromes im Kurzschlußaugenblick sind die Generatorreaktanzen um die Netzimpedanzen zu vergrößern.

Arbeiten mehrere Generatoren parallel, so ist es zweckmäßig die Reaktanzen auf 1 MVA zu beziehen.

Beispiel: 1. Generator 50 MVA $x_d'' = 0{,}1$, Reaktanz, auf 1 MVA bezogen 0,1/50. 2. Generator 20 MVA, $x_d'' = 0{,}2$, Reaktanz auf 1 MVA bezogen 0,2/20. Bei Parallelschaltung sind die Kehrwerte der Reaktanzen zu addieren, d.h.

$$\frac{50}{0{,}1} + \frac{20}{0{,}2} = 600\,.$$

Die Anfangskurzschlußwechselstromleistung beträgt somit 1,1 · 600 = 660 MVA.

Bei Hintereinanderschaltung z.B. eines Generators von 50 MVA, $x_d'' = 0{,}2$ und eines Transformators 50 MVA $u_s \approx u_k \approx 0{,}1$ hat man zunächst die auf 1 MVA bezogenen Reaktanzen zu addieren! Somit

$$\frac{0{,}2}{50} + \frac{0{,}1}{50} = \frac{0{,}3}{50}\,.$$

Die Kurzschlußleistung ist das 1,1fache des vorgenannten Kehrwertes, also

$$1{,}1 \cdot \frac{50}{0{,}3} = 183\,\text{MVA}\,.$$

Für die Berechnung des Stoßkurzschlußwechselstromes bei beliebig vorgeschalteter relativer Netzreaktanz x_N wird von einer konstanten treibenden EMK E'' ausgegangen, die als geometrische Summe von $U \hat{+} I_n x''$ ermittelt wurde, wobei ein $\cos\varphi = 0{,}8$ und eine relative subtransiente Reaktanz $x'' = 0{,}16$ zugrunde gelegt ist.

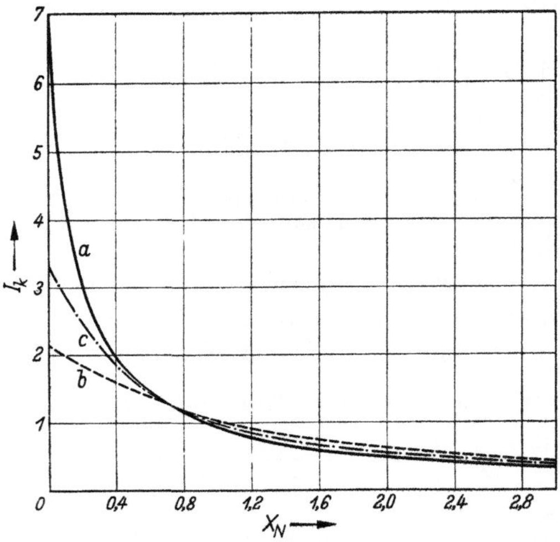

$a = I''_{K3\text{pol}}/I_n$ $c = I_{K2\text{pol}}/I_n$

$b = I_{K3\text{pol}}/I_n$

Abb. 576

Abb. 576 zeigt die Abhängigkeit des Stoßkurzschlußwechselstromes von der Netzreaktanz x_N. Die Werte von I'' sind als Vielfaches von I_n für $u_\lambda = 1$ aus Gleichung

$$\frac{I''}{I_n} = \frac{1{,}1}{x'' + x_N} \qquad (480)$$

ermittelt.

B. Die Berechnung des Dauerkurzschlußstromes

a) Dreipoliger Kurzschluß

Der dreipolige Dauerkurzschlußstrom bei Leerlauferregung beträgt für die ungesättigte Maschine, wie wir gesehen haben

$$I_{K_{3\text{pol}}} = I_{K_{\text{unges}}} = I_K^* = \frac{U_\lambda}{X_d}\,. \qquad (481)$$

Tritt der Kurzschluß im Netz auf, so daß die Netzreaktanz X_N vorgeschaltet ist, so wird der Dauerkurzschlußstrom bei Leerlauferregung

$$I_K^* = I_{K_{\text{unges}}} = \frac{U_\lambda}{X_d + X_N}\,. \tag{482}$$

Bei höherer Erregung i ist dieser Wert im Verhältnis i/i_0^* zu vergrößern ($i_0^* = i_{0\,\text{unges}}$).

Ist die äußere Reaktanz X_N groß, so empfiehlt es sich, durch ein graphisches Verfahren nach Abb. 577 den Einfluß der Sättigung auf die Höhe des Dauerkurzschlußstromes nachzuprüfen. Man trägt auf die Abszisse die Erregung als Vielfaches der Leerlauferregung für den ungesättigten Generator $v_0 = 1$, auf und zwar zunächst $o - a = v_{Kn} = i_{Kn}/i_0^* = I_d/I_K^* = x_d$ auf. Auf der Ordinate trägt man die relative Polierstreu-

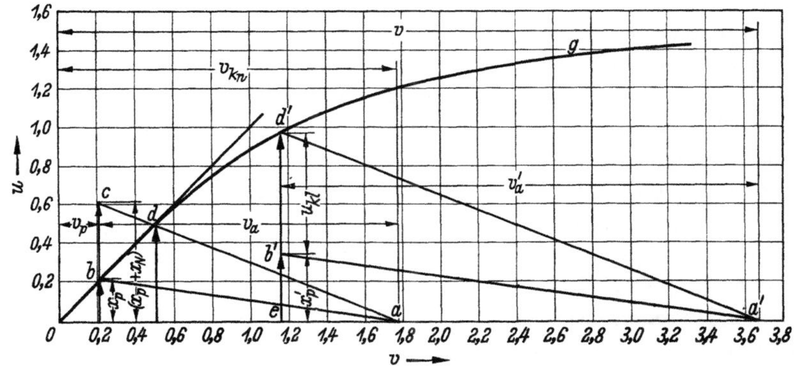

Abb. 577. Diagramm zur Ermittlung des dreipoligen Dauerkurzschlußstromes bei Kurzschluß im Netz

spannung $e_p = \frac{X_p I_n}{U_{n\lambda}} = x_p$ auf und erhält damit den Punkt b der Leerlaufkennlinie g. Die Erregung v_{Kn} kann in den Anteil v_p für die Potierstreuung und in den Anteil v_a für die Ankerrückwirkung, die dem Strom proportional ist, zerlegt werden.

Der Kurzschluß erfolge jetzt nicht unmittelbar am Generator, sondern im Netz. Je Phase ist dann die relative Reaktanz oder relative EMK $\varkappa_p + x_N$ vorhanden ($\varkappa_N$ = relative Netzreaktanz).

Bei der Erregung v_{Kn} kann der Kurzschlußstrom I_n bei der vergrößerten Reaktanz jetzt nicht bestehen, da c außerhalb der Leerlaufkennlinie liegt. Der Strom muß daher so lange verkleinert werden bis die Streuspannung im Punkt d die Kennlinie schneidet. Ist eine beliebige Erregung v z.B. $v = 3{,}68$, am Generator eingestellt (s. Abb. 577), dann ist zur Bestimmung des Dauerkurzschlußstromes parallel zur Strecke a–c die Gerade a'–d' zu zeichnen, welche die Leerlaufcharakteristik im Punkt d' schneidet. Wird von diesem Punkt d' aus das Lot auf die

Abszisse gefällt, dann erhält man durch die Strecke *d′–e* die EMK bzw. die vorhandene Streuspannung, *0–e* ist das hierfür nötige Restfeld. Die Strecke *e–a′* ist gleich der vorhandenen Ankerrückwirkung v'_a im Erregermaßstab. Der Kurzschlußstrom $I_{K v'_a 3pol}$ ergibt sich auf Grund der Beziehung

$$I_{K v'_a 3pol} = I_n \frac{v'_a}{v_a}. \tag{483}$$

Gelegentlich interessiert die Klemmenspannung, welche beim Kurzschluß im Netz am Generator vorhanden ist. Im Generator wird eine EMK von der Größe *e–d′* erzeugt (Abb. 577). Zieht man parallel zu *a–b* die Gerade *a′–b′*, dann entspricht der Abschnitt *b′–e* der Potierspannung x'_p in der Maschine selbst, während durch die Strecke *b′–d′* die Streuspannung im Netz gegeben ist, welche gleich der Klemmenspannung U_{Kl} ist.

In Abb. 577 wurde $x_d = v_{Kn} = 1{,}78$ und $x_p = 0{,}21$ gewählt sowie die Normalleerlaufkennlinie nach ETZ 1929, S. 243 aufgetragen. Die Vollasterregung bei $\cos\varphi = 0{,}8$ wurde ebenfalls ausgehend von der Normalleerlaufkennlinie nach dem Verfahren, das aus Abb. 77 hervorgeht, zum 2,83fachen der Leerlauferregung ermittelt. Es wurde nun noch angenommen, daß durch die Spannungsregelung der Generatoren eine maximale Erregung von der 1,3fachen der Nennerregung (Deckenspannung) eingestellt wird. Der Punkt *a′* ergibt sich daher zu $1{,}3 \cdot 2{,}83 = 3{,}68$. In Abb. 576 wurde nun der bei dieser maximalen Erregung sich ergebende dreipolige Dauerkurzschlußstrom bei beliebiger Netzreaktanz x_N auf Grund der graphischen Ermittlung nach Abb. 577 aufgetragen.

Ist die Kurzschlußentfernung groß, so sind die Kurzschlußströme für den erzeugenden Generator klein, können jedoch, sofern sie einen schwachen Abzweig durchfließen, für diesen immer noch von beträchtlicher Größe sein, so daß die Kenntnis der Größe des Kurzschlußstromes wesentlich ist. In allen Fällen, in denen durch den entstehenden Kurzschlußstrom keine nennenswerte Spannungsabsenkung im Kraftwerk stattfindet, kann man annehmen, daß eine konstante Klemmenspannung *U* auf den Kurzschlußkreis arbeitet. Der Kurzschlußstrom ist dann

$$I_{K_{3pol}} = \frac{U}{\sqrt{3} \cdot \sqrt{R^2 + X^2}}, \tag{484}$$

wobei *R* der Gesamtwiderstand und *X* die Gesamtreaktanz des Kurzschlußkreises, gemessen vom Kraftwerk ab, sind.

b) Zweipoliger Kurzschluß

Der zweipolige Kurzschlußstrom von Generatoren beträgt entsprechend Abschn. III. D. c über Generatoren ungefähr das $\sqrt{3}$fache des dreipoligen Kurzschlußstromes.

Fließt beim dreipoligen Kurzschluß der Strom I_n, dann ist die Potierspannung je Phase $I_n X_p$ oder, bezogen auf die verkettete Spannung, gleich $\sqrt{3} I_n X_p$. Beim zweipoligen Kurzschluß ergibt sich beim Nennstrom I_n die EMK (entsprechend S. 84) zu $I_n (X_p + X_i)$ oder $\approx 2 I_n X_p$. Die Reaktanz ist also, bezogen auf gleichen Nennstrom, im Fall des zweipoligen Kurzschlusses $2/\sqrt{3}$mal so groß geworden, hat also die relative Größe

$$x_{p_{2\,\mathrm{pol}}} = x_p \frac{2}{\sqrt{3}}. \tag{485}$$

Unser Ziel ist, zur Ermittlung des zweipoligen Kurzschlußstromes möglichst die für den dreipoligen Kurzschlußstrom gefundene Konstruktion verwenden zu können. Dies ist möglich, wenn wir uns die

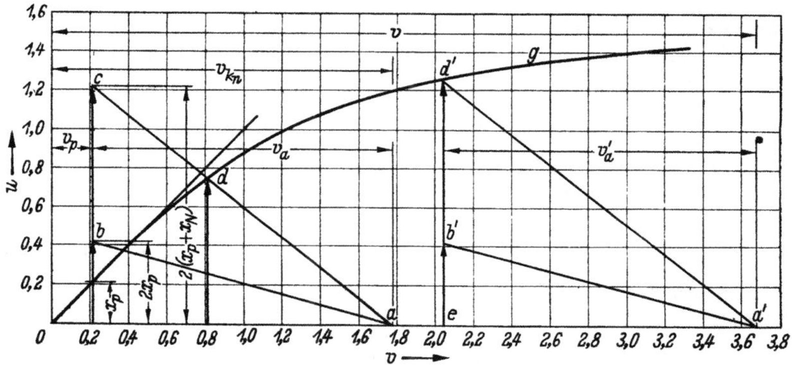

Abb. 578. Diagramm zur Ermittlung des zweipoligen Kurzschlußstromes

Ströme beim zweipoligen Kurzschluß $\sqrt{3}$mal so groß gewählt denken wie beim dreipoligen. Die Reaktanzen sind doppelt so groß, also $2x_p$ bzw. im Falle des Netzkurzschlusses $2(x_p + x_N)$. Die bisherige Konstruktion zur Ermittlung des dreipoligen Kurzschlußstromes kann dann auf den zweipoligen Kurzschluß übertragen werden, nur muß beachtet werden, wenn vom Ankerfeld auf den zweipoligen Strom geschlossen wird, daß der Faktor $\sqrt{3}$ hinzukommt. Für den zweipoligen Kurzschlußstrom gilt also nach Abb. 578 (Kurzschluß im Netz!)

$$I_{K_{v_a\,2\,\mathrm{pol}}} = I_n \frac{v'_a}{v_a} \sqrt{3}. \tag{486}$$

Im Generator tritt eine relative Potierspannung von der Größe der Strecke e–b' auf, während an den Klemmen des Generators eine Spannung von der Größe b'–d' (multipliziert mit der verketteten Nennspannung) erscheint.

Ausgehend von der Konstruktion nach Abb. 578 wurde in Abb. 576 auch der zweipolige Dauerkurzschlußstrom, abhängig von der Netzreaktanz x_N aufgetragen und hierbei wieder ein $x_p = 0{,}21$ und $x_i = x'' = 0{,}16$ zugrunde gelegt.

In der Regel geht man bei Kurzschlußberechnungen so vor, daß man zunächst den Anfangskurzschlußwechselstrom ermittelt. Um nun die zeitraubende Ermittlung des drei- und zweipoligen Dauerkurzschlußstromes nach Abb. 577 und 578 zu vermeiden, wurde ausgehend von Abb. 576 entsprechend den VDE-Vorschriften in Abb. 579 der dreipolige Dauerkurzschlußstrom und das $1/\sqrt{3}$fache des zweipoligen Dauerkurzschlußstromes, abhängig vom Anfangskurzschlußwechselstrom, aufgetragen.

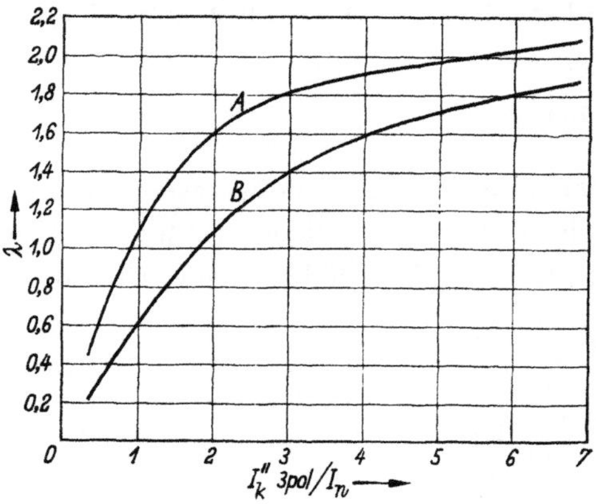

$A = \lambda_{\max\,3\,\mathrm{pol}} = I_{K\,3\,\mathrm{pol}}/I_n$

$B = \lambda_{\max\,2\,\mathrm{pol}} = I_{K\,2\,\mathrm{pol}}/\sqrt{3}\,I_n$

Abb. 579

Ist die Kurzschlußentfernung groß, so kann der Kurzschlußstrom ähnlich der Gl. (484) berechnet werden:

$$I_{K_{2\,\mathrm{pol}}} = \frac{U}{2\sqrt{R^2 + X^2}}\,. \tag{487}$$

C. Berechnung der Kurzschlußströme in komplizierten Netzgebilden

Zur Berechnung der Größe und der Verteilung der Kurzschlußströme in komplizierten Netzgebilden ist folgendes Verfahren zweckmäßig: Gegeben ist das Netz der Abb. 580. Im Punkte a trete ein dreipoliger Kurzschluß auf. Ist kein Kurzschluß vorhanden, dann kann man sich an der Stelle a den widerstandslos gedachten Generator A, der die in diesem Punkte herrschende Spannung $+U_\lambda$ haben muß, angebracht denken, ohne daß sich an der Gesamtstromverteilung des Netzes irgend etwas ändert (Abb. 581). Wird jetzt zusätzlich ein weiterer Generator B mit der Spannung $-U_\lambda$ an der gleichen Stelle hinzugeschaltet, so erhält der Punkt a das Potential Null, und die jetzt fließenden Ströme sind die gewünschten Kurzschlußströme. Man muß also, um die im Kurzschluß auftretenden Ströme zu erhalten, die durch den Generator B erzeugten Ströme berechnen, welche sich den ursprünglichen Strömen überlagern (letztere vernachlässigt man oft). Dabei muß man sich die Generatoren *1*, *2* und *3* durch Reaktanzen ersetzt denken (s. Abb. 582). Die Größe dieser Generatorreaktanzen, die außerdem nicht konstant sind, da sie von

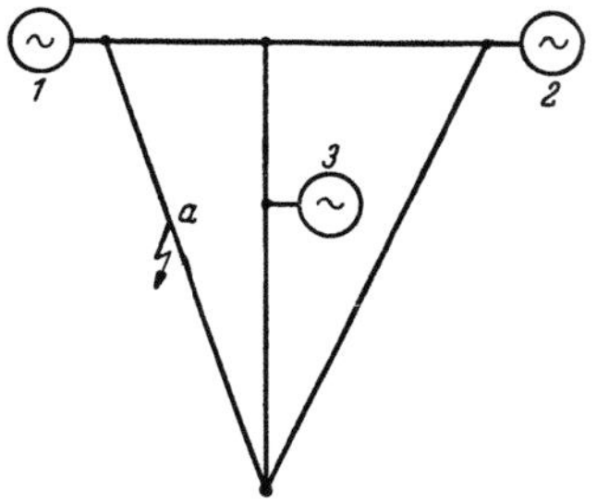

Abb. 580. Mehrfach gespeistes Netz bei Kurzschluß

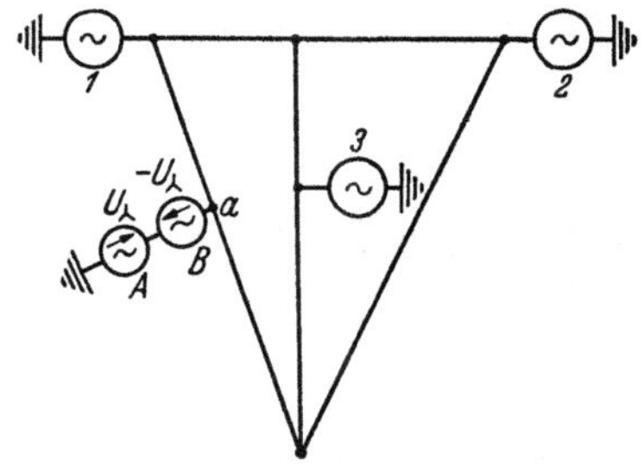

Abb. 581. Mehrfach gespeistes Netz mit zwei gedachten Generatoren *A* und *B*

der Sättigung der Generatoren abhängen, sind vorläufig unbekannt. Für die Berechnung des Anfangkurzschlußwechselstromes kann man mit genügender Genauigkeit für die Generatorreaktanzen die subtransienten Reaktanzen X_d'' einsetzen. Berechnet man jetzt den Ersatzwiderstand Z des ganzen Netzes, so ergibt sich der Strom an der Kurzschlußstelle zu

$$I_K'' = \frac{U_\lambda}{Z}. \tag{488}$$

Den so ermittelten Wert wird man entsprechend den VDE-Vorschriften mit 1,1 multiplizieren

Die Reaktanzen lassen sich jedoch auch für den Dauerkurzschlußstrom berechnen, sofern man zunächst annimmt, daß im Kurzschlußfall die Generatoren im ungesättigten Teil der Charakteristik arbeiten.

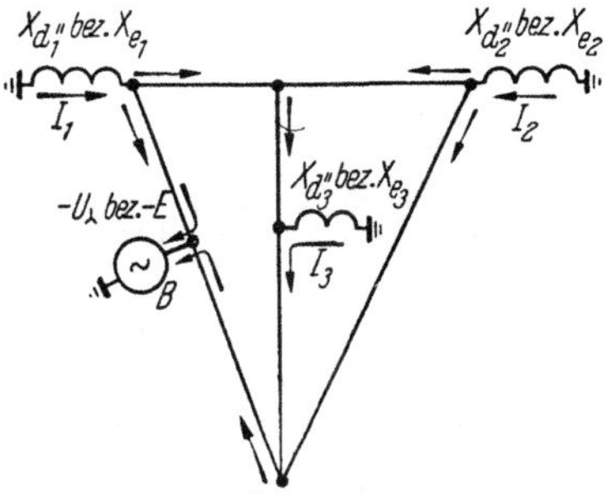

Abb. 582. Mehrfach gespeistes Netz mit gedachtem Generator *A* an Kurzschlußstelle und Ersatz der Kraftwerksgeneratoren durch Reaktanzen

Den Dauerkurzschlußstrom kann man in Anlehnung an den vorhergehenden Abschnitt ermitteln.

D. Berechnung der auftretenden Kurzschlußkräfte

Zwei vom Strom i durchflossene Leiter von der Längeneinheit (s. Abb. 583) üben aufeinander Kräfte aus. Die auf den rechten Leiter ausgeübte Kraft F beträgt, wenn die vom linken Leiter erzeugte Kraftliniendichte B ist,

$$F = B\,i. \tag{489}$$

Die Kraftliniendichte B ist im Leiterabstand a vom Leiter

$$B = \frac{\mu_0 i}{2\pi a}. \tag{490}$$

Dies in obige Gleichung eingesetzt, ergibt

$$F = \frac{\mu_0}{2\pi}\frac{i^2}{a}. \tag{491 a}$$

Setzt man i in kA ein und a in cm, so erhält man je cm Leiterlänge F in kp/cm zu

$$F = 2{,}04 \cdot 10^{-2}\frac{i^2}{a}. \tag{491 b}$$

Bei einem Dreiphasensystem bereitet die Berechnung der Kräfte im zweiphasigen Kurzschluß keinerlei Schwierigkeiten. Die größten Kräfte ergeben sich im ersten Moment, wenn der Stoßstrom fließt.

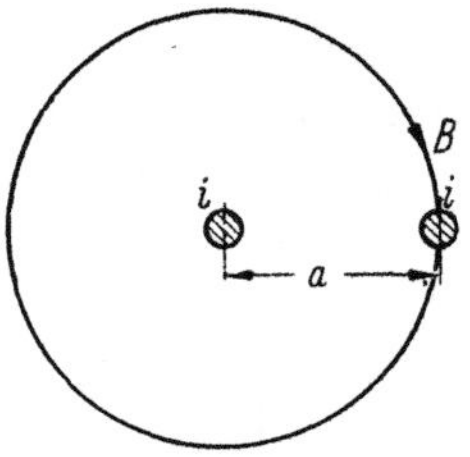

Abb. 583. Kraftwirkung zweier stromdurchflossener Leiter

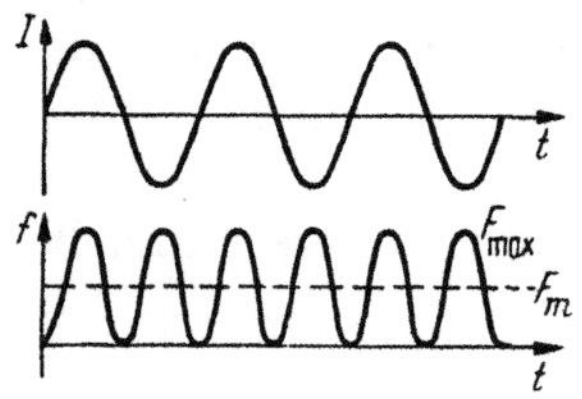

Abb. 584. Zeitlicher Kraftverlauf beim Wechselstrom

Beim dreiphasigen Kurzschluß ist die Berechnung der Kräfte etwas umständlicher, so daß man meist die Kräfte einsetzt, die beim zweipoligen Kurzschluß entstehen.

Die Kenntnis der beim Kurzschluß auftretenden Kräfte ist wesentlich, um Sammelschienensysteme, Stützer und Stromwandler den entstehenden Kräften gemäß bemessen und auswählen zu können. Die erzeugten Kräfte sind nicht konstant. Im Fall eines die Kräfte hervorrufenden Wechselstromes bestehen sie aus einem konstanten Glied F_m und einer darüber gelagerten Kraft, die gegenüber dem Wechselstrom doppelte Frequenz aufweist (s. Abb. 584). Es ist dafür Sorge zu tragen, daß nicht Resonanz der Sammelschienen mit dieser Frequenz ($f = 100$) vorliegt.

E. Thermische Kurzschlußfestigkeit

Bei der Ermittlung der thermischen Beanspruchung bei Kurzschlüssen wird von dem thermisch wirksamen Mittelwert des Kurzschlußstromes I_m ausgegangen. I_m ist der Effektivwert des Stromes, der in einer Sekunde die gleiche Wärmemenge erzeugt wie der in der Gesamtausschaltzeit in seinen Gleich- und Wechselstromanteilen veränderliche Kurzschlußstrom.

Für eine Kurzschlußdauer von t (Gesamtausschaltzeit) in sek gilt:

$$I_m = I''_K \sqrt{(m+n)\frac{t}{s}}. \qquad (492)$$

I''_K ist der Stoßkurzschlußwechselstrom, m berücksichtigt den Einfluß des Gleichstromgliedes, n den Einfluß des Wechselstromgliedes.

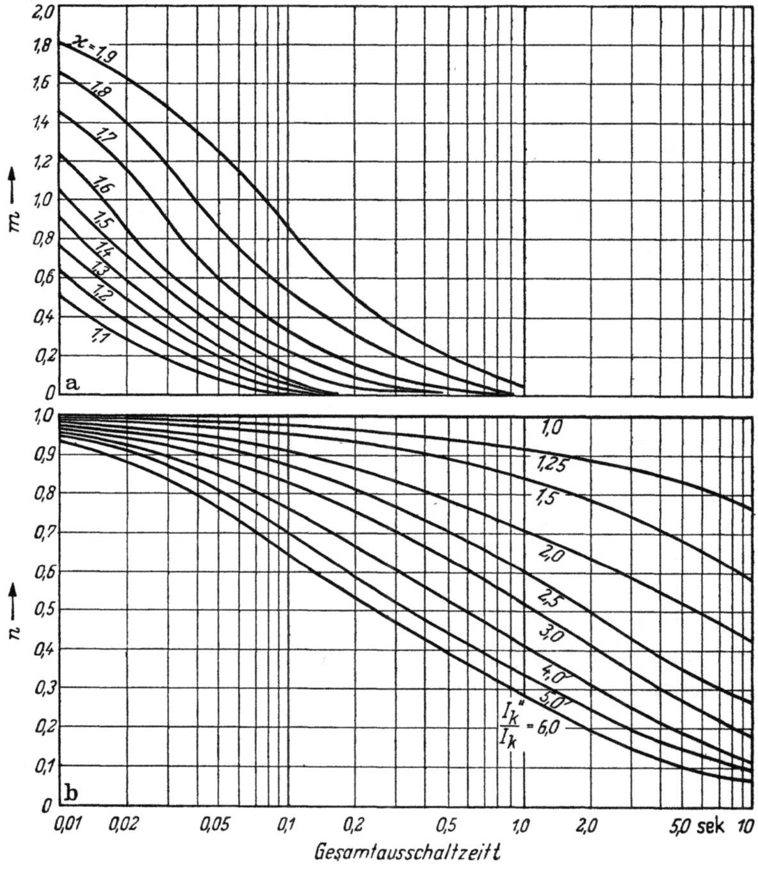

Abb. 585. Einflußgrößen. a) Einflußgröße m des Gleichstromgliedes; b) Einflußgröße n des Wechselstromgliedes

Aus Abb. 585a u. b gehen die Größen m und n, abhängig von der Gesamtschaltzeit, hervor. Die Gleichstromziffer x, abhängig von der

Reaktanz X und dem Wirkwiderstand R der gesamten Kurzschlußbahn, zeigt Abb. 574.

Der mittlere Kurzschlußstrom I_m erzeugt im Leiter Verluste, die in Wärme umgesetzt werden. Bei den geringen Kurzschlußzeiten kann man annehmen, daß die erzeugte Wärmemenge während des Kurzschlusses nicht an die Umgebung (bei Sammelschienen) abgegeben wird. Die Stromwärme wird also eine Temperaturerhöhung von ϑ_B der Betriebstemperatur, auf ϑ_K, die Endtemperatur nach Ablauf der Kurzschlußzeit t bewirken. Zwischen dem Kurzschlußstrom I_K, den Temperaturen ϑ_B und ϑ_K, der Kurzschlußzeit t und den Materialkonstanten bestehen folgende Beziehungen:

$$I_K = \frac{F}{\sqrt{t}} \sqrt{\frac{c}{\varrho\,\alpha} \ln \frac{1 + \alpha(\vartheta_K - 20)}{1 + \alpha(\vartheta_B - 20)}}\,, \tag{493}$$

unter Verwendung der Abkürzungen:

F Leiterquerschnitt (mm²)
c auf das Volumen bezogene spezifische Wärme (Ws/cm³ °C)
ϱ spezifischer Widerstand bei 20 °C (Ωmm²/m)
α Temperaturkoeffizient des Widerstandes (1/°C).

Die Werte für Kupfer und Aluminium gibt die nachstehende Tabelle an:

Tabelle 31

Leiterwerkstoff	c (Ws/cm³ °C)	Spezifische Wärme (cal/g °C)	ϱ (Ωmm²/m)	α (1/°C)
Kupfer	3,46	0,093	0,0178	0,0039
Aluminium	2,45	0,217	0,0303	0,0037

Setzt man die Materialkonstanten c, ϱ und α ein, so erhält man für Kupfer und Aluminium folgende Kurzzeitstromdichten für eine Kurzschlußdauer von 1 sek:

Kupfer:
$$S_{\text{th}} = 223 \sqrt{\ln \frac{1 + 3{,}9 \cdot 10^{-3}(\vartheta_K - 20)}{1 + 3{,}9 \cdot 10^{-3}(\vartheta_B - 20)}} \tag{494}$$

Aluminium:
$$S_{\text{th}} = 151 \sqrt{\ln \frac{1 + 3{,}7 \cdot 10^{-3}(\vartheta_K - 20)}{1 + 3{,}7 \cdot 10^{-3}(\vartheta_B - 20)}} \tag{495}$$

Die Abb. 586a u. b zeigen für verschiedene Materialien die Kurzzeitstromdichte in Abhängigkeit von Anfangs- und Endtemperatur.

Die höchstzulässigen Endtemperaturen ϑ_K betragen nach VDE 0103/1.61:

Tabelle 32

Leiterart	Werkstoff	(°C)
Blanke und gestrichene Stromleiter und Leiterseile mit einer Zugspannung <1 kp/mm²	Cu Al St	200 180 200
Leiterseile mit einer Zugspannung $\geqq 1$ kp/mm²	Cu Al Al/St und Aldrey St	170 130 160 200
Kabel für eine Spannung bis 6 kV 10–20 kV ab 30 kV	Cu und Al Cu und Al Cu und Al	160[1] 140[1] 120[1]

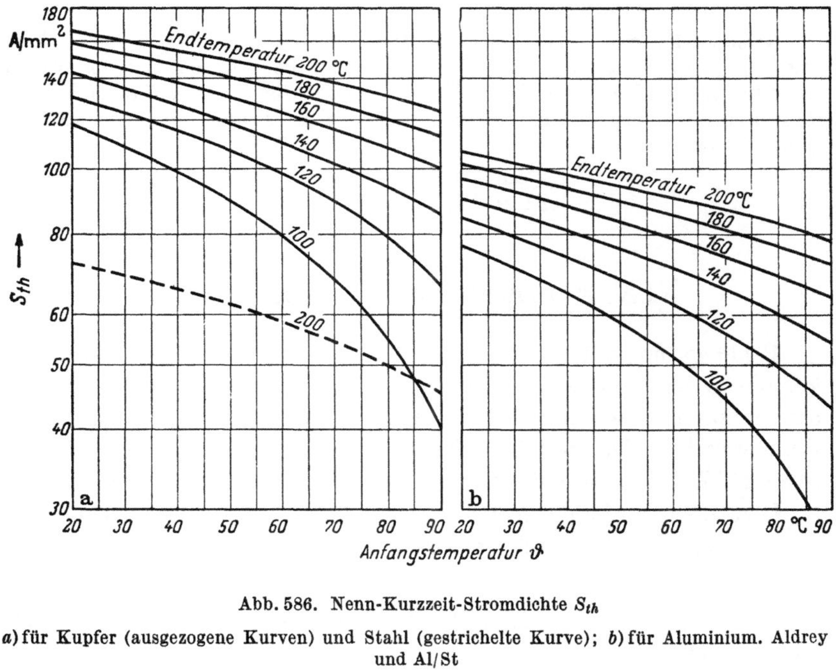

Abb. 586. Nenn-Kurzzeit-Stromdichte S_{th}

a) für Kupfer (ausgezogene Kurven) und Stahl (gestrichelte Kurve); *b)* für Aluminium. Aldrey und Al/St

Die höchstzulässigen Betriebstemperaturen ϑ_B bei Kabeln und isolierten Leitungen sind in der folgenden Tabelle zusammengestellt:

[1] Richtwerte

Tabelle 33

Kabelart	Werkstoff	ϑ_B (°C) bei Vollast	ϑ_B (°C) bei $^3/_4$-Last
Papierisolierte Kabel			
bis 6 kV	Cu und Al	65	42,5
10–20 kV	Cu und Al	55	37,5
30–60 kV	Cu und Al	45	32,5
PVC-isolierte Kabel und			
Leitungen bis 6 kV	Cu und Al	70	45
10 kV	Cu und Al	60	40
15–30 kV	Cu und Al	50	35
Gummiisolierte Kabel und Leitungen	Cu und Al	60	40
Gasinnendruckkabel 30–110 kV	Cu und Al	70	45

Beispiel: Für eine Anlage der Reihe 10 sei bei einer Abschaltzeit von 4 sek ein mittlerer Kurzschlußstrom von 13 kA gefordert. Bei Verwendung von papierisolierten Kabeln beträgt die Nenn-Kurzzeitstromstärke für Cu 115 A/mm², für Al 75 A/mm². Bei einer Abschaltzeit von 4 sek ergeben sich daraus als erforderliche Mindestquerschnitte:

für Kabel mit Cu-Leiter 240 mm²,
für Kabel mit Al-Leiter 400 mm².

XIX. Symmetrische Komponenten

Beliebige unsymmetrische Ströme I_R, I_S, I_T eines Dreiphasennetzes können in ein symmetrisches dreiphasiges Mitsystem I_{1R}, I_{1S}, I_{1T}, in ein symmetrisches dreiphasiges Gegensystem I_{2R}, I_{2S}, I_{2T} und in ein symmetrisches gleichphasiges Nullsystem I_{0R}, I_{0S}, I_{0T} zerlegt werden (Abb. 587). Der Gesamtstrom ist die Summe der 3 Komponentenströme.

Legt man I_{1R} in die reelle Achse, so kann der um 120° nacheilende oder um 240° ($4\pi/3$) voreilende Strom I_{1S} ausgedrückt werden durch:

$$I_{1S} = I_{1R} e^{j\frac{4\pi}{3}} = a^2 I_{1R}, \tag{496}$$

für I_{1T} gilt:

$$I_{1T} = I_{1R} e^{j\frac{2\pi}{3}} = a I_{1R}. \tag{497}$$

Hierbei wurde der Ausdruck $a = e^{j\frac{2\pi}{3}}$ eingeführt. Um 120° gegeneinander verschobene Zeiger können entsprechend Abb. 588 dargestellt werden.

Für die Gegenkomponente ist die Phasenfolge umgekehrt, die Nullkomponenten sind gleichphasig. Wir erhalten daher folgendes Gleichungssystem:

$$I_R = I_{1R} + I_{2R} + I_{0R}, \tag{498}$$

$$I_S = I_{1S} + I_{2S} + I_{0S} = a^2 I_{1R} + a I_{2R} + I_{0R}, \tag{499}$$

$$I_T = I_{1T} + I_{2T} + I_{0T} = a I_{1R} + a^2 I_{2R} + I_{0R}. \tag{500}$$

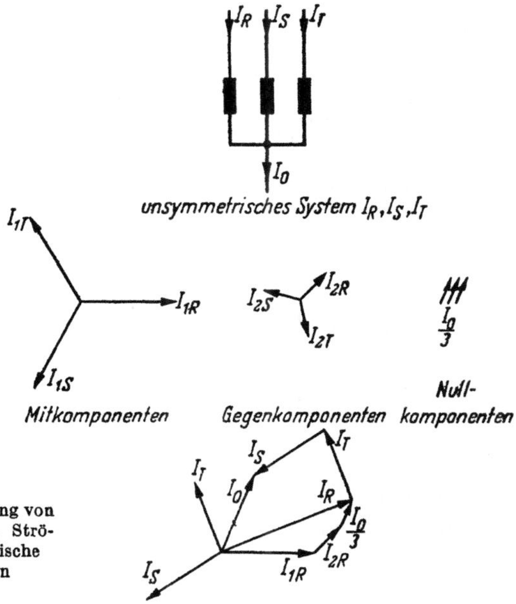

Abb. 587. Zerlegung von unsymmetrischen Strömen in symmetrische Komponenten

Aus den Gln. (498), (499) u. (500) folgt:

$$I_{1R} = \frac{1}{3}(I_R + a I_S + a^2 I_T), \tag{501}$$

$$I_{2R} = \frac{1}{3}(I_R + a^2 I_S + a I_T), \tag{502}$$

$$I_{0R} = \frac{1}{3}(I_R + I_S + I_T). \tag{503}$$

Zur Berechnung des Kurzschluß- und des Doppelerdschlußstromes wird vorausgesetzt, daß durch Netzumwandlungen die Generator- und Netzimpedanzen auf eine resultierende Impedanz Z, gespeist von der EMK E_λ, zurückgeführt werden können. Wird die Mitimpedanz mit Z_1, die Gegenimpedanz mit Z_2 und die Nullimpedanz mit Z_0 bezeichnet, so gilt, da die

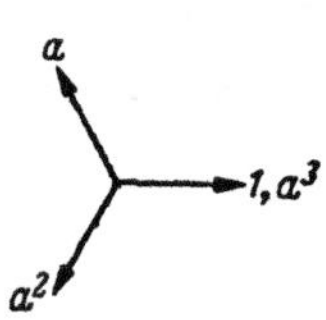

Abb. 588. Symmetrische Zeiger

von den Generatoren erregte symmetrische EMK je Phase E nur eine Mitkomponente aufweist:

$$U_{1R} = E_{\lambda} - I_{1R} Z_1 , \tag{504}$$

$$U_{2R} = -I_{2R} Z_2 \tag{505}$$

$$U_{0R} = -I_{0R} Z_0 . \tag{506}$$

Für die Spannungen der drei Phasen R, S und T gelten analog den Gleichungen für die Ströme

$$U_R = U_{1R} + U_{2R} + U_{0R} , \tag{507}$$

$$U_S = a^2 U_{1R} + a U_{2R} + U_{0R} , \tag{508}$$

$$U_T = a U_{1R} + a^2 U_{2R} + U_{0R} , \tag{509}$$

$$U_{1R} = \frac{1}{3} (U_R + a U_S + a^2 U_T) , \tag{510}$$

$$U_{2R} = \frac{1}{3} (U_R + a^2 U_S + a U_T) , \tag{511}$$

$$U_{0R} = \frac{1}{3} (U_R + I_S + U_T) . \tag{512}$$

Mit Hilfe dieser Gleichungen lassen sich die Kurzschlußströme für beliebige Fehlerarten in einfacher Weise ermitteln. Die wichtigsten Fehler werden nachstehend behandelt:

1. Dreipoliger Kurzschluß

$$I_{K_{3\mathrm{pol}}} = \frac{E_{\lambda}}{Z_1} . \tag{513}$$

Für Z_1 ist die Mitimpedanz, die zwischen Generator EMK und Fehlerstelle liegt, einzusetzen.

2. Zweipoliger Kurzschluß

Der Kurzschluß liege z. B. entsprechend Abb. 589 zwischen den Phasen S und T.
Da $I_R = 0$ und $I_{0R} = 0$ ist, folgt aus Gl. (498) $I_{2R} = -I_{1R}$.
Weiterhin gilt $U_S = U_T$ und $I_T = -I_S$.

Aus den Gln. (508) u. (509) folgt:

$$U_S - U_T = 0 = U_{1R}(a^2 - a) + U_{2R}(a - a^2) , \tag{514}$$

somit

$$U_{1R} = U_{2R} \tag{515}$$

oder

$$E - I_{1R} Z_1 = -I_{2R} Z_2 = I_{1R} Z_2 = I_{1R} = \frac{E_{\lambda}}{Z_1 + Z_2} . \tag{516}$$

Aus Gl. (499) u. (500) folgt:

$$I_{K_{2\mathrm{pol}}} = I_S = I_{1R}(a^2 - a) = -j\frac{\sqrt{3}\,E_\lambda}{(Z_1 + Z_2)}. \tag{517}$$

$$I_T = I_{1R}(a - a^2) = j\frac{\sqrt{3}\,E_\lambda}{(Z_1 + Z_2)}. \tag{518}$$

Abb. 589 zeigt, wie sich aus der Addition der Stromkomponenten die Ströme I_S und I_T ergeben.

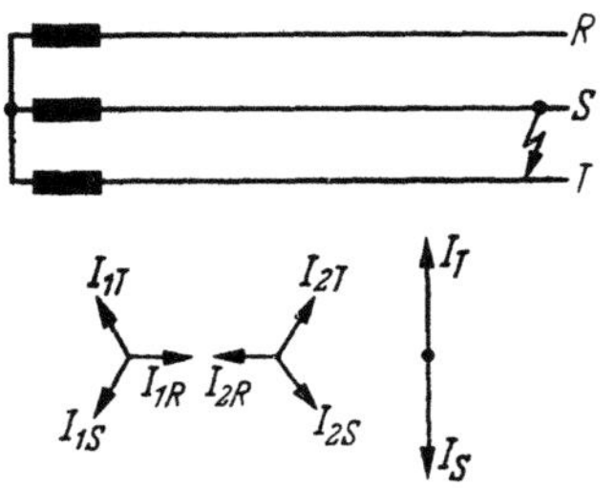

Abb. 589. Zweipoliger Kurzschluß

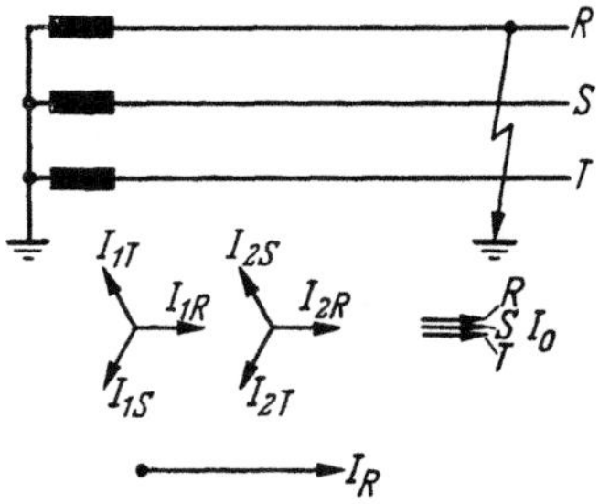

Abb. 590. Einpoliger Erdkurzschluß

3. Einpoliger Erdkurzschluß

Zum Beispiel habe entsprechend Abb. 590 die Phase R Erdschluß, dann folgt aus Gl. (501), (502) u. (503), da $I_S = I_T = 0$ ist,

$$I_{1R} = I_{2R} = I_{0R} = \frac{I_R}{3}. \tag{519}$$

Weiterhin ist $U_R = 0$,

$$U_R = E_\lambda - I_{1R}Z_1 - I_{2R}Z_2 - I_{0R}Z_0 = 0, \tag{520}$$

$$I_{1R} = \frac{E_\lambda}{Z_1 + Z_2 + Z_0}, \tag{521}$$

$$I_{K_{1\mathrm{pol}}} = I_R = \frac{3\,E_\lambda}{Z_1 + Z_2 + Z_0}. \tag{522}$$

Liegt keine Kurzerdung vor, sondern Erdung des Sternpunktes über einen äußeren Erdungswiderstand Z_E, so ist dieser mit dem 3fachen Wert, d.h. mit $3Z_E$ zu Z_0 zu addieren, da der äußere Erdungswiderstand vom 3fachen Phasennullstrom durchflossen wird.

4. Zweipoliger Kurzschluß mit Erdberührung (Rückleitung über Erde)

Zum Beispiel seien entsprechend Abb. 591 die Phasen S und T betroffen. Dementsprechend ist

$$I_R = 0, \qquad U_S = U_T = 0.$$

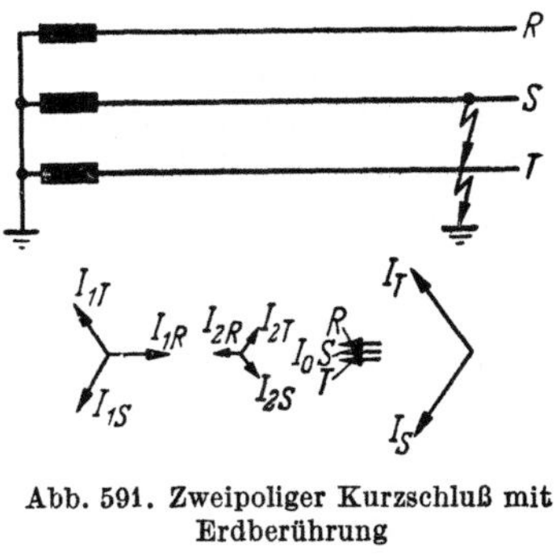

Abb. 591. Zweipoliger Kurzschluß mit Erdberührung

Aus den Gl. (508) und (509) folgt:

$$U_{1R} = U_{2R} = U_{0R}. \tag{523}$$

Aus den Gln. (505) und (506) folgt dann

$$-I_{0R}Z_0 = -I_{2R}Z_2 = E_\curlywedge - I_{1R}Z_1. \tag{524}$$

Aus Gl. (498) ergibt sich

$$I_{0R} = -I_{1R} - I_{2R}. \tag{525}$$

Somit

$$I_{1R} = \frac{E_\curlywedge}{Z_1 + \frac{Z_2 Z_0}{Z_2 + Z_0}} = \frac{E_\curlywedge(Z_2 + Z_0)}{Z_1 Z_2 + Z_1 Z_0 + Z_2 Z_0}, \tag{526}$$

$$I_{2R} = -\frac{E_\curlywedge Z_0}{Z_1 Z_2 + Z_1 Z_0 + Z_2 Z_0}, \tag{527}$$

$$I_{0R} = -\frac{E_\curlywedge Z_2}{Z_1 Z_2 + Z_1 Z_0 + Z_2 Z_0}. \tag{528}$$

Aus Gl. (499) folgt:

$$I_S = E_\curlywedge \frac{a^2(Z_2 + Z_0) - aZ_0 - Z_2}{Z_1 Z_2 + Z_1 Z_0 + Z_2 Z_0} = E_\curlywedge \frac{Z_2(a^2 - 1) + Z_0(a^2 - a)}{Z_1 Z_2 + Z_1 Z_0 + Z_2 Z_0}. \tag{529}$$

Aus Gl. (500) folgt:

$$I_T = E_\curlywedge \frac{a(Z_2 + Z_0) - a^2 Z_0 - Z_2}{Z_1 Z_2 + Z_1 Z_0 + Z_2 Z_0} = E_\curlywedge \frac{Z_2(a - 1) + Z_0(a - a^2)}{Z_1 Z_2 + Z_1 Z_0 + Z_2 Z_0}, \tag{530}$$

$$I_{K\,E_{2\mathrm{pol}}E} = I_S + I_T = -E_\curlywedge \frac{3Z_2}{Z_1 Z_2 + Z_1 Z_0 + Z_2 Z_0} = -\frac{3E_\curlywedge}{Z_1 + Z_0 + \frac{Z_1 Z_0}{Z_2}}. \tag{531}$$

Für $Z_1 = Z_2$ wird $I_E = -\dfrac{3E_\curlywedge}{Z_1 + 2Z_0}$, (532)

I_E ergibt sich auch aus $I_E = 3I_{0R}$.

5. Doppelerdschlußstrom

Ein Doppelerdschluß liege in den Phasen S und T vor entsprechend Abb. 592.

Bei Ermittlung der Größe des Doppelerdschlußstromes ist zu beachten, daß die symmetrischen Stromkomponenten in den Abschnitten A und B verschieden sind. Diese Stromkomponenten ergeben sich wie folgt: Für den Abschnitt A gilt $I_S = -I_T$. Hieraus folgt:

$$I_{A0R} = 0, \qquad I_{A2R} = -I_{A1R},$$

$$I_{A1R} = \frac{I_S}{3}(a - a^2), \tag{533}$$

$$I_{A1S} = \frac{I_S}{3}a^2(a - a^2) = \frac{I_S}{3}(1 - a), \tag{534}$$

$$I_{A2S} = -\frac{I_S}{3} a(a - a^2) = \frac{I_S}{3}(-a^2 + 1), \tag{535}$$

$$I_{A1T} = \frac{I_S}{3} a(a - a^2) = \frac{I_S}{3}(a^2 - 1), \tag{536}$$

$$I_{A2T} = -\frac{I_S}{3} a^2(a - a^2) = \frac{I_S}{3}(a - 1). \tag{537}$$

Für den Abschnitt B gilt $I_{BR} = I_{BT} = 0$; in Phase S fließt der Strom I_S. Aus Gl. (501), (502) u. (503) folgt:

$$I_{B1R} = \frac{I_S}{3} a, \qquad I_{B2R} = \frac{I_S}{3} a^2, \qquad I_{B0R} = \frac{I_S}{3}, \tag{538}$$

$$I_{B1S} = \frac{I_S}{3}, \qquad I_{B2S} = \frac{I_S}{3}, \qquad I_{B0S} = \frac{I_S}{3}. \tag{539}$$

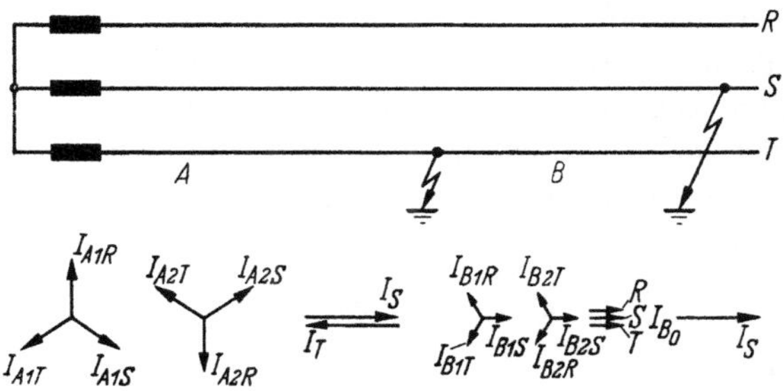

Abb. 592. Doppelerdschluß

Ferner gilt $U_S = U_T$ und somit entsprechend Gl. (504) bis (507):

$$E_S - I_{A1S}Z_{A1} - I_{A2S}Z_{A2} - I_{B1S}Z_{B1} - I_{B2S}Z_{B2} - I_{B0S}Z_{B0} + \\ + I_{A1T}Z_{A1} + I_{A2T}Z_{A2} - E_T = 0, \tag{540}$$

$$E_R(a^2 - a) - I_S Z_{A1}\left(\frac{1-a}{3}\right) - I_S Z_{A2}\left(\frac{1-a^2}{3}\right) + I_S Z_{A1}\left(\frac{a^2-1}{3}\right) + \\ + I_S Z_{A2}\left(\frac{a-1}{3}\right) - \frac{I_S}{3}(Z_{B1} + Z_{B2} + Z_{B0}) = 0, \tag{541}$$

$$-j\sqrt{3}\,E_R - I_S\left(Z_{A1} + Z_{A2} + \frac{Z_{B1} + Z_{B2} + Z_{B0}}{3}\right) = 0, \tag{542}$$

$$I_E = I_S = \frac{-j\sqrt{3}\,E_R}{Z_{A1} + Z_{A2} + \dfrac{Z_{B1} + Z_{B2} + Z_{B0}}{3}}. \tag{543}$$

Wie aus Abb. 592 hervorgeht, ist im Abschnitt A der Strom I_S die Summe der Mit- und Gegenkomponenten wie beim zweipoligen Kurzschluß, im Abschnitt B ist I_S die Summe der gleichphasigen Mit-, Gegen- und Nullkomponente wie beim einpoligen Kurzschluß.

XX. Erwärmung von Maschinen und Apparaten

Oft ist es notwendig, sich ein Bild über den Erwärmungsverlauf von Leitungen, Kabeln, Maschinen und Apparaten zu machen. Dies ist nicht immer einfach, da die auftretenden Belastungen meist nicht konstant sind, sondern Schwankungen unterliegen. Um sich Klarheit darüber zu verschaffen, ob diese Schwankungen bzw. Belastungsspitzen für die Maschine oder die Leitung bezüglich der Erwärmung zulässig sind, muß man den Erwärmungsverlauf bestimmen.

Es sei zunächst ein einfacher Körper, z. B. ein Draht, untersucht, dem sekundlich durch einen elektrischen Strom die Wärmemenge Q zugeführt wird. Ist c die spezifische Wärme des Körpers, G das Gewicht des Körpers, ϑ die Temperatur, ϱ der spezifische Wärmeabgabekoeffizient und O die Oberfläche des Körpers, dann gilt unter Beachtung, daß die in der kleinen Zeit dt zugeführte Wärmemenge $Q\,dt$ einmal dazu dient, um die Temperatur des Körpers um $d\vartheta$ zu erhöhen, zum anderen, um die durch die Temperatur ϑ bedingten Wärmeabgabeverluste an die Umgebung zu decken, die Beziehung

$$Q\,dt = cG\,d\vartheta + \varrho O \vartheta\,dt \tag{544}$$

oder nach Umformung

$$\frac{d\vartheta}{dt} = \frac{Q - \varrho O \vartheta}{cG} = \frac{\frac{Q}{O\varrho} - \vartheta}{\frac{cG}{\varrho O}}. \tag{545}$$

$Q/\varrho O$ ist gleich der Endtemperatur ϑ_e, da dann $d\vartheta/dt = 0$ ist. Es gilt also

$$\vartheta_e = \frac{Q}{\varrho O}. \tag{546}$$

Setzt man ferner zur Abkürzung

$$Z = \frac{cG}{\varrho O}. \tag{547}$$

so kann man die Gleichung auch schreiben:

$$\frac{d\vartheta}{dt} = \frac{\vartheta_e - \vartheta}{Z}. \tag{548}$$

Der Faktor Z wird Zeitkonstante genannt, da er die Dimension einer Zeit hat.

Es sei angenommen, der Temperaturverlauf wäre bekannt und erfolge nach der Kurve I der Abb. 593. Die erreichte Endtemperatur betrage ϑ_e. Errichtet man in einem beliebigen Punkte der Kurve I die Tangente und betrachtet den Abschnitt a–b auf der Horizontalen in

Höhe der Endtemperatur, so muß dieser Abstand a–b gleich der Zeitkonstanten sein, denn die Strecke a–c ist gleich ϑ_e–ϑ und

$$\frac{d\vartheta}{dt} = \tan\alpha = \frac{a\,c}{a\,b} = \frac{\vartheta_e - \vartheta}{a\,b}\,. \tag{549}$$

Durch Vergleich mit Gl. (548) folgt, daß der Abschnitt $a\,b$ gleich Z sein muß. Unabhängig, in welchem Punkt der Kurve man die Konstruktion durchführt, immer erhält man für $a\,b$ den Betrag Z. Gleiches gilt auch, wenn die Wärmezufuhr, also auch ϑ_e, kleiner ist (s. Kurve II der Abb. 593).

Man kann die Gl. (548) noch integrieren und erhält, wenn die Erwärmung bei der Temperatur Null beginnt und man unter dem Wert e die Exponentialfunktion versteht,

$$\vartheta = \vartheta_e(1 - e^{-t/Z}) \tag{550a}$$

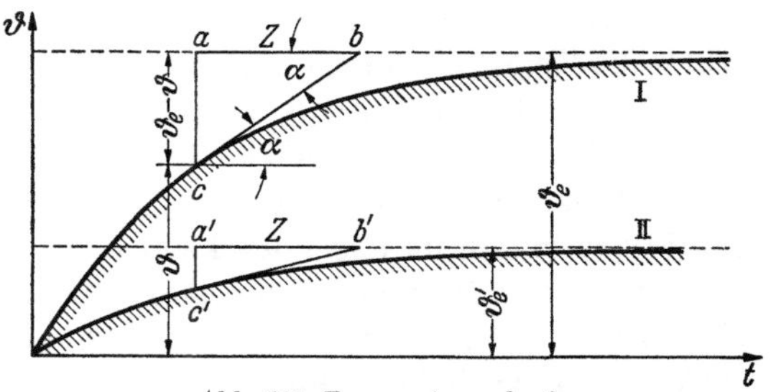

Abb. 593. Temperaturverlauf

oder wenn man den Fall der Abkühlung betrachtet ($Q = 0$) und die Anfangstemperatur mit ϑ_0 bezeichnet,

$$\vartheta = \vartheta_0\, e^{-t/Z}\,. \tag{550b}$$

Bei den bisher betrachteten Kurven war angenommen, daß die zugeführte Wärmemenge Q konstant war. Die Gl. (548) gilt jedoch allgemein. Verändert sich die zugeführte Wärmemenge, so ist in der Gl. (548) nur ein anderes ϑ_e einzuführen. Die Gl. (548) gibt die Grundlage für eine sehr einfache geometrische Konstruktion des Erwärmungsverlaufes.

In der Abb. 594 sind links im Abstand der Zeitkonstanten Z zwei Vertikalen I–I und II–II errichtet. Auf I–I wird die jeweils vorhandene Temperatur und auf II–II die Endtemperatur ϑ_e aufgetragen. Rechts von diesen Vertikalen befindet sich ein Koordinatensystem, welches als Abszisse die Zeit t und als Ordinate die Temperatur ϑ enthält.

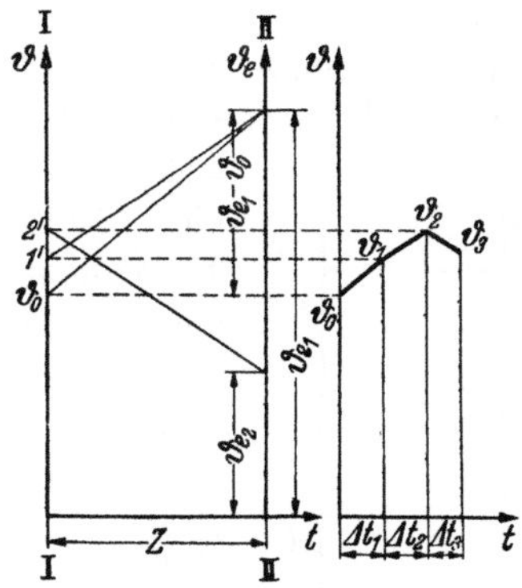

Abb. 594. Diagramm zur Ermittlung des Temperaturverlaufes

Die Ausgangstemperatur ist ϑ_0. Die zugeführte Wärmemenge sei gleich Q_1. Der Körper erreiche dann eine Endtemperatur ϑ_{e1}. Diese Endtemperatur ist im linken Bild der Abb. 594 aufgetragen. Da die Steigung der Temperaturkurve nach Gl. (549) gleich $\tan\alpha = \frac{\vartheta_e - \vartheta}{Z}$, bzw. im betrachteten Fall $\tan\alpha = \frac{\vartheta_{e1} - \vartheta_0}{Z}$ ist, kann man die Steigung leicht bestimmen. Man hat nur in der Abb. 594 links den Punkt ϑ_0 mit der Temperatur ϑ_{e1} zu verbinden. Geht man ins rechte Koordinatensystem und zieht zur Geraden $\vartheta_0 - \vartheta_{e1}$ eine Parallele durch ϑ_0, so findet man im Abstand Δt_1 von der Ordinate die zur Zeit Δt_1 erreichte Temperatur ϑ_1. Voraussetzung ist dabei, um das kleine Kurvenstück der Exponentialkurve $\vartheta = \vartheta_{e1}(1 - e^{-t/Z})$ durch einen Teil der Tangente ersetzen zu können, daß Δt nicht zu groß ist. Projiziert man den Punkt ϑ_1 auf I–I, so erhält man den Punkt *1'*. Der Punkt *1'* ist neuer Ausgangspunkt. Man erhält die Temperatur ϑ_2, die sich bei der gleichen zugeführten Wärmemenge Q_1 nach weiteren Δt_2 einstellt, indem man *1'* mit ϑ_{e1} verbindet und zu $1' - \vartheta_{e1}$ eine Parallele durch ϑ_1 (rechtes Koordinatensystem) zieht. Projiziert man ϑ_2 wieder auf I–I, so erhält man *2'*. Die Wärmezufuhr werde nun im folgenden kleiner, so daß eine kleinere Endtemperatur ϑ_{e2} erreicht werden würde. Man muß jetzt den Punkt *2'* mit ϑ_{e2} verbinden und parallel zur Geraden $2' - \vartheta_{e2}$ im rechten System eine Parallele ziehen. Nach der weiteren Zeit Δt_3 wird die Temperatur ϑ_3 erreicht. In derselben Weise kann der Verlauf der Temperaturkurve bei beliebiger Wärmezufuhr aufgezeichnet werden. Voraussetzung ist nur, daß die Zeitabschnitte Δt nicht zu groß gewählt werden. Da die Temperaturberechnungen wegen meist nicht genügend genauer Unterlagen häufig nur Näherungsrechnungen sind, genügt es in solchen Fällen, wenn $\Delta t \leqq Z/5$ gewählt wird.

Das Verfahren läßt sich für den Fall, daß die Wärmemenge proportional dem Quadrat des Stromes I ist, noch etwas angenehmer durchführen, wenn man auf der Vertikalen II–II der Abb. 594 Ströme aufträgt. Am besten geht man dabei von der zulässigen Temperatur ϑ_z, zu welcher der Dauerstrom I_d gehört, aus. Bei einem beliebigen Strom I wird dann die Endtemperatur ϑ_e, falls man die Widerstandsänderung des Leiters mit der Temperatur nicht berücksichtigt, sondern mit dem Widerstand, der bei der Temperatur ϑ_z vorhanden ist, rechnet, den Wert haben

$$\vartheta_e = \vartheta_z (I/I_d)^2 . \tag{551}$$

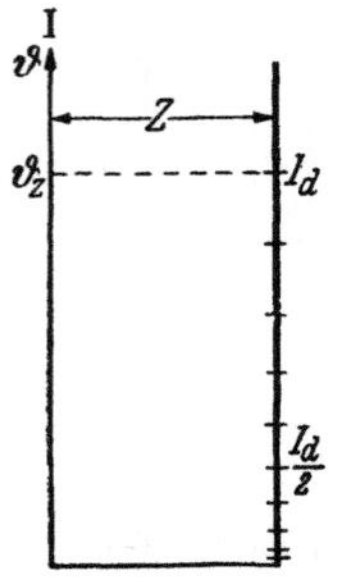

Abb. 595. Hilfsdiagramm mit quadratischer Stromskala

Man wird also die Vertikale II–II, auf der die Endtemperaturen aufgezeichnet sind, mit den Strömen, welche die jeweiligen Endtemperaturen ergeben, beziffern. Die Bezifferung mit den Strömen hat einen quadratischen Charakter (s. Abb. 595). Diese Konstruktion hat den Vorteil, da die Belastungsströme meist bekannt sind, daß man sofort weiß, wohin man die Hilfsgeraden zu zeichnen hat. Oft weiß man nicht, wie groß ϑ_z ist. In einem solchen Fall setzt man die zu I_d

gehörige Temperatur $\vartheta_z = 100\%$ und führt die Rechnung prozentual durch.

Bis jetzt war angenommen, daß die Erwärmung in einem homogenen Körper erfolgt, der an allen Stellen gleichmäßige Temperatur annimmt. Unsere Maschinen, Transformatoren, Apparate, Kabel usw. sind jedoch komplizierte Gebilde, die im Innern an verschiedenen Stellen verschiedene Temperaturen besitzen und in denen verwickelte Wärmeströmungen stattfinden. Nimmt man etwa für eine bestimmte Wicklung den Temperaturverlauf auf, so erhält man eine Erwärmungskurve, bei der man, wenn man die Zeitkonstante ermitteln will, verschiedene Werte von Z erhält, je nach dem an welcher Stelle der Kurve man sich befindet (Abb. 596). Dabei ist im allgemeinen die Zeitkonstante zu Erwärmungsbeginn meist viel kleiner als nach längerer Erwärmungsdauer. Um trotzdem einigermaßen den Temperaturverlauf abschätzen zu können, ist man in einem solchen Fall gezwungen, sich eine mittlere Zeitkonstante zu bestimmen, um die Erwärmungsrechnung durchführen zu können.

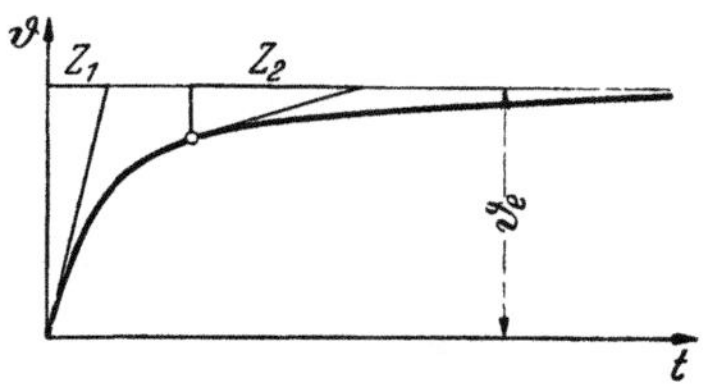

Abb. 596. Temperaturverlauf bei veränderlicher Zeitkonstante

Um einen Überblick zu haben, in welcher Größenordnung die so bestimmten Zeitkonstanten liegen, sei Tab. 34 angegeben[1].

Tabelle 34

	Zeitkonstante Z in min
Generator 20000–50000 kVA	25
Transformator 12500 kVA (30/6 kV) mit Fremdbelüftung	75
Transformator 250 kVA (6/0,38 kV) mit Eigenlüftung	250
Kabel 30 kV für 70–150 mm²	120
Kabel 6 kV für 70–150 mm²	90
Kabel 1 kV für 70–240 mm²	60
Gummikabel NGA usw.	10–20
Motoren mittlerer Größe eigenventiliert	etwa 60

Für genauere Erwärmungsrechnungen ist man unter Umständen gezwungen, zwei Erwärmungsvorgänge zu überlagern. Abb. 597a zeigt beispielsweise, wie die Erwärmung des Öles in einem Transformator erfolgt (Kurve *1*). Für den Verlauf kann man näherungsweise eine Exponentialkurve annehmen. Die Übertemperatur, welche die Wicklung für sich gegen das Öl annimmt, ist durch die Exponentialkurve *2* nähe-

[1] Siehe E. Krohne: Die wirtschaftliche Erzeugung der elektrischen Spitzenkraft in Großstädten. Berlin: Springer 1929.

rungsweise dargestellt. Die tatsächliche Temperatur als näherungsweise Überlagerung der Kurve *1* und *2* zeigt die Abb. 597b. Erfolgt jetzt plötzlich eine starke Zunahme der Belastung, die kurz darauf wieder verschwindet, so wird das Öl infolge seiner großen Zeitkonstanten sich kaum zusätzlich erwärmen, anders jedoch die Wicklung, welche infolge einer kleinen Zeitkonstante eine starke Temperaturzunahme erfährt. Die wirkliche Erwärmungskurve wird also etwa den Verlauf der Abb. 597b

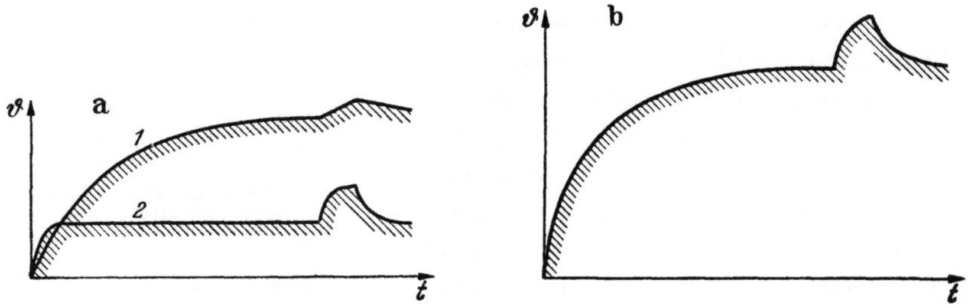

Abb. 597a u. b. Temperaturverlauf eines Öltransformators

haben. Man erkennt hieraus, daß es nicht genügt, die Öltemperatur eines Transformators zu messen, da trotz mäßiger Öltemperatur bei kurzzeitigen Belastungen hohe Temperaturen im Kupfer auftreten können.

Oft hat man es mit periodisch sich wiederholenden Belastungsänderungen zu tun. Ist z.B. die in einem Körper erzeugte Verlustwärme durch die Flächen der Abb. 598a gegeben, so kann man eine mittlere gleichmäßig zugeführte sekundliche Verlustwärme Q_m annehmen, bei der, bezogen auf die Gesamtzeit, gleiche Verluste wie in Wirklichkeit vorhanden sind. Bei den mittleren Verlusten Q_m würde nach längerer Zeit eine konstante Endtemperatur ϑ_m erreicht werden (s. Abb. 598b). In Wirklichkeit wird jedoch wegen der intermittierenden Belastung die Temperatur Schwankungen unterworfen sein. Wenn jedoch die Spieldauer, das ist die Zeit, in der die Belastungswechsel sich wiederholen, klein ist im Vergleich zur Zeitkonstante, dann sind die Abweichungen von der mittleren Temperatur ϑ_m klein. Die mittlere Temperatur ϑ_m kann man leicht ermitteln, wenn man die mittleren Verluste kennt. Nimmt man an, daß die Verluste Q_m proportional dem Quadrat des Stromes sind, dann gilt für den Mittelwert des Stromes, dessen Verluste, bezogen auf die

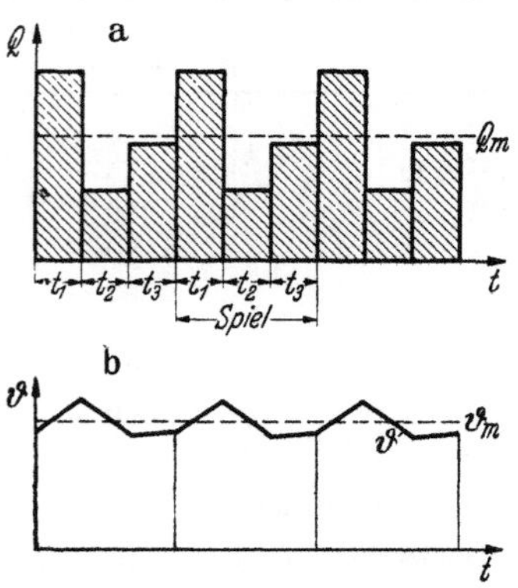

Abb. 598a u. b. Belastungsspiel und Temperaturverlauf

Gesamtspieldauer, gleich den tatsächlichen Verlusten sind, die Beziehung

$$I_m^2 (t_1 + t_2 + t_3)\, r = (I_1^2 t_1 + I_2^2 t_2 + I_3^2 t_3)\, r$$

$$I_m = \sqrt{\frac{I_1^2 t_1 + I_2^2 t_2 + I_3^2 t_3}{t_1 + t_2 + t_3}} \tag{552a}$$

oder allgemein

$$I_m = \sqrt{\frac{\Sigma I^2 t}{\Sigma t}}. \tag{552b}$$

Ist der Dauerstrom I_d, bei dem die zulässige Temperatur ϑ_z etwa eines Motors erreicht wird, bekannt, dann ist die sich einstellende mittlere Temperatur gleich

$$\vartheta_m = \left(\frac{I_m}{I_d}\right)^2 \vartheta_z. \tag{553}$$

Man nennt dieses Verfahren die Methode des quadratischen Strommittels. Sie wird sehr viel angewandt, wenn schwankende, sich wiederholende Belastungen auftreten. Bei stark schwankenden Belastungsstößen ist das Verfahren genügend genau, wenn die Spieldauer kleiner als 1/5 der Zeitkonstante ist. Sind jedoch die Belastungsschwankungen während des Spieles weniger stark, dann kann man mit dem Verhältnis Spieldauer zur Zeitkonstante wesentlich höher gehen. Die Zulässigkeit muß jedoch immer von Fall zu Fall beurteilt werden.

Zur Orientierung diene, daß die zulässigen Temperaturerhöhungen etwa wie folgt liegen:

Wicklungen je nach Verwendung und Art der Isolierung	60–90 °C
Eisen bei Transformatoren	60–70 °C
Transformatorenöl in oberster Schicht	60 °C
Kabel	25–35 °C
Schaltstücke aus geblätterten Bürsten	35 °C
Schaltstücke mit massiven Kontakten	70 °C
Kontaktstücke von Sicherungen	85 °C

XXI. Über die Gefährdung durch den elektrischen Strom und die erforderlichen Schutzmaßnahmen[1]

Durchfließt ein elektrischer Strom den menschlichen Körper, so kann der Tod eintreten. Oft ist die Todesursache durch das Herz bedingt, weil dieses, falls es in der Strombahn liegt, zu starker, unregelmäßiger Tätigkeit – Herzkammerflimmern – veranlaßt und dadurch erschöpft wird und dann aussetzt. Man hat gefunden, daß der Herztod in einem Strombereich von 20 bis 150 mA auftritt, vorausgesetzt, daß

[1] Siehe W. Schrank: Schutz gegen Berührungsspannungen. 2. Aufl. Berlin/Göttingen/Heidelberg: Springer 1952.

ein Teil dieses Stromes durch das Herz gelangt. Dies ist z. B. der Fall, wenn der Strom in die eine Hand hinein- und aus der anderen Hand heraus- bzw. wenn er in die eine Hand hinein- und aus einem oder beiden Füßen heraustritt. Bis das Herz beginnt, auszusetzen, vergeht eine kleine Zeit von etwa 0,2 sek.

Das Herz erfährt oft eine krampfartige Lähmung, welche sich nach dem Abschalten des Stromes löst, mitunter erst nach Wiederbelebungsversuchen. Selbst wenn ein elektrischer Unfall nicht tödlich verläuft, so kann doch das Nervensystem geschädigt werden, z. B. in Form von Gleichgewichtsstörungen, Lähmungen, Sprach- und Gehörverlust. Bei größeren Strömen entstehen im Körper Verbrennungen, die ihrerseits zum Tode führen können. Gleiches gilt, wenn der Körper der Fußpunkt eines größeren Lichtbogens ist.

Gleichströme sind nicht ganz so gefährlich wie der 50periodige Wechselstrom. Hochfrequente Wechselströme dagegen sind ungefährlich, es sei denn, daß Verbrennungen eintreten.

Obwohl der einzelne menschliche Körper verschieden reagiert, sei im folgenden angenommen, daß die Gefährlichkeit des elektrischen Stromes bei 20 mA und einer Einwirkung von etwa 0,2 sek beginne. Wichtig ist, welche Spannung für diesen Strom notwendig ist. Maßgebend hierfür ist der Widerstand des menschlichen Körpers. Dieser ist individuell verschieden und abhängig von der Beschaffenheit der Stelle, an welcher der Strom ein- und austritt. Bei den Händen ist es wesentlich, ob diese trocken oder schweißig sind, ob eine Hornhaut vorhanden usw. Unter Zugrundelegung von Mittelwerten findet man, daß bei einer Spannung von 65 V ein Strom von etwa 20 mA durch den menschlichen Körper fließt, was einem Körperwiderstand von rund 3000 Ω entspricht. Dabei ist vorausgesetzt, daß der Strom mit gutem Kontakt in die eine Hand ein- und aus der anderen heraustritt, bzw. in die eine Hand hinein- und aus einem Fuß heraustritt. Man hat festgestellt, daß der Widerstand des menschlichen Körpers bei unverletzter, trockener Haut spannungsabhängig ist und mit größer werdender Spannung auf etwa 1000 Ω abnimmt, während er bei kleinen Spannungen fast 4000 Ω wird. Die Spannungsabhängigkeit entsteht, weil bei höheren Spannungen mehr Stellen der Haut durchschlagen werden.

Der Mensch ist bei Berührungsspannungen größer als 65 V, unter Umständen auch bei kleineren Werten, gefährdet. Leider verbietet es die Wirtschaftlichkeit unserer elektrischen Anlagen, die Versorgung der Verbraucher mit einer so kleinen Spannung durchzuführen. Die Spannung, welche in den meisten Niederspannungsnetzen herrscht, ist 380/220 V, wobei 220 V gegen Erde vorhanden ist. Diese Spannung erfordert von Ausnahmen abgesehen, besondere Schutzmaßnahmen.

Es ist interessant, daß von den gewerblichen Unfällen nur etwa 2% elektrischer Art sind und von diesen wieder nur etwa 10% tödlich verlaufen.

Für die Beurteilung der Gefährlichkeit des elektrischen Stromes ist die Art und Weise der Berührung maßgebend. Es ist bei einwandfreier elektrischer Installation unwahrscheinlich, daß ein Pol großflächig mit der einen Hand und der andere Pol großflächig mit der anderen Hand berührt werden kann. Dagegen ist es möglich, daß eine einpolige Berührung mit einem Spannung führenden Teil stattfindet (elektrisches Gerät hat Schluß) und der Berührende auf Erde steht. Hierbei ist ein Antippen ungefährlich, eine großflächige Berührung bzw. eine Berührung unter Druck kann dagegen gefährlich sein.

Abb. 599 zeigt ein im Nullpunkt geerdetes Dreiphasennetz, wobei die Erde nicht widerstandslos ist, sondern den Erdübergangswiderstand R_B habe. Von dem Netz werde ein Motor M gespeist, und es sei angenommen, dieser bekomme Schluß mit der Phase S. Wird jetzt der Motor großflächig mit der Hand berührt und steht der Betreffende auf Erde, so kann durch seinen Körper, der den Widerstand R_m hat, ein Strom fließen. Allerdings ist zu beachten, daß sein Standort nicht widerstandslos mit der Erde verbunden ist, sondern daß hier ebenfalls ein Übergangswiderstand R anzunehmen ist. Je größer der Widerstand R, um so geringer wird der durch den menschlichen Körper fließende Strom und um so geringer ist die Spannung, die am Körper, d.h. an R_m liegt. Diese Berührungsspannung U_b ergibt sich, falls R_l der Leitungswiderstand ist, zu:

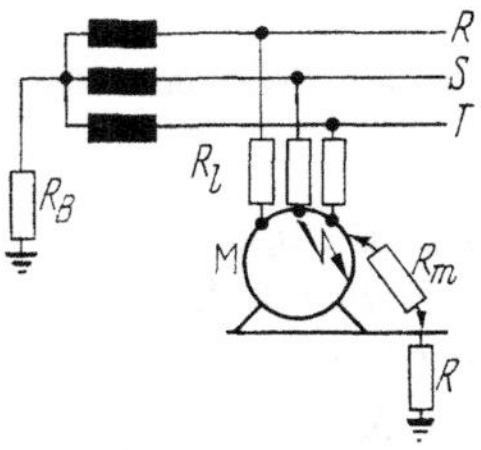

Abb. 599. Netz mit Motor, der Körperschluß hat

$$U_b = \frac{R_m}{R_B + R_L + R + R_m} U_\lambda . \tag{554}$$

Die Berührungsspannung ist also in weitestem Maße von dem Erdwiderstand R abhängig. Hat man z.B. trockene Wohn-, Büro- und Werkstatträume mit Holzfußboden, der isoliert, so ist R außerordentlich groß und Gefahren liegen nicht vor, selbst wenn der Motor, der Schluß hat, berührt wird. Ungünstiger sind die Verhältnisse bei Stein- und Betonfußböden, besonders bei Eisenbeton, oder falls der Fußboden feucht ist.

Nach den Bestimmungen VDE 0100 sind daher in elektrischen Anlagen Schutzmaßnahmen anzuwenden, wenn Berührungsspannungen über 65 V und in Sonderfällen, z.B. innerhalb Kesselanlagen und dergleichen, 42 V von Personen überbrückt werden können.

Zum besseren Verständnis der weiteren Ausführungen werden vorweg noch die Begriffe „Fehlerspannungen", „Berührungsspannungen",

„Schrittspannungen“ und „Erderspannungen“ an Hand der Abbildungen 600 und 601 erläutert.

Die Fehlerspannung U_F ist die Spannung, die bei einem Fehler zwischen den der Berührung zugänglichen, nicht zum Betriebsstromkreis gehörenden leitfähigen Teilen untereinander oder zwischen diesen und

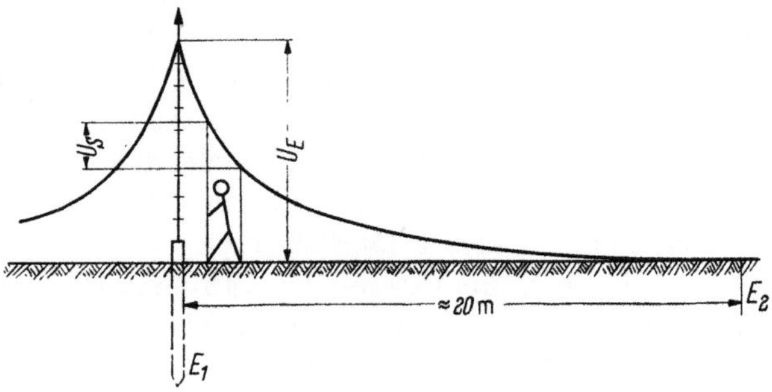

Abb. 600. Spannungsverlauf zwischen einem Erder (E_1) und der Bezugserde (E_2)
U_E: Erdspannung; U_S: Schrittspannung

der Bezugserde auftritt. Als Berührungsspannung U_B gilt immer der Teil der Fehler- oder Erderspannung, der vom Menschen überbrückt werden kann.

Die Schrittspannung U_S ist der Teil der Erderspannung, der von einem Menschen mit einer Schrittweite von etwa 1 m überbrückt werden kann.

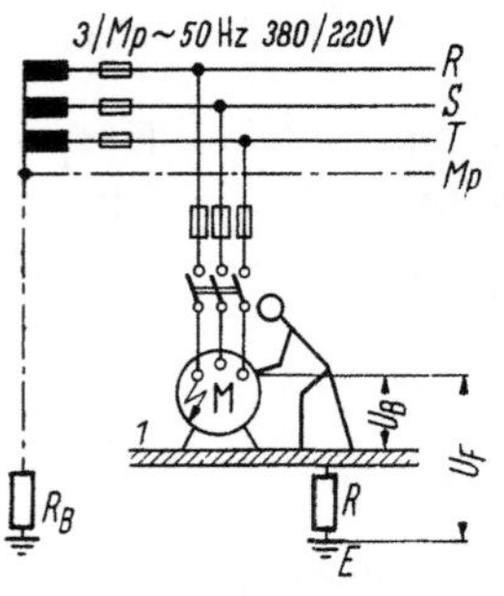

Abb. 601. Fehlerspannung U_F und Berührungsspannung U_B bei nicht isolierendem Fußboden (1)
R: Summe der Erdübergangswiderstände; E: Bezugserde

Die Erderspannung U_E ist die bei Stromfluß durch einen Erder oder eine Erdungsanlage zwischen diesen und der Bezugserde auftretende Spannung.

Die Bezugserde ist ein Bereich der Erde, insbesondere der Erdoberfläche, der von dem zugehörigen Erder so weit entfernt ist, daß zwischen beliebigen Punkten dieses Bereiches keine merklichen Spannungen auftreten.

Die in VDE 0100 empfohlenen Schutzmaßnahmen gegen zu hohe Schritt- und Berührungsspannungen für Anlagen unter 1 kV sind in nachstehender Tabelle zusammengestellt, und im Anschluß sind ihre wichtigsten Merkmale, die zu beachten sind, kurz beschrieben.

1. Schutzisolierung

Um die Berührungsspannung herunterzusetzen, kann man in der Nähe von elektrischen Geräten den Fußboden isolieren. Diese Maßnahme hat nur Wert, falls sich nicht in der Nähe ein geerdeter Metall-

Tabelle 35

Schutzmaßnahmen			Kennzeichnende Merkmale
ohne Schutzleiter	1.	Schutz-isolierung	Isolierung des Gerätes oder des Menschen gegen Erde
	2.	Klein-spannung	Nennspannung $\leqq$ 42 V
	3.	Schutz-trennung	Anschluß nur eines Stromverbrauchers über einen Trenntransformator, sekundäre Nennspannung $\leqq$ 380 V
mit Schutzleiter	4.	Nullung	Leitungsnetz muß die Nullungsbedingungen erfüllen
	5.	Schutz-erdung	$R_S = \frac{65\,\text{V}}{\text{Abschaltstrom}}$ oder $R_{Sch} = \frac{U_E}{\text{Abschaltstrom}}$
	6.	Schutz-leitungs-system	für begrenzte Anlagen mit eigener Stromerzeugung oder eigenem Transformator, Erdungswiderstand $\leqq$ 20 Ω
	7.	FU-Schutz-schaltung	Abschaltung bei 24 V, wenn Erdungswiderstand 200 Ω Abschaltung bei 65 V, wenn Erdungswiderstand 800 Ω
	8.	FI-Schutz-schaltung	Erdungswiderstand des geerdeten Gerätes $\leqq \frac{\text{zulässige Berührungsspannung}}{\text{Auslösestrom}} \leqq \frac{65\,\text{V}}{\text{Auslösestrom}}$

teil, z.B. eine Wasserleitung oder Heizung befindet. In diesem Falle könnte die eine Hand auf dem Spannung führenden Gerät liegen, während die andere die Wasserleitung berührt und so trotz isolierter Aufstellung Strom durch den Körper fließt.

Eine weitere Möglichkeit besteht in der vollständigen Isolierung der elektrischen Geräte. Wird z.B. eine elektrische Handbohrmaschine nach außen isoliert verkleidet, so kann im Innern ein Schluß auftreten, ohne daß der Bedienende Spannung erhält. Allerdings läßt sich eine vollständige Isolierung nur bei kleinen Geräten durchführen.

Schutzisolierte Betriebsmittel sind auf dem Leistungsschild bzw. Typenschild durch das Kurzzeichen ⧈ gekennzeichnet. Überzüge aus Lack, Emaille oder Faserstoff, auch getränktem Faserstoff, gelten nicht als Schutzisolierung.

2. Kleinspannung

Die ungünstigsten Verhältnisse liegen vor, wenn mit elektrischen Geräten in einem Kessel, einer Rohrleitung oder in ähnlich engen Räumen mit gut leitenden Bauteilen gearbeitet wird, da hier der menschliche Körper großflächig Metall berühren kann. Hier verwendet man Spannungen, die unter 65 V liegen, und zwar kommen als genormte

Spannungen 42 bzw. 24 V in Frage. Bei Wechselstrom sind zum Erzeugen der Kleinspannung nur Schutztransformatoren mit galvanisch getrennter Primär- und Sekundärwicklung und bei Gleichspannung Umformer ebenfalls mit elektrisch getrennten Wicklungen zulässig. Gleichstrom-Kleinspannung kann weiterhin durch galvanische Elemente oder durch eine Akkumulatorenbatterie erzeugt werden. Betriebsmittel für Kleinspannung dürfen weder geerdet sein noch sonstige leitende Verbindungen mit Netzen einer höheren Spannung haben.

3. Schutztrennung

Nach Abb. 599 kann man leicht der Überzeugung sein, daß bei nichtgeerdetem Transformator (Abb. 602), wobei $R_B = \infty$ und die Berührungsspannung U_b gleich Null ist, eine Gefährdung nicht stattfindet. Diese Überlegungen gelten nicht für einen Transformator, der ein größeres Netz speist, da die angeschlossenen Stromkreise Ableitungswiderstände R_A haben, wobei je Stromkreis als zulässiger Grenzstrom ein Ableitungsstrom von 1 mA gilt. Da oft Tausende von Stromkreisen vorhanden und viele Verbrauchsgeräte angeschlossen sind, kommt man auf beachtliche Fehlerströme. Man muß deshalb in Abb. 602 an den drei Phasen Ableitungswiderstände R_A einzeichnen, zu denen außerdem parallel die Kapazitäten der Leiter liegen. Sind die Ableitungswiderstände gleich, so hat der Nullpunkt des Transformators Erdpotential, sind sie verschieden, so hat der Nullpunkt Spannung gegen Erde.

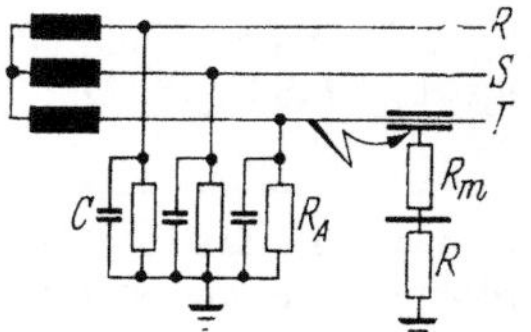

Abb. 602. Drehstromnetz ohne Erdung des Transformators

Nimmt man in einer Phase einen Schluß an, z.B. an einem Isolierrohr, so vermag über den Widerstand des menschlichen Körpers R_m, über den Erdwiderstand R und über die Ableitungswiderstände R_A und Kapazität C ein Strom zu fließen, so daß an R_m eine Berührungsspannung auftritt.

Durch die Schutztrennung wird verhindert, daß gefährliche Berührungsspannungen aus dem Primärnetz auf Betriebsmittel, die sekundärseitig an dem Trenn- bzw. Isoliertransformator angeschlossen sind, übertragen werden. Die Schutzmaßnahme Schutztrennung ist daher besonders für gefährdete Standorte, wie z.B. Stahlgerüste, stählerne Schiffsrümpfe, Kesselanlagen und dergleichen anzuwenden. An die Trenntransformatoren, die oft für das Übersetzungsverhältnis 1 : 1 ausgelegt sind, darf jeweils nur ein Verbraucher bis maximal 15 A Betriebsstrom angeschlossen werden. Die Schutzwirkung der Schutztrennung beruht darauf, daß im sekundären Stromkreis ein Fehlerstrom und somit eine Gefährdung erst auftreten kann, wenn ein zweiter Isolationsfehler auftreten sollte. Aus diesem Grunde sind größere Verteilernetze bzw. der

Anschluß mehrerer Verbraucher unzulässig, um mögliche Erdschlußgefahren einzuschränken. Ortsveränderliche Betriebsmittel und deren Anschlußleitungen sind deshalb auf einwandfreie Isolation immer wieder nachzuprüfen.

Die Schutztrennung ist nur in Speisenetzen bis maximal 500 V Primärspannung und bis zu einer maximalen Sekundärspannung von 380 V zugelassen. Die Sekundärseite der Trenntransformatoren bzw. Motorgeneratoren darf nicht geerdet und auch nicht mit dem Primärnetz leitend verbunden sein.

4. Nullung

Eine weitere Möglichkeit, die Gefahr zu verringern, ist die der Nullung. Diese kommt bei Netzen mit Nulleiter in Frage. Hier werden die Gehäuse mit dem Nulleiter verbunden (Abb. 603a), während der Nulleiter in der Station geerdet ist (Erdwiderstand R_B). Bekommt das Gehäuse mit einer Phase Schluß, so fließt über die Phase und über den Nulleiter ein Kurzschlußstrom, der die vorgeschaltete Sicherung ausschalten soll. Die Nullung ist in Netzen bis 3 × 500 V mit geerdetem Mittelleiter anwendbar.

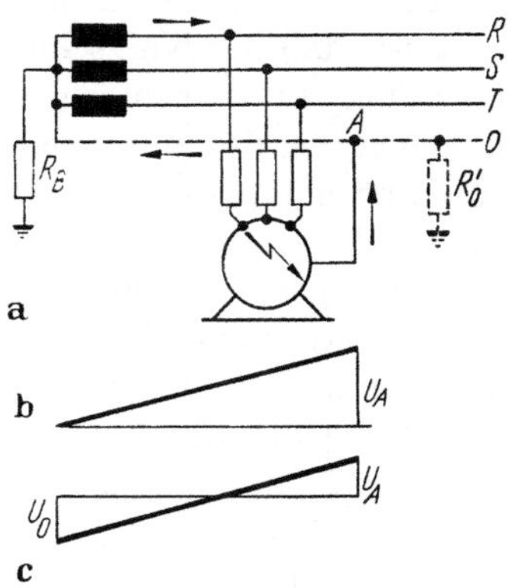

Abb. 603a–c. Drehstromnetz mit Nullleitung

a) Schaltanordnung; b) Spannungsverteilung im Nulleiter; c) Spannungsverteilung im Nulleiter, falls er zusätzlich am Ende geerdet ist

Nach VDE 0100 müssen bei der Anwendung der Schutzmaßnahme Nullung folgende Bedingungen eingehalten werden:

a) Die Leiterquerschnitte zwischen Stromquelle, z.B. Transformator, und Stromverbraucher sind so zu bemessen, daß mindestens der Abschaltstrom $I_a = k\, I_n$ der nächst vorgeschalteten Sicherung zum Fließen kommt, wenn an einer Stelle des Leitungsnetzes ein vollkommener Kurzschluß zwischen einem Außenleiter und Nulleiter entsteht.

I_n Nennstrom der vorgeschalteten Sicherung, k s. S. 594.

b) Der Leitwert des Nulleiters muß mindestens gleich dem des Außenleiters sein. Ausnahmen sind für Außenleiterquerschnitte ab 25 mm² (entsprechend VDE 0100, Tafel 3) zulässig.

c) Der Nulleiter ist in der Nähe des Transformators und in Freileitungsnetzen mindestens an den Netzausläufern zu erden. Der Gesamterdungswiderstand aller Betriebserdungen darf 2 Ω nicht überschreiten.

d) Im Bereich des Verteilernetzes vorhandene metallene Wasserrohrnetze sind mit dem Nulleiter an möglichst vielen Stellen zu verbinden.

e) In Versorgungsnetzen und Anlagen mit der Schutzmaßnahme Nullung ist die Schutzerdung ohne Verbindung mit dem Nulleiter unzulässig.

f) In Verbraucheranlagen ist der Nulleiter wie die Außenleiter zu isolieren und ebenso sorgfältig wie diese zu verlegen.

g) Sicherungen im Nulleiter an Stellen, hinter denen er als Schutzleiter benutzt wird, sind unzulässig.

h) Nulleiter dürfen für sich allein nicht schaltbar sein. Sind sie zusammen mit Außenleitern schaltbar, so muß das im Nulleiter liegende Schaltstück beim Einschalten vor- und beim Ausschalten nacheilen.

i) Die Wirksamkeit der Nullung ist vor Inbetriebnahme der Anlage zu prüfen.

Es können jedoch Fälle eintreten, in denen der Leiterwiderstand so groß ist, daß der Kurzschlußstrom nicht genügt, um die vorgeschaltete Sicherung zum Ansprechen zu bringen. Dies kann in Ortsnetzen vorkommen, bei denen sehr lange Leitungen vorhanden sind. Ist hier z.B. ein Kurzschluß zwischen Außenleiter und Nulleiter vorhanden, so muß die im Leitungszuge vorgeschaltete Sicherung ansprechen. Dies kann dazu zwingen, die Sicherung schwächer zu bemessen, als dem Leitungsquerschnitt entspricht, so daß es z.B. nicht möglich ist, am Anfang der Leitung einen größeren Strom abzunehmen, obwohl dies mit Rücksicht auf den Spannungsabfall möglich wäre.

Falls keine sofortige Abschaltung eintritt, kann der Nulleiter hohe Berührungsspannung erhalten. Denkt man sich in Abb. 603a beim Gehäuseschluß den Kurzschlußstrom fließen, so wird die Spannung gegen Erde im Nulleiter nach Abb. 603b verlaufen. Würde Außenleiter und Nulleiter gleichen Querschnitt haben, so hätte bei 220 V Spannung im Punkte A der Nulleiter eine Spannung von 110 V gegen Erde. Die Wirklichkeit ist meist noch schlimmer, da der Nulleiter oft mit einem geringeren Querschnitt als der Außenleiter verlegt ist. Bringt man bei A noch eine weitere Erde an (in Abb. 603a durch den Widerstand R_0' dargestellt), so wird der Potentialverlauf, falls R_b den gleichen Widerstand wie R_0' hat, entsprechend Abb. 603c verlaufen, also günstiger sein. Nachrechnungen zeigen jedoch, daß auch hier die Berührungsspannung oft größer als 65 V ist, besonders wenn R_B kleiner als R_0' ist. Hieraus folgt, daß, um unzulässige Berührungsspannungen zu vermeiden, auf jeden Fall rasch abgeschaltet werden muß.

Es soll jetzt (Abb. 604) die Phase T einen Erdschluß erhalten (Erdwiderstand R). Der Nulleiter bekommt hierbei gegen Erde eine Spannung

$$U_0 = U_\curlywedge \frac{R_B}{R_B + R}. \tag{555}$$

Diese Spannung ist um so größer, je kleiner der Erdübergangswiderstand R ist. Es ist also ungünstig, falls ein Schluß mit Erde über einen kleinen Erdübergangswiderstand erfolgt. Sind im Netz gute Erder, z.B. ein Wasserleitungsnetz, vorhanden, von denen man fürchten muß, daß ein Erdschluß mit ihnen möglich ist, so sollen diese möglichst oft mit dem Nulleiter verbunden werden.

Bei Netzen mit Nulleiter ist größte Sorgfalt auf die Verlegung des Nulleiters zu verwenden, damit dieser nicht reißt. In Abb. 605 ist angenommen, daß der Nulleiter durch Riß eine Trennstelle erhält. Ist am

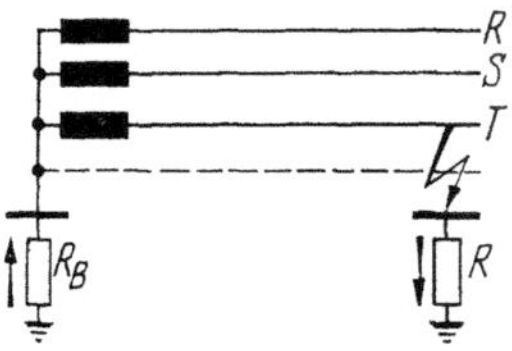

Abb. 604. Drehstromnetz mit Nulleiter mit Erdschluß der Phase T

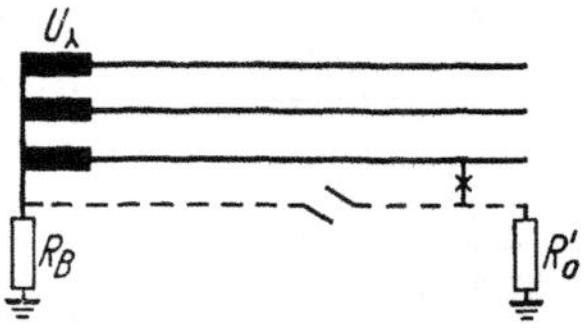

Abb. 605. Unterbrechung des Nulleiters

Ende der Leitung eine Lampe eingeschaltet und ist der Nulleiter am Ende nicht geerdet, so würde er dort volle Phasenspannung erhalten. Die Verhältnisse werden jedoch wesentlich günstiger, falls der Nulleiter am Ende geerdet wird (Erdübergangswiderstand R_0').

Die Nullung wird heute viel benutzt, besonders in Kabelnetzen. In ländlichen Netzen können jedoch gelegentlich Fälle eintreten, daß die Kurzschlußströme zu klein sind, um die vorgeschalteten Sicherungen auszulösen, bzw. es können, durch besondere Umstände bedingt, höhere Berührungsspannungen des Nulleiters auftreten. In solchen Fällen kann man sich durch die Anwendung besonderer Stationsschalter in den Transformatorenstationen helfen. Ein solcher Stationsschalter kann eine Auslösung erhalten, falls der Nulleiterstrom zu groß ist oder falls der Nulleiter eine zu hohe Spannung gegen Erde hat. Er kann auch so ausgebildet sein, daß beide Auslösungen gleichzeitig vorhanden sind. Bei stattfindender Auslösung werden die drei Phasen und der Nulleiter abgetrennt. Abb. 606 zeigt die Auslösespulen a und b eines Stationsschalters. Man muß darauf achten, daß die Erdung der Spannungsspule b in einem gewissen Abstand von der Erde des Transformatornullpunktes angeordnet ist, damit diese Erde nicht in den evtl. Spannungstrichter der Betriebserde fällt. Die Schaffung der Erde für die Spule b bereitet keine Schwierigkeiten, da die Spule hochohmig gewickelt ist und demgemäß der Erdübergangswiderstand nur eine untergeordnete Rolle spielt. Gelegentlich findet man auch Stationsschalter, die noch Auslöseorgane für Überstrom in den drei Phasen haben.

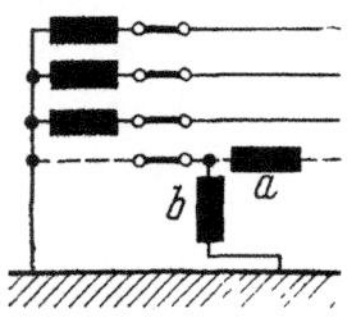

Abb. 606. Anordnung eines Stations-Schutzschalters

5. Schutzerdung

Ein Mittel zur Vermeidung unzulässig hoher Berührungsspannungen besteht in der Schutzerdung der Gehäuse elektrischer Geräte. In Abb. 607 ist ein ungeerdetes Drehstromnetz aufgezeichnet, welches allerdings über die Ableitwiderstände R_A (Kapazitäten sind nicht eingezeichnet) mit der Erde verbunden ist. Ein Motor M habe mit der Phase R Schluß. Das Gehäuse des Motors ist geerdet (Erdwiderstand R). Wird das Gehäuse berührt und steht der Berührende in guter Verbindung mit der Erde, so bekommt er die Berührungsspannung U_b. Diese hängt von dem Strome ab, welcher durch den Widerstand R und die Ableitwiderstände R_A fließt. Der Spannungsabfall $IR = U_b$ soll nicht größer als 65 V sein. Die Größe des durch R fließenden Stromes ist nicht angegeben, da die Größe R_A der Ableitwiderstände unbekannt ist und sich auch ändern kann. Es ist ferner möglich, daß auch die Phase S Schluß mit der Erde hat, so daß jetzt die verkettete Spannung auf R wirkt. Der

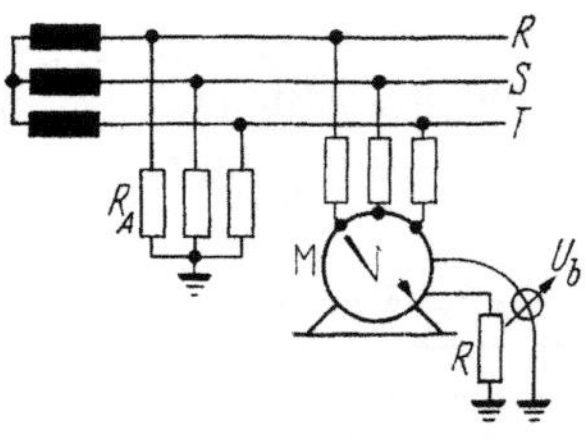

Abb. 607. Ungeerdetes Netz mit Motor, der Körperschluß hat

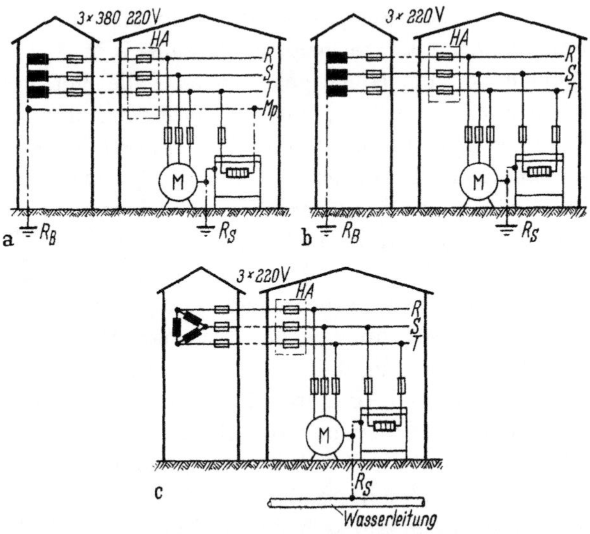

Abb. 608a–c. Rückfluß des Erdschlußstromes durch das Erdreich

a) und b) bei Verwendung eines Einzelerders; c) bei Anschluß an die Wasserleitung, wobei ein etwa vorhandener Betriebserder als Einzelerder hergestellt wird, also nicht an die Wasserleitung angeschlossen ist

größtmögliche Strom ist durch die vorgeschaltete Sicherung begrenzt. Es wird vorgeschrieben, daß bei größtmöglichem Strom keine größere Spannung am Widerstand R als 65 V entstehen darf. Die Zeitdauer für das Schmelzen einer Sicherung ist jedoch von der Größe des hindurchfließenden Stromes abhängig. Da eine längere Einwirkung des Stromes als 0,2 sek. vermieden werden soll, wird man als Abschaltstrom in der Regel den Strom wählen, welcher eine Sicherung in 0,2 sek zum Ansprechen bringt. Bei Anwendung der Schutzerdung (Abb. 608) muß nach VDE 0100 sichergestellt sein, daß im Fehlerfall mit Rückfluß des Erdschlußstromes durch das Erdreich der Schutzerdungswiderstand nicht größer ist als

$$\frac{65\,\mathrm{V}}{k\,I_n}$$

I_n Nennstrom der vorgeschalteten Sicherung, k s. S. 594.

Der zum Erfüllen vorstehender Bestimmung erforderliche niedrige Schutzerdungswiderstand, z. B. bei einer 10-A-Schmelzsicherung mit $k = 3{,}5$ oder bei Anwendung eines Haushalt-Leitungsschutzschalters (HLS-Schalter) mit $k = 2{,}5$

$$\frac{65\,\mathrm{V}}{3{,}5 \cdot 10\,\mathrm{A}} = 1{,}85\,\Omega\,, \qquad \frac{65\,\mathrm{V}}{2{,}5 \cdot 10\,\mathrm{A}} = 2{,}6\,\Omega$$

kann aus wirtschaftlichen Gründen nur durch den Anschluß an ein großes, gut leitend durchverbundenes Wasserrohrnetz dauernd erreicht werden. Ist der für die Schutzerdung erforderliche Widerstand nicht erreichbar, dann kann z. B. die Spannung des Schutzleiters durch Fehlerspannungs-Schutzschalter überwacht werden.

Betrachtet man in einem schutzgeerdeten Niederspannungsnetz einen mit einem Schluß behafteten Motor (Abb. 609), dessen Gehäuse geerdet ist, so fließt der Strom der Phase R über den Erdwiderstand R, den Betriebswiderstand R_B und über die Wicklung des Transformators zurück. Ist der Strom so groß, daß die vorgeschaltete Sicherung rasch durchschmilzt, so ist keine Gefahr vorhanden.

Zunächst wird in den VDE-Vorschriften angegeben, daß der Abschaltstrom im Widerstand R_B keinen größeren Spannungsabfall als 65 V erzielen soll, also

$$R_B \leq \frac{65\,\mathrm{Volt}}{\mathrm{Abschaltstrom}}\,. \qquad (556)$$

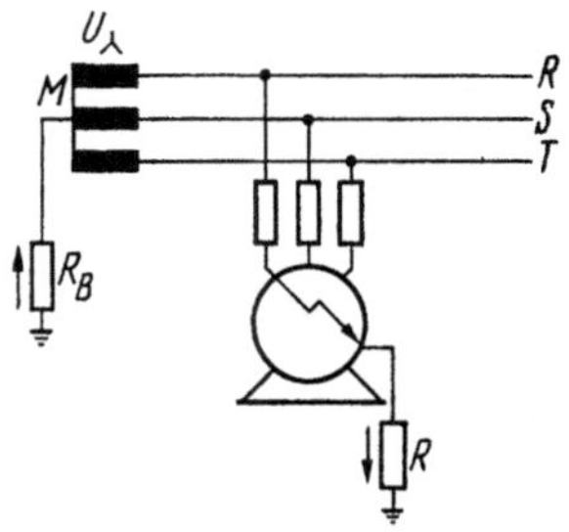

Abb. 609. Geerdetes Netz mit Motor, der Körperschluß hat (Motor hat Schutzerder)

Dadurch soll erreicht werden, daß der Sternpunkt M des Transformators keine größere Spannung als 65 V gegen Erde annimmt. Die Verschiebung des Sternpunktes M gegenüber dem Erdungspunkt O zeigt Abb. 610. Man erkennt, daß die beiden Phasenspannungen S und T gegen Erde größer als 220 V, und zwar etwa 260 V werden. An und für sich sollen in

Niederspannungsanlagen keine höheren Spannungen als 250 V gegen Erde auftreten. Der vorliegende Wert wird jedoch noch als zulässig angesehen, da er nur kurzzeitig auftritt.

Die VDE-Vorschriften schreiben ferner vor, daß der Erdübergangswiderstand R so klein sein muß, daß beim Abschaltstrom keine größere Spannung auftritt als die halbe Spannung, welche das Netz normalerweise gegen Erde hat. Hierdurch wird erreicht, daß in der Regel die Sicherung rasch abschaltet, denn beim Abschaltstrom wird am Widerstand R_B eine Spannung von 65 V, am Widerstand R (bei 220 V) eine Spannung von 110 V, insgesamt also 165 V verbraucht, während als treibende Spannung 220 V zur Verfügung stehen. Durch diesen Überschuß wird meist, selbst wenn man noch den Netzwiderstand berücksichtigt, ein genügend rasches Durchschmelzen der Sicherung erfolgen.

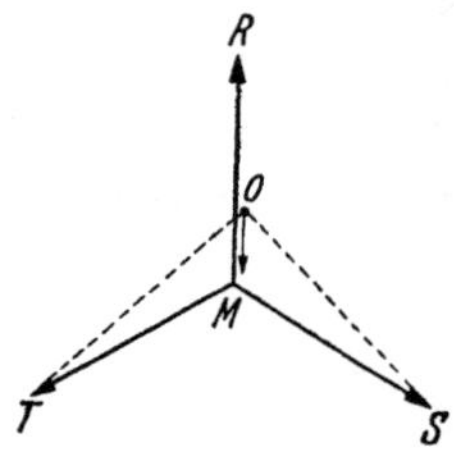

Abb. 610. Zeigerdiagramm zu Abb. 609

Die Schwierigkeiten, welche sich bei der Verwendung der Schutzerdung zeigen, bestehen meist darin, kleine Schutzerder mit genügend kleinen Ohmzahlen wirtschaftlich zu schaffen. Deshalb kommt die Schutzerdnung im allgemeinen nur dann in Frage, wenn keine besonderen Erder zu schaffen sind, sondern ein Wasserleitungsnetz als Erder zur Verfügung steht.

Tabelle 36. *Zuteilung des Nennstromes I_n der Stromsicherungen zum errechneten oder gemessenen Mindestkurzschlußstrom (Abschaltstrom $I_a = k\,I_n$)*

Anlageteil	Faktor k	Schutzgerät
Freileitungs- und Kabelnetze, Hausanschlußkasten und Verbraucheranlagen	1,25	Schutzschalter mit Kurzschlußauslöser thermische Auslöser nur in Verbindung mit magnetischen Schnellauslösern oder Schmelzsicherungen
Freileitungs- und Kabelnetze, Hausanschlußkasten	2,50	flinke und träge Schmelzsicherungen LS-Leitungsschutzschalter bis 25 A HLS-Haushalt-Leitungsschutzschalter bis 25 A
Verbraucheranlagen	2,50	HLS-Haushalt-Leitungsschutzschalter bis 25 A
	3,50	flinke Schmelzsicherungen träge Schmelzsicherungen bis 50 A LS-Leitungsschutzschalter bis 25 A
	5,00	träge Schmelzsicherungen ab 60 A

6. Schutzleitungssystem

Das Schutzleitungssystem soll verhindern, daß in Niederspannungsnetzen unzulässig hohe Berührungsspannungen auftreten. Zu diesem Zwecke sind, wie in Abb. 611 dargestellt, alle nicht zum Betriebsstromkreis gehörenden und der Berührung zugängliche leitfähige Teile einer elektrischen Anlage bzw. deren Betriebsmittel sowie Gebäudekonstruktionen Rohr- und Gleisanlagen untereinander und mit einer Erdungsanlage über Schutzleiter gut leitend zu verbinden. Der Erdungswiderstand des gesamten Schutzleitungssystems soll 20 Ω nicht überschreiten. Eine direkte Erdung des Netzes (Sternpunkt oder Außenleiter) ist nicht zulässig. Der Sternpunkt ist jedoch über Schutzfunkenstrecken oder über Spannungssicherungen indirekt zu erden. Die gesamte Isolation der Anlage einschließlich aller Betriebsmittel muß durch eine Einrichtung überwacht werden, die sowohl das Ansprechen der Schutzfunkenstrecke als auch eine evtl. Unterschreitung eines Mindestverhältnisses der Isolation gegen Erde optisch oder akustisch meldet. Eine solche Überwachungseinrichtung kann entfallen, wenn die Anlage bei vollkommenem Doppelkörperschluß an beliebiger Stelle nach 1 sek allpolig abgeschaltet wird. Das Schutzleitungssystem ist mit Rücksicht auf kleine ohmsche Ableitströme bzw. kapazitive Ableitströme nur für Netze mit begrenzter Ausdehnung und mit eigener Stromerzeugung oder eigenem Transformator mit getrennten Wicklungen für Spannungen bis 3 · 500 V oder 3 · 380/220 V und isoliertem, jedoch nicht geerdetem Nulleiter anwendbar. Der Nullleiter ist in der Isolationsüberwachung mit einzubeziehen.

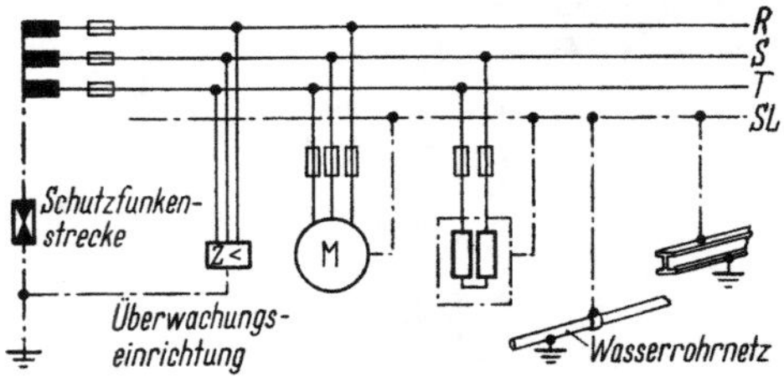

Abb. 611. Beispiel für Schutzleitungssystem

7. Fehlerspannung-Schutzschaltung

Die Fehlerspannung-Schutzschaltung, auch FU-Schutzschaltung genannt, ist in jedem Leistungsnetz ohne oder mit geerdetem Sternpunkt anwendbar.

Die Anwendung der FU-Schutzschaltung ist besonders dann zu empfehlen, wenn bei den Schutzmaßnahmen Schutzerdung oder Nullung die Abschaltung der gefährdeten Stromkreise bei Auftreten eines Fehlerstromes nicht mehr gewährleistet ist. Dies gilt besonders für große Stromverbraucher, die z. B. am Ende einer langen Leitungsstrecke angeschlossen sind. Sie ist auch bei schwierigen Erdungsverhältnissen zu empfehlen, wenn es nicht möglich ist, ausreichend kleine Erdungswiderstände mit wirtschaftlich tragbaren Mitteln auszuführen.

Bei der FU-Schutzschaltung wird das zu schützende Betriebsmittel „*a*“ (Abb. 612) über eine isolierte Schutzleitung und die Auslösespule des Schutzschalters mit einer Hilfserde verbunden. Da die Auslösespule hochohmig ausgeführt ist, genügt für den Hilfserder ein Erdungswiderstand von etwa 200 Ω, wenn bei 24 V bzw. 800 Ω bei 65 V Berührungsspannung der FU-Schutzschalter abschalten soll. Von den FU-Schutzschaltern wird verlangt, daß sie beim Auftreten eines Körperschlusses innerhalb 1/10 sek die Fehlerquelle allpolig einschließlich eines etwa mit angeschlossenen Nulleiters gleichzeitig abschalten.

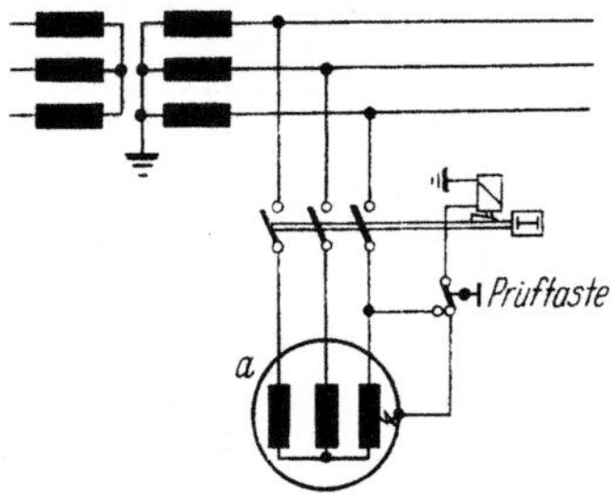

Abb. 612. Schutzschalter

Bei der Benutzung der FU-Schutzschaltung ist großer Wert darauf zu legen, daß ihre Ausführung zuverlässig ist und daß diese betrieblich in Ordnung bleibt, da sonst der Schutzwert in Frage gestellt ist. Besondere Sorgfalt ist bei der Verlegung des isolierten Schutzleiters und der isolierten Leitung zum Hilfserder anzuwenden, damit keine Überbrückungen der Fehlerspannungsspule auftreten können. Die FU-Schutzschaltung ist auch anwendbar für mehrere Geräte, die alsdann durch den gemeinsamen FU-Schutzschalter überwacht werden.

8. Fehlerstrom-(FI-)Schutzschaltung

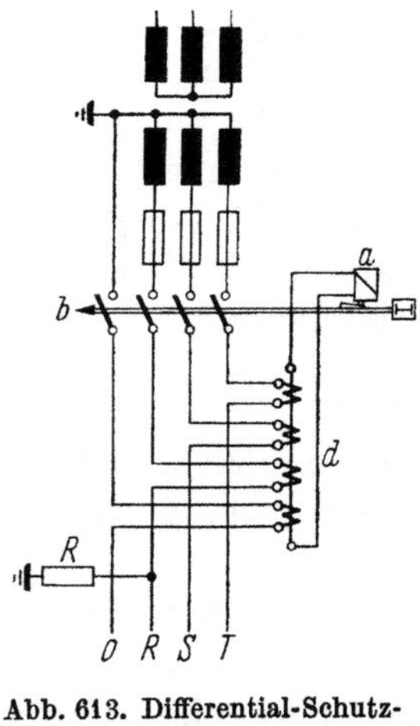

Abb. 613. Differential-Schutzschaltung

Die bis jetzt behandelten Schutzmaßnahmen dienten vorwiegend dem Schutze des Menschenlebens. Im folgenden sei eine Anordnung gebracht, die gleiches leistet, jedoch außerdem einen wirksamen Brandschutz bildet. In seltenen Fällen treten nämlich in elektrischen Anlagen Brände auf, ohne daß die vorgeschalteten Sicherungen als Schutz ansprechen. Eine solche Brandursache ist denkbar, falls sich zwischen 2 Phasen, oder zwischen Phase und Erde ein Schluß bildet, bei dem der Fehlerstrom zwar kleiner als der Schmelzstrom der vorgeschalteten Sicherung ist, er jedoch in ungünstigen Fällen genügt, um örtlich eine solche Erwärmung zu erzeugen, daß ein Brand entsteht. Abb. 613 zeigt eine Schaltung, welche solche Fehler rechtzeitig bemerkt und einen vorgeschalteten Schalter auslöst. Es sei *R* der durch den Fehler bedingte Widerstand, der diesmal zwischen Phase *R* und Erde liegt. Als Schutzorgan kommt ein Differentialstromwandler *d* zur Anwendung, der vier

Primärspulen hat, die ihren Strom von den 3 Phasen und dem Nulleiter empfangen. Bei in Ordnung befindlicher Anlage muß die Summe der 4 Ströme stets Null sein, und in der Sekundärwicklung des Differentialwandlers darf kein Strom fließen. Ist jedoch der über *R* fließende Ableitstrom vorhanden, so ist die Summe der vom Wandler gemessenen Ströme nicht mehr Null, so daß ein Strom induziert wird, welcher auf das Auslöserelais *a* wirkt, welches seinen Schalter *b* auslöst.

Befindet sich jedoch ein Fehler zwischen 2 Phasen, so wird der Differentialschutz diesen zunächst nicht bemerken. Bringt man jedoch, wie dies bei Rohrdrähten und ummantelten Leitern oft der Fall ist, zwischen den Adern der Phasen einen geerdeten Beidraht, so wird dieser den Fehlerstrom in der Regel zur Erde ableiten, so daß der Differentialschutz ansprechen kann. (Am besten würde jede Phase eine geerdete Metallisierung erhalten.) Bei praktisch ausgeführten Anlagen hat man das Differentialrelais so ausgebildet, daß es bei 50 bis 60 mA Fehlerstrom anspricht und den Schalter nach der sehr kurzen Zeit von etwa 1/50 sek auslöst.

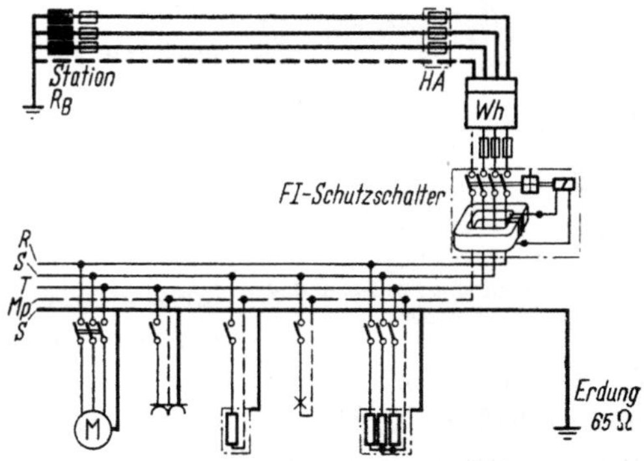

Abb. 614. Praktische Ausführung der Fehlerstrom-(FI)-Schutzschaltung

Bei der FI-Schutzschaltung sind die zu schützenden Betriebsmittel über eine Schutzleitung zu erden. Der erforderliche Erdungswiderstand richtet sich nach dem Auslösestrom des Schutzschalters und der zugelassenen Berührungsspannung, ob 24 oder 65 V. Bezeichnet man mit I_{gl} den Grenzfehlerstrom bzw. Auslösestrom des FI-Schutzschalters, dann gilt für den Erdungswiderstand:

$$\frac{24\,\text{V}}{I_{gl}} \quad \text{bzw.} \quad \frac{65\,\text{V}}{I_{gl}}\,.$$

Auslösestrom		0,3 A	0,5 A	1 A	3 A
Berührungs-	65 V	210 Ω	130 Ω	65 Ω	21 Ω
spannung	24 V	80 Ω	48 Ω	24 Ω	8 Ω

Die praktische Ausführung einer Fehlerstrom-(FI-)Schutzschaltung ist in Abbildung 614 für mehrere Abnehmer, die durch einen gemeinsamen FI-Schutzschalter geschützt sind, dargestellt.

Anordnung und Ausführung der Erder

Bei der Auswahl und Anordnung der Erder sind die örtlichen Verhältnisse, die Bodenbeschaffenheit und der hiervon abhängige zulässige Ausbreitungswiderstand des Erders zu berücksichtigen.

Es bereitet oft Schwierigkeiten, einen niedrigen Erdungswiderstand, der sich aus dem Ausbreitungswiderstand des Erders bzw. der Erdungsanlage und dem Widerstand der Erdleitungen zusammensetzt, zu erzielen. Der Ausbreitungswiderstand ist vom spezifischen Widerstand des Erdbodens und von den geometrischen Abmessungen des Erders abhängig. Um klar zu sehen, was man unter Ausbreitungswiderstand versteht, soll in Abb. 615a bei *A* und *B* ein Rohr als Erder im Boden vorhanden sein. Befinden sich die Erder *A* und *B* in einem genügend großen Abstand und wird durch beide ein Strom geschickt und mißt man vom Punkt *M* aus die Spannung, welche der Erdboden hat, so ergibt sich eine Kurve nach Abb. 615b. Man sieht, daß in der Nähe der Erder die Spannung gegenüber *M*, welches die Erdspannung Null habe, trichterartig zunimmt. Diese Zunahme der Spannung ist zu erklären, weil die Stromlinien sich in der Nähe der Erder konzentrieren, während in größerem Abstand von den Erdern ein sehr großer Querschnitt für den Stromdurchgang zur Verfügung steht, der Spannungsabfall dann praktisch gleich Null ist. Um den Erdungswiderstand zu erhalten, muß man also den Strom und dessen Spannungsabfall messen. Dabei genügt es, die Spannung zwischen dem Erder und einer Gegenelektrode zu messen, die in einem Abstand von etwa 20 m angebracht ist, so daß man dann damit rechnen kann, daß diese das Erdpotential Null hat. In unmittelbarer Nachbarschaft des Erders ist, wie 615b zeigt, ein größeres Spannungsgefälle vorhanden, welches bei größeren Strömen, wie sie gelegentlich in Hochspannungsanlagen auftreten können, gefahrbringend sein kann. Befindet sich ein dahinschreitender Mensch an dieser Stelle, so ist zwischen den beiden Füßen eine Schrittspannung vorhanden, welche einen Strom durch den Körper treibt. Allerdings ist es hier günstig, daß der durch das Herz fließende Stromanteil verhältnismäßig klein ist. Ungünstiger sind Tiere daran, z. B. Kühe, die wegen ihrer körperlichen Größe große Schrittspannungen überbrücken und bei denen auch das Herz im Stromverlauf liegt. Beim Vorliegen solcher Gefahrenmomente muß die Umgebung des Erders geschützt sein.

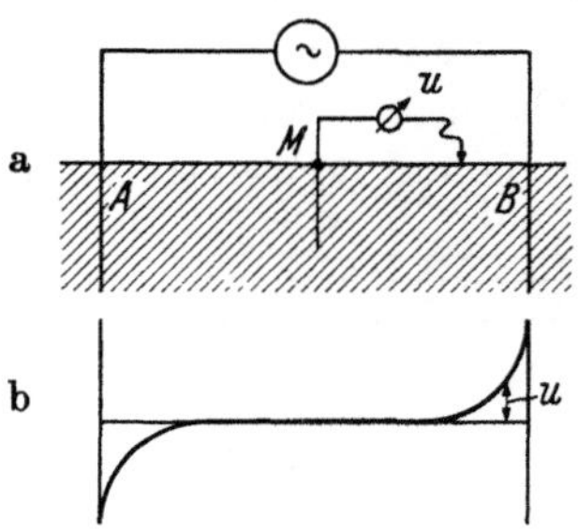

Abb. 615a u. b. Messung der Spannung an Erdern
a) Schaltanordnung; b) Spannung der Erder

Maßgebend für den Ausbreitungswiderstand des Erders ist der spezifische Widerstand des Erdbodens. Dieser ist bei:

Moorboden	30 Ωm
Lehm-, Ton- und Ackerboden	100 Ωm
feuchtem Sand	200 Ωm
feuchtem Kies	500 Ωm
trockenem Sand oder Kies	1000 Ωm
steinigem Boden	3000 Ωm

Vergleicht man die Leitfähigkeit des Ackerbodens mit der von Kupfer, so findet man, daß Ackerboden $5{,}7 \cdot 10^9$-mal schlechter leitet als Kupfer.

Als Erder kommen Tiefen- bzw. Oberflächenerder in Frage. Tiefenerder sind Rohre, welche in größerer Länge in den Erdboden eingetrieben werden, Oberflächenerder sind z.B. Seile oder Eisenbänder, welche in einer Tiefe von etwa 0,5 m meist strahlenförmig im Erdboden verlegt sind. Dann gibt es auch noch Plattenerder, bei denen eine quadratische Erdplatte in den Boden eingebaut wird. Zur Orientierung seien die Ausbreitungswiderstände einiger Erdungen bei verschiedenen Bodenarten angegeben:

Tabelle 37. *Ausbreitungswiderstände bei einem spezifischen Erdwiderstand*[1] *von* $\varrho_1 = 100\,\Omega$m

	1	2	3	4	5	6	7	8	9	10	11
1	Art des Erders	Band und Seil Länge:				Stab und Rohr Länge:				senkrechte Platte Oberkante etwa 1 m in Erde Größe:	
		10 m	25 m	50 m	100m	1 m	2 m	3 m	5 m	0,5 m × 1 m	1 m × 1 m
2	Ausbreitungswiderstand Ω	20	10	5	3	70	40	30	20	35	25

Schutzerdung in Anlagen über 1 kV

Bei Hochspannungsanlagen sind alle nicht zum Betriebsstromkreis gehörenden Metallteile, wie z.B. die Grundplatte der Isolatoren, die metallenen Gehäuse der Schutzgeräte, Antriebe usw., die mit unter Spannung stehenden Teilen, z.B. bei Isolationsfehlern oder durch Lichtbögen, in Verbindung kommen können, zu erden. In Anlagen mit ausfahrbaren Schalterwagen müssen beim Einfahren der Schalterwagen die Erdungsvorrichtungen früher und beim Ausfahren länger als die Schaltstücke für den Betriebsstrom im Eingriff stehen. Bei Meßwandlern sind die Niederspannungsmeßkreise am Wandlergehäuse unmittelbar zu erden. Falls beim Zusammenschalten mehrerer Wandler vorstehende Erdung nicht ausführbar ist, muß eine gemeinsame Erdung des gesamten Meßkreises an einer geeigneten Stelle vorgenommen werden. Kommt ein Erdschluß zustande, so fließt über die Erde der Erdschlußstrom, gegebenenfalls in kompensierten Netzen der Reststrom.

[1] Für andere spezifische Erdwiderstände ϱ sind die angegebenen Ausbreitungswiderstände mit $\varrho/\varrho_1 = \varrho/100$ zu vervielfachen.

Für die Bemessung der Schutzerdungsanlage ist deren Ausbreitungswiderstand maßgebend. Es ist anzustreben, daß dieser höchstens $\frac{125\text{ V}}{\text{Erdschlußstrom}}$ beträgt.

Hierbei braucht der Doppelerdschlußstrom in Anlagen mit isoliertem oder über Erdschlußspulen geerdeten Sternpunkt nicht beachtet zu werden, wenn vorhandene Schutzeinrichtungen den Erdschluß in kurzer Zeit selbsttätig abschalten. Im übrigen sind je nach Schaltung des Netzes und Lage des Erdschlusses folgende Erdschlußströme für die Bemessung der Schutzerdungsanlage zu berücksichtigen:

a) in Netzen mit isoliertem Sternpunkt der kapazitive Erdschlußstrom,

b) in Netzen mit Erdschlußlöschung der Erdschlußreststrom,

c) in Netzen mit unmittelbar oder über strombegrenzende Widerstände geerdetem Sternpunkt der Erdkurzschlußstrom.

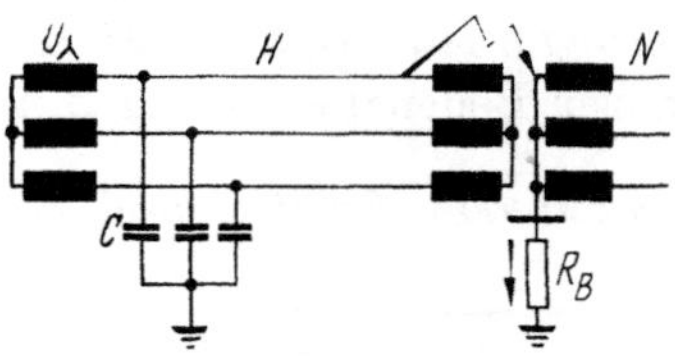

Abb. 616. Überschlag an einem Transformator zwischen Hoch- und Niederspannungswicklung

In Anlagen mit Netzen verschiedener Nennspannung ist die gemeinsame Erdungsanlage für das Netz zu bemessen, das bei Erdschluß den größten Strom in das Erdreich abführt.

Es wird in nicht starr geerdeten Netzen gefordert, daß dieser Strom keinen größeren Spannungsabfall als 125 V verursachen darf. Diese Spannung von 125 V ist höher als die sonst zulässige von 65 V. Man hat diesen höheren Wert deswegen zugelassen, weil es Schwierigkeiten verursachen würde, so niedrige Erdwiderstände zu erzielen, welche keine größeren Spannungen als 65 V verursachen.

Es besteht die Möglichkeit, daß Hochspannung infolge eines Transformatordefektes auf die Niederspannungsseite gelangt (Abb. 616). Jetzt durchfließt der Erdschlußstrom bzw. der Reststrom die an und für sich schon vorhandene Betriebserde R_B. Die Größe von R_B, welche der Gl. (556) Genüge leisten muß, muß jetzt auch noch die Bedingung erfüllen, daß der Erdschlußstrom bzw. Reststrom keinen größeren Spannungsabfall als 125 V erzeugt. In diesem Falle kann also 125 V in die Niederspannungsanlage kommen; man hat diesen Wert nur zugelassen, weil er außerordentlich selten vorkommt.

Betriebserdungen

a) Für Anlagen unter 1 kV. In Niederspannungsanlagen sollen Spannungserhöhungen über 250 V gegen Erde vermieden werden, weil alsdann in manchen Fällen auf eine Schutzmaßnahme verzichtet werden kann. In 380/220-V-Netzen ist deshalb der Sternpunkt unmittelbar zu erden, um zu verhindern, daß bei Erdschluß eines Außenleiters die Spannung der anderen Außenleiter über 250 V ansteigt. Der Widerstand der Betriebserdung, der aus einem oder mehreren im Netz verteilten Erdern bestehen kann, darf höchstens 2 Ω betragen. Einer dieser Erder soll in unmittelbarer Nähe der Stromquelle, z. B. beim Transformator angeordnet sein.

In Netzen mit geerdetem Mittelpunkt und Anwendung der Schutzerdung darf der Widerstand der Betriebserdung nicht größer sein als

$$\frac{65\,\mathrm{V}}{\text{Abschaltstrom des größten geerdeten Stromverbrauchers}}$$

b) Betriebserdungen für Anlagen ab 1 kV und darüber. Betriebserdungen kommen bei folgenden Betriebsmitteln in Frage:

1. Die Sternpunkte von induktiven oder kapazitiven Spannungswandlern bei deren Anschluß zwischen Leiter und Erde.
2. Erdschlußspulen und Sternpunktswiderstände von Transformatoren und Generatoren.
3. Generator- und Transformator-Sternpunkte bei starrer Sternpunktserdung (Überspannungsableiter sind an die Schutzerde anzuschließen).

Für die Bemessung der Betriebserdungsanlagen ist der größtmögliche Erdschlußstrom unter Berücksichtigung des Ausbreitungswiderstandes der Erderanlage maßgebend. Falls bei Erdschluß im Netz höhere Erderspannungen als 125 V an der Erdungslage auftreten, sind die Zuleitungen zu den Betriebserdern isoliert und gegen Berührung geschützt zu verlegen. Zur Vermeidung höherer Schrittspannungen als 90 V sind die Erder ausreichend tief zu legen, oder es ist die Potentialsteuerung anzuwenden.

Zusammenschluß von Erdungen

In Anlagen ab 1000 V Betriebsspannung ist nach VDE 0141 der Zusammenschluß von Schutz- und Betriebserdungsanlagen immer zulässig, wenn bei einem Erdschluß in der Erdungsanlage keine höhere Erderspannung als 125 V auftreten kann. Ist diese Voraussetzung erfüllt, kann weiterhin auch die Schutz- und Betriebserdungsanlage einer etwa vorhandenen Eigenbedarfsanlage (z. B. Kraftwerkseigenbedarf u. dgl.) mit einer Spannung unter 1 kV mit der Erdungsanlage der Hochspannungsanlage zusammengeschaltet werden. Ein Zusammenschluß der Hoch- und Niederspannungserden ist immer durchzuführen, wenn das Hoch- und Niederspannungsnetz aus Kabeln mit gut leitenden Metallmänteln ohne isolierende Schutzhülle besteht.

Ist andererseits eine Trennung der verschiedenen Erdungsanlagen, z. B. wegen eines vorhandenen Wasserrohrnetzes, nicht durchführbar, so ist die gemeinsame Erdungsanlage so zu bemessen, daß bei Erdschluß keine höhere Erderspannung als 65 V auftreten kann. Bei dem Zusammenschluß von Erdungsanlagen sind die weiteren Ausführungsbestimmungen nach VDE 0141 unbedingt zu beachten.

Aufstellung über den Zusammenschluß von Erdungen; vgl. VDE 0141/11.58

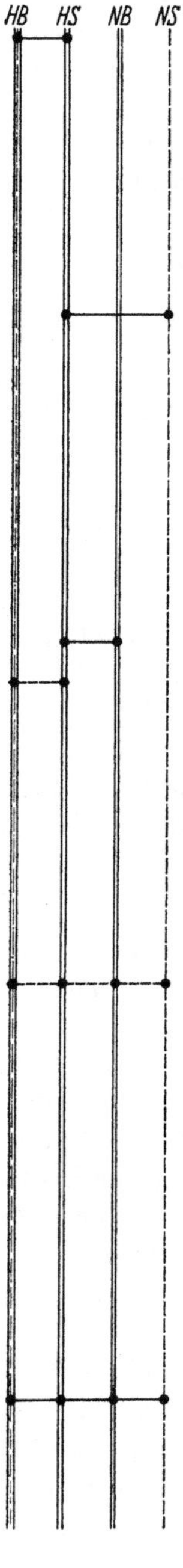

§ 24. a) Hochspannungs-Betriebserdungen HB und Hochspannungs-Schutzerdungen HS können zusammengeschlossen werden, wenn hierbei keine höhere Erderspannung als 125 V bei Erdschluß auftritt.

§ 25. Erdungen in Kraftwerken, Schalt- und Umspannanlagen mit Eigenbedarfsanlagen.

§ 25. a) Die Schutzerdungsanlagen der Hochspannungsanlage und der Niederspannung-Eigenbedarfsanlage NS sind zu verbinden, wenn die Eigenbedarfsanlage nur für den Betrieb elektrischer Hilfseinrichtungen, der Beleuchtungs- und Heizungsanlage eines Kraftwerkes, einer Umspann- oder Schaltanlage dient. Hierzu gehören auch die Betriebs- und Büroräume, Betriebswerkstätten sowie Betriebswohnungen in unmittelbarer Nähe.

§ 25. b) Die Hochspannung-Schutzerdungsanlage kann mit der Niederspannungs-Betriebserde NB verbunden werden. Ein Zusammenschluß mit der Hochspannungs-Betriebserde ist zulässig, wenn bei Erdschluß keine höhere Erderspannung als 125 V auftritt; vgl. § 24a.

§ 26. In Kraftwerken und Umspannanlagen zur Energielieferung an Verbraucher mit Nennspannung unter 1 kV sind:

a) alle zu erdenden Teile der Anlage an eine gemeinsame Erdungsanlage anzuschließen,

1. wenn das Hochspannungsnetz aus Kabeln mit blanken Metallmänteln ausreichender Leitfähigkeit bestehen,

2. wenn das Hochspannungsnetz aus Kabeln mit blanken Metallmänteln und Freileitungen bestehen; das Kabelnetz muß hierbei mehr als 2 Strahlen und eine Gesamtlänge von mehr als 3 km haben.

b) Wird eine gemeinsame Erdungsanlage so bemessen, daß bei Erdschluß keine höhere Erderspannung als 65 V auftritt, dann ist ein Zusammenschluß der Hoch- und Niederspannungserdungen in folgenden Fällen zweckmäßig:

1. bei ausgedehnten Niederspannungs-Kabelnetzen mit blanken Metallmänteln,

2. wenn eine Trennung der Erdungsanlagen schwer durchführbar ist.

§ 27. In Netzen mit unmittelbarer oder über strombegrenzende Widerstände geerdetem Sternpunkt muß eine Schnellauslösung erfolgen; vgl. VDE 0141/V.

Für Schalt- und Umspannanlagen empfiehlt es sich, Schutz- und Betriebs-Erdungsanlagen zusammenzuschließen. Maximal zulässige Schritt- und Berührungsspannung (siehe VDE 0141), wenn erforderlich, sind zusätzlich Steuererder oder isolierte Standorte an Bedienungsstellen vorzusehen.

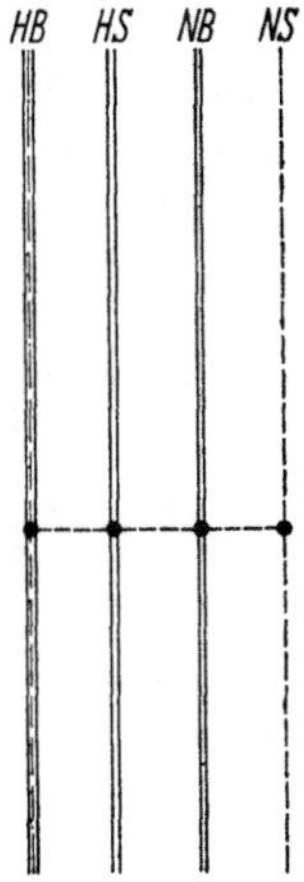

Erdungen in Netzen mit starr geerdetem Sternpunkt

Für Hochspannungsnetze ab 110 kV und darüber wird in neuerer Zeit die starre Sternpunkterdung angewendet. Bei dieser Maßnahme kann die in VDE 0141 vorgeschriebene maximale Erderspannung von 125 V infolge des großen, im Fehlerfall über die Erdungsanlage fließenden Erdschlußstromes, nicht mehr eingehalten werden. Um dennoch eine Gefährdung von Personen durch zu hohe Schritt- und Berührungsspannungen innerhalb und außerhalb der Anlage zu vermeiden, ist es notwendig, daß jeder Erdschluß oder Erdkurzschluß in kürzester Zeit abgeschaltet wird.

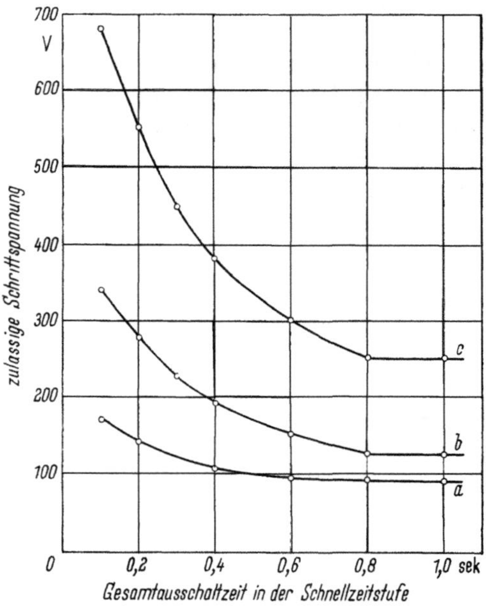

Abb. 617. Zulässige Schrittspannungen in Anlagen mit unmittelbarer Sternpunkterdung

a außerhalb von Anlagen an verkehrsreichen Fahrwegen; *b* innerhalb und außerhalb von Anlagen (ausgenommen a); *c* innerhalb von Freiluftanlagen bei Benutzung von Isolierschuhen

Für die Bemessung der Erdungsanlage ist der über sie fließende Anteil des Erdkurzschlußstromes im Augenblick der Ausschaltung maßgebend. Dieser anteilige Erdschlußstrom kann kleiner sein als der an der Fehlerstelle, weil ein Teil des Fehlerstromes z. B. über etwa vorhandene Erdseile zur Anlage zurückfließt, bzw. zu einem anderen Netzabschnitt bei mehrfacher Einspeisung ins Netz. Die Höhe der zulässigen Schritt- und Berührungsspannung, die ja ein Teil der Erderspannung darstellt, ist abhängig von der Gesamtausschaltzeit. Werte hierüber sind aus den Kurven der Abb. 617 und 618 abzulesen.

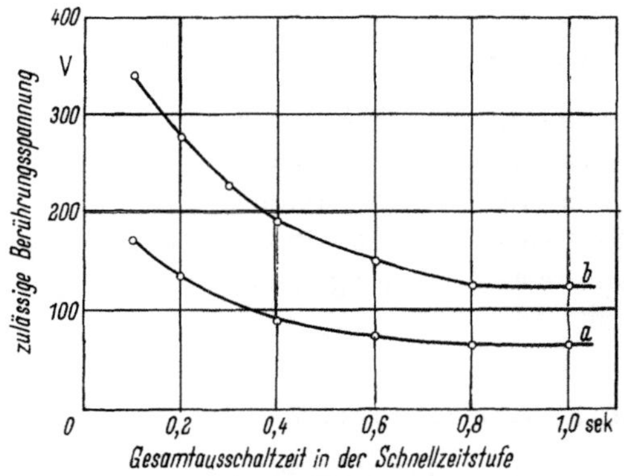

Abb. 618a u. b. Zulässige Berührungsspannungen in Anlagen mit unmittelbarer Sternpunkterdung
a außerhalb von Anlagen; *b* innerhalb von Anlagen

Es empfiehlt sich, in den Anlagen für starr geerdete Netze die Schutz- und Betriebserdungen zusammenzuschließen, um damit innerhalb der Anlage ein möglichst einheitliches Potential zu erhalten. Falls örtlich dennoch höhere Schritt- und Berührungsspannungen auftreten, so sind diese Stellen abzugrenzen oder durch die Anordnung von Steuererder bzw. durch isolierende Stege und Bedienungsstandorte für das Personal gefahrlos zu machen.

Wichtig ist weiterhin, daß die hohen Erderspannungen nicht nach außen verschleppt werden. Vorhandene Gleisanlagen und Rohrleitungen sind daher durch geeignete Isolierstrecken elektrisch zu unterbrechen. Die gleichen Überlegungen gelten auch für Fernmeldeanlagen.

Ergänzende Literatur zu verschiedenen Abschnitten

I. Allgemeines zur Elektrizitätsversorgung

SPORN, PH.: Elektrische Energie in den kommenden 40 Jahren. Archiv f. Energiewirtsch. 16 (1962) 595.

FISCHER, K.: Die voraussichtliche Entwicklung des Elektrizitätsbedarfs in der BRD bis 1975. Elwirtschaft 61 (1962) 352.

FLEISCHER, W.: Grenzleistungsfragen bei der zukünftigen Entwicklung der Elektrizitätsversorgung. ETZ-A 76 (1955) 722.

JANCKE, G.: Planung großer Höchstspannungsnetze. ETZ-A 80 (1959) 321.

Deutsche Verbundgesellschaft Heidelberg 1957. Entwicklung des Verbundbetriebes 1948–1958.

ROSER, H.: Elektrischer Energietransport. Brennstoff-Wärme-Kraft 12 (1960) 247.

FISCHOEDER, G.: Technische Fragen der Europäischen Verbundwirtschaft. Elwirtschaft 60 (1961) 705.

KROMS, A.: Die Energiebilanz der Verbundsysteme. Elwirtschaft 61 (1962) 777.

FREIBERGER, H.: Betrieb von Elektrizitätswerken. Berlin/Göttingen/Heidelberg: Springer 1961.

Netzverluste: Eine Richtlinie für ihre Bewertung und ihre Verminderung. VDEW Frankfurt 1956.

ZEBISCH, M.: Netzverlust-Ursachen und Ermittlung. Berlin: VEB-Verlag Technik 1959.

ZEBISCH, M.: Die deutsche 380-kV-Übertragung. ETZ-A 79 (1958) Heft 7.

ROSER, H.: Macht die Atomkraft das Verbundnetz überflüssig? ETZ-A 78 (1957) 1.

HILLEBRAND, FR.: Zur Geschichte des Drehstromes. ETZ-A 80 (1959) 409.

II. A

KROMS, A.: Kostenangaben über neue amerikanische Dampfkraftwerke. Elwirtschaft 59 (1960) 9.

KROMS, A.: Der Kraftwerksbau in den USA. Elwirtschaft 61 (1962) 151.

SCHRÖDER, K.: Neue wirtschaftliche Kraftwerke. Elwirtschaft 59 (1960) 786.

SEIDEL, S.: Allgemeine Gesichtspunkte für Turbinenfundamente. Elwirtschaft 59 (1960) 796.

PROFOS, P.: Die Regelung von Dampfanlagen. Berlin/Göttingen/Heidelberg: Springer 1962.

SEIPPEL, C., u. R. BEREUTER: Zur Technik kombinierter Dampf- und Gasturbinenanlagen. BB-Mitt. 47 (1960) 783.

SCHRÖDER, K.: Große Dampfkraftwerke. Bd. I u. Bd. II. Berlin/Göttingen/Heidelberg: Springer 1959 u. 1962.

II. B

THEILSIEFJE, K.: Ein Beitrag zur Theorie der wirtschaftlichen Ausnutzung großer Speicherseen zur Energieerzeugung. ETZ-A 82 (1961) 538.

JANSEN u. HAAGER: Wirtschaftlich gerechtfertigte Ausbaukosten von Wasserkraftanlagen für die öffentliche Versorgung. Elwirtschaft 54 (1955) 697.

HUTAREW, G.: Wasserturbinen, Speicherpumpen und Wasserturbinen-Regler. VDI-Z. 101 (1959) 1029.

ANDRES, E.: Beschreibung und Anwendung des elektrischen Turbinenreglers. Bull. SEV 52 (1961) 304.

GROSSHEIMANN, K.: Gesichtspunkte für die Wahl der Rohrtubinen beim Bau der Moselkraftwerke. Elwirtschaft 62 (1963) 129.

BAUER, H. u. K. THEILSIEFJE: Zur Planung eines optimalen Speicherkraftwerkes für wirtschaftlichen hydrothermischen Verbundbetrieb. Elwirtschaft 61 (1962) 292.

HAPPOLDT, H.: Neuzeitliche Generatoren für Rohrturbinen. BBC-Nachrichten 41 (1959) 89.

MARGUERRE, F.: Anpassung von Atomkraftwerken an die Bedürfnisse der öffentlichen Versorgung. Atom und Strom 4 (1958) 12.

II. C

LEONHARD, A.: Netzregelung mit entkoppelten Einzelsystemen. E & M 78 (1961) 697.

FREY, W.: Die Frequenz-Leistungsregulierung. Scientia Electrica 3 (1957) 54.

GRASME, P.: Das Ausfahren steiler Lastspitzen durch Dampfkraftwerke mit Zwischenüberhitzung. ETZ-A 81 (1960) 193.

HOSEMANN, G. u. E. ANDRES: Elektrische Drehzahlregler von Dampfturbinen im Netzbetrieb. VDE-Fachber. 22 (1962) I/152.

BAUER, H.: Verbundbetrieb mit geringsten Verlustkosten. ETZ-A 76 (1955) 389.

II. D

BAUER, H.: Günstige Lastverteilung und Verluste in Drehstromnetzen. Elwirtschaft 55 (1956) 600.

PAHL, G.: Der schonende Schnellstart von Dampfturbinen. BBC-Nachr. 40 (1958) 340.

HAAS, H., u. W. TRASSL: Das Anfahren von Dampfturbinen. Siemens-Z. 32 (1958) 665 und 735.

QUACK, R.: Voraussetzungen für die Automatisierung in Dampfkraftwerken. Elwirtschaft 61 (1962) 695.

UCPTE: Vorsorgliche Maßnahmen bei der Inbetriebnahme neuer Wärmekraftwerke. Jahresbericht 1958/59.

RAAB, A.: Drehzahlerhöhung von Turbosätzen bei plötzlicher Vollentlastung. VDI-Z. 104 (1962) 830.

LESEMANN, K.: Prozeß-Rechenanlage ermöglicht rationelleren Betrieb von Kraftwerken. Elektron. Rechenanlagen 3 (1961) 101.

CUÉNOD, M.: Vergleich der Eignung verschiedener Kraftwerke zur Regelung. Elwirtschaft 59 (1960) 152.

III

WIEDEMANN, E.: Grenzleistungs-Turbogeneratoren. BB-Mitt. 45 (1958) 3.

BONFERT, K.: Betriebsverhalten der Synchronmaschine. Berlin/Göttingen/Heidelberg: Springer 1962.

WIEDEMANN, E.: Generatorenbau und Kraftwerksgestaltung. Bull. SEV 51 (1960) 352.

RUELLE, M.: Influence de la production d'énergie réactive sur le dimensionnement, le prix und les pertes des alternateurs, principalement ceux des centrales hydrauliques. Bull. SFE 8 (1960) 809.

HAPPOLDT, H.: Computation of additional costs and losses arising as a function of the reactive power to be supplied by turbogenerators. CIGRE-Ber. Nr. 143 (1960) Anhang IV.

RAYMUND, H.: Über Turbogeneratoren mit direkter Leiterkühlung. ETZ-A 81 (1960) 735.

CALVI, G.: Berechnung der Stoßmomente bei Fehlsynchronisation und Kurzschluß einer Synchronmaschine. E & M 77 (1960) 407.

PUTZ, W.: Die Unterdrückung von Ausgleichströmen in Nulleitern durch Sternpunktdrosseln. AEG-Mitt. 46 (1956) 348.

HAPPOLDT, H.: Regelung von großen Turbogeneratoren. ETZ-A 81 (1960) 240.

LAIBLE, TH.: Grundlegende Betrachtung über das Problem der Spannungsregelung von Generatoren. Bull. SEV 52 (1961) 114.

GRÄF, W.: Betriebserfahrungen mit schnellaufenden Grenzleistungserregermaschinen. Elwirtschaft 61 (1962) 327.

TITTEL, J.: Die Stoßerregung bei Synchronmaschinen. E & M 79 (1962) 601.

HOSEMANN, G.: Die stromrichtererregte Synchronmaschine im Netzbetrieb. Elwirtschaft 62 (1963) 591.

MODLINGER, R.: Über das Schalten unerregter Synchrongeneratoren. ETZ-A 80 (1959) 12.

VOLKMANN, W.: Übersicht über Kompoundierungsschaltungen für Synchron-Generatoren. ETZ-A 81 (1960) 932.

VDE: Sonderbauformen elektrischer Maschinen. VDE-Buchreihe Bd. 1. Berlin: VDE-Verlag GmbH. 1958.

BONFERT, K.: Die Blindleistungsmaschine in der Höchstspannungsübertragung. VDE-Buchreihe Bd. 10, Blindleistung Berlin: VDE-Verlag 1963.

ABOLINS, A., u. U. HAIER: Wie bestimmen Kühlung und Betrieb den Entwurf des Turbogenerators. VDE-Fachber. 20 (1958) 142.

ACHENBACH, H.: Regelung großer Wasserkraftgeneratoren. ETZ-A 81 (1960) 227.

GRANER, H.: Wege zur Eingliederung der Spannungs- und Blindleistungsregelung in eine totale Netzregelung. ETZ-A 82 (1961) 557.

BULLA, W.: Kleinkraftwerke in Netzen mit Kurzunterbrechung. ÖZE 13 (1960) 224.

TIMASCHEFF, A.: Stabilität elektrischer Drehstrom-Kraftübertragungen. Berlin: Springer 1940.

HOSEMANN, G.: Large synchronous machines with rectifier excitation for sudden load changes at minimum dynamic voltage drops. CIGRE-Bericht Nr. 124 (1960).

BONFERT, K.: Betriebsverhalten der Synchronmaschine. Berlin/Göttingen/Heidelberg: Springer 1962.

LAIBLE, TH.: Die Theorie der Synchronmaschine im nichtstationären Betrieb. Berlin/Göttingen/Heidelberg: Springer 1952.

IV

THIESSEN, W.: Wirtschaftliche Überlegungen bei der Planung von Transformatorenanlagen. E & M 73 (1956) 476.

SCHLOSSER, K.: Große Spartransformatoren. ETZ-A 81 (1960) 59.

WIENKEN, F.: Der Großtransformator in der Energieübertragung. Siemens-Z. 30 (1956) 286.

KÜCHLER, R.: Die Transformatoren. Berlin/Göttingen/Heidelberg: Springer 1956.

ELSNER, R.: Grenzleistungs-Transformatoren. ETZ-A 76 (1955) 736.

NOLEN, H.: Selbsttätige Regelung von einzeln und parallel arbeitenden Transformatoren mit Stufenschaltern. CIGRE-Ber. Nr. 152 (1958).

LANGER, H.: Regelungstechnischer Einsatz des Transformators. ETZ-A 71 (1960) 262.

SCHLOSSER, K.: Ein Spartransformator 542 MVA in einer Einheit. BBC-Nachr. 43 (1961) 70.

LIPKEN, H.: Verlustoptimale 60°-Schrägregelung. Ein wirksames Mittel zum Senken der Übertragungsverluste in mehrstufigen Hochspannungsnetzen. Elwirtschaft 60 (1961) 329.

ZINKE, L.: Sternpunktbelastbarkeit von Drehstrom-Spartransformatoren. ETZ-A 76 (1955) 159.

V

BLENDINGER, W.: Einige neuere Entwicklungen auf dem Gebiete der Schutzeinrichtungen für Synchrongeneratoren. BB-Mitt. 45 (1958) 59.

FERSCHL, L.: Neuere Entwicklungen auf dem Generatorschutzgebiet. E & M 77 (1960) 3.

EDWIN, K., u. F. PÖRNER: Über die Wirtschaftlichkeit von Schutzeinrichtungen. ÖZE 15 (1962) 71.

CANAY, M.: Theoretische Untersuchung der Schnellentregungsarten von Synchrongeneratoren. ETZ-A 80 (1959) 431.

MECKLENBURG, W.: Der Schutz der elektrischen Anlagenteile eines Dampfkraftwerkes. ETZ-A 78 (1957) S. 131.

TITZE, H.: Fehler und Fehlerschutz in elektrischen Drehstromanlagen, Bd. I u. II. Wien: Springer 1951 u. 1953.

VDEW: Richtlinien für den Generatorschutz. Elwirtschaft 52 (1953) 345.

VI

VDEW: Richtlinien für den Transformatorschutz. Elwirtschaft 54 (1955) 101.

VII

HARTMANN, A,: Neue Gesichtspunkte für die Schnellumschaltung von Eigenbedarfsanlagen in Kraftwerken. BBC-Nachr. 45 (1963).

WARTENBERG, E.: Elektrotechnische Eigenbedarfsschaltungen in Dampfkraftwerken. Elwirtschaft 59 (1960) 810.

PARSCHALK, F.: Ausbau der Hochspannungsnetze und -anlagen für erhöhten Energieverbrauch und gesteigerte Versorgungssicherheit, BBC-Nachr. 42 (1960) 297.

IX

BAX, H.: Neuzeitliche Starkstromkabel für EVU-Netze. Elwirtschaft 61 (1962) 637.

MÜLLER-GUNTRUM, U.: Spannungsumstellung von Kabelnetzen. ETZ-A 82 (1961) 702.

HILGENDORFF, H. J., u. F. SEIFFE: Höchstspannungskabel für Energieübertragung. Bull. SEV 53 (1962) 197.

ESSER, J.: Reduktionsfaktoren von Fernmelde- und Starkstromkabeln. ETZ-A 83 (1962) 746.

WEHN, R.: Betriebsfolgerungen aus Kurzschlußversuchen an Starkstromkabeln. Elwirtschaft 61 (1962) 399.

BERGER, K.: Blitzsichere Schwachstromkabel. Bull. SEV 53 (1962) 101.

X

HAMMEL, S., u. H. MORS: Bündelleitungen. Bull. SEV 47 (1956) 624.

400 kV FG: Die 400-kV-Forschungsanlage Rheinau, Bd. I, II, III. 400 kV Forschungsgemeinschaft e. V., Heidelberg.

BARTENSTEIN, R.: Die Vorausbestimmung des hochfrequenten Störpegels von Hochspannungsleitungen. CIGRE-Bericht Nr. 409 (1960).

LANG, V.: Erwärmung von Freileitungsseilen. Bull. SEV 47 (1956) 631.

BOLL, G., u. K. KARRER: Betriebswirtschaftliche Gesichtspunkte für die Anwendung des Bündelleiters in der Technik der Höchstspannungsübertragung. ÖZE 14 (1961) 449.

SCHIEMANN, H.: Experimentelle Untersuchungen des elektrischen Verhaltens von ausgeschwungenen Langstab-Doppelhängeketten. BBC-Nachr. 40 (1958) 310.

ENGELHARDT, H.: Einfluß der Beseilung auf die Höchstspannungsübertragung mit Freileitungen. Elwirtschaft 60 (1961) 911.

STOLTE, E.: Spannungsgrenzen für die Verwendung von Erdseilen bei Freileitungen. ETZ-A 79 (1958) 797.

OEDING, D., u. J. UFERMANN: Erdung von Hochspannungs-Freileitungsmasten. BBC-Nachr. 44 (1962) 367.

SEILER, K.: Die Schutzwirkung des Erdseiles im Fehlerfall. E & M 67 (1959) 25.

WESTENDORF, K.: Ein neues Verfahren zur Untersuchung von Hochspannungsisolatoren unter Fremdschichteinfluß. ETZ-A 83 (1962) 662.

SfH: Prüfung von Isolatoren und Isolationsprobleme, Technischer Bericht Nr. 197. Studiengesellschaft für Hochspannungsanlagen, e. V., Ruit.

SCHUMANN, W. O., u. H. PRINZ: Fortschritte der Hochspannungstechnik. Leipzig: Akad. Verlagsges. 1954.

WEIDLER, G.: Mastformen für Mittelspannungsnetze. ETZ-A 76 (1955) 650.

XIII

BAUER, R.: Die Meßwandler. Berlin/Göttingen/Heidelberg: Springer 1953.

RITZ, H.: Meßwandler für Höchstspannungsnetze. ETZ-A 75 (1954) 307.

REICHE, W.: Spannungswandler in Drehstromnetzen. ETZ-A 65 (1944) 291.

XIV

REISKE, K.: Neuzeitliche Netzgestaltung durch vereinfachte Hochspannungs-Schaltanlagen. VDE-Fachber. 21 (1960) I/30.

PARSCHALK, F.: Hochspannungs-Schaltanlagen bis 30 kV der offenen Zellenbauweise. ETZ-A 83 (1962) S. 207.

HENNING, W., u. H. STÖSSINGER: Neuzeitliche Hilfsmittel zur Betriebsführung größerer Stromversorgungsnetze. Elwirtschaft 60 (1961) 73.

KAPPELER, H.: Sammelschienen mit fester Isolation für hohe Spannungen. Bull. SEV 53 (1962) 557.

ENGELHARDT, L.: Modellversuche über den Lichtbogenschutz in Mittelspannungs-Schaltanlagen. BBC-Nachr. 43 (1961) 334.

SCHULDEI, E.: Maststationen in der ländlichen Stromversorgung. Elwirtschaft 56 (1957) 639.

BALTENSPERGER, K.: Beschreibung der transitorischen wiederkehrenden Schalterspannung durch vier Parameter – Prüfmöglichkeiten in Kurzschluß-Versuchsanlagen. Bull. SEV 51 (1960) 97.

Sonderheft: Wechselstrom-Hochspannungsschalter, Bull. SEV 53 (1962) H. Nr. 8 und 10.

Sonderheft: Hochspannungsschaltanlagen. ETZ-A 83 (1962) H. 6 und 7.

XV

SfH: Rundsteueranlagen. Technischer Bericht Nr. 170, 1953 der Studiengesellschaft für Hochspannungsanlagen, Ruit.

De Quervain, A.: Das Fernwirknetz der schweizerischen Elektrizitätswerke. Bull. SEV 54 (1963) 151.

Kitten, H.: Zur Frage der Bestimmung einer optimalen Frequenz für Tonfrequenz-Rundsteueranlagen. E & M 75 (1958) 469.

Dennhardt, A.: Zur Problematik der Tonfrequenz-Rundsteuertechnik. Elwirtschaft 58 (1959) 1.

Hahn, Ch.: Fernwirkanlagen längs Hochspannungsleitungen und Richtfunkstrecken. BB-Mitt. 46 (1959) 704.

Podscek, H.: Fernwirktechnik in Energieversorgungsanlagen. ETZ-B 10 (1958) 261.

Pelpel, J.: Die Gefahr der gegenseitigen Beeinflussung von Netzkommandoanlagen in benachbarten Verteilnetzen. Bull. SEV 52 (1961) 871.

Hahn, Ch.: Fernsteuerung von Kraftwerken und Unterstationen. Bull. SEV 50 (1959) 401.

Bockelmann, H.: Fernsteuerung und Überwachung von Versorgungsanlagen in ländlichen Gebieten. Elwirtschaft 59 (1960) 118.

Dennhardt, A.: Über Entwicklungstendenzen in der betrieblichen Informationstechnik der Elektrizitätsversorgung. Elwirtschaft 60 (1961) 634.

Dennhardt, A.: Über Bedeutung, Formen und Wachstumsumfang der Trägerfrequenztechnik im Bereich der Elektrizitätsversorgung. ETZ-A 80 (1959) 238.

Haerdle, E. F.: Die zentrale und synchrone Tonfrequenz-Rundsteueranlage eines süddeutschen EVU. Elwirtschaft 61 (1962) 72.

XVI

VDEW: Störungs- und Schadensstatistik 1959, Verlags- und Wirtschaftsgesellschaft der Elektrizitätswerke mbH, VWEW, Frankfurt a. M.

Müller-Guntrum, U.: Der Planungsgrundsatz des „einfachen Zufalls“ in der Stromversorgung großer Städte. Elwirtschaft 61 (1962) 117.

Schubert, H.: Zweckmäßige Einstellung der Reservestufen am Schnelldistanzrelais in vermaschten Mittelspannungsnetzen. Elwirtschaft 57 (1958) 112.

Spieser, R.: Krankheiten elektrischer Maschinen, Transformatoren und Apparate. Berlin/Göttingen/Heidelberg: Springer 1960.

Kaminski, A.: Stabilität des elektrischen Verbundbetriebes. Berlin: VEB-Verlag Technik 1959.

Baatz, H.: Kurzunterbrechung und Netzaufbau in Verteilungsnetzen. ETZ-A 83 (1962) 615.

Parschalk, F.: Relaisschutz in Mittelspannungsnetzen. ETZ-A 76 (1955) 644.

Erich, M.: Relaisbuch. Stuttgart: Franckh'sche Verlagshandlung 1959.

Simon, L.: Erdung im Wasserrohrnetz. Elwirtschaft 56 (1957) 562.

SfH: Sternpunktbehandlung in Hochspannungsnetzen. Technischer Bericht Nr. 181, 1957 der Studiengesellschaft für Hochspannungsanlagen, Ruit.

SfH: Netzgestaltung und Versorgungssicherheit, Technischer Bericht Nr. 182, 1957 der Studiengesellschaft für Hochspannungsanlagen, Ruit.

SfH: Betriebssicherheit der Netze. Technischer Bericht Nr. 183, 1957.

Spriegel, W.: Erdschluß in Hochspannungsnetzen. BBC-Nachr. 41 (1959) 377.

Baltensperger, P.: Schnellwiedereinschaltung bei Höchstspannungsübertragung. Bull. SEV 51 (1960) 1106.

VDEW: Richtlinien für die Kurzunterbrechung in Mittelspannungs-Freileitungsnetzen, Verlags- und Wirtschaftsgesellschaft der Elektrizitätswerke mbH, VWEW, Frankfurt a. M.

HOSEMANN, G.: Projektierung und Ausführung von Erdungsanlagen. ETZ-A 83 (1962) 231.

FEIST, K.: Erdungen in Starkstromkabelnetzen. Siemens-Z. 36 (1962) 669.

SCHULZE, E.: Die Sternpunktbehandlung von Hochspannungs-Kabelnetzen. V.I.K.-Bericht Nr. 101 (1960).

HARTMANN, O.: Erdung am Wasserrohrnetz. Elwirtschaft 57 (1958) 631.

POSSNER, O.: Netzsternpunktbehandlung und Netzschutz. E & M 79 (1962) 31.

KOCH, W.: Erdungen in Wechselstromanlagen über 1 kV, 3. Aufl., Berlin/Göttingen/Heidelberg: Springer 1961.

AIEE: Guide for Safety in Alternating-Current Substation Grounding. No. 80 (1961).

ERCHE, M., u. K. SCHMIDT: Beeinflussung eines gelöschten Netzes durch hohe Erdkurzschlußströme eines benachbarten Netzes. ETZ-A 80 (1959) 7.

PUNDT, H.: Auswertung von Erdschlußversuchen im 110-kV-Verbundnetz Ost. Energietechnik 10 (1960) 62.

BAATZ, H.: Überspannungen in Energieversorgungsnetzen. Berlin/Göttingen/Heidelberg: Springer 1956.

CHRISTOFFEL, M., FISCHER, E., u. G. HOSEMANN: Überspannungsschutz von Transformatoren mit direkt eingeführtem Kabel bei Blitzeinschlag in die vorgelagerte Freileitung. ETZ-A 83 (1962) 761.

BAATZ, H.: Überspannungsschutz. Elwirtschaft 59 (1960) 58.

WILHEIM, R., u. M. WATERS: Neutral grounding in high-voltage transmission. New York: Elsevier Publishing Company 1956.

BAATZ, H.: Gewitterschutz und Wirksamkeit direkter Schutzmaßnahmen in Netzen. ETZ-A 82 (1961) 278.

DORSCH, H.: Spannungsbeanspruchungen und Isolationsbemessungen von Hochspannungsschaltanlagen für Betriebsspannungen bis 110 kV. ETZ-A 83 (1962) 180.

SPORN, PH., u. J. W. GROSS: A quarter century of experience in insulation coordination. Electr. Eng. 78 (1957) 376.

WILPERNIG, H.: Über den Einfluß der Masthöhe von Freileitungen auf die Häufigkeit rückwärtiger Überschläge. ETZ-A 81 (1960) 14.

GEPPERT, O.: Methoden zur Unterbindung ferroresonanter Schwingungen in Umspannwerken. E & M 76 (1959) 108.

BALTENSPERGER, P.: Form und Größe der Überspannungen beim Schalten kleiner induktiver sowie kapazitiver Ströme in Hochspannungsnetzen. BBC-Nachr. 43 (1961) 24.

BERGER, K.: Schaltüberspannungen und deren Begrenzungsmöglichkeiten. Bull. SEV 53 (1962) 500.

BERGER, K., u. R. PICHARD: Experimentelle und theoretische Untersuchung der Erdschlußüberspannungen in isolierten Wechselstromnetzen sowie der Eigenschaften von Erdschlußlichtbogen. Bull. SEV 47 (1956) 485.

BALTENSPERGER, P., u. E. ROUSS: Beherrschung von Umschlagstörungen durch Druckluftschalter. ETZ-A 76 (1955) 132.

RUMPEL, D.: Die wechselstromseitigen Spannungsharmonischen eines Stromrichters bei idealer Sperresonanz des Netzes. Archiv f. Elektrotechn. 46 (1961) 47.

PUTZ, W.: Die Unterdrückung von Ausgleichströmen in Nulleitern durch Sternpunktdrosseln. AEG-Mitt. 46 (1956) 348.

OEDING, D., u. J. UFERMANN: Erdung von Hochspannungs-Freileitungsmasten. BBC-Nachr. 44 (1962) 367.

SfH: Sternpunktbehandlung in Netzen von 110 kV und darunter, Technischer Bericht Nr. 198 (1961) der Studiengesellschaft für Hochspannungsanlagen, Ruit.

LANGER, H.: Bedeutung des Kurzschlußproblems für Planung und Betrieb elektrischer Netze. Elwirtschaft 54 (1955) 414.

LANGER, H.: Einfluß verschiedenartiger Masterdungen auf Gefährdungsspannungen und Gefährdungsströme. ETZ-A 75 (1954) 373.

DAVIS, R.: Überspannungsschutz von Stationen durch kurze Kabelstrecken. ETZ-A 76 (1955) 847.

GOLDE, R. H.: Überspannungen auf Freileitungen durch indirekte Blitzeinwirkung. ETZ-A 76 (1955) 297.

XVII

VDEW: Spannungsverzeichnis der Gemeinden über 10000 Einwohner in der BRD. Frankfurt 1959.

VDEW: Verzeichnis der Hochspannungsleitungen in Westdeutschland von 30 kV und darüber. Frankfurt a. M. 1956, Nachtrag 1959.

MÜLLER-GUNTRUM, U.: Einige Gesichtspunkte bei der Planung städtischer 110-kV-Netze. Elwirtschaft 59 (1960) 669.

HAMEISTER, G.: Bisherige und künftige Betriebsspannungen. Elwirtschaft 59 (1960) 53.

VDE-Verlag: Fragen der elektrischen Energieverteilung. Berlin 1956.

WIENKEN, F., u. F. MITLEHNER: Planung industrieller Mittelspannungs-Verteilungsnetze. ETZ-A 76 (1955) 628.

SCHULZE, E.: Das 110-kV-Netz von West-Berlin. Elwirtschaft 58 (1959).

LEMPELIUS, R.: Ermittlung der Spannungsunterschiede, Leiterquerschnitte und Leistungsverteilung in Niederspannungsnetzen. Elwirtschaft 60 (1961) 426.

STOLTE, E.: Ursache und Häufigkeit kurzzeitiger Spannungsabsenkungen gegenüber Spannungsunterbrechungen im Hoch- und Niederspannungsnetz. Elwirtschaft 57 (1958) 355.

ERICH, M.: Anforderungen der Netze an die Regelung von Spannung und Blindleistung. ETZ-A 81 (1960) 176.

ROSER, H.: Elektrischer Energietransport. BWK 12 (1960) 247.

XVIII

HUHL, G.: Untersuchung der Belastungsverhältnisse von Kabeln und Transformatoren in städtischen Niederspannungs-Maschennetzen. ETZ-A 82 (1961) 842.

ZWANZIGER, W.: Grenzen einer Vermaschung von Niederspannungsnetzen. Elwirtschaft 57 (1958) 640.

DREISER, R.: Tendenzen und Empfehlungen zur technischen Gestaltung von Ortsnetzen. Elwirtschaft 57 (1958) 756.

VDEW: Technische Richtlinien für Niederspannungs-Freileitungsnetze. Frankfurt a. M. 1956.

BOCK, K.: Spezifische Kosten und Wirtschaftlichkeit von Niederspannungs-Ortsnetzen. Elwirtschaft 60 (1961) 767.

XIX

GOLDSTEIN, A., u. W. FREY: Höchstspannungs-Energieübertragung. BB-Mitt. 46 (1959) 227.

DVG: 380-kV-Planung. Deutsche Verbundgesellschaft, Heidelberg 1957.

JANCKE, G.: Planung großer Höchstspannungsnetze. ETZ-A 80 (1959) 321.

BAUER, H., u. G. NEES: Die dynamische Stabilität des deutschen 380-kV-Netzes. Siemens-Z. 32 (1958) 468.

FUNK, G.: Einfluß von Kurzschluß und Kurzunterbrechung auf die dynamische Stabilität elektrischer Netze. ETZ-A 80 (1959) 15.

UCPTE: Ergebnisse neuer Abschaltversuche in Netzen Westeuropas zur Bestimmung von regeltechnisch wichtigen Größen. Jahresbericht 1958/59.

Hammarlund, P.: Transient recovery voltage. Acta Polytechnica 4, Stockholm 1947.

Hosemann, G., Frey, W., u. D. Oeding: Digitale Berechnung der wiederkehrenden Spannung in Hochspannungsnetzen. BBC-Nachr. 43 (1961) 55.

Zimmermann, A.: Reihenkondensatoren für Höchstspannungsnetze. AEG.Mitt. 48 (1958) 384.

Schick, W., u. E. Waldmann: Der Reihenkondensator für die Spannungsverbesserung in Mittelspannungsnetzen. ETZ-B 7 (1955) 105.

Möltgen, G.: Zur Frage der Spannungsänderungen in Drehstromnetzen bei stoßweiser Stromrichterbelastung. ETZ-A 80 (1959) 175.

Concordia, C.: Summary of the results of an inquiry carried out in the U.S.A. on fluctuating loads. CIGRE-Bericht Nr. 331 (1960) Anhang II.

XX

Funk, G.: Der Kurzschluß im Drehstromnetz. München: Oldenbourg 1962.

Schnessl, F.: Die Kurzschlußvorgänge. Berlin: VEB-Verlag Technik 1959.

Wegesin, H., u. W. Leonhardt: Untersuchungen über die Auswirkungen von Kurzschluß-Lichtbögen in offenen und gekapselten Schaltanlagen. ETZ-A 78 (1957) 305.

Lehmann, W.: Elektrodynamische Beanspruchung paralleler Leiter. ETZ-A 76 (1955) 481.

Tuercke, J.: Zur Kurzschlußfestigkeit von Freileitungsseilen in ländlichen Mittelspannungsnetzen. ETZ-A 81 (1960) 294.

Sieber, P.: Über den Einfluß von Resonanzerscheinungen auf die mechanische Kurzschlußfestigkeit von biegesteifen Stromleitern. AEG-Mitt. 49 (1959) 322.

Atwood, A. T., u. D. J. Downs: Dynamic Behavior of a 220-Kv Dead-End Suspension Bus During Short-Circuit. Power Apparatus and Systems. AIEE Juni 1962, Nr. 60, S. 153.

Hosemann, G.: Der Doppelerdschluß in einem beliebig vermaschten Netz. ETZ-A 81 (1960) 563.

Hosemann, G.: Neue Ergebnisse von Generatorkurzschluß-Untersuchugen an einem Analogrechner. VDE Fachber. 20 (1958) 163.

Pundt, H.: Die Auswirkung der Neufassung von VDE 0228 und des Anstieges der Kurzschlußleistung im Netz auf die Beeinflussung von Fernmeldeanlagen. Energietechnik 11 (1961) 389.

XXI

Gärtner, R.: Die Erwärmung von eisernen Bauteilen durch die magnetischen Felder großer Ströme. VDE-Fachber. 19 (1956) I/67.

XXII

Schrank, W.: Schutz gegen Berührungsspannungen. Berlin/Göttingen/Heidelberg: Springer 1958.

Simon, L.: Unfälle durch Elektrizität in der Bundesrepublik und in anderen europäischen Ländern. Elwirtschaft 57 (1958) 331.

Holzer, W.: Der Hochspannungsunfall. ETZ-A 78 (1957) 584.

Schneider, O.: Wiederbelebungsversuche nach Unfällen durch elektrischen Strom. ETZ-A 80 (1959) 99.

Simon, L.: Brandschäden durch Elektrizität. Elwirtschaft 57 (1958) 497.

Meckel, R.: Fehlerstromschutzschaltung und Nullung, ein Vergleich Frankreich – Deutschland. Elwirtschaft 59 (1960) 582.

Sachverzeichnis

GPSR Compliance

The European Union's (EU) General Product Safety Regulation (GPSR) is a set of rules that requires consumer products to be safe and our obligations to ensure this.

If you have any concerns about our products, you can contact us on ProductSafety@springernature.com

In case Publisher is established outside the EU, the EU authorized representative is:

Springer Nature Customer Service Center GmbH
Europaplatz 3
69115 Heidelberg, Germany

Batch number: 10682269

Printed by Printforce, the Netherlands